延迟焦化工艺与工程

（第二版）

瞿国华　主　编

李　锐　李出和
李和杰　谢崇亮　副主编

中国石化出版社

内 容 提 要

本书论述了当代延迟焦化工艺和工程的理论与实践。内容包括焦化原料与产品、重质油热转化化学、焦化工艺流程与操作参数优化、焦化加热炉、焦炭塔和主分馏塔、焦化水力除焦、装置安全生产技术及 QHSE、焦化环境保护工程和技术经济分析等，内容注重反映了十多年来焦化的技术进步。同时，本书对延迟焦化历史和未来发展趋势进行了阐述。

本书内容比较系统、完整，具有较高的理论水平和实际应用价值。可供炼油、石化行业从事生产、科研、设计和管理工作的广大工程技术人员及高等院校有关专业师生阅读参考。

图书在版编目(CIP)数据

延迟焦化工艺与工程／瞿国华主编．—2 版．
—北京：中国石化出版社，2017.12(2025.8 重印)
ISBN 978-7-5114-4799-9

Ⅰ．①延… Ⅱ．①瞿… Ⅲ．①石油炼制-延迟焦化
Ⅳ．①TE624.3

中国版本图书馆 CIP 数据核字(2017)第 328364 号

中国石化出版社出版发行

地址:北京市东城区安定门外大街 58 号
邮编:100011　电话:(010)57512500
发行部电话:(010)57512575
http://www.sinopec-press.com
E-mail:press@sinopec.com
北京科信印刷有限公司印刷
全国各地新华书店经销

*

787×1092 毫米 16 开本 56 印张 1421 千字
2017 年 12 月第 2 版　2025 年 8 月第 2 次印刷
定价:320.00 元

《延迟焦化工艺与工程》

（第二版）

主　编　瞿国华

副主编　李　锐　李出和　李和杰　谢崇亮

顾　问　黄大智　梁文杰

撰　稿　人

第一章　胡德铭　瞿国华

第二章　李　锐　刘自宾　申海平　赵锁奇

第三章　王宗贤　郭爱军　陈　坤　刘　贺

第四章　李　锐　范启明　申海平　付兴国　李斌红　瞿国华

第五章　李出和　李　锐　张东明　宋连军　李晋楼　李　卓
李　蕾　颜　峰　范海玲　黄新龙

第六章　李和杰　顾一天　罗　莹　杨成炯　杜　翔　郭永博
张　蕾　于凤昌　李小娜　车春梅　杨青云　韩艳萍

第七章　杨云峰　傅钢强　周雨泽　王大寿

第八章　赵景霞

第九章　谢崇亮　毕治国　邹大路

《延迟焦化工艺与工程》

（第一版）

主　编　瞿国华

副主编　黄大智　梁文杰

撰　稿　人

第一章　胡德铭　瞿国华

第二章　李　锐　王子军　黄大智　梁文杰

第三章　梁文杰　丁宗禹

第四章　刘志强　王玉章　黄大智

第五章　瞿国华　晁可绳　李春年　李和杰　胡德铭
李　锐　周文平　胡海波　宋连军

第六章　肖家治　魏学军　郑战利　晁可绳　梁文杰

第七章　顾一天　李出和

第八章　樊东升　晁可绳

第九章　顾一天　宋洪建　瞿国华

第十章　竺建敏　张　斌

第十一章　王介华　张连忠　李出和

第十二章　林　苹

第十三章　文　彬　李春年　胡德铭

第二版前言

《延迟焦化工艺和工程》一书自2007年出版至今已经十年，期间我国炼油工业尤其是重油加工业得到了突飞猛进的发展，延迟焦化不仅在产能的提升而且在技术进步方面都取得了很大的成绩。为反映我国炼油工业延迟焦化产业所取得的重大成就和达到的水平，在中国石化出版社的大力支持及行业中相关领导和科技人员的努力下，经过三年时间，几易其稿，《延迟焦化工艺和工程》第二版即将出版问世，这是我们从事炼油工业尤其是和焦化专业有关的管理人员、科技人员、生产人员非常欣慰的一件事。

本世纪内在重油加工领域中，一个重要的趋向就是脱碳和加氢路线两者将发挥各自的优势并驾齐驱协调发展，并形成以组合工艺为核心的互补平衡式重油加工流程，达到扬长避短、充分发挥各种重油加工工艺各自的优势。总体上讲，今后世界原油品质(包括非常规石油)将更为劣质化、重质化，以脱碳为主的焦化工艺仍将有着广阔的发展前景，但焦化产能提升将主要受控于炼油总产能的发展速度，焦化今后的主要发展方向和重点将是技术创新和在采用重油加工互补平衡式流程的炼厂中提升它的优化整合的效果，如包括加工原料高度优化整合(加工原油的多样性)、产品结构高度优化整合(主要是汽柴比)和加工工艺高度优化整合。

为反映近年来我国焦化所取得的丰富成就，撰写第二版的重点是技术进步，尤其是介绍了国内延迟焦化在科研和设计方面取得的技术进步和两套焦化引进装置工艺的先进性内容；介绍了在以焦化焦炭塔、加热炉和清、除焦设备等设备工程方面所取得的进步；介绍了有关焦化产品应用的新进展(如在日本近年来已产业化的油基针焦制备锂电池负极材料等)；介绍了通过全面推广加热炉的在线清焦延长焦化的运行周期；对于有关焦化的基础理论方面邀请中国石油大学王宗贤教授和赵锁奇教授撰写了“供氢热裂化及供氢焦化的理论与实践”和“重质油组成结构表征方法新进展——‘石油组学’概念及其在重油加工过程中应用”等章节；对于焦化环境保护工程也给予了重点的关注等。

需要说明的是，与第一版相比，第二版章节有所减少，少了两章。其中有关焦化腐蚀和防腐的内容分散在相关章节中叙述，关于延迟焦化装置过程控制和先进过程控制课题这几年发展很快，也取得了很好的成绩(如惠州炼化焦化装置 APC 控制等)，考虑到专业相差较远，这一章没有安排重写。

第二版我们邀请了黄大智教授、梁文杰教授二位老专家作为顾问对本书给予了重大指导和帮助；二版在邀请的作者数量和专业方面有较大的增加，邀请在这方面有造诣的学者、专家和年轻技术人员参加本书的编撰工作，其中包括有中国石化、中国石油、中海油和中国石油大学等单位；在编写过程中，戴宝华、陈勇、侯章贵等为本书提供了许多宝贵材料和帮助，在此谨向他们一并表示衷心的感谢！

第二版编写时间跨度较长，许多作者还身负现职，各类任务很重，都是挤出时间进行写作。同时受我们业务水平的限制，本书肯定存在许多不足和错误的地方，恳请读者多加批评、指正。

瞿国华

二〇一七年十二月谨识于上海

第一版序

21世纪世界石油资源供应将日趋紧张，从总体上讲，石油是一种紧缺的资源。从原油品质来讲，高含硫量、高密度和高金属含量原油生产的比例将越来越高，原油的品质将不断地重质化、劣质化，非常规石油利用将更加受到重视。这种趋势，我国也不例外。

延迟焦化炼油工艺作为一种重油热加工工艺，在加工重质、劣质原料方面有其独特的优势，同时，焦化工艺还具有技术成熟、适应性强、投资较低、能为乙烯工业提供原料以及提高炼厂柴汽比等一系列的优点，因此，无论是国外还是国内，近年来焦化扩建和新建产能增加很快。为了适应这种发展形势，我国急需有关焦化工艺方面的专著来推动焦化的技术进步和人才培训。

适逢其时，由瞿国华教授级高级工程师主编、国内有关石油炼制专家、教授精心编写的《延迟焦化工艺与工程》一书即将出版，这对于推动我国炼油焦化产业的发展是非常重要的一本专著。

该书以国内外石油焦化技术的理论和实践为基础，系统地介绍了重油热化学加工理论和焦化科学技术的工艺和工程方面的问题，突出了实用性、系统性和先进性，具有较高的学术水平和实际参考价值，是一本关于石油炼制工业焦化技术方面不可多得的好书。相信该书的出版对我国石油焦化科学技术的发展和人才培训将会有很好的促进和推动作用。

中国工程院院士 王基铭

二〇〇六年十一月

第一版前言

在中国石化出版社大力支持和领导下，由国内有关石油炼制专家、教授编写的《延迟焦化工艺与工程》一书即将出版，这对于推动我国炼油工业重油加工的发展是一件重要的事。

进入新世纪以来，世界石油资源供应日趋紧张，原油品质的重质化和劣质化趋势也越来越明显。延迟焦化作为一种重油热加工工艺，对于加工这一类原油有其独特的优势，它还具有技术成熟、投资较低、能提供乙烯裂解原料以及提高炼厂柴汽比等一系列的优点，因此国内外近年来焦化扩建和新建产能增加很快。目前我国已能自主承担设计、建设大型延迟焦化装置任务。从1995年至2005年期间，我国延迟焦化的加工能力已从13.28Mt/a增长至42.45Mt/a，10年间净增加产能29.17Mt/a。焦化加工能力占原油一次加工能力的比例也从1995年的6.64%增长到2005年的12.94%，10年间增长6.3个百分点。2005年我国延迟焦化加工能力占原油一次加工能力的比例远高于同年世界焦化加工能力占原油一次加工能力的平均比例(5.65%)，说明我国原油的加工深度已处于世界先进水平行列。为了适应这种发展形势，我国急需要有有关焦化工艺和工程方面的专著来推动焦化的技术进步和人才培训。为此，在本书内容选择方面我们更强调突出理论与实践结合的要求，强调对发展我国炼油焦化工业技术能起到一定的推动作用。在本书章节内容安排方面受到由我的老师、原北京石油学院教授左鹿笙先生翻译W. L. Nelson所著的《石油炼制工程》一书影响比较多(W. L. Nelson: Petroleum Refinery Engineering, McGraw-Hill Book Company, Inc. 1958)，该书对于世界炼油工业技术的发展有极为重要的影响。

本书编写过程中，各撰稿人、审稿人和出版社的有关工作人员出于对读者高度负责的精神，勤勤恳恳、精益求精地工作，到2006年底全书六易其稿，个别章节前后写了七至八稿。由于很多撰稿人担任十分繁忙的现职工作，为了完成写稿任务，大部分稿件他们是在业余时间内完成的，这样本书的编写时间就长了一些。好在我的老师梁文杰教授（中国石油大学）和我在兰州炼油厂工作时的老领导黄大智教授（原石油化工科学研究院常务副院长）给了我极大的帮助，他们不仅完成了一些主要章节的审稿任务，也亲自动手撰写了本书有关内容。

中国工程院院士、中国石油化工股份有限公司原总裁王基铭教授为本书写了序言，对于本书的顺利出版起到了很大的促进和鼓励作用。我还要由衷地感谢中国石化上海石化股份公司、中国石化石油化工科学研究院、中国石化工程建设公司、中国石化洛阳石化工程公司、中国石油大学、中国石油锦州石化公司和中国石化出版社等单位对于本书的编写和出版工作所给予的极大支持和帮助。

国内外有关延迟焦化的书籍很少，能参考到的文献资料，尤其是工业方面的资料也不多，加上编写时间跨度较长，编写任务重，同时受到我们业务水平的限制，本书肯定存在许多不足和错误的地方，请读者多加批评指正。

瞿国华

二〇〇七年九月

目　　录

第一章 绪 论

石油焦化(Petroleum Coking)加工过程是重质油热转化过程之一，也是一种石油炼制主要加工过程。该过程是以贫氢的重质油(如减压渣油、裂化渣油等)为原料，在高温和长反应时间条件下，进行深度热裂化和缩合反应的热加工过程，原料转化为气体、石脑油、汽油、柴油、重质馏分油和石油焦。石油焦化与常规热裂化过程的主要区别是原料转化深度不同，石油焦化过程的原料几乎可以全部转化，且生成大量的石油焦。现代石油焦化过程包括延迟焦化、接触焦化、流化焦化和灵活焦化等工艺过程，但目前炼油厂主要应用的有延迟焦化、流化焦化和灵活焦化等工艺过程[1~5]。

自20世纪初至今，世界上各国家采用的石油焦化过程主要有五种类型：①釜式焦化；②平炉焦化；③延迟焦化；④接触焦化；⑤流化焦化和灵活焦化。

世界上最早出现的是釜式焦化，其后是平炉焦化。随着管式热裂化发展，1930年出现了第一套延迟焦化装置。1949年试验成功了移动床接触焦化，1953年至1954年试验成功了流化焦化和灵活焦化，流化(灵活)焦化过程的出现，使得石油焦化工艺由固定床反应变化为流化床反应，操作得以连续化[1]。

在这五种主要石油焦化过程中，以延迟焦化工艺发展最快，应用最广泛。

延迟焦化(Delayed Coking)过程是石油焦化中的一种主要加工过程。该过程采用加热炉将原料加热到反应温度，并在高流速、短停留时间的条件下，使原料基本不发生或只发生少量裂化反应就迅速离开加热炉而进入其后绝热的焦炭塔内，借助于自身的热量，原料在“延迟”状态下进行裂化和生焦缩合反应，顾名思义称之为“延迟焦化”过程[1,2,5~8]。

包括延迟焦化和减黏裂化工艺在内的重质油热转化过程，是在没有催化剂的存在的条件下，单纯靠加热提高温度促使重质油转化的加工过程。重质油的热反应主要是裂解和缩合反应，遵循自由基链式反应原理，其特点是液相反应。延迟焦化的转化深度很深，采用较高温度及较长的反应时间，其原料几乎完全转化，且生成大量的焦炭[9]。

延迟焦化过程是炼油厂采用热裂化工艺改质和转化渣油(如常压渣油、减压渣油等)为气体、液体产品和浓缩碳物质的固体石油焦炭的工艺过程。根据炼油厂的原料性质和产品要求，通过改变操作条件可调节产品产率，如：多产汽油或柴油、多产裂化原料的蜡油(CGO)或多产焦炭。因此，延迟焦化过程已成为炼油厂提高轻质油收率和生产石油焦的主要加工工艺[2,5~8]。

延迟焦化工艺过程目前已能处理约60种原料，包括直馏渣油、减黏裂化后渣油、加氢裂化后渣油、裂解焦油和循环油、油砂、沥青、脱沥青焦油、澄清油、溶剂精制后的煤以及煤的衍生物、催化裂化油浆、炼油厂污油和污泥等。处理的原料性质范围广，一般康氏残炭为3.8%~45%，API度为2~20[10~12]。

延迟焦化工艺过程的产品有气体、汽油、柴油、蜡油和焦炭。该过程所产生的气体是炼油厂气体的主要来源之一，可用于燃料气，也可用作为制氢原料；焦化石脑油经加氢处理后可作为催化重整过程的原料，也是良好的乙烯裂解原料；延迟焦化过程所产生的汽油和柴油很不稳定，其中烯烃、硫、氮含量都比较高，必须进一步进行精制后方可作为产品；焦化蜡油一般作为催化裂化、热裂化或加氢裂化的原料，也可作为调和燃料。固体石油焦炭按其物理结构一般分为弹丸焦

(Shot Coke)、海绵焦(Sponge Coke)和针状焦(Needle Coke)。针状焦作为一种特殊焦炭，由特定的芳烃原料油生产。海绵焦和弹丸焦为普通焦炭[13]。石油焦炭一般用作燃料，并在炼铝、冶金、原子能和宇宙科学等方面得到广泛应用，石油焦炭经气化后可生产合成气、蒸汽和电力，合成气可用于制氢和石油化工原料，蒸汽和电力可供炼油厂自用或外输蒸汽及电力管网[8]。

延迟焦化过程是现代化炼油厂中仅有的一种间歇-连续的加工工艺。原料连续流经加热炉，为缩短原料在其中的停留时间，避免炉管结焦，而将结焦过程延迟到焦炭塔中进行，原料在焦炭塔中停留时间较长，此过程是间歇操作。一般延迟焦化装置中至少有两个焦炭塔，待一个焦炭塔处于在线充焦时，则另一个焦炭塔进行蒸汽吹扫、冷却、除焦、升压和暖塔操作，此过程是间歇操作。焦炭塔顶的油气又连续进入焦化分馏塔[6,7]。因此，整个延迟焦化装置仍具有连续操作的特点。

典型的延迟焦化装置由焦化部分、分馏部分、放空部分和焦炭处理设施组成[13]。

图 1-0-1 表示延迟焦化工艺过程与炼油厂其他工艺过程的组合[14]。

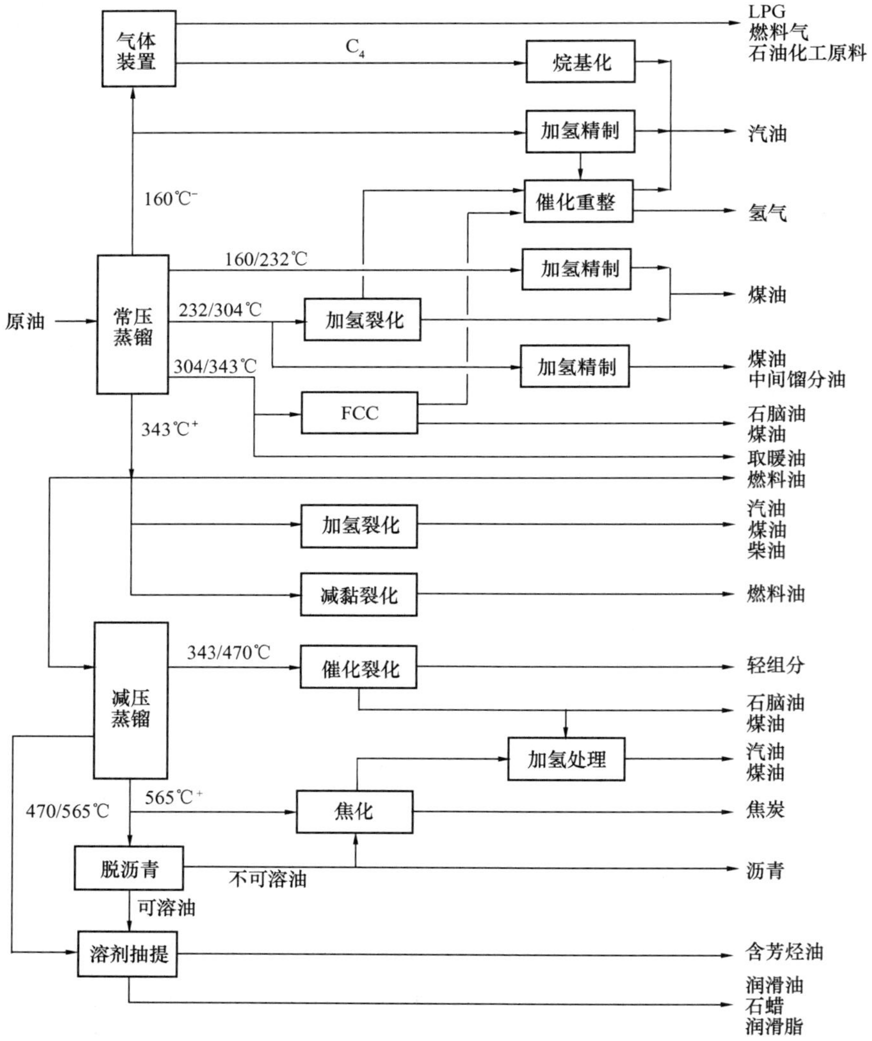

图 1-0-1 延迟焦化工艺过程与炼油厂其他工艺过程的组合

随着全球原油的劣(重)质化趋势和环境保护法规和条例对燃料质量和炼油厂排放都提出更严格要求，劣(重)质渣油的深度加工势在必行。美国《石油时代》评选渣油加工技术时指出“新一代炼油工艺有三个，即：渣油催化裂化、延迟焦化和灵活焦化及渣油加氢”。其中延迟焦化工艺过程因其技术成熟、原料适应性强、产品灵活性大、操作可靠性高以及投资和操作费用相对较低，目前已成为全球渣(重)油加工主要过程之一，未来也必将得到进一步的应用和发展[15,16]。

第一节 概 况

一、延迟焦化装置概况

由于延迟焦化装置具有工艺成熟、原料灵活大和投资低等优点，对许多炼油厂来说是优选的渣油加工方案。据美国能源信息署(EIA——Energy Information Agency)2000 年统计，延迟焦化在世界渣油改质工艺中约占 1/3[17,18]。

随着美国炼油厂加工原油质量逐渐变劣(重)趋势，1981 年至 2001 年，美国加工的原油平均相对密度和硫含量分别从 0.8517 和 0.88%提高到 0.8684 和 1.41%，相应地原油加工装置构成也随之发生了变化。在这段时期内，美国焦化装置加工能力增加 56%，加氢裂化装置和催化裂化装置加工能力分别增加 37%和 14%，而同期原油蒸馏装置加工能力仅增加 8%[10,19]。

在 1990 年至 2000 年的 10 年间，美国为延迟焦化加工工艺过程投资 70 亿美元，其中 30 亿美元用于增加生产能力，10 亿美元用于维持生产能力，30 亿美元用于该过程为满足政府空气清洁修正案的实施。2002 年，美国空军又着手进行一项包括将煤浆液化进行延迟焦化工艺的项目，该项目是将煤浆液化后经延迟焦化工艺过程得到含有较多芳烃的焦化馏分油，再经加氢处理，生产热稳定性好的大比重喷气燃料[20,21]，可见从焦化装置生产的喷气燃料具有一定的特点。

由于焦化装置的液体产物含有较高的烯烃和芳烃，只有后配加氢精制(处理)装置，才能得优质的中间馏分油。因此配有焦化装置的炼油厂比一般炼油厂的复杂程度高，如 2012 年 Solomon Associates LLC 公司评定的世界最好的中、大型炼油厂，配有焦化装置的炼油厂其复杂系数分别为 11 和 14[12,22,23]。在配有焦化装置的炼油厂中，其中 80%的炼油厂至少配有一套催化裂化装置，90%的炼油厂配有产品精制(处理)装置[12,18]。在北美约有 50%的该类型炼油厂配有加氢裂化装置和产品精制(处理)装置，用于加工焦化蜡油。一般有焦化装置的非北美炼油厂约有 25%的炼油厂也配有加氢裂化和加氢精制(处理)装置，同样用于加工焦化蜡油和精制产品[18]。

2000 年，世界焦化加工能力中，按原料计 55%的焦化加工能力在美国；按产量计 70%的焦化加工能力在美国[18]。2001 年，美国共新建 8 套延迟焦化装置，加工能力增加 14.85Mt/a，主要目的是加工更多的渣油和降低渣油燃料油量[10,19]。

2003 年，美国的 141 个炼油厂中有 56 个炼油厂共拥有 58 套焦化装置，其中 52 套是延迟焦化装置，4 套流化焦化装置和 2 套灵活焦化装置。美国同时拥有延迟焦化和灵活焦化的炼油厂，包括 ExxonMobil 公司的贝汤(Baytown)炼油厂有 2.20Mt/a 的延迟焦化装置和 2.31Mt/a 的灵活焦化装置；美国 Shell 公司的马丁内兹(Martinez)炼油厂有 1.43Mt/a 的延迟焦化装置和 1.24Mt/a 的灵活焦化装置。2003 年，美国 10 大炼油公司共拥有 41 套延迟焦化装置，占全美石油焦生产总量的78%[24]。

2010年，美国有60套延迟焦化装置，欧洲11套，中东4套，远东27套，显然美国延迟焦化装置是在加工重(中)质原油时的最佳选择方案。美国60套延迟焦化装置中，55%处理能力集中在墨西哥湾沿岸(PADD3)，13%处理能力位于中西部地区(PADD2)[25]。

到2014年，美国有炼油厂123座，原油加工能力为901.24Mt/a，其中60座炼油厂建有各类焦化装置(包括有5套流化焦化装置和2套灵活焦化装置等)，延迟焦化装置加工能力占全美原油加工能力的16.43%[26]。

2002年后的10年内焦化工艺曾以7%的速度逐步增长。在世界上焦化装置生产能力仍超过渣油加氢转化工艺[27]。

随着近年来美国致密油产量迅速增长，其某些独特的内在性质(如：低硫轻质、含有不常见/非常规杂质、高链烷烃含量、渣油收率低而石脑油和轻烃收率高)对美国现有(未来)炼油厂(装置)的投资、加工过程、装置配置和经济效益均将产生了一定的影响[27]。图1-1-1为未来美国炼油厂的投资项目[23]，从图中可以看出对炼油厂的投资类型发生了显著变化。由于高的轻、重质油比，以往的炼油厂主要以消耗轻质原油的代价提高重质油的加工量。现在正在发生的变化是向提高转化能力的投资方向的转变，提高蒸馏能力来加工更多的轻质原油，提高加氢裂化能力以配合原油蒸馏产能的提高。至2018年蒸馏能力和加氢裂化能力分别以17.50Mt/a和7.95Mt/a的增量增长，而同期美国焦化能力将不会再增加[23]。图1-1-2为未来全球炼油二次加工能力的变化趋势[38]。从图中可见，在未来全球炼油厂二次加工能力中，催化裂化能力仍然占据炼油厂总转化能力的最大比例，而加氢裂化能力的增长是三者中最大的，焦化能力的增长保持一定的比例。

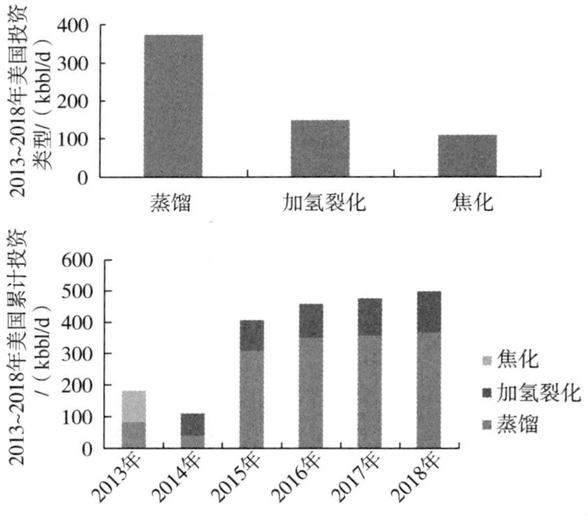

图1-1-1　未来美国炼油厂的投资项目

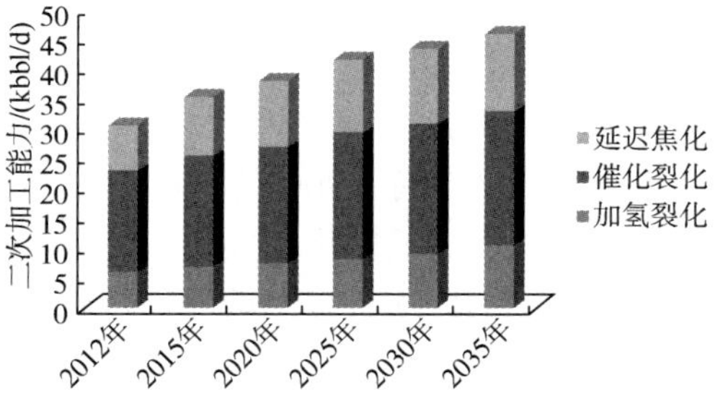

图1-1-2　未来全球炼油二次加工能力的变化趋势

(一) 世界焦化装置加工能力统计

自1929年世界上第一套延迟焦化装置在美国印第安纳(Indiana)州怀亭(Whiting)地区标准石油公司的印第安纳炼油厂投产以来，延迟焦化工艺已有80多年的发展历史[25]。据美国油气杂志2015年1月1日统计，2014年全世界共有643座炼油厂，原油总加工能力为4397.94Mt/a，美国的原油加工能力为901.24Mt/a，占世界原油总加工能力的20.49%，位居世界第一。2014年世界焦化装置总加工能力为264.39Mt/a，其中美国的焦化装置加工能力为148.09Mt/a，占世界焦化装置总加工能力的56.01%，位居世界第一。其次分别为中国、墨西哥、印度和委内瑞拉，其焦化装置加工能力分别为13.20Mt/a、10.51Mt/a、9.33Mt/a和7.97Mt/a，分别占世界焦化装置总加工能力的4.99%、3.98%、3.53%和3.01%[26]。

表1-1-1为2014年世界主要国家和地区炼油能力[26]，表1-1-2为2014年世界各地区一、二次加工能力的统计[28]，表1-1-3为2014年世界焦化装置排名前十位的国家[26]。

表1-1-1 2014年世界主要国家和地区炼油能力① Mt/a

名次	国家和地区	炼油厂数	原油蒸馏	焦化	热加工	催化裂化	催化重整	加氢裂化	加氢处理	润滑油
1	美国	123	901.24	148.09	1.84	278.47	149.90	95.25	681.84	11.81
2②	中国	56	377.10	13.20	0	35.99	11.95	16.85	27.17	0.95
3	俄罗斯	40	275.00	5.19	21.04	16.54	32.20	6.11	102.04	4.39
4	印度	23	232.14	9.33	3.99	25.42	2.22	8.28	9.57	0.44
5	日本	28	223.33	6.79	1.10	47.31	32.82	9.08	218.42	1.80
6	韩国	6	148.43	1.05	0	18.35	16.94	16.95	72.54	3.78
7	沙特阿拉伯	8	124.80	0	10.51	5.18	10.34	6.75	23.19	0
8	德国	15	109.39	5.73	16.96	17.49	17.27	9.59	92.52	0.75
9	意大利	14	102.32	2.48	18.09	16.05	10.28	14.24	51.00	1.27
10	加拿大	17	100.38	3.31	6.71	24.57	15.24	11.72	65.63	0.16
11	巴西	13	95.87	6.34	0.54	25.26	1.05	0	13.37	1.06
12	墨西哥	6	77.00	10.51	0	19.03	12.01	0	43.52	0.88
13	西班牙	9	71.38	3.36	8.21	9.57	8.46	6.58	38.79	0.51
14	法国	9	70.30	0	6.10	12.27	8.38	3.84	51.95	1.57
15	英国	8	70.09	3.73	5.59	17.39	12.21	1.80	50.34	0.74
16	新加坡	3	67.23	0	7.99	4.00	6.13	7.38	34.87	2.78
17	中国台湾省	4	65.50	2.81	0	10.90	4.95	1.25	31.61	0.81
18	委内瑞拉	5	64.11	7.97	0	11.59	2.13	0	18.32	0.64
19	荷兰	6	59.73	2.28	5.03	5.19	6.39	9.90	38.44	0.61
20	伊朗	8	58.35	0	10.93	1.75	5.81	5.33	8.47	0.49
	合计	643	4397.94	264.39	191.85	716.91	482.39	297.14	2091.66	43.04

① 换算系数：蒸馏、催化裂化、加氢裂化：1bbl/cd=50t/a；焦化、热加工：1bbl/cd=55t/a；加氢处理1bbl/cd=47t/a；催化重整：1bbl/cd=43t/a。

② 此表中有关我国的数据与实际出入较大——编者注；此表中我国数据不包括台湾省在内。

表1-1-2 2014年世界各地区一、二次加工能力的统计 Mt/a

地 区	炼油厂数	原油蒸馏	催化裂化	催化重整	加氢裂化	加氢处理	焦 化
非 洲	46	163.95	10.52	19.71	3.09	39.18	1.84
亚 太	163	1297.56	162.25	96.37	71.17	464.02	20.45
东欧及前苏联	89	530.60	44.76	63.07	19.78	202.49	12.95

续表

地　区	炼油厂数	原油蒸馏	催化裂化	催化重整	加氢裂化	加氢处理	焦　化
中　东	44	368.87	17.88	29.16	28.40	96.07	3.30
北　美	146	1078.61	322.06	177.15	106.98	790.99	140.30
南　美	64	292.60	58.24	12.76	6.62	58.96	16.64
西　欧	91	665.74	101.21	84.17	61.11	439.94	12.66
合　计	643	4397.94	716.91	482.39	297.14	2091.66	208.15

表 1-1-3　2014 年世界焦化装置排名前十位的国家

序号	国　家	炼油厂数	原油蒸馏/(Mt/a)	焦化/(Mt/a)	焦化加工能力占原油加工能力/%	焦化加工能力占世界焦化加工能力/%
1	美　国	123	901.24	148.09	16.43	56.01
2①	中　国	56	377.10	13.20	3.50	4.99
3	墨西哥	6	77.00	10.51	13.65	3.98
4	印　度	23	232.14	9.33	4.02	3.53
5	委内瑞拉	5	64.11	7.97	12.43	3.01
6	日　本	28	223.33	6.79	3.04	2.57
7	巴　西	13	95.87	6.34	6.61	2.40
8	德　国	15	109.39	5.73	5.24	2. 17
9	俄罗斯	40	275.00	5.19	1.89	1.96
10	阿根廷	10	30.56	5.02	1.64	1.90
	合计	645	4376.44	218.87	6.01	82.52

① 此表中有关我国数据与实际出入较大；此表中我国数据不包括台湾省在内。

从地区来看，2014 年世界石油焦产量共计 208.15Mt，其中北美地区 2014 年的石油焦产量为 140.30Mt，占同年世界石油焦总产量的 67.41%，居世界各地区的首位，其次为亚太、南美和东欧及前苏联地区，其石油焦产量和石油焦产量占世界石油焦总产量的比例分别为 20.45Mt、16.64Mt 及 12.95Mt 和 9.82%、7.99%及 6.22%。

据 2014 年底统计，我国实际运转的延迟焦化装置共有 110 余套，总加工能力为 98.51Mt/a 仅次于美国，居世界第二位。如按占原油加工能力(2014 年我国原油加工能力为 702.00Mt/a)计算，则我国延迟焦化装置加工能力占原油加工能力的 14.03%，列世界第二位[26,29]。

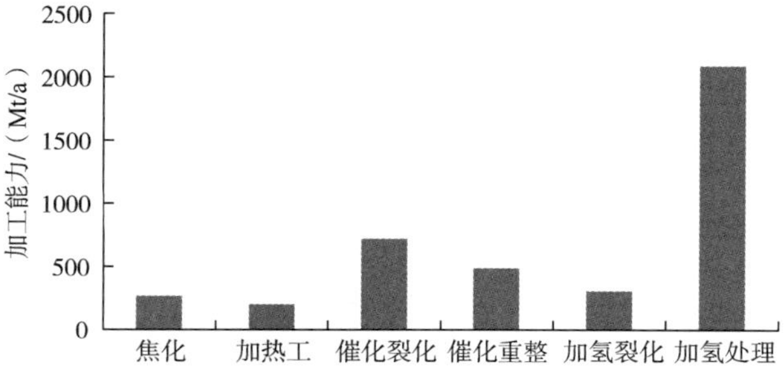

图 1-1-3　2014 年世界各炼油加工工艺的加工能力

图 1-1-3 为 2014 年世界各种炼油加工工艺的加工能力[26]，图 1-1-4 为 1990～2014 年世界焦化装置加工能力[26,30,31]，图 1-1-5 为 1946～2014 年美国焦化装置加工能力[5,26,30,31]，图 1-1-6为 2001～2014 年世界和美国焦化能力占原油加工能力的比例[26,30,31]，图 1-1-7 为各

种焦化形式的比例[26,30,31]。

（二）我国延迟焦化装置概况

我国自1963年在抚顺石油二厂投产第一套产能为0.30Mt/a延迟焦化装置后，50余年以来，我国的延迟焦化工艺技术、工程设计和装置建设都取得了较大的进展，特别是20世纪90年代以来，我国的延迟焦化工艺得到了快速发展，建设了多套百万吨级装置。

1995年至2000年期间，我国延迟焦化装置加工能力从13.28Mt/a增长至21.14Mt/a，5年期间净增加7.86Mt/a，约增长59.19%。延迟焦化装置的加工能力占原油一次加工能力的比例也从1995年的6.64%增长到2000年的7.71%，5年间增长16.11%。2000年我国延迟焦化装置加工能力占原油一次加工能力的比例远高于同年世界焦化装置加工能力占原油一次加工能力的平均比例5.56%。说明延迟焦化工艺在我国原油深度加工中具有举足轻重的地位[32,33]。

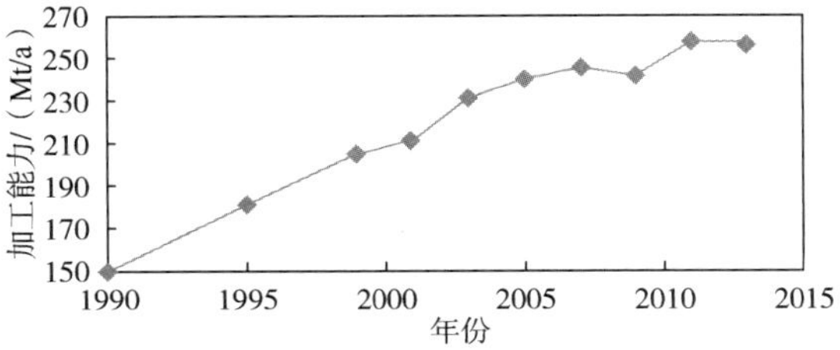

图1-1-4　1990~2014年世界焦化装置加工能力

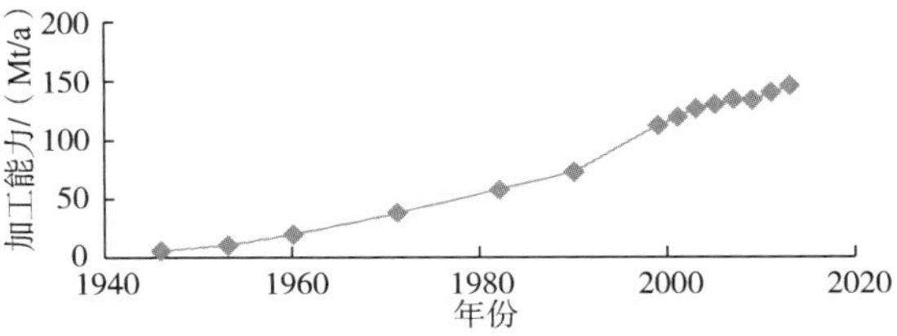

图1-1-5　1946~2014年美国焦化装置加工能力

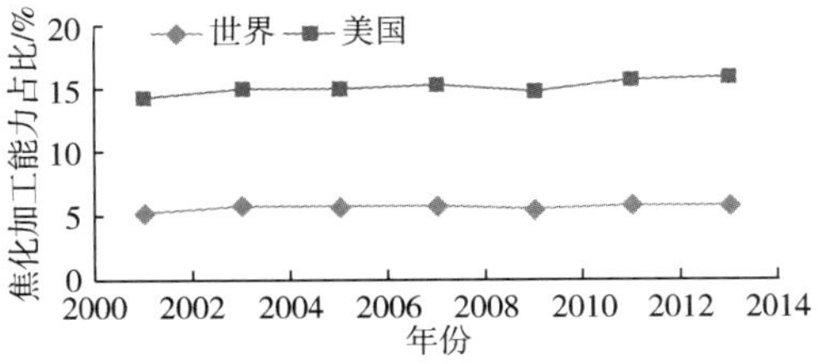

图1-1-6　2001~2014年世界和美国焦化能力占原油加工能力的比例

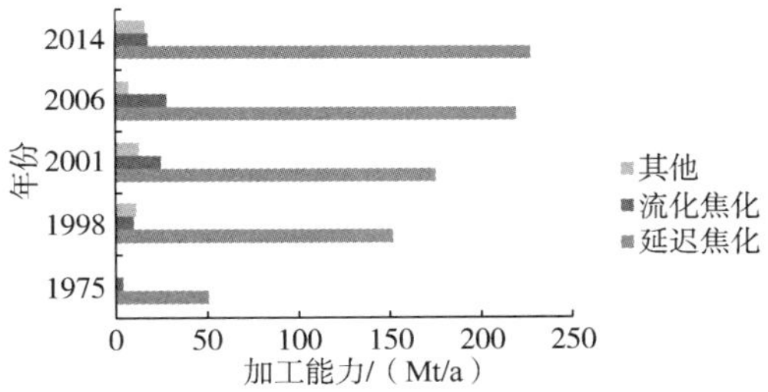

图1-1-7　各种焦化形式的比较

2000年至2014年期间，我国延迟焦化装置加工能力从21.14Mt/a增至98.51Mt/a，14年间净增加77.37Mt/a，约增长4.65倍。2014年底我国110余套延迟焦化装置的总加工能力为98.51Mt/a，占同年原油一次加工能力的14.03%，高于同年世界平均数6.01%[29,32,36]。

图1-1-8为我国延迟焦化加工能力的增长[29,35,36]，图1-1-9为我国2000年和2014年各炼油装置加工能力和同年世界各炼油装置加工能力的比较[26,29,32,35,36]，图1-1-10为我国延迟焦化装置加工能力和美国焦化装置加工能力分别占各国原油加工能力比例的比较[26,29,32,35,36]。

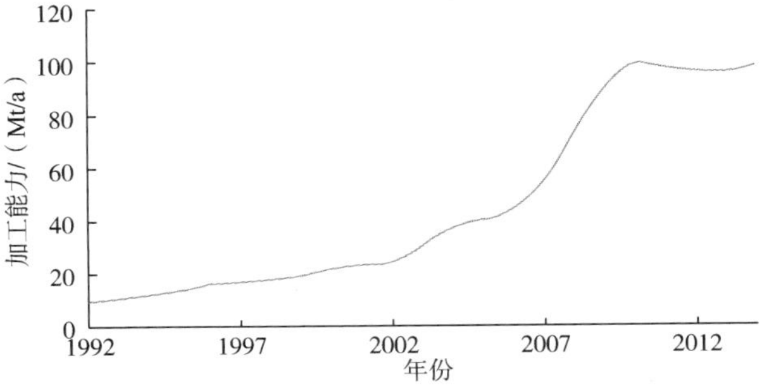

图1-1-8　我国延迟焦化加工能力的增长

从这些图中可见，2000年后我国的

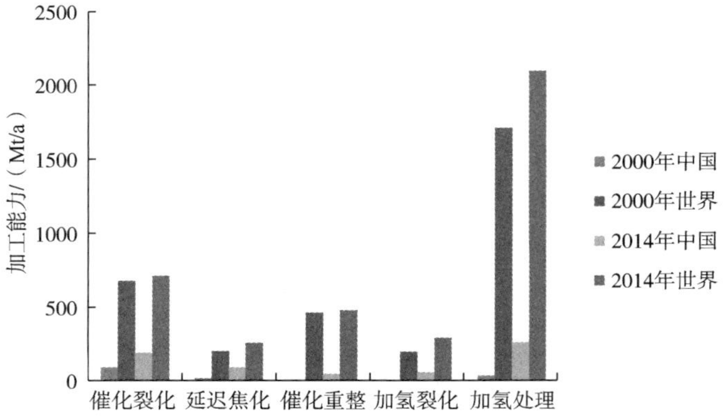

图 1-1-9　我国 2000 年和 2014 年各炼油装置加工能力和同年世界各炼油装置加工能力的比较

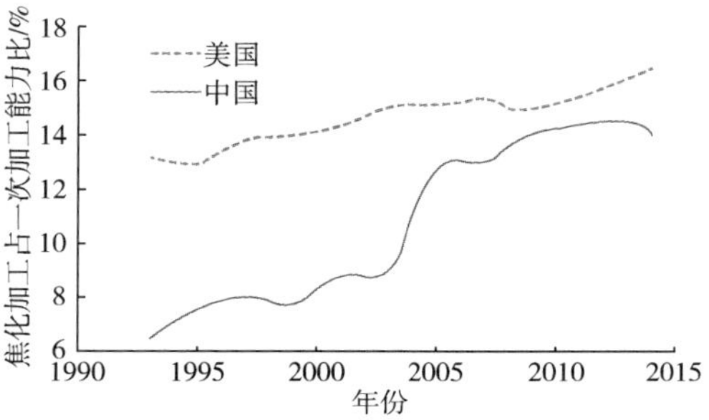

图 1-1-10　我国延迟焦化装置加工能力和美国焦化装置加工能力分别占原油一次加工能力比例的比较

延迟焦化装置加工能力呈现快速发展的态势，而美国的焦化装置自 2000 年后呈平稳发展趋势，但焦化占原油一次加工的比例始终高于我国。其次，我国延迟焦化装置加工能力占原油一次加工能力的比例，从 2000 年的 7.71%已升至 2014 年的 14.03%。

二、近期世界建设和投产的延迟焦化装置

（一）近期世界计划建设和投产的延迟焦化装置

由于美国的致密油和凝析油产量的增加（页岩油也属于致密油），促使美国炼油业对炼油装置结构及时做出了调整和重组，包括调整利用减压蒸馏或延迟焦化等加工渣油的能力以及通过加氢裂化和催化裂化大量加工瓦斯油的能力。其次，世界上绝大多数的延迟焦化装置均于世界原油价格低于每桶 20 美元时建设的，2014 年美国焦化能力约占世界焦化总能力的 15%[26]。随着世界原油市场价格变化和世界范围内渣油加氢工艺装置增多，近年来美国延迟焦化工艺装置的建设速度放缓，甚至未来可能出现停滞建设的趋势[37,38]。但据最近报道，美国 ExxonMobil 公司将投资 10 亿美元在比利时其所属的安特卫普（Antwerp）炼油厂新建一座延迟焦化装置，以加工含硫重质渣油生产运输燃料，如船用柴油等[39]。2011～2013 年，美国新增焦化装置加工能力为 11.00Mt/a，包括 BP 公司和 Motiva 公司的怀亭（Whiting）和阿瑟港（Part Authur）炼油厂新建 5.61Mt/a 的焦化装置，扩建各自的 2.20Mt/a 延迟焦化装置和 WRB 公司的伍德河（Wood River）和博格（Boeger）炼油厂延迟焦化装置等[40]。

印度 Mangalore 炼油化工公司在其产能 9.70Mt/a 的 Mangalore 炼油厂新建的 3.00Mt/a 延

迟焦化装置已投产。2014~2018年印度将计划建Jamnagar RIL等3座炼油厂的焦化装置，新建Panipat-locl等6座炼油厂的焦化装置，新增焦化加工能力约8.10Mt/a，预计2018年焦化加工能力可达到26.00Mt/a。

2014~2018年巴西计划在其中南部的RNEST等9座炼油厂建设新的焦化装置，新增焦化能力约7.30Mt/a。

中东和北非地区由于传统上用燃料油发电，多数炼油厂不设置延迟焦化装置，减压渣油多数用于调和燃料油。2013年该地区延迟焦化总加工能力为11.00Mt/a。近年来为了满足日益增长的轻质油品和清洁燃料的需求，以及适应劣(重)质原油的加工，该地区新增加氢裂化/加氢处理(精制)装置以及新(扩)建延迟焦化装置来提高渣油的轻质油收率和降低油品的硫含量。预计未来5年内，该地区新增延迟焦化加工能力约8.00Mt/a，2018年该地区的延迟焦化装置总加工能力约达到20.00Mt/a，是全球焦化装置增长最快的地区之一。该地区的沙特阿美公司和Total公司合资建设的Satorp炼油厂的2.20Mt/a延迟焦化装置已于2013年年底开工。沙特阿美公司和中石化合资建设的Yasref炼油厂内的2.20Mt/a延迟焦化装置于2014年底顺利投产。科威特Mina Ahmadi炼油厂将新建延迟焦化装置，新增焦化加工能力2.00Mt/a，科威特Al-Zour地区规划建设一座30.00Mt/a炼油厂，其中新建焦化装置产能为3.00Mt/a。阿联酋的Ruwais炼油厂的升级改造项目中，计划新建渣油加氢装置和0.90Mt/a的焦化装置。此外，埃及的苏伊士石油集团在炼油厂升级改造项目中也规划了新建延迟焦化装置项目[40]。

(二) 近期建设的大型延迟焦化装置的典型案例

1. 印度信任石油公司的贾姆纳格尔炼油厂[35,39,41,44]

1999年印度信任石油(Reliance Petroleum)公司投产的贾姆纳格尔(Jamnagar)炼油厂的“四炉八塔”形式的6.75Mt/a延迟焦化装置。该炼油厂已累计加工100余种原油，具备加工多种高硫重质原油的能力。该炼油厂的延迟焦化装置采用美国Foster Wheeler公司的可选择液体收率(SYDEC)专利技术，多产焦化重瓦斯油，少产石油焦的单系列装置设计，是当时也是目前世界上单套新建规模最大的延迟焦化装置，延迟焦化装置加工能力占原油加工能力的22.6%。装置的焦炭塔直径为29ft(ϕ8839mm)。该装置的焦化轻石脑油用作化工轻油原料，重石脑油作为催化重整装置原料，轻瓦斯油作为柴油原料组分，重瓦斯油为催化裂化装置原料，高硫石油焦则作为循环流化床锅炉(CFB)燃料。据报道，该装置目前实际产能已达到6.86Mt/a，占全印度延迟焦化装置产能的73.52%[41]。该公司拟在Jamnagar地区再建一座出口型炼油厂，该炼油厂中也有一座采用Foster Wheeler USA公司的SYDEC专利技术的延迟焦化装置，采用四炉八塔形式，四个加热炉均采用该公司的Terrace Wall™专利技术[44]。

2. 美国马拉松阿希兰石油公司的加里维尔炼油厂

2001年10月，美国独立的Marathon Ashlanet Petroleum LLC公司，在美国路易斯安那州的加工能力为11.60Mt/a的加里维尔(Garyvill)炼油厂，投产了一套“一炉两塔”形式的延迟焦化装置，装置加工能力为1.90Mt/a，二座焦炭塔的直径均为30ft(ϕ9140mm)，该装置历经几次改造后目前装置加工能力已增加到4.88Mt/a。装置采用的Conoco-Bechtel公司的延迟焦化专利技术[20,31,41]。

3. 美国ExxonMobil公司的贝汤炼油厂

2001年底，美国ExxonMobil公司的加工墨西哥玛雅原油的25.85Mt/a的贝汤(Baytown)炼油厂，投产了一套处理能力为2.20Mt/a的延迟焦化装置，而该炼油厂已有加工能力为2.75Mt/a的灵活焦化装置。该套延迟焦化装置采用“一炉两塔”形式，焦炭塔直径为29.8ft

（ϕ9100mm），单塔处理能力为 1.10Mt/a[20,31,41]。

4. 美国 Permcor 公司的阿瑟港炼油厂

2002 年，美国 Permcor 公司的阿瑟港（Port Arthur）炼油厂的 4.40Mt/a 的延迟焦化装置，扩建为 5.78Mt/a，以使炼油厂增加更多加工廉价的低劣质原油的能力和减少重质燃料油[20,31,41,45]。

5. 委内瑞拉 Orinoco 超重原油改质工厂

委内瑞拉 Orinoco 超重原油改质工厂共有四座，分别于 2001~2004 年投产，目前仍在运行。加工超重原油的能力为 6.00~9.00Mt/a，总加工能力为 26.2 Mt/a。Orinoco 原油分别来自委内瑞拉本国的 Zuata、Cerro Negro 和 Hamaco 地区，分别生产低硫无渣油轻合成原油和高硫含渣油重合成原油。这些改质工厂的核心装置均为延迟焦化装置，石油焦生产量为 2040~3650t/d，总石油焦生产量为 13540t/d[35,37,40,46]。表 1-1-4 为委内瑞拉 Orinoco 超重原油改质工厂中延迟焦化装置概况[35,46]。

表 1-1-4　委内瑞拉 Orinoco 超重原油改质工厂中延迟焦化装置概况

工厂名称	专利公司	专利名称	形式	焦炭塔直径/mm	石油焦产量/(t/d)
Petroanzoategui（原名 Petrozuata）	Conoco Phillips	ThruPlus	两炉四塔	ϕ8534	3200
Petromanages（原名 CerroNegro）	Foster Wheeler	SYDEC	两炉四塔	ϕ7925	2040
Petrocedeno（原名 Sincor）	Foster Wheeler	SYDEC	三炉六塔	ϕ8534	4650
Petropiar（原名 Ameriren Hamaca）	Foster Wheeler	SYDEC	两炉四塔	ϕ8840	3650

其中，Petrocedeno 改质工厂投资为 3.5 亿美元，原油加工能力为 14.00Mt/a，加工 Zuata 原油，含硫量 4.2%，API 度为 8，康氏残炭为 15%，生产低硫无渣油合成原油，该改质工厂的延迟焦化装置加工能力 4.90Mt/a，该装置为“三炉六塔”形式，每座焦炭塔为 28ft×120ft（ϕ8540mm×36600mm），循环周期 16h，并设有一个 1.00Mt 的储焦池，装置采用安全联锁和程序控制[35,37,46]。

6. 美国康菲公司的斯维尼炼油厂

2005 年建成的美国康菲（Conoco-Phillips）公司投资 4.5 亿美元为斯维尼（Sweeny）炼油厂新建一座“两炉四塔”形式的 3.70Mt/a 的延迟焦化装置。该装置主要加工 100%委内瑞拉 Merey 原油的减压渣油，该种原油 API 度为 15.5~16.5，硫含量 2.62%，酸值 2.0mgKOH/g，加工过程中，拔出深度为 560℃，残炭为 29.6%。该装置采用康菲公司的 ThruPlus™ 馏分油循环专利技术（为 Conoco-Bechtel 公司的一种延迟焦化专利技术），循环比为 0.04~0.05，生焦量为 4500t/d，焦炭硫含量 4.0%~4.5%，生焦周期 10h，在线清焦间隔为 2~3 月，设计运行周期 7 年（保证 4 年），并采用了自动底阀和手动顶盖机技术，自行开发的加热炉模拟软件，计算机控制的切焦系统和相应运输系统等。该装置的焦炭塔尺寸为 ϕ9000mm×39000mm，重达 476t，该炼油厂正在建设利用石油焦为原料生产氢气和 SNG（氢气和 IGCC 发电）设施[26,39]。

7. 美国德士古公司的 EECP 工厂

美国德士古(Texaco)公司和美国能源部签订合同，建设一座 Early Entrance Co-Production(EECP)工厂，主要将石油(石油焦)和煤转化成优质运输燃料、电力、热能。这意味着延迟焦化工艺将用于烃合成液体燃料、电力、热能新纪元的开始[48]。

三、世界石油焦的供需关系和未来发展

(一) 世界石油焦的生产量

2013 年，世界石油焦生产量为 126.38Mt，其中北美地区为 61.46Mt，占世界石油焦几乎一半的生产量，位居世界各地区第一位。其次为亚太地区 36.72Mt，而中东及北非地区仅为 3.65Mt。表 1-1-5 为 2013 年世界石油焦生产量(按地区分布)[26]，图 1-1-11 为世界石油焦生产量(1975~2013 年)[24~27,49,50]。

表 1-1-5　2013 年世界石油焦生产量(按地区分布)

地　区	石油焦生产量/(Mt/a)	石油焦生产量占世界石油焦生产的比例/%
北　美	61.41	48.60
亚　太	36.72	29.10
拉　美	14.69	11.62
欧　洲	9.91	7.84
中东及北非	3.65	2.89
合　计	126.38	100.00

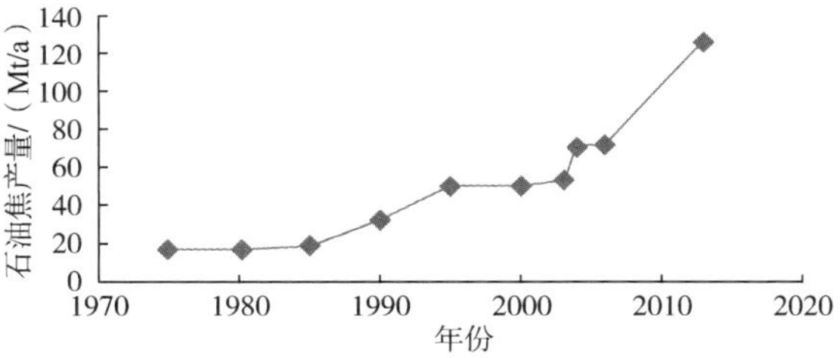

图 1-1-11　世界石油焦生产量(1975~2013 年)

美国是世界上石油焦主要生产大国，2013 年石油焦生产量为 57.68Mt，占世界石油焦生产总量的 45.64%，位居世界第一位。中国、印度、巴西、加拿大和墨西哥的石油焦生产量在世界上也占有一定地位，2013 年其石油焦生产量分别为 24.77Mt、5.28Mt、4.00Mt、3.73Mt 和 1.67Mt[40]。

(二) 世界石油焦的消费量

全球石油焦生产量随着全球原油加工量的增加而增加。2013 年全球石油焦供需基本平衡。一般碳素级石油焦主要用于电解铝行业和钢铁行业，燃料级石油焦主要用作电厂、水泥厂、玻璃厂和炼油厂的燃料[40]。

2013 年，全球石油焦生产量中，高硫含量燃料级石油焦产量占 70%左右，估计为 88.00Mt 以上，碳素级石油焦产量仅占 30%左右。

美国的石油焦除主要用于炼油厂自用外，还供给电厂和水泥厂等行业。美国石油焦消费量基本保持在 21.00~25.00Mt，2013 年消费总量为 22.97Mt，比 2009 年下降 7%。2013 年美国石油焦生产量中燃料级石油焦生产量约为 45.43Mt，占全部石油焦总生产量的 79%。当年美国石油焦的出口总量达到 34.71Mt，主要出口国有中国、日本、墨西哥、印度、巴西、

土耳其和加拿大等，其中出口到中国、日本和墨西哥的石油焦分别为6.63Mt、4.17Mt和2.78Mt，分别占美国石油焦出口总量的19%、12%和8%。

印度2013年石油焦消费量为6.91Mt，而生产量仅为5.28Mt，供应缺口为1.63Mt，缺口也从美国进口来补充。印度石油焦的供求不平衡局面，估计还将持续到2018年[40]。

2013年，中东及北非地区石油焦消费量为3.20Mt，而生产量约为3.65Mt，供需基本平衡。在中东及北非地区石油生产量中燃料级石油焦为78%，约2.85Mt，主要用于煅烧和水泥行业。用于钢铁和煅烧行业的碳素级焦炭仅为0.80Mt左右[40]。

（三）我国石油焦的供需关系

我国石油焦市场总体而言仍然处于供不应求的局面，2013年我国石油焦生产量为24.77Mt，同比增加2.2%，同年石油焦消费量为32.97Mt，缺口8.20Mt由进口补充。2013年，我国共进口石油焦9.32Mt，同比上升34%，而出口则为1.12Mt，同比下降6%。我国石油焦主要进口国家和地区为美国、加拿大、印度、我国台湾省、墨西哥和印度尼西亚，其中美国是中国石油焦最主要的供应地区。2013年美国向中国出口6.63Mt，同比增长18%，占我国全部进口石油焦总量的71.2%，其次为加拿大约1.21Mt，占进口量的13%[32,34,40,51]。

2013年我国石油焦生产量中，燃料级石油焦生产量约9.60Mt，仅占石油焦生产总量的39%。我国石油焦主要用于电解铝业，其次为玻璃行业，分别为15.32Mt和3.50Mt，分别占石油焦消费量的46.5%和10.6%，其他应用行业包括炼油厂CFB自用、热电厂和水泥厂等[40]。高硫石油焦制氢及化工用途已经开始，随着我国华东及西南地区利用燃料级石油焦制氢、制氨技术的发展，越来越多的燃料级石油焦流向该领域。2013年中国石油焦行业除传统的电厂、玻璃厂和水泥厂需求外，化工需求明显增加。2013年进口石油焦流向化工用途的数量大约在900kt左右，同比增加约600kt[36]。图1-1-12为我国石油焦生产量（1998~2013年）[32,34,40,51]。

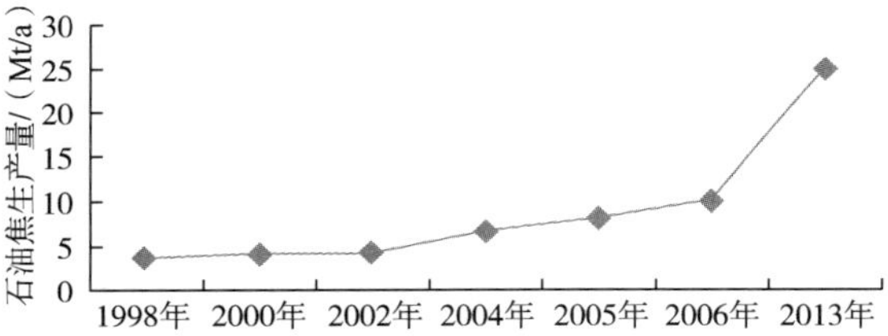

图1-1-12　我国石油焦生产量（1998~2013年）

（四）未来世界石油焦发展展望

预计，2014~2018年全球石油焦生产量的年均增长率约为3.5%，估计2018年将达到144.00Mt，增量部分中约80%来自亚太、中东和拉美地区。预计，2018年全球燃料级石油焦生产量将达到107.00Mt，占石油焦生产总量的比例将上升至74%[40]。

预计，未来3~5年美国石油焦生产量的年均增长率约为1.5%，低于世界石油焦生产量的年均增长率3.5%。估计2018年美国石油焦生产量将达到61.22Mt，其中燃料级石油焦生产量约为49.94Mt，占美国石油焦总生产量的82%。由于美国页岩油和加拿大油砂生产能力迅速发展，这对美国原油加工结构产生很多影响。从中长期看来，预计2020年后美国石油焦生产量将呈下降趋势，但未来20年内美国仍然会是世界石油焦供应的中心[40,49]。

未来加拿大石油焦生产量在保持现状条件下略有增长，2018年石油焦生产量估计为4.00Mt。未来墨西哥随着国内石油焦需求量的上升，不再出口石油焦。2018年墨西哥石油生产量将超过2.00Mt，供需基本平衡。随着国民经济的快速发展，预计2018年巴西石油焦将新增2.50Mt，达到6.50Mt。由于国内石油焦需求量大幅上升，未来巴西石油焦出口量仍将保持低位水平。印度的炼油能力仍保持快速发展，预计2018年，石油焦生产量将达到7.53Mt，而需求量为9.75Mt，缺口仍由进口补充。中东和北非地区预计2018年石油焦生产量将增至7.80Mt[40]，表1-1-6为世界一些国家和地区石油焦生产量(预计值)[26]。

表1-1-6　世界一些国家和地区石油焦生产量　　Mt

年份	美国	中国	印度	巴西	加拿大	墨西哥	中东及北非地区	全球
2013年	57.68	24.77	5.28	4.00	3.73	1.67	3.65	126.38
2018年(预计值)	61.22	30.11	7.53	6.50	4.00	2.00	7.80	144.00

我国随着原油加工量和延迟焦化装置的加工能力的增长，石油焦生产量仍将持续增长，预计2018年我国的石油焦生产量约为30.11Mt，其中燃料级石油焦生产量约为13.55Mt，占石油焦总生产量的45%。与2013年相比提高6个百分点[40]。

随着我国城镇化进程的推进，未来我国汽车工业、房地产相关产业对石油焦的需求仍存在较大的空间。在电解铝、玻璃、电厂和水泥厂等行业发展的带动下，我国石油焦需求仍将保持继续增长的趋势，但增速会减缓。估计2018年我国石油焦需求量为37.11Mt，石油焦净进口量为7.00Mt[40]。

第二节　延迟焦化工艺的发展历程

一、延迟焦化工艺发展的历史沿革

(一)延迟焦化工艺是在热裂化工艺的基础上逐渐发展的一种热加工过程

1. 延迟焦化工艺的发展是以热裂化工艺为基础

延迟焦化工艺是一类深度热裂化过程，它的发展主要是在热裂化工艺基础上逐渐发展起来的。

早在20世纪初期，随着原油产量的增加和石油产品用途的扩大，在蒸馏技术上首先出现了管式炉加热法，这种方法很快被应用于破坏蒸馏和干馏法上，这就形成了连续式的热裂化和半连续式的焦化等石油加工工艺。连续式热裂化工艺的奠基人是J. Dubbs，他于1913年提出在管式炉中加热快速流动油料的方法。后来由其子及其合作者于1915年组成美国环球油品(UOP)公司进行了开发，到1919年在美国有几家炼油厂建成了半工业性的装置，运转周期只有10d。这种原始的热裂化装置产量很低(处理量6.4t/d)，设备也很简陋，只有一台加热炉、一台反应器和一个分馏塔(图1-2-1[55])。1928年以后，由于采用了热油泵和较大的反应器而增加了处理量，才逐渐形成现代热裂化的雏形。到1932年第一套选择性双炉热裂化装置正式投产，证明了双炉设计优越于早期的单炉设计，运转周期也较长[1,2,52~55]。

在热裂化过程中，如果把原料进一步裂化、缩合成焦炭，这时汽油和轻馏分的收率都可增加。在1920年至1932年期间，有些炼油厂在操作热裂化装置时，简单地关闭反应器底部放出阀、提高反应温度或把300℃以上的重馏分油全都循环回去，这样就形成了焦化法。虽然可多获得了汽油和柴油，但反应器中很快就充满了焦炭，只能在停工、除焦、清理后再开工，这就是当时称之为“间断循环焦化装置”。后来采用了两个反应器(即焦炭塔)，运转周期也只加长了一倍。1933年，英国布尔玛(Burmah)油品公司发展了用四通阀切换焦炭塔的技术以后，Dubbs焦化法才形成了能连续运转的装置[52~55]。

在采用增加循环比和汽油以上的馏分全部循环时，形成了“Dubbs终极焦化”，终极焦化仅生成气体、汽油和焦炭三种产品，在当时是被认为多产汽油的一种好方法。1934年在美

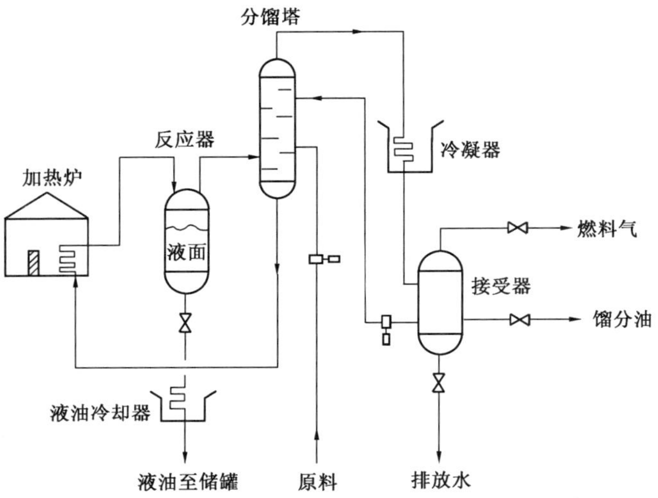

图 1-2-1　原始的 Dubbs 热裂化装置

国宾州的肯德尔(Kendall)精炼公司，以宾州原油的馏分油为原料，采用终极焦化法，首先生产出一种具有特殊性质的焦炭。这就是著名的 Kendall 焦，这种焦炭即为专利或文献中提到的原始针状焦。

由于终极焦化的循环比较大，焦化加工的处理量受焦炭塔中的油气流速限制，英荷壳牌(Shell)公司开发了一种外部处理焦化装置的技术，即：采用一套双炉选择性热裂化装置和一套焦化装置组合而成。焦化装置直接处理热裂化装置的渣油，这样在很大程度上扩大了加工能力。第一套这种装置于 1936 年建设在英荷壳牌公司所属的炼油厂内[56,57]。

1912 年至 1935 年间，柏顿(Burton)工艺由在美国印第安纳州的怀亭(Whiting)的美国标准石油公司(Standard Oil Co.)开发的柏顿工艺过程以瓦斯油转化为汽油同时生产石油焦，Dubbs 工艺和其他热裂化工艺也生产石油焦[52,57]。

1929 年，美国标准石油公司在美国的印第安纳州的怀亭建设了世界上第一座延迟焦化装置[12,52~58]。

延迟焦化工艺组合了热加工工艺的一些特点并以此为基础而进一步得到发展。焦化装置采用加热炉加热形式以及采用两个焦炭塔，以便保持具有连续操作的特征。

20 世纪 40 年代之前，热裂化工艺是增加炼油厂汽油产率和提高汽油辛烷值(一般从 40 左右提高到 60 左右)的重要手段。其他许多石油炼制过程也是在热裂化工艺过程的实践中逐渐成熟起来的。图 1-2-2 为各种渣油热加工的裂化深度[54]。

20 世纪 40 年代后，由于催化裂化工艺过程的优越性和原油减压闪蒸的出现，热裂化-焦化工艺开始衰减，在这段期间，只有极少数的热裂化-焦化装置建成，而那些在 1930 年以前建成的大部分装置，也都相继关闭或改造成其他类型的装置。

此后，随着催化裂化装置对原料油需求量的增加和减压渣油的充斥市场，热加工工艺过程又再次兴起，20 世纪 50 年代初又大量出现“低压焦化”和“延迟焦化”，其目的是从减压渣油为催化裂化工艺生产原料，如果石油焦质量较好，又可用于炼铝业，为炼油厂增加经济效益[52]。

1955 年之前建设的延迟焦化装置均是小型化的并且操作也不稳定。1955 年至 1975 年世界延迟焦化装置的年增长率为 6%，1965 年至 1970 年期间世界延迟焦化装置的年增长率为

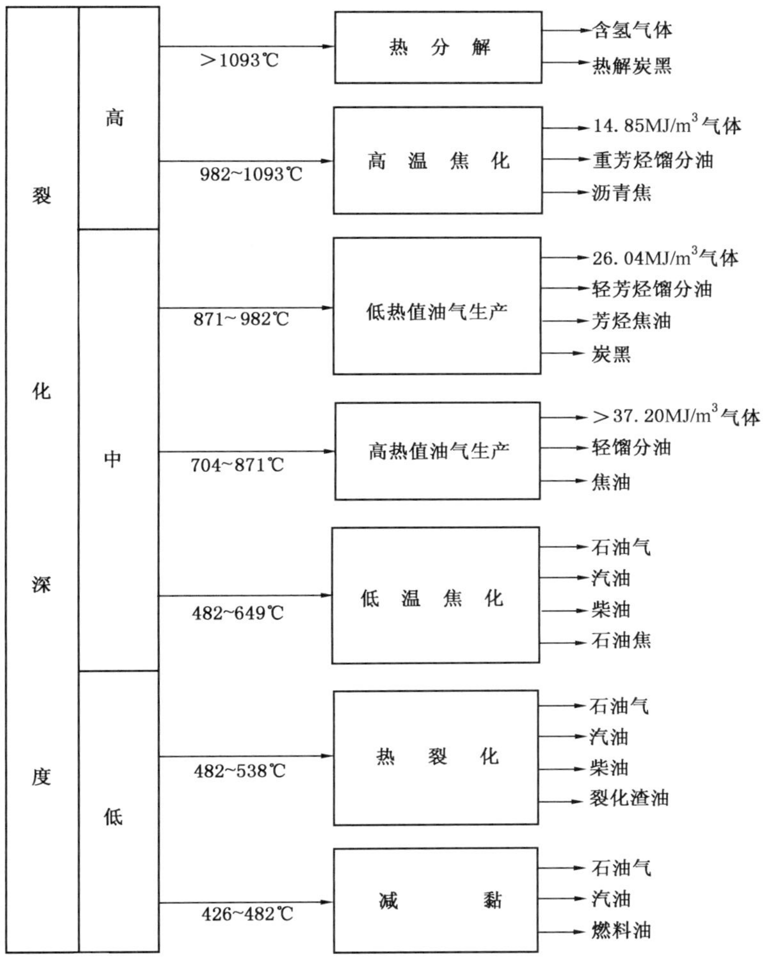

图 1-2-2 各种渣油热加工的裂化深度

11%[56]。以后，延迟焦化工艺和流化催化裂化工艺是同步发展，而热裂化工艺则出现迅速下滑[57]。

2. 现代延迟焦化工艺的发展取决于水力除焦技术的发展

现代延迟焦化工艺过程的开发成功，很大程度上取决于水力除焦方法的开发和应用。在延迟焦化工艺发展过程中对焦炭塔的除焦方法，曾给予了很大的关注。早期甚至用炸药做过爆炸试验。在水力除焦方法开发以前，普遍采用的是钢丝绳除焦方法，即：在焦炭塔充焦前的空塔内，用钢丝绳从焦炭塔的顶部至底部盘绕成圈并系结在细铁丝上，当塔内充满焦炭后，打开头盖，把钢丝绳与卷扬机联结，用卷扬机将钢丝绳拉出，焦层即被拉成碎块而进行出焦，这种除焦方法常常因钢丝绳太细被拉断而造成危险，同时，留在焦炭塔四周壁上的焦炭，操作工只有进入焦炭塔内进行手工操作清除，常发生严重事故。此外，由于在除焦操作中需要将钢丝绳和卷扬机相连，常因此而延误时间，有时甚至因延误时间过长而造成装置被迫停工[54,58]。

水力除焦系统采用高压水流从直立的焦炭塔中进行切割、清除及运输石油焦的过程[52,54]。焦炭排出焦炭塔后运输和储存的方法，依实际条件而定。采用水力除焦可缩短出焦过程所需的时间，提高焦炭塔的运转时间并可在同样的加工能力条件下减少焦炭塔的数目[54,56,59]。

水力除焦系统是由美国壳牌石油公司设计，并被华盛顿泵及机械公司（Worthington Pump and Mechanism Company）和埃利-希尔曼-霍夫公司进一步开发[52,56~58]。这三个公司共同拥有水力除焦钻头和喷嘴的专利[54,59]。目前应用的组合切割器就是采用类似这些专利的喷嘴[52]。

目前，新型除焦系统适用不同直径的焦炭塔，其主要特点为：切割出的焦炭块径大，焦粉量很少；除焦用水量少，水压低，即在使用相同水量和水压情况下，缩短除焦时间；切割器在焦炭塔内的升降速度和喷嘴与切割面的距离均可随焦炭的软硬程度而增加或减少。水力除焦的设备包括：直径 ϕ100mm，壁厚 15mm，总长度约 30m 的钻杆；切割组件包括两种切割组件，即初始切割组件和最终切割组件，初始切割组件用于在焦炭塔的焦层中心切出一个导向孔，初始切割器为 ϕ380mm～460mm，切出的导向孔为 ϕ750mm；最终切割器包括连接机构和喷嘴等部分，而连接机构又包括旋转连接器、水管系统、拉杆臂、液压马达及传动控制部分[47,52,53]。

目前，国内开发的除焦控制阀、自动切换切焦器、水力马达和水涡轮已成功应用到大型焦塔的水力除焦生产中。高压水泵压力已由 19MPa 提高到 35MPa。此外，还有适合于大型焦炭塔的煅造钻杆和满足是 35MPa 高压水力除焦的高压胶管等[36]。

（二）历史上的延迟焦化工业装置

1. 第一个工业化的延迟焦化装置

1929 年，美国标准石油公司（Standard Oil Co. Indiana）在美国印第安纳州的怀亭（Whiting）炼油厂建设了世界上第一座延迟焦化工业化装置。设计处理能力为 382m^3/d（美国中部原油蒸出 80%以后的渣油），该装置于 1930 年 8 月投产，半连续操作。除了钢丝绳除焦方法较差外，装置运转得极好[52~54]。

第一个延迟焦化装置直到 20 世纪 50 年代仍在操作，由于其规模太小，所以获利不多，而以后新建的装置与其不同，主要在于采用了水力除焦的方法[54]。其规模和效益都有很大提升。

2. 第一个应用水力除焦方法的延迟焦化装置

1938 年，美国壳牌（Shell）石油公司发明和设计了水力除焦方法，大大促进了延迟焦化工艺过程的发展[54]。

1938 年 11 月 18 日，第一个采用水力除焦方法的延迟焦化装置诞生。至此，延迟焦化工艺操作得以具有连续操作的特点。该装置的加工能力为 454m^3/d，原料为美国中部大陆减压渣油。原料的 API 度为 19.0，进入装置的温度为 362℃，图 1-2-3 为该装置的工艺流程图[54]。

该装置的加热炉是典型的辐射-对流型加热炉，加热炉的炉管呈 U 型布置，加热炉入口温度 362℃，加热炉出口温度 488℃。装置操作 900～1000h 后，加热炉的压力降增加 0.7MPa。

该装置的焦炭塔为 ϕ4877mm×10668mm，焦炭塔的操作压力为 26.18kPa（表压）。焦炭塔的操作周期为 108h。

3. 早期的延迟焦化装置

（1）加工高硫原油的美国埃尔多诺多（EI Dorado）市泛美南方炼厂的延迟焦化装置[54]

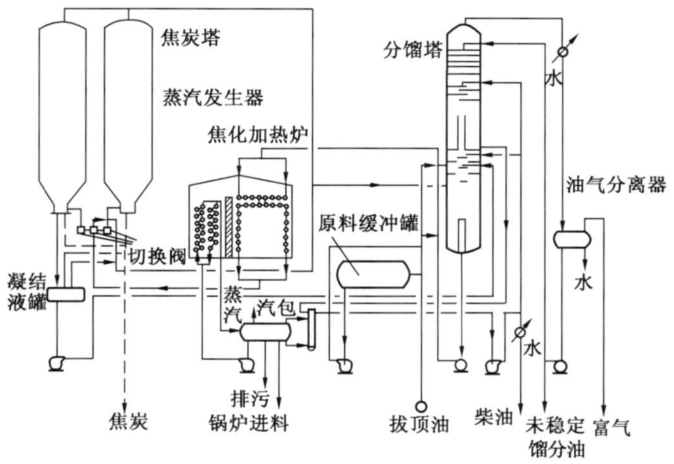

图 1-2-3　第一个采用水力除焦方法的延迟焦化装置工艺流程示意图

该炼油厂延迟焦化装置于1950年8月30日投产。图1-2-4为泛美南方炼油厂的延迟焦化装置工艺流程图[54]。

装置的设计能力为1480m^3/d，原料是由阿肯色州和北路易安那混合原油(相对密度0.8556)蒸馏所得的渣油，渣油占原油的30%，相对密度0.9792，含硫3.0%，康氏残炭15%，经延迟焦化所得到产品为：C_4～240℃汽油310m^3/d，柴油834m^3/d(相对密度0.9042)以及焦炭383t/d。

该装置为“一炉两塔”形式，设计石油焦产量为383t/d。设计油气速度为0.083m/s。焦炭塔尺寸为ϕ5340mm×23500mm(切线)，或ϕ5340mm×29400mm(法兰-法兰)焦炭塔的筒体部分钢板厚30mm，椭圆头盖部分厚25mm，下部锥体厚34.55mm，塔壁内部用点焊衬以2.7mm厚405号合金钢。

该装置的操作参数为：加热炉入口温度374℃和出口温度493℃，加热炉入口压力0.98MPa(表压)，出口压力0.28MPa(表压)。

(2) 加工高残炭原料的延迟焦化装置

美国石油公司于1957年1月在弗吉尼亚州的约克顿城(Yorkton)的炼油厂投产了一座加工能力为1460m^3/d的延迟焦化装置。该装置主要处理梯朱纳的高残炭渣油，也是延迟焦化装置第一次处理高残炭的渣油。

该装置主要加工梯朱纳中间基原油的渣油(馏出538℃干点的柴油后的渣油)，延迟焦化装置的原料性质为：相对密度1.0283，康氏残炭25%，钒含量0.11%，硫含量3.1%[54,55]。图1-2-5为约克顿城炼油厂的延迟焦化装置工艺流程图[54]。

原料进装置温度为260℃，加热炉出口温度493℃，焦炭塔操作压力0.18MPa(表压)，水力除焦的水压为16.9MPa，设计的循环比为1.15，焦炭塔的操作周期为48h。

该装置为“二炉四塔”形式。加热炉为双室炉，96个火嘴，炉管为四路并联，每路有46根$\phi_{外径}$4″加热炉炉管。焦炭塔为ϕ5340mm×22800mm(切线)。

二、我国延迟焦化工艺历史沿革

1942年我国建设了第一套釜式焦化装置，1963年我国第一套加工能力为0.3Mt/a的延

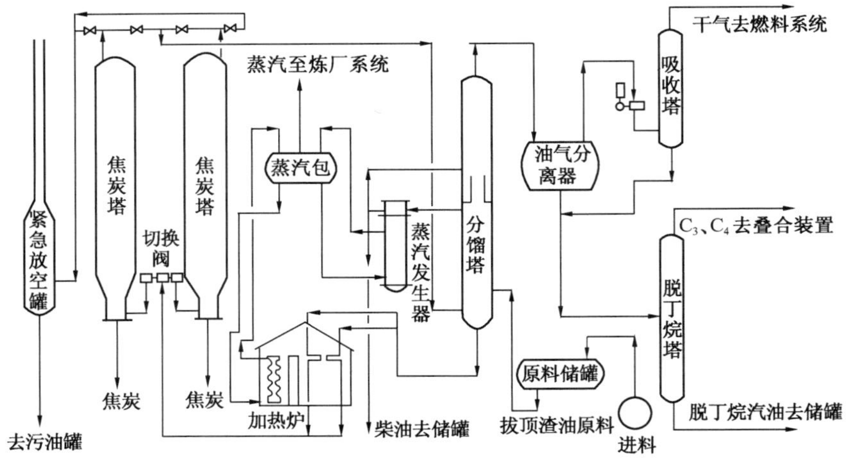

图 1-2-4　美国泛美南方炼油厂延迟焦化装置工艺流程图

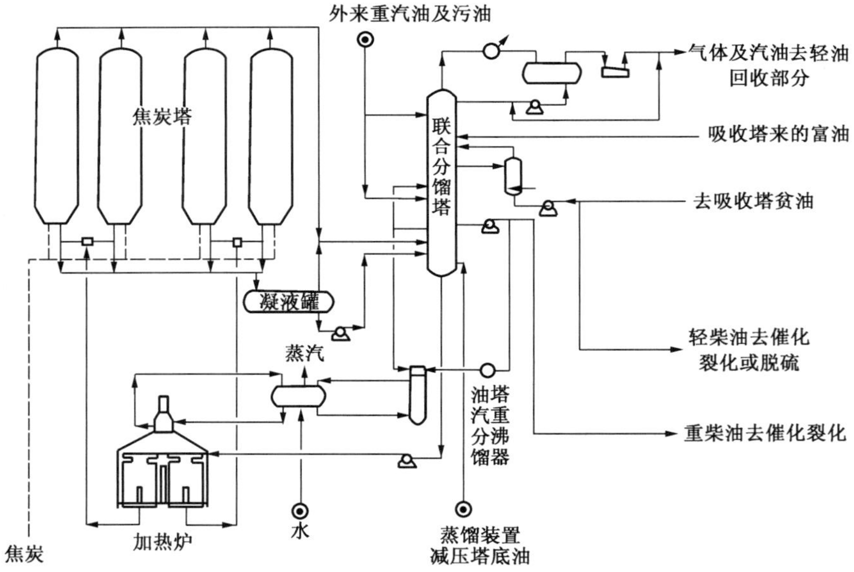

图 1-2-5　约克顿城炼油厂延迟焦化装置工艺流程图

迟焦化装置在抚顺石油二厂建成投产[56]，这套装置被当时誉为中国炼油工艺五朵金花之一[33]。

（一）我国延迟焦化工艺的发展

20 世纪 50 年代，由于我国原油生产量不足而轻质油品需求量大，当时本着“精耕细作、吃光榨尽”的原油加工原则，恢复和新建了石油一厂、石油五厂、玉门炼油厂、上海炼油厂和独山子炼油厂等的釜式焦化装置，到 1965 年，全国仍有 8 套釜式焦化装置，总加工能力为 0.68Mt/a[33]。这个阶段主要是釜式和平炉焦化，生产不连续，处理能力低，轻质油品收率低，操作环境和工业卫生条件也比较差。

20 世纪 60 年代，我国自行设计建设的延迟焦化装置投产后，经比较两套加工能力 2Mt/a的炼油厂工艺流程方案后，认为建有 0.6Mt/a 的延迟焦化装置的炼油厂比不建延迟焦化的炼油厂每年可多产汽油和柴油 0.4Mt，并可使催化裂化装置处理量由 0.60Mt/a 提高到 0.8Mt/a。因此，继石油二厂和大庆炼厂之后，胜利炼油厂、南京炼油厂、长岭炼油厂、荆门炼油厂、茂名炼油厂和独山子炼油厂等许多炼油厂分别都建设了延迟焦化装置，至 1978 年，我国延迟焦化装置的总加工能力达 4.85Mt/a[33]。

20 世纪 80 年代，我国的炼油企业围绕提高加工 100Mt 原油的经济效益，重点发展重油加工和气体加工。此期间，我国的延迟焦化装置得到了进一步的发展，新建延迟焦化装置有独山子炼油厂和乌鲁木齐炼油厂，进行技术改造的装置有：石油二厂、大庆炼油厂、长岭炼油厂和茂名炼油厂等，其中 1990 年锦州石油六厂的“二炉四塔”配置的 1.0Mt/a 装置的投产标志着我国延迟焦化装置大型化的开始[33]。

20 世纪 90 年代，我国新建了 14 套延迟焦化装置，不少装置还进行了扩能改造。随着我国含硫原油加工量迅速增加和乙烯原料需求增大，延迟焦化装置在我国重油加工中地位日显重要。特别是近年来环境保护的要求日趋苛刻，催化裂化汽油含硫量和烯烃的限制，使催化裂化装置的渣油掺炼量受到一定的制约。延迟焦化装置因其工艺技术成熟、投资相对较低，在生产清洁燃料需要大幅增加投资的条件下，采用延迟焦化工艺进行重油加工，无疑是具有一定的优势。我国 1990 年延迟焦化装置加工总能力为 7.91Mt/a，1999 年提高到 20.63Mt/a，增长了 160.81%[32]。

进入 21 世纪后，随着国际原油价格持续大幅上涨，为最大限度地将有限的石油资源转化为石油产品，提高资源利用率，世界各国都非常重视节约资源、能源技术的开发和应用。由于原油资源的变重趋势加剧，重质燃料油需求不断减少以及清洁运输用燃料需求快速增长，我国积极开发和应用各种原油深度加工技术，以最大限度地把原油转化为交通运输用燃料和化工原料，提高石油资源利用率。

同时，为加快结构调整，优化利用石油资源，加大技术改造的力度，通过新建和挖潜改造等措施，对包括延迟焦化装置在内的各种加工装置进行大型化和规模化改造，并且有计划地建设一批高效、节能、环保的炼油基地和建设一批大型化的炼油加工装置。

2001 年我国延迟焦化装置加工能力为 21.64Mt/a，2004 年已增加到 37.25Mt/a，年增长率为 24%[34]。

2001 年 1 月我国投产了一套“一炉二塔”的 1.0Mt/a 处理高硫渣油的大型化延迟焦化装置，为我国延迟焦化装置向大型化发展奠定了基础，2002 年投产一套 1.4Mt/a 的延迟焦化装置，2005 年又投产了一套 1.6Mt/a 的延迟焦化装置。2009 年 5 月，我国投产了一套“两炉四塔”的 4.20Mt/a 处理高酸重质原油的大型化延迟焦化装置，它是我国第一套引进的延迟焦化装置，也是目前国内最大的延迟焦化装置[35]。

回顾我国焦化工艺的发展，基本可以概括为[33]：

1942 年，抚顺炭矿西制油厂为配套 0.30Mt/a 的蒸馏装置，建设了一套釜式焦化装置。

1949 年，我国釜式焦化的加工能力为 39kt/a。

1953 年，石油五厂新建釜式焦化装置。

1954 年，独山子炼油厂建成了一套年加工能力为 30kt/a 的釜式焦化装置，并于 1955 年投产。

1956 年，玉门炼油厂建成 4 个焦化釜，开始生产石油焦。石油五厂建设釜式焦化。

1957 年，我国在石油二厂开展了延迟焦化工艺的技术攻关项目。1958 年石油二厂利用原有的旧设备建成我国第一套 0.10Mt/a 的延迟焦化工业试验装置，在此装置上先后进行了多种渣油原料的焦化生产试验，为开发建设工业化装置积累了数据。

1957 年至 1958 年，上海炼油厂建成釜式焦化装置，利用减压渣油原料生产石油焦。

1958 年，玉门炼油厂又增建两座釜式焦化装置，并开始采用氧化焦化技术。

1959 年，独山子炼油厂新建一套年加工能力为 75kt/a 的釜式焦化装置。

1963 年，我国第一套年加工能力为 0.30Mt/a 的延迟焦化工业装置在石油二厂建成，并一次投产成功。

1965 年，大庆炼油厂投产了一套年加工能力为 0.60Mt/a 的延迟焦化装置。同年我国又建成一套年加工能力为 0.30Mt/a 延迟焦化装置。到 1965 年，我国共有焦化装置 11 套，总加工能力为 1.48Mt/a，其中延迟焦化装置 3 套，总加工能力 1.2Mt/a，占当年焦化装置总加工能力的 81.08%[33]。

1967 年，胜利炼油厂建成常减压蒸馏-催化裂化-延迟焦化的联合装置，其中延迟焦化装置加工能力为 0.6Mt/a，为无井架水力除焦，这也是我国延迟焦化工艺技术中的一个重要发展。

1971 年，长岭炼油厂建成一套加工能力为 0.6Mt/a 的延迟焦化装置。

1975 年，乌鲁木齐石化总厂建成一套加工能力为 0.40Mt/a 的延迟焦化装置。

1978 年，全国共有焦化装置 12 套，总加工能力为 4.85Mt/a，其中釜式焦化装置只剩下一套，其加工能力为 0.13Mt/a。

1979 年至 1988 年，各炼油厂进行大规模的技术改造，其中包括有：石油二厂、大庆炼油厂、长岭炼油厂和茂名炼油厂等炼油厂的延迟焦化装置。

1989 年，锦州石油六厂建成并投产了一座“二炉四塔”形式的 1.0Mt/a 的延迟焦化装置，该装置是当时国内同类装置中规模最大的一套装置，在此之前，延迟焦化装置的加工能力一般为 0.3~0.6Mt/a。该装置除规模是同类装置最大之外，在工艺技术方面也有许多重要突破，如：第一次采用“无堵焦阀”的工艺过程和放空系统采用了塔式全封闭放空回收系统等一系列新技术。装置的焦炭塔尺寸为 ϕ6100mm×30191mm，也是同类装置中最大的焦炭塔。

1993 年至 1994 年，锦州石油六厂采用北京石油科学研究院技术，建成我国第一套 100kt/a 的针状焦装置以及相应的针状焦煅烧装置。

1999 年，镇海炼化公司建成了二台单台处理能力为 220 t/h 的高硫石油焦循环流化床锅炉(CFB)，在发生蒸汽的同时发电。这是我国第一批烧石油焦 CFB 锅炉，为以后高硫焦出路开辟了一条综合利用的新途径。

2001 年 1 月，上海石化股份公司建成“一炉二塔”型的加工能力为 1.0Mt/a 的延迟焦化装置，并一次投产成功。该装置采用了双面辐射加热炉和在线清焦等新技术，焦炭塔为 ϕ8400mm×33881mm，是当时国内同类装置中最大的焦炭塔。该装置的建成和投产，标志着我国延迟焦化工艺技术达到了一个新的高度，基本达到国外 20 世纪 90 年代中、末期的先进水平。

2002年9月，上海高桥石化公司投产了一套当时我国最大的一套延迟焦化装置，加工能力为1.4Mt/a，该装置为“一炉二塔”形式，焦炭塔为ϕ8800mm×35387mm。

2004年10月，扬子石化公司投产了一套加工能力为1.6Mt/a的延迟焦化装置，该装置为“一炉二塔”形式，是当时我国延迟焦化装置规模最大的一套，焦炭塔为ϕ9400mm×33881mm，切线高度21000mm。装置设计中采用了双面辐射式加热炉，加热炉负荷60MW。改进水力除焦，降低循环比以及采用了环境保护等技术。

2009年5月，中海油惠州炼化公司投产了一套目前国内最大的延迟焦化装置，加工能力为4.20Mt/a，该装置为“两炉四塔”形式，焦炭塔尺寸为ϕ9800mm×23900mm(切线)。

（二）我国延迟焦化工艺发展中的几个重要阶段

自1963年我国第一套加工能力为0.30Mt/a的延迟焦化工业化装置投产以来，历经50余年发展，基本上达到国外历经80余年的发展和技术水平。到2005年底我国延迟焦化装置，总加工能力为42.45Mt/a，为1965年的47.1倍，仅次于美国，位居世界第二位[27]。

在这50余年的历史发展过程中，经历了以下几个重要阶段，对我国延迟焦化工艺的发展起到了至关重要的作用。

1. 我国第一套工业化的延迟焦化装置——石油二厂0.3Mt/a的延迟焦化装置

20世纪五六十年代，我国焦化工艺基本采用釜式焦化工艺和平炉焦化工艺，这些生产装置产能小，操作不连续，轻质油品收率低，操作环境比较恶劣。60年代初期我国开发了新的延迟焦化工艺，组织了延迟焦化工业装置的开发和建设。延迟焦化工艺与老式的釜式焦化工艺和平炉焦化工艺相比，其生产过程实现了连续化，加工能力大，操作条件和环境保护大大改善。

1957年，在北京石油设计院、石油炼制研究所(前石油科学研究院)的协作下，石油二厂在总结以往焦化生产的经验基础上，利用原有的一些设备建成了一套加工能力为0.10Mt/a的延迟焦化工业试验装置，先后用多种渣油为原料进行焦化生产试验，为开发建设大型工业装置提供了数据。

1961年底，原石油部决定开发、建设大型延迟焦化工业装置，由北京石油设计院、抚顺石油设计院和石油科学研究院以及石油二厂等单位参与此项目，在试验装置的基础上共同攻关，集中力量解决出焦的技术关键，把石油钻井、水力采煤的有关技术移植过来，突破了水力出焦的难关，试制成功焦炭塔切换用的四通阀，解决加热炉结焦问题，很快掌握了具有自主知识产权的大型延迟焦化的工艺技术。

1963年底，我国第一套年加工能力0.30Mt/a的延迟焦化装置在石油二厂建成，并一次投产成功，这套延迟焦化装置的投产标志着我国工业化的延迟焦化装置的诞生，并誉为当时的“炼油五朵金花”之一。一年之后，年加工能力为0.60Mt/a的延迟焦化装置在大庆炼油厂建成投产。

2. 我国第一套加工能力为1.0Mt/a的大型化的延迟焦化装置——锦州石化公司炼油厂延迟焦化装置[59~61]

1990年9月在锦州石化公司炼油厂建成并投产了我国第一套加工能力为1.0Mt/a的大型化的延迟焦化装置。在此之前我国延迟焦化装置加工能力一般为0.30~0.6Mt/a。此外，这套装置在设计中还采用了一些新技术，经生产实践证明，所采用的新技术均是可行的，有些技术已接近或达到当时国外同类装置的水平。因此，这套装置的投产，标志着我国延迟焦化装置大型化的开端，同时也反映了我国延迟焦化的设计、制造、生产水平达到了一个新的高度。

该装置设计加工原料为辽河减压渣油（实际加工的原料为辽河减压渣油的减黏渣油），辽河减压渣油的黏度高（2500～3000mm^2/s，99℃时）、残炭高（18.75%）、胶质含量高、碳氢比高，但沥青质含量较少，硫含量低（0.36%）。说明辽河减压渣油不宜做催化裂化原料，而适宜做延迟焦化和深度减黏裂化的原料。装置设计的产品产率为：富气 9.9%、汽油 15.0%、柴油 29.2%，蜡油 21.3%和焦炭 24.6%。生产出的普通石油焦挥发分为 8%～10%、灰分<0.3%、硫含量<0.4%，但焦粉稍偏大。

该装置设计中采用了多项国内延迟焦化装置首次应用的新开发的设计技术，如：无堵焦阀开工和预热工艺流程（图 1-2-6[59,60]）、改进后的焦炭塔密闭放空系统（图 1-2-7[59,60]和图 1-2-8[59,60]）、单井架水力除焦控制系统、底烧式立式加热炉、焦炭塔料面测位报警设施和半封闭式冷焦水、切焦水循环使用系统等。这些新设计技术应用使焦炭塔井架钢材可节省 1/4～1/3，采用过程程序逻辑控制技术使粉焦量降低 30%左右，半封闭式冷焦水、切焦水循环使用系统投用后，切焦水中粉焦含量为 100～150mg/L[59~62]，而二台底烧式立式加热炉的热效率和每台加热炉热负荷分别达到 88%和 27.72MW，是当时国内热效率最高的焦化加热炉。经实践证明，这些新设计技术的运用，不仅提高了装置的可操作性、可靠性和安全性，而且节省了投资和有利于保证针状焦的生产，并在以后同类装置设计中得到广泛应用和持续发展。

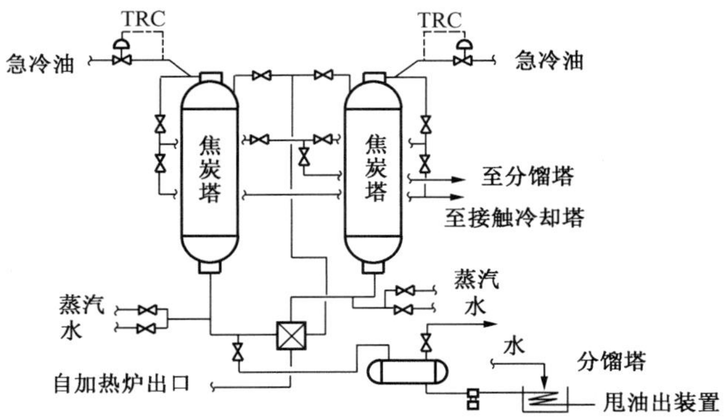

图 1-2-6　无堵焦阀开工和预热工艺流程示意图

3. 我国第一套“一炉两塔”形式的大型化延迟焦化装置——上海石化股份公司的加工能力为 1.0Mt/a 延迟焦化装置[61~67]

2000 年 1 月，上海石化股份公司的加工能力为 1.0Mt/a 的“一炉两塔”形式的大型延迟焦化装置一次投产成功。该装置在工艺、设备、自动控制和环境保护等方面均比当时国内同类装置有了明显的技术进步和提高，基本达到了国外 20 世纪 90 年代中期水平[65]。

该装置设计处理沙特轻质原油/阿曼原油（50/50）的减压渣油，密度 0.9994g/cm^3，硫含量 3.2%和康氏残炭 16.6%，产品收率为汽油 15.2%、柴油 28.2%、蜡油 17.3%和焦炭 28.8%。该装置设计中在工艺流程、设备和自动控制等方面采用了多项国内延迟焦化装置设计中首次应用的设计技术，该装置主要设计特点：

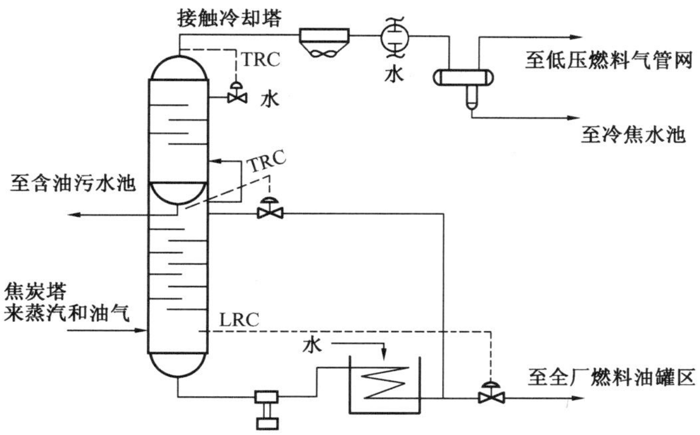

图 1-2-7　改进后的密闭放空系统工艺流程示意图

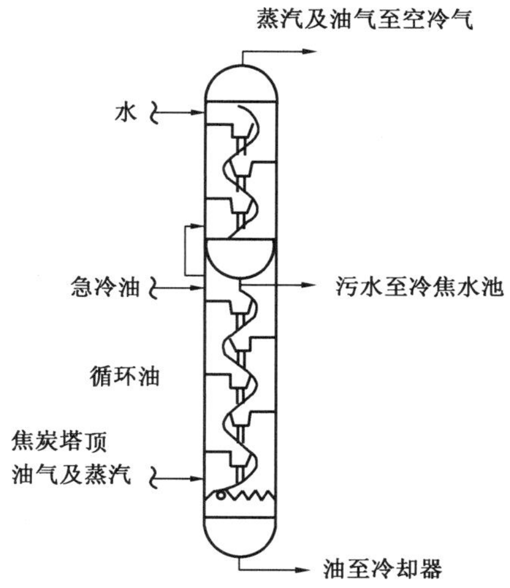

图 1-2-8　新接触冷却塔示意图

(1) 我国第一套“一炉两塔”工艺流程的 1.0Mt/a 延迟焦化装置。

(2) 我国第一台四管程双面辐射加热炉。

(3) 我国第一台 ϕ8400mm×33881mm(切线高度 21000mm)合金钢材质的大型化焦炭塔。

(4) 首次采用塔式两端密闭放空系统流程和浸泡式冷焦工艺，实现清洁生产和保护环境。

(5) 首次采用原料油逐级与分馏侧线换热流程。

(6) 首次设计焦炭塔预热新流程。

(7) 首次对焦化分馏塔内构件做了改进，采用槽形喷淋式换热板和增设重蜡油 HCGO 抽出线。

(8) 首次采用流程式的平面布置。

(9) 首次实现本安型联锁控制。

(10) 分馏塔顶回流泵、接触冷却塔空冷器电机、中段回流泵电机均采用变频调速等措施，装置综合能耗达 807.50MJ/t，是当时国内延迟焦化装置综合能耗最低的装置[34]。

表 1-2-1 为“一炉两塔”和“二炉四塔”延迟焦化装置比较[61,62,66,67]，表 1-2-2 为上海石化的延迟焦化装置和当时国外先进水平的技术概况[61,62,66,67]。

表 1-2-1　“一炉两塔”和“二炉四塔”延迟焦化装置比较

名称	一炉两塔(上海石化)	二炉四塔
焦炭塔直径/mm	ϕ8400	ϕ6100
焦炭塔台数/台	2	4
加热炉台数/台	1	2
加热炉负荷/[MJ/(台·h)]	138164	77455
加热炉燃烧消耗量/%	80	100(基准)
焦炭塔材质	15CrMoR+0Cr13	15CrMoR+0Cr13
焦炭塔投资节省/%	20~25	100(基准)
井架钢材投资节省/%	20	100(基准)
焦炭塔框架占地/m²	250	375

从表 1-2-1 可见“一炉两塔”比“二炉四塔”无论是加热炉和焦炭塔的台数和大小、加热炉的燃烧消耗量、焦炭塔投资，还是焦炭塔框架占地面积均有不同程度的降低和减少。因此，“一炉两塔”工艺流程与“二炉四塔”相比较，具有明显简化工艺流程，节省投资、能耗和占地面积等优点。

表 1-2-2　上海石化的延迟焦化装置和当时国外先进水平的技术概况

项　目	国　外	上海石化
最大装置加工能力/(Mt/a)	6.73(印度 Jamnagar 炼油厂)	1.0
最大焦炭塔规格/mm	ϕ9000×39000(斯威尼炼油厂)	ϕ8400×33800
焦炭塔单塔能力/(Mt/a)	1.10	0.50
焦炭塔高径比	4.07(美国帕斯卡戈拉炼油厂)	2.50
焦炭塔除焦水压力/MPa	13.79~27.58	28.5
焦炭塔寿命/a	12(材质为铬钼钢)	>15(15GrMoR+0Gr13 复合材料)
主要设备(1.0M/a)		
加热炉台数	1	1
焦炭塔台数	2	2
分馏塔台数	1	1
焦炭塔放空冷却系统	密封	密闭
焦炭处置方式	封闭式，脱水仓	坑池装车
焦炭挥发分/%	6~8(FW 公司)	8~10

从表 1-2-2 可见，上海石化的延迟焦化装置与国外同类同规模装置比较，其焦化加热炉、焦炭塔和焦化分馏塔配置相同，焦炭塔放空系统也达到国外先进水平，焦炭塔的单塔能力、高径比、除焦水压力及寿命均接近和超过国外水平。但在焦炭处置方式方面仍有较大差距。国外先进的焦炭处置方式采用封闭式和脱水仓方式，工艺复杂，投资较高，但效果很好。

4. 我国最大规模的延迟焦化装置——中国海洋石油公司惠州炼油厂 4.20Mt/a 的延迟焦化装置[35,68,69]

2009 年投产的中国海洋石油公司惠州炼油厂，原油加工能力 12.00Mt/a，是目前我国单系列加工能力最大的炼油厂，也是世界上最大的加工高酸值重质原油的炼油厂之一。该厂加工我国渤海蓬南 19-3 原油，其密度(20℃)0.9190g/cm^3，含盐量 228mgNaCl/L，酸值 3.57mgkOH/g 和含硫量 0.28%。炼油厂共有 16 套工艺装置，其中多数装置规模均属于目前我国最大的装置。该炼油厂设计加工高酸值重质原油，生产符合国 IV 排放标准的清洁汽油和柴油等。炼油厂的关键技术是渣油延迟焦化工艺，减压瓦斯油加氢裂化工艺和直馏煤、柴油的加氢改质等。

该炼油厂的延迟焦化装置加工能力为 4.20Mt/a，占原油一次加工能力的 35%，是目前我国加工能力最大的装置。该装置采用美国 Foster Wheeler 公司的可选择产品收率的 SYDEC (Selective Yield Delayed Coking)专利技术，采用“两炉四塔”工艺路线，是国内引进的第一套延迟焦化装置，是国内目前单系列最大的延迟焦化装置，也是世界上单系列最大的延迟焦化装置之一。

该装置体现了 Foster Wheeler 公司延迟焦化(SYDEC)工艺流程的设计特点，如：

(1) 大型化的延迟焦化装置焦炭塔设计

该装置加工能力 4.20Mt/a，采用“两炉四塔”形式。每个焦炭塔尺寸为 ϕ9800mm×23900mm(切)，采用 18h 生焦周期和焦炭塔大吹气和冷焦时的压力控制。

焦炭塔的塔径越大，振动越大，径向温差越大。采用焦炭塔大吹气、冷焦时的压力控制措施是因为提高焦炭塔压力，则水的气化温度上升，如果焦炭塔压力提高 0.2MPa，水的汽化温度升高至 135℃左右，这样未气化的水会渗透到焦炭塔外层，降低焦炭塔径向温差，从根本上解决了冷焦过程中径向温差大的问题，同时整个冷焦过程中产生的污水会比正常操作减少很多。

(2) 双面辐射阶梯形式的加热炉

该装置加热炉采用双面辐射阶梯炉的形式，每台加热炉共有 6 个辐射室和 1 个对流室，对流室安装在辐射室上，用于预热原料和蒸汽预热。该台加热炉主要设计参数为：焦化原料油流量 322905kg/h，冷油流速 1.8m/s，对流入口温度 303℃，对流入口压力 2.97MPa 和出口温度 521℃，出口压力 0.558MPa，汽化率 38.7%，最大允许辐射热强度 42.587kW/m^2 和热效率≥90%。此外，该台加热炉还采用了扁平焰、低 NO_x 燃烧器，对流室遮蔽段出口侧炉管上每路布置一个管壁热电偶，每个辐射室布置有 6 个管壁热电偶。并设计了密封良好的烟囱主挡板、高效率的肋板式空气预热器和变截面设计的热风道等。

该台加热炉内设有 3 点注水，双向烧焦和在线清焦技术，其特点是操作灵活，能独立控制每一单元或同时控制多个单元，实现在线清焦、停车机械清焦和蒸汽空气烧焦。实际标定的加热炉热效率为 91%，真正实现了加热炉管在线清焦，延长了该装置的运转周期。

此外，该台加热炉还实现了工厂化、模块化制造与实现模块现场组装。

(3) 分馏、稳定系统的工艺流程

① 分馏塔系统流程。

焦化分馏系统流程简短、回流少，整个分馏系统设计只有塔顶冷回流、柴油回流、蜡油回流，原料直接进分馏塔底，与反应油气在塔内不进行任何换热。其核心是用一个蜡油回流来调节和平衡分馏塔的热量，蜡油总循环量为 1500t/h 以上。焦化循环比控制、分馏塔的取热、换热塔盘的洗涤均是由蜡油回流来完成。由于蜡油中焦粉少而循环量大，则焦粉洗涤效果较好，并能保证焦粉不会被携带到汽油、柴油和蜡油中。其优点是流程短、方便开工循环，焦粉洗涤效果好，可以灵活控制大循环比操作时的循环比和提高分馏系统操作的可靠性和安全性。

② 焦化原料预热流程。

该装置原料预热流程相对比较简单，整个流程取消了原料缓冲罐，将渣油中间罐直接作为一个原料缓冲罐，原料直接由设计的环形管进料搅拌器进入分馏塔底。其优点是分馏塔下部取热比例高。加热炉入口温度高(380℃左右)，加热炉负荷较小，分馏塔换热器洗涤效果好，焦粉携带量少。

③ 分馏塔底循环流程。

该装置分馏塔底循环油经过滤后直接进入辐射泵入口，这样可减少塔底循环油在分馏塔的停留时间。大块焦粉过滤后，不能过滤的小焦块直接脱离分馏塔。

④ 吸收稳定系统流程。

该装置的吸收稳定系统取消了吸收解吸塔塔底泵，吸收塔自压下流，U 形管控制液位，解吸塔塔底油靠自压进稳定塔，同时取消了吸收塔回流。该系统一年可节省电力(3~3.5)×10^6kW·h。

(4) 吸收密闭技术的放空系统流程

吸收密闭放空技术是整个放空系统设计时采用污油全回流操作和放空系统污油升温脱水设计，这样焦炭塔在大吹气、冷焦、预热过程可减少污油量，污油收率可达到 0.5%。同时，可增加等量的液体产品，消除了焦炭塔吹气、冷焦过程对环境的影响。

(5) 开工循环线流程

该装置的开工循环线直接进分馏塔底，而不是采用一般的都进入焦炭塔上部和中部。其优点是装置开工时原料循环流程短，升温并炉方便。焦炭塔预热方便而迅速，如发生事故时容易实施加热炉的分炉和恢复等。

2014 年，镇海炼化公司建成了一套引进美国 Bechtel 公司的工艺包，采用 Conoco/Bechtel 公司 ThruPlus™的馏分油循环专利技术的延迟焦化装置，加工能力为 2.10Mt/a，已顺利投产。该装置为"一炉二塔"形式，为提高柴汽比，多产柴油，采用较低循环比的工艺流程，设计循环比为 0.05。为适应不同的循环比操作，采用了渣油与高温油气直接换热流程。焦炭塔直径为 ϕ8800mm，焦炭塔压力 0.125MPa，采用水力除焦程序控制系统，对焦炭塔水力除焦过程进行自动控制，该系统可对高压水泵、水力除焦控制阀、钻机、钻杆、切焦器等的操作状态进行显示和控制，实现安全联锁。双面辐射形式的加热炉热负荷为 34.65MW，并采用多点注汽、在线清焦技术。优化后的换热流程不仅减少了加热炉的热负荷，降低能耗，减少燃料耗量，还能外输发生的低压蒸汽。该装置还采用冷焦水的密闭沉降分离、隔油、旋流除油，密闭冷却后循环使用等清洁生产技术。

第三节 延迟焦化工艺在炼油厂中的地位和作用

20 世纪 80 年代以后，在炼油工业上最难应付的加工工艺和经济方面的挑战就是从劣(重)质原油中生产洁净的运输用燃料。为实现这一目标，渣油转化工艺将会得到进一步应用和发展。

延迟焦化加工工艺已成为当今最常用的渣(重)油的加工工艺，该工艺也被当作衡量那些工业上尚不成熟的加工工艺的一个尺度[70]。目前，随着原油价格的上下波动和原油质量逐渐变劣变重，延迟焦化工艺在渣油加工工艺中的地位和作用以及在炼油厂的位置和意义也已被世人所接受。

一、配置延迟焦化工艺的炼油厂总流程案例

(一) 美国帕斯卡戈拉(Pascagoula)炼油厂

美国密西西比州的帕斯卡戈拉(Pascagoula)炼厂是美国雪弗龙(Chevron)公司在美国最大的炼油厂之一，也是美国 20 个原油加工能力在千万吨级以上的炼油厂之一。炼油厂装置配套完善、二次加工能力大，原油加工深度高。由于压缩重油需求和供应原油趋向劣(重)质化，为适应这一变化，炼油厂增加了重油加工设施，采用了常压渣油加氢处理-减压蒸馏-延迟焦化工艺方案。图 1-3-1 为该炼油厂的渣油加工流程图[82]，表 1-3-1 为 2014 年的帕

斯卡戈拉炼油厂的装置组成[41]。

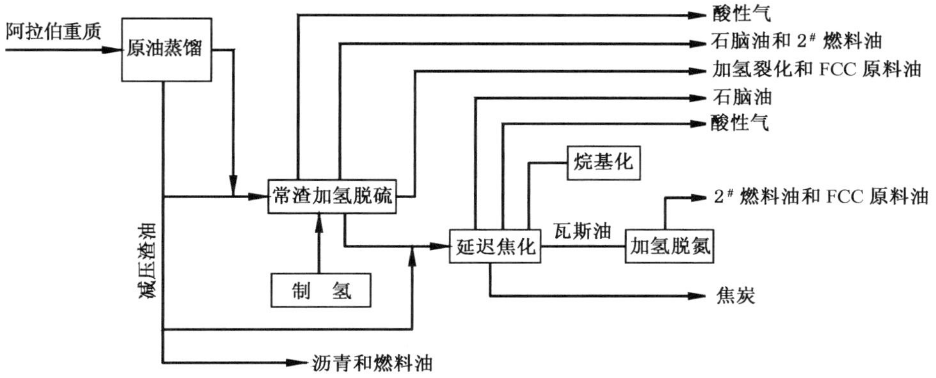

图1-3-1 美国帕斯卡戈拉炼油厂渣油加工流程图

表1-3-1 2014年美国帕斯卡戈拉炼油厂装置组成

装置名称	加工能力/(Mt/a)	装置名称	加工能力/(Mt/a)
常压蒸馏	16.50	煤油/喷气燃料加氢脱硫	1.32
减压蒸馏	12.00	柴油加氢脱硫	1.51
延迟焦化	5.39	重整原料预处理	2.21
催化裂化	4.30	其他重瓦斯油加氢处理	1.51
催化重整	1.29(半再生) 2.37(CCR)	烷基化(H_2SO_4法) 制氢/(10^6m^3/d)	0.64 5.81
加氢裂化	1.97	其他加氢处理	2.07

该炼油厂重油加工流程采用的是常压渣油加氢脱硫(RDS)和延迟焦化的组合工艺，当时选择该组合工艺是由于减压渣油加氢脱硫(VRDS)尚未工业化，虽然VRDS+VGO加氢从经济上来看投资相差不大，但由于该炼油厂原来没有减压蜡油的加氢装置和RDS装置压力高，所得加氢后的重柴油比VGO加氢的质量好，尤其氮含量低。采用RDS和延迟焦化的组合可以提高炼油厂的轻质油品收率和改善焦炭质量。

1. 提高炼油厂的轻质油收率

该炼油厂的轻质油的增加，不仅来源于渣油加氢处理部分>538℃的油品转化为轻质油品，而且由于渣油加氢处理，改善了延迟焦化和FCC原料的性质，使得延迟焦化和FCC的液体产率大大增加，采用渣油加氢处理和延迟焦化组合工艺与单独的延迟焦化相比，C_5^+液收可从64.9%(v/v)提高到85.2%(v/v)，焦炭产率从35%下降到18.5%。焦化液体收率的提高可以抵消加氢费用的增加。炼油厂的C_5^+轻质油收率为85.2%[71]。

2. 改善焦炭质量

阿拉伯重质原油的直接焦化，其焦炭硫含量可达7%~8%，难于销售和处理，为降低焦炭的硫含量，采用先加氢后焦化的组合工艺后，焦炭硫含量可降至2.5%。

1994年美国帕斯卡戈拉炼油厂的二次加工和渣油深度转化的能力已达到90.6%，超过当时美国一般炼油厂的水平，各馏分加氢精制能力为44.5%，部分渣油用于生产沥青，因此能适应加工任何劣质和重质原油，生产低硫或超低硫运输燃料和高质量的焦炭。

(二) 印度信任(Reliance)炼油化工公司的贾姆纳格尔(Jamnagar)炼油厂[35,39,41~44]

该炼油厂于1996年建设，1999年投产，总投资约60亿美元，是目前世界上最大的新建炼油厂，其主要装置都达到世界级规模。

该炼油厂设计加工能力为27.00Mt/a，主要装置包括13.50Mt/a×2的常减压蒸馏装置、6.50Mt/a的催化裂化装置、2.45Mt/a连续重整装置和6.71Mt/a的延迟焦化装置等。其中延迟焦化装置规模是目前世界上同类装置中最大的一套装置，采用四炉八塔形式，焦炭塔直径为29ft(8839mm)。

该炼油厂设计加工硫含量2%~3%的中东中质原油，炼厂总流程特点是先进、实用和灵活。图1-3-2为炼油厂总工艺流程图。

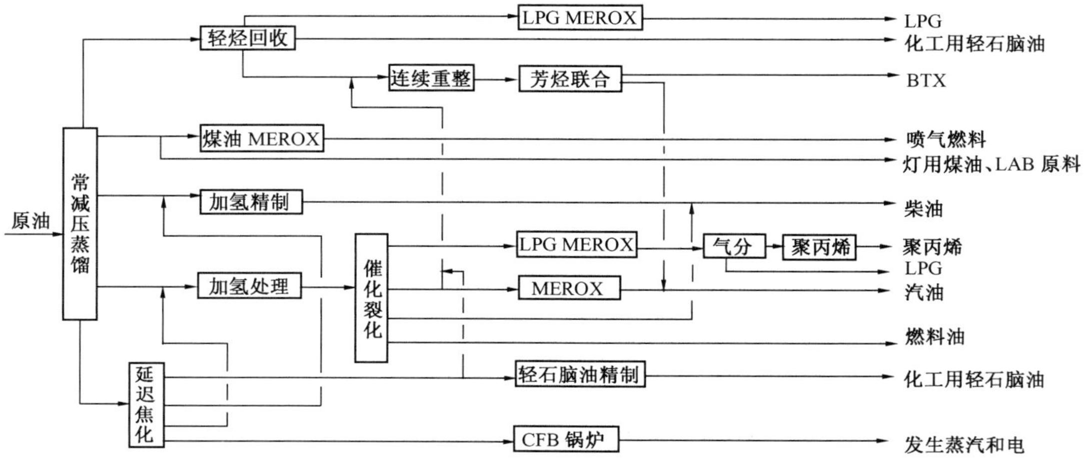

图1-3-2　印度信任炼油化工公司的贾姆纳格尔炼油厂总工艺流程图

该炼油厂减压渣油加工采用了延迟焦化工艺+循环流化床(CFB)锅炉组合工艺，这种组合工艺适应原油变化的范围较广，操作费用较低，能量利用合理。焦化蜡油和高硫减压蜡油的加工采用了加氢处理工艺+催化裂化工艺的组合工艺，不仅满足了催化裂化装置的清洁化生产，而且可利用催化裂化装置最大限度地生产丙烯产品，焦化柴油经加氢精制后与低硫柴油调和以生产不同品牌的柴油产品。焦化石脑油作催化重整装置原料或经加氢精制处理后作化工原料。高硫石油焦用作循环流化床锅炉(CFB)燃料，以脱除石油焦中90%的硫，还可提供大量的蒸汽和电力供全厂或地方应用。

据信任炼油化工公司报告，2008年1~3季度该炼油厂净利润达9.79亿美元，高于同期国外炼油厂加工每桶廉价低质原油利润。以2007年4季度为例，该炼油厂加工每桶原油的利润为15.5美元，也高于同期新加坡的炼油厂加工每桶原油的7美元利润[35]。

二、延迟焦化工艺在清洁燃料生产中的作用

(一) 最大量地生产汽油[72]

美国Bechtel公司曾于1997年对以延迟焦化工艺为主的组合工艺进行分析，提出了延迟焦化工艺在当前清洁燃料生产中的地位。

Bechtel公司为了分析对比更简化，作了如下限制条件：

①假定炼油厂加工能力为5.0Mt/a。

②加工的原油为：阿拉伯轻：阿拉伯重=50：50。

③炼油厂具有几种同生产新配方汽油和洁净柴油相关的渣油改质技术，如渣油加氢裂化、延迟焦化、灵活焦化和溶剂脱沥青等过程。

④选择两个生产方案：最大量地生产汽油或最大量地生产馏分油。

⑤规定了主要产品的价格差(美元/桶)：汽油 10.85；柴油 8.99；喷气燃料 9.45；高硫燃料油-2.37。

⑥6 个组合流程中的渣油改质装置分别是：

(a) 常规延迟焦化；

(b) Conoco 公司延迟焦化；

(c) 渣油催化裂化(RFCC)；

(d) 渣油加氢裂化+焦化；

(e) 渣油加氢裂化+溶剂脱沥青；

(f) 渣油加氢裂化+焦化+溶剂脱沥青。

对比结果如下：

每个组合渣油改质过程中都有 FCC 和烷基化装置，没有蜡油加氢裂化装置，以便最大量地生产汽油。几种组合渣油改质过程最大量地生产汽油的比较见表 1-3-2[73]。

表 1-3-2 几种组合渣油改质过程最大量地生产汽油的比较

项 目	常规延迟焦化	延迟焦化(Conoco 公司)	RFCC	渣油加氢裂化+焦化	渣油加氢裂化+溶剂脱沥青	渣油加氢裂化+溶剂脱沥青+焦化
收入/(10^6 美元/a)	192.3	197.3	195.4	199.2	189.7	187.7
投资/10^6 美元	1127	1138	1284	1316	1303	1340
偿还期/a	5.86	5.77	6.57	6.61	6.87	7.14

(二) 最大量地生产馏分油

为了在最大限度地生产柴油的同时能够生产高质量的汽油，每个组合渣油改质过程中都有蜡油加氢裂化和 FCC/烷基化。加氢裂化和 FCC 两套装置处理的蜡油量各占蜡油总量的 1/2，对比结果见表 1-3-3[73]。

表 1-3-3 几种组合渣油改质过程最大量地生产馏分油的比较[86]

项 目	常规延迟焦化	Conoco 公司延迟焦化	RFCC	渣油加氢裂化+焦化	渣油加氢裂化+溶剂脱沥青	渣油加氢裂化+溶剂脱沥青+焦化
收入/(10^6 美元/a)	182.3	187.3	191.8	191.8	183.9	187.6
投资/10^6 美元	1220	1225	1311	1311	1358	1368
偿还期/a	6.66	6.53	6.84	7.22	7.38	7.29

综合表 1-3-2 和表 1-3-3 的对比数据，可以看出：延迟焦化组合渣油改质工艺投资偿还期比较短，Conoco 公司的延迟焦化组合渣油改质工艺最短。投资大的组合加工工艺，不一定收益大。即使有些组合工艺收益较高，但扣除较高的操作费之后，竞争力不大。渣油加氢裂化+焦化组合工艺显示了较高的利益。由于汽油和原油的价格差较大，当炼油厂最大量地生产汽油时，显示了较高的收益。

（三）美国 Conoco 公司和 Aspen 公司最大量地生产汽油和馏分油的方案比较[74]

关于渣油改质工艺的选择有多种多样，为了比较各种组合工艺的经济性，Bechtel 公司采用美国 Aspen 公司的过程工业模型系统软件（PIMS），以七个典型的工艺过程进行了分析和对比，分析对比的基准如下：

①以亚洲炼厂为基础，原油加工能力为 5.06Mt/a，加工原油为轻质阿拉伯原油：重质阿拉伯原油 = 50：50 混合原油。

②七个对比流程都有原油蒸馏、加氢处理、催化重整、HF 烷基化、制氢、硫回收和公用工程系统。

③蜡油加氢裂化和 FCC 平行操作，加工能力设定为 1：1，改质后的蜡油去 FCC，不进加氢裂化，FCC 转化率为 77.1%。

④产品汽油中，70%为普通汽油，30%为优质汽油；产品分布可在允许规格范围内波动，以得到最大收益。表 1-3-4 是亚洲地区石油产品典型规格[74]。表 1-3-5 为七个对比方案的主要工艺装置构成[74]。表 1-3-6 是有关方案的产品质量[74]。表 1-3-7 是各方案的技术经济比较[74]。

表 1-3-4　亚洲地区石油产品典型规格[87]

产品名称	主要控制项目	产品名称	主要控制项目
无铅优质汽油	RON>97，RVP<8.53	柴　油	硫含量<0.05%，十六烷值>48
无铅普通汽油	RON>92，RVP<8.53	低硫 6 号燃料油	硫含量<0.3%
喷气燃料	相对密度<0.84，冰点<-52.6℃	高硫 6 号燃料油	硫含量<4.0%

表 1-3-5　七个对比方案的主要工艺装置构成

方　案	1 拔顶加氢	2 减黏裂化	3 溶剂脱沥青	4A 延迟焦化	4B 灵活焦化	6 渣油加氢裂化	7 RFCC
常压蒸馏	✓	✓	✓	✓	✓	✓	✓
减压蒸馏		✓	✓	✓	✓	✓	✓
催化重整	✓	✓	✓	✓	✓	✓	✓
加氢裂化		✓	✓	✓	✓	✓	✓
FCC		✓	✓	✓	✓	✓	
烷基化	✓	✓	✓	✓	✓	✓	✓
减黏裂化		✓					
溶剂脱沥青			✓				
延迟焦化				✓			
灵活焦化					✓		
渣油加氢裂化						✓	
RFCC/加氢处理							✓

表 1-3-6　有关方案的产品质量

方　案	柴油十六烷值	燃料油硫含量/%	汽油芳烃含量/%
4A（100%加氢裂化）	52.9	—	51.5
4B（100%FCC）	43.8	—	24.1
2（减黏裂化）	52.2	3.4	32.1
3（脱沥青）	50.6	7.0	31.2

续表

方 案	柴油十六烷值	燃料油硫含量/%	汽油芳烃含量/%
6(渣油加氢裂化)	49.7	1.2	32.6
7(RFCC)	49.5	4.0	31.4
1(拔头加氢)	51.6	3.8	48.0

表 1-3-7 各方案的技术经济比较

方案号	1	2	3	4A	4B	6	7	4A	4B
方案主要过程	拔头加氢	减黏裂化	脱沥青	延迟焦化	灵活焦化	渣油加氢裂化	VRDS/FCC	100%加氢裂化	100% FCC
收益/(10^6 美元/a)	105.1	267.3	296.2	314.5	313.8	319.4	323.9	313.7	303.0
操作费 可变	9.6	40.4	43.8	39.6	22.3	53.9	44.8	45.9	31.6
固定	43.4	87.3	89.5	91.8	98.1	100.4	94.3	76.7	77.5
净 值	52.1	139.6	162.9	183.1	193.4	165.1	184.8	191.9	193.9
投资/10^6 美元									
界区内	186.3	512.8	542.6	600.5	673.5	695.7	649.0	522.4	560.2
界区外	223.2	410.2	434.1	480.4	538.8	556.6	519.2	417.9	448.2
专利税	2.3	11.2	12.1	13.6	19.9	13.0	13.5	12.8	13.2
流动资金	69.5	98.4	101.7	115.0	123.1	125.5	120.4	106.5	110.6
总 计	481.3	1032.6	1090.5	1209.6	1355.3	1390.7	1302.1	1059.5	1132.2
支出(税前)/a	9.2	7.3	6.69	6.61	7.01	8.42	7.05	5.55	5.85
IRR(股金 25%)/%	11.7	16.1	18.3	18.6	17.3	13.1	17.1	23.1	21.7

一般，炼厂复杂系数增加，投资收益增加，但内部收益率(IRR)不一定增加。IRR 大小取决于炼厂复杂系数优化的类型。比较结果：

① 拔头加氢流程和复杂系数高的炼厂流程相比，投资低，收益和 IRR 也低；灵活焦化方案收益较高；延迟焦化和 RFCC 也很好，IRR 最高的是延迟焦化流程，其次是脱沥青流程。

② 4A 和 4B 是 100%加工蜡油流程，相比之下，加氢裂化流程竞争力更大。加氢裂化流程更适合于多产柴油，FCC 流程更适合于多产汽油；原油同产品的价格差对各流程经济性有很大影响，一般原油与重燃料油价差较大时，投资大、转化率高的加氢过程竞争力更大；反之，原油价格较低时，应选用延迟焦化等投资较低的工艺。

三、延迟焦化工艺在重油加工过程中的作用

渣油改质工艺可分成分离工艺和转化工艺两大类，分离工艺主要包括有蒸馏和超临界萃取，转化工艺包括脱碳(Carbon rejection)和加氢(Hydrogen addition)两种过程。

无论是脱碳和加氢哪个方向，渣油改质工艺的核心是渣油轻质化。从碳氢平衡角度分析，渣油改质所得到的轻质馏分油含氢量均大于其原料——减压渣油，如表 1-3-8 和图 1-3-3所示[14,75]。如用焦化等脱碳工艺使重质油轻质化时，由于并无外加的氢引入，过程本身就是原料中所含氢的重新分配，即在生成氢碳比比原料大的轻质油的同时，必然生成

氢碳比比原料小的重质产物，如焦炭等。至于用渣油加氢工艺时，则完全依靠外加的氢来提高全部产物的氢碳比。大体来说，如果用加氢工艺加工减压渣油，就是要把氢碳比约为 1.6 的重质原料全部转化为氢碳比约为 1.8 的轻质油，这样就必须从外部加入约 2%的氢才能达到碳氢平衡。

表 1-3-8　各种油品氢含量及氢碳比的大致范围

油　品	氢含量/%	氢碳原子比	油　品	氢含量/%	氢碳原子比
汽　油	13.0~13.5	1.8~1.9	常压渣油	10.5~12.7	1.4~1.7
柴　油	12.0~13.2	1.6~1.8	减压渣油	10.0~12.3	1.3~1.7
减压馏分	11.0~13.0	1.5~1.8	焦　炭	1.5~4.5	0.2~0.6

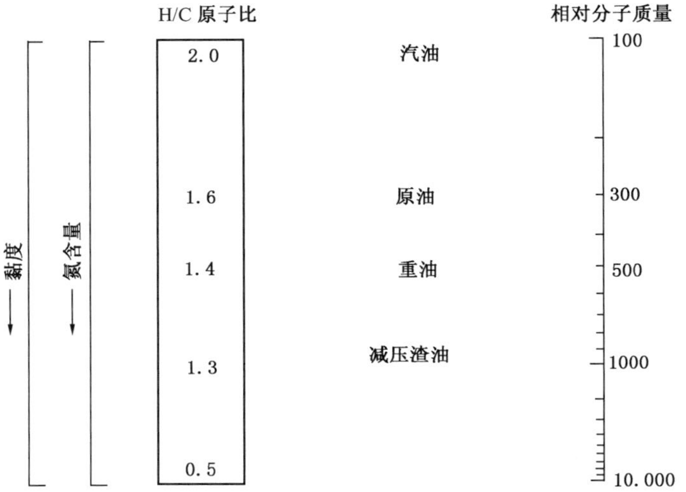

图 1-3-3　各种原料的氢碳比[14,88]

（一）加工重(劣)质原油是当今世界能源、资源和环境发展的需求

我国是世界一次能源的第二大消费国，占世界能源总消费的 10%以上。我国也是高煤、少气、缺油的国家，人均石油资源不及世界人均石油资源的 1/10[76]。未来我国石油的需求量占一次能源的比例将从 2005 年的 20.2%增加到 2020 年的 23.5%。2013 年底，我国全年原油加工量为 478Mt，同年我国原油进口量增至 282Mt，石油对外依存度已达 57.4%[29]。据国家能源局预测，2015 年和 2020 年，我国国内石油需求分别为 530Mt 和 610Mt，届时石油对外依存度将分别上升为 62%和 68%[77]。

据统计，世界常规石油资源储量为(3~4)×10^{12}桶，而非常规石油资源(重油、超重油和油砂沥青)的储量为 8×10^{12}桶，从世界石油资源剩余储量来看，虽然中质原油仍然占据炼油厂加工量最大比例，北美页岩油和北非原油供应量有所增加，但高硫、重质等劣质原油的比例逐年仍在上升。预计今后 20 年中，全球所产原油的平均 API 度和平均硫含量分别将从目前 33.4 降至 33.0 和 1.15%增至 1.35%。表 1-3-9 为世界原油质量现状及预测[38]，图 1-3-4 为 2011~2035 年全球原油质量变化趋势[38,78]，表 1-3-10 为 2012~2035 年世界重质原油(API 度<22)产量增长预测[38]。

表 1-3-9 世界原油质量现状及预测

地 区	2011 年			2035 年		
	供应比例/%	API 度	硫含量/%	供应比例/%	API 度	硫含量/%
北 美	12.4	31.7	1.28	15.8	29.8	1.69
拉丁美洲	12.4	25.1	1.46	12.3	23.5	1.45
欧 洲	4.6	37.3	0.41	2.4	37.7	0.40
独联体	16.7	33.7	1.13	14.4	34.9	1.03
亚 太	9.8	35.1	0.17	6.5	35.9	0.17
中 东	32.6	34.2	1.71	37.7	33.7	1.83
非 洲	11.8	36.2	0.29	11.0	36.9	0.25
合 计	100.0	33.3	1.15	100.0	32.6	1.33

数据来源：哈特能源公司，2012 年 12 月。

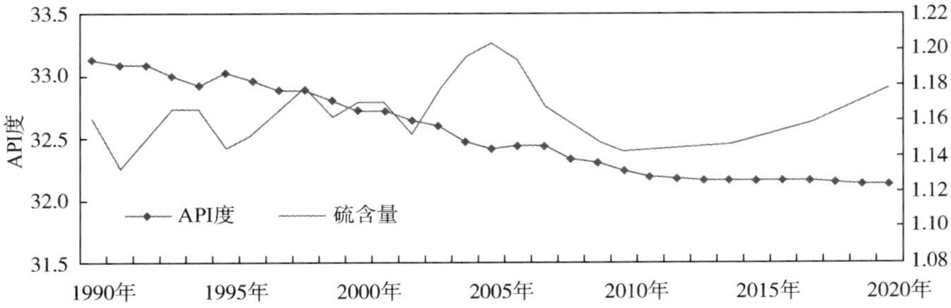

图 1-3-4 2011~2035 年全球原油质量变化趋势

表 1-3-10 2012~2035 年世界重质原油(API 度<22)产量增长预测

项 目	2012 年	2015 年	2020 年	2025 年	2030 年	2035 年
常规原油/(10^6桶/d)	65.82	68.71	69.26	73.68	76.01	80.33
重质原油/(10^6桶/d)	10.20	11.60	15.50	15.90	16.60	16.30
重质原油所占比例/%	11.90	12.70	15.90	15.50	15.60	14.80

数据来源：哈特能源公司，2012 年 12 月。

就全球而言，今后炼油厂加工原油总体上趋向于密度大，硫含量高，质量差的常规和非常规原油。此外，由于全球范围环境保护意识提高，对汽车尾气排放日趋严格，汽油和柴油日趋清洁化，预计到 2015 年，全球消费的 84%汽油是硫含量<50μg/g 的低硫汽油，到 2020 年，72%的汽油将是硫含量<10μg/g 的超低硫汽油。估计 2015 年全球消费的低硫和超低硫车用柴油占比为 75%[79]。

据估计，在未来 30 年，全世界用于石油炼制工业的投资约为 4100 亿美元，主要用于在有限石油资源条件下增加原油加工能力和生产满足人们生活需求的清洁石油产品[10]。图 1-3-5 为世界各类油品需求增长趋势[80]。

（二）渣油加工工艺的选择

1. 渣油加工工艺的选择主要取决于渣油的性质

渣油性质一般表现为沸点高、馏分重、相对分子质量大、H/C 小，除含有固体物质外，胶质、沥青质、重金属、硫、氮含量和黏度都较高或非常高。表 1-3-11 和表 1-3-12 分别表示几种常压渣油和减压渣油的主要物化性质[61,82~84]。

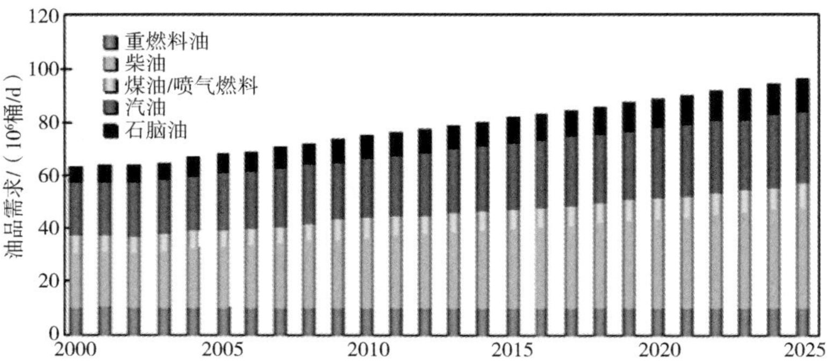

图 1-3-5　世界各类油品需求增长趋势

表 1-3-11　几种常压渣油的主要物化性质

常压渣油	相对密度	硫/%	总氮/(μg/g)	残炭/%	V+Ni/(μg/g)	沥青质/%	黏度/(mm^2/s)
沙特重质常渣	0.9837	4.4	2700	15.0	137	16.0	1016(60℃)
科威特常渣		4.2	2400	10.0	66	6.0	
墨西哥玛雅常渣	1.0043	4.3	4500	16.7	490/80	23.3	956
加拿大冷湖常渣	1.0193	5.0			234/90.8		11901(60℃)

从表 1-3-11 可见，这几种常压渣油硫含量在 4.0%以上，金属含量中玛雅常渣高达 490μg/g，加拿大冷湖常渣的黏度(60℃)高达 11901mm^2/s。

表 1-3-12　几种减压渣油的主要物化性质

减压渣油	相对密度	硫/%	总氮/(μg/g)	残炭/%	V+Ni/(μg/g)	沥青质/%	黏度/(mm^2/s)
中国胜利减渣	0.9698	1.35	8500	13.9	2.2/46	0.2	862
中国孤岛减渣	1.0020	2.93	7700	16.20	4.4/42	4.1	420
卡塔尔减渣	1.0140	4.87	4154	24.66	73.6		2820
阿曼减渣	0.9700	2.30	2392	14.20	55.0	2.8	620
伊朗伊文减渣	0.9900	3.50	2781	18.80	80.0	6.25	868
伊朗锡里减渣	1.0059	4.38	5304	21.50	265.0		3251
伊轻减渣	1.0230	3.27	5014	20.70	325.0	7.04	1664
沙轻减渣	0.9900	3.32	1970	17.70	74.0	4.36	485
沙重减渣	1.0473	5.60	6700		220.0	21.0	27968
伊拉克巴士拉减渣	1.0142	4.90	2720	20.74	72.8	4.09	864.2
科威特减渣	1.0273	5.20	3800	19.00	130.0	12.0	860(121℃)
墨西哥玛雅减渣		5.30	8200	24.30	710/118	33.5	
巴西马里姆减渣	1.0317	1.04	11000	21.40	86.5/58.5	10.0	35300
加拿大冷湖减渣	1.0694						199998

从表 1-3-12 可见，这 14 种减渣分别属高硫、高氮、高金属、高残炭、高黏度渣油。其硫含量一般大于 2.0%，残炭为 14%~24%，金属含量为 40~700μg/g。其中沙特重质减压渣油，硫含量高达 5.6%；巴西马里姆减渣的氮含量高达 11000μg/g；卡塔尔减渣的残炭高达 24.66%；金属含量最高的是墨西哥玛雅减渣，高达 710μg/g；加拿大冷湖减渣的黏度竟高达 199998mm^2/s。

2. 渣油加工工艺的选择

可供选择的渣油加工工艺和组合工艺很多，一般应根据原料油性质、产品要求、转化率、产品价格、经济和环境保护的要求等综合考虑。任何一种加工工艺，都有其一定的特点和适用范围。

图 1-3-6 为国外某研究公司给出的>343℃渣油改质工艺的残炭和金属含量的适用范围[55,85]。图 1-3-7 为渣油改质工艺的温度和压力范围[14,82,83]。图 1-3-8 为渣油改质工艺的转化率之间的关系[14,75]。从图中可见，渣油催化裂化处理低金属、低硫、低残炭的渣油，操作压力低、温度高，其转化率也高；焦化工艺一般处理高硫、高金属(>300μg/g)、高残炭的渣油，操作压力低而温度高，转化率一般为 50%~70%；渣油加氢工艺处理高硫、中等金属含量和残炭的原料油，操作压力高，温度高，转化率一般为 80%左右，根据要求转化率可以更高，未转化油可以作为低硫燃料油或作为催化裂化原料。未来各国在燃料油规范中对硫含量将有更加严格要求，渣油在作为燃料油使用前必须进行脱硫。

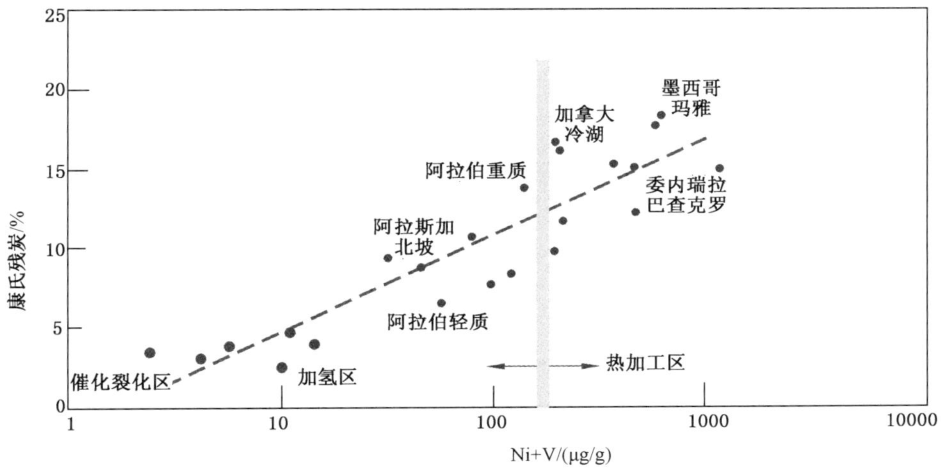

图 1-3-6 >343℃渣油改质工艺适用范围[50,100]

产品收率也是选择渣油加工方案的重要因素。一般产率高，则相应的产品产值也高。图 1-3-9 表示渣油加氢处理和延迟焦化工艺的加氢转化率和延迟焦化焦炭价格之间的关系[55]。当焦炭价格高时，延迟焦化工艺有利，当焦炭价格低时，加氢处理有利，当焦炭价格非常高时，渣油加氢处理过程只有提高转化率才能延迟焦化工艺相竞争。图中虚线部分表示渣油价格的波动范围。

一般，在低油价和高天然气价格时期，延迟焦化工艺是渣油转化首选技术；在高油价和低天然气价格时期，低质量石油焦的销路减少，加氢技术成为渣油转化的首选技术[42,43]。渣油深加工技术的选择与渣油中金属和康氏残炭含量关系如表 1-3-13[42,43]和图 1-3-10 所示[42,43]。

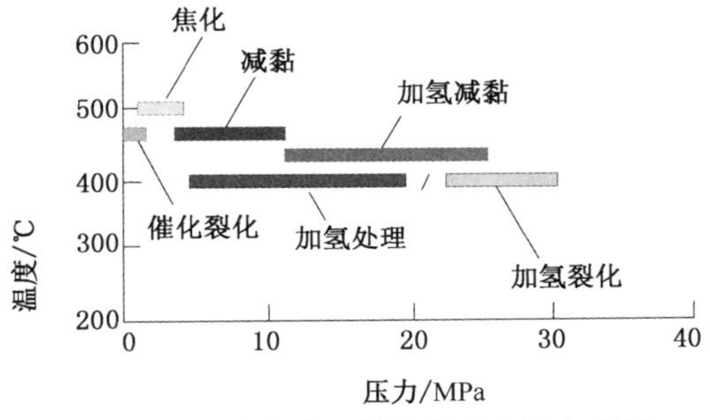

图 1-3-7 渣油改质工艺的温度和压力范围

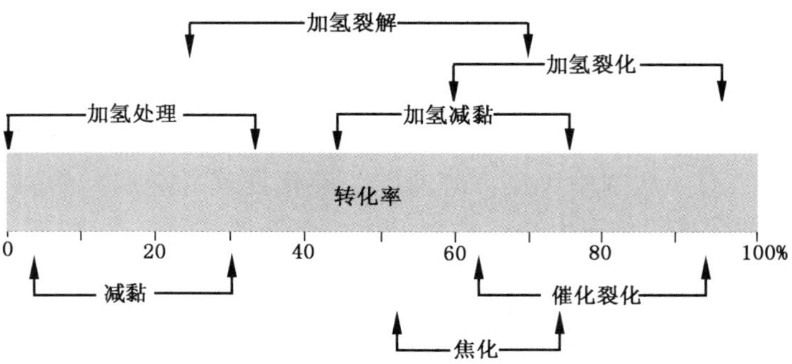

图 1-3-8　渣油改质工艺的转化率之间的关系

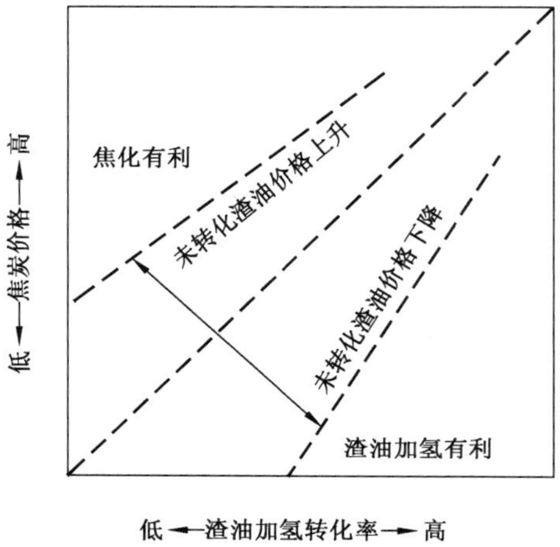

图 1-3-9　延迟焦化和渣油加氢处理的概念性比较

表 1-3-13　渣油转化技术使用原料范围

渣油转化技术	残炭含量/%	Ni+V/(μg/g)
固定床加氢裂化	<1.5	<4
渣油催化裂化	<8.5	<35
沸腾床或悬浮床加氢裂化	8.5~15.5	<200
延迟焦化或悬浮床加氢裂化	15.5~20.0	200~2000

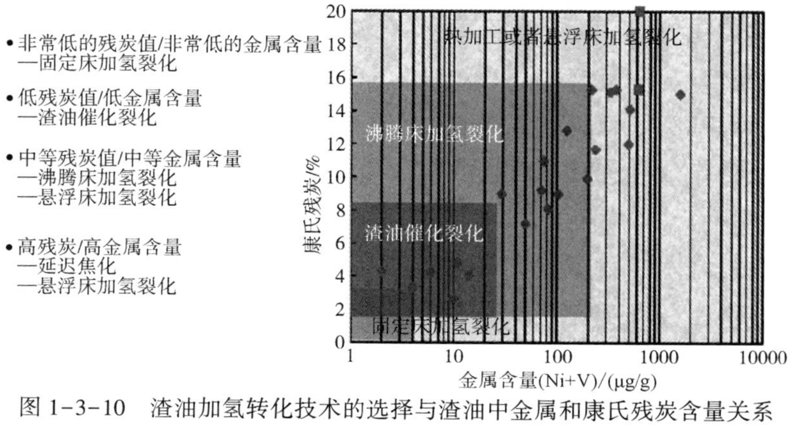

图 1-3-10　渣油加氢转化技术的选择与渣油中金属和康氏残炭含量关系

进一步分析可知，渣油加工工艺是国际油价的函数，当国际油价高企时有利于悬浮床加氢裂化技术的应用。北美一炼油厂曾评估减压渣油加工方案的结果时表明，国际基准油价为85美元/桶时，沸腾床加氢裂化的净现值才能超过延迟焦化，而国际油价低于50美元/桶时，悬浮床加氢裂化的净现值就超过延迟焦化。悬浮床加氢裂化因其对原料的灵活性大，一次通过的转化率高(>95%)，具有多产高质量柴油的能力和操作可靠性和实用性，其重要性正在显现。近年来国际油价出现长时间持续大幅度波动，对于不同渣油加工工艺的盈利性将产生重要影响，从某种意义上讲，探索能更适应原油价格波动的重油加工工艺(包括组合工艺)应是一个重要的方向。

总之，一般对低硫、低金属和低残炭的渣油，可首选重油催化裂化工艺；对高硫、中等金属(<200μg/g)和低残炭(<12%)渣油，选用固定床加氢处理工艺，该工艺虽然一次性投资较高，但从产品质量、环境保护和经济效益等方面均是有益的；对高硫、高金属(>200μg/g)和高残炭(>12%)的渣油，以及原油供应质量可能变化比较大的情况下，需要用焦化或脱沥青等“浓缩”工艺，脱去其中大部分的硫、金属和残炭；延迟焦化工艺是投资低、技术成熟的渣油经济加工方法。目前随着CFB、气化及汽电联产技术的进步，也为高硫石油焦或高硫硬沥青提供了有效的应用途径。

3. 各种渣油加工工艺的发展概况

劣质重质原油中渣油部分要比常规原油多，因此渣油深度转化工艺就成为加工重质原油炼油厂提高轻质油收率乃至全厂经济效益的关键所在。

渣油延迟焦化工艺因其工艺成熟、原料适用范围广、装置安全性和可靠性高以及投资相对较低等特点，已成为目前各国炼油厂应用最多的渣油转化工艺技术，表1-3-14为世界渣油加工能力[86]。据2010年统计，在全球重油加工技术工业应用中，加氢过程约占全部重油转化能力的15%，其余85%为焦化和减黏裂化工艺、重油催化裂化和溶剂脱沥青工艺等，在焦化工艺中，全球共有106套延迟焦化装置，其中美国占60套，总加工能力约为200Mt。最近几年加氢工艺在重油加工工艺中的地位有所提升。全球加氢总能力约为154Mt/a，其中75%为固定床，25%为沸腾床(2011年底有25套工艺装置在生产，总加工能力为57.2Mt/a)。渣油悬浮床加氢装置，目前世界上共有7套装置(1套已于2012底投产，6套在建设中)[35,37,38,87]。据2011年统计，全球催化裂化加工能力为734Mt/a，其中渣油催化裂化加工能力为81Mt/a，占催化裂化总加工能力的11%[87]。

表1-3-14 世界渣油加工能力 10^3桶/d

转化技术	美国	欧洲	加拿大/墨西哥/委内瑞拉	日本	其他地区	合计
热加工						
热裂化/减黏裂化	40	2260	330	25	1635	4290
焦化	2300	675	1110	65	1410	5560
溶剂脱沥青①	280	65	75	15	75	510
渣油加氢						
固定床	500	150	30	590	1140	2410
沸腾床	100	120	245	25	50	540
渣油催化裂化②	830	680	280	320	1930	4040
合 计	4050	3950	2070	1040	6240	17350

① 溶剂脱沥青生产燃料油。

② 专门设计或改造后能处理康氏残炭体(CCR)>2%的原料的催化裂化装置。

数据来源：SFA Pacific公司，2007年开工能力(初步调查结果)。

从表 1-3-14 可见，美国的渣油加工是以焦化工艺为主，其焦化加工能力占本国渣油总加工能力的 56.79%，其次为渣油催化裂化工艺和固定床加氢工艺，分别占本国渣油总加工能力的 20.49%和 12.35%。欧洲渣油加工是以热裂化/减黏裂化工艺为主，其次为渣油催化裂化工艺，分别占该地区渣油加工总能力的 57.22%和 17.22%。日本则以固定床加氢工艺为主，其次为渣油催化裂化工艺，分别占该国渣油加工总能力的 56.73%和 30.77%[87]。

表 1-3-15 为 1998 年和 2013 年炼油厂各种渣油加工装置加工能力的比例[47]。从表中可见，1998 年焦化装置加工能力已超过渣油总加工能力的 35%，2013 年此数据已超过 40%。就全球而言，可以认为焦化是炼油厂加工劣质渣油最受欢迎的技术，是加工劣质渣油得到轻质产品和馏分油的一种有效技术[37,47]。

表 1-3-15　炼油厂各种渣油加工能力的比例(未含重油催化)

工艺过程	1998 年	2013 年	差值
焦　化/%	35.60	40.29	+4.69
脱沥青/%	3.98	3.68	-0.30
加　氢/%	23.27	22.20	-1.07
减黏裂化/%	37.15	33.89	-3.26

4. 延迟焦化工艺在渣油加工组合工艺中的应用

当加工重(劣)质原油时，由于渣油性质差异很大，装置投资较高，对环境影响也很大，目前尚没有一种渣油加工工艺就可以单独、直接将渣油加工为合格产品，往往需要采用几种工艺的组合，以提高轻质油收率，提升对原油的适应性和增加经济效益。因此，渣油加工组合工艺成为提升炼油厂利润最佳手段之一，但是，渣油加工组合工艺也增加了炼油厂选择渣油加工方案的复杂性。

一般而言，延迟焦化工艺只能将 65%~75%的渣油转化为液体产品，其余变为石油焦和气体，焦炭产率约为渣油残炭含量的 1.6 倍，并且随着原料残炭含量的增加而增加，目前燃料级石油焦价格和船用燃料价格差较大。高焦炭产率的延迟焦化工艺过程并不是一种理想的能单独使用的渣油深度加工工艺过程[37]。目前，炼油厂考虑的是如何实现焦化工艺与其他渣油加工工艺的组合，发挥延迟焦化与加氢裂化/加氢处理、溶剂脱沥青或减黏裂化工艺等的协同作用。焦化工艺与其他渣油加工工艺的组合工艺应用范围正逐渐增加，其主要有：

(1) 减压深度切割-延迟焦化组合工艺

该组合工艺是原油蒸馏装置经减压蒸馏深度切割后，提高了直馏瓦斯油收率，延迟焦化生产的重蜡油则进减压蒸馏塔拔出部分轻瓦斯油。该组合工艺可以降低全炼油厂焦炭收率[36]。

(2) 延迟焦化-催化裂化组合工艺

该组合工艺是利用催化裂化装置的油浆作为延迟焦化装置的进料，焦化蜡油经加氢脱硫后作催化裂化原料，焦化汽油进入催化裂化装置加工或经加氢后作为乙烯裂解原料。高硫石油焦可作为 CFB 的原料，为全厂提供蒸汽和电力。

(3) 减黏裂化-延迟焦化组合工艺

该组合工艺可以提高轻质油收率，降低焦炭产率。

(4) 渣油溶剂脱沥青-沥青延迟焦化-脱沥青油催化裂化组合工艺

该组合工艺脱油沥青送至延迟焦化装置，进一步“浓缩”原料油中的硫、金属、残炭等。

脱沥青油更符合催化裂化工艺和催化剂要求，以便产生所需的轻质产品[88]。

(5) 渣油加氢-延迟焦化组合工艺

本文前已指出渣油加工工艺是国际油价函数的重要观点，北美一炼油厂曾评估减压渣油加工方案结果表明，国际基准油价为85美元/桶时，沸腾床加氢裂化净现值才能超过延迟焦化，而国际基准油价为50美元/桶时，悬浮床加氢裂化净现值就能超过延迟焦化。随着重(劣)质原油加工量的增加和清洁燃料质量要求的提高，以及国际油价上下波动等因素导致渣油加氢和延迟焦化组合工艺应用也在不断增加。

① 渣油加氢-延迟焦化组合工艺。

该组合工艺是将劣质渣油经渣油加氢处理，将渣油含硫量降低后送进延迟焦化装置，生产市场需求和用途广泛的低硫焦。美国许多炼油厂在加工高硫原油时均用该组合工艺，如美国帕斯卡戈拉(Pascagoula)炼油厂。

② 沸腾床加氢裂化-延迟焦化组合工艺。

(a) H-Oil-延迟焦化组合工艺。

Axens公司开发的H-Oil沸腾床加氢裂化将未转化的渣油送至焦化装置进行延迟焦化过程。这种组合工艺的H-Oil沸腾床加氢裂化的残炭(生焦母体)脱除率为40%~70%，则未转化渣油中的生焦母体大大减少。在美国某加工阿拉伯重油的加工能力为10.0Mt/a的炼油厂改造中，延迟焦化装置将从1.49Mt/a扩建到2.99Mt/a，采用H-Oil-延迟焦化的组合工艺，当H-Oil工艺采用70%转化率和选择性(柴汽比)为2.2时，组合工艺比单独延迟焦化装置工艺每天多产6000桶以上柴油，炼油厂每年可增加效益2.34亿多美元[25]。如果该组合工艺加工Athabasca油砂沥青时，渣油转化率为68%，总液体收率增加10.27%(相对于原油)，柴油收率增加2.29%(相对于原油)，石油焦生产量每天可减少1567t，当布伦特原油或WTI原油价格超过50美元/桶或更高时，H-Oil-延迟焦化组合工艺投资收益较高[25,37]。

(b) LC-Fining-延迟焦化组合工艺。

美国Chevron公司对炼油厂总体流程的经济性和可靠性进行分析，比较了在不同硫含量原油的效益和抗风险能力下不同渣油处理工艺流程后认为：在处理HSFO(高硫原油)时，最佳渣油转化流程为LC-Fining和延迟焦化组合工艺，其IRR(内部收益率)和NPV(净现值)最高。该组合工艺不仅可处理非常劣质的原油，而且能将劣质渣油转化为高质量中间馏分油产品以满足市场需求[89]。

③ 悬浮床加氢裂化-延迟焦化组合工艺(Uniflex-延迟焦化组合工艺)。

UOP公司的Uniflex工艺可以实现在高转化率水平下进行平稳作业，满足目的转化率和馏分油产品需求。Uniflex工艺与延迟焦化工艺相比，可多产出10%的液态产品，其中柴油产品多产60%。Uniflex-延迟焦化组合工艺是在减压渣油进入延迟焦化装置之前，先在Unflex过程进行预处理，以提高液体产品产率，降低炼油厂的净焦炭产率，其收益程度取决于Uniflex工艺的转化程度。图1-3-11为延迟焦化

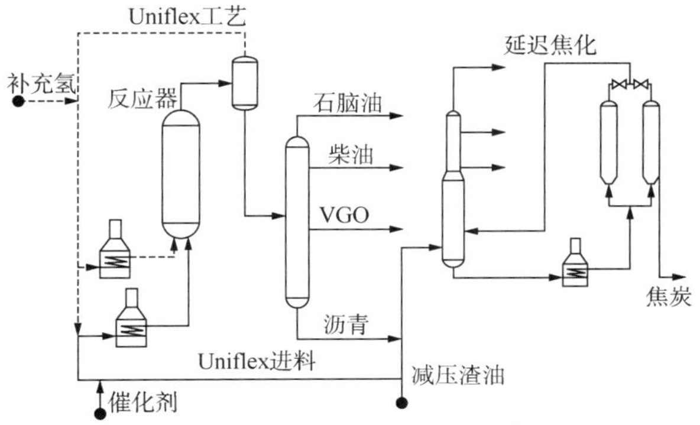

图1-3-11 延迟焦化和Uniflex组合工艺

和 Uniflex 组合工艺[90]。

(6) 焦化工艺-热电联产组合工艺

由于燃料及石油焦可用于发电，许多炼油厂都可实现延迟焦化工艺与热电联产装置的一体化生产。焦炭塔除焦后，石油焦被送至破碎和气化装置，产生蒸汽用于汽轮机发电，其余作为炼油厂自用工艺蒸汽。这种组合既可提高炼油厂能效，又避免石油焦的运输、处理和储存的成本[47]。

随着全球原油质量变重(劣)的趋势和非常规原油资源的加工已构成对炼油厂加工方案的挑战，其中委内瑞拉超重原油和加拿大油砂沥青是当前世界上最难加工的原油，然而延迟焦化工艺和/或其组合工艺已成为加工这类非常规原油的核心工艺(组合)。目前世界已建成的 4 座加工委内瑞拉超重原油的改质工厂，全部采用延迟焦化工艺和其组合工艺作为该改质厂的核心工艺。如 Petromanzoategui 改质工厂和 Petropiar 改质工厂均采用延迟焦化-缓和加氢裂化组合工艺。而加拿大现已建成的加工油砂沥青的 6 座改质工厂中，Syncrude 公司的 Mildred lake 改质工厂采用流化焦化+LC-fining(沸腾床渣油加氢裂化)组合工艺，Husky 公司的 Lioydmnster 改质工厂采用延迟焦化+H-Oil(沸腾床渣油加氢裂化)作为改质工厂的核心工艺，还有两座改质工厂是以延迟焦化工艺为核心工艺。目前在建的加工委内瑞拉奥里诺科原油改质工厂其中有二座改质工厂也是以延迟焦化工艺核心工艺[37,46]。

第四节　延迟焦化主要技术进展

渣油加工工艺方法很多，其中渣油延迟焦化工艺是目前各国炼油厂应用最多的渣油转化技术，2013 年全世界渣油焦化加工能力达 256.87Mt/a，占原油总加工能力的 5.87%[41]。从总体上分析，焦化技术在 20 世纪末已经达到高峰，我国随着焦化装置产能的迅速增加，焦化工艺技术也取得了显著进步，世界上已有的重大焦化技术我国也已经基本掌握，当前主要是处于完善和推广阶段。延迟焦化工艺的技术进步包括延迟焦化工艺技术和延迟焦化工程技术两部分，两者相辅相成。

一、延迟焦化工艺过程

(一) 延迟焦化主要专利工艺过程和专利技术

针对焦化原料的重(劣)质化和追求轻质油品的最大化，世界各公司持续开发了一系列新的延迟焦化工艺技术和设备，如 Foster Wheeler 公司的 SYDEC(Selective Yield Delayed Coking)技术、ConocoPhillips 公司的零循环比技术(Thru-plus)、ABB-Lummus 公司的低压低循环比技术、Kellogg Brown & Root 公司的焦炭塔低压设计技术等专利工艺过程。近期开发的专利技术有：URS 公司的 Opticoking 技术、Coke Tech 公司的 Maxicoking 技术、ConocoPhillips 和 D-Cok 公司的 Cok-SCAN™技术以及 Albemarle 和 OptiFuel 公司的 OptiFuel™技术等。

我国也相继开发了一些延迟焦化工艺技术，如：高液收延迟焦化技术(HDDC)、高中间馏分油收率延迟焦化技术(HMDDC)、多产轻质油品延迟焦化技术(HCCGO)和可灵活调节循环比工艺(Flexible Adjustable Recycle Ratio Process)等[91]。

国外近期开发的焦化专利技术有：

1. ConocoPhillips 和 D-Cok 公司的 Cok-SCAN™技术

ConocoPhillips 和 D-Cok 公司的 Cok-SCAN™技术，主要用于快速而准确地对现有焦化装置进行评估，以确定在扩能或改进现有延迟焦化装置操作的经济性和安全性过程中所需的设备和投资。该技术工作范围包括：确定装置脱瓶颈方案(如：加热炉、焦炭塔、塔顶油气管线和转油线、分馏塔、压缩机、密闭吹气放空系统及循环周期等)和确定安全改造方案(如：焦炭塔卸盖、阀门连锁、切焦系统和逃生出口等)以及评价可靠性改造方案(如：设备设计和选择等)等。该公司提供的案例为：焦炭塔按 14h 生焦周期，处理能力 1.40Mt/a，加工负荷 95%。应用该技术后，可使处理能力提高到 2.0Mt/a，每桶渣油加工利润为 20 美元，扩能后可实现年收入 0.76 亿美元[36,92]。

2. 利用焦化添加剂提高液体收率的的 OptiFuel™ 技术

OptiFuel™技术是采用 Albemarle 公司专有的焦化添加剂。采用这种添加剂可以减少焦炭中的含氢量，多产液体产品并提高氢/碳比，以降低生焦率，提高液体产品产率和操作灵活性，从而提高焦化装置操作性能和效益。添加剂是注入到焦炭塔的蒸汽段，以确保其优化分散[47]。该技术在 1.10Mt/a 规模的延迟焦化装置应用，当原料残炭 22%时，焦炭和干气产率分别可降低 3.7%和 1.2%，而液体产品产率可提高 4.9%。如利用模型计算进行预测，其经济效益为每桶 3.7 美元，年增加经济效益约为 2700 万美元。如果通过 OptiFuel 技术用于提高装置处理量，每年可为装置再增加 5300 万美元。第一套工业化装置实现于 2013 年[38,93]。图 1-4-1 为 OptiFuel™工艺技术示意图[93]。

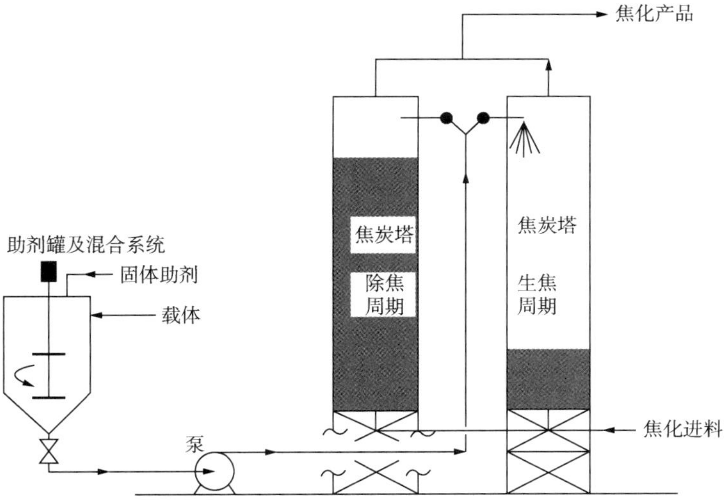

图 1-4-1　OptiFuel™工艺技术示意图

(二) 延迟焦化工艺过程的技术进步

延迟焦化工艺过程的技术进步主要表现为：大型化、柔性化、最佳化和清洁化等方面。

1. 大型化

大型化是世界石油化工的重要发展趋势，大型化的目的是在有限利用资源条件下，以最低的投资和操作成本以获得最大经济效益。

(1) 装置规模大型化

1929 年，世界上第一套延迟焦化装置在美国印第安纳州建成，设计处理能力为382m^3/d (119kt/a)，该装置直到 20 世纪 50 年代仍在操作中[52~54]。1938 年、1956 年和 1957 年在美国投产的三套延迟焦化装置，其加工能力分别为 454m^3/d(142kt/a)、1480m^3/d(461.5kt/a) 和 1460m^3/d(455.3kt/a)，1961~1962 年间，美国最大的延迟焦化装置加工能力为 4450m^3/d

(1.40Mt/a)[54]。目前世界上的一些大型化的延迟焦化装置，如：1999年印度信任公司投产的贾姆纳格尔(Jammagar)炼油厂的延迟焦化装置，美国Chevron公司的Pascagoula炼油厂的5.39Mt/a装置，美国BP公司的Whiting炼油厂的5.05Mt/a装置和Marathon petroleum公司的Garyville炼油厂的4.88Mt/a装置，但也有很小的印度Indian Oil公司的Assam炼油厂的46.8kt/a的装置在运转[41]。

美国延迟焦化装置加工能力一般为2.0~6.0Mt/a，单系列规模达到2.50Mt/a[36]。

1990~2010年，我国延迟焦化装置平均规模分列别为0.5~1.00Mt/a[32,36]。目前国内延迟焦化装置规模一般为1.00~2.50Mt/a，最大规模的装置是惠州炼油厂的延迟焦化装置，其加工能力为4.20Mt/a[36]。

美国索罗门(Solomon)公司2014评选的“世界最好炼油厂”，按照加工能力分为中型和大型群组，其延迟焦化装置规模分别为0.61Mt/a和2.65Mt/a[36]。

延迟焦化装置大型化之所以成为一种世界性趋势，是因为大型化具有明显的投资省、劳动生产率高和生产费用低特点。但是，装置规模究竟多大比较合理，要平衡装置规模与所要求的总成本、操作费用和投资回报率之间的关系，其关系十分复杂，它涉及多种因素，不仅有技术问题而且要考虑市场环境，如：炼油厂本身的类型和规模、资源能力、产品流向、交通运输、当地环境保护要求、当时相关配套设备的制造能力、运输条件和市场(尤其是焦炭市场)接纳容量等。据报道，延迟焦化装置典型规模为0.75~2.75Mt/a较为合适[5,11,95,96]。

(2) 焦炭塔大型化

延迟焦化装置的主要设备是焦炭塔和加热炉，由于受水力除焦和制造能力的限制，焦炭塔容积不能无限扩大，这两个设备一般都是按积木式的“一炉两塔”、“两炉四塔”、“四炉八塔”等形式配置。大型化焦炭塔能减少加工一定量渣油所需的焦炭塔个数，显著提高投资效益，同时在操作上可减少焦炭塔的切换频率，切换时的吹汽、预热和热损失等消耗以及降低除焦水、电耗等。

由于切换技术的限制，国外20世纪50年代末期至60年代初期，焦炭塔直径一般为ϕ6000~6100mm，20世纪60年代出现ϕ7930mm的焦炭塔。80年代美国出现最大直径为ϕ8230mm的焦炭塔。随后Foster Wheeler公司又设计、建设一套延迟焦化装置，有四台焦炭塔，每台焦炭塔尺寸为ϕ28ft×120ft(ϕ8530mm×36600mm)，1998年，该公司为印度的信任公司贾母纳格尔(Jamnagar)炼油厂的延迟焦化装置设计了ϕ8840mm的八座焦炭塔。到2002年末，该公司已完成5套新延迟焦化装置18座ϕ28ft(ϕ8530mm)的焦炭塔设计，并相继建成投产。2000年前后，Foster Wheeler公司又设计了ϕ29ft×120ft(ϕ8845mm×36600mm)的焦炭塔，该公司在不久又设计ϕ32ft×140ft(ϕ9360mm×42700mm)的焦炭塔，随着水力除焦技术进步，机械制造能力和运输条件进步，有可能设计ϕ12192mm的焦炭塔[32,35,95,96]。

(3) 大容量双面辐射加热炉

和焦炭塔一样加热炉是延迟焦化装置主要设备之一，它担负原料的加热任务，同时也是影响装置长周期生产和能耗的极为重要的设备。对于较小规模的焦化装置，过去常用单面辐射加热炉，炉管材质为Cr5Mo钢，由于单面辐射传热的不均匀性，这类炉子的性能是比较落后的。我国焦化装置过去使用的底烧式立式加热炉就属于这一类，加热炉效率为88%，单台炉子热负荷为27.72MW，辐射热强度为26.75~36.05kW/m^2。

从20世纪90年代初，国外开始普遍采用大容量双面辐射加热炉，炉管材质升级为Cr9Mo钢，2000年初我国第一台四管程双面辐射加热炉在上海石化诞生，该炉采用双面辐射加热方式和在线清焦、多点注汽等技术，实现了焦化加热炉的大型化。这种加热炉的热强度最高值较低，但平均热强度较高，一般比单面辐射炉的热强度提高50%，所以能使油膜的局部最高温度和局部管温较低，加热炉运行周期较长。

2004年投产的惠州炼油厂延迟焦化装置，加工能力4.20Mt/a，装置采用双面辐射阶梯炉和多点注水、双向烧焦和在线清焦技术。加热炉最大热强度为42.587kW/m^2，加热炉实际标定整体热效率为91%；加热炉连续运转周期不少于660天[35,69]。

2. 装置加工灵活性

焦化装置加工灵活性主要是指加工原料性质灵活，其他还有加工能力灵活和产品方案灵活。

(1) 延迟焦化装置能加工的原料品种比较广泛

延迟焦化能处理包括直馏渣油、减黏渣油、加氢裂化渣油、裂解焦油和循环油、油砂、沥青、脱沥青焦油、澄清油、溶剂精制后的煤以及煤的衍生物、催化裂化油浆、炼油厂污油和污泥等约60种原料。一般能处理原料油的性质为康氏残炭3.8%~45%，API度为2~20[10~12]。有报道称焦化原料中沥青质比例可达50%以上。正由于焦化装置能处理炼油厂各种残渣物料因此被称为炼油厂的"垃圾桶"，同时也是目前炼油厂实现渣油零排放的一个重要装置。随着原油质量的变差变劣，各种重质、含硫、含酸、高金属、高残炭等原油的增加，延迟焦化在炼厂中地位显得愈来愈重要。

目前国内延迟焦化装置的原料呈多元化形式，有常压渣油、减压渣油、催化油浆、减黏裂化渣油、超稠原油、重质燃料油、煤焦油等[36]。

影响到具体一种焦化原料能否正常使用的核心问题之一是该原料的结焦性能，如果很容易结焦的原料将导致装置运行周期很短，无法正常生产；此外如果是高含硫、高酸值等腐蚀性很强的原料，也需要采取相应措施后，才能作为焦化原料处理。

(2) 生产合成油

这主要是指一些非常规原油如委内瑞拉奥里诺科(Orinoco)原油和加拿大的油砂沥青等利用延迟焦化和加氢处理工艺生产合成原油技术的开发，如对奥里诺科的原油进行改质生产API度为16~32,硫含量小于0.1%的合成油项目[27]。表1-4-1就是委内瑞拉四个项目的有关情况[27]。

表1-4-1　委内瑞拉策略联盟的四个项目

项　目	Sincor	Hamaca	Petrozuata①	Cerro Hegro
原生原油产量/(桶/天)	212000	220000	132000	129000
合成原油产量/(桶/天)	180000	208000	112000	116000
合成原油API度	32	26	22	16.5
基建投资/亿美元	57	42.5	43.7	23.6
改质设施费②/亿美元	27	21.7	18.3	11.5

① 加工Zuata原油(API度为8,硫含量4.2%,康氏残炭15%)。

② 改质工艺包括:脱盐、减压蒸馏、延迟焦化和加氢处理等。

(3) 其他可供焦化加工的原料

① 回炼炼厂污泥。

自1990年底美国环保局(EPA)限制炼油厂有害废物(K018-K052污泥)必须进行埋地处理后，致使场外处理费显著增加，无论从经济和环保方面考虑，炼厂有害废物必须进行处理，因此有些炼油厂将这些废弃物循环到延迟焦化装置进行回炼处理[97]。

② 掺入脱油沥青。

在焦化装置的上游加一套脱沥青装置，一方面可以消除输送原料时的水力学限制，焦化装置总进料可少30%~35%；与减压蒸馏相比，脱沥青油有较高的收率。另一方面可以减少焦炭塔负荷制约，减少焦炭产量20%~30%，并可加工更重、更劣质的原料或扩大装置产能[98]。在延迟焦化型的炼油厂中，由于受到增加重质和/或劣质稠油、含硫(酸)原油的加工或扩大装置产能的因素时，这是一个可以考虑的方案。

表1-4-2为焦化原料掺入脱油沥青的比例[98]。表1-4-3为用脱油沥青作焦化原料的产品产率[98]。

表1-4-2　焦化原料掺入脱油沥青的比例

脱油沥青在焦化进料中的比例/%(v/v)	残炭值/%	工业化经验
基本操作	20~30	✓
20	24~32	✓
40	28~34	✓
>40~50	>34	工业化设计

表1-4-3　用脱油沥青作焦化原料的产品产率

产　　品	减压渣油	脱油沥青
焦化进料	基准值	0.45基准值
$\leqslant C_4$/%	8.2	11.0
C_5^+/%	62.9	45.1
焦炭/%	28.4	43.9
焦炭(减压渣油)/(磅/桶)	100	70
炼油厂总收率/%	基准值	基准值+4

③ 掺炼炼厂污油和FCC油浆。

延迟焦化装置加工炼油厂废油(污水处理厂来的污油)，一般是在冷焦过程中加入。如在生焦过程中加入污油，注入污油的水含量大于5%，则容易造成泡沫夹带和塔盘损坏。

有些炼油厂在焦化原料中掺入部分催化裂化澄清油，可以提高石油焦的各向异性，使其接近海绵焦或针状焦，避免弹丸焦形成。焦炭塔注入催化裂化油浆量大约在10%~20%。尽管掺炼油浆有一些好处，但也会带来一些问题：如果催化剂粉末没有除去，焦化加热炉的运行周期可能会缩短，石油焦的灰分超过顾客所要求的指标；此外掺炼油浆可能导致循环物料的可裂化性能降低，使部分油浆在加氢处理、催化裂化和焦化装置中循环，导致炼油厂加工能力降低。

目前，国内延迟焦化装置回炼的外来物料主要有：污泥浮渣、污油、废胺液、掺炼沥青或催化油浆等[36]。

3. 焦化工艺最佳化

焦化工艺最佳化包括焦化产率最佳化、焦化工艺参数最佳化、焦化产能最大化和装置能耗、物耗最低化等。

(1) 产率最佳化

作为渣油轻质化装置的延迟焦化工艺可生产LPG、石脑油、中间馏分油和焦炭等产品。根据原料性质不同，生产的焦炭可以是燃料焦或电极焦，如果是燃料焦，焦炭产率应该越低越好，以更多生产高值的轻质油品。产率最佳化就是要通过工艺操作参数的调整来调节焦化目的产品种类和产率使之达到最佳化。在焦化产率中一般中间馏分油产率占总产率的30%~65%左右，目前多产中间馏分油(柴油)需求显得尤为重要。

FW公司根据中型实验和工业化操作经验，提供典型的产品产率和性质如表1-4-4[11,12]。该表原料提供的范围较宽，API度为4.0~12.8，康氏残炭为5.2%~22.0%，金属含量为44~910μg/g。操作参数为：加热炉出口温度468~524℃，焦炭塔顶压力0.1055~1.055MPa(表压)，循环比0.05~2(体积循环/体积新鲜原料)。从表1-4-4中可见，干气产率范围为6.2%~10.5%，石脑油为17.4%~21.4%，柴油为33.0%~65.3%，焦炭产率为10.0%~35.1%。

表1-4-4 典型的产品产率和性质

产 品	原料来源			
	非 洲	东南亚	墨西哥重质	中 东
干气和 C_4^+/%	6.2	7.4	10.5	9.2
C_5~193℃,石脑油/%	18.5	20.4	21.4	17.4
API度	56.1	62.3	54.9	58.3
硫含量/%	0.1	0.2	0.9	6.5
193℃$^+$,柴油/%	65.3	54.5	33.0	48.5
API度	22.4	34.9	20.5	25.3
硫含量/%	0.59	0.42	4.26	2.28
焦炭/%	10.0	17.7	35.1	24.9
硫含量/%	1.1	0.8	6.4	5.1
(镍+钒)/(μg/g)	500	249	2592	361

(2) 焦化工艺参数最佳化

延迟焦化工艺参数包括时间-温度-压力变化、循环比和除焦因素等。工艺参数最佳化是手段，目的是为焦化的产率最佳化、产能最大化和安全生产服务。

美国ABB Lummus公司认为，延迟焦化装置优化工艺操作参数(如温度、压力和循环比)，应针对相同的原料，优化工艺条件，实现最佳的馏分油与焦炭产率之间的物料平衡，从而实现最大的经济效益。该公司报道对高康氏残炭的减压渣油方案，在低压、低循环比、24h操作周期的条件下，如果延迟焦化装置加工能力为1.10Mt/a，在原料相同和设计合理的条件下，如果略提高操作压力，再将操作周期改为18h，则该装置可以加工1.375Mt/a的原料[28]。

美国FW公司和Conoco公司在改进延迟焦化技术、提高焦化液体收率、降低焦炭产率方面取得了很大进展。通常采用低压(0.103MPa表压)、低循环的工艺设计。同时，目前FW公司已经设计了几个采用真实零循环操作的延迟焦化装置[95]。

美国FW/UOP LLC公司开发的SYDEC™(Selective Yield Delayed Coking)工艺以最高液体产品收率方案操作，表1-4-5为FW公司SYDEC™工艺的产品产率[12,63,99~101]。

表 1-4-5　典型的 FW 公司 SYDEC™ 工艺的产品产率

项　目	奥利诺科重质	梅雷混合油	玛雅油	阿拉伯混合油
气体/%(v/v)(当量燃料油)	5.36	5.52	5.58	5.20
C_3、C_4/%(v/v)	7.04	7.66	7.08	6.64
汽油/%(v/v)	14.07	16.71	13.50	12.64
柴油/%(v/v)	28.38	31.69	28.77	27.09
蜡油/%(v/v)	28.48	20.79	20.81	31.24
焦炭/%	32.44	35.77	39.80	30.91
蜡油				
API 度	16.56	16.55	14.27	13.86
(镍+钒)/(μg/g)	0.50	0.70	0.60	0.40
康氏残炭/%	0.31	0.53	0.55	0.41
焦　炭				
硫含量/%	4.65	3.96	6.02	6.39

美国 Conoco Phillips 公司开发了用馏分油循环代替常规的自然循环，不仅可以延长焦化加热炉的运行周期，并可以改善焦化目的产品产率，提高装置加工能力，从而进一步提高装置经济效益，是一项很有特色的优化焦化工艺的技术。

（3）产能最大化

装置产能最大化是现有焦化工业装置面临的一个很重要的任务。可以采取装置进行扩能改造和优化操作来实现这个目的。要经济合理地扩能改造关键是做好“脱瓶颈”工作。从实际分析现有焦化装置哪些是最薄弱的地方，如焦炭塔容量、加热炉富裕能力和分馏塔富裕能力等，其中焦炭塔循环周期最有潜力可挖。

目前国内焦炭塔的循环周期一般是 20h，见表 1-4-6[61]。因此，缩短延迟焦化循环周期是提高我国延迟焦化加工能力的现实而又有效的方法。

表 1-4-6　我国与美国延迟焦化装置生焦周期的对比　　h

项　目	冷　焦	卸底盖	除　焦	封底盖	气密吹汽	预热准备	合　计
美国瓦尔丁炼油厂	3	0.7	3	0.7	0.6	4	12
美国洛杉矶炼油厂	3	1	3	1		5~8	13~16
美国樱桃角炼油厂	5	1	3	1		2~5	15
中国平均	6	1	5	1	1.5	6	20.5

目前几乎所有国外的新建延迟焦化装置均采用短循环操作方式，即对每对焦炭塔而言为 18~20h。工业上把循环周期从 24h 缩短到 20~18h 比较容易做到。通常将循环周期从 24h 降到 20h，装置处理量可提高 20%。实施一个中等的消除瓶颈后就可把循环周期缩短到 18~16h，16h 以下较难达到[102,103]。

有的观点认为，短循环周期虽然能提高装置处理能力，但是以降低操作效率，增加维护费用和缩短焦炭塔使用寿命为代价。如焦化循环周期由 21h 缩短到 18h，焦炭塔寿命可能损失 25%。因此，合理的焦化循环周期的长短取决于许多因素，不是一成不变的。同时加强焦炭塔设备设计，提升焦炭塔用材等级，可以获得良好的焦炭塔寿命。

低循环比操作是增加装置处理能力的另一个有效途径，同时也能起到提高液体收率和降低能耗的作用。在原料性质和产品质量(主要是焦化蜡油)允许的前提下，应尽可能实施低循环比操作。

4. 焦化装置清洁化

“减少排放，加强环境保护”已经是21世纪全世界人类的共识。在炼油厂中由于延迟焦化装置生产大量的固体产品——石油焦，生成的废水、废气(包括有毒气体)数量也比较多，装置卫生环境条件总体较差。如何使延迟焦化装置实现“环境良好，最大限度地减少各类排放物，实现清洁生产”，是延迟焦化装置发展中的一个重要课题。近年来国内做了较多工作，如冷焦水密闭处理流程，将冷焦水系统进行改造，采用罐式储存空冷器冷却的密闭冷焦水处理流程，离心分离焦粉技术、旋流除油技术和冷焦水的尾气脱臭等技术，使冷焦水除油效果和温度达到了要求，空气中臭气浓度由原来的2000μg/m^{3}降低到20μg/m^3，并已全面推广[36]。此外采用塔式二段密闭放空系统，上下二段分别用水洗和油洗洗涤，回收焦炭塔吹汽进行冷焦时所产生的蒸汽、油气。采用浸泡式冷焦工艺，以缓和大油气线结焦和减少冷焦水的含油量，减轻隔油池的环境污染等，这些措施取得了一定的效果。但根本性改进延迟焦化环境的措施由于投资因素等种种原因没有取得太大的进展。如许多焦化装置的冷焦水处理技术和设备还是采用污染严重的隔油池来进行冷焦水中的油水分离。此外对于石油焦的储存、装车和运输系统存在较严重的焦粉尘污染等问题。国外先进的焦化装置采用密闭的石油焦破碎、筛分、皮带运输和焦仓储存设施。近期Triplan公司开发了另一种密闭的焦炭悬浮系统(CCSS)。

二、延迟焦化工程设计技术进步

随着装置大型化趋势，装置的工程设计也要考虑大型化带来的种种问题，焦炭塔直径由原先的26~28ft(7.92~8.53m)发展到目前的30ft(9.14m)及以上。Foster Wheeler公司提出：焦炭塔的大型化带来的工程设计和操作方面的考虑，应以确保装置的安全而可靠运行为前提。如：焦炭塔直径超过9m以上，则要考虑焦炭塔因热疲劳，在裙-座连接处的抗疲劳设计和大型焦炭塔的制造和运输问题；焦化加热炉的炉型、炉管尺寸、加热炉炉管配置、对流段和清焦方式的选择等；切焦泵的泵速、流量和出口压力的选择以及调速液力耦合器和切焦泵周围的法兰等级选择；放空系统中放空塔、放空冷凝器和放空循环油冷却器和焦炭处理系统的焦池/焦垫(Coke Pad)和隔离池的设计等都是设计中必须考虑的[104~107]。

1. 焦炭塔

美国BHTS(Bechtel Hydrocarbon Technology Solutions)公司根据对坚固耐用的焦炭塔设计和操作经验提出：为提升焦炭塔寿命的四个因素是设计/标准、制造、检测和生产中的操作/机械寿命管理。由于焦炭塔处于周期性操作，经受周期性的负荷而导致壳体过早膨胀和开裂破坏，因此对壳体的胴体材质、壁厚、开孔设计、裙座附件和进料结构等在设计时均要认真考虑。如：减少筒体周围焊接数量、抗疲劳焊缝设计、选用1Cr-½Mo钢或1¼Cr-½Mo材质钢板锻造、内嵌裙座、切线安装裙座、在焦炭塔和裙座的关键部位安装外部温度补偿应变计和进料采用双向对流上翘喷嘴等。该公司认为没有一套焦化装置是从来没有问题的，只要通过认真地进行焦炭塔的设计、制造、检查和操作，就可以实现安全而可靠的长周期运转[107]。

(1) 焦炭塔裙座连接处的抗疲劳设计和垂直板焦炭塔

Foster Wheeler 公司认为，抗疲劳设计的关键是尽量减少热损害和疲劳损害的进程，包括焦炭塔外壳的开裂和膨出，支撑裙座与焦炭塔壳体连接处的开裂，固定螺栓、混凝土座、顶部管道和顶部出口的失效和/或变形。焦炭塔裙座连接处的抗疲劳设计是采用“统一”壳体取代“阶梯”壳体和圆锥形设计，然后进行裙部连接/热箱设计的有限元应力分析，以改善焦炭塔的疲劳寿命[105]。

CB & I 和 Savage 公司为 Frontier EI Dorado 炼制公司的 EI Dorado 炼油厂的新建延迟焦化装置的 ϕ7925mm×21336mm 的焦炭塔采用垂直板焦炭塔制作，该焦炭塔仅有三个连续环形焊缝，分别位于直筒顶部、中线和直筒与锥体连接线处。焦炭塔直筒与裙座连接焊缝采用 T-Rex连接法[107,110]。

(2) 焦炭塔的制造和运输

焦炭塔设计时还需要考虑焦炭塔的制造成本和运输，Foster Wheeler 公司经验表明，与现场制造相比，工厂制造可以更好地控制焦炭塔的焊接工艺、焊接后热处理和无损探伤(NDT)、焦炭塔应力释放和控制制造进度等，这些加上运输的整体费用仍然比现场制作低[105]。

2. 焦化加热炉

为了减少和防止焦化加热炉炉管结焦，焦化加热炉最小冷油流速典型设计为大于1.8m/s。大于 7150m^3/d 处理能力的焦化加热炉，炉管应配置 6 路或 8 路。由于 6 路或 8 路炉管尺寸比 4 路炉管尺寸稍大些，为了便于实施在线清焦程序，推荐将加热炉的对流段至少分成两段以更好地控制加热炉管的温度，依次允许快速冷却加热炉管以实现清焦[105]。

为适应难以加工原料的灵活性，Foster Wheeler 公司认为，应采用单一对流/辐射炉管的单室设计，即：双面辐射梯台式炉壁延迟焦化加热炉[105]。

Adams Project Managers 公司的实践证明：焦化加热炉的在线清焦可将清焦时间由 10~20d/a 降低至 2~4d/a。该公司认为过热蒸汽更适合用作在线清焦介质，在线清焦蒸汽速度不能超过 105~115m/s。蒸汽温度设置需要比此前操作末期(EOR)炉管管壁温度最大值高 14~28℃，才能实现炉管的快速剥焦。如使用高压锅炉用水(BFW)需考虑炉管管壁和加热炉排水管最大设计允许条件等[111]。

C3 国际公司推出一种降低延迟焦化加热炉炉管结焦的 MIST™ 技术(金属浸渣表面处理技术)，该技术是选用一种溶液对加热炉炉管内表面进行加热处理，形成一种保护膜，将炉管金属和渣油原料隔离，以避免由于硫化铁腐蚀层粘连沥青质形成的管壁结焦和因铁和氧化铁催化沥青质发生焦化反应形成的结焦。该技术 2009 年曾在两套工业装置上应用，实践证明经 MIST™技术处理后，结焦的焦炭形态发生改变，机械除焦时间可减少一半，同时生产运行周期可提高 27%[108]。

3. 切焦泵

焦炭塔直径、焦炭类型、焦炭中可燃性挥发分(VCM)、孔积率和焦炭硬度都会影响到切焦泵的设计。当焦炭塔直径大于 9.1m 时，切焦泵的出口压力应大于 31.0MPa(表压)，泵的电动机功率要接近 3730kW。如果焦炭塔的直径超过 ϕ11.0m，切焦泵出口压力预计为 37.2MPa (表压)，泵的电动机功率 4698kW。切焦泵周围的最小法兰等级可能需要 41.33MPa(表压)[105]。对于较大直径焦炭塔的切焦泵还要选择采用调速液力耦合器替代调速电机，以降低成本[105]。

4. 放空系统

对于焦炭塔直径大于9.1m以上的放空塔直径一般比8.5m直径焦炭塔的放空塔直径大0.6m。放空冷凝器的隔段数需要多于12个，而放空循环油冷却器也要增加1至2个隔段。由于冷凝器尺寸增加，防空酸性水泵和放空循环油泵的处理能力也要相应提高约50%[105]。

5. 管线、阀门和焦炭塔框架的震动

当安装大于9.1m焦炭塔时，需要考虑管线、阀门和焦炭塔框架的震动，尤其是加热炉出口到焦炭塔的管线、四通阀、焦炭塔入口阀门和焦炭塔框架周围及除焦上层框架的震动。当焦炭塔直径大于9.75m时，则需要考虑采用大于18in(约46cm)的四通阀。焦炭塔入口隔离阀和与之相连的管线通常应从24in/30in(61cm/76cm)增加到36in(91cm)。当布置切焦平台、四通阀的操作平台及这些平台周围出口通道时，需要给这些平台留有额外的空间，以允许焦炭塔保温的日常维护和保证这些区域操作人员的安全[105]。

6. 焦炭处理系统

当焦炭塔的直径加大时，焦炭处理系统中的焦池和/或焦垫大小必须适合能从焦炭塔急冷水中分离焦炭，合理设计隔离池和隔离池污水泵，否则隔离池会充满水，并将回流到焦池/焦垫区域，影响到焦炭与水的分离，从而导致在焦炭切割泵和急冷水泵产生腐蚀风险。此外，切焦水罐上游安装一个旋风分离器，以避免下游旋转机械发生故障。对于焦炭处理系统的铲斗起重机、焦炭破碎机和焦炭输送系统等均要考虑其设备的可靠性[105]。

7. 焦化装置的操作

操作方面须考虑焦炭塔的周期型操作和热量以及焦化加热炉、焦炭塔、焦化分馏塔的监测和调整等，确保装置安全、可靠的运行。由于影响焦炭塔的疲劳寿命是预期周期结束时的温度、加热周期的温度梯度和急冷或冷却周期的温度梯度。为此。Foster wheeler公司建议安排对焦炭塔的温度监测程序，尤其是监测关键部位的表面温度，随时进行调整并进行疲劳分析，操作人员和维修工程师在焦炭塔整个生命周期内能够监测焦炭塔的温度梯度，确保装置安全而可靠地运转[105]。

Baker Petrolite公司的加热炉结垢控制技术，即通过控制进料稳定性指数或在操作中降低加热炉进料稳定性指数以降低加热炉的结垢从而减少加热炉的清焦程序频率和费用，提高加热炉运行时间，同时还能大幅提高装置加工能力[105,109]。

第五节 延迟焦化工艺未来发展战略和前景

近年来，随着我国国民经济发展进入“新常态”，我国炼油工业包括焦化也都将存在着一个如何按“新常态”模式发展的问题，核心是要从过去的单纯以投资、产能拉动为主的发展模式转向以科技创新拉动为主的发展模式。今后，延迟焦化产能将不可能继续保持前些年高速发展的态势，重点发展方向将放在焦化的科技创新方面。未来焦化主要科技进步表现在最佳化、柔性化和清洁化三个方面。由于受焦化产能发展的制约，焦化原料性质的不断劣质化，要求进一步提升液体产品产率、减少生焦率为核心的焦化工艺最佳化，以及要求能加工更高残炭值、更高硫含量和更高金属含量的劣质原料，也就是进一步提高工艺柔性化要求，已成为焦化科技创新两项十分迫切的任务。面对日趋严格的环境保护要求，焦化工艺的清洁化也提到了一个更重要的地位。

可以用以下几句话来总结今后一段时期内延迟焦化的发展战略和前景：延迟焦化仍然是

炼油工业中一种重要的重油加工技术；原料劣质化和加工方案多样化决定了今后各种渣油加工工艺将协同发展，采用互补平衡式重油加工流程和原料分级处理将是炼厂重油加工发展战略的主要模式。

一、延迟焦化今后仍然是炼油工业中一种重要的重油加工技术

重油加工是炼油工业最重要、最核心的课题之一，它的功能是通过原油的深度加工过程(重油轻质化)从原油的重质成分中得到更多的轻质油品和组分，以作为能源和化工原料使用。世界原油资源总的趋势是在减少和呈现重质化、劣质化趋向，因此原油深加工要求越发重要。焦化作为一种重要的重油加工技术主要承担重油轻质化任务。

世界上焦化发展呈现出明显的不平衡性。主要是由于各种重油加工工艺对原料适应范围的不平衡性和各国家(地区)的市场和环保要求的不平衡性所引起。而原料适应不平衡性又是造成该国家(地区)重油加工工艺发展不平衡性的主要内因。随着世界原油重质化趋势与日俱增，对许多炼油厂来说延迟焦化装置是一种首选的渣油改质方案。尤其在美国，近一半炼厂建有焦化装置(包括50套延迟焦化装置，5套流化焦化装置和2套灵活焦化装置)。目前加拿大生产的合成油和委内瑞拉超重质原油的绝大部分是在美国炼厂进行加工的，并获得了巨大的利润。

20世纪末到本世纪初的二十几年间，我国炼油业焦化产能得到了迅速发展，重要原因是加工原油的劣质化趋向加剧。同时，渣油加氢技术当时还没有掌握，焦化就成为主要的重油加工手段。应该指出的是，今后，原油重质化和劣质化趋向将随着进口依存度的增加而更为严重，2016年我国进口原油3.81亿吨，原油对外依存度升至65%，在这种情况下，焦化工艺在今后我国炼厂中仍将继续保持其一定的地位。

前已指出重油加工的目的是轻质化，要求尽量多的得到轻质产品，少生产重质(焦)等副产物，焦化也不例外。各种重油加工工艺在其发展过程中总有一定的热点和难点[112,113]。

研究渣油转化(包括焦化)实际上核心就是研究在各种重油加工过程中渣油中四个组分的转化情况，其核心和难点应是研究渣油中所含胶质和沥青质的转化历程，以达到这二类组分在重油加工过程中尽可能多裂化少生焦，重油加工工艺(包括焦化)技术进步核心就在于此[114]。

同时在于可用于指导重油加工包括焦化工艺在内反应的进一步优化。

二、今后焦化等各种重油加工工艺将协同发展，采用互补平衡式重油加工流程和原料分级处理将是我国炼厂重油加工未来主要发展模式

世界上已经开发成功的各种重油加工工艺，无论是脱碳还是加氢，它们都有一定的特点和适用范围。即使在以脱碳为主的重油加工炼厂总流程中还是离不开加氢工艺的存在，至少产品精制需要各种加氢精制工艺，否则不可能得到符合规格的清洁油品。在20世纪90年代，我国重油催化裂化和延迟焦化这两条重油脱碳工艺路线是平行发展的。如前所述，21世纪初期以来我国焦化和加氢精制产能有较快发展，近年来焦化产能的发展势头有所下降，相继投产了多套渣油加氢/重油催化组合工艺装置，预计本世纪内在重油加工领域中，脱碳和加氢路线两者还将发挥各自的优势并驾齐驱协调发展，一种重要的趋向是形成组合工艺为主要核心的互补平衡式重油加工流程达到充分扬长避短发挥各种重油加工工艺各自的优势。从总体上讲，世界原油品质(包括非常规石油)将更为劣质化、重质化，因此以脱碳为主的焦化工艺仍然有着广阔的发展前景[115,116]。

近年来，我国一些炼厂的重油加工项目在原油性质有可能的前提下选择了“渣油加氢+重油催化裂化”工艺，在炼厂总流程上达到与原有延迟焦化进行流程互补的模式。重油加工采用互补平衡式总流程以后，一方面可发挥焦化对原油的变化适应性强和加工劣质原油的特点，保持全厂加工原油的灵活性和多样性以降低原油采购成本；同时又发挥渣油加氢对原油资源的利用率高，轻油收率高的优点，最大限度地生产运输燃料(汽油)和化工原料。[117]这种流程互补平衡式的重油加工总流程对于一些加工进口原油的沿海、沿江大型炼化一体化工厂而言，将是一种最佳、最适合当前实际的选择。

采用重油加工互补平衡式流程可以起到多种优化整合的效果，即：加工原料优化整合(多样性和高选择性)；产品结构(主要是汽柴比)优化整合以及加工工艺优化整合三个方面。

1. 加工原料优化整合(多样性和高选择性)

重油加工原料优化整合具体是指延迟焦化可加工高残炭、高金属含量劣质原料(粗粮)，渣油加氢可加工低金属(镍+钒)、低残炭含量原料(细粮)。实现原料“粗细搭配”这对于充分利用好炼厂原油资源、提高炼厂加工原油的适应性和提升全厂经济效益有极为重要的意义。

延迟焦化装置由于具有工艺简单，操作方便，不存在催化剂中毒问题，装置加工原料灵活性大，开工率高及开工周期长等特点，可以使用质量较差的原料，国内焦化装置的主要加工原料除了有减压渣油、常压渣油、超稠原油外还可考虑的有重质燃料油、催化油浆、减黏渣油、沥青、炼厂重污油、三废含油污泥等，一般情况下催化油浆和重污油、污泥掺炼比例为5%~30%。近年来，国内部分炼厂采取了减压深拔技术，供焦化的减压渣油性质明显变差，康氏残炭值(CCR)达到20%~30%，密度为0.95~1.1g/cm^3，硫含量2%~6%。相比之下，国外延迟焦化加工的原料范围更广、更恶劣，包括油砂沥青、乙烯裂解焦油和煤的衍生物等，加工更差原料应是国内焦化装置的一个方向。表1-5-1是某沿海大型炼厂焦化装置近年来焦化原料性质变化情况，2009年，其焦化原料密度为0.9947g/cm^3，硫含量2.77%，残炭16.74%，黏度958mm^2/s；到2013年，其焦化原料密度达到1.0265g/cm^3，硫含量4.30%，残炭23.62%，黏度2616mm^2/s，焦化原料性质明显劣质化，该数据具有一定的代表性。

表1-5-1 2009年至2013年某大型炼厂2#焦化装置原料性质变化

原料渣油	2009年	2010年	2011年	2012年	2013年
密度/(g/cm^3)	0.9947	0.9920	0.9972	1.0048	1.0265
硫/%	2.77	2.68	2.89	3.42	4.30
残炭/%	16.74	19.55	20.10	23.54	23.62
黏度/(mm^2/s)	958	908	1015	1068	2616

目前采用重油加工流程互补平衡式的炼厂中渣油加氢工艺一般采用固定床技术，这是在几种渣油加氢工艺技术中最为成熟，工艺相对简单，装置投资较低，工业装置应用最多的一种，我国已经开发和完全掌握固定床渣油加氢成套技术(包括催化剂)，国产渣油加氢装置(RDS)可以加工或部分加工大多数含硫、高硫原油的渣油。

渣油进料的性质对渣油加氢催化剂反应活性有重要影响，许多渣油并不适合作为渣油加氢的原料，在一些重油加工流程互补式的大型炼厂中，由于有其他重油加工工艺可供选择，原油就可能得到最充分、合理的利用。

渣油加氢工业装置对原料的残炭和金属含量有较严格要求，而对硫、氮含量要求相对较低。一般，固定床渣油加氢工业装置适合加工硫含量2%~5%，氮含量0.2%~0.8%，康氏残炭含量<15m%，金属(Ni+V)含量<200mg/kg的渣油原料。表1-5-2是我国某大型渣油加氢装置(加工能力3.0Mt/a)原料性质，表1-5-3是该渣油加氢装置的原料配制情况。[118~120]

表1-5-2　某大型渣油加氢工业装置原料性质

原料渣油	2013年	2014年	设计值
密度/(g/cm^3)	0.9517	0.9769	0.9916
残炭/%	11.61	11.36	13.33
硫/%	3.61	3.60	3.91
总氮/(mg/kg)	2022	2252	3695
镍/(mg/kg)	19.77	22.74	26
钒/(mg/kg)	58.01	57.18	82.9
铁/(mg/kg)	7.0	6.09	3.4
钙/(mg/kg)	1.69	2.29	4.1
钠/(mg/kg)	1.73	2.93	2.5

表1-5-3　某大型渣油加氢工业装置原料配制比例

物料名称	2013年累计量/t	2013年比例/%	2014年累计量/t	2014年比例/%
渣油	1407295	34.20	1327744	34.57
减压柴油	597521	14.52	538682	14.03
焦化蜡油	142345	3.46	167176	4.35
常压重油	1773361	43.10	1490677	38.82
轻催化油浆	7457	0.18	2488	0.06
催化柴油	83350	2.03	183875	4.79
脱沥青油	103213	2.51	129639	3.38
氢气	56993	1.39	61069	1.59
合计	4171535	101.39	3901350	101.59

由表1-5-3可见，工业装置实际上渣油加氢原料中减压渣油占的比例不到35%，有一部分蜡油馏分在其中进行了加氢精制。渣油加氢原料的残炭值实际要比焦化原料约小10个百分点，其生焦率自然要同步下降，这点和焦化是不能比的。渣油加氢装置通过严格控制其他原料掺和量来达到控制原料金属含量，保证加氢催化剂运行周期。不同的运转周期要求不同的原料金属含量，最高的可控制在150mg/kg以下，大部分工业装置实际控制在100mg/kg以下，低的只到35mg/kg。如我国最近投产的一套产能为1.8Mt/a的渣油加氢装置，加工原料Ni+V含量平均为35 mg/kg，金属脱除率平均为80%。同时渣油加氢对原料机械杂质指标要求较高，因此黏度较大、机械杂质较高的一些原料也不宜进渣油加氢装置加工。综上所述，固定床渣油加氢原料和焦化原料的性质差别很大，二者不能相比。这说明渣油加氢工艺(RDS)对原料性质有严格的要求，进渣油加氢装置加工的原料应该有所选择，这点和焦化是不能比的。一个炼厂的重油加工系统如果配置了焦化，则将极大地提高加工原油的灵活性。

加工重质、劣质原油的炼厂总有相当一部分重质油料是无法作为渣油加氢原料的，如炼厂中的硬沥青、催化油浆、减压深拔渣油等，目前只能进延迟焦化装置进行处理，尤其是目前由“渣油加氢+重油催化裂化”组合工艺产生的催化油浆，无论是从质量还是从价格(仅相当于高硫石油焦的一半)上来衡量，已经成为炼厂难以处理的一种物料，即使送焦化装置也是有一定比例限制和不合理的。对于炼厂重油加工过程而言，选择不同的加工工艺进行互补可以使炼厂达到保持加工原料高度优化整合的要求。在加工重质、劣质原油的炼厂中可以配置多种重油加工工艺，但在目前技术水平下没有焦化是不现实的，一般都将焦化工艺放在比较重要的位置。

对于拥有多种渣油加工工艺的大型千万吨级炼厂而言，实现重油加工原料的分级利用的做法是值得提倡的。大型炼厂可以以焦化路线或渣油加氢路线为主，以重油催化裂化、溶剂脱沥青、部分氧化造气为辅，如原油性质合适还可以利用减压渣油生产一定量的优质道路沥青，总体经济效益也比较好。这样有些炼厂即使目前仅有焦化而没有渣油加氢改质装置，还是可以得到较好的绩效。简而言之，炼厂可以按照渣油的轻重(以残炭值为代表)和金属含量大小进行不同重油加工原料的分级利用。目前，渣油加氢装置能加工原料的残炭值最高达到13%~15%，更重和金属含量更高的原料目前主要送焦化加工，具体指标应随不同的炼厂可有所调整。

表1-5-4列出了2009年到2013年5年间我国某特大型炼厂原油加工量及各类渣油轻质化装置的加工量及占原油加工量的比例。该厂目前原油年加工量已超过20Mt，全厂只配有焦化装置，没有配置渣油加氢装置，焦化加工量占该厂原油加工量的比例保持在20%左右，渣油催化加工(RFCC)渣油量占原油加工量的比例保持在4%左右，溶剂脱沥青装置加工量占原油加工量的比例保持在3%左右。部分氧化造气的渣油原料量占原油加工量的比例保持在1%左右，该装置目前主要为炼厂提供氢气。由于加工中东进口原油，某些原油的性质很适合生产道路沥青，按市场容量，道路沥青产量则从不到5%提高到6%以上(主要生产重交沥青)，分别超过了渣油催化、溶剂脱沥青和部分氧化造气的渣油加工量。在该厂各渣油轻质化装置中，焦化加工量占到整个渣油轻质化装置加工量的70%以上，居于主要地位。

表1-5-4 我国某特大型炼厂原油加工量及渣油轻质化装置加工量

序 号	项 目	2009年	2010年	2011年	2012年	2013年
1	原油加工量/万t	1917	2085	2123	2015	2201
2	焦化加工量/万t	368	433	411	343	382
	焦化加工占原油加工量比例/%	19.19	20.78	19.35	17.03	17.35
3	催化加工量/万t	460	471	471	432	337
	催化掺渣量/万t	79	79	94	82	92
	催化掺渣占原油加工量比例/%	4.12	3.79	4.40	4.05	4.18
5	溶剂脱沥青加工量/万t	46	64	62	58	62
	溶脱加工占原油加工量比例/%	2.42	3.07	2.92	2.88	2.83
6	重油气化原料量/万t	24	22	17	19	21
	气化原料占原油加工量比例/%	1.25	1.06	0.80	0.96	0.94
7	沥青产量/万t	86	119	128	101	136
	沥青产量占原油加工量比例/%	4.47	5.72	6.03	5.03	6.19

表1-5-5是该厂主要技术经济指标，由表可知，该厂近年来炼油轻收率保持在76%左右，综合商品率达到了96%以上，加工损失率控制在0.4%以下，能耗自2010年起控制在50kg标油/t以下。由于没有配置渣油加氢组合工艺装置，除轻油收率稍低外，其余指标在国内都是较为先进的。该厂炼油销售收入自2011年起超过了1000亿元，利税基本保持在150亿元以上，净利润指标除2011年受各种因素影响为亏损外，其他年份的净利润均保持在20亿元以上。单位现金操作成本除2012年和2013年受炼油厂局部检修因素影响超过70元/t外，其他年份均保持在70元/t以下。而吨油完全费用则由2009年的107元/t下降到了100元/t以下，经济效益一直位于国内炼厂首位。可以预见，如果该厂进一步配置一套大型渣油加氢或渣油加氢裂化装置，则其全厂技术经济指标可进一步提升。

表 1-5-5　我国某特大型炼厂技术经济及效益指标

项　目	2009 年	2010 年	2011 年	2012 年	2013 年
炼油轻收率/%	76.23	75.92	75.62	77.66	75.85
综合商品率/%	96.50	96.29	96.71	96.56	96.50
加工损失率/%	0.41	0.39	0.37	0.37	0.38
炼油销售收入/万元	7048388	9588791	12546697	11846498	12320844
利税/万元	1695575	1813713	1554731	1379812	1758086
税前利润/万元	429489	391113	2035.7	28364.87	330373
单位现金操作成本/(元/t)	62.54	56.89	66.32	70.52	74.33
吨油完全费用/(元/t)	107.54	93.76	94.66	99.62	97.28

2. 产品结构(主要是柴汽比)的优化整合

产品结构优化整合的理论基础是在于不同重油加工工艺有着不同的反应机理，不同重油加工工艺有着高度不同的产品结构和性质特点。最突出的是焦化和重油催化裂化二者在产品结构和产品性质方面有很大的不同，从而导致产品用途也有重大的差异。焦化得到的主要是以柴油为主的中间馏分，产品中烷烃含量相对比较高，焦化柴油的十六烷值相对也比较高，加氢后可作为一种较好的清洁柴油调和料。焦化汽油 PONA 值的烷烃含量较高，辛烷值很低，不适合作为汽油调和料，但适合作为乙烯裂解原料，在我国许多大乙烯中已得到了广泛使用，在世界上率先成为石化工业的乙烯原料。加氢焦化石脑油的烷烃含量与乙烯收率，都是比较高的，并不亚于一般直馏石脑油，这是一种具有中国特色的焦化产品方案。表 1-5-6 是比较典型的延迟焦化原料和产品产率，可见原料越重，产品汽柴比越低，焦化汽油收率一般在 10%~20%之间。表 1-5-7 是几种国产原油减压渣油焦化柴油馏分典型性质，这几种国产原油所得的焦化柴油的十六烷指数较高，可达 50 左右，单程操作所得焦化柴油十六烷指数更高一些。

表 1-5-6　典型的延迟焦化原料和产品产率

项　目	福斯特-惠勒技术			鲁姆斯技术		
	减压渣油	减压渣油	澄清油	中东减压渣油	加氢减压渣油	煤焦油沥青
密度/(g/cm³)	1.0552	0.9646	1.0818	1.0187	1.0655	1.1743
硫含量/%	4.4	0.7	0.5	4.2	2.3	0.5
康氏残炭/%	23.3	16.7	—	20.0	27.6	—
产品收率/%						
气体	8.7	7.7	9.8	7.9	9.0	3.9
汽油	10.0	19.9	8.4	12.6	11.1	—
柴油	50.3	46.0	41.6	50.8	44.0	31.0
柴汽比	5.03	2.31	4.95	4.03	3.96	
焦炭	31.0	26.4	40.2	28.7	35.9	65.1
操作方式	最大液收	电极焦	针状焦	—	—	—

表 1-5-7　几种国产原油减压渣油焦化柴油馏分典型性质

原　料	大庆减压渣油		胜利减压渣油		鲁宁管输减压渣油		辽河减压渣油	
	循环	单程	循环	单程	循环	单程	循环	单程
密度(20℃)/(g/cm³)	0.8222	0.8223	0.8449	0.8286	0.8372	0.8424	0.8355	0.8598
溴值/(gBr/100g)	37.8	35.0	39.0	37.8	35.0	28.7	35.0	37.0

续表

原 料	大庆减压渣油		胜利减压渣油		鲁宁管输减压渣油		辽河减压渣油	
	循环	单程	循环	单程	循环	单程	循环	单程
苯胺点/℃		0.04	57.8			62	58.3	59.8
10%残炭/%	0.03	1100	0.24	0.11	0.25	0.23	0.31	0.11
硫/(mg/kg)	1500	1000		10000	7400	8900	1900	2100
氮/(mg/kg)	1100	-11		2000	1600	2000	1900	1800
凝点/℃	-12	56	-11	-6	-9		-15	-12
十六烷指数	56		48	57	50	51	49	
馏程/℃								
初馏点	199	193	183	201	202	196	193	201
10%	219	215	215	221	227	224	216	212
50%	259	261	258	264	254	275	254	251
90%	311	319	324	318	316	334	295	293
干点	329	347	341	344	334	354	320	320

选择“渣油加氢+重油催化裂化”的重油加工流程，渣油加氢(RDS)得到的加氢渣油不是最终产品，国外大部分炼厂将其作为低硫燃料油的调和组分，我国炼厂一般是将加氢渣油再进行重油催化裂化(RFCC)后最终得到汽油、柴油等各种马达燃料。“渣油加氢+重油催化裂化”是一种组合工艺，渣油加氢是一种典型的加氢过程，催化裂化是一种典型的脱碳过程，因此“渣油加氢+重油催化裂化”组合工艺是一种典型的加氢和脱碳的互补平衡工艺。与焦化的热裂化自由基反应机理不同，催化裂化烃类反应机理可用“正碳离子”机理进行解释，其产物分布和性质也和焦化不同。重油催化裂化具有两个特点：一是就产品分布而言，以催化汽油为主。产品的组成中富含烯烃和芳烃，适合生产高辛烷值汽油，但催化汽油所含的烯烃、芳烃对控制汽车排放尾气造成的大气污染，尤其是对减少雾霾天气是不利的，是清洁油品标准的主要控制指标[122]。二是催化柴油馏分由于含有较多芳烃和多环芳烃，其十六烷值很低，不能满足高标号清洁柴油的要求，如采用 MIP 技术的重油催化裂化生产的催化柴油十六烷值低的只有 20 左右，用常规的加氢精制对其十六烷值的提高作用不大，只能以很小的比例作为清洁柴油的调和组分。目前有条件的炼厂，可将其返回作为渣油加氢装置的混合原料，进一步在高压加氢条件下精制后，再一次进行催化裂化，利用它本身高芳烃含量的特点，对生产高辛烷值汽油是有利的。

此外，“渣油加氢+重油催化裂化”组合工艺中，重油催化副产的催化油浆收率(收率6.0%~6.5%)比常规催化裂化收率高，是一种炼厂难以处理的物料，由于含有较多的催化剂粉末更增加了利用难度。全国每年油浆产量达 5.0Mt 以上，有些炼厂将其作为焦化原料，掺炼比控制在 10%以内，也可以作为脱沥青装置进料，但得到的硬沥青也没有出路。催化油浆单独外销价格很低，还不及高硫石油焦价格的一半。目前国内炼厂正在加大催化油浆利用的力度，关键是油浆通过预处理脱除其中的灰分和杂质，常用的方法是油浆过滤和深拔，我国锦州石化、燕山石化及四川石化等取得了不少经验[123]，但除了锦州石化外其他炼厂并没有彻底过关。如果能进一步降低其硫含量和灰分则是制取油系针焦的一种好原料。

表 1-5-8 是某大型“渣油加氢+重油催化裂化”组合工艺的重油催化装置(3.50Mt/a)的产品分布，装置原料主要是加氢渣油，催化汽油收率在 46%~47%，催化柴油收率在 21.51%~21.85%，催化油浆收率在 6.1%左右，汽柴比在 2.13~2.15 之间，高于焦化。采

用这一加工路线的炼厂，可以得到较高的汽柴比。

表 1-5-8　某大型加氢渣油-催化裂化产品收率

项　目	2013 年	2014 年	项　目	2013 年	2014 年
含硫干气/%	4.55	3.64	汽柴比	2.13	2.15
催化液化气/%	13.49	13.50	催化油浆/%	6.11	6.10
催化汽油/%	45.90	46.99	焦炭/%	8.23	7.75
催化柴油/%	21.51	21.85	损失/%	0.20	0.17

采用重油加工流程互补式的炼厂其产品结构可以得到优化整合，主要表现在汽柴比方面。单独焦化路线从重油部分能够产出的汽油数量有限，主要产品是柴油，炼厂柴汽比较高。如果焦化汽油又用作为乙烯裂解原料，那么这种炼厂的柴汽比将更高，可以达到 3 以上。当前中国油品市场汽油需求很大，中长期市场分析认为汽油需求也高于柴油，加上汽油价格又高于柴油(目前差价在 800 元/t 左右)，因此无论从市场需求还是经济效益二方面分析，炼厂建设“渣油加氢+催化裂化”组合工艺，对降低炼厂柴汽比，增加全厂汽油产量是有利的，有良好的市场效益和经济效益。

近年来，我国建设了较多的“渣油加氢+催化裂化”组合工艺装置。到 2011 年底，我国投产的渣油加氢装置处理能力为 13.35Mt/a，而在 2012 年至 2014 年 10 月投产的渣油加氢装置处理能力就达到了 19.3Mt/a，是原有的 1.5 倍，正在规划、设计和建设的装置能力为 30Mt/a。

3. 重油加工工艺优化整合

渣油加氢路线的直接轻质化途径需要待渣油沸腾床加氢裂化或悬浮床加氢裂化等工艺产业化成功以后才能实现，由于此类工艺存在热反应过程，必须将其产物再次进行加氢精制以后才能满足成品油质量规格要求，所以渣油加氢裂化直接轻质化的加工流程是比较长的，总流程相当复杂，而且投资庞大，运行成本和管理要求极高，目前还没有掌握大型成套国产技术[124~126]。

将焦化和渣油加氢工艺技术难度方面进行比较，焦化技术是重油加工工艺中的“下里巴人”，投资较少，比较容易推广，前一阶段，国产焦化不仅产能增加很快，总产能已位列世界第二，同时取得了不少技术进步成果，有多套国产延迟焦化装置出口国外。渣油加氢则是炼厂中的“阳春白雪”，虽然大部分是固定床反应，但由于高压、临氢又属于催化加工，其技术难度比焦化大，目前我国已经完全掌握渣油固定床加氢工艺成套技术(包括催化剂供应)，主要设备可立足于国产，无论是产能还是技术水平都有很大进步，在一些大型炼厂的重油加工中起到了核心作用。

归纳起来已经开发的重油加工工艺主要有三大类 58 种[127]，其中大部分加工工艺在我国都已经非常成熟，包括延迟焦化、渣油加氢、重油催化裂化、溶剂脱沥青、部分氧化造气(POX)和沥青生产等，炼厂可以根据实际情况和要求来配置其重油加工流程。由于轻质化过程必须经过多次加工才能得到符合清洁燃料规格的最终产品，如果可供选择进行整合的技术都是成熟的工艺，那么整个过程的经济效益将最终决定了选择哪一种渣油转化工艺。影响过程经济效益的因素很多，这些因素包括渣油在焦化/加氢处理/加氢裂化装置中的转化率、氢气来源、原料和焦炭的市场价值和需求、柴油和汽油市场的利润等，也就是开发渣油转化工艺过程中经济效益是头等重要的因素。

渣油加氢裂化工艺至今在我国没有实现国产化，该技术的开发近年来受到很大关注，金陵石化 50kt/a 沸腾床渣油加氢裂化工业示范装置已经过关并进行鉴定，在“十三五”期间争取有所突破。从目前掌握的情况分析，在各种重油加工工艺中渣油加氢裂化是属于最复杂的一种，虽然可达到一定的沥青转化率，实际上还是有相当数量碳氢比极高的高度缩合物质产生，是炼厂中属于很难处理的物料，可能还是要通过组合工艺进焦化(包括灵活焦化)、脱沥青或气化装置(POX)处理。因此，在一些老厂中可以利用一些原有的老装置来开发这类组合工艺。

三、重油加工过程中的生焦和降低(抑制)焦炭的生成

1. 重油加工过程中的生焦和降低(抑制)焦炭生成

应该指出的是，无论是焦化或者催化裂化等脱碳重油加工工艺都会产生一定数量的焦炭，而溶剂脱沥青工艺虽然没有产生焦炭，实际上它所产生的脱油沥青(硬沥青)在某些方面比石油焦还难于处理，渣油加氢裂化等加氢工艺，也会形成一定数量高度缩合物，因此对于过程中的生焦和降低(抑制)焦炭的生成是重油加工技术进步的一个重要方向。

近年来，沿海一些加工进口原油炼厂由于焦化原料日益变重，焦炭收率一般都超过30%，成为影响焦化装置经济效益的主要问题。表 1-5-9 是某加工进口原油的焦化装置原料性质和产品分布，由于原料残炭越来越重，再加上掺炼了催化油浆，焦炭产率更有明显增加。从碳平衡角度分析，催化油浆生焦率很高，将催化油浆送焦化加工实际上是催化裂化向焦化的一种碳转移，对全厂降低焦炭收率、提高液收和油浆中芳烃资源利用是不利的。

表 1-5-9 某焦化装置原料性质和产品分布(2009 年至 2013 年)

项 目	2009 年	2010 年	2011 年	2012 年①	2013 年②
原料渣油					
密度/(g/cm^3)	0.9947	0.9920	0.9972	1.0048	1.0265
硫/%	2.77	2.68	2.89	3.42	4.30
残炭/%	16.74	19.55	20.10	23.54	23.62
黏度/(mm^2/s)	958	908	1015	1068	2616
产品收率					
焦化富气/%	9.01	7.70	6.97	7.72	9.08
焦化汽油/%	15.28	17.04	17.52	18.06	15.38
焦化柴油/%	32.27	32.32	31.38	35.33	28.11
焦化蜡油/%	12.06	10.25	10.12	10.98	8.30
焦炭/%	30.97	32.42	33.81	27.79	38.98
总液收/%	59.67	59.61	59.02	64.37	51.79
焦炭/残炭比	1.85	1.66	1.68	1.18	1.65

① 全年掺催化油浆比例 1.64%。

② 全年掺催化油浆比例 8.09%。

降低焦化焦炭收率常用的工业措施：

(1) 提高加热炉出口温度

焦化加热炉出口温度越高，苛刻度越高，焦炭收率越低。加热炉出口温度一般在 500℃附近，每提高 5℃左右，焦炭收率下降 1%。国内焦化装置目前一般采用 485~498℃，国外有的采用 515℃，普遍高于国内。提高焦化加热炉出口温度是一种最容易实现的减少生焦的措施，但选择高焦化苛刻度的同时存在较大风险，目前国内炼厂普遍追求长的运行周期，当运行周期和焦化轻油收率发生矛盾的时候，工厂更多的是追求前者，因此国内焦化普遍存在

焦化苛刻度比国外低的情况。低焦化苛刻度牺牲了焦化液收率，虽然降低了风险，但浪费了资源。由于提高焦化加热炉出口温度会导致加热炉炉管结焦速度加快，加热炉运行周期缩短，国外成熟的做法是同时从技术层面采取加热炉在线清焦措施，进行加热炉不停工清焦，保证焦化装置满足长周期运行要求[128]。

国内炼厂焦化装置如能将反应苛刻度进一步提高的话，焦化的技术经济指标是有提升空间的，我国几套引进装置的实际效果很说明问题。中海油一套引进自美国 FW 公司的惠州炼厂焦化装置选择较高焦化苛刻度，其加热炉炉出口温度平均比国内焦化高 3～5℃，高苛刻度焦化方案的液收率较高，生焦率较低，加上该厂采用在线清焦技术运转正常，装置能达到较长的开工周期，从而得到了较好的技术经济效益。惠州炼厂(焦化型)全厂总收率甚至可以和加氢型炼厂相比美。因此，今后我国焦化装置技术水平提高的主要方向之一应是实施高苛刻度运转。以青岛炼厂(焦化型)、惠州炼厂(焦化型)和海南炼厂(加氢型)三个新炼厂的技术经济指标进行比较(见表 1-5-10)。惠州炼厂的焦化产能为 4.2Mt/a，加工重油负荷和复杂系数情况是：惠州炼厂重质馏分油加工负荷为 68.23%，是青岛炼厂的 1.18 倍(48.3%)，是海南炼厂的 1.11 倍(54.34%)。炼厂纳尔逊复杂系数评价体系：惠州炼厂最高为 9.97，青岛炼厂为 8.45，海南炼厂最低为 8.98。但惠州炼厂总收率好于其他两个炼厂，其轻油收率在 80%左右，基本和加氢型海南炼厂相同，能耗甚至还低一些。表 1-5-11 是惠州炼厂技术经济指标实际值与设计值对比，从中可见惠州炼厂实际技术经济指标比设计值好。总之，中海油惠州炼厂焦化装置在苛刻度方面的优化经验以及加热炉在线清焦技术值得向国内焦化装置推广[129]。

表 1-5-10　三个新炼厂主要技术经济指标比较(2010-1-6)

指　　标	海南炼化	青岛炼化	惠州炼油
综合商品率/%	92.82	94.75	94.45
轻油收率/%	80.01	74.54	80.49
加工损失/%	0.67	0.43	0.41
原油途耗/%	0.23	0.16	0.04
炼油综合能耗/(kg 标油/t)	65.37	60.57	64.88

表 1-5-11　炼厂技术经济指标实际值与设计值对比

指　　标	设计值	2010 年上半年	指　　标	设计值	2010 年上半年
综合商品率/%	93.64	94.45	加工损失/%	0.42	0.41
轻油收率/%	77.18	80.49	炼油综合能耗/(kg 标油/t)	70.38	64.88

(2) 降低循环比

循环比越低，焦炭收率越低，这是国际上焦化装置普遍采用的操作条件优化措施之一。一般循环比每降低 0.1 左右，焦炭收率下降 1%，国内焦化装置目前一般采用为 0.1～0.4，国外有采用 0.05 甚至 0 的超低循环比工艺。但要注意，焦化低循环比操作时蜡油质量下降，焦化装置循环比的合理选择通常要与下游加氢处理装置的产能相匹配。另外一个问题是降低循环比的方法之一是减少分馏塔下部回流量，提高蒸发段和塔底温度，应注意可能因此引起分馏塔底以及加热炉炉管结焦倾向增大，从而缩短装置运行周期。我国最近建设了一套处理能力为 2.1Mt/a 的延迟焦化装置，工艺包引进自美国 BECHTEL 公司(Conoco 技术)，采用超低循环比和超低压力设计，设计循环比为 0.05，焦炭塔操作压力为 0.105MPa，投运后焦炭收率比较低，为 26.61%～28%。

(3) 降低焦炭塔操作压力

焦炭塔操作压力越低，焦炭收率越低。一般焦炭塔操作压力每降低 0.05MPa 左右，焦炭收率下降 1%~2%。目前国内焦化装置一般采用 0.13~0.3 MPa，国外有采用 0.10 MPa 的超低操作压力工艺。降低焦炭塔操作压力，配套的焦炭塔油气线管线、阀门直径需要扩大，分馏塔顶空冷数量需要大幅增加，富气压缩机能力也需要提高，这些都会增加装置的投资和能耗，因此需全面进行比较平衡后再选择合理的焦化反应压力。

2. 开发先进重油加工工艺必须研究工艺的碳氢平衡及其转化问题

前已指出，当前我国重油加工领域中对渣油加氢裂化工艺，尤其是沸腾床加氢裂化工艺的开发比较关注，在研究直接轻质化重油加工过程中的碳氢平衡及转化时可选择两种有代表性的渣油加工工艺，即延迟焦化与渣油加氢裂化进行比较，这对于研究开发先进重油加工工艺是有益的。

美国 KBC 先进技术公司利用所掌握的各种工艺数据独自开发了渣油延迟焦化和沸腾床加氢裂化的热裂化动力学模型。利用热裂化机理这两个动力学模型很好模拟了渣油延迟焦化和沸腾床加氢裂化转化为轻质产品的结果[130]。

表 1-5-12 是延迟焦化和沸腾床加氢裂化的氢碳平衡比较，表 1-5-13 是延迟焦化和沸腾床加氢裂化的产品收率比较。由表可见，延迟焦化和沸腾床加氢裂化的液体产品收率分布非常类似，差别主要在焦炭产率和加氢裂化未转化渣油收率方面，沸腾床加氢裂化未转化渣油收率略小于延迟焦化焦炭产率，今后随着催化剂裂化活性的改善未转化渣油收率可能还有变化，但目前还是保持在这个水平上，而且其质量很差难以处理(表 1-5-14)，如加拿大 Syncrude 联合企业沥青改质厂的沸腾床加氢裂化(LC-Fining)装置未转化油主要作为灵活焦化装置原料。这说明了即使对于沸腾床加氢裂化这样一种转化率很高的加氢过程，它虽然可以加工很重的原料，消耗了较大数量的氢气(氢气消耗量 135~303Nm^3/m^3)，但渣油中的胶质和沥青质仍然有很大一部分不可能被转化，需进一步送焦化后经过脱碳过程形成石油焦(或气化制氢)，这是在选择渣油加氢裂化工艺时需要注意的。

表 1-5-12　延迟焦化和沸腾床加氢裂化的氢碳平衡

项　目	延迟焦化	沸腾床加氢裂化	项　目	延迟焦化	沸腾床加氢裂化
燃料气/%	3.2	5.4	轻瓦斯油(204~343℃)/%	18.7	23.6
丙烷+丙烯/%	1.6	3.4	重瓦斯油(>343℃)/%	28.9	28.5
丁烷+丁烯/%	1.5	2.4	焦炭或>538℃渣油/%	33.7	30.6
石脑油(C_5~204℃)/%	12.4	6.0			

表 1-5-13　延迟焦化和沸腾床加氢裂化的产品质量收率

项　目	延迟焦化	沸腾床加氢裂化	项　目	延迟焦化	沸腾床加氢裂化
H_2S/%	1.7	3.8	石脑油(C_5~204℃)/%	12.3	5.9
NH_3/%	0	0.1	轻瓦斯油(204~343℃)/%	18.3	22.5
干气/%	3.6	5.9	重瓦斯油(>343℃)/%	28.4	26.9
丙烷+丙烯/%	1.7	3.5	焦炭或>538℃渣油/%	32.6	29.1
丁烷+丁烯/%	1.5	2.4			

表 1-5-14　延迟焦化和沸腾床加氢裂化产品质量

产　品	焦化API度	焦化含硫/%	焦化含氮/(mg/kg)	加氢裂化API度	加氢裂化含硫/%	加氢裂化含氮/(mg/kg)
石脑油(C_5~204℃)	62.5	0.5	630	76.6	0.0	6
轻瓦斯油(204~343℃)	28.3	2.1	2358	45.4	0.1	976
重瓦斯油(>343℃)	13.5	3.7	3712	25.7	0.7	1628
焦炭或>538℃渣油		8.8	10813	7.2	2.3	7919

四、在“新常态”下着力做好焦化的技术创新，发展多种石油焦有效利用的组合工艺，进一步提高焦化在炼厂重油加工过程中的经济地位和作用

十多年来，我国焦化产能快速发展，同时技术水平也有长足进步，本书第一版中提到的有关焦化的工程研究与开发的八个方面大部分已经有了长足进步，有的甚至得到了很好解决，这八个方面主要是：

① 解决设备大型化和装置产能大型化的矛盾。

② 优化焦化装置的苛刻度，降低焦炭产率，提高轻油收率。

③ 高度重视焦化加热炉技术进步。

④ 完善和推广加热炉炉管在线清焦技术。

⑤ 进一步优化焦炭塔除焦技术，降低石油焦挥发分含量，推广焦炭塔自动出焦系统。

⑥ 弹丸焦的生成、抑制与有效利用。

⑦ 高硫石油焦多元化利用。

⑧ 焦化装置的节能与环保。

预计今后我国炼厂的焦化产能发展速度将有所减缓，主要的发展方向将集中在技术进步方面，具体就是“工艺最佳化”和“环保清洁化”两个方面。

1. 正确认识焦化工艺在重油加工中的作用和地位

首先要在观念上提高对焦化工艺在重油加工中的作用和地位的认识，同时也要充分认识到焦化存在的一些问题和缺陷。也就是今后必须在优化和提高焦化装置的反应苛刻度，降低焦炭产率，提高轻油收率，提高焦化的经济效益方面下功夫。在这方面国内焦化装置是有潜力的，要使国内焦化装置的技术经济指标全面接近或达到国际水平，至少达到国内几套引进装置的水平。提高焦化装置的反应苛刻度是关键，而焦化加热炉技术进步以及炉管在线清焦技术的完善和推广是提高焦化苛刻度的前提和基础，有了它可以保证加热炉的长周期运行，国内有不少炼厂的焦化装置取得了很好的经验。

2. 注重焦化工艺的技术进步

要重视以“工艺最佳化和环保清洁化”两个方面为核心的焦化工艺的技术进步，继续大力推广以下技术：

① 低循环比技术(配套发展炼厂焦化蜡油加氢能力)。

② 发展适合国情的循环油回炼技术。

③ 缩短焦炭塔生焦周期技术。

④ 推广各项重大节能技术：如提高加热炉效率技术，电机变频调速技术，焦化节水技术等。

⑤ 推广延长加热炉运转周期技术。

⑥ 推广焦炭塔底盖自动卸盖系统。

⑦ 推广焦化在线清焦(on-line spalling)和在线烧焦技术。

⑧ 提高焦化控制水平(以APC控制为核心)技术。

⑨ 焦化加工含酸原油技术(包括相关防腐技术)。

⑩ 推广各项焦化清洁生产技术，重点解决焦化装置废气和恶臭的治理。

3. 着力发展适合国情的三种有关焦化工艺及下游延伸的加工技术

当前国内焦化工艺技术进步一方面要通过本身采取多种优化措施以减少焦炭产率生成，提高焦化液体产品收率。但脱碳工艺本身的特性决定了延迟焦化的生焦是必然的，常规延迟焦化产生一定量的石油焦是不可避免的，延迟焦化的经济效益和石油焦市场价格高低有正相关的联系，一直存在上下波动的局面。在“十三五期间”为了从根本上解决大量生焦问题，值得在焦化领域推荐的是着力发展以下三项先进技术，即适合国情的“灵活焦化”技术[131]、“高硫石油焦气化多联产技术”[132,133]和“油系针焦”的生产技术[134]。这三项技术都可以将焦化生成的低值石油焦几乎全部转化为更高产值的气体或化工产品，而且它们都已经工业化，本书在后面有关章节中有进一步的介绍与论述。

4. 提高我国延迟焦化水平其他需要解决的若干问题

(1) 全面加强焦化装置管理

重点是加强焦化原料管理、工艺管理、节能管理、设备管理和环保管理。

加强焦化原料管理，尤其是原料结焦性分析是确保焦化装置长周期安全运转的重要因素。此外在焦化原料多样化方而，如非常规石油(稠油、天然沥青)直接焦化技术、扩大焦化原料技术(炼厂三废，脱油沥青，催化油浆)等技术也要争取有进一步提高。

加强工艺管理包括大力采用成熟先进的核心焦化技术，如常规焦化低循环比技术(配套发展炼厂焦化蜡油加氢能力)；可调循环比焦化技术；缩短焦炭塔生焦周期技术(18~20h生焦周期)；焦化重大节能技术(加热炉效率，变频调速技术)；焦化在线清焦和在线烧焦技术；提高焦化控制水平(APC控制)技术等十项技术。

加强焦化节能管理，如提高加热炉效率，加强燃料系统管理和装置节电、节水管理等。

焦化设备管理的重点是大力采用成熟先进的焦化设备，抓紧引进技术的消化吸收，如全面普及焦炭塔底盖自动卸盖机；焦炭塔材质和加热炉炉管衬质进一步升级(炉管采用T-91改性铬钼钢)以及加强装置腐蚀监测和防腐管理。

环保管理重点是开发焦化清洁生产技术，解决好焦化装置的恶臭问题和检修期间的环保问题。

“减少排放，加强环境保护”已经是21世纪全世界人类的共识。在炼油厂中由于延迟焦化装置生产大量的固体产品——石油焦，生成的废水、废气(包括有毒气体)数量比较多，装置卫生环境条件总体较差。如何使延迟焦化装置实现“环境友好，最大限度地减少各类排放物，实现清洁生产”，是延迟焦化装置发展中的一个重要课题。近年来国内做了较多工作，如冷焦水密闭处理流程，将冷焦水系统进行改造，采用密闭循环处理技术，冷焦水除油效果和温度达到了要求，空气中臭气浓度由原来的2000$\mu g/m^3$降低到20$\mu g/m^3$，并已全面推广。此外，采用塔式二段密闭放空系统，上下二段分别用水洗和油洗洗涤，回收焦炭塔吹汽进行冷焦时所产生的蒸汽、油气。采用浸泡式冷焦工艺，以缓和大油气线结焦和减少冷焦水的油含量，减轻隔油池的环境污染等，这些措施取得了一定的效果。但根本性改进延迟焦化环境的措施由于投资因素等种种原因没有取得太大的进展，如许多焦化装置的冷焦水处理技术和设备还是采用污染严重的隔油池来进行冷焦水中的油水分离。此外对于石油焦的贮存、装车和运输系统存在较严重的粉末焦粉尘污染等问题。国外先进的焦化装置采用密闭的石油焦破碎、筛分、皮带运输和焦仓贮存设施，尽可能压缩敞开式的焦池，但由于投资较大，国内开发进度较慢，待条件成熟后，这个问题应该是会很快提到日程上来的。本书以下将专门用一个章的篇幅来讨论有关环境保护的工艺和工程问题。

（2）推广其他焦化新技术

如开发新产品——焦化高密度喷气燃料生产；焦化汽油、焦化蜡油的合理利用，通过提高焦化汽油干点（提高到230～250℃）增产焦化汽油作乙烯原料；进一步扩大各种焦化组合工艺的能力；加强焦化技术人员和操作人员培训。

参 考 文 献

[1] 杨光启等．中国大百科全书：化工[M]．北京：中国大百科全书出版社，1987.

[2] 陈冠荣等．化工百科全书：第14卷[M]．北京：化学工业出版社，1997.

[3] Surinder Parkash. Refining processes handbook[M]. New York：Gulf Professional Publishing(GPP)，2003.

[4] 程丽华．石油炼制工艺学[M]．北京：中国石化出版社，2004.

[5] Robert A Meyers . Handbook of petroleum refining processes[M]. 2nd ed. New York：McGraw-Hill Companies Inc，1997.

[6] James H Gary. Petroleum refining：technology of petroleum[M]. New York：Marcel Dekker，1975.

[7] Heck S B，et al. Process design of a modern delayed coker[C]. American Petroleum Institute Midyear Meeting，1972.

[8] Paul J Ellis Tutarial. Delayed coking fundamentals[C]. Prepared for Presentation at the AIChE 1998 Spring National Meeting，1998.

[9] 梁文杰．重质油化学[M]．青岛：石油大学出版社，1999.

[10] Richard Heniford. Coke is good，but less is better[C]. NPRA Annual Meeting，2003，AM-03-90.

[11] Ram Maik. Delayed coking design and project execution[J]. Petroleum Technology Quarterly，2002，Autumn：53-61.

[12] Maria Aldescu. Heavy oil upgrading[C]. AFPM Annual Meeting，2012，AM-12-35.

[13] Deliase R. Satus and progress of delayed coking preprints[J]. Division of Petroleum and Chemistry. ACS，1984，29(2)：412-423.

[14] Jenes G Speigh，et al. Petroleum refining processes[M]. New York：Marcel Dekker Inc，2002.

[15] Reynolds B E，et al. Evaluation of residuum conversion schemes[C]. NPRA Annual Meeting，1997，AM-97-51.

[16] Weirauch W. Outlook for global HP "Surprisingly Strong"[J]. Hydrocarbon Processing，1998，77(11)：23-29.

[17] 中国石化经济信息研究院．延迟焦化日益被重视[J]．石油化工要闻，2003-11-30：5-16.

[18] Richard Nelson . Return on residue processes depend on[J]. Oil & Gas J，Feb. 5，2000：55-57.

[19] 李志强．原油蒸馏工艺与工程[M]．北京：中国石化出版社，2010.

[20] 胡德铭．延迟焦化工艺技术新进展[G]//中国石油化工科技信息指南（2003年）：下卷[M]．北京：中国石化出版社，2003. 30-38.

[21] Charles Schader . Hydrocarbons to liquids[C]. NPRA Annual Meeting，2001，AM-01-07.

[22] Gary J H，et al. Petroleum refining technology and economies[M]. 5th ed. New York：Taylor & Francis Croup LLC，2007.

[23] Samuel Davis. Can US refineries investment for success[C]. AFPM Annual Meeting，2014，AM-14-53.

[24] Edward J Swain. Petroleum coke production from US refineries will increase[J]. Oil & Gas J，Nov 3，2003：

54-56.

[25] Lawrence Wisdom. Debottlenecking a delayed coker to improve overall liquid yield and selectivity towards diesel fuel[C]. AFPM Annual Meeting 2012, AM-12-75.

[26] Jeannie, et al. Worldwide refineries-capacities as of Jan 1, 2015[J]. Oil & Gas J, Dec 1, 2014: 1-6.

[27] M Scott Green. Tracking and auditing the impact of new crudes on refinery operability and profitability [C]. AFPM Annual Meeting, 2014, AM-14-43.

[28] Robert Brelsford. Western Europe leads global refining contraction[J]. Oil & Gas J, Dec 7, 2013: 7-20.

[29] 金云，朱如．调整转型升级、适应新常态、引领新常态——中国炼油工业发展现状及“十三五”发展趋势[J]．国际石油经济，2015(5)：14-21.

[30] 王基铭．世界石油与石油化工数据手册[M]．北京：中国石化经济技术研究院，2005.

[31] 胡德铭．延迟焦化工艺进展[J]．当代石油石化，2003，11(5)：21-23.

[32] 张德义．充分发挥延迟焦化装置在原油深加工中的作用[J]．当代石油石化，2001，9(2)：9-13.

[33] 中国炼油工业编辑委员会．中国炼油工业[M]．北京：石油工业出版社，1989.

[34] 张德义．提高延迟焦化装置技术水平进一步发挥其在重油加工中的作用[J]．炼油技术与工程，2005，35(12)：1-6.

[35] 张德义．含硫含酸原油加工技术[M]北京：中国石化出版社，2013.

[36] 胡尧良．延迟焦化装置技术手册[M]．北京：中国石化出版社，2013.

[37] 蔺爱国．2012 年世界炼油技术新进展：AFPM 年会译文集[C]．北京：中国石油出版社，2012.

[38] 蔺爱国．2013 年世界炼油技术新进展：AFPM 年会译文集[C]．北京：中国石油出版社，2013.

[39] Robert Brelsford. Asia-Pacific refining primed for capacity growth[J]. Oil & Gras J, Dec 1, 2014.

[40] 缪超，杨维军．全球主要地区石油焦供需现状及趋势分析[J]．国际石油经济，2014(5)：15-20.

[41] Jeannie, et al. Worldwide refineries-capacities as of Jan 1, 2015 [J]. Oil & Gas J, Dec 1, 2014.

[42] James G Speight. The refinery of future[M]. New York: Elsevier Inc, 2011.

[43] Jonth E Sinton. Global outlook unconventional fuels[R]. Beijing: Asian Pacific Unconventional Oil & Gas Summit, 2008, May 15.

[44] World News. India delayed coker heater award[J]. Hydrocarbon Engineering, 2006, 11(8): 8.

[45] Rene'G Gonzalez. Rapid growth in coking[J]. Petroleum Technology Quarterly, Summer, 2003: 5-9.

[46] 姚国欣．委内瑞拉超重原油和加拿大油砂沥青加工现状和发展前景[J]．中外能源，2012. 17(1)：3-12.

[47] 中国石油化工集团公司经济技术研究院．渣油焦化技术新进展[J]．石油化工要闻，2014-5-21：14-19.

[48] Ting Y chan, et al. Delayed coking design consideration [R]. (China) 2003 Refining Technology Conference, 2003.

[49] Edward S Swain. US petroleum coke production expected to increase[J]. Oil & Gas J, Nov 10, 1997: 78-82.

[50] Edward J Swain. Refinery coke major growth in coke production takes place[J]. Oil & Gas J, May 6, 1997.

[51] 张家泽．我国石油焦市场需求潜力巨大[J]．中国化工信息．2006-8-21：7-8.

[52] Garg M O. Petroleum residue processing R&D thrust area & policy[J]. Hydrocarbon, Asia, 2005, 15(4): 50-56.

[53] Anthony D B. Advance in coking technology[R]. AIChE Spring National Meeting, 1996.

[54] 石油工业部石油科学技术情报研究所图书编辑室．石油炼制译文集(1)：延迟焦化[M]．北京：中国工业出版社，1965.

[55] 程之光．重油加工技术[M]．北京：中国石化出版社，1994.

[56] Conner J W. Changes in petroleum coking quality and future prospects[R]. Union Oil Company of California,

Feb 12, 1981.
[57] Carsch J E, et al. Delayed coking for years history[J]. Oil & Gas J, Jan 12, 1956.
[58] Wellch A F. Hydraulic decoking[J]. Petroleum Processing, 1950, 5(2): 25-28.
[59] 李家鹏．国际重油、渣油改质暨利用学术研讨会讨论集[C]. 北京：万国学术出版社，1993.
[60] Chao Kesheng. Design characteristics of 1.0Mt/a delayed coking unit. international symposium on heavy oil and residue[M]. International Academic Publishers, 1993.
[61] 晁可绳．延迟焦化装置设计考虑(1)[J]. 炼油技术与工程，2003，33(10)：12-16.
[62] 晁可绳．延迟焦化工艺技术及其进展(2)[J]. 炼油设计．2001，31(11)：1-4.
[63] 邱孝培．加拿大稠油加工技术[J]. 石油规划设计，1996(8)：7-8.
[64] 曾米兰泽．第七届重油及沥青砂国际会议论文集：第二卷(上)[M]. 北京，1998.
[65] 侯芙生．发挥延迟焦化在深度加工中的重要作用[J]. 当代石油石化，2006，14(2)：3-7.
[66] 晁可绳．延迟焦化工艺技术及其进展(1)[J]. 炼油设计，2001，31(10)：1-5.
[67] 晁可绳．延迟焦化装置设计考虑(2)[J]. 炼油技术与工程，2003，33(11)：1-4.
[68] 洪定一．炼油与石化工业技术进展(2010)[M]. 北京：中国石化出版社，2010.
[69] 陈淳．中海石油炼化与销售事业部“十一五”科技论文集[M]. 北京：中国石化出版社，2011.
[70] Debiase R, et al. Alternate conversion schemes for residual feedstock[C]. AIChE Meeting, Houston, 1981.
[71] 中国石化信息研究所．90 年代中国炼油技术发展发展重点的研究-进口原油加工流程[M]. 北京：中国石化信息研究所，1993.
[72] Hydrocarbon Processing, Feb, 1998.
[73] Hydrocarbon Processing, Mar, 2000.
[74] Geehan D M. NPRA Annual Meeting, 1996, AM-96-56.
[75] John J Mcketta. Petroleum processing handbook[M]. New York: Marcel Dekker Inc, 1992.
[76] 洪定一．炼油与石化工业技术进展(2014)[M]. 北京：中国石化出版社，2014.
[77] 洪定一．炼油与石化工业技术进展(2013)[M]. 北京：中国石化出版社，2013.
[78] John Mayes . Changing crude qualities and their impacts on US refinery operations[C]. AFPM Annual Meeting, 2014, AM-14-42.
[79] Eric Ye. Gasoline production in the age of tight oil, renewable fuel mandates, and tire 3 regulations [C]. AFPM Annual Meeting, 2014, AM-14-36.
[80] Gembick V A. Role of hydrogen in clean fuels strategy[C]. NPRA Annual Meeting, 2004, AM-04-44.
[81] Delphine Largeteau. The challenges & opportunities of 10ppm sulfur gasoline: lessons learned from FCC pre-treat V. post-treat project[C]. NPRA Annual Meeting, 2011, AM-11-57.
[82] James G Speight. The desulfurization of heavy oils and residua[M]. Marcel Dekker Inc, 1990.
[83] 方怡中等译．重油和渣油脱硫[M]. 北京：烃加工出版社，1993.
[84] 孙丽丽．高硫劣质原油加工与渣油加氢技术的实用性[J]. 当代石油石化，2005，13(9)：34-37.
[85] 石油化工科学研究院．第 11 届世界石油会议报告文集：第 5 分册[M]. 北京：石油工业出版社，1985.
[86] Dale Simbeck. Hydrogen costs and issues-gasification vs. SMR[C]. NPRA Annual Meeting, 2008, AM-08-74.
[87]吴青．悬浮床加氢裂化-劣质重油直接深度高效转化技术[J]. 炼油技术与工程，2014，44(2)：1-9.
[88] Rashid Iqbal. Economic route to process challenged and opportunistic crudes[C]. NPRA Annual Meeting, 2005, AM-05-42.
[89] Arun Arora. Refinery configurations for maximum conversion to middle distillates[C]. NPRA Annual Meeting, 2011, AM-11-19.
[90] Grant Yokomizo. Residue conversion solutions to meet North American emissions control area and Marpol

Annex VI marine fuel regulations[C]. NPRA Annual Meeting, 2010, AM-10-165.
[91] 王基铭. 石油炼制辞典[M]. 北京: 中国石化出版社, 2014.
[92] Tom Hraban. Revamping and upgrading delayed coker units[C]. NPRA Annual Meeting, 2007, AM-07-71.
[93] Ryan Nickel. Improve your delayed coker's performance and operating flexibility with New OptiFuel Coker additives [C]. AFPM Annual Meeting, 2013, AM-13-67.
[94] Jon Stroup. World best refineries[C]. AFPM Annual Meeting, 2014, AM-14-51.
[95] John D Elliott. Delayed coking innovations and design trends[C]. NPRA Annual Meeting, 1999, AM-99-12.
[96] Phillips G. Advances in residue upgrading technology[J]. Petroleum Technology Quarterly, Q2, 2002.
[97] Sealli R M. Refinery's spent matter tune to the delayed coker [C]. NPRA Annual Meeting, 1995, AM-95-16.
[98] Bashid Iqbal. Refinery repositioning[C]. NPRA Annual Meeting, 2006, AM-06-15.
[99] John D Elliott. Delayed coking innovations and design trend [C]. NPRA Annual Meeting, 2003, AM-03-30.
[100] Jonh D Elliott. Fine - tune your delayed coking Obstacles and objection[J]. Hydrocarbon Processing, 2004, 83(9): 83-90.
[101] Rick wodrik. Delayed coking advances[J]. Petroleum Technology Quarterly, Q4, 2005: 35-45.
[102] Kazen Ganji. Optimization Maxcoking Technology for delayed coker[C]. NPRA Annual Meeting, 2004, AM-04-52.
[103] Venezuelan Grude. Refinery completes revamp[J]. Oil &Gas J, 2000, Oct 23: 50-52.
[104] Tej Chadda. Inspection and monitoring of coke drums for life extension and safety[C]. NPRA Annual Meeting, 2008, AM-08-65.
[105] Richard Conticello. Issues associated with Larger coke drums [C]. NPRA Annual Meeting, 2007, AM-07-07.
[106] Jeffrey Lewellen. Integrating industry's best practice technology into a new coke drum facility [C]. NPRA Annual Meeting, 2010, AM-10-162.
[107] Brian Doerksen. Best coke drum practices-real world improvements for delayed coker safety and reliability [C]. AFPM Annual Meeting, 2012, AM-12-74.
[108] Roger Pelham. Mitigation of delayed coker heater fouling by the application of C3's MIST technology to the internal diameter of delayed coker heater tubes[C]. NPRA Annual Meeting, 2010, AM-10-161.
[109] Joseph Stark. New technology for high temperature furnace fouling control[C]. NPRA Annual Meeting, 2007, AM-07-61.
[110] Don Mulraney. State-of-the-Art delayed coking structure for frontier refinery[C]. NPRA Annual Meeting, 2009, AM-09-66.
[111] Jack Adams. Coker furnace on-line spalling. The devil is in the details[C]. AFPM Annual Meeting, 2012, AM-12-72.
[112] 瞿国华. 重质原油加工的热点与难点(Ⅰ)[J]. 石油化工技术与经济, 2013, 29(1): 1-7.
[113] 瞿国华. 重质原油加工的热点与难点(Ⅱ)[J]. 石油化工技术与经济, 2013, 29(2)10-16.
[114] 梁文杰主编. 重质油化学[M]. 青岛: 石油大学出版社, 2000.
[115] 瞿国华, 黄大智, 梁文杰. 延迟焦化在石油加工中的地位和前景[J]. 石油学报: 石油加工, 2005, 21(3): 47-53.
[116] 侯芙生. 发挥延迟焦化在深度加工中的重要作用[J]. 当代石油石化, 2006, 14(2): 3-7.
[117] 韩崇仁. 发展渣油加氢-催化裂化组合工艺增产清洁运输燃料[J]. 当代石油石化, 2005, 13(6): 8-14.

[118] 陈错．渣油加氢装置第一周期运行情况分析[J]．石油化工技术与经济，2015，31(1)：38-44.

[119] 陈忠基，邢献杰，项明龙，等．金陵分公司 1.8Mt/a 的渣油加氢处理装置运行分析[J]．炼油技术与工程，2015，45(2)：6-10.

[120] 于天水，赵宏国．大连石化渣油加氢装置催化剂寿命预测及原油加工建议[J]．中外能源，2011，16(1)：90-93.

[121] 陈俊武主编．催化裂化工艺与工程[M].2 版．北京：中国石化出版社，2005：126-137.

[122] 曹湘洪．建设绿色低碳、布局合理的交通运输燃料体系[J]．当代石油石化，2016，24(4)：1-14.

[123] 黄富，张扬，彭国锋，等．油浆过滤技术在重油催化裂化装置上的应用[J]．石油化工技术与经济，2015，31(1)：35-38.

[124] 李立权，渣油加氢技术的工程化发展方向[J]．炼油技术与工程，2014，44(12)：1-7.

[125] 姜来．渣油沸腾床加氢技术现状及操作难点[J]．炼油技术与工程，2014，44(12)：8-12.

[126] 程薇．CLG 公司在华首套采用沸腾床渣油加氢-溶剂脱沥青(LC-MAX)工艺的装置建成投产[J]．石油炼制与化工，2014，45(12)：100-100.

[127] RICHARD H NIELSEN. Refinery Residue Upgrading[R]. SRI，PEP-228，2000.

[128] 翟志清，杨志强，程前进．延迟焦化加热炉应用在线清焦技术探讨[J]．炼油技术与工程，2010，40(9)：42-45.

[129] 中海油惠州炼油厂．高酸重质原油加工的挑战与实践[C]//劣质原油加工技术论坛论文集．北京：中国石油学会石油炼制分会，2011：19-31.

[130] SAYLES S，ROMERO S. Understand differences between thermal and hydrocracking[J]. Hydrocarbon Processing，2011，90(9)：37-44.

[131]张崇伟，王笑梅，田慧，等．灵活焦化与延迟焦化介绍及对比[J]．中外能源，2013，18(2)：68-72.

[132] 瞿国华，王辅臣．延迟焦化-石油焦制氢组合工艺技术[J]．炼油技术与工程，2010，40(11)：20-23.

[133] 瞿国华，王辅臣，代正华，等．石油焦气化制氢技术[M]．北京：中国石化出版社，2014.

[134] 丁宗禹，申海平．石油针状焦生产技术[M]．炼油设计，1997，27(1)：10-13.

第二章　延迟焦化原料

延迟焦化作为一种重要的重油加工工艺，其原料主要是各种重质油。本章主要内容是叙述延迟焦化原料的来源和种类，介绍延迟焦化原料的各种物理和化学性质及其意义。

第一节　延迟焦化原料的来源和种类

在石油加工中，延迟焦化的主要作用是重油轻质化，因此延迟焦化工艺是一种以重质油为原料的重油加工工艺[1]。用于延迟焦化装置的原料来源广泛，一般按其加工过程来看可以分为直馏渣油和二次加工重油[2]。直馏渣油是原油拔顶除去轻质馏分的常压渣油(一般>350℃)及进一步减压蒸馏后得到的减压渣油。直馏渣油是原油在蒸馏过程中得到的塔底油，基本上没有经过化学变化。二次加工重油是指经过加工(主要是裂化加工或物理分离)副产的高沸点组分[3]，如：减黏渣油、催化裂化油浆、润滑油抽出油、脱油沥青、乙烯焦油、热裂化焦油、加氢处理重油和煤焦油、页岩油等。其化学结构与直馏原料相比已发生很大变化，通常含有较多的环状结构化合物。现在有些轻馏分很少的超重原油(超稠油)、油砂沥青也可直接作为焦化的原料。

根据原油中烃组成相对含量的不同，按美国矿务局原油分类方法，理论上原油可分为九类，大部分原油属于七类：石蜡基、环烷基、中间基、石蜡－中间基、中间－石蜡基、中间–环烷基、环烷－中间基[2]。一般石蜡基原油中烷烃含量较高而芳烃含量较低，环烷基原油中环烷烃和芳烃含量较高而烷烃含量较低，中间基原油中各族烃的含量介乎上两类之间。

常用相对密度对原油进行分类，但迄今世界上还没有一个公认的统一标准。习惯上常把API度≥32($d_{15.6}^{15.6}$≤0.8654)的原油称为轻质原油，API度为20～32($d_{15.6}^{15.6}$为0.8654～0.9340)的原油称为中质原油，API度为10～20($d_{15.6}^{15.6}$为0.9340～1.000)的原油称为重质原油，而API度≤10($d_{15.6}^{15.6}$≥1.000)的称为超重原油[4]。

延迟焦化是以重质油为原料，但“重质油”这个名词本身并没有一个严格的定义。在石油勘探与开发领域中，它往往是“重质原油”或“稠油”的同义词，而在石油炼制领域中，则主要是指原油中的常压渣油或减压渣油。由于重质原油(稠油)中所含的轻质馏分一般都很少，所以这两种关于“重质油”的含义有其相通之处，即其着眼点均在于石油中的重质部分。本章所指重质油包括：①重质原油；②超重原油；③石油炼制过程所产生的常压渣油、减压渣油以及催化裂化油浆等密度较大的油品；④天然沥青、油砂、页岩油等非常规石油。

据估计，世界常规石油的总资源量约为300Gt。此外，还有重质原油、油砂及油页岩等非常规石油资源，它们的储量折合为石油估计超过1000Gt，这些在21世纪将成为石油的重要来源。

世界各国石油工业的发展过程中，都是先开采较易开采的、较轻的原油。随着较轻原油资源的逐渐减少，不得不开始开采一些较难开采的重质原油，因此在世界石油产量中重质原油的份额正在逐渐增大。

我国的原油一般偏重，其中>350℃常压渣油的含量大多为60%～70%，即便是>500℃减压渣油的含量也达30%~50%。近年来，我国加速了重质原油的开发，目前重质原油的产量已占全国石油年产量的四分之一左右，这些重质原油中减压渣油的含量有的高达60%以上。总的来看，在我国每年开采的210Mt左右的原油中，减压渣油的含量估计超过70Mt，因此，我国石油炼制工作者的突出任务是重质油的轻质化。我国主要原油及国内外重质原油的相对密度和馏分组成见表2-1-1。

表2-1-1　我国主要原油及国内外重质原油的相对密度和馏分组成[2,3]

原油名称	API度	相对密度(d_4^{20})	馏分组成/%				基　属
			<200℃	200~350℃	350~500℃	>500℃	
大　庆	33.1	0.8554	11.5	19.7	26.0	42.8	石蜡基
胜　利	24.9	0.9005	7.5	17.6	27.5	47.4	中间基
孤　岛	17.0	0.9495	6.1	14.9	27.2	51.8	环烷-中间基
辽　河	24.3	0.9042	12.3	24.3	29.9	33.5	中间基
华　北	27.9	0.8837	7.3	21.1	32.4	39.2	石蜡基
中　原	34.8	0.8466	19.4	25.1	23.2	32.3	石蜡基
吐　哈	40.4	0.8197	22.6	32.4	36.4	8.6	石蜡基
新疆九区	20.5	0.9273	1.7	18.3	28.7	51.3	中间-环烷基
单家寺	13.6	0.9719	1.7	11.5	21.2	65.6	环烷基
草　桥	20.5	0.9268	4.0	17.7	25.0	52.9	中间基
欢喜岭	17.3	0.9474	3.7	20.6	35.4	40.3	环烷基
曙　光	22.1	0.9172	6.8	18.5	29.5	45.2	中间基
井　楼	17.1	0.9489	0.3	9.1	33.2	57.4	环烷基
阿萨巴斯卡(加)	8.5	1.0104	0.0	16.0	28.0	56.0	
劳埃密斯特(加)	13.4	0.9762	4.0	22.0	27.0	47.0	
波斯坎(委)	10.3	0.9979	4.0	11.6	17.0	67.4	

一、劣质原油资源和性质

劣质原油主要是指密度大、黏度高、轻馏分少、硫含量高、残炭值高、沥青质和金属含量高的原油。劣质原油不仅输送困难，而且其渣油也不适宜采用渣油加氢(RDS)、重油催化裂化(RFCC)工艺加工，一般采用延迟焦化工艺加工才能获得较好的经济效益。委内瑞拉奥里诺科超重原油和加拿大油砂沥青是世界上资源最丰富的劣质原油。委内瑞拉奥里诺科重油带是目前世界上最大的重油富集带，重油地质储量达到210Gt，可采储量达到50Gt。加拿大油砂沥青的地质储量达到270Gt，占世界探明油砂资源的85%以上，采用目前的开采技术的可采储量达到27Gt。由于资源量巨大，资源国和很多消费国都在积极进行开发或参与开发。

委内瑞拉奥里诺科超重原油、加拿大稀释油砂沥青及其渣油的性质见表2-1-2。奥里诺科超重原油的轻馏分少，>350℃常压渣油的含量达到89.1%，>500℃减压渣油的含量达到65.2%，渣油中沥青质和金属含量高，常压渣油的镍和钒含量超过了600μg/g，沥青质含量达到了11%，减压渣油的镍和钒含量超过了900μg/g，沥青质含量超过了15%。加拿大油砂沥青除金属含量稍低外，在性质上与奥里诺科超重原油极为相近。由于劣质原油产地轻质油资源缺乏，为了解决劣质原油的输送问题，在劣质原油产地或附近都建设了改质厂。目前委内瑞拉建有4座奥里诺科超重原油改质厂，由于渣油中沥青质和金属含量高，4个改质厂全部采用延迟焦化工艺处理常压渣油或减压渣油。加拿大建有6座油砂沥青改质厂，渣油加工以延迟焦化工艺为主，此外还包括沸腾床渣油加氢裂化、流化焦化及溶剂脱沥青工艺等[5,6]。

表 2-1-2　奥里诺科超重原油、加拿大稀释油砂沥青及其渣油的性质

性　质	奥里诺科超重原油			稀释油砂沥青		
	原油	>350℃常压渣油	>500℃减压渣油	原油	>350℃常压渣油	>500℃减压渣油
占原油/%		89.1	65.2		69.7	50.7
密度(15℃)/(g/cm³)	1.0148	1.0328	1.0563	0.9364	1.024	1.045
运动黏度/(mm²/s)						
100℃	429.1	2308		15.84	842.0	15747
80℃	1461	10435		26.47	3612	
倾点/℃	51	57	99	-24	54	84
残炭/%	15.1	17.3	24.6	11.1	15.5	21.8
碳含量/%	84.3	84.3	84.1	83.5	83.1	82.5
氢含量/%	10.6	10.4	10.1	11.3	10.4	10.0
硫含量/%	4.08	4.29	4.52	3.68	>4.6	>4.6
氮含量/%	0.54	0.61	0.77	0.36	0.51	0.68
镍含量/(μg/g)	80	112	165	60	86	120
钒含量/(μg/g)	404	503	747	160	228	317
饱和分/%					10.5	10.0
芳香分/%					49.0	38.6
胶质/%		27.2	32.4		26.6	31.5
正庚烷沥青质/%	9.5	11.0	15.5	10.1	13.9	19.9

国内劣质原油资源主要包括辽河超稠油、克拉玛依稠油及塔河重质原油等，其性质见表 2-1-3。在劣质原油输送方面，国内通常采用在劣质原油产地附近集中加工以及少量外运的方式。国内最难加工的劣质原油是塔河重质原油。塔河重质原油>350℃常压渣油的沥青质含量超过了 15%，>500℃减压渣油的沥青质含量甚至超过了 26%，渣油的热稳定性较差，其加工难度超过了委内瑞拉奥里诺科超重原油和加拿大油砂沥青。目前，辽河超稠油、克拉玛依稠油及塔河重质原油全部采用了延迟焦化工艺加工。

表 2-1-3　辽河超稠油、克拉玛依稠油及塔河重质原油及其渣油的性质

性　质	辽河超稠油			克拉玛依稠油			塔河重质原油		
	原油	>350℃常压渣油	>500℃减压渣油	原油	>350℃常压渣油	>500℃减压渣油	原油	>350℃常压渣油	>500℃减压渣油
占原油/%		91.2	64.8		87.5	62.4		72.21	47.57
密度(15℃)/(g/cm³)	1.0040	1.0172	1.0300	0.9593	0.9746	0.9840	0.9430①	0.9997①	1.0482①
运动黏度/(mm²/s)									
100℃	845.1	4320		242.1	1183	18432		377.9	
80℃	3694			889.7	5016		49.01	1462	
倾点/℃	42	75	111	27	45	81	-21	24	>50
残炭/%	15.7	16.7	23.6	8.0	9.1	13.0	14.6	20.2	30.7
碳含量/%	86.2	87.1	86.8	86.4	86.8	87.0		84.88	85.36
氢含量/%	11.0	10.7	10.3	12.2	12.1	11.8		11.12	9.78
硫含量/%	0.40	0.45	0.49	0.25	0.27	0.31	2.10	2.70	3.20

续表

性质	辽河超稠油			克拉玛依稠油			塔河重质原油		
	原油	>350℃常压渣油	>500℃减压渣油	原油	>350℃常压渣油	>500℃减压渣油	原油	>350℃常压渣油	>500℃减压渣油
氮含量/%	0.80	0.84	1.06	0.59	0.65	0.83	0.37	0.34	0.70
镍含量/(μg/g)	120	138	192	45	46	76	26.3	36.4	55.3
钒含量/(μg/g)	2	2	3	<1	<1	<1	212.0	293.6	445.7
饱和分/%		29.3			47.4	35.7		30.0	10.8
芳香分/%		31.0			22.0	27.9		32.8	35.0
胶质/%		35.5	42.7		30.4	36.0	13.1	21.7	27.5
正庚烷沥青质/%	3.8	4.2	5.8	0.25	0.25	0.35	12.8	15.5	26.7

① 20℃的密度。

二、减压渣油

常减压蒸馏是原油加工的第一道工序。原油经过蒸馏分离成各种油品和下游加工装置的原料。原油蒸馏装置中减压分馏塔底油称为减压渣油，一般是指>500℃的渣油。目前为了进一步提高加工深度，减压塔底渣油的切割点提高到560℃以上。减压渣油是使用最广泛的传统的延迟焦化原料。在我国，延迟焦化原料大多以减压渣油为主，有时为了扩大延迟焦化原料或生产特种焦也用其他原料。

进入炼油厂的原油虽已在油田经过脱水处理，但仍然含有一定量的盐和水。所含盐类如不脱除，将对下游加工装置产生影响，如设备腐蚀、炉管结焦等。原油中未被脱除的盐类大多会残留在渣油中，这将直接影响延迟焦化产品的质量，如焦化蜡油中金属含量高和石油焦的灰分高等。我国炼油厂大都采用两级脱盐脱水流程，原油脱盐后，一般要求原油盐含量要脱到3.0mg/L以下[2]。

减压渣油是原油中沸点最高的馏分。原油中所含的硫、氮、胶质、沥青质及金属绝大部分都残留和浓缩在减压渣油中，使减压渣油中的非烃化合物大为增加。这些非烃化合物的含量对延迟焦化过程有很大影响。从表2-1-4至表2-1-7可以看出[4]，减压渣油是原油中相对密度最大，硫含量、氮含量和金属含量最高的馏分。数据表明，减压渣油的相对密度一般在1.0左右，其中集中了原油中70%左右的硫和90%左右的氮，至于微量金属镍、钒则几乎全部存在于减压渣油中。在原油中，减压渣油也是其黏度最大的馏分，各种原油减压渣油的黏度差别很大，石蜡基原油减压渣油的100℃运动黏度一般只有几百mm^2/s，而环烷基原油减压渣油的100℃运动黏度常高达几千甚至上万mm^2/s。这些在性质和组成上的特点导致重质油加工的复杂性，往往需要联合采用多种加工过程，才能得到合格的石油产品。

表2-1-4 国产原油各馏分的相对密度(d_4^{20})

馏分沸程/℃	大庆原油	胜利原油	孤岛原油	羊三木原油
原油	0.8554	0.9005	0.9495	0.9492
<200	0.7432	0.7446		0.7650
200~250	0.8039	0.8204	0.8625	0.8630
250~300	0.8167	0.8270	0.8804	0.8900
300~350	0.8283	0.8350	0.8994	0.9100
350~400	0.8368	0.8606	0.9149	0.9320

续表

馏分沸程/℃	大庆原油	胜利原油	孤岛原油	羊三木原油
400~450	0.8574	0.8874	0.9349	0.9433
450~500	0.8723	0.9067	0.9390	0.9483
>500	0.9221	0.9698	1.0020	0.9820

表 2-1-5　国产原油各馏分中硫的分布　μg/g

馏分沸程/℃	大庆原油	胜利原油	孤岛原油	中原原油
原油	1000	8000	20900	5200
<200	108	200	1600	200
200~250	142	1900	5200	1300
250~300	208	3900	8800	2200
300~350	457	4600	12300	2800
350~400	537	4600	14200	3400
400~450	627	6300	11020	3400
450~500	802	5700	13300	4300
>500	1700	13500	29300	9400
$\left(\frac{\text{渣油中硫}}{\text{原油中硫}}\right)$/%	74.7	73.3	75.0	68.0

表 2-1-6　国产原油各馏分中氮的分布　μg/g

馏分沸程/℃	大庆原油	胜利原油	孤岛原油	中原原油
原油	1600	4100	4300	1700
<200	0.8	3.0	2.4	1.6
200~250	6.4	12.4	17.6	11.0
250~300	12.4	77.4	44.3	41.0
300~350	67.0	111	199	102
350~400	176	776	927	280
400~450	414	1000	1060	440
450~500	705	1600	1710	660
>500	2900	8500	8800	5300
$\left(\frac{\text{渣油中氮}}{\text{原油中氮}}\right)$/%	90.9	92.2	92.5	93.5

表 2-1-7　国产原油各馏分中镍的分布　μg/g

馏分沸程/℃	大庆原油	胜利原油	华北原油	辽河原油
原油	3.1	26	15	29
200~350	<0.1	0.05	0.05	
350~500	<0.1	0.08	0.08	0.2
>500	7.2	75	57	65
$\left(\frac{\text{渣油中镍}}{\text{原油中镍}}\right)$/%	99.4	99.9	99.8	99.7

由于原油产地的不同，原油性质的不同，减压渣油的收率相差悬殊，低者仅占原油的15%~20%，高者可达40%~50%。我国现在所开采的原油一般油质较重，重质馏分多，减压渣油收率一般达到40%以上，个别地区开采的原油重质馏分含量较少。原油产地的差异

也使减压渣油的性质差别很大，给延迟焦化操作和产品性质带来不同程度的影响。表 2-1-8 列出了国内外几种原油的减压渣油性质[7]。从表 2-1-8 可以看出：国内减压渣油与国外减压渣油有很大的差别，国内减压渣油密度小、残炭低、硫含量低、沥青质少，作为延迟焦化原料，焦炭收率低，产生的焦炭符合冶金工业焦炭质量的要求；相反，国外中东减压渣油作为延迟焦化原料，焦炭收率高，焦炭质量差，只能作为燃料焦使用。此外，以国外高硫减压渣油为原料的延迟焦化装置应注意硫对设备的腐蚀和环境保护问题。

表 2-1-8　国内外几种原油的减压渣油性质[7]

性　质	大庆	胜利	任丘	辽河	新疆	管输	阿拉伯重	阿拉伯轻	伊朗重	伊朗轻	阿曼
密度(20℃)/(g/cm^3)	0.9204	0.9869	0.9653	0.9816	0.9598	0.9783	1.019	1.0029	1.004	0.9867	0.9586
运动黏度/(mm^2/s)											
100℃	118.7	1687	958.6	1386	564.4	807.4	2723	406.5	983.6	357.6	298.3
80℃	265.4	6328	4851	5986	1894	2928	13741	1445	4397	1123	1021
康氏残炭/%	6.91	14.4	17.5	17.3	12.4	13.9	25.7	18.2	18.8	15.2	12.0
灰分/%	0.003	0.045	0.035	0.07	0.048	0.04	0.07	0.019	0.05	0.036	0.06
碳含量/%	86.85	85.45	85.90	86.03	86.46	86.28	84.28	85.66	85.59	85.86	86.13
氢含量/%	12.67	11.08	11.80	10.81	11.75	11.34	10.24	10.39	10.63	10.92	11.60
硫含量/%	0.18	1.5	0.47	0.36	0.46	1.82	5.1	3.6	3.1	2.8	1.9
氮含量/%	0.29	0.66	0.91	0.64	0.66	0.56	0.38	0.35	0.67	0.42	0.36
镍含量/(μg/g)	6.6	55	42	105	25	33	39	19	79	58	25.9
钒含量/(μg/g)	0.06	3.3	1.2	1.3	0.5	3.6	100	67	300	200	21.7
钠含量/(μg/g)	7.6	12.6	2.5	2.6	3.1	6.4	200	1.0	2.0	4.3	3.4
饱和分/%	50.0	12.0	22.6	16.0	29.9	21.8	7.3	13.8	14.9	20.5	25.1
芳香分/%	28.3	34.2	24.3	28.3	35.5	31.0	51.7	53.0	45.1	46.5	46.2
胶质/%	21.7	52.3	53.1	54.7	33.5	46.1	31.1	27.1	33.5	27.8	25.8
正庚烷沥青质/%	<0.1	1.5	<0.1	1.0	1.1	1.1	9.9	6.1	6.5	5.2	2.9
占原油/%	45.3	41.3	38.7	44.0	24.5	39.6	30.5	21.7	22.5	21.5	21.8

目前国内外以减压渣油作为延迟焦化原料的炼厂较多，但也有常压渣油作为焦化原料的例子，如硫含量 3.8%的常压渣油，经常压渣油加氢脱硫(ARDS)后，硫降为 0.5%，焦化后得到的焦炭硫含量 1.3%。有的重质原油和超重原油的黏度高(如我国辽河超稠油、塔河重质原油等)，储运困难，需要就地加工，原油可直接进焦化装置或经常压蒸馏除去汽油和柴油馏分后进焦化装置。但大多数延迟焦化装置的原料是减压渣油。

近 20 年由于塔内新填料构件的改进，国外有些减压塔操作的趋势是降低塔蒸发段的压力，增加减压蜡油产率。渣油的切割点从 538℃提高到 565℃。表 2-1-9 举例说明当炼油厂渣油转化能力不足时，加深减压塔底油的切割点，使原油加工量提高了 20%，焦化的改造工作量减到最少，原油加工量增加，而焦炭产率(相对原油加工量)并未增加，但二次加工原料减压蜡油增加很多。渣油提高切割点主要取决于原油性质，因渣油的切割点将决定延迟焦化进料的残炭、硫、金属含量，进而影响焦化产品的分布和产品质量。

表 2-1-9　减压蒸馏装置改造提高焦化原料的切割点[8]

操　　作	基　　础	扩大 20%	增加的比例/%
原油加工量/(m^3/d)	31800	38160	20
常压馏分油/(m^3/d)	15251	18302	20
减压馏分油/(m^3/d)	5832	8029	38
焦化原料	>538℃玛雅减渣	>566℃玛雅减渣	
焦化进料/(m^3/d)	10717	11830	10
焦化产品/(m^3/d)			
干气(相当燃料油)	631	719	14
C_3/C_4(LPG)	848	951	12
焦化石脑油	2121	2330	10
焦化柴油(LCGO)	2699	3011	12
焦化蜡油(HCGO)	2492	2392	-4
焦炭/(t/d)	4357	5224	20

三、溶剂脱沥青的脱油沥青

溶剂脱沥青工艺是渣油深度加工的主要方法之一。这是一种基于溶剂抽提分离渣油的物理过程，其产品是脱沥青油(DAO)和脱油沥青(DOA)。脱沥青油可用于生产重质润滑油、催化裂化或加氢裂化原料，脱油沥青可用于生产沥青产品(建筑沥青、道路沥青、特种沥青等)、燃料油调和料以及减黏裂化、焦化、气化的原料等。脱油沥青的收率和性质与溶剂脱沥青工艺采用的原料、溶剂和操作条件有很大关系[3]。一般地，在相同的溶剂和脱沥青操作条件下，脱沥青原料的密度小、石蜡性强，则脱油沥青的产率低；而对相同的原料，溶剂轻或抽提温度高，则脱油沥青的收率高、性质好(密度、黏度、残炭、金属含量、沥青质含量等较低)。表 2-1-10 列出了几种渣油溶剂脱油沥青的性质。溶剂脱油沥青与减压渣油比较，氢含量低、饱和分含量低、胶质和沥青质含量有较大的增加、残炭和黏度变大、金属含量增多。脱油沥青作为焦化原料时，由于脱油沥青富集了渣油中大部分的金属以及全部的沥青质，结焦倾向增加，容易引起加热炉的结焦从而影响焦化装置的运转周期。另外，由于脱油沥青的可裂化性比相应的减压渣油差，焦化产物中焦炭和气体收率增加、液体收率下降，因此，脱油沥青焦化[9]和一般的以渣油为原料的焦化有所不同，有其特殊性。目前，脱油沥青一般只作为焦化装置进料的掺兑料，适宜的掺兑比例和原料性质、加热炉负荷、产品及操作周期要求等许多因素有关，一般需要针对每个装置的具体情况通过实验、核算确定。

表 2-1-10　几种渣油溶剂脱油沥青的性质

性　　质	大庆渣油 丙烷脱油沥青	辽河渣油 丁烷脱油沥青	管输渣油 丁烷脱油沥青	伊朗渣油 丁烷脱油沥青
密度(20℃)/(g/cm^3)	0.9597	1.048	1.009	1.0298
运动黏度(100℃)/(mm^2/s)	864	>10000	>10000	>10000
康氏残炭/%	16.0	26.2	22.6	21.6
碳含量/%	87.56	86.70	86.92	85.11
氢含量/%	11.61	10.30	10.63	9.15
硫含量/%	0.25	0.46	1.72	4.19
氮含量/%	0.58	1.46	0.73	0.82
镍含量/(μg/g)	21	148	100	100

续表

性　　质	大庆渣油 丙烷脱油沥青	辽河渣油 丁烷脱油沥青	管输渣油 丁烷脱油沥青	伊朗渣油 丁烷脱油沥青
钒含量/(μg/g)	0.4	3.3	26.8	400
饱和分/%	13.7	5.8	7.5	7.2
芳香分/%	37.4	22.6	37.1	42.3
胶质/%	47.8	58.8	50.7	37.5
正庚烷沥青质/%	1.1	12.8	4.7	13.0

从炼厂扩能改造的角度看，可以将部分渣油通过溶剂脱沥青装置加工，降低焦化装置的改造量和全厂的焦炭收率。表2-1-11的数据说明，如将一部分脱油沥青掺入渣油，相当于部分渣油经过深度切割，使原料变重了，从而减少了焦化的渣油进料量，可以减少焦化装置的改造费用。虽然焦化装置的焦炭收率略有增加，但焦化装置加工量的增加远低于原油加工量的增加，从而降低了焦炭在全厂产品中的比例。表2-1-11中列举的是墨西哥玛雅原油加工流程改造的例子，相对来说玛雅原油的脱油沥青性能并不好，采用其他原油收益会更高一些。

表2-1-11　掺部分脱油沥青焦化过程的产品产率[8]

操　　作	基　　础	原油加工能力扩大35%		增加的比例/%
原油加工量/(m^3/d)	31800	42930		35
常压馏分/(m^3/d)	15251	20589		35
减压馏分/(m^3/d)	5832	7873		35
>538℃玛雅减压渣油/(m^3/d)	10717	14467		35
	焦化装置	脱沥青装置	焦化装置	
进料量/(m^3/d)	10717	5088	12432	16(焦化)
焦化产品/(m^3/d)				
气体(相当燃料油)	631		762	21
C_3/C_4(LPG)	848		998	18
石脑油	2121		2416	14
LCGO	2699		3211	19
HCGO/DAO	2492	2035	2390	-4
焦炭/(t/d)	4357		5157	18

四、催化裂化澄清油

针状焦是制取钢铁工业所需的高质量石墨电极的优质焦。预计国内每年需要200kt超高功率石墨电极以满足日益增长的电炉炼钢需求。使用优质高功率和超高功率石墨电极与普通石墨电极相比，电炉冶炼时间可缩短56%，炼钢成本下降22%，产量增加1.3倍。

针状焦需要富含芳烃、低硫、低金属的原料。可供选择的原料有：低硫含量的催化裂化澄清油、热裂化焦油、加氢脱硫重油和煤焦油沥青等。表2-1-12例举了三种适合生产油系针状焦的原料的芳烃含量、硫含量和康氏残炭。一般来说，芳烃体积含量最好要大于60%，硫含量要小于0.5%，康氏残炭小于10%，灰分最好小于0.3%，沥青质含量要低。

表 2-1-12 针状焦原料的性质[10]

项目	催化澄清油	1 号热裂化焦油	2 号热裂化焦油
芳烃含量(体积)/%	61.7	89.8	66.1
硫含量/%	0.48	0.07	0.56
康氏残炭/%	5.7	9.4	8.6

催化裂化工艺在处理高残炭值原料时，由于焦炭产率的增加，必须外排催化裂化油浆，才能保证装置本身的正常操作[11]。催化裂化油浆从催化裂化分馏塔底排出时在油浆中含有催化剂粉末，在正常操作时，催化裂化油浆中的催化剂粉末含量为6~10g/L，除去催化剂粉末的催化裂化油浆称为催化裂化澄清油。催化裂化原料一般为直馏蜡油、焦化蜡油和脱沥青油，即馏分油催化裂化，还有的炼油厂在上述原料的基础上掺入减压渣油或直接以常压渣油为原料，即重油催化裂化。催化裂化的原料性质、操作方式和操作条件对催化裂化澄清油的性质和数量都有很大影响。

如果催化裂化油浆未脱除催化剂粉末而直接作为延迟焦化装置的原料，将产生两方面的问题。一方面对延迟焦化设备的影响，如使加热炉管发生磨损、催化剂粉末沉积在加热炉管内引发结焦等；另一方面对产品质量有影响，如增加石油焦的灰分、在生产石油针状焦过程中不利于中间相小球体的生长进而增加石油针状焦的热膨胀系数等[12]。

脱除催化裂化油浆中的催化剂粉末有很多方法，如储罐沉降、旋风分离、离心分离、过滤和静电沉降等[13]。由于这些方法的分离原理不同，导致分离效果不同[14-16]。最近有些炼厂引进采用金属滤芯过滤方法，切换操作，反冲洗清理滤饼，取得一定效果。表 2-1-13 表示的是各种分离催化裂化油浆中催化剂粉末的方法及原理概况。表 2-1-14 表示的是几种不同工艺脱除催化裂化油浆中催化剂粉末的效果。有一些炼油厂根据本厂的具体情况把两种脱除催化剂粉末的方法组合在一起，得到低灰分的催化裂化澄清油，如采用热沉降-过滤联合工艺，即先用热沉降法脱除部分催化剂粉末，然后用过滤方法使催化裂化澄清油灰分满足要求。

表 2-1-13 分离催化裂化油浆中催化剂粉末方法及原理概况

方法	分离原理	备注
热沉降	利用固液密度在高温下差别进行分离	操作简单，但脱除效果一般
溶剂洗涤	降低黏度和密度来加速固体颗粒沉降	溶剂用量较大
热过滤	利用压力加速分离或在真空下抽滤	差压大，需耐压设备
减压蒸馏	利用馏分切割分离原理去掉含催化剂粉末量大的重组分	存在切除的减压尾油的出路问题
化学药物絮聚沉降	加入的极性物质破坏悬浮液的电平衡	需考虑化学试剂的经济性

表 2-1-14 几种不同工艺脱除催化裂化油浆中催化剂粉末的效果

方法	脱除前灰分/(μg/g)	脱除后灰分/(μg/g)	脱除率/%
热沉降	1900	1400	26
溶剂洗涤	440	70	84
热过滤	570	100	82
金属滤芯过滤法	1000	<50	95
减压蒸馏	805	0	100
化学药物絮聚沉降	490	80	84

表 2-1-15 列出的是几种不同油源的催化裂化澄清油的性质。与直馏渣油比较，催化裂化澄清油芳烃含量高、密度大，是生产石油针状焦的较好原料。

表 2-1-16 列出的是胜利油浆单程焦化的产品分布数据[17]。由于催化油浆以短侧链的多环芳烃组分为主，热裂化性能较差，导致催化油浆的焦炭收率较高，焦化汽油和柴油的收率较低。

表 2-1-15　不同油源的催化裂化澄清油性质

项　　目	大庆	胜利	任丘	辽河	新疆	管输
密度(20℃)/(g/cm^3)	0.9781	1.0530	1.0184	1.0136	0.9558	1.0307
运动黏度(100℃)/(mm^2/s)	43.26	51.24	7.20	17.4	5.32	10.88
康氏残炭/%	9.18	14.2	3.25	7.41	0.88	5.60
灰分/%	0.08	0.046	0.042	0.007	0.033	0.11
碳含量/%	88.37	89.31	90.70	89.34	88.81	89.17
氢含量/%	11.07	8.84	8.82	9.61	10.56	9.33
硫含量/%	0.35	0.36	0.63	0.33	0.18	1.10
氮含量/%	0.21	0.60	0.37	0.27	0.07	0.39
镍含量/(μg/g)	19.6	32.9	1.83	1.80	0.2	<0.01
钒含量/(μg/g)	1.3	<0.1	0.04	<0.1	<0.1	0.40
铝含量/(μg/g)	21.7	83.0	3.3	2.88	19.2	49.8
饱和分/%		25.2	30.6	41.8	47.6	28.8
芳香分/%		48.2	57.0	45.8	46.4	60.5
胶质/%		22.2	11.0	11.3	6.0	10.4
正庚烷沥青质/%		4.4	1.4	1.1	<0.1	0.3

表 2-1-16　催化油浆的焦化产品分布

项　　目	渣油常规焦化	催化油浆单程焦化
焦化原料	胜利减压渣油	胜利催化油浆
焦化产品收率/%		
富气	7.01	4.35
汽油	14.09	7.80
柴油	23.77	12.20
蜡油	27.54	43.78
焦炭	25.51	30.42
甩油+损失	2.08	1.45

五、减黏渣油

减黏渣油是减压渣油经过减黏裂化工艺处理后得到的重质渣油。减黏裂化是减压渣油的轻度液相热裂化过程，是一种缓和热裂化过程[3,18]。最初开发渣油减黏裂化工艺的目的主要是提高燃料油质量，如降低渣油的黏度、改善渣油的倾点等。随着渣油加工深度的提高，减黏裂化工艺的产品结构发生变化，由于减黏裂化产品方案的不同，减黏渣油的性质也不同。从沸点范围分类，有>165℃（或 180℃）减黏渣油、>350℃减黏渣油和>500℃减黏渣油等三种。

原油产地的不同，原油性质的不同，减黏渣油的性质也不同。这一点与减压渣油是一样的。表 2-1-17 列出的是石油化工科学研究院对一些减压渣油经上流式减黏裂化试验得到的>165℃减黏渣油的性质。减黏渣油与减压渣油的性质（见表 2-1-8）相比，减黏渣油的黏度低、残炭高、沥青质多。

表 2-1-17　>165℃减黏渣油性质

性　质	大庆	胜利	任丘	辽河	新疆	管输	阿拉伯重	伊朗重	伊朗轻
收率(占原料)/%	98.10	96.59	97.84	94.51	94.01	95.82	92.78	91.11	92.96
密度(20℃)/(g/cm^3)	0.9148	0.9892	0.9774	0.9899	0.9463	0.9602	1.030	1.017	1.076
运动黏度/(mm^2/s)									
100℃	45.76	271	217.9	854.5	105.1	67.72	370	352	259.3
80℃	83.38	815	673.2	4048	269.6	162.2	1424	1052	835.7
康氏残炭/%	9.0	17.8	16.9	10.5	14.1	15.9	25.0	26.5	21.6
灰分/%	0.004	0.05	0.08	0.086	0.07	0.09	0.06	0.105	0.052
碳含量/%	86.99	86.10		87.67	87.66	87.40	85.39	85.39	85.74
氢含量/%	12.30	11.03		10.95	11.56	10.96	9.33	9.71	10.44
硫含量/%	0.20	1.40		0.45	0.20	0.98	4.95	3.30	3.03
氮含量/%	0.51	0.79		0.93	0.58	0.66	0.33	0.57	0.38
镍含量/(μg/g)	9.4	63		100	29	49	43	97	62
钒含量/(μg/g)	0.4	3.5		2.3	3.6	2.7	100	332	210
饱和分/%	37.0	19.8	31.5	17.5			7.4	7.0	16.9
芳香分/%	32.1	30.3	27.5	25.8			48.7	51.6	51.1
胶质/%	28.4	42.5	28.2	45.8			27.3	22.9	22.6
正庚烷沥青质/%	2.5	7.4	12.8	10.9	6.2		16.6	18.5	9.4

目前一些炼油厂的延迟焦化装置采用减黏渣油作为原料[19]。减黏渣油作为延迟焦化原料可以使渣油中的芳香分和胶质尽可能在减黏裂化反应中发生裂化反应。减压渣油先经过减黏裂化处理后再作为延迟焦化原料与减压渣油直接作为延迟焦化原料相比可提高液体产物收率，减少了气体和焦炭收率，相对地提高装置处理渣油的能力。表 2-1-18 列出了减压渣油直接焦化和先减黏后焦化的产物分布比较。从表 2-1-18 看出，先减黏后焦化工艺与减压渣油直接焦化相比，液体收率可增加 6.37 个百分点，主要增加了焦化蜡油，为下游加工多提供了原料，同时焦炭收率下降 4.73 个百分点。

表 2-1-18　减压渣油直接焦化和先减黏后焦化产品分布比较

产品分布	直接焦化	先减黏后焦化	产品收率增减/%
气体/%	7.90	6.26	-1.64
汽油/%	16.10	14.14	-1.94
柴油/%	24.00	21.93	-2.07
蜡油/%	27.30	37.70	+10.4
焦炭/%	24.70	19.97	-4.73
液收/%	67.4	73.77	+6.37

由于有的减压渣油本身或因需要深拔而使黏度、密度增大，使焦化加热炉炉管进料压力降加大、结焦加重，影响装置处理量，开工周期缩短。减黏－焦化组合工艺可以改善延迟焦化装置的运行状况。

六、乙烯焦油

由于资源的特点，目前我国的乙烯工业原料多以石脑油为主，少量使用轻柴油和尾油[20]。同欧美国家相比，原料单耗(吨原料/吨乙烯)比较高。乙烯原料偏重带来的问题不只是单耗高，低分子烯烃收率低，同时产生相当数量的重质油－乙烯焦油。表 2-1-19 列出了不同乙烯原料生产乙烯焦油收率的情况[21]。2013 年国内乙烯产量 16.0Mt/a 左右，产生乙烯焦油 3.0Mt/a 左右。

表 2-1-19　不同乙烯原料生产乙烯焦油收率

乙烯原料	乙烷	丙烷	正丁烷	石脑油	轻柴油	重柴油
乙烯收率/%	76.9	42.0	36.4	31.4	26.4	24.4
乙烯焦油收率/%		1.21	2.32	3.73	19.38	24.4

乙烯焦油是石油烃类经高温裂解生成乙烯后的副产品。乙烯焦油生成的数量和性质与蒸汽裂解原料和操作条件有很大关系。当以石脑油、柴油为原料时，产生的数量比较大。表 2-1-20 表示的是国内几套乙烯装置生产的乙烯焦油性质[22]。

表 2-1-20　国内几套乙烯装置生产的乙烯焦油性质

性　质	燕山	金山	大庆	辽阳	扬子	抚顺
密度(20℃)/(g/cm^3)	1.0840	1.056	0.8907	1.031	1.090	1.1028
运动黏度(100℃)/(mm^2/s)	24.88	9.78	1.14	3.64	23.40	181.7
康氏残炭/%	14.1	12.1	0.23	10.6	16.3	12.8
灰分/%	0.004	0.018	0.001	0.001	0.003	0.018
碳含量/%	90.88	91.63	90.20	92.15	92.70	88.78
氢含量/%	6.93	7.39	9.69	7.61	6.95	8.00
硫含量/%	0.23	0.21	0.02	0.03	0.31	0.03
氮含量/%	0.05	0.06	0.04	0.004	0.40	0.04
镍含量/(μg/g)	0.03	0.20	<0.01	0.5	<0.1	0.2
钒含量/(μg/g)	<0.01	0.02	<0.01	<0.01	<0.1	<0.1
饱和分/%	5.5	14.6		37.7	0.1	7.6
芳香分/%	58.7	53.4		51.7	69.4	36.6
胶质/%	7.0	12.3		6.0	6.1	14.5
正庚烷沥青质/%	28.8	19.7		4.6	24.4	41.3

乙烯焦油中的杂原子含量和金属含量比较低，这是由于乙烯原料，不论是气体原料还是液体原料，本身的杂原子含量和金属含量低的原因。乙烯焦油中芳香分和沥青质含量比较高。由于在加热过程中，沥青质反应活性高，是快速反应组分，在较低的温度下就发生缩合，达到一定温度后易生成苯不溶物和喹啉不溶物，并迅速转变为焦炭。当单独用乙烯焦油作为焦化原料时，易造成换热器、分馏塔和加热炉管结焦，影响延迟焦化装置的操作周期[23]，当掺炼乙烯焦油时应控制合适的比例，乙烯焦油掺炼比例太高，也会导致高温甚至部分低温设备结焦。另外，需要注意的是乙烯焦油在与减压渣油单独混合时不如其他重油与减压渣油混合时相互溶解得好，有明显分层现象和凝聚现象。乙烯焦油不宜单独在储罐内储存，接触空气后会发生聚合反应。因此采用乙烯焦油作为一种焦化原料时，需要采取一些措施防止分层、结焦。

曾研究采用减压蒸馏方法来脱除乙烯焦油中的沥青质。从试验结果看，经过预处理后乙烯焦油中的沥青质含量有显著降低[23]。目前乙烯焦油单独焦化在国内尚处于实验室阶段。

七、溶剂精制抽出油

溶剂精制是炼油厂通常采用的物理分离方法。在得到理想组分的同时，也得到了抽出油。目前溶剂精制方法主要应用在润滑油生产和催化裂化原料预处理过程中。

润滑油抽出油是在润滑油加工中，用溶剂抽出的重质芳烃油。由于润滑油加工工艺的原料不同、溶剂的不同、操作条件不同，润滑油抽出油的收率和性质也不同[24]。

在催化裂化原料中有一些原料，如焦化蜡油、催化裂化循环油等，由于杂原子含量高、胶质和沥青质多，造成催化裂化转化率低，特别是碱性氮化合物含量高，导致催化裂化轻质油收率下降，生焦量增加，国内有炼厂采用溶剂精制过程来改善其质量，在得到改质的催化裂化原料的同时，也产生部分抽出油[25]。

表 2-1-21 表示的是几种抽出油的性质。抽出油与催化裂化澄清油在性质上相似，也属于高芳烃重油，密度大，芳烃含量高，硫、氮等杂原子少，金属含量少，基本不含沥青质，是生产石油针状焦的潜在原料之一。

表 2-1-21　几种抽出油的性质

性　质	润滑油抽出油 A	润滑油抽出油 B	润滑油抽出油 C	催化循环油抽出油	焦化蜡油抽出油
密度(20℃)/(g/cm³)	0.9889	0.9752	0.9797	1.039	1.111
运动黏度(100℃)/(mm²/s)	16.10	10.37	28.84	6.08	31.1
康氏残炭/%	0.6	0.9	1.9	1.1	9.2
灰分/%	0.001	0.003	0.003	0.008	0.05
碳含量/%	86.43	88.43	87.95	89.25	87.68
氢含量/%	12.80	10.46	10.67	8.44	7.77
硫含量/%	0.38	0.43	0.22	1.91	1.76
氮含量/%	0.39	0.37	0.32	0.40	0.66
镍含量/(μg/g)	0.4	0.7	0.7	0.15	
钒含量/(μg/g)	0.1	0.04	<0.1	<0.1	
饱和分/%	28.1	55.2	24.4	15.0	4.0
芳香分/%	53.9	35.7	58.0	70.8	47.8
胶质/%	18.0	9.1	17.5	14.2	48.1
正庚烷沥青质/%	<0.1	<0.1	0.1	<0.1	0.1

八、热裂化焦油

蜡油热裂化过程目前已被催化裂化工艺所取代，国内已经没有这类装置，在国外还有部分炼油厂保留热裂化装置。

热裂化焦油是石油烃类在高温和高压下裂化生成的副产品，热裂化焦油的产率约为进料的 30%左右[26]。

热裂化焦油曾用来作为生产石油针状焦的原料，表 2-1-22 表示的是热裂化焦油的性质[27]。热裂化焦油虽然属于二次加工渣油，但与催化裂化澄清油相比，密度较小，饱和烃含量高。

从 1979 年至 1985 年，石油化工科学研究院曾以热裂化焦油为原料，先后二次在延迟焦化装置上进行了针状焦的工业生产，证明生产工艺可行。在两个碳素厂制成了超高功率石墨电极，并在炼钢厂进行了炼钢试验，电极达到国外同类产品的水平[12]。

表 2-1-22　热裂化焦油的性质

性　质	大庆	抚顺	性　质	大庆	抚顺
密度(20℃)/(g/cm³)	0.9171	0.9180	氮含量/%	0.11	0.22
运动黏度(100℃)/(mm²/s)	11.23	7.00	镍含量/(μg/g)	0.72	
康氏残炭/%	2.58	3.30	钒含量/(μg/g)	0.02	
灰分/%	0.003		饱和分/%	66.2	
碳含量/%	87.28		芳香分/%	28.2	
氢含量/%	11.86		胶质/%	5.5	
硫含量/%	0.13	0.15	正庚烷沥青质/%	0.1	

九、加氢处理重油

重油加氢工艺是对含硫劣质渣油进行预处理的重要方法之一。延迟焦化原料要求的典型硫含量最好不大于6%，金属含量不大于1000μg/g，因为焦炭产品硫含量一般占原料总硫的30%~50%，原料的硫含量、金属含量过高，会使焦炭含硫高，灰分不合格，影响石油焦的质量和销售。当重油硫含量高，而金属含量不大于200μg/g时，固定床重油加氢工艺可以有效地降低渣油中的硫和金属含量，提高延迟焦化装置的轻质油收率，改善石油焦的质量。

重油加氢工艺改善渣油质量的程度与加氢工艺的经济性有很大关系。在石油冶金焦生产过程中，由于对原料的硫含量和金属有较严格的要求，因此，在原料进入延迟焦化之前，可能需要对原料进行加氢处理，使得到的石油焦满足冶金工业的要求。表2-1-23表示的是几种原油加氢常压重油的性质。渣油经过加氢处理后，得到的加氢常压重油性质有很大的改善，如硫含量大幅度降低、金属含量减少、氢含量增加，从组成上可以看出，饱和分增加、沥青质减少，这些都有利于提高延迟焦化的轻质油收率和改进焦炭的质量。

表 2-1-23　几种原油加氢常压重油的性质

性　质	胜　利	伊　朗	巴　林
密度(20℃)/(g/cm³)	0.9438	0.9716	0.9614
运动黏度(100℃)/(mm²/s)	308.6	250.0	118.7
康氏残炭/%	11.0	11.8	11.2
碳含量/%	87.16	87.90	87.55
氢含量/%	11.97	11.29	11.43
硫含量/%	0.30	0.52	0.57
氮含量/%	0.57	0.29	0.32
镍含量/(μg/g)	22.0	12.6	5.1
钒含量/(μg/g)	1.9	21.6	0.29
饱和分/%	23.9	25.7	34.6
芳香分/%	39.9	50.2	48.8
胶质/%	33.4	21.9	16.5
正庚烷沥青质/%	2.8	2.2	0.1

表2-1-24比较了科威特>343℃渣油在加氢前后三个延迟焦化方案的产率变化。从数据可以看出，原料加氢后，液体产品产率增加，焦炭产率降低，焦炭的硫含量有显著降低。

表 2-1-24　科威特>343℃渣油在加氢前后三个延迟焦化方案的产率变化[28]

方　　案	减压+延迟焦化	ARDS+延迟焦化	ARDS+减压+延迟焦化
产率/%			
≤C_4	5.8	9.6	7.6
C_5^+馏分油	78.1	84.6	87.7
焦炭	16.1	6.7	5.6
总计	100.0	100.9	100.9
焦炭硫含量/%	6.1	1.3	1.5

十、煤焦油沥青

煤焦油是煤炼焦的产物，其产率一般是焦炭产率的4%左右。根据配煤的不同，目前国内焦油收率为2.8%~3.0%，焦油经过一次处理可得到轻油、酚油、萘油、洗油、蒽油及沥青。煤沥青占焦油总量的50%，沥青在焦化厂中量大，用途窄，还污染环境，但煤焦油沥青也是一种宝贵的资源。当喹啉不溶物(QI)含量低时，这种煤焦油沥青是制取针状焦的优质原料，可以制得热膨胀系数(CTE)很低的煤系针状焦。

当煤焦油沥青含有一定量的喹啉不溶物(QI)时，往往需要预处理来脱除QI。可以通过在烷烃混合物中重力沉降、离心或过滤方法来分离出QI。煤焦油沥青也可以和原油的减压渣油相混合用来做延迟焦化的原料[29]。

煤焦油沥青的碳含量高，是生产工业碳素材料的原料之一。表2-1-25对比了各种焦化原料，比较了石油和煤衍生的渣油的元素组成，煤焦油沥青具有最高的碳含量。

表 2-1-25　焦化原料的元素组成[30]

元　　素	天然沥青	SRC-沥青①	煤焦油沥青	重质燃料油
碳含量/%	86.7	89.1	93.0	86.6
氢含量/%	9.7	5.8	4.5	11.5
氮含量/%	0.6	2.2	0.9	0.2
硫含量/%	2.0	0.5	0.6	0.9
氧含量%	1.0	2.4	1.0	0.5
H/C摩尔比	1.3	0.78	0.58	1.58

① SRC-沥青：溶剂精制煤沥青。

重质渣油生产焦炭有多种工艺，在转化过程中，显然延迟焦化是最重要的一种。煤衍生的焦油沥青的延迟焦化温度和石油减压渣油相似，为450~500℃，每塔成焦的平均周期在12~18h左右。各种原料的延迟焦化结果见表2-1-26。由于煤焦油沥青的残炭在30%~60%之间，因此焦炭产率很高。

表 2-1-26　各种原料的延迟焦化结果比较[30]

原　　料	加利福尼亚渣油	俄克拉荷马渣油	煤焦油沥青
密度(15℃)/(g/cm^3)	0.973	0.986	1.223
康氏残炭/%	12.1	9.4	31.2
硫含量/%	1.1	1.6	0.48
产品产率/%			
≤C_3	7.1	14.1	3.0
C_4和汽油	27.6	23.3	10.7
焦炭	22.9	19.1	60.9

焦炭的产率和原料的康氏残炭有关。至关紧要的是焦炭的质量，因为用煤焦油沥青作原料，焦炭是主要产品，液体产物较少。如果焦炭是针状焦，延迟焦化过程的经济性就高。焦炭质量的比较见表 2-1-27。

表 2-1-27　石油焦和煤焦油沥青焦的比较[30]

性　质	石油焦		煤焦油沥青焦	
	生　焦	熟　焦	生　焦	熟　焦
硫含量/%	<1.5	<1.5	0.3	0.3
灰分/%	<0.35	<0.40	0.2	0.2
钒含量/(μg/g)	<150	<150	<5	<5
镍含量/(μg/g)	<150	<150	<30	<30
水分/%	7	0.1	7	0.1
挥发分/%	8	0.2	8	0.2
真密度/(g/cm^3)		2.17		2.14
热膨胀系数 CTE/(1/K)		$<5\times10^{-7}$		5×10^{-7}

十一、其他原料

延迟焦化是一种热加工过程，不存在催化加工过程中催化剂中毒问题。对于含有碳氢元素的有机化合物，只要能够采用适当的手段可以加热到焦化所需要的温度、并输送到焦炭塔的，原则上都可以作为延迟焦化的原料。除上述的焦化原料外，其他如炼厂污油、炼厂酸碱精制产生的淤渣、生物质液化油、煤液化渣油、废润滑油、废弃聚合物等都可以作为延迟焦化的进料。但由于这些原料可能在性质上与常规延迟焦化原料差别较大，一般在工业使用前应该通过实验室试验研究，以确定其掺入比和可能产生的问题及应该采取的措施。

第二节　焦化原料油的主要物理性质

减压渣油或常压渣油是延迟焦化的主要原料。近来原油价格出现剧烈波动，为提高炼厂经济效益，当今采用重质原油作为炼厂的原料日益增多。了解焦化原料油的理化指标对评定它在延迟焦化过程中的行为至关重要。

重质原油和油砂沥青常用 API 度和其相应的黏度来区分。一般重质原油 API 度低于 20，地层温度下脱气后原油的黏度小于 1000mPa · s，而油砂沥青 API 度低于 10，地层温度下脱气后原油的黏度大于 10000mPa · s。残炭值是由原料中的沥青质、芳烃、极性组分含量决定的，和延迟焦化的结焦行为密切相关。选择采用何种下游加工步骤与原料的氢碳比有关，过低的氢碳比应选择焦化而不是加氢。原料的硫、氮和少量的镍、钒、铁等金属对焦化产物质量影响大。渣油和重质原油化学组成复杂，迄今尚未掌握在分子水平对其化学组成进行充分表征的分析方法。

由于燃料油用量下降，用渣油生产运输用的燃料和石油化工原料的机遇因此提高。采用何种工艺路线来加工重油，主要取决于渣油等原料的类型和性质指标。表 2-2-1 列出根据渣油的类型来判断它们合适的加工过程。

从表 2-2-1 可以看出，渣油原料的性质，特别是它的金属含量决定了适合加工的炼油工艺过程的种类。低硫、低金属含量的常压渣油可以用重油催化裂化即 RFCC 工艺加工；金属含量小于200μg/g左右的渣油，特别是小于70μg/g的渣油，多数采用固定床渣油加氢工艺(RDS)；金属含量大于200μg/g的渣油可以用沸腾床加氢工艺(采用悬浮床加氢加工工艺尚处于工业示范阶段)。延迟焦化有很高的处理渣油的灵活性，特别适合于加工杂质含量高的原料，装置投资也低，唯一的问题是要解决高含硫焦炭的出路。

表 2-2-1 渣油原料的类型和适合它们的炼油工艺过程[31]

渣油类型	渣油原料					典型的加工过程				
	性质			比例(共119种原油)/%		RFCC	加氢工艺			非催化加工
	镍+钒/(μg/g)	CCR/%	硫/%	常压渣油	减压渣油		固定床	沸腾床	悬浮床	焦化，脱沥青
易加工	<25	<7	<0.5	25	0	√				
不难加工	<70			48	49		√			
稍难加工	70~200			16	25		√	√	√	√
难加工	200~800			10	21			√	√	√
极难加工	>800			1	5				√	√

除了上述金属含量外，延迟焦化产品分布和质量、装置的运转周期则是受到各项因素的影响，如原料的其他特性、操作条件(如焦化温度、焦炭塔压力、循环比)等[32]。这些因素对延迟焦化都有重要影响，而且各因素之间是彼此制约的。其中以原料的特性起着最重要的决定作用。因为原料的特性是事物的内部因素，而其他因素是事物的外部条件。从原料的一些常规分析数据可以初步判断出焦化过程中的一些行为，如密度、氢碳比、残炭、化学组成、沥青质含量、酸值、硫含量、氮含量等。表2-2-2列出一些常压渣油的性质，可看到它们对加工工艺的影响。

表 2-2-2 几种>343℃常压渣油的性质[33]

合适的加工过程	原油名称	API度($d_{15.6}^{15.6}$)	CCR/%	沥青质/%	镍+钒/(μg/g)	硫含量/%	氮含量/%
可以用RFCC工艺	大庆	25.1 (0.9038)	4.00	0.13	4.48	0.13	0.23
	米纳斯	26.4 (0.8964)	4.20	0.62	15.85	0.15	0.19
可以用加氢工艺	阿拉伯轻质	16.8 (0.9545)	7.60	1.68	50.23	3.14	0.14
	乌拉尔	16.1 (0.9589)	7.50	1.71	122.58	2.47	0.35
	北坡	15.3 (0.9641)	8.30	1.87	74.83	1.81	0.34
	阿拉伯重质	12.7 (0.9814)	13.20	3.59	124.47	4.3	0.23
只能用脱碳工艺	加拿大冷湖	8.0 (1.0140)	14.00	5.06	299.4	4.91	0.51
	委内瑞拉白奇奎重质	7.6 (1.0173)	15.40	4.89	353.22	3.17	0.45
	墨西哥玛雅	8.3 (1.0123)	17.42	6.30	492.65	4.82	0.55

原料特性的测定在常规理化性质分析的基础上已经有了很大的发展，可以用很多现代化分析手段，如色谱、光谱、质谱、核磁共振等，测定原料的族组成、元素组成、金属含量等。表征重油组成的数据，希望方法要简单，费用要合理，试验时间相应要短，能用来预测过程行为，改进产品性质和产率。目前尚很少有系统的组成测定方法发展到工业应用上满意

的程度。

目前常用于表征焦化原料油性质的主要理化指标包括：密度、黏度、残炭、元素组成、族组成以及微量金属含量等。本节主要介绍密度、黏度和残炭等三个指标。关于元素组成、族组成以及微量金属等化学组成性质将在下一节介绍。需要指出的是残炭值并不是物理性质，而是一个表征重质油在加工过程中生焦趋势的重要的综合性指标。

一、密度和 API 度

密度是焦化原料的常规分析项目。密度表示物质单位体积内的质量，单位为 g/cm^3。渣油的密度是指在规定温度下，单位体积内所含物质的质量。由于石油渣油的体积随温度的升高而膨胀，密度随之变小，所以，密度还应标明温度。我国规定 20℃ 密度是渣油的标准密度，常用相对密度 d_4^{20}（20℃的渣油密度与4℃水的密度的比值）表示。由 t(℃)的 d_4^t 换算为 d_4^{20}：

$$d_4^{20} = d_4^t + r(t - 20)$$

式中　r——温度校正值。

温度校正值 r 是随着 d_4^t 的不同而变化，表 2-2-3 表示的是两者关系。

欧美国家常用相对密度 $d_{15.6}^{15.6}$，即 15.6℃(60℉)的渣油对 15.6℃(60℉)水的密度。$d_{15.6}^{15.6}$ 与 d_4^{20} 的换算关系如下：

$$d_4^{20} = d_{15.6}^{15.6} - \Delta d$$

表 2-2-4 表示的是不同 $d_{15.6}^{15.6}$ 值的校正值 Δd。

表 2-2-3　不同 d_4^t 值的温度校正值[34]

d_4^t	r	d_4^t	r	d_4^t	r
0.700~0.710	0.000897	0.800~0.810	0.000765	0.900~0.910	0.000633
0.710~0.720	0.000884	0.810~0.820	0.000752	0.910~0.920	0.000620
0.720~0.730	0.000870	0.820~0.830	0.000738	0.920~0.930	0.000607
0.730~0.740	0.000857	0.830~0.840	0.000725	0.930~0.940	0.000594
0.740~0.750	0.000844	0.840~0.850	0.000712	0.940~0.950	0.000581
0.750~0.760	0.000831	0.850~0.860	0.000699	0.950~0.960	0.000568
0.760~0.770	0.000813	0.860~0.870	0.000686	0.960~0.970	0.000555
0.770~0.780	0.000805	0.870~0.880	0.000673	0.970~0.980	0.000542
0.780~0.790	0.000792	0.880~0.890	0.000660	0.980~0.990	0.000529
0.790~0.800	0.000778	0.890~0.900	0.000647	0.990~1.000	0.000519

表 2-2-4　不同 $d_{15.6}^{15.6}$ 值的校正值 Δd

$d_{15.6}^{15.6}$	Δd	$d_{15.6}^{15.6}$	Δd	$d_{15.6}^{15.6}$	Δd
0.700~0.710	0.0051	0.780~0.800	0.0046	0.870~0.890	0.0041
0.710~0.730	0.0050	0.800~0.820	0.0045	0.890~0.910	0.0040
0.730~0.750	0.0049	0.820~0.840	0.0044	0.910~0.920	0.0039
0.750~0.770	0.0048	0.840~0.850	0.0043	0.920~0.940	0.0038
0.770~0.780	0.0047	0.850~0.870	0.0042	0.940~0.950	0.0037

API 度是美国石油学会制定的一种石油及石油产品的密度单位，国外文献常用它来表示渣油的密度。API 度与 $d_{15.6}^{15.6}$ 的关系如下：

$$\text{API 度} = 141.5/d_{15.6}^{15.6} - 131.5$$

由上式可见，石油渣油的 API 度越大则表示其密度的数值越小。

表 2-2-5 为我国原油常压渣油和减压渣油的密度及相应 API 度[4]。如表所示，渣油的相对密度一般在 0.9～1.0 之间，其相应的 API 度的范围一般为 25～10。少数减压渣油的密度大于 1.0，其 API 度小于 10，个别如新疆轮南原油减压渣油的密度很大，其 API 度甚至是负值。

表 2-2-6 为国外几种原油常压渣油及减压渣油的密度和 API 度[35]。表中前五种渣油的密度比较大；而石蜡基的阿塔蒙脱原油渣油的密度则显然小得多，甚至与有些原油的密度相当。

表 2-2-5　我国主要原油渣油的相对密度及 API 度

原油名称	沸点范围/℃	相对密度(d_4^{20})	API 度
大　庆	>350	0.8959	25.8
	>500	0.9221	21.3
胜　利	>350	0.9448	16.8
	>500	0.9732	13.0
孤　岛	>350	0.9786	12.1
	>500	1.0020	8.7
大　港	>350	0.9314	19.7
	>500	0.9536	16.0
任　丘	>350	0.9012	24.7
	>500	0.9986	9.5
欢喜岭	>350	0.9829	11.5
	>500	1.0029	8.6
	>565	1.0167	6.7
中　原	>350	0.9120	23.0
	>500	0.9504	16.7
新疆九区	>350	0.9412	18.2
	>500	0.9836	11.4
新疆轮南	>350	0.9721	13.1
	>500	1.0902	-1.7

表 2-2-6　国外几种原油渣油的相对密度及 API 度

原油名称	沸点范围/℃	相对密度(d_4^{20})	API 度
波斯坎	>343	1.0269	6.3
	>538	1.0599	2.0
	>704	1.0995	-2.8
科恩河	>343	1.0021	9.7
	>538	1.0306	5.8
	>704	1.0687	0.9

续表

原油名称	沸点范围/℃	相对密度(d_4^{20})	API 度
加州海上	>343	0.9993	10.1
	>538	1.0728	0.4
	>704	1.0868	-1.3
玛　雅	>343	1.0086	8.8
	>538	1.0575	2.3
	>704	1.1186	-5.0
阿拉伯(重)	>343	0.9820	12.6
	>538	1.0351	5.2
	>704	1.0978	-2.6
阿塔蒙脱	>343	0.8473	35.5
	>538	0.8729	30.6
	>704	0.8899	27.5

延迟焦化原料由于来源不同，其化学结构不同，表现在密度上有较大差别。物质密度的大小，不仅反映质量的轻重，也反映其结构上的差别。表 2-2-7 所列为若干纯化合物的相对密度，虽然它们的相对分子质量都小于重质油的范围，但仍可看出其趋势。由表可见，烷烃的相对密度显著较小；少环环烷烃及芳香烃的相对密度较相似碳数的烷烃大，而多环的环烷烃及芳香烃的相对密度则显然要大得多，接近甚至超过 1.0；所列的两种非烃化合物苯并噻吩及吲哚的相对密度也均大于 1.0。

表 2-2-7　若干纯化合物的相对密度

化合物	相对分子质量	相对密度(d_4^{20})	化合物	相对分子质量	相对密度(d_4^{20})
正十六烷	226	0.773	菲	178	1.179②
顺式十氢萘	138	0.895	芘	202	1.271
全氢化芘	218	0.983	蒄	300	1.105
全氢化蒄	324	1.204	卵苯	416	1.527
十二烷基苯	246	0.855	苯并噻吩	134	1.148③
萘	128	1.145	吲哚	117	1.220④
蒽	178	1.251①			

①为 d_4^{27}；②为 d_4^{25}；③为 d_4^{13}；④为 $d_{15.6}^{15.6}$。

由此可见，同为重质油其相对密度的差别可能很大，石蜡基原油渣油的相对密度显著较小，一般均小于 1.0，而环烷基原油渣油的相对密度则会大很多，一般均大于 1.0。因此，相对密度是一个可用来大体判断重质油基属及化学组成的物性指标。

原料的残炭值和 API 度容易测定，用残炭值来估算焦化产品产率，比较常用。但渣油的 API 度也可以在对延迟焦化作初步经济评价时用来估算焦化产品产率。

Speight J G 曾在 1981 年对两类不同的原油的渣油，用 API 度建模型来预测延迟焦化产品产率。所建的模型如下[36]：

一种是 Wilmington 渣油(重质原油，API 度为 18.6，$d_{15.6}^{15.6}$ 在 0.9465 左右)

$$焦炭/\% = 39.68 - 1.6 \times API度$$

$$< C_4 气体 /\% = 11.27 - 0.14 \times API 度$$

$$汽油 /\% = 20.5 - 0.36 \times API 度$$

另一种是 $d_{15.6}^{15.6}$ 为 0.8398 的东 Texas 原油(轻质原油，API 度为 37.0)，用其渣油的 API 度按以下公式来估算焦化产品的产率：

$$焦炭 /\% = 45.76 - 1.78 \times API 度$$

$$< C_4 气体 /\% = 11.92 - 0.16 \times API 度$$

$$汽油 /\% = 20.5 - 0.36 \times API 度$$

$$蜡油 /\% = 21.82 + 2.30 \times API 度$$

$$汽油(体积)/\% = [186.5/(131.5 + API 度)] \times (汽油 \%)$$

$$蜡油(体积)/\% = [155.5/(131.5 + API 度)] \times (蜡油 \%)$$

从以上可以看出随原油密度的差异，两组公式有少许不同，采用 Wilmington 渣油的公式对康氏残炭 17.4%渣油的计算结果，可参看表 2-2-8。

表 2-2-8　减压渣油典型延迟焦化装置的物料平衡[36]

组　分	API 度	$d_{15.6}^{15.6}$	质量收率/%
气　体			10.1
汽　油	54.0	0.763	17.5
中间馏分	30.8	0.872	15.1
重蜡油	18.5	0.943	28.4
焦　炭			28.9
总　计			100.0
渣油原料	7.4	1.02	

Nelson 曾用康氏残炭(CCR)和 API 度与延迟焦化焦炭收率相关联[37]，如表 2-2-9 所示。

表 2-2-9　延迟焦化的焦炭产率[37]

康氏残炭(CCR)/%	API 度	延迟焦化焦炭收率/%
5	26	8.5
10	16	18
15	10	27.5
20	6	35.5
25	3.5	42

根据 Nelson 的数据，用延迟焦化原料的 API 度和焦炭收率关联作图，得图 2-2-1，延迟焦化原料的 API 度数值越大，焦炭产率越低。从表 2-2-9 可以看出，当渣油的 API 度数值为 26，相当于 $d_{15.6}^{15.6}$ 为 0.8984，其康氏残炭是 5%，延迟焦化焦炭收率为 8.5%，而 API 度为 3.5 时，$d_{15.6}^{15.6}$ 为 1.0481，康氏残炭为 25%，延迟焦化焦炭收率为 42%。

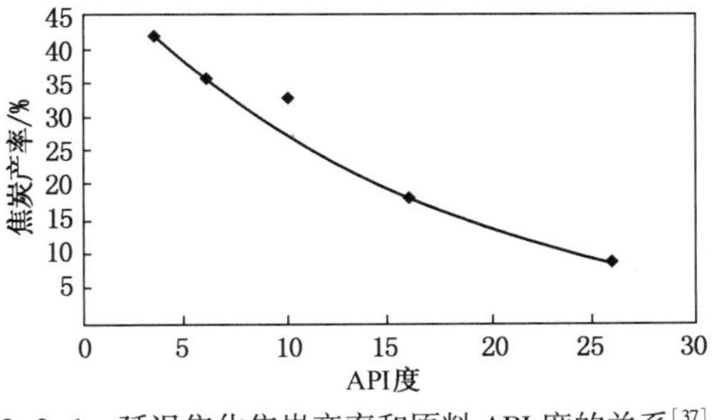

图 2-2-1　延迟焦化焦炭产率和原料 API 度的关系[37]

日本 Koa 油公司认为，虽然 API 度不能反映原料的全部焦化性质，但有足够的操作数据证明，用原料的 API 度测定数据和其他操作参数，可以在焦化进料量的闭环控制中准确估算出焦炭产率，而康氏残炭对 Koa 焦化装置的焦炭产率没有明确的关联[38]。

二、黏度

黏度是焦化原料的一个常规分析项目。黏度是评定物质流动性的指标，它表征物质分子之间作相对运动时因分子之间的摩擦而产生内部阻力的大小。

黏度一般有三种表示方法：绝对黏度 η、运动黏度 ν 和条件黏度。

（一）绝对黏度

绝对黏度 η 又称为物理黏度或动力黏度。绝对黏度的直接意义可以理解为：在规定的条件下，流体在单位接触面积上，相对运动速度梯度为 1 时，流体所产生的内摩擦力及流体在某一点的剪切应力除以该点的速度梯度得到的商，单位为 Pa · s。

流体的动力黏度由下列牛顿方程式定义：

$$F = \eta A \frac{\mathrm{d}v}{\mathrm{d}r}$$

式中　F——摩擦力，N；

A——相邻两流层间的接触面积，m^2；

$\mathrm{d}v/\mathrm{d}r$——相邻两流层间的速度梯度，s^{-1}；

η——动力黏度，Pa · s。

此牛顿方程式只适用于层流流动状态，不适用于湍流流动状态。

液体的黏度是随压力的增高而增大、随温度的升高而减小的。液体动力黏度与温度的关系可用下式表示：

$$\eta = Ae^{\frac{\Delta E_{vis}}{RT}}$$

或

$$\ln\eta = A' + \frac{\Delta E_{vis}}{RT}$$

式中 ΔE_{vis} 为流动的活化能，即开始流动前在分子旁形成足够大的空穴以供该分子移动所必须克服的能垒。研究表明，在许多情况下 ΔE_{vis} 的数值是该物质汽化热的 1/4 至 1/3。分子愈大，它们之间的相互作用力就愈大，流动所需的能量也愈大，因此黏度也就愈大。此外，分子间的氢键等也会使液体的黏度增大。

一般的石油馏分基本显示牛顿型流体，但对含有沥青质的渣油（沥青质在渣油胶体系统中呈悬浮胶粒状存在），在温度较低时可变为非牛顿型流体。非牛顿型流体在流动时，其内部物理结构发生变化。非牛顿型流体的黏度与所施加的剪切力、施加时间及其受热的历程有关。

对于油品黏度与温度的关系，目前大多沿用 Wright 等提出的关系式：

$$\lg\lg(\nu + a) = b + m\lg T$$

式中　T——绝对温度，K；

a，b，m——随油品性质而异的经验常数。

对于重质油 a 可取为 0.7，根据实际测定在两个温度下的运动黏度即可算出 b 及 m。这样用此式便可算出任何温度下的黏度，但外延过远时误差较大。

（二）运动黏度

对于黏度不很大的重质油，其黏度可用逆流式毛细管黏度计测定，得到的是运动黏度，

其单位是 mm^2/s。运动黏度 ν 是动力黏度 η 与密度 ρ(在相同的温度和压力下)的比值：

$$\nu = \frac{\eta}{\rho}$$

(三) 条件黏度

在指定条件下和通过特定的仪器，定量液体通过一定空隙的时间。因条件不同常用的有恩氏黏度、赛氏黏度和雷氏黏度等。

绝对黏度和运动黏度可以用旋转黏度计、毛细管黏度计或落球黏度计等测定。一般采用简便的毛细管黏度计法测定。对于非常黏稠的渣油采用旋转黏度计法测定。采用毛细管黏度计法测定时，只要测量一定体积液体在恒温下通过毛细管所需要的时间 τ(s)，然后把 τ 乘以毛细管黏度的常数 C，便得到该温度下运动黏度值，即：

$$\nu = C\tau$$

黏度常数 C 与毛细管黏度计几何尺寸有关，通常用已知黏度的标准油样测得。运动黏度的精确度较好，延迟焦化工艺经常使用100℃和80℃运动黏度表示原料的黏度值。

恩氏黏度是200mL油样在 t℃时，流经恩氏黏度计中规定尺寸的小孔所需时间与同体积蒸馏水在20℃时通过同一小孔所需时间的比值。

赛氏黏度和雷氏黏度是测定一定体积油样在 t℃时通过赛氏黏度计和雷氏黏度计规定尺寸管子所需时间，以 s 作为黏度的数值。

运动黏度和恩氏黏度、赛氏黏度和雷氏黏度表示的单位和方法不同，但它们之间的换算可以通过图进行。

表2-2-10中列出了国内外几种常压渣油及减压渣油的80℃及100℃运动黏度[4,39]。由表可见，不同原油渣油的黏度差别相当大，石蜡基原油渣油的黏度较小，环烷基原油渣油的黏度则要大得多，中间基原油渣油的居中。例如，大庆减压渣油的100℃运动黏度仅为 $106mm^2/s$，而辽河减压渣油的100℃黏度则高达 $1351mm^2/s$，相差达十倍多。从表所列的国外渣油的黏度可以看出，轻质原油渣油的黏度远远低于中质或重质原油渣油的黏度。

表2-2-10　国内外几种原油渣油的运动黏度

名　称	常压渣油运动黏度/(mm^2/s)		减压渣油运动黏度/(mm^2/s)	
	80℃	100℃	80℃	100℃
大　庆	48.8	28.9	256	106
胜　利	200.4	85.7	4104	1036
孤　岛		171.9	5165	1403
大　港	74.6	38.3	992.8	354.5
任　丘	105.9	49.8	2009	603.5
中　原		51.7		541.5
辽　河		86.3		1351
新疆九区	308.2	121.3	3039	844.9
沙特轻质			1445	406.5
沙特中质			>10000	2723
伊朗轻质		47.6	1315	357.6
伊朗重质			>10000	2082

三、残炭

重油在加工过程中易结焦，这种生成焦炭的倾向一般可用其残炭值来表征。在规定的条件下，加热(在不充足的空气中燃烧)油样使其分解、气化，残余的黑色残留物称为残炭，其测定结果以油样的质量百分数表示。残炭值的大小代表不易挥发物或易生焦物的多少。

目前我国正在使用的残炭测定方法有四种：康氏残炭(CCR，GB/T 268)、微量残炭(MCR，GB/T 17144)、兰氏残炭(RCR，SH/T 160)以及电炉残炭(SH/T 170)。康氏残炭是世界各国普遍采用的一种标准方法；微量残炭是近些年国内外普遍采用的一种简便而高效的残炭测定方法，我国于1997年列为国家标准方法；电炉残炭源于前苏联，使用的国家很少；兰氏残炭由于和康氏残炭之间只存在近似关系，故较少被采用。对绝大部分石油样品，康氏残炭、微量残炭和电炉残炭数据之间有很好的一致性。

重质油的残炭值与其化学结构密切相关，主要取决于其中生成焦炭的前身物即稠合芳香环系结构所占的份额。延迟焦化原料残炭值的高低直接影响产品的分布和性质，并可用残炭值预测原料的生焦倾向，因此，该指标在表征延迟焦化原料特征时被普遍采用。

表2-2-11表示两种国外原油中各馏分的康氏残炭值[40]。由表可见，各馏分的残炭值随其沸点范围的增大而增大。尤其是当馏分的沸点高于500℃时，由于其分子中稠环芳烃结构的份额较大，其残炭值也就显著增大为百分之几至百分之几十。从表2-2-11中最下部所列的>369℃渣油的实验值和计算值数据可以看出，残炭值虽不像有些物理性质那样具有严格的可加性，但仍可近似地看作是可加的。

表2-2-11　两种国外原油的馏分及渣油的康氏残炭值

沸点范围/℃	弗提斯原油		阿拉伯轻质原油	
	收率/%	残炭/%	收率/%	残炭/%
370~400	13.0	<0.01	15.9	<0.01
400~435	13.0	0.01	11.5	0.05
435~470	16.2	0.07	10.1	0.34
470~510	14.5	0.82	8.6	1.3
510~550	8.9	2.7	12.9	4.0
550~600	9.8	5.4	7.5	6.4
600~650	7.5	7.6	9.2	11.2
650~700	4.5	12.1	4.0	16.6
>700	12.6	30.8	20.3	35.3
>369渣油(实验值)	100	5.4	100	10.6
>369渣油(计算值)	100	5.9	100	10.0

表2-2-12为部分国内外原油的常压渣油和减压渣油的残炭数据。从表中数据可以看出，常压渣油的残炭值一般在3%~15%之间[4]，减压渣油的残炭值一般在7%~25%之间。其中，环烷基原油减压渣油的残炭值较大，石蜡基原油的则低得多，这表明残炭值的大小与油样的化学组成和结构有着密切的内在联系。

表 2-2-12　部分国内外渣油的残炭值

油样名称	>350℃常压渣油残炭值/%	>500℃减压渣油残炭值/%	原油基属
大　庆	4.6	8.1	石蜡基
胜　利	6.5	10.6	中间基
孤　岛	10.0	16.2	环烷-中间基
大　港	7.6	13.7	中间基
中　原	4.6	10.3	石蜡基
沈　阳	3.2	7.2	石蜡基
欢喜岭	8.8	16.9	环烷基
高　升	13.2	19.1	环烷基
新疆九区	6.5	10.0	中间-环烷基
吐　哈	2.4	6.8	石蜡基
米纳斯	4.6	9.9	石蜡基
阿　曼		13.8	石蜡-中间基
科威特	10.2	18.8	中间基
阿拉伯轻质	8.2	19.9	中间基
阿拉伯中质		21.4	中间基
伊朗轻质	8.9	20.0	中间基
伊朗重质		21.8	中间基

渣油的残炭与其组成尤其是其中胶质与沥青质的含量密切相关。图 2-2-2[41] 所示为任丘、中原、胜利及孤岛四种减压渣油六组分的残炭值。如图所示，减压渣油六组分中，从组分 1 至戊烷沥青质，其残炭值逐渐增大。以饱和分和少环芳烃为主要成分的组分 1 的残炭值很低，只有 1%～2%；而以多环芳烃为主的组分 2 的残炭值就成十倍地猛增，达 12%～16%；胶质(组分 3、4、5)的残炭值又高出一倍，在 20%～40%之间；而戊烷沥青质的残炭值则一般都大于 40%。如前所述，减压渣油的残炭值虽是一个条件性的指标，但近似地可将它看成是可加的，据此可算得如表 2-2-13 所示的各组分对残炭值的贡献。由表可见，减压渣油的残炭中约有 90%是由其中的胶质、沥青质形成的。

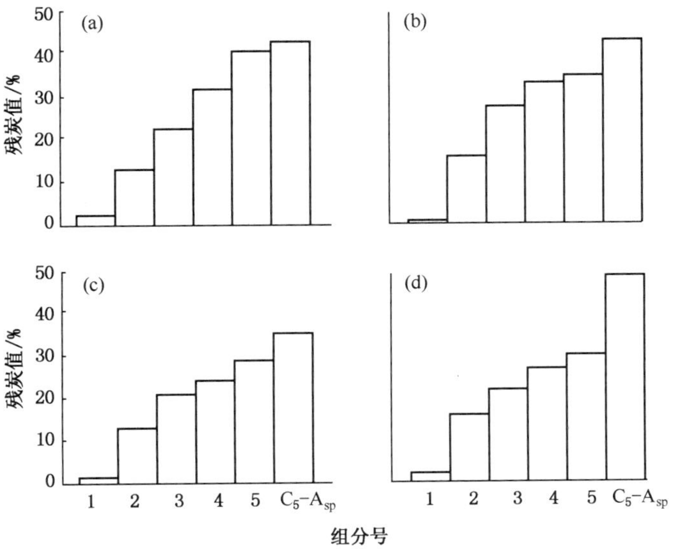

图 2-2-2　减压渣油各组分残炭值[41]

(a)任丘；(b)中原；(c)胜利；(d)孤岛

表 2-2-13　减压渣油各组分残炭的分布[41]

减压渣油名称	（组分的残炭/渣油的残炭）/%					
	组分 1	组分 2	组分 3	组分 4	组分 5	戊烷沥青质
胜　利	2.5	10.0	20.0	12.8	25.0	29.7
孤　岛	4.9	11.5	19.2	12.1	22.1	30.1
任　丘	3.3	7.8	15.6	14.4	37.0	21.8
中　原	2.2	7.9	16.8	12.4	26.3	34.4

以我国各减压渣油及其组分的残炭值与其 N_H/N_C 比（H/C 摩尔比）作图可得图 2-2-3，由图可见两者在相当大的范围内具有很好的线性关系，这种线性关系可近似地用下式表示：

$$W_{残炭} \times 10^2 = 172.3 - 98.9 \times \frac{N_H}{N_C}$$

此式的相对偏差一般在 10%以内。

Roberts[40]根据 15 种原油的 114 对实验数据得到了下列康氏残炭与氢碳比的关联式：

$$\frac{N_H}{N_C} = 1.71 - 0.0115(W_{残炭} \times 10^2)$$

如前所述，残炭值主要是与渣油的芳香性有关，而氢碳比能很好地反映渣油分子中芳香结构的多少及芳香环系稠合程度的高低，所以两者之间存在着一定的对应关系是完全可以理解的。也就是说，氢碳比较小，表明其中所含芳香结构的份额较多，而芳香环的稠合程度较高，这样，其生焦的倾向自然也就较大。

杨光华等[42]将 8 种减压渣油超临界流体萃取分馏馏分的康氏残炭值与他们提出的渣油特性化参数 K_H 值进行关联得到图 2-2-4，并据此回归出下列关系式：

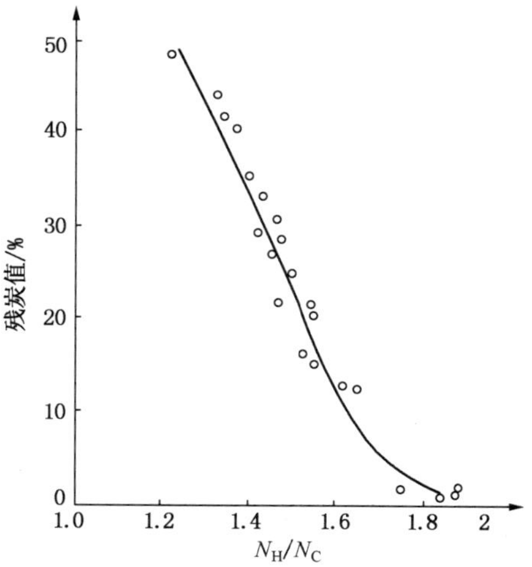

图 2-2-3　减压渣油及其组分的残炭值 - H/C 摩尔比曲线

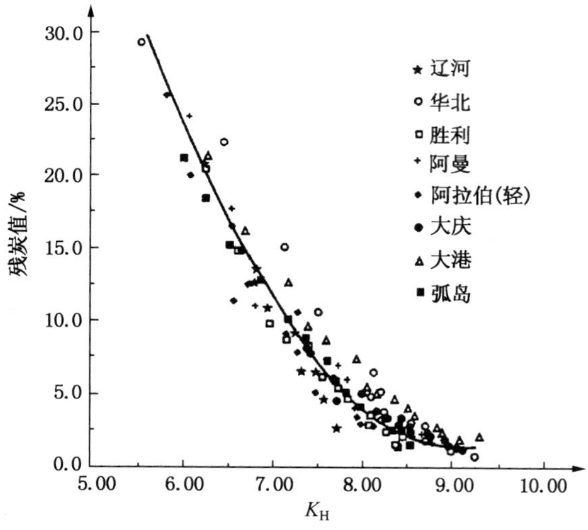

图 2-2-4　减压渣油超临界流体萃取分馏馏分残炭值与 K_H 的关系[42]

$$K_H = \frac{10\left(\frac{H}{C}\right)}{M^{0.1236} d}$$

$$W_{残炭} \times 10^2 = 2.451K_H^2 - 44.10K_H + 200$$

式中的渣油特性化参数 K_H 值是由氢碳摩尔比(H/C)、20℃密度(d)和相对分子质量(M)三种物性构成，其中前两种均与化学结构有关，而起主要作用的是氢碳比。因此，残炭值与 K_H 值之间也存在着良好的对应关系。

Wiehe[43]提出一种所谓“核-悬挂物”(Pendant-Core)模型，就是设想渣油都是由芳香核与一些非芳香性的悬挂物所构成，而其残炭值是这两部分的残炭值之和。根据实验结果，他归纳出渣油芳香核的氢含量为(3.8±0.3)%，其悬挂物的氢含量为(11.6±0.4)%，而残炭值是与油样的氢含量呈线性关系。也就是说，渣油的康氏残炭值与渣油中的氢含量基本符合下列关系式：

$$W_{残炭} \times 10^2 = 148.7 - 12.8(W_H \times 10^2)$$

几乎所有延迟焦化工业装置在加工常规减压渣油时，焦炭产率要高于其原料的康氏残炭值(大约是1.5倍的关系)。近来试验发现，经过减压蒸馏深拔的原料，由于在焦化反应中轻质芳烃的缩合反应减少，有可能减少原油的焦炭产率，如图2-2-5[44]：

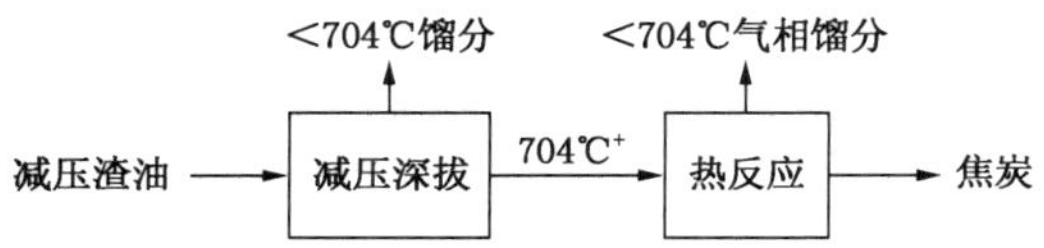

图2-2-5　减压深拔渣油进行热反应的流程示意

最低的焦炭产率 = (>704℃渣油产率)×(>704℃渣油的康氏残炭，*CCR*)

举例：

Berri减压渣油(*CCR*=18%)：

>704℃渣油焦炭产率=0.382×35.1%=13.4%

阿拉伯重质减压渣油(CCR=22%)：

>704℃渣油焦炭产率=0.546×35.9%=19.6%

叙利亚轻质减压渣油(CCR=23%)：

>704℃渣油焦炭产率=0.541×31.9%=17.3%

上述三种原油的>704℃渣油产率分别为0.382、0.546、0.541，上述三种原油的>704℃渣油的康氏残炭分别为35.1%、35.9%、31.9%。

Elliott J D认为，如果原油处理能力从100%增加到120%，焦化进料量可增加110%。若焦化原料终馏点从537.8℃增加到565.6℃，则前者每立方米原油产焦炭0.1370t，而后者产焦炭0.1368t，减少0.0002t焦炭/m^3原油。当原油处理能力从100%增加到135%，焦化进料量增加116%，前者终馏点仍为537.8℃，后者加一定量的脱油沥青，则前者每立方米原油产焦炭0.1370t，而后者产焦炭0.1201t，减少0.0169t焦炭/m^3原油。可以看出，尽量拔出减压渣油中的轻质组分，单位原油加工量的焦化产焦量减少；若用溶剂脱沥青分离出脱油沥青作焦化原料，单位原油加工量的焦化产焦量要更少些[8]。也就是说，相对于原油来讲，焦化原料变重(劣质化)可以减少焦炭总的产量，详见表2-2-14。

国内原油减压渣油深拔后的残炭和烃组成见表2-2-15。深拔后渣油的性质明显变差。

表 2-2-14　焦化原料变重对产焦量的影响[8]

项　目	减压深拔			加脱油沥青(基础同前)		
	基础	扩能 20%	增加/%	脱沥青处理能力/(m^3/d)	扩能 35%	增加/%
原油加工量/(m^3/d)	31800	38160	20	6080	42930	35
减压渣油	>537.8℃	>565.6℃		+脱油沥青	>537.8℃	
焦化进料/(m^3/d)	10717	11830	10		12432	16
焦炭产量/(t/d)	4357	5224	20		5157	18
单位原油加工量的产焦量/(t/m^3)	0.1370	0.1368	-0.0002		0.1201	-0.0169

表 2-2-15　减压渣油深拔后的残炭和族组成[45]

项　目	鲁　宁			辽　河		
切割温度/℃	>565	>590	>626	>570	>600	>624
残炭/%	20.66	20.85	23.17	22.63	23.52	24.92
密度(20℃)/(g/cm^3)	1.0073	1.0118	1.0316	1.0089	1.0106	1.0357
H/C 摩尔比	1.53		1.51	1.50		1.49
族组成/%						
饱和分	7.12	5.13	3.89	7.39	5.56	2.40
芳香分	31.57	29.96	28.83	31.55	28.86	27.79
胶质	57.74	60.97	62.59	59.62	63.68	67.60
正庚烷沥青质	3.57	3.94	4.96	1.38	1.90	2.21

第三节　焦化原料油的化学组成和结构

焦化原料往往是减压渣油等一类石油中相对分子质量最大、组成和结构最为复杂的馏分。以目前的分析技术水平，尚不能像轻油那样用单体烃组成来表达它们的化学组成和结构。现在一般采用三个层次的表示方法：元素组成、化合物族组成和化学结构族组成来研究和表征其化学特性。另外，焦化原料油中含有很多含硫、氮、氧、微量金属等杂原子的非烃化合物。研究非烃化合物的形态和结构是了解焦化原料油化学特性的重要方面。

一、元素组成

焦化原料油主要由碳、氢、硫、氮、氧等五种元素所组成，此外还含有微量的镍、钒、铁、钙、钠等金属元素。

(一) 碳氢元素组成及氢碳比

焦化原料油的基本元素组成主要是碳和氢。焦化原料油的碳含量和氢含量反映了其结构组成，也是衡量原料油的轻重程度的主要指标。减压渣油是最常用的焦化原料。一些原油减压渣油的碳氢元素组成数据列于表 2-3-1[46~48]。由表可见，减压渣油中碳的质量含量一般在 83%~87%之间，氢的质量含量一般在 10%~12%之间。

表 2-3-1 减压渣油的元素质量组成[46~48]

减压渣油名称	碳/%	氢/%	硫/%	氮/%	氧/%	H/C 摩尔比	S/C 摩尔比	N/C 摩尔比
大庆	86.7	12.3	0.15	0.53	0.60	1.70	0.00065	0.00524
胜利	84.4	11.6	1.95	0.92	0.73	1.63	0.00864	0.00934
孤岛	85.2	10.5	2.86	1.18	1.05	1.47	0.01255	0.01187
单家寺	86.0	10.8	0.87	1.42		1.50	0.00378	0.01415
临盘	87.2	11.8	0.60	0.80		1.61	0.00257	0.00786
高升	85.8	11.4	0.77	1.19		1.58	0.00336	0.01188
欢喜岭	86.3	10.7	0.57	0.88		1.48	0.00247	0.00874
任丘	86.2	11.6	0.76	1.08		1.60	0.00330	0.01074
中原	85.6	11.6	1.18	0.60		1.61	0.00516	0.00601
新疆九区	86.7	11.7	0.45	0.79		1.61	0.00194	0.00781
井楼	86.5	11.6	0.65	1.18		1.60	0.00281	0.01169
阿曼	85.8	12.2	1.68	0.45		1.69	0.00732	0.00450
阿拉伯(轻)	84.9	10.4	3.99	0.45		1.46	0.01758	0.00455
阿拉伯(重)	83.5	10.9	5.50	0.46		1.57	0.02472	0.00473
伊朗(轻)	85.0	10.3	3.20	0.66		1.44	0.01414	0.00905
伊朗(重)	85.0	10.2	3.60	0.70		1.43	0.01591	0.00960
科威特	84.0	10.1	5.05	0.31		1.43	0.02248	0.00316
卡夫奇	84.1	9.84	5.40	0.36		1.39	0.02401	0.00367
米纳斯	87.1	12.0	0.16	0.47		1.64	0.00069	0.00462
阿萨巴斯卡	82.9	10.5	4.89	0.44		1.51	0.02206	0.00455
阿拉斯加北坡	85.6	10.5	2.77	0.68		1.47	0.01224	0.00681

在实用中，往往可用氢含量来大体表征重质油碳氢结构的化学特性。但是，当重质油中的杂原子含量的差别较大时，单纯用氢含量就不能准确地对重质油进行比较，而用氢、碳之间的比值来表征重质油的化学特性就更为确切。这是由于不同的烃类结构中氢原子数与碳原子数之比有一定差别，不同结构烃类的通式为：

烷烃：C_nH_{2n+2}

环烷烃：$C_nH_{2n+2-2R_N}$(式中 R_N 为分子中的环烷环数)

芳香烃：$C_nH_{2n-6R_A}$(式中 R_A 为分子中的芳香环数)

从这些通式可见，分子中如含有环状结构，其氢碳比就下降，尤其是含有多环芳香烃结构时，其氢碳比则显著较小。当然，烃类的氢碳比还与其相对分子质量有关。但是，当其相对分子质量接近时，氢碳比可以很好地表征分子中所含环结构尤其是芳香型结构的多少。对于像重质油这样复杂的混合物，氢碳比可为表征重质油的平均分子结构提供重要的信息。从延迟焦化加工的角度看，氢碳比也是一个能很好地与其加工性能相关联的重要参数。

碳和氢两者的比值，可以用碳氢质量比、碳氢摩尔比或氢碳摩尔比来表示，其中以氢碳摩尔比(H/C，简称为氢碳比)最直观、最常用。从表 2-3-1 中所列国内外一些重质油的氢碳比可以看出其范围约在 1.4~1.7。其中大庆、阿曼等减压渣油的 H/C 较大，约为 1.7；而科威特、卡夫奇等减压渣油的 H/C 比则较小，只有约 1.4。我国大多数原油减压渣油的 H/

C 比在 1.6 左右，居于中游。表 2-3-1 中的数据还表明，一般来说，石蜡基原油减压渣油的氢碳比较大，环烷基原油减压渣油的氢碳比较小。但也不尽然，例如同为石蜡基原油的减压渣油，大庆减压渣油的氢碳比较大，为 1.70，而任丘减压渣油的氢碳比则只为 1.60，与一般中间基原油的减压渣油相似。这是由于按照美国矿务局方法评定原油基属的依据为两个关键馏分的相对密度，所以并不一定能表征其中渣油的特性。为此，可以考虑将氢碳比作为表征重质油化学结构、转化性能及其分类的指标之一。例如，可以考虑将 H/C>1.65 的归属为质量较好、易于轻质化的重质油，将 H/C 为 1.50~1.65 的归属为中等质量的重质油，而将 H/C<1.50 的归属为质量较差、不易轻质化的重质油。

石铁盘等[49]将 H/C、相对分子质量及密度组合为一个称为 K_H 的重质油特征化参数，其关系式如下：

$$K_H = 10 \cdot \frac{H/C}{M^{0.1236} d}$$

式中　M——相对分子质量；

d——20℃密度，g/cm^3。

从此式可以看出，由于重质油的相对分子质量和密度的变化幅度一般较小，其中决定性的因素仍为 H/C。他们还提出将 K_H>7.5 的重质油划分为第一类，二次加工性能好；将 6.5<K_H<7.5 的划分为性质中等的第二类；而 K_H<6.5 的则为二次加工性能差的第三类。几种典型减压渣油的 H/C 及 K_H 见表 2-3-2。

表 2-3-2　几种典型减压渣油的 H/C 及 K_H[49]

分　类	减压渣油名称	H/C	K_H
第一类	大庆	1.79	8.07
	华北	1.65	7.53
	米纳斯	1.65	7.51
第二类	阿曼	1.60	7.09
	胜利	1.58	6.95
	孤岛	1.58	6.79
第三类	阿拉伯(轻)	1.47	6.40
	辽河	1.46	6.24
	委内瑞拉	1.45	6.08

图 2-3-1 所示为减压渣油用超临界流体萃取分馏法(相当于溶剂脱沥青)取得的各个窄馏分的 H/C[50]。由图可见，随着萃取程度的加深，窄馏分的 H/C 逐渐减小，也就是说其芳香性逐渐增强。同时，经测定，大庆、大港及孤岛这三种减压渣油超临界流体萃取分馏所得残渣(相当于深度脱油沥青)的 H/C 相应仅为 1.38、1.26 及 1.36，显然比萃取馏分的 H/C 要小得多。从上述 H/C 的变化情况可以看出，减压渣油是由一系列化学结构差别很大的化合物所组成。同时还可看出，减压渣油中仍含有一部分 H/C 比相对较大的组分，这些组分是较易于轻质化的。

很明显，如无外加的氢进入，重质油在转化过程中，其产物总的碳含量及氢含量是和原料的碳含量及氢含量相等的。也就是说，当转化后有些产物的 H/C 比高于原料时，另一些产物的 H/C 比则会低于原料。虽然转化后碳、氢在各产物中的分配发生了变化，但是总的

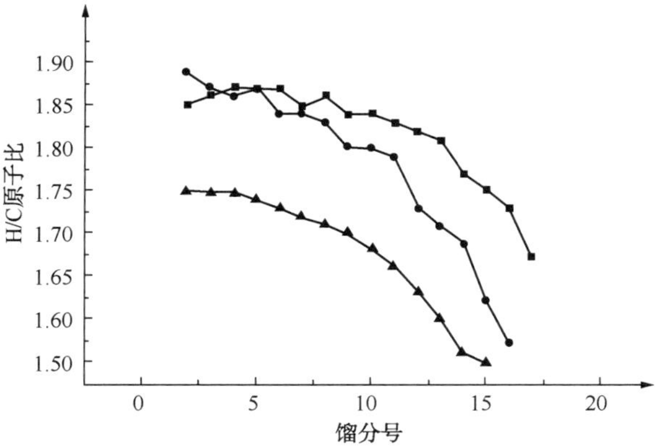

图 2-3-1　减压渣油超临界流体萃取分馏窄馏分的 H/C 摩尔比[50]

■—大庆减压渣油；●—大港减压渣油；▲—孤岛减压渣油

H/C 比是守恒的。因此，碳平衡、氢平衡及 H/C 平衡常用来作为考察重质油转化过程的一个手段[51~54]。延迟焦化是典型的无外来氢的重质油转化过程。延迟焦化中不少轻烃是液体产物二次裂化生成的，它们的氢含量约占渣油原料氢含量的 21%~22%，因此研究产物中氢碳比的分配，对改进焦化过程是有意义的。

（二）杂原子硫、氮、氧含量及其存在形态

延迟焦化原料中除碳氢以外，还含有一定量的硫、氮、氧等杂原子。这些杂原子经焦化反应后，分别分布于焦炭、液体和气体产物中。其中特别应该注意的是硫含量，因为硫的存在影响装置腐蚀及产物质量。

如表 2-3-1 所示，减压渣油中的杂原子以硫为最多，硫含量的范围为 0.15%~5.5%，差别很大；而氮含量的差别较小，为 0.3%~1.4%。迄今对氧含量一般并不直接进行测定，而是采用减差法得到的。但用减差法得到的数据很不准确，表 2-3-1 中仅列出了几个用直接法测得的含氧量。总的来看，减压渣油中杂原子的含量大体在 2%~7%之间。

数据表明，我国原油减压渣油中的含硫量一般不高，除胜利、孤岛、中原减压渣油外，其他的都在 1%以下；而氮的含量相对较高，大多在 1%左右，其中单家寺、孤岛、高升和井楼减压渣油的含氮量都高于 1%。

表 2-3-1 中还列出了减压渣油的 S/C 摩尔比和 N/C 摩尔比，S/C 比的范围为 0.00065~0.025，N/C 比的范围为 0.0032~0.014，其中我国减压渣油的 S/C 比大多在 0.003 左右，N/C 比大多在 0.01 左右。这意味着，从减压渣油平均分子中的原子数目来看，每 100 个原子中只有几个杂原子。而从其中化合物的含量来看，则其中所含的非烃化合物就相当多，可达百分之几十，甚至超过一半。石油中的非烃化合物常常集中于渣油中，特别是胶质和沥青质组分中。

对于重质油中的含杂原子化合物，由于相对分子质量较大、结构复杂，不仅不可能如同轻馏分那样分离出单体非烃化合物，也无法像中间馏分那样按照非烃化合物的类型如含硫化合物、含氮化合物及含氧化合物等来进行分离。因此，一般只能用物理的或化学的方法来鉴定其中含杂原子结构的类型及含量。由于其结构的复杂以及各结构之间相互的干扰，测定的结果往往只是定性的或是半定量的。重质油改质过程中很重要的反应是含杂原子结构的转化，关于这些结构的研究对于重质油加工有重要意义。由于分析鉴定手段的局限，人们迄今对重质油中含杂原子结构的认识还不够深入。

1. 硫含量及含硫结构

延迟焦化原料中的硫，经过焦化反应后一部分(约 2/3)集中于馏分油和气体中，对生产装置产生硫腐蚀，另一部分(约 1/3)浓缩到焦炭中。当原料中硫含量超过一定限度时，对生产电极石油焦不利。硫含量超过 3%的原料生产的石油焦只能作为燃料使用。即使作为燃料使用也存在设备腐蚀和环境污染问题，必须增设烟气脱硫脱硝设施。焦炭中的硫含量通常是原料中硫含量的 1.3~1.9 倍。

硫分布于石油的各个馏分中。一般地讲，随馏分沸点的升高，硫含量以近线性的方式较缓慢地增加。虽然如此，原油中的大部分硫蒸馏后还是集中在渣油中。在高沸点石油组分中，由于相对分子质量的增加，每个分子中的硫原子的平均数增加很快。表 2-3-3 列出了我国主要原油实沸点馏分的硫含量分布[4]。据统计，>360℃常压渣油的硫含量大约是原油硫含量的 1.6 倍，>500℃减压渣油的硫含量大约是原油硫含量的 2 倍[55]。

表 2-3-3　我国主要原油实沸点窄馏分的硫含量分布　　%

原　油	300~350℃	350~400℃	400~450℃	450~500℃	>500℃	原油
大　庆	0.046	0.054	0.063	0.08	0.17	0.1
胜　利	0.33	0.30	0.40	0.57	1.37①	0.8
孤　东	0.25	0.33	0.29	0.25	0.27	0.35
孤　岛	1.23	1.42	1.10	1.33	2.93	1.81
华　北	0.18	0.22	0.23	0.28	0.47	0.31
中　原	0.28	0.34	0.34	0.43	1.15	0.51
管　输	0.34	0.44	0.44	0.50	1.31	0.36
辽　河	0.088	0.12	0.11	0.15	0.36	0.18
大　港	0.10	0.12	0.11	0.12	0.29	0.12
南　阳	0.04	0.06	0.06	0.07	0.26	0.17
江　汉	0.48	1.10	1.52	1.52	0.85	2.09

①>496℃馏分。

石油中已发现的硫的主要存在形态有元素硫、硫化氢、硫醇、硫醚、多硫化物、噻吩类化合物、亚砜等。硫醇、硫醚、多硫化物和亚砜可进一步分为环状、非环状以及烷基、芳基和烷基-芳基衍生物；噻吩是五元环含硫芳香性化合物，还有苯并噻吩、二苯并噻吩、萘并噻吩以及其他更高级的衍生物。

在胶质和沥青质中还可能有同时含硫、氧、氮、金属等多个杂原子的非常复杂的化合物。常可粗略地将石油中的含硫化合物分成两类："噻吩类"硫化合物和"非噻吩类"硫化合物。"噻吩类"硫化合物是指含有噻吩环的含硫化合物；"非噻吩类"硫化合物是指不含有噻吩环的含硫化合物，包括元素硫、硫化氢、硫醇、二硫化物和硫醚等。目前所鉴定的硫的存在形态主要来源于对石油馏分的研究结果。元素硫只在少数原油中发现，且含量很少。硫醇一般只在轻质馏分油中存在。随馏分沸点增加，噻吩类硫的含量增加。

在研究渣油中硫的类型及其分布时，一般把减压渣油中的硫简单地归为残余硫。这主要是因为渣油组成结构复杂、相对分子质量大，测定轻质油品中硫化合物类型的方法往往不能直接用于渣油中硫的类型测定。20 世纪 80 年代以来，由于重油轻质化的需要及分析测试技术的发展，对渣油中硫的形态和分布研究逐渐增多。目前的研究大多局限于测定渣油中硫的类型及其分布。许多研究结果表明，直馏减压渣油中的硫大部分以硫醚类和噻吩类的形式存在，由于空气等的氧化作用，也有一些硫化合物以亚砜的形式存在。应该指出，目前渣油中硫的类型的研究一般只测定脂肪族的硫醚含量，噻吩硫含量用减差法得到。众多的研究结果表明，随着组分变重，噻吩硫含量增加，渣油中至少一半以上的硫存在于噻吩类结构中。

对于重质油中含硫结构的分析方法很多，一般情况下只分析其中硫醚硫的含量[56~66]，而将减差下来的非硫醚硫含量作为噻吩硫的含量。硫醚硫的分析有直接的方法，如用 KIO_3 或 $Pb(Ac)_4$为氧化剂进行电位滴定，将硫醚基定量氧化为亚砜基；也可采用间接的方法，如以 H_2O_2、KIO_3、$KBrO_3$-KBr 或光激发氧化法等先将硫醚基氧化为亚砜基，然后用红外光谱 $1030cm^{-1}$处的特征峰对亚砜基进行测定，或用 I_2络合及紫外光谱检测法测定烷基硫醚硫等。对于噻吩硫，可先借助高温或催化裂解除去硫醚硫，然后再用气相色谱测定裂解产物中各种噻吩衍生物的含量[67,68]，也可用间-氯代过苯甲酸把它定量转化为砜基来测定[69]。Rose 等[70]曾用 ^{13}C-NMR 对含硫结构进行过分析。

许多研究表明，随着沸点的升高，石油各馏分中的基本分子结构类型是相似的，各类化合物含量的变化是连续的。因此，可以根据石油重质馏分中含硫结构的类型来推断胶质、沥青质等渣油组分中的含硫结构。表 2-3-4 中所列为美国石油学会第 48 号研究课题组对威逊、威明顿及中东原油各馏分中含硫化合物类型的分析结果[67]。由表可见，随着沸程的升高，石油馏分中的硫醇及二硫化物的含量逐渐减少，在重质馏分中已基本不含有；硫醚的含量呈下降趋势，而噻吩的含量则呈上升的趋势。因此，可以认为，重质油中的含硫结构主要有硫醚和噻吩两个类型，而噻吩结构大多是与芳香环和环烷环相并合的。在石油加工过程中，硫醚类化合物容易发生裂解反应，而噻吩类硫化合物比较难以除去。

表 2-3-4　原油馏分中含硫化合物类型的分布[67]

原油名称	馏分沸程/℃	硫含量/%	硫类型分布/%			噻吩类的环分布/%				
			硫醇及二硫化物	硫醚	噻吩	单环	双环	三环	四环	五环以上
威　逊	50~119	0.11	53	46	1	1				
	119~226	0.44	13	80	7	4	3			
	226~263	0.90	3	54	43	3	40	11		
	263~319	1.51	2	39	59	2	46	27		
	380~436	2.15	1	35	64	2	22	10	13	
	>436	3.36		37	63	2	13		7	31
威明顿	116~212	0.16			21	20	1			
	212~271	0.56			34	4	30			
	271~332	1.16			50	5	40	5		
	390~445	1.49			46	6	18	16	6	
	>445	2.13			45	6	11	5	1	22
中　东	石脑油	0.44	13	80	7	4	3			
	煤油馏分	0.50	9	42	49	2	45	2		
	柴油馏分	2.60	1	22	77	1	35	37	4	
	减压馏分	2.93			78	1	27	32	18	
	减压渣油	4.87			70	1	17	10	6	36

Moschopedis 和 Speight[71]曾对阿萨巴斯卡沥青质进行过热分解试验，发现加热至 300℃即有 H_2S 逸出，随温度的升高其逸出量逐渐增多，至 600℃，试样中的硫有 22.5%转化为

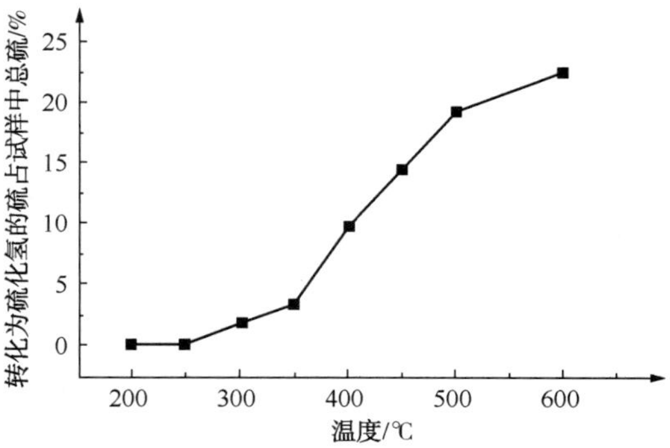

图 2-3-2　阿萨巴斯卡沥青质中的硫在热分解过程中转化为 H_2S 的转化率[71]

H_2S。图 2-3-2 为在不同温度下，阿萨巴斯卡沥青质中的硫转化为 H_2S 的曲线。因为噻吩环结构比较稳定，单纯靠加热不易破坏，而硫醚基在受热时易于分解出 H_2S，据此也可证实沥青质中的硫有一部分是以硫醚基状态存在的。但需指出，并不是所有的硫醚基都会转化为 H_2S，在受热过程中有些芳基硫醚结构有可能转化成与芳基并合的噻吩结构，而并不分解出 H_2S。

谢尔琴柯等[72,73]以 Raney 镍为催化剂，在 150℃、15MPa 条件下，将某沥青质加氢 50h，得到表 2-3-5 中的结果。噻吩环是芳香共轭体系，相当稳定，在上述的反应条件下是不会破裂的，因而处于噻吩环中的硫也就不会被脱除。同时，在此条件下，沥青质分子骨架中的 C—C 键也基本不发生断裂反应。因此，可以认为所脱除的硫均为硫醚硫，其平均相对分子质量的显著减小表明沥青质分子中的芳香环系也就是结构单元之间存在着硫醚桥。Peng 等[74]用 Ni_2B 脱硫法也证实了沥青质中的芳香环系之间存在着硫醚桥。

表 2-3-5　沥青质加氢前后的变化[72,73](Raney 镍催化剂，150℃，15MPa，50h)

项　　目	相对分子质量	硫含量/%
沥青质加氢前	3250	3.72
沥青质加氢后	900	0.78

Green 等[62]用氧化-红外光谱以及碘络合-紫外光谱法分析了几种沥青中硫的类型分布，其结果如表 2-3-6 所示。

表 2-3-6　几种沥青中硫的类型分布[62]

沥青代号	硫含量/%	硫类型分布/%			
		亚砜硫①	烷基硫醚硫	总硫醚硫②	噻吩硫③
AAA-1	4.26	5.2	13	40	60
AAD-1	5.37	3.4	32	41	59
AAG-1	0.97	27	15	54	46
AAK-1	4.79	3.8	24	28	72

① 亚砜硫为沥青生产过程中从硫醚硫氧化而成。

② 总硫醚硫=亚砜硫+烷基硫醚硫+芳基硫醚硫。

③ 噻吩硫由减差求得。

王宗贤等[75~78]用四乙酸铅电位滴定法以及用 KIO_3 将硫醚硫选择性氧化为亚砜并结合红外光谱法测定了胜利和孤岛减压渣油中硫醚硫，结果表明胜利减压渣油所含的硫中 36.6% 为硫醚硫，孤岛减压渣油所含的硫中 40.1% 为硫醚硫，其余约 60% 的硫则为噻吩硫。王宗贤等还曾用 I_2 络合及紫外光谱检测法测定了胜利及孤岛减压渣油中烷基硫醚硫的含量，它们分别占其中总硫醚硫含量的 89.4% 及 63.6%。

近年来出现一些能直接测定重质油中硫醚硫及噻吩硫含量的方法，其中如X射线吸收近边结构(X-ray Absorption Near Edge Structure，简称XANES)光谱[79]和X射线光电子能谱[80]都是很有效的方法。这两种方法对于渣油及沥青质的测定结果比较吻合，实验误差只有±10%。Waldo等[81]进一步改进XANES法，经过对29个石油样品及10个如沥青质、可溶质等组分的测定，结果表明其中的硫有55%~90%为噻吩硫，有4%~40%为硫醚硫。此外，还有约10%的硫在亚砜结构中，在有些低硫油样中亚砜的含量很高(达总硫的20%~30%)。他们认为这些试样中的亚砜很可能不是原生的，而是在储存及处理过程中氧化生成的。

Huggins等[82]也用XANES法测得了一系列沥青样品中硫的类型分布，其结果见表2-3-7。由表可见，就多数沥青样品而言，约有三分之一的硫在硫醚结构中，三分之二在噻吩结构中，少数样品中还鉴定出亚砜结构。

表2-3-7 若干沥青样品中硫的类型分布[82]

沥青样品代号	硫含量/%	硫的类型分布/%		
		硫醚硫	噻吩硫	亚砜硫
AAA-1	5.5	40	60	
AAB-1	4.7	31	69	
AAC-1	1.9	25	75	
AAD-1	6.9	46	54	
AAF-1	3.5	28	72	
AAG-1	13	33	59	8
AAK-1	6.4	36	64	
AAM-1	1.2	17	78	5

总的来看，重质油中的含硫结构主要有硫醚和噻吩两个类型，其中噻吩结构的含量要高一些，并且噻吩结构大多是与芳香环和环烷环相并合的，比较稳定。由于硫醚中的C—S键比较弱，因此含硫高的焦化原料的初始分解温度较低而分解速度较快。

2. 氮含量及含氮结构

从世界范围而言，大多数原油中的含氮量是比较低的，而我国原油大部分含氮较多。我国原油氮含量多数在0.2%~0.4%，然而也有像高升原油那样高达0.7%以上的。氮在各馏分中的分布是不均匀的。一般是随馏分温度的升高而增加，表2-3-8为我国主要原油实沸点馏分的氮含量分布，由此可见，大多数的氮化合物集中在重馏分和渣油中。数据表明，原油中的氮约有90%集中在其减压渣油中，而减压渣油的氮则有80%存在于其胶质和沥青质组分中[34]。不少重质油的胶质、沥青质组分中的含氮量高达1.5%以上[41]。

表2-3-8 我国一些原油实沸点窄馏分的氮含量分布 μg/g

原 油	300~350℃	350~400℃	400~450℃	450~500℃	>500℃	原油/%
大 庆	67	176	414	705	2900	0.13
胜 利	390	550	770	1220	8500	0.41
孤 岛	199	927	1060	1710	7700	0.37
华 北	130	390	600	1190	5900	0.38
管 输	241	1000	1100	1500	5900	0.36
辽 河	279	881	1424	2176	8300	0.41

续表

原　油	300~350℃	350~400℃	400~450℃	450~500℃	>500℃	原油/%
高　升	1577	3696	2998	3349	15600①	0.72
南　阳	240	710	730	1200	3500	0.32
江　汉	330	900	1240	1360		0.47

①>490℃。

由于含氮结构的存在对于重质油的催化加工有重要影响，所以许多学者对它开展了大量的研究工作[41,83~92]。但是，目前对重质油中的含氮结构还缺乏有力的分析手段，所以迄今在这方面的研究还不够深入。一般只是依据酸碱性将其划分为若干类别，但是这种划分只具有相对的意义，同一类含氮结构的 pK_a 值(酸离解常数)会受其相邻取代基的影响而有显著差别。

总的来看，胺类和吡啶类含氮化合物的 pK_a 值较大，表明其碱性相对较强，而吡咯类和酰胺类的 pK_a 值一般较小，表明其碱性较弱。这样便可用非水滴定法加以区别，即以在冰醋酸和苯的溶液中能被高氯酸滴定的为碱性含氮化合物，不能被滴定的是非碱性含氮化合物。在 pK_a 的划分上，一般以 2 为界，凡 $pK_a>2$ 的为碱性含氮化合物，$pK_a<2$ 的为非碱性的。按此定义，胺系和吡啶系属碱性含氮化合物，酰胺系和部分吡咯系属非碱性含氮化合物。

据测定，原油中碱氮含量约占总氮含量的 1/4 到 1/3，但对原油的馏分而言，并不是都一样。表 2-3-9 中所列为胜利、加利福尼亚及若干西西伯利亚原油较重馏分及渣油中的氮的类型分布[83,84]。由表可见，随着馏分沸程的升高，其中碱氮占总氮的份额逐渐减小；在渣油中的氮主要是非碱氮，碱氮仅占 1/4 左右。

表 2-3-9　原油各馏分中碱氮占总氮的份额[83,84]

原油名称	馏分沸程/℃	碱氮含量(N_B)/(μg/g)	总氮含量(N_T)/(μg/g)	(N_B/N_T)/%
胜　利	204~360	91	160	57
	360~480	336	785	43
	>480	2580	9200	28
加利福尼亚	204~360	299	450	66
	360~480	1351	3700	37
沙维特萨斯宁	350~400	220	600	37
	400~450	250	850	29
	450~490	410	1400	29
	>490	1320	5200	25
萨莫特洛尔	300~400	200	600	33
	400~490	800	3000	27
	>490	1000	4300	23
巴　钦	>490	1700	6700	25
塞维洛勃古尔	>490	1360	5300	26
塔格林	>490	1210	4900	25
威明顿	>443	3400	11300	30
圣玛利谷	>443	2600	9300	28
科威特	>443	900	3500	26

在研究中，也有借助改变高氯酸滴定用溶剂的方法把油样中的氮划分为强碱性氮、弱碱

性氮和非碱性氮三类的[85]。即以 $pK_a>2$ 为强碱氮，$-2<pK_a<2$ 为弱碱氮，$pK_a<-2$ 为非碱性氮。表 2-3-10 所列的是用这类方法得到的关于威明顿原油各馏分中氮的类型分布数据[85]，由表可见，在较轻的馏分中所含的基本为碱性氮。随着馏分的变重，强碱氮占总氮的份额逐渐减小，而非碱性氮的份额则逐渐增大。表 2-3-11 中所列为我国四种减压渣油及两种中东减压渣油中氮的类型分布[86~89]，表中的数据表明：在我国减压渣油中，总氮中非碱性氮所占的份额最大，约为 70%；其次为强碱性氮，约为 20%；弱碱性氮所占的份额最小，仅为 10%左右。在两种中东减压渣油中，非碱性氮约占总氮的一半。一般粗略地认为吡啶类属于强碱性含氮化合物，吡咯、酰胺类属于弱碱性的，而把咔唑类归为非碱性的。但这种区分并无严格的界限，只是具有相对的意义。应该指出，实际上即使吡啶类化合物的碱性也是弱的，把它们列为强碱性的也只是相对而言，同时由于其碱性还会随取代基的存在而发生较大的变化，从而使严格的区分更加困难。

表 2-3-10　威明顿原油各馏分中氮的类型分布[85]

馏分沸程/℃	氮含量/%	氮的类型分布/%(占总氮)		
		强碱氮	弱碱氮	非碱氮
原　油	0.64	31	14	55
300~350	0.04	100	0	0
350~400	0.15	53	20	27
400~500	0.49	33	16	51
>500	1.03	34	10	56

表 2-3-11　几种减压渣油中氮的类型分布[86~89]

渣油名称	氮含量/%	氮的类型分布/%(占总氮)		
		强碱氮	弱碱氮	非碱氮
大　庆	0.41	23.7	11.0	65.3
胜　利	0.78	19.0	12.1	68.9
孤　岛	0.80	19.5	10.4	70.1
单家寺	0.96	23.8	6.7	69.5
阿拉伯(轻)	0.16	24	29	47
科威特	0.20	24	29	47

Holmes[90]将犹他油砂沥青分离为强碱分、弱碱分Ⅰ、弱碱分Ⅱ、极弱碱性分和非碱分，然后再采用高分辨率质谱及核磁共振波谱法对各组分进行分析，得到了表 2-3-12 中所列的结果。由表可见，该重质油中的氮主要在吡啶结构、吡咯结构及酰胺结构中，其中大部分的氮是在具有芳香性的杂环中，而尤以在吡啶结构中的占优势。经研究，其他重质油中氮的分布也大体相似。

表 2-3-12　犹他油砂沥青中氮类别的分布[90]

各组分组成	pK_a范围	各类别氮/%(占总氮)			
		胺类氮	吡啶类氮	吡咯类氮	酰胺类氮
强碱分	9~11				
烷基胺类		1			

续表

各组分组成	pK_a范围	各类别氮/%(占总氮)			
		胺类氮	吡啶类氮	吡咯类氮	酰胺类氮
弱碱分Ⅰ	7~9				
烷基吡啶类			21		
N-烷基吲哚类				8	
弱碱分Ⅱ	2~7				
烷基芳基胺类		0.3			
极弱碱性分					
烷基吲哚类				3	
烷基吖啶类			1		
酰胺Ⅰ					8
烷基羟基吡啶类			12		
非碱分					
N-烷基咔唑类				2	
烷基吲哚及咔唑				12	
酰胺Ⅱ					3
烷基羧基酰胺					20
合计		1.3	34	25	31

此外还有一类含有四个吡咯环所组成的卟吩结构的卟啉类化合物。虽然在原油中其含量甚微，一般只有百万分之几十至几百，但人们对之具有浓厚的兴趣，这是因为它们是重要的生物标志物质，在研究石油的成因中有其重要的意义。石油中卟啉化合物首先是由 Treibs 于 1934 年鉴定出的，它主要有脱氧叶红初卟啉(Deoxophylloerythro-etioporphyrin，简称 DPEP)和初卟啉(Etioporphyrin，简称 ETIO)两种类型，其结构如下：

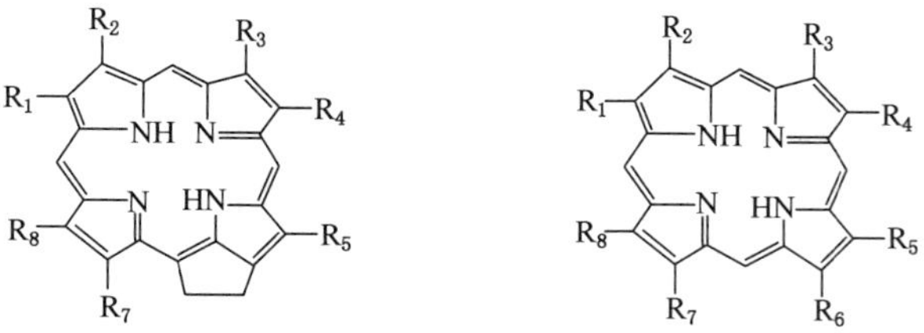

脱氧叶红初卟啉　　初卟啉

DPEP　　ETIO

它们来自石油原生物质中的叶绿素或氯化血红素。研究表明，随原油的埋藏深度增大，石油卟啉中 DPEP 型逐渐转化为 ETIO 型，所以 DPEP/ETIO 比是表征石油成熟度的重要地球化学指标[91,92]。石油卟啉是由一系列具有长度不同取代基的卟啉化合物所组成，随着成熟度的提高，其取代基的平均链长减小。

近年来的研究表明，XANES(X 射线吸收近边结构光谱)除可用于测定重质油中所含硫的类型外，也可用来测定其中氮的类型。用此法测定了几种原油沥青质中氮的类型分布，其结果列于表 2-3-13[49]，可见其中的氮几乎全在比较稳定的带有芳香性的环中，以胺结构存在的氮很少。而且，这些沥青质样品中的氮大部分为吡咯氮。

综上所述，重质油中的氮主要存在于五员的吡咯系或六员的吡啶系氮杂环中，它们都具有芳香性，比较稳定，因此脱氮是比较困难的。

表 2-3-13 庚烷沥青质中氮的类型分布[49]

沥青质样品名	吡咯氮/%	吡啶氮/%	胺氮/%
FRA ST1	76	22	3
Can Sales	74	26	0
Kw3 W40	77	22	2
Kw2 UG8	71	26	3
Tex Frio	80	18	0
CAL	65	30	2

延迟焦化原料中的氮，经过焦化反应后除了浓缩在焦炭中，还有一部分存在于焦化气体和焦化液体产品中。对焦化液体产品的进一步加工应注意氮对催化剂中毒和环境污染等问题的影响。

3. 氧含量及含氧结构

重质油及其组分中的含氧量一般只是用减差法求得，不够准确。表 2-3-14 中所列为用直接法测得的我国三种减压渣油中各组分的含氧量[4]。数据表明，胶质和沥青质的含氧量显著高于芳香分的，减压渣油中的氧约 65%~85%集中在其胶质、沥青质中，同时还可以看出胶质与沥青质中的含氧量差别不大。

表 2-3-14 减压渣油及其组分中的含氧量及氧分布

减压渣油名称	减压渣油	芳香分		胶质		庚烷沥青质	
	氧含量①/%	氧含量/%	氧分布%	氧含量/%	氧分布/%	氧含量/%	氧分布/%
大　庆	0.51	0.55	34.8	1.23	65.2		
胜　利	1.12	0.55	15.9	1.97	83.7	2.30	0.4
孤　岛	1.17	0.62	17.1	1.89	77.8	2.09	5.1

① 计算值。

石油组分中氧的存在形式有羟基、羧基、羰基、醚基、与氮相结合的酰胺基以及与硫结合的亚砜基等。Moschopedis 等[93]认为胶质中的氧大多以羰基形式存在，而在沥青质中则以羟基居多。Peng 及 Yu 等[74,94]从阿萨巴斯卡沥青质中鉴定出了醚桥键和酯基。这些含氧结构的存在对于胶状沥青状组分的缔合程度及表面活性有很大影响。

对于重质油中的含氧结构一般可以根据红外光谱予以鉴定[95~97]，在 3400cm^{-1}附近有羟基的吸收峰，在 1700cm^{-1}附近有羰基的吸收峰。但是，由于在 3400cm^{-1}处有 N—H 吸收峰的干扰，同时因—OH 基之间的氢键缔合会导致吸收峰移位。而在 1700cm^{-1}处也会受到在 1600cm^{-1}处较强的芳香 C ═C 键吸收峰的干扰。因此，很难依据红外光谱来进行定量测定重质油的含氧结构含量。

Mckay 等[98]曾用离子交换法得到了>675℃渣油的酸性分，然后根据其红外光谱估算出其中各类化合物的大体含量，其结果如表 2-3-15 所示。但是，由于有氢键缔合的影响以及多官能团分子的存在，此数据很不准确。

表 2-3-15　>675℃渣油中酸性分的组成[98]

渣油名称	含量/%			
	酚类	吡咯氮化合物	酰胺类	羧酸类
威明顿	18	30	42	28
盖叙萨兰	7	16	47	14
斯万希尔	13	16	30	24
吕克洛斯	24	25	23	14

以溶于乙醇的 KOH 为滴定剂，用电位滴定法可测得重质油的总酸值(mgKOH/g)，这表明其中含有羧基和酚羟基。表 2-3-16 中所列为我国几种减压渣油及其酸性分的总酸值[87]，其中石蜡基大庆原油减压渣油的总酸值最低，环烷基单家寺原油减压渣油的总酸值比大庆的高达七倍之多，这说明重质油中酸性含氧结构含量的差别相当大。

表 2-3-16　减压渣油及其酸性分的总酸值[87]

减压渣油名称	油　样	总酸值/(mgKOH/g)
大　庆	减压渣油	0.66
	酸性分①	6.88
胜　利	减压渣油	2.12
	酸性分①	10.9
孤　岛	减压渣油	1.12
	酸性分	7.56
单家寺	减压渣油	4.15
	酸性分	16.2

① 酸性分系用含水 9%的碱性氧化铝色谱分离而得。

除总酸值外，用电位滴定法还可测定重质油的酯值、羰值和羟值，以表征其中酯基、羰基和羟基的含量。酯值是在 KOH 滴定后，加 KOH 乙醇溶液回流水解，最后再用 HCl 回滴过剩的 KOH 而求得；羰值是借助羰基与羟胺的肟化反应测得的；羟值的测定则是利用与乙酸酐的酯化反应。表 2-3-17 为纳乌鲁索夫等[99,100]用此法得到的分析结果，表中的数据也表明胶质、沥青质组分中的含氧结构主要是羧基和羟基。

表 2-3-17　西西伯利亚原油胶质及沥青质中含氧结构的含量[99,100]

样　品		相对分子质量	结构含量(结构数/平均分子)		
			羰基	羧基	羟基
沙维特原油	胶质	1055	0.028	0.162	0.340
	沥青质	1970	0.032	0.194	0.068
萨莫特洛尔原油	胶质	1367	0.030	0.189	0.204
	沥青质	2199	0.036	0.202	0.102

由于常规原油的减压渣油中的氧含量不高，焦化原料中氧含量及氧化物的存在形态对焦化的影响就关注的很少。随着重质原油、油砂沥青等资源供应的增加，原料中氧的存在对焦化装置的影响应该引起重视，特别是在加工高酸原油中酸性含氧化合物所引起的严重腐蚀

问题。

氧大多以酸(环烷酸和脂肪酸)、酚、酮和酯等形态存在于石油中，其中主要存在胶质和沥青质中。酸性氧化物又称为石油酸(包括环烷酸和脂肪酸)，通常以总酸值表示其多少。表 2-3-18 列举了几种原油的密度和总酸值(TAN)，可以看到重质原油的总酸值往往比较高。

表 2-3-18　几种原油的密度和总酸值[101]

原油名称	密度(20℃)/(g/cm^3)	总酸值/(mgKOH/g)
蓬莱 9-3-2 原油	0.9209	2.27
蓬莱 9-3-4 原油	0.9381	9.86
哈萨克斯坦原油	0.9166	3.93
克拉玛依 1 号原油	0.8771	1.00
苏丹 Fula 2A 原油	0.9189	6.09
苏丹 Fula 2B 原油	0.9428	13.82
单家寺原油	0.9719	7.40
新疆混合原油	0.8475	1.05
苏丹 3/7 区原油	0.8675	0.56
大庆原油	0.8569	0.05
开鲁原油	0.8998	0.20
任三联原油	0.8548	0.25
河口原油	0.8850	0.42

过去很多人认为石油酸主要分布在 200~400℃的石油馏分之间，但研究表明实际情况并非如此[101]。图 2-3-3 是苏丹 3/7 区原油、大庆原油、开鲁原油、任三联原油、河口原油等五种低酸原油的总酸值分布图。从图中可以看出，几乎所有原油的总酸值在 300~400℃的沸点范围内有一峰值。另外，在 500℃左右的总酸值也比较高。图 2-3-4 包括了总酸值在 1mgKOH/g 以上的 8 种原油。其中总酸值超过 2mgKOH/g 的原油密度都很高，在 0.916g/cm^{3}以上。克拉玛依 1 号原油的总酸值主要分布在 200~400℃的沸点范围，呈对称性很好的高斯分布，其分布规律与过去的认识相符；新疆混合原油的总酸值随沸点的升高呈逐渐上升趋势；单家寺原油的总酸值在 370℃左右出现最大值；而其他 5 种原油的总酸值分布在 300℃、370℃、500℃左右有三个高峰。这些数据表明，高酸值原油中的石油酸并不一定都分布在 200~400℃沸点范围内，甚至更高，而且是有多种分布形式，更主要的形式还是多峰型分布。因此，在研究含酸原油加工工艺和采取防腐措施时，必须考虑该种原油总酸值分布的特点。

原油中的石油酸经蒸馏进入常压瓦斯油和减压瓦斯油中，在 200~400℃的蒸馏温度下，对加工设备产生腐蚀。这一现象与以上总酸值分布的规律并不矛盾。首先，在 200℃的温度下，容易产生腐蚀的环烷酸不存在，外界温度超过 400℃时，环烷酸很容易分解，腐蚀容易集中在 200~400℃的温度段。

含酸原油给炼厂的一些高温部位带来严重腐蚀问题，如常、减压塔及高温转油线。一般认为，总酸值大于 0.5mgKOH/g 的原油为含酸原油，总酸值大于 1.0mgKOH/g 的原油为高酸值原油。由于原油价格上涨，预测今后高酸值原油(总酸值>1.0)产量会继续显著增长。

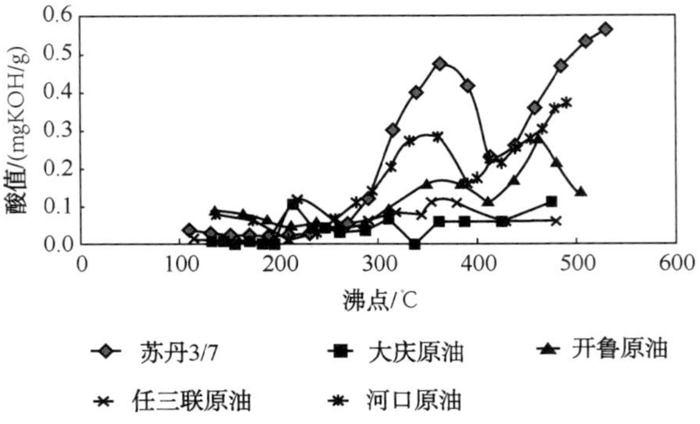

图 2-3-3　低酸原油总酸值分布图[101]

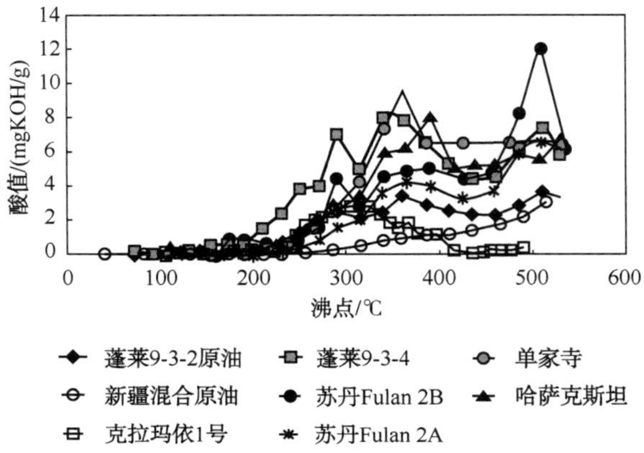

图 2-3-4　高酸原油总酸值分布图[101]

有些减压渣油由于总酸值高，在某些二次加工过程中也会发生严重的腐蚀问题。

Nalco 公司对格兰原油(Grane crude)做了总酸值和环烷酸含量(NAT)分布分析，见图 2-3-5，显然，总酸值的分布和环烷酸值的分布有一定程度的差别，在 320～350℃ 和 350～375℃馏分的环烷酸含量和总酸值相差不多，而高沸点馏分的环烷酸含量远低于总酸值，说明高沸点环烷酸的酸性很强。试验证明高沸点环烷酸腐蚀速度很高[102]。含环烷酸的减压渣油对延迟焦化装置会产生严重腐蚀。应注意选用含钼钛奥氏体不锈耐酸钢 316L 等防腐材料和应用腐蚀抑制剂来缓解设备及管线的腐蚀。

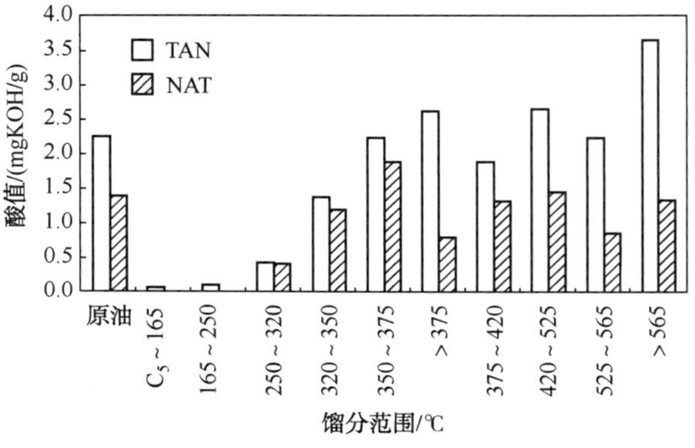

图 2-3-5　Grane 原油的 TAN/NAT 分析[102]

一般认为，含酸原油中石油酸以环烷酸为主。例如蓬莱原油初馏点～350℃馏分中的石油羧酸由脂肪酸、环烷酸(包括单、双和三环烷酸)和芳基酸(包括烷基苯酸、单环烷基苯酸和二环烷基苯酸)组成。其中环烷酸含量最高，占85.6%，芳基酸含量为10.2%，脂肪酸为4.2%[103]。

Hsu等[104]分析了一种从原油中提取的石油酸样品。通过HPLC与带有常压化学电离源(APCI)的质谱分析确定了七类石油酸，并得到了各类石油酸的分布(见图2-3-6)。从图可以看出，双环环烷酸含量最高，一环、三环环烷酸含量也较高，链状脂肪酸和较高环数的环烷酸的含量较低。

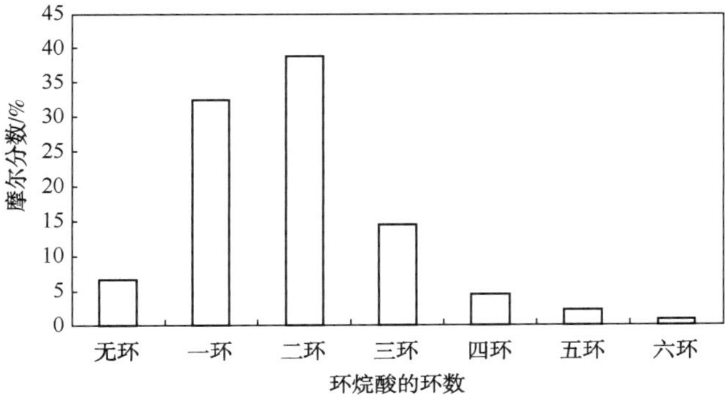

图2-3-6 原油提取酸中不同环数环烷酸的分布

对原油中石油酸的分离和表征已取得了一些成果，并且也找出了一些原油中石油酸的分布规律。但是，这些成果和规律还不足以满足石油加工和石油酸腐蚀机理研究的需要。在石油酸的定量分离、石油酸组成的定性和定量分析方面，以及采用统一的方法寻找组成石油酸分布规律方面，还有许多工作要做。

用延迟焦化加工高酸值重质原油或其渣油，目前我国中海油惠州炼化、中石油克拉玛依炼厂等有成功的经验，还没有获得深入的规律性的认识。其原因在于：①不同的原油中的酸的结构及分布不同，在焦化过程中的行为不同，比较难以获得规律性认识；②由于腐蚀对设备投资、安全操作等的影响，很少单独加工高酸值原油，积累的经验不多；③即使获得有价值的知识和技术经验，也往往出于商业利益需要而加以严格保密。由于高酸值重质原油除酸值高外，一般还具有含水高、轻馏分少、含钙高等特点，在选择工艺流程、设备材质、条件优化时应统筹考虑这些问题。

(三) 微量金属

原油中含有多种微量金属，含量很少，一般都在μg/g级。这些微量金属包括：钠(Na)、钙(Ca)、镁(Mg)、钾(K)、镍(Ni)、钒(V)、钴(Co)、铅(Pb)、锰(Mn)、铁(Fe)、铝(Al)、钼(Mo)、铜(Cu)、锌(Zn)等。进入炼油厂的原油一般虽已在油田经过脱水处理，但仍然含有一定量的盐和水。所含盐类如不脱除，将对下游加工装置产生影响，如设备结垢、炉管结焦等。原油中的盐类大多残留在渣油和重馏分中，这将直接影响延迟焦化产品的质量，如使石油焦的灰分增加等。我国炼油厂大都采用两级脱盐脱水流程，对原油脱盐后的含盐量一般要求原油含盐脱到3.0mg/L以下[2]。为了防止焦化加热炉过快结焦，焦化进料中的盐含量要求小于15μg/g[105]。

延迟焦化原料中的金属经过焦化后绝大部分都浓缩到焦炭中。而金属含量过高是生产冶金焦所不允许的，因此金属含量高的原料所生产的焦炭有时虽然硫含量不高，但因为灰分高，只能作为燃料焦。

在焦化过程中对焦化产品及后加工有影响的金属有钒、镍、铁、硅等，对操作有影响的金属有钠、钙等。在减压渣油中的金属含量虽然数值不高，但总金属含量最好不超过1000μg/g，它对焦化的焦炭灰分指标有较大的影响。

由于金属元素多存在于相对分子质量很大的化合物中，故渣油中的含量最多。表2-3-19为我国几种原油与减压渣油金属含量的对比[106]，表2-3-20所列为一些减压渣油中的镍、钒、铁、铜含量，与相应原油的微量金属含量相比，即可发现原油中95%以上的微量金属集中在其减压渣油中[4]。表2-2-21[41,107]则进一步表明减压渣油中的金属90%以上集中在其胶状、沥青状组分中，表2-2-22中所列的几种国外常压渣油中金属分布数据也呈现同样的现象[108]。馏分油中的少量金属可能是蒸馏过程中少数相对分子质量较低的金属化合物挥发或雾沫夹带引起的。减压渣油中金属含量虽然很少，但对于重油加工有较大影响，它们的存在会导致催化剂的失活或反应器床层堵塞、压降上升及设备结垢等。

表2-3-19 我国几种原油与减压渣油金属含量的对比 mg/L

金属	大庆		胜利		辽河	
	原油	减压渣油	原油	减压渣油	原油	减压渣油
铁	0.7	2.4	13	15	9.3	37
镍	3.1	7.2	26	52	2.9	65
铜	<0.2	<0.2	0.1	0.4	0.3	0.3
钒	0.04	0.1	1.0	4.1	0.7	2.2
铅	<0.6	2.9		4.8	<0.5	3.8
镁	0.14	0.25		3.8	1.6	
钙	0.30		15	11.0	14	
钠	0.6	3.8		219	16.5	
砷	0.9	1.7		0.05	0.04	

表2-3-20 减压渣油中微量金属的含量[4]

减压渣油名称	镍/(μg/g)	钒/(μg/g)	铁/(μg/g)	铜/(μg/g)	镍/钒
大庆	7.2	0.1	2.4	<0.2	72
胜利	75.0	4.1	150	0.4	18
孤岛	40.7	4.9			8.3
辽河	64.7	2.2	36.8	0.3	29
高升	130.6	5.0	47.0	0.2	26
欢喜岭	120.7	4.1			29
新疆九区	34.3	1.3			26
华北	25.2	0.5		0.5	50
中原	12.6	5.7	45.9	0.5	2.2
大港	66.9	1.0		2.6	67
轮南	4.2	14.7	142.7	1.5	0.29
阿曼	18.0	21.8			0.83

续表

减压渣油名称	镍/(μg/g)	钒/(μg/g)	铁/(μg/g)	铜/(μg/g)	镍/钒
阿拉伯(轻)	23.0	60.6			0.38
阿拉伯(中)	40.8	114.0			0.36
伊朗(轻)	62.8	200.0			0.31
伊朗(重)	96.8	300.0			0.32
科威特	27.3	95.3			0.29
米纳斯	64.0	5.3			12
卡夫奇	48.6	153.2			0.31
阿萨巴斯卡	70.3	170.0	171.0		0.41
波斯坎	147.3	1225.6			0.12

表 2-3-21　大庆及胜利减压渣油各组分中的镍、钒分布[41,107]

减压渣油名称	组分	镍/(μg/g)	钒/(μg/g)	(镍/渣油中总镍)/%	(钒/渣油中总钒)/%
大　庆	减压渣油	10	0.15	100	100
	饱和分	0		0	
	芳香分	2.8		9	
	胶质+沥青质	30		91	
胜　利	减压渣油	52	4.3	100	100
	饱和分	0		0	
	芳香分	5		3	
	胶质+沥青质	104	10.9	97	约 100

表 2-3-22　国外几种常压渣油各组分中的镍、钒分布[108]

常压渣油名称	所含金属	金属在各组分中的分布/%			
		饱和分	芳香分	胶质	沥青质①
玛　雅	镍	0.0	3.3	17.7	79.0
	钒	0.0	0.4	17.9	81.7
阿拉伯重质	镍	0.0	10.4	28.2	61.8
	钒	0.0	3.4	25.2	71.4
贝　塔	镍	0.1	2.1	38.9	59.1
	钒	0.1	1.6	18.4	80.1
科恩河	镍	0.0	4.5	63.0	32.5
	钒	0.0	7.5	52.8	39.8
波斯坎	镍	0.0	3.2	31.6	68.7
	钒	0.0	0.0	27.4	70.2

① 异辛烷不溶物。

镍和钒是石油中含量最丰富的微量金属。钒含量从低于 1μg/g 到 1200μg/g(委内瑞拉的 Boscan 原油)；镍的浓度范围从不到 1μg/g 至 100μg/g 以上。一般，海相地质条件下生成的原油钒高、镍低，而陆地盐湖相条件下生成的原油镍高、钒低。世界上已发现的原油大部分属于海相起源，而我国原油主要为陆相起源。统计分析表明，原油中的钒常和硫共存，具有近似的线性相关关系。

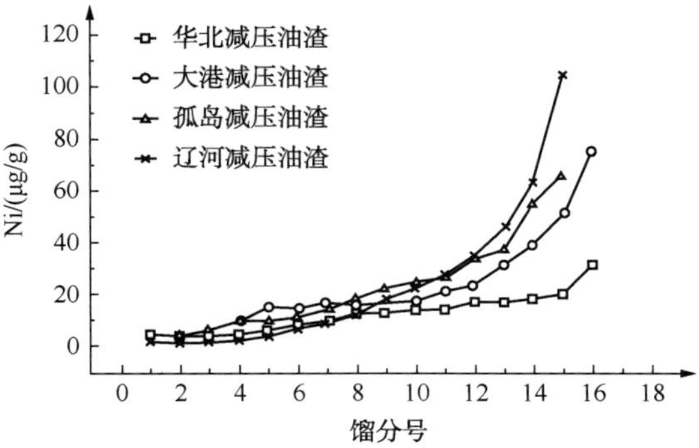

图 2-3-7　减压渣油超临界流体萃取分馏窄馏分的镍含量[50]

图 2-3-7 所示为华北、大港、孤岛及辽河四种减压渣油超临界流体萃取分馏窄馏分的镍含量[50]。由此图可以看出，前面一些窄馏分中的含镍量均较低，而当萃取到一定深度后，窄馏分中的含镍量就显著增大。经测定，减压渣油超临界流体萃取分馏残渣的含镍量比其馏分中的含镍量要高出许多倍，表明减压渣油中所含的镍是浓集在其较重的部分中的。

关于镍和钒在渣油中的存在形态，一般认为有一部分以 VO^{2+}、Ni^{2+} 状态与卟啉类化合物形成金属有机螯合物，其相对分子质量范围在 400~6000 之间。至于渣油中是否还存在非卟啉金属，则尚有争议。表 2-3-23 列出几种不同原油和渣油中镍、钒的形态分布[41,109~111]，从表中可见卟啉镍约占总镍 30%~50%。渣油不同组分中，金属的存在形态不同。渣油芳香分以及轻胶质中的镍基本是卟啉镍，重胶质以及沥青质中的金属主要以非卟啉形态存在。在不同的渣油加工过程中，金属化合物的形态变化规律也有差别。在渣油加氢过程中，卟啉类金属化合物由于相对分子质量小更容易进入催化剂孔道而被除去，而在渣油的热裂化过程中，除了一部分金属化合物经缩合反应浓缩到沥青质或焦炭中外，留在可溶质(饱和分+芳香分+胶质)中金属化合物以卟啉形态出现的比例增加。

表 2-3-23　部分原油和渣油中镍、钒的形态分布[41,109~111]

样　　品	钒/(μg/g)	卟啉钒约占总钒/%	镍/(μg/g)	卟啉镍约占总镍/%
孤岛原油			16.6	44.5
辽河高升原油			122.5	48.3
大港王官屯原油			91.5	30.1
玛雅>496℃减渣	520	18	110	<14
350℃，4.5h 催化加氢	450	19	110	<14
375℃，4.5h 催化加氢	450	9	110	<9
425℃，4.5h 催化加氢			<2	
威尔明顿>538℃减渣	130	43	180	31
350℃，4.5h 催化加氢	130	26	160	18
375℃，4.0h 催化加氢	120	8	150	3
400℃，4.5h 催化加氢	50	<22	69	10
胜利减压渣油			47	47
重芳烃			7	100
轻胶质			87	96
中重胶质			89	37
戊烷不溶物			155	29

续表

样　　品	钒/(μg/g)	卟啉钒约占总钒/%	镍/(μg/g)	卟啉镍约占总镍/%
辽河减压渣油			40.8	36
戊烷可溶物				
385℃，2h 热反应			26.6	53
420℃，0.5h 热反应			16.8	66
430℃，0.5h 热反应			7.5	77

金属卟啉类化合物是一类重要的生物标志物，其类型、结构和分布与原油的起源、成熟度、生油地质条件等密切相关[112,113]。以卟啉类化合物形态存在的金属在石油中的含量一般在 1~100μg/g，金属卟啉类化合物的沸点在 565~650℃之间，是一种结晶状固体，极易溶解于烃类中。石油中已发现的金属卟啉的主要类型为初卟啉(ETIO)和脱氧叶红初卟啉(DPEP)两个系列化合物，它们都以 VO 基和 Ni 形式络合。较次要的类型是玫红型卟啉(RHODO-Porphyrin)，包括玫红型初卟啉(RHODO-ETIO)、玫红型脱氧叶红初卟啉(RHODO-DPEP)、玫红型二环脱氧叶红初卟啉(RHODO-DI-DPEP)等。所有类型的卟啉都由同系列组成，碳数范围约 C_{25}~C_{39}，有个别达到 C_{50}。在某些情况下，卟啉以二聚体存在。

渣油中的镍和钒的分布研究表明，它们和渣油中的其他常量元素的分布不同，表现为准双峰分布[35,41,114]。Boduszynski 等[35]测定了玛雅及波斯坎等几种常压渣油中的镍含量、钒含量随其沸点的变化情况，发现这几种油样中的金属含量均在沸点约为 650℃处骤然增大，尔后约在 870℃处出现一低谷，接着又随沸点的进一步增高而直线上升。650℃处小峰对应的相对分子质量在 400~1500 之间，它们为游离的金属卟啉。梁文杰等[41]对我国十几种减压渣油中镍分布的研究表明，油分(饱和分+芳香分)基本不含镍，戊烷沥青质的镍含量最高，在轻胶质或中胶质中往往有个含镍量的次高值。进一步的分析表明，轻胶质中的镍绝大部分为卟啉镍，而沥青质中的镍大部分以非卟啉镍络合物存在。利用 SEC/ICP(排阻色谱/感应耦合等离子体检测器)技术研究渣油中镍、钒络合物随相对分子质量的分布表明[114]，钒络合物随相对分子质量变化呈双峰分布，两峰值对应的表观相对分子质量分别为 800 和 9000。EPR(电子顺磁共振仪)研究证实，相对分子质量为 800 时，对应的是钒卟啉络合物，相对分子质量为 9000 时对应的是非卟啉钒络合物。镍络合物因为浓度小、信号弱，规律不明显。

石油中非卟啉类金属有机化合物主要存在于非挥发组分中。例如美国加州重油中的镍和钒化合物在 454~677℃馏分中有 98%为分子较小的卟啉化合物，而在>677℃渣油中则主要为非卟啉化合物，卟啉化合物只占 2%[115]。由于非卟啉镍和钒化合物中金属大都被大的有机部分掩蔽，且分子体积比较大，因此在加氢过程中脱除渣油中的非卟啉金属相对困难一些。

在焦化过程中，原料中的金属除对焦炭的灰分有影响外，焦化产物蒸馏过程中焦化蜡油的金属(主要是镍和钒)含量也会随干点上升而增高。表 2-3-24 列出了焦化重蜡油的钒含量随干点变化的数据。

表 2-3-24　焦化重蜡油的钒含量[116]

沸点范围/℃	钒含量/(μg/g)	
	BCF22 委内瑞拉混合油	Blend 重质原油混合油
510~524	2.0	0.5
524~538	3.3	0.6

续表

沸点范围/℃	钒含量/(μg/g)	
	BCF22 委内瑞拉混合油	Blend 重质原油混合油
538~552	5.9	0.8
552~566	15.0	1.2
566~579	17.3	1.8
579~593	22.0	5.0
>593	45.0	41.0

特别需要指出，焦化原料中的钠离子会影响加热炉运转周期。焦化原料中 Na^+含量不允许大于 10μg/g，Na^+会增大加热炉炉管结焦倾向，使炉管表面温度过早达到限制值，影响焦化操作周期。焦化原料中钠含量和加热炉运转周期的关系见图 2-3-8[117]。此外，钠盐所含的氯离子会对分馏塔顶和冷凝冷却系统造成腐蚀。

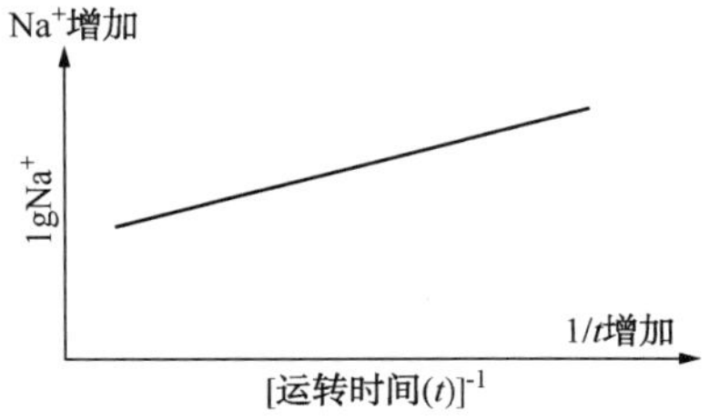

图 2-3-8　原料中的钠离子对加热炉运转周期的影响[117]

朱玉霞和汪燮卿研究表明[118]，含钙量较高也是我国有些原油的特点之一。表 2-3-25 中的数据表明，辽河、克拉玛依及冀东三种原油中的钙 96%以上存在于其减压渣油中，而且主要分布在胶质、沥青质中[119]。钙的存在，不仅使加热炉等设备结垢趋势大大增加，而且使焦炭灰分增大。Green K[120] 认为炼铝业需要优质焦，其中铁或钙含量不能高于 300μg/g，等同于原油中油溶性金属含量应少于 20~25μg/g。含钙量高的原油主要分布在我国的胜利油田、中原油田、大港油田、克拉玛依油田、冀东油田、渤海湾的海洋油田以及国外一些油田(主要是西非、南美、北欧)等产出的含酸和高酸值原油中。研究表明不同原油中钙的形态分布不同，有些原油(如大港原油、冀东原油等)中的钙大部分为油溶性的石油酸钙[119]，很难通过电脱盐工艺脱除。目前尚没有很好的脱除有机钙的方法，通常采用脱钙剂来脱除原油中的有机钙[121]，脱钙剂一般是低分子的酸，通过置换反应使有机钙转化为水溶性的钙，然后通过脱盐脱水除去。脱钙剂本身为有腐蚀性的酸，使用时应考虑脱钙剂引起的腐蚀问题。

表 2-3-25　辽河、克拉玛依及冀东原油中钙的分布[117]

原油名称	原油中钙含量/(μg/g)	减压渣油中钙含量/(μg/g)	减压渣油收率/%	(减压渣油中钙/原油中总钙)/%
辽　河	46	106(>540℃)	43.22	99.4
克拉玛依	145	428(>549℃)	33.32	98.3
冀　东	340	898(>550℃)	36.62	96.7

二、化学族组成和结构族组成

(一) 化学族组成

所谓族组成就是化学结构类似的一类化合物。族组成是石油炼制领域最常用于表示石油馏分化学组成的一种表示方法，例如汽油馏分的 PONA(链烷烃、烯烃、环烷烃和芳烃)分析等。需要说明的是，按照族组成的分析方法，凡分子结构中有一个芳香环者即归属于单环芳烃，有两个芳香环者为双环芳烃，以此类推。实际上，这些芳香分子中除有芳香环外还可能会有环烷环和烷基链，而所谓环烷烃分子除环烷环外还有烷基链。因此，族组成中的任一组分都可能是具有某一共同特性的许多化合物的混合物。

由于重质油组成的复杂性，已无法像轻油那样用单体烃组成来表达它们的化学组成和结构。常用族组成来表示重质油的化学组成。至于要分成哪些族则取决于分析方法及实际的需要。测定重质油的族组成往往都基于重质油中不同分子的物理或化学性质上的差别，如溶解性能、极性、挥发性、酸碱性、相对分子质量、扩散性能等，表 2-3-26 列举了目前用于重质油族组成分析的主要技术方法。其中以各种液相色谱方法最为常用。根据研究需要和目的，往往交替使用两种或两种以上分离方法(组成多维分离技术)。

表 2-3-26　重质油族组成分析方法

方　　法	依据的分子性质
(一)液相色谱	
(1)经典液固吸附色谱	极性
(酸、碱等)改性液固吸附色谱	酸、碱性等
(2)高效液相色谱(HPLC)	
凝胶渗透色谱(GPC)/体积排阻色谱(SEC)	分子体积或相对分子质量
离子交换色谱(IEC)	酸、碱性
配位体交换色谱(LEC)	配位能力
化学键合相色谱	溶解性等
(3)薄层色谱/改性薄层色谱(TLC)	极性等
(4)超临界流体色谱(SFC)	溶解性等
(二)分子蒸馏/短程蒸馏(SPD)	挥发性
(三)溶剂抽提或沉淀	溶解性等
(四)超临界流体抽提(SFE)	溶解性
(五)电荷转移分离(CTF)	电荷转移能力
(六)热场流动分离(TFFF)	热扩散能力

对于重质油的族组成研究，目前最广泛采用的是四组分分离法。此法最早是由 Corbett[122]提出的，由于所得的饱和分(Saturates)、芳香分(Aromatics，也称环烷-芳香分 Naphthene-aromatics)、胶质(Resins，也称极性芳香分 Polar-aromatics)及沥青质(Asphaltenes)四个组分的英语第一个字母分别是 S、A、R 及 A，所以也可称为 SARA 法。针对我国重质油族组成的特点，石油化工科学研究院(RIPP)对 SARA 法进行了一些改进[123]。尚需指出，对于色谱分离所得的前两个组分一般不称为饱和烃和芳香烃，而是称为饱和分、芳香分，这是因为其中尤其是芳香分中一般还杂有一些含硫及含氮化合物。

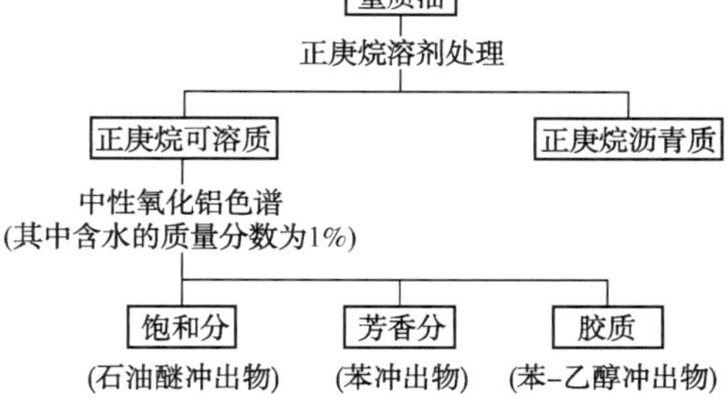

图 2-3-9　重质油四组分分离流程[123]

四组分分离的流程见图 2-3-9。为了避免重质油中相对分子质量和极性最大的组分在吸附剂上的不可逆吸附，此法的第一步是采用正庚烷为溶剂分离沥青质。随后再以氧化铝为吸附剂，将正庚烷可溶质分为饱和分、芳香分及胶质三个极性不同的组分。其用于洗脱的溶剂相继为60～90℃石油醚(其组成为饱和烃类)、苯及苯-乙醇(1：1)混合物。在氧化铝中需加入1%的水来适当降低其活性，以使各组分的分离符合要求并减少吸附剂上的残留。对于含蜡较多的重质油，所用吸附柱的温度需保持在50℃左右，以免蜡在色谱柱中析出。

表2-3-27中所列为国内外一些原油减压渣油的四组分组成[4]。不同的渣油其族组成差别很大。在我国的减压渣油中，饱和分的含量差别较大，从井楼渣油的14.3%到新疆白克渣油的47.3%，相差达三倍之多；芳香分的含量相当接近，一般为30%左右；正庚烷沥青质的含量普遍较低，一般都小于3%；胶质的含量较高，约占40%～50%。由此可见，与国外大多数减压渣油相比，我国减压渣油四组分组成的特点是胶质含量高、沥青质含量低。由于我国减压渣油中的正庚烷沥青质含量太少，不便将之作为一个组分来进一步考察，因此也常用正戊烷来分离沥青质。在正戊烷沥青质中，除包括正庚烷沥青质外，还含有胶质中较重的部分。

表2-3-27　减压渣油的四组分组成及正戊烷沥青质含量[4]

减压渣油名称	饱和分/%	芳香分/%	胶质/%	正庚烷沥青质/%	正戊烷沥青质/%
大庆	40.8	32.2	26.9	<0.1	0.4
胜利	19.5	32.4	47.9	0.2	13.7
孤岛	15.7	33.0	48.6	2.8	11.3
单家寺	17.1	27.0	53.5	2.4	17.0
临盘	21.2	31.7	44.0	3.1	13.8
辽河	20.8	31.8	41.6	5.7	
高升	22.6	26.4	50.8	0.2	11.0
欢喜岭	28.7	35.0	33.6	2.7	12.6
新疆白克	47.3	25.2	27.5	<0.1	3.0
新疆九区	28.2	26.9	44.8	<0.1	8.5
中原	23.6	31.6	44.6	0.2	15.5
任丘	19.5	29.2	51.1	0.2	10.1
大港	30.6	31.6	37.5	0.3	
井楼	14.3	34.3	51.3	0.1	5.4
阿曼	26.3	40.6	31.2	2.0	
阿拉伯(轻)	16.5	49.5	26.8	7.3	
阿拉伯(中)	9.1	56.2	25.0	9.7	
伊朗(轻)	16.4	45.0	31.9	6.7	
伊朗(重)	13.5	44.9	31.5	10.1	
委内瑞拉	14	26	38	22	
阿萨巴斯卡	16.9	18.3	44.8	17.2	
和平河	17	19	44	20	
威巴斯卡	15	18	48	19	

对于重质油的族组成分析目前国际上尚无通用的方法，我国的重质油四组分分析方法基

本统一，而国外并不统一，其主要的差别在于芳香分与胶质之间的分割。因此需要注意，各文献所载的重质油组成数据往往不能直接进行对比。再者，重质油的四个组分之间相互重叠的程度不仅取决于所用的方法，同时还与油样的组成及其中所含化合物的类型和含量有关。此外，四组分分析的结果往往有一定的损失，这主要是由于在吸附柱上残留有少量极性很强的重组分所致。

表 2-3-28 和表 2-3-29 所列为国内外一些减压渣油四组分的元素组成[124,125]。饱和分的氢碳比在 1.95 左右，其中基本不含杂原子；芳香分的氢碳比在 1.5~1.7 之间，其中含有相当量的硫和一定量的氮；胶质的氢碳比在 1.3~1.5 之间，其中硫和氮的含量都较高；正庚烷沥青质的氢碳比在 1.3 以下，其中杂原子的含量很高。总的来看，从饱和分、芳香分、胶质至沥青质，其杂原子含量逐渐增大，氢碳比则逐渐减小。重质油的四组分中，饱和分由烃类所组成，芳香分基本也属于烃类，但已混有一些含硫、氮的杂环化合物，而胶质和沥青质则完全由非烃化合物所组成。由此可见，组成重质油的化合物中有一半甚至一多半是非烃类。

表 2-3-28 减压渣油四组分的元素组成[124]

项目	饱和分			芳香分			胶质			正庚烷沥青质	
	大庆	胜利	孤岛	大庆	胜利	孤岛	大庆	胜利	孤岛	胜利	孤岛
碳含量/%	85.5	85.7	85.6	87.3	85.5	84.7	86.7	84.3	85.8	84.1	81.0
氢含量/%	14.4	14.2	13.9	12.1	11.6	11.1	10.6	10.2	10.0	9.0	7.8
硫含量/%	0	0	0	0.31	1.83	3.66	0.31	1.61	3.31	2.27	7.37
氮含量/%	0	0	0	0.20	0.56	0.44	0.99	1.43	1.49	1.73	1.36
H/C 摩尔比	2.01	1.98	1.94	1.67	1.63	1.56	1.47	1.45	1.40	1.28	1.16

表 2-3-29 减压渣油及其组分的元素分析和平均分子式[125]

渣油和组分		收率/%	平均相对分子质量	元素分析/%				H/C	平均分子式
				氢	碳	氧	硫		
伊朗重原油	渣油	100.0	1030	10.2	83.6		5.6	1.46	$C_{71.8}H_{105}S_{1.8}$
	饱和分	6.0	710	14.1	86.0		0	1.96	$C_{50.9}H_{100}$
	芳香分	52.2	840	10.8	84.2		5.5	1.54	$C_{58.9}H_{90.7}S_{1.4}$
	胶质	33.7	1300	9.2	81.9	2.1①	6.8	1.35	$C_{88.8}H_{120}O_{1.7}S_{2.8}$
	沥青质	8.1	7000	7.4	82.0		7.9	1.08	$C_{478}H_{518}S_{17.3}$
阿拉伯轻原油	渣油	100.0	960	10.3	84.0	0.9	5.1	1.47	$C_{67.2}H_{98.9}O_{0.5}S_{1.5}$
	饱和分	9.2	690	13.8	86.7		0	1.91	$C_{49.8}H_{95.2}$
	芳香分	50.5	840	10.9	85.3		4.6	1.53	$C_{59.8}H_{91.6}S_{1.2}$
	胶质	28.9	990	8.4	77.5	2.4	10.7	1.30	$C_{63.9}H_{83.2}O_{1.5}S_{3.3}$
	沥青质	11.4	9500	7.2	84.3	0.7	7.8	1.02	$C_{668}H_{683}O_{4.2}S_{23.2}$
科威特原油	渣油	100.0	1000	10.3	83.9		5.8	1.47	$C_{69.9}H_{103}S_{1.8}$
	饱和分	5.9	680	14.2	85.8		0	1.99	$C_{48.6}H_{96.6}$
	芳香分	53.2	810	10.8	83.8		5.4	1.55	$C_{56.6}H_{87.5}S_{1.4}$
	胶质	31.0	1200	8.8	78.3	3.4①	8.8	1.35	$C_{78.3}H_{106}O_{2.5}S_{3.3}$
	沥青质	9.9	3200	7.6	81.7	2.2①	7.7	1.12	$C_{218}H_{244}O_{4.4}S_{7.7}$

续表

渣油和组分		收率/%	平均相对分子质量	元素分析/%				H/C	平均分子式
				氢	碳	氧	硫		
穆巴拉斯原油	渣油	100.0	980	10.7	85.9	0.5	2.9	1.50	$C_{70.2}H_{105}O_{0.3}S_{0.9}$
	饱和分	24.8	830	14.3	86.8		0	2.01	$C_{59.3}H_{119}$
	芳香分	40.8	830	11.0	86.5		2.8	1.53	$C_{59.8}H_{91.3}S_{0.7}$
	胶质	20.6	980	9.0	81.7	4.0	5.3	1.32	$C_{66.8}H_{88.2}O_{2.5}S_{1.6}$
	沥青质	13.8	3500	6.5	84.8	2.7	3.9	0.92	$C_{248}H_{228}O_{5.9}S_{4.3}$

① 减差得到。

族组成是描述延迟焦化原料化学特性的基本数据，四组分组成反映了其生焦的特性。在延迟焦化过程中，不同的组分生焦率不同。表 2-3-30 列出了一些渣油组分的生焦情况[126]。其中胶质和沥青质组分是主要的结焦组分，其生焦率分别在 10%~20%和 40%~50%之间。

表 2-3-30　渣油各组分的生焦率(热重法)[126]　　%

渣油组分油源	饱和分	芳香分	胶质	沥青质
玛　雅	1.00	0.33	13.88	44.76
阿拉伯重油	0.41	0.68	13.21	46.01
贝　塔	1.13	0.58	21.33	39.06
70%阿拉伯重油+30%玛雅	0.45	0.81	14.40	47.50
Kern River	0.47	0.45	9.91	42.64

（二）结构族组成

如前所述，重质油是由相对分子质量较大的、数量众多的有机化合物所组成的混合物。对于如此复杂的物质，是不可能从单体组分的层次上来加以研究的。即使采用适当的分离方法，把它按化合物的类型分离为若干组分，但是此类组分仍是结构不同的化合物的复杂混合物，单纯按化合物类型来分类还不足以反映其在结构上的差别。例如，重质油中的芳香分中可能含有如下结构类型的分子：

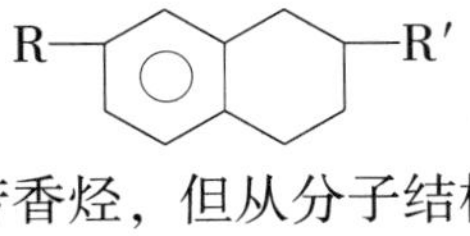

此类分子按化合物分类是属于芳香烃，但从分子结构上看，其中既有芳香环，又有环烷环，还有烷基链。而且，随着相对分子质量的增大，其中芳香环和环烷环的环数以及烷基支链数和烷基链上的碳数也会逐渐增多。为此，人们提出用结构族组成来描述这种混合类型的结构。

按照结构族组成的概念，对于任何一个烃类分子，其分子结构都可以看成是由烷基链、芳香环及环烷环三种结构单元所构成，其中的碳数和环数可用如下参数予以表征：

C_T——分子中总的碳数；

C_A——分子中的芳香碳数；

C_N——分子中的环烷碳数；

C_P——分子中的烷基碳数；

C_R——分子中环上的碳数；

R_A——分子中的芳香环数；

R_N——分子中的环烷环数；

R_T——分子中的总环数。

对于重质油而言，对于分子中的碳在不同结构中的分布习惯上常用分率来表示如下：

f_A——分子中的芳香碳分率，即$\frac{C_A}{C_T}$，简称芳碳率，又称芳香度；

f_N——分子中的环烷碳分率，即$\frac{C_N}{C_T}$，简称环烷碳率；

f_P——分子中的烷基碳分率，即$\frac{C_P}{C_T}$，简称烷基碳率。

对于结构中只含有环烷环及烷基链的环烷烃分子，其通式为：

$$C_nH_{2n+2-2R_N}$$

这是由于较之烷烃，结构中每增加一个环烷环就要减少2个氢原子。对于此类环烷烃，只需已知其相对分子质量及碳、氢的含量即可确定其分子中的环烷环数。

而对于一个结构中同时具有芳香环、环烷环及烷基链的烃分子，其通式则可表示如下：

$$C_nH_{2n+2-2R_T-C_A}$$

这是由于较之烷烃，结构中除了每增加一个环要减少2个氢原子外，每增加一个芳香碳还要减少一个氢原子。

就重质油而言，虽然其中所含的化合物分子不仅数目众多而且类型和大小也各异，但其中碳、氢的含量合计一般均在95%以上。根据其相对分子质量及碳、氢的含量，便可得到该油样碳氢结构部分的试验式为：

$$C_nH_m$$

为使问题简化，可以设想将整个重质油看成全是由一种试验式为C_nH_m的平均分子所组成。当然，这并不能反映其中实际的分子结构细节，但是从统计的角度，还是可以提供有价值的平均结构信息，有利于对重质油的研究和表征。

从统计的角度，这个把复杂的混合物看成是由一种结构相同的平均分子所组成，并把这种平均分子又看成是由若干个单元结构所构成的思路是具有创造性的。虽然，也有的学者反对用平均结构来表征重质油，认为它并不能表示其实际的结构，但是对于这样复杂的体系，迄今还没有更好的表征方法。因此，目前关于重质油化学结构的研究工作大多仍遵循这个思路，采用平均结构参数来加以表征。

目前普遍以元素分析、相对分子质量和核磁共振为基础来研究重质油的结构族组成。梁文杰等[4,46,124,127]对我国十几种减压渣油的化学组成和平均结构进行了研究，并对计算结构参数B-L法进行了改进。一些结构参数的符号定义见表2-3-31。需要说明的是，在计算时，对芳香分假定其平均分子为只含有一个芳香环系(即一个结构单元)的渺位缩合结构；对沥青质则假定其平均分子可由一个以上的结构单元组成，且每个结构单元具有最紧密缩合的迫位缩合芳香环系结构；至于胶质中的芳香环系很可能既有渺位缩合的又有迫位缩合的，目前尚难加以确切地判明，考虑到胶质的结构较接近于沥青质，故而近似地假定胶质也属于纯粹的迫位缩合环系结构[127]。

表 2-3-31　平均分子结构参数的符号定义

符　号	定　　义	符　号	定　　义
M	平均相对分子质量	R_T	总环数
n	平均分子中的结构单元数	R_A	芳香环数
USW	结构单元重	R_N	环烷环数
f_A	芳香碳百分率	H_{AU}/C_A	芳香环部分未被取代的氢与碳摩尔比
f_N	环烷碳百分率	σ	芳香环系周边碳的取代率
f_P	烷基碳百分率	L	平均链长参数

表 2-3-32 列出了用改进的 B-L 法计算的一些减压渣油的平均结构参数，计算时假定其中的环系属于渺位缩合结构[127]。由表 2-3-32 数据可见，这些减压渣油的芳碳率的范围为 0.16~0.31，环烷碳率的变化幅度为 0.11~0.23，而烷基碳率在 0.46~0.73 之间。将大庆减压渣油与欢喜岭减压渣油相比，可以看出，前者的芳碳率(0.16)明显低于后者(0.30)，而前者的烷基碳率(0.73)则比后者(0.48)大得多，后者的环烷碳率也显著较大。这就清楚地表明了大庆减压渣油的石蜡基特征和欢喜岭减压渣油的环烷基特征。

就平均分子中的环数而言，其总环数 R_T 的范围大体为 4~9，其中芳香环数 R_A 一般略多于环烷环数 R_N，R_A/R_N 大多在 1.0~1.3 之间。

表 2-3-32　减压渣油的平均结构参数[127]

项目	大庆	胜利	孤岛	临盘	欢喜岭	新疆九区	中原	任丘	大港	涠州	阿拉伯(轻)	阿曼
碳/%	87.0	84.4	86.5	87.2	86.3	86.9	85.6	86.2	87.4	87.2	85.1	86.2
氢/%	12.7	11.6	10.8	11.8	10.7	11.7	11.6	11.6	11.7	12.3	10.5	11.6
硫/%	0.14	1.95	2.86	0.60	0.57	0.45	1.18	1.76	0.30	0.27	3.99	1.68
氮/%	0.53	0.92	1.18	0.80	0.88	0.79	0.60	1.08	1.18	0.40	0.45	0.45
H/C	1.74	1.63	1.49	1.61	1.48	1.61	1.61	1.60	1.60	1.68	1.47	1.60
M	1120	1080	1030	1000	1030	1340	1100	1140	1080	860	810	980
f_A	0.16	0.22	0.29	0.23	0.30	0.23	0.23	0.23	0.23	0.20	0.31	0.24
f_N	0.11	0.17	0.23	0.18	0.22	0.14	0.16	0.18	0.20	0.14	0.23	0.16
f_P	0.73	0.61	0.48	0.59	0.48	0.63	0.61	0.59	0.57	0.66	0.46	0.60
R_T	5.3	6.3	9.2	6.7	9.2	9.0	7.1	7.8	7.9	4.8	7.3	6.5
R_A	3.0	3.2	4.9	3.5	5.1	5.6	4.0	4.2	4.0	2.6	4.0	3.7
R_N	2.3	3.1	4.3	3.2	4.1	3.4	3.1	3.6	3.9	2.2	3.3	2.8
R_A/R_N	1.3	1.0	1.1	1.1	1.2	1.7	1.3	1.2	1.0	1.2	1.2	1.3
H_{AU}/C_A	0.69	0.74	0.57	0.70	0.67	0.58	0.62	0.57	0.68	0.64	0.74	0.72
σ	0.52	0.50	0.35	0.55	0.45	0.53	0.44	0.29		0.52		
L	6.6	4.7	3.7	4.3	3.7	3.9		5.1		6.1		
平均分子式	$C_{81}H_{141}S_{0.05}N_{0.42}$	$C_{76}H_{124}S_{0.66}N_{0.71}$	$C_{74}H_{116}S_{0.92}N_{0.87}$	$C_{73}H_{117}S_{0.18}N_{0.57}$	$C_{74}H_{106}S_{0.18}N_{0.65}$	$C_{97}H_{156}S_{0.19}N_{0.76}$	$C_{78}H_{127}S_{0.40}N_{0.47}$	$C_{88}H_{144}S_{0.27}N_{0.88}$	$C_{79}H_{125}S_{0.10}N_{0.91}$	$C_{62}H_{105}S_{0.07}N_{0.25}$	$C_{57}H_{84}S_{1.01}N_{0.26}$	$C_{70}H_{113}S_{0.51}N_{0.32}$

从表 2-3-32 还可看出，各减压渣油平均链长参数 L 的范围为 3.7~6.6，其中石蜡基大庆减压渣油的 L 最大，环烷基如欢喜岭减压渣油的 L 最小，中间基如胜利减压渣油的 L 居中。

此外，表中的计算结果还显示，各减压渣油平均结构中芳香环系周边碳的取代率 σ 的范围为 0.3~0.6，多数在 0.5 左右。

从各减压渣油的平均分子式可以看出，其每个平均分子中的碳数大多在 70~90 之间，而所含硫和氮等杂原子数约为 2 左右。由此可见其分子骨架基本是由碳构成的，在计算平均结构参数时把它看作纯碳氢结构是可行的。

这些用改进的 B-L 法求得的平均结构参数，虽都作了相应的假定并经过一定的简化，但从所得的结果可以看出，它们与一般对各减压渣油化学属性的认识基本一致，表明可以用于对减压渣油的表征。

（三）饱和分的化学组成与结构

重质油用四组分法分离得到的饱和分的组成基本为烷烃和环烷烃，它是易于轻质化的理想组分。不同的减压渣油其饱和分含量有显著的差别，石蜡基的减压渣油的饱和分的含量是很高的，如印度尼西亚的米纳斯减压渣油，饱和分达到 57.5%，大庆减压渣油中的饱和分含量也高达 40.8%；而中间基的减压渣油，如中东含硫原油的减压渣油的饱和分含量大约在 20%以下。饱和分中的氢含量在渣油组分中是最高的，H/C 摩尔比约为 1.9~2.1，在催化裂化时，C—C 键很容易断裂生成相对分子质量较小的烃类，因此是极好的裂化原料。

在轻质及中间馏分的饱和烃中一般主要是烷烃和少量的单环及双环环烷烃，而重质油中的饱和分则往往以环烷烃为主，其环数可多达 6 个或更多。由于重质油的相对分子质量较大，其中在环烷烃侧链上的烷基碳也占有较大份额。

图 2-3-10[35] 所示为科恩河原油重质馏分中烷烃及从单环至六环环烷烃的含量随其沸点变化的情况，此图系依据 FIMS 质谱分析的结果绘制的。由图可见，该原油各馏分中烷烃及环烷烃的含量均随其沸点的升高而显著减少；同时，由于此原油属环烷基，所以饱和烃中以环烷烃为主，烷烃的含量很少。图中还显示，在科恩河原油 345℃ 以上的重馏分中的环烷烃以三环至六环的为主，至于七环以上的环烷烃即使存在也是极少的。在石蜡基原油重馏分的饱和烃中，烷烃及单环和双环环烷烃的含量则会高一些。

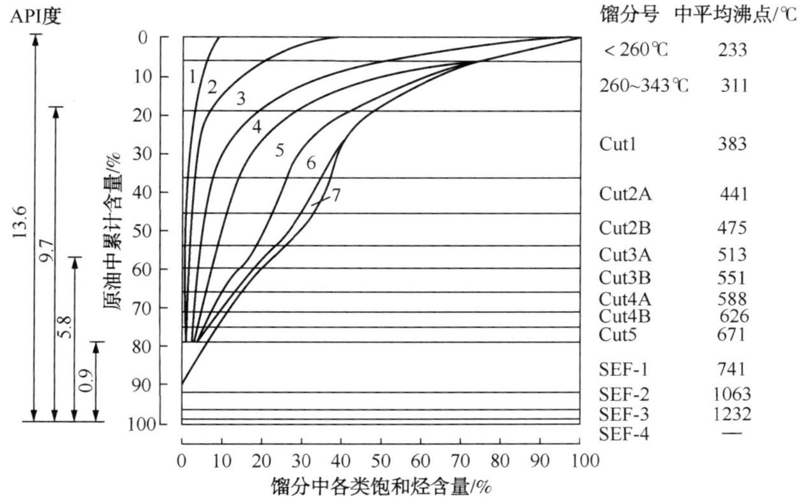

图 2-3-10　科恩河原油中的饱和烃分布[35]

1—烷烃；2—单环环烷烃；3—双环环烷烃；4—三环环烷烃；5—四环环烷烃；6—五环环烷烃；7—六环环烷烃

尚需指出，随着馏分沸点的增高，环烷烃分子中在其侧链上的碳数相应增多，这样也就使其石蜡性增强。若假定所有环烷环都是六员的，并且均为渺位缩合，则可得到如表 2-3-33 所列的估算数据[35]。由表可见，对于中平均沸点为 588℃、相对分子质量为 680 的短程蒸馏 4A 馏分，其单环、双环、三环、四环、五环及六环环烷烃分子中在侧链上的碳数相应约为 42、38、34、30、26 及 22，可见是相当多的。

表 2-3-33　科恩河原油高沸点馏分中环烷烃烷基侧链碳数的估算值[35]

馏分号	中平均沸点/℃	相对分子质量	平均碳数	不同环数环烷烃侧链碳数估算值					
				单环	双环	三环	四环	五环	六环
1	383	335	24	18	14	10	6	2	
2A	441	420	30	24	20	16	12	8	4
3A	513	525	37	31	27	23	19	15	11
4A	588	680	48	42	38	34	30	26	22
5	671	880	63	57	53	49	45	41	37

各类环数不同的环烷烃的典型结构如图 2-3-11 所示。

图 2-3-12 所示为科恩河原油三个短程蒸馏馏分中四环环烷烃的相对分子质量及碳数分布。对于中平均沸点为 383℃的馏分，其碳数范围为 C_{19}~C_{36}，最大值在 C_{28}处，表明其侧链上的碳数约在 2~19 之间，大多在 11 左右。中平均沸点为 551℃的馏分的碳数范围为 C_{26}~C_{62}，最大值在 C_{44}处，其侧链上的碳数约在 9~45 之间，大多在 27 左右。至于短程蒸馏的最后一个中平均沸点为 671℃的馏分，其碳数范围为 C_{44}~C_{86}，最大值在 C_{74}处，在侧链上的碳数则高达 27~69，大多在 57 左右。由此可见，在原油高沸馏分中的环烷烃中含有相当多的烷基碳，而且其烷基碳率随沸点的升高而增大。

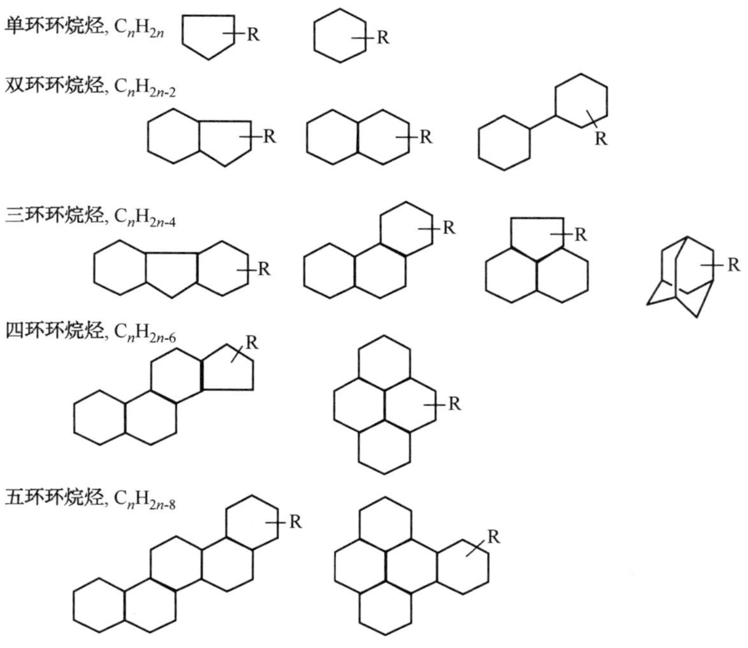

图 2-3-11　重质油中环烷烃典型结构

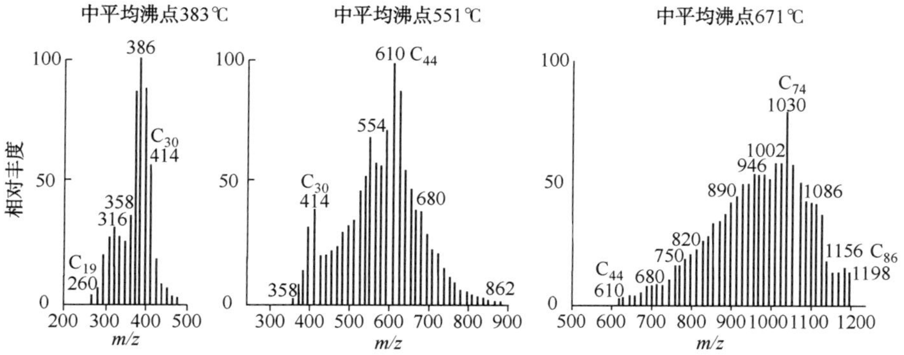

图 2-3-12　科恩河原油三个短程蒸馏馏分中四环环烷烃的相对分子质量及碳数分布[35]

表 2-3-34 中所列为王子军[128]对国内外四种减压渣油饱和分的质谱分析的结果。数据也表明这些饱和分中的主要成分是环烷烃，其含量均在 60%以上。对于不同的减压渣油，其中不同环数的环烷烃的分布情况则各有其特点，但总的来看是以 1 环至 4 环的为主。同时还可以看出，用四组分法分离得到的饱和分中仍杂有少量的芳香烃。

表 2-3-34　减压渣油饱和分的质谱分析结果[128]　　%

减压渣油名称	伊朗(轻)	伊朗(重)	阿拉伯(中)	新疆
链烷烃	18.5	16.9	27.4	19.2
环烷烃	71.4	77.0	62.5	73.2
单环环烷烃	16.6	13.4	24.7	19.1
双环环烷烃	18.1	12.3	17.5	17.6
三环环烷烃	18.1	25.6	12.5	16.9
四环环烷烃	10.2	12.3	5.5	9.7
五环环烷烃	5.3	8.4	2.1	6.7
六环环烷烃	3.1	5.0	0.2	3.2
烷基苯	10.1	6.1	10.1	7.6

表 2-3-35 列出了几种减压渣油中饱和分的平均结构参数[127]。从表 2-3-35 中的数据可以看出，饱和分的平均相对分子质量为 600~900，是减压渣油各组分中相对分子质量最小的，其相应的碳数为 40~60。这四种减压渣油饱和分的 H/C 在 1.9~2.0 之间，表明其结构有一定差别。从大庆、胜利、孤岛至欢喜岭，其 H/C 依次减小，环烷碳率及支化指数 H_γ/H_β则依次增大。从平均分子中的环烷环数来看，大庆饱和分中约有一个环烷环，而孤岛及欢喜岭饱和分中则平均有三个环烷环。这些平均结构参数与各油种的基属是对应的。

表 2-3-35　减压渣油中饱和分的平均结构参数[127]

项　　目	大庆	胜利	孤岛	欢喜岭
碳含量/%	85.5	85.7	85.6	85.5
氢含量/%	14.4	14.2	13.9	13.6
H/C	2.01	1.98	1.94	1.90
M	880	650	710	580

续表

项　　目	大庆	胜利	孤岛	欢喜岭
f_N	0.08	0.18	0.25	0.35
f_P	0.92	0.82	0.75	0.65
R_N	0.8	1.6	2.7	3.1
H_γ/H_β	0.31	0.32	0.39	0.41
平均分子式	$C_{63}H_{126}$	$C_{46}H_{92}$	$C_{51}H_{98}$	$C_{41}H_{78}$

（四）芳香分的化学组成与结构

从表 2-3-28 和表 2-3-29 中的元素组成可以看出，用色谱分离法得到的芳香分中含有一定量的杂原子，表明其中并不全是芳香烃，它含有部分非烃化合物。重质油中基本不含无取代基的芳香烃，其芳香烃的结构中除了至少含有一个芳香环外，还有相当多的烷基碳，烷基碳的数目一般均大于芳香碳的，同时还往往并合或连有环烷环。

表 2-3-36 中所列为王子军[128]对国内外四种减压渣油芳香分的质谱分析的结果。数据表明，这些芳香分中已鉴定出的芳香烃主要是 1 环至 3 环的，同时还可以看出，用四组分法分离得到的芳香分中仍杂有相当多的噻吩类化合物。

表 2-3-36　减压渣油芳香分的质谱分析结果[128]　　%

减压渣油名称	伊朗(轻)	伊朗(重)	阿拉伯(中)	新疆
单环芳香烃	13.0	13.4	20.5	28.6
双环芳香烃	24.1	21.1	20.6	16.2
三环芳香烃	13.7	11.8	17.0	7.2
四环芳香烃	4.5	8.8	0.6	3.6
五环芳香烃	2.4	2.6	1.5	3.0
噻吩类化合物	6.6	13.9	9.6	3.5
未鉴定芳香烃	35.7	28.4	30.2	37.9

图 2-3-13 所示为 Boduszynski 等[35]用蒸馏及高效液相色谱法测得的科恩河原油重质馏分的组成，由图可以看出不同环数芳香分的含量随沸点的变化情况。其中 Cut 1 馏分（中平均沸点为 383℃）含有约 50%的芳香分，Cut 3B 馏分（中平均沸点为 551℃）含有 40%的芳香分，尔后随着沸点的上升其中芳香分的含量急剧下降。

由图 2-3-13 还可以看出该原油各馏分中从单环芳香分至五环及五环以上芳香分的含量，其总的变化趋势为：随着沸点的升高，在芳香分中少环芳香组分的比例减少，多环芳香组分的比例增大。

关于重质油芳香分的侧链链长分布问题迄今还研究得很少，王子军[129]曾用钌离子催化氧化法取得了如图 2-3-14 所示的大庆及胜利减压渣油芳香分中与芳香碳相连的正构烷基侧链的链长分布图。由图可见，芳香分分子上连有链长为 1 个碳至 30 个碳的侧链，其中甲基及乙基等短侧链的数目较多，随着链长的增长其摩尔浓度基本呈下降趋势。

用梯度溶剂冲洗色谱法可将渣油中的芳烃细分成轻芳烃、中芳烃、重芳烃等亚组分，其中轻芳烃基本上是单环芳烃，中芳烃为双环芳烃，而重芳烃中主要是多环芳烃[46]。表 2-3-37 中所列为几种减压渣油中芳香分的亚组分分布。由表可见，各减压渣油中芳香分的组成

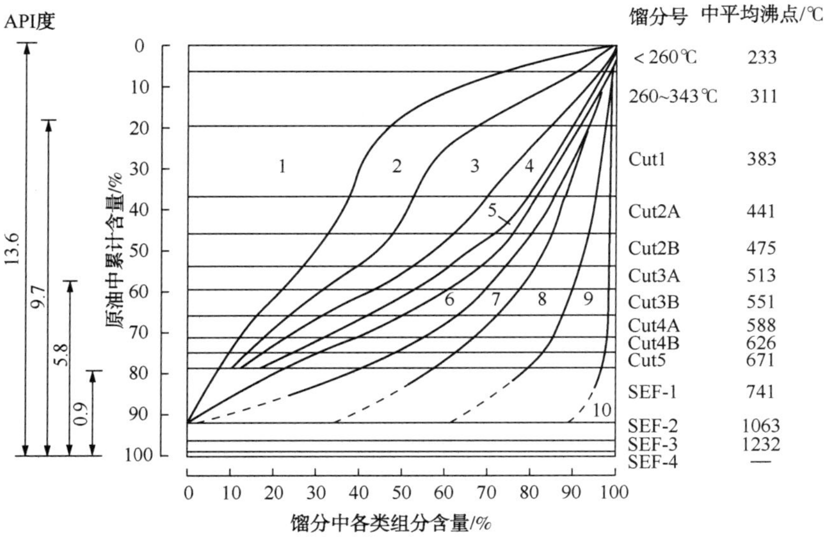

图 2-3-13　科恩河原油饱和烃、芳香烃及极性分的分布[35]

1—饱和烃；2—单环芳香分；3—双环芳香分；4—三环芳香分；5—四环芳香分；6—五环及五环以上芳香分；7—碱性分；8—吡咯类含氮化合物；9—酸性分

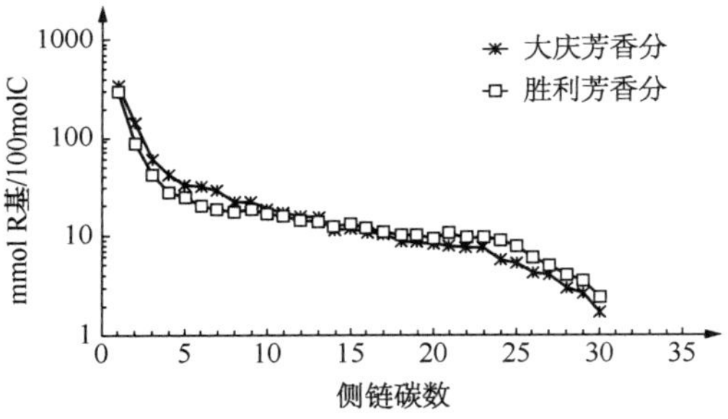

图 2-3-14　大庆及胜利减压渣油芳香分的正构烷基侧链分布[129]

有一定差别，如轻芳烃在大庆减压渣油的芳香分中占 26.9%，而在任丘减压渣油中则只占 18.4%。但是，总的来看各减压渣油芳香分组成的差别不是很大，在芳香分中重芳烃所占份额最大，约为 55%~65%，而轻芳烃和中芳烃各占 20%左右。

表 2-3-37　减压渣油中芳香分的亚组分分布[46]

减压渣油名称	轻芳烃/%	中芳烃/%	重芳烃/%
大　庆	26.9	19.5	53.6
胜　利	23.7	21.1	55.2
孤　岛	17.8	17.5	64.7
单家寺	23.2	18.3	58.5
临　盘	20.1	16.6	63.3
任　丘	18.4	17.8	63.8
中　原	22.9	23.6	53.5

表 2-3-38 列出了一些减压渣油中芳香分的平均结构参数[127]。各减压渣油芳香分的 H/C 为 1.5~1.7，其相对分子质量略高于饱和分的相对分子质量，约在 600~1100 之间。它

们的平均结构参数的范围是：芳碳率为 0.21～0.32，环烷碳率为 0.14～0.23，烷基碳率为 0.47～0.65；总环数 R_T为 5.1～6.5，芳香环数 R_A为 2.4～3.7，环烷环数 R_N为 2.1～3.2，其 R_A/R_N在 1 左右；H_{AU}/C_A大致在 0.6～0.8 之间，表明其芳香环系基本为渺位缩合，其芳香环系周边碳的取代率 σ 在 0.5 左右；各减压渣油芳香分的平均链长差别较大，以石蜡基的大庆原油减压渣油芳香分的 L 最大，为 7.1，环烷基的欢喜岭减压渣油芳香分的 L 最小，仅为 3.5，相差达一倍。

表 2-3-38　减压渣油中芳香分的平均结构参数[127]

项　目	大　庆	胜　利	孤　岛	欢喜岭	任　丘	大　港
碳含量/%	87.3	85.5	84.7	87.4	85.5	87.2
氢含量/%	12.1	11.6	11.1	11.0	11.5	11.4
硫含量/%	0.31	1.83	3.66			
氮含量/%	0.20	0.56	0.44	0.93	0.41	0.55
H/C	1.67	1.63	1.56	1.50	1.61	1.56
M	1080	850	760	640	830	670
f_A	0.21	0.23	0.26	0.32	0.23	0.27
f_N	0.14	0.21	0.23	0.21	0.14	0.21
f_P	0.65	0.56	0.51	0.47	0.63	0.52
R_T	6.5	5.6	5.9	5.2	5.7	5.1
R_A	3.7	2.4	2.8	2.8	3.6	2.6
R_N	2.8	3.2	3.1	2.5	2.1	2.5
R_A/R_N	1.3	0.8	0.9	1.1	1.7	1.0
H_{AU}/C_A	0.67	0.80	0.75	0.76	0.62	0.77
σ	0.50	0.57	0.59	0.44	0.50	0.49
L	7.1	5.3	4.6	3.5	5.2	4.3
平均分子式	$C_{79}H_{130}S_{0.10}N_{0.15}$	$C_{61}H_{99}S_{0.49}N_{0.34}$	$C_{54}H_{84}S_{0.87}N_{0.25}$	$C_{46}H_{70}S_XN_{0.43}$	$C_{59}H_{95}S_XN_{0.24}$	$C_{49}H_{76}S_XN_{0.26}$

从表 2-3-39[127]中所列三种减压渣油芳香分亚组分的平均结构参数可以看出，从轻芳香分、中芳香分至重芳香分，其 H/C 及烷基碳率f_P依次减小，芳碳率f_A及芳香环数 R_A则依次增大。就芳香环数而言，轻芳香分的为 1，中芳香分的基本为 2，重芳香分的则为 3～5，这表明借助所采用的液相色谱方法能较好地实现按芳香环数的多少进行分离。从平均链长参数 L 看，轻芳香分的侧链明显较长。

表 2-3-39　减压渣油中芳香分亚组分的平均结构参数[127]

项　目	大　庆			胜　利			任　丘		
	轻芳分	中芳分	重芳分	轻芳分	中芳分	重芳分	轻芳分	中芳分	重芳分
碳含量/%	86.3	87.2	89.4	85.0	84.8	85.4	86.9	86.3	86.5
氢含量/%	13.7	12.8	11.9	12.7	11.6	10.8	13.2	12.2	11.7
H/C	1.89	1.74	1.62	1.79	1.65	1.52	1.87	1.69	1.62
M	1010	1060	1270	730	690	770	750	640	900

续表

项目	大庆			胜利			任丘		
	轻芳分	中芳分	重芳分	轻芳分	中芳分	重芳分	轻芳分	中芳分	重芳分
f_A	0.08	0.16	0.23	0.10	0.22	0.28	0.11	0.20	0.23
f_N	0.06	0.12	0.14	0.23	0.16	0.18	0.04	0.17	0.15
f_P	0.86	0.72	0.63	0.67	0.62	0.53	0.85	0.64	0.62
R_T	2.1	4.9	8.1	3.8	4.2	6.9	3.2	3.6	5.8
R_A	1.0	2.5	4.8	0.9	2.2	3.3	1.0	1.7	3.3
R_N	1.1	2.4	3.3	2.9	2.0	3.6	2.2	1.9	2.5
R_A/R_N	0.9	1.0	1.5	0.3	1.1	0.9	0.5	0.9	1.4
H_{AU}/C_A	1.0	0.77	0.57	0.90		0.65	0.98	0.85	0.68
σ	0.67	0.52	0.38	0.60	0.54	0.47	0.59	0.50	0.49
L	8.2	4.7	6.2	5.1	4.3	4.5	7.5	4.8	4.4

在重质油转化过程中，芳烃仅能进行断侧链、氢转移及缩合反应，芳环本身不能断裂，因此带长侧链的单、双环芳烃仍是很好的裂化原料。然而具有稠环结构的蒽、菲及其衍生物等多环芳烃在通常的裂化条件下，裂化性能较差，是形成焦炭的母体。

（五）胶质的化学组成与结构

重质油中含有相当多的非烃化合物，绝大部分集中在胶质和沥青质中。由于胶质与沥青质之间并无截然界限，一般也可根据其外观统称为胶状沥青状物质或胶状沥青状组分。此类胶状沥青状组分的组成是非常复杂的，甚至已不可能把它按含硫、含氮或含氧等含单一的杂原子化合物来进行分离和研究。鉴于胶状沥青状组分的分子骨架中碳仍占90%以上，所以测定其平均结构参数还是很有意义的。对胶状沥青状组分这类石油中相对分子质量最大、组成结构最复杂的组分，人们虽已研究了近一个世纪，但还有许多问题尚不清楚。

胶质是石油中相对分子质量及极性均仅次于沥青质的大分子非烃化合物，它具有很大的多分散性，与沥青质和芳香分之间并没有截然的界限。从外观看，胶质是深棕色至深褐色的、极为黏稠不易流动的液体或无定形固体，具有黏附性，将它涂成薄层时呈深红色，并随胶质相对分子质量的变大而逐渐变深。受热时熔融，其相对密度略小于1.0。胶质的黏度随温度的变化很大，其低温黏度很大，而在高温下其黏度显著变小。由于胶质中含有较多的含硫、氮、氧的极性基团，它是石油中天然的表面活性剂。胶质对热不稳定，它在受热尤其是有氧存在下，很容易缩合而变成沥青质。

胶质是分子结构很复杂、相对分子质量较大的混合物，难以分离成结构单一的窄馏分，可采用冲洗色谱将其分成多个亚组分。例如胶质用硅胶吸附后，用苯可冲下富含芳烃的部分（轻胶质），再用丙醇和乙醇-苯可分别冲下极性较强的另两种组分（中胶质和重胶质）。表2-3-40中列出了几种减压渣油中胶质的亚组分分布[46]。由表2-3-40可见，不同减压渣油中胶质的组成是有相当差别的。例如，大庆减压渣油不仅所含胶质总量少，而且42%是轻胶质，重胶质只占34.9%；而任丘减压渣油中不但含胶质多，而且54.5%是重胶质，轻胶质仅占27.9%。至于其中中胶质的份额则比较接近，均在18%左右。

表 2-3-40　减压渣油中胶质的亚组分分布[46]

减压渣油	轻胶质/%	中胶质/%	重胶质/%
大　庆	42.0	23.1	34.9
胜　利	30.0	16.3	53.7
孤　岛	34.5	17.7	47.8
单家寺	31.6	17.8	50.6
临　盘	37.4	18.3	44.5
高　升	26.7	18.4	54.9
欢喜岭	38.9	20.9	40.2
任　丘	27.9	17.6	54.5
中　原	24.3	14.9	60.8
新疆九区	33.6	16.0	50.4
井　楼	34.4	19.6	46.0

从表 2-3-28 和表 2-3-29 中胶质的元素组成可以看到，胶质中含有较多硫、氮等杂原子，胶质基本被认为主要由非烃化合物组成。由于相对分子质量较大、结构复杂，目前尚不能直接分析胶质化学结构，一般采用结构族组成来表达其平均结构。

表 2-3-41 列出了我国几种减压渣油中胶质的平均结构参数[127]。如表所示，胶质的 H/C 为 1.3~1.5，其平均相对分子质量一般在 1400~2800 之间，每个平均分子中的结构单元数约为 2，相应的结构单元重(*USW*)为 700~1200。按结构单元计算的胶质平均结构参数为：芳碳率差别不大，在 0.3~0.4 之间，烷基碳率为 0.5 左右；总环数为 7~10，芳香环数为 5~7，环烷环数为 3，R_A/R_N 在 2 左右；其平均链长参数 L 为 4~5，均比相应芳香分的短，以石蜡基大庆胶质的最长，为 5.2。

表 2-3-41　减压渣油中胶质的平均结构参数[127]

项　目	大庆	胜利	孤岛	临盘	欢喜岭	新疆九区	中原	任丘	大港
碳含量/%	86.7	84.3	85.8	86.9	85.9	87.0	85.4	86.3	86.3
氢含量/%	10.6	10.2	10.0	10.4	9.7	10.0	10.0	10.4	10.4
硫含量/%	0.31	1.61	3.31						
氮含量/%	0.99	1.44	1.49	1.40	1.74	1.22	1.07	1.42	1.47
H/C	1.47	1.45	1.39	1.43	1.35	1.38	1.39	1.44	1.44
M	1780	1730	1380	1760	1070	1810	2780	2260	1470
n	2.1	2.1	1.9	2.2	1.1	2.8	3.0	1.9	1.7
USW	850	820	730	800	970	650	930	1190	860
f_A	0.31	0.32	0.36	0.34	0.37	0.36	0.35	0.32	0.32
f_N	0.15	0.15	0.17	0.14	0.14	0.16	0.13	0.13	0.16
f_P	0.54	0.53	0.47	0.52	0.49	0.48	0.52	0.55	0.52
R_T ①	8.1	7.9	7.8	7.6	10.6	7.2	9.1	9.6	8.5
R_A ①	5.1	4.9	4.8	5.1	7.4	4.6	6.3	6.5	5.3

续表

项目	大庆	胜利	孤岛	临盘	欢喜岭	新疆九区	中原	任丘	大港
R_N①	3.0	3.0	3.0	2.5	3.2	2.6	2.8	3.1	3.2
R_A/R_N	1.7	1.6	1.6	1.9	2.3	1.8	2.3	2.0	1.7
H_{AU}/C_A	0.58	0.59	0.59	0.61	0.50	0.60	0.53	0.53	0.57
σ	0.54	0.53	0.53	0.46	0.52	0.49		0.53	0.55
L	5.2	4.6	4.6	4.1	3.8	3.5		3.8	4.1
平均分子式	$C_{128}H_{187}S_{0.17}N_{1.3}$	$C_{121}H_{175}S_{0.87}N_{1.8}$	$C_{99}H_{137}S_{1.42}N_{1.5}$	$C_{127}H_{182}S_xN_{1.8}$	$C_{77}H_{103}S_xN_{1.3}$	$C_{131}H_{181}S_xN_{1.6}$	$C_{198}H_{276}S_xN_{2.1}$	$C_{162}H_{233}S_xN_{2.3}$	$C_{106}H_{152}S_xN_{1.5}$

① 对结构单元而言。

表 2-3-42 至表 2-3-44 中所列为各减压渣油中轻胶质、中胶质及重胶质的平均结构参数，表 2-3-45 为这些参数的变化趋势，表明胶质是在组成、结构及相对分子质量等方面跨度都很宽的多分散物质[127]。由上述表中的数据可以看出：从轻胶质、中胶质至重胶质，其 H/C 呈下降趋势，平均相对分子质量及结构单元重呈增大趋势，轻胶质与中胶质的结构单元数相近，而重胶质的较大；从碳分布来看，其芳碳率逐渐增大，烷基碳率逐渐减小；就每个结构单元中的芳香环数、环烷环数及总环数而言，则都明显增多，而 R_A/R_N 变化不大，为 2 左右；H_{AU}/C_A 逐渐减小表明其环系的缩合程度逐渐增大。

表 2-3-42 减压渣油中轻胶质的平均结构参数[127]

项目	大庆	胜利	孤岛	临盘	新疆九区	中原	任丘
碳含量/%	87.4	85.1	86.2	86.6	87.4	85.6	85.7
氢含量/%	11.3	11.1	10.6	11.0	10.9	10.5	11.2
氮含量/%	1.23	1.31	1.54	1.43	1.22	0.88	1.45
H/C	1.55	1.53	1.47	1.51	1.49	1.46	1.56
M	1560	1250	1210	1060	1170	1380	1210
n	1.8	1.8	1.6	1.8	1.6	2.0	1.4
USW	860	700	760	590	750	690	840
f_A	0.27	0.28	0.31	0.30	0.31	0.31	0.26
f_N	0.11	0.16	0.15	0.15	0.13	0.17	0.13
f_P	0.62	0.56	0.54	0.55	0.56	0.52	0.61
R_T①	6.7	5.8	7.1	4.9	6.7	6.5	6.4
R_A①	4.4	3.1	4.3	2.9	4.3	3.8	3.8
R_N①	2.3	2.7	2.7	2.0	2.4	2.7	2.6
R_A/R_N	1.9	1.2	1.6	1.4	1.8	1.4	1.4
H_{AU}/C_A	0.60	0.69	0.59	0.70	0.61	0.63	0.65

① 对结构单元而言。

表 2-3-43 减压渣油中中胶质的平均结构参数[127]

项　　目	大庆	胜利	孤岛	临盘	新疆九区	中原	任丘
碳含量/%	87.3	84.5	85.6	86.5	86.1	85.3	85.4
氢含量/%	10.7	10.7	10.4	10.7	10.4	10.2	10.5
氮含量/%	1.03	1.52	1.66	1.15	1.04	1.01	1.49
H/C	1.46	1.51	1.45	1.48	1.44	1.42	1.50
M	1850	1560	1410	1340	1340	2020	1670
n	1.9	1.8	1.6	2.0	2.0	2.0	1.8
USW	990	850	880	660	680	1010	920
f_A	0.32	0.29	0.32	0.32	0.34	0.34	0.29
f_N	0.11	0.14	0.13	0.14	0.15	0.12	0.12
f_P	0.57	0.57	0.55	0.54	0.51	0.54	0.59
R_T①	9.2	7.2	8.2	5.9	6.5	9.5	7.8
R_A①	6.5	4.4	5.4	3.7	4.2	6.7	5.1
R_N①	2.7	2.8	2.8	2.3	2.3	2.8	2.7
R_A/R_N	2.4	1.6	1.9	1.6	1.8	2.4	1.9
H_{AU}/C_A	0.53	0.64	0.54	0.65	0.62	0.51	0.51

①对结构单元而言。

表 2-3-44 减压渣油中重胶质的平均结构参数[127]

项　　目	大庆	胜利	孤岛	临盘	新疆九区	中原	任丘
碳含量/%	86.4	85.4	84.7	86.0	86.5	84.3	85.6
氢含量/%	10.0	10.4	10.1	10.2	9.8	9.8	10.1
氮含量/%	1.20	1.55	1.75	1.25	1.21	1.22	1.53
H/C	1.38	1.45	1.42	1.41	1.34	1.38	1.41
M	2900	2000	2060	1920	2230	2270	2360
n	2.6	2.0	2.2	2.2	3.4	2.2	2.3
USW	1100	980	940	880	665	1030	1030
f_A	0.37	0.31	0.34	0.35	0.37	0.36	0.33
f_N	0.16	0.14	0.13	0.12	0.19	0.12	0.15
f_P	0.47	0.55	0.53	0.53	0.44	0.52	0.52
R_T①	10.9	9.2	9.0	8.6	7.7	10.2	10.6
R_A①	6.8	5.9	6.1	6.1	4.7	7.3	7.0
R_N①	4.1	3.3	2.9	2.5	3.0	2.9	3.6
R_A/R_N	1.7	1.8	2.1	2.4	1.6	2.5	1.9
H_{AU}/C_A	0.47	0.53	0.51	0.54	0.59	0.50	0.44

①对结构单元而言。

表 2-3-45　减压渣油中胶质各亚组分结构参数的范围[127]

项　　目	轻胶质	中胶质	重胶质
H/C	1.46～1.56	1.42～1.51	1.34～1.45
M	1060～1560	1340～2020	1920～2900
n	1.4～2.0	1.6～2.0	2.0～3.4
USW	590～860	660～1010	665～1100
f_A	0.26～0.31	0.29～0.34	0.31～0.37
f_P	0.52～0.62	0.51～0.59	0.44～0.55
R_T①	4.9～7.1	5.9～9.5	7.7～10.9
R_A①	2.9～4.4	3.7～6.7	4.7～7.3
R_N①	2.0～2.7	2.3～2.8	2.5～4.1
R_A/R_N	1.2～1.9	1.6～2.4	1.6～2.5
H_{AU}/C_A	0.59～0.70	0.51～0.65	0.44～0.59

① 对结构单元而言。

渣油中胶质的生焦量大约是10%～20%。胶质能与由芳香分及饱和分组成的油分完全溶解，它的存在能帮助沥青质均匀分散在油分中形成稳定的胶体结构。胶质是含沥青质原油或油品稳定存在的关键组分。正是在胶质的作用下，高极性、高相对分子质量的沥青质才能稳定分散于低极性、低相对分子质量的油分中。油分、胶质和沥青质之间有着密切的联系，通过脱氢和加氢可以相互转化。油分中的多环芳烃经脱氢生成胶质，胶质进一步脱氢就变成沥青质。反之，有的沥青质可通过加氢转化成胶质，再加氢就得到多环芳烃的油分，这里并不是指所有的沥青质都是如此。在它们之中，胶质处于转化的过渡态，是三者中最不稳定的中间物。因此，重质油中胶质与沥青质的比例会随外界条件改变而有所不同。

（六）沥青质的化学组成与结构

沥青质是石油中相对分子质量最大、结构最复杂、极性最强的组分。在概念上沥青质被认为是不溶于低分子的正构烷烃（nC_5～nC_8）而溶于苯的一类溶解度类物质。从外观看，沥青质为黑褐色到深黑色易碎的无定形固体，密度大于1.0g/cm^3，没有固定的熔点，加热时通常是首先膨胀，然后在到达300℃以上时分解生成气体和焦炭。需要指出，采用溶剂来分离沥青质是一种条件性的分离过程，溶剂种类、温度、剂油比以及分离步骤的先后次序等因素都对实验结果有影响，因此在使用沥青质的含量数据时应注意分离沥青质所采用的溶剂及实验方法。

由于沥青质的复杂性，目前主要采用平均结构的方法来研究沥青质的化学结构。由表2-3-46与表2-3-47可以看出[127]，与胶质相比沥青质中的杂原子含量更高，H/C更低，芳碳率更高。就正庚烷沥青质而言，其H/C约在1.1～1.3之间，用VPO法测得的平均相对分子质量为数千，甚至接近一万，但其结构单元重仍为1000左右。按结构单元计算的正庚烷沥青质平均结构参数为：芳碳率在0.4～0.5之间，即大体有一半的碳在芳香环系中；总环数有十余个，芳香环数也达十个左右，环烷环数约为4，R_A/R_N为2～3；H_{AU}/C_A一般小于0.5，表明其芳香环系基本为迫位缩合；其平均链长参数L比胶质的更小。由于正戊烷沥青质是由正庚烷沥青质和部分重胶质组成，所以表2-3-46中所示的各个平均结构参数均介于正庚烷沥青质及重胶质之间。

表2-3-48[130]为孤岛和单家寺原油减压渣油正戊烷沥青质各亚组分的平均结构参数，数据表明正戊烷沥青质和胶质一样也是跨度很宽的多分散体系。

表2-3-46　减压渣油中正戊烷沥青质的平均结构参数[127]

项　　目	胜利	孤岛	单家寺	临盘	新疆九区	中原	任丘
碳含量/%	85.1	85.6	86.5	88.6	88.0	86.4	87.8
氢含量/%	9.9	8.8	9.3	9.4	9.0	9.8	9.8
氮含量/%	1.70	1.62	1.98	1.65	1.38	1.09	1.24
H/C	1.39	1.23	1.28	1.27	1.22	1.34	1.34
M	3720	3960	4000	2950	2620	4770	3610
n	3.9	4.1	3.6	3.1	4.5	5.1	3.1
USW	1040	970	1100	950	590	940	1150
f_A	0.34	0.44	0.42	0.42	0.46	0.39	0.38
f_N	0.14	0.16	0.13	0.14	0.19	0.12	0.11
f_P	0.52	0.40	0.45	0.44	0.35	0.49	0.51
R_T①	10.8	12.4	13.0	12.1	8.0	10.0	12.7
R_A①	7.4	8.8	9.7	8.8	6.3	7.3	9.5
R_N①	3.4	3.6	3.3	3.3	2.7	2.7	3.1
R_A/R_N	2.2	2.4	2.9	2.7	2.0	2.7	3.0
H_{AU}/C_A	0.44	0.46	0.44	0.46	0.57	0.49	0.38

①对结构单元而言。

表2-3-47　减压渣油中正庚烷沥青质的平均结构参数[127]

项　　目	胜利	孤岛	单家寺	欢喜岭
碳含量/%	84.1	81.0	85.1	87.4
氢含量/%	9.0	7.8	9.0	8.2
硫含量/%	2.27	7.37	1.53	
氮含量/%	1.73	1.36	1.86	1.90
H/C	1.28	1.16	1.27	1.11
M	3410	5620	9730	6660
n	3.9	5.8	10.5	5.3
USW	870	980	930	1260
f_A	0.41	0.47	0.42	0.50
f_N	0.17	0.18	0.16	0.12
f_P	0.42	0.35	0.42	0.38
R_T①	10.5	13.5	11.3	18.5
R_A①	7.1	9.5	7.9	14.0
R_N①	3.4	4.0	3.4	4.5

续表

项　　目	胜利	孤岛	单家寺	欢喜岭
R_A/R_N	2.1	2.4	2.3	3.1
H_{AU}/C_A	0.51	0.46	0.48	0.37
σ	0.54	0.57	0.46	0.45
L	4.3	3.4	2.9	4.0
平均分子式	$C_{239}H_{304}S_{2.4}N_{4.2}$	$C_{379}H_{435}S_{12.9}N_{5.5}$	$C_{689}H_{869}S_{4.7}N_{12.9}$	$C_{485}H_{542}S_XN_{9.0}$

① 对结构单元而言。

表 2-3-48　正戊烷沥青质亚组分的平均结构参数[130]

项　　目	孤岛正戊烷沥青质			单家寺戊烷沥青质		
	组分Ⅰ	组分Ⅱ	组分Ⅲ	组分Ⅰ	组分Ⅱ	组分Ⅲ
碳含量/%	83.7	82.5	85.7	85.1	85.8	81.6
氢含量/%	9.9	8.6	8.8	10.0	9.3	8.0
硫含量/%	3.48	4.84	5.88	0.98	1.12	1.28
氮含量/%	1.26	1.49	1.91	1.56	1.91	1.57
H/C	1.41	1.25	1.23	1.39	1.29	1.17
M	1500	3460	7830	1870	4080	6980
n	2.0	3.0	5.0	2.7	5.0	6.4
USW	750	1170	1560	700	810	1100
f_A	0.36	0.43	0.43	0.38	0.43	0.46
f_N	0.11	0.15	0.14	0.10	0.11	0.19
f_P	0.53	0.43	0.43	0.52	0.46	0.35
R_T①	6.9	14.1	19.9	6.6	9.0	14.8
R_A①	5.0	10.2	14.8	5.0	7.0	10.1
R_N①	1.9	3.9	5.1	1.7	2.0	4.8
R_A/R_N	2.6	2.6	2.9	2.9	3.5	2.1
H_{AU}/C_A	0.58	0.43	0.36	0.58	0.50	0.43
L	3.8	3.3	3.3	3.8	3.4	2.8

①对结构单元而言。

表 2-3-49 中归纳了我国主要原油减压渣油的饱和分、芳香分、胶质及正庚烷沥青质平均结构参数的大致范围。由表可见，尽管基属并不相同，我国各原油减压渣油相应组分的平均结构参数均在一定的范围内，并呈有规律地变化。从饱和分、芳香分、胶质至正庚烷沥青质，其 H/C 逐渐减小；相对分子质量及平均分子中的结构单元数逐渐增大，而结构单元重变化不大，大体在 1000 左右；芳碳率呈上升趋势，而烷基碳率则逐渐减小；芳香环数及总环数均逐渐增多，而环烷环数的变化不大，大体为 3 左右。对于由芳香分、胶质至正庚烷沥青质等芳香性组分，其 R_A/R_N 呈增大的趋势，H_{AU}/C_A 逐渐减小表明其芳香环系的缩合程度逐渐增大，而其平均链长参数 L 则呈减小的趋势。

根据梁文杰等[127]对减压渣油及其组分的数十种油样平均结构参数的测定可以看出，尽管改进的 B-L 法中做了若干假定，所得结果的规律性较好，能基本反映它们在结构上的差别。表明此法对于重质油的合理利用以及研究重质油转化过程中结构的变化均有实用价值。但需说明的是，上述所列重质油种的胶质、沥青质组分的结构参数，为简化起见，在计算时假定其中芳香环系均处于最紧密的迫位缩合状态。后经用化学法检验发现实际情况并不尽然，在沥青质组分中的芳香环系确以迫位缩合为主，而在胶质组分中的芳香环系则迫位缩合和渺位缩合结构兼而有之[129]。

表 2-3-49　我国主要原油减压渣油的饱和分、芳香分、胶质及正庚烷沥青质平均结构参数的大致范围[127]

项　目	饱和分	芳香分	胶质	正庚烷沥青质
H/C	1.9~2.0	1.5~1.7	1.4~1.5	1.1~1.3
M	600~900	700~1100	1400~2800	3500~10000
n		1	2~3	4~6
USW		700~1100	700~1200	800~1200
f_A	0	0.2~0.3	0.3~0.4	0.4~0.5
f_P	0.7~0.9	0.5~0.7	0.45~0.55	0.35~0.45
R_T①	1~3	5~6	7~10	11~18
R_A①	0	2~4	5~7	7~14
R_N①	1~3	2~3	2.5~3.5	3.5~4.5
R_A/R_N		0.8~1.3	1.6~2.3	2~3
H_{AU}/C_A		0.6~0.8	0.5~0.6	0.4~0.5
L		4~7	4~5	3~4

① 对结构单元而言。

国内原油的渣油沥青质含量低，而胶质含量较高。从表 2-3-30 可看出，热重法测得沥青质生焦率远高于胶质，在 40%~50%之间，而胶质的生焦率按不同来源的原油，生焦率一般在 10%左右波动，个别在 20%左右。Kircher[131] 认为重质渣油的沥青质含量能比残炭值更好地测定其结焦倾向。Scharbon 和 Speight[36] 比较了六种具有不同特点的渣油，侧重点在将沥青质性质和渣油残炭值相关联。如表 2-3-50 所示，除 C 和 E 是含蜡渣油外，其余渣油的相对密度均大于 1。C、E 含蜡渣油的饱和分含量明显高于其他渣油。分析了渣油的元素组成、微量金属含量、残炭、族组成和密度。每个渣油用正庚烷脱沥青质，正庚烷溶解物在活性硅胶上分为饱和分、芳香分和胶质。再评价沥青质的元素组成、微量金属含量和残炭。研究了残炭和沥青质之间的相互关系，发展了一些关联式。对六种渣油列举了其主要物化性质。除测定了沥青质含量(正庚烷不溶物)、沥青质的元素组成(碳、氢、硫、氮、氧)外，还分析了沥青质的蒸汽压渗透法相对分子质量(VPO)。

表 2-3-50　六种渣油及其沥青质的主要分析数据[36]

项　目	渣　油					
	A	B	C	D	E	F
相对密度(15.6℃)	1.034	1.050	0.977	1.011	0.972	1.025

续表

项　目	渣　油					
	A	B	C	D	E	F
元素分析%						
碳	84.1	84.2	86.7	84.2	86.9	85.6
氢	9.9	9.7	12.5	10.5	11.6	10.3
硫	5.6	5.6	0.4	5.8	1.3	2.0
氮	0.7	0.6	0.4	0.4	0.4	0.4
氧	0.7	0.7	0.7	0.4	0.5	1.0
H/C 摩尔比	1.4	1.4	1.7	1.5	1.6	1.4
残炭/%						
康氏残炭	25.6	29.2	7.5	15.9	9.7	16.7
微量残炭	25.8	28.2	8.8	17.4	11.0	20.4
金属含量/(μg/g)						
镍	116	108	23.7	29.0	11.0	176
钒	612	526	5.2	92.3	34.8	174
铁	13.2	39.6	38.4	9.1	16.8	72.4
铜	<2	<2	<2	<2	2.1	<2
族组成/%						
饱和分	10.8	11.8	45.7	18.9	27.5	6.3
芳香分	48.4	45.0	25.8	61.2	54.7	47.1
胶质	11.1	11.4	12.0	12.2	14.9	37.4
正庚烷沥青质	29.2	32.4	16.4	8.6	4.4	12.0
正庚烷沥青质元素组成/%						
相对分子质量(VPO①)	4150	3590	1210	5850	2500	4400
碳	83.4	83.5	86.8	82.4	86.4	84.7
氢	7.7	7.5	11.8	7.6	8.8	8.4
硫	7.2	7.3	0.3	8.4	2.2	2.2
氮	1.5	1.4	0.5	1.0	1.0	2.5
氧	1.0	1.1	1.1	0.8	1.4	1.7

① 以甲苯为溶剂。

试验中发现，不仅沥青质含量和渣油的残炭有一个大致的关联，沥青质的组成对渣油生焦倾向也有影响。看来含蜡原油中蜡的存在不形成影响，但沥青质中的杂原子含量和残炭值有关联，对焦炭生成起一定作用。

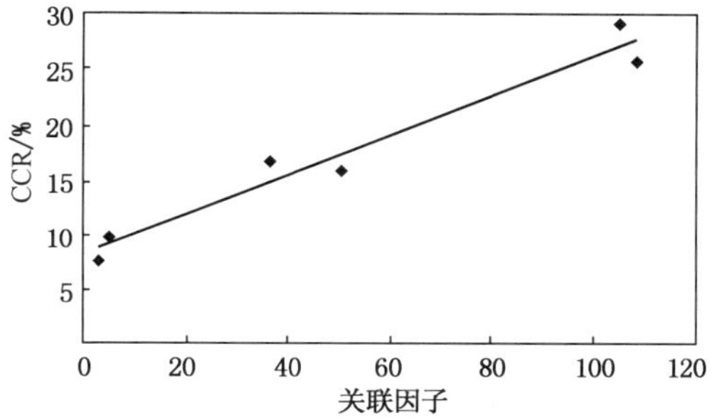

图 2-3-15　六个渣油的沥青质、残炭的关联因子

从表 2-3-50 所列出的沥青质数据，可得到和六个渣油残炭相关的关联因子，即沥青质在渣油中的质量分数乘以在甲苯中的相对分子质量再乘以沥青质中的杂原子含量，图 2-3-15 和表 2-3-51 所示为沥青质的关

联因子与其残炭的关系。

从六个渣油的残炭的关联因子图可以得到表 2-3-51 所列出的关联因子的关联式。

表 2-3-51　沥青质和残炭的关联因子

沥青质	VPO MW	在渣油中的质量分数	1-(H+C)分数	关联因子(无单位)	残炭/%
VPO MW×在渣油中的质量分数×[1-(H+C)分数]=关联因子(无单位)					
A	4150	0.292	0.089	108	25.6
B	3590	0.324	0.090	105	29.2
C	1210	0.164	0.014	2.78	7.5
D	5850	0.086	0.100	50.3	15.9
E	2500	0.044	0.048	5.28	9.7
F	4400	0.120	0.069	36.4	16.7

表 2-3-52 同时列出常用的康氏残炭与焦化产率的关联式两种方法作为对比。从六个渣油所得的关联因子可知，用对沥青质的认知，同样有可能预测这六种渣油在延迟焦化过程中的焦炭、气体和汽油的产率。但需要分析出渣油的正庚烷不溶物沥青质含量、溶于甲苯的沥青质 VPO 相对分子质量和沥青质的杂原子含量。分析过程仍是很复杂的，但是这些结果说明了沥青质对焦化行为的影响。

表 2-3-52　两种预测延迟焦化焦炭、气体、汽油产率的关联式[36]

Gary 和 Handwerk，1984	Schabron 和 Speight，1997
康氏残炭(CCR)/%(分析测定)	康氏残炭(CCR)/%=0.180×关联因子+8.19①
焦炭/%=1.6×CCR	焦炭/%=0.288×关联因子+13.1
气体(≤C_4)/%=7.8+0.144×CCR	气体(≤C_4)/%=0.0259×关联因子+8.98
汽油/%=11.29+0.343×CCR	汽油/%=0.0617×关联因子+14.10

① 如分析得到残炭，查图 2-3-15 可得到关联因子，再用公式计算各产率。

Scharbon 和 Speight[36] 曾用体积排阻色谱(SEC)，按表观分子大小进一步把沥青质分为四个组分，分析了硫含量、相对分子质量和微量金属含量。物料平衡表明，各个组分所得到的数据总和与原沥青质性质相符。列出 F 沥青质的体积排阻色谱组成的分析作为举例，其分析结果见表 2-3-53。以表 2-3-53 中的 F 沥青质的 SEC 分析为例，组分Ⅰ到组分Ⅳ的硫差不多是均匀分布，只有个别有少许下降。从表观相对分子质量看，组分Ⅰ是 22130，而组分Ⅳ是 1650。SEC 组分的物料平衡得到的相对分子质量为 4670，和沥青质相对分子质量的实测值 4400 相近。由于组分Ⅰ的表观相对分子质量很大，是研究结焦机理的有用的物料。

表 2-3-53　体积排阻色谱组成分析(F 沥青质)[36]

项　目	沥青质	SEC 组分				加权值（对沥青质）
		Ⅰ 高相对 分子质量	Ⅱ 中/高相对 分子质量	Ⅲ 中/低相对 分子质量	Ⅳ 低相对 分子质量	
硫含量/%	2.2	2.4	2.3	2.4	2.1	2.3
金属含量/(μg/g)						

续表

项目	沥青质	SEC 组分				加权值（对沥青质）
		I 高相对分子质量	Ⅱ 中/高相对分子质量	Ⅲ 中/低相对分子质量	Ⅳ 低相对分子质量	
镍	476	445	429	418	571	467
钒	655	604	586	609	745	638
铁	343	372	322	313	105	274
铜	2.2	<2	<2	<2	<2	<2
VPO 相对分子质量	4400	22130	13720	9940	1650	4670

沥青质的一个很重要的特性是沥青质在渣油中是以胶体溶液的形态存在。沥青质与芳香性组分具有亲液性，它们之间可形成高度分散的胶体溶液。沥青质与烷烃之间呈疏液性，特别是对低相对分子质量的烷烃，例如戊烷、石油醚等表现得更明显，因此沥青质的分散状态与体系的化学组成是密切相关的。在芳香性组分多的原料中，沥青质呈胶体分散；当加入过量的石油醚或类似的烷烃后就会凝聚并沉降析出。上述的过程是可逆的，在凝聚和沉降析出的沥青质中，加入足够的芳香性组分又可再次成为胶体分散。芳香性组分能够使沥青质胶溶的原因是芳香性组分容易被沥青质吸附并起到保护层的作用，它把石油中的疏液组分对胶体颗粒的凝聚作用隔离开来。通常情况，渣油中总是有足够比例的胶溶组分，因此沥青质总是呈稳定的胶体结构。掌握这种性质是很有意义的，它不仅是溶剂脱沥青的理论依据，在某种情况下，又利用这种性质来减缓沉积物或焦炭的生成，延长装置的生产周期。该性质不仅在脱沥青过程，而且在其他热加工过程也很重要。关于重质油的胶体结构将在下一节介绍。

含沥青质的重质油是胶体体系，其稳定性和重质油的族组成密切相关。延迟焦化装置长周期运转的关键是焦化加热炉炉管不结焦，这就要求焦化原料有较好的热稳定性，在流经加热炉升温过程中不发生显著的裂化和缩合反应，保持胶体结构的稳定性。焦化原料的热稳定性可以用稳定因子 S_F 来描述[105]，稳定因子 S_F 越大表示焦化原料的热稳定性越好，焦化加热炉越不易结焦。稳定因子 S_F 是焦化原料四组分组成和残炭的函数：

$$S_F=(A+R)/(S\cdot CCR)$$

$$A_s=\alpha\cdot CCR+\beta\cdot CCR^2$$

式中 A——芳香分含量，%；
R——胶质含量，%；
S——饱和分含量，%；
CCR——康氏残炭，%；
A_s——正庚烷沥青质含量，%；
α，β——不同渣油的修正系数。

上述关系说明：当沥青质和饱和分含量增加时，焦化原料的稳定因子 S_F 减少，热稳定性下降，在焦化加热炉中，胶体结构的稳定性容易受到破坏从而产生分相结焦；反之，当芳香分和胶质含量增加，沥青质和饱和分含量较低时，焦化原料的热稳定性较好，不容易在焦化加热炉发生结焦，有利于焦化装置的长周期运转。

表 2-3-54 列出了一些国内外焦化原料的组成特性数据[105]。从表中数据可以看到，塔

河常渣、中原减渣、苏丹混合油减渣的稳定因子较小，热稳定性较差，在决定延迟焦化工艺参数、加热炉炉型和焦炭塔设计条件时应该予以认真考虑。特别是像塔河常渣这样的高沥青质焦化原料，在焦化加热炉中，不仅初始裂化温度低，而且容易发生缩合反应，极易结焦，必须特别注意。

表 2-3-54　一些国内外焦化原料的组成特性数据[105]

项　目	残炭/%	四组分组成/%				稳定因子 $S_F \times 10^{-2}$
		饱和分	芳香分	胶质	沥青质	
大庆减渣	8.8	36.7	33.4	29.9	<0.1	19.6
胜利减渣	13.9	21.4	31.3	45.7	1.6	25.9
辽河减渣	14.0	29.2	36.4	34.4	<0.1	17.3
管输减渣	14.0	21.8	31.0	46.2	1.0	23.8
中原减渣	13.3	34.5	38.6	26.3	<0.1	14.3
塔河常渣	19.8	26.2	35.6	21.6	16.6	11.0
辽河稠油	14.1	24.3	25.1	46.7	3.9	20.1
沙轻减渣	18.2	21.0	54.7	18.5	5.8	19.2
伊朗减渣	16.2	23.3	51.2	21.1	4.4	19.2
科威特减渣	18.8	15.7	55.6	22.6	6.1	26.5
苏丹混合油减渣	9.9	45.9	30.6	23.0	0.5	11.8

综上所述，由于重质油的复杂性，对其化学组成和结构的认识还很有限。虽然现在有许多分析技术可用来表征重质油的化学特性，但到现在为止，还没有一套系统的方法发展到了满意的程度。预测重质油热加工过程行为的化学组成和结构参数的方法应该简单易行，成本低，出数据的时间相对短，这样应用起来比较方便。目前测定重质油化学组成和结构参数的方法耗时仍然很长，成本也高，还处于研究阶段。常规的分析方法不能有效地深入预测重质油热改质的行为过程，还是需要得到重质油化学组成及结构的知识，以便深入了解在加工过程中它们造成的特殊问题，达到改进和提高重质油加工产品性质和产率的效果。在这方面仍有许多研究工作待开展。

第四节　重质油的胶体结构

在实践中，人们发现重质油的一些物理性质如流变性，以及有些重质油产品如石油沥青的使用性能并不只是与其化学组成和化学结构相关。此外，在重质油的使用和混合过程中有时会出现分层现象，而重质油加工过程则往往会被结焦现象所困扰。这些现象仅仅由其化学组成和化学结构知识并不能做出完整、合理的解释，还涉及到反映重质油特性的另一个重要方面——胶体结构。上一节中已提到含沥青质的重质油是胶体体系，而沥青质是绝大部分焦化原料的基本组成之一以及石油液相生焦过程的必然中间体，因此了解重质油的胶体性质对于理解焦化原料特性对焦化行为的影响、生焦机理等方面很有帮助。由于重质油本身的复杂性，目前关于重质油的胶体化学知识还仅仅处于定性的概念阶段，尚没有研究出定量的、通用的表征参数，因此在通常的重质油理化性质表征数据中难以体现。了解重质油的胶体结构知识，有助于较全面地把握重质油的特性。

本节主要介绍关于重质油胶体结构的若干基本问题，关于重质油受热生焦过程中胶体结构的变化将在下一章中介绍。

一、对重质油胶体结构的认识过程

1924 年 Nellensteyn 最早提出，必须把沥青和渣油看作为胶体体系的概念[132,133]。他观察到沥青溶液的丁达尔效应(Tyndall effect)，并发现沥青中有不能透过半透膜的物质。他认为沥青是受到很好保护的憎液溶胶。在他建立的沥青胶体模型中，胶体系统是由亲液部分和憎液部分构成，分散相的中心是元素碳，它们分散在油性分散介质中，体系的稳定性取决于分散相和油性介质之间的关系。虽然后来的研究已证明他把元素碳作为分散相中心的看法与实际不符，但是 Nellensteyn 作为沥青胶体理论的先驱者，其历史地位仍应充分肯定。

此后，Mack[134]在 1932 年提出的沥青胶体模型中，认为其分散相为沥青质，分散介质为胶质和油分的混合物(亦称可溶质或石油质)。

1940 年，Pfeiffer[135]及其合作者在研究石油沥青流变性质的过程中进一步发展了 Mack 的沥青胶体模型。在 Pfeiffer 的沥青胶体模型中，沥青质处在胶束中心，其表面或内部吸附有可溶质；可溶质中相对分子质量最大、芳香性最强的分子质点最靠近胶束中心，其周围又吸附一些芳香性较低的组分。依次类推，逐渐且几乎连续地过渡到胶束间相(见图 2-4-1)。在该模型中，不存在明显的相界面，表面张力差别较大的组分不会直接接触。这一模型与重质油按极性分离的四组分、六组分或八组分概念是一致的。Pfeiffer 等研究了沥青质和可溶质形成胶体体系的能力以及它们之间的平衡，发现：①通常，H/C 比高的沥青质比 H/C 低的更容易被溶剂化，形成的溶剂化保护层也比较坚固。②可溶质的胶溶能力主要取决于其芳香度，芳香度高时易形成较稳定的溶胶型胶体体系，反之则易形成凝胶型胶体体系。③沥青质本身不溶于油相，其在油相中的分散状态和分散程度取决于胶质的含量。当沥青质浓度过高或胶质含量不足时，胶束易于互相吸引(以使体系总界面能趋于最小)而形成絮凝状胶束直至形成凝胶结构。

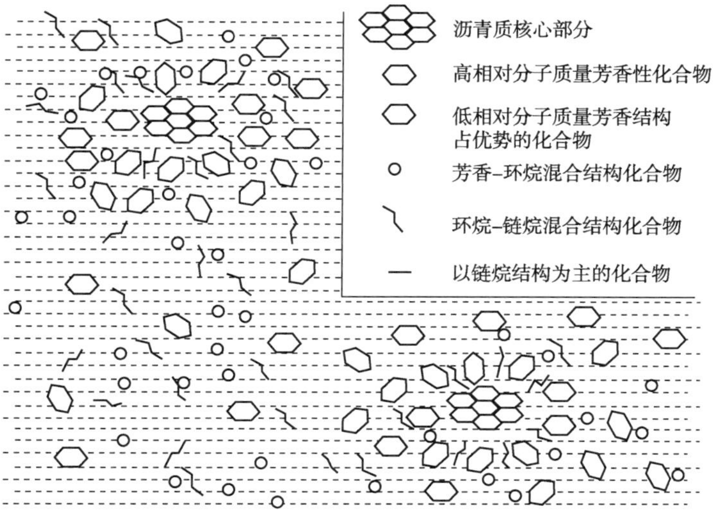

图 2-4-1　Pfeiffer 及 Saal 的沥青胶体模型[135]

在 Pfeiffer 模型的基础上，Speight 以目前广泛采用的 SARA 四组分来表示重质油的胶体结构，图 2-4-2 为其示意图[136]。

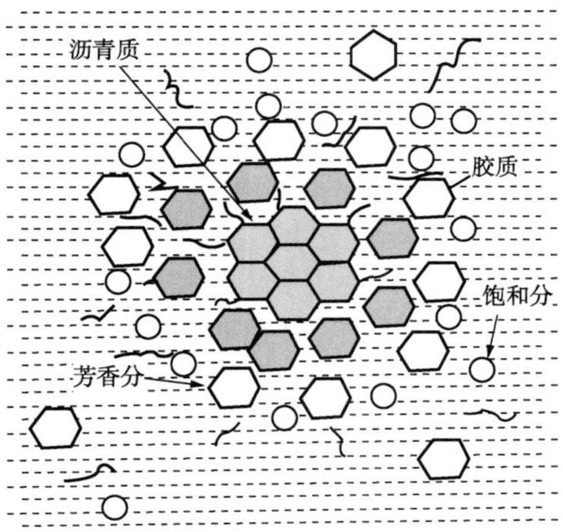

图 2-4-2　以 SARA 四组分为基础的重质油胶体结构示意图[136]

自 20 世纪 50 年代末开始，晏德福等[137,138]用核磁共振波谱、红外光谱、X 射线衍射谱、电子显微镜等各种近代物理方法对沥青质的结构进行了系统的研究。基于这些研究，他和 Dickie[137]于 1967 年创造性地提出了一个能全面反映沥青质胶束结构的模型(图 2-4-6)，这个模型被此后许多研究证明是正确的，至今仍被重质油研究工作者广泛引用。按照这个模型，沥青质是形成胶束的基本单元，它具有强烈的自缔合趋势，其分子中的多环芳香结构部分易于堆集为局部有序的结构。同时，晏德福等[138]还揭示了沥青质结构的层次性，认为沥青质胶束还会进一步形成超胶束、簇状物及絮状物。在晏德福描述的沥青胶体模型中，沥青质为分散相或胶束相，胶质为胶溶剂，油分(饱和分和芳香分)为分散介质或胶束间相，沥青质通过胶质与分散介质作用形成亲液性沥青溶胶。

修尼亚耶夫等[139,140]用“复杂结构体”(相当于胶束)和相间层(相当于分散介质)概念表征石油胶体体系。如图 2-4-3(b)所示，此类复杂结构体包含由沥青质构成的超分子结构核心及其周围的吸附-溶剂化层，芳香度离核心递减。核、吸附-溶剂化层和相间层分别具有一定的核半径和厚度。在外部作用(如不同性质原油的混合、向系统中加入芳香性添加剂、改变系统温度等)下，复杂结构体和相间层的几何尺寸会发生变化，于是就出现了各组分在各相间重新分布的效应。因而，复杂结构体的大小和相间层的厚度对石油的加工性能会产生一定的影响。

李生华等[141]用冷冻复形透射电子显微镜方法考察了一系列减压渣油的胶体结构，认为其中的分散相是由沥青质与重胶质所组成。此外，对于石油胶体体系，近年来还提出了一些其他模型，但其基本思路大同小异，具体见表 2-4-1 及图 2-4-3，此处不再赘述[141~146]。

表 2-4-1　石油胶体溶液理论概念与模型的历史发展

提出者	年　份	理论概念/模型
Nellensteyn[132]	1924	分散相：元素碳；分散介质：油性相
Mack[134]	1932	分散相：沥青质；分散介质：可溶质
Pfeiffer 等[135]	1940	见图 2-4-1
晏德福等[137]	1967	见图 2-4-6
Hus[142]	1981	见图 2-4-3(a)
修尼亚耶夫[139]	1982	见图 2-4-3(b)
克拉斯诺高斯卡娅等[143]	1987	见图 2-4-3(c)
Park 等[144]	1988	见图 2-4-3(d)
Sawatzky 等[145]	1992	见图 2-4-3(e)
Hennico 等[146]	1992	见图 2-4-3(f)
李生华等[141]	1994	分散相：正庚烷沥青质+胶质重组分； 分散介质：胶质轻组分+芳香分+饱和分

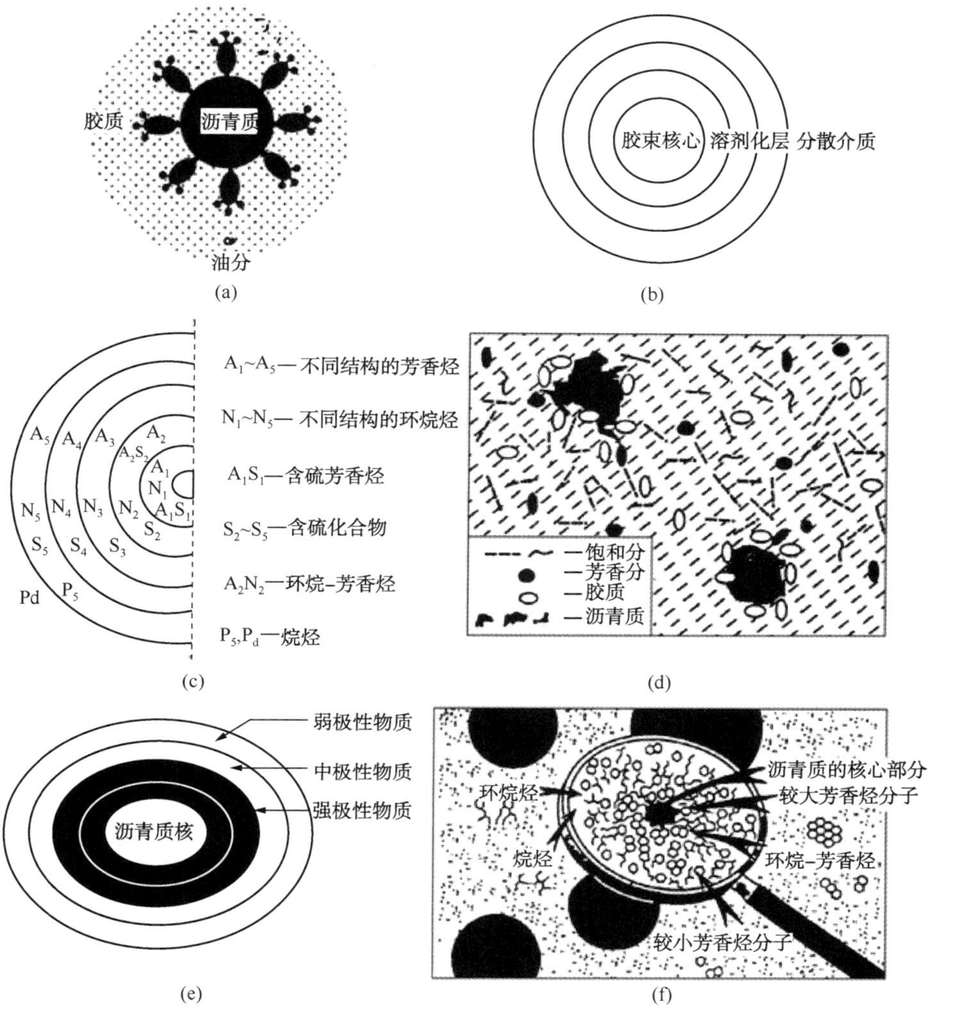

图 2-4-3　石油胶体结构的几种模型

(a) Hus 模型[142]；(b) 修尼亚耶夫模型[139]；(c) 克拉斯诺高斯卡娅模型[143]；
(d) Park 模型[144]；(e) Sawatzky 模型[145]；(f) Hennico 模型[146]

石油的胶体模型和分子溶液模型之争由来已久且迄今依然存在，但大量的文献报道倾向于石油胶体溶液模型，并为此提供各种各样的佐证。目前，从分子分散角度研究石油溶液比较少见[147,148]，但在传统的石油加工过程工艺计算和实际操作中均将渣油视为分子溶液，忽略了其中超分子结构的存在以及它们在外部因素影响下的变化。在石油开采和生产过程中，则将这类复杂体系视为以分子状态随机混合的流体，并用传统的分子平衡热力学进行处理。然而，当沥青质含量不多，相对分子质量亦不很大(与胶质的相对分子质量接近)，或可溶质溶解能力较强时，由于沥青质缔合程度不高，这样的体系实际上可视为真溶液或分散度非常高的近似真溶液。

总之，通过半个多世纪以来许多学者的大量研究工作，对于石油的物理结构已基本取得如下共识：

① 石油体系是胶体系统，其中分散相由沥青质(胶束中心)和其表面或内部吸附的部分

可溶质构成，分散介质则由余下的可溶质构成，分散介质亦称胶束间相。实际系统中并不存在截然变化的相界面，而是沿胶束核心向外其芳香度和分子极性连续递减至最小(分散介质的本体)，呈现“梯度”变化特征。

② 石油胶体体系的稳定性取决于其各组分在各相间处于动态平衡的状态，各组分在数量、性质和组成上必须相容匹配，也就是说沥青质的含量需适当，可溶质的芳香度不能太低，并必须有相当量的组成结构与沥青质相似的胶质作为胶溶组分。

③ 当石油胶体体系中的沥青质含量较低而又有充足的胶质时，该体系一般为溶胶状态；而当沥青质含量较高而胶质含量不足时，则往往处于凝胶状态；此外，还有介乎两者之间的溶胶-凝胶状态。

④ 任何引起胶束与胶束之间的平衡发生移动的因素(如加热和溶剂稀释等)都有可能破坏石油胶体体系的稳定性甚至导致沥青质的聚沉。

二、重质油中的超分子结构

由于重质油组成的复杂性，至今对于其中的分散相的细致结构尚未能认识清楚。前已述及，沥青质是一种溶解度类物质，是指在石油中的相对分子质量最大和极性最强的一部分非烃化合物。在讨论石油胶体结构时，所谓的沥青质往往是泛指的，并不限定为正庚烷沥青质或戊烷沥青质，而是指胶状沥青状组分中芳香度最高、含杂原子最多和相对分子质量最大的部分，包括正庚烷沥青质及胶质中较重的部分。

重质油中的分散相是具有超分子结构的胶状沥青状组分，因此在讨论重质油的胶体结构时，首先涉及的是其中的胶状沥青状组分的超分子结构问题。目前关于这方面的研究工作基本上遵循两种思路，一种是从平均结构的角度来考虑，另一种是从其中所含的基团的角度来考虑。用平均结构来表示如此复杂的体系，虽然可以从总体上统计性地反映胶状沥青状组分的结构特征，但是免不了会掩盖其中的许多结构细节，甚至还可能会产生一些假象结构。以基团的测定为基础来研究胶状沥青状组分，虽然确实可以得到许多关于其某些方面的结构细节的信息，但依然不能确定胶状沥青状组分的超分子结构本身。这如同有了一堆零件，但这些零件究竟是如何以各种方式连接在一起成为许许多多结构不同的分子的，却仍然是个不解之谜。迄今，在文献中提出了胶状沥青状组分的许多结构模型[124,125,149~158]。但是，无论是基于平均结构提出的模型，还是基于基团分析提出的模型，虽然都有一定的根据，实际上仍属于推测和假设性的。这些模型能从一个角度说明一些问题，但都还难以全面地、确切地表征胶状沥青状组分的复杂超分子体系。

相对分子质量是表征胶状沥青状组分超分子结构的重要基本参数。长期以来，沥青质的相对分子质量到底是多少，一直是个令人困惑的问题。用不同的测定方法，会得到从几百至几十万的、在数量级上相差悬殊的沥青质的相对分子质量数据，如表 2-4-2 所示。经过多年的研究，现在已经基本清楚，这是由于沥青质存在着不同层次的超分子结构，不同的方法所测得的相对分子质量为在该测定条件下沥青质的某个层次超分子结构的平均相对分子质量。

对于沥青质及其超分子结构，目前在学术界还存在着许多不同的认识，尚无定论。以晏德福提出的沥青质超分子结构模型[160]为基础，并结合其他研究结果，可将石油中以沥青质为核心的超分子结构分为单元片、似晶缔合体、胶束、超胶束、簇状物及絮状物/液晶等几个结构层次[4]。

表 2-4-2　用不同方法测定的沥青质相对分子质量[159]

测定方法	测得的相对分子质量	测定方法	测得的相对分子质量
超离心法	≤300000	冰点下降法	600~6000
超滤法	80000~140000	沸点升高法	2500~4000
渗透压法	80000	光散射法	1000~4000
蒸气压渗透(VPO)法	1000~8000	黏度法	900~2000

（一）单元片

虽然目前对于沥青质的分子结构尚无定论[127,136,155,156,161~163]，但是一般认为可以把沥青质分子看成是由若干个单元片所构成，每个单元片中含有一个芳香-环烷环系，分子中各单元片之间由以碳原子为主(间或有个别硫或氧原子)的链相连。此类单元片的结构可大体用如图 2-4-4 所示的平均结构模式来表示。这里需要强调的是，这仅仅是一个虚拟的模式，并不是单元片的实际分子结构，它只是表示沥青质的分子结构中可能包括下列各部分：

(1) 稠合芳香环系

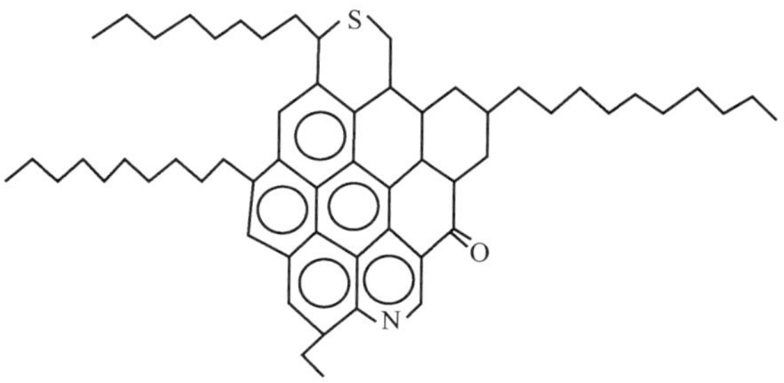

图 2-4-4　胶状沥青状组分单元片结构模式示意图

沥青质分子结构的核心部分是一个稠合芳香环系，其环数有多有少，环系的缩合状态有迫位的、渺位的，也有联苯型的。就我国减压渣油中的正庚烷沥青质而言，按照改进的 B-L 法计算结果，其单元片结构中芳香环系的环数平均约为 8，缩合状态以迫位为主。由于芳香环系中的碳原子是以 π 键相连而形成一个具有大 π 键的平面结构，所以也称为芳香盘。这个芳香盘的大小随环数的多少而异，大体在 1nm 左右。

(2) 与芳香环系并合的环烷环

根据石油馏分分子结构的一般规律，可以推断在重质油中芳香环系的周围也有以各种状态并合的环烷环。但是，由于至今对于重质油胶状沥青状组分中的环烷结构还缺乏直接的分析手段，所以目前还未能取得这方面的确切信息。根据改进的 B-L 法的计算结果，对我国减压渣油中的正庚烷沥青质而言，其单元片结构中的环烷环数平均约为 3。

(3) 与环系相连的烷基链

在胶状沥青状组分中，以芳香盘和相并合的环烷环形成的环系周围均连有烷基链，包括单独的侧链以及连接两个环系结构之间的桥链，这些链中有的是直链，也有的是带有分支的链。根据改进的 B-L 法的计算结果[127]，以我国减压渣油中的沥青质而言，其单元片结构中在烷基链中的碳数约占总碳数的 45%，其平均链长约为 4 个碳。从用钌离子催化氧化法得到的结果看[128]，我国减压渣油中的沥青质结构中与芳香环相连的烷基侧链长度从 1 个碳至 30 个碳的都有，其含量以指数关系递减；而与芳香环相连的桥链长度则是从 1 个碳至 12 个碳左右。至于与环烷环相连烷基链的情况，因为没有有效的分析手段，迄今还不清楚。

(4) 含杂原子的基团

重质油的胶状沥青状组分中硫、氮、氧等的含量一般为百分之几，也就是说，每个单元结构中平均含有几个杂原子。就硫而言，有的是以噻吩环的形式与芳香环系相并合，有的以硫醚结构存在于侧链或桥链中；就氮而言，主要是以具有芳香性的吡咯环或吡啶环形式与芳香环系相并合；至于氧，则可能是以羰基、酚羟基、醚基或羧基状态存在。

总之，胶状沥青状组分分子中单元片的基本结构是以多个芳香环组成的稠合芳香环系为核心，周围连接有若干个环烷环，芳香环和环烷环上都还带有若干个长度不一的正构的或异构的烷基链，分子中还含有各种含硫、氮、氧的基团，以及镍、钒、铁等金属。

由于单元片之间存在着 π-π 络合作用力，使其很难解缔，所以要测定单个沥青质分子的相对分子质量是比较困难的。但在极性极强的溶剂中，也可能有部分解缔为单分子。用质谱法求得沥青质的单元片重约为 1000，这与借助改进的 B-L 法计算得到的结果基本一致。

（二）似晶缔合体

石墨是纯粹由碳形成的六方晶体，它是由许多互相叠合的碳原子网状层所组成的，每一层内的碳原子排列成正六角形，层间距约为 0.335nm。石墨的 X 射线衍射谱图在 $2\theta=26°$ 处有一尖锐的(002)峰，这反映其碳原子层相叠的有序排列。20 世纪 60 年代初，晏德福[164]发现从石油中分出的沥青质的 X 射线衍射图上在 $2\theta\approx26°$ 处也有(002)峰的存在。这表明沥青质中也有类似石墨的有序排列的结构，也就是说沥青质分子中以稠合芳香环为核心的单元片之间，由于分子内或分子间芳香环 π 电子云的重叠而络合，形成部分有序的似晶结构。但是，这些芳香环系都连有非平面结构的环烷环和烷基链，所以它们的层间距略大于石墨的，约为 0.36nm。沥青质的这种似晶缔合体可用示意图(图 2-4-5)来表示。

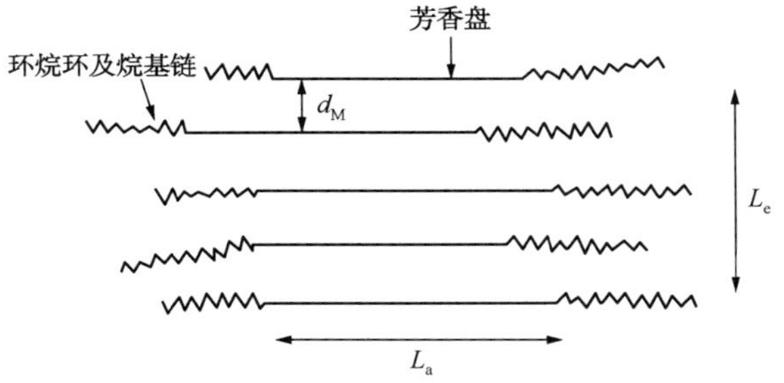

图 2-4-5　沥青质似晶缔合体结构示意图[164]

除(002)峰外，沥青质的 X 射线衍射图上还在 $2\theta\approx19°$ 处有一个对应于饱和部分碳结构的 γ 峰，在 $2\theta\approx43°$ 及 $2\theta\approx78°$ 处还有对应于芳香碳结构的(100)及(110)峰。从(002)峰的半峰宽可关联得到似晶缔合体的有效堆集高度，从(100)峰或(110)峰的半峰宽则可关联得到似晶缔合体中芳香盘的平均直径。此外，根据(002)峰及 γ 峰的面积还可求得沥青质试样芳香度的近似值。

从表 2-4-3[158,164~170]中的数据可以看出，尽管这些沥青质样品来自世界各地，但它们的晶胞参数却很接近。所有沥青质样品的芳香盘平均直径 L_a 都在 0.8~1.5nm 之间，晶胞高度 L_c 大多在 2.0nm 左右，似晶微粒中相叠的芳香盘的平均层数 N_c 大多在 4~6 之间。前已述及，沥青质中每个单元片重约为 1000，这样每个似晶微粒重便为数千。在常用的 VPO 法测定条件下，较难将似晶缔合体中芳香盘之间的 π-π 络合打开，所以用此法测得的沥青质相对分子质量大体属于似晶缔合体这个层次的结构重量。在用 VPO 法测定时，若使用极性很强的溶剂(如硝基苯)，测得的沥青质相对分子质量数据约为 2000~3000，这可能已接近于单个沥青质分子的相对分子质量。

表 2-4-3　正庚烷沥青质似晶缔合体的晶胞参数[158,164~170]

沥青质样品来源	芳香盘平均直径(L_a)/nm	晶胞高度(L_c)/nm	层间距(d_M)/nm	层数(N_c)
孤岛	1.19	2.08	0.357	5.8
单家寺	1.37	1.91	0.357	5.4
新疆天然沥青	1.54	1.84	0.357	5.2
阿拉伯(重)	1.23	2.47	0.357	8.0
阿拉伯(中)	1.19	2.32	0.357	7.5
阿拉伯(轻)	1.30	2.40	0.357	7.8
加利福尼亚	1.10	1.90	0.357	5.3
阿萨巴斯卡	1.00	2.80	0.357	7.8
波斯坎	0.80	2.00	0.357	5.6
伯克洛夫	1.23	2.09	0.357	5.8

考虑到芳香盘周边尚有环烷环及烷基链，实际的沥青质似晶缔合体的尺寸会比 2nm 更大些，其近似的直径(d，nm)可用下式计算：

$$d=\left(\frac{6M_W}{\pi\rho N}\times10^{21}\right)^{1/3}=(0.00275M_W)^{1/3}$$

式中　M_W——用 VPO 法测得的相对分子质量；

ρ——密度，近似地可取为 1.15g/cm^3；

N——Avogadro 常数。

经计算发现，对于相对分子质量不同的沥青质，其似晶缔合体的直径的变化不大，大体都在 2.5~3.0nm 之间。

需要指出，对于用 X 射线衍射法研究沥青质，有的作者提出不同看法[171]。诚然，由于沥青质分子结构的复杂性，其中的芳香盘大小不一，而且周边又有不规整的、非平面的饱和结构，因此实际上在重质油体系中的沥青质分子并不都是有序排列的，但是至少有一部分分子是有序排列为各向异性的似晶结构。

（三）胶束及超胶束

前已述及，沥青质似晶缔合体在重质油体系中并不是单独存在的，如图 2-4-6[137]所示，它们之间以及它们与胶质和金属卟啉等组分之间还会相互缔合而成为胶束。胶束与胶束还会聚集为超胶束，而胶束和超胶束则构成重质油胶体分散体系中的分散相，因此沥青质分散相是一类超分子结构。此类胶束以及超胶束的存在通过电子显微镜可以清楚地辨认[141]，同时还可用超离心、小角 X 射线散射(SAXS)及小角中子散射(SANS)等方法测定。

Storm 等[172]研究了沥青质在吡啶和硝基苯中的浓度对表面张力的影响，发现与一般表面活性剂一样，其表面张力呈现一转折点(图 2-4-7)，这表明沥青质也有临界胶束浓度(CMC)，这从另一个角度也证实了沥青质的自缔合现象。

表 2-4-4 中所列为有些学者用超离心法、X 射线衍射法、凝胶色谱法及激光散射法求得的一些重质油试样中的胶束尺寸，尽管这些方法的原理大相径庭，但是所测得的胶束直径大体都在 5nm 左右。

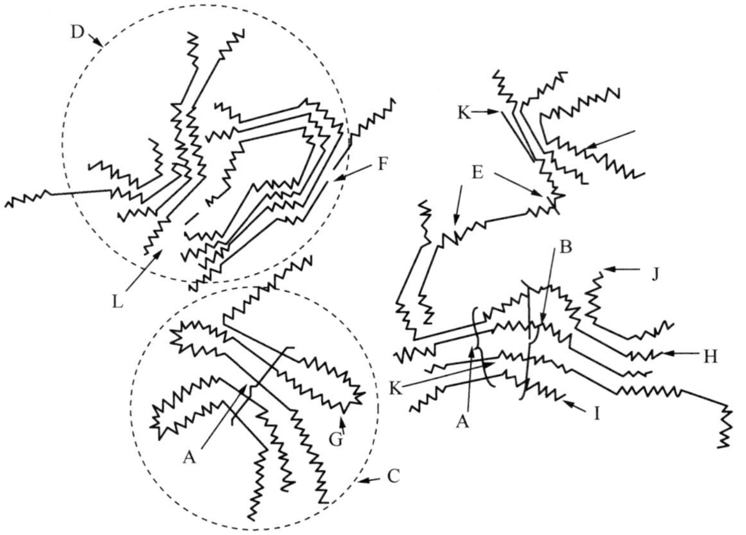

图 2-4-6　胶状沥青状组分超分子结构模型[137]

直线表示芳香环系，锯齿形线表示饱和结构(含链烷和环烷结构)

A—晶粒；B—侧链束；C—微粒；D—胶束；E—弱键；F—空穴；G—分子内堆簇；H—分子间堆簇；I—胶质；J—单片；K—石油卟啉；L—金属

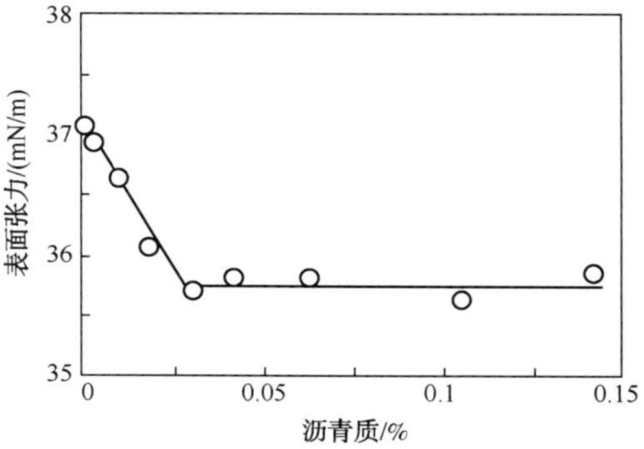

图 2-4-7　拉塔维沥青质吡啶溶液的表面张力(25℃)[172]

表 2-4-4　沥青质胶束尺寸

方　　法	胶束重	胶束直径(*d*)/nm	文　　献
超离心法	34000	4. 54	[137]
超离心法		3. 18~4. 94	[176]
超离心法	22500 35000 73000 103000	3. 94 4. 58 5. 85 6. 57	[173]
X 射线衍射法		5. 0	[176]
凝胶色谱法	40000	4. 79	[177]
凝胶色谱法	18000 40400 36000 54600 63500	3. 67 4. 81 4. 66 5. 32 5. 59	[174]

续表

方　　法	胶束重	胶束直径(d)/nm	文　　献
激光散射法	22000 48000 45000 70000 100000	3.93 5.09 4.98 5.77 6.50	[175]

重质油胶体体系中的超胶束的尺寸可借助小角 X 射线散射(SAXS)及小角中子散射(SANS)法测得。Sheu 等[178]的研究表明，无论是在原油中或是在渣油中，所测得的超胶束的形态直径 d 都是相近的。Overfield 等[179]在不同的温度(25~250℃)下进行了 SANS 研究，发现温度越高时超胶束的形态直径 d 值越小。此外，用核 Overhouser 效应(NOE)及动态核极化(DNP)也可求取沥青胶体体系中的超分子结构的尺寸，其结果与用散射法求得的结果相当接近。用上述各种方法测得的重质油胶体体系中超胶束的尺寸，如表 2-4-5 所示。

表 2-4-5　沥青质超胶束的形态直径

方　　法	样品数	d/nm	文　　献
SAXS	6	8.0~14.0	[180]
SAXS	2	8.8~10.3	[176]
SAXS	2	7.5~8.0	[181]
SAXS	4	6.5~9.0	[182]
SAXS	7	7.5~14	[185]
SANS	5	12~14	[183]
SANS	5	13.2~29.9	[179]
SANS	2	18~20	[184]
SANS	17	7.77~8.36	[178]
SANS	17	9.03	[188]
核 Overhouser 效应	4	14.9~16.3	[186]
核 Overhouser 效应	7	3.27~8.29	[187]

(四) 簇状物、絮状物及液晶

沥青质超胶束在一定条件下还会聚集为尺寸很大的簇状物。Lin 等[165]用金属屏蔽电镜观察发现，此类簇状物并不呈球形，如表 2-4-6 所示，它们在一个方向上的尺寸较大，而在其垂直方向上的尺寸则显著较小，而且不同沥青质差别很大。

表 2-4-6　沥青质簇状物的平面及垂直尺寸[165]

沥青质样品号	垂直尺寸/nm	平面尺寸/nm
A	7	241
B	9	215
C	35	107
D	28	93

Dwiggins[181]用 X 射线散射法观察时发现，在乙醇溶液中，沥青质簇状物的最大尺寸为 590nm，此后即开始相分离，沥青质就沉积出来。

在高温条件下，沥青质簇状物还会形成在光学显微镜下即能看到的、尺寸约为 10~60μm 的絮状物或液晶微球体。簇状物、絮状物及液晶都是焦炭的前身物。进一步加温后，由于簇状物、絮状物及液晶的成长、聚集等过程，在体系中便会出现各向异性的中间相小球体，进而生焦。由此可见，重质油在受热条件下的生焦现象，是与其中沥青质超分子结构的聚集过程密切联系的，这方面将于第三章中进一步讨论。

综上所述，重质油胶体体系中的沥青质超分子结构确有明显的层次性，在一个实际的重质油体系中存在着各个层次的超分子结构。在一定条件下，沥青质的各层次超分子结构之间处于平衡状态，并会随条件的变化而互相转化。图 2-4-8 为各层次超分子结构的示意图，表 2-4-7 所列为用各种手段测得的各结构层次的大体尺寸。上述关于以沥青质为核心的超分子结构的剖析对于认识重质油胶体体系的本质有重要的指导意义。重质油体系中的胶体分散相显然包括了似晶缔合体、胶束、超胶束直至簇状物等各个超分子结构层次，换言之，重质油体系中的超分子结构概念能够更细致地刻画其中的分散相的构造特性。

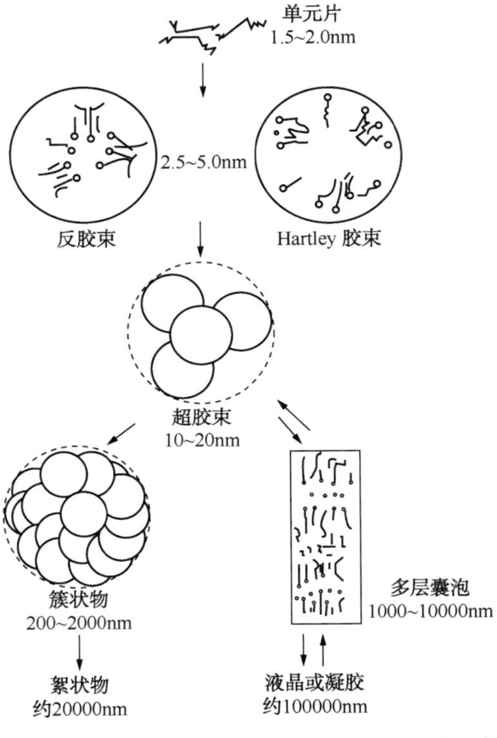

图 2-4-8　石油中不同层次超分子结构的示意图[160]

(图中的小圆圈表示含硫、氮、氧的极性官能团)

表 2-4-7　沥青质各结构层次的尺寸[160]

层　次	尺寸/nm	层　次	尺寸/nm
单元片	1.2~2.0	超胶束	10~15
似晶缔合体	3.0	簇状物	200~2000
胶束	5.0	絮状物/微球体	1000~20000

近年来，Watson 等[189,190]借助扫描隧道电子显微镜观察到了沥青质的聚集体，进一步确证了沥青质自缔合为超分子结构的现象。

三、重质油胶体结构的稳定性

原始的石油或重质油体系是相对稳定的，然而一旦其所处的环境(温度、压力等)发生变化，或者有其他物质加入后，这种相对稳定状态就有可能破坏，从而出现相分离现象。由于石油体系的相分离会直接影响其正常储存、运输和加工，因而石油体系稳定性受到广泛的关注，并就此进行了许多的研究工作[147,191~194]。

1. 重质油胶体稳定性的影响因素

沥青质的聚集和分相，是石油在开采、生产与加工过程中其胶体结构在各种物理及化学因素作用下丧失稳定性的结果。这些因素可以大体概括为以下四种效应[155]：

① 溶剂效应：溶剂效应可能发生在强化采油时的溶剂驱过程、原油混合稀释过程以及石油加工过程中体系组成的变化(转化产生的轻组分也可以看成是溶剂)。在实验室中，经常用加入溶剂的方法以测定其中沥青质聚沉的起始点，以作为表征体系稳定性的参数。

② 热效应：热效应会破坏石油溶液物理结构的动态平衡。在石油的开采、生产与加工过程中，诱发热效应的因素主要为地层温度变化和石油的热处理操作。石油加工过程中的强热效应还会导致其化学组成与结构的深刻变化。

③ 力效应：力效应主要来自石油开采、加工过程中压力的变化。压力的强烈变化可能会显著地改变其中各组分的化学位，从而破坏其物理结构的热力学平衡状态。

④ 电效应：石油在油藏内的多孔介质中的渗流和在输送管道中的流动是产生电效应的主要场合。流动电势能够破坏胶束周围起稳定作用的电场，从而导致沥青质质点聚沉。另一方面，施加反向电场则可能阻止石油流经多孔介质时发生沥青质聚沉。

在重质油加工过程中，热效应和溶剂效应是影响其稳定性的两个主要因素。

热效应对重质油体系物理结构稳定性的影响表现为：当温度较低时，随着热效应的增加，质点的热运动程度加强，胶质在油相中的溶解度增大，使得具有保护作用的胶质分子容易从沥青质聚集体表面解吸，部分或全部丧失胶质保护的沥青质质点通过布朗运动发生非弹性碰撞，从而聚集和絮凝，最终产生相分离现象。当温度高至足以引发化学反应时，由于重质油热化学反应的两极化特性(即随着热处理时间的延长，重组分和轻组分都增多)，致使液相组成出现溶解度参数的间断分布，于是溶解度参数差异较大的组分(如沥青质和饱和分)之间因过多地丧失“过渡”介质(如胶质和芳香分)而相容性降低，在界面能最小原理驱动下，这些组分分离成为两相体系。

溶剂效应也可根据重质油体系的胶体结构模型予以解释。在重质油胶体体系中，胶质组分在沥青质聚集体表面和作为溶剂的油分(芳香分+饱和分)之间处于分配平衡状态。当溶剂的芳香性减弱后，胶质组分在溶剂中的化学位降低。在化学位差的推动下，部分胶质组分离开沥青质聚集体进入溶剂，因而使沥青质聚集体表面出现胶质空缺的点位。在布朗运动驱使下，这些沥青质质点(实际上是胶质-沥青质组合体)会克服分子间排斥作用而相互聚集，最终发生絮凝和相分离。显然，溶剂效应对重质油体系胶体稳定性的影响与溶剂的芳香度高低有关。

2. 重质油胶体稳定性与化学组成及结构的关系

如前所述，影响重质油胶体体系稳定性的因素很多，其中很重要的是其化学组成与结构。若以重质油的 SARA 四组分组成为基础，来分析化学组成与结构对重质油胶体稳定性的影响，可以得出以下一些看法[195~198]：

① 重质油中的分散相是由沥青质及重胶质构成的超分子结构，分散介质则为由轻胶质、

芳香分及饱和分组成的混合物。重质油的胶体稳定性取决于其中分散相和分散介质两者在组成、性质及数量上的相容匹配性。两者无论是在组成上、性质上或是在数量上失衡，都会使体系变得不稳定。这可以说明为什么不同油源的重质油之间的混合有时也会导致稳定性的降低。

② 胶质是重质油胶体体系获得稳定性的必不可少的组分，它既是分散相超分散结构的组成部分，又是分散介质的重要成分。胶质对沥青质起胶溶作用，如果没有足够数量的在结构和性质上与沥青质相容匹配的胶质，沥青质就不可能稳定地分散在重质油胶体体系中。在同一油样中，其胶质与沥青质在组成结构上的相似性使其易于相互缔合，而来自其他油样的具有不同组成和结构的胶质就不一定能使体系中的沥青质稳定地胶溶。

③ 一般来说，芳香度越高的重质油体系，其稳定性也越高。体系中从沥青质、胶质到芳香分，其芳香度要连续分布并构成一个适当的梯度。芳香度分布上的间断会使体系的稳定性下降。分散相的芳香度过高或分散介质的芳香度过低(即饱和分的含量过高、芳香分的含量过低)，都会导致重质油胶体体系的不稳定，易于发生沥青质的聚沉现象。

④ 硫、氮、氧杂原子的存在也是形成稳定的重质油胶体体系的必要条件。因为重质油的胶状沥青状组分中都含有杂原子，而含杂原子的基团都带有极性，其中有的还能形成氢键，同时，部分杂环结构(如噻吩环、吡咯环和吡啶环)还具有芳香性。这些都是形成以沥青质为核心的超分子结构分散相的内在原因。所以，含杂原子更多的重质油胶体体系往往具有更高的稳定性。

⑤ 就一个稳定的重质油胶体体系而言，其中所含组分的相对分子质量分布应是连续的。同时，其沥青质的相对分子质量不能太大，否则不易于稳定地分散；另一方面，其分散介质的相对分子质量不能过小，否则会由于黏度过低等原因而不利于分散体系的稳定。

综上所述，若以 SARA 四组分来表征重质油的组成，重质油胶体体系的稳定性主要取决于饱和分、芳香分、胶质和沥青质各组分浓度之间的比例关系以及各组分的相对分子质量、芳香度、杂原子含量和它们的分布状况。

第五节　重质油化学组成结构表征方法新进展及其在重油加工过程中的应用

一、重质油分子组成的高分辨质谱分析方法

石油组成十分复杂，色谱技术无法实现石油中重质组分单体化合物的完全分离，通过质谱分析分子组成是认识石油复杂体系的最有效方法。石油中普遍存在含硫化合物，含硫化合物和其邻近烃类化合物质量相差仅 3.4mDa(Da，道尔顿，即相对分子质量的单位)，如此小的质量差异，在质量数 500 附近要求质谱分辨率在 15 万以上，远超过了早期高分辨质谱的能力范围，因此提高质谱分辨率是石油分析的最大挑战。傅立叶变换离子回旋共振质谱仪(Fourier Transform Ion Cyclotron Resonance Mass Spectrometry，FT-ICR MS)在 20 世纪 90 年代已经具有超过传统质谱的分辨率，Hsu 等[199]最早利用磁场强度为 3 的商业 FT-ICR MS 分析石油组分，尽管分辨率达不到要求，但实验结果证明 FT-ICR MS 具有较大的发展潜力。在此之后，FT-ICR MS 的发明人之一 Marshall 与 Rodgers 开始把石油分析作为 FT-ICR MS 的一个重要应用方向，不断把最新的 FT-ICR MS 仪器用于石油样品分析[200,201]。Qian 与其合作在 9.4 T 磁场强度的 FT-ICR MS 上利用电喷雾电离(Electrospray Ionization，ESI)技术分析了

重质石油组分(简称重质油，指密度或黏度较大的原油，或指石油中的高沸点难挥发组分)中的极性杂原子化合物，2001 年发表在 Energy and Fuels 杂志上的两篇论文[202,203]可以作为对石油组成认识的重要里程碑，真正从分子水平揭示了石油的化学组成，形成了基于高分辨质谱分析的“石油组学”概念与方法[204,205]，并推动了石油分子组成研究的新一轮热潮。新型离子回旋池延长了离子回旋时间，在磁场强度不变的情况下，大幅度提高了质谱分辨率[206,207]，目前已经商业化的 FT-ICR MS 仪器可以在 7.0T 磁场强度下实现传统检测池在 9.4T 磁场强度下的分辨能力[208]。商业化的 15T 强磁场强度 FT-ICR MS 仪器已经面世，美国高磁场国家实验室和西北太平洋实验室同时开发 21T 超强磁场强度下的新型 FT-ICR MS 仪器即将投入使用，将为石油样品分析提供更有力的技术支持。重质油 FT-ICR MS 质谱图见图 2-5-1。

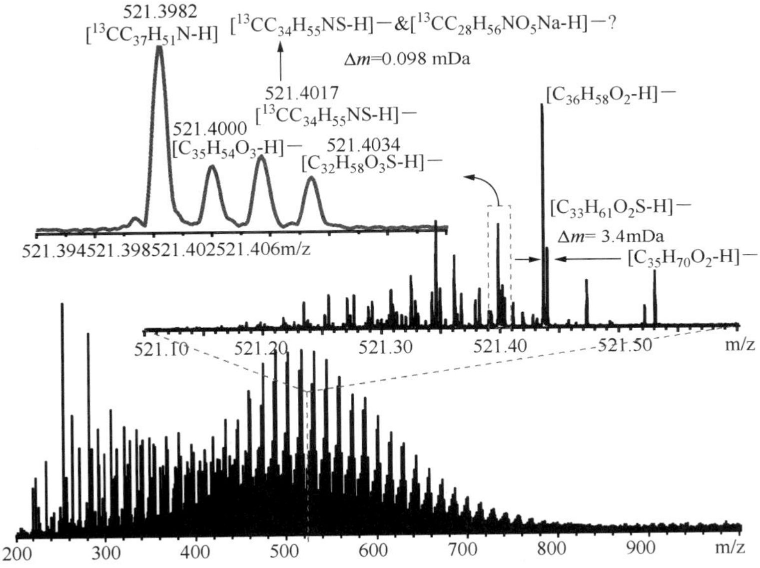

图 2-5-1 重质油 FT-ICR MS 质谱图

样品来源：委内瑞拉重质原油渣油超临界萃取 2#窄馏分。Bruker 公司 Solarix FT-ICR MS，磁场强度 12Tesla，Dynamically Harmonized FT-ICR Cell。负离子 ESI。

(一) 电离技术

石油样品分析早期最常用的是电子轰击(Electron Impact，EI)和场电离(Field Ionization/Desorption，FI/FD)，但这两种电离技术在 FT-ICR MS 上均未得到好的应用。石油样品组成本身已经十分复杂，如果使用 EI 电离，大量碎片离子混合在一起，无法解释原始分子组成信息；FI/FD 电离源是非常理想的电离烃类化合物的软电离方法，Smith 等[209]将连续进样 FD 电离源应用于 FT-ICR MS，由于电离效率低及难以控制等问题并没有后续应用的报道[210]。埃克森美孚公司、重质油国家重点实验室以及中国石化石油化工科学研究与德国 Linden 公司合作，通过提高离子源真空度和改变离子传输通道等方法，分别尝试将 FD 电离源应用于 FT-ICR MS，但效果均不理想，主要问题有正构烷烃电离效率低以及产生脱氢离子等。目前 FT-ICR MS 上最常用的电离源是 ESI 和大气压光致电离(Atmospheric-pressure Photoionization，APPI)，ESI 选择性地电离极性杂原子化合物，ESI 结合 FT-ICR MS 的成功解决了石油中极性大分子化合物分析的传统难题[202,203]。APPI 既能电离极性化合物，也能电离大部分烃类化合物，因此也是一种比较理想的石油样品电离技术[211]。APPI 不仅能够电离更多类型的化合物，对应离子类型也比较复杂，产生的质谱峰数量可以达到 ESI 的 5 倍[212]，质谱峰数量增加对质谱分辨率提出更高的要求，因此对于一般 FT-ICR MS 仪器而言，APPI 电离的相对通用性并不一定是一个优点。石油分子间存在缔合作用[213]，只有在非常低的进样浓度下才能避免产生缔合离子，然而样品浓度很低时离子强度也很低，另一方面，检测池的空间有限，需要维持较低的离子浓度以消除不同离子间的电荷效应对质量分析的影响，FT-ICR MS 通常采用多次检测信号叠加的方法提高检测信噪比和检测动态范围。信号叠加需要保持稳定的信号性，而基质辅助激光解析(Matrix-assisted Laser Desorption/Ionization，MALDI)及实时直接电离(Direct Analysis in Real Time，DART)等电离方法由于难以产生稳定的离子流，难以应用于石油样品的高分辨质谱分析。为解决非极性化合物的电离，可以通过化学衍生化将非极性化合物转化为可以在 ESI 中分析的极性化合物，如含硫化合物可以转化为甲基锍盐或硫的氧化物[214,215]，饱和烃可以通过钌离子催化氧化转化为醇[216]。激光诱导声波解吸化学电离(Laser-induced Acoustic Desorption/Chemical Ionization，LIAD/CI)和银离子加合激光电离(Laser Desorption/Ionization Silver Cationization，LDI-Ag)对非极性烃类化合物也可以获得较好的电离效果[210,217,218]。

（二）在原油及重油分子组成分析中的应用

Marshall 研究小组是 FT-ICR MS 技术和石油组学研究的引领者，该实验室针对 FT-ICR MS 仪器在离子累积和高浓度离子检测方面进行专门设计，就石油样品分析而言，其性能远高于同等磁场强度下同一时期的商业化仪器。埃克森美孚公司的 Qian[202,203,219,220]和韩国庆北大学的 Kim[221~224]在石油样品的 FT-ICR MS 方面均做了一些开创性工作，英国帝国大学的 Barrow[225~227]和德国慕尼黑大学的 Andersson[215,228~230]教授分别在石油酸和含硫化合物分析方面做出了重大贡献，2010 年以来，中国石油大学(北京)重质油国家重点实验室成为该领域最为活跃的实验室之一[214,216,231~243]。

高分辨 FT-ICR MS 的应用真正实现了从分子水平认识重质油化学组成，验证了一些基于宏观性质推测的石油化学组成问题，形成一些新认识。包括：①石油分子具有小分子特征。越来越多的质谱分析结果证明一些难挥发石油组分的相对分子质量并不是很大[244]，分子间的相互作用使其宏观性质表现出一些大分子特征[245]，尽管目前仍然无法完全破解沥青质的分子结构难题。②杂原子化合物的类型分布。杂原子化合物的组成十分复杂，鉴定出超过 30 种不同类型杂原子化合物，硫、氮、氧杂原子化合物相互重叠，无法按照单元素简单分类[202,203,239,246,247]。③杂原子化合物在重质油中的含量很高。烃类化合物是石油的主要成分，这一概念在许多重质油中被证实并不准确，杂原子化合物可能成为主要成分[232,248]。④新型生物标志化合物的鉴定。依靠新型电离技术的特殊选择性及 FT-ICR MS 可以准确确定分子元素组成的特点，传统分析无法检测的一些大分子极性化合物被发现和鉴定，如具有生物构型的酚类[236]、羧酸[234]、含硫化合物[249]和金属卟啉类化合物[219,250]。这些生物标志化合物一定具有潜在的地球化学意义。

1. 非极性化合物分析

Guan 等[200]最早将低电压 EI 用于 FT-ICR MS 进行原油烃类混合物分析，由于当时的磁场强度只有 3T(磁感应强度单位为特斯拉 T，是一个基本物理量)。Rodgers 等[201]将磁场强度提高到 5.6T 后，在 90~300Da 质量范围内得到将近 100000 的分辨率，从柴油中鉴定出大约 500 个质量峰。后来又将磁场强度提高到 6.0T，成功分析了汽油、航煤及柴油组成[251,252]，显示出 FT-ICR MS 在分析石油馏分烃组成的强大优势，但是仪器的分辨率难以满足更重馏分的分析需要。Fu 等[253,254]对离子源部分进行了改进，在一台 7.0T FT-ICR MS 上配置一外置 EI 电离源，标样测试分辨率达到 735000，在 *m/z* 190 处 C_3/SH_4(3.4mDa)以及 $SH_{313}C/C_4$(1.1mDa)实现基线分离，对柴油及加拿大合成原油减压馏分油[253]分析结果表明这种方法非常适合石油中间馏分挥发性化合物组成分析，首次在减压馏分油全馏程范围内实现烃类和含硫化合物完全分离[254]。

尽管低电压 EI 可以得到较强的分子离子峰，但是不适合难挥发的重质馏分极性化合物的分析。FI/FD 几乎不产生碎片离子，同时能够电离极性和非极性化合物[255~257]，常被应用于石油烃相对分子质量分布测定。Schaub 等[256]利用该仪器分析不同来源减压馏分油中的芳烃组分，测定了平均相对分子质量和不同组、类化合物的相对丰度，该实验提供了迄今为止最详细和最可靠的 VGO 中含硫化合物的类型及分布信息。然而在实际应用时，FI/FD 电离源由于技术原因，尚不能在 FT-ICR MS 中实现对直链烷烃的分析。

其他针对非极性化合物分析的软电离技术被用于 FT-ICR MS 分析，如化学电离(CI)[256]、大气压光致电离(APPI)[211]、基质辅助激光解吸电离(MALDI)[258]，这些电离方式对非极性化合物分析均具有一定可行性。

2. 极性化合物组成分析

近年来电喷雾技术(ESI)[259]与 FT-ICR MS 结合为重质油中的极性杂原子化合物分析带来突破性进展，ESI 对石油中占绝大多数的烃类化合物没有任何电离作用，而在正离子[203,260~262]和负离子[202,225,263~265]模式下选择性地电离石油中微量的碱性和酸性化合物。中性含氮非烃一般会出现在负离子谱图上，但电离选择性较差[266]。

Qian 等[202]使用负离子 ESI-FTICR-MS 从南美重质原油中鉴定出 3000 多种具有不同元素组成的酸性化合物，在 0.26Da 质量范围内分辨出 15 种不同分子式组成，发现石油酸中的杂原子含有 O_2、O_3、O_4、SO_2、O_3S、SO_4 多种类型，说明很多石油羧酸分子中还有其他基团。Barrow 等[226]在一台 Bruker 公司的商用 FT-ICR MS(BioApex II 9.4-T)上使用纳升电喷雾电离源分析两种原油，结果表明这两种原油中环烷酸的组成类型、碳数分布存在明显差异。zhang 等[236]通过碱改性硅胶柱层析，将原油中的酸性化合物分离为不同亚组分，通过负离子 ESI FT-ICR MS 研究了不同亚组分的组成变化，并确定了其中两种类异戊二烯类衍生物的单体化合物。

负离子模式适合分析酸性或中性含氮化合物，正离子模式则对碱性氮化物具有非常好的电离选择性。在一个超重稠油样品中，Qian 等[203]鉴定出超过 3000 种不同化学组成分子式。Hughey 等[247]进一步详细分析了氮化合物组成，在 225~1000Da 质量范围内从南美重油样品中鉴定出 11000 个质谱峰，其中大于 75%的质谱峰可以确定元素组成。Shi 等[234]考察了大港原油中 39 个不同沸程的窄馏分段和减渣中中性氮和酸性化合物的分布情况和变化规律。

（三）定量分析问题

目前，基于高分辨质谱技术的石油组学的研究主要集中在定性分析和仪器先进性方面，可以得到分子元素组成和 DBE 碳数分布等数据信息，在分子组成分析方面取得了前所未有的成就。但是，目前同分异构体等结构信息难以由高分辨质谱获得，结合其他分析手段、样品来源等信息，可以得到有限的分子结构信息。结合其他样品地质、分离、化学处理等信息，有望获得更多样品的分子结构信息。

Lo 等用 ESI-MS 考察了模型化合物环烷酸和实际样品中同系物组成是如何随浓度和仪

器条件变化的，发现所有模型化合物在接近理想情况下，响应因子小于 2 而且在混合分析时相互作用很小[266]。

Miyabayashi 等[267]采用渣油和 PEG600 作为模型分析物，评估了 Bruker 公司生产的 Bio-APEX 70e 型 ESI FT-ICR MS 的定量分析能力。尽管原油在高浓度时信号会饱和，但还是可以通过降低六极杆中的累积时间来扩展线性响应范围。原油的质量分布轮廓随分析浓度的增高而增高。不管是原油还是 PEG600，分析浓度和平均相对分子质量间都存在线性关系。

Qian 等[268]建立了一种用十八脂肪酸作内标校正 ESI 响应因子来定量分析油品中石油酸的方法，通过结构属性关联，总酸值沸点分布可由组成计算得到，但前提是基于不同酸类型响应因子相同的假设。

可见在一定范围内，ESI FT-ICR MS 是具有定量能力的，开发基于 ESI FT-ICR MS 的定量分析方法是可行的，对石油组学的付诸应用具有重要意义。

就石油工业的应用需求分析，分子组成可以为石油地球化学研究提供石油生源、沉积环境、成熟度、运移、生物降解等方面的重要信息，解决石油勘探和开发中的问题；另一方面，详细的分子组成可以解释石油加工过程的化学反应机理，通过建立转化模型实现"分子炼油"的理论设想。在分析石油分子组成方面 FT-ICR MS 已经表现出其不可替代性，近年来大型石油公司和相关研究机构竞相装备高性能的 FT-ICR MS 仪器。无论地球化学和石油化工领域的应用均需要提供定量数据，但目前没有理想的基于 FT-ICR MS 分析石油组成的定量分析方法。

定量分析首先要求数据的可重复性。前已述及，一些电离技术本身就不具重复性，ESI、APPI 尽管可以产生连续稳定的离子流，然而重现性并不理想，尤其是 ESI 电离存在较强的电离抑制效应。质谱仪器检测池在高磁场和高真空条件下工作，离子从产生到检测池必须经过一个较长的传输过程，商业化 FT-ICR MS 仪器在离子传输方面的设计远不如其他商用型质谱仪器成熟，存在较强的质量歧视效应；另一方面，检测器对较宽质量范围高浓度离子的同时检测存在一定困难，也会导致质量歧视问题。

对于挥发性组分，电离选择性和质量歧视可以通过气相色谱分析结果进行验证，最新实验结果表明[269]，石油中的含氮、含氧化合物在 ESI 电离源中存在较宽的线性响应的浓度范围，同一类型化合物分子间电离抑制效应并不明显，定量数据与气相色谱得到的结果具有可比性。质量歧视问题可以通过分段优化分析条件，合成宽程谱图的方法消除其影响。在 FT-ICR MS 上建立定量分析方法存在着很大困难，然而这是一个必须解决的问题，因为在短期内其他质谱技术在分辨率上还无法满足石油分析的需要。

二、重质油化学结构研究方法

（一）重油化学结构的近代物理研究方法

1. 光谱法

红外光谱法（FT-IR）在有机物结构分析中，常用红外光谱波长范围通常为中红外区，波数范围在 4000~400cm^{-1}之间。红外光谱是检测重质油中各种官能团的有力工具，能够检测出的结构信息包括碳碳双键、碳碳三键、甲基、亚甲基、羟基、羧基、酯基、酚、羰基、酰胺基、醚键、巯基、芳环及芳环上的取代位置等许多信息。它的原理是各官能团在红外谱图中的吸收峰位置不同，例如，羰基在 1600~1900cm^{-1}有明显的特征峰，而在 700~900cm^{-1}之间的峰型可以反映出芳环的取代信息等。

同步荧光光谱法（Synchronous Fluorescence Spectrometry）可以克服荧光光谱吸收峰发生重

叠分析的缺点。不同环数多环芳烃的窄峰位置不同，因此进行环数的定性分析。Lloyd[269]等首先提出使用该方法研究芳烃环数的思路，Michels 等[270]和 Andersen[271]将同步荧光光谱引入到了对石油沥青质中芳香结构的分析中。Michels 等通过对前人的总结，并通过标样对特征峰和环数进行了一一对应：270～300nm 为单环；300～340nm 为双环；340～400nm 为三环；400～425nm 为四环芳烃；>425nm 为五环和五环以上的芳香结构。Ruiz-Morales 等[272]通过计算得出，沥青质的芳核主要以 6～8 环为主，如图 2-5-2 所示。

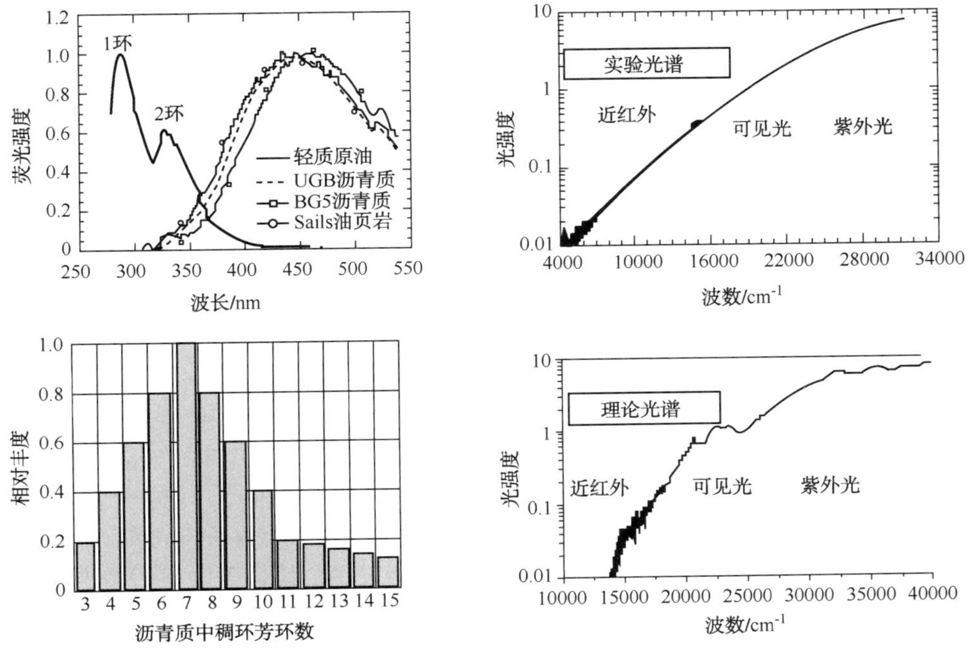

图 2-5-2　根据分子轨道理论计算沥青质中芳环的环数分布

时间分辨荧光去极法(TRFD)[273]是一种基于荧光技术的方法，可以表征重油及沥青质的孤岛和群岛结构。Mullins 证明，小型孤岛型分子在实验过程中具有小的旋转时间，且波长依赖于时间；而大型群岛型分子的旋转时间较长，且波长不依赖于时间，如图 2-5-3 所示。沥青质的实验结果与小型孤岛型分子一致，这就说明了沥青质分子是孤岛结构，这也从侧面证实了沥青质是由小分子组成的。但是 Strausz 对此结果表示了质疑[274]。

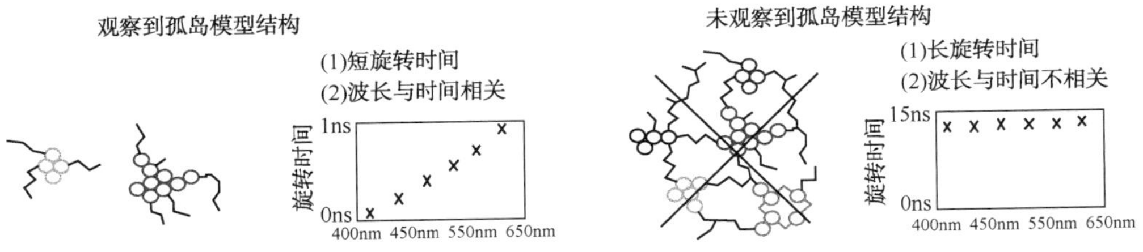

图 2-5-3　Mullins 的 TRFD 结果及沥青质分子模型，证明沥青质分子不是群岛型大分子

X 射线衍射(X-Ray Diffraction，简称 XRD)可以研究沥青质芳香结构之间形成的类晶体结构参数，包括芳香片层结构的直径、层间距、键间距、晶胞高度和层数等宏观结构信息。其中(002)峰被公认为应当归属于层状堆积的芳香结构，而学者们对 γ 峰的归属看法不一致。Yen 等[164]认为 γ 峰对应饱和碳区，而 Ebert 等[275]则认为 γ 峰只对应链烷而与环烷无

关。Shirokoff 等[276]采用该方法研究了四种原油沥青质的芳香性和微晶参数，并与由 NMR 计算得到的平均结构参数进行了对照。

X 射线近边结构吸收谱(XANES)的原理是基于电子能级跃迁作用，同一元素不同官能团在不同能量范围内会产生不同频谱谐振。XANES 应用该原理来分析重质油或其他大分子有机化合物中氮、硫的平均结构信息[277,278]，但是无法分析含氧官能团。

X 射线光电子谱(XPS)也可用来检测杂原子官能团。虽然与 XANES 相同都是检测电子受激发所需跃迁能量，但两者检测类别不同：分析硫时，XANES 检测的是 1s-3p 跃迁，而 XPS 检测 2p 电子的跃迁。

K-边 X 射线拉曼光谱(XRRS)可以表征芳环的缩合形式，Bergmann[279]将不同缩合形式的苯系标样与委内瑞拉沥青质的 K-边 X 射线拉曼光谱对比后发现，委内瑞拉沥青质的芳环之间主要是以迫位形式稠合在一起的。

小角度 X 射线散射法(SAXS)[280]、拉曼光谱[281]等方法可以检测沥青质的胶束形状、尺寸，并估算出检测样品的相对分子质量。这两种方法的研究对象均为溶液体系，所以在分析重油，尤其是沥青质时，分析结果会有一定偏差。

2. 波谱法

核磁共振波谱(NMR)是由于核自旋能级的跃迁产生的，包括^{1}H-NMR、^{13}C-NMR、^{19}F-NMR 和^{29}Si-NMR，目前应用最广泛的是^{1}H-NMR 和^{13}C-NMR。NMR 能提供有机物分子中不同类型原子的相对数目及其所处的化学环境信息。20 世纪 50 年代末，Brown 等[282]开始将此技术应用于石油和煤焦油领域。NMR 在重质油或沥青质的性能[283]、分子结构化学[284]及其对油品的影响研究中的应用越来越广，并已经成为重质油等大分子组成和结构研究中的重要工具。利用^{1}H-NMR 可以区分不同类型氢原子的分布，尤其是可以很清楚地区分芳环上的氢原子和饱和碳上的氢原子；同一类氢原子还可以根据其化学环境差别进行更细致的区分。^{1}H-NMR 可以较准确测定芳香氢的分布，但无法区别烷基碳上的氢和环烷碳上的氢，也不能反映碳骨架上的结构信息；α-CH_3和 α-CH_2中氢的化学位移切割点与样品的质子芳香度以及相应的结构特征相关，所以对不同样品确定统一的^{1}H-NMR 谱峰详细归属也有很大困难。利用^{1}H-NMR 进行重质油平均结构分析中，推算不同类型碳分布是建立在假设饱和部分氢碳摩尔比为 2 的基础上进行的，有一定误差。而^{13}C-NMR 可以直接提供样品的各种类型碳的分布情况，比^{1}H-NMR 更加方便和准确。但是在大分子^{13}C-NMR 谱中，链烷烃和环烷烃的吸收峰会发生严重重叠，不好区分。环烷环上的取代基和环烷环与其他环结构的并合会存在多个光学活性中心，结构间微小差别会引起化学位移的微小区别，在重质油这样复杂的混合物中，环烷碳会在 24~55μg/g 之间形成一个包络线宽峰，成了尖锐的链烷碳吸收峰底座，影响定量测定。为了解决这个问题，开发了^{13}C-NMR 谱图编辑和二维谱图技术。采用谱图编辑技术可以得到样品中 CH_3、CH_2、CH、季碳各自所占的份额，例如：无畸变极化转移增强技术(DEPT)可以获取 CH_3、CH_2、CH、季碳分离的去耦谱图。二维谱技术(包括异核相关谱和同核相关谱)可以帮助确定^{13}C-NMR 谱图中的各峰归属，该技术一般用作基团定性分析，定量分析只能做到粗略估计。结合交叉极化魔角自旋技术，^{13}C-NMR 可以半定量剖析甲基、羧基、酯基、酚基中的碳原子以及连接不同芳环的芳碳，也可以分析季碳原子。

Zhao 等采用改进的 B-L 法对焦化和加氢裂化前后加拿大油砂沥青超临界流体萃余残渣平均结构上的变化进行了表征，可以很直观地表示出分子结构和组成上的变化[285,286]，见图 2-5-4。王珺等[287]采用超临界流体萃取分离技术将大港减压渣油分成 16 个窄馏分和一个萃余残渣，并采用四组分分离法将各个窄馏分分离为 SARA 亚组分，以^{1}H-NMR、元素组成和平均相对分子质量为基础数据，采用改进的 B-L 法计算出减压渣油和 SFEF 馏分以及 SARA 亚组分的平均结构参数，并构建出平均分子的二维结构模型。

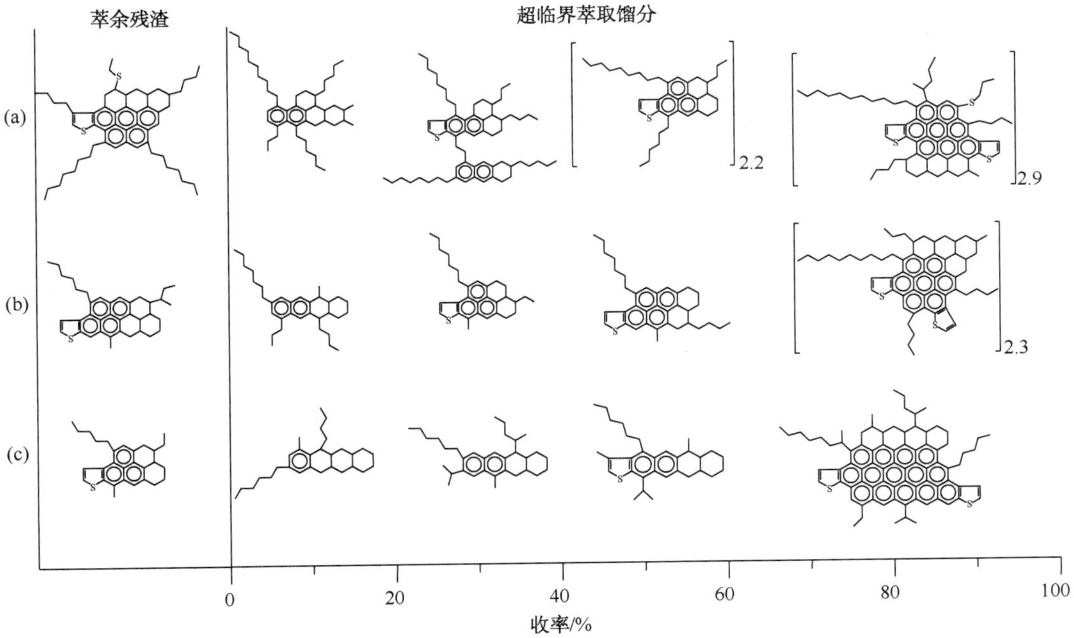

图 2-5-4 加拿大油砂沥青(a)及其流化焦化残渣油(b)、加氢裂化尾油(c)和对应超临界萃取馏分平均结构[285]

3. 高分辨质谱探索分子结构

FT-ICR MS 除了用于分子组成的研究外，还可以用于分子结构的探索。Qian 等[220]利用多种类型的单芳核与多芳核标样证实，通过碰撞诱导解析(Collision Induced Dissociation, CID)可以将芳环上的烷基侧链打断，最终形成 $C_1 \sim C_4$取代的芳核结构；烷基链之间的 C—C 键、杂原子与烷基碳之间的杂-碳键容易发生断裂；芳核与烷基之间的 C—C 键、芳核与硫原子之间的 C—S 键、联苯结构中芳环之间的 C—C 键、二苯甲烷之间的 C—C 键不会断裂；环烷环易开环。Qian 通过 CID 前后化合物的 Z 值判断，孤岛结构和群岛结构同时存在于重油的分子之中，且随着组分沸点的增高，群岛结构中芳环“岛”的数量会增加。Zhang 等[288]成功在 ESI FT-ICR MS 中引入 CID，对重油分子的核心结构进行检测。研究发现了重油分子质子化离子解离分别存在均裂和异裂两种机理，并以异裂为主。还观测到了烃类的碎片峰，研究对所检测到的 CID 谱图进行了探究，并做出了烃类奇电子离子和偶电子离子峰，其结果如图 2-5-5 所示。由于 ESI 对于碱性氮化物主要通过酸碱电离，在 ESI 母离子谱图中根本观测不到烃类的碎片离子峰，由此可以断定这些烃类碎片是氮化物裂解的二次产物。碱性氮化物主要以吡啶环形式存在，而吡啶环由于其芳香性，因此其在 CID 过程中十分稳定，很难被打碎。由此可以推测，CID 过程中的这些烃类化合物应当是由于群岛结构的分子在 CID 过程中发生质子转移，质子从一个核心的吡啶环转移到另外一个核心的芳香环上，而这个过程中发生的桥链碎裂导致了烃类离子的产生。将所检测到的 N1 类化合物的 DBE 值进行汇总叠加，结果如图 2-5-6 所示。从图中可以看出，苏丹稠油减压渣油中原始存在的 DBE＝19～

26 的化合物在 CID 过程后全部从谱图中消失，而 DBE = 12 ~ 18 碎片离子则相对原始油样有了明显上升。在 DBE 较小区域(4 ~ 10)则原始油样和 CID 结果未显示明显分布差异。因此可以得出，在苏丹稠油减压渣油的碱性氮化合物中，其 DBE 大于 18 的芳香结构是由“群岛”结构所组成，而 DBE 小于 18 的碱性氮化物则主要以“孤岛”结构为主。

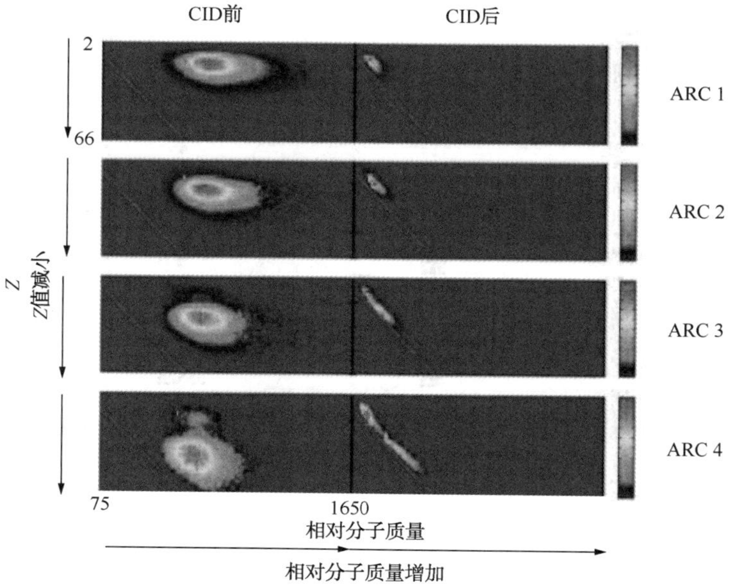

图 2-5-5　CID 前后不同沸点组分的 Z 值变化

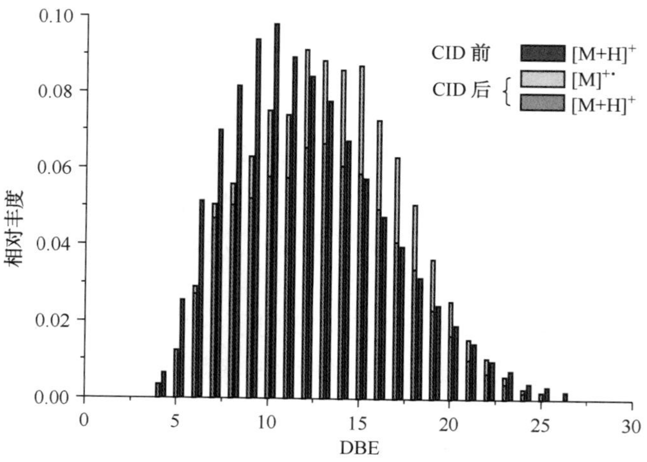

图 2-5-6　吡啶类化合物 CID 前后 DBE 值变化情况

（二）化学方法研究重油结构

1. 钌离子催化氧化(RICO)

由于 OsO_4 的毒性高，且价格昂贵，Djerassi 等于 1953 年研究 RuO_4 的氧化行为[289]。RuO_4 作为氧化剂不仅毒性小，价格便宜，挥发度低，而且容易回收、提纯和保存，后处理过程也较为安全简单。Spitzer 等于 1974 年用次氯酸盐作为氧化剂，RuO_4 作为催化剂，研究了 RuO_4 对萘化合物的催化氧化作用[290]。实验发现，钌离子催化氧化可以很好地破坏萘化合物中富电子的芳环，生成苯二酸形式的产物，但是当时存在需要氧化剂的用量大、反应时间长、反应转化率较低等问题。直到1981年，美国斯克利普斯研究院的世界著名有机化学家，2001年诺贝尔化学奖获得者Sharpless小组的Carlsen提出[291]，之前RICO体系反应速率慢的原因可能是由于生成的羧酸和Ru形成了诸如[$Ru_3O(OAc)_6(H_2O)_3^+$-OAc]形式的配合物，而这种配合物不具有催化活性，如果加入另一种可以和Ru配位更强的配体，如乙腈，则可能能将Ru游离出来并重新具有活性。为了证实这个想法，他们向此配合物溶液中加入了乙腈，发现溶液又重新具备了催化活性，从而证实了他们的想法。改进后的钌离子催化氧化具有很高的反应速率、转化率及选择性，可以选择性破坏芳环结构、将醚类化合物转化为酯类化合物、将不饱和键断裂并转化为羧酸类化合物，而且在反应同时并不影响化合物的手性。他们将此反应成功地应用到了不对称化合物的合成当中[292]。

Stock在1983年做了一系列标样实验，提出利用RICO法破坏芳环的作用研究煤结构的可行性，并将此想法付诸实践，取得了良好的效果[293~298]；Strausz在1985年将RICO法引入到了Athabasca油砂沥青结构的研究当中[156,299,300]，也取得了很好的效果；此后Nomura等用此法研究了一系列煤样品的结构[301~305]。由于RICO能够将醚类转化为酯类，Mallya于1984年研究了煤样品中的含氧类化合物[306]；Ilsley在1986年详细研究了样品和$NaIO_4$不同配比下产物的情况[307]。

煤及油样的RICO产物包含CO_2、从C_2到C_{35}的一元脂肪酸、从C_4到C_{30}的二元脂肪酸以及芳羧酸类化合物。对CO_2的定量主要有两种方法，一种是Mojelsky提出的用烧碱石棉吸收CO_2，通过实验前后的重量差得到生成CO_2的质量[300]；另一种是用$Ba(OH)_2$吸收CO_2，再用标准盐酸溶液滴定[308]。对于C_2到C_6易挥发酸的定量，Stock采用了同位素稀释的方法[294]，即反应完成后将一定量氘取代的乙酸、丙酸、丁酸加入到反应体系中，按照常规步骤处理后，再通过气相色谱比较氘代与非氘代易挥发酸的峰高，从而得出易挥发酸的实际含量，缺点是氘代样品不易得到；Mojelsky采用了苯甲酰甲基溴和易挥发酸反应生成较高沸点的苯甲酰甲基酯，再通过气相色谱分析，缺点是反应转化不是很完全[300]；Peng将反应后溶液的pH值调到8~9，然后在BBr_3的存在下与十八醇或辛醇反应，生成辛酯或十八酯，分别对二元酸及一元酸进行定量，标样的反应情况说明C_2到C_{11}一元酸的转化率均能达到90%以上，C_4二元酸的转化率也能达到90%[309]；1994年Nomura研究小组的Murata提出用离子色谱检测易挥发酸[302]，具体做法是将反应液的pH值调到8~9，稀释后直接进行离子色谱分析，对易挥发酸不需要衍生化，没有任何损失，结果较为准确；对于长侧链的酸类和苯羧酸类可通过和重氮甲烷反应生成对应的甲酯，再进行气相色谱分析即得到定量信息。

值得一提的是，RICO的反应产物中没有乙二酸和丙二酸，但这并不代表不存在此类结构的前体，而是因为生成的乙二酸可以被$NaIO_4$氧化为CO_2；丙二酸的前体二苯基甲基类化合物则首先生成二苯酮结构，然后被氧化为CO_2[310]，见图2-5-7。

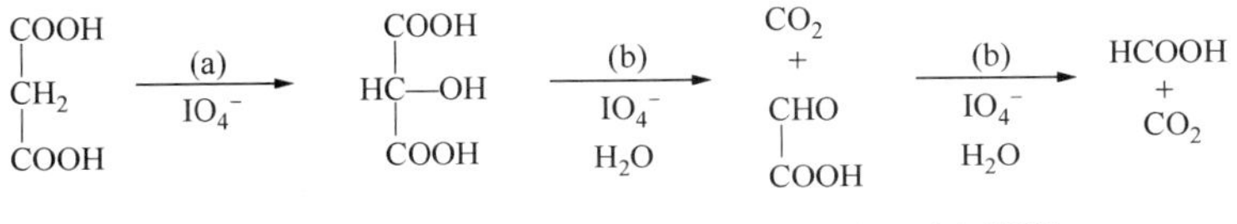

图2-5-7　丙二酸在$NaIO_4$存在下的氧化示意图[311]

研究人员发现，RICO产物中包含了丰富的生物标志物信息，后来普遍应用于生物标志物信息的研究当中，拓展了RICO反应的研究领域[74]。

2. 热解反应

热解技术包括普通热裂化反应、轻微热解、含水热解、裂解色谱(Py-GC)、裂解色谱-质谱(Py-GC-MS)等，广泛应用于沥青质、干酪根等有机矿物大分子结构分析[4]。

Moschopedis 等于 1978 年研究发现，在 350℃以下对沥青质进行热解仅断裂一些较弱的化学键，且没有焦炭产生，而在 350℃以上热解则对沥青质的破坏较为严重[71]。1988 年，Payzant 将沥青质制成薄膜涂于石英基质上，在氦气下进行热解，可得到 38%产率的热解油，而直接热解较大块的沥青质只能得到 10%产率的热解油；通过对热解油的分析，得到了一系列苯并噻吩和噻吩的同系物，但是此热解方法的缺点是一次只能进行 0.1~0.2g 沥青质的热解，不能得到大量的样品[312]。1991 年，Payzant 采用快速热解(Flash Pyrolysis)的方法，可将沥青质的反应量提高至 10g 级，并将热解温度提至 430℃，在此条件下，对 Athabasca 沥青质进行了热解，并对产物进行了选择性氧化处理，将其中的烯烃类化合物去除，得到了沥青质的结构单元[313]。

Strausz 等通过分析 Athabasca 沥青热解产物发现其中包含大量的渺位缩合产物及其同系物[156]，而这些产物是迫位缩合的芳环通过热解过程不能产生的，另外 RICO 产物中苯六酸的含量很低，所以 Strausz 认为芳核的形式以渺位缩合为主。另外，Strausz 等结合热解产生的小分子化合物与 RICO 法得到的二元酸类等信息，提出了沥青质的群岛分子结构，见图 2-5-8。Strausz 认为，孤岛型分子通过热解或 RICO 反应是不能生成上述产物的。

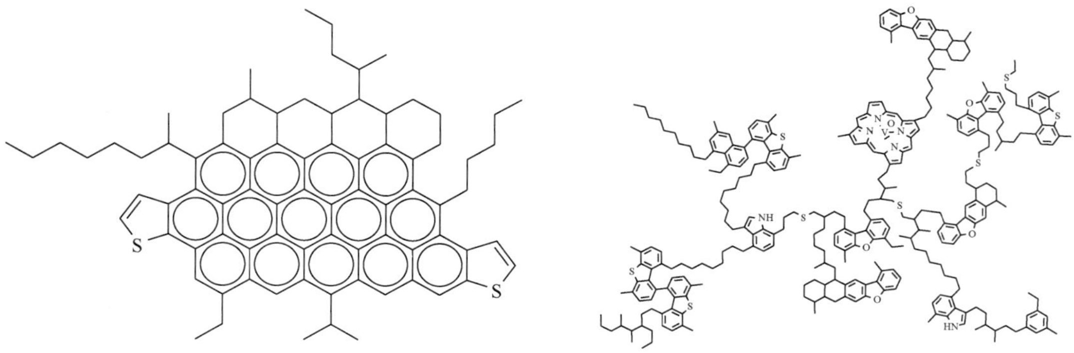

图 2-5-8　孤岛模型(Island)[286]与群岛模型(Archipelago)[314]

3. 烷基转移反应

McCaulay 于 1953 年阐述了烷基转移反应的碳正离子机理[315]，见图 2-5-9；1978 年 Gould 研究了沥青质与苯酚之间的烷基转移反应，所用的催化剂为对甲基苯磺酸，降解之后沥青质的平均相对分子质量有所降低，从 3000 左右降到了 2000 左右[316]。Ignasiak 于 1982 年研究了 $AlCl_3$ 和 $ZnCl_2$ 作用下，沥青质与苯之间的烷基转移反应，结果发现，$AlCl_3$ 可以在较低温度下对沥青质进行降解(<100℃)，且对杂原子脱除不是很明显；在较低温度(<250℃)和 $ZnCl_2$ 的作用下，沥青质与受体生成了大量不溶物，而在较高温度下(>250℃)生成可溶物的量增加，并且对杂原子有很高的脱除作用[317]。Desbène 在 1988 年研究了 $AlBr_3$ 作用下，五种常压渣油和苯反应生成的烷基转移产物，在文中 Desbène 确定了反应的条件为 60℃反应 4h；他们发现不同油源的渣油烷基转移产物的 GC 图都比较类似，这可能是由于 GC 还不能完全体现产物之间的差异[318]。在 1990 年，Desbène 又对上面五种油源的沥青质进行了烷基转移降解，除反应用量外(从 150mg 降为 25mg)，其他条件相同；对转移反应前后沥青质的热解产物进行分析发现，在他们的反应条件下，烷基转移反应是一个十分高效的反应，约为脂肪结构的55%，支链结构比直链结构的反应活性高，且不同沥青质烷基转移的产物一般相同，均为直链及支链烷基苯、烷基二苯甲烷类、四氢萘类、二苯乙烷类及三苯甲烷类衍生物[319]。

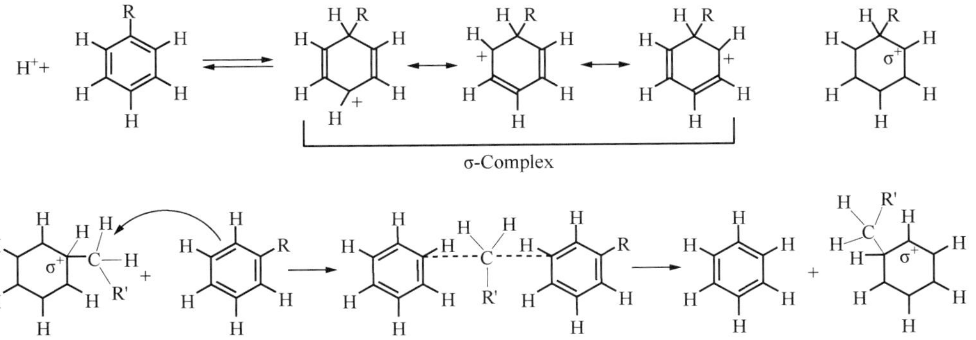

图 2-5-9　烷基转移机理[315]

4. 镍化合物脱硫反应

硫的脱除一直是科研工作者关注的热点问题，镍化合物对硫化物有很好的脱除效果，早在20世纪60年代，Truce 等就研究了 Ni_2B 的脱硫效果[320]，之后有很多研究人员对 Ni_2B 展开了相关研究，但是之前的反应条件相对苛刻，并且没有苯并及二苯并噻吩中硫脱除效果的相关报道。1992年，Back 优化了实验条件，使反应在较温和的条件下进行。他的研究结果发现，Ni_2B 对苯并及二苯并噻吩中硫也有很好的脱除效果，并且羟基、羧基、酯、醚、氨基等官能团不受任何影响，而氯、溴、硝基等则被还原[321]。Peng 在1997年对阿萨巴斯卡 C_5沥青质进行了脱硫研究，结果发现产物中含有大量的脂肪族类化合物，并且含有丰富的生物标志物信息[309]，脱硫前后，沥青质的相对分子质量从4500降至1100左右。Jenisch-Anton 在1999年分别用兰尼镍和硼化镍对某种油品中富硫非极性的大分子进行脱硫反应，研究发现反应生成了许多直链醇类，他们认为这些醇类可能代表了一类很重要的生物标志物信息[322]。

5. 硫化物的甲基化及选择性氧化

Müller 等[215]采用甲基化的方法分别将加氢脱硫前后减压渣油中的含硫多环芳烃转化为甲基锍盐，之后通过正离子 ESI FT-ICR MS 进行分析。在样品中鉴定出了 S1、S2 类物质。该方法提供了一条分析石油中硫化物的新思路。Panda 等[74]用这种方法分析了沙特原油及伊朗轻质原油的三个不同馏分的 VGO 中硫化物的类型及其分布。Liu 等结合硫甲基化，利用选择性氧化将硫醚类氧化生成亚砜，通过 FT-ICR MS 分析亚砜类化合物就可以得到硫醚类化合物组成分布情况，这是目前唯一能够在分子水平认知重质油中硫醚类化合物组成与分布的有效手段[214]。Liu 等利用该方法分析了委内瑞拉原油四组分以及独山子不同 VGO 馏分段中硫化物的结构组成。

6. 其他研究重油结构常用的化学反应

BBr_3可消除酯类和醚类结构，经过 $LiAlH_4$还原，可将生成的卤代烃还原为相应的饱和烃，NaOH 水解是研究酯类结构的常用反应，对醚类结构没有影响。Peng 在1997年对阿萨巴斯卡 C_5沥青质进行了 BBr_3降解和 NaOH 水解，研究发现产物中含有大量酯类和醚类结构。

三、重油及其组分组成结构的研究进展

在原油和渣油的分类研究中，四组分分离是一种常用的技术手段。通过四组分分离，原油或渣油被分为饱和分、芳香分、胶质和沥青质，沥青质是原油或渣油不溶于正戊烷或正庚烷的一部分物质，其中富集了大量金属元素和杂原子化合物，通常被认为是石油中结构最复杂，性质最差，最难以加工的组分。正戊烷或正庚烷可溶质又按极性分为饱和分、芳香分和胶质。

（一）饱和分结构

饱和烃是重油中易于加工和轻质化的理想组分，在轻质及中间馏分的饱和烃中一般主要含有烷烃和少量单环及双环烷烃，而在重质油中饱和烃则主要以环烷烃为主，其环数可多达6个或更多[4]。气相色谱(GC)与质谱(MS)均成功地应用于馏分油饱和烃的分析。馏分油中饱和烃的分析主要有基于普通GC-MS的质谱分析方法(ASTM D2789、ASTM D2425、SH/T 0606、ASTM D2786、ASTM D3239)和基于GC-FI-TOF的分析方法。目前这些技术手段还不能有效地分析高沸点的饱和烃、超过六环的环烷烃以及取得异构烷烃的碳数分布[216]。

质谱技术在烃类的分析中是一种常用的分析手段。常规的高电压电子轰击(EI)方法能够将饱和烃的分子离子打成碎片。通过对这些碎片峰的分析和统计计算，就可以得到1~6环环烷烃的分布情况。然而这种方法得不到相对分子质量的分布信息[323~326]。常规的低电压EI技术能够高选择性地电离芳烃而不能电离饱和烃[327,328]。据报道，一种改进的EI离子源——超声分子流EI，能够电离饱和烃，并通过改变轰击电压的高低从而分别对正构烷烃、异构烷烃和环烷烃进行鉴别，在高电压时，仍会产生大量的碎片峰。基于质子转移和电荷交换的化学电离(CI)技术也被应用于饱和烃的电离当中。一氧化氮汤生放电化学电离法(TD-NOCI)[329]以及二硫化碳电荷交换(CS_2/CE)[330~332]也可以被应用于电离饱和烃，但是除了分子离子峰外，仍然有很大数量的碎片峰存在，使谱图的分析变得复杂。对饱和烃最理想的电离情况是只产生分子离子峰而不产生碎片峰，同时对不同类型的饱和烃具有相同的响应，这样我们就可以在得到不同饱和烃类型分布的同时，也得到每种类型饱和烃的碳数分布。在电离饱和烃的过程中只产生分子离子峰的电离手段中，最常用的是场电离/场解析(FI/FD)技术[333~336]。在线液相色谱-场电离质谱技术[337]、离线液相色谱-场电离质谱技术[338]以及气相色谱-场电离-飞行时间质谱技术[339]都成功地应用于石油中饱和烃的分析，对于电离饱和烃来说，FI/FD技术取得了巨大的成功。FI/FD技术对于电离正构烷烃和环烷烃只产生分子离子峰，对于支链烷烃则会产生大量的碎片峰[340~342]。利用对碎片峰的鉴别，可以选择性地识别和计算支链烷烃的含量。

Wu等于2010年考察了解析电喷雾电离源(DESI)对饱和烃分子的电离情况，通过DESI电离，饱和烃分子可被氧化为醇或酮类化合物，这样就可以被质谱很好地检测[343]，且在电离过程中不产生任何碎片离子。然而，生成的酮类化合物具有与醇类不同的不饱和度，这对于分析环烷烃类化合物是不利的，而且需要配备诸如离子迁移质谱等配件才能进一步分析环烷烃类化合物。另外，DESI对高碳数的饱和烃的响应很低。

多种气相过渡金属离子或金属有机离子[344~351]被选为化学电离源中用来电离饱和烃[350,352,353]和聚乙烯的离子[349,354~356]。银盐是一种良好的化学电离试剂，在电离饱和烃和非极性聚乙烯(PE)的过程中，只产生分子离子峰而不产生任何碎片峰[352,357~359]。近年来，环戊二烯钴阳离子自由基[$CpCo\cdot^+$][360~362]或氯锰水合正离子[$ClMn(H_2O)^+$][363,364]结合激光诱导超声解析(LIAD)[365,366]电离源被证明能够有效地电离饱和烃而不产生碎片峰，并且对

于正构烷烃系列具有相同的解析/电离效率。然而，在 LIAD/CpCo·$^+$电离同一种饱和烃 R 的过程中会产生不同类型的加合物离子，例如$[CpCo(R-H_2)]^+$和$[CpCo(R-2H_2)]^+$，这会对鉴别环烷烃的具体类型产生严重的干扰[363]。相比较来说，LIAD/$ClMn(H_2O)^+$对于不同类型的饱和烃 R′只产生$[ClMn+R']^+$，所以它是一种良好的电离饱和烃的技术手段。

电喷雾电离(ESI)在现代质谱技术中是一种最常用的电离源。它可以汽化和电离极性化合物，只产生分子离子峰，并且可以和傅里叶变换离子共振质谱(FT-ICR MS)[202,260~265,365]很好地耦合。饱和烃是一种非极性化合物，所以 ESI 电离源并不适合于直接分析饱和烃。对非极性化合物进行化学衍生化，使之转化为极性化合物，就可以间接地实现 ESI 对非极性化合物的分析。例如，在对非/弱极性硫化物的分析中，采用了甲基衍生化的方法，使之转化为强极性的甲基硫盐，从而实现了 ESI 对非/弱极性硫化物的分析[204,367]。对于类似于饱和烃的 PE 样品，也有通过化学衍生法，将 PE 分子末端的烯烃双键转化为有机盐类或形成极性官能团的报道[367,368]。但是，终端含有烯烃双键的分子未必代表整个 PE 分子，不能保证分析的结果完整地反映了 PE 分子的全貌。

关于饱和烃的氧化一直是化学家感兴趣的问题，一方面是因为某些饱和烃的氧化产物具有很高的经济价值[369]，另一方面，饱和烃分子当中既没有非键合的电子对，也没有低洼空轨道，所以在缓和的条件下实现对饱和烃的氧化一直是一个难题，之后过渡金属催化剂的出现，为解决这一问题提供了一条很好的途径[370~375]。很早以前就有学者报道 RICO 反应可以催化氧化饱和烃，产物是酮类和醇类[376~380]。Bakke 和 Tenaglia 等发现在反应过程中可以发生 C-C 键的断裂，可能是生成的醇类发生消除反应生成双键，进而被氧化断裂[376,378]。Murahashi 等发现钌离子对饱和烃的催化氧化也可以在过氧乙酸/乙酸乙酯溶剂中发生，而且加入强酸如三氟乙酸后，生成的醇类在酸催化下，可以和三氟乙酸生成三氟乙酸酯[379]，Nomura 考察了不同钌离子催化剂对饱和烃的氧化效果[380]，并指出生成的三氟乙酸酯可以防止生成的醇类过度氧化并提高氧化产率[381]。但是 Moody 等发现即使在 Ru 离子不存在的情况下，单独用 H_2O_2/TFA 体系也可以对饱和烃达到相同的氧化效果，对 Ru 离子催化的作用提出了质疑[375]，不过二人使用的体系有所不同，所以没有可比性。从机理上讲，三氟乙酸酐更容易与生成的醇类反应生成三氟乙酸酯，Sen 等将三氟乙酸酐引入到了氧化体系中并取得了较好的效果[382,383]。

Zhou 等建立了一种适用于馏分油和渣油中不同类型饱和烃的分析鉴定方法[216]：通过 RICO-$LiAlH_4$结合负离子 ESI FT-ICR MS 方法，结合电喷雾电离傅立叶变换离子回旋共振质谱仪(ESI FT-ICR MS)的分子组成解析方法，首次获得重油中高碳数高沸点饱和烃的分子组成分布。大港减压渣油饱和分中含有丰富的直链烷烃和支链烷烃及环烷烃，直链烷烃的碳数范围为 C_{30}~C_{87}，支链烷烃的碳数范围为 C_{40}~C_{87}，环烷烃的碳数范围为 C_{30}~C_{92}，环数范围为 1~11 环。

图 2-5-11(a)和图 2-5-11(b)分别表示大港减渣饱和分在 RICO 反应后和 RICO-$LiAlH_4$还原后，O1 类化合物的碳数对 DBE 点状分布。点面积大小代表对应谱峰在谱图中的相对丰度大小，它们对应于图 2-5-10 中的 FT-ICR MS 谱图。

从分子层次上分析了辽河、委内瑞拉(两种)、塔河、加拿大、苏丹六种不同减渣饱和分的组成[384]。结果显示，不同渣油饱和烃的环数上限范围一般为 9~11 环；碳数分布范围在 10~97 之间，具体范围与样品和蒸馏温度有关；辽河减渣饱和分的 HTGC 谱图显示出特殊的双峰结构，是因为其中碳数为 30 左右的甾烷、藿烷类化合物及碳数为 40 的类异戊二烯

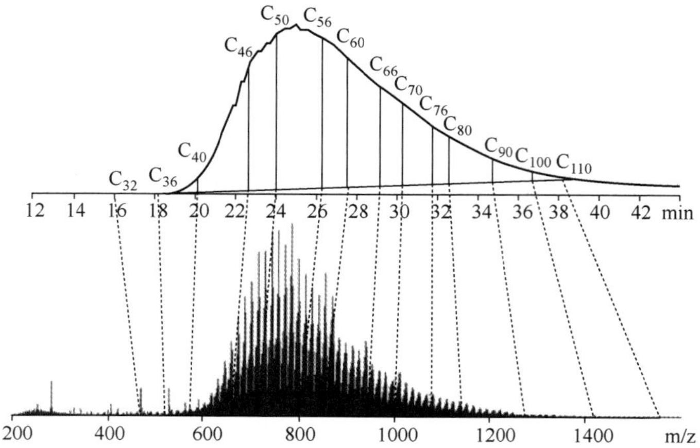

图 2-5-10　大港减压渣油饱和分的 HT-GC 及其氧化-还原产物中 O1 类化合物的 FT-ICR MS 谱图

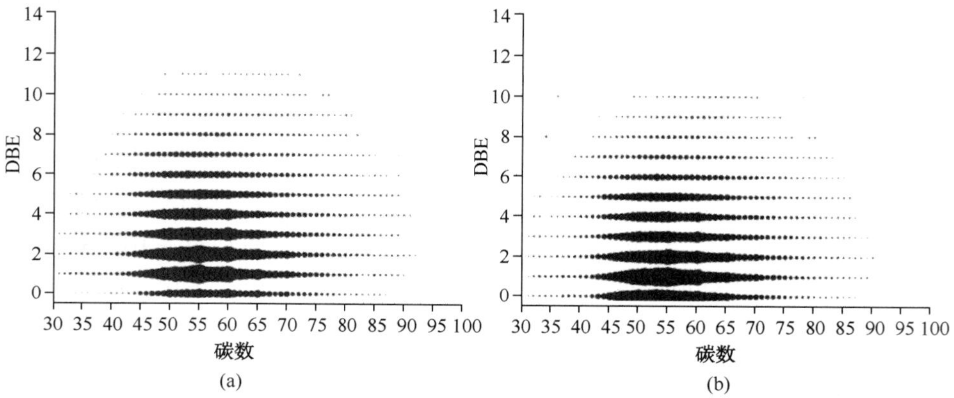

图 2-5-11　对应于图 2-5-10 的 O1 类化合物碳数对 DBE 点状分布

类烷烃含量较多引起的。对于其他几类饱和分，除苏丹减渣饱和分外，都有轻微的 C40 类化合物丰度偏高的现象，这说明这种碳数为 40 的疑似类异戊二烯类烷烃广泛存在于原油之中，并可能是一种重要的生物标志物。

石油饱和分中还含有少量硫醚类化合物。Liu 等通过硫甲基化的方法分别分析了加拿大油砂沥青[214]及委内瑞拉原油饱和分[231]中的硫醚类化合物。结果表明，其中 S1 类硫醚化合物丰度占绝对优势，DBE 为 0~14，碳数在 10~50 之间分布。Cho 等通过 APPI 电离源分析了阿拉伯重油[385]，结果表明四组分中 S1 类的 DBE 为 0~18，碳数在 15~100 之间分布，同时其中还含有少量氮、硫类化合物。

（二）芳香分、胶质和沥青质的结构

Strausz 等[386]对 Athabasca 戊烷沥青质进行了一系列研究，结果表明 Athabasca 戊烷沥青质中与芳碳相连的烷基侧链总碳数为 9.2/100C，正构烷基侧链总数为 1.8/100C；连接芳碳的烷基桥总数为 0.6/100C，烷基桥总碳数为 3.8/100C；氧化产物中苯五、六甲酸的含量较低，表明该沥青质中芳香结构的缩合程度并非很大，而且较大的缩合芳香结构数目也不多，这与用不同仪器分析方法得出 Athabasca 戊烷沥青质缩合程度很大的结果差别较大，RICO 方法给沥青质等大分子结构表征提供了重要帮助。王子军等[387]对我国六种减压渣油进行四组分或六组分分离后，分别利用 RICO 选择性降解方法进行了结构和组成研究。结果表明，减压渣油含有大量连接芳碳的烷基侧链和聚亚甲基桥链；烷基侧链以正构烷基侧链为主，碳数一般小于30；聚亚甲基桥链的碳数小于24；芳香结构的缩合程度随着组分的变重而增加，芳香分以渺位缩合为主，沥青质以迫位缩合为主，胶质介于两者之间；长烷基侧链的量和芳香结构的缩合程度与原油的基属和成熟度有直接关系。朱军等[388]对数种原油沥青质(包括低熟油、常规原油、生物降解原油沥青质)进行了结构特征的研究，并考察了减压蒸馏过程对原料油沥青质结构的影响。通过RICO催化降解对包裹烃和沥青质大分子形成的三维结构进行了探讨。结果表明，低熟原油沥青质芳环结构中以联苯型和渺位缩合结构为主；常规原油沥青质和生物降解原油沥青质芳环结构中以渺位缩合为主，含有一定的联苯型和迫位缩合结构；减压渣油沥青质的芳香环系以渺位和迫位缩合为主，含有较少的联苯型结构，稠环芳核的环数大部分在2~5环之间，最大环数可能为7~8环左右；生物降解原油沥青质和常规原油沥青质在烷基侧链、聚亚甲基桥链、芳环构成上差别不大，表明沥青质是原油中抗生物降解的组分；包裹在沥青质中的烃类由于受到保护，没有经受生物降解，保留了较为完整的化学信息，这些烃类的存在也说明石油中沥青质分子存在三维缔合网络结构。Zhang等通过RICO法研究了大港减压渣油的芳香分、胶质和沥青质侧链、桥链和芳环缩合程度的变化规律[389]。实验结果表明，侧链含量按顺序依次降低；桥链含量的分布则没有明显的规律；高羧基数的苯羧酸含量按顺序依次升高，说明芳环的渺位和迫位及稠环的缩合程度依次增大。通过气相色谱分析RICO能够得到正构侧链及桥链的信息，但是减渣的分子中含有的大部分异构和环烷烃是不能通过RICO法结合传统的仪器方法得到的。

Shi等[365]通过负离子ESI FT-ICR MS研究了辽河原油四组分中杂原子和非碱性氮的变化规律，见图2-5-12。结果表明，芳香分的相对分子质量较高，整体化合物类型的DBE较低；胶质、沥青质的相对分子质量比芳香分低，含氧化合物的相对丰度增高，且整体DBE值较高。值得指出的是，沥青质中可能有一部分化合物难以电离，所得的相对分子质量范围不一定准确。

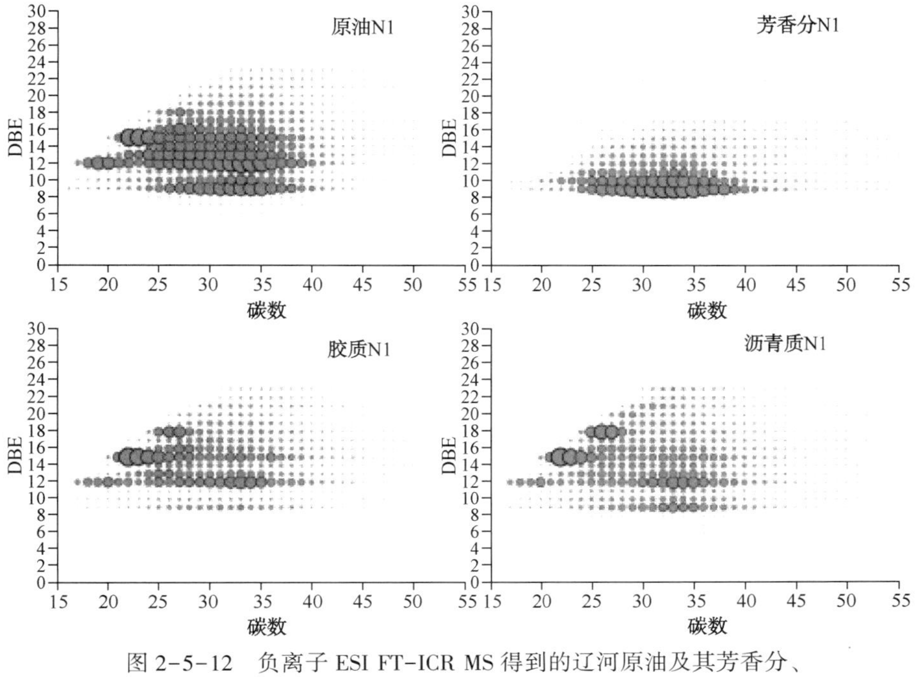

图2-5-12 负离子ESI FT-ICR MS得到的辽河原油及其芳香分、胶质、沥青质中N1类化合物的碳数对DBE点状分布

Liu 等[231]通过硫甲基化结合正离子 ESI FT-ICR MS 研究了委内瑞拉原油四组分中硫化物的结构组成分布，见图 2-5-13。结果表明，芳香分中含有大量噻吩类化合物，胶质、沥青质中的硫化物中同时含有其他杂原子；整体 DBE 值从芳香分到胶质依次升高，而沥青质的 DBE 值并没有按照上述顺序增长，可能是沥青质中的重组分不易电离造成的。

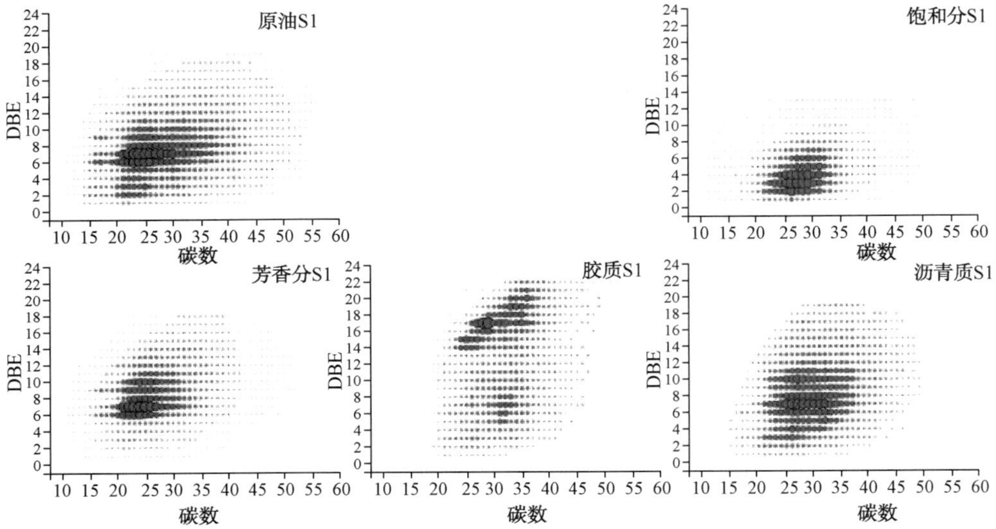

图 2-5-13　硫甲基化法结合正离子 ESI FT-ICR MS 法分析得到的委内瑞拉原油四组分中 S1 类化合物的碳数对 DBE 点状分布

Cho 等选用了可以电离硫化物和芳烃的 APPI 源结合 FT-ICR MS 分析了阿拉伯重油的四组分，见图 2-5-14。结果显示，饱和分的碳数可达 100，DBE 小于 13，其中含有长侧链；芳香分中的含氮化合物增加，DBE 可达 30 以上，碳数随 DBE 的增加在 40～90 之间分布；胶质中富含氮和氧元素，高 DBE 区含有一部分与芳香分类似的结构，碳数及侧链较芳香分短；沥青质中含有大量高缩合度的芳核结构，DBE 值可达 40 左右，碳链长度进一步降低。

研究人员以上研究结果显示，通过核磁、元素分析、RICO 反应、高分辨质谱等手段，对减渣四组分的结构组成已经有了较为深入的认识。然而由于各种方法的局限性，还有一些问题尚没有解决，这些问题包括减渣饱和分的环烷烃环数分布和异构烷烃分布，芳香分、胶质、沥青质中芳核上的异构烷基及环烷基的结构组成分布等。总结如下：

① 对重油结构组成的认识逐步从元素、平均结构深入到具体的结构乃至分子水平；“石油组学”概念的提出标志着研究者对重油结构的认识又上升到了一个新的高度。

② 一些具有争议的问题随着技术手段和分析手段的进步，逐渐有了初步的结论。最具代表性的实例是有切实的证据表明孤岛和群岛结构以一定的比例同时存在于重油之中，这一结论也普遍为研究者所接受。同时，仍有一些问题存在争议，如沥青质的相对分子质量等，需要研究人员的进一步努力。

③ 采用色谱及质谱技术可以详细地研究馏分油中饱和烃的结构组成，然而，由于电离源和质谱分辨率的原因，目前尚没有合适的方法表征重油饱和烃的结构分布情况，尤其是其中的环烷烃分布和异构烷烃的分布；由于分析手段的缺乏，不同重油饱和烃之间的共性和差异也鲜有学者进行研究。

④ 通过钌离子催化氧化法与传统气相色谱的结合可以得到重油芳环上正构烷基侧链、

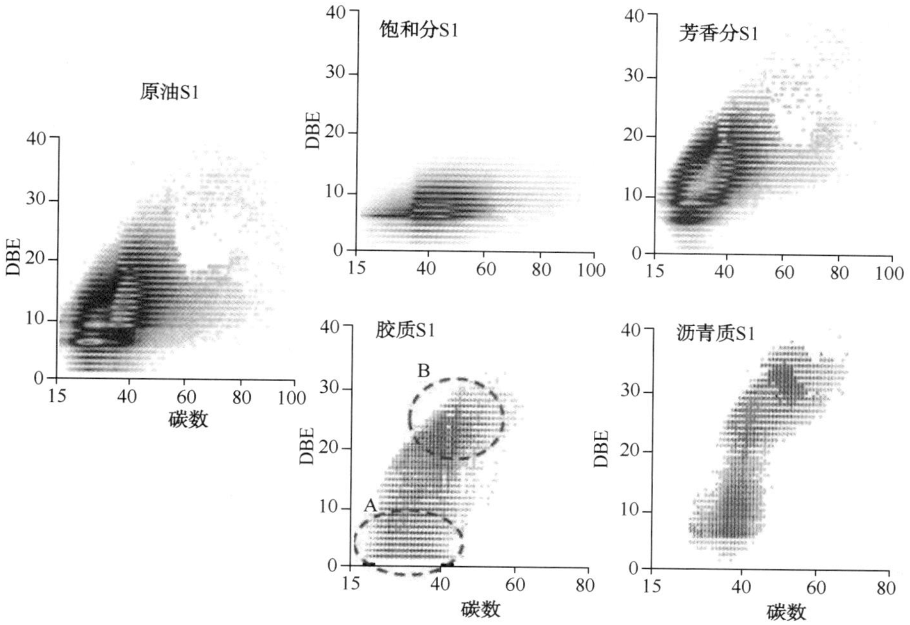

图 2-5-14　阿拉伯重油四组分正离子 APPI 得到的 S1 类碳数对 DBE 点状分布

桥链的分布及定量信息，然而，目前尚没有可行的方法用来定量或者半定量地表征在芳环上与正构烷基同时存在的异构烷基和环烷基的分布情况。

⑤ 傅里叶变换离子回旋共振质谱仪在石油组学的研究中取得了令人瞩目的成就；借助于这一手段，对石油中的芳烃、氧化物、氮化物、硫化物以及金属化合物的分析表征都达到了分子层面的水平。然而，质谱也有它的局限性，例如，一般不能给出准确的结构信息，这就要借助于物理分离、化学衍生等手段。

⑥ 虽然 FT-ICR MS 在实际过程中存在离子抑制作用、动态范围较窄、电离效率不同等因素的影响，目前还不是一种可以定量的方法，但是研究证明，在一定浓度范围内，FT-ICR MS 存在定量的可行性，这对石油组学的付诸应用具有非常重要意义。

四、重质油热反应转化性能与分子组成结构的关系

（一）重质油组分热反应转化规律

尽管从表观性质如残炭预测延迟焦化和流化焦化反应性能有一定的适应性，但如果把原料拓展到更加广泛的范围，如催化油浆、乙烯裂解焦油和煤焦油等，这些公式将会失效，因此研究重油及其组分的焦化反应性与结构组成的关系就显得非常重要。Zhang 等[390]研究了重质油超临界萃取分离组分的热转化过程的转化规律，发现重质油超临界分离组分的焦化反应呈规律性变化，但其转化性能明显不同于将重质油作为一个整体，工业界普遍用来预测重油性能的预测公式并不适用于其亚组分。图 2-5-15 分别显示了委内瑞拉减压渣油、辽河减压渣油及其超临界窄馏分焦化反应产物收率的分布情况，由图中可以看出，随着馏分的变重，轻组分(气体、汽油、柴油和蜡油)的含量逐渐减少，焦炭的产率逐渐增多。对于可萃取馏分而言，其总液收均高于焦炭的质量分率。而最重的超临界萃余残渣，由于其具有较高的芳香性和沥青质含量，两种重油的焦炭收率均高于液收收率。

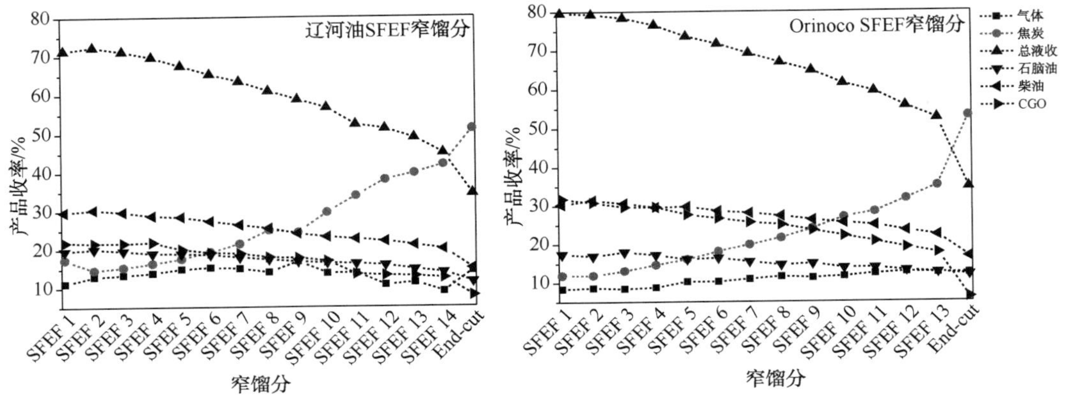

图 2-5-15　超临界萃取窄馏分焦化产物收率分布

残炭值(CCR)常被用于关联渣油焦化过程中的焦炭产率，以往的研究主要集中于使用减压渣油馏分，对其窄馏分研究较少。有不少学者指出，焦化过程中的焦炭产率与 CCR 的含量呈正比，而且比例值固定，这就意味着两者之间呈简单的线性关系。但是在我们的研究中发现这只是一种宏观的现象，对于渣油的超临界萃取窄馏分这样的假设并不适用。

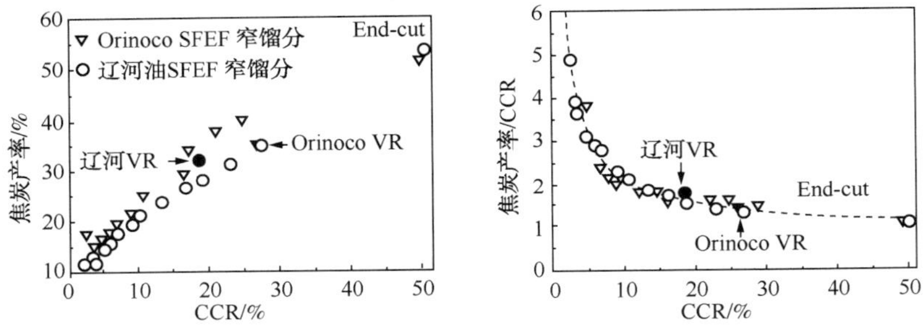

图 2-5-16　两种减渣及其超临界窄馏分残炭值及焦炭收率关系

图 2-5-16 显示了两种重油及其超临界窄馏分的残炭值和焦炭收率的关系。由图可知，这两者之间并不符合严格的线性关系，存在较大的偏差，而通过计算焦炭和残炭值之间的比例可以看出，其比值根据馏分的不同，在一个较大的区间内波动，无法用简单的线性关系进行描述。此处提出了使用指数型方程的形式进行了重新回归，其关系式如下：

$$\frac{\text{焦炭产率\%}}{\text{CCR\%}}=a+b\times(\text{CCR\%})^{c}$$

式中 a、b 和 c 的值分别为 0.7914、8.3456 和-0.8248，其拟合结果如图 2-5-16 中虚线所示，具有较好的准确性。

本研究还同时考察了渣油馏分的分子结构特征对产品收率的影响，此处主要考察了氢碳摩尔比和液收及焦炭产率的关系。氢碳摩尔比能够反映原料中芳香度的信息，与众多物理和化学性质有直接的关系。两种重油原料和窄馏分的液体收率、焦炭产率和氢碳摩尔比的关系如图 2-5-17 所示。从图中可以看出，氢碳摩尔比与焦化产物之间呈现较好的线性关系，这证明了体系的芳香度和产品之间存在直接的关系。

实际工业应用中，四组分常常作为原料组成的表征手段，同时对于学术研究来讲，四组分对于产品收率的贡献也是被广为关注的问题。为了研究该问题，本研究对所得到的所有馏分的四组分组成进行了检测，并建立了预测产品收率的四组分贡献模型。四组分贡献模型的

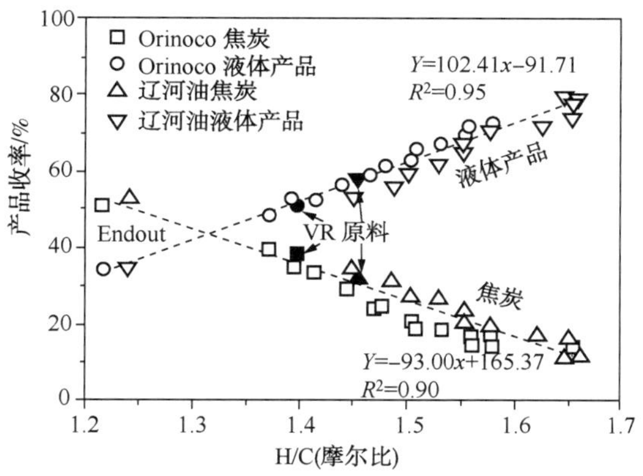

图 2-5-17　氢碳比对焦炭产率关系

表达式如下：

$$y\% = a\times Sat\% + b\times Ar\% + c\times Re\% + d\times Asp\%$$

通过该公式对所有的原料和产物数据进行回归，得到了不同产品的四个参数值，其结果见表 2-5-1。从贡献模型中可以看出，饱和分和芳香分对于液体产品收率的贡献最大，芳香分和胶质也具有一定的贡献，但相对比例要少很多。而对于焦炭而言，饱和分和芳香分基本没有贡献，主要的贡献为胶质和沥青质馏分。

表 2-5-1　四组分贡献模型参数值及平均偏差

焦化产品	*a*	*b*	*c*	*d*	*AAD*/%
气体	0.03	0.19	0.07	0.16	7.8
总液收	0.91	0.69	0.38	0.31	2.4
汽油	0.19	0.18	0.11	0.12	9.5
柴油	0.35	0.29	0.16	0.15	3.5
蜡油	0.37	0.22	0.09	0.04	7.6
焦炭	0.06	0.15	0.56	0.57	9.8

（二）重油热反应前后分子组成变化

张娜等[391]运用电喷雾-傅立叶变换离子回旋共振质谱仪（ESI FT-ICR MS），研究委内瑞拉奥里常渣减黏裂化反应前后杂原子组成及分布，见图 2-5-18、图 2-5-19。常渣中 O2 类化合物的相对丰度最大，减黏裂化反应使 O2、O1、N1O2、S1、O1S1、O2S1 类化合物减少，甚至基本消失，而 N1、N2、N2O1、N2S1、N3、N3O1、N1S2 类化合物增多，减黏产物中 N1 类化合物的相对丰度最大。减黏前原料中 O2 相对丰度最高的为等价双键加环数（DBE）为 3 和 4，表明 2 和 3 环环烷酸是委内瑞拉奥里常渣酸性化合物的主要成分，但反应使得 O2 类化合物相对丰度显著降低且碳数减小，主要为 DBE1-4 的化合物。奥里常渣中 N1 类化合物相对丰度分布的质量重心在 DBE=12 处，减黏产物中 N1 存在两个质量重心 DBE=12 和 DBE=15 处，但是碳数分布范围及丰度较强的碳数均降低，表明 N1 类化合物主要发生侧链的裂化反应。

Yang 等[392]采用高分辨质谱 ESI FT-ICR MS 研究了辽河高酸原油在 300~500℃条件热反应过程中的酸值变化及分子组成变化，见图 2-5-20、图 2-5-21。对原料和产物的含氧酸性组分按 DBE 和碳数作了比较分析，发现液体产物中的 O2 类变化主要对应于和 350~400℃脱羧基，导致总酸值大幅度下降；酚类要比羧酸类稳定，羧酸裂解成小分子羧酸，如乙酸、丙酸和丁酸在裂解产物中存在，这些小分子羧酸是石油加工中导致腐蚀的主要因素。

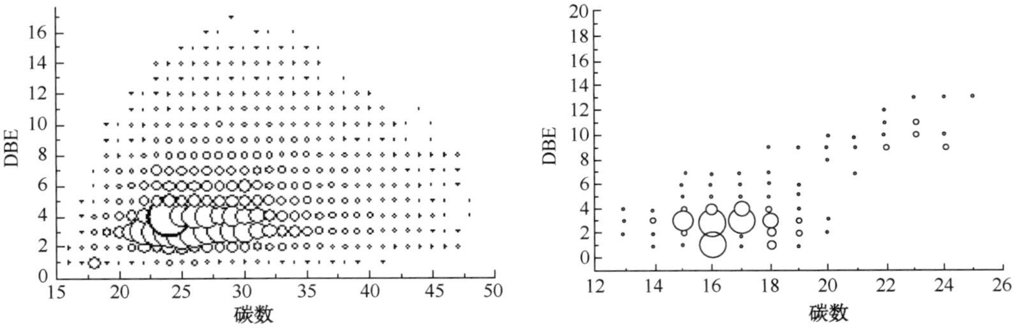

(a)原料　　(b)液体产物

图 2-5-18　委内瑞拉超重油常渣减黏裂化前后 O2 类化合物分子组成相对变化

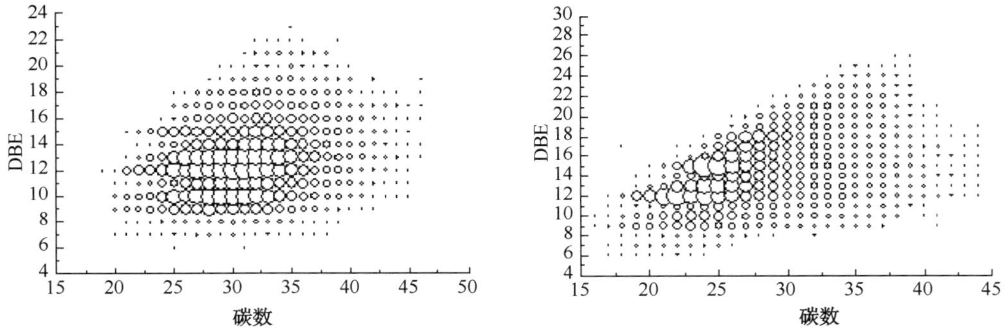

(a)原料　　(b)液体产物

图 2-5-19　委内瑞拉超重油常渣减黏裂化前后 N1 类化合物分子组成相对变化

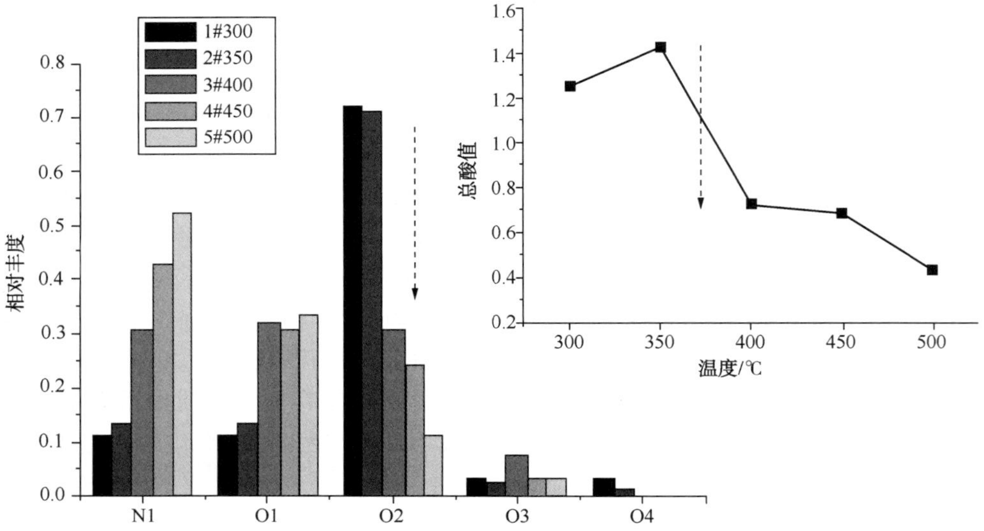

图 2-5-20　辽河高酸原油在 300~500℃热转化反应中酸值及分子组成变化

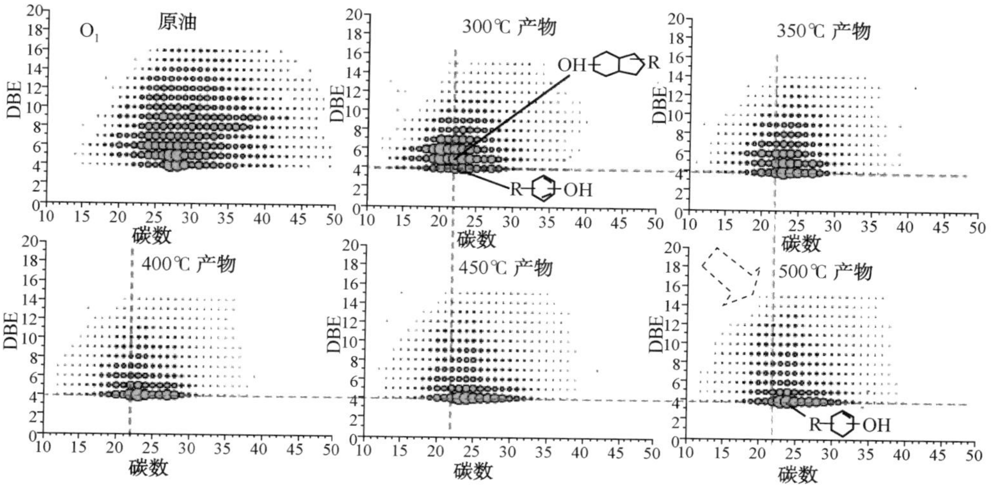

图 2-5-21 辽河高酸原油在 300~500℃热转化反应中 O1 类分子组成变化

参 考 文 献

[1] Busch R A. Coking heavy stock, then treated[J]. Hydrocarbon Processing, 1979, 58(9): 136.

[2] 侯祥麟主编. 中国炼油技术[M]. 北京: 中国石化出版社, 1991.

[3] 程之光主编. 重油加工技术[M]. 北京: 中国石化出版社, 1994.

[4] 梁文杰主编. 重质油化学[M]. 东营: 石油大学出版社, 2000.

[5] 姚国欣. 委内瑞拉超重原油和加拿大油砂沥青加工现状及发展前景[J]. 中外能源, 2012, 17(1): 3-22.

[6] 李振宇, 乔明, 任文坡. 委内瑞拉超重原油和加拿大油砂沥青加工利用现状[J]. 石油学报: 石油加工, 2012, 28(3): 517-524.

[7] 程之光, 谢继玄, 丁宗禹. 延迟焦化工艺的新进展[M]//焦化技术文献汇编. 北京, 1995.

[8] Elliott J D. Fine-tune your delayed coker: obstacles and objectives[J]. Hydrocarbon Processing, 2004, 83(9): 83-90.

[9] 李锐. 中国延迟焦化技术的发展[R]. 中美工程技术研讨会. 北京, 1997.

[10] Stormont D H. Oil & Gas Journal, 1968(3): 67-75.

[11] 陈俊武, 许友好. 催化裂化工艺与工程[M]. 3 版. 北京: 中国石化出版社, 2015.

[12] 丁宗禹, 申海平. 石油针状焦生产技术[J]. 炼油设计, 1997, 27(1): 10-13.

[13] 丁洛, 杨焜远. 催化裂化油浆催化剂粉末的脱除技术[J]. 石油炼制与化工, 2001, 32(5): 60-61.

[14] JP 昭 60-245696[P]. 1985.

[15] Merchant P Jr, Smith D L Jr. Process for dedusting solids-containing hydrocarbon oils: US 4407707[P]. 1983-10-04.

[16] Hart P R. Setting aids for solids in hydrocarbons: US 5593572[P]. 1997-01-14.

[17] 阳光军, 肖革江. 焦化装置掺炼催化裂化油浆技术的应用[J]. 石油炼制与化工, 2002, 33(5): 10-12.

[18] 徐先盛, 竺宝英编译. 渣油减黏裂化[M]. 北京: 烃加工出版社, 1986.

[19] 肖雁, 冯茂生. 减黏-焦化联合工艺的工业应用[J]. 炼油设计, 2000, 30(12): 12-15.

[20] 李作政主编. 乙烯生产与管理[M]. 北京: 中国石化出版社, 1992.

[21] 崔德春. 新环境友好条件下的蒸汽裂解原料优化方案探讨[C]//第十一次全国乙烯年会专辑. 茂名, 2000.

[22] 李锐，丁宗禹，祖德光. 蒸汽裂解渣油生产针状焦的可行性研究[J]. 石油炼制与化工，1998，29(8)：50-53.

[23] 李锐，丁宗禹，祖德光. 乙烯装置渣油综合利用技术[J]. 炼油设计，1998，28(4)：16-21.

[24] 水天德主编. 现代润滑油生产工艺[M]. 北京：中国石化出版社，1997.

[25] 王玉章，丁洛. 焦化蜡油溶剂萃取工艺的研究[J]. 石油炼制与化工，1996，27(7)：18-24.

[26] 谢继玄，黄守惠. 两种典型试样的中间相热转化[J]. 石油炼制，1982，13(1)：20-23.

[27] 李锐，丁宗禹. 同时生产二种规格焦炭的延迟焦化工艺[J]. 石油炼制与化工，1997，28(10)：12.

[28] Feintuch H M，Negin K M. Handbook of Petroleum Refining Processes[M]. 3rd ed. New York：McGraw-Hill，2004.

[29] Tokarska A. Investigation on the processing of oil vacuum residue and its mixtures with coal and coal tars[J]. Fuel，1996，75(9)：1094-1100.

[30] Stadelhofer J W，Marrett R，Gemmeke W. The manufacture of high-value carbon from coal-tar pitch[J]. Fuel，1981，60(9)：877-882.

[31] Toru Takatsuka，et al. Role of asphaltene cracking in bottoms conversion[J]. PTQ，1992(6).

[32] 李普曼. 渣油转化工艺的优化选择[C]//第11届世界石油大会会议报告论文集(第五册). 1985.

[33] HPI Crude Oil Assay Handbook[M]. 1990.

[34] 梁文杰主编. 石油化学[M]. 东营：石油大学出版社，1995.

[35] Altgelt K H，Boduszynski M M. Composition and Analysis of Heavy Petroleum Fractions[M]. New York：Marcel Dekker，Inc.，1994.

[36] Schabron J F，Speight J G. An evaluation of the delayed-coking product yield of heavy feedstock using asphaltene content and carbon residue[J]. REVUE DEL'INSTITUT FRANSAIS DU PÉTROLE，1997，52(1)：73-85.

[37] Nelson W L. Petroleum Refining Engineering[M]. 4th ed. New York：McGraw-Hill，1958.

[38] Nishioka C K，Yamakawa T. Advanced control project stabilizes delayed coker，increasees throughput[J]. Oil & Gas Journal，2001，98(8)：35-41.

[39] Takahashi R. Steam cracking vacuum residue[J]. Hydrocarbon Processing，1976，55(11)：93.

[40] Robert I. The chemical significance of carbon residue data[J]. Preprints-American Chemical Society，Division of Petroleum Chemistry，1989，34(2)：251-255.

[41] 梁文杰，阙国和，陈月珠，等. 我国原油减压渣油中镍、氮及残炭的分布[J]. 石油学报：石油加工，1993，9(3)：1-9.

[42] 杨光华. 渣油评价新方法及我国渣油评价[M]//杨光华，林世雄主编. 重质油化学与加工研究进展. 山东：石油大学出版社，1998.

[43] Wiehe I A. The pendant-core building block model of petroleum residua[J]. Energy & Fuels，1994，8(3)：436-544.

[44] Wiehe I A. The enhanced microcarbon tester and other ideal laboratory cokers[C]. 220th ACS National Meeting. Washington，2000.

[45] 张韬. 渣油的深拔研究[J]. 石油学报：石油加工，2002，18(4)：53-58.

[46] 梁文杰，阙国和，陈月珠. 我国原油减压渣油的化学组成与结构：Ⅰ. 减压渣油的化学组成[J]. 石油学报：石油加工，1991，7(3)：1-7.

[47] 小口胜也，若林孟茂，中山哲男，等. 各种原油常压残油及减压残油の性状[J]. 石油学会志，1981，24(4)：260-264.

[48] Wallace D. A Review of Analytical Methods for Bitumens and Heavy Oils[M]. Edmonton：Alberta Oil Sands Technology and Research Authority，1988.

[49] 石铁盘，胡云翔，许志明，等. 减压渣油特征化参数的研究[J]. 石油学报：石油加工，1997，13

(2): 1-7.

[50] 周亚松，陈月珠，李凌，等. 减压渣油与超临界亚组分的元素组成及 SARA 分析[J]. 石油学报：石油加工，1997，13(3)：1-8.

[51] 陈俊武. 石油炼制过程碳氢组成的变化及其合理利用[J]. 石油学报，1982，(2)：90-102.

[52] 陈俊武，曹汉昌. 石油在加工中的组成变化与过程氢平衡[J]. 炼油设计，1990，(6)：1-10.

[53] 陈俊武，曹汉昌. 炼油过程中重质油结构转化宏观规律的探讨：Ⅰ. 原料和产品的化学结构及其氢含量[J]. 石油学报：石油加工，1993，9(4)：1-11.

[54] 陈俊武，曹汉昌. 炼油过程中重质油结构转化宏观规律的探讨：Ⅱ. 重质油结构的转化[J]. 石油学报：石油加工，1993，9(4)：12-20.

[55] 单石灵，徐志达，李志松. 原油及其馏分油的硫含量关联的研究[C]//2005 年含硫渣油和劣质渣油加工论文集. 青岛，2005.

[56] Ma X, Sakanishi K, lsoda T, et al. Quantum chemical calculation on the desulfurization reactivities of heterocyclic sulfur compounds[J]. Energy & Fuels, 1995, 9(1): 33-37.

[57] Waldo G S, Carlson J E, Moldowan J M, et al. Sulfur speciation in heavy petroleum: Information from X-ray absorption near-edge structure[J]. Geochimica et Cosmochimica Acta, 1991, 55(3): 801-814.

[58] Gorbaty M L, George G N, Kelemen S R. Direct determination and quantification of sulfur forms in heavy petroleum and coals, 2. The sulfur K-edge X-ray absorption spectroscopy approach[J]. Fuel, 1990, 69(8): 945-949.

[59] Nishioka M, Campbell R M, Lee M L, et al. Isolation of sulfur heterocycles from petroleum and coal-derived materials by ligand exchange chromatography[J]. Fuel, 1986, 65(2): 270-273.

[60] Bakr M M Y, Yokoyama S, Satou M, et al. Isolation and characterization of polycyclic aromatic sulfur heterocycles from 200-400℃ fraction of Khafji crude oil[J]. 石油学会志, 1991, 34(1): 81-89.

[61] Takash K, Atsushi M. Determination of sulfur compounds in high-boiling distillates by ligand exchange thin layer chromatography[J]. Analytical Chemistry, 1978, 50(2): 268-270.

[62] Green J B, Yu S K-T, Pearson C D, et al. Analysis of sulfur compound types in asphalt[J]. Energy & Fuels, 1993, 7(1): 119-126.

[63] Saetre R, Somogyvari A. Analysis for sulfur compound types in heavy crudes[J]. Preprints-American Chemical Society, Division of Petroleum Chemistry, 1989, 34(2): 268-274.

[64] Hastings S H, Johnson B H. Spectrophotometric determination of aliphatic sulfides[J]. Analytical Chemistry, 1955, 27: 564-565.

[65] Drushel H V, Miller J F. Spectrophotometric determination of aliphatic sulfides in crude oils and their chromatographic fractions[J]. Analytical Chemistry, 1955, 27: 495-501.

[66] Gu C, Foote C S, Kacher M L. Chemistry of signlet oxygen. 35. Nature of intermediates in the photooxygenation of sulfides[J]. Journal of the American Chemical Society, 1981, 103: 5949-5951.

[67] Rall H T, Thompson C J, Coleman H J, et al. Sulfur Compounds in Crude Oil [R]. U. S., Bur. Mines, Bull. 1972.

[68] Sinninghe Damste J S, Eglinton T I, Rijpstra W I C, et al. Characterization of organically bound sulfur in high-molecular-weight, sedimentary organic matter using flash pyrolysis and Raney Ni desulfurization[M]// Geochemistry of Sulfur in Fossil Fuels. ACS Symposium Series 429. 1990.

[69] Pazant J D, Mojelsky T W, Strausz O P. Improved methods for the selective isolation of the sulfide and thiophene classes of compounds from petroleum[J]. Energy & Fuels, 1989, 3: 449-454.

[70] Rose K D, Francisco M A. A two-step chemistry for highlighting heteroatom species in petroleum materials using ^{13}C-NMR spectroscopy[J]. Journal of the American Chemical Society, 1988, 110: 637-638.

[71] Moschopedis S E, Parkash S, Speight J G. Thermal decomposition of asphaltene[J]. Fuel, 1978, 57(7):

431-434.

[72] Сергиенко С Р. Неуглеводородные высокомолекулярные компоненты нефти[J]. НЕФТЕХИМИЯ, 1977, 17(6): 809-819.

[73] Сергиенко С Р и др. О химической природе нефтяных асфальтенов[J]. Ж. П. Х., 1959, 32(12): 2811-2814.

[74] Peng P, Morales-Izquierdo A, Hogg A, et al. Molecular structure of Athabasca asphaltene: Sulfide, ether and ester linkage[J]. Energy & Fuels, 1997, 11(6): 1171-1187.

[75] 王宗贤，阙国和，梁文杰. 选择性氧化结合红外光谱定量分析减压渣油中的硫醚硫[J]. 石油大学学报，1996，20(4)：83-86.

[76] 王宗贤，李希方，阙国和，等. 胜利和孤岛减压渣油中硫醚硫和噻吩硫的测定[J]. 燃料化学学报，1995，23(4)：423.

[77] 刘文钦，王宗贤，李希方. 四乙酸铅电位滴定法测定渣油中硫醚硫的研究[J]. 石油炼制与化工，1995，26(5)：59-62.

[78] 王宗贤，阙国和，梁文杰. 孤岛减压渣油加氢处理过程中硫类型的变化[J]. 石油学报：石油加工，1997，13(2)：23-28.

[79] Mullins O C. Sulfur and nitrogen molecular structures in asphaltenes and related materials quantified by XANES spectroscopy[M]//Asphaltenes, Fundamentals and Applications. New York: Plenum Press, 1995.

[80] Kelemen S R, George G N, Gorbaty M L. Direct determination and quantification of sulphur forms in heavy petroleum and coals: 1. The X-ray photoelectron spectroscopy(XPS) approach[J]. Fuel, 1990, 9: 939-944.

[81] Waldo G S, Mullins O C, Penner-Hahn J E, et al. Determination of the chemical environment of sulfur in petroleum asphaltene by X-ray absorption spectroscopy[J]. Fuel, 1992, 71: 53-57.

[82] Huggins F E, Vaidya S V, Huffman G P. Analysis of sulfur forms in asphalts using sulfur K-edge XAFS spectroscopy[J]. Preprints-American Chemical Society, Division of Petroleum Chemistry, 1992, 37(3): 376-382.

[83] 汪燮卿，丁继红，程桂珍，等. 胜利和加利福尼亚直馏柴油馏分的烃族组成和含氮化合物的研究[J]. 石油学报：石油加工，1987，3(1)：83-91.

[84] Lochte H L. Petroleum acids and bases[J]. Industrial and Engineering Chemistry, 1952, 44(11): 2597-2605.

[85] Buell B E. Nonaqueous, differential titration applied to a classification of basic and very weak basic nitrogen compounds in petroleum[J]. Analytical Chemistry, 1967, 39(7): 756-761.

[86] 杨娣红，阙国和，梁文杰. 几种减压渣油含氮化合物的研究[J]. 石油大学学报，1991，15(5)：70-75.

[87] 李凝，阙国和，梁文杰. 减压渣油中氮化物的分离和鉴定[J]. 石油大学学报，1996，20(2)：75-79.

[88] 李凝，阙国和，梁文杰. 减压渣油及其酸碱组分中氮化物的分析[J]. 石油大学学报，1996，20，增刊：69-72.

[89] 中田敏雄，户河里修，中村宗和. 重质油の水素化脱氮[J]. 石油学会志，1984，27：273-276.

[90] Holmes S A. Nitrogen functional groups in Utah tar sand bitumen and produced oils[J]. AOSTRA Journal of Research, 1986, 2(3): 167-175.

[91] Yen T F. Investigation of the nature of free radicals in petroleum asphaltenes and related substances by electron spin resonance[J]. Analytical Chemistry, 1962, 34(6): 694-700.

[92] Frakman Z, Ignasiak T M, Montgomery D S, et al. Nitrogen compounds in Athabasca asphaltene: the vanadyl porphyrins[J]. AOSTRA Journal of Research, 1988, 4(3): 171-179.

[93] Moschopedis S E, Speight J G. Oxygen functions in asphaltenes[J]. Fuel, 1976, 55: 334-336.

[94] Yu S K T, Green J B. Determination of total hydroxyls and carboxyls in petroleum and syncrudes after chemical derivatization by infrared spectroscopy[J]. Analytical Chemistry, 1989, 61: 1260-1268.
[95] Bodyzynski M, Chadha B R, Szkuta-Pochopien T. Investigation on Romanshikino asphltic bitumen, 3. Fractionation of asphaltenes using ion-exchange chromatography[J]. Fuel, 1977, 56(4): 432-436.
[96] Ignasiak T, Strausz O P, Montgomery D S. Oxygen distribution and hydrogen bonding in Athabasca asphaltene[J]. Fuel, 1977, 56(4): 359-365.
[97] Speight J G, Moschopedis S E. Quinone-type oxygen in petroleum asphaltenes and resins[J]. Fuel, 1979, 58(3): 235.
[98] Mckay J F, Amend P J, Harnsberger P M, et al. Composition of petroleum heavy ends(2) Characterization of compound types in petroleum >675℃ residues[J]. Fuel, 1981, 60(1): 17-26.
[99] урузов и др. Исследование состава смолистых компонентов Мангышлавской нефти [J]. НЕФТЕХИМИЯ, 1977, 17(6): 915-919.
[100] Boer H. The use of ozonolysis in oil constitution research [C]//Proceedings of the World Petroleum Congress. 1955.
[101] 田松柏. 原油中石油酸的分析与分布规律研究[J]. 石油化工腐蚀与防护, 2005, 22(2): 1-5.
[102] Johnson D, McAteer G R. Mitigating corrosion from naphthenic acid streams[J]. PTQ, 2003(4).
[103] 刘泽龙, 田松柏, 樊雪志, 等. 蓬莱原油初馏点~350℃馏分中石油羧酸的结构组成[J]. 石油学报: 石油化工, 2003, 19(6): 40-45.
[104] Hsu C S, Dechert G J, Robbins W K, et al. Naphthenic acids in crude oils characterized by mass spectrometry[J]. Energy & Fuels, 2000, 14: 217-223.
[105] 晁可绳. 延迟焦化装置的设计考虑[J]. 炼油技术与工程, 2003, 33(10): 12-16.
[106] 张金锐, 陈家林. 我国原油含盐量及分布[J]. 石油炼制, 1989, 20(5): 35-40.
[107] 张寿增, 岳淑范, 沈家珍, 等. 大庆、胜利及任丘渣油的组成研究[J]. 石油炼制, 1982, 1: 24-33.
[108] Reynolds J G, Biggs W R. Effects of asphaltene precipitation and a modified D2007 separation on the molecular size of vanadium- and nickel-containing compounds in heavy residua[J]. Fuel Science & Technology International, 1986, 4(6): 749-777.
[109] Pearson C D, Green J B. Comparison of processing characteristics of Mayan and Wilmington heavy residues [J]. Fuel, 1989, 68: 465-474.
[110] 祁鲁梁, 郎纫赤, 汪燮卿. 我国一些原油中镍卟啉化合物初步研究[J]. 石油学报, 1981, 2(4): 107-116.
[111] 杨嘉谟, 梁文杰. 渣油热转化脱镍研究[J]. 石油炼制与化工, 1997, 28(4): 39-43.
[112] Filby R H. The nature of metals in petroleum[M]//The role of trace metals in petroleum. Ann Arbor: Ann Arbor Science Publishers, 1975.
[113] Yen T F. Chemical aspects of metals in native petroleum[M]//The role of trace metals in petroleum. Ann Arbor: Ann Arbor Science Publishers, 1975.
[114] Biggs W R, et al. Characterization of vanadium compounds in selected crudes. I. Porphyrin and non-porphyrin separation[J]. Liquid Fuels Technology, 1985, 3(4): 397-441.
[115] 吴文辉, 陈家林. 我国重质原油的特点及对加工的影响[J]. 石油学报: 石油加工, 1988, 4(1): 1-9.
[116] Golden S W, Craft S, Villalanti D C. Refinery analytical techniques optimize unit performance[J]. Hydrocarbon Processing, 1995(11).
[117] Elliott J D. Delayed coking innovations and new design trend[C]//NPRA Annual Meeting, 2002, AM-99-12.
[118] 朱玉霞, 汪燮卿. 我国原油中的钙含量及其分布的初步研究[J]. 石油学报: 石油加工, 1998, 14

(3)：57-61.
[119] 侯典国，汪燮卿. 我国一些原油中钙化合物分布及形态的研究[J]. 石油学报：石油加工，2000，16(1)：54-59.
[120] Green K. Improve processing of "opportunity crudes"：Consider these options to minimize adverse impacts when upgrading low-priced crudes[J]. Hydrocarbon Processing，2004，83(6)：53-55.
[121] 李发勇，范有军. 脱除高含盐原油中有机钙的试验研究[J]. 石油大学学报：自然科学版，2001，25(3)：23-25.
[122] Corbett L W. Composition of asphalt based on generic fractionation[J]. Analytical Chemistry，1969，41(4)：576-579.
[123] 杨翠定，顾侃英，吴文辉编. 石油化工分析方法[M]. 北京：科学出版社，1990.
[124] 梁文杰，阙国和，陈月珠. 用^{1}H-核磁共振波谱法对几种国产减压渣油化学结构的初步研究[J]. 石油炼制，1982，(4)：40-48.
[125] Yoshinobu T，et al. Structural investigation on column-chromatographed vacuum residues of various petroleum crudes by ^{13}C nuclear magnetic resonance spectroscopy[J]. Fuel，1980，59(4)：253-259.
[126] Reynolds J G. Characterization of heavy residua by application of a modified D2007 separation and electron paramagnetic resonance[J]. Liquid Fuels Technology，1985，3(1)：73-105.
[127] 梁文杰，阙国和，陈月珠. 我国原油减压渣油的化学组成与结构：Ⅱ. 减压渣油及其各组分的平均结构[J]. 石油学报：石油加工，1991，7(4)：1-11.
[128] 王子军. 进口含硫原油中含硫化合物和减压渣油的表征[D]. 石油化工科学研究院博士后研究报告，1999.
[129] 王子军. 钌离子催化氧化法研究石油重质组分的化学结构[D]. 东营：石油大学，1996.
[130] 张艳芳. 沥青质的结构组成及其对沥青使用性能的影响[D]. 东营：华东石油学院，1983.
[131] Kircher C C. Separations and characterizations of fractions from Mayan，heavy Arabian，and Hondo crude Oil[J]. Fuel Science & Technology International，1991(9)：379-395.
[132] Nellensteyn F J. The constitution of asphalt[J]. Journal of the Institute of Petroleum，1924，10(43)：311-325.
[133] Nellensteyn F J. The colloidal nature of bitumens [M]//The Science of Petroleum. London：Oxford University Press，1938.
[134] Mack C. Colloidal chemistry of asphalts[J]. Journal of Physical Chemistry，1932，36(3)：2901-2914.
[135] Pfeiffer J Ph，Saal R N J. Asphaltic bitumen as colloidal system[J]. Journal of Physical Chemistry，1940，44：139-149.
[136] Speight J G. The Chemistry and Technology of Petroleum [M]. 2nd ed. New York：Marcel Dekker Inc，1991.
[137] Dickie J P，Yen T F. Macrostrutures of the asphaltic fractions by various instrumental method[J]. Analytical Chemistry. 1967，39(14)：1847-1857.
[138] Yen T F. The colloidal aspects of a macrostructure of petroleum asphalt[J]. Fuel Science & Technology International，1992，10(4-6)：723-733.
[139] Сюняев Э И и др. Перегонка нефтя. ных остатков в присутствии ароматических концентратов[J]. Н П и Н Х，1982，(4)：3-4.
[140] Сюняев З И，Сафиева Р З，Сюняев Р З. Нефтяные Дисперсные Системы. Москва[J]. Х И М И Я，1990.
[141] 李生华. 减压渣油的胶状结构及其热反应体系的相分离行为[D]. 东营：石油大学，1994.
[142] Hus M. Visbreaking process has strong revival[J]. Oil & Gas Journal，1981，79(15)：109-120.
[143] Красногорская Н Н и др. Модель сложной структурной единицы в конденсированных средах[J]. Х

T T M, 1987, (5): 35-36.

[144] Park S J, Mansoori G A. Aggregation and deposition of heavy organics in petroleum crudes[J]. Energy Sources, 1988, 10(6): 109-125.

[145] Sawatzky H, Farnand B, Houde Jr J. et al. Temperature dependence of complexation processes in asphalt and relevance to rheological temperature susceptibility[J]. Preprints-American Chemical Society, Division of Fuel Chemistry, 1992, 37(3): 1427-1436.

[146] Hennico A, Peries J P, Laurent J, et al. Maximum conversion of heavy hydrocarbons[J]. Erdol und Erdgas-Kohle, 1992, 45(1): 19-27.

[147] Riggs D M. Carbon fiber from solvent extracted pitch[J]. Preprints-American Chemical Society, Division of Petroleum Chemistry, 1984, 29(2): 480-494.

[148] Decanio S J, Nero V P, DeTar M M, et al. Determination of molecular weights of the Ratawi vacuum residue fractions: A comparison of mass spectroscopic and vapor phase osmometry techniques[J]. Fuel, 1990, 69(10): 1233-1236.

[149] Yen T F. Structure of petroleum asphaltene and its significance[J]. Energy Sources, 1974, 1(4): 447-463.

[150] Speight J G, Moschopedis S E. On the polymeric nature of petroleum asphaltenes[J]. Fuel, 1980, 59(6): 440-442.

[151] Tissot B. Present knowledge on heavy constituents of crude oils[J]. Revue de l'Institut Francais du Petrole, 1981, 36(4): 429-446.

[152] Schabron J F, Speight J G. The solubility and three-dimensional structure of asphaltenes[J]. Journal of Petroleum Science and Technology, 1998, 16(3&4): 361-375.

[153] Behar F, Vandenbroucke M. Chemical modeling of the structure of kerogens and asphaltenes as a function of their origin and evolution stage[J]. Revue de l'Institut Francais du Petrole, 1986, 41(2): 173-188.

[154] Murgich J, Rodriguez J, Aray Y. Molecular recognition and molecular mechanics of micelles of some model asphaltenes and resins[J]. Energy & Fuels, 1996, 10(1): 68-76.

[155] Strausz O P. Structural features of Athabasca bitumen related to upgrading performance[J]. Preprints-American Chemical Society, Division of Petroleum Chemistry, 1989, 34(2): 395-400.

[156] Strausz O P, Mojelsky T W, Lown E M. The molecular structure of asphaltene: an unfolding story[J]. Fuel, 1992, 71(12): 1355-1363.

[157] Artok L, Su Y, Hirose Y, et al. Structure and reactivity of petroleum-derived asphaltene[J]. Energy & Fuels, 1999, 13(2): 287-296.

[158] Поконова Ю В. Химия Высокомолекулярных Соединений Нефти. Ленинград. Издателъство Ленинградского Университета, 1980.

[159] Moschopedis S E, Fryer J F, Speight J G. Investigation of Asphaltene Molecular Weights[J]. Fuel, 1976, 55: 227-232.

[160] Yen T F. Multiple structural orders of asphaltenes[M]//Asphaltenes and Asphalts. Amsterdam: Elsevier Science, 1994.

[161] Kyriacou K C, Baltus R E, Rahimi P. Characterization of oil residual fractions using intrinsic viscosity measurements[J]. Fuel, 1988, 67(1): 109-113.

[162] Storm D A, DaCanio S J, DeTar M M. Upper bound on number average molecular weight of asphaltene[J]. Fuel, 1990, 69: 735-738.

[163] Yen T F. Structure of petroleum asphaltene and its significance[J]. Energy Sources, 1974, 1(4): 447-463.

[164] Yen T F, Erdman J G, Pollack S S. Investigation of the structure of petroleum asphaltenes by X-ray diffrac-

tion[J]. Analytical Chemistry, 1961, 33: 1587-1594.

[165] Lin J R, Lian H, Chen J, et al. Morphological size of asphaltene micelles in asphalt and heavy residue [M]//Particle Technology and Surface Phenomena in Minerals and Petroleum. New York: Plenum Press, 1991.

[166] 张艳芳，梁文杰，刘晨光. 对孤岛及单家寺沥青中沥青质的 X-射线衍射研究[J]. 石油学报：石油加工，1989，5(3)：7-14.

[167] Yen T F, Dickie J P. The compactness of the aromatic systems in petroleum asphaltenes[J]. Journal of the Institute of Petroleum, 1968, 54: 50-53.

[168] Махонин Г М и Петров А А, Исследование структуры асфальтенов методм рентгеновской дифрактометрии[J]. Х Т Т М, 1975, 12: 21-24.

[169] Shirokoff J W, Siddiqui M N, Ali M F. Characterization of the structure of Saudi crude asphaltene by X-ray diffraction[J]. Energy & Fuels, 1997, 11(3): 561-565.

[170] Sadeghi M A, Chilingarian G V, Yen T F. X-ray diffraction of asphaltenes[J]. Energy Sources, 1986, 8: 99-123.

[171] Ebert L B. Comment on the study of asphaltenes by X-ray diffraction[J]. Fuel Science & Technology International, 1990, 8(5): 563-569.

[172] Storm D A, Sheu E Y. Colloidal nature of petroleum asphaltenes[M]//Asphaltenes and Asphalts. Amsterdam: Elsevier Science, 1994.

[173] Lemerle J, Maquet J, Basselier J J, et al. Polarity and molecular weight of an asphaltene: efficiency of the fast API 60 procedure[C]//Collection Colloques et Seminaires. 1984, 379-383.

[174] Gourlaouen C, Petroff N. Fractionation of asphaltenes by GPC and the characterization of the fractions[C]//Collection Colloques et Seminaires. 1984, 279-284.

[175] Ray B R, Witherspoon P A, Grim R E. A study of the colloidal characteristics of petroleum using the ultracentrifuge[J]. Journal of Physical Chemistry, 1957, 61: 1296-1302.

[176] Pollack S S, Yen T F. Structural studies of asphaltics by X-ray small angle scattering[J]. Analytical Chemistry, 1970, 42: 623-629.

[177] Altgelt K H. Fractionation of asphaltenes by gel permeation chromatography [J]. Preprints - American Chemical Society, Division of Petroleum Chemistry, 1965, 10(3): 29-33.

[178] Sheu E Y, Storm D A, DeTar M M. Asphaltenes in polar solvents[J]. Journal of Non-Crystalline Solids, 1991, 131-133: 341-347.

[179] Overfield R E, Sheu E Y, Sinha S K, et al. SANS study of asphaltene aggregation[J]. Fuel Science & Technology International, 1989, 7(5-6): 611-624.

[180] Dwiggins C W Jr. A small angle X-ray scattering study of the colloidal nature of petroleum[J]. Journal of Physical Chemistry, 1965, 69: 3500-3506.

[181] Dwiggins C W Jr. Study of the colloidal nature of petroleum with an automated Bonse-Hart X-ray small angle scattering unit[J]. Journal of Applied Crystallography, 1978, 11: 615-619.

[182] Kim H G, Long R B. Characterization of heavy residuum by a small angle X-ray scattering technique[J]. Industrial and Engineering Chemistry Research Fundamentals, 1979, 18: 60-63.

[183] Ravey J C, Ducouret G, Espinat D. Asphaltene macrostructure by small angle neutron scattering[J]. Fuel, 1988, 67: 1560-1567.

[184] EI Mohamed S, Hardouin F, Gasparoux H. Flocculation of heavy petroleum products[J]. Journal de Chimie Physique et de Physico-Chimie Biologique, 1988, 85(1): 135-144.

[185] Espinat D, Tchoubar D, Boulet R, et al. Studies of heavy petroleum products by small angle X-ray scattering[C]//Collection Colloques et Seminaires. 1984, 146-152.

[186] Gulsun Z. Dipolar relaxation and nuclear Overhauser effect in asphalt suspensions[C]//Collection Colloques et Seminaires. 1984, 335-339.

[187] Poindexter E H. Dynamic nuclear polarization and molecular aggregation in asphaltene suspensions[J]. Journal of Colloid and Interface Science, 1972, 38(2): 412-423.

[188] Senglet N, Williams C, Favre D, et al. Microheterogeneity study of heavy crude petroleum by UV-visible spectroscopy and small angle X-ray scattering[J]. Fuel, 1990, 69(1): 72-77.

[189] Watson B A, Barteau M A. Imaging petroleum asphaltenes using scanning tunneling microscopy[J]. Industrial and Engineering Chemistry Research, 1994, 33(10): 2358-2363.

[190] Zajac G W, Sethi N K, Joseph J T. Maya petroleum asphaltene imaging by scanning tunneling microscopy [J]. Preprints-American Chemical Society, Division of Fuel Chemistry, 1998, 43: 423-426.

[191] Lin J R, Yen T F. The study of molecular attractions in the asphalt system by solubility parameters[M]//Asphaltene Particles in Fossil Fuel Exploration, Recovery, Refining and production processes. New York: Plenum Press, 1994.

[192] Hildebrand J H, Scott R L. The solubility of non-electrolytes[M]. 3rd ed. New York: Reinhold, 1950.

[193] Burke N E, Hobb R D, Kashou S F. Measurement and modeling of asphaltene precipitation[J]. Journal of Petroleum Technology, 1990, 42(11): 1440-1446.

[194] Lian H, Lin J-R, Yen T F. Peptization studies of asphaltene and solubility parameter spectra[J]. Fuel, 1994, 73(3): 423-428.

[195] Park S J, Escobedo J, Mansoori G A. Asphaltene and other heavy organic depositions[M]//Asphaltenes and Asphalts. Amsterdam: Elsevier Science, 1994.

[196] 李生华，刘晨光，梁文杰，等. 从石油溶液到碳质中间相，Ⅰ. 石油胶体溶液及其理论尝析[J]. 石油学报：石油加工，1995，11(1)：55-60.

[197] Li S, Liu C, Que G, et al. Colloidal structures of vacuum residua and their thermal stability in terms of saturate, aromatic, resin and asphaltene composition[J]. Journal of Petroleum Science & Engineering, 1999, 22(1-3): 37-45.

[198] Mansoori G A. Modeling of asphaltene and other heavy organic deposition[J]. Journal of Petroleum Science & Engineering, 1997, 17(1-2): 101-111.

[199] Hsu C S, Liang Z, Campana J E. Hydrocarbon characterization by ultrahigh resolution Fourier transform ion cyclotron resonance mass spectrometry[J]. Analytical Chemistry, 1994, 66: 850-855.

[200] Guan S, Marshall A G, Scheppele S E. Resolution and chemical formula identification of aromatic hydrocarbons and aromatic compounds containing sulfur, nitrogen, or oxygen in petroleum distillates and refinery streams[J]. Analytical Chemistry, 1996, 68: 46-71.

[201] Rodgers R P, White F M, Hendrickson C L, et al. Resolution, elemental composition, and simultaneous monitoring by Fourier transform ion cyclotron resonance mass spectrometry of organosulfur species before and after diesel fuel processing[J]. Analytical Chemistry, 1998, 70: 4743-4750.

[202] Qian K, Robbins W K, Hughey C A, et al. Resolution and identification of elemental compositions for more than 3000 crude acids in heavy petroleum by negative-ion microelectrospray high-field Fourier transform ion cyclotron resonance mass spectrometry[J]. Energy & Fuels, 2001, 15: 1505-1511.

[203] Qian K, Rodgers R P, Hendrickson C L, et al. Reading chemical fine print: Resolution and identification of 3000 nitrogen-containing aromatic compounds from a single electrospray ionization Fourier transform ion cyclotron resonance mass spectrum of heavy petroleum crude oil[J]. Energy & Fuels, 2001, 15: 492-498.

[204] Marshall A G, Rodgers R P. Petroleomics: The next grand challenge for chemical analysis[J]. Accounts of Chemical Research, 2004, 37: 53-59.

[205] Rodgers R P, Schaub T M, Marshall A G. Petroleomics: MS returns to its roots[J]. Analytical Chemistry,

2005, 77(1): 20A-27A.

[206] Boldin I A, Nikolaev E N. Fourier transform ion cyclotron resonance cell with dynamic harmonization of the electric field in the whole volume by shaping of the excitation and detection electrode assembly[J]. Rapid Communications in Mass Spectrometry, 2011, 25: 122-126.

[207] Nikolaev E N, Boldin I A, Jertz R, et al. Initial experimental characterization of a new ultra-high resolution fticr cell with dynamic harmonization[J]. Journal of the American Society for Mass Spectrometry, 2011, 22: 1125-1133.

[208] Nikolaev E N, Jertz R, Grigoryev A, et al. Fine structure in isotopic peak distributions measured using a dynamically harmonized Fourier transform ion cyclotron resonance cell at 7 T[J]. Analytical Chemistry, 2012, 84: 2275-2283.

[209] Smith D F, Schaub T M, Rodgers R P, et al. Automated liquid injection field desorption/ionization for Fourier transform ion cyclotron resonance mass spectrometry[J]. Analytical Chemistry, 2008, 80: 7379-7382.

[210] Mennito A S, Qian K. Characterization of heavy petroleum saturates by laser desorption silver cationization and Fourier transform ion cyclotron resonance mass spectrometry[J]. Energy & Fuels, 2013, 27: 7348-7353.

[211] Purcell J M, Hendrickson C L, Rodgers R P, et al. Atmospheric pressure photoionization Fourier transform ion cyclotron resonance mass spectrometry for complex mixture analysis[J]. Analytical Chemistry, 2006, 78: 5906-5912.

[212] McKenna A M. Detailed characterization of heavy crude oils and asphaltenes by ultrahigh resolution Fourier transform ion cyclotron resonance mass spectrometry [D]. Tallahassee: Florida State University, 2009.

[213] Smith D F, Schaub T M, Rahimi P, et al. Self-association of organic acids in petroleum and canadian bitumen characterized by low- and high-resolution mass spectrometry[J]. Energy & Fuels, 2006, 21: 1309-1316.

[214] Liu P, Xu C, Shi Q, et al. Characterization of sulfide compounds in petroleum: Selective oxidation followed by positive-ion electrospray Fourier transform ion cyclotron resonance mass spectrometry[J]. Analytical Chemistry, 2010, 82: 6601-6606.

[215] Müller H, Andersson J T, Schrader W. Characterization of high-molecular-weight sulfur-containing aromatics in vacuum residues using Fourier transform ion cyclotron resonance mass spectrometry[J]. Analytical Chemistry, 2005, 77: 2536-2543.

[216] Zhou X, Shi Q, Zhang Y, et al. Analysis of saturated hydrocarbons by redox reaction with negative-ion electrospray Fourier transform ion cyclotron resonance mass spectrometry[J]. Analytical Chemistry, 2012, 84: 3192-3199.

[217] Nyadong L, Quinn J P, Hsu C S, et al. Atmospheric pressure laser-induced acoustic desorption chemical ionization mass spectrometry for analysis of saturated hydrocarbons[J]. Analytical Chemistry, 2012, 84: 7131-7137.

[218] Duan P, Qian K, Habicht S C, et al. Analysis of base oil fractions by clmn(H_2O)+chemical ionization combined with laser-induced acoustic desorption/Fourier transform ion cyclotron resonance mass spectrometry [J]. Analytical Chemistry, 2008, 80: 1847-1853.

[219] Qian K, Edwards K E, Mennito A S, et al. Enrichment, resolution, and identification of nickel porphyrins in petroleum asphaltene by cyclograph separation and atmospheric pressure photoionization Fourier transform ion cyclotron resonance mass spectrometry[J]. Analytical Chemistry, 2009, 82: 413-419.

[220] Qian K, Edwards K E, Mennito A S, et al. Determination of structural building blocks in heavy petroleum systems by collision-induced dissociation Fourier transform ion cyclotron resonance mass spectrometry[J]. Analytical Chemistry, 2012, 84: 4544-4551.

[221] Kim S, Stanford L A, Rodgers R P, et al. Microbial alteration of the acidic and neutral polar nso compounds revealed by Fourier transform ion cyclotron resonance mass spectrometry[J]. Organic Geochemistry, 2005, 36: 1117-1134.

[222] Cho Y, Kim Y H, Kim S. Planar limit-assisted structural interpretation of saturates/aromatics/resins/asphaltenes fractionated crude oil compounds observed by Fourier transform ion cyclotron resonance mass spectrometry[J]. Analytical Chemistry, 2011, 83: 6068-6073.

[223] Cho Y, Witt M, Kim Y H, et al. Characterization of crude oils at the molecular level by use of laser desorption ionization Fourier-transform ion cyclotron resonance mass spectrometry[J]. Analytical Chemistry, 2012, 84: 8587-8594.

[224] Cho Y, Ahmed A, Kim S. Application of atmospheric pressure photo ionization hydrogen/deuterium exchange high-resolution mass spectrometry for the molecular level speciation of nitrogen compounds in heavy crude oils[J]. Analytical Chemistry, 2013, 85: 9758-9763.

[225] Barrow M P, McDonnell L A, Feng X, et al. Determination of the nature of naphthenic acids present in crude oils using nanospray Fourier transform ion cyclotron resonance mass spectrometry: The continued battle against corrosion[J]. Analytical Chemistry, 2003, 75: 860-866.

[226] Barrow M P, Headley J V, Peru K M, et al. Data visualization for the characterization of naphthenic acids within petroleum samples[J]. Energy & Fuels, 2009, 23: 2592-2599.

[227] Griffiths M T, Da Campo R, O'Connor P B, et al. Throwing light on petroleum: Simulated exposure of crude oil to sunlight and characterization using atmospheric pressure photoionization Fourier transform ion cyclotron resonance mass spectrometry[J]. Analytical Chemistry, 2013, 86: 527-534.

[228] Panda S K, Schrader W, al-Hajji A, et al. Distribution of polycyclic aromatic sulfur heterocycles in three saudi arabian crude oils as determined by Fourier transform ion cyclotron resonance mass spectrometry[J]. Energy & Fuels, 2007, 21: 1071-1077.

[229] Lababidi S, Panda S K, Andersson J T, et al. Deep well deposits: Effects of extraction on mass spectrometric results[J]. Energy & Fuels, 2013, 27: 1236-1245.

[230] Alhassan A, Andersson J T. Ketones in fossil materials-a mass spectrometric analysis of a crude oil and a coal tar[J]. Energy & Fuels, 2013, 27: 5770-5778.

[231] Liu P, Shi Q, Chung K H, et al. Molecular characterization of sulfur compounds in venezuela crude oil and its sara fractions by electrospray ionization Fourier transform ion cyclotron resonance mass spectrometry[J]. Energy & Fuels, 2010, 24: 5089-5096.

[232] Shi Q, Pan N, Liu P, et al. Characterization of sulfur compounds in oilsands bitumen by methylation followed by positive-ion electrospray ionization and Fourier transform ion cyclotron resonance mass spectrometry [J]. Energy & Fuels, 2010, 24: 3014-3019.

[233] Shi Q, Yan Y, Wu X, et al. Identification of dihydroxy aromatic compounds in a low-temperature pyrolysis coal tar by gas chromatography-mass spectrometry (gc-ms) and Fourier transform ion cyclotron resonance mass spectrometry(FT-ICR MS)[J]. Energy & Fuels, 2010, 24: 5533-5538.

[234] Shi Q, Zhao S, Xu Z, et al. Distribution of acids and neutral nitrogen compounds in a chinese crude oil and its fractions: Characterized by negative-ion electrospray ionization Fourier transform ion cyclotron resonance mass spectrometry[J]. Energy & Fuels, 2010, 24: 4005-4011.

[235] Zhang Y, Xu C, Shi Q, et al. Tracking neutral nitrogen compounds in subfractions of crude oil obtained by liquid chromatography separation using negative-ion electrospray ionization Fourier transform ion cyclotron resonance mass spectrometry[J]. Energy & Fuels, 2010, 24: 6321-6326.

[236] Zhang Y, Shi Q, Li A, et al. Partitioning of crude oil acidic compounds into subfractions by extrography and identification of isoprenoidyl phenols and tocopherols[J]. Energy & Fuels, 2011, 25: 5083-5089.

[237] Zhu X, Shi Q, Zhang Y, et al. Characterization of nitrogen compounds in coker heavy gas oil and its subfractions by liquid chromatographic separation followed by Fourier transform ion cyclotron resonance mass spectrometry[J]. Energy & Fuels, 2011, 25: 281-287.

[238] Zhang L, Xu Z, Shi Q, et al. Molecular characterization of polar heteroatom species in venezuela orinoco petroleum vacuum residue and its supercritical fluid extraction subfractions[J]. Energy & Fuels, 2012, 26: 5795-5803.

[239] Wang L, He C, Zhang Y, et al. Characterization of acidic compounds in heavy petroleum resid by fractionation and negative-ion electrospray ionization Fourier transform ion cyclotron resonance mass spectrometry analysis[J]. Energy & Fuels, 2013, 27: 4555-4563.

[240] Wang L, He C, Liu Y, et al. Effects of experimental conditions on the molecular composition of maltenes and asphaltenes derived from oilsands bitumen: Characterized by negative-ion esi FT-ICR MS[J]. Science China: Chemistry, 2013, 56: 863-873.

[241] Yang B, Xu C, Zhao S, et al. Thermal transformation of acid compounds in high tan crude oil[J]. Science China: Chemistry, 2013, 56: 848-855.

[242] Zhang L, Zhang Y, Zhao S, et al. Characterization of heavy petroleum fraction by positive-ion electrospray ionization ft-icr mass spectrometry and collision induced dissociation: Bond dissociation behavior and aromatic ring architecture of basic nitrogen compounds[J]. Science China: Chemistry, 2013, 56: 874-882.

[243] Zhou X, Zhang Y, Zhao S, et al. Observation of CO_2 and solvent adduct ions during negative mode electrospray ionization Fourier transform ion cyclotron resonance mass spectrometric analysis of monohydric alcohols [J]. Rapid Communications in Mass Spectrometry, 2013, 27: 2581-2587.

[244] Rodgers R P, Marshall A G. Petroleomics: Advanced characterization of petroleum-derived materials by Fourier transform ion cyclotron resonance mass spectrometry(FT-ICR MS)[M]//Asphaltenes, heavy oils, and petroleomics. Springer. 2007: 63-93.

[245] Zhang L, Shi Q, Zhao C, et al. Hindered stepwise aggregation model for molecular weight determination of heavy petroleum fractions by vapor pressure osmometry(vpo)[J]. Energy & Fuels, 2013, 27: 1331-1336.

[246] Wang S, Yang C, Xu C, et al. Separation and characterization of petroleum asphaltene fractions by esi FT-ICR MS and uv-vis spectrometer[J]. Science China: Chemistry, 2013, 56: 856-862.

[247] Hughey C A, Rodgers R P, Marshall A G. Resolution of 11000 compositionally distinct components in a single electrospray ionization Fourier transform ion cyclotron resonance mass spectrum of crude oil[J]. Analytical Chemistry, 2002, 74: 4145-4149.

[248] Cho Y, Na J-G, Nho N-S, et al. Application of saturates, aromatics, resins, and asphaltenes crude oil fractionation for detailed chemical characterization of heavy crude oils by Fourier transform ion cyclotron resonance mass spectrometry equipped with atmospheric pressure photoionization[J]. Energy & Fuels, 2012, 26: 2558-2565.

[249] Lu H, Shi Q, Lu J, et al. Petroleum sulfur biomarkers analyzed by comprehensive two-dimensional gas chromatography sulfur-specific detection and mass spectrometry[J]. Energy & Fuels, 2013, 27: 7245-7251.

[250] Zhao X, Liu Y, Xu C, et al. Separation and characterization of vanadyl porphyrins in venezuela orinoco heavy crude oil[J]. Energy & Fuels, 2013, 27: 2874-2882.

[251] Rodgers R, Blumer E N, Freitas M A, et al. Complete compositional monitoring of the weathering of transportation fuels based on elemental compositions from fourier transform ion cyclotron resonance mass spectrometry[J]. Environmental Science & Technology. 2000, 34(9): 1671-1678.

[252] Rodgers R P, Blumer E N, Freitas M A, et al. Jet fuel chemical composition, weathering, and identifica-

tion as a contaminant at a remediation site, determined by fourier transform ion cyclotron resonance mass spectrometry[J]. Analytical Chemistry, 1999, 71(22): 5171-5176.

[253] Fu J, Purcell J M, Quinn J P, et al. External electron ionization 7 T fourier transform ion cyclotron resonance mass spectrometer for resolution and identification of volatile organic mixtures[J]. Review of Scientific Instruments, 2006, 77(2): 025102/1-9.

[254] Fu J, Klein G C, Smith D F, et al. Comprehensive compositional analysis of hydrotreated and untreated nitrogen-concentrated fractions from syncrude oil by electron ionization, field desorption ionization, and electrospray ionization ultrahigh-resolution FT-ICR mass spectrometry[J]. Energy & Fuels, 2006, 20(3): 1235-1241.

[255] Schaub T M, Hendrickson C L, Quinn J P, et al. Instrumentation and method for ultrahigh resolution field desorption ionization fourier transform ion cyclotron resonance mass spectrometry of nonpolar species[J]. Analytical Chemistry, 2005, 77(5): 1317-1324.

[256] Schaub T M, Rodgers R P, Marshall A G, et al. Compounds in petroleum refinery streams by continuous flow field desorption ionization ft-icr mass spectrometry[J]. Energy & Fuels, 2005, 19(4): 1566-1573.

[257] Schaub T M, Linden H B, Hendrickson C L, et al. Continuous-flow sample introduction for field desorption/ionization mass spectrometry[J]. Rapid Communications in Mass Spectrometry, 2004, 18(14): 1641-1644.

[258] Mize T H, Amster I J. Broad-band ion accumulation with an internal source maldi-fticr-ms[J]. Analytical chemistry, 2000, 72(24): 5886-5891.

[259] Zhan D, Fenn J B. Electrospray mass spectrometry of fossil fuels[J]. International Journal of Mass Spectrometry, 2000, 194(2): 197-208.

[260] Hughey C A, Hendrickson C L, Rodgers R P, et al. Elemental composition analysis of processed and unprocessed diesel fuel by electrospray ionization fourier transform ion cyclotron resonance mass spectrometry [J]. Energy & Fuels, 2001, 15(5): 1186-1193.

[261] Klein G C, Angstrom A, Rodgers R P, et al. Use of saturates/aromatics/resins/asphaltenes(SARA) fractionation to determine matrix effects in crude oil analysis by electrospray ionization fourier transform ion cyclotron resonance mass spectrometry[J]. Energy & Fuels, 2006, 20(2): 668-672.

[262] Miyabayashi K, Naito Y, Tsujimoto K, et al. Characterization of nitrogen compounds in vacuum residues by electrospray ionization fourier transform ion cyclotron resonance mass spectrometry[J]. Journal of the Japan Petroleum Institute, 2004, 47(5): 326-334.

[263] Wu Z, Jernström S, Hughey C A, et al. Resolution of 10000 compositionally distinct components in polar coal extracts by negative-ion electrospray ionization fourier transform ion cyclotron resonance mass spectrometry[J]. Energy & Fuels, 2003, 17(4): 946-953.

[264] Porter D J, Mayer P M, Fingas M. Analysis of petroleum resins using electrospray ionization tandem mass spectrometry[J]. Energy & Fuels, 2004, 18(4): 987-994.

[265] Smith D F, Rodgers R P, Rahimi P, et al. Effect of thermal treatment on acidic organic species from athabasca bitumen heavy vacuum gas oil, analyzed by negative-ion electrospray fourier transform ion cyclotron resonance(ft-icr) mass spectrometry[J]. Energy & Fuels, 2008, 23(1): 314-319.

[266] Lo C C, Brownlee B G, Bunce N J. Electrospray-mass spectrometric analysis of reference carboxylic acids and athabasca oil sands naphthenic acids[J]. Analytical Chemistry, 2003, 75(23): 6394-6400.

[267] Miyabayashi K, Naito Y, Miyake M, et al. Quantitative capability of electrospray ionization fourier transform ion cyclotron resonance mass spectrometry for a complex mixture[J]. European Journal of Mass Spectrometry, 2000, 6(3): 251-258.

[268] Qian K, Edwards K E, Dechert G J, et al. Measurement of total acid number(TAN) and tan boiling point

distribution in petroleum products by electrospray ionization mass spectrometry[J]. Analytical Chemistry, 2008, 80(3): 849-855.

[269] Lloyd J B F, Evett I W. Prediction of peak wavelengths and intensities in synchronously excited fluorescence emission spectra[J]. Analytical Chemistry, 1977, 49(12): 1710-1715.

[270] Michels R, Langlois E, Ruau O, et al. Evolution of asphaltenes during artificial maturation: A record of the chemical processes[J]. Energy & Fuels, 1996, 10(1): 39-48.

[271] Andersen S I, Birdi K S. Influence of temperature and solvent on the precipitation of asphaltenes[J]. Petroleum Science and Technology, 1990, 8(6): 593-615.

[272] Ruiz-Morales Y, Mullins O C. Simulated and measured optical absorption spectra of asphaltenes[J]. Energy & Fuels, 2009, 23: 1169-1177.

[273] Mullins O C. The modified yen model[J]. Energy & Fuels, 2010, 24(4): 2179-2207.

[274] Strausz O P, Safarik I, Lown E M, et al. A critique of asphaltene fluorescence decay and depolarization-based claims about molecular weight and molecular architecture[J]. Energy & Fuels, 2008, 22(2): 1156-1166.

[275] Ebert L B, Scanlon J C, Mills D R. X-ray diffraction of n-paraffins and stacked aromatic moleculars: Insights into the structure of petroleum asphaltenes[J]. Petroleum Science and Technology, 1984, 2(3): 257-286.

[276] Alexander L R, Maggio V L, Green V E, et al. Vibrating tumblers as cleaning devices for mass spectrometer ion source parts[J]. Analytical Chemistry, 1987, 59(20): 2543-2544.

[277] Gorbaty M L, Kelemen S R. Characterization and reactivity of organically bound sulfur and nitrogen fossil fuels[J]. Fuel Processing Technology, 2001, 71(1-3): 71-78.

[278] Wiltfong R, Mitra-Kirtley S, Mullins O C, et al. Sulfur speciation in different kerogens by XANES spectroscopy[J]. Energy & Fuels, 2005, 19(5): 1971-1976.

[279] Bergmann U, Groenzin H, Mullins O C, et al. Carbon K-edge X-ray raman spectroscopy supports simple, yet powerful description of aromatic hydrocarbons and asphaltenes[J]. Chemical Physics Letters, 2003, 369(1-2): 184-191.

[280] Storm D A, Sheu E Y. Characterization of colloidal asphaltenic particles in heavy oil[J]. Fuel, 1995, 74(8): 1140-1145.

[281] Bouhadda Y, Bormann D, Sheu E, et al. Characterization of algerian hassi-messaoud asphaltene structure using raman spectrometry and X-ray diffraction[J]. Fuel, 2007, 86(12): 1855-1864.

[282] Brown J K, Ladner W R. A study of the hydrogen distribution in coal-1ike materials by high-resolution nuclear magnetic resonance spectroscopy i. A comparison with infra-red measurement and the conversion to carbon structure[J]. Fuel, 1960, 39(2): 87-96.

[283] Canel M, Canel E, Borrego A G, et al. Characterization of the göynük oil shale-derived asphaltenes and pre-asphaltenes by 1H and 13C nuclear magnetic resonance and by gas chromatography[J]. Fuel Processing Technology, 1995, 43(2): 111-122.

[284] Calemma V, Rausa R. Thermal decomposition behaviour and structural characteristics of asphaltenes[J]. Journal of Analytical and Applied Pyrolysis, 1997, 40569-584.

[285] Zhao S, Kotlyar L S, Woods J R, et al. Effect of thermal and hydro-catalytic treatment on the molecular chemistry of narrow fractions of athabasca bitumen pitch[J]. Energy & Fuels, 2001, 15(1): 113-119.

[286] Zhao S, Kotlyar L S, Woods J R, et al. Molecular transformation of athabasca bitumen end-cuts during coking and hydrocracking[J]. Fuel, 2001, 80(8): 1155-1163.

[287] 王珺，许志明，李凤娟，等. 大港减压渣油的多层次分离与组成结构研究. 燃料化学学报，2007，35(4)：314-319.

[288] Zhang L Z, Zhang Y H, Zhao S Q, et al. Characterization of heavy petroleum fraction by positive-ion elec-

trospray ionization FT-ICR mass spectrometry and collision induced dissociation: Bond dissociation behavior and aromatic ring architecture of basic nitrogen compounds[J]. Science China: Chemistry, 2013, 56(7): 874-882.

[289] Djerassi C, Engle R R. Oxidations with ruthenium tetroxide[J]. Journal of the American Chemical Society, 1953, 75(15): 3838-3840.

[290] Spitzer U A, Lee D G. Oxidation of hydrocarbons: V. Oxidation of naphthalenes by ruthenium tetroxide[J]. The Journal of Organic Chemistry, 1974, 39(16): 2468-2469.

[291] Carlsen P H J, Katsuki T, Martin V S, et al. A greatly improved procedure for ruthenium tetroxide catalyzed oxidations of organic compounds[J]. The Journal of Organic Chemistry, 1981, 46(19): 3936-3938.

[292] Rossiter B E, Katsuki T, Sharpless K B. Asymmetric epoxidation provides shortest routes to four chiral epoxy alcohols which are key intermediates in syntheses of methymycin, erythromycin, leukotriene c-1, and disparlure[J]. Journal of the American Chemical Society, 1981, 103(2): 464-465.

[293] Stock L M, Tse K-T. Ruthenium tetroxide catalysed oxidation of illinois NO. 6 coal and some representative hydrocarbons[J]. Fuel, 1983, 62(8): 974-976.

[294] Stock L M, Wang S-H. Ruthenium tetroxide catalysed oxidation of illinois NO. 6 coal: The formation of volatile monocarboxylic acids[J]. Fuel, 1985, 64(12): 1713-1717.

[295] Stock L M, Wang S-H. Ruthenium tetroxide catalysed oxidation of coals: The formation of aliphatic and benzene carboxylic acids[J]. Fuel, 1986, 65(11): 1552-1562.

[296] Stock L M, Wang S-H. Aliphatic structural elements of a pocahontas NO. 3 coal[J]. Energy & Fuels, 1989, 3(4): 533-535.

[297] Stock L M, Wang S-H. The ruthenium(VIII)-catalysed oxidation of illinois NO. 6 bituminous coal: An application of GC-FT-IR Spectroscopy for structural analysis[J]. Fuel, 1987, 66(7): 921-924.

[298] Choi C Y, Wang S H, Stock L M. Ruthenium tetraoxide catalyzed oxidation of maceral groups[J]. Energy & Fuels, 1988, 2(1): 37-48.

[299] Mojelsky T W, Montgomery D S, Strausz O P. Ruthenium(VIII) catalyzed oxidation of high molecular weight components of athabasca oil sand btumen[J]. AOSTRA Journal of Research, 1985, 2: 131-137.

[300] Mojelsky T W, Ignasiak T M, Frakman Z, et al. Structural features of alberta oil sand bitumen and heavy oil asphaltenes[J]. Energy & Fuels, 1992, 6(1): 83-96.

[301] Artok L, Murata S, Nomura M, et al. Reexamination of the rico method[J]. Energy & Fuels, 1998, 12(2): 391-398.

[302] Murata S, U-esaka K, Ino-ue H, et al. Studies on aliphatic portion of coal organic materials based on ruthenium ion catalyzed oxidation[J]. Energy & Fuels, 1994, 8(6): 1379-1383.

[303] Nomura M, Artok L, Murata S, et al. Structural evaluation of Zao Zhuang coal[J]. Energy & Fuels, 1998, 12(3): 512-523.

[304] Murata S, Tani Y, Hiro M, et al. Structural analysis of coal through rico reaction: Detailed analysis of heavy fractions[J]. Fuel, 2001, 80(14): 2099-2109.

[305] Kidena K, Tani Y, Murata S, et al. Quantitative elucidation of bridge bonds and side chains in brown coals[J]. Fuel, 2004, 83(11-12): 1697-1702.

[306] Mallya N, Zingaro R A. Ruthenium tetroxide-a reagent with the potential for the study of oxygen functionalities in coal[J]. Fuel, 1984, 63(3): 423-425.

[307] Ilsley W H, Zingaro R A, Zoeller Jr J H. The reactivity of ruthenium textroxide towards aromatic and etheric functionalities in simple organic compounds[J]. Fuel, 1986, 65(9): 1216-1220.

[308] Strausz O P, Mojelsky T W, Faraji F, et al. Additional structural details on athabasca asphaltene and their

ramifications[J]. Energy & Fuels, 1999, 13(2): 207-227.
[309] Peng P, Fu J, Sheng G, et al. Ruthenium-ions-catalyzed oxidation of an immature asphaltene: Structural features and biomarker distribution[J]. Energy & Fuels, 1999, 13(2): 266-277.
[310] Huebner C F, Ames S R, Bubl E C. Periodate oxidation of certain active methylene groups[J]. Journal of the American Chemical Society, 1946, 68(8): 1621-1628.
[311] 赵会. 电喷雾高分辨质谱定量分析方法的研究[D]. 北京: 中国石油大学(北京), 2013.
[312] Payzant J D, Montgomery D S, Strausz O P. The identification of homologous series of benzo[b]thiophenes, thiophenes, thiolanes, and thianes possessing a linear carbon framework in the pyrolysis of athabasca asphaltene[J]. AOSTRA Journal of Research, 1988, 4: 117-131.
[313] Payzant J D, Lown E M, Strausz O P. Structural units of athabasca asphaltene: The aromatics with a linear carbon framework[J]. Energy & Fuels, 1991, 5(3): 445-453.
[314] Murgich J, Abanero J A, Strausz O P. Molecular recognition in aggregates formed by asphaltene and resin molecules from the athabasca oil sand[J]. Energy & Fuels, 1999, 13(2): 278-286.
[315] McCaulay D A, Lien A P. Disproportionation of alkylbenzenes. Ii. Mechanism of alkyl-group transfer[J]. Journal of the American Chemical Society, 1953, 75(10): 2411-2413.
[316] Gould K A. Chemical depolymerization of petroleum asphaltenes[J]. Fuel, 1978, 57(12): 756-762.
[317] Ignasiak T, Bimer J, Samman N, et al. Lewis acids assisted degradation of athabasca asphaltene[M]// Chemistry of asphaltenes. American Chemical Society, 1982: 183-201.
[318] Desbène P, Jauseau-Pierre N, Desmazières B, et al. Analytical study of various heavy oil residues using a transalkylation reaction[J]. Chromatographia, 1988, 26(1): 70-76.
[319] Desbène P, Abderrezag A, Desmazieres B, et al. The transalkylation reaction: Analytical tool for the study of heavy crude oil fractions. Application to asphaltenes of various types[J]. Organic Geochemistry, 1990, 16(4-6): 969-980.
[320] Truce W E, Roberts F E. The metalation and alkylation of mercaptals[J]. The Journal of Organic Chemistry, 1963, 28(4): 961-964.
[321] Back T G, Yang K, Krouse H R. Desulfurization of benzo- and dibenzothiophenes with nickel boride[J]. The Journal of Organic Chemistry. 1992, 57(7): 1986-1990.
[322] Jenisch-Anton A, Adam P, Schaeffer P, et al. Oxygen-containing subunits in sulfur-rich nonpolar macromolecules[J]. Geochimica Et Cosmochimica Acta, 1999, 63(7-8): 1059-1074.
[323] Brown R. Compound types in gasoline by mass spectrometer analysis[J]. Analytical Chemistry, 1951, 23(3): 430-437.
[324] Miller J, Kirchner J. New type of chromatographic column[J]. Analytical Chemistry, 1951, 23(3): 428-430.
[325] Hastings S H, Johnson B H, Lumpkin H E. Analysis of aromatic fraction of virgin gas oils by mass spectrometer[J]. Analytical Chemistry, 1956, 28(8): 1243-1247.
[326] Lumpkin H E. Determination of saturated hydrocarbons in heavy petroleum fractions by mass spectrometry[J]. Analytical Chemistry, 1956, 28(12): 1946-1948.
[327] Robinson C J. Low-resolution mass spectrometric determination of aromatics and saturates in petroleum fractions[J]. Analytical Chemistry, 1971, 43(11): 1425-1434.
[328] Field F H, Hastings S H. Determination of unsaturated hydrocarbons by low voltage mass spectrometry[J]. Analytical Chemistry, 1956, 28(8): 1248-1255.
[329] Lumpkin H E, Aczel T. Low-voltage sensitivities of aromatic hydrocarbons[J]. Analytical Chemistry, 1964, 36(1): 181-184.
[330] Hsu C S, Qian K. Carbon disulfide charge exchange as a low-energy ionization technique for hydrocarbon

characterization[J]. Analytical Chemistry, 1993, 65(6): 767-771.

[331] Roussis S G. Exhaustive determination of hydrocarbon compound type distributions by high resolution mass spectrometry[J]. Rapid Communications in Mass Spectrometry, 1999, 13(11): 1031-1051.

[332] Roussis S G, Fitzgerald W P, Cameron A S. Low-energy ionization of hydrocarbons in the quadrupole ion trap mass spectrometer[J]. Rapid Communications in Mass Spectrometry, 1998, 12(7): 373-381.

[333] Prokai L. Field desorption mass spectrometry[M]. New York: Marcel Dekker, 1990.

[334] Beckey H D. Field ionization mass spectrometry[M]. Oxford: Pergamon Press, 1971.

[335] Boduszynski M M. Composition of heavy petroleums: 1. Molecular weight, hydrogen deficiency, and heteroatom concentration as a function of atmospheric equivalent boiling point up to 1400. Degree. F(760. Degree. C)[J]. Energy & Fuels, 1987, 1(1): 2-11.

[336] Schaub T M, Hendrickson C L, Quinn J P, et al. Instrumentation and method for ultrahigh resolution field desorption ionization fourier transform ion cyclotron resonance mass spectrometry of nonpolar species[J]. Analytical Chemistry, 2005, 77(5): 1317-1324.

[337] Liang Z, Hsu C S. Molecular speciation of saturates by on-line liquid chromatography-field ionization mass spectrometry[J]. Energy &Fuels, 1998, 12: 637-643.

[338] Boduszynski M M. Composition of heavy petroleums: 2. Molecular characterization[J]. Energy & Fuels, 1988, 2(5): 597-613.

[339] Qian K N, Dechert G J. Recent advances in petroleum characterization by gc field ionization time-of-flight high-resolution mass spectrometry[J]. Analytical Chemistry, 2002, 74(16): 3977-3983.

[340] Briker Y, Ring Z, Iacchelli A, et al. Diesel fuel analysis by gc-fims: Aromatics, n-paraffins, and isoparaffins[J]. Energy & Fuels, 2000, 15(1): 23-37.

[341] Briker Y, Ring Z, Iacchelli A, et al. Diesel fuel analysis by GC-FI MS-FI MS: Normal paraffins, isoparaffins, and cycloparaffins[J]. Energy & Fuels, 2001, 15(4): 996-1002.

[342] Gross J H, Vékey K, Dallos A. Field desorption mass spectrometry of large multiply branched saturated hydrocarbons[J]. Journal of Mass Spectrometry, 2001, 36(5): 522-528.

[343] Wu C P, Qian K N, Nefliu M, et al. Ambient analysis of saturated hydrocarbons using discharge-induced oxidation in desorption electrospray ionization[J]. Journal of the American Society for Mass Spectrometry, 2010, 21(2): 261-267.

[344] Eller K, Schwarz H. Organometallic chemistry in the gas phase[J]. Chemical Reviews, 1991, 91(6): 1121-1177.

[345] Jacobson D B, Freiser B S. Reactions of methyliron (1+) and methylcobalt (1+) ions with cyclic hydrocarbons in the gas phase[J]. Journal of the American Chemical Society, 1984, 106(14): 3900-3904.

[346] Jacobson D B, Freiser B S. Reactions of cocp+(cp = cyclopentadienyl) with hydrocarbons in the gas phase: Observation of novel skeletal isomerizations/dehydrocyclizations resulting in cobaltocenium formation[J]. Journal of the American Chemical Society, 1985, 107(25): 7399-7407.

[347] Armentrout P B, Beauchamp J L. The chemistry of atomic transition-metal ions: Insight into fundamental aspects of organometallic chemistry[J]. Accounts of Chemical Research, 1989, 22(9): 315-321.

[348] Chen R, Li L. Reactions of atomic transition-metal ions with long-chain alkanes[J]. Journal of the American Society for Mass Spectrometry, 2001, 12(4): 367-375.

[349] Yalcin T, Wallace W E, Guttman C M, et al. Metal powder substrate-assisted laser desorption/ionization mass spectrometry for polyethylene analysis[J]. Analytical Chemistry, 2002, 74(18): 4750-4756.

[350] Byrd H C M, Guttman C M, Ridge D P. Molecular mass determination of saturated hydrocarbons: Reactivity of [eta]5-cyclopentadienylcobalt ion ($CpCo\cdot^{+}$) and linear alkanes up to C-30[J]. Journal of the

American Society for Mass Spectrometry, 2003, 14(1): 51-57.

[351] Byrd H M, Guttman C M, Robinson S, et al. Molecular mass determination of saturated hydrocarbons using organometallic and transition metal ion chemistry[C]//ASMS Conference on Mass Spectrometry. 2003, 79(7).

[352] Dutta T K, Harayama S. Time-of-flight mass spectrometric analysis of high-molecular-weight alkanes in crude oil by silver nitrate chemical ionization after laser desorption[J]. Analytical Chemistry, 2001, 73(5): 864-869.

[353] Kuhn G, Weidner S, Just U, et al. Characterization of technical waxes comparison of chromatographic techniques and matrix-assisted laser-desorption/ionization mass spectrometry[J]. Journal of Chromatography A, 1996, 732(1): 111-117.

[354] Kahr M S, Wilkins C L. Silver nitrate chemical ionization for analysis of hydrocarbon polymers by laser desorption fourier transform mass spectrometry[J]. Journal of the American Society for Mass Spectrometry, 1993, 4(6): 453-460.

[355] Chen R, Yalcin T, Wallace W E, et al. Laser desorption ionization and maldi time-of-flight mass spectrometry for low molecular mass polyethylene analysis[J]. Journal of the American Society for Mass Spectrometry, 2001, 12(11): 1186-1192.

[356] Hanton S D. Mass spectrometry of polymers and polymer surfaces[J]. Chemical Reviews, 2001, 101(2): 527-570.

[357] Macha S F, Limbach P A. Matrix-assisted laser desorption/ionization(MALDI) mass spectrometry of polymers[J]. Current Opinion in Solid State and Materials Science, 2002, 6(3): 213-220.

[358] Macha S F, Limbach P A, Hanton S D, et al. Silver cluster interferences in matrix-assisted laser desorption/ionization(MALDI) mass spectrometry of nonpolar polymers[J]. Journal of the American Society for Mass Spectrometry, 2001, 12(6): 732-743.

[359] Macha S F, Limbach P A, Savickas P J. Application of nonpolar matrices for the analysis of low molecular weight nonpolar synthetic polymers by matrix-assisted laser desorption/ionization time-of-flight mass spectrometry[J]. Journal of the American Society for Mass Spectrometry, 2000, 11(8): 731-737.

[360] Campbell J L, Crawford K E, Kenttämaa H I. Analysis of saturated hydrocarbons by using chemical ionization combined with laser-induced acoustic desorption/fourier transform ion cyclotron resonance mass spectrometry[J]. Analytical Chemistry, 2004, 76(4): 959-963.

[361] Campbell J L, Fiddler M N, Crawford K E, et al. Analysis of polyethylene by using cyclopentadienyl cobalt chemical ionization combined with laser-induced acoustic desorption/fourier transform ion cyclotron resonance mass spectrometry[J]. Analytical Chemistry, 2005, 77(13): 4020-4026.

[362] Crawford K E, Campbell J L, Fiddler M N, et al. Laser-induced acoustic desorption/fourier transform ion cyclotron resonance mass spectrometry for petroleum distillate analysis[J]. Analytical Chemistry, 2005, 77(24): 7916-7923.

[363] Duan P, Fu M, Pinkston D S, et al. Gas-phase reactions of $ClMn(H_2O)^+$ with polar and nonpolar hydrocarbons in a mass spectrometer[J]. Journal of the American Chemical Society, 2007, 129(30): 9266-9267.

[364] Duan P, Qian K, Habicht S C, et al. Analysis of base oil fractions by $ClMn(H_2O)^+$ chemical ionization combined with laser-induced acoustic desorption/fourier transform ion cyclotron resonance mass spectrometry[J]. Analytical Chemistry, 2008, 80(6): 1847-1853.

[365] Shi Q, Hou D, Chung K H, et al. Characterization of heteroatom compounds in a crude oil and its saturates, aromatics, resins, and asphaltenes (SARA) and non-basic nitrogen fractions analyzed by negative-ion electrospray ionization fourier transform ion cyclotron resonance mass spectrometry[J]. Energy

& Fuels, 2010, 24(4): 2545-2553.

[366] Panda S K, Andersson J T, Schrader W. Characterization of supercomplex crude oil mixtures: What is really in there? [J]. Angewandte Chemie International Edition, 2009, 48(10): 1788-1791.

[367] Lin-Gibson S, Brunner L, Vanderhart D L, et al. Optimizing the covalent cationization method for the mass spectrometry of polyolefins[J]. Macromolecules, 2002, 35(18): 7149-7156.

[368] Bauer B J, Wallace W E, Fanconi B M, et al."Covalent cationization method" For the analysis of polyethylene by mass spectrometry[J]. Polymer, 2001, 42(25): 9949-9953.

[369] Mazur Y T-A, Rotman A. Preparation of hydroxylated steroids. United States, 1975.

[370] Crabtree R H. The organometallic chemistry of alkanes[J]. Chemical Reviews, 1985, 85(4): 245-269.

[371] Lau T-C, Mak C-K. Oxidation of alkanes by barium ruthenate in acetic acid: Catalysis by lewis acids[J]. Journal of the Chemical Society, Chemical Communications, 1993, (9): 766-767.

[372] Tateiwa J-i, Horiuchi H, Uemura S. Mn^{2+}-exchanged clay-catalysed oxidation of alkanes with tert-butyl hydroperoxide[J]. Journal of the Chemical Society, Chemical Communications, 1994, (22): 2567-2568.

[373] Tateiwa J, Horiuchi H, Uemura S. Cation-exchanged fluorotetrasilicic mica(M^+-TSM; $M^+ = Mn^{2+}$, Cr^{3+}, Co^{2+} and Cu^{2+})-catalysed oxidation of alkanes with tert-butyl hydroperoxide[J]. Journal of the Chemical Society, Perkin Transactions 2, 1995, (11): 2013-2017.

[374] Shilov A E, Shul′pin G B. Activation of c-h bonds by metal complexes[J]. Chemical Reviews, 1997, 97(8): 2879-2932.

[375] Moody C J, O′Connell J L. Observations on the transition-metal catalysed oxidation of alkanes in trifluoroacetic acid: Urea-hydrogen peroxide/TFA as a convenient method for the oxidation of unactivated C-H bonds [J]. Chemical Communications, 2000, (14): 1311-1312.

[376] Bakke J M, Lundquist M. The ruthenium tetraoxide oxidation of cyclic saturated hydrocarbons. Formation of alcohols[J]. Acta Chemica Scandinavica, Series B: Organic Chemistry and Biochemistry, 1986, B40(6): 430-433.

[377] Carlsen P H J. Ruthenium catalyzed oxidation of alkanes[J]. Synthetic Communications: An International Journal for Rapid Communication of Synthetic Organic Chemistry, 1987, 17(1): 19-23.

[378] Tenaglia A, Terranova E, Waegell B. Ruthenium-catalyzed carbon-hydrogen bond activation. Oxyfunctionalization of nonactivated carbon-hydrogen bonds in the cedrane series with ruthenium tetraoxide generated in situ[J]. The Journal of Organic Chemistry, 1992, 57(20): 5523-5528.

[379] Murahashi S-I, Oda Y, Komiya N, et al. Ruthenium-catalyzed oxidation of alkanes with peracids[J]. Tetrahedron Letters, 1994, 35(43): 7953-7956.

[380] Nomura K, Uemura S. Selective rhodium-catalysed oxidation of alkanes to alkyl esters with peracids[J]. Journal of the Chemical Society, Chemical Communications, 1994, (2): 129-130.

[381] Murahashi S-I, Komiya N, Oda Y, et al. Ruthenium-catalyzed oxidation of alkanes with tert-butyl hydroperoxide and peracetic acid[J]. The Journal of Organic Chemistry, 2000, 65(26): 9186-9193.

[382] Hogan T, Sen A. High-yield, radical-initiated oxidative functionalization of ethane by perfluorocarboxylic acid anhydrides. Role of metal ions in catalytic alkane oxidations in the presence of perfluorocarboxylic acid anhydrides[J]. Journal of the American Chemical Society, 1997, 119(11): 2642-2646.

[383] Sen A. Catalytic functionalization of carbon-hydrogen and carbon-carbon bonds in protic media [J]. Accounts of Chemical Research, 1998, 31(9): 550-557.

[384] Zhou X, Zhang Y, Zhao S, et al. Characterization of Saturated Hydrocarbons in Vacuum Petroleum Residua: Redox Derivatization Followed by Negative-Ion Electrospray Ionization Fourier Transform Ion Cyclotron Resonance Mass Spectrometry[J]. Energy & Fuels, 2014, 28(1): 417-422.

[385] Cho Y, Na J-G, Nho N-S, et al. Application of saturates, aromatics, resins, and asphaltenes crude oil

fractionation for detailed chemical characterization of heavy crude oils by fourier transform ion cyclotron resonance mass spectrometry equipped with atmospheric pressure photoionization[J]. Energy & Fuels, 2012, 26(5): 2558-2565.

[386] Strausz O P, Mojelsky T W, Lown E M, et al. Structural features of Boscan and Duri asphaltnens[J]. Energy & Fuels, 1999, 13: 228-247.

[387] 王子军，梁文杰，阙国和，等. 钌离子催化氧化法研究胜利减压渣油组分的化学结构[J]. 石油学报：石油加工，1997，4：1-8.

[388] 朱军，郭绍辉，李术元. 钌离子催化氧化研究石油沥青质芳香环系结构特征[J]. 燃料化学学报，2002，30(5)：433-437.

[389] Zhang Z G, Guo S H, Zhao S, et al. Alkyl Side Chains Connected to Aromatic Units in Dagang Vacuum Residue and Its Supercritical Fluid Extraction and Fractions(SFEFs)[J]. Energy & Fuels, 2009, 23(1): 374-385.

[390] Zhang L Z, Li S Y, Han L, et al. Coking Reactivity of Laboratory-Scale Unit for Two Heavy Petroleum and Their Supercritical Fluid Extraction Subfractions[J]. Industrial and Engineering Chemistry Research, 2013, 52(16), 5593-5600.

[391] 张娜，赵锁奇，史权，等. 高分辨质谱解析委内瑞拉奥里常渣减黏反应杂原子化合物组成变化[J]. 燃料化学学报，2011，39(1)：37-41.

[392] Yang B B, Xu C M, Zhao S Q, et al. Thermal transformation of acid compounds in high TAN crude oil[J]. Science China: Chemistry, 2013, 56(7): 848-855.

第三章　重质油热转化化学

第一节　烃类和非烃类的热转化基本原理

一、单体烃和非烃类化合物的热转化反应[1~4]

（一）烷烃的热转化反应

烷烃的热转化反应主要是断链和脱氢。

断链反应是由于烷烃分子中 C—C 键断裂所致，产物是碳原子数较少的烷烃和烯烃，其通式为：

$$C_nH_{2n+2} \longrightarrow C_mH_{2m+2} + C_{n-m}H_{2(n-m)}$$

脱氢反应是由于烷烃分子中 C—H 键断裂所致，产物分子中的碳原子数保持不变，其通式为：

$$C_nH_{2n+2} \rightleftharpoons C_nH_{2n} + H_2$$

一般认为脱氢反应是可逆反应，断链反应是不可逆反应。但有些不可逆反应进行到某一转化率时，反应的速率变得极小，甚至接近于零，与可逆反应的平衡状态类似。有人认为，此时可沿用研究可逆反应的方法来计算其化学平衡参数。烷烃的断链反应即属于这一类反应。

烷烃的断链和脱氢都是强吸热反应。从表 3-1-1 及下式中各种键能（kJ/mol）数据可以看出：

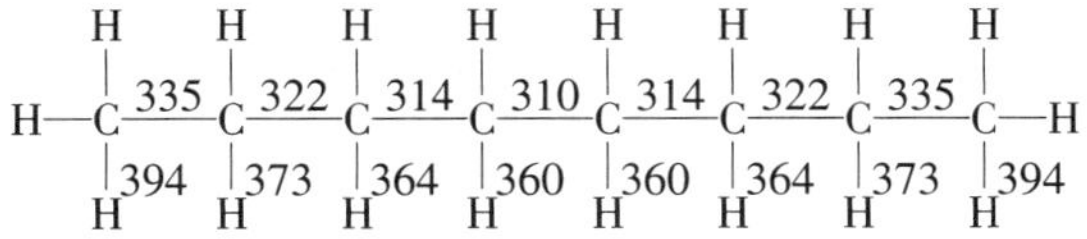

① C—H 键的键能大于 C—C 键的，因此后者更易于断裂。

② 长链烷烃中，越靠近中间处，其 C—C 键能越小，也就越容易断裂。

③ 随着相对分子质量的增大，烷烃中的 C—C 键及 C—H 键的键能都呈减小的趋势，也就是说它们的热稳定性逐渐下降。

④ 异构烷烃中的 C—C 及 C—H 键能都小于正构烷烃，说明异构烷烃更易于断链和脱氢。

⑤ 烷烃分子中叔碳上的氢最容易脱除，其次是仲碳上的，伯碳上的氢最难脱除。

表 3-1-1　烷烃中的键能

键	键能/(kJ/mol)	键	键能/(kJ/mol)
$CH_3—CH_3$	360	$CH_3—H$	431
$C_2H_5—C_2H_5$	335	$C_2H_5—H$	410
$n\text{-}C_3H_7—n\text{-}C_3H_7$	318	$n\text{-}C_4H_9—H$	394
$n\text{-}C_4H_9—n\text{-}C_4H_9$	310	$i\text{-}C_4H_9—H$	390
$t\text{-}C_4H_9—t\text{-}C_4H_9$	264	$t\text{-}C_4H_9—H$	373

运用化学热力学定律可以确定反应进行的可能性、最大转化程度和产物的平衡浓度。化学反应的热力学可能性决定于反应过程的摩尔吉布斯自由能变 $\Delta_r G_m$ 的大小。而一般又可近似地用标准摩尔吉布斯自由能变 $\Delta_r G_m^\ominus$ 来判断。即认为：$\Delta_r G_m^\ominus$ 的负值越大，表示反应可能向正方向进行的程度越大，换言之，即反应物的平衡转化率越高。$\Delta_r G_m^\ominus$ 若是正值，虽然并不说明反应不能进行，但表明平衡转化率比 $\Delta_r G_m^\ominus$ 是负值的要小，反应可能向正方向进行的程度较小。但若 $\Delta_r G_m^\ominus$ 是一个很大的正值，则反应正向进行的程度就极小了。这样，我们便可以根据反应的 $\Delta_r G_m^\ominus$ 值的大小来比较各种烷烃脱氢和断链反应的难易程度。

从表 3-1-2 中的 $\Delta_r G_m^\ominus$ 值可见，断链反应与脱氢反应相比，前者的 $-\Delta_r G_m^\ominus$ 较大，这表示从热力学看断链反应的可能性大于脱氢反应。而且随着烷烃相对分子质量的增大，断链反应的优势更甚。

表 3-1-2　正构烷烃于 1000K 的热解反应的标准摩尔吉布斯自由能变 ($\Delta_r G_{m,\ 1000}^\ominus$)

脱氢反应	$\Delta_r G_{m,\ 1000}^\ominus$/(kJ/mol)	断链反应	$\Delta_r G_{m,\ 1000}^\ominus$/(kJ/mol)
$CH_4 \rightleftharpoons \frac{1}{2}C_2H_4+H_2$	40.0	$C_3H_8 \longrightarrow C_2H_4+CH_4$	-54.0
		$C_4H_{10} \longrightarrow C_3H_6+CH_4$	-69.1
$C_2H_6 \rightleftharpoons C_2H_4+H_2$	8.88	$C_4H_{10} \longrightarrow C_2H_4+C_2H_6$	-42.4
		$C_5H_{12} \longrightarrow C_4H_8+CH_4$	-69.2
$C_3H_8 \rightleftharpoons C_3H_6+H_2$	-9.55	$C_5H_{12} \longrightarrow C_3H_6+C_2H_6$	-61.2
		$C_5H_{12} \longrightarrow C_2H_4+C_3H_8$	-42.8
$C_4H_{10} \rightleftharpoons C_4H_8+H_2$	-5.95	$C_6H_{14} \longrightarrow C_5H_{10}+CH_4$	-70.2
		$C_6H_{14} \longrightarrow C_4H_8+C_2H_6$	-60.2
$C_5H_{12} \rightleftharpoons C_5H_{10}+H_2$	-8.09	$C_6H_{14} \longrightarrow C_3H_6+C_3H_8$	-60.5
$C_6H_{14} \rightleftharpoons C_6H_{12}+H_2$	-7.42	$C_6H_{14} \longrightarrow C_2H_4+C_4H_{10}$	-43.3

表 3-1-3 中的数据说明：在 500℃时，正辛烷的断链反应在热力学上已有较大的可能性，但其脱氢的可能性很小；而当温度高达 700℃时，脱氢反应的可能性则明显增大。

表 3-1-3　在不同温度下正辛烷热解反应的 $\Delta_r G_m^\ominus$

温度/℃	断链反应 $C_8H_{18} \longrightarrow C_4H_{10}+C_4H_8$		脱氢反应 $C_8H_{18} \rightleftharpoons C_8H_{16}+H_2$	
	$\Delta_r G_m^\ominus$/(kJ/mol)	K_p	$\Delta_r G_m^\ominus$/(kJ/mol)	K_p
500	-13.0	7.54	3.02	0.61
700	-24.3	20.1	-10.03	3.46

必须指出，以上是用化学热力学的方法来研究反应有足够的时间进行到平衡时的状况。$\Delta_r G_m^{\ominus}$ 值的大小仅仅能反映出一个反应可能进行的程度，至于它能否实现，还得看这个反应的速率如何。倘若反应速率很大，则热力学因素是决定性的；倘若反应速率很小，即使 $-\Delta_r G_m^{\ominus}$ 值再大、平衡转化率再高，也不能获得很大的实际转化率。所以，热力学因素仅仅决定反应进行的可能性和限度，至于这种可能性能否成为现实，还要考虑动力学因素，它决定反应速率的大小。

（二）环烷烃的热转化反应

受热条件下，主要发生侧链断裂和环烷环断裂两类反应，生成低分子的烯烃、烷烃和二烯烃。

1. 侧链断裂反应

在高温下，环烷烃侧链上的 C—C 键和烷烃一样也能发生断链反应，使侧链变短甚至脱除，同时生成较小分子的烷烃或烯烃，如：

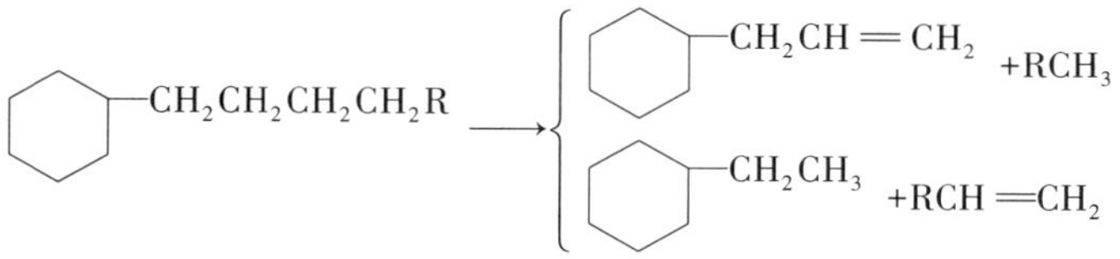

2. 环烷环的断裂反应

环烷环上 C—C 键的热稳定性较侧链上的高，但在温度较高时环烷环也会断裂，生成小分子的烯烃、烷烃或二烯烃，如：

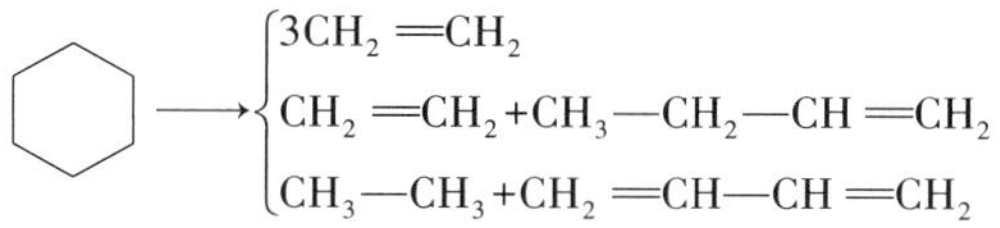

（三）芳香烃的热转化反应

芳香环对热极为稳定，一般情况下不会断裂，如苯只有高达 1900℃ 时才能断环生成乙炔。芳香烃在受热条件下主要发生下列反应：

1. 烷基芳香烃的断侧链及脱烷基反应

具有正构烷基取代基的芳烃的键能（kJ/mol）分布如下：

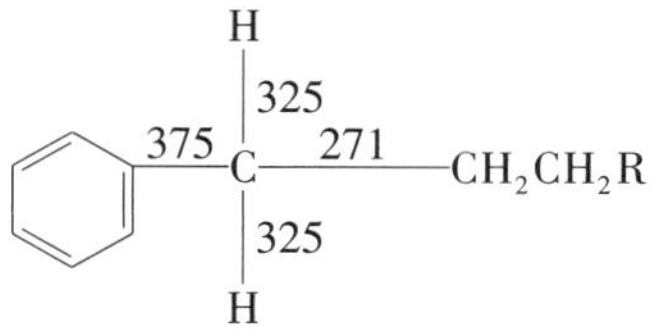

此类芳香烃的主要反应是：

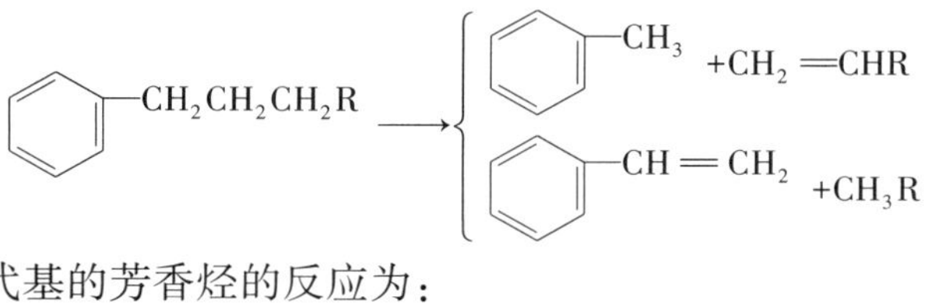

具有异构烷基取代基的芳香烃的反应为：

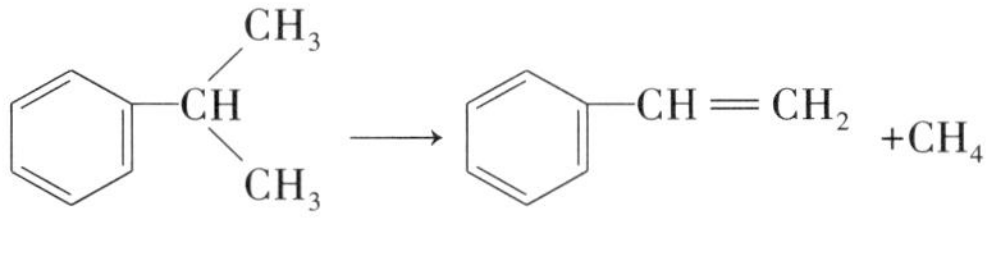

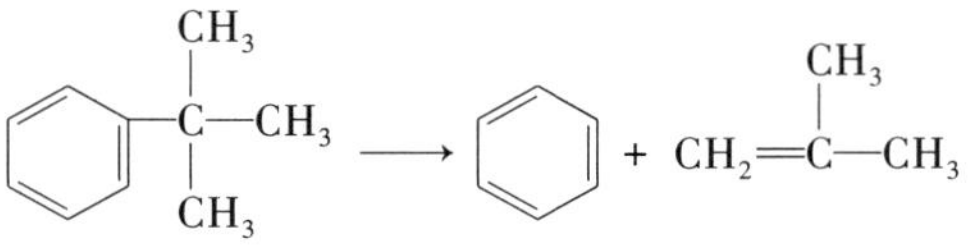

2. 侧链的脱氢反应

如：

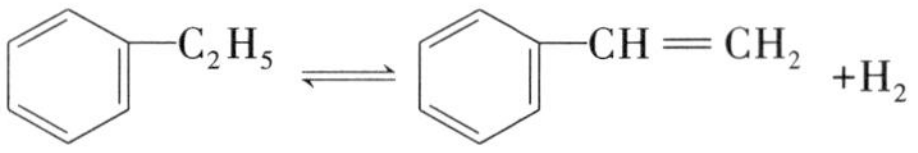

3. 脱氢缩合反应

芳香烃在高温下还能脱氢缩合成环数更多的芳烃，随反应时间的加长其缩合程度逐渐增大，直到成为氢碳比很低的焦炭。如：

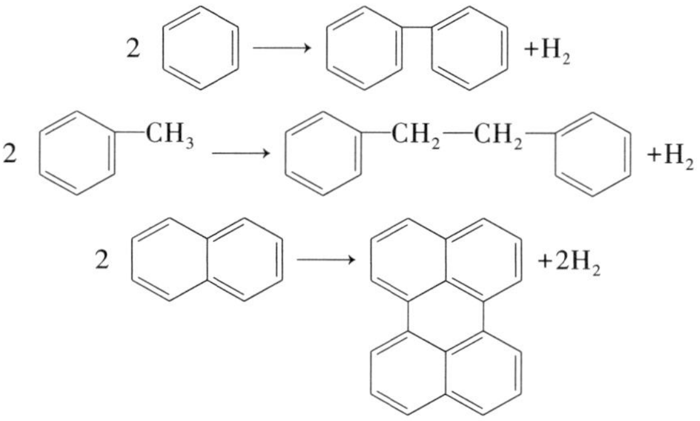

（四）烯烃的热转化反应

天然原油一般是不含烯烃的，但在石油二次加工的产物中大多含有烯烃。烯烃是很活泼的烃类，在受热的条件下，它主要发生下列反应：

1. 断链反应

较大分子的烯烃可以断链而成为两个较小的烯烃分子，断裂的位置一般是在双键的 β 位，其原因是该处的 C—C 键键能较小。以 1-戊烯为例，其双键的 α 和 β 位的键能（kJ/mol）以及其 β 断裂反应如下式：

$$CH_2{=}CH\underset{381}{\overset{\alpha}{-}}CH_2\underset{289}{\overset{\beta}{-}}CH_2{-}CH_3 \longrightarrow CH_2{=}CH{-}CH_3 + CH_2{=}CH_2$$

2. 脱氢反应

烯烃可进一步脱氢生成二烯烃，如 1-丁烯脱氢为丁二烯：

$$CH_2{=}CH{-}CH_2{-}CH_3 \rightleftharpoons CH_2{=}CH{-}CH{=}CH_2 + H_2$$

3. 歧化反应

这是烯烃特有的反应。两个相同分子的烯烃可以歧化为两个不同的烃分子（烷烃、烯烃或二烯烃）。例如丙烯可发生下列歧化反应。

$$2C_3H_6 \longrightarrow C_2H_4 + C_4H_8$$

$$2C_3H_6 \longrightarrow C_2H_6 + C_4H_6$$

$$2C_3H_6 \longrightarrow C_5H_8 + CH_4$$

4. 二烯合成反应（Diels-Alder 反应）

二烯烃可与烯烃进行二烯合成反应而生成环烯烃，它还能进一步脱氢成为芳香烃，如：

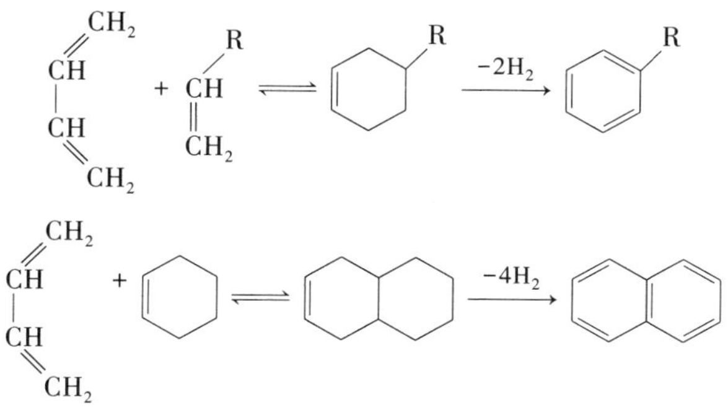

5. 芳构化反应

分子中含有6个或更多的成链的碳原子的烯烃，可环化脱氢生成芳香烃，如：

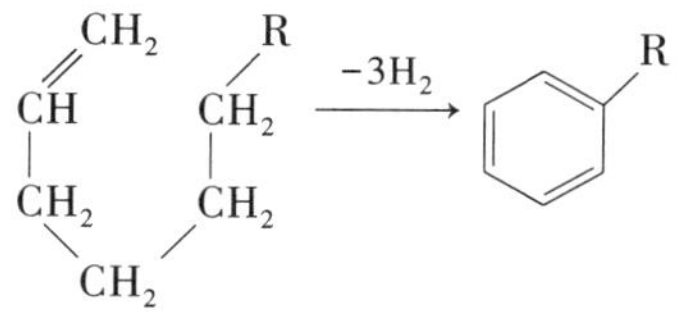

（五）非烃类化合物的热转化反应

1. 含硫化合物的热转化反应

石油中的含硫化合物有硫醇、二硫化物、硫醚及噻吩等类型，在重质油中的主要是硫醚和噻吩两种类型。据研究[5~10]，在国内外许多重质油中，噻吩硫的含量约占总硫含量的三分之二。

研究表明[11,12]，由于其分子结构显著相异，石油中各类含硫化合物的热稳定性差别很大。由表3-1-4所列的数据可以看出，它们的热分解温度以噻吩类为最高，达到800~900℃；硫醚类居中，在400℃左右；硫醇类的热分解温度最低，仅为200℃左右。

表3-1-4　含硫化合物的热分解温度[11,12]

含硫化合物名称	热分解温度/℃	含硫化合物名称	热分解温度/℃
正丁基硫醇	150	苯基苯甲基硫醚	350
异丁基硫醇	225~250	2,5-二甲基噻吩	475
苯基硫醇	200	噻吩	900
二乙基硫醚	400	苯并噻吩	800
二苯基硫醚	450	二苯并噻吩	800

表3-1-5　各共价键的平均键能　kJ/mol

键	C—C	C—H	C—S	C—N	C—O
键　能	348	413	272	305	360

由表3-1-5所示的各共价键平均键能可见，C—S键的键能比C—C键的键能小得多。这就导致在受热时C—S键比C—C键更容易断裂，因而硫醇和硫醚类化合物的热稳定性显著低于同碳数的烃类。石油中的硫醚类化合物按其结构的差别，可分为芳基硫醚、环硫醚（硫杂环烷）和烷基硫醚，在热转化过程中它们大多易于发生分解反应，其产物主要为不饱和烃类和 H_2S，如：

$$RCH_2CH_2—S—CH_2CH_2R' \xrightarrow{\triangle} RCH{=}CH_2 + R'CH{=}CH_2 + H_2S$$

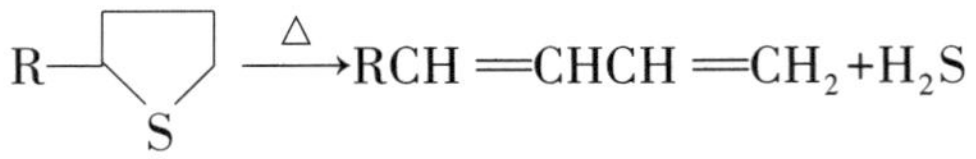

噻吩环是具有芳香性的共轭体系，因而其热稳定相当高，一般情况下环本身不易破裂。重质油中含有的是噻吩衍生物，并且多半属于苯并噻吩系、二苯并噻吩系和萘并噻吩系，同时还带有取代基。此类环系上的这些烷和环烷取代基在受热的条件下会发生断裂反应，而由芳香环与噻吩环并合而成的稠环系则基本保留。所以，在重质油热转化过程中残留的大多为噻吩硫。

2. 含氮化合物的热转化反应

石油中所含的氮主要存在于五员的吡咯系或六员的吡啶系的杂环中，它们均属具有芳香性的共轭体系，因而都相当稳定，环本身不易破裂。重质油中的氮杂环与噻吩环类似，一般也是与苯环或萘环相并合的，在热转化的条件下，它们往往会缩合为更大的稠合环系，从而富集于热反应后的残渣中。

这些含氮环系上大多还带有烷基侧链，在受热时，它们和一般烷基芳香烃一样会发生侧链断裂反应。研究表明[13]，由于氮的存在，与氮杂环并合的芳香环上的烷基侧链与芳香环之间的 C—C 键会被活化，从而使其侧链更容易断裂，这就导致重质油的热裂解反应速率随其氮含量的增大而增大。

3. 含氧化合物的热转化反应

石油中所含的氧主要存在于羧基和酚基中，而以羧基为主；羧酸则以环烷酸为主，此外还有少量的脂肪酸和芳香酸。羧酸对热不稳定，容易发生脱羧反应，生成烃类和 CO_2，如：

$$RCOOH \xrightarrow{\triangle} RH + CO_2$$

总的来看，重质油中的烃类和非烃类的热反应是同时沿着两个方向进行的，一为裂解，另一为缩合。前者是由较大的分子分解成为较小的分子，后者则为由较小的分子脱氢缩聚为较大的分子。所以，在石油的热转化产物中，除有比原料更轻的馏分油和气体外，必然同时还有比原料更重的产物，直至焦炭；其气体产物中往往含有一定量的 H_2S 和 CO_2，原料中的氮和噻吩硫则大多富集于其重质产物中。

二、烃类热解自由基链反应历程

目前，一般都认为烃类的热反应主要是自由基链反应。自由基又称游离基，烃基自由基是由烃分子中的 C—C 键均裂而生成的，它具有未成对的电子。烃类热解的自由基链反应大体有如下三个阶段：链的引发、链的增长和链的终止[2,3,14]。

（一）链的引发

烃分子分解为自由基是由于 C—C 键的均裂，而不是 C—H 键的均裂，因为后者的键能较大。前已述及，链烷烃中越靠近中部其 C—C 键的键能越小，所以热解时主要断裂在碳链的中部，如：

$$C_{16}H_{34} \longrightarrow 2CH_3(CH_2)_6\dot{C}H_2$$

对于烯烃或烷基芳烃，则断裂的 C—C 键的位置主要是在双键或芳香环的 β 位。

（二）链的增长

这是由一个自由基转化为另一个自由基，把自由价反复传递使反应能连续进行的过程。具体通过下列反应。

1. 自由基的夺氢反应(取代反应)

其通式为：

$$\dot{H}+RH \longrightarrow H_2+\dot{R}$$

$$\dot{R}+R'H \longrightarrow RH+\dot{R}'$$

由于C—H键的键能不同，伯、仲、叔碳上的氢被夺取的难易程度是不一样的，如以2-甲基丁烷为例：

伯碳上的氢 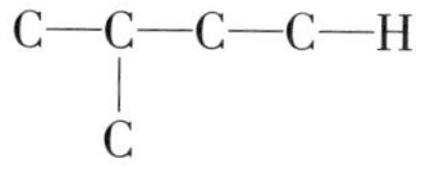 C—H 键能为 410kJ/mol

仲碳上的氢 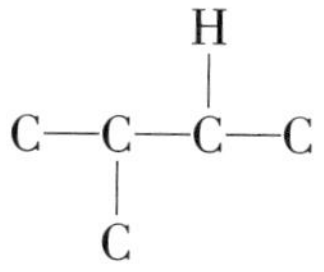 C—H 键能为 396kJ/mol

叔碳上的氢 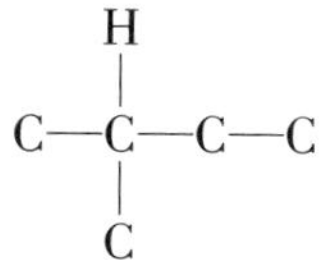 C—H 键能为 381kJ/mol

这说明烃分子中碳原子上的氢被夺取的难易程度由易到难的次序是叔碳>仲碳>伯碳，它们与自由基反应的相对速率也按照这个次序相应减小。这三者相对反应速率之比随反应温度而异，在600℃时大体为10：2：1，这种差别随反应温度的升高而缩小。

2. 自由基分解反应

自由基本身可以分解，生成一个烯烃分子和一个含碳数较少的新自由基，从而使其自由价传递下去。自由基的分解主要发生在具有未成对电子的碳的β键位置上，这也就是所谓的β断裂规则。这种反应可以连续进行，直至生成甲基或乙基自由基。例如：

$$CH_3CH_2CH_2CH_2CH_2\dot{C}HCH_3 \longrightarrow CH_3CH_2CH_2\dot{C}H_2+CH_2=CHCH_3$$

$$CH_3CH_2CH_2\dot{C}H_2 \longrightarrow CH_3\dot{C}H_2+CH_2=CH_2$$

3. 自由基加成反应

这是上述自由基分解反应的逆反应，含碳数较少的自由基可与烯烃加成而生成含碳数更多的自由基，如：

$$\dot{R}+CH_2=CHR' \longrightarrow RCH_2\dot{C}HR'$$

4. 自由价移位反应

碳数大于6的直链烷基自由基还可能在内部进行氢转移而使自由价移位，如：

$$\dot{C}H_2CH_2CH_2CH_2CH_2CH_2CH_3 \rightleftharpoons CH_3CH_2CH_2CH_2\dot{C}HCH_2CH_3$$

(三) 链的终止

自由基可相互结合成为稳定的分子而使链反应中断，如：

$$\dot{H}+\dot{H} \longrightarrow H_2$$

$$\dot{H}+\dot{R} \longrightarrow RH$$

$$\dot{R} + \dot{R}' \longrightarrow RR'$$

根据上述历程可以看出，烃类的热解反应是比较复杂的。其控制步骤是链的引发。自由基的反应可循环反复，使自由价得以多次传递。其循环的次数，也就是反应链的长度，它视反应条件而异，可为数十至数百次。

用自由基链反应历程对丙烷、异丁烷、异戊烷在600℃下的热解产物分布进行估算，并与实验值进行对比，可发现两者相当接近，这是自由基链反应理论正确性的有力佐证。但对于含碳数较多的烷烃，由于反应更趋复杂，这种估算与实验值的偏差就比较大。

研究表明，大多数烃类的热转化是遵循自由基链反应历程，而有的烃类如环己烷、甲苯等是遵循自由基非链反应历程，它们在热反应中也断环均裂为双自由基，但随即生成稳定的产物，并不形成链反应。此外，还有一些烃类在受热时并不是通过形成自由基而反应的，而是通过某种活性中间过渡态遵循分子反应历程进行的。

研究还表明，与烃类相似，硫醚类化合物中的C—S键的断裂主要是均裂为自由基，在很多情况下其热分解也是自由基链反应。[15]

第二节　重质油热转化反应原理

重质油是由许多相对分子质量较大、分子结构各异的烃类和非烃类化合物所组成的复杂混合物。它们的热反应行为既符合单体烃类和非烃类热反应的一般规律，但又有其特点。其反应相互交叉，更为复杂。总的来看，重质油的热转化也遵循自由基链反应历程，但其特点是液相反应。在气相中，烃类分子分裂为自由基以后随即很快分散开，而在液相中的自由基却被周围分子像“笼子”一样包围起来。要使形成的自由基分散开，必须克服从“笼子”中扩散出来的额外的势垒。这就是所谓的“笼蔽效应”。相对于气相反应而言，这种“笼蔽效应”会改变液相反应的活化能和反应速度[16]。同时，重质油的各种组分在热转化时，也是沿着裂解和缩合两个方向进行反应的，这样，其产物中除有比原料更轻的馏分油和气体外，必然同时还有比原料更重的产物，直至焦炭。

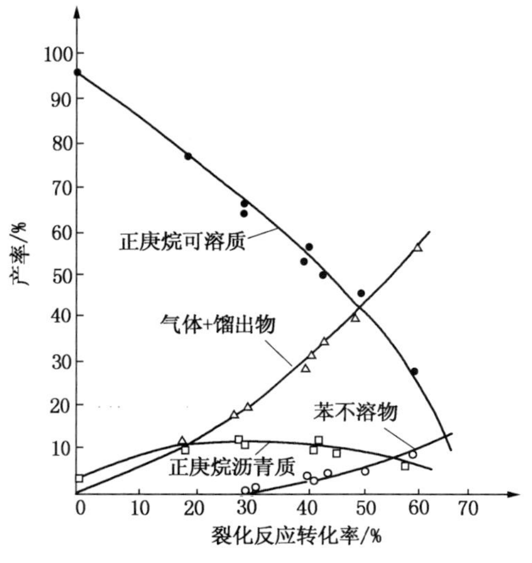

图 3-2-1　欢喜岭减压渣油热转化反应产物分布[17]

一、重质油的热转化

（一）重质油热转化过程中各产物产率及组成的变化

重质油热转化的过程中，随着转化深度的提高，气体和馏出物的产率不断增大。沥青质的产率先是逐渐增大，当反应超过一定深度后，沥青质的含量转而下降，呈现一极大值。一般认为，在反应体系中沥青质的含量之所以在增大到一定程度后转而下降，是由于它进一步缩合为苯不溶物（焦）的反应加剧，因而也可以认为沥青质是生成焦炭的前身物。图3-2-1[17]所示为欢喜岭减压渣油热转化反应产物产率与转化深度的关系，由此图可以清楚地看出其变化规律。

若将重质油热转化产物中的正庚烷可溶质用液相色谱法进一步分离为饱和分、芳香分和胶质，则可得到如图3-2-2所示的情况。此图表明，随着重质油热转化反应深度的增加，其中饱和分、芳香分和胶质的含量均逐渐减少，尤以胶质含量减少的趋势更为显著。

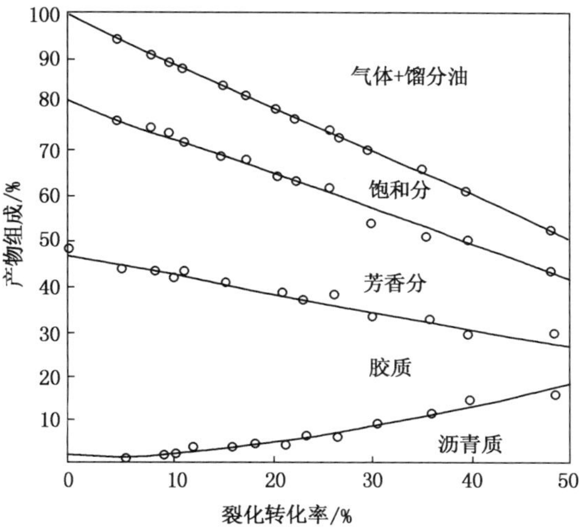

图3-2-2　胜利减压渣油热转化过程中产物组成的变化[18]

减压渣油热转化过程中，其饱和分的氢碳比几乎不变，芳香分、胶质及庚烷沥青质三个组分由于发生侧链断裂和芳香环系脱氢缩合反应，其氢碳比均呈减小的趋势，而芳香碳率则呈增大的趋势。图3-2-3[18]所示为胜利减压渣油各组分芳香度在热转化过程中的这种变化趋势。

（二）重质油热转化产物中硫、氮和金属的分布

从表3-2-1[19]中所列的关于减压渣油残炭中硫、氮、镍和钒的分布数据，可以清楚地看出，经热转化后，镍和钒基本残留在残炭中，同时氮也很大程度地富集于残炭中；此外，虽然在大多数情况下残炭中的硫含量稍高于原料中的硫含量，但是硫的富集现象并不显著。

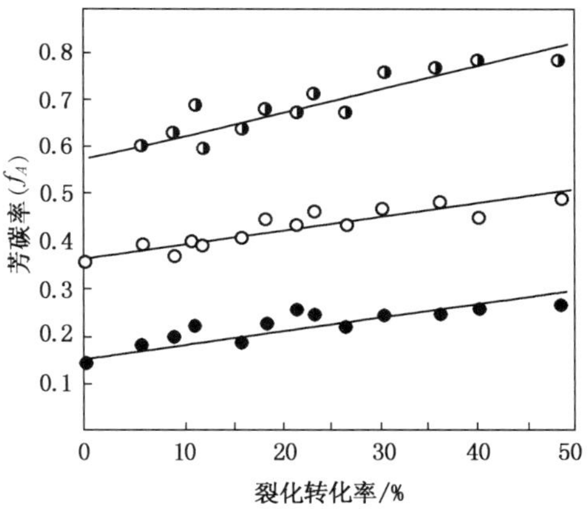

图3-2-3　胜利减压渣油热转化过程中各组分芳香度的变化[18]

●—芳香分；○—胶质；◐—庚烷沥青质

表3-2-1　减压渣油残炭中硫、氮、镍和钒的分布[19]　%

项　目	勃拉斯河减压渣油	拉果美地奥减压渣油	威明顿减压渣油	玛雅减压渣油	梅瑞减压渣油
减压渣油的残炭值	5.9	14.1	20.0	26.2	28.1
残炭中S占总S的比例	8	22	12	33	31

续表

项　　目	勃拉斯河减压渣油	拉果美地奥减压渣油	威明顿减压渣油	玛雅减压渣油	梅瑞减压渣油
残炭中 N 占总 N 的比例	32	52	51	72	81
残炭中 Ni 占总 Ni 的比例	82	100	87	100	90
残炭中 V 占总 V 的比例	99	100	94	100	100

由表 3-2-2[20] 中几种减压渣油延迟焦化产物中的硫分布数据可见，对于不同来源的重质油，其延迟焦化产物中的硫分布是不同的。再者，从表 3-2-3[21] 中所列胜利及孤岛减压渣油在不同温度下生成焦炭中的硫含量可以看出，当反应时间一定时，反应温度越高，所得焦炭的收率越低，焦炭的含硫量就越高。同时还可以看出，从胜利减压渣油生成的焦炭中的硫含量均低于其原料，而从孤岛减压渣油生成的焦炭中的硫含量则大多高于其原料。至于焦炭中的硫占总硫的份额，则随反应温度的升高而减少，并逐渐趋于最低值，对于胜利减压渣油此值约为 12%，而对于孤岛减压渣油则显著较高，约为 20%。同时，如表 3-2-4 所示，孤岛减压渣油中硫在胶质和沥青质中的份额(72.4%)也明显高于胜利减压渣油(63.9%)。这些都说明减压渣油热转化产物中硫的分布与其组成、结构有着内在的联系。一般来说，烷基硫醚和环硫醚由于其中的 C—S 键不稳定，很容易裂解析出 H_2S；芳基硫醚中与芳香环相连的 C—S 键比较稳定；而噻吩环则非常稳定，很不易开裂，易于缩合。因而，当原料油中芳基硫醚硫和噻吩硫占总硫的份额越多时，硫在其缩合产物——焦炭中所占的份额也就会越多。

表 3-2-2　延迟焦化产物中的硫分布[20]　　%

项　　目	南路易斯安那州减压渣油	科威特减压渣油	西得克萨斯州减压渣油	胜利减压渣油
原　料				
硫含量	0.68	5.22	2.96	1.47/1.21
残炭值	13.0	19.8	17.8	15.3/14.9
产物分布				
气　体	8.0	8.7	11.7	12.0/7.17
汽油馏分	17.3	19.9	21.9	10.7/14.87
柴油馏分	16.0	24.2	14.0	32.8/32.85
蜡油馏分	35.0	17.0	24.0	19.9/22.05
焦　炭	23.7	30.2	28.4	24.6/23.06
产物中含硫				
气　体	2.01	12.48	6.30	3.13/4.47
汽油馏分	0.17	0.89	0.14	1.19/0.50
柴油馏分	0.26	3.30	1.04	1.06/0.66
蜡油馏分	0.51	4.61	2.27	0.85/0.73
焦　炭	1.13	7.86	5.30	1.83/1.90
硫分布				
气　体	23.7	20.8	24.9	25.6/26.5

续表

项　目	南路易斯安那州减压渣油	科威特减压渣油	西得克萨斯州减压渣油	胜利减压渣油
汽油馏分	4.4	3.4	1.0	8.7/6.1
柴油馏分	6.1	15.3	4.9	23.6/17.9
蜡油馏分	26.4	15.0	18.4	11.5/13.3
焦　炭	39.4	45.5	50.8	30.6/36.2

表 3-2-3　胜利及孤岛减压渣油在不同温度下生成焦炭中硫的份额[21]（反应时间：60min）

原　料	反应温度/℃	焦炭产率/%	焦炭中的硫含量/%	焦炭中硫占总硫的份额/%
胜利减压渣油（硫含量 1.31%）	460	22.4	0.99	16.9
	480	17.7	1.01	13.6
	500	16.3	1.02	12.7
	520	14.6	1.07	11.9
	540	14.5	1.04	11.5
孤岛减压渣油（硫含量 2.47%）	460	23.8	2.44	23.5
	480	20.2	2.69	22.0
	500	18.7	2.80	21.1
	520	16.7	2.98	20.1
	540	15.5	3.06	19.2

表 3-2-4　胜利及孤岛减压渣油各组分中硫的分布[21]

原　料	胜利减压渣油			孤岛减压渣油		
项　目	收率/%	组分中的硫含量/%	组分中硫占总硫的份额/%	收率/%	组分中的硫含量/%	组分中硫占总硫的份额/%
减压渣油	100	1.31	100	100	2.47	100
油　分①	52.7	0.89	36.1	46.2	1.46	27.6
胶　质②	35.4	1.63	44.5	37.6	3.07	47.2
正戊烷沥青质	11.9	2.13	19.4	16.2	3.81	25.2

① 为饱和分及芳香分之和。

② 此处为正戊烷可溶质中的胶质。

表 3-2-5　孤岛减压渣油热转化残渣油中镍的分布（Ni/总 Ni）[22]　%

转 化 率	17.6%	19.9%	22.9%	29.5%	39.1%
饱和分	0	0	0	0	0
芳香分	1.4	0.8	1.1	1.1	0.9
胶　质	46.7	42.5	36.5	27.1	12.0
正庚烷沥青质	51.9	56.7	62.4	71.8	87.1

表 3-2-5[22] 中所列为孤岛减压渣油经热转化得到的残渣油各组分中镍的分布，由此可以清楚地看出，随着热反应转化率的提高，镍在沥青质组分中的富集程度也逐渐提高。当转

化率接近40%时，就已有将近90%的镍富集于沥青质之中。许多研究证明沥青质是进一步缩合生成焦炭的前身物，这样在沥青质的缩合过程中金属也就随之富集于焦炭中了。

（三）重质油中四组分的热转化行为

为了深入考察重质油中各组分的热转化行为，有必要对它们分别进行研究。Favre 等[23]对中东萨发尼亚减压渣油中饱和分、芳香分、胶质及庚烷沥青质，在反应温度420℃、反应时间10min条件下单独进行热转化，其试验结果见表3-2-6。

表3-2-6　萨发尼亚减压渣油及其各组分的热转化结果[23]　%

油样	C_{18}^{-}产物	C_{18}^{+}产物					焦炭
		饱和分	不饱和分	芳香分	胶质	庚烷沥青质	
减压渣油	0	9	0	40	36	14	0
饱和分热转化产物	73	21	3	3	0	0	0
芳香分热转化产物	23	5	2	49	16	2	2
胶质热转化产物	24	4	1	21	24	20	6
庚烷沥青质热转化产物	7	3	1	10	8	59	12
减压渣油热转化产物	12	9	3	36	20	17	3

由表3-2-6可见，经热转化后，饱和分中的烷烃和环烷烃主要进行碳链断裂和环烷环开环反应，73%裂解为相对分子质量较小的C_{18}^{-}烷烃、烯烃和环烷烃。同时，还脱氢生成3%的C_{18}^{+}不饱和分和3%的芳香分。

芳香分在热转化中，一方面由于侧链的断裂和所并合环烷环的开环断链而生成23%的C_{18}^{-}各种烃类以及5%的饱和分和2%的不饱和分；另一方面则缩合生成质量分数分别为16%、2%和2%的胶质、庚烷沥青质和焦炭。

胶质和饱和分一样具有较高的转化率，它一方面裂解生成24%的C_{18}^{-}、4%的饱和分、1%的不饱和分和21%的芳香分，另一方面则缩合生成20%的庚烷沥青质和6%（均为质量分数）的焦炭。

在此条件下进行热转化时，与其他三个组分相比，庚烷沥青质的转化率最低，为41%。裂解生成的C_{18}^{-}显著较少，为7%，同时还生成少量的饱和分和不饱和分以及10%的芳香分和8%的胶质，而焦炭的产率则多达12%。

由此可见，在减压渣油的四个组分中，胶质和饱和分最不稳定，饱和分主要进行裂解反应，芳香分及胶质既裂解又缩聚，而沥青质则具有强烈的缩聚倾向。C_{18}^{-}馏分不仅产自饱和分和芳香分，胶质也有相当的贡献，而焦炭则主要是由胶质和沥青质缩聚而成。

邓文安、阙国和[24]曾对胜利减压渣油各组分的热转化行为进行了考察，其结果见表3-2-7。由表可见，在420℃、1h的条件下，就裂解转化率而言，饱和分、芳香分及胶质三者的差距不大；而它们的缩合转化率则有较大差别，芳香分的缩合转化率是饱和分的两倍，胶质的缩合转化率又是芳香分的两倍。这样便导致三者的裂解转化率与缩合转化率之比相距甚远，对于饱和分、芳香分及胶质相应为9.4、4.4及1.8。从表中还能看出，胶质是生成甲苯不溶物的主要来源，饱和分不生成甲苯不溶物，芳香分也基本不生成。

表 3-2-7　胜利减压渣油各组分热转化产物分布[24]（420℃，1h）

原　料	热转化产物/%						热转化转化率/%	裂解转化率/%	缩聚转化率/%	裂解转化率/缩聚转化率
	<450℃产物	>450℃产物								
		饱和分	芳香分	胶质	庚烷沥青质	甲苯不溶物				
饱和分	66.8	26.1	6.1	1.0	0.0	0.0	73.9	66.8	7.1	9.4
芳香分	51.6	9.6	23.8	9.5	5.3	0.2	76.2	61.2	15.0	4.1
胶　质	38.5	5.1	7.4	20.2	14.0	14.5	79.8	51.3	28.5	1.8

总体来看，重质油中四组分的自由基链反应历程大体如下[25]：

链的引发：饱和分 S、芳香分 A、胶　质 R、沥青质 Asp ⟶ R·

链的延续：A、R、Asp + R· ⟶ RH + A·、R·、Asp·

脱烷基：A·、R·、Asp· ⟶ P· + A′、R′、Asp′

烷烃裂解：$P\cdot + P_1H \longrightarrow PH + P_1\cdot$，$P_1\cdot \longrightarrow P_2^{=} + P_3\cdot$

缩合反应：A·、R·、Asp· ⟶ A—A，R—R，Asp—Asp，A—R，A—Asp，R—Asp

二、胶质的热转化

（一）胶质热转化产物分布

表 3-2-8[24]所列为胜利减压渣油中胶质的热转化数据。由此可见，胶质在受热过程中朝两个方向进行反应，一方面裂解生成气体、馏分油、饱和分和芳香分，另一方面又缩聚为沥青质进而生成甲苯不溶的焦炭。同时，还可以清楚地看出，胶质在热转化反应的初期基本不生焦，只有当转化到一定深度后才有大量的焦炭生成，而此时反应体系中的沥青质含量显著下降，这是沥青质系生成焦炭的中间产物的又一佐证。

表 3-2-8　胜利减压渣油中胶质的热转化产物的分布[24]（反应时间：1h）

反应温度/℃	350	370	400	420
反应产物产率/%				
气体+馏分油	0.7	5.6	27.0	38.5
残渣油	99.3	94.3	72.8	47.0
其中：饱和分	3.4	3.6	7.3	5.1
芳香分	10.6	12.5	13.8	7.7

续表

反应温度/℃	350	370	400	420
胶　质	81.5	71.1	30.2	20.2
庚烷沥青质	3.8	7.1	21.5	14.0
焦炭(甲苯不溶物)	0.0	0.1	0.2	14.5
裂化转化率/%	14.7	21.8	48.1	51.3
缩合转化率/%	3.8	7.2	21.8	28.5
总转化率/%	18.5	29.0	69.9	79.8

研究表明胶质是个跨度很宽的多分散体系，为了更细致地研究其热转化规律，可以设法将它分离为多个亚组分来分别加以考察。表 3-2-9[26] 所列为用超临界萃取分馏法从胜利减压渣油得到的一系列胶质亚组分的热转化结果。由表可见，其胶质的各亚组分在组成、结构和相对分子质量上都有相当大的差别，因而它们的生焦趋势也是很不一样的。如表所示，从胶质亚组分 1 至 5，其相对分子质量从 910 增至 3500，芳碳率从 0.28 加大到 0.40，氢碳比则从 1.52 降至 1.30；这就导致其热转化生焦率相应地从 7.9%升至 38.3%，增大了约 4 倍。

表 3-2-9　胜利减压渣油超临界萃取分离窄馏分中胶质亚组分性质及热转化生焦率[26]

胶质亚组分样品号	氢碳原子比	相对分子质量	芳碳率(f_A)	热转化生焦率/%
1	1.52	910	0.28	7.9
2	1.50	1400	0.30	14.1
3	1.46	2000	0.31	18.7
4	1.44	2880	0.33	23.8
5	1.30	3500	0.40	38.3

(二) 胶质在热转化中组成、结构的变化

胜利减压渣油胶质在热转化中组成、结构的变化情况见表 3-2-10[24]。如表 3-2-10 所示，同为胶质组分，热转化之前与热转化之后在组成和结构上均有显著变化。胶质经过热转化后其氢碳比、相对分子质量及平均链长均减小，芳碳率及缩合指数增大，硫含量及硫碳比下降，氮含量及氮碳比则呈上升趋势。这表明：随着温度的升高，胶质的侧链断裂反应、C—S 键断裂反应以及环系的缩合反应均逐渐加剧。

表 3-2-10　胜利减压渣油原有的胶质及其热转化产物中胶质的组成、结构比较[24](反应时间：1h)

项　目	原有胶质	原有胶质热转化产物中的胶质			
		350℃	390℃	410℃	420℃
氢碳原子比	1.48	1.42	1.34	1.28	1.16
硫含量/%	1.89	1.64	1.24		1.12
氮含量/%	1.37	1.62	1.97	2.34	2.67
硫碳原子比	8.4×10^{-3}	7.3×10^{-3}	5.5×10^{-3}		4.9×10^{-3}
氮碳原子比	13.9×10^{-3}	16.5×10^{-3}	19.9×10^{-3}	23.4×10^{-3}	26.5×10^{-3}
相对分子质量	1590	1560	980	710	560
芳碳率(f_A)	0.29	0.34	0.40	0.44	0.53
缩合指数①	0.22	0.24	0.26	0.28	0.30
侧链平均碳数②	4.2	3.7	3.6	3.4	3.2

① 缩合指数(Condensation Index，CI)系用密度法求得。

② 侧链平均碳数系用红外光谱法求得。

三、沥青质的热转化

前已述及，在重质油热转化中，沥青质是焦炭的前身物，芳香分及胶质都是通过转化成沥青质后才生成焦炭的，因此对于沥青质的热转化受到许多学者的关注，进行了大量的研究工作。

（一）沥青质的热转化历程

Moschopedis 等[27]曾对阿萨巴斯卡沥青质的热分解进行了研究。其结果如图 3-2-4 至图 3-2-6 所示。由图可见，沥青质开始分解的温度是相当低的，在<300℃时即开始分解放出 CO_2、CO、H_2S、CH_4及 C_2H_6。至 350~450℃，它的热分解反应就相当剧烈，在气体中出现烯烃和 H_2，同时产生大量的苯不溶物。

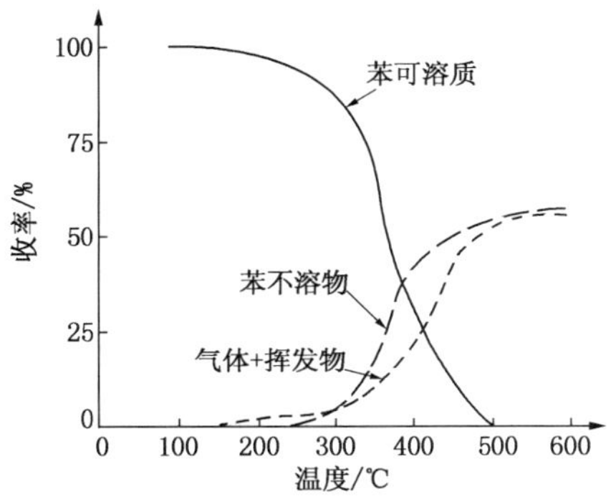

图 3-2-4　阿萨巴斯卡沥青质热转化生焦情况[27]

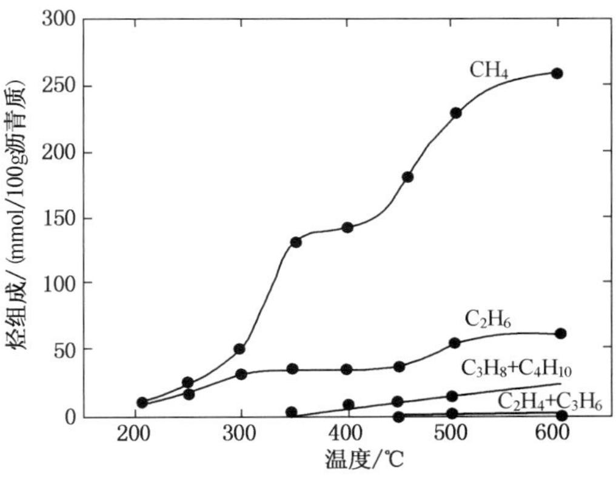

图 3-2-5　阿萨巴斯卡沥青质热分解气体中烃类组成[27]

Savage 和 Klein[28~32]曾对加利福尼亚海上原油中庚烷沥青质的热转化进行了系统的研究，得到了许多有价值的看法。如图 3-2-7 所示，在 400℃、30min 条件下，该沥青质的反应已很剧烈，有大量焦炭生成。其裂解气中以 H_2S、CH_4、C_2H_6及 C_3H_8为主，尚有少量 n-C_4H_{10}、n-C_5H_{12}、C_2H_4、C_3H_6、i-C_4H_{10}及 CO_2。反应 120min 后所生成 H_2S 中的硫占沥青质中硫的质量分数为 23%。在其热转化生成的可溶质的气相色谱图上，显示出其中含有一系列正构烷烃，其含量随链的增长而减少，检测到的最长碳链达 26 碳。

当反应温度为 450℃时，该沥青质在 10min 左右即大部分转化为焦炭。至 565℃时，该沥青质在 5min 内即完全反应，所生成的可溶质中含有相当量的无取代基芳烃，包括苯、甲苯、二甲苯、萘、菲及芘等。

从上述试验结果可以看出[28~32]：

① 沥青质从 350℃起即生成 H_2S，表明其中含有易于分解的硫醚结构，而 CO_2的生成则源于羧基，这些官能团可能处于沥青质芳香核的周边。

② 沥青质热转化后生成一系列烷烃，从 350℃起先是随反应温度的升高而增多，至 450℃及适当反应时间时达到一极大值，随后由于二次裂解而减少，这表明其结构中含有长度不一的侧链和桥链，最长的达 30 个碳左右。

③ 沥青质在高温下热转化生成的无取代基芳烃源于其芳香核。

此项研究的结果，从另一个角度也证实了沥青质的核心部分是缩合芳香环系，其周围带有烷基、环烷基，结构单元间有桥链，并含有含杂原子基团。其第一步反应发生在周边，硫醚基及羧基在较低的温度下即转化为 H_2S 及 CO_2，随后其稠合芳香-环烷核周边的烷基链以及 $C_{芳香}—C_{烷基}$ 键均发生断裂反应，同时还发生环烷环脱氢反应。此后，断裂下来的较大分子烷烃及环烷烃等还会发生二次裂解反应，而被剥去周边基团的芳香核则会进一步脱氢缩聚形成焦炭。

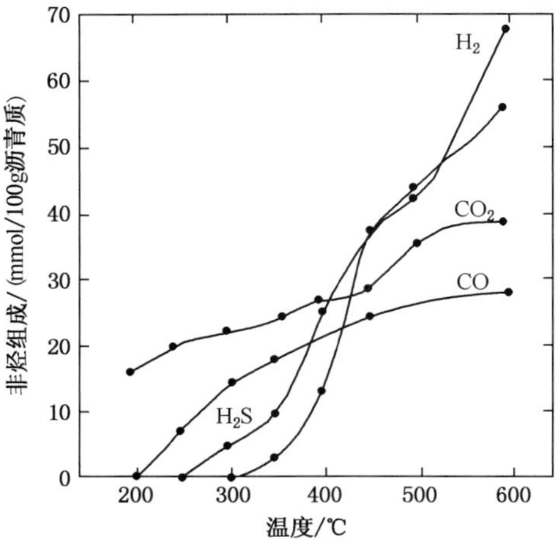

图 3-2-6　阿萨巴斯卡沥青质热分解气体中非烃组成[27]

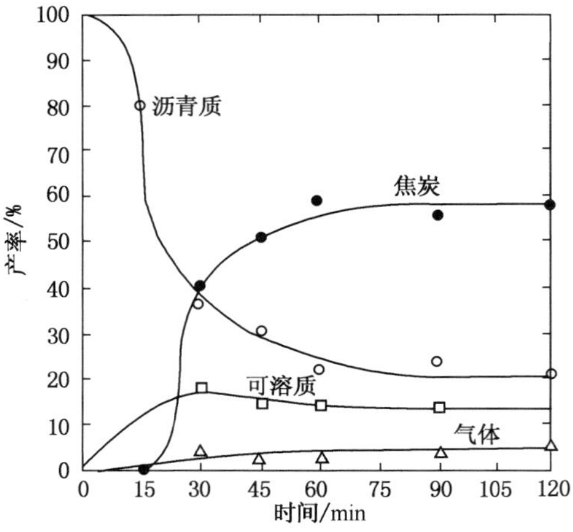

图 3-2-7　加利福尼亚海上原油中庚烷沥青质的热转化产物分布[28~32]（反应温度：400℃）

（二）沥青质在热转化中组成结构的变化

A D Bianco 等[33]对别莱姆减压渣油热转化产物中庚烷沥青质的组成结构进行了分析，其结果见表 3-2-11。由表可见，随着热转化反应的加深，其产物中庚烷沥青质的氢碳比和平均侧链长度逐渐减小，芳香度逐渐增大。

表 3-2-11　别莱姆减压渣油热转化产物分布及庚烷沥青质性质[33]

项　　目	原料	410℃			430℃			450℃			470℃		
		8min	15min	30min	5min	15min	30min	8min	15min	30min	3min	5min	8min
产物/%													
气　体			0.3	0.7	0.5	1.6	2.4	2.1	3.5	5.1	2.1		3.2
馏分油		8.9	13.9	23.9	19.4	35.4	51.6	44.2	57.7	62.9	45.7	51.3	61.6
焦　炭			0.1	0.1	0.2	0.2	3.4	3.1	8.4	17.6	1.3	3.8	10.7
产物中庚烷沥青质性质													
氢碳原子比	1.16	1.10	1.07	1.01	1.06	0.95	0.87	0.92	0.84	0.79	0.88	0.83	0.81
侧链平均碳数	6.5	6.7	4.8	4.1	6.1	3.9	3.2	3.7	2.7	2.2	3.2	2.9	2.7
芳碳率	0.43	0.45	0.50	0.53	0.50	0.58	0.63	0.50	0.63	0.66	0.62	0.65	0.68

胜利减压渣油沥青质在热转化中组成结构的变化见表 3-2-12[24]。由表可以看出，与原生庚烷沥青质相比，残渣油中庚烷沥青质的氢碳比及侧链平均碳数显著较小，芳碳率及缩合指数显著较大，硫含量及硫碳比较低而氮含量及氮碳比则较高。这些在组成结构上的变化导致沥青质在体系中的胶溶性逐渐减弱，因此，当热转化达到一定深度后，沥青质便会从体系中析出，并进而缩合成焦炭。

表 3-2-12　胜利减压渣油庚烷沥青质及其热转化残渣油中的庚烷沥青质的组成、结构比较[24]（反应时间：1h；反应温度：420℃）

项　目	减压渣油中原生庚烷沥青质	热转化残渣油中的庚烷沥青质	项　目	减压渣油中原生庚烷沥青质	热转化残渣油中的庚烷沥青质
氢碳原子比	1.29	0.87	相对分子质量	5010	5500
硫含量/%	2.91	1.62	芳碳率(f_A)	0.44	0.64
氮含量/%	1.81	2.51	缩合指数①	0.27	0.49
硫碳原子比	13.2×10^{-3}	7.0×10^{-3}			
氮碳原子比	18.7×10^{-3}	24.7×10^{-3}	侧链平均碳数②	2.8	1.3

① 缩合指数（Condensation Index，CI）系用密度法求得。
② 侧链平均碳数系用红外光谱法求得。

第三节　重质油热转化体系中的相分离及初始生焦历程

一、重质油胶体稳定性与化学组成及结构的关系

许多研究表明，重质油是一个比较稳定的胶体分散体系[34~39]，借助电子显微镜可以观察到如图 3-3-1 所示的图像[40,41]。重质油体系中的分散相是由沥青质及重胶质构成的超分子结构，分散介质则为由轻胶质、芳香分及饱和分组成的混合物。这种分散体系也可形象地用图 3-3-2 来表示。

如前所述，在热转化过程中重质油的组成、结构不断发生变化，而这些变化会显著影响它的胶体稳定性。经研究，重质油的胶体稳定性与其化学组成及结构之间有如下联系：

① 重质油的胶体稳定性取决于其中分散相和分散介质在组成、性质及数量上的相容匹配性。两者无论是在组成上、性质上或是在数量上失衡，都会使体系变得不稳定。这就是为什么不同油源的重质油之间的混合有时也会导致稳定性的降低。

② 胶质是重质油胶体体系获得稳定性必不可少的组分，它既是分散相超分子结构的组成部分，又是分散介质的重要成分。胶质对沥青质起胶溶作用，如果没有足够数量在结构和性质上与沥青质相容匹配的胶质，沥青质就不可能稳定地分散在重质油胶体体系中。

③ 一般来说，芳香度越高的重质油体系，其稳定性也越高。同时，体系中各组分的芳香度要连续分布并构成一个适当的梯度。分散相的芳香度过高或分散介质的芳香度过低，都会导致重质油胶体体系的不稳定，易于发生沥青质的聚沉现象。

④ 硫、氮、氧杂原子的存在也是形成稳定的重质油胶体体系的必要条件。含杂原子的基团都带有极性，部分杂环结构还具有芳香性，这些都是形成以沥青质为核心的超分子结构分散相的内在原因。所以，含杂原子较多的重质油胶体体系往往具有更高的稳定性。

⑤ 就一个稳定的重质油胶体体系而言，其中所含组分的相对分子质量分布应是连续的。同时，其沥青质的相对分子质量不能太大，否则不易于稳定地分散；另外，其分散介质的相对分子质量不能过小，否则会由于黏度过低等原因而不利于分散体系的稳定。

综上所述，若以 SARA 四组分来表征重质油的组成，重质油胶体体系的稳定性主要取决于饱和分、芳香分、胶质和沥青质各组分浓度之间的比例关系，以及各组分的相对分子质

量、芳香度、杂原子含量和它们的分布状况。

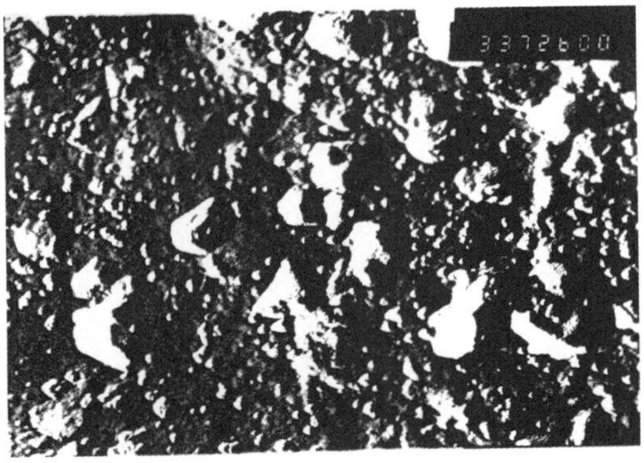

(a) 大庆减压渣油(33000倍)

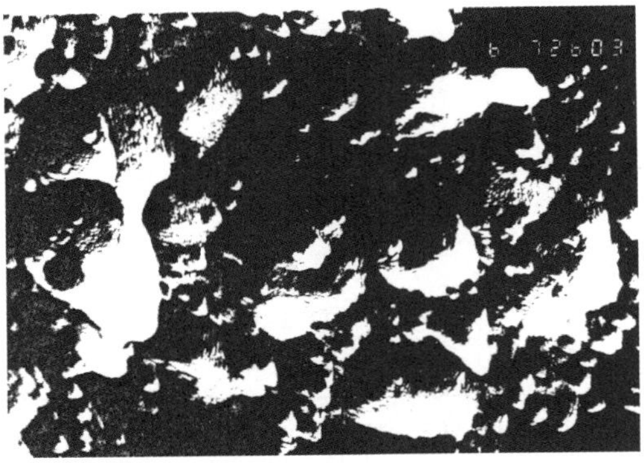

(b) 胜利减压渣油(61000倍)

(c) 孤岛减压渣油(61000倍)

图 3-3-1　大庆、胜利和孤岛减压渣油的透射电子显微镜图像[40,41]

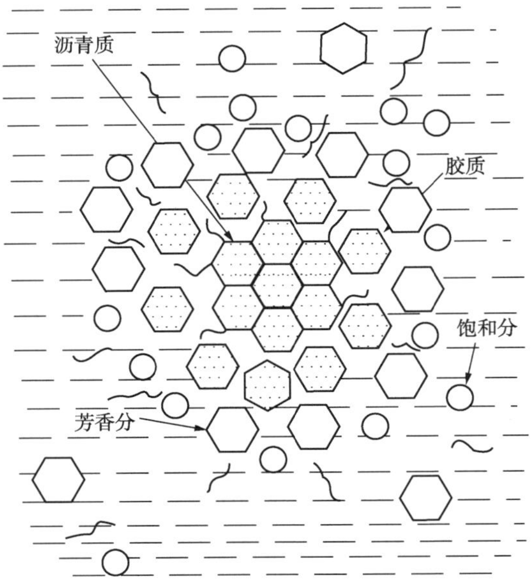

图 3-3-2　重质油胶体分散体系示意图

二、重质油热转化体系中的相分离

研究表明，重质油热转化过程中发生相分离现象是其生焦的前提和必要条件[6,26]。在实践中人们早就观察到，重质油在某种条件下会出现相的分离。例如，在经过热处理的重质油容器的底部有时发现有沉渣，或称淤渣；当将馏分油掺入重质油时，如加量过多或馏分油的芳香性过低，有时也会出现分相现象。这种现象也就是所谓的不相容性。此类已发生相分离的体系，如滴加在滤纸上，会由于两个液相渗透速率的差异而呈现为两个区域，其中心颜色较深的区域即为分出的、黏度较大的第二液相，此法现已用来鉴定重质燃料油的相容性。

在重质油热反应体系中，当转化到一定深度后会出现第二液相的原因，可以从以下几个方面来分析。原始的重质油是比较稳定的胶体分散体系，沥青质被胶质及多环芳烃所溶剂化而处于胶溶状态。经过热转化，重质油胶体分散体系会发生如下变化：

① 分散相沥青质变得较难于被胶溶。由于脱烷基、缩合及脱氢等反应，沥青质的氢碳比减小，芳香度提高，其中稠合芳香环系的环数逐渐增多，其聚沉的趋势相应增大。

② 分散介质的胶溶能力下降。由于饱和分和芳香分的裂解以及胶质和沥青质侧链的断裂，导致分散介质的氢碳比升高及芳香度下降，其平均相对分子质量和黏度也明显变小。这就降低了它们与沥青质的相容性。

③ 胶溶组分胶质的数量减少。在热转化过程中，胶质一方面转化为相对分子质量较小的芳香分及馏分油，另一方面又缩聚为沥青质，从而在数量上逐渐减少到不足以胶溶全部沥青质。

总而言之，在重质油热转化过程中，其各组分的分布及组成、结构均发生了变化，作为分散相主体的沥青质不仅数量增多，而且变得更容易聚沉；同时，其分散介质的分散能力则逐渐降低，与分散相之间在组成和结构上的差距拉大；作为介于两者之间能起胶溶作用的胶质，不仅数量减少，而且胶溶能力下降，已不足以胶溶逐渐增多的沥青质。由于上述三方面变化的综合影响，重质油在转化到一定深度后，体系中沥青质的含量超过了能稳定地保持其胶体分散状态的限度，胶体分散状态开始被破坏，部分沥青质聚沉而发生相分离，出现所谓第二液相。

从上面的分析可以看出，重质油胶体分散体系在热转化过程中稳定性的下降是与其化学组成的变化密切相关的。

重质油在热转化过程中出现第二液相的现象可以在光学显微镜下清楚地观察到。在加热的开始阶段，重质油在显微镜下显示为表观均匀体系。在一定的反应温度下，随着反应时间的延长，在反应体系中先出现零星散布的无定型深色微小体，接着便出现较多的稍大一些的微小圆球体，随后就演变为基本布满整个体相的无定型微小体。这三种相分离体可分别称为新相态Ⅰ、新相态Ⅱ和新相态Ⅲ。前两种状态还只是局域性的相分离，而新相态Ⅲ的对应状态则已属全局性的相分离。图3-3-3[41,42]所示为胜利减压渣油在390℃热转化过程中生成的这三种新相态的光学显微镜照片。

三、重质油热反应体系中相分离与生焦诱导期的关系

许多研究工作者都曾发现重质油热转化过程中的生焦过程有一个诱导期，认为重质油热转化生焦之所以存在诱导期，就是因为必须经过这段时间内的物理和化学变化，体系内才能分出凝聚态沥青质第二液相，成为生焦的前驱体。

图3-3-4中所示为胜利减压渣油热反应体系中庚烷沥青质及甲苯不溶物的含量随时间的变化情况，图中还标出了新相态Ⅰ、Ⅱ及Ⅲ的出现时间。从图3-3-4及表3-3-1[41]可以

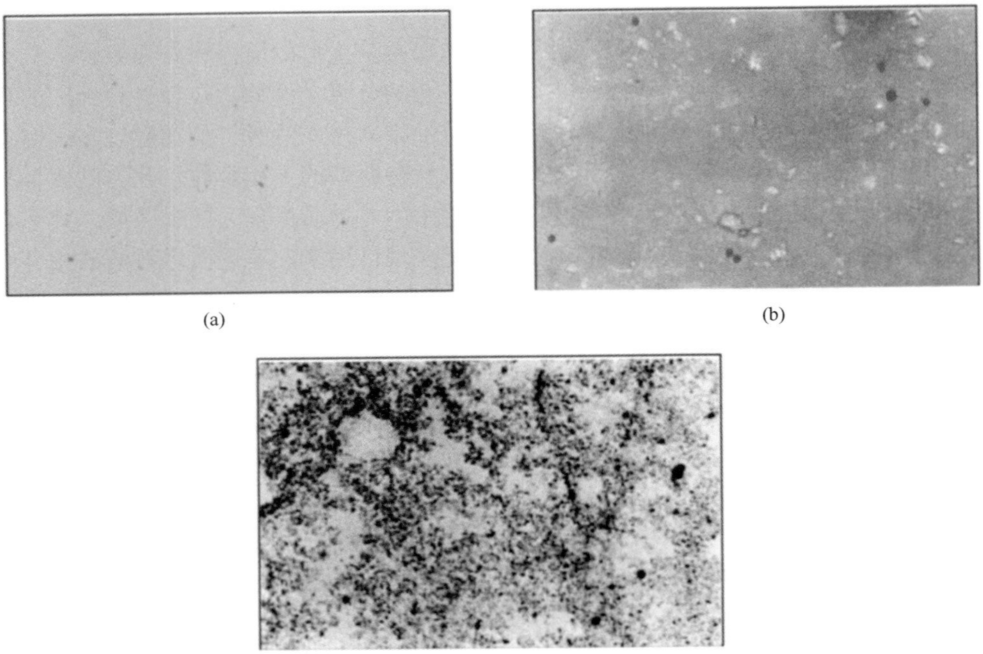

图 3-3-3　胜利减压渣油在 390℃热转化过程中新相态的光学显微镜照片[41,42]

(放大倍数 400)

(a)新相态Ⅰ；(b)新相态Ⅱ；(c)新相态Ⅲ

明显地看出，新相态的出现与焦的生成有密切的联系。当新相态Ⅰ出现后，体系中即开始生焦；而当新相态Ⅲ出现时，则在体系中明显生焦。这就说明，新相态Ⅰ出现的时间大体相当于该重质油体系生焦的诱导期。在诱导期内，生焦的控制因素是沥青质凝聚相的分离；而超过诱导期后，体系中即发生相分离，在分出的新相中，沥青质快速地进行缩聚反应，急剧地生焦，此时化学反应成为控制因素。表 3-3-1 中的数据还表明，受其化学组成的影响，各种减压渣油的相分离时间是不一样的；但随着反应温度的升高，其中新相态出现的时间都缩短，其生焦诱导期相应也会缩短。

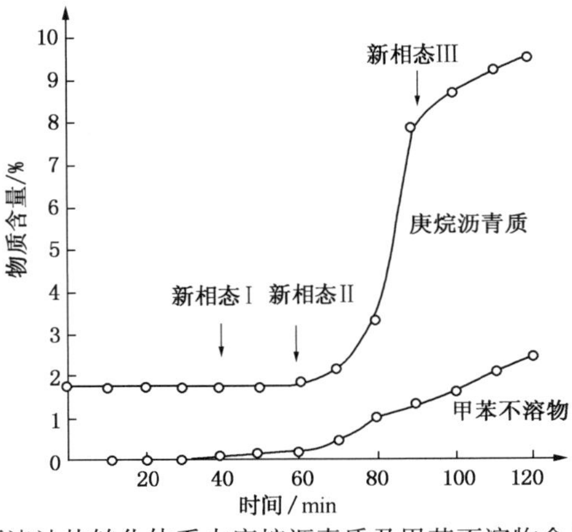

图 3-3-4　胜利减压渣油热转化体系中庚烷沥青质及甲苯不溶物含量的变化(370℃)[41]

表 3-3-1　减压渣油在不同温度下热转化时的相分离点[41]

减压渣油名称	反应温度/℃	新相态Ⅰ出现时间/min	新相态Ⅱ出现时间/min	新相态Ⅲ出现时间/min	生焦诱导期/min
大　庆	370	70	80	120	~70
	380	40	50	70	—
	390	10	30	40	—
胜　利	370	40	60	90	~40
	380	30	40	50	—
	390	20	30	40	—
孤　岛	370	30	50	100	~30
	380	20	30	40	—
	390	10	20	30	—

第四节　针状焦的原料及生成机理

作为现代冶金工业电炉炼钢所需要的超高功率(UHP)石墨电极的材料，易石墨化的针状焦的需求量大幅增加。针状焦也叫优质焦，对应的把一般的焦炭叫做普通焦加以区别。针状焦用肉眼能看到线状的结构，破碎很细也保持着针状，具有银灰色的金属光泽，其特性有：

① 热膨胀系数小。

② 比电阻小。

③ 颗粒密度大，孔隙率小。

④ 真密度大。

⑤ 其他反应性小。

⑥ 易石墨化。

作为超高功率电极所用的材料，除上述性质外，还要求硫和金属含量低，但热膨胀系数小是非常重要的。表 3-4-1 比较了针状焦和普通焦的质量差别。

表 3-4-1　针状焦与普通焦质量的比较

原　料　油	大庆减压渣油	辽河减压渣油	大庆热裂化渣油	辽河催化澄清油
焦炭类型	普通焦	普通焦	针状焦	针状焦
挥发分/%	0.60	0.81	0.36	0.46
硫/%	0.38	0.38	0.27	0.40
灰分/%	0.35	0.52	0.06	0.03
真密度/(g/cm^3)	2.105	2.112	2.164	2.175
热膨胀系数(1000℃烧成，室温~600℃)/(10^{-6}/℃)	2.98	5.65	2.22	2.20

针状焦在成焦的过程中，已有相当发达的具有像石墨结晶那样的层状结构。用偏光显微镜观察时，与纤维束纵断面平行方向呈现出连续的流动性纹理，反映出颜色的变化，可以看到光学异向性线状结构；而在纤维束横断面上就没有光学异向性，其组织呈现出复杂没有规律的结构，即所谓的镶嵌结构，见图 3-4-1。

若用扫描电子显微镜观察图 3-4-1，可以看到针状焦的组织就像是把纸卷成圆筒的集合体，见图 3-4-2。

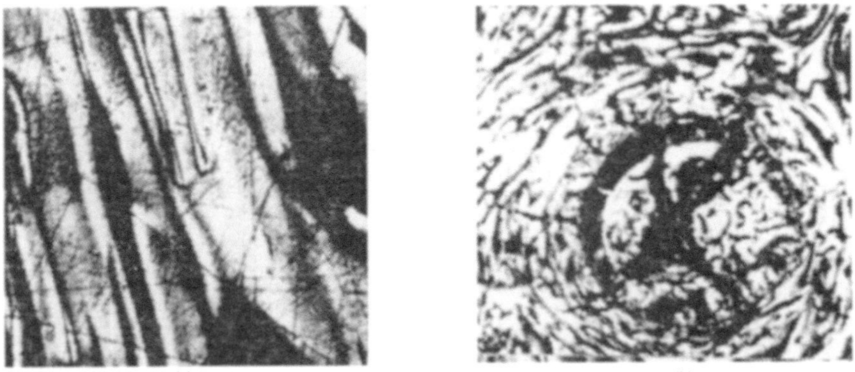

(a)　　(b)

图 3-4-1　针状焦的偏光显微镜照片

(a)纵断面；(b)横断面

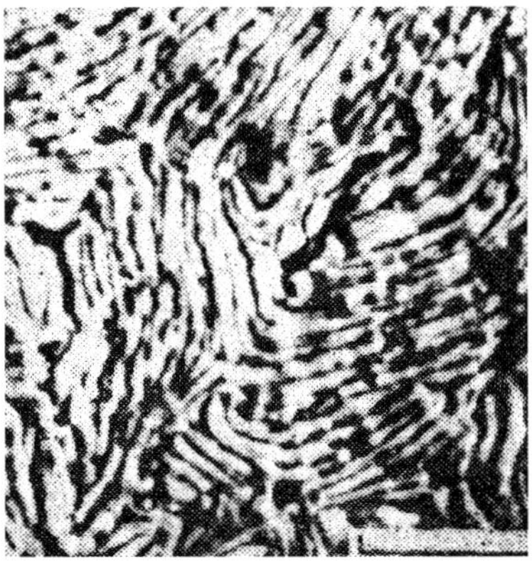

图 3-4-2　针状焦的扫描电镜照片(1200 倍)

这种沿着纤维轴为中心排列的结构，在轴向和与轴向垂直方向所表现出的物理性质产生了很大的变化，而这种变化也正是人们所期待的。如表 3-4-2 所示，针状焦在两个方向的热膨胀系数(α)相差很大，$\alpha_{//}$为 0.3×10^{-6}/℃；$\alpha_{\perp}$为 2.4×10^{-6}/℃，差距达 8 倍之多。

表 3-4-2　针状焦在各种热处理下的热膨胀系数

热处理温度/℃	600	1300	2000	2500
热膨胀系数/(10^{-6}/℃)				
$\alpha_{//}$	10.9	0.4	0.3	0.5
$\alpha_{\perp}$	24.6	2.6	2.4	2.1

对于阐明有机高分子化合物原料在热处理温度区间内到具有石墨化结构的转变机理，Brooks 和 Taylor 所发现的中间相液晶体系在液相阶段的存在，起了突破作用。人们发现，把重质有机化合物(直馏渣油或热裂化渣油等)在 350～500℃间加热，所发生的热裂化和缩聚反应会导致分子的再排列，若把这种热处理物加以冷却，用偏光显微镜观察，可以见到光学上各向异向性现象。也就是说，在光学上各向同性的母液中析出一种液晶状态的、光学上各

向异性的中间相。生成的中间相随温度的升高或停留时间的加长还能逐渐增大，由最初的百分之几微米到几十、上百微米。由于中间相相对密度(1.41)比母液大，中间相球体就互相进行聚结融并和变形，最终固化成为石墨化结构的炭。正是经历了这一系列深刻的结构转变所形成的一种细纤维组织形态，构成了针状焦的亚微层次的结构单位。也就是说，中间相是一切易石墨化的有机物达到高度石墨化结构的炭所必经之路。

一、针状焦的生成机理

如前所述，重质油料是一种成分繁多、结构复杂的大分子体系，含有不同比例的烷烃、环烷烃、芳香烃和非烃化合物。当它们受热升温达350℃以上时，即开始热转化反应，其热反应主要分为裂解和缩合两种反应，这两种反应都随温度的升高而加快，但反应速度不同。分子上最不稳定(键能小的分子)的键首先断裂，生成的低分子产物以气态形式逸出，留在液相中的各种自由基以特定的途径形成更稳定的芳烃或缩合稠环芳烃。各种饱和或不饱和的脂肪烃也在不同程度上通过环烯和环烷作为中间阶段而转化成芳烃。见图3-4-3重质油料热反应历程示意图。

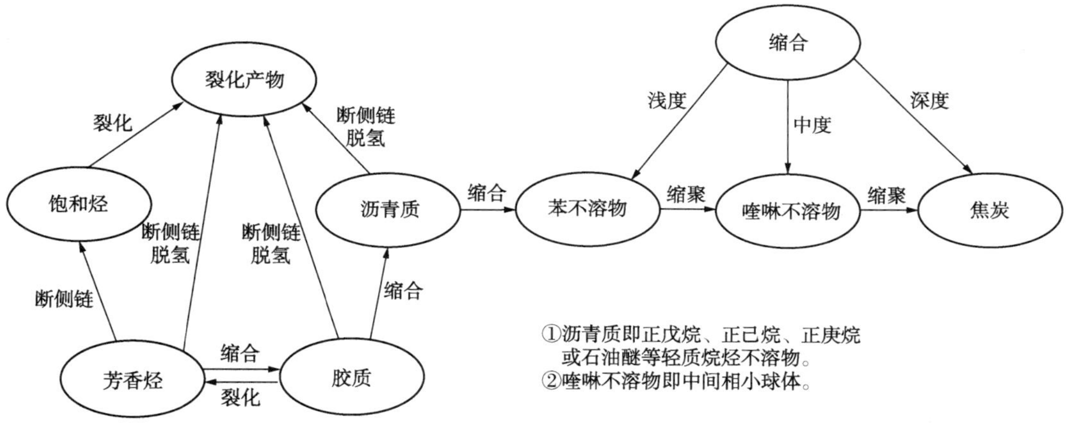

图3-4-3　重质油料热反应历程示意图

由芳碳原子构成的芳香自由基缩合成大分子时，只能向二维的平面方向扩展，成为平面状大分子。随温度的升高，平面状分子逐渐扩大，相对分子质量越来越大。因热扩散，平面结构的芳香环系之间有一种称之为定向的铺平或排齐作用。同时，稠环化合物开始缩聚在一起，逐渐形成胶束。缩聚到一定程度后，便在各向同性的母液相体系中出现了新相——圆球状可塑性物质，它既有各向异性的固体物性，又有能流动、悬浮时呈球状的液体物性，故称为中间相。从母液中用喹啉抽提分离出来的结晶称为中间相小球体。

通过对小球体的研究判明，此类球体乃是由平面状大分子依次有序地汇集而成。平面分子之间具有范德华物理力以及由分子偶极矩而产生的分子间引力，这使平面分子相互作用而达到平行而整齐地排列。为使平行排列的平面分子所形成的新相达到稳定，必须使体系的表面自由能趋于最小，表面积最小的球体则是其最终选择。图3-4-4为中间相小球的结构示意图。

这种中间相小球产生以后，在缓慢的升温和反应条件下，依靠吸收母液中结构类似的芳烃分子，长成为较大的球体，最大的小球直径可达上百微米；小球体与小球体相遇时，还可以发生类似芳烃分子层片插入或排队衔接于原来的边缘层片行列上的融并，从而形成复球。小球体在融并时出现特殊组织结构的主要因素为小球的可塑性。可塑性好的小球体，在继续

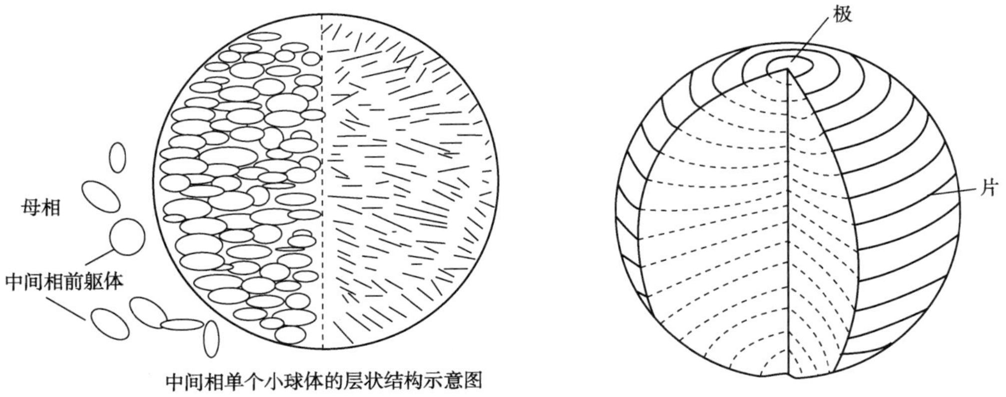

图 3-4-4　中间相小球的结构示意图

转化过程中有可能发展成为易石墨化的大面积各向异性炭结构；可塑性差的小球，只能发展成局部各向异性的镶嵌型组织。中间相的可塑性除了与加热速度、停留时间对球的尺寸并从而对球体黏度产生影响等因素有关之外，还取决于生成小球体原料的组成以及组成分子的化学反应性。如果反应性高，缩合可在较低的温度下进行得很深，导致中间相可塑性很低；如果组成球体的分子不是平面状分子，像椅形或船形的非平面形分子，就会妨碍中间相分子间的相互滑动，相互插入。由此可以推论出，只有原料体系的芳香性愈大，则其反应性愈低，其分子的平面度愈大，形成的中间相可塑性愈大，相互融并愈容易生成广域的中间相流体，固化后可获得各向异性的易石墨化的纤维结构炭。图 3-4-5 所示为中间相小球的变化历程。

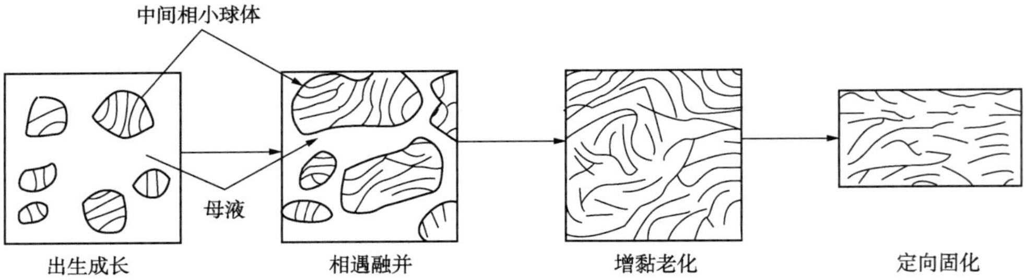

图 3-4-5　中间相小球体的变化历程

再从炭化过程中的化学反应来看，原料中的低分子有机化合物则是经过脱氢、C—C 键的断裂、再结合、直至成为大分子的一种缩合过程。从这个观点来看，约束生成易石墨化针状焦的条件为：

①中间相体易取向平面结构即二维体，而不是立体的三维体结构。

②中间相体内应适当保留有 C—H 键的结合，以利于形成广域的中间相流体。

③炭化反应速度不宜太剧烈，也就是说，在固化前应给分子的缩合与分子的移动排列留有时间和创造一个适宜的周边环境。

二、针状焦原料的选择原则

从上述中间相的理论可知，中间相是由平面结构的芳烃分子经过液相炭化反应脱氢缩聚的过程而成，同时还需要有一个适合于中间相小球体长大、融并、定向排列的环境，故对原料有如下要求。

（一）三环、四环芳烃含量高

通常都说针状焦的原料要富含芳烃。这种提法比较笼统含混，因为芳烃化合物之间存在着很大的区别，并非全都有利于生成针状焦。如胶质、沥青质从广义上讲也是以多环芳香结构为主的成分，但它们只能生成无定形碳而不能生成异向性优良的针状焦。因为胶质、沥青质中的芳香结构一般是与环烷环稠合或带有较长的侧链，其化学反应性好，炭化反应速度快，在低温下就生成中间相并很快固化，形成镶嵌状结构，降低了针状焦的质量。三环、四环短侧链芳香族碳氢化合物在炭化反应中脱氢生成的芳烃自由基以 SP^2 杂化轨道相互联接，只在横向平面上有化学键结合，再通过大 π 键电子云相互叠合形成比较完整的石墨结构，如蒽(丙省) 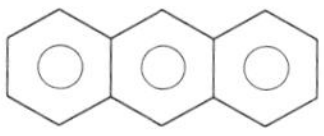 、丁省 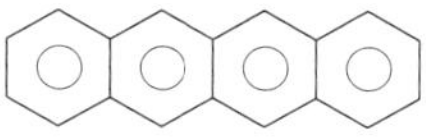 等。环数超过五个的芳烃，热敏感性较高，在焦化的高温下易发生难以控制的、无取向的交联及重排反应，呈不规则排列，造成晶格缺陷。即便是三、四环芳香烃化合物，如环的并合方式不同，也有优劣之分，只有线型并合的芳香烃生成的焦炭才具有显著的异向性。也就是说链型结构的比角型结构的芳香烃好。即蒽(丙省) 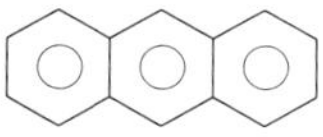 比菲(丙芬) 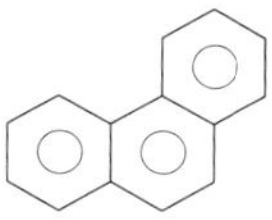 好，丁省 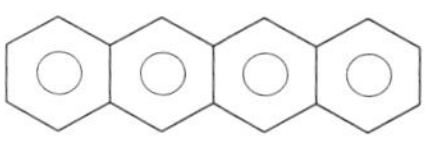 比丁芬 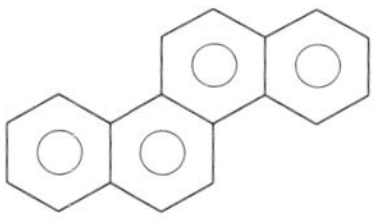 或 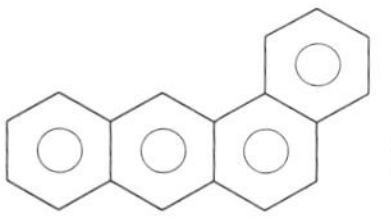 好，省类比芬类好。

（二）胶质、沥青质含量低

胶质、沥青质本身就是大分子多核型稠环系化合物，分子结构复杂，通常含有氮、氧、硫、金属等杂原子，并掺杂有五员环化合物。如乙烯焦油的胶质和沥青质组分的平均分子模型见图 3-4-6。

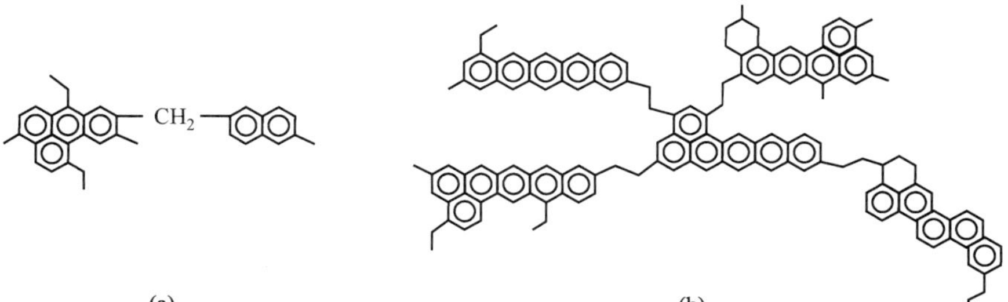

(a) (b)

图 3-4-6 乙烯焦油胶质(a)和沥青质(b)组分的平均分子模型

胶质平均由两个芳核组成，由一个次甲基相连接，每一个芳核上有几个甲基或乙基；沥青质平均由 5 个稠环芳核组成，每个芳核平均有 5~6 个环，同样通过—CH_2—CH_2—基连接，每个芳核上有 3~4 个甲基或乙基。具有这种多核型分子中，由于相邻两芳核的共轭作用，使核间架桥脂链 C_α—C_α 位或长脂链中央位的 C—C 键键能大大减弱，易在较低温度下断裂，生成单独芳核自由基，这些带单个—CH_2—的芳核自由基有可能产生非平面的核间聚合，生成炭化早期出现的小球体及融并的镶嵌型组织。若芳核上有更多的自由键，则使得缩聚反应的进程更加复杂化，因反应位的增加，使得相邻各芳核自由基随机聚合率增加，便生成平面度差的、环数更多的稠环烃，这种非平面型大分子，致使生成大量的细镶嵌中间相组织，影响焦炭的质量。

若原料中包含稠合有五员环的缩合芳烃，则因其具有极高的反应性，以及它往往在较低温度下使五员环开裂，进而缩合成高度缩合的稠环芳烃，同样会增加焦炭中的镶嵌组织。

(三) 硫、氮、氧等杂质原子含量低

含有杂原子(如硫、氮、氧等)的有机化合物，其反应性一般来说比不带杂原子者要大些。当脂肪性化合物的主链或侧链上带有氧、硫原子时，会使与之相连的碳原子上的 C–H 键大大减弱，易发生断裂反应。芳烃取代基中含有氧、氮杂原子使分子的极性增加，同样使该化合物的稳定性降低。在杂环情况下，和杂原子的取代基芳烃类似，缩合环数较多时，其杂原子的影响减弱。大量的试验证明，氧、氮、硫杂原子化合物的存在，对中间相的成核、成长和转化成各向异性的组织结构有不利的影响。从一个含氧高达 7.5%的煤沥青炭化所得半焦，基本上是各向同性的微结构。而氧、氮、硫含量都小于 1%的普通煤沥青在相同条件下炭化时，则可获得正常的各向异性小球体。中东卡夫其原油的减压渣油含硫 5.17%，炭化时其中间相成核和成长速度很快，在 430℃下 1h 即出现小球体，4h 后中间相含量超过 50%。显微镜观察发现中间相基本上属于微细型镶嵌结构，还有部分各向异性粗镶嵌结构和粗纤维组织。而几乎不含硫和其他杂原子的直馏渣油，在相同条件下炭化时，中间相生成速率比较缓慢，体系保持 4h 后才开始出现小球。球体也能充分长大，达几十微米，最后融并成大面积的各向异性中间体。

不过，渣油中的杂原子化合物，往往是在中间相形成的初期产生影响。当中间相转变的中期后，新出生的中间相就从一些比较纯净的碳氢化合物组分形成，此时生成的球体得以长得较大，并转变成纤维组织形态。

在氧、氮、硫杂原子中，硫的危害最大。由于硫大部分集中在胶质和沥青质中，炭化后除掉分解的部分，余下的硫就全部集中在焦炭中，由于焦炭中的硫在石墨化过程中会引起晶胀或体积膨胀，造成产品带有裂纹，影响使用性能，导致成品率下降等，因此对原料中的硫含量也有一定的限制，一般要求不大于 0.5%。随着石墨电极制造技术工艺的改进(如加入蒽–噻蒽、Fe_2O_3等晶胀抑制剂)，对硫的含量也在放宽，这样可以扩大生产针状焦的原料来源。

(四) 灰分含量低

在煤沥青中常见的固体颗粒杂质是游离碳，在一些二次加工的渣油中，由于工艺的不同，也同样存在着一些固体颗粒，如催化剂粉末、炭颗粒等，这种杂质虽然含量很少，但不利影响很大：①对小球体的生成和成长起催化作用，使反应速度加快。②这些杂质能吸附在周围生成的中间相小球体表面上，一是使小球体在外形上出现畸形和缺陷；另一方面致使小球体无法成长和融并，难以成为广域的流动体，表现为针状焦结构中间相不发达。因此要求原料中的原生喹啉不溶物最好为零，催化剂粉末含量不大于 100μg/g。

(五) 平均相对分子质量低，分布范围窄，馏程范围适当

平均相对分子质量低是要求原料的芳香烃分子平均缩合环数不宜太多，以保证热转化反应过程中原料物质的“均一”性，而且大都能生成理想的光学组织形态。要求相对分子质量分布范围窄，是为了防止轻组分过轻，重组分过重，馏程范围过宽；也就是说原料中分子大小之间的差别不能太大，缩合环数在平均环数左右，减少大分子胶质和沥青质的含量，降低低温下快速反应生成的镶嵌组织，提高中间相转化的温度($T_{50\%}$)和加宽转化温度范围($\Delta T_{80\%}$)。$T_{50\%}$为转化成 50%中间相时的温度；$\Delta T_{80\%}$为转化成 10%及 90%中间相之间的温度差。一般来讲，中间相转化温度高、转化温度范围宽的原料能生成颗粒大、取向性好的小球

体，是生产针状焦的好原料。表 3-4-3 为几种重质油的中间相转化温度。

表 3-4-3　几种重质的中间相转化温度

油品名称	中间相转化温度（$T_{50\%}$）/℃	中间相转化温度范围（$\Delta T_{80\%}$）/℃
天然沥青	416	26
丙脱沥青	427	14
热裂化焦油	446	30
催化澄清油	451	24

当然除上述几项外，对原料的要求还有密度应在 1.0g/cm^{3}左右，最好大些以保证有较高的针状焦产率；黏度应低些以保证输送方便等。总之，所有要求的最终目的都是为了保证原料的烃类组成比较纯，以利于生产出高质量的针状焦。

三、针状焦原料的评定试验方法

为了评选生产针状焦的合适原料，观察渣油的成焦过程和焦炭的质量好坏，还必须通过热转化、中型试验、测定针焦的热膨胀系数来确定原料的优劣。

（一）热转化试验

判断各种渣油的快速或慢速反应成分，通常是在一个特定的中间相热转化装置中进行。在一块电加热的铝块上，开有 22 个直径为 30mm、深为 120mm 的孔。用直径为 26mm、高 150mm 的试管 22 支，各装试样 15~25g，插入孔内。铝块的升温速度，在 400~500℃之间为 3~5℃/h，从 400℃开始每隔 5℃或 10℃取出一支试管，测定管内的残留物收率、喹啉不溶物含量，并进行偏光显微镜观察。喹啉不溶物即为偏光显微镜中观察到的球状颗粒，具有光学异向性，叫做中间相。从中间相球体的大小和形态的变化，可以说明此渣油样品作为生产针状焦原料质量的好坏，以及其成焦的过程。并可绘制出热转化曲线，求得其转化温度（$T_{50\%}$）和转化温度范围（$\Delta T_{80\%}$）。一般认为，转化温度低于 430℃的样品为快速反应成分；高于 430℃的为慢速反应成分。而慢速反应成分必须在液相存在条件下缓慢进行反应，因此要采用先低温后高温的条件，这就为中型试验工艺操作条件的确定提供了依据。图 3-4-7 为三种不同渣油的热转化收率曲线，据此可得出大庆热裂化焦油的 $T_{50\%}$ 为 446℃、$\Delta T_{80\%}$ 为 30℃；大庆减压渣油的 $T_{50\%}$ 为 439℃、$\Delta T_{80\%}$ 为 24℃；白-克减压渣油的 $T_{50\%}$ 为 421℃、$\Delta T_{80\%}$ 为 29℃。说明这三种样品中大庆热裂化焦油为最好，中间相转化温度高、范围宽有利于中间相的成长、融并，可形成广域的光学异向性结构。大庆减压渣油次之，白-克减压渣油最差。

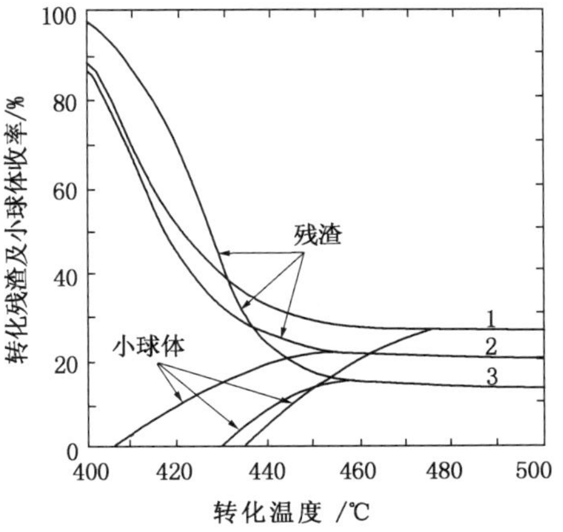

图 3-4-7　三种不同渣油的热转化收率曲线

1—大庆热裂化焦油；2—白-克减压渣油；3—大庆减压渣油

图 3-4-8 为三种不同渣油热转化时显微（220 倍）结构的变化。从图片上可清晰地看出，大庆热裂化焦油在 470℃时仍有中间相生成（除大颗粒的外还有许多小颗粒），到 510℃才固

化成纤维状结构。大庆渣油 470℃时已部分固化成镶嵌结构，白-克渣油 470℃时出现大面积的镶嵌结构。与图 3-4-7 得的结论一致，说明大庆热裂化焦油是生产针状焦的优质原料。

用热转化装置还可以考察炭化速率对中间相的影响。图 3-4-9、图 3-4-10 为大庆热裂化渣油在三种不同升温速度下得到的热转化收率曲线和显微(220 倍)结构的变化。由此可看出，升温速度愈慢(低温下加热)，生成的球数愈少，但球长得愈大；反之，快速升温(高温下加热)虽在较短时间内得到了中间相，但球的数目多而体积小。球体的直径愈小，则黏度愈大，不利于球体的融并。因此为了得到细纤维结构形态，必须实行缓慢加热，使球体足够地长大，而同时又具有高度的可塑性。

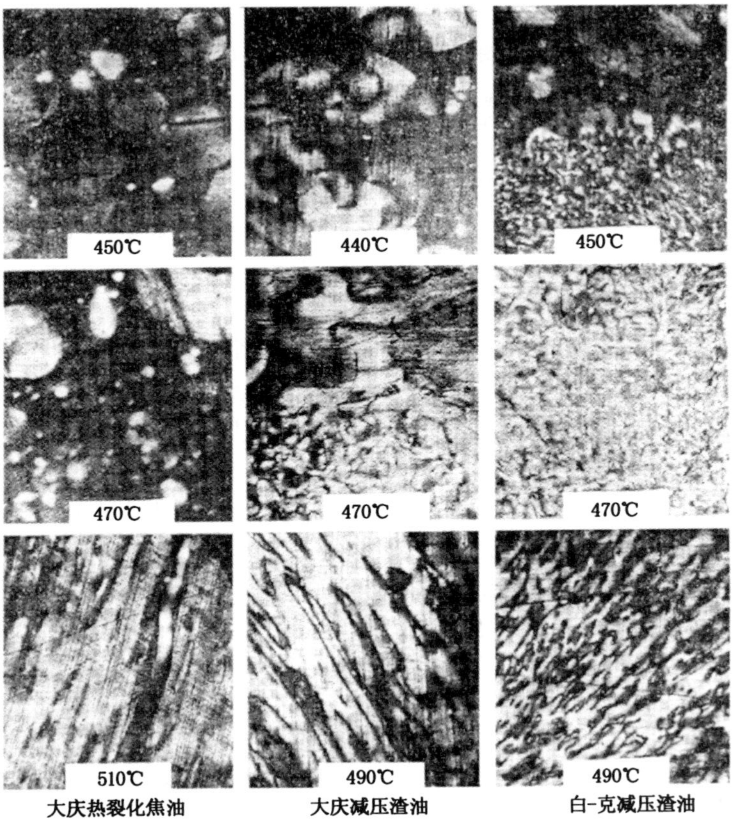

图 3-4-8　三种不同渣油转化时显微结构的变化(220 倍)

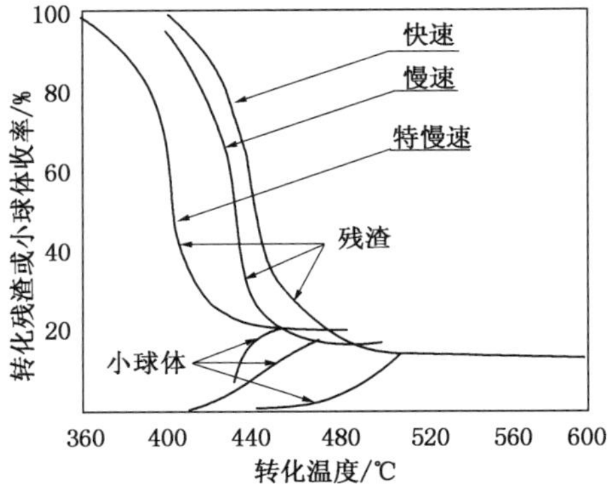

图 3-4-9　大庆热裂化焦油三种升温速度下的热转化曲线

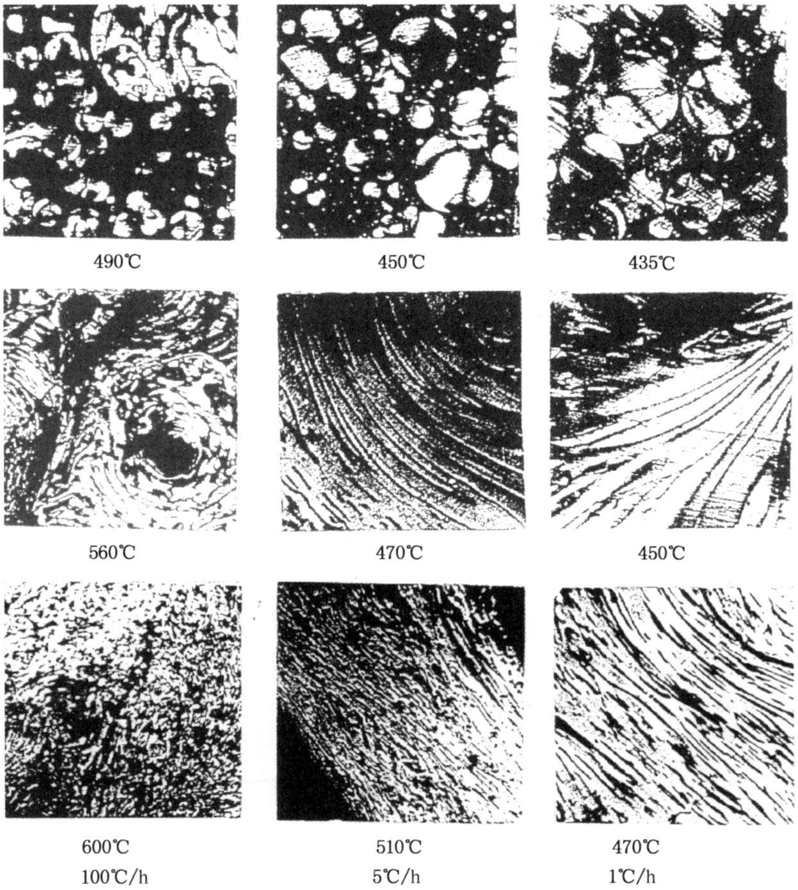

图 3-4-10　大庆热裂化焦油三种升温速度下显微结构的变化(220 倍)

(二) 中型延迟焦化试验装置

即使根据热转化曲线，确定了原料属于优质并得出其升温速度，但还不能直接用于延迟焦化工业装置。必须通过中型试验装置进一步试验，取得产品分布、产品质量数据，验证操作条件的准确性后，方可到工业装置上推广。

模拟工业装置工艺条件的中型延迟焦化试验装置，处理量约为 10kg/h，一次可容焦炭 50kg。整个装置分进料、反应和收油三个系统。进料系统包括原料罐、进料泵、注水泵、电子秤，原料油和由分馏塔底来的循环油按自然比例混合计量后，以一定流量进入反应系统。反应系统包括预热炉、反应炉、焦炭塔，都用电加热保温，焦炭塔压力(设计 1.0MPa)有压力控制器。收油系统包括分馏塔、冷凝器、塔底液面控制器和气表。分馏塔只能把液体产物分割成焦化馏出油和循环油两个馏分，循环油通过液位控制器由泵计量送入原料油罐与新鲜料混合。整个装置由计算机控制。馏出油经冷却后在另一套蒸馏装置分馏成汽油、柴油、蜡油。气体经气表计量后放入火炬烧掉。焦炭塔在结束进料后，进行水蒸气处理，焦炭塔的焦炭经测空高后，取出套筒内的焦炭称重，计算块密度。计算其物料平衡、产品分布并取样分析，取得产品性质数据。

中型试验装置的试验工作通常是用来验证针状焦工艺，以及验证相关的产物收率和性质，能够在相同条件和相同原料的情况下，指导工业装置的生产。另外，该中型装置也可用来做改进针状焦生产技术工艺参数的工作，包括：焦化条件的优化，升温速度快慢、压力高低、循环油切割点以及循环比的确定，原料油的预处理和调和，以期使焦化原料和针状焦性质处在最佳范围。总之，中型装置提供的大量数据，为设计工业装置提供了依据和经验。见表 3-4-4。

表 3-4-4　中型与工业产品分布、焦炭性质对比

原　料	热裂化焦油		催化裂化澄清油		国外针状焦
装　置	中型	工业	中型	工业	工业
产品分布/%					
气　体	6.5	8.8	10.41	10.59	
汽　油	10.1	12.7	7.70	11.22	
柴　油	35.6	33.3	17.13	24.62	
蜡　油	33.6	24.5	20.83	11.40	
焦　炭	14.2	15.7	40.93	37.87	
残渣油+损失	—	5.0	3.0	4.90	
焦炭性质(熟焦)					
真密度/(g/cm^3)	2.164	2.118	2.0171	2.117	2.125
灰分/%	0.06	0.13	0.34	0.56	0.05
硫/%	0.27	0.19	0.91	0.90	0.24
热膨胀系数(1000℃烧成，室温~600℃)/(10^{-6}/℃)	2.22	2.12	2.14	2.20	2.58

（三）热膨胀系数测定装置

石油针状焦一般质量指标的测定方法，可按石油产品试验方法或其他标准方法中所规定的试验步骤进行。但迄今为止，对热膨胀系数各国还没有制定出一个统一的指标和测试方法。各厂家都有自己企业标准，见表 3-4-5。

表 3-4-5　石油焦热膨胀系数测定的比较

样　品	测试单位	制样方法	测试温度/℃	测试结果/(10^{-6}/℃)
水岛针状焦	大陆油公司	石墨棒	室温~100	0.35
	大湖炭公司	1000℃炭棒	不详	1.35
	兰州炭素厂	石墨棒	室温~500	1.70
	吉林炭素厂	石墨棒	100~600	0.92
	石油化工科学研究院	1000℃炭棒	室温~600	2.58
大庆普通焦	大湖炭公司	1000℃炭棒	不详	2.2
	吉林炭素厂	石墨棒	100~600	1.25
	石油化工科学研究院	1000℃炭棒	室温~600	2.98

热膨胀系数测定实际上是一种模拟焦炭制成电极的条件试验，包括制样和测定两部分，制成的样品有经 2800℃石墨化的石墨棒，也有经 1000℃烧成的炭棒。测定则根据使用仪器不同，测试温度范围也不同，有室温~500℃；有室温~600℃；有室温~100℃；还有测定 100~600℃的等。因此，同一样品所得的数据各异，不是同一条件下进行的试验就没有可比性。各厂需根据本企业的具体条件，与用户协商，制定自己的标准和测试方法。因为焦炭热

膨胀系数的高低是判断针状焦的最主要的指标，代表着石墨制品的抗热震性能的优劣，所以需要制定出一个统一的质量标准和测试方法。

四、针状焦的潜在原料

炼油厂都有能作为针状焦原料的组分，只是各自的容有量是否能满足大规模生产针焦的要求。比如热裂化焦油、催化澄清油、润滑油糠醛精制抽出油、焦化重蜡油、高温裂解制乙烯焦油以及部分减压渣油、预处理的煤焦油等。

(一) 热裂化焦油

热裂化焦油是减压蜡油、焦化蜡油或催化蜡油经单炉或双炉热裂化得到的副产品，产率为30%左右。沸程范围为250~540℃，密度为0.95g/cm^3左右，芳烃含量在65%以上，残炭为6%~7%，一般来讲，是生产针状焦的较好原料。

(二) 催化裂化澄清油

催化裂化澄清油是催化裂化装置的副产品，产率为2%~7%(体积分数)，沸程为270~506℃，密度约1.08g/cm^3，芳烃含量在45%以上，沥青质含量低，残炭为7%左右，这表明澄清油主要含有低相对分子质量的化合物。以^{1}H和^{13}C核磁共振的研究，可知澄清油由缩合的多环芳烃分子组成，并具有甲基和其他短链烷基取代基。平均分子结构为三环链连接结构

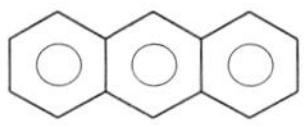

。尽管最后焦炭的性质随澄清油的来源不同会有变化，但经研究，所有不同的澄清油都能生产低热膨胀系数(CTE)的焦炭，它是生产针状焦的最佳原料。但是需要注意其硫含量，高硫澄清油生产的针状焦的硫含量也高。

(三) 润滑油精制抽出油

此抽出油是从润滑油料糠醛溶剂抽出的芳烃组分，因润滑油料的轻重不同，抽出油的芳烃轻重也有差别，但可以肯定其芳烃含量>50%，并几乎不含沥青质，它也是生产针状焦的好原料。

(四) 高温裂解制乙烯焦油

乙烯焦油的芳烃含量虽然达60%以上，但其胶质和沥青质的含量也高达35%(沥青质近30%)。它不能直接用来生产针状焦。其原因是乙烯焦油中的胶质和沥青质含量高，分子平面性差，芳香核片间的连接键易断裂，分裂成活性基碎片，易于早期结焦，影响正常生产。欲利用此原料，可将其作为部分的调和料掺兑到如澄清油、热裂化焦油等理想原料中去加工。但需特别注意的是乙烯焦油在大多数情况下极不安定，且和别的油料不易配伍。另一个方法是对其进行焦化前的预处理，包括溶剂抽提和加氢处理。前一办法是除去沥青质，净化原料；后一个办法是在沥青质核片间连接键断裂时，用氢饱和其活性基碎片，中止其继续反应。两种办法都是有效的，采用加氢的方法较多，因其能使原料得到充分利用，增加了针状焦的产量。

(五) 原料混兑

国内延迟焦化装置大部分都是两炉(两个加热炉)，四塔(四个焦炭塔)，一分(一个分馏塔)的工艺流程。为适应针状焦的生产，可将目前的循环工艺流程改为循环和不循环相结合的工艺流程，进料分主进料和副进料。

主进料为数量大的减压渣油。减压渣油进装置换热后直接进入加热炉对流段再到辐射段加热，然后再进入生产普通焦的焦炭塔内进行焦化反应，反应后的油气经焦炭塔顶转油线进入分馏塔。

副进料为生产针状焦的原料，如热裂化焦油、催化澄清油、润滑油精制抽出油等，数量较少。这部分油料经换热后进入分馏塔底部与分馏塔内的重馏分混合，由塔底进入另一座加热炉加热后，送入生产针状焦的焦炭塔中反应，反应后的油气也进入分馏塔。

从上述的流程可知，主进料为无循环(单程)操作，副进料为有循环操作。而主、副进料反应物中的重馏分油都成为副进料的循环油，从而扩大针状焦原料的来源。

(六) 煤焦油

用煤焦油生产的针状焦，称为煤系针状焦。相对应的以天然石油组分生产的针状焦，称为油系针状焦。两者的质量相比，油系针状焦较好。

煤焦油是煤焦化或气化时产生的副产物，主要为多环芳烃，含有较多的树脂状化物和游离碳。因此焦化前必须预处理，通过蒸馏和溶剂抽提除去其中的喹啉不溶物。

大量试验证明，采用目前炼厂能提供的催化裂化澄清油、热裂化焦油、润滑油精制抽出油或混兑不同比例的高温裂解制乙烯焦油、减压渣油、焦化循环油等为原料，并适当改变工艺流程，是可以生产出针状焦的。

第五节　弹丸焦的生成与控制

随着重油的劣质化，其焦化性能亦发生了很大的变化，在实际加工过程中容易出现弹丸焦。弹丸焦的出现对装置的长周期运行和安全生产带来了极大的威胁[43,44]，如致使焦炭塔在生产过程中易产生“腾涌”现象而导致焦炭塔晃动；水力除焦时局部温度过高，可能导致焦块崩落，使得焦炭塔变形，而在拆卸底盖时容易塌方伤人；冷焦困难且放水线容易堵塞进而导致装置停工等。同时，由于其状似弹丸，硬度高于正常的石油焦，国内焦炭市场难以销售，大大降低了焦化装置的经济效益，但由于弹丸焦含较低的挥发分，因此过程的生焦率低于常规焦化，国外加工高沥青质原料焦化装置中经常生产弹丸焦。总体而言研究弹丸焦的生成与控制是焦化工艺的一个重要课题。

一、弹丸焦性状表征

弹丸焦因其球状类似弹丸的外形而得名，粒度可由弹丸大小到足球大小，也可呈沙粒状与脆弱的粉焦生成易破碎的焦球。图 3-5-1[45]为某焦化工业装置弹丸焦颗粒普通照片，这些颗粒基本为表面坚硬光滑且少孔的球体。取自同一延迟焦化装置焦堆的弹丸焦和海绵焦的性质对比表明：两者表观密度和元素组成基本相同，孔容分布有一定差异，但是硬度存在明显差别，弹丸焦的哈氏可磨性指数 HGI 为 27，而海绵焦的则为 70(表 3-5-1)。由此可见，弹丸焦的硬度明显高于海绵焦，这使得弹丸焦较难被研磨和有效利用，它只能用作发电、水泥等工业燃料。因此可以根据弹丸焦这些特有的结构与性质对弹丸焦进行初步鉴别。

图 3-5-1　弹丸焦普通照片[45]

表 3-5-1　弹丸焦与海绵焦的物理性质比较[45]

项　目	弹丸焦	海绵焦
生焦中的挥发分/%	9.6	10.2
表观密度/(g/cm^3)	1.83	1.79
孔容分布/(mm^3/g)		
100~15μm	7	19
15~0.1μm	26	48
0.1~0.014μm	10	16
100~0.014μm	43	83
硬度(HGI)①	27	70

① HGI(Hardgrove Grindability Index)是按照 ASTMD5003—95 方法测定，其数值越小表示试样越硬。

进一步鉴别所成焦是否为弹丸焦的一个有力工具是偏光显微镜，弹丸焦的抛光焦块在偏光显微镜下，能够呈现出大面积的细镶嵌结构，其光学各向异性组织单元尺寸一般小于10μm，如图 3-5-2[46]。在研究弹丸焦时，通常也将各向异性组织单元尺寸小于 10μm 作为确定所成焦为弹丸焦的一个依据[46,47]。

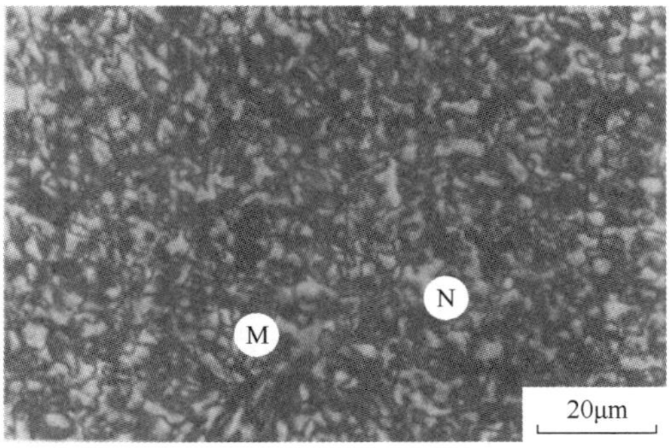

图 3-5-2　弹丸焦偏光显微镜照片[46]

最后，弹丸焦在扫描电镜下能够呈现出独特的形貌。图 3-5-3[45] 为弹丸焦的扫描电镜照片，由图可以明显看出，很多较小的弹丸焦颗粒聚集在一起形成较大的聚集体(A 放大倍数小些，B 放大倍数更大些)，其表面显得相当光滑平整，孔隙较少且大小比较均匀。

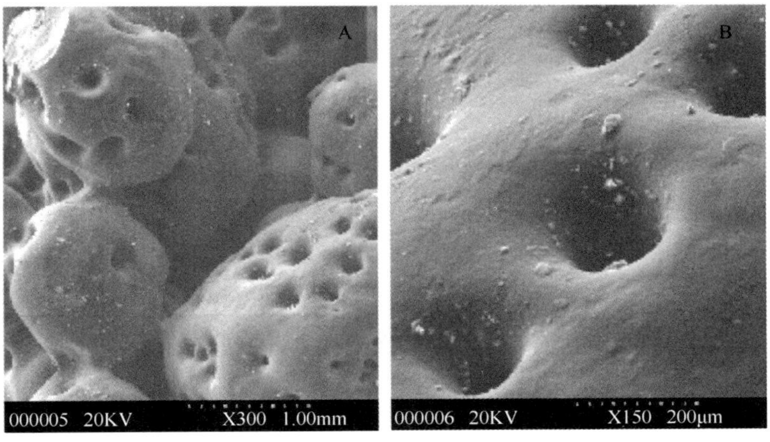

图 3-5-3　弹丸焦扫描电镜照片[45]

二、生成弹丸焦的原因

1. 弹丸焦的形成机理

中国石油大学(华东)采用偏光显微镜对弹丸焦生成过程中光学组织结构变化进行了实时监控[图 3-5-4(a)~(d)]，从图 3-5-4 可以看出各向同性到各向异性的微观转变，经历了小球体的出现、长大、融并、增黏固化等阶段，生成各向异性组织单元尺寸小于 10μm 的弹丸焦显微结构，进而在气流冲刷力和重油黏结性的作用下，相继形成初级弹丸焦和二级弹丸焦[图 3-5-4(e)~(g)]。因而揭示弹丸焦的生成历程为：原料→不稳定中间相小球体→镶嵌型中间相→初级弹丸焦→二级弹丸焦。这一历程可以形象地用图 3-5-4 展示[48]。

弹丸焦形成的具体过程可描述如下：原料渣油为各向同性的基质如图 3-5-4(a)。随着热转化反应的进行，其胶体体系被破坏，部分沥青质聚沉而发生相分离，生成一种既有各向异性的固体特性，又有能流动、悬浮时呈球状的液体特性的中间相。由于表面张力的作用，这些中间相呈直径大小各异的球状，因此又叫中间相小球体如图 3-5-4(b)。刚开始，中间相小球体的直径非常小，但是通过吸收母液中结构类似的芳香性分子，小球体逐渐长大如图 3-5-4(c)。小球体与小球体相遇时，还可以由于相类似的芳香性分子层片的插入或排队衔接于原来的边缘层片行列上，而融并成为更大的复球如图 3-5-4(c)A 处。如果大球体之间再碰撞、融并后将会形成更大的球体，如此循环往复，直至球体直径大到其表面张力无法维持，就形成中间相体。由于反应温度较高，系统最低黏度持续的时间较短，中间相小球生成、成长、融并等一系列自组装过程所需的低黏度不能满足，反应生成的中间相小球体仅经过有限程度的成长和融并后即固化形成具有细镶嵌结构的弹丸焦如图 3-5-4(d)。进一步实验研究发现，直径 2~5mm(也有报道为 2~10mm)的弹丸形颗粒聚集在一起形成较大的聚集体如图 3-5-4(e)，其表面显得光滑平整、孔隙较少且大小比较均匀如图 3-5-4(f)，并且这种一级弹丸焦还可以复合在一起形成篮球或橄榄球大小的二级弹丸焦如图 3-5-4(g)。

2. 外因分析

延迟焦化工艺的操作条件是影响弹丸焦生成的外部因素，主要包括反应温度、反应压力、循环比以及气相流速。

(1) 反应温度

温度是焦化反应的重要参数之一，对反应最终的成焦类型具有重要影响。据文献[43]，升高温度有利于弹丸焦的生成，温度越高，生成弹丸焦的数量越多，直径越大。延迟焦化工业装置的加热炉出口温度一般在 495~505℃，辽河石化公司(以下简称辽化)延迟焦化装置在加工辽河超稠原油时将该温度设为 503℃，结果生成了弹丸焦，当其值降至低于 498℃时，弹丸焦数量有所降低[57]。克拉玛依石化公司延迟焦化装置加工北疆稠油时，将加热炉出口温度从 500℃降至 495℃，抑制了弹丸焦的生成[58]。可见，高温确实有利于弹丸焦的生成。温度上升或下降 5℃就有可能促进或抑制弹丸焦的生成，这与 Ali[45]的研究结果吻合。

高温之所以有利于弹丸焦的生成可能是因为：高温下自由基反应剧烈，短时间内不会被氢转移反应所稳定，缩合速度较快，以至没有足够的时间使中间相分子达到所需尺寸[49]，同时，由于系统最低黏度持续时间较短，中间相小球体来不及融并及增长就已固化，结果导致形成光学结构较小的弹丸焦。这与 Elliott[61]的研究结论基本一致。另外，高温下气体的快速逸出可能使得系统紊乱，破坏中间相融并与破碎的平衡，在气流的强烈扰动下，中间相只能以尺寸较小的碎片的形式存在，最终导致弹丸焦的生成[46]。

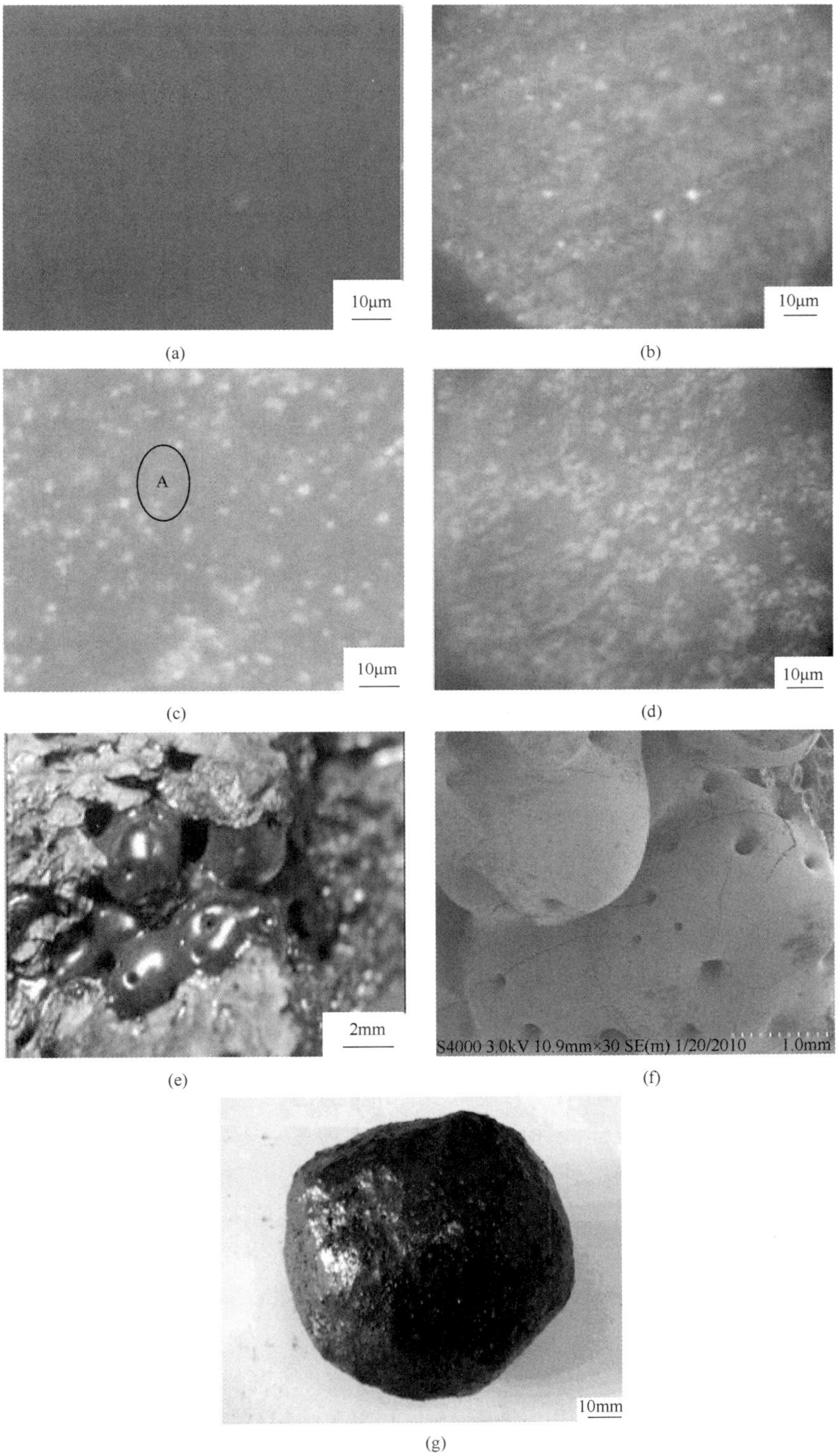

图 3-5-4　弹丸焦形成过程中的光学结构和颗粒形貌[48]

反应温度为 480℃；反应时间为(a)0min，(b)15min，(c)30min，(d)60min；

(e)、(f)为取自重质油国家重点实验室焦化中试装置弹丸焦样品；(g)为取自工业装置弹丸焦样品

（2）压力

Ali[45]的研究表明，压力发生 34kPa 的变化就有可能影响焦炭的结构：降低焦炭塔压力有利于弹丸焦的生成，增加压力有助于抑制弹丸焦的生成。国内大量工业试验也证实了这一结论[51,52,57]。克拉玛依石化公司延迟焦化装置加工北疆稠油时，将压力由 0.11～0.12MPa 提高为 0.15～0.16MPa[58]；辽化延迟焦化装置加工辽河超稠油时，将压力由 0.13～0.15MPa 提高为 0.17～0.25MPa[57]，这在一定程度上均抑制或减少了弹丸焦的生成。

提高压力之所以能够抑制弹丸焦的生成是因为：压力的提高可阻止原料的快速气化，降低焦炭塔内气速，降低弹丸焦前躯体在液体中的浓度及反应速度[53]，改善中间相小球体的长大、融并及大流域结构的形成发展，进而抑制了弹丸焦的生成。

（3）循环比

循环比即循环油质量与新鲜原料质量的比值。延迟焦化装置的循环比一般在 0.03～0.30。降低循环比有利于弹丸焦的生成，增加循环比则可以抑制弹丸焦的生成。工业实践也证明，增加循环比是比较可行的。扬子石化分公司炼油厂Ⅱ套延迟焦化装置加工双卡油时，采用了 0.25～0.28 的循环比[62]；克拉玛依石化公司延迟焦化装置加工北疆稠油时，将循环比控制在 0.56 以上[58]；独山子石化公司延迟焦化装置掺炼丙脱沥青时，将循环比由正常的 0.40 提高至 0.50[51]。结果均表明，循环比的增加能够有效抑制弹丸焦的生成。但是辽化延迟焦化装置加工辽河超稠油时，却得出了相反的结论，即增加循环比反而有利于弹丸焦的生成[52]。这可能与该装置是辽河稠油以原油状态直接进装置的特点有关，混合原料在分馏塔塔底分配不合理，导致循环油中含有过多的较轻组分，增加循环比导致轻组分含量随之增加，使得焦炭塔内气速过大，促进了弹丸焦的生成[44,48]。

增加循环比能够抑制弹丸焦的形成可能有两方面的原因：一方面，溶剂效应。增加循环比可以有效降低焦化原料沥青质含量，提高芳烃含量，增加系统胶体稳定性，减缓生焦速度，抑制弹丸焦生成。另一方面，供氢作用。焦化蜡油中含有相当数量的类似芳烃的芳并环烷环结构，它们在热作用下，可释放出活泼氢，淬灭沥青质自由基，降低大自由基团缩合的几率，延缓生焦[63,64]，从而抑制弹丸焦生成。

（4）气相速度

气相速度对弹丸焦的生成也具有一定的影响。易形成弹丸焦的原料中轻组分越多、焦化加热炉出口温度越高、焦炭塔塔顶压力越低及循环比越小这些利于弹丸焦生成的因素，都是在某种程度上增加了焦炭塔气体线速度。Marsh[46]认为焦炭塔中的高线速是使弹丸焦成为球形的必要条件。工业装置空塔气速一般为 0.12～0.21m/s。克拉玛依石化公司延迟焦化装置加工北疆稠油在气速为 0.19m/s 时，生成了弹丸焦，当该值降为 0.155m/s 后，弹丸焦的生成得到了抑制[58]。中型延迟焦化试验装置产生弹丸焦时的气相速度为 0.015～0.018m/s[45]，而在小型焦化模拟装置上，将气相速度设定为 0.016m/s，结果没有生成弹丸焦[45]。

3. 内因分析

原料性质及其组成是导致生成弹丸焦的重要内因。研究发现[48]，沥青质残炭之比大于 0.5、氢碳原子比小于 1.5、胶体稳定性参数小于 3.5 的焦化原料易生成弹丸焦。此外，高杂原子含量的焦化原料也易生成弹丸焦[50～52]。

姜伟等[53]发现，产生弹丸焦时，延迟焦化原料中沥青质质量分数达到了 13%，Ni 和 V 的质量分数达到了 314μg/g，原料的残炭与沥青质质量比为 1.4。他们认为，原料性质变化尤其是沥青质和金属含量的变化是生成弹丸焦的主要原因，当焦化原料的沥青质含量接近其残炭值时，生成弹丸焦的可能性较大。洛阳石化公司新建焦化装置掺炼塔河油减渣生成弹丸焦时，焦化进料残炭值高达27.11%，沥青质与胶质的质量分数之和为49.7%，远高于设计值[43]。杨长文[52]针对辽河石化公司加工密度大、盐含量高的辽河超稠原油经常出现弹丸焦的情况，对原料进行了考察，结果表明：沥青质含量对弹丸焦的形成有直接影响，当原料中Ca的含量上升到536μg/g时，无论如何调整操作都无法避免弹丸焦的生成。

福斯特-惠勒公司曾用残炭值、金属含量等参数来预测渣油生成弹丸焦的倾向[50]。Marsh等[46]研究认为，当原料中沥青质与残炭值之比不小于0.5时，其生成弹丸焦的倾向会增加。但是Siskin等[54]对此持不同的观点，他们的研究认为原料中的沥青质与残炭值之比不是预测弹丸焦的可靠参数，并且指出沥青质芳碳数与惰性(硫+氮)原子数之比小于16或沥青质每个结构单元溶解度参数较大的原料易生成弹丸焦，这些都说明了目前内因分析还是有不同的观点，但焦化原料性质变化是影响弹丸焦形成的主要原因这一点还是可以肯定的，从我国这几年的实际情况讨论，在没有大量加工沥青质含量高的进口原油(如中东重质原油)以前，我国焦化装置从来没有产生过弹丸焦。

除上述残炭值、沥青质、金属含量等原料性质影响弹丸焦的形成外，原料中的氧含量对弹丸焦的生成可能也有一定的影响。Siskin等[55]采用空气氧化减压渣油再焦化的方法生成了弹丸焦，但究竟是因为沥青质含量及极性的增加促进相分离，进而导致弹丸焦的生成，还是因为沥青质中的氧原子使生焦速度加快所致，目前还不能定论。张怀平等[56]研究氧化沥青成焦行为时，也发现空气氧化焦化原料后，所成焦光学结构变差。原料中轻组分含量的多少也影响弹丸焦的生成。张峰等[57]通过对比几种易生成弹丸焦的原料时发现，在相同加工能力下，原料含轻组分越多越易形成弹丸焦，FW公司认为轻组分增多，会降低交联芳烃焦炭的生成，从而提高沥青焦的比例，导致弹丸焦的生成[53]。克拉玛依石化公司延迟焦化装置加工北疆稠油时的生产情况也证实了这一点[58]。

残炭值、沥青质、金属含量等原料性质之所以能够影响弹丸焦的生成，可能是因为：沥青质含量高的原料其胶体稳定性较差，生焦诱导期短[59]，生焦速度快，所以易形成弹丸焦[53]。但是不能单从沥青质的含量来判断其生成弹丸焦的趋势，因为不同渣油的同一组分性质差别很大，它们对体系胶体稳定性的影响是不同的，即还需考察其结构的综合影响。残炭值是反映渣油结焦趋势的一个重要指标，渣油的残炭值越高，其生焦趋势越明显，生成弹丸焦的倾向增加。重金属尤其是Ni、V能够促进弹丸焦的生成，可能是因为其在焦化过程中起到了催化脱氢的作用，加快了反应速度所致，但是其具体的作用机制尚不清楚。原料轻组分含量越多越易形成弹丸焦可能有两方面的原因：一方面，轻组分的增多增加了焦炭塔内的气体线速度[57]，焦粒在高线速气流冲刷下形成球状的弹丸焦；另一方面，可能是因为轻组分中含有较多的饱和烃，饱和烃促进了渣油热反应初期生焦[60]，生焦速度加快所致。

三、减少弹丸焦生成的方法[44,65]

1. 改善原料性质

焦化原料性质是生成弹丸焦的内因。延迟焦化装置加工易形成弹丸焦的原料时，应考虑掺炼其他高芳香性原料(如催化油浆)或性质较好的渣油，以降低焦化原料的沥青质、重金属含量及残炭值，并提高胶体稳定性，使沥青质不容易聚沉，从而改善进料质量，减缓生焦速度，从根本上抑制弹丸焦的生成。但是掺炼高芳香性的二次原料降低了减压渣油焦化原料的处理能力。

2. 优化工艺操作条件

焦化工艺操作条件是生成弹丸焦的外因。在一定的原料条件下，采取降低反应温度、升高反应压力、选取适宜馏分油并增加其循环比等措施，有利于抑制弹丸焦的生成。但是反应温度如果降低太多，会导致反应深度不够，馏分油收率降低，同时有生成软焦或焦油的风险；循环比和压力的提高，会降低馏分油收率、增加焦炭产率，同时还会降低装置的加工量、增加能耗。因此，焦化工艺操作条件的调整有一个适度的范围，实际生产中应根据原料性质、加工流程及产品分布要求等方面综合考虑，选择适宜工艺操作条件。

第六节　重质油的热转化反应动力学

重质油(指减压渣油)的热转化行为与其组成结构有着密切联系，其裂化转化率不仅取决于其氢、碳含量，同时还与其硫、氮含量等有关。有研究表明[66]，原料的氢碳比越大，硫及氮的含量越高，相对分子质量越小，则其裂化性能越好；而当原料的氢碳比越小时，其缩合转化率一般越高。此外，如从原料的四组分组成来看[67,68]，饱和分、芳香分和胶质对裂化反应均有相应的贡献，其中以饱和分的裂化反应能力为最强，芳香分次之，胶质最弱；而其缩合反应的能力则相反，胶质比芳香分更容易缩合，饱和分基本不发生缩合反应。

一、重质油热转化的反应动力学模型

减压渣油本身的组成已十分复杂，经热反应后其体系就更加复杂，所以对于它的热转化反应动力学行为只能根据实验结果加以简化模拟。关于重质油热转化反应动力学模型方面的文献为数众多，此处只能介绍其中若干较为典型的方法。

(一) 热重法

动态热重法是研究各类化合物热反应动力学的一种常用的手段[69]，此法也可以用来考察重质油的热反应行为。试验时，在专门的仪器中，油样在惰性气体的保护下，以一定的升温速率加热，并实时记录其失重的数据，然后再依据所得的失重曲线，用相关的数学方法求得其反应动力学参数。在此法中，是将重质油试样及其缩合产物在总体上看作为反应物，而把由于蒸发和裂解反应而被惰性气体携带出去的、较易挥发的物质作为产物。

杨继涛等[70]采用动态热重法对大庆、胜利、任丘及单家寺减压渣油及其组分的热反应进行了考察。他们将反应温度分为两个温区，用两段一级动力学模型拟合试验数据。表 3-6-1 中所列为用积分法对热重试验数据进行处理所得的结果，四种减压渣油在第一个温区中的表观活化能为 82~131kJ/mol，在第二个温区中则为 150~177kJ/mol。认为这是由于在温度较低的第一个温区内，渣油中一些较不稳定的组分先发生反应，其表观活化能较小；而在温度较高的第二个温区内一些较稳定的组分也发生反应，其表观活化能就明显较大。

表 3-6-1　减压渣油热反应表观活化能[70]

减压渣油	参　数	第一温区	第二温区
胜　利	温度范围/℃ 表观活化能/(kJ/mol)	<395 82.13	395~448 149.3
大　庆	温度范围/℃ 表观活化能/(kJ/mol)	<430 124.7	430~487 159.5

续表

减压渣油	参 数	第一温区	第二温区
任 丘	温度范围/℃ 表观活化能/(kJ/mol)	<408 131.0	408~448 164.1
单家寺	温度范围/℃ 表观活化能/(kJ/mol)	<469 83.17	469~507 177.4

王芳珠等[71]用热重法对孤岛减压渣油超临界流体萃取分离窄馏分的热反应动力学进行了研究，数据表明其表观活化能随反应转化深度的增加而增大，这是由于反应是从易反应组分至难反应组分逐渐深化所致。

丁德磐等[72]在用热重法研究胜利渣油、阿拉伯渣油、也门渣油、也门-胜利混合渣油以及沙特-胜利混合渣油的热反应行为时也作了分段处理。认为在第一温区(240~420℃)中，渣油热反应处于初期，各组分中主要发生一些弱键的断裂，其中包括外围官能团的脱落及杂原子键的断裂；进入第二温度区间(420~480℃)后，渣油各组分开始激烈分解，发生断链和裂环反应，强键也遭破坏。对所研究的油样，求得的低温区表观活化能在60~90kJ/mol之间，高温区表观活化能在130~170kJ/mol之间。同时还指出：在用动态热重法对重质油热反应行为进行的研究中，尚有一些问题有待进一步探索。诸如，升温前期的失重一方面是由于油样裂解产物的逸出，另一方面是由于油样中较轻组分的挥发所致；而在升温的后期，由于油样中胶质和沥青质的缩合生焦以及部分产物的二次反应加剧，已不再符合一级反应规律。

郭爱军等[73]用热重法考察了锦州减压渣油及其各组分的焦化性能。图3-6-1[73]所示为用此法测得的锦州减压渣油及其各组分生焦率，由图可见其生焦率从大到小的顺序为沥青质、胶质、芳香分、饱和分，原料渣油的生焦率介于芳香分与胶质之间。用组分调和的方法进行试验，结果表明饱和分可促进其他组分生焦，而芳香分则可抑制胶质和沥青质的生焦。

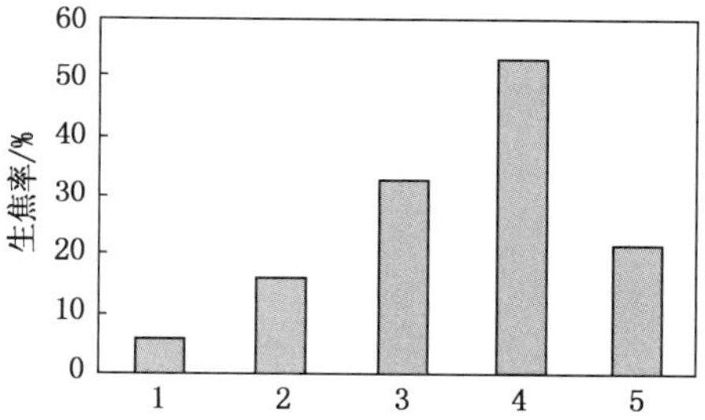

图3-6-1 锦州减压渣油及其各组分的生焦率[73]
1—饱和分；2—芳香分；3—胶质；
4—沥青质；5—减压渣油

（二）平行反应动力学模型

在平行反应动力学模型[74,75]中，重质油的反应一般分为两个方向，一方面是裂解生成馏分油(二次加工过程可指蜡油馏分)及气体产物(或统称挥发物)，另一方面则缩合生成焦炭，文献中大多把焦炭定义为苯(或甲苯)不溶物。这样，此模型便由如下两个平行反应组成：

$$重质油(\omega_0)\begin{cases}\xrightarrow{k_1} 挥发物(\omega_1)\\ \xrightarrow{k_2} 焦炭(\omega_2)\end{cases}$$

如假定这两个反应均属表观一级，其动力学方程式为：

$$\frac{d\omega_1}{dt}=k_1\omega_0$$

$$\frac{d\omega_2}{dt}=k_2\omega_0$$

式中　ω_0，ω_1，ω_2——相应为反应体系中重质油、挥发性产物及焦炭的质量分数；

k_1，k_2——两个平行一级反应的反应速率常数。

久富胜机等[74]对米纳斯常压渣油及伊朗减压渣油在400～500℃范围内的热转化试验数据，用此类模型处理求得了两个平行一级反应的表观活化能，其结果如表3-6-2所示。实际上，许多研究表明，重质油的热裂解一般可以近似地作为表观一级反应处理，而其缩合反应则往往不符合一级反应规律。

表3-6-2　米纳斯及伊朗渣油热反应表观活化能[75]

试　样	表观活化能/(kJ/mol)	
	E_1(裂解反应)	E_2(缩合反应)
米纳斯常压渣油	276	207
伊朗减压渣油	203	150

许玉明等[18]在胜利减压渣油低温热转化的研究中对缩合产物界定为次生沥青质(热转化残渣油中的沥青质减去原料中的沥青质)，并用下列两个平行反应来表示：

$$渣油(1-\omega_1-\omega_2)\begin{cases}\xrightarrow{k_1} 气体+馏分油(\omega_1)\\ \xrightarrow{k_2} 次生沥青质(\omega_2)\end{cases}$$

其动力学方程组表示如下：

$$\frac{d\omega_1}{dt}=k_1(1-\omega_1-\omega_2)^{n_1}$$

$$\frac{d\omega_2}{dt}=k_2(1-\omega_1-\omega_2)^{n_2}$$

式中　ω_1，ω_2——相应为反应体系中(气体+馏分油)及次生沥青质的质量分数；

k_1，k_2——相应为裂化反应及缩合反应的反应速率常数；

n_1，n_2——相应的表观反应级数。

用此法求得的胜利减压渣油在340～400℃之间的热反应动力学参数为：热裂化反应服从二级反应，相应的表观活化能为176kJ/mol；缩合反应服从一级反应，相应的表观活化能为214kJ/mol。

陈绍洲等[76]在间歇反应器中研究了大庆减压渣油在400～440℃下的热转化行为，并求得其裂化反应的表观活化能为167kJ/mol，缩合生焦反应的表观活化能为240kJ/mol。

丁宗禹等[77]通过对胜利减压渣油的热转化研究，求得其裂化反应的表观活化能为176kJ/mol，缩合反应的表观活化能为214kJ/mol。

韩树凯等[78]对南京炼油厂焦化加热炉进口渣油(混有循环油)在400℃、415℃及430℃下进行了恒温热裂解试验，并求得其裂解反应表观活化能为261kJ/mol。

(三) 平行-连串反应动力学模型

实际上，重质油的热转化不仅包括了一系列平行的反应，而且在反应的进程中还发生着许多相继的连串反应。对此，有些研究工作者建议用平行-连串反应动力学模型来加以描述。

例如，有些研究工作者考虑到重质油中各组分反应性的差异，按其溶解度划分为可溶质和沥青质两个组分来建模。这样就得到如下的平行-连串反应动力学模型：

正庚烷可溶质(ω_0) $\xrightarrow{k_1}$ 馏分油 + 气体(ω_1)

正庚烷可溶质(ω_0) $\xrightarrow{k_2}$ 正庚烷沥青质(ω_2) $\xrightarrow{k_3}$ 苯不溶物(ω_3)

其动力学方程为：

$$\frac{\mathrm{d}\omega_1}{\mathrm{d}t}=k_1\omega_0^{n_1}$$

$$\frac{\mathrm{d}\omega_2}{\mathrm{d}t}=k_2\omega_0^{n_2}-k_3\omega_2^{n_3}$$

$$\frac{\mathrm{d}\omega_3}{\mathrm{d}t}=k_3\omega_2^{n_3}$$

式中　ω_0，ω_1，ω_2，ω_3——相应为反应体系中正庚烷可溶质、馏分油+气体、正庚烷沥青质及苯不溶物的质量分数；

k_1，k_2，k_3——三个反应的反应速率常数；

n_1，n_2，n_3——其相应的表观反应级数。

这个模型表示渣油在热转化时，一方面是可溶质裂解成较小的分子直至气体，另一方面则是缩合成沥青质进而至焦炭。

杨嘉谟等[17]用此模型对欢喜岭减压渣油的研究表明，在385~430℃范围内，其裂解反应大致为一级，表观活化能为250~260kJ/mol；其缩合反应大致为二级，表观活化能为210~240kJ/mol。

Bianco等[33]在对别莱姆减压渣油热转化的研究中采用了如下的动力学模型：

减压渣油 $\xrightarrow{k_1}$ 馏分油 + 气体

减压渣油 $\xrightarrow{k_2}$ 中间产物 $\xrightarrow{k_3}$ 焦炭

在假定所有的反应均服从一级反应规律的前提下，求得裂化反应表观活化能为207kJ/mol，其从中间产物缩合生成焦炭反应的表观活化能为268kJ/mol。

对于重质油的深度热转化，守富宽等[79]采用了下列平行-连串反应模型：

苯可溶物(BS) $\xrightarrow{k_1}$ 挥发物

苯可溶物(BS) $\xrightarrow{k_2}$ 苯不溶－喹啉可溶物(BI－QS，半焦) $\xrightarrow{k_3}$ 喹啉不溶物(QI，焦)

有的动力学模型中还考虑到平行反应之间的互相交叉，这样更接近实际情况，当然其数学处理也就更复杂一些。图3-6-2[80]，图3-6-3[81]即为此类模型的两个例子。

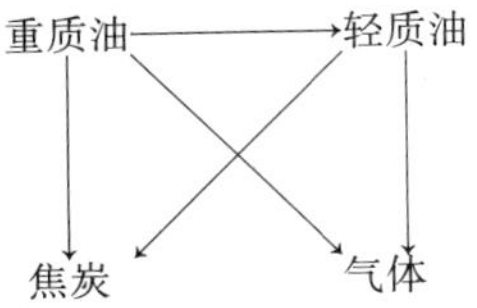

图 3-6-2　Dave 等提出的重质油热转化四集总反应动力学模型[80]

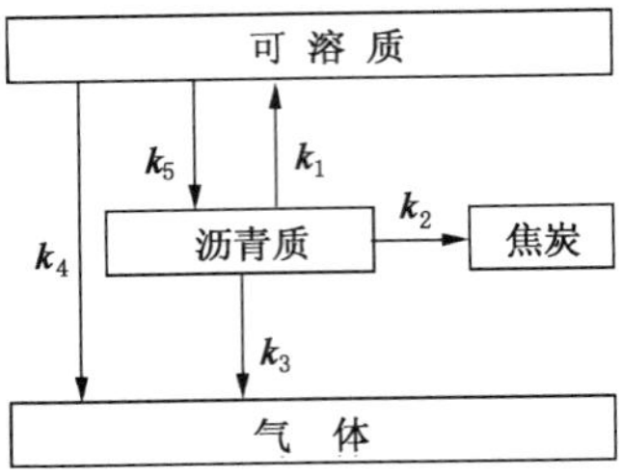

图 3-6-3　Trauth 等提出的重质油热转化四集总反应动力学模型[81,82]

(四) 八集总反应动力学模型

针对比较复杂的体系，韦潜光等[83,84]提出了按集总(Lump)进行动力学研究的方法。根据此类方法，可按照动力学特性的差异，将反应体系按分子或结构单元的类型划分为若干个集总，把每一个集总看作是一个虚拟的单一组分，并据此建立起由若干个平行反应和连串反应构成的集总动力学模型。

Toru Takatsuka 等[85]提出了一个如图 3-6-4 所示的重质油热转化八集总反应动力学模型，并假定裂化和缩合反应均为一级。在该模型中，将从正庚烷可溶物和正庚烷不溶-甲苯可溶物(即正庚烷沥青质)裂化生成的产物根据馏程分成<150℃(含气体)、150~260℃、260~370℃、370~538℃四个集总，把裂化均处理为平行反应；而认为缩合反应是一个连串反应，从正庚烷可溶物(HS)转化为正庚烷不溶-甲苯可溶物(HI-TS)，进而缩合为甲苯不溶-喹啉可溶物(TI-QS)，其最终产物为喹啉不溶物(QI)。

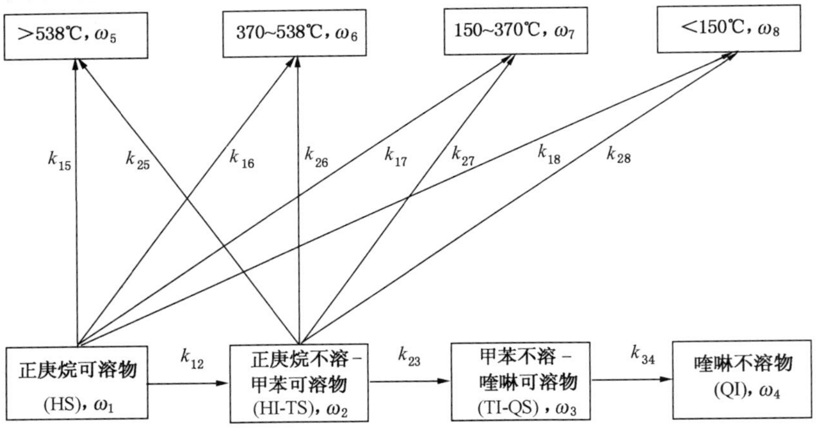

图 3-6-4　重质油热转化八集总反应动力学模型[85]

其动力学方程组为：

$$\frac{d\omega_1}{dt} = -(k_{12} + k_{15} + k_{16} + k_{17} + k_{18})\omega_1$$

$$\frac{d\omega_2}{dt} = k_{12}\omega_1 - (k_{23} + k_{25} + k_{26} + k_{27} + k_{28})\omega_2$$

$$\frac{d\omega_3}{dt} = k_{23}\omega_2 - k_{34}\omega_3$$

$$\frac{d\omega_4}{dt}=k_{34}\omega_3$$

$$\frac{d\omega_5}{dt}=k_{15}\omega_1+k_{25}\omega_2$$

$$\frac{d\omega_6}{dt}=k_{16}\omega_1+k_{26}\omega_2$$

$$\frac{d\omega_7}{dt}=k_{17}\omega_1+k_{27}\omega_2$$

$$\frac{d\omega_8}{dt}=k_{18}\omega_1+k_{28}\omega_2$$

（五）十一集总反应动力学模型

周晓龙等[86,87]建立了以减压渣油的饱和烃、轻芳烃、重芳烃、软胶质、硬胶质和沥青质等 6 个组分，以及其热裂解产物中的气体、汽油、饱和烃裂解生成的中间馏分油 1、除饱和烃以外的族组分生成的中间馏分油 2 和焦炭等 5 组分共同构成的，如图 3-6-5 所示的渣油十一集总反应动力学模型。

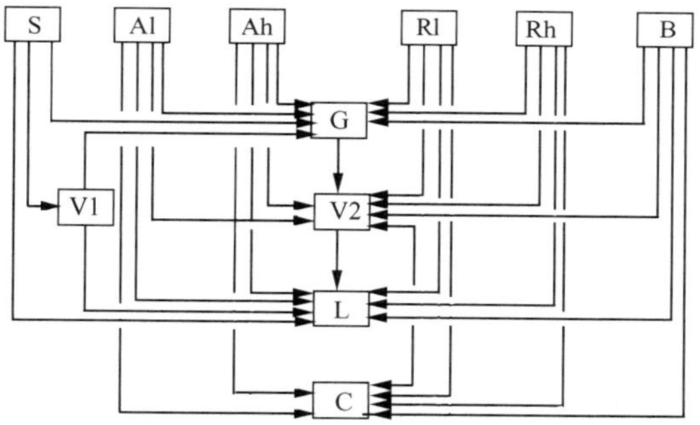

图 3-6-5 重质油十一集总反应动力学模型[86,87]

S—饱和烃；Al—轻芳烃；Ah—重芳烃；Rl—软胶质；Rh—硬胶质；B—沥青质；
G—气体；L—汽油；V1—中间馏分油 1；V2—中间馏分油 2；C—焦炭

该模型中假设：①减压渣油中的 6 个组分之间不发生相互反应；②所有反应均符合一级反应动力学方程；③饱和烃裂解生成的中间馏分油，与其他 5 个集总组分裂解生成的中间馏分油在进一步裂解时的反应性能不一样。

该反应网络中共有 28 个反应速率常数，这些参数可以用 k 来表示，其下标分别代表该反应的原料及产物。例如：k_{SL} 就表示饱和烃（S）裂解生成汽油组分（L）的反应速率常数，k_{V2C} 就表示中间馏分油 2（V2）生成焦炭（C）的反应速率常数。

根据图 3-6-5，可将总的反应网络分解为从减压渣油的 6 个组分出发的 6 个子反应网络。以轻芳烃集总为例，其子反应网络如图 3-6-6 所示。相应地便可列出如下反应动力学方程组：

$$\frac{d\omega_{Al}}{dt}=-(k_{AlG}+k_{AlL}+k_{AlV2}+k_{AlC})\omega_{Al}$$

$$\frac{d\omega_{V2}}{dt}=k_{AlV2}\cdot\omega_{Al}-(k_{V2G}+k_{V2L}+k_{V2C})\omega_{V2}$$

$$\frac{d\omega_G}{dt}=k_{AlG}\cdot\omega_{Al}+k_{V2G}\cdot\omega_{V2}$$

$$\frac{d\omega_L}{dt}=k_{AlL}\cdot\omega_{Al}+k_{V2L}\cdot\omega_{V2}$$

$$\frac{d\omega_C}{dt}=k_{AlC}\cdot\omega_{Al}+k_{V2C}\cdot\omega_{V2}$$

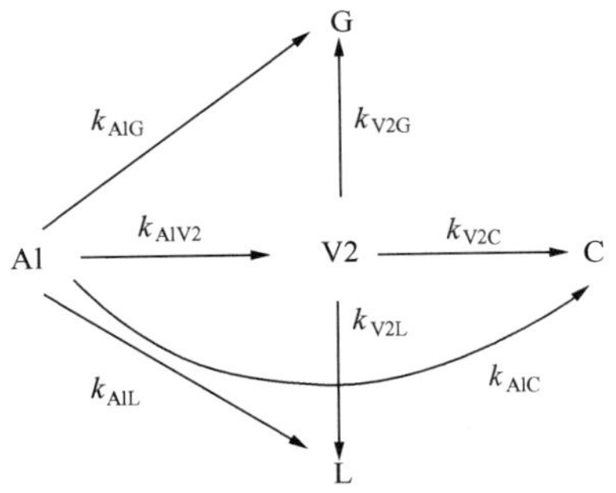

图 3-6-6　轻芳烃集总的子反应网络

Al—轻芳烃；G—气体；L—汽油；

V2—中间馏分油 2；C—焦炭

以减压渣油的 6 个组分各自的热转化反应试验结果为依据，通过对各个子反应网络的运算和进一步数学处理，可以求取上述十一集总反应动力学模型中 28 个反应的动力学参数。

周晓龙等[86,87]曾以大庆及鲁宁管输减压渣油为原料进行了分离和热转化试验，并用此法求取了相关的动力学参数，所得的计算结果与实验数据吻合较好。

马伯文等[88]在上述十一集总反应动力学模型的基础上建立了减压渣油延迟焦化装置物料平衡的工艺模型。该模型除了重视对渣油的热化学反应本身的模拟之外，还特别重视对延迟焦化装置中存在的一些各具特点的化学工程问题和复杂的分离问题的模拟，以期能更好地反映延迟焦化装置的主要操作条件和原料性质对物料平衡的影响，使求得的各种产品收率与实际装置更加吻合。为此，马伯文等对十一集总模型作了如下一些修正：

① 鉴于原模型中各产物的切割点与现场的实际数值有一定差别，需要进行校正。

② 根据装置上焦炭塔的实际状况，设定焦化原料油的一次裂解反应是在液相中进行，而以中间馏分为原料的二次裂解反应则是在气相中进行的，同时认为在中间馏分的二次裂解反应中可忽略其生焦反应。

③ 在模型中考虑了循环油，并将它看作为蜡油和渣油的混合物。

④ 对气体、馏分油和焦炭的产率，分别进行了反应压力的校正。

考虑到实际延迟焦化生产装置的复杂情况，又引入了有关辐射段进料组成、操作压力、物料夹带、物料挥发、停留时间和温度变化等子模型，进一步开发了延迟焦化装置物料平衡的工艺应用模型。在运算时，将整个反应过程根据温度变化的幅度，分为若干长短不一的时间区间；在每个时间区间内，设其温度为一定值，分别按等温反应过程计算其物料平衡，然后再将所有时间区间的数值加和求得总的物料平衡。

根据此应用模型能预测不同操作工况下延迟焦化产物的分布状况，用上海炼油厂延迟焦化生产装置的标定核算数据验证结果见表 3-6-3，其相对误差小于 10%。

表 3-6-3　上海炼油厂延迟焦化装置物料平衡的计算值与标定值的比较[88]

项　目	计算值($w_{计算}$)/%	标定值($w_{标定}$)/%	绝对误差/%	相对误差/%
气　体	8.40	9.14	0.74	8.1
汽油馏分	17.28	17.66	0.38	2.2
柴油馏分	23.26	24.08	0.82	3.4

续表

项　　目	计算值($w_{计算}$)/%	标定值($w_{标定}$)/%	绝对误差/%	相对误差/%
蜡油馏分	34.21	33.48	0.73	2.2
循环油	40.76	40.0	0.76	1.9
焦　炭	16.10	15.73	0.37	2.4

进一步还可用此工艺应用模型，在不同的循环比和不同的操作条件下，对延迟焦化产物收率进行预测。这样，便能根据不同目标产物的最大收率要求，在循环比、温度、压力等约束条件的限定范围内，找出所求目标产物的最大收率及相应的最佳操作条件。按照此法，在五个炼油厂中，曾对印尼韦杜里、米纳斯、伊朗、胜利、沈北、大庆等减压渣油的延迟焦化进行了优化预测。所得数据表明，这些延迟焦化装置均有通过优化操作达到增效的可能性，各种优化方案的目标产物收率平均可望增加3.7%。

（六）十四集总反应动力学模型

在延迟焦化加热炉的模拟计算中，管内油品热反应产物与反应温度及反应时间的关系，是管内过程全面模拟所必需的模型之一。管内油品的两相流动、停留时间、压降、反应热、气化率等重要工艺参数的计算，都必须基于热反应产物的窄馏分模型。李新学等[89]在Toru Takatsuka[85]的八集总模型的基础上，提出了一个渣油在加热炉管内的十四集总反应动力学模型。如图3-6-7所示，此模型中将裂化产物分成裂化气以及以30℃的馏程范围划分的<210℃、210~240℃、240~270℃，…，480~510℃ 11个窄馏分，再加上正庚烷可溶物(PS)和正庚烷不溶物(PI)合计为14个集总。此外还引入一个假想馏分m，其目的在于简化处理高沸点馏分发生的二次反应。认为每个高沸点馏分因二次反应而减少的量均生成m，每个低沸点馏分因二次反应而增加的量均来自m。也就是说，m的生成速率与m的消失速率相等，即$\frac{d\omega_m}{dt}=0$。该反应模型中所有的反应均假定为一级反应。

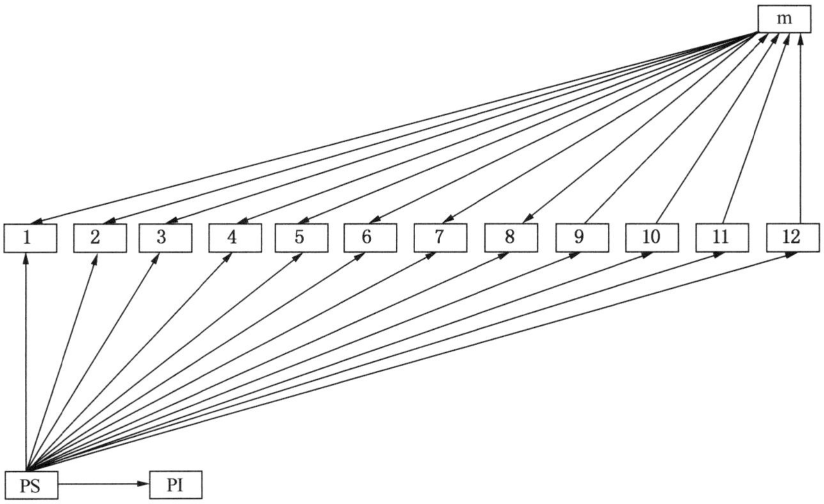

图3-6-7　十四集总反应动力学模型[89]

1—裂化气；2—产物中<210℃馏分；3~12—产物中210~510℃之间宽度为30℃的各个窄馏分；PS—原料中的正庚烷可溶物；PI—原料中的正庚烷不溶物；m—假想馏分

此模型的反应动力学方程式可表示为：

$$-\frac{d\omega_{PS}}{dt}=(\sum_{i=1}^{12}k_{Pi}+k_{PI})\omega_{PS}$$

$$\frac{d\omega_{PI}}{dt}=k_{PI}\omega_{PS}$$

$$\frac{d\omega_{i}}{dt}=k_{Pi}\omega_{PS}+k_{mi}\omega_{m}\qquad i\text{ 分别为 }1，2，\cdots，8$$

$$\frac{d\omega_{i}}{dt}=k_{Pi}\omega_{PS}-k_{im}\omega_{m}\qquad i\text{ 分别为 }9，10，11，12$$

$$\frac{d\omega_{m}}{dt}=\sum_{i=9}^{12}k_{im}\omega_{i}-\sum_{i=1}^{8}k_{mi}\omega_{m}=0$$

式中　k_{Pi}——由 PS 生成馏分 i 的一级反应速率常数；

k_{PI}——由 PS 生成 PI 的一级反应速率常数；

k_{mi}——由 m 生成馏分 i 的一级反应速率常数；

k_{im}——由馏分 i 生成 m 的一级反应速率常数。

此窄馏分集总模型的特点是能较细致地预测重质油热转化产物的馏程分布。

二、考虑相分离的重质油热转化反应动力学模型

虽然许多学者都发现生焦有一诱导期，但在采用的动力学模型中均未能反映这个现象。马加利尔等[16]首先提出在重质油热转化体系中是先发生沥青质的相分离，然后才导致生焦的假设。

Wiehe[90]对加拿大冷湖减压渣油在400℃下进行了热转化动力学研究，发现有如下四个特点。

1. 存在生焦诱导期

如图 3-6-8 所示，当庚烷沥青质单独进行热转化时，就立即生焦，并无诱导期；当减压渣油进行热转化时，其生焦速率较之沥青质显著较慢，诱导期为 45min；而当反应物为庚烷可溶质时，其生焦诱导期则长达 90min。

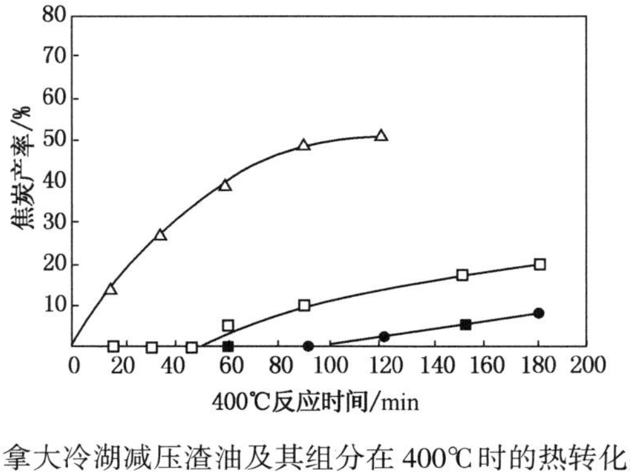

图 3-6-8　加拿大冷湖减压渣油及其组分在 400℃时的热转化生焦曲线[90]

△—庚烷沥青质；□—减压渣油；●—庚烷可溶质

2. 沥青质含量有一极大值

图 3-6-9 为庚烷可溶质的热转化产物收率随反应时间的变化曲线。由图可见，其中沥

青质的浓度从零开始逐渐增大至一极大值，随后就逐渐减少。这个沥青质含量极大值出现的时间与生焦诱导期的结束大体是对应的。这表明沥青质是可溶质生成焦炭的中间产物。

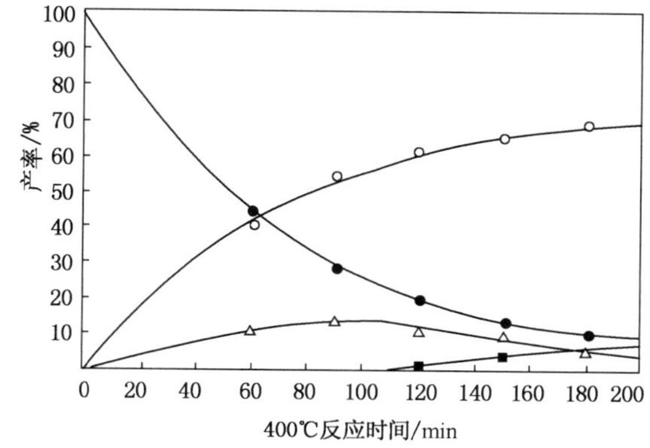

图 3-6-9　加拿大冷湖减压渣油庚烷可溶质在 400℃时的热转化产物分布[90]

○—挥发物；●—庚烷可溶质；△—庚烷沥青质；■—甲苯不溶物

3. 沥青质浓度的下降与庚烷可溶质浓度的下降是平行的

这一点从图 3-6-10 可以看出，两者的比例可反映所生成的沥青质在庚烷可溶质中的溶解度极限。

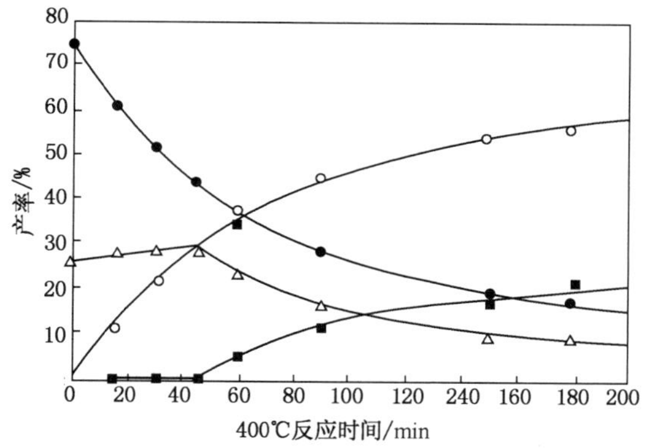

图 3-6-10　加拿大冷湖减压渣油在 400℃时的热转化产物分布[90]

○—挥发物；●—庚烷可溶质；△—庚烷沥青质；■—甲苯不溶物

4. 原始沥青质的高反应性

当生焦量较少时，冷湖减压渣油及其庚烷可溶质的热转化均属一级反应，其反应速率常数均为 0.013min^{-1}；其庚烷沥青质的热转化也属一级反应，而反应速率常数则更大，为 0.026min^{-1}。

依据他所提出的“悬挂物-核”结构模型[90]，他对重质油的热转化动力学模型表示如下：

$$H^{+} \xrightarrow{k_{\mathrm{H}}} \alpha A^{*} + (1-\alpha)V$$

$$A^{+} \xrightarrow{k_{\mathrm{A}}} mA^{*} + nH^{*} + (1-m-n)V$$

溶解度极限：$$A_{\max}^{*} = S_{\mathrm{L}}(H^{+}+H^{*})$$

$$A_{ex}^{*}=A^{*}-A_{max}^{*}$$

$$A_{ex}^{*}\xrightarrow{\infty}(1-y)TI+yH^{*}$$

式中　α，m，n——化学计量系数；

A^{+}——反应物中的沥青质；

A^{*}——沥青质核；

A_{max}^{*}——该体系中能溶入沥青质核的极大值；

A_{ex}^{*}——超过该体系能溶入的过剩沥青质核；

H^{+}——反应物中的不挥发庚烷可溶质；

H^{*}——反应产物中的不挥发庚烷可溶质；

k_{H}——反应物中庚烷可溶质热转化的一级反应速率常数，min^{-1}；

k_{A}——反应物中沥青质热转化的一级反应速率常数，min^{-1}；

S_{L}——溶解度极限；

TI——甲苯不溶物；

V——挥发物。

前两个式子为生焦诱导期内原始庚烷可溶质和庚烷沥青质的平行一级热转化反应。此时，沥青质处于胶溶状态，体系中有足够的、可供沥青质自由基夺取的氢，从而使沥青质自由基之间不易结合，也就抑制了焦炭的生成。

当反应继续加深后，体系中沥青质核的浓度逐渐增大，而可溶质的浓度则逐渐减小。当达到沥青质在可溶质中的溶解度极限 S_{L}时，过量的沥青质核 A_{ex}^{*}便会析出成为第二液相。首先析出为第二液相的是沥青质中芳香度和缩合程度都较高的部分。在这个第二液相中，沥青质自由基之间便很容易结合而迅速生成焦炭，体系中的沥青质浓度也就随之下降。此后，受溶解度极限的制约，体系中的可溶质浓度与沥青质浓度大体保持一定的比例。由此可见，重质油的生焦反应的控制因素是相分离。对于单独的沥青质热转化而言，由于不存在起稀释作用且含有可供氢的可溶质，自然也就不存在生焦诱导期或生焦诱导期很短。

鉴于生焦是一个包括化学反应和相分离行为的复杂过程，Wiehe 提出的这个包括相分离在内的反应动力学模型比较符合重质油热转化的实际情况。

Rahmani 等[91]在 Wiehe 提出的模型的基础上进行了改进，模型中除了包括相分离外还考虑了对沥青质的氢转移反应。通过以阿萨巴斯卡减压渣油为原料、以 1-甲基萘、萘及四氢萘为溶剂进行的实验，所得的生焦率数据与用模型计算的结果比较吻合。

第七节　供氢热裂化及供氢焦化的理论与实践

一、供氢热裂化理论与实践

供氢热裂化是指重油或渣油原料在具有供氢效果的物质存在下而进行的热转化过程，其中具有供氢效果的物质称为供氢剂。供氢剂最初用于煤液化过程，后来研究应用于重油改质与渣油加工过程，并进行了工业试验。

供氢热裂化理论基础是基于供氢剂供出的氢封闭大分子自由基，抑制过度缩合和过度裂化，提高渣油转化深度和生成油稳定性，四氢萘是国内外研究较多的一种供氢剂[92,93]。

加拿大石油公司和美国 Mobil 公司均采用四氢萘作为供氢剂开发了各自的供氢减黏裂化工艺[94]。由于四氢萘的沸点低、价格高等问题，使其应用受到了限制。然而，其作为供氢剂模型化合物的研究给其他供氢剂的选择和开发奠定了理论基础。在供氢剂的研究方面，国内外学者做了大量工作。

Gould 等[95]设计了一种测量供氢浓度及以四氢萘为基准的供氢剂反应活性的新方法，该研究发现渣油中含有较高浓度的自然供氢剂，且渣油沥青质组分中的供氢剂浓度与整个渣油体系的相当。在高反应活性供氢剂 1,2,3,4-四氢喹啉存在的情况下，馏分油的选择性得到了提高，但并不能避免多环芳烃焦核的形成；此外，高活性供氢剂能够通过终止自由基反应来大幅度减小热反应速率[96]。

Langer 等[97]研究了供氢剂对烃类转化率的影响。探讨的处理工艺包括原油的蒸馏、临氢重整、催化加氢裂化。原油通过切割得到石脑油、蜡油和渣油(>371℃)；原油蒸馏出来的石脑油馏分通过临氢重整生产汽油、氢气以及高沸程的馏分；蜡油通过催化加氢裂化生产汽油和高沸程馏分(包括多环芳烃)。这些高沸程馏分通过临氢重整和加氢裂化中循环利用的氢气部分加氢，得到的多环芳烃则用作供氢剂稀释液。最后将渣油(>482℃)和供氢剂稀释液作为原料进行热反应，从而生产出石脑油等低沸程的馏分，供氢剂稀释液则通过部分加氢循环利用。

Bianco 等[98]研究了 Belaym 减渣在二氢菲作为供氢剂条件下的热裂化反应，其中二氢菲的加入量为 20%，反应温度范围为 390~450℃，反应时间约 4h。加入供氢剂二氢菲后，降低了减渣热反应的转化率并且抑制了焦炭的生成，馏分油的收率增加了 10%~15%，在保证降低生成油的黏度的情况下提高了其反应的苛刻度。

供氢热裂化过程中添加供氢剂除了具有供氢功能外，供氢剂对反应体系也具有稀释作用。Langer 等[99]研究了渣油原料的供氢体稀释减黏裂化工艺，通过加入供氢剂稀释液，改善了产品质量；在不生焦的最大转化率条件下，通过维持达到黏度要求的最低反应苛刻度，其残渣燃料油收率比减黏裂化降低了 20%。

中国石油大学(华东)在委内瑞拉重油改质研究中，开发了一种全新供氢热裂化技术(HDTC 技术)[100]。该实验的实验室连续装置流程见图 3-7-1。而在工业装置中，设计了供氢体的回收环节。该技术依据原料组成结构特点，采用自行创立的分子探针评价石油馏分受热供氢能力的方法，评选原料自身适宜的馏分用作供氢热裂化的供氢体。与减黏裂化相比，在同样反应条件下，添加供氢体可以提高委内瑞拉重油的供氢热裂化改质油的稳定性，或者在同样的安定性情况下，添加供氢体的委内瑞拉重油供氢热裂化改质油黏度更低。委内瑞拉重油经 HDTC 改质后，降黏率达到 99%，API 度提高 4 个单位，由 8 提高到 12.5。改质油满足 50℃下黏度低于 380mm^2/s 的船运要求，斑点试验 1~2 级，S 值(ASTM D7061—06)小于 5，安定性良好。

该技术经过实验室大量基础研究，小试研究与中试技术开发研究，先后在中国石油高富石化公司进行了 400kt/a 工业试验，取得了预期实验效果，并在中国石油辽河石化公司进行了 1000kt/a 工业应用，进一步验证了该技术的先进性。HDTC 技术在供氢热转化理论和供氢剂评选技术方面都有所创新，特别创立了改质油长期储存稳定性评价系统(18m 管柱模拟油轮储油深度，见图 3-7-2)，跟踪评价委内瑞拉重油供氢热裂化改质油储存稳定性，分层取样分析表明，不仅满足 45 天船运稳定性要求，而且储存两个月后，不同油层油样斑点试验、S 分离值、黏度和沥青质含量基本不变，改质油安定性依然合格，没有发生相分离现象，说明 HDTC 改质油长期储存稳定性良好[101]。供氢热裂化技术在重油及超稠油降黏运输、改质储存及燃料油生产等领域有着广阔的应用前景[103]。

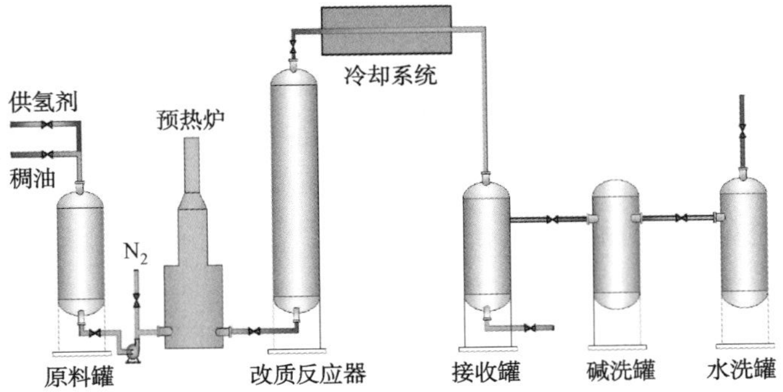

图 3-7-1　供氢减黏裂化连续反应流程图

图 3-7-2　改质油长期储存稳定性评价系统

此外，供氢热裂化技术对稠油开采也具有一定效果。Liu 等[102]研究了在蒸汽吞吐作业中供氢剂对稠油降黏的功效。研究表明，加入供氢剂后，240℃时辽河重油发生水热反应 24h 之后，稠油的黏度下降了 80%，四组分组成也发生了变化。然而在未加供氢剂的情况下，水热反应后的稠油黏度放置一段时间后，黏度又迅速恢复到跟原来一样，而如果在水热反应产物中加入 0. 8%四氢萘之后，黏度并未发生反弹。该研究表明水热反应中加入供氢剂对辽河油田稠油改质也起到了较好的作用。

二、供氢焦化理论与实践

（一）供氢焦化原理

焦化原料一般是减压渣油，其平均分子是环烷环、芳并环烷环结构和缩合芳香环系经由烷基链桥键交联起来的大分子，在 500℃左右的焦化反应条件下，渣油分子发生深度裂解，烷基链发生断裂，生成以环烷烃、芳并环烷烃和低缩合度芳香烃为主要成分的焦化馏分油，同时生成副产品焦炭和气体。其中芳香环系如果带有短侧链自由基，可以相互缩合，生成焦炭大分子。如果有供氢剂存在，供氢剂可以供氢而将这种自由基湮灭，形成稳定的分子，从而抑制了大分子自由基缩聚，提高馏分油收率，降低生焦率，即实现了供氢焦化反应。

（二）供氢焦化实践

中国石油大学（华东）针对环烷基原油渣油焦化馏分油中芳并环烷环结构含量也较高的特点，采用核磁共振法和所创立的分子探针法，评选适宜的供氢体馏分，进行供氢体馏分循环焦化，开发出了供氢体循环焦化新技术（HRDC）。他们将克拉玛依石化延迟焦化装置（300kt/a）的液体产物通过蒸馏切割成A、B、C、D、E五个窄馏分，结果发现窄馏分D的供氢能力最强，可以作为工业供氢剂。按馏分油D的循环比为0.2进行了供氢焦化工业试验，结果列于表3-7-1。显然，供氢体循环可提高液收1.56%，其中汽柴油收率提高1.22%，石油焦和干气产率显著下降。

表3-7-1　克拉玛依石化300kt供氢焦化工业试验结果

产品收率/%	空白试验数据平均值	供氢焦化试验数据平均值	增（减）幅
液化气	3.38	3.20	-0.18
汽　油	20.52	20.97	+0.45
柴　油	46.84	47.61	+0.77
蜡　油	12.62	13.14	+0.52
总液收	83.36	84.92	+1.56
干气+焦炭	16.64	15.08	-1.56

采用供氢体循环焦化技术（HRDC）可以有效改善延迟焦化生焦形貌，有效抑制劣质渣油焦化弹丸焦的形成。针对委内瑞拉超重油渣油具有高残炭（约25%）、高沥青质（约17.5%）、高金属（镍和钒含量高于900μg/g）特性，针对这类渣油焦化过程中极易生成弹丸焦，严重危害焦化装置的安全运行的难点，在辽河石化采用供氢焦化新技术对全委内瑞拉油渣油进行了延迟焦化工业试验。试验结果表明，该技术有效抑制了弹丸焦的生成，装置连续平稳运行，开启了国内劣质超重油渣油（100%委内瑞拉超重油渣油）平稳延迟焦化加工的进程。

参　考　文　献

[1] 邹仁鋆. 石油化工裂解原理与技术[M]. 北京：化学工业出版社，1981.

[2] Проскуряков В А и др. Химия Нефти и Газа. 2-изд. Химия，1989.

[3] 程之光. 重油加工技术[M]. 北京：中国石化出版社，1994.

[4] 梁文杰. 石油化学[M]. 东营：石油大学出版社，1995.

[5] Green J B，Yu S K-T，Pearson C D，et al. Analysis of sulfur compound types in asphalt[J]. Energy Fuels，1993，7(1)：119-126.

[6] 王宗贤，阙国和，梁文杰. 选择性氧化结合红外光谱定量分析减压渣油中的硫醚硫[J]. 石油大学学报，1996，20(4)：83.

[7] 王宗贤，李希方，阙国和，等. 胜利和孤岛减压渣油中硫醚硫和噻吩硫的测定[J]. 燃料化学学报，1995，23(4)：423.

[8] 刘文钦，王宗贤，李希方. 四乙酸铅电位滴定法测定渣油中硫醚硫的研究[J]. 石油炼制与石油化工，1995，26(5)：59.

[9] 王宗贤，阙国和，梁文杰. 孤岛减压渣油加氢处理过程中硫类型的变化[J]. 石油学报：石油加工，1997，13(2)：23-28.

[10] Huggins F E，Vaidya S V，Huffman G P. Analysis of sulfur forms in asphalts using sulfur K-edge XAFS spectroscopy. Preprints，Div of Fuel Chem，ACS，1992，37(3)：376-382.

[11] Rudenko N G, Gromova U N. Daklady Akad. Nauk. SSSR, 1951, 81: 207.

[12] Drushel H V. Preprints, Div of Ptrol Chem, ACS, 1968(9): 121.

[13] Speight J G. Initial reaction in the coking of residua. Preprints, Div Petrol Chem, ACS, 1987, 32: 413.

[14] Brooks B T, Boord C E, Kurtz S S, et al. The Chemistry of Petroleum Hydrocarbons[M]. New York: Reinhold Publishing Corp, 1955.

[15] 刘淑蕃. 石油非烃化学[M]. 东营: 石油大学出版社, 1988.

[16] 马加利尔著. 石油化学加工过程理论基础[M]. 徐亦方等译. 北京: 石油工业出版社, 1982.

[17] 杨嘉谟, 陈月珠, 梁文杰. 辽河欢喜岭稠油减压渣油的热转化[J]. 石油大学学报, 1989, 13(6): 56-64.

[18] 许玉明, 程之光. 胜利减压渣油的低温热转化[J]. 石油学报: 石油加工, 1985, 1(3): 13-22.

[19] Green J B, Sturn G P, Shay J Y, et al. Compound class separation of petroleum resids: Relating coke yields and heteroatom content to chemical structure. Preprints, Div of Petrol Chem, 1992, 37(3): 956-968.

[20] 黄鉴主编. 进口原油评价数据集[M]. 北京: 中国石化出版社, 2001.

[21] 王宗贤, 阙国和, 梁文杰. 渣油中硫和硫类型分布对热转化产物中硫分布的影响[J]. 石油学报: 石油加工, 1999, 15(1): 17-21.

[22] Que G, Liu C, Mu B, et al. The distribution and thermal conversion performance of porphrin and non-porphrin nickel in Gudao and Shengli vacuum residues. Preprints, Div of Petrol Chem, ACS, 1995(8): 804-808.

[23] Favre A, Boulet R, Behar F. Etude par simulation en laboratoire de l'operation de viscoreduction, Rev Inst Fr Pet, 1985, 40(5): 609-623.

[24] 邓文安, 阙国和. 胜利减压渣油胶质热反应生焦特性的研究[J]. 石油学报: 石油加工, 1997, 13(1): 1-6.

[25] Le Page J F, Chatila S G, Davidson M. Resid and Heavy Oil Processing, Editions Technip, Paris, 1992.

[26] Que Guohe, Liang Wenjie. Thermal conversion of Shengli residue and its constituents[J]. Fuel, 1992, 12(71): 1483-1485.

[27] Moschopedis S E, Parkash S, Speight J G. Thermal decomposition of asphaltenes[J]. Fuel, 1978, 57(7): 431-434.

[28] Savage P E, Klein M T. Asphaltene reaction pathway: 1. Thermolysis[J]. Ind Eng Chem Proc Des Dev, 1985, 24(4): 1169-1174.

[29] Savage P E, Klein M T. Asphaltene reaction pathway: 2. Pyrolysis of *n*-pentadecylbenzene[J]. Ind Eng Chem Res, 1987, 26(3): 488-494.

[30] Savage P E, Klein M T. Asphaltene reaction pathway: 3. Effect of reaction environment[J]. Energy Fuels, 1988, 2(5): 619-628.

[31] Savage P E, Klein M T. Asphaltene reaction pathway: 4. Pyrolysis of tridecylcyclohexane and 2-ethyltetralin[J]. Ind Eng Chem Res, 1988, 27(8): 1348-1356.

[32] Savage P E, Klein M T. Asphaltene reaction pathway: 5. Chemical and Mathmatical modeling[J]. Chemical Engineering Science, 1989, 44(2): 393-404.

[33] Bianco A D, Panariti N, Anelli M, et al. Thermal cracking of petroleum residues: 1. Kinetic analysis of the reaction[J]. Fuel, 1993, 72(1): 75-80.

[34] Nellensteyn F J. The colloidal nature of bitumens. In: The Science of Petroleum, vol 4. London: Oxford University Press, 1938.

[35] Pfeiffer J Ph, Saal R N J. Asphaltic bitumen as colloidal system[J]. J Phys Chem, 1940, 44: 139-149.

[36] Dickie J P, Yen T F. Macrostrutures of the asphaltic fractions by various instrumental method[J]. Anal Chem, 1967, 39(14): 1847-1857.

[37] Yen T F. The colloidal aspects of a macrostructure of petroleum asphalt. Fuel Sci Tech Int'l, 1992, 10(4-

6)：723-733.

[38] Сюняев З И , Сафиева Р З, Сюняев Р З. Нефтяные Дисперсные Системы. Москва. ХИМИЯ, 1990.

[39] 梁文杰主编. 重质油化学[M]. 东营：石油大学出版社，2000.

[40] Li S, Liu C, Que G, et al. Colloidal structures of three Chinese petroleum vacuum residues[J]. Fuel, 1996, 75(8)：1025-1029.

[41] 李生华. 减压渣油的胶状结构及其热反应体系的相分离行为[D]. 青岛：中国石油大学(华东)，1994.

[42] 李生华，刘晨光，阙国和，等. 渣油热反应体系中第二液相的存在性：Ⅰ. 渣油热反应体系中的相分离[J]. 燃料化学学报，1996，24(6)：473-479.

[43] 翟志清，杨志强. 掺炼塔河油减渣对延迟焦化装置长周期运行的影响和措施[J]. 河南化工，2009，26(7)：52.

[44] 林祥钦，李雪，陈坤，等. 延迟焦化工艺中弹丸焦生成与抑制的研究进展[J]. 石化技术与应用，2010，28(5)：434-438.

[45] Ali V A. The impact of phase behaviour on coke formation in delayed coking. A thesis for the degree of master of science. Toronto：University of Toronto，2002. 20-75.

[46] Marsh H，Calvert C. Structure and formation of shot coke-a microscopy study[J]. Journal of materials science，1985，20：289-302.

[47] Michael S. Delayed coking process for producing anisotropic free-flowing shot coke[P]. US，2003/0102250 A1. 2003-07-05.

[48] Guo A J，Lin X Q，Wang Z X. Investigation on shot-coke-forming propensity and controlling of coke morphology during heavy oil coking[J]. Fuel Processing Technology，2012，104：332-342.

[49] 张怀平. 针状焦形成机理及炭化条件[J]. 炭素技术，2004，23(6)：29-30.

[50] 李春年. 渣油加工工艺[M]. 北京：中国石化出版社，2002. 139-140.

[51] 王敬波. 掺炼丙脱沥青对焦化装置安全运行及产品的影响[J]. 炼油技术与工程，2005，35(8)：15-17.

[52] 杨长文. 辽河超稠原油不产生弹丸焦工艺条件探索[J]. 炼油技术与工程，2009，39(3)：30.

[53] 姜伟，郑宗孝. 延迟焦化弹丸焦生成的原因及对策[J]. 炼油技术与工程，2008，38(1)：16-18.

[54] Siskin M，Kelemen S R，Eppig C P，et al. Asphaltene molecular structure and chemical influences on the morphology of coke produced in delayed coking[J]. Energy & Fuels，2006，20：1227-1234.

[55] Siskin M，Kelemen S R，Gorbaty M L，et al. Chemical approach to control morphology of coke produced in delayed coking[J]. Energy & Fuels，2006，20：2123-2124.

[56] 张怀平，吕春祥，李开喜，等. 氧化沥青化学结构及成焦行为的研究[J]. 新型炭材料，2001，16(2)：51-53.

[57] 张峰，陈春茂，余昌信，等. 超稠原油延迟焦化产生弹丸焦的原因及对策[J]. 炼油技术与工程，2006，36(12)：11-13.

[58] 从新兴，肖知俊，牛文俊. 北疆稠油的延迟焦化轻质化加工[J]. 炼油技术与工程，2006，36(8)：15-17.

[59] 张龙力，杨国华，张庆轩，等. 渣油胶体稳定性与热反应生焦性能的关系[J]. 石油化工高等学校学报，2005，18(1)：4-6.

[60] 郭爱军，王宗贤，阙国和. 饱和烃促进渣油热反应初期生焦的考察[J]. 燃料化学学报，2001，29(5)：406-407.

[61] Elliott J D. Shot coke：Design & operations[J]. Today's Refinery，2000，15：1-9.

[62] 余桁，沈海军. 延迟焦化装置加工劣质油出现的问题及对策[J]. 化学工业与工程技术，2009，30(1)：42-44.

[63] 郭爱军，张宏玉，沐宝泉，等. 焦化原料的表征与延迟焦化性能[J]. 石油化工高等学校学报，2003，16(1)：17.

[64] 孙柏军，阙国和，梁文杰. 孤岛减压渣油供氢剂临氢减黏裂化的研究(一)[J]. 石油炼制，1991，22(2)：54-59.
[65] 郭爱军，林祥钦，王圆圆，等. 延迟焦化工艺弹丸焦生成的实验研究[J]. 燃料化学学报，2012，40(8)：958-966.
[66] 刘晨光，朱春媚，靳力文，等. 减压渣油热反应特性与原料组成的关联[J]. 石油学报：石油加工，1999，15(1)：1-7.
[67] 邓文安，阙国和. 胜利减压渣油组分热反应特性的研究[J]. 石油大学学报：自然科学版，1997，21(6)：67-70.
[68] 杨继涛，陈进荣，孙在春，等. 我国四种减压渣油族组分的热反应行为[J]. 石油学报：石油加工，1994，10(2)：1-11.
[69] 陈镜泓，李传儒. 热分析及其应用[M]. 北京：科学出版社，1985.
[70] 杨继涛，陈进荣，孙在春，等. 减压渣油焦化反应两种动力学模型[J]. 石油学报：石油加工，1992，8(4)：1-8.
[71] 王芳珠，杨继涛，孙在春，等. 孤岛减压渣油窄馏分的热反应动力学：Ⅱ. 不同转化深度下动力学参数的计算[J]. 石油学报：石油加工，1995，11(4)：7-12.
[72] 丁德磐. 渣油热分解及动力学[J]. 石油化工，1997，26(4)：224-227.
[73] 郭爱军，张宏玉，于道永，等. 热重法考察渣油及其亚组分的焦化性能[J]. 石油炼制与化工，2002，33(7)：49-53.
[74] 福井行正等. 重质油の低温热分解[J]. 石油學會誌，1984，27(1)：81-87.
[75] 久富胜机，中井成行，河野尚志. 重质油のコーキング反应の研究[J]. 石油學會誌，1978，21(4)：237-241.
[76] 陈绍洲，李小龙，常可怡，等. 大庆减压渣油减黏裂化中结焦规律的研究(上)[J]. 石油炼制，1992(4)：59-65.
[77] 丁宗禹，李朝恩. 渣油减黏裂化反应规律及其操作条件的选择[J]. 炼油设计，1992，(3)：18-23.
[78] 韩树凯，宋丰嵋，钱家麟. 渣油高温热裂解反应动力学研究[J]. 石油学报：石油加工，1995，11(3)：1-12.
[79] 守富宽，千葉忠俊，真田雄三. 重質油のコーキング反应モテル[J]. 石油學會誌，1982，25(1)：32-39.
[80] Dave N C, et al. A four-lump kinetic model for the cracking/coking of recycled heavy oil[J]. Fuel, 1993, 72(9): 1331-1334.
[81] Trauth D M, Yasar M, Neurock M, et al. Asphaltene and resid pyrolysis[J]. Fuel Sci Technol Int'l, 1992, 10(7): 1163-1179.
[82] Yasar M, Trauth D M, Klein M T. Asphaltene and resid pyrolysis: 2. The effect of reaction environment on pathways and selectivities[J]. Energy & Fuels, 2001, 15(3): 504-509.
[83] Wei J, Kuo J C W. A lumping analysis in monomolecular reaction systems: Analysis of the exactly lumpable system[J]. Ind Eng Chem Fundam, 1969, 8(1): 114-123.
[84] Kuo J C W, Wei J. A lumping analysis in monomolecular reaction systems: Analysis of the approximately lumpable system[J]. Ind Eng Chem Fundam, 1969, 8(1): 124-133.
[85] Toru Takatsuka, et al. Applied model of thermal conversion of residua. Proceedings of AIChE, 1987.
[86] 周晓龙，陈绍洲，张一，等. 减压渣油族组分热转化反应动力学研究[J]. 石油学报：石油加工，1999，15(1)：8-16.
[87] 周晓龙，陈绍洲，马伯文，等. 减压渣油复杂反应动力学模型研究[J]. 石油学报：石油加工，1999，15(2)：73-79.
[88] 马伯文. 延迟焦化装置工艺模型的开发和应用[D]. 上海：华东理工大学，1999.
[89] 李新学，林瑞森，倪化境，等. 焦化渣油热反应的窄馏分动力学模型[J]. 石油学报：石油加工，

1999, 15(4): 23-26.

[90] Wiehe I A. The Pendent-Core model of petroleum residua[J]. Energy Fuels, 1994, 8(3): 536-544.

[91] Rahmani S, McCaffrey W, Gray M R. Kinetics of solvent interactions with asphaltenes during coke formation [J]. Energy & Fuels, 2001, 16(1): 148-154.

[92] Que G, Sun B, Liang W. Hydrovisbreaking of Gudao vacuum residue in the presence of hydrogen donor. Prepr PapAm Chem Soc, Div Fuel Chem, 1990, 35(4): 626-634.

[93] Perchec P L, Thomas M, Fixari B, et al. Fractions characterization of Safaniya vacuum residue from visbreaking in the presence of sulfides and H-donor additives. Prepr Pap Am Chem Soc, Div Fuel Chem, 1989, 34(2): 422-427.

[94] Bartilucci, Mark, Peter T, et al. Visbreaking Process Using Plastics as Co-Feed. US: WO97/08266.

[95] Gould K A, Wiehe I A. Natural hydrogen donors in petroleum residues[J]. Energy & Fuels, 2006, 21(3): 1199-1204.

[96] Guo A J, Wang Z Q, Zhang H J, et al. Hydrogen transfer and coking propensity of petroleum residues under thermal processing[J]. Energy & Fuels, 2010, 24(5): 3093-3100.

[97] Langer A W. Conversion of hydrocarbons with the use of hydrogen donor diluents [P]. United States Patent US3252888.

[98] Bianco A Del, Panariti N, Prandini B, et al. Thermal cracking of petroleum residues: 2. Hydrogen-donor solvent addition[J]. Fuel, 1993, 72(1): 81-85.

[99] Langer A W, Stewart J, Thompson C E, et al. Hydrogen donor diluent visbreaking of residua[J]. Industrial & Engineering Chemistry Process Design and Development, 1962, 1(4): 309-312.

[100] 王宗贤, 付兴国, 高飞, 等. 一种供氢热裂化方法[P]. 中国, ZL2011103694580.

[101] 王宗贤. 劣质重油轻质化关键技术研究专题: 委内瑞拉超重油减黏基础研究(供氢热裂化)总结报告. 青岛: 中国石油大学(华东), 2011, 12: 58.

[102] Liu Y, Fan H. The effect of hydrogen donor additive on the viscosity of heavy oil during steam stimulation [J]. Energy & Fuels, 2002, 16(4): 842-846.

[103] 王基铭. 中国炼油技术新进展[M]. 北京: 中国石化出版社, 2017: 21-33.

第四章　延迟焦化产品及其应用

第一节　延迟焦化产品的特性

延迟焦化生产五种产品，即焦化气体、焦化石脑油(焦化汽油)、焦化柴油、焦化蜡油(或焦化馏出油)和焦炭。焦化气体包括干气和液化石油气。因液化石油气量少，常和其他炼油工艺的液化石油气混合利用。在焦化产物中最受关注的杂质是硫、氮和金属化合物。

一、碳、氢、硫、氮和金属在焦化产品中的分布

(一) 碳和氢在延迟焦化产品中的分布[1,2,3,10]

延迟焦化是一种渣油深度热转化过程。当温度升到一定程度后，原料中的分子开始断裂，导致了自由基的生成，发生了复杂的连锁反应，大分子断裂成相对分子质量较小的分子，同时由于缩合反应也相应产生了相对分子质量大、碳氢比高的重质分子，甚至生成固体焦炭。碳和氢是焦化产品的重要元素组成，在焦炭、液体产物和气体产物中，碳和氢含量的典型分布见表4-1-1。这种分布可以说明原料在延迟焦化过程中裂化和脱碳的程度。由表中数据可以看出，原料中有34%的碳进入了焦炭中，而焦炭中保留氢量较小，大量的氢被转化到气体和液体产物中，从而降低了它们的碳氢质量比。延迟焦化过程的裂化和脱碳程度与原料的化学组成和所采用的操作条件有关，一般来说，原料的残炭值及胶质、沥青质含量越高，在相同操作条件下脱碳程度越高。

表4-1-1　延迟焦化产品中碳、氢含量的典型分布

项　目	减压渣油原料	延迟焦化产品		
		焦炭	液体	气体
碳(占原料中碳)/%	100	34	56	10
氢(占原料中氢)/%	100	14	64	22

以辽河减压渣油为例，各个焦化产品中碳、氢含量见表4-1-2，从表中数据可以看出：

① 焦炭、焦化液体和焦化气体(除 H_2S 和 NH_3外)，其碳和氢的总含量都在99%以上。

② 焦化产品由重到轻，其碳含量随之减少而氢含量随之增大，碳氢质量比也随之降低，焦炭的碳氢质量比大大高于最重的液体产品焦化蜡油。

③ 由于在延迟焦化过程中，裂化与脱碳、缩合与脱氢同时发生，焦化液体和气体产品中的氢含量都高于减压渣油原料，而焦炭中氢含量又大大低于减压渣油原料，但石油焦并不指的是一种纯碳元素。

延迟焦化产品的烃类组成中含有烷烃和环烷烃等饱和烃类，同时，由于焦化过程中烃产生碳—碳键的断裂而又没有氢的加入，所以还形成一些烯烃、双烯烃、芳烃等非饱和烃类。烯烃类产品溴值高，颜色安定性和储存安全性差，易生成胶质和沉渣，需要在后续加工时进行加氢饱和或精制，这也是延迟焦化产品的一个特点。

表 4-1-2　辽河减压渣油和焦化产品的碳、氢含量

项　目	减压渣油原料	焦炭	焦化蜡油	焦化柴油	焦化石脑油	焦化气体 $C_2 \sim C_4$	H_2S	NH_3
收率(占原料)/%	100.0	21.4	28.8	28.6	12.4	8.2	0.1	0.5
碳/%	87.56	96.34	87.00	86.97	85.13	78.79	0	0
氢/%	11.37	2.82	12.15	12.64	14.71	21.21	5.92	17.75
碳+氢/%	98.93	99.16	99.15	99.61	99.84	100.00	5.92	17.75
碳/氢(质量比)	7.70	34.16	7.16	6.88	5.79	3.71	0	0

(二) 硫和氮在延迟焦化产品中的分布[1,2,3,9,10]

原料油中所含硫、氮等杂质在延迟焦化过程中进行分解或浓缩，在产品中重新分配，硫含量向气体和焦炭两个方向转化，氮在蜡油、焦炭中富集。延迟焦化产品中典型硫、氮分布见表 4-1-3。从表中数据可以看出，约各有 30%的硫分布到焦化气体和焦炭中，其余 40%硫分布到焦化液体产品中，其中焦化石脑油中硫分布较少。而 75%的氮富集到焦炭中，22%的氮分布到焦化蜡油中，焦化石脑油和柴油中的氮分布不多。

表 4-1-3　延迟焦化产品中硫、氮含量典型分布(对原料)[9]

产　品	硫含量/%	氮含量/%	产　品	硫含量/%	氮含量/%
焦化气体	30		焦化蜡油	19.6	22
焦化石脑油	5	1	焦　炭	30	75
焦化柴油	15.4	2	合　计	100	100

含硫、含氮的化合物是延迟焦化液体产品的主要杂质，这些杂质在延迟焦化产品的后加工时会引起催化剂的中毒和设备的腐蚀。在产品中含有这些杂质会影响产品的颜色、质量和安定性并造成环境污染，所以需要在后加工过程中给予脱除。

焦炭中富集了较多的硫和氮，焦化气体中也以 H_2S 和 NH_3 的形式富集了硫和氮，所以焦化蜡油、焦化柴油和焦化石脑油中的硫和氮含量都低于焦化原料。由于延迟焦化原料大多是原油的减压渣油，富集了原油中的硫、氮化合物，一般焦化各种产品中的硫、氮含量也要高于相应直馏产品的硫、氮含量。

(三) 金属在延迟焦化产品中的分布[1,2,10]

目前原油中已经发现的微量金属元素有 40 余种，主要是钠、钙、镍、钒等金属，钠基本上可以在电脱盐过程中被脱除。而电脱盐过程不能脱去镍和钒，它们大部分又浓缩在减压渣油中，通过延迟焦化过程进入焦化产品。

镍和钒杂质对焦化产品的下游加工和使用都造成不利影响。如焦化蜡油进行催化裂化时，镍有较强的催化脱氢作用，沉积在催化剂上会使其选择性变坏；钒则会破坏催化剂的结构，使其失活。含钒的焦化产品做燃料时，钒沉积在设备上，对锅炉管壁造成腐蚀，对燃气轮机叶片产生熔蚀，对耐火材料(包括 POX 气化炉用的高温耐火砖材料)可产生烧蚀现象。

中国原油多属于陆相沉积，多数渣油中的镍/钒比值大于 10，而国外多数原油为海相沉积的原油，钒金属远高于镍含量。

焦化原料中的金属在延迟焦化后大部分集中于焦炭中，只有少部分进入焦化蜡油，而焦化柴油、焦化汽油和焦化气体中不含金属化合物。几种中国减压渣油原料及其焦化蜡油的镍、钒金属含量见表 4-1-4。表 4-1-5 列出了委内瑞拉两种重焦化蜡油高沸点馏分的钒分

布数据[11]，镍和其他金属分布的规律类似于钒。

表 4-1-4　几种中国减压渣油原料及其焦化蜡油的金属含量　μg/g

项　目	大庆原油	胜利原油	辽河原油	项　目	大庆原油	胜利原油	辽河原油
减压渣油原料				焦化蜡油			
镍	6.67	50.31	111.00	镍	0.3	0.5	0.3
钒	0.09	3.20	2.56	钒	0.17	0.01	0.01

表 4-1-5　重焦化蜡油(HCGO)高沸点馏分钒分布　μg/g

沸点范围	委内瑞拉混合油	重质混合油	沸点范围	委内瑞拉混合油	重质混合油
510～523℃	2.0	0.5	566～579℃	17.3	1.8
523～538℃	3.3	0.6	579～593℃	22.0	5.0
538～552℃	5.9	0.8	>593℃	45.0	41.0
552～566℃	15.0	1.2			

从表 4-1-5 可以看出，焦化蜡油中的金属来自其重馏分，沸程越高的部分，钒含量也越高。焦炭塔和分馏塔中高的气相速度往往会携带这些不能蒸发的物质进入重馏分，因此在分馏塔的进料部位设立一个高效的洗涤段来捕集这些重金属是非常必要的，特别是焦化装置进行单程、超低循环比操作时，更是如此。

二、延迟焦化原料和操作条件对焦化产品质量的影响

（一）焦化原料对焦化产品质量的影响[1,2,10]

延迟焦化是单纯的热转化过程，不存在催化剂污染、中毒等问题，炼油厂中其他装置不能处理的一些重质副产物，均可送到延迟焦化装置处理，以提高全厂的轻油收率，所以有人戏称焦化装置为“现代化炼油厂的垃圾处理站”。

延迟焦化原料一般是用原油的减压渣油，也可以加工特重原油或油砂沥青，甚至直接在减压渣油中掺入更重质的脱油沥青以及其他二次加工后得到的重质残渣。为了降低重质原料的黏度使之易于加工，有时加工其常压渣油，或先经过减黏，再作焦化原料。有的高含硫渣油在焦化前经过加氢脱硫。为了生产高功率石墨电极和一些特殊的碳素产品，采用催化澄清油等高芳烃含量的焦化原料。这些不同的原料对焦化产品的性质会产生影响。

1. 采用减压渣油为焦化原料的焦化产品性质

一般延迟焦化装置都采用减压渣油为原料，以国内几种典型减压渣油为原料的延迟焦化产品收率和性质见表 4-1-6。

表 4-1-6　国内几种典型减压渣油原料和焦化产品性质[1]

项　目	大庆减压渣油	胜利减压渣油	鲁宁管输减压渣油	辽河减压渣油
原料性质				
密度(20℃)/(g/cm³)	0.9158	0.9740	0.9695	0.9950
康氏残炭/%	7.27	15.14	14.9	20.32
硫/%	—	1.48	0.98	0.14
氮/%	0.19	0.64	0.61	0.70
镍/(μg/g)	6.67	50.31	38.1	111.00
钒/(μg/g)	0.09	3.20	5.0	2.56

续表

项　　目	大庆减压渣油	胜利减压渣油	鲁宁管输减压渣油	辽河减压渣油
焦化汽油				
收率/%	15.7	14.7	15.9	15.0
性质				
溴价/(gBr/100g)	41.7	57.0	53.0	58.0
辛烷值(马达法)	58.5	61.8	62.4	60.8
焦化柴油				
收率/%	36.3	35.6	32.3	25.3
性质				
凝点/℃	-12	-11	-9	-15
十六烷值	56	48	50	49
焦化蜡油				
收率/%	25.7	19.0	20.7	25.2
性质				
镍含量/(μg/g)	0.3	0.5	—	0.3
钒含量/(μg/g)	0.17	0.01	—	0.01
焦炭				
收率/%	14.0	23.9	22.8	24.6
性质				
硫含量/%	0.38	1.66	—	0.38
灰分/%	0.35	0.10	—	0.52

国内几种典型减压渣油含硫、金属低，以往渣油的切割点约大于500℃，因此焦化产品的质量都比较好。

在催化裂化-延迟焦化流程的炼厂中，焦化大多采用减压渣油为原料，个别炼厂加工重质原油，有时采用常压渣油做焦化进料。以阿拉伯轻质原油减压渣油和常压渣油为例，比较减压渣油和常压渣油焦化的结果，除产率上有差别外，常压渣油原料的焦化液体产物密度及硫、氮含量均比减压渣油相应馏分的低，其柴油馏分的十六烷值指数为43.0，高于以减压渣油为原料的焦化柴油馏分油的十六烷值指数(37.0)6个单位。焦炭的硫、金属、灰分也是以减压渣油为原料的高。两种原料的焦化产物性质见表4-1-7。

为了提高减压蜡油的拔出率，提供更多的蜡油给下游催化加工，最近在国外焦化的进料减压渣油有变重的趋势，如采用>565℃的减压渣油。表4-1-8列举了大于565℃中东减压渣油 C_5 以上焦化产物的性质，产物分类别列出其分析结果。

表4-1-7　阿拉伯轻质原油减压渣油、常压渣油焦化产物性质

性　　质	API度	$d_{15.6}^{15.6}$	硫含量/%	氮含量/(μg/g)	溴价/(gBr/100g)	50℃黏度/(mm^2/s)	十六烷指数
以阿拉伯轻质原油减压渣油为原料							
进　料	6.9	1.0224	4.0	3100		222000	
C_7~185℃	52.0	0.7711	0.9	50	60		
185~343℃	29.4	0.8794	2.4	1050	30	2.6	37.0
>343℃蜡油	21.0	0.9279	3.8	2100	15	7.5	
焦炭	硫5.6%，钒/镍229/70μg/g，灰分1.06%，挥发分12%						

续表

性　质	API 度	$d_{15.6}^{15.6}$	硫含量/%	氮含量/(μg/g)	溴价/(gBr/100g)	50℃黏度/(mm^2/s)	十六烷指数
以阿拉伯轻质原油常压渣油为原料							
进　料	16.9	0.9535	3.0	1600		480	
C_7~185℃	82	0.6626	0.8	30	60		
185~343℃	33.4	0.8581	2.1	550	30	2.6	43.0
>343℃蜡油	22.4	0.9194	2.9	1050	16	16.0	
焦　炭	硫 4.8%，钒/镍 167/52μg/g，灰分 0.8%，挥发分 12%						

大于 565℃中东减压渣油原料，其 $d_{15.6}^{15.6}$为 1.0324(API 度=5.64)，UOP K 值为 11.54，残炭为 22.96%。当循环比为 0.2 时，焦化总液体收率 59.5%，焦炭收率 30.8%。当循环比减少到 0.05 时，焦化总液体收率 60.6%，增加了 1.1%，焦炭收率 28.3%，减少了 2.5%。

除了产品的典型性质(如相对密度、K 值及硫和氮的含量)外，表 4-1-8 中还提供了其他关键性质，如焦化石脑油的烃类组成、辛烷值数据和其他液体产物的十六烷指数、烟点、溴价、苯胺点、折光指数和残炭等。评价焦化蜡油作为下游装置原料的重要指标之一是折光指数，折光指数高的蜡油，说明其芳烃含量高。高芳烃含量的 FCC 原料会使催化裂化装置的总转化率下降。

表 4-1-8　>565℃中东减压渣油液体焦化产品和焦炭性质[17]

项　目	数　值
石脑油(C_5~168℃)	
API 度	63.46
$d_{15.6}^{15.6}$	0.7221
K 值	12.05
总硫/%	0.42
总氮/(μg/g)	61
RON	71.3
MON	64.8
黏度(37.8℃)/(mm^2/s)	0.54
烷烃/%(v)	37.3
烯烃/%(v)	41.6
环烷烃/%(v)	10.7
芳烃/%(v)	10.3
溴价/(gBr/100g)	66.8
轻馏分油(168~266℃)	
API 度	39.15
$d_{15.6}^{15.6}$	0.8292
K 值	11.57
总硫/%	0.81
总氮/(μg/g)	251
溴价/(gBr/100g)	36.8
折光指数	1.4713
黏度(37.8℃)/(mm^2/s)	1.64
十六烷指数	39.9
倾点/℃	-53.8
烟点/mm	18.3
苯胺点/℃	51.2
重馏分油(266~343℃)	
API 度	27.46
$d_{15.6}^{15.6}$	0.8902
K 值	11.38
总硫/%	1.47
总氮/(μg/g)	718
溴价/(gBr/100g)	22.4
折光指数	1.5041
黏度(37.8℃)/(mm^2/s)	5.13
十六烷指数	41.9
倾点/℃	-5.1
烟点/mm	10.5
苯胺点/℃	58.1
重焦化蜡油(>343℃)	
API 度	18.29
$d_{15.6}^{15.6}$	0.9447
K 值	11.28
溴价/(gBr/100g)	12.0
折光指数	1.5366
总氮/(μg/g)	2230
黏度(100℃)/(mm^2/s)	4.70
总硫/%	2.20
苯胺点/℃	70.3
残炭/%	0.70
生焦	
挥发分/%	9.44
硫/%	5.50
钒/(μg/g)	308
总氮/%	0.65
灰分/%	<0.2
镍/(μg/g)	85

采用大于565℃减压渣油的好处是使减压蜡油增产，为下游加工过程提供更多原料，而焦炭产率对原油加工量来说反而减少。

2. 以掺入脱油沥青的减压渣油为焦化原料的焦化产品性质[2,5,10]

溶剂脱沥青是渣油深度加工的另一种主要工艺。利用脱沥青油作为催化裂化或加氢裂化原料的同时，产生了脱油沥青，这种脱油沥青已不符合石油沥青产品的规格，但可适量掺入减压渣油中，扩大了焦化的减压渣油原料。

以某炼厂减压渣油原料为基础，加入不同比例的软化点为113℃的脱油沥青，进行延迟焦化试验。用不加脱油沥青的原料及加入10%、25%脱油沥青的减压渣油原料，采用相同加工条件，所得延迟焦化结果见表4-1-9。

表4-1-9　减压渣油掺脱油沥青的延迟焦化结果

项　目	100%减压渣油	90%减压渣油+10%脱油沥青	75%减压渣油+25%脱油沥青	脱油沥青
延迟焦化原料性质				
运动黏度(100℃)/(mm^2/s)	272.6	497.6	1669	—
胶质/%	29.7	33.6	40.3	—
沥青质/%	0.4	1.5	3.4	—
硫/%	1.8	2.0	2.1	3.4
氮/%	0.50	0.53	0.59	0.91
镍/(μg/g)	20.8	28.2	36.0	77.0
钒/(μg/g)	20.3	26.8	35.0	73.9
焦化气体				
产率(包括C_5~C_6)/%(质)	8.94	9.74	10.57	—
焦化汽油				
产率/%	12.23	11.71	11.06	—
实际胶质/(mg/100mL)	5	7	12	—
诱导期/min	647	607	550	—
焦化柴油				
产率/%	36.36	35.73	35.09	—
凝点/℃	-16	-16	-16	—
计算十六烷值	48.9	48.7	48.3	—
焦化蜡油				
产率/%	22.33	21.12	19.45	—
硫/%	1.1	1.2	1.3	—
氢/%	0.20	0.25	0.33	—
焦炭				
产率/%	20.14	21.70	23.72	—
灰分/%	0.05	0.07	0.10	—
硫/%	2.40	2.63	2.77	—

由表4-1-9结果可以看出，随着脱油沥青掺入量的增加，混合原料的密度、黏度、残炭、胶质、沥青质及金属含量迅速增加，延迟焦化所得气体和焦炭收率上升，液体产品收率减少，焦化液体产品和焦炭质量略为变差。随着脱油沥青掺入量的增加，延迟焦化加工难度也增加，需要注意原料混合均匀，以免渣油和沥青分层造成加热炉管结焦，缩短装置操作周期。

3. 沥青质含量高的焦化原料对焦炭质量的影响[1,2,12,21]

焦炭是延迟焦化中主要产品之一。针状焦、海绵焦是焦化得到的副产品，但不希望产生弹丸焦。原料的质量往往对焦炭的结构有影响。弹丸焦的生成主要取决于原料的沥青质含量和康氏残炭。有的研究人员认为，当原料中沥青质含量和残炭的比值大于 0.5，弹丸焦的生成倾向增加[95]。

表 4-1-10 列出在工业装置上收集到的同一原料所产的海绵焦、弹丸焦的性质。其物理性质的差异主要在焦炭的孔容分布、孔隙度和硬度上，焦炭的硬度指数 HGI(Hardgrove Grindability Index)是主要的区分指标，海绵焦生焦的 HGI 值在 70 左右，弹丸焦的低于 27(HGI 值越低，焦炭越硬)。

表 4-1-10　同一原料得到的海绵焦、弹丸焦的性质[12]

项　目	弹丸焦	海绵焦	项　目	弹丸焦	海绵焦
挥发分/%	9.6	10.2	硫/%	1.9	2.0
真密度/(g/cm³)	1.83	1.79	铁/硅/(μg/g)	470/60	410/60
孔容分布/(mm³/g)			钒/镍/(μg/g)	540/200	530/190
100~15μm	7	19	钙/钠/(μg/g)	130/120	100/100
15~0.1μm	26	48	硬度(HGI 值)	27	70
0.1~0.014μm	10	16			
100~0.014μm	43	83			

4. 以减黏渣油为焦化原料的焦化产品性质[18,19]

减黏渣油的黏度明显比减压渣油降低，采用减黏渣油为原料使焦化装置运行状况得到改善，可以降低加热炉辐射段炉管的压力，减轻炉管结焦等。减黏-焦化联合工艺与减压渣油焦化相比，焦化汽油、柴油、蜡油性质变化较小。减黏-焦化联合工艺和减压渣油焦化的焦化产品性质比较见表 4-1-11。

表 4-1-11　减黏-焦化联合工艺和减压渣油焦化产物硫含量比较[18]

项　目	减压渣油焦化				减黏-焦化联合工艺			
	汽油	柴油	蜡油	焦炭	汽油	柴油	蜡油	焦炭
密度/(g/cm³)	0.7242	0.8544	0.9188	—	0.7262	0.8477	0.9212	—
硫/%	0.39	1.10	1.36	2.31	0.45	1.28	1.38	2.67

从产品的硫分布看，由于减黏—焦化联合工艺气体中 H_2S 含量比减压渣油焦化降低 2%左右，使液体产品和焦炭的硫含量有所增加，说明经减黏裂化后，硫分布趋向于焦化液体和焦炭产品。

5. 以加氢减压渣油为焦化原料的焦化产品性质

减压渣油硫含量高时会影响焦化产品的质量，可以在延迟焦化之前先进行加氢处理，加氢中东减压渣油及其焦化产品性质数据见表 4-1-12。中东加氢减压渣油比加氢前渣油硫含量有显著降低，稠环芳烃仍较多。焦化时生焦量较高，但焦炭质量比较好。液体产品的杂质、烯烃和芳烃含量都较高，需要加氢精制。

表 4-1-12　加氢中东减压渣油原料及焦化产品性质

项　目	加氢中东减压渣油	焦化石脑油	焦化柴油	焦化蜡油	焦炭
密度/(g/cm³)	0.9614	0.7346	0.8373	0.9160	

续表

项　　目	加氢中东减压渣油	焦化石脑油	焦化柴油	焦化蜡油	焦炭
元素分析/%					
硫	0.570	0.031	0.130	0.57	1.0
氮	0.320	0.003	0.057	0.28	
镍/钒/(μg/g)	5.1/0.3			0.06/<0.01	17.1/1.1
组成分析/%					
饱和烃	34.7	56.4	68.1	51.8	
烯烃/芳烃	—/48.8	35.7/7.9	—/31.3	—/45.2	
胶质/沥青质	16.4/0.1		0.6/0	3.0/0	

6. 以高芳烃催化澄清油为焦化原料的焦化产品性质

为了生产高功率石墨电极和一些特殊碳素产品，常用二次加工后的高芳烃含量重质油作为焦化原料，如催化澄清油、润滑油溶剂抽出油等。如辽河原油催化澄清油，采用焦化蜡油全循环工艺操作，优质焦炭产率可达51%左右，焦炭热膨胀系数达到国内针状焦协议指标，应用于冶金工业制作超高功率电极焦。辽河催化澄清油焦化焦炭性质见表4-1-13，焦化汽、柴油质量见表4-1-14。

表4-1-13　辽河针状焦焙烧焦性质

项　　目	辽河针状焦	针状焦协议指标	项　　目	辽河针状焦	针状焦协议指标
真密度/(g/cm³)	2.132	>2.10	灰分/%	0.04	<0.15
硫/%	0.40	<0.7	热膨胀系数①/(10⁻⁶/℃)	1.97	<2.6

①RIPP方法，即用1000℃焙烧成的碳棒，测定室温~600℃熟焦的热膨胀系数。

表4-1-14　辽河催化澄清油焦化汽、柴油质量

项　　目	焦化原料	焦化产品	
	辽河催化澄清油	焦化汽油	焦化柴油
密度(20℃)/(g/cm³)	1.0437	0.7357	0.8366
残炭/%	7.34		
元素分析%			
碳	89.75	85.48	86.65
氢	8.87	14.19	12.82
硫	0.42	118?	796
氮	0.49	79?	549
族组成/%			
饱和烃	29.1	55.65	
烯烃		31.28	
芳烃	54.0	13.08	
胶质	14.2		
沥青质	2.2		
十六烷指数			39

采用催化澄清油作焦化原料，除焦炭质量达到针状焦的要求外，因原料中芳烃高，液体产品质量比常规焦化要差，但针状焦的产量大，汽、柴油数量只占原料的30%左右，因此作掺和料在下游加工没有太大困难。从表4-1-14看出，以催化澄清油为原料的焦化液体产品有以下特点：

① 与普焦的焦化汽油相比，针焦汽油芳烃含量高，烯烃含量较低。

② 针焦柴油中芳烃含量相对较高，十六烷指数不到40，因而要加氢或加氢改质，才能作为柴油的调和组分。

（二）焦化主要操作条件对焦化产品质量的影响[1,2,10,16]

1. 渣油的延迟焦化过程对焦化产品质量的影响

在延迟焦化工业装置中渣油要经受热转化。原料在转化过程中随转化率的增加，产生了液体、焦炭产物质量的改变。以渣油转化率为变量，研究了大于524℃渣油随焦化转化率增加而引起的产物性质变化，目的为改进延迟焦化的操作和为产物的下游加工提供信息[13]。

为了模拟实际生产状况，便于分析研究，设计的试验分三个阶段，即渣油进第1个反应器后，渣油转化率达到80%，分出馏分油；未转化渣油再进入下一个反应器，分出第2次转化的馏分油；未转化渣油再进入第3个反应器，分出第3次转化的馏分油，最后渣油总转化率达到97%。用渣油延迟焦化的过程试验，研究了阿萨巴斯卡减压渣油在焦化过程的不同阶段中液体、焦炭的质量变化。元素分析结果、灰分含量、相对分子质量、平均分子式见表4-1-15。从表中可以看出：

① 馏分油和未转化渣油的氢含量随一次次的转化而下降，但焦炭中的氢含量没有什么变化。

② 液体馏分的碳含量几乎是常数，但氢碳比的变化趋势与其氢含量相同。

③ 从第1次到第3次转化，液体馏分的氮含量成倍增长，硫含量则没有明显的变化。

④ 高压液相色譜（HPLC）数据表明，第1次转化后馏分油中含有单、双环芳烃，到第3次转化生成三环、多环芳烃，形成多环芳烃累积。

⑤ 从第1到第3次转化，焦炭的氢含量改变不大，但焦炭的质量在第2、3次转化有明显改善，硫、灰分含量下降显著。第1次转化渣油转化率为80%，达到第3次的97%，焦炭加气体的产率仅增加5%。

⑥ 第1次转化后渣油的相对分子质量下降近50%，以后的转化中渣油相对分子质量逐步下降。

表4-1-15　元素分析和灰分含量

项　　目	碳/%	氢/%	氮/%	硫/%	H/C	灰分/%	相对分子质量（dalton法）	平均分子式
原料	81.4	9.6	0.7	5.8	1.42		1013	$C_{68.6}H_{96.9}N_{0.3}S_{1.8}$
第1次转化渣油	83.7	9.5	0.7	5.0	1.36		543	$C_{37.8}H_{50.9}N_{0.3}S_{1.8}$
第2次转化渣油	84.2	8.2	0.9	5.8	1.17		457	$C_{32.0}H_{37..2}N_{0.1}S_{0.8}$
第3次转化渣油	84.5	6.6	1.3	6.6	0.94		428	$C_{30.1}H_{27.9}N_{0.2}S_{0.9}$
第1次转化馏分油	83.7	10.6	0.3	4.9	1.52		350	$C_{24.4}H_{36.7}N_{0.0}S_{0.5}$
第2次转化馏分油	83.3	9.9	0.5	5.6	1.42		393	$C_{27.3}H_{38.4}N_{0.1}S_{0.7}$
第3次转化馏分油	83.9	9.0	0.8	5.3	1.29		306	$C_{21.3}H_{27.4}N_{0.1}S_{0.5}$

续表

项　目	碳/%	氢/%	氮/%	硫/%	H/C	灰分/%	相对分子质量(dalton 法)	平均分子式
第 1 次转化的焦炭	79.4	3.1	1.8	6.6	0.47	5.5		
第 2 次转化的焦炭	86.9	3.5	1.4	2.6	0.48	1.6		
第 3 次转化的焦炭	86.4	3.4	1.4	2.7	0.47	0.5		

2. 延迟焦化循环比对焦化产品质量的影响

延迟焦化的操作方式对产品性质产生影响，其中主要是延迟焦化循环比变化对焦化产品质量的影响[19]。

国外炼厂氢气比较富余，加氢精制装置较多，在加工含硫渣油时多推荐延迟焦化单程操作方式，最大量生产液体产品，以减少含硫焦的产量。单程操作的主要问题是焦化蜡油馏分变重，金属、残炭和沥青质含量都较高，使下游催化加工过程处理难度增加。国内原油含硫低，沥青质含量少，但因焦化蜡油氮含量高，下游催化加工中焦化蜡油掺入量受到限制，且因炼厂氢气来源不足，焦化蜡油加氢精制装置较少，因此延迟焦化装置早期常采用高循环比操作以转化焦化蜡油。近年来，我国焦化装置低循环比操作已逐渐成为趋势。表 4-1-16 列出了循环比变化对产品收率和产品性质的影响。

表 4-1-16　循环比对产品收率和产品性质的影响[24]

循　环　比	单程	0.44	0.60	1.0
主要产品分布/%				
汽油/柴油	11.8/23.6	13.1/28.6	14.5/37.5	17.9/41.7
蜡油/焦炭	34.8/19.9	23.4/23.7	11.7/24.5	2.0/25.3
焦化汽油性质				
溴价/(gBr/100g)	74.5	60.0	63.7	56.8
硫/(μg/g)	7833	7500	7317	7227
氮/(μg/g)	128	200	198	295
焦化柴油性质				
溴价/(gBr/100g)	42.7	35.0	30.8	26.2
硫/(μg/g)	9479	—	9859	9002
氮/(μg/g)	1630	2114	2115	2193
苯胺点/℃	58.1	58.2	57.3	64.3
生焦性质				
硫/%	1.8	—	1.8	1.6

从表 4-1-16 中数据可以看出，延迟焦化操作随循环比增大时：

① 焦化汽油、柴油、焦炭、气体收率都增加，特别是柴油收率有显著增加。

② 焦化汽油、柴油氮含量有所升高，硫含量有波动，但不是很大。

③ 焦化汽油、柴油含较高烯烃，溴价有波动，不稳定，易氧化生成胶质。

④ 焦化蜡油在反应过程中生成的生焦质量好于减压渣油，因此循环比增大，焦炭产率增加，焦炭的硫含量下降。

减少焦化循环比多产焦化蜡油的操作，使蜡油中金属含量、C_7不溶物、残炭增加。焦化蜡油含有少量金属镍和钒，焦化石脑油、柴油中则没有镍和钒，但焦化石脑油中有微量的砷、铜、铅。有时因向焦炭塔内注入抗泡剂的原因，焦化石脑油中还含有硅。

减压渣油超低循环比和零循环比焦化对大于343℃焦化蜡油质量的影响见表4-1-17。可以看出，超低循环比和零循环比时，焦化蜡油的C_7不溶物和金属含量增加显著，对下游加工将产生影响。

表4-1-17 减压渣油的延迟焦化(对原料)[42]

项 目	常规焦化	超低循环比焦化	零循环比焦化
气体(≤C_2，包括H_2S)/%	4.9	4.6	4.6
LPG(C_3、C_4)/%	3.7	3.3	3.0
焦化石脑油(C_5~166℃)/%(v)	14.1	12.3	10.0
焦化柴油(166~343℃)/%(v)	32.5	28.3	23.0
焦化蜡油(>343℃)/%(v)	27.9	36.7	47.1
焦炭/%	28.0	24.8	23.8
>343℃焦化蜡油质量			
C_7不溶物/(μg/g)	<300	<500	<3000
金属(镍+钒)/(μg/g)	<0.3	<0.5	<1.5
康氏残炭/%	<0.2	<0.5	<1.0

第二节 延迟焦化气体

一、延迟焦化气体的组成和特点

延迟焦化气体产率约占延迟焦化原料的7%~9%，其组成随着所处理原料及所用工艺条件的不同而变化。表4-2-1中列出了大庆减压渣油、胜利减压渣油及阿拉伯轻质原油减压渣油的延迟焦化气体的组成[1,2,10]。

表4-2-1 延迟焦化的富气典型组成

原 料 油	大庆减渣	胜利减渣	阿轻减渣[41]
气体组成/%(m)			
H_2	0.66	0.74	0.51
CH_4	26.61	30.39	20.08
C_2H_6	21.23	19.00	19.12
C_2H_4	3.97	3.31	2.79
C_3H_8	18.09	15.12	16.37
C_3H_6	10.55	8.21	6.74
C_4H_{10}	10.78	8.85	10.79
其中：i-C_4	—	1.60	2.41
n-C_4	—	7.25	8.38

续表

原　料　油	大庆减渣	胜利减渣	阿轻减渣[41]
C_4H_8	7.53	7.72	7.36
H_2S	0.58	6.66	16.24
共计	100.00	100.00	100.00
富气产率(对焦化进料)/%	8.3	6.8	7.9
$\leqslant C_2$(包括 H_2S)	—	—	4.6
C_3、C_4	—	—	3.3

表 4-2-1 数据表明延迟焦化的富气有以下几个特点：

① 焦化富气中甲烷含量比较高。

② 富气中的 C_2、C_3、C_4烷烃含量比相同碳数的烯烃含量高。

③ 在焦化气体 C_4烷烃中，正构 C_4烷烃含量比异构 C_4烷烃含量高。

④ 焦化富气含 H_2S、CO 和 CO_2等，从含硫减压渣油得到的焦化富气，H_2S 含量很高。

辽河原油和鲁宁管输原油减压渣油延迟焦化气体的组成(以体积百分数为单位)见表 4-2-2。从表 4-2-2 中可以看出，延迟焦化气体氢含量为 6%~9%(v)，烷烃含量为 75%~80%(v)，烷烃中甲烷最多，为 40%(v)左右，烯烃为 9%~15%(v)，此外还含有 H_2S、N_2、CO、CO_2等杂质。

表 4-2-2　延迟焦化气体的组成　　%(v)

气体的组成	辽河原油焦化富气	鲁宁管输原油焦化富气	气体的组成	辽河原油焦化富气	鲁宁管输原油焦化富气
H_2	9.2	6.0	C_4H_8	3.8	3.3
CH_4	41.6	41.2	C_5H_{12}	1.4	2.0
C_2H_6	20.7	17.2	H_2S	8400①	5.9
C_2H_4	3.0	3.4	N_2	—	2.2
C_3H_8	10.6	9.9	CO_2	0.9	0.5
C_3H_6	4.6	4.6	计算燃烧热值/(MJ/Nm^3)	60.9	57.3
C_4H_{10}	4.2	3.8			

① 单位为 mg/m^3。

二、延迟焦化气体的加工和应用

(一) 延迟焦化干气的加工和应用[28]

1. 用作燃料气

目前在一些炼油厂中，焦化气体的主要用途仍是作为炼油厂自用燃料气。一般经过湿法脱硫后，进入瓦斯管网供全厂加热炉使用，前面表 4-2-2 中列出了焦化气体的计算燃烧热值。由于近年来新建延迟焦化装置采用多火嘴的双面辐射加热炉，焦化干气大部分供应本装置加热炉需要，外排燃料气很少。

2. 制氢[26,27]

目前炼油厂工业氢气生产多采用以石脑油为原料的水蒸气转化工艺。加氢焦化石脑油现主要用于蒸汽裂解制乙烯，它作为石油化工的重要基础原料供应紧缺，价格昂贵，而焦化气体的价格不足石脑油的一半。焦化气体与炼油厂其他烃类气体相比，由于甲烷含量高、氢碳比高，所制得的氢气产率高，用它制氢的氢气产率比石脑油制氢高6~7个百分点，是较好的制氢原料。以焦化气体等为原料的制氢为有的炼厂开辟了新的氢气来源，但由于焦化气体含有较多的硫化物等杂质，致使其预处理工序相对复杂。

(1) 延迟焦化气体水蒸气转化法制氢[26,27,29,33]

目前国内炼油工业及石油化工工业装置中已有一些装置采用焦化气体水蒸气转化法制氢，这种制氢方法按氢气净化方法的不同，又分为化学吸收净化法和变压吸附净化法两种。

① 化学吸收净化法

其工艺流程包括预处理、水蒸气转化和后处理三部分。预处理部分又包括脱重组分、湿法脱硫、加氢精制和干法精脱硫等四个工序，在水蒸气转化后的后处理部分又包括一氧化碳变换、脱二氧化碳和甲烷转化等三个工序，工艺流程如图4-2-1所示。

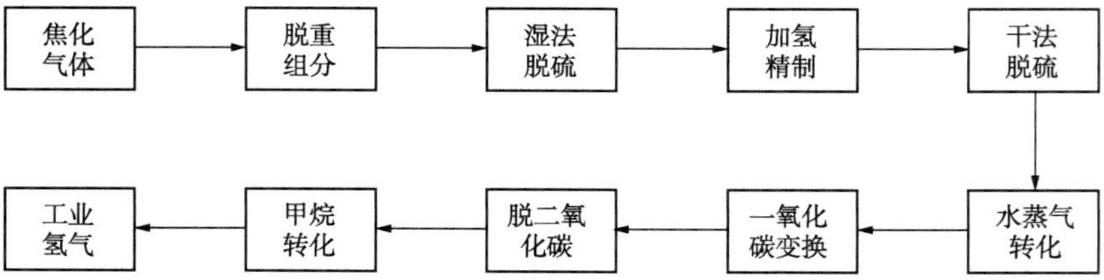

图4-2-1　焦化气体水蒸气转化制氢化学吸收净化法工艺流程

延迟焦化气体由于含有较多的硫和烯烃等杂质，在水蒸气转化前，需要有四个工序的预处理，达到气体中有机硫含量<0.3mg/m^3、总烯烃含量<1%(v)，才能满足制氢转化催化剂的需要。

首先是脱重组分工序。焦化气体经过压缩，进入吸收塔，用汽油或柴油作为吸收剂，对其中烃的重组分进行吸收，并降低焦化气体中烯烃含量。气体经吸收前后组成的变化见表4-2-3。

表4-2-3　焦化富气汽、柴油吸收前后组成比较　　%(v)

组　成	鲁宁管输油焦化富气组成	汽油吸收后组成	汽油+柴油吸收后组成	柴油吸收后组成
H_2	7.39	9.06	10.07	8.77
CH_4	36.04	42.83	46.83	41.96
C_2H_4	4.52	4.99	5.22	5.03
C_2H_6	21.56	22.68	23.06	23.33
C_3H_6	4.02	3.15	2.72	3.70
C_3H_8	7.96	5.77	4.76	7.03
n-C_4H_{10}	1.80	0.04	0.01	0.61
i-C_4H_{10}	1.79	0.40	0.19	0.97
n-C_4H_8	0.80	0.09	0.03	0.36
i-C_4H_8	1.77	0.22	0.09	0.83
t-C_4H_8-2	0.20	0	0	0.07

续表

组　　成	鲁宁管输油焦化富气组成	汽油吸收后组成	汽油+柴油吸收后组成	柴油吸收后组成
c-C_4H_8-2	0.20	0	0	0.05
$\geqslant C_5$	4.94	3.60	0	0
$CO+CO_2$	0.80	0.93	1.01	0.92
O_2+N_2	—	0	0	0
H_2S	6.21	6.24	6.01	6.37
总　计	100.00	100.00	100.00	100.00
$\leqslant C_4^=$	11.31	8.45	8.06	9.97
焦化干气产率/%(v)	—	—	55.0	69.8
脱烯率/%(v)	—	26.6	30.0	13.8
$\geqslant C_3$	23.48	13.27	7.80	13.62
$\geqslant C_4$	11.50	4.35	0.32	2.89
有机硫/(mg/m^3)	390	—	—	—

此工序还可解决湿法脱硫装置操作过程中常遇到的醇胺溶液因干气所含重组分而引起的“发泡”问题。汽油+柴油吸收可以有效降低气体中的C_3^+组分和烯烃含量，但焦化干气收率只有55.0%；而柴油吸收过程，干气收率可达69.8%，但还残留13.62%(v)的C_3^+组分；烯烃的脱除率也较低，只有13.8%。对焦化气体的油吸收流程选择，应根据对氢气需求量来确定。

其次是湿法脱硫工序。是用液体吸收剂除去焦化气体中的酸性气，如H_2S和CO_2等。在炼油厂中常用的吸收剂是醇胺类溶液，如一乙醇胺、二乙醇胺和二异丙醇胺等，所以湿法脱硫又称为胺处理。处理后总硫含量可下降到<200mg/Nm^3。

再次是加氢精制工序。加氢精制所用催化剂是以Al_2O_3为载体的钴、钼或镍、钼催化剂，加氢可以将焦化气体中的烯烃完全饱和，把有机硫含量降至0.3mg/Nm^3以下，并转化为H_2S。

随后是干法固定床精脱硫工序。采用ZnO等氧化物为吸附剂，可将H_2S吸收完全。

加氢精制和脱H_2S后焦化干气的组成变化和脱硫效果见表4-2-4。

表4-2-4　加氢精制和脱H_2S后焦化干气的组成变化[42]　　%(v)

项　　目	焦化干气	加氢精制和脱硫后的焦化干气	项　　目	焦化干气	加氢精制和脱硫后的焦化干气
C_1	54.27	35.15	加氢精制原料气/(mg/m^3)		
$C_2^=$	2.36	<0.01	总硫	45	—
C_2	13.92	12.61	有机硫	40	—
$C_3^=$	3.73	<0.01	加氢精制后气体/(mg/m^3)		
C_3	8.58	7.11	总硫	—	14.0
$C_4^=$	0.87	<0.01	有机硫	—	<0.3
C_4	1.56	0.67	ZnO反应器出口总硫/(mg/m^3)	—	<0.3
$CO+CO_2$	0.80	0.81			

预处理后的焦化气进行水蒸气转化，制备氢气。这与以石脑油等为原料的一般水蒸气转化工艺相似，不再赘述。制得的氢气中还含有 CO、CO_2 和甲烷。进入后处理部分后，先在 CO 变换工序中，把 CO 变换为 CO_2，再经脱 CO_2 工序使气体残余 CO_2 含量达到低于 0.3%(v)，氢气纯度达 95%~97%(v)，再经甲烷转化工序使得气体中 CO+CO_2 含量降到约为 20μg/g，达到工业氢气要求。焦化干气水蒸气转化后各工序的气体组成变化见表 4-2-5[42]。

表 4-2-5　焦化干气水蒸气转化后各工序的气体组成变化　　%(v)

项　　目	H_2	CO	CO_2	CH_4
水蒸气转化气	76.20	10.73	12.19	0.88
一氧化碳中温变换后气体	78.66	1.79	18.52	1.03
一氧化碳低温变换后气体	78.73	0.15	20.01	1.11
甲烷转换后粗氢气	98.55	0.22	0.12	1.11
工业氢	98.65	3μL/L	5μL/L	1.35

从焦化干气制得的氢气质量完全可以满足炼油厂各种油品加氢精制的需要。

② 变压吸附净化法(PSA 法)[26~33]

此法与上述化学吸收净化法的不同之处是用变压吸附工序代替上述的一氧化碳低温变换、脱二氧化碳和甲烷化三个工序。变压吸附工序常用吸附剂为 4A、5A 和 13X 分子筛及活性炭等多孔物质。在较高压力(1.0~4.2MPa)下，选择性吸附氢气中的杂质，获得高纯度氢气[氢纯度可达 99.9%(v)]，然后降低压力(最低保持 0.13MPa)使杂质解吸，进行吸附剂再生。

变压吸附过程有 4 床至 12 床等多种系统，目前工业上常用 10 床。各吸附床轮流操作，对每台吸附床来说，吸附及再生交替进行，而对整个系统来说，生产是连续的。

变压吸附法与化学吸收法相比，所产氢气纯度高、能耗低、成本低，自动化程度高，国产化水平高，操作方便，运转周期长；缺点是耗用原料多。因此，变压吸附法对有充足制氢原料的工厂是合适的，而对制氢原料不足的工厂则应结合具体情况做出权衡，目前大部分新建装置都采用变压吸附法。以焦化气体为原料的化学吸收法和变压吸附法制氢的技术经济指标对比见表 4-2-6。

表 4-2-6　化学吸收法和变压吸附法化学吸收法制氢的技术经济比较

氢气净化方法	化学吸收法	变压吸附法	氢气净化方法	化学吸收法	变压吸附法
氢气产量/(Nm^3/h)	40000	40000	能耗/(kJ/Nm^3 H_2)	1.88×10^7	1.65×10^7
氢气纯度/%(v)	95	99.9	相对成本/%	118	100
原料气用量/(t/h)	8.93	12.44	主要设备/(t/台)	2098/188	1970/134
燃料气用量/(t/h)	6.38	2.95	基建钢材/t	2782	2650
输出蒸汽量/(t/h)	12	36	投资/%	100	102

(2) 延迟焦化气体选择氧化法制氢[32]

除上述水蒸气转化法制氢以外，还有一种选择氧化制氢技术，又称部分氧化法制氢。部分氧化法制氢有催化部分氧化和非催化部分氧化制氢两种。催化部分氧化通常是以甲烷或石脑油为主的低碳烃为原料，而非催化部分氧化则以重油为原料。目前选择氧化制氢工业装置一般采用渣油或沥青等重质原料，虽然原料价格低，但工艺过程复杂，能耗和投资也高。

近年来，开发了一种采用炼厂干气(焦化干气和裂化干气)为原料的选择性氧化制氢技术，该制氢技术是在催化剂的作用下使低碳烃类选择氧化为 CO 和 H_2。将通常的水蒸气转化装置加以改造后，即可改成选择性氧化制氢装置。

炼厂干气选择性氧化制氢的特点是：①该工艺与采用渣油或沥青为原料的选择氧化制氢相比，原料中杂质少，净化工艺变得简单；气态烃分子比重质烃分子小得多，制氢时无须大量断裂碳链，可节省能源。②该工艺与水蒸气转化制氢相比，水蒸气转化是强吸热过程，而选择氧化是温和放热过程，能耗要少得多，选择氧化工艺无须像水蒸气转化工艺那样为预防催化剂中毒或积炭而严格脱硫、脱烯烃。实践证明，在原料总硫含量为 1000~3000μg/g 情况下，选择氧化反应也有很高的活性与选择性，所以在流程中不需要加氢精制工序。预计采用包括以焦化气体在内的炼厂干气为原料的选择氧化制氢工艺有可能得到工业应用。

（二）延迟焦化液化气的加工和应用[34~40]

液化气一般指液化石油气，随着石油化学工业的发展，液化气作为一种化工基本原料和新型燃料，已愈来愈受到人们的重视。在化工生产方面，液化气是炼油厂在催化裂化与延迟焦化加工时所得到的副产品。液化气主要成分是 C_3 和 C_4 组分，包括丁烯、丙烯、丁烷和丙烷，主要用来作燃料，生产合成塑料、合成橡胶、合成纤维及生产医药、炸药、染料等产品。用液化气作燃料，由于其热值高、无烟尘、无炭渣，操作使用方便，已广泛地进入人们的生活领域。此外，液化气还用于设备制造过程切割金属，用于农产品的烘烤和工业窑炉的焙烧等。丙烷常作炼油厂燃料，也作为液化石油气(LPG)出售。丙烯则被分离出来用作聚丙烯等。

1. 丙烯利用技术[34~38]

（1）丙烯精制技术及聚丙烯生产技术

为了使炼厂气中的丙烯符合高纯聚合级丙烯的要求，必须进行精制。中国石化(SINOPEC)发展了一种液相丙烯常温精制技术，该精制技术用组合催化剂脱除丙烯中的微量硫及羰基硫、一氧化碳、氧和水。杂质的脱除在净化塔中进行，精制后的炼厂丙烯，其杂质含量与裂解分离的丙烯相接近，纯度为 99.5%，丙烷<0.45%，总硫<0.5μg/g，羰基硫<0.1μg/g，CO<0.2μg/g，CO_2<5μg/g，可用于高效催化剂进行丙烯聚合，其聚合结果及所得聚合产物的各项物理机械性能，均与使用裂解分离的丙烯的水平相当。

在发展炼厂气丙烯精制技术的同时，还开发了一系列聚丙烯高效载体催化剂，并成功地应用于聚丙烯生产装置。此外，SINOPEC 还成功地开发和发展了自己的本体法聚丙烯工艺技术，为炼厂丙烯的利用创造了有利条件。目前，在我国已有约 70 万 t/a 炼厂气丙烯用于生产聚丙烯，其中间歇本体法装置 85 套，产能约 50 万 t/a；连续釜式法 4 套，产能 18 万 t/a。伴随我国催化裂化装置能力进一步增长，已有多套连续釜式法聚丙烯装置和大型环管本体法聚丙烯装置建成投产，使炼厂气丙烯资源得到更充分的利用。

（2）丙烯制丙烯腈技术

市场对腈纶纤维的需求，推动了丙烯腈生产技术的发展，中国石化已经开发了 MB 系列等性能丙烯腈催化剂、UL 型内构件反应器、新型分布板和新型旋风分离器、复合萃取新技术和脱氰塔负压操作等系列技术，构成了 S-ANT 丙烯腈生产的成套技术。UL 型内构体反应器是一种新型丙烯腈流体床反应器，可实施二次布氧，提高催化剂的选择性，从而提高丙烯腈的单收；新型分布板构思新颖，是我们自己的专利技术，且可以提高丙烯腈的单收；自行开发的新型旋风分离器的分离效果优于现有生产装置的旋风分离器；复合萃取技术解决了乙腈和氰乙氢酸的分离效果问题，脱氰塔负压操作则减少了其结焦堵塞。这一成套技术的发展为现有装置的扩能改造和新装置的建设提供了新技术。利用炼厂化学级丙烯增产附加值更高的丙烯腈产品，大庆、抚顺等石化企业已收到良好的效果，安庆石化总厂由于建设了 DCC

装置(DCC 工艺是中国石化石油化工科学研究院 RIPP 开发的一种生产乙烯和丙烯的催化裂解技术，已在国内外推广)，炼厂气体的丙烯资源更加充分，其丙烯腈产量也显著增长。

(3) 异丙醇和丙酮技术

异丙醇和丙酮都是重要的有机化工原料和溶剂，有着广泛的用途。SINOPEC 开发了丙烯水合制异丙醇技术及异丙醇脱氢制丙酮技术，以利用炼厂气中丰富的丙烯。丙烯直接水合制异丙醇是以耐高温的强酸性树脂作催化剂，丙烯单程转化率≥55%(mol)，异丙醇选择性≥90%(mol)。异丙醇脱氢制丙酮工艺技术是采用自行研制的 LP 型催化剂，异丙醇转化率≥70%(mol)，丙酮选择性≥90%(mol)。

2. C_4的利用[39,40]

(1) MTBE 生产技术

中国石化开发的 MTBE 生产技术包括树脂催化剂技术、固定床筒式外循环反应技术、催化蒸馏技术、混相床反应技术及其组合技术。固定床筒式外循环反应技术工艺操作平稳，原料适应性强，C_4中的异丁烯浓度可在 15%~45%；催化蒸馏技术是在催化蒸馏塔内同时完成催化反应和产品分离，具有工艺简单、能耗低、投资省等优点；混相床反应技术利用反应物料部分汽化吸收反应热，具有流程简单、不需要外循环取热、易于控制及能耗低和投资省等优点。目前已有齐鲁石化公司、高桥石化公司、大庆石化总厂等 10 余家企业建成了 MTBE 工业生产装置。

(2) MTBE 裂解制异丁烯技术

异丁烯是丁基橡胶、聚异丁烯等的主要原料，中国石化发展了 MTBE 裂解制异丁烯的生产技术，该技术是在固体酸催化剂存在的条件下，MTBE 裂解生成异丁烯和甲醇，经水洗精馏，可得到高纯度异丁烯产品。该方法与硫酸法相比较，不存在污染和腐蚀问题，与吸附分离法比较，它的产品纯度高。其产品指标如下：异丁烯 99.9%；直链丁烯<500μg/g；异丁烯二聚物<10μg/g；二甲醚<5μg/g；MTBE<10μg/g；水<20μg/g。

目前，燕山石化公司已用该技术建成了 4 万 t/a 生产装置。

(3) 正丁烯直接水合制仲丁醇技术

仲丁醇是重要的化工原料，可用作溶剂、增塑剂、选矿剂及除草剂等。目前国内外工业生产仲丁醇所采用的方法主要有间接水合法和直接水合法两种。间接水合法流程较长，能耗高，设备腐蚀较严重。直接水合工艺则克服了间接水合法的缺点。SINOPEC 开发了正丁烯直接水合工艺及与该工艺技术相配套的 702 型耐高温树脂催化剂，其工艺条件及指标如下：反应压力 7.0~8.0MPa；反应温度 135~170℃；体积空速 1.0h^{-1}；水、烯摩尔比 2.5~5.0；正丁烯单程转化率≥5.0%(mol)；仲丁醇选择性≥95%(mol)；正丁烯总转化率≥50%(mol)。

(4) 仲丁醇脱氢制甲乙酮技术

中国石化开发的仲丁醇脱氢制备甲乙酮技术，是采用固定床催化气相脱氢工艺，其流程简单，转化率高，选择性好。技术指标如下：反应压力 0.2MPa；反应温度 230~300℃；液时空速 2~4h^{-1}；仲丁醇单程转化率≥70%；甲乙酮选择性≥90%。

第三节　延迟焦化液体产品

延迟焦化液体产品一般切割为焦化石脑油(或称焦化汽油)、焦化柴油和焦化蜡油，以备进一步加工和利用。

一、延迟焦化石脑油的加工和应用

(一) 焦化石脑油、加氢焦化石脑油、催化裂化汽油、加氢裂化石脑油性质比较

延迟焦化反应中很少有异构化、芳构化等反应，焦化石脑油中正构烃含量比催化裂化汽油、加氢裂化石脑油都高，异构烷烃及芳烃含量相应稍低，因此焦化汽油抗爆性能较差，辛烷值较低。在国外轻焦化石脑油一般用作 C_5、C_6 异构化原料。重焦化石脑油加氢后大多掺入重整料，有时直接作汽油调和组分，但在汽油产品中掺入量很少。

从过去美国无铅汽油平均构成可以看出，由于焦化加氢石脑油的辛烷值指数(R+M)/2偏低，仅60~70，汽油中的直接掺入量在2%左右。大部分低辛烷值焦化汽油送到催化重整装置去加工，其 C_5、C_6 轻馏分有时送到异构化装置。ExxonMobil 公司[43]将焦化石脑油用作催化裂化原料，或加氢后用作汽油调和组分以及重整原料[62]。

焦化石脑油与催化裂化汽油、加氢裂化石脑油的性质比较见表4-3-1。从表中石脑油族组成可以看出，焦化加氢石脑油含正构烷烃高，为32.88%，MGD(最大量生产液化气和柴油)催化裂化工艺所得的催化汽油，正构烷烃含量仅为4.91%，加氢裂化石脑油正构烷烃含量为10%。焦化加氢石脑油链烷烃含量为65.54%，MGD 催化汽油为27.12%，加氢裂化石脑油为48%。MGD 催化汽油的芳烃含量高，加氢裂化石脑油环烷烃含量高。

表 4-3-1 焦化石脑油与催化裂化汽油、加氢裂化石脑油的性质比较

项目	焦化石脑油[44]		催化裂化汽油[44]		加氢裂化石脑油[45]
	焦化石脑油	加氢焦化石脑油	常规 FCC	MGD	石脑油方案
密度(20℃)/(g/cm³)	0.7316	0.7100	0.7178		0.7467
碳/%	85.10		86.29		
氢/%	14.10		13.5		
硫/(μg/g)	7654	34	6		<1
氮/(μg/g)	224	119	1489		<0.5
族组成/%					
链烷烃	44.96	65.54	22.27	27.12	48
其中：					
正构烷烃		32.88		4.91	10
异构烷烃		32.66		22.21	38
环烷烃	7.24	18.69	7.03	9.52	44
烯烃	37.49	3.39	54.50	29.81	0
芳烃	10.31	12.38	16.20	33.55	8

(二) 焦化石脑油用作裂解制乙烯原料[47~53]

乙烯是石化工业重要基础原料之一。据预测，由于下游产品，主要是聚烯烃生产的快速增长，世界乙烯需求量每年将有所增长。中国已成为世界上仅次于美国的第二大乙烯生产国，2015年乙烯产能为21.17Mt/a，2016年为23.96Mt/a(产量17.81Mt/a)，但增加的均是以非石脑油为原料的乙烯产能。“十三五”末乙烯产能将达到每年3000万t左右，年均增长的速度在6.8%，低于“十二五”的7.7%，但仍处于较高的发展水平。

蒸汽裂解制乙烯所用原料的选择是一个重大的技术经济问题，要考虑资源条件、原料对装置投资的影响、副产品的综合利用、原料与乙烯的成本价格等许多因素。通常乙烯原料为

轻烃和石脑油，少数乙烯厂采用柴油馏分。美国盛产天然气和页岩气(一种非常规天然气)，有大量廉价乙烷，所以美国 40%～45%的乙烯用乙烷作为原料，其余是液化石油气或石脑油。西欧和日本乙烯原料一直以石脑油为主。我国乙烯原料在构成上以石脑油和加氢尾油为主，轻烃和凝析油作为补充，近年来非石脑油原料的乙烯产能有所发展，如 MTO/MTP 工艺，但由于受到环境保护要求的影响，煤化工发展速度较预计的慢。

我国过去提供给裂解制乙烯的原料大部分是石脑油和轻柴油，但我国的原油一般偏重，其中直馏轻馏分所占比例较小。近年来加工大量中东原油，石脑油产量显著增加，由于技术经济原因和市场对柴油需求的增长，大多数乙烯装置现已改用石脑油和加氢尾油，其中也应用了加氢后的延迟焦化石脑油。

焦化石脑油是热裂化自由基反应的产物，富含烷烃，绝大部分是裂解制乙烯的好原料，但它烯烃和胶质含量比相应直馏馏分高，安定性差，直接进裂解炉中容易引起对流段的结焦堵塞。经过加氢精制，其目的是使所含烯烃饱和，并相应脱除一些有害杂质。加氢精制后的焦化石脑油与相应直馏油性质相近，氢含量比直馏油高，PONA 值显示链烷烃含量高，因此这种石脑油是很好的裂解原料。

焦化石脑油的加氢精制深度，应保证使石脑油中烯烃和二烯烃达到饱和，溴价大约控制在 3gBr/100g 以下。加氢精制后焦化石脑油典型的族组成见表 4-3-2。从表中数据可以看出，其链烷烃含量 66. 08%，其中正构烷烃含量 44. 97%，是优质的乙烯装置原料。这种油在 SPYRO 乙烯裂解软件中模拟计算结果如表 4-3-3。模拟计算采用裂解条件为：LummusⅢ型炉，炉出口温度 835℃，停留时间 0. 6s。

表 4-3-2　加氢精制后焦化石脑油典型组成　　%

项　目	正构烷烃	异构烷烃	环烷烃	烯烃	芳烃
C_4	1. 07	—	—	—	—
C_5	4. 23	1. 88	0. 53	—	—
C_6	6. 05	3. 52	2. 80	—	—
C_7	8. 41	3. 83	5. 82	0. 70	1. 07
C_8	8. 67	4. 59	7. 92	—	4. 28
C_9	8. 48	2. 86	3. 00	—	2. 91
C_{10}	6. 55	3. 12	4. 40	—	0. 49
C_{11}	1. 51	1. 31	—	—	—
共　计	44. 97	21. 11	24. 47	0. 70	8. 75

表 4-3-3　焦化石脑油裂解模拟计算产品组成

产　品	组成/%	产　品	组成/%
H_2	0. 91	$C_4^=$	2. 9
C_1	14. 85	C_4^0	0. 05
$C_2^=$	28. 83	$\geq C_5$	11. 44
C_2^0	4. 04	苯	8. 65
$C_3^=$	13. 09	甲苯	4. 47
C_3^0	0. 44	二甲苯	1. 95
$C_4^{==}$	4. 35	C_9芳烃以上	1. 59

由表 4-3-3 中可以看出，加氢精制后焦化石脑油的乙烯单程收率可达 28.83%，乙烯收率并不亚于石蜡基直馏石脑油。

以胜利原油为例，表 4-3-4 列出其加氢焦化石脑油、柴油与相应直馏馏分的性质对比。加氢焦化石脑油的 BMCI 值(芳烃关联指数，数字越小，乙烯裂解收率越高)小于相应的直馏馏分，但 BMCI 值小于 12，是好的乙烯原料。加氢焦化柴油性质与直馏柴油相当。

表 4-3-4　胜利加氢焦化石脑油、柴油与相应直馏馏分性质对比

原料油名称	直馏石脑油	加氢焦化石脑油	直馏柴油	加氢焦化柴油
密度(20℃)/(g/cm^3)	0.7329	0.7355	0.8084	0.8038
平均相对分子质量	118	122	198	200
氢含量/%	15.0	15.2	14.0	14.4
BMCI 值	14.8	11.4	19.2	19.0
氮含量/(μg/g)	17.7	5.5	51.5	18.2
馏程/℃				
初馏点	60	57	154	120
50%	123	142	267	252
终馏点	198	205	352	333
族组成/%				
链烷烃	67	66.9	62.3	60.6
环烷烃	26.6	26.4	26.6	22.9
总芳烃	6.4	6.7	14.9	16.3

以上四种原料的裂解条件和产品收率比较见表 4-3-5。为了对比，表中还列出大庆加氢焦化石脑油、柴油的结果。从表中可以看出，胜利加氢焦化石脑油、焦化柴油的乙烯收率明显高于相应直馏馏分。而大庆加氢焦化石脑油、焦化柴油的乙烯收率与胜利加氢焦化相应馏分相当，但略低于大庆直馏馏分相应乙烯收率(分别为 31.30%和 26.60%)。表中数据说明，胜利直馏石脑油、柴油和焦化柴油以及大庆加氢焦化柴油的乙烯收率均偏低，不是优良的乙烯原料。

表 4-3-5　加氢焦化石脑油、柴油与相应直馏油裂解结果的比较

原油来源	胜利原油				大庆原油	
原料油名称	直馏石脑油	加氢焦化石脑油	直馏柴油	加氢焦化柴油	加氢焦化石脑油	加氢焦化柴油
裂解条件						
炉出口温度/℃	840	840	800	800	840	840
停留时间/s	0.396	0.396	0.397	0.39	0.42	0.36
蒸汽/油/(质量)	0.65	0.65	0.75	0.75	0.65	0.75
产品收率/%						
氢　气	0.86	0.95	0.58	0.66	0.82	0.53
甲　烷	14.25	14.85	9.47	10.5	12.6	8.64

续表

原油来源	胜利原油				大庆原油	
原料油名称	直馏石脑油	加氢焦化石脑油	直馏柴油	加氢焦化柴油	加氢焦化石脑油	加氢焦化柴油
乙　烯	24.84	29.24	22.78	25.4	29.49	24.24
丙　烯	14.14	13.15	15.28	14.78	14.86	15.09
丁　烯	4.21	2.61	5.51	4.27	3.23	5.04
丁二烯	4.59	4.24	5.11	4.72	4.57	4.43
裂解汽油	26.95	23.4	27.15	20.74	24.6	23.9
其中：苯	7	6.59	3.95	4.85	5.82	4.09
甲苯	4.43	3.5	2.6	2.91	3	2.5
裂解柴油	2.27	3.8	4.48	7.39	1.65	4.35
燃料油	3.02	2.69	4.95	6.84	1.78	8.49

焦化石脑油辛烷值较低，在炼油厂中应用的难度较大，作为蒸汽裂解制乙烯的原料是炼油和化工双赢的方案。为了扩大乙烯原料来源，中国石化上海石化股份公司将焦化石脑油终馏点从160℃提高到205℃，焦化石脑油收率从16%提高到25%，发现对乙烯收率的影响不大[54]。中国石化齐鲁分公司2002年将焦化石脑油终馏点由200℃提高到230℃，增产了乙烯原料[55]。

为了解决焦炭塔内泡沫层问题，往往要向焦炭塔内注入含硅消泡剂来提高装置的处理能力。石油化工科学研究院在多年研究的基础上，开发了低硅、用量少、效果显著的消泡剂CDF-10，并配以专有注入技术，在工业上得到成功应用，并分析了硅元素在焦化汽油、柴油和蜡油中的分布状况，见表4-3-6。

表4-3-6　焦化液体产品中硅的分布

硅　分　布	国外参比剂	国产CDF-10消泡剂
汽　油/%	62.9	62.5
柴　油/%	23.0	24.4
蜡　油/%	14.1	13.1

从表4-3-6看出，无论是国外参比剂，还是国产CDF-10消泡剂，液体产品含硅约有2/3在焦化汽油中，85%以上的硅在焦化汽油和焦化柴油中。

硅可使加氢催化剂中毒，因此要采取措施控制消泡剂的用量，达到既能提高焦化装置处理能力，又不影响加氢装置运转周期的目的。

（三）焦化石脑油用作合成氨原料

焦化石脑油的另一用途是作为合成氨原料，加氢精制焦化石脑油已在合成氨工业装置上得到成功应用。用作合成氨原料，加氢焦化石脑油主要杂质指标应满足硫含量<5μg/g，氮含量<0.5μg/g，以及铜、铅和砷分别小于10ng/g等。对于注消泡剂的焦化，焦化石脑油硅含量应<0.7μg/g，以保证不会由于硅的沉积在2年内引起加氢催化剂失活。焦化石脑油作为合成氨装置的原料，其加氢油质量控制指标和实际质量见表4-3-7。

表 4-3-7　焦化石脑油原料、加氢精制油及合成氨原料控制指标[56]

项　目	原料油 1	原料油 2	加氢精制油 1	加氢精制油 2	合成氨原料指标
密度/(g/cm^3)	0.7092	0.7204	0.7179	0.7132	<0.7600
馏程/℃					
初馏点	27	48	48	35	≯60
10%	56	71	84	69	≯89
50%	109	119	118	110	≯151
终馏点	166	170	171	173	≯205
胶质/(mg/100mL)	4.0	4.6	0	0.8	
总硫/(μg/g)	6200	8600	3.8	1.2	≯5
总氮/(μg/g)	174.6	183.2	<0.2	0.3	
总氯/(μg/g)			<0.5		<10
金属含量/(ng/g)					
铜			1.1	2.5	<10
铅			1.5		<10
砷			<1.0	1.5	<10
化学组成/%					
链烷烃			71.39	70.85	
环烷烃			21.86	22.14	
芳烃			6.65	6.41	≯13
烯烃/%	28.0	27.0			
溴价/(gBr/100g)	79.6	80.6	0.2	0.2	
碳氢质量比			5.56	5.64	≯6.0

（四）焦化石脑油用作催化重整原料[57~61]

高辛烷值汽油和石油芳烃的需求量不断增长，需扩大催化重整原料来源。除一般使用的直馏石脑油以外，还可在重整原料中掺入焦化石脑油。

为了预防重整催化剂中毒失活，原料进入重整反应器之前必须经过预加氢。20 世纪 70 年代以来，Pt-Re、Pt-Sn/Al_2O_3等系列双(多)金属重整催化剂开发成功，重整反应压力有所下降，随之对重整原料杂质含量提出了更为严格的要求，其原料杂质限值如表 4-3-8 所示。

表 4-3-8　重整原料油中杂质含量限值

项　目	硫/(μg/g)	氮/(μg/g)	氯/(μg/g)	水/(μg/g)	砷/(ng/g)	铜、铅等/(ng/g)
铂催化剂	5~10	1	1	5~10	1	20
双(多)金属催化剂	0.5	0.5	1	1	1	20

焦化石脑油与相应直馏石脑油相比，硫、氮等杂质含量要高得多，为达到重整原料杂质限量的严格要求，需采用如下措施：①在掺入直馏石脑油之前，焦化石脑油先经过加氢精制；②因芳烃潜含量低，加氢后焦化石脑油掺入到直馏石脑油的比例要受到限制，一般为<30%；③直馏石脑油与加氢焦化石脑油的混合油有时硫、氮含量仍然超标，还需按原来加工直馏石脑油的方法再次进行重整预加氢。

目前国内焦化石脑油加氢精制和催化重整原料预加氢常用的催化剂有 W-Ni-Co 和 Mo-Co 两大类。影响加氢油质量的主要操作参数为反应压力、温度、空速和氢油比，其选用范围要根据原料性质、催化剂性能和产品质量要求而定。一般直馏石脑油反应压力在 2MPa 左右，如原料油中氮含量高，反应压力要升高，有时可达 2.5~3.7MPa。直馏石脑油预加氢温度一般为 280~340℃，焦化石脑油预加氢时由于床层有较高温升，一般要控制好床层的最高温度。直馏石脑油液时空速一般为 6~8h^{-1}，氢/油体积比为 80~100，对含有焦化石脑油的原料分别相应为 2~4h^{-1}和 500 左右。

下面介绍用焦化石脑油作为重整原料工业化应用的两个实例。

1. W-Ni-Co/Al_2O_3型催化剂加氢焦化石脑油作重整原料

掺炼焦化石脑油的重整原料选用 RS-1 重整预加氢催化剂(W-Ni-Co)在已有加氢装置进行加氢预精制。

原料采用阿曼、江汉混合油，其直馏石脑油和加氢后焦化石脑油性质见表 4-3-9。由于现有装置操作压力低，空速比较高，加氢后焦化石脑油虽然硫含量已降至 0.7μg/g，但是氮含量仍高达 12.4μg/g，不易脱除，需要掺入直馏石脑油后再加氢。

表 4-3-9　直馏石脑油和加氢后焦化石脑油性质比较

油品性质	直馏石脑油	加氢后焦化石脑油	油品性质	直馏石脑油	加氢后焦化石脑油
密度(20℃)/(g/cm^3)	0.6986	0.716	馏程/℃		
硫含量/(μg/g)	255.5	0.7	初馏点	30	65
氮含量/(μg/g)	<0.5	12.4	50%	101	113
溴价/(gBr/100g)	0.17	0.5	终馏点	189	164

以直馏石脑油和掺混了不同比例的加氢后焦化石脑油的混合油为原料，采用与直馏石脑油相同的预加氢工艺条件：氢分压 1.8MPa、反应温度 285℃，氢油体积比 180~200，体积空速 3.8~3.9h^{-1}，工业装置运转结果见表 4-3-10。由表中数据看出，直馏石脑油掺入加氢焦化石脑油 34.1%后的混合油再经预加氢后，硫、氮含量都可降到 0.5μg/g 以下，生产出合格的重整料，扩大了重整原料来源。

表 4-3-10　掺入不同量加氢后焦化石脑油的直馏石脑油的预加氢结果

加氢后焦化石脑油掺入量/%	0	12.5	31.2	34.1
原料油				
硫含量/(μg/g)	301	224	221	336
氮含量/(μg/g)	1.9	5.3	8.5	13.4
预加氢生成油				
硫含量/(μg/g)	<0.5	<0.5	<0.5	<0.5
氮含量/(μg/g)	<0.5	<0.5	<0.5	<0.5

2. Ni-Mo-W-助剂/SiO_2-Al_2O_3型及 Co-Mo/SiO_2-Al_2O_3型催化剂加氢焦化石脑油作重整原料

对以管输油为主，并混有一定比例其他原油的焦化石脑油进行加氢精制。焦化石脑油加氢精制采用 FH-5 催化剂(Ni-Mo-W-助剂/SiO_2-Al_2O_3)，加氢条件为体积空速 1.17h^{-1}，反应器入口温度 239℃，反应器温升 130℃，氢/油体积比 574，产品性质见表 4-3-11。

表 4-3-11　焦化石脑油性质

油品性质	未加氢焦化石脑油	加氢焦化石脑油	油品性质	未加氢焦化石脑油	加氢焦化石脑油
密度(20℃)/(g/cm^3)	0.7233	0.7187	终馏点	176	178
馏程/℃			总硫含量/(μg/g)	5000	2
初馏点	38	63	总氮含量/(μg/g)	133	0.6
50%	119	118			

由表 4-3-11 可以看出，在较高氢分压和较低空速下，FH-5 催化剂的焦化石脑油加氢脱硫、脱氮活性良好，但仍未能完全达到重整进料要求，需和直馏石脑油混合后进一步加氢。

表 4-3-12 列出了直馏石脑油族组成及焦化石脑油加氢前后的族组成变化。表中数据表明，焦化石脑油加氢后，烯烃已被饱和，芳烃由于部分饱和而减少，链烷烃和环烷烃相应增加。但加氢焦化石脑油与直馏石脑油相比，环烷烃及芳烃含量都较低，说明芳烃潜含量低于直馏石脑油。

表 4-3-12　直馏石脑油及焦化石脑油加氢前后的族组成　%

组　成	直馏石脑油	未加氢焦化石脑油	加氢焦化石脑油
链烷烃	63.9	49.5	75.6
烯　烃	0	28.9	0
环烷烃	29.0	13.6	18.4
芳　烃	7.1	8.0	6.0

直馏石脑油掺入各种比例加氢焦化石脑油的重整原料，其预加氢采用 FDS-4A 催化剂 (Co-Mo/SiO_2-Al_2O_3)，加氢条件及产品性质见表 4-3-13。由表中数据可知，为保证重整进料质量，随着掺炼加氢焦化石脑油比例提高，适当提高反应温度、压力，可以确保加氢油达到重整进料要求，即总硫含量小于 0.5μg/g、总氮含量小于 0.5μg/g。

表 4-3-13　掺炼加氢焦化石脑油原料的预加氢结果

掺炼加氢焦化石脑油比例/%	0	15	22	25	29	35
原油品种①	西江油 50%	陆丰油 30%	陆丰油 30%	阿曼油 30%	涠洲油 25%	阿曼油 30%
催化剂组成	Co-Mo/SiO_2-Al_2O_3					
操作条件						
体积空速/h^{-1}	2.92	2.92	2.85	2.85	2.89	2.78
反应器入口温度/℃	293	296	298	302	306	309
氢油体积比	263	243	228	207	207	252
高压分离罐的压力/MPa	2.05	2.05	2.05	2.05	2.05	2.10
预加氢生成油性质						
总硫含量/(μg/g)	<0.5	<0.5	<0.5	<0.5	<0.5	<0.5
总氮含量/(μg/g)	<0.5	<0.5	<0.5	<0.5	<0.5	<0.5
链烷烃/%	63.96	68.70	68.42	69.38	62.72	66.83
环烷烃/%	28.94	22.63	24.55	23.07	28.34	24.59
芳烃/%	7.10	8.67	7.03	7.55	8.94	8.58
芳烃潜含量/%	34.71	30.17	30.35	29.47	35.86	31.94

① 其余部分为管输油。

掺炼加氢焦化石脑油原料的催化重整结果见表 4-3-14。数据表明，随着加氢焦化石脑油掺入量增加，原料中芳烃潜含量下降，导致纯氢产率减少，需要采用性能更好的重整催化剂和苛刻度更高的反应条件，如低压/超低压重整。工业试验结果表明，重整原料中掺入35%的加氢焦化石脑油是可行的，这大大地扩充了重整原料来源。

表 4-3-14　掺炼不同比例的加氢焦化石脑油原料的催化重整结果

掺炼加氢焦化石脑油比例/%	0	15	22	25	29	35
操作条件						
体积空速/h^{-1}	1.26	1.26	1.26	1.26	1.26	1.26
加权平均床层温度/℃	471.5	472.5	472.8	475.7	477.1	477.1
总温降/℃	122	122	115	123	123	124
循环氢纯度/%(v)	90.5	91.6	84.0	86.7	83.1	83.0
催化重整结果						
稳定汽油芳烃含量/%	52.26	51.86	51.60	53.92	61.43	54.45
稳定汽油辛烷值(研究法)	89.6	88.6	88.6	91.6	92.2	91.5
芳烃转化率/%	135	144	149	132	145	145
纯氢产率/%	2.78	2.50	2.42	2.31	2.28	2.23

二、延迟焦化柴油的加工和应用

(一) 延迟焦化柴油的性质及焦化循环操作的影响

国内几种原油减压渣油的焦化柴油典型性质见表 4-3-15，同时表中还列出延迟焦化循环操作和单程操作所得焦化柴油质量的对比。

表 4-3-15　国内几种原油减压渣油焦化柴油馏分典型性质

原　料	大庆减压渣油		胜利减压渣油		鲁宁管输减压渣油		辽河减压渣油	
	循环	单程	循环	单程	循环	单程	循环	单程
密度(20℃)/(g/cm^3)	0.8222	0.8223	0.8449	0.8286	0.8372	0.8424	0.8355	0.8598
溴价/(gBr/100g)	37.8	35.0	39.0	37.8	35.0	28.7	35.0	37.0
苯胺点/℃			57.8			62	58.3	59.8
10%残炭/%	0.03	0.04	0.24	0.11	0.25	0.23	0.31	0.11
硫/(μg/g)	1500	1100		10000	7400	8900	1900	2100
氮/(μg/g)	1100	1000		2000	1600	2000	1900	1800
凝点/℃	-12	-11	-11	-6	-9		-15	-12
十六烷指数	56	56	48	57	50	51	49	
馏程/℃								
初馏点	199	193	183	201	202	196	193	201
10%	219	215	215	221	227	224	216	212
50%	259	261	258	264	254	275	254	251
90%	311	319	324	318	316	334	295	293
终馏点	329	347	341	344	334	354	320	320

由表 4-3-15 中数据可以看出，国内这几种原油所得焦化柴油的十六烷指数较高，可达50左右，但溴价在35~40gBr/100g之间，且氮含量高，达1100~1900μg/g，需经加氢精制后才能成为合格的车用柴油燃料或二次加工原料。从循环操作和单程操作相比，可以看出，单程操作所得焦化柴油苯胺点和十六烷指数略高，但其10%蒸余物残炭和溴价则略低。

(二) 焦化原料对延迟焦化柴油质量的影响[1,67]

焦化柴油的性质一般取决于焦化原料的性质和加工方法。如焦化原料分别是同一种原油的常压渣油和减压渣油，则所得的焦化柴油馏分质量就有差异。以一种阿拉伯轻质原油和最低焦炭产率为基础，对常压渣油和减压渣油为原料所得的延迟焦化收率和产品性质作了估算，其中列出的 185~343℃焦化柴油馏分性质见表 4-3-16。从表中可以看出，减压渣油为焦化原料要比常压渣油所得的焦化柴油馏分产率低，质量也有差异，如密度和硫、氮含量高，而十六烷指数低。

表 4-3-16　阿拉伯轻质原油的常压和减压渣油焦化 185~343℃馏分性质

焦化原料	阿拉伯轻质原油	
	常压渣油	减压渣油
馏分范围/℃	185~343℃	185~343℃
产率/%	32.4	26.0
密度(20℃)/(g/cm^3)	0.8542	0.8756
硫/%	2.1	2.4
氮/(μg/g)	550	1050
溴价/(gBr/100g)	30	30
倾点/℃	-29	-29
闪点/℃	71	71
运动黏度(50℃)/(mm^2/s)	2.6	2.6
十六烷指数	43.0	37.0

（三）延迟焦化柴油加氢精制生产柴油

焦化柴油的溴价和实际胶质均比较高，安定性差，必须加氢精制。经过加氢精制后，焦化柴油馏分性质有大幅度改善。中压加氢精制比低压加氢精制效果好，说明加氢精制压力高对柴油性能改善的程度有影响。鲁宁管输减压渣油不同循环比焦化柴油及加氢焦化柴油的性质见表 4-3-17[68]。从表中可以看出，加氢精制后焦化柴油的十六烷指数、BMCI 值、硫、氮含量、溴价均有显著改善。

表 4-3-17　不同循环比的焦化柴油和不同氢分压的加氢焦化柴油的性质

油品性质	焦化柴油	焦化柴油	加氢焦化柴油	加氢焦化柴油
循环比	单程	1.29	1.29	1.29
焦化蜡油产率/%	37.8	1.4	1.4	1.4
气体产率/%	6.9	11.8	—	—
汽油产率/%	11.8	20.6	—	—
柴油产率/%	23.6	37.8	—	—
焦炭产率/%	19.9	25.4	—	—
氢分压/MPa			3.2	6.0
密度(20℃)/(g/cm^3)	0.8324	0.8385	0.8224	0.8196
折光指数(n_D^{20})	—	1.4681	1.4600	1.4569
硫/(μg/g)	9476	7721	323	199
氮/(μg/g)	1630	2284	1324	605
实际胶质/(mg/100mL)	182	472	86	58
溴价/(gBr/100mL)	42.7	35.1	7.0	1.9
氢/%	—	12.60	13.43	13.49
BMCI 值	32.0	31.7	24.9	23.8
十六烷指数	48.2	49.6	53.2	56.1

从化学组成和使用性能看，焦化柴油与直馏柴油相比，不饱和烃含量高，溴价高达

35gBr/100g 以上；硫、氮含量高，特别是不易脱除的氮含量高达 1100～1900μg/g。含氮化合物组成中喹啉、咔唑、吲哚类环状氮化物占总氮的 65%以上，是造成油品储存不安定与变色的主要原因。同时实际胶质和消光值高。这些都说明，焦化柴油储存安定性差，颜色易变深，产生胶质沉渣。

改善焦化柴油安定性最有效的办法是加氢精制。焦化柴油加氢精制催化剂主要有 Ni-W/Al_2O_3、Ni-Mo/Al_2O_3和 Ni-W-Mo/Al_2O_3等几种。中东高硫原油焦化柴油馏分同国内二次加工柴油馏分相比，在具有高氮含量的同时，还有很高的硫和胶质含量，是属难以加氢精制的原料。要求催化剂既要有高的脱硫活性，也要有高的脱氮活性。

近年来，我国不断加快车用汽柴油质量升级进程，2017 年 1 月 1 日起，全面执行国Ⅴ高标号清洁柴油标准，京Ⅵ高标号清洁柴油标准在北京开始执行。目前，我国柴油已经从硫含量小于 50μg/g 的低硫柴油提升为硫含量小于 10μg/g 的无硫柴油，硫含量指标达到了国际先进水平。

2016 年 12 月，我国发布了更加严格的国Ⅵ车用柴油标准，实施时间为 2019 年 1 月 1 日。相对于国Ⅴ车用柴油标准，多环芳烃含量要求更加严格，要求不大于 7%。

为了满足生产低硫柴油的需要，中国石化抚顺石油化工研究院开发了 FHUDS 系列加氢催化剂(Wo-Co-Ni-Co)。天津石化用 FHUDS-6 催化剂，加工焦化汽柴油混合料成功生产国Ⅴ标准车用柴油。截至 2016 年 5 月，国内已有 45 套柴油加氢装置使用 FHUDS 系列加氢催化剂，国外还有 2 套，是印度 IOCL 公司 Panipat 炼厂和捷克 Paromo 炼厂。中国石化石油化工科学研究院也开发了 RS-1000 系列加氢催化剂(Ni-Mo-W)，相继开发的 RS-1100、RS-2000、RS-2200 和 RS-2100 等系列柴油超深度脱硫催化剂，可满足焦柴深度脱硫需要。目前，RS 系列催化剂在国内已进行 46 套次工业应用。中国石油和中国石油大学(北京)联合开发了 PHF 超低硫柴油加氢催化剂，可满足生产国Ⅴ标准柴油需要，已在 10 套工业装置上应用。

三、延迟焦化蜡油的加工和应用

(一) 延迟焦化蜡油性质及焦化循环操作的影响

国内外几种焦化蜡油和直馏蜡油性质比较见表 4-3-18，国内几种焦化蜡油和直馏蜡油族组成比较见表 4-3-19[71]。从两表数据可以看出，焦化蜡油与相应直馏蜡油相比，由于含有较多杂质，其密度、残炭值、硫、氮、金属含量都高，从族组成看，其芳烃和胶质含量也都高。

表 4-3-18　国内外几种焦化蜡油和直馏蜡油性质比较

项　目	胜利原油		鲁宁管输原油		轻阿拉伯原油	
	焦化蜡油	直馏蜡油	焦化蜡油	直馏蜡油	焦化蜡油	直馏蜡油
密度(20℃)/(g/cm³)	0.9178	0.8997	0.9114	0.878	0.9239	0.8992
馏程/℃						
5%	323	326	—	238	303	380
95%	494	527		527	465	550
残炭/%	0.74	0.13	0.94	0.16		0.95
硫/%	1.20	0.40	0.80	0.53	3.8	2.5
氮/%	0.69	0.15	0.51	0.09	0.21	0.12
(镍+钒)/(μg/g)	0.51	<0.18	—	—	5.65	<2.0
氢/%	11.46	—	11.80	13.26	—	—
碳/%	85.48	—	86.75	86.61	—	—

表 4-3-19　几种国内焦化蜡油和直馏蜡油的族组成比较[71]

原　油	大　庆		辽　河		管　输
	焦化蜡油①	直馏蜡油	焦化蜡油①	直馏蜡油	焦化蜡油①
族组成分析/%					
饱和烃	68.3	83.7	60.9	76.1	65.3
轻芳烃	7.9	7.5	5.2	7.2	8.5
中芳烃	4.2	3.2	6.5	3.3	7.6
重芳烃	12.7	4.5	21.5	10.3	11.9
胶质	6.9	1.1	5.7	3.1	6.7

① 焦化蜡油所含烯烃极性与重芳烃相近，故将烯烃计算在重芳烃馏分中。

国外延迟焦化装置生产时，往往利用超低循环比，甚至零循环比，以增产焦化蜡油。超低循环比和零循环比焦化蜡油的性质比较见表 4-3-20。从表中看出，零循环比的焦化蜡油密度、残炭、C_7不溶物和金属含量都高于超低循环比的焦化蜡油，原料性质很差，对后续催化加工条件产生较大影响。

表 4-3-20　超低循环比、零循环比焦化蜡油的性质比较[59]

焦化蜡油性质	超低循环比	零循环比	增加的重焦化蜡油
密度/(g/cm^3)	0.9775	0.9859	1.0386
硫/%	2.58	2.55	2.37
氮/(μg/g)	5303	5087	3806
残炭/%	0.53	2.43	13.70
C_7不溶物/(μg/g)	432	2000	11300
(镍+钒)/(μg/g)	1.0	3.8	20.4
K 值	11.13	11.12	11.07

(二) 延迟焦化蜡油加氢精制生产催化裂化原料

焦化蜡油加氢精制主要是脱除催化裂化原料中的硫和氮等杂质。蜡油所含的氮化物比硫化物对催化转化影响要大，并且脱氮要比脱硫困难得多。氮化合物可降低裂化催化剂的活性，降低 FCC 液态产品的收率和质量。氮化物又分为碱性氮化物和非碱性氮化物，碱性氮化物主要是吡啶、喹啉等；非碱性氮化物主要是吲哚等。裂化催化剂的活性中心容易和碱性氮化物作用，使产品分布变差。研究表明，当碱性氮化物含量大于 0.09%时，会造成催化剂活性显著下降。反应温度为 500℃时，不同碱性氮化物含量的原料催化裂化实验结果见表 4-3-21。

表 4-3-21　原料碱性氮化物含量对催化裂化产物分布的影响

原料碱性氮化物含量/%	0.09	0.12	0.21	0.30	0.40
催化裂化产物分布/%					
干　气	1.8	1.8	1.9	1.9	2.1
液态烃	7.6	7.7	8.7	9.4	9.4
汽　油	25.0	23.2	17.8	11.7	8.1
柴　油	21.8	22.6	25.1	28.1	27.8
重　油	32.1	32.5	34.6	35.2	37.2
焦　炭	10.5	10.7	11.1	12.6	14.8
转化率/%	44.9	43.4	39.5	35.6	34.4
损失/%	1.2	1.5	0.8	1.1	0.6

表 4-3-21 中数据表明，随着碱性氮化物含量提高，催化剂的活性和选择性下降，致使裂化转化率和汽油收率下降，干气、液态烃、重油和焦炭收率上升。随着柴油转化为汽油的量减少，柴油收率先是增加，随后随着重油转化率下降，柴油收率反而下降。

一些国外公司总结了原料中氮含量对催化裂化产品产量和质量的影响。丹麦哈杜尔-托普索(Topsoe)公司认为，一般进料中氮含量每增加 100μg/g，转化率降低 0.3%~0.5%，汽油体积收率损失和转化率损失比例接近 1∶1，汽油溴价约增加 2~3 个单位。Engelhard 公司认为，总氮含量小于 2000μg/g 时，每增加 100μg/g 氮含量会使转化率损失 0.7%~0.9%左右。美国油 TOSCO 公司指出，蜡油的碱性氮含量每增加 100μg/g，转化率下降 1%，汽油溴价增加 2~3 个单位。碱性氮含量大于 500μg/g 时，对操作就有明显影响。

催化裂化原料中芳烃含量对催化裂化产品分布也有较大影响，见表 4-3-22。芳烃与烷烃相比，难以裂化，特别是二环以上芳烃和胶质容易在裂化催化剂上生成积炭，影响催化裂化转化率和汽油产率。焦化蜡油的多环芳烃比同馏程的直馏蜡油一般要高出很多。数据表明，富含多环芳烃原料，虽然芳烃总量较少，但二环以上芳烃多，所以在催化裂化转化率相近时汽油产率低，焦炭产率高。

表 4-3-22　原料中芳烃含量对催化裂化产品分布的影响

项　　目	富含多环芳烃原料	富含单环芳烃原料
原料的烃族组成/%		
烷　烃	11.5	3.0
环烷烃	15.1	14.0
单环芳烃	0.4	42.4
二环以上芳烃	73.0	40.6
芳烃总量	73.4	83.0
转化率相近时产品分布/%		
$<C_3$	5.9	5.6
C_4	6.7	8.0
C_5~221℃	21.2	34.3
焦炭	28.2	13.6

此外，原料中的含硫化合物分解后可引起设备腐蚀，金属化合物也可引起催化剂中毒。因此焦化蜡油在进入催化裂化之前最好进行加氢精制，脱除硫、氮，使芳烃得到一定程度的饱和，提高氢含量，增加可裂化组分，达到提高轻质油收率的目的。如果焦化蜡油不加氢精制，则在催化裂化原料中掺入量一般不超过 20%~25%。

催化裂化进料对焦化蜡油的要求是：碱性氮含量不大于 0.15%，硫含量不大于 0.5%，重金属含量不大于 20μg/g，二环以上芳烃、胶质及焦粉等杂质尽量减少。

管输原油焦化蜡油加氢精制前后性质变化及其催化裂化产品分布见表 4-3-23。几种典型焦化蜡油用 RN-2 催化剂加氢精制前后催化裂化产率的比较见表 4-3-24。焦化蜡油加氢精制后，硫、氮和碱氮含量大幅度降低，芳烃得到一定程度饱和。加氢焦化蜡油催化裂化转化率和汽油收率显著增加。

表 4-3-23 管输原油焦化蜡油加氢精制及催化裂化结果

项目	未加氢	加氢后	项目	未加氢	加氢后
焦化蜡油产品性质			碱氮/(μg/g)	1367	250
烃类族组成/%			馏程/℃		
链烷烃	31.4	36.5	初馏点	247	251
环烷烃	31.1	35.1	50%	374	375
总芳烃	33.6	27.6	95%	435	437
其中：单环芳烃	11.8	16.8	催化裂化产率分布/%		
双环芳烃	11.0	7.0	液化气	7.06	14.12
多环芳烃①	10.8	3.8	汽油	26.24	50.37
胶质	3.9	0.8	柴油	19.70	18.37
碳/%		86.5	重油	42.80	13.44
氢/%	12.6	13.3	干气+焦炭+损失	4.20	3.70
硫/(μg/g)	8900	95	转化率/%	37.50	68.19
氮/(μg/g)	3800	892			

① 多环芳烃含量值中包括烯烃含量值。

表 4-3-24 几种典型焦化蜡油加氢精制前后催化裂化产率比较

项目	大庆焦化蜡油	辽河焦化蜡油	管输焦化蜡油
碱性氮含量/(μg/g)			
未加氢油	903	2362	1376
加氢油	18.2	587	251
加氢后催化裂化产率增加值/%	+22.70	+23.31	+31.67
液化气	+5.74	+6.85	+10.41
汽油	+17.72	+18.29	+22.40
重油	-22.96	-27.15	-30.19

管输焦化蜡油加氢精制后加氢焦化蜡油掺入直馏蜡油中在工业化装置上进行催化裂化。加氢精制结果见表 4-3-25，加氢焦化蜡油掺入催化裂化原料中进行的催化裂化工业结果见表 4-3-26，表中掺入加氢焦化蜡油的比例达到 16.6%，从转化率看，加氢焦化蜡油掺入量还可提高。表中还列出了没有掺入加氢焦化蜡油催化裂化原料的催化裂化结果进行对比，数据表明，工业运转结果很好。在工业催化裂化装置进料中掺入 15%左右加氢焦化蜡油后汽油产率提高约 2 个百分点，油浆产率可降低约 1 个百分点。

表 4-3-25 管输焦化蜡油加氢精制工业化装置运转结果

项目	工业运转结果		项目	工业运转结果	
操作条件			溴价/(gBr/100g)	7.52	2.96
催化剂	RN-2		残炭/%	0.05	0.01
压力/MPa	6.6		C_7不溶物/%	0.09	0.06
平均温度/℃	366		馏程/℃		
空速/h^{-1}	0.97		10%	354	329
油品性质	未加氢油	加氢油	50%	384	379
密度(20℃)/(g/cm^3)	0.8906	0.8640	95%	459	435
折光指数(n_D^{20})	1.4980	1.4811	脱硫率/%	97.7	
硫含量/(μg/g)	8233	193			
碱氮含量/(μg/g)	1660	358	脱碱氮率/%	78.4	

表 4-3-26　掺入加氢焦化蜡油原料的催化裂化工业运转结果

项　目	加氢焦化蜡油掺入比例/%		项　目	加氢焦化蜡油掺入比例/%	
	0	16.6		0	16.6
催化裂化产率/%			柴　油	28.01	27.63
干　气	5.98	5.31	油　浆	5.12	4.34
C_3～柴油	84.17	85.87	焦　炭	4.33	4.11
其中：液化气	8.07	8.12	损　失	0.40	0 37
汽　油	48.09	50.12	转化率/%	66.87	68.035

（三）延迟焦化蜡油加氢精制生产加氢裂化原料[1,75,76]

加氢裂化是现代炼油工业中重要的二次加工过程之一，使用焦化蜡油作为加氢裂化原料的补充，可以多产优质中间馏分油，提高柴汽比。

焦化蜡油含有较多杂质，特别是氮含量高，所以焦化蜡油直接掺入加氢裂化原料时，加入量一般限制在10%以内。经过加氢精制的焦化蜡油在加氢裂化原料中的比例可以提高。

加氢裂化工艺流程中包括加氢精制段和加氢裂化段两部分，在进入加氢裂化段之前，先将原料在加氢精制段进行加氢精制，以脱除有机硫、氮化合物及其他杂质，并使部分芳烃加氢饱和。一般加氢裂化段进料要求氮含量小于10μg/g，若加氢精制段油的氮含量高时，不得不提高精制段操作温度来保持加氢裂化催化剂活性，这样会使催化剂的寿命缩短，产品选择性变差。原料氮含量与加氢裂化起始温度的关系如表4-3-27所示。加氢精制段流出油的氮含量变化对加氢裂化段平均温度的影响见图4-3-1。

表 4-3-27　精制油氮含量与加氢裂化起始温度的关系

精制油氮含量/(μg/g)	加氢裂化起始温度/℃	精制油氮含量/(μg/g)	加氢裂化起始温度/℃
1～10	288～304	50～2000	360～382
10～50	304～360		

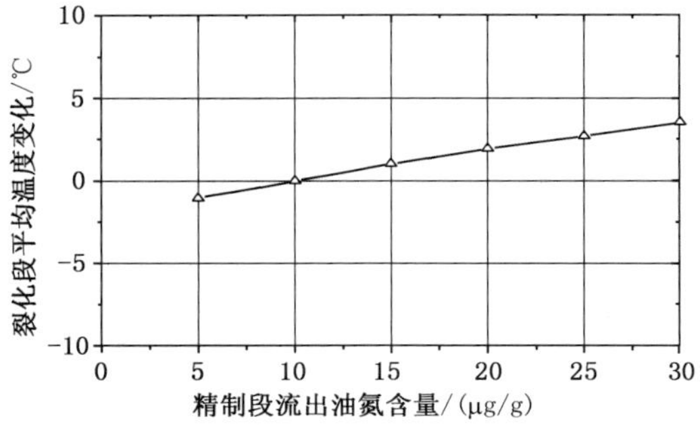

图 4-3-1　精制段流出油氮含量的变化对裂化段平均温度的影响（假定所有液体流量保持不变）

焦化蜡油中常会携带微小的焦粉颗粒，含量通常在200～300μg/g。据估算，如果800kt/a加氢裂化装置直接掺炼10%焦化蜡油，则每年累计带入焦粉达16～24t，它们被截留在精制催化剂床层顶部。此外，焦化蜡油中含有烯烃等杂质，在储罐中与空气接触后，也容易缩合为胶质。这些都会造成加氢反应器压降上升，影响装置正常运转。解决这一问题的技术措施是：①在焦化分馏塔进料段加洗涤措施；②在加氢反应器上部装填活性支撑物，使烯烃在缩合前先被加氢饱和；③设置有反冲洗机构的原料过滤设备；④贮罐有惰性气体保护措施。

Unocal公司曾有25套以上加氢裂化装置掺炼加氢焦化蜡油，最高掺炼比例达进料量的30%～35%。这些装置中，焦化蜡油掺炼比受加氢精制段流出油的氮含量限制，氮含量要求小于10μg/g，最大不超过15μg/g。

表4-3-28给出了管输焦化蜡油加氢精制前后组成的变化，并与胜利直馏蜡油作了比较。由表中数据可知，管输焦化蜡油加氢精制后总饱和烃增加14.0%，总芳烃减少13.2%，其中难裂化的三环以上芳烃减少69.4%。管输加氢焦化蜡油与胜利直馏蜡油相比，总饱和烃含量基本相当，其中链烷烃含量高；总芳烃相近，三环以上芳烃要少得多。总之，管输焦化蜡油加氢精制后，裂化性能大大改善，性质接近胜利直馏蜡油。

表4-3-28　加氢精制前后焦化蜡油族组成变化

项　目	管输焦化蜡油加氢前	管输焦化蜡油加氢后	胜利直馏蜡油
族组成/%			
链烷烃	31.4	36.5	28.9
环烷烃	31.4	35.1	42.8
单环芳烃	11.8	16.8	10.7
双环芳烃	11.0	7.0	6.6
三环芳烃	5.0	1.9	3.3
四环芳烃	2.2	0.3	1.1
五环芳烃	0	0	0.1
未鉴定芳烃	0.3	0.3	1.0
噻　吩	3.3	1.2	0.5
胶　质	3.6	0.9	5.0
总　计	100.0	100.0	100.0
总饱和烃/%	62.8	71.6	71.7
饱和烃增加率/%	—	+14.0	—
总芳烃/%	30.3	26.3	22.8
总芳烃增加率/%	—	-13.2	—
三环以上芳烃/%	7.2	2.2	5.5
三环以上芳烃增加率/%	—	-69.4	—

表4-3-29列出一组掺炼加氢精制轻、重焦化蜡油的加氢裂化工业装置的原料和产品分布生产数据。该装置总处理能力达2.0Mt/a，为一段串联一次通过加氢裂化流程。原料为80.5%的管输直馏减压蜡油，掺炼16.8%重加氢焦化蜡油和2.7%轻加氢焦化蜡油。反应条件为反应压力14.0MPa，裂化段温度377℃，精制段流出油的氮含量19.5μg/g。

表4-3-29　加氢裂化工业装置原料和产品分布

项　目	性　质	项　目	性　质
原料构成/%		BMCI值	36
直馏蜡油	80.5	产品分布/%	
加氢焦化重蜡油	16.8	干气	3.33
加氢焦化轻蜡油	2.7	液化气	10.74
原料主要性质		轻石脑油	7.73
密度(20℃)/(g/cm^3)	0.8808	重石脑油	47.59
馏程/℃		喷气燃料	6.96
30%/50%	325/389	尾油	29.02
90%/终馏点	472/495	C_5^+液体收率	92.58
硫/(μg/g)	3582	氢耗/%	3.08
氮/(μg/g)	995		

上述加氢裂化装置产品主要为下游制取芳烃提供重整料，同时为蒸汽裂解制乙烯提供尾油原料，又可生产一部分喷气燃料，主要产品性能见表 4-3-30。由表中数据可以看出，所有产品硫、氮含量都很低。重石脑油芳烃潜含量高达 59.12%，是生产芳烃很好的重整原料；大于 230℃尾油的 BMCI 值只有 12，可用作乙烯裂解原料；喷气燃料芳烃含量 7.4%，烟点 29mm，冰点小于-60℃，质量优良。

表 4-3-30　加氢裂化工业装置产品主要性质

产　品	主要性质	产　品	主要性质
<65℃轻石脑油		硫/(μg/g)	<0.5
密度(20℃)/(g/cm³)	0.6431	氮/(μg/g)	1.3
硫/(μg/g)	<0.5	冰点/℃	<-60
氮/(μg/g)	<0.5	芳烃/%(质)	7.4
65~165℃重石脑油		烟点/mm	29
密度(20℃)/(g/cm³)	0.7546	>230℃组分	
硫/(μg/g)	<0.5	密度(20℃)/(g/cm³)	0.8106
氮/(μg/g)	0.6	硫/(μg/g)	6.2
芳烃潜含量/%	59.12	氮/(μg/g)	0.5
165~230℃喷气燃料组分		BMCI 值	12
密度(20℃)/(g/cm³)	0.8000		

中东原油焦化蜡油和 VGO 混合料也可采用中压加氢裂化工艺加工。采用 MAK-MPHC 中压加氢裂化时，由于焦化蜡油掺入多，氮含量高，需要采用具有高脱氮、脱金属、脱残炭性能的加氢精制催化剂和高活性的加氢裂化催化剂，同时转化率的控制要比高压加氢裂化低，以保障运转周期[82]。MAK-MPHC 加氢裂化加工焦化蜡油的中试试验所用原料油为 50%中东原油减压蜡油和 50%重焦化蜡油(来自 ExxonMobil 公司新泽西州 Paulsboro 炼厂)，性质见表 4-3-31，加氢裂化操作条件和产品收率见表 4-3-32。原料在进行加氢裂化前，先用能脱氮的精制催化剂进行原料预处理，将高氮含量降低下来。表 4-3-32 中转化率 63%的加氢裂化产品性质见表 4-3-33。

可以看出，在中压加氢裂化条件下，由于采用了性能好的加氢精制催化剂，所有产品的硫、氮含量均比较低。重石脑油可用作重整料。柴油馏分是很好的低硫柴油调和组分。未转化油均是很好的 FCC 料。当有的未转化油 BMCI 值小于 12 时，还适合用作乙烯的原料。但煤油的烟点一般低于规格要求，只能作柴油等产品的调和组分。

表 4-3-31　掺 50%焦化蜡油的加氢裂化原料性质

项　目	数　据	项　目	数　据
(减压蜡油/重焦化蜡油)/%(v)	50/50	模拟蒸馏(%)/℃	
密度(20℃)/(g/cm³)	0.9367	初馏点	239
硫/%	2.6	10%	338
氮/(μg/g)	1800	50%	422
折光指数(n_D^{20})	1.500	90%	493
康氏残炭/%	0.4	干点	559
金属(Ni+V)/(μg/g)	2.1		

表 4-3-32 加氢裂化条件及产品收率

项 目	反应条件及产品收率		项 目	反应条件及产品收率	
加氢裂化条件			汽油(C_5~82℃)	1.7	8.9
总压/MPa	9.31		石脑油(82~166℃)	9.3	18.8
氢油比/(v)	891		煤油(166~227℃)	9.6	17.0
反应温度/℃	基准	基准+13.9℃	柴油(227~343℃)	32.5	28.7
转化率/%(v)	46	63	FCC 原料(>343℃)	54.2	36.7
液体收率/%(v)			氢耗/(m^3氢/m^3进料)	184	231

表 4-3-33 加氢裂化产品性质

性 质	轻石脑油	重石脑油	煤油	柴油	FCC 原料
实沸点切割温度/℃	C_5~82	82~166	166~227	227~343	>343
密度(20℃)/(g/cm^3)	0.6726	0.7650	0.8224	0.8448	0.8631
硫/%	<100	<100	<100	<200	<200
氮/(μg/g)	<0.5	<0.5	<2	<5	<10
辛烷值(RON)	78	61	—	—	—
烟点/mm	—	—	18	—	—
十六烷指数	—	—	32	51	—
折光指数(n_D^{20})	—	—	—	—	1.451
金属(Ni+V)/(μg/g)	—	—	—	—	<0.2

(四) 延迟焦化蜡油溶剂抽提生产催化裂化原料[75,83,84]

由于焦化蜡油质量很差，难以直接催化裂化或加氢裂化，采用溶剂抽提的方法可脱除焦化蜡油中的重芳烃和硫、氮化合物等杂质，以改善其性质；同时溶剂抽提的抽出物有较高的重芳烃含量，有进一步利用的可能。

以管输原油焦化蜡油为原料，溶剂抽提操作条件、抽余油收率及性质见表 4-3-34。由表中看出，随着操作温度的降低和溶剂比的减小，抽余油的收率得到提高，但硫、氮化合物及芳烃、胶质等的脱除率下降。溶剂抽提的目的是为下游催化裂化装置提供更多原料，所以应在满足催化裂化原料质量要求的前提下，尽量采用低温、低溶剂比操作，降低操作费用，提高催化裂化原料收率。表中溶剂抽提采用双溶剂，由于第二溶剂的引入，可从抽出相中反抽提出所含的饱和烃组分，返回到抽余油相中去，既可提高抽余油收率，又使抽出油中芳烃浓度提高，有利于抽出油的利用。

表 4-3-34 管输原油焦化蜡油溶剂抽提试验结果

项 目	焦化蜡油原料	试验 1	试验 2	试验 3	试验 4	试验 5
抽提温度/℃						
塔 上		70			60	
塔 下		40			40	
溶剂比(质量)						
原 料		1.0	1.0	1.0	1.0	1.0
糠 醛		1.0	1.0	0.5	1.0	0.5
第二溶剂		0	0.3	0.3	0.3	0.3
抽余油收率/%	—	64.25	70.53	75.23	74.91	80.26
抽余油性质						

续表

项　　目	焦化蜡油原料	试验 1	试验 2	试验 3	试验 4	试验 5
密度(20℃)/(g/cm^3)	0.9304	0.8885	0.8942	0.8996	0.8987	0.9025
硫/(μg/g)	10200	3700	5080	5600	5510	5940
氮/(μg/g)	5676	492	1032	1289	1212	1427
族组成/%						
饱和烃	53.8	78.4	75.7	72.1	72.5	68.4
芳　烃	33.2	16.6	18.8	21.5	21.4	24.7
胶质+沥青质	13.0	5.0	5.5	6.4	6.1	6.9

表 4-3-34 中所述的管输原油单程焦化蜡油，以及收率为 70.53%和 80.26%的两种抽余油的催化裂化小型试验结果见表 4-3-35。数据表明，上述两种抽余油的催化裂化结果，轻油收率和转化率都高于没有经过溶剂抽提的焦化蜡油原料。当抽余油收率在 70%左右时，其催化裂化产品分布与管输直馏蜡油相当，是较好的催化裂化原料，即使抽余油收率控制为 80%左右，其催化裂化轻油收率仍可达 67.7%。

表 4-3-35　管输焦化蜡油溶剂抽余油催化裂化小型试验结果

项　　目	直馏蜡油	焦化蜡油	焦化蜡油抽余油 Ⅰ	焦化蜡油抽余油 Ⅱ
抽余油收率/%	—	—	70.53	80.26
油品性质				
密度(20℃)/(g/cm^3)	0.865	0.9304	0.8942	0.9025
饱和烃/%	72.7	53.8	75.7	68.4
芳烃/%	21.3	33.2	18.8	24.7
胶质+沥青质/%	6.0	13.0	5.5	6.9
催化裂化产品分布/%				
干　气	2.95	1.91	3.04	2.67
液化气	11.27	6.12	11.21	9.63
汽　油	47.08	36.50	46.93	45.06
柴　油	20.74	27.37	20.96	22.64
重　油	12.58	20.57	12.54	14.36
焦　炭	5.38	7.53	5.32	5.64
轻油收率/%	67.82	63.87	67.89	67.70
转化率/%	66.68	52.06	66.50	63.00

（五）延迟焦化蜡油溶剂抽提生产加氢裂化原料[75,85,86]

焦化蜡油经溶剂抽提后可作加氢裂化的原料。表 4-3-36 列出了直馏蜡油、焦化蜡油及焦化蜡油溶剂抽余油(收率 78.1%)的性质。由表中数据看出，焦化蜡油经溶剂抽提后，抽余油性质得到改善，优于直馏蜡油，成为较好的加氢裂化原料。

表 4-3-36　直馏蜡油、焦化蜡油及其溶剂抽余油性质

项　　目	直馏蜡油	焦化蜡油	焦化蜡油溶剂抽余油
溶剂抽余油收率/%	—	—	78.1
油品性质			
密度(20℃)/(g/cm^3)	0.9102	0.9031	0.8949
残炭/%	0.14	0.11	0.10
凝点/℃	29	34	36

续表

项　　目	直馏蜡油	焦化蜡油	焦化蜡油溶剂抽余油
硫含量/(μg/g)	2040	2620	1490
氮含量/(μg/g)	1911	6256	1317
族组成/%			
饱和烃	68.1	59.0	74.3
芳烃	27.2	32.0	21.5
胶质+沥青质	4.7	9.0	4.2
馏程/℃			
50%	432	416	423
90%	508	474	484
95%	540	495	503

焦化蜡油抽余油与直馏蜡油在相同条件下进行中型加氢裂化试验，其结果见表4-3-37。由表中数据可见，在相同的操作条件下，焦化蜡油抽余油在加氢精制段之后，氮含量略低于直馏蜡油，为5.5μg/g。液体收率为95.6%，与直馏蜡油相近。所得石脑油的芳烃潜含量为49.0%，低于直馏蜡油所得石脑油6.6个百分点，但仍为良好的催化重整原料；柴油十六烷值为53，是柴油的优质调和组分，尾油的BMCI值为9.4，是蒸汽裂解制乙烯的优质原料。

表4-3-37　焦化蜡油抽余油与直馏蜡油加氢裂化试验结果对比

加氢裂化原料油	直馏蜡油	焦化蜡油抽余油	加氢裂化原料油	直馏蜡油	焦化蜡油抽余油
精制段生成油的氮含量/(μg/g)	7.0	5.5	C_5~65℃	4.99	5.45
气体收率/%	4.71	5.27	65~177℃	29.95	31.92
液体收率/%	96.0	95.6	177~350℃	34.61	31.16
化学氢耗/%	2.43	2.56	>350℃	26.45	27.07
产品分布(对进料)/%			加氢裂化生成油主要性质		
H_2S	0.26	0.21	65~177℃芳烃潜量/%	55.6	49.0
NH_3	0.23	0.16	177~350℃十六烷值	47	53
C_1~C_2	0.45	0.54	>350℃加氢尾油BMCI值	15.4	9.4
C_3~C_4	3.77	4.36			

利用加工能力为1Mt/a的延迟焦化装置所产的焦化蜡油，经溶剂抽提，每年可为1Mt/a加氢裂化装置提供约20%的原料。

（六）延迟焦化蜡油溶剂抽提抽出芳烃的利用[87]

焦化蜡油溶剂抽提所得抽出芳烃及进一步脱除沥青质后的性质如表4-3-38所示。由表中数据看出，焦化蜡油抽出芳烃中芳烃含量达70.40%，但其胶质+沥青质为20.80%，还比较高，这种抽出芳烃需进一步脱除沥青质。脱沥青质后得到的脱沥青质油，芳烃含量提高到80.5%，胶质+沥青质含量降到14.2%，黏度也得到降低。

表 4-3-38 焦化蜡油抽出芳烃及其脱沥青质后油性质

项　目	焦化蜡油抽出芳烃	焦化蜡油抽出芳烃脱沥青质后	项　目	焦化蜡油抽出芳烃	焦化蜡油抽出芳烃脱沥青质后
密度(20℃)/(g/cm³)	1.0816	1.0243	硫	0.48	0.64
黏度/(mm²/s)			氮	2.33	1.35
80℃	151.30	31.27	族组成/%		
100℃	40.20	16.44	饱和烃	8.80	5.30
凝点/℃	29	9	芳烃	70.40	80.50
元素分析/%			胶质+沥青质	20.80	14.20
碳	88.20		闪点/℃	216	221
氢	8.26				

抽出芳烃主要用途之一是作为橡胶软化剂。把抽出芳烃添加到高相对分子质量橡胶中，这样在保持橡胶物性的同时，可改善其加工性能，并能增加成品产量，降低生产成本。焦化蜡油抽出芳烃用作SBR橡胶填充油时，所得橡胶性能测试结果列于表4-3-39。由表中数据可以看出，用焦化蜡油抽出的芳烃可以生产出合格的SBR1712充油胶。

表 4-3-39 抽出芳烃用作 SBR 橡胶填充油的性能

项　目	1	2	SBR1712 标准
生胶门尼(ML_{1+4}^{100})	51	54.5	46~56
拉伸强度(35min)/MPa	24.1	23.3	>20.0
扯断伸长率(35min)/%	603	621	>570
300%定伸应力/MPa			
25min	7.8	7.4	5.0~8.0
35min	9.9	9.2	7.4~10.4
50min	10.5	9.8	8.5~11.5

用焦化蜡油抽出芳烃作橡胶操作油时，具有较好的混炼、挤出和模压工艺性能，即增塑效果好，粉料分散快，胶片表面光亮，胶料流动性好。它与其他橡胶操作油的使用性能对比见表4-3-40。从表中数据可见，采用焦化蜡油抽出芳烃作操作油时，与其他操作油使用性能相当，橡胶撕裂强度有提高。

表 4-3-40 焦化蜡油抽出芳烃作橡胶操作油

橡胶品种	丁腈-26			天然橡胶		
操作油	抽出芳烃	抽出芳烃脱沥青质后油	邻苯二甲酸二丁酯	抽出芳烃	抽出芳烃脱沥青质后油	高速机油
加入量/%	10	10	10	5	5	5
拉伸强度/MPa	14.7	13.0	17.5	18.5	21.7	18.5
扯断伸长率/%	317	405	175	395	435	478
扯断永久变形/%	2	6	2	16	20	24
硬度(邵A)	81	80	83	74	74	70
撕裂强度/(kN/m)	63.5	64.3	48.4	59.6	61.8	

焦化蜡油抽出芳烃大于450℃的塔底油馏分是芳烃高度缩合的树脂状物质，通过改性可以使软化点达到80~120℃，它的酸值低，易溶于石油系溶剂，与其他树脂相容性好，可代

替古马隆-茚树脂在天然橡胶和合成橡胶中作软化剂、补强剂等。其等量代替古马隆-茚树脂的结果表明，各项性能符合要求，如表4-3-41所示。

表4-3-41　焦化蜡油抽出芳烃塔底油代替古马隆-茚树脂结果

天然橡胶软化剂和补强剂	焦化蜡油抽出芳烃塔底油	标准值
拉伸强度/MPa	12.9	≥7.4
扯断伸长率/%	547	≥250
扯断永久变形/%	14	≤20
硬度(邵A)	68	≤70
200%定伸应力/MPa	4.9	≥4.0
ϕ6镀铜钢丝抽出力/(N/根)	177.9	≥58.8

焦化蜡油抽出芳烃的另一用途是作为沥青调和组分。由于芳烃和胶质对沥青质的溶解能力大于饱和烃，在硬沥青中调入抽出芳烃，可提高其针入度和延度。例如辽河减压渣油与道路沥青规格标准相比，软化点高，针入度和延度都偏小。调入20%焦化蜡油抽出芳烃后，主要指标能符合AH-90标准要求，结果见表4-3-42。

表4-3-42　焦化蜡油抽出芳烃与辽河减压渣油调和生产沥青的性质对比

项　　目	辽河减压渣油	焦化蜡油抽出芳烃	调和沥青	AH-90沥青规格
针入度/(1/10mm)	36	>200	100	80~100
软化点/℃	54	<30	48	42~50
延度/cm				
15℃	79	—	>150	≮100
25℃	—	—	114	—
闪点/℃	—	—	>230	≮230
溶解度/%	—	—	>99.0	≮99.0
薄膜烘箱试验				
热损失/%	0.05	3.44	0.92	≯1.0
针入度比/%	0.064	—	70	>50
延度(25℃)/cm	21.5	—	>100	≮75

第四节　延迟焦化石油焦

延迟焦化生产的石油焦性质和原油的特点有很大关系。我国大部分原油胶质含量很高、不含或含很少沥青质(正庚烷不溶物)，硫、钒含量低，而氮、镍含量高。其减压渣油氢碳摩尔比比加氢后的中东减压渣油还高，尤其是硫含量很低，得到的焦炭硫含量一般小于2%，属低硫优质石油焦。而进口原油，特别是中东原油硫含量高，用其减压渣油生产的石油焦属高硫焦。

根据石油焦的物理结构和化学性质可确定其最终用途，低硫焦煅烧后可用于制铝、化学及钢铁工业；高硫焦用作燃料，或气化用于产生蒸汽、发电，或用作石油化学工业原料。

一、石油焦的特征及分类[1,88]

延迟焦化的固态产品是石油焦，外观为形状不规则、具有金属光泽、黑色或暗灰色固体，有发达的孔隙结构。石油焦的主要成分是炭青质，并含有一定量的挥发分、灰分和水分。石油焦的元素组成为碳 90%~97%，氢 1.5%~8.0%，还含有少量硫、氮、氧和金属等。

石油焦具有独特的理化性能和机械性能，包括氧化燃烧及发热性能，在腐蚀性介质中的化学安定性和热安定性，较低的热膨胀系数，足够高的机械强度，较高的电导率和热导率，良好的弹塑特性，较强的核辐射安定性等。

石油焦有不同类型，随原料、生产工艺和加工深度等的不同，焦的性质有较大差异。延迟焦化生产的石油焦按物理结构大体可分为海绵焦、针状焦和弹丸焦(国产原油焦很少产这种焦)三类。大部分延迟焦化装置原料含低到中等浓度的沥青质，所以生产出的是海绵焦。用高芳烃原料生产的针状焦有由中间相小球体形成的纤维状或针状纹理走向的晶态结构，针状焦也由此而得名。

延迟焦化装置生产的石油焦一般为生焦，若要生产冶炼用电极等产品时，需经过煅烧，成为熟焦，又称煅烧焦。熟焦含挥发分和水分少，而焦炭中金属和硫含量则取决于焦化原料的质量。

二、石油焦的主要性质及质量标准[1,94,97]

影响石油焦质量的主要性质为纯度、结晶度和抗热震性。

(一) 石油焦的主要性质

1. 纯度

石油焦生焦基本由固定碳、挥发分、灰分和水分四种成分构成。作为燃料，其有效组分是固定碳和挥发分，它们含量高，则发热值也高。在制作石墨电极时，石油焦生焦需在1200~1400℃左右的高温下进行煅烧，成为熟焦，尽量除掉其中的挥发分(从 8.5%~12.5%降到 0.4%)，提高石墨化程度，改善电极的电导率和机械强度。在石油焦煅烧过程中，挥发分在 500℃左右开始脱除，在 900~1000℃完成[101]。生焦中的氢含量也是其煅烧性能的一个指标。石油焦在氧气中的燃烧状况和氢含量有关，大多数产品焦炭中的氢含量在 1000℃前已下降到小于 0.1%。

灰分和水分都是石油焦的杂质。典型的灰分范围应为 0.1%~0.3%。灰分的组成比较复杂，包括硅、钠、钙等元素以及铁、镍、钒等重金属及其化合物。石油焦中这些物质的含量都由灰分指标来加以表示。

石油焦电极中高灰分会阻碍晶体结构的形成，使电极机械强度降低，电阻率增加。在用于电极冶金时，灰分还会进入被冶炼的金属中，影响金属质量。

燃料焦灰分中的一些组分也会影响石油焦的使用性能。在锅炉运行中，重金属，特别是钒的积累会引起炉灰熔点降低，引起成团结渣现象，影响正常运转。

大湖碳公司 P. J. Ellis 和 C. A. Paul 认为，熟焦的镍、钒含量一般应小于 500μg/g。在铝的冶炼中，因碳阳极在电解过程中是消耗的，焦含过多的金属会转移到铝产品中，而有些牌号的铝品种对某些金属有较严格的限制。钠、钙是使电极在空气中燃烧的强催化剂，而镍、钒、铁等金属会增加在电极底部的羧基化反应[102]。同时阳极电极用的石油焦含硫必须低于3.5%，以防止阳极电极和功率电极间的电阻增加[103]。

高硫石油焦还会造成环保及治理问题。其中硫和氮等在石油焦燃烧时会产生 SO_2 和 NO_x 等有害物质，排入大气，污染环境。石油焦在 1500℃以上高温使用时，硫分解出来，使电极晶体膨胀(简称晶胀)，再冷却时引起收缩，以致产生破裂，严重时会使电极报废。由于硫含量对石油焦的质量影响比较大，国际上普遍采用以硫含量为基础对石油焦进行分类，见

表 4-4-1。

表 4-4-1　国际普遍采用的石油焦分类方法

种　　类	硫含量/%	用　　途
高硫焦	>4	燃料用
中硫焦	2~4	制铝电极用
低硫焦	<2	高级焦

氮在阳极煅烧焦中是不测定的，但在某些钢种生产需用的针状焦熟焦中，氮是重要指标，因为氮在石墨化时也会引起针状焦膨胀。

2. 结晶度

结晶度是指石油焦的晶态结构及致密性的程度。产品石油焦一般大体上可分为普通焦和针状焦两大类晶态结构。此外，在延迟焦化操作中，偶尔也会出现弹丸焦的特殊晶态现象，但它不是中、低硫焦生产中所希望得到的产物。

普通焦是石油减压渣油中的重质油分、胶质和沥青质等在焦化过程中不断裂化和脱氢缩合而产生的高含碳固体物质，由于其含有较多的各种杂质，同时减压渣油各组分的分子大小和分子立体结构差异较大，生成的石油焦具有无序的无定形结构。在石油焦形成过程中，内部所含挥发分和杂质不断裂解气化，不断释放出来，所以生成的焦炭中生成发达的孔隙，孔小而多，呈圆形，形成类似于海绵状或蜂窝状的疏松结构。这种石油焦真密度小，致密性差，杂质含量较高，机械强度较低，导电率较低，只适合作燃料、化学工业原料或制成炼铝用阳极电极。

针状焦是结晶度较高的石油焦，其原料选用富含芳烃的催化裂化澄清油、润滑油溶剂精制抽出油及热裂化所得的焦油等。这些原料沥青质和杂质含量少，灰分低，生成的石油焦较易形成结晶度高的产品。由于这些原料芳香环上的碳含量高，单环及稠环芳烃都具有片状的分子结构，缩聚成焦时，易定向排列成有层次的中间相小球体，再经长大、融并、定向，最后固化成具有纤维状或针状纹理走向的石油焦。由于其结构具有方向性，杂质含量少，所以它的孔隙少，截面略呈椭圆形。因此针状焦的特性是结晶度高，杂质含量少；真密度大，结构致密，机械强度较高；导电率高，适合制造电炉炼钢用超高功率电极。

结晶度高是优质石油焦的主要特征之一，真密度粗略地代表这种性能，真密度高表示结晶度高。普通石油焦和针状焦的晶态结构特征的比较见表 4-4-2。

表 4-4-2　普通焦和针状焦的晶态结构特征比较

项　　目	普　通　焦	针　状　焦
颜色	灰褐色，无光泽	银灰色，有金属光泽
外观	海绵状或蜂窝状结构	纤维状结构，有针状纹理
孔形状	孔小而多，截面呈圆形	孔大而少，截面略呈椭圆形
晶态结构	无序交错结构，松散无定型	含有中间相小球体的针状结构
异向性	无异向性	各向异性
纯度	含较多硫、氮、重金属等灰分杂质	纯度高，杂质含量少
致密性	真密度低，机械强度差	真密度高，机械强度较好
抗热震性	热膨胀系数高，遇热震易产生裂缝、断裂现象	热膨胀系数低，抗热震性好
电性能	电导率低，电阻率高	导电性能好，可作电极原料

除上述普通焦和针状焦两大类不同晶态结构的产品外，在延迟焦化操作中还会出现一种称为弹丸焦(Shotcoke)的晶态结构[95]。弹丸焦的生成往往会引起安全操作问题，它是在一定条件下，在焦炭塔中或其局部区域形成的特殊产物。弹丸焦为圆球状，粒度可由弹丸大小到足球大小，也可呈砂粒状与脆弱的粉焦生成易破碎的焦球。弹丸焦的形成是由于焦化原料中含有很高的沥青质，或焦炭塔内出现湍流或温度偏高所致。当焦化原料的沥青质对残炭比高时(如减压蜡油拔出百分率很高时)，这种原料极有可能会生成弹丸焦。原料中氧含量高也是形成弹丸焦的原因之一。焦化过程中，从液相析出的沥青质形成具有高黏度、高塑性的焦炭前身物，在表面张力的作用下，焦炭前身物在流动中滚动形成各种颗粒度的球状焦，并松散地互相粘在一起。弹丸焦可引发焦炭塔床层的塌陷，引起连接管堵塞，甚至在除焦时从塔底倾泻而出，造成安全问题。改变操作条件或在原料中加入催化裂化油浆等富含芳烃的原料有助于抑制弹丸焦的生成。

3. 抗热震性

抗热震性指焦炭制品在承受突然升至1000多度的高温，或从高温急剧冷却时强烈的热胀冷缩的冲击下是否会破裂的性能。超高功率电极在电炉炼钢升温或降温过程中就会遭受到这种热震，抗热震性是作为超高功率电极原料的石油焦必须具备的重要性能之一。优良的超高功率电极抗热震性取决于石油焦的优良质量，而抗热震性的衡量指标是热膨胀系数(Coefficient of Thermal Expansion，缩写为CTE)。CTE表示温度每增高1℃时，试样长度相对增长值，其公式为：

$$CTE=\frac{\Delta l}{l_0(T-T_R)}$$

式中　l_0——试样的原始长度，cm；

Δl——试样伸长量，cm；

T——测试温度,℃；

T_R——室温,℃。

石油化工科学研究院(RIPP)的热膨胀系数试验方法[96]，概要为将一定粒度的煅烧焦粉，加入一定量黏结沥青，模压成焦饼，升温至1000℃煅烧。然后切成一定尺寸的条状试样，在石英示差膨胀仪上逐步升温到600℃以上，测量室温至600℃的热膨胀系数。CTE数值低表示抗热震性好。按照RIPP24-90试验方法，合格针状焦的CTE值要求在2.6×10^{-6}/℃以下。目前测试CTE没有统一的方法，还有其他试验方法，如制备焦样方法不同(有的在2000℃以上高温下石墨化焦样)，测试的温度范围也不同(如测试温度为30~100℃)，采用CTE单位不同(有的用“10^{-7}/℃”表示)，造成各公司CTE的测试结果不同。

大陆油(Conoco)公司和鲁姆斯-丸善(Lummus-Maruzen)公司按热膨胀系数分类的石油焦等级及其用途见表4-4-3。

表4-4-3　按热膨胀系数分类的石油焦等级及其用途

公司名称	大陆油公司	鲁姆斯-丸善公司	用　途
CTE测定条件	石墨化 25~100℃	石墨化 100~400℃	
CTE单位	$\times10^{-7}$/℃	$\times10^{-6}$/℃	
优质焦			
超高级针状焦	<2.0		电极接头等
高级针状焦	2.0~3.0	<1.0	大直径超高功率电极

续表

公司名称	大陆油公司	鲁姆斯-丸善公司	用　途
针状焦	3.0~4.0	1.0~1.2	超高功率电极
半针焦	4.0~6.0	1.2~1.8	高功率电极
普通焦			
优质普通焦	6.0~8.0	1.8~3.0	普通功率电极
制铝及化工用焦	>8.0	>3.0	阳级糊及其他

各公司 CTE 分析测试方法不同，没有统一标准，因此所列数据只有相对参考性。如大湖碳素公司是在 2900℃下石墨化，然后测 0℃至 50℃的热膨胀系数。他们认为针状焦 CTE 最低，为$(0\sim4)\times10^{-7}$/℃，大多数海绵焦为$(8\sim18)\times10^{-7}$/℃，弹丸焦为$>20\times10^{-7}$/℃[102]。

大湖碳素公司 P. J. Ellis 和 C. A. Paul 认为，针状焦要求热膨胀系数必须小于2×10^{-7}/℃或更低(需要低的 CTE 是因为当电极达到 2000℃时，防止电极顶端因热应力而剥落)，针状焦的硫(要求小于 0.6%)、氮含量也要求低，以免在 2900℃石墨化时电极发生膨胀。要求针状焦>6mm 的粒度多，而<0.1mm 的粒度少。针状焦还要求灰分含量低(<0.3%)，因为灰分会在石墨化时给焦炭造成空洞，另外要求真密度高(>2.12g/cm³)。普通石油焦和针状焦一般理化性质比较见表 4-4-4。

表 4-4-4　普通焦和针状焦典型性质比较

类　型	普通焦		针状焦	
用　途	炼铝用电极		炼钢用电极	
品　种	生　焦	熟　焦	生　焦	熟　焦
真密度(20℃)/(g/cm³)		2.06		2.12
堆积密度/(g/cm³)		0.8		0.88
挥发分/%	10~12		8~10	
灰分/%	0.25	0.5	0.10	0.15
硫/%	2.5	2.5	1.0	1.0
钒/(μg/g)	150	200	10	10
镍/(μg/g)	150	200	20	40
硅/(μg/g)	200	200	400	400

一般硫含量大于 3.5%的石油焦用作燃料焦。国外几种原油减压渣油生产的典型石油焦(生焦)性质见表 4-4-5，我国几种原油减压渣油生产的典型石油焦(生焦)性质见表 4-4-6，我国几种典型二次加工渣油生产的针状焦(生焦)性质见表 4-4-7。

表 4-4-5　国外几种原油减压渣油生产的典型石油焦(生焦)性质

原油名称	沙特轻质原油	沙特中质原油	伊朗轻质原油	伊朗重质原油	阿曼原油
挥发分/%	8.8	9.1	8.8	9.6	9.0
硫含量/%	5.9	5.9	3.3	3.8	2.0
灰　分/%	0.11	0.18	0.22	0.26	0.08

表 4-4-6　我国几种原油减压渣油生产的典型石油焦(生焦)性质

原油名称	大庆原油	胜利原油	辽河原油	管输原油	新疆原油
挥发分/%	8.9	8.8	9.0	8.8	7.2
硫含量/%	0.38	1.66	0.38	0.98	0.9
灰　分/%	0.35	0.10	0.52	0.01	0.21
真密度/(g/cm³)	2.105		2.112		
CTE/(10^{-6}/℃)①	2.98		5.62	2.90	3.01

① 测试方法为 RIPP 24-90。

表 4-4-7　我国几种典型二次加工渣油生产的针状焦(生焦)性质

焦化原料	催化裂化澄清油	热裂化焦油	润滑油溶剂精制抽出油	乙烯焦油
挥发分/%	8.35	9.87	7.34	10.1
硫含量/%	0.40	0.25	0.26	0.10
灰　分/%	0.08	0.07	0.02	0.01
真密度/(g/cm³)	2.132	2.122	2.134	2.121
CTE/(10^{-6}/℃)①	1.97	2.27	2.53	2.05

① 测试方法为 RIPP 24-90。

（二）石油焦的质量标准[98,99,104~106]

石油焦没有国际统一的质量标准及测试方法。我国现用普通石油焦的标准为 SH0527—92 延迟石油焦(生焦)，属于石油化工行业标准，具体规定见表 4-4-8。标准中的一级品和合格品中的 1A 和 1B 焦适用于炼钢工业中制作普通功率石墨电极，也适用于炼铝工业中制作铝用碳素。合格品中 2A 和 2B 焦炭用于炼铝工业中制作铝用碳素。合格品中 3A 和 3B 焦炭用于化学工业中制作碳化物或作燃料。

表 4-4-8　我国延迟石油焦(生焦)的石化行业标准

项　目		质量指标							试验方法
		一级品	合格品						
			1A	1B	2A	2B	3A	3B	
硫含量/%	不大于	0.5	0.5	0.8	1.0	1.5	2.0	3.0	GB/T 387
挥发分/%	不大于	12	12	14		17	18	20	SH/T 0026
灰　分/%	不大于	0.3	0.3	0.5			0.8	1.2	SH/T 0029
水　分/%	不大于	3							SH/T 0032
真密度/(g/cm³)		2.08~2.13	报告						SH/T 0033
粉焦量(块粒 8mm 以下)/%	不大于	25	报告						
硅含量/%	不大于	0.08							SH/T 0058
矾含量/%	不大于	0.015							SH/T 0058
铁含量/%	不大于	0.08							SH/T 0058

由于我国过去行业分工的原因，石油焦的焙烧装置大都设在碳素厂，但因运输安全问题，国外市场只接受熟焦，不接受生焦，因此炼油厂只产生焦对扩大我国焦炭出口市场不利。

针状焦也没有国际统一的质量标准及测试方法。为比较起见，表 4-4-9 列出美国大陆油(Conoco)、联碳(U. C. C.)、碳-石墨集团(C. G. G.)海波针状焦质量要求；表 4-4-10 列出日本水岛(Sudou)、新日化(NipponsteelChemical)、兴亚(KOA)等公司针状焦质量要求。其中日本新日化针状焦指标为煤系针状焦指标，其他为石油系针状焦指标。由于 CTE 测定方法是各公司建立的，测定仪器和方法各公司没有统一，因此规格中所列的控制值只能相对比较。

表 4-4-9 美国几个公司针状焦主要质量指标[107,108]

公司名称	大陆石油	联碳			碳-石墨集团	
针焦级别		UHP 超高功率电极焦	HP 高功率电极焦	P 一般功率电极焦	电极焦	接头焦
CTE/(10⁻⁶/℃)	<0. 25①	<0. 25①	<0. 4①	<0. 6①	<0. 18④	<0. 14④
硫含量/%	<0. 7	<0. 7	<0. 7	<0. 7	≤0. 5	≤0. 5
真密度/(g/cm³)	>2. 12	>2. 12	>2. 11	>2. 10	≥2. 13	≥2. 13
灰分/%	<0. 15	<0. 15	<0. 2	<0. 4	≤0. 3	≤0. 3
水分/%	<0. 15	<0. 15	<0. 15	<0. 15	≤0. 3	≤0. 3
挥发分/%	<0. 3	<0. 3	<0. 3	<0. 3	≤0. 5	≤0. 5
粒度分布(>6 目)/%	>45②	>45②	>40②	>40②	⑤	⑤
振实密度/(g/cm³)	0. 79~0. 83③	0. 79~0. 83③	0. 78~0. 82③	0. 76~0. 80③		
钒含量/(μg/g)	2~6	2~6	<15	<50		
电阻率/(μΩ · m)	<1100	<1100	<1100	<1050		

① 测试温度 30~100℃。
② >3. 327mm。
③ 粒度 3. 327~7. 86mm。
④ 测试温度 25~100℃。
⑤ >8mm 焦粒≥30%，<1mm 焦粒≤30%。

表 4-4-10 日本几个公司针状焦主要质量指标[107,108]

公司名称	水岛		新日化			兴亚	
针焦级别	M 级	X 级	LPC-UL	LPC-U	LPC-UH	S-JA	EX
CTE/(10⁻⁶/℃)	≤2. 5①	≤1. 5①	0. 93~1. 02②	1. 05~1. 15②	1. 15~1. 20②	1. 3~1. 5	1. 5~1. 8
硫含量/%	≤0. 4	≤0. 4	0. 20~0. 27	0. 20~0. 27	0. 20~0. 27	0. 2~0. 4	0. 3~0. 5
真密度/(g/cm³)	≥2. 13	≥2. 13	2. 14~2. 15	2. 13~2. 15	2. 13~2. 14	2. 13~2. 15	2. 12~2. 14
灰分/%	≤0. 3	≤0. 3	≤0. 15	≤0. 10	≤0. 10		
水分/%	≤0. 5	≤0. 5	≤0. 3	≤0. 3	≤0. 3		
挥发分/%	≤0. 3	≤0. 3	≤0. 3	≤0. 3	≤0. 3		
氮含量/%			0. 40~0. 50	0. 48~0. 50	0. 30~0. 40	0. 2~0. 3	0. 3~0. 5
粒度分布(>6 目)/%	43~53	43~53	≥25③	≥25③	≥25③	45~55	45~55
振实密度/(g/cm³)	≥0. 88	≥0. 91				0. 80~0. 84	0. 77~0. 81

① 热膨胀系数 CTE 单位为 10^{-7}/℃。
② 测试温度 20~600℃。
③ >10mm。

我国目前尚没有石油煅烧焦的国家标准或石化行业标准。现已正式公布的有中国石油锦州石化公司的煅烧石油焦企业标准(Q/SH 007. L2. 003—1996)，该标准把煅烧石油焦按用途分为煅烧普通石油焦和煅烧针状石油焦，煅烧普通石油焦分为铝阳焦和电极焦，煅烧针状石油焦又分为超高功率(UHP)级和高功率(UP)级，它们广泛用于冶金、机械、电工、原子能等行业，其技术要求见表 4-4-11。

表 4-4-11　锦州石油化工公司企业标准——煅烧石油焦

项目		质量指标				试验方法
		煅烧普通焦		煅烧针状焦		
		铝阳焦	电极焦	UHP 级	HP 级	
真密度/(g/cm^3)	不小于	2.00	2.05	2.12	2.10	GB/T 6155
硫分/%	不大于	0.7		0.5	0.6	GB/T 1430
挥发分/%	不大于	0.7		0.5	0.6	ASTM D3175
灰分/%	不大于	0.6		0.2	0.5	GB/T 1429
CTE(100~600℃)/(10^{-6}/℃)	不大于	—		(1.15)①报告	(1.20)①报告	GB/T 3074.4
粉末电阻率/($10^{-4}\Omega$/cm)	不大于	—		(110)①报告	(600)①报告	YB/T 035
固定碳/%	不小于	98.5		—	—	GB/T 2004
粒度						GB/T 3520
5mm 以上含量/%	不低于	报告		报告	报告	
10mm 以上含量/%	不低于	报告		报告	报告	

① 标准中括号内的值为参考值，可根据用户的需要协商确定。

三、针状焦的生产[1,109,116]

针状焦是制造高级石墨电极的主要原料，因其外观具有明显的针状或纤维状纹理结构，故称为针状焦(Needle Coke)。针状焦具有低热膨胀系数、低孔隙度、低硫、低灰分、低金属含量、高导电率及易石墨化等一系列优点。由针状焦制成的石墨制品具有高密度、高强度、高纯度、高结晶度、高导电导热性、低热膨胀系数、低烧蚀性等特点，在国防和冶金工业中得到广泛的应用，其中冶金工业中的用量最大。在冶金工业中，用针状焦制成的超高功率(UHP)石墨电极可以明显提高冶炼效率，降低电耗和原材料消耗，减少环境污染。

针状焦根据原料的不同可以分为石油系针状焦和煤系针状焦。由于针状焦的生产原料和工艺条件不同，其性能也不尽相同，但用途基本相同。针状焦的主要性能指标有真密度、热膨胀系数、灰分、硫含量、氮含量、强度、粒度分布、电阻率和抗氧化性等。从整体上看，石油系针状焦的质量优于煤系针状焦。煤系针状焦主要用于生产高功率(HP)石墨电极和中等规格的超高功率 UHP 石墨电极，石油系针状焦主要用于生产大规格的超高功率 UHP 石墨电极及其接头。

1950 年，美国大湖碳素公司首先发明了石油系针状焦。1960 年，美国大陆石油公司发表了生产针状焦的专利。1962~1963 年美国联合碳化物公司和玛拉松公司在伊利诺伊州罗滨炼油厂的一个中型装置上进行了针状焦的试验。随后，美国大陆石油公司开发了工业制造方法并在 1968 年投入工业生产，当时所用的原料是特定产地的石油渣油。

目前，生产石油系针状焦的主要原料是热裂化渣油和催化裂化澄清油，国外利用催化裂化澄清油制备针状焦的技术相当成熟，采用延迟焦化装置以低硫减压渣油和催化裂化澄清油为原料共碳化生产针状焦，而且可以人为控制针状焦质量，根据需要生产不同档次的针状焦。美国石油系针状焦以催化裂化澄清油为主要原料，产量排名世界第一。

由于受石油系针状焦原料来源的限制，20 世纪 70 年代以来，日本和德国等国开始研究以煤焦油沥青为原料生产针状焦的工艺技术。1979 年，日本日铁化学和三菱化成实现了煤沥青针状焦的工业化生产，使石油系和煤系针状焦市场共存。其中，石油系针状焦以美国为主，煤系针状焦以日本为主。

针状焦的生产不仅需要特殊的原料，而且需要特殊的工艺条件。国外针状焦已经具有相当成熟的工艺，相关技术均以专利形式出现，生产技术受到严格保密，目前世界上只有少数几家公司可以生产针状焦，世界针状焦总产量为 1.3Mt 左右(其中石油系针状焦约占 85%左右)。国外生产石油系针状焦的公司主要有美国大陆石油公司、美国大湖碳素公司、日本兴亚和日本水岛石油公司，生产煤系针状焦的公司主要有日本日铁化学和三菱化成公司。此外，美国联合碳化物公司、壳牌公司和俄罗斯、英国、德国也生产针状焦。

(一) 催化油浆焦化制针状焦[109~140]

1. 针状焦的原料

针状焦可用石油加工的重质馏分油来生产，如热裂化渣油、催化裂化澄清油等，富含短侧链、线型联接的多环(3~4 环)芳烃是生产针状焦的优质原料。根据针状焦成焦机理，生产针状焦的原料应该是芳烃含量高(稠环大分子芳烃除外)，杂原子(S、N、O)含量低，灰分(主要是金属)低，甲苯不溶物含量少，并且要求原料在热转化过程中具有较高的中间相转化温度和较宽的中间相转化温度范围，才能生成较大的中间相小球体。此外，还要求针状焦的原料碳氢比高、密度大、黏度小、相对分子质量分布范围窄等。

2. 针状焦的成焦机理

影响针状焦生成的因素除了原料的性质外，热处理条件的选择是影响中间相的另一个重要因素。热转化温度、压力、停留时间、升温速率等工艺条件会直接影响到缩合反应引起的体系黏度增加，以及因热解而引起的气体逸出量，从而影响中间相的生成和最终重排所形成的半焦产物的光学组织结构。对于给定的原料，在最佳的热转化温度、时间和压力条件下其黏度是最适宜的，这就使中间相小球充分地长大和融并，生成具有较低黏度、具有可塑性的大区域中间相，并通过气体逸出固化形成针状焦。

针状焦的生成过程为：原料→不稳定中间相小球体→堆积中间相→针状焦；其成焦机理为液相碳化理论和气流拉焦工艺。

(1) 液相碳化理论

在较高的温度下，具有多种组分液相体系(沥青)中的分子在系统加热时发生热分解和热缩聚反应，形成具有圆盘形状的多环缩合芳烃平面分子，这些平面稠环芳香分子在热运动和外界搅拌的作用下取向，并在分子间范德华力的作用下层积起来形成层积体，为达到体系的最低能量状态，层积体在表面张力的作用下形成球体，即中间相小球体。中间相小球体吸收母液中的分子后长大，当两个球体相遇碰撞后两个球体的平面分子层面彼此插入，融并成为一个大的球体。如果大球体之间再碰撞、融并后将会形成更大的球体，直到最后球体的形状不能维持，形成非球中间相——广域流线型、纤维状或镶嵌型中间相(图 4-4-1)。从物相角度来看，中间相球体的生成过程是物系内各向同性液相逐渐变成各向异性小球体的过程；从化学角度来看，它是液相反应物系内不断进行着的热分解和热缩聚反应达到一定程度的产物。

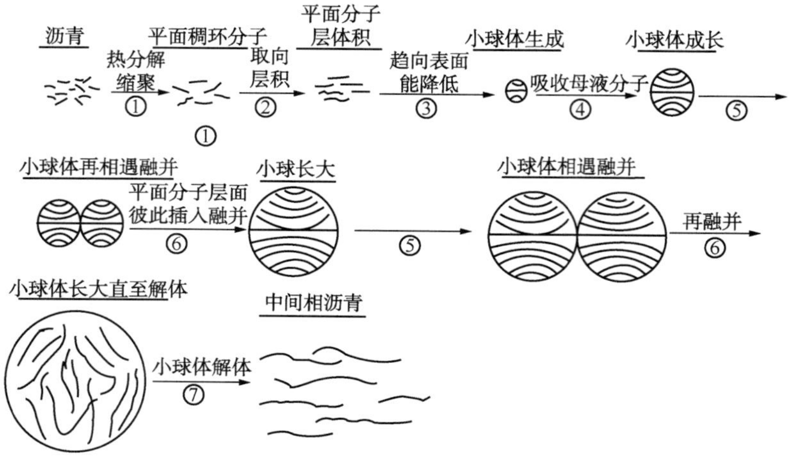

图 4-4-1　中间相热转化过程

（2）气流拉焦工艺

在中间相小球体发生解体生成中间相沥青直到固化的过程中，焦化塔内有气体连续地向一定方向流动，这种气流有一定流速，能够对中间相沥青施加足够的剪切力但又不产生扰动，使中间相沥青分子在向列型有序排列中固化，最后生成为针状焦[135]。

3. 生产工艺

针状焦工业生产工艺分为原料预处理、延迟焦化、煅烧三部分。

(1)原料预处理

针状焦生产对原料质量有较高的要求，同时要求原料质量稳定，所以针状焦生产过程中原料预处理是非常重要的一环，目的是去除原料软沥青中的杂质(主要指喹啉不溶物 QI)。制取精制沥青方法有加氢法、二段热聚合法、溶剂处理离心法、溶剂处理静置沉降法、改质法等。

对于以劣质催化裂化澄清油为原料制备针状焦工艺，油浆的脱灰和脱硫是预处理的两个主要目的。催化油浆性质受催化裂化影响波动较大，如果油浆存在质量不稳定的问题时，可能严重影响针状焦的质量、收率和装置的生产稳定。随着油浆精制技术的进步，开发了不少预处理工艺，包括油浆直接过滤、减压蒸馏-加氢精制、超临界抽提(中国石油大学研究开发)和加氢精制等技术。如上所述，我国目前只有锦州石化采用油浆直接过滤方案的原料预处理已经实现产业化。

（2）延迟焦化

把精制沥青在加热炉内快速加热到反应温度后，立即送入焦化塔，利用其自身显热使沥青裂解和缩合，生产出延迟焦(俗称生焦)。

（3）煅烧

将延迟焦经 1450℃左右高温煅烧，以达到以下目的：①排出其中的挥发性组分和水分；②提高密度和机械强度；③提高导电性能；④提高化学稳定性。

4. 国内以催化油浆为原料制备针状焦的研究

国内针状焦生产技术研究和开发工作起步较晚。1979 年，石油化工科学研究院开始了石油系针状焦生产技术的研究和开发[120]。到 1985 年，石油化工科学研究院先后完成了实验室小型试验和中型试验，探明了成焦机理，选择了原料，确定了焦化工艺条件，建立了相应的焦炭评价方法等，并以热裂化渣油为原料，先后在抚顺石油二厂 100kt/a 延迟焦化装置和大庆石化总厂 600kt/a 延迟焦化装置上进行了工业试生产，与冶金部和碳素厂合作，用所产的针状焦制成 HP 和 UHP 石墨电极，并在多家炼钢厂进行冶炼实际应用，证明了石油化工科学研究院开发的石油系针状焦生产技术已经成熟。从 1986 年到 1989 年，石油化工科学研究院又进行了扩大石油系针状焦原料的研究，在中型试验装置上完成了催化裂化澄清油、润滑油溶剂精制抽出油、乙烯焦油、重质焦化蜡油、减压渣油以及以适当比例的混合油等为原料制备针状焦的试验研究。1991 年、1993 年分别利用催化裂化澄清油和重循环油抽出芳烃为原料，在中国石化安庆石化总厂 400kt/a 延迟焦化装置上成功地进行了两次工业试验，所得针状焦产品纹理清晰、银灰光亮，其主要性能如热膨胀系数、真密度都合格。采用石油化工科学研究院自主开发的石油系针状焦生产技术，以辽河催化裂化澄清油为原料，1995 年 11 月锦州石化公司 100kt/a(原料)石油系针状焦生产装置建成投产，生产出合格的针状焦，结束了我国石油系针状焦不能连续生产的历史。2000 年山东海化集团 60kt/a(原料)石油系针状焦生产装置建成投产，后来由于受原料来源的限制，该装置改为生产普通石油焦。

随着催化裂化装置外甩油浆的增多，国内科研工作者也意识到催化裂化澄清油利用的重要性。王赣父[136]等将从回炼油浆中溶剂抽提得到的重芳烃窄馏分进行核磁共振分析，结果显示，催化裂化重芳烃是以三、四环为主。饱和烃随着馏分变重而减少，芳烃变化不大，胶质随馏分变重而增加。史权[137]等利用减压蒸馏和超临界萃取分馏，分离出窄馏分。用液相色谱分离其中的芳烃，用质谱法分析原料及其窄馏分的芳烃组成，研究不同类型的芳烃在窄馏分中的变化规律。结果表明，在澄清油芳烃组分中，四环所占比例最大，二、三、五环都具有较高的含量，一环含量较低，基本没有六环的存在，此外也含有一定量的噻吩类化合物。张立[138]证实多环芳烃构成了辽河催化裂化澄清油的主体，同时也含有相当数量的环烷烃。澄清油中饱和烃和芳烃的总含量在 90%以上，沸点小于 470℃的馏分中芳烃组分以三、四环为主。其平均结构参数表明，澄清油主要是由具有短侧链的多环芳烃、环烷烃组成的复杂体系。为了更好地描述催化裂化澄清油，肖志军[139]通过核磁共振分析了辽河催化裂化澄清油及其四组分的平均分子结构模型，如图 4-4-2 所示。发现辽河催化裂化澄清油的平均结构为带有三个丙基的三环芳烃，以其为原料生产的针状焦外观和热膨胀系数(CTE)比较好。通过对几种原料及其四组分相对分子质量的测定[140]发现，辽河催化裂化澄清油的相对分子质量分布窄。

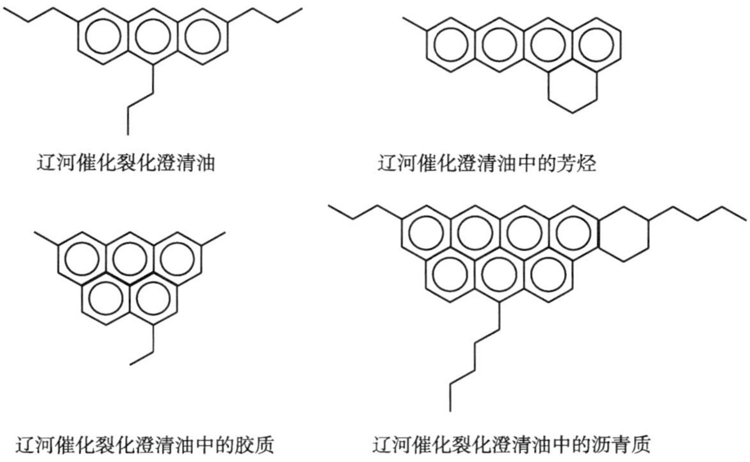

图 4-4-2　辽河催化裂化澄清油及其四组分的平均分子结构模型

表 4-4-12 列出了几种国产催化裂化澄清油的主要性质[141]。由表可知，国产澄清油的组成特点为芳烃含量大于 50%，皆以二至四环为主。

石油化工科学研究院的祖德光[141]等以辽河催化裂化澄清油为原料，得到热膨胀系数为 1.97×10^{-6}/℃的针状焦。在工业化方面，国内乌鲁木齐石化总厂[142]进行过减压渣油掺和催化裂化澄清油生产优质焦的工业实验，生产出部分具有针状焦特点的优质焦炭。1991 年、1993 年在安庆石化总厂 300kt/a 延迟焦化装置上先后进行了催化裂化澄清油及其抽出芳烃的工业试生产，所得针状焦产品纹理清晰、银灰光亮，其主要性能如膨胀系数、真密度都合格。1995 年锦州石化公司炼油厂 100kt/a 针状焦生产装置建成投产，采用石油化工科学研究院自主开发的一代针状焦生产技术，以辽河催化裂化澄清油为原料制备的针状焦产品，经美国联合碳化物公司(UCC)鉴定，为可以生产超高功率电极的优质焦炭。

表 4-4-12 几种国产重油催化裂化澄清油性质

项　目	鲁宁管输原油蜡油掺 31.5% 渣油催化裂化澄清油	辽河原油蜡油催化裂化澄清油	大庆原油常压重油催化裂化澄清油	鲁宁管输原油直馏蜡油催化裂化澄清油
密度(20℃)/(g/cm³)	0.958	1.001	1.016	1.017
残炭/%	5.9	5.3	5.5	5.2
族组成/%				
饱和烃	40.4	37.9	31.1	30.3
芳　烃	56.8	55.8	64.8	59.2
胶　质	2.8	6.3	4.1	9.5
沥青质	0.0	0.0	0.0	1.0
芳烃组成/%				
单　环	8.8	10.2	10.8	0.0
双　环	10.8	15.2	10.8	0.7
三　环	9.2	23.4	23.8	56.6
四　环	35.1	31.5	40.1	42.7(四环以上)
五　环	15.7	6.0	3.4	
总噻吩	7.9	3.6	3.4	
未鉴定	12.5	10.1	7.7	

5. 国外以澄清油为原料制备针状焦的研究及我国油系石油焦工业生产情况

由于国外公司对生产针状焦技术的严格保密，我国建成的几套针状焦装置全部都是自主开发的技术。目前生产油系针状焦的原料主要是来自催化裂化装置的澄清油，原料性质受催化裂化影响波动较大，存在质量不稳定的问题，严重制约了针状焦质量和装置的加工量。国内锦州石化公司生产的石油系针状焦已经用于 HP 石墨电极的生产，但还不能满足 UHP 石墨电极生产的需要，用于生产 UHP 石墨电极的针状焦仍然全部进口。2002 年，石油化工科学研究院针对针状焦质量不稳定、强度低等问题，开发了第二代石油系针状焦生产技术，2006 年锦州石化公司采用石油化工科学研究院自主开发的第二代石油系针状焦生产技术，对原有的石油系针状焦生产装置进行了技术改造，将装置生产能力提高到 140kt/a(原料)，每年生产针状焦 40kt 左右，可以满足 UHP 石墨电极生产的需要。目前，国内能够连续生产石油系针状焦的只有锦州石化公司一家。

国外非常重视澄清油中芳烃的利用，对其组成和结构特点进行了详细的分析表征，以其为原料或与其他原料一起共碳化制备针状焦的研究很多。

研究表明[109,123,124]，催化裂化澄清油基本不含苯不溶物(BI)，只含极少量的已烷不溶物-苯可溶物(HI-BS)。色谱(GC)分析表明，催化裂化澄清油(FCCDO)具有较窄的相对分子质量分布；其饱和烃主要由 $C_{20}\sim C_{30}$ 的烷烃组成，芳烃含量较高，且或多或少地带有不同长度的烷基侧链，根据 Brown-Ladner 方法计算出的烷基取代基数目(δ_{al})较为适中(同低硫减压渣油 LSVR 和不含喹啉不溶物的煤焦油沥青 QIF 相比)。具有代表性的 FCCDO、LSVR 以及 QIF 的平均结构模型如图 4-4-3 所示[1]。

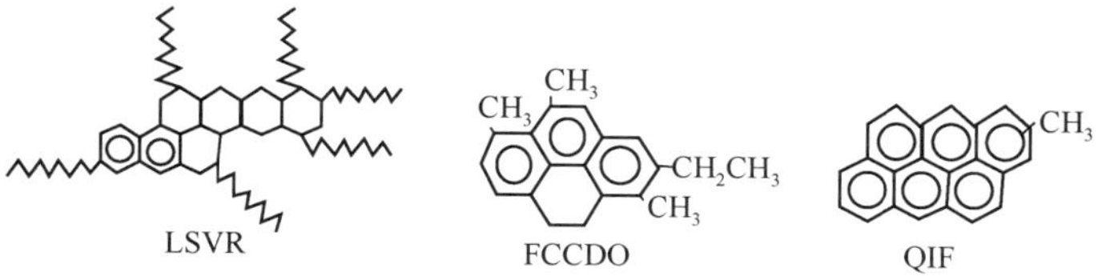

图 4-4-3　LSVR、FCCDO 和 QIF 的平均结构模型

Smith 用核磁共振分析不同来源的针状焦原料，得到的结构式如图 4-4-4 所示[18]。对比图 4-4-3 和图 4-4-4 中两种澄清油的平均结构模型，发现存在一定差别。说明不同来源的澄清油虽然在组成上有着相同之处，但从平均结构上分析，其反应性还是有所区别的。这种差异必然会影响到碳化反应以及产品的质量。

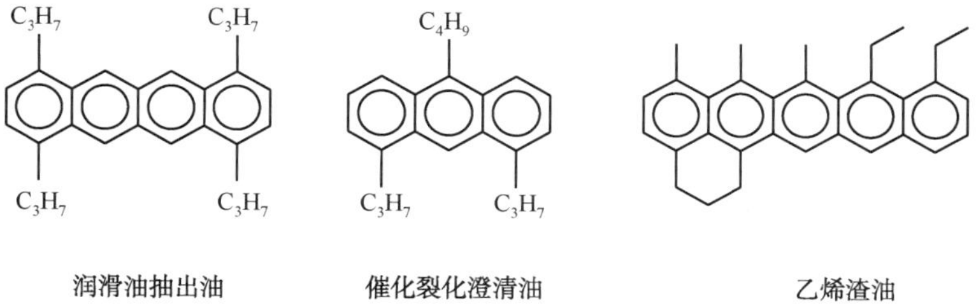

图 4-4-4　三种原料油的结构式

Mochida[125]在场解析质谱(FDMS)的基础上结合核磁共振碳谱(^{13}C-NMR)研究了澄清油中芳烃窄馏分的详细结构，如图 4-4-5 所示。发现随着窄馏分中芳环数的增加，其脂肪族侧链愈短且少，所含脂肪族基团数目也相应减少。

在对澄清油组成结构特点分析表征的基础上，日本学者 Mochida[126,127]等人以催化裂化澄清油为原料，使用管式反应器模拟工业延迟焦化过程。在实验室中揭示了针状焦的形成机理，从而为确定原料结构、化学反应性与产品性能之间的关系，探索不同原料的最优碳化条件，提供了指导性依据，并进一步提出了催化裂化澄清油制备针状焦的碳化方案，如图 4-4-6所示[1]。此外，Mochida[128,129]、Nesumi[130]等研究了催化裂化澄清油和低硫减压渣油共碳化，发现催化裂化澄清油可以调节低硫减压渣油的反应性，同时低硫减压渣油能够在固化阶段有充足的气体逸出，从而生成轴向排列良好的流线型结构，得到高质量的针状焦。

工业化方面，国外利用催化裂化澄清油制备针状焦的技术相当成熟[130]，采用延迟焦化装置以低硫减压渣油和催化裂化澄清油为原料共碳化生产针状焦也早已工业化[131]，而且可以人为控制针状焦质量，根据需要生产不同档次的针状焦。但相关技术均以专利的形式出现，受到严格保护。美国石油针状焦以催化裂化澄清油为主要原料，产量排名世界第一。

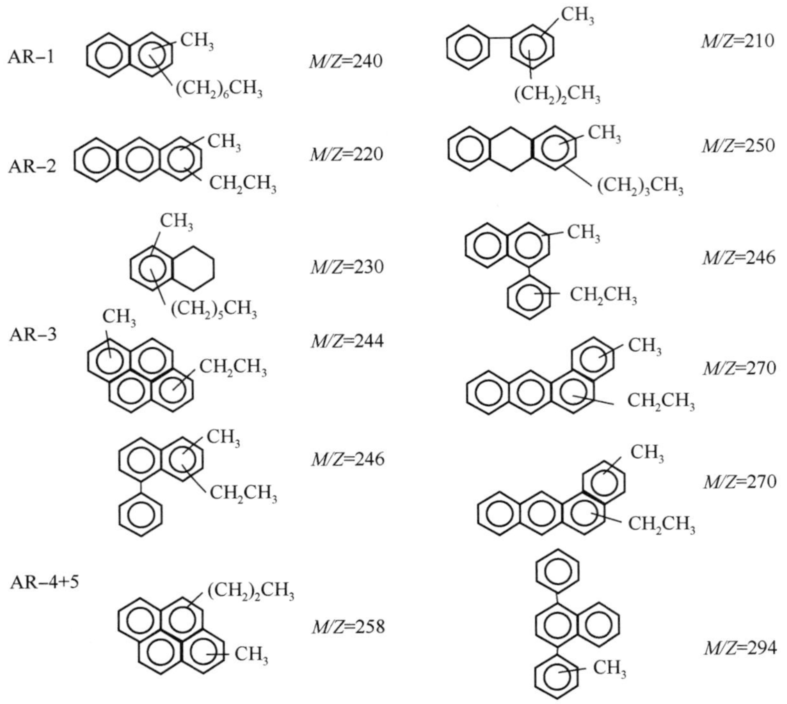

图 4-4-5　具有代表性的催化裂化澄清油芳烃窄馏分的详细结构模型

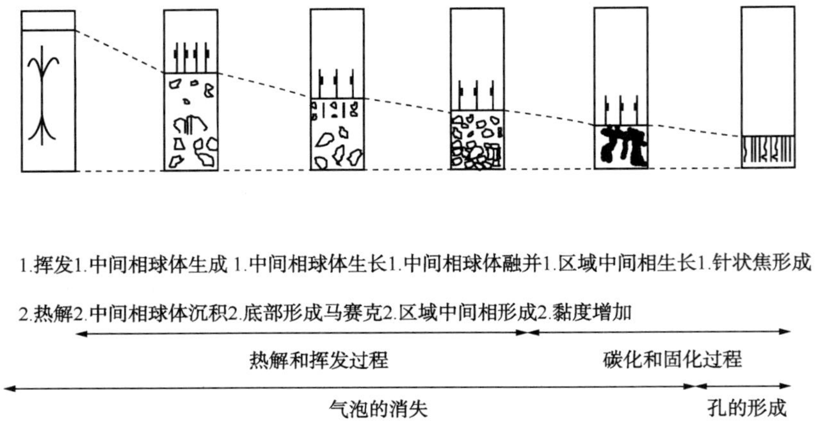

图 4-4-6　针状焦生产过程示意图

（二）煤焦油沥青焦化制针状焦[144~147]

用煤焦油生产的针状焦，称为煤系针状焦。相对应的以天然石油组分生产的针状焦，称为油系针状焦。煤系针状焦的灰分较高，整体质量低于油系针状焦，但成本较低。有研究提出将煤焦油和石油渣油共碳化制备针状焦[146]。此外煤系针状焦原料的预处理工艺比较成熟，可以为油系针焦制备时参考[147]。煤系针状焦原料主要为煤焦油馏分油或煤焦油沥青，原料预处理工艺主要有溶剂处理法、过滤法、离心分离法、加氢法、改质法和溶剂-加氢法等。

四、石油焦的煅烧及煅烧焦的质量[102,148~152]

石油焦的煅烧是延迟焦化石油焦许多用途中必不可少的加工过程。石油焦通常在燃气的旋转窑内，在1200~1350℃煅烧除去水分、挥发分，增加焦炭结构的密度、物理强度，并增加材料的导电率。煅烧后的熟焦硬度高、密度大、氢含量低、导电率良好。具有上述性质，同时金属、灰分含量低的煅烧焦是炼铝用阳极或炼钢电极的最佳材料。石油焦的煅烧工艺过程详见第五章第六节，这里只叙述煅烧焦的有关性质。

石油焦煅烧后用作制铝或炼钢的电极，除了煅烧焦的化学性质外，还需对煅烧焦的物理性质在制电极前作细致的测试。

表4-4-13列出了ConocoPhillips公司对石油焦生焦和煅烧焦的要求。ConocoPhillips公司对阳极焦的性质分为二种，表中列出阳极焦的典型性质是指可以直接制取合格煅烧焦所需的生焦性质，另一种最大限度允许性质是指对生焦杂质含量的限值，按用户实际可以承受的杂质含量，把杂质含量高的焦和另一种较高纯度的焦调和成的产品，使不同油源的石油焦达到符合制铝公司要求的规格。这样做既适应了焦化装置原料的变化，又能满足用户的使用要求。

表4-4-13　ConocoPhillips公司对石油焦的性质要求[153]

项　目	典型性质	最大限度允许性质	项　目	典型性质	最大限度允许性质
硫/%	<3.0	<5.0	钙/(μg/g)	<100	<200
挥发分/%	<11.5	<12.5	钠/(μg/g)	<100	<200
钒/(μg/g)	<250	<400	硅/(μg/g)	<150	<200
镍/(μg/g)	<150	<250	弹丸焦含量/%	0	0
铁/(μg/g)	<200	<350			

表4-4-14中列出大湖碳素公司通用阳极焦规格中对生焦和煅烧焦的性质要求[102]。除了水分、灰分、挥发分、氢、硫、氮、金属等含量的化学性质外，还需检测煅烧焦的真密度、表观密度、振实密度、电阻率、空气和CO_2反应性、颗粒稳定性、哈德格罗夫硬度指数、粉碎因子、筛分组成和弹丸焦含量等。

表4-4-14　用于阳极焦的一般规格要求

项　目	生焦	煅烧焦	项　目	生焦	煅烧焦
水分/%	8~10	<0.30	电阻率/(Ω·m)	—	<0.00107
氢/%	—	<0.10	600℃空气反应性(快法)/(%/min)	—	<0.25
灰分/%	<0.40	<0.40	525℃空气反应性(慢法)/(%/min)	—	<0.30
挥发分/%	<11.5	<0.40	CO_2反应性/%	—	<12.0
硫/%	<3.5	<3.0	颗粒稳定性/%	—	>75
钒/(μg/g)	<300	<250	粉碎因子(PF)	—	0.9~1.1
镍/(μg/g)	<200	<200	哈德格罗夫硬度指数(HGI)	75~85	32~40
硅/(μg/g)	<250	<200	尺寸累计量(筛子试验)/%		
铁/(μg/g)	<300	<300	>30mm	—	0.0
钙/(μg/g)	<200	<150	>8mm	—	>8.0
钠/(μg/g)	<100	<100	>4mm	—	30~40
弹丸焦含量/%	0	0	>2mm	—	>45
振实密度/(g/cm³)	—	>0.84	<1mm	—	<30
表观密度/(g/cm³)	—	>1.70	<0.25mm	—	<15
真密度/(g/cm³)	—	2.050~2.080			

表 4-4-14 中所列质量指标定义及说明如下：

(1) 真密度(RD)

真密度(RD，Real Density)为单位体积无孔隙的焦质量。生焦一般真密度为 1.3~1.4g/cm^3，阳极焦煅烧后为 2.05~2.08g/cm^3，石墨电极用针状焦煅烧后真密度可达到 2.13g/cm^3。对高硫焦，温度达到 1200~1300℃以上时，由于脱硫，焦内小孔增多，真密度下降。

(2) 表观密度(AD)

表观密度(AD，Apparent Density)为单位体积内堆积物的质量。主要是测孔隙度和密度。煅烧后的针状焦比煅烧后的海绵焦或弹丸焦有较高的表观密度。高硫焦脱硫后，表观密度迅速下降。

(3) 振实密度(VBD)

大陆碳素公司用 100g 筛分 20~48 目(有的公司用不同筛分来测定)煅烧焦粒，在规格化的量筒内震动测定振实密度(VBD，Vibrated Bulk Density)。大多数预焙的阳极煅烧焦用此法测得的振实密度必须在 0.84~0.86g/cm^3或更高。预焙的阳极焦密度和煅烧焦的振实密度有关联。监控生焦的质量主要是控制煅烧焦的振实密度。煅烧时，慢的升温速度能改善振实密度。增加煅烧焦的孔隙度会使振实密度下降。因中间相颗粒直径小，挥发分逸出时对焦的结构影响很小，故针状焦具有低振实密度的倾向。

(4) 电阻率

随煅烧温度的升高，煅烧焦的电阻率下降，实际上从绝缘材料变成导电体。

(5) 空气和 CO_2反应性

测定两种不同升温速度下煅烧焦在空气中和 CO_2中的反应性，为在冶炼炉中阳极焦的行为提供信息。煅烧温度、熟焦的密度(RD，AD，VBD)和电阻率影响煅烧焦对空气和 CO_2的反应性。金属 Na、Ca 和 V 等对空气和 CO_2反应性有催化作用，硫能抑制 CO_2反应。

(6) 颗粒稳定性

测定 4~8mm 煅烧焦颗粒在压力下的保持能力。硬颗粒可维持在阳极焦生产装置中焦不发生破碎。

(7) 哈德格罗夫硬度指数(HGI)

HGI 是对生焦炭和煅烧焦硬度的测定。在比较相同结构的焦炭样中，HGI 值可以粗略验证挥发分(VM)。高的 HGI 值(通常 VM 也高)表明焦是软的，是可磨的。HGI 值低，焦硬。HGI 值对燃料焦有评价作用，因发电厂需要知道焦炭是否可粉碎。弹丸焦生焦一般具有低的 HGI 值(28~50)；针状焦生焦 HGI 值 70~100；生焦 HGI 值在 75~85 或更低些是可以生产出好的 VBD 煅烧焦的原料。

(8) 粉碎因子(PF)

粉碎因子(PF，Pulverization Factor)表示测定煅烧焦硬度的值，数值越低，焦炭越硬。

(9) 筛分组成

铝的冶炼要求有优化的阳极密度，因此对煅烧焦的筛分有严格要求。

(10) 弹丸焦含量

不能用弹丸焦来做制铝的电极。弹丸焦球通常是由两层不同 CTE 值的焦组成。因沥青黏合剂只能黏合外层，层次多的焦在阳极中易引起粉碎。

五、石油焦的产量及市场

（一）世界石油焦产量及市场

随着世界原油逐步变重，原油加工深度日益加深，以及加工量的不断增长，石油焦的产量会进一步提高。

石油焦的产率一般为延迟焦化进料的 14%～30%，其变化主要取决于所加工原油的性质。有资料综合多种原油的加工数据，给出一个和原料残炭值相关联的估算公式：

延迟焦化石油焦产率(%)＝1.6×原料残炭值(%)

以上公式只能提供估算值，实际值往往大于此值。要得到石油焦产率的确切数据，最好通过延迟焦化中型试验或取自工业装置。

2013 年，全球石油焦产量为 126.38Mt，其中燃料级约占 70%，其他为碳素级。其中北美地区仍然是世界石油焦供应中心，石油焦产量达到 61.41Mt，占全球石油焦总产量的 48.6%。近年来，随着中国和印度石油焦产量的快速增长，亚太地区石油焦供应总量迅速增加，2013 年产量达到 36.72Mt，所占比例为 29.1%，位居第二。拉美、欧洲、中东及北非的石油焦产量分别为 14.69Mt、9.91Mt 和 3.65Mt。由于中国燃料级石油焦产量较少，拉低了亚太地区燃料级石油焦的生产比例；世界其他石油焦产地的燃料级石油焦供应比例均超过 75%，北美地区燃料级石油焦供应比例最高，达到 80%左右（见图 4-4-7）。

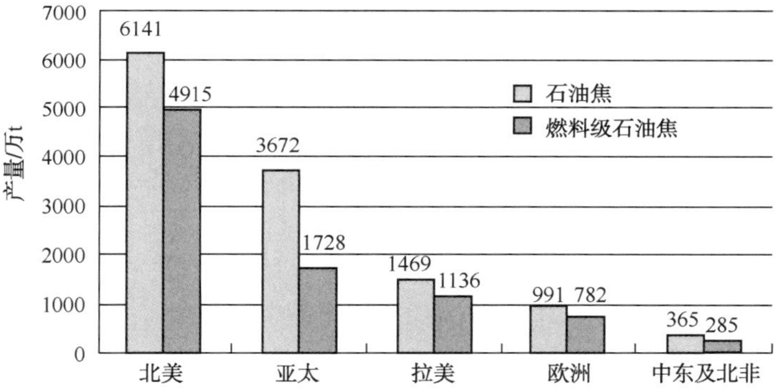

图 4-4-7　2013 年全球石油焦产量

全球石油焦供需基本平衡。碳素级石油焦主要用于电解铝行业和钢铁行业，2013 年用于电解铝行业的石油焦消费量为 30Mt 左右；燃料级石油焦主要用作燃料，在电厂、水泥厂、玻璃厂、炼厂等行业应用。随着全球原油加工量的上升，全球石油焦产量仍将继续增长。但是，由于国际劣质原油和重质原油产量不断上升，世界原油质量持续下降，导致碳素级石油焦产量有所下降，质量亦不断下降；燃料级石油焦的供应则增长较快。

1. 美洲地区石油焦供需现状

（1）美国石油焦供需现状

美国是全球石油焦的主要供应国。2013 年，美国石油焦产量为 57.68Mt（见表 4-4-15），其中燃料级石油焦产量约为 45.43Mt，所占比例为 79%左右。2009～2013 年美国石油焦产量增长了 11%，而出口量增长了 28%。2013 年美国石油焦出口总量达到 34.71Mt，主要出口国家有中国、日本、墨西哥、印度、巴西、土耳其、加拿大等，其中出口到中国、日本和墨西哥的石油焦分别为 6.63Mt、4.17Mt 和 2.78Mt，分别占美国出口总量的 19%、12%和 8%。从需求来看，美国石油焦主要用于炼厂自用、电厂、水泥厂等行业，2013 年消费总量为 22.97Mt，比 2009 年下降 7%。整体上，美国石油焦消费呈下降态势，分年度则呈波动起伏，年消费量基本保持在 21~25Mt。

表 4-4-15 2009~2013 年美国石油焦产量、消费量和出口量 Mt

项 目	2009 年	2010 年	2011 年	2012 年	2013 年
产 量	51.83	52.92	55.37	56.18	57.68
消费量	24.71	22.36	21.12	22.24	22.97
出口量	27.12	30.56	34.25	33.94	34.71

数据来源：IEA、EIA、US Census Bureau、会议报告等。

廉价的天然气使美国发电企业石油焦和煤炭用量大大减少，自 2004 年以来美国发电企业焦炭的消费量已从 8Mt/a 下降到 5Mt/a，同期美国焦炭消费总量从 34.6Mt/a 减少到 32.4Mt/a。

（2）美国石油焦生产影响因素分析

随着美国页岩油和加拿大非常规原油的快速增长，美国原油加工结构将发生重大变化。一方面，页岩油产量的快速增长使得美国轻质原油加工量开始上升，部分炼厂正在进行改造以适应轻质低硫的页岩油加工。另一方面，加拿大原油出口主要地区是美国，随着加拿大油砂重质原油产量的上升，美国加工加拿大重质原油数量将不断增长，虽然美国会减少进口其他国家重质原油，但是美国重质原油加工总量可能不会下降，甚至略有增长。因此，在未来美国原油加工结构中，轻质原油和重质原油都将逐渐上升，而中质原油加工量则不断下降。

虽然不同产区的页岩油性质差距较大，但是整体上页岩油是轻质低残炭、低硫原油，其用作焦化装置原料的减压渣油收率较低。因此，页岩油加工量的上升未来将会减少石油焦生产。然而，通过铁路、管输运输至美国的加拿大重质原油减压渣油收率和金属含量更高，加工量的上升有利于增产石油焦，但石油焦质量会下降。

未来 3~5 年，美国石油焦产量增速将不断下滑。从长期看，预计 2020 年以后美国石油焦生产将呈下降趋势，但未来 20 年内美国依然是世界石油焦供应重心。

2. 亚太地区石油焦供需现状

（1）中国

2013 年，中国石油焦产量为 24.77Mt，同比增长 2.2%。燃料级石油焦产量约为 9.60Mt，占石油焦总产量的 39%，是全球主要供应地区中燃料级石油焦生产比例最小的地区。中国石油焦市场仍然供不应求，2013 年，中国石油焦消费量为 32.97Mt，供应缺口为 8.20Mt，由进口补充。2013 年，中国共进口石油焦 9.32Mt，同比上升 34%；出口 1.12Mt，同比下降 6%。

中国石油焦主要进口国家和地区是美国、加拿大、印度、中国台湾、墨西哥和印度尼西亚，其中美国是中国石油焦最主要的供应地区，2013 年供应中国 6.63Mt，同比增长 18%，占中国进口总量的 71.2%；其次是加拿大，2013 年加拿大供应中国 1.21Mt，同比增长 56%，所占比例为 13%。

（2）印度

2013 年全年印度石油焦产量为 5.28Mt，消费量为 6.91Mt，供应缺口为 1.63Mt，主要从美国进口。随着印度经济的持续快速发展，未来印度炼油能力和石油焦生产仍将保持较快增长。预计 2014~2018 年印度原油加工能力新增约 42Mt/a，总炼油能力达到约 280Mt/a。根据印度焦化装置扩能和新建规划，未来 5 年，印度将有 3 套焦化装置扩能，新建焦化装置 6 套，合计新增焦化能力8.10Mt/a。原油加工量和焦化能力的增长，将带动印度石油焦产量继续上升。水泥行业开工率下降将影响印度国内石油焦需求的增速，但随着信诚集团等炼油企业石油焦生产合成气项目的建设和发展，未来印度石油焦需求将快速增长，供应缺口仍由进口补充。

3. 中东及北非地区石油焦供需现状

2013年，中东及北非地区焦化能力为11.90Mt/a，石油焦产量为3.65Mt，其中燃料级石油焦2.85Mt，主要用于煅烧和水泥行业；碳素级石油焦约0.80Mt，主要用于钢铁、煅烧行业。2013年中东及北非地区石油焦消费量为3.2Mt左右，供需基本平衡。

（二）中国石油焦产量及市场

我国是世界第二大石油焦生产国。2013年，中国石油焦产量为24.77Mt，同比增长2.2%。其中增量最大的是地方炼厂，其次是中国石化，中国石油和中国海油石油焦产量略有下降。中国石油因其加工的原油硫含量低，石油焦以低硫焦为主，近年产能增加以高硫焦为主。中国石化的石油焦硫含量逐年升高，以二号、三号及高硫石油焦为主，主要供应碳素行业、硅行业及燃料行业。

中国石油焦市场仍然供不应求，2013年，中国石油焦消费量为32.97Mt，缺口部分由进口补充。中国从事石油焦进口贸易的主要为民营企业，三大石油公司鲜有涉足。

中国年出口生焦1.20~1.50Mt，出口目的国主要包括印度、巴林和美国，多流向当地铝碳素厂。出口海关主要为南京港、大连港和青岛港，其中，南京港主要是中国石化金陵石化、扬子石化、安庆石化等炼厂中硫或高硫生焦的主要出口离岸海关，大连港为中国石油东北炼厂的低硫焦下海主要关口，青岛港主要是山东地方炼厂中、高硫焦出口海关。

我国近几年电炉炼钢发展很快，对高功率(HP)、超高功率(UHP)石墨电极需求增加，针状焦市场缺口较大。油系针状焦只有锦州石化公司一套装置维持生产，产能在140kt/a(原料)左右，远远不能满足国内市场需求。进口针状焦价格持续在高位，煤系针状焦均价在1500美元/t，油系针状焦均价在1800美元/t。针状焦生产规模最大的企业是山西宏特煤化工有限公司，已经形成了150kt/a(原料)的煤系针状焦生产能力，由3套50kt/a(原料)装置组成。中钢集团鞍山热能研究院80kt/a(原料)煤系针状焦项目一期工程40kt/a(原料)也已经投入运行。

中国石油焦主要用于电解铝行业，2013年该行业消费量为15.32Mt，占总消费量的46.5%；其次是玻璃行业，2013年该行业消费量为3.50Mt，所占比例为10.6%；其他应用行业包括炼厂CFB自用、电厂、水泥厂等。虽然由于中国油品质量升级进程加快，渣油加氢装置快速发展，但是对于高硫、高酸、高残炭的劣质原油，焦化技术仍是首选加工工艺。因此，未来5年中国焦化能力仍将继续增长，但增速会大幅下降。随着中国原油加工量的稳定增长和焦化能力的上升，中国石油焦产量仍将继续增加。

随着中国经济的继续发展，近几年中国电解铝产能快速增长。中国70%的玻璃用于房地产，其次是汽车工业。随着中国城镇化进程的推进，未来中国房地产和汽车工业仍然存在巨大的需求空间，因此，未来中国玻璃工业仍将保持较快发展。在电解铝、玻璃、电厂、水泥厂等行业较快发展的带动下，未来中国石油焦需求将继续增长。但与此同时，为了改善环境，中国政府提高了高硫石油焦进口关税，以减少高硫燃料级石油焦的进口，加之国内煤炭价格降幅较大，促使部分企业以煤代焦，因此，未来中国石油焦需求增速将明显下降。

1. 石油焦的利用情况

我国石油焦用途主要是电解铝工业，几乎占石油焦消费的50%，其次是作为燃料，用

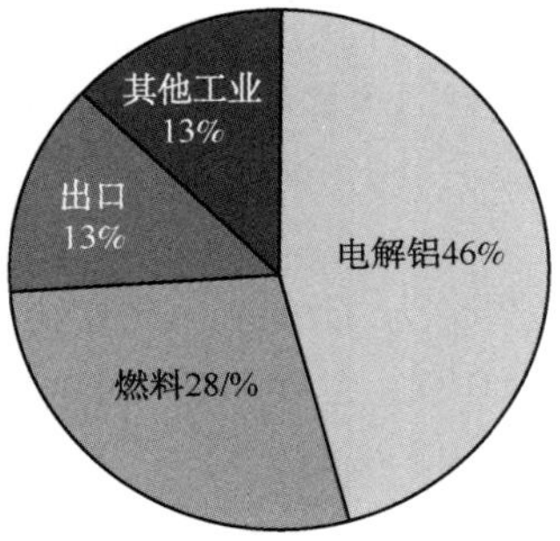

图 4-4-8　2013 年度国内石油焦利用分布状况

于玻璃、电厂、炼油厂等工业，替代煤炭、重油、液化气或天然气等其他燃料。第三，石油焦用于金属硅、碳化硅、增碳剂、石墨电极等行业。最后，石油焦、煅后焦及石墨电极的出口业务。图 4-4-8 为 2013 年度国内石油焦利用分布状况。从图中可以看出，电解铝工业占据 46%，用于电厂、玻璃等工业作为燃料占 28%，两项合计占 70%以上，是石油焦的主要用途。

2. 供应分析

国产石油焦的供应主要来自中国石化、地方炼厂、中国石油、中国海油等企业，2014 年中国延迟焦化装置总加工能力达到 122.2Mt/a。随着炼油厂延迟焦化的装置大量建设，石油焦产量大幅增加，2014 产量达到了 23Mt/a，但是仍然不能满足国内需求，每年还需要进口大量高硫石油焦和针状焦，2013 年进口量达到 9.32Mt。图 4-4-9 为 2000~2014 年中国石油焦产量变化。图 4-4-10为 2000~2014 年中国石油焦进出口分布。

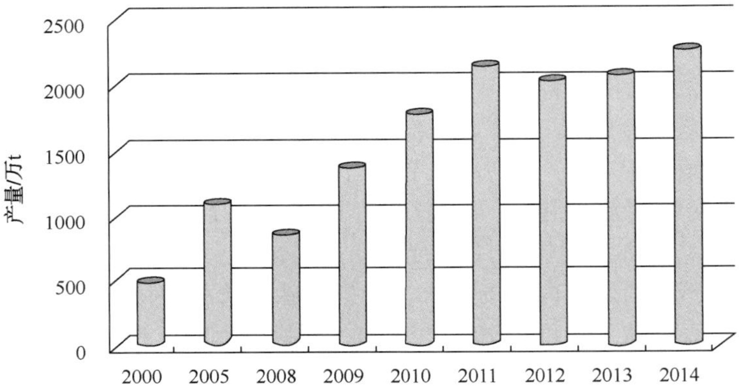

图 4-4-9　2000~2014 年中国石油焦产量变化

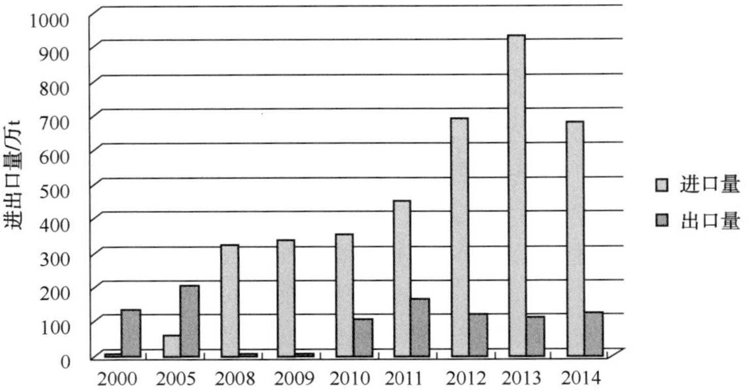

图 4-4-10　2000~2014 年中国石油焦进出口数量变化

2014 年，中国石油焦产量居于第一位仍然是中国石化，占 47%，其次是地方炼厂，占 32%、中国石油、中国海油等，具体见图 4-4-11。

3. 需求分析

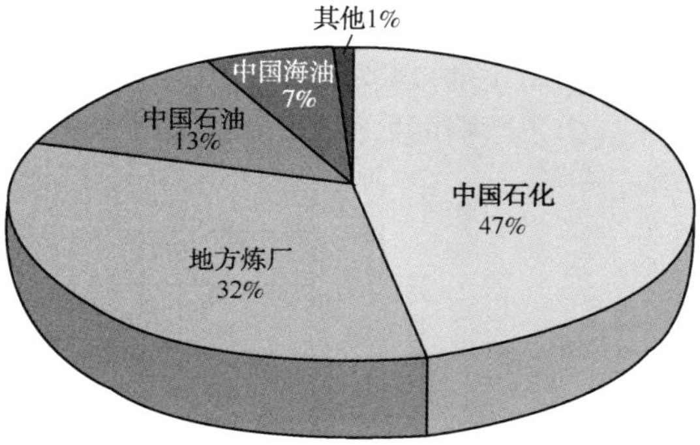

图 4-4-11　2014 年中国石油焦产量分布

20 世纪 90 年代，国家步入重化工业发展阶段，钢铁、电解铝、石油化工等工业发展迅速，直接带动了石油焦需求大量增加，具体见图 4-4-12、图 4-4-13。2000 年，国内石油焦表观消费量 3.53Mt，2013 年增长到 28.78Mt，增长了 7.15 倍。2000～2005 年，石油焦消费量增长了 168%，年均增长 28%。2005～2008 年，增长了 23%。2007 年，全球发生金融危机，国家投入 4 万亿人民币基础投资，直接带动了石油焦消费量剧增，2009 年增长率达到了最高峰 44%。2013 年中国经济由高速增长变为中高速增长，电解铝、钢铁、金属硅等工业产能严重过剩，加上经济发达地区如京津冀、长三角、珠三角大气污染严重，雾霾天气增多，石油焦消费需求开始下降，2014 年石油焦增长率开始由正变负，比 2013 年增长-2%。

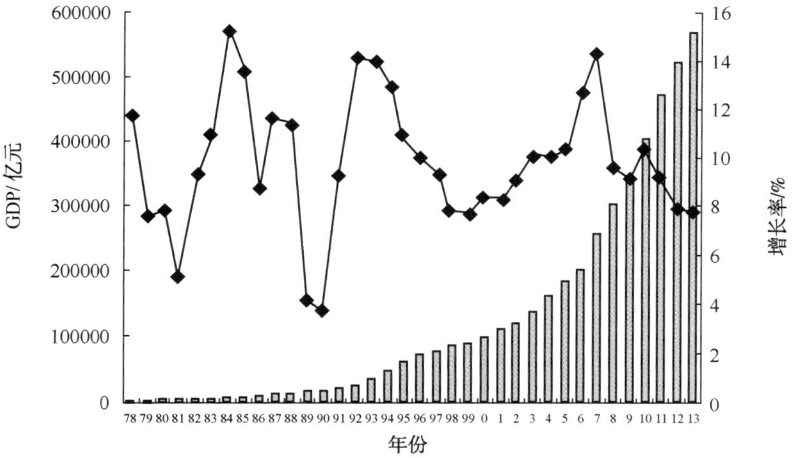

图 4-4-12　1978～2013 年中国 GDP 增长变化

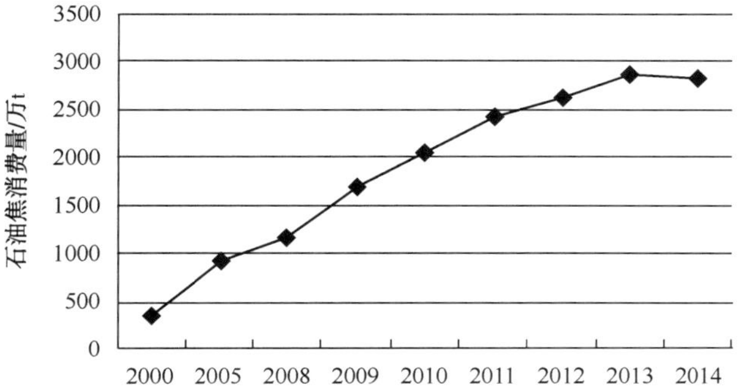

图 4-4-13　2000～2014 年中国市场石油焦消费趋势

4. 价格分析

石油焦价格既受到市场供需状况的影响，又受制于国际原油价格及煤炭价格走势的影响。在 2011 年，由于受到市场需求强劲的影响，国内石油焦价格达到最高值以后价格进入下行通道。图 4-4-14 为 2011~2014 年国内石油焦价格变化趋势。目前基本上维持在上下波动水平。由于影响因数很多，预测石油焦价格是十分困难的。

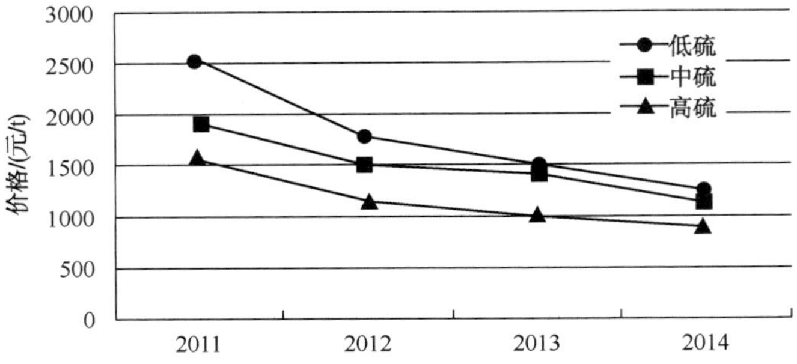

图 4-4-14　2011~2014 年国内石油焦价格变化

5. *今后石油焦消费的发展趋势*

我国作为石油焦生产第二大国，相关研究却处在半盲区，美国在我国申请的有关石油焦的专利是我国申请的数倍，从国家资源战略的高度出发，应研究利用好石油焦资源。目前，我国三分之一的石油焦由于含硫高用作燃料，进口高硫石油焦由于考虑到对大气环境的影响，国家通过提高进口税来进行调控。石油焦资源有效地做好综合利用，尤其改变劣质石油焦使其成为符合钢铁和铝工业要求的原料，是国民经济发展的需求。

目前，我国还没有相应的石油焦国家标准，国内生产企业过去主要依据行业标准 SH 0527—92 组织生产。2010 年，中国石化石油焦销售业务整合后，制定了中国石油化工集团公司石油焦企业标准《石油焦》(Q/SH PRD392—2010)，对硫含量大于 3%的石油焦进行了品级细分。

石油焦是碳素工业的原料，与钢铁、电解铝、金属硅等工业息息相关，国家一旦对以上行业加大资本投入，石油焦的需求增加，但同时碳素行业又是环境污染大户，国家环保政策又制约了石油焦的市场消费总量。另外，石油焦也是煤炭的替代燃料，用于电厂、玻璃、锅炉等工业，因此，煤炭价格变化影响燃料级石油焦的价格，2014 年，国内“焦代煤”没有任何价格优势，尽管石油焦热值远高于煤炭，但是锅炉、电厂、玻璃均采购低价煤炭做原料，燃料级石油焦需求大幅减少，价格下跌。因此，无论是碳素工业，还是替代煤炭作燃料，都必须把石油焦消耗后产生的二氧化硫、氮氧化物等污染源排放一并考虑，增加环保投入，烟气系统增上脱硫脱硝设施，实现达标排放，清洁生产。

欧美发达国家，把石油焦与煤炭一并考虑走煤气化联合利用(IGCC)工艺路线，20 世纪 70 年代后期，实现工业化，装置大型化、污染零排放、效率高，是今后石油焦利用的重要方向之一。图 4-4-15 为整体煤气化联合循环示意图，主要包括气化岛和发电两个部分。但是，IGCC 投资高，目前国内普遍采用 CFB 工艺路线，投资低，石油焦替代煤炭生产蒸汽，实现高硫石油焦清洁利用。

为了解决中国石化高硫石油焦的出路问题，中国石化炼油销售有限公司联合安庆石化、安徽理工大学，在 SHELL 煤气化成功进行了掺配高硫石油焦试验，国内贵州天福公司、重庆万盛、金陵石化等煤气化装置也掺烧高硫石油焦试验，从工艺技术路线上证明煤气化装置掺烧石油焦是可行的，增加合成气产量。煤气化装置掺烧石油焦以后，进一步扩大煤炭原料

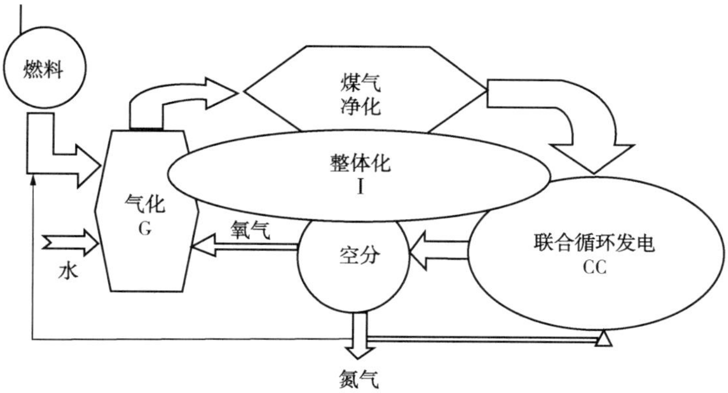

图 4-4-15　整体煤气化联合循环 IGCC 示意图

选择范围，有效改善入炉煤质量，尤其是降低灰分，减少设备磨蚀，并有效避免合成气冷却器积灰、堵渣，延长陶瓷过滤器滤棒使用寿命等。但是，掺烧高硫石油焦，还必须综合考虑下游硫回收能力以及下游设备的硫腐蚀问题，选择合适的配焦比例，控制原料硫含量。

六、石油焦的应用[155~175]

根据石油焦的理化性能差异，其各种主要用途参见图 4-4-16。

- 石油焦
  - 工业燃料
    - 蒸汽锅炉燃料
    - 发电厂燃料
    - 水泥窑燃料
  - 造气原料
    - 燃料用煤气
    - 合成气，制化学肥料和液体燃料
    - 制氢
  - 冶金用料
    - 高炉炼铁
    - 金属铸造
      - 熔融金属
      - 增碳剂
    - 煅烧普通焦
      - 炼铝用阳极
      - 炼钢用石墨电极
    - 煅烧针状焦
      - 炼钢用高功率电极
      - 炼钢用超高功率电极
  - 碳素材料
    - 吸附剂活性炭
    - 化学工业用电石（CaC_2）
    - 碳化硅研磨材料（SiC）
  - 原子能工业用料——核反应堆用石墨材料
  - 航天工业材料——宇航器及火箭用石墨舵
  - 化工产品料——生产钛白粉

图 4-4-16　石油焦的主要用途

世界各国石油焦的主要用途分配比例，由于其生产结构和能源结构的不同而有较大差别。美国是世界石油焦的生产大国，产量约为世界石油焦总产量的 69%，但大部分用于出口，中国、日本、墨西哥、西班牙、意大利等国是美国石油焦的主要进口国。

1999 年世界石油焦主要使用情况见表 4-4-16，美国、西欧和日本石油焦用途分布情况见表 4-4-17。数据表明，美国用于公用事业和水泥业的燃料石油焦占主要份额，其公用事业用途中约有 60%用于发电。西欧石油焦主要用于水泥业和炼钢业，日本石油焦主要用于炼钢。

表 4-4-16　世界石油焦主要使用情况①[161]

用　途	用量/（10^4t/a）	市场份额/%	用　途	用量/（10^4t/a）	市场份额/%
水泥工业	1920	40	燃料供热	48	1
煅烧焦（生产阳极弧或电极）	1056	22	其　他	768	16
发　电	672	14	合　计	4800	100
炼钢（炼钢用增碳剂）	336	7			

① 中国和前苏联未统计在内。

表 4-4-17　美国、西欧和日本的石油焦主要用途分布

用　途	美　国	西　欧	日　本
炼钢业/%	9	40	73
水泥业/%	24	47	3
公用事业/%	52	7	7
其　他/%	15	6	17
共　计/%	100	100	100

据 2003 年《美国石油炼制过程手册》第 3 版公布的资料[164]，美国早期（1980 年）石油焦产量中延迟焦化生产的普通焦炭占 90%，针状焦占 2%，其余 8%是流化焦化石油焦。当时美国近 45%的石油焦出口，具体分布情况见图 4-4-17[165]。

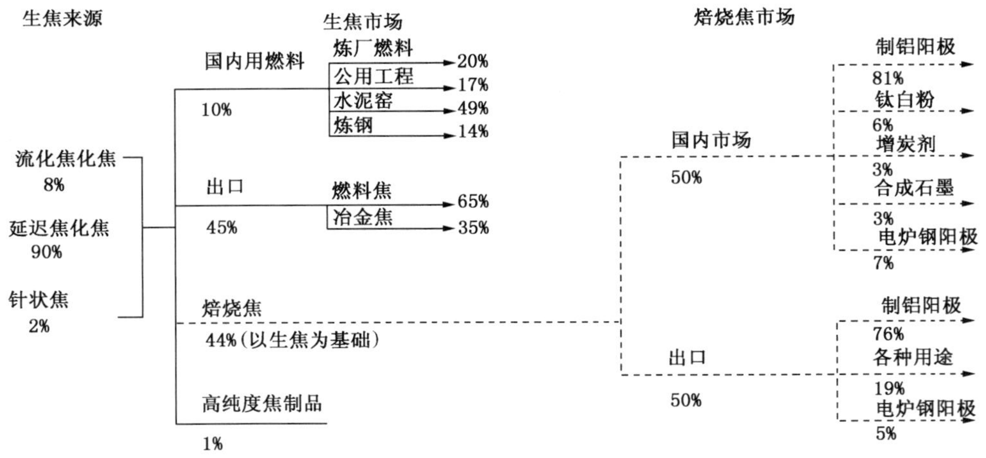

图 4-4-17　1980 年美国石油焦市场分布

我国石油焦主要用途分布见表 4-4-18。由表中看出，我国石油焦目前主要用于制冶金用电极及其他冶炼制造。

表 4-4-18　我国石油焦用途分布

用　　途	占总量/%	用　　途	占总量/%
炼钢电极	10.3	电石料	12.4
炼铝电极	27.1	投放国际市场	15.0
煅烧燃料	8.8	其　他	7.6
冶炼制造	18.8	总　计	100.0

（一）石油焦用作燃料

1. 石油焦用作工业锅炉燃料[166~168]

目前我国工业锅炉燃料仍以烟煤和无烟煤为主，石油焦可以取代部分煤作为工业锅炉燃料。我国几个延迟焦化装置生产的石油焦的工业分析和元素分析结果以及与烟煤和无烟煤的对比列于表 4-4-19。

表 4-4-19　石油焦和煤的工业分析和元素分析对比

项　目	石　油　焦					烟　煤	无烟煤
	武汉石化	广州石化	荆门石化	镇海炼化	齐鲁石化	大同煤矿	阳泉煤矿
工业分析/%							
水分	1.03	0.78	0.97	0.71	1.40	10.0	8.56
挥发分	11.85	11.96	13.82	11.01	12.40	29.24	8.22
灰分	0.12	0.07	0.09	0.16	0.31	7.88	15.46
固定碳	88.00	87.19	85.13	88.12	85.89	52.88	67.76
燃烧热/(kJ/kg)	35105.0	35595.5	34914.9	38941.9	35600.0	26400.0	26900.0
元素分析/%							
碳	93.39	94.31	93.08	93.72	90.11		90.11
氢	3.84	3.48	3.53	3.53	4.02	-	3.89
氮	2.35	2.35	1.09	1.09	2.82		1.07

由表 4-4-19 可以看出：①石油焦固定碳含量高于烟煤和无烟煤，水分含量低于烟煤和无烟煤，石油焦纯度高，燃烧热值也高；②石油焦挥发分介于烟煤与无烟煤之间，燃着温度与燃烧难易程度也介于烟煤与无烟煤之间，是易于燃烧的；③石油焦的灰分比烟煤和无烟煤都少，有利于燃烧完全，并使烟气排灰尘量少，锅炉设备磨损减轻。

若锅炉原设计是使用无烟煤，则可用石油焦全部取代无烟煤；若原设计是使用烟煤，约可掺烧 30%石油焦。烧煤块和烧煤粉的锅炉都可烧石油焦，但烧煤块的锅炉不能单独烧石油焦，因为石油焦燃烧灰渣很少，红热的焦炭与炉箅直接接触，易烧坏设备。

石油焦用作燃料时应注意其中硫含量，硫燃烧后转化成 SO_x，会造成大气污染，并腐蚀设备，特别是高硫石油焦，这使其直接用作燃料受到限制。需采取烟气脱硫技术，或控制其在煤中的掺烧比例，使污染物的排放控制在环境保护允许的范围之内。我国 1997 年各种石油焦产量和硫含量，以及其与国外典型石油焦及国内典型煤炭硫含量的比较见

表 4-4-20。

表 4-4-20　我国石油焦硫含量与其他固体燃料比较

燃　料	牌号或产地	硫含量/%	产量/(kt/a)	所占比例/%
国产石油焦	1 号焦	< 0.8	1473.5	46.05
	2 号焦	0.8~1.5	530.4	16.58
	3 号焦	1.5~3.0	1112.0	34.75
	其他焦		83.9	2.62
	合　计		3199.8	100.00
国外原油石油焦	沙特原油	5.9		
	伊朗原油	3.5		
	阿曼原油	2.0		
煤　炭	大同烟煤	0.63		
	阳泉烟煤	1.73		

我国沿海、沿江炼厂以加工进口的含硫原油和高硫原油为主，焦化石油焦基本上是硫含量大于 3%的高硫石油焦。受价格因素驱动，我国还从美国和加拿大等国家进口一些高硫石油焦。近年石油焦进口量呈持续下降的态势，2015 年我国石油焦进口量 584 万 t，其中高硫石油焦 451 万 t，较 2013 年减少 45%；2016 年前 11 个月，石油焦进口量 396 万 t，其中高硫石油焦 201 万 t，较 2015 年同期进一步减少 51%。进口的主要有广东、广西、福建、江苏和山东，京津冀地区只有天津有少量进口。

高硫石油焦作燃料的主要使用于电力、玻璃、水泥等行业以及石化企业的自备 CFB 锅炉。燃烧高硫石油焦对环保带来的影响主要是硫元素燃烧后生成的二氧化硫。对此，我国新修订的大气污染防治法中增加了针对石油焦的监管内容，提出建议制定石油焦国家质量标准，并明确销售、进口、使用不符合质量标准石油焦的罚则。《大气污染行动计划》(国发〔2013〕37 号)中明确要求限制高硫石油焦的进口。规定企业不管是使用煤炭，还是使用高硫石油焦作燃料(中国煤炭平均硫含量为 1.4%，进口高硫石油焦硫含量高达 5.5%~7%)，其排放都必须达到国家标准。如果使用硫含量更高的石油焦，相关企业就必须在末端治理上多下功夫，就是对其脱硫、脱硝和除尘设备进行升级改造工作，包括重金属的治理。有关烟道气排放国家标准本章前面已有所阐述，我国目前公布的国家排放标准是世界上最严格的一类标准。

2016 年 12 月国家能源局和环境保护部为贯彻落实《国务院关于印发大气污染防治行动计划的通知》，推进大气污染防治，对于严格限制石油焦等高污染燃料的污染物排放，严格限制燃石油焦发电项目规划建设，做出了进一步的规定，主要是严格限制以石油焦为主要燃料(石油焦占比大于 20%)的火电厂规划建设，对于京津冀鲁、长三角、珠三角等大气污染防治重点区域和重点城市，禁止审批建设自备燃石油焦火电(含热电)项目。

可见，今后工业部门将高硫石油焦作为燃料使用时将受到更严格的环保要求，必须寻找高硫石油焦其他的合理用途，本章以下将就此进行了必要的讨论。同时焦化工艺本身要减少焦炭产率，开发少生焦或不生焦的焦化工艺，如灵活焦化工艺等。

2. 石油焦制作焦炭水浆燃料[170,171]

石油焦除可用作锅炉的固体燃料外，还可制成焦炭水浆，在燃油的加热炉中使用。我国从20世纪80年代初开始，先后建成了3座250kt/a煤水浆制备厂，并完成了一系列示范项目。1995年在山东白洋河电厂230t/h燃煤锅炉上成功试烧煤水浆。

焦炭水浆燃料主要由石油焦、水、乳化剂和稳定剂组成。粉碎的石油焦颗粒表面在乳化剂和稳定剂的存在下，经过高剪切速率的搅动，形成双电层结构，阻碍了石油焦粒子间的相互碰撞和凝聚，使它们比较稳定地分散在水中，成为能液态流动的锅炉燃料。

焦炭水浆的制备方法是将固体石油焦进行干法粉碎，过筛后，得到粒度小于250μm的基本原料，随后按比例将其分成两部分，将其中一部分加入由水、乳化剂和稳定剂配成的溶液中，利用胶体磨进行二次湿式粉碎，最后把粗细两部分石油焦颗粒放入混合器中进行强力充分搅拌，制成具有双峰值粒度分布的高浓度、高稳定性的焦炭水浆。

用辽河减压渣油延迟焦化石油焦生产焦炭水浆，其条件考察试验结果见表4-4-21。从表中数据可以看出，用该焦炭水浆制备技术可以制成黏度较小的产品。实验证明，焦炭在焦炭水浆中浓度可以达到68%，乳化剂也只需加入0.5%，当加入1.0%稳定剂后，14天内无硬沉淀出现。

表4-4-21　焦炭水浆制备试验结果

编　号	焦炭在焦炭水浆中浓度/%	乳化剂/%	稳定剂/%	焦炭水浆黏度(100℃)/(Pa·s)
6-A	62	1.0	0.5	0.435
6-B	65	1.0	0.5	0.665
6-C	68	1.0	0.5	0.821
10-B-1	62	0.5	0.5	0.328
10-B-2	62	0.5	0.7	0.845
10-B-3	62	0.5	1.0	1.14

焦炭水浆燃料在实际应用中存在的问题是，在燃烧时其中含有的水分蒸发消耗热量不少，致使焦炭水浆燃料的热值较低，有时需要有别的燃料陪烧。这会影响这种燃料的经济性能，为其技术推广带来一定困难。

3. 循环流化床(CFB)锅炉处理高硫石油焦[172,173,176]

由于高硫石油焦中含有较多的硫、氮等杂质，燃烧时可转化成SO_2和NO_x等有毒物质，使高硫石油焦的应用受到很大限制。

循环流化床(CycleFluidBed，CFB)锅炉自20世纪70年代中期开发成功后，起初大多用于烧煤和废木料等，由于其燃烧效率较一般工业锅炉高，并可以在燃烧过程中脱除大部分硫、氮化合物，大大减少SO_2和NO_x排放量，因而在烧石油焦上也得到应用。

(1) 石油焦燃料特性

① 石油焦成分分析

目前我国工业锅炉燃料仍然以烟煤和无烟煤为主，自20世纪90年代CFB锅炉在国内开始大规模商业应用以来，尤其是在石化行业中，CFB 锅炉开始用石油焦替代煤作为燃料，较好地解决了高硫石油焦的出路问题。表 4-4-22 为高硫石油焦元素分析。

表 4-4-22　高硫石油焦元素分析

项　目	1 号石油焦	2 号石油焦	3 号石油焦	镇海炼化高硫弹丸焦	上海石化进口弹丸焦	燕山石化进口弹丸焦
碳/%	81.82	83.06	86.68	83.87		
氢/%	2.5	3.63	4.11	4.73		
硫/%	6.31	5.08	5.28	4.24	6.57	4.78
氮/%	1.29	0.96	1.46	0.76		
镍/(μg/g)	79	88	130	214	349	407
钒/(μg/g)	270	260	270	759	1890	908
钠/(μg/g)	147.8	242.6	219.4	26.3	34	21
钾/(μg/g)	12.65	8.11	5.98	16.9		12

由表 4-4-22 可以看出，高硫焦的硫含量一般在 4%～8%之间。由于石油焦是一种原油深加工的副产品，原油中的金属基本全部富集于石油焦，因此金属含量相对较高。

②石油焦与煤的对比分析

我国几个延迟焦化装置生产的石油焦的工业分析和元素分析结果以及与烟煤和无烟煤的对比已列于表 4-4-19。石油焦燃烧特点：

(a) 难燃烧。石油焦的成分表明其更接近无烟煤，因此燃烧特性有与无烟煤相近的一面，苏丹 Garri 石油焦的着火稳定指数 $R_w = 4.06 < 4.65$，处于难着火稳定区；燃烬指数 $R_f = 2.4 < 2.5$，处于极难燃烬区；着火温度 $T_d = 631℃$，处于 613～638℃之间，属于着火难稳定区。

(b) 接近零的灰分，石油焦燃烧时几乎不形成灰渣。

(c) 富集于石油焦中的金属元素对燃烧的影响因炉型的不同而不同，总体上钒、镍对煤粉炉的结焦影响更大，循环流化床锅炉对钒、镍的容忍程度更高，但钠、钾对其黏结有重大影响。

(d) 与煤相比，石油焦热值高近 50%，高热值带来燃烧更高的燃烧温度，影响炉温的控制。

③ 弹丸焦的特性

弹丸焦是外表似弹丸状的石油焦，是延迟焦化装置出产的一种特殊石油焦。其工业分析见表 4-4-23。

表 4-4-23　弹丸焦工业分析

项　目	茂名石化	洛阳石化	武汉石化	上海石化	天津石化
工业分析/%					
水分	8.9	6.62	1.33	4.8	7.3
挥发分	8.68	10.92	12.21	11.17	10.37

续表

项　　目	茂名石化	洛阳石化	武汉石化	上海石化	天津石化
灰分	0.22	0.87	1.54	0.92	2.00
硫	2.19	2.95	1.61	6.49	7.33
低位热值/(kJ/kg)	32307.7	32034		32210	

从表4-4-22、表4-4-23可以看出，弹丸焦成分与一般石油焦差异不大，但金属成分中的钒、镍含量比一般石油焦高，尤其是钒含量在600～1900μg/g，而一般石油焦不到300μg/g。钠离子因弹丸焦生产厂家不同而不同，青岛、天津二家弹丸焦也有超过上千μg/g的数据，变化极大。因此弹丸焦从燃烧特性来说，主要还是钒、镍、钠等金属含量高，容易导致循环流化床锅炉床料产生黏结。

(2) 循环流化床锅炉工艺技术

① 循环流化床锅炉工艺

循环流化床锅炉主要由炉膛、分离器(绝大多数为高温旋风分离器)、返料装置、布风装置、尾部受热面、除尘装置等部分组成。循环流化床锅炉炉膛是发生燃烧反应、脱硫反应的燃烧室，分为密相区和稀相区，一次风机提供的一次风通过布风装置均匀从炉膛底部布风板上进入密相区，使炉膛内的床料流化并提供一次燃烧的空气，二次风依次从炉膛下中部进入，提供分段燃烧空气，燃料、脱硫剂石灰石在炉膛密相区供入，在830～950℃的床温下完成燃烧、脱硫过程。炉膛内的物料以喷泉的方式形成了循环流化床的内循环。高温烟气携带固体颗粒从炉膛出口烟道进入高温旋风分离器，利用离心力进行气固分离，固体以螺旋形下降的方式从分离器下落至返料装置，返料装置利用沙封的形式将床料从负压区的旋风分离器返送至正压的炉膛后墙下部，实现了循环流化床锅炉的外循环。循环流化床锅炉通过此二种循环保证了燃烧效率、脱硫效率。经过气固分离的烟气携带细颗粒(一般在100μm以下)进入尾部受热面进行换热，换热后的烟气进除尘装置脱除细颗料(飞灰)后被引风机送入烟囱。燃烧高硫石油焦的循环流化床锅炉为保证脱硫效率必要时还需要增设尾部脱硫系统进行二次脱硫，保证烟气符合国家/地方排放标准。图4-4-18为循环流化床锅炉工艺示意图。

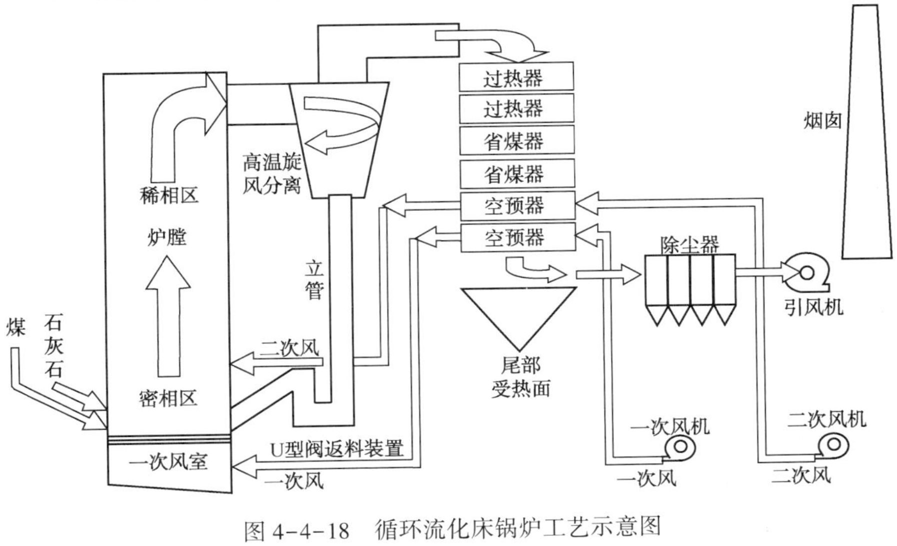

图4-4-18　循环流化床锅炉工艺示意图

② 循环流化床锅炉特点

通过几十年的发展循环流化床锅炉(CFB)形成了循环流化技术、低温无焰燃烧技术、分段燃烧技术等核心技术。循环流化技术使炉膛内的颗粒形成床层流态化及物料循环，气固混合强烈，传热传质较好，床层分布和床温分布非常均匀是循环流化床锅炉的主要特点。低温无焰燃烧技术是采用循环流化床技术后颗粒停留时间延长、底部床层热容量增大，使组织燃烧所需要的温度大幅降低，一般仅 830~950℃，实现了低温无焰燃烧，为降低 NO_x 污染创造了技术前提。分段燃烧技术并不是循环流化床锅炉所独有，但循环流化床锅炉分段燃烧技术不但可抑制 NO_x 生成也可达到保持床温、节能降耗的需要。这三大技术特点决定了循环流化床锅炉与煤粉锅炉、层燃锅炉相比，具有燃料适应性广、低污染、高效等特点。

(a) 循环流化床锅炉优点：

Ⅰ. 燃料适应性广。不但可以烧优质煤，也可以烧各种劣质燃料——高灰煤、高硫煤、高水分煤、煤矸石，还可以烧石油焦、油页岩、尾气、炉渣、垃圾等。在燃料来源、品质和质量多变的情况下，特别适宜采用循环流化床锅炉。

Ⅱ. 低 NO_x 排放。低温无焰燃烧技术、分段燃烧技术的采用，使 CFB 床温一般在 870~900℃，NO_x 的生成量显著减少，一般纯烧煤的循环流化床锅炉视煤种不同，NO_x 排放在 150~350mg/Nm^3 之间，而纯烧石油焦的循环流化床锅炉的 NO_x 排放由于炉温较低则在 20~150mg/Nm^3 之间，比采用低氮燃烧器煤粉锅炉的 350~450mg/Nm^3 还要低。

Ⅲ. 灰渣的综合利用好。循环流化床锅炉灰渣因含有硫酸钙、氧化钙等成分使其成为水泥搅拌站、水泥熟料的添加剂或填充料，可顶替部分水泥，经济效益好。还可以作为建筑材料、石膏材料进行综合利用。

Ⅳ. 低负荷运行稳定。循环流化床锅炉的连续操作方式使操作参数易于控制，一般床料的循环倍率(热床料的循环流量与入炉燃料量的比值)在 5~20 之间。同时循环流化床锅炉低温燃烧技术，使得炉膛内的燃料必须经过四个过程才能自燃，循环流化床锅炉燃烧的残炭燃烧理论揭示了真正在炉膛内燃烧的燃料是床料中已加热的燃料而非刚入炉的燃料，因此循环流化床锅炉对燃料变化的敏感性小，锅炉热容量大、波动小，在无辅助燃料的情况下，仍能在额定负荷 40%的低负荷状态下稳定运行，很好地满足了炼油装置对蒸汽负荷变动的需求。

Ⅴ. 燃烧效率高。流化床的气固混合强烈，燃烧速率高，其次是循环燃烧，使得循环流化床锅炉燃烧效率高。根据炉型与燃料的不同，循环流化床锅炉的燃烧效率在 95%~99%之间，可与煤粉锅炉相媲美。

(b) 循环流化床锅炉缺点：

Ⅰ. 设备方面，循环流化床锅炉四管磨损比煤粉炉严重。炉膛上下分为稀相区和密相区，流化的床料对炉内受热面、水冷壁和尾部受热面的磨损比煤粉锅炉严重，四管爆破事件时有发生，循环流化床锅炉运行周期一般在 6~12 个月。

Ⅱ. 电站循环流化床锅炉厂只自用电率高。因采用压头相对较高的鼓风机，厂用电率较高，一般 100MW 以下循环流化床锅炉厂用电率在 8%~15%之间，为降低厂用电率，循环流化床锅炉向大型化发展，尤其是清华大学提出的流态重构为降低了一次风的压头提供了技术支持，明显降低了厂用电率。福建龙岩坑口电厂一期 4 台 135MW 机组 CFB 锅炉为 440t/h 一次再热超高压机组采用流态重构技术，一次风室压力从 14kPa 降至 9kPa，运行厂用电从 8.5%降至 6.9%，龙岩坑口电厂 300MW 机组锅炉采用流态重构后厂用电率最低，仅为 4.3%，达到煤粉炉的水平。

Ⅲ. 负荷响应速度较慢。虽然循环流化床锅炉循环物料量与负荷成正比，负荷调节特性是正相匹配，但因其燃烧过程存在加热、挥发分析出、颗粒破碎、自燃四过程和较高的热容量，导致负荷响应速度较慢，一般增加燃料后，负荷变化时间在5~20min之间。

③ 循环流化床锅炉SO_2与NO_x控制

随着国民经济的发展，环境容量与人民群众对环境的要求推动国家对大气污染排放控制标准持续提高，电站锅炉(一般单台锅炉出力65t/h以上煤粉炉、循环流化床锅炉、水煤浆锅炉、油炉)的大气污染物排放标准也在不断演变，向更严格标准发展。2011年7月29日国家环境保护部和国家质量监督检验检疫总局发布的GB 13223—2011《火电厂大气污染物排放标准》调整了大气污染物排放浓度限值，不但规定了现有锅炉达到更加严格排放浓度限值的时限，而且增设了大气污染物特别排放限值，被称为史上最严环保法。

(a) SO_2排放标准

近20年来SO_2排放浓度限值标准的演变过程集中体现了SO_2排放浓度限值从只分燃料硫含量，到按时段区分排放浓度限值，及到目前按区域区分排放浓度限值，体现了以人为本、以环境承载为基准的理念变迁，排放标准也达到国际先进或领先水平。表4-4-24为燃煤锅炉二氧化硫最高允许排放浓度(GB 13223—2011)。

表4-4-24　GB 13223—2011燃煤锅炉二氧化硫最高允许排放浓度　mg/m^3

适用条件	限值	污染物排放位置
新　建	100 200①	烟囱或烟道
现　有	200 400①	
重点地区②	50	

① 位于广西壮族自治区、重庆市、四川省和贵州省的火力发电锅炉执行该限值实测的SO_2排放浓度必须执行GB/T 16157规定折算为基准氧含量6%时的排放浓度。

② 重点地区由国务院环境保护行政主管部门规定具体地域范围、实施时间。

(b) NO_x排放

近20年来，氮氧化物排放浓度限值标准的演变过程集中体现了氮氧化物排放浓度限值从只区分锅炉负荷，到按时段及挥发分区分排放浓度限值，及至目前按区域区分排放浓度限值，体现了以人为本、以环境承载为基准的理念变迁，排放标准也达到国际先进或领先水平。表4-4-25为燃煤锅炉氮氧化物最高允许排放浓度(GB 13223—2011)。

表4-4-25　GB 13223—2011燃煤锅炉氮氧化物最高允许排放浓度　mg/m^3

适用条件	限值	污染物排放位置
全　部	100 200①	烟囱或烟道
重点地区②	100	

① 位于广西壮族自治区、重庆市、四川省和贵州省的火力发电锅炉执行该限值实测的氮氧化物排放浓度必须执行GB/T 16157规定折算为基准氧含量6%时的排放浓度。

② 重点地区由国务院环境保护行政主管部门规定具体地域范围、实施时间。

(c) 循环流化床锅炉SO_x控制

循环流化床锅炉在燃烧过程中进行脱硫，通常使用石灰石作为脱硫剂。石灰石中含有碳酸钙、碳酸镁和惰性物质，在炉膛内受热后，石灰石煅烧生成氧化钙与二氧化碳，将发生分解反应，该反应为吸热反应，反应式如下：

$$CaCO_3 = CaO + CO_2 - 0.1794 \times 10^6 kJ/kg$$

高硫石油焦在加热到400℃就开始有硫析出，若氧浓度较高，经历下列途径逐步形成SO_2，硫的燃烧过程如下：

$$S \longrightarrow H_2S \longrightarrow HS \longrightarrow SO \longrightarrow SO_2$$

石灰石煅烧后生成的CaO与SO_2反应，生成$CaSO_4$，该过程为放热反应，为炉内补充了热量，其反应式如下：

$$SO_2 + CaO + \frac{1}{2}O_2 = CaSO_4 + 0.502 \times 10^6 kJ/kg$$

一般循环流化床锅炉的钙硫摩尔比控制在2左右，脱硫效率可达90%，钙硫摩尔比增加，脱硫效率增加，但石灰石利用率下降。美国NISCO电厂在燃用高硫石油焦时，脱硫效率超过95%。一般循环流化床锅炉出口烟气中的SO_2小于250mg/Nm^3，纯烧高硫石油焦的循环流化床锅炉出口烟气中的SO_2在400~1200mg/Nm^{3}之间。

在GB 13223—2011实施后，循环流化床锅炉燃烧低硫煤仍可满足排放标准，但对燃烧高硫石油焦的循环流化床锅炉必须增加尾部脱硫系统。尾部脱硫系统按脱硫剂的种类划分，可分为以下五种方法：以$CaCO_3$(石灰石)为基础的钙法，以MgO为基础的镁法，以NaOH为基础的钠法，以NH_3为基础的氨法，以有机碱为基础的有机碱法。世界上普遍使用的商业化技术是钙法，所占比例在90%以上。燃烧高硫石油焦的循环流化床锅炉主要是石灰石-石膏湿法为主，半干法(钙法)、钠法也有一定应用。

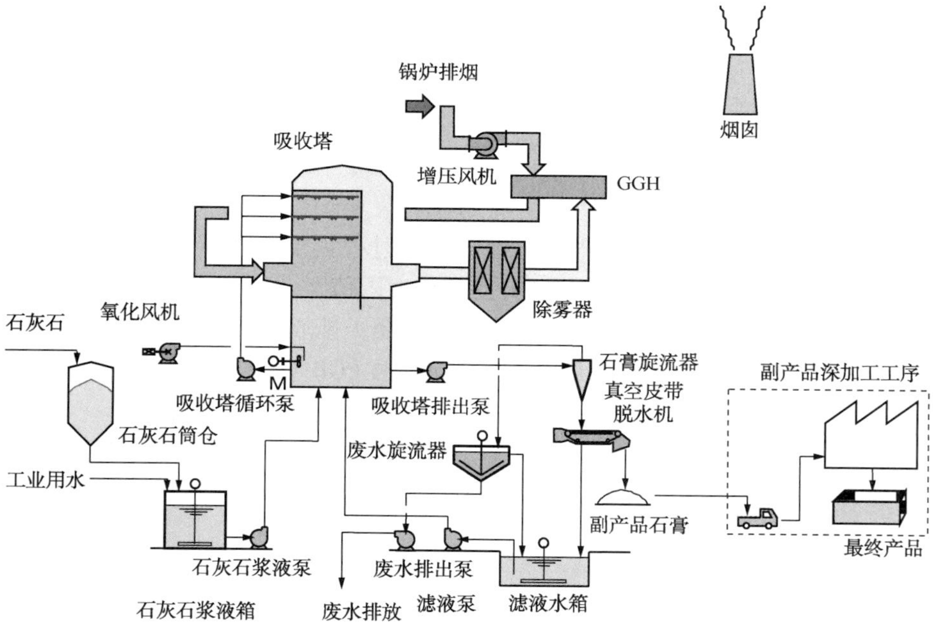

图4-4-19　石灰石-石膏湿法典型工艺流程

图4-4-19为典型的石灰石-石膏湿法工艺流程，整套系统由以下子系统组成：①SO_2吸收系统；②烟气系统；③石灰石浆液制备系统；④石膏脱水系统；⑤供水和排放系统；⑥废

水处理系统；⑦压缩空气系统。

从锅炉来的热烟气经增压风机增压后进入烟气换热器(GGH)冷却后，烟气进入吸收塔，向上流动穿过喷淋层，在此烟气被冷却到饱和温度，烟气中的 SO_2 与石灰石浆液反应生成 $CaSO_3$。除去 SO_x 及其他污染物的烟气经 GGH 加热至 80℃以上，通过烟囱排放。石灰石浆液制备系统将石灰石与水混合搅拌，制备出浆液通过喷嘴雾化喷入吸收塔，分散成细小的液滴并覆盖吸收塔的整个断面。这些液滴与塔内烟气逆流接触，发生传质与吸收反应，烟气中的 SO_2、SO_3 及 HCl、HF 被吸收。SO_2 吸收产物 $CaSO_3$ 被吸收塔底部氧化风机提供的氧化生成 $CaSO_4$，最终形成石膏。

石灰石-石膏湿法工艺成熟，脱硫率可达 98%，但存在 SO_3 气溶胶等排放的问题。德国与美国 22 个州等已制定了 SO_3 的排放标准，因此还应通过湿法静电除尘器等设施进一步除 SO_3、粉尘等排放物，达到清洁排放。

中国石化广州石化采用的循环流化床锅炉+尾部半干法二级脱硫技术，如图 4-4-20 所示，经过循环流化床锅炉一级脱硫及电除尘器除尘的烟气从底部进入二级脱硫吸收塔，通过吸收塔底部文丘里管的加速而进入半干法的循环流化床床体，气固两相在气流的作用下，产生激烈的湍动与混合，充分接触，使吸收剂、循环脱硫灰充分反应，生成副产物 $CaSO_3 \cdot 1/2H_2O$，还与 SO_3 反应生成相应的副产物 $CaSO_4 \cdot 1/2H_2O$ 等。同时在文丘里管的出口扩管段设有喷水装置，喷入的雾化水对颗粒表面增湿，将烟温降至高于烟气露点 15℃左右，使得 SO_2 与 $Ca(OH)_2$ 的反应转化为可以瞬间完成的离子型反应。经过二级脱硫后的烟气进入低压旋转脉冲布袋除尘器进行除尘，除尘收集下来的灰被送入脱硫塔进行循环使用，也可外排至灰库。

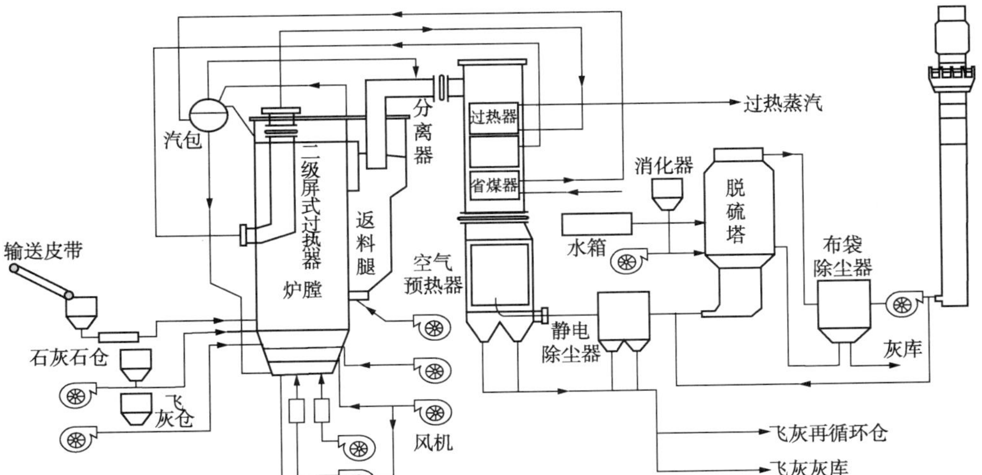

图 4-4-20　循环流化床锅炉+尾部半干法二级脱硫技术典型工艺流程

中国石化广州石化燃烧高硫石油焦循环流化床锅炉达到超净排放的 35mg/Nm³水平，相比循环流化床锅炉+尾部石灰石-石膏湿法二级脱硫技术而言，具有投资省、无废水排放等的优点，这也是美国环境保护署为硫含量小于 1.5%的锅炉所推荐的典型工艺(循环流化床经炉内脱硫后 SO_2 浓度低于 1.5%硫含量燃烧所产生的 SO_2 浓度)，相比于煤粉炉脱硫从技术上有优势，更易于达到高排放标准的要求。

（d）循环流化床锅炉 NO_x 控制

在 NO_x 中，NO 的含量约占 90%以上，NO_2 占 5%～10%。NO_x 产生的机理比较复杂，包括有热力型 NO_x、快速型 NO_x 和燃料型 NO_x。由于快速型 NO_x 所占比例少，实际锅炉排放中以燃料型 NO_x 和热力型 NO_x 为主。

循环流化床锅炉在床层底部密相区燃料相对集中，采用分段燃烧技术在密相区底部通入一次风，在稀相区通入二次风。通过控制一次风配风量就可控制密相区的氧量，使燃料在较低的氧量下进行燃烧，在密相区过量空气系数 $\alpha<1$，从而降低了底部密相区的燃烧速度和温度水平（830～950℃）。由于是缺氧的富燃料燃烧，不但延迟了燃烧过程，而且使燃料在还原气氛中燃烧，燃烧生成 CO，燃料中的氮将分解生成 HN、HCH、CN、NH_3 和 NH_2 等，在还原气氛下它们相互复合将已有 NO_x 还原分解，因而抑制了燃料 NO_x 的生成。在稀相区燃料得以燃尽，虽然这时空气量多，但由于火焰温度较低，所以在稀相区内也不利于 NO_x 的生成。因此循环流化床锅炉采用低温燃烧技术及分段燃烧技术，可有效抑制热力型 NO_x 和快速型 NO_x 的形成，故循环流化床锅炉生成的 NO_x 以燃料型为主，烧煤的循环流化床锅炉 NO_x 一般在 150～350mg/Nm^3 之间，而纯烧石油焦的循环流化床锅炉的 NO_x 排放一般在 20～150 mg/Nm^3 之间。石油焦中氮含量因原油不同而变化，中国石化镇海炼化分公司的 220t/h 纯烧石油焦循环流化床锅炉的高硫石油焦氮含量一般在 1.5%左右，但并未因此产生大量的 NO_x，NO_x 排放仅在 20～100mg/Nm^3 之间，此机理有待进一步研究。

中国石化镇海炼化分公司的 220t/h 纯烧石油焦循环流化床锅炉实践表明，控制石灰石加入量对控制 NO_x 至关重要，过量石灰石对挥发分氮转化为 NO/NO_x 起催化作用，从而导致 NO_x 排放浓度的大量增加，应引起重视。2014 年 5 月 9 日该厂因床温高（935℃）大量加入石灰石，NO_x 从正常的 70mg/Nm^3 最高上升至 416mg/Nm^3。

在 GB 13223—2011 实施后，循环流化床锅炉也需要增加脱硝技术来达到 NO_x 的合格排放。脱硝技术主要有以下几种：

- 选择性非催化还原脱硝（SNCR）；
- 选择性催化还原脱硝（SCR）；
- 氧化脱硝；
- 电子束脱硝；
- 氯酸氧化工艺；
- 活性炭吸收脱硫脱硝工艺；
- 湿式络合吸收法。

循环流化床锅炉常见的脱硝技术为选择性非催化还原脱硝（SNCR）、氧化脱硝、选择性催化还原脱硝（SCR），其中 SNCR 技术在循环流化床锅炉上占 90%以上。

如图 4-4-21 所示，作为还原剂的 20%～25%氨水溶液经高流量循环模块输送至计量分配模块之前，通过计量分配装置的精确计量分配至每个喷枪，然后经喷枪喷入炉膛及炉膛出口烟道，进行脱硝反应。喷枪的布置是根据计算流体力学（CFD）和化学动力学模型（CKM）工程计算结果确定，一般至少分为两个区，约 20 支喷枪。

SNCR 技术是用氨（NH_3）、尿素（Urea）等还原剂喷入炉内与 NO_x 进行选择性反应，不用催化剂，因此必须在高温区加入还原剂。还原剂喷入炉膛温度为 800～1250℃的区域，该还原剂（氨水溶液）迅速释放出 NH_3 并与烟气中的 NO_x 进行 SNCR 反应生成 N_2。在 800～1250℃范围内，NH_3 或尿素还原 NO_x 的主要反应为：

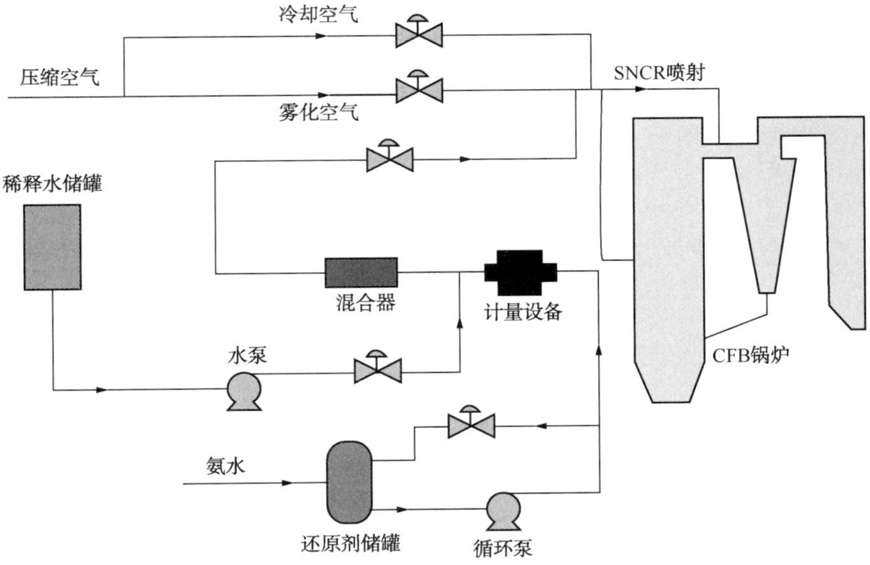

图 4-4-21　SNCR 典型工艺流程

NH_3为还原剂

$$4NH_3+4NO+O_2 \longrightarrow 4N_2+6H_2O$$

尿素为还原剂

$$2NO+CO(NH_2)_2+1/2O_2 \longrightarrow 2N_2+CO_2+2H_2O$$

氨水为还原剂

$$4NH_3+4NO+O_2 \longrightarrow 4N_2+6H_2O$$

表 4-4-26 列出了三种常见脱硝技术 SCR、SNCR、氧化技术的技术经济比较，循环流化床采用低温燃烧技术及分段燃烧技术后，炉膛床温均匀度好，床温正好在 SNCR 技术的温度窗口，脱硝效率大幅提升至 50%～80%，结合循环流化床锅炉 NO_x浓度低，所以循环流化床锅炉的抑制 NO_x生成加 SNCR 脱硝可满足 GB13223—2011 中 100mg/Nm^{3}的排放要求。在脱硫塔前加氧化脱硝技术可达到超净排放 50mg/Nm^{3}要求，中国石化广州石化燃烧高硫石油焦循环流化床锅炉增加 SNCR+COA（亚氯酸钠氧化脱硝）的脱硝技术路线，可长期将锅炉出口 NO_x控制在 50mg/m^{3}以下。

表 4-4-26　常见三种脱硝技术比较

项　目	氧化脱硝	SCR 技术	SNCR 技术
反应剂	O_3	NH_3	NH_3
反应温度	100～200℃	～300℃	～800℃
催化剂	不使用催化剂	需要催化剂	不使用催化剂
脱硝效率	90%以上	50%～95%	25%～50%（煤粉炉） 50%～80%（循环流化床锅炉）
喷射位置	引风机后烟道	省煤器与空气预热器之间	炉膛内喷射
SO_2/SO_3氧化	会导致 SO_2/SO_3氧化，但氧化较少	会导致 SO_2/SO_3氧化，一般要求控制氧化率在 1%	不导致 SO_2/SO_3氧化，SO_3浓度不增加

续表

项　目	氧化脱硝	SCR 技术	SNCR 技术
NH_3逃逸	无	一般要求控制<3μL/L	10~15μL/L
对空气预热器影响	无	低温时 NH_3 与 SO_3 易形成 NH_4HSO_4，造成堵塞或腐蚀	不导致 SO_2/SO_3 的氧化，造成堵塞或腐蚀的机会低
系统压力损失	没有压力损失	催化剂会造成压力损失	没有压力损失
燃料的影响	无影响	灰分会磨耗催化剂，碱金属氧化物会使催化剂钝化；As、S 等会使催化剂失活；煤的灰分越高，催化剂的寿命越短，将显著影响运行费用	无影响
锅炉的影响	无影响	受省煤器出口烟气温度的影响	受炉膛出口烟气温度的影响
燃料变化的影响	无影响	对灰分增加和灰分成分变化敏感	无影响
改造工程量	少，但需要与湿法烟气脱硫配合	多	较少
设备投资	受 NO_x 浓度影响较大；烟气中 NO_x 浓度在 260~280mg/Nm^3，投资费用与 SCR 相当	与 SNCR 比较投资费用较高	费用较低
运行能耗	能耗较大	能耗较低	能耗较低

（3）循环流化床锅炉处理高硫焦或弹丸焦

由于高硫石油焦中含有较多的硫、重金属和较少的氮等杂质，燃烧时可转化成 SO_2 和 NO_x 等大气污染物，因此高硫石油焦在锅炉应用方面受到了很大的限制。

循环流化床(简称 CFB)锅炉自 20 世纪 70 年代中期开发成功后，起初大多用于烧煤和废木料甚至城市垃圾等，由于其在燃烧煤粉炉难燃烧燃料时的高效率，并可以在燃烧过程中脱除大部分硫、氮化合物，大幅减少 SO_2 和 NO_x 的排放量，因而高硫石油焦作为燃料在循环流化床锅炉上也得到了应用。我国石化行业为解决高硫石油焦的出路，开发的焦化-循环流化床锅炉的重油加工脱碳技术因具有很好的经济效益，成为当时一种重要的重油加工路线。

① 燃烧石油焦对循环流化床锅炉的影响

从成分分析可以看出，石油焦挥发分仅 10%左右，远低于烟煤，其着火温度一般在 550~630℃之间，烟煤着火温度在 400~500℃，就延长了总体燃尽时间，提高了火焰中心温度和炉膛出口烟气温度。石油焦热值也比一般烟煤的热值约高 50%，燃烧中心平均温度升高，对结渣及对炉膛出口温度有影响。

（a）纯烧石油焦循环流化床锅炉低灰分降低四管磨损，长周期运行优势显著。循环流化床锅炉长周期运行的瓶颈是四管磨损。影响磨损的因素很多，从已经投入运行的循环流化床锅炉的磨损情况分析认为主要与床料的构成、流速有关，其中床料的组成是其中的关键因素。表 4-4-27 为循环流化床锅炉不同石油焦比例时飞灰成分比较，可以看出，石油焦的灰分低于 1%，纯烧石油焦的循环流化床锅炉的床料构成和烧煤的循环流化床锅炉存在极大的差别。表 4-4-28 为镇海炼化分公司九台循环流化床锅炉飞灰与底渣成分的对比表，可以看出，纯烧石油焦的飞灰与底渣 90%以上是由氧化钙与硫酸钙组成，灰分小于 10%，而纯烧煤的飞灰与底渣其中 20%~40%是氧化钙与硫酸钙，其余 55%~70%是灰分。氧化钙与硫酸钙对锅炉四管的磨损远比灰分(主要是二氧化硅)轻微，镇海炼化分公司两台纯烧石油焦的循环流化床锅炉自1999年9月投用至今，炉膛水冷壁管壁厚无明显变化。而烧煤循环流化床锅炉为防止四管磨损，必须采取防磨梁、金属喷涂、合金堆焊等技术手段进行防磨。

数据表明，中国石油化工集团公司旗下烧石油焦的循环流化床锅炉运行周期基本在1年以上，最长的已超过2年，而纯烧煤的循环流化床锅炉在6~12个月之间。

表4-4-27　循环流化床锅炉不同石油焦比例时飞灰成分比较

项　目	100%石油焦		80%石油焦		纯煤				
	1号飞灰	2号飞灰	3号飞灰	4号飞灰	1号飞灰	2号飞灰	3号飞灰	4号飞灰	5号飞灰
氧化钙/%	32.53	32.72	31.77	34.17	15.85	16.85	16.30	14.56	14.40
硫酸钙/%	51.65	51.37	40.31	40.85	9.30	9.40	9.16	9.32	9.10
碳/%	8.90	9.44	6.66	3.66	7.29	5.65	7.20	7.12	7.29
灰分/%	6.92	6.47	21.26	21.32	67.56	68.10	67.34	69.00	69.21
钠/(mg/kg)	23.00	24.90	26.60	29.70	3.70	19.30	9.50	14.70	11.60
钾/(mg/kg)	56.00	53.30	12.70	11.00	9.80	17.00	13.60	17.40	17.70

表4-4-28　循环流化床锅炉不同石油焦比例时底渣成分比较

项　目	100%石油焦		80%石油焦		纯煤				
	1号底渣	2号底渣	3号底渣	4号底渣	1号底渣	2号底渣	3号底渣	4号底渣	5号底渣
氧化钙/%	31.85	40.88	21.84	28.14	32.67	30.01	26.91	27.48	24.12
硫酸钙/%	60.01	48.26	66.15	59.87	8.79	9.52	13.36	14.13	13.96
碳/%	1.80	1.61	1.70	1.87	1.39	1.62	1.57	1.44	1.70
灰分/%	6.34	9.25	10.31	10.12	57.15	58.85	58.16	56.95	60.22
钠/(mg/kg)	31.60	38.10	16.10	16.30	8.60	1.10	17.10	9.30	13.20
钾/(mg/kg)	25.20	103.00	3.60	3.10	7.30	6.60	10.60	7.10	9.00

(b) 床料易黏结。石油焦富集的金属离子成分是造成床料黏结的根本原因，尤其是钠、钾、钒、镍。钠、钒氧化物在循环流化床锅炉的高温条件下，会生成复杂的钠钒共熔物 $Na_xV_2O_5$(x为0~0.44)等，这些共熔物的熔点在535~899℃之间，在循环流化床锅炉流速最慢的J阀处，这些共熔物在相对低温时发生黏结，像“胶水”一样把床料黏结在一起，形成松散的黏结块，致使J阀流通不畅，甚至导致J阀堵塞事故的发生。这是影响循环流化床锅炉长周期运行的关键因素，镇海炼化在引进的两台220t/h纯烧石油焦循环流化床锅炉上通过攻关，找到了上述本质原因，通过控制常减压的电脱盐后盐量，从源头控制了碱金属离子，为石油焦作为锅炉燃料打通了路线。其次排渣系统也是易发生黏结、堵塞的主要故障部位，但此部分疏通相对容易。

(c) 低挥发分，既难燃烧，也难自燃。纯烧石油焦循环流化床锅炉相比烧煤锅炉存在点火升温困难，投加固体燃料温度从一般的450~500℃提高至550℃以上，一般以570℃以上更佳，导致启动用油量增加。采用床上枪的循环流化床锅炉因床上有明火固体燃料着火相对容易，因此床上枪结构更适合石油焦的燃烧。由于自燃温度高，石油焦堆场几乎不会发生自燃着火现象。因其难以燃烧，一次燃烬率低，飞灰中炭含量相对比以煤为燃料的循环流化床锅炉稍高。

② 高硫焦燃烧应用

高硫焦与普通石油焦的区别只是硫含量不同，研究表明高硫焦在循环流化床锅炉燃烧时 SO_2 可有效控制。华中科技大学煤燃烧国家重点实验室在一台蒸发量为 1t/h 的循环硫化床实验炉上对硫含量 7.0%的石油焦进行了研究，试验结果表明，在燃烧温度控制在 860～920℃之间变化时，当 Ca/S 为 2.3 时，SO_2 的排放浓度均在 400mg/Nm^3 以下。当前循环流化床锅炉为达到更为严格的烟气排放标准，一般均增加了尾部脱硫装置，因此 SO_2 的排放可有效控制。

高硫焦因其价格低的优势成为国内炼油企业代替油、煤炭的重要燃料，尤其是中国石化的自备热电站，循环流化床锅炉燃烧高硫石油焦非常成熟。据统计资料显示，2013 年中国石化下属共计 14 家自备热电站利用高硫石油焦资源 3.017Mt。除上海石化热电事业部一号装置曾在煤粉炉上进行石油焦掺烧试验外，高硫石油焦均作为循环流化床锅炉的燃料，多数循环流化床锅炉均采用煤焦混烧方式利用高硫焦，只有少数企业如镇海炼化分公司公用工程部二电站、青岛炼化动力中心的 CFB 锅炉等少数采用 100%纯烧高硫焦。从实际运行情况看，无论是 FOSTERWHEELER 公司，还是烟台冰轮、上海锅炉厂、东方锅炉厂的产品均能良好地使用高硫石油焦。

由于存在床料黏结的特点，纯烧石油焦的循环流化床锅炉长周期运行存在瓶颈，在发现和控制石油焦中的碱金属离子后，纯烧石油焦的循环流化床锅炉的长周期运行才从以往的半年增加至 2 年，目前一般掺烧高硫石油焦的循环流化床锅炉的运行周期均在 1 年以上，明显高于国内烧煤的循环流化床锅炉。对石油焦中碱金属含量进行控制就势必限制了炼厂加工高酸原油，对炼厂原油优化造成了困难。煤焦混烧可避免床料的黏结，从而也降低了对石油焦中碱金属离子的控制要求。煤焦混烧的另一个优势是可以合理利用煤、焦价格的波动，调整煤、焦的比例，从而降低燃料成本。

循环流化床锅炉虽然具有较广的燃料适应性，但对石油焦的硫含量增加应组织燃烧试验，进行综合技术经济比较。如中国石化上海石油化工股份有限公司热电总厂热电二站 5A、5B 锅炉系 FW 公司提供的 310t/h 循环流化床锅炉，该锅炉设计燃料为煤、焦混合燃料，其中燃用石油焦中的硫含量为 3.6%左右，2003 年 10 月从国外引进了高硫石油焦，焦中硫的含量达 5.2%左右，进行高硫焦参燃试验。试验表明，燃用偏离原设计硫含量的高硫焦中高硫含量，在维持钙硫比不变的情况下，石灰石投入量增加，从而引起辅加热量的消耗以及粉尘被分离器分离效率的变化，使锅炉热效率降低，相比原石油焦锅炉若燃用更高硫含量的石油焦时锅炉热效率降低 1.98%，这一情况值得引起注意。

③ 弹丸焦作为 CFB 炉用燃料

2000 年后，由于部分炼厂的延迟焦化装置生产出的弹丸焦因销售困难，开始研究并试验循环流化床锅炉掺烧弹丸焦。2010 年后，因弹丸焦具有价格优势，开始进口弹丸焦替换高硫石油焦作为 CFB 炉用燃料。

中国石化洛阳分公司 3#CFB 锅炉在 2010 年 10 月进行了 100%弹丸焦的燃烧试验，试验结果表明：

(a) 烧弹丸焦可以使 CFB 炉给料机堵焦减少，运行稳定，提高 CFB 锅炉负荷。

CFB 锅炉单台给焦机最大给焦量实验显示每台给焦机均能达到设计要求的给焦量，没有发生堵焦现象。试验表明，弹丸焦能够提高 CFB 锅炉运行平稳性和负荷，3#炉已经能够运行在 280t/h，根据单台给焦机试运结果，可以达到 310t/h 设计负荷稳定运行。

(b) 飞灰可燃物含量降低。

实验期间，运行参数正常，排渣量无明显变化，两台冷渣器均在低负荷下运行，化验分析飞灰可燃物含量也从原先的15.83%下降到了9.89%，表明炉内燃烧情况良好。

(c) 锅炉效率基本维持不变。

试验期间锅炉反平衡计算热效率92.85%，与燃烧高硫石油焦时的92.68%基本相当。

燕山石化采用煤：普焦：弹丸焦=1∶2∶1，天津石化弹丸焦：煤=4∶1，茂名石化弹丸焦：煤=1∶1，上海石化弹丸焦：煤=2∶1，这些弹丸焦掺烧试验均表明掺烧弹丸焦对锅炉燃烧组织无明显影响，尤其是煤焦混烧的锅炉长周期运行也无明显影响，从上述试验得出煤焦混烧时，弹丸焦能很好适应循环流化床锅炉。

镇海炼化普焦：弹丸焦=1∶3试验时，锅炉运行参数无明显变化，但飞灰及底渣中的钒、镍含量明显增加，排渣系统有堵塞现象，表明弹丸焦在纯烧石油焦的循环流化床锅炉中使用时应慎重。

综合上述弹丸焦掺烧、纯烧试验，可得出如下结论：弹丸焦可在循环流化床锅炉中纯烧、掺烧，有一定的经济效益；为保证循环流化床锅炉长周期运行，宜在煤焦混烧的循环流化床锅炉燃烧。

④循环流化床锅炉副产品综合利用

副产品综合利用是循环流化床锅炉可持续发展的一个重要问题。循环流化床锅炉在发展纯烧或掺烧石油焦后，因石油焦灰分不到1%，循环流化床锅炉副产品的飞灰与底渣成分主要由$CaSO_4$、$CaCO_3$和游离CaO组成。陈雪等研究指出飞灰的主要成分为$CaSO_4$、$CaCO_3$和游离CaO，含量分别为50.95%、16.02%、21.82%。此外还含有4.7%的无定形碳和6.51%其他杂质。从其成分可以看出，石灰和石膏是其主要成分，这些是制备硅酸盐制品的重要材料，有着广泛应用前途。

(a) 作为添加剂进混凝土搅拌站性价比高，可顶替部分水泥成本，是一种主流的综合利用方式。张旭等研究指出，利用脱硫石油焦渣、CFB飞灰和天然砂，可以制备出多种强度等级的砂浆。当掺入25%~33%的脱硫石油焦渣、25%~17%的CFB飞灰和50%的天然砂，可以制备出抗压强度等级M10的砂浆，该砂浆的综合性能较好，易于施工操作。利用17%的石油焦脱硫渣、17%的CFB飞灰和66%的天然砂，可以制备出M5.0砂浆，该砂浆除易泌水外，施工操作较好，适宜用于对抗冻性能要求不高的地区[6]，中国石化镇海炼化分公司循环流化床锅炉灰渣60%以上进混凝土搅拌站。

(b) 作为水泥产品的填充料。从其成分可以看出，石灰和石膏是其主要成分，这也是水泥的主要成分，这也是当前一种主流的综合利用方式。但作为水泥填充料，石油焦混烧百分比应保持稳定，从而保证灰渣中的SO_2、SO_3成分稳定，以利水泥厂制订填充的方案，保证水泥品质。

(c) 纯烧石油焦的循环流化床锅炉飞灰与底渣也可制备石膏，镇海炼化的纯烧焦循环流化床锅炉的灰渣曾作为石膏制备的主材，制成石膏板。

(d) 制备砖等建筑材料。

(e) 美国NSICO电厂的灰渣大量作为城市下水道污泥、酸性土壤的中和剂，效益很好，可与石灰石成本相抵，但国内目前还没有这方面的研究与应用。

(4) 循环流化床锅炉前景

随着循环流化床锅炉燃烧技术的不断发展，循环流化床锅炉容量也在快速增大，大型化、高参数已成为循环流化床锅炉发展的主要方向。目前国外已完成 800MW 级的超临界大型循环流化床锅炉设计，国内白马电厂的 600MW 循环流化床锅炉已进入商业化阶段，2014 年 7 月 7 日陕西华电榆横煤电公司榆横发电厂 2×660MW 超临界空冷燃煤发电机组顺利通过 168 小时满负荷试运行，正式投产发电。循环流化床锅炉的另一个发展方向是焚烧垃圾或废弃物，甚至危险化学品。

随着世界各国对环保的日益重视，2010 年以后，发达资本主义国家如美国、西欧等基本没有新的循环流化床锅炉投用，主要是采用页岩气等清洁燃料的气体锅炉。2012 年后，国内循环流化床锅炉市场下滑，原因是环保要求提高后，仅有炉内脱硫很难满足排放要求，一般要采用循环流化床锅炉+尾部脱硫脱硝技术，这样投资成本就比配置尾部脱硫脱硝技术的煤粉炉稍高，也影响到经济效益。

中国石化的下属企业现有的循环流化床锅炉机组赢利能力很强，一般为 0.2~0.3 元/千瓦时。根据国家《煤电节能减排升级与改造行动计划(2014—2020 年)》，新建燃煤火电机组必须 30 万千瓦以上，对于石化产业而言，只有特大型油化一体化的石油化工企业中才可达到此等规模，因此今后大部分新建的石化企业必须与地方发电厂或动力中心合作好才能解决热电公用工程供应问题。用新建的 30 万千瓦以上燃煤(焦)机组替代小容量高效燃煤(焦)火电机组，确保效益与能耗指标双赢。但 30 万千瓦以上循环流化床锅炉运行时存在防磨损、翻床等问题比煤粉炉运行管理困难，从热电技术选择比较时应慎重。

当前石油化工企业的循环流化床锅炉正在按 GB 13223—2011 的要求控制 SO_2、NO_x、粉尘的排放指标，除广西壮族自治区、重庆市、四川省和贵州省 SO_2、NO_x、粉尘排放浓度分别不高于 400、200、30mg/m^{3}的标准外，其他区域 SO_2、NO_x、粉尘排放浓度分别不高于 200、100、30mg/m^{3}的标准，京津冀、长三角、珠三角等区域地方政府还按 GB 13223—2011 的要求规定重点地区，执行大气污染物特别排放限值，SO_2、NO_x、粉尘排放浓度分别不高于 50、100、20mg/m^{3}的标准，广州已实施了燃气轮机组排放限值，SO_2、NO_x、粉尘排放浓度分别不高于 35、50、5mg/m^{3}的标准。

在产业政策上国家应考虑高硫石油焦的就地处置循环利用，这也是符合环保政策要求的，石油化工行业要争取国家政策上的支持，结合资源综合利用，采用循环流化床锅炉+尾部脱硫+SNCR+氧化脱硝+二级除尘可能是石油化工企业的一个性价比较好的解决方案。

4. 以高硫石油焦为原料的造气和热电联合循环一体化(IGCC)工艺[174,175,177~180]

用炼油厂的高硫石油焦、重质残渣、沥青等，气化制成合成气，进而联产电力、高压蒸汽、氢气或化工产品等的一体化工艺，总称为造气和热电联合循环一体化工艺，国外称之为 Integrated Gasification/Combined -cycle，简称为 IGCC 工艺，它是由气化过程和供热发电的联合循环过程组合而成，IGCC 工艺可能的原料和产品如图 4-4-22 所示。

IGCC 工艺可用的原料具有多样性，IGCC 工艺对环境友好，IGCC 装置的产品方案具有多样性，可以供热发电或制备高压水蒸气；可以生产氢气，又可通过费-托合成生产各种合成燃料及醇类、化肥等一系列化学品。

如图 4-4-22 所示，延迟焦化的石油焦可以用作气化的原料。用部分氧化法(POX)可以气化为低热值的气体燃料，或合成气。低热值气体燃料在炼油厂用作燃料，或用来发电；合成气还可用来生产甲醇，甲醇是其他化学过程的原料。部分氧化法也可以从石油焦来制氢，氢气为炼油厂加工重质原油或高硫原油所用。

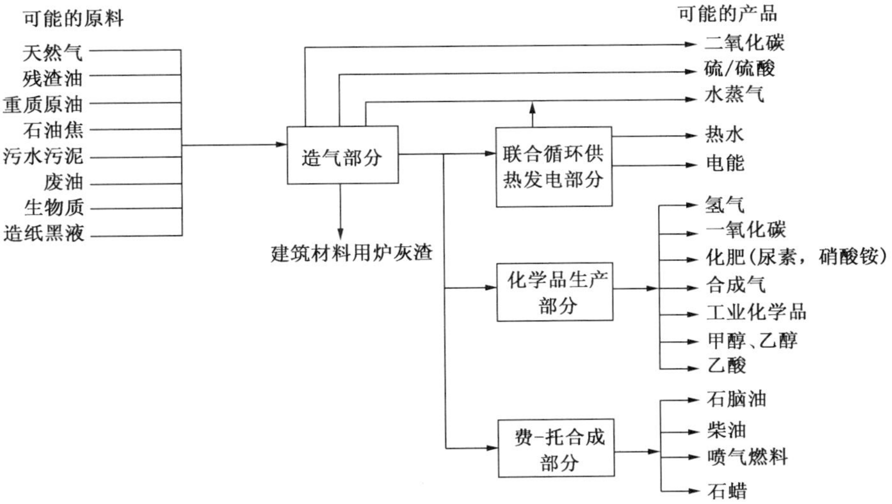

图 4-4-22　IGCC 工艺可能的原料及产品

有关 IGCC 技术发展及工业化情况详见第五章第二节——延迟焦化-气化联合循环(IGCC)组合工艺。

5. 高硫石油焦用于水泥生产[177,190~194]

水泥是建筑业的主要原材料，使用范围广、用量大。在水泥生产中，高硫石油焦可以代替部分煤作为燃料，焦中的硫可转化成石膏($CaSO_4$)，利用它作水泥调凝剂，从而使高硫石油焦中的可燃组分和硫都能得到合理利用，为高硫石油焦的应用找到一个很好的利用途径。

高硫石油焦在世界各国水泥生产中都得到广泛应用。据 1997 年统计，全世界高硫石油焦的总消费量为 28.12Mt/a，其中用于水泥工业生产中的消费量为 18.33Mt/a，占总消费量的 65.18%，主要集中于欧洲的荷兰、意大利和土耳其等国，当年共消费 10.98Mt/a。其他各国也都占有较大比例。这表明，高硫石油焦用于水泥工业，在技术上是成熟的。

根据国外使用经验，在水泥回转窑内高硫石油焦必须和煤、天然气、炼厂气或油共用，因石油焦没有足够挥发物质在水泥窑内单独产生火焰。典型的水泥窑的燃料组合是 25%油或气和 75%焦，或 70%烟煤和 30%焦[197]。石油焦国际上大量推广使用主要取决于当时、当地煤的价格，即取决于在技术经济上是否有利可图，在煤价较高的国家容易推广。世界上高硫石油焦在水泥工业中的应用数量及比例见表 4-4-29。

表 4-4-29　高硫石油焦在世界各地水泥工业中的消费量及比例

地　区	水泥工业高硫石油焦消费量/(Mt/a)	总高硫石油焦消费量/(Mt/a)	水泥工业消费量占总消费量/%
欧洲	10.98	12.79	85.85
北美洲	2.00	5.63	35.55
日本	2.54	5.35	47.48
亚洲(除日本外)	0.91	1.45	62.75
拉丁美洲	0.27	0.36	42.85
其他地区	1.63	2.27	71.81
总计	18.33	28.12	65.18

高硫石油焦用于水泥工业的前景广阔，但目前在我国高硫石油焦用于水泥生产尚处于工业试验阶段。广州石化公司和镇海炼化公司都进行了高硫石油焦用于水泥工业生产的试验研究。其中广州石化公司从1997年以来生产的高硫石油焦先后在几个地区立窑水泥生产中进行过工业应用，石油焦用量共约35kt，相当于烧制了700kt水泥，用户反应良好，积累了较多的实践经验。目前我国工业试验还只限于在间歇操作的立窑水泥生产中进行。至于在连续操作的回转窑水泥生产中如何使用高硫石油焦，尚需积累自己的实践经验和借鉴国外成熟技术。

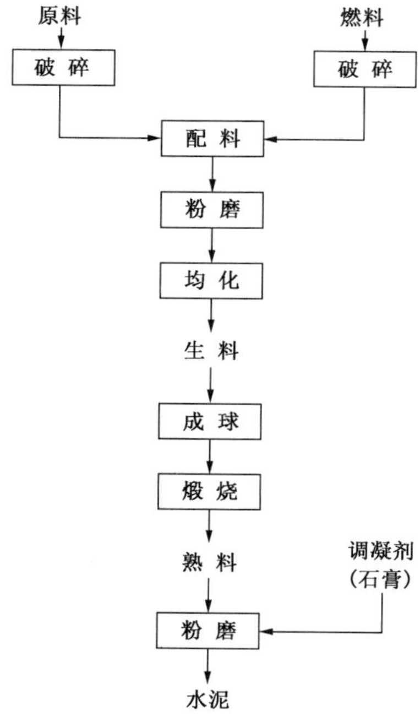

图4-4-23　水泥生产工艺流程框图

水泥生产过程的工艺流程如图4-4-23所示，其工艺过程概括来说就是“两磨一烧”。先将原料和燃料分别破碎后进行配料，其中原料包括石灰石、黏土、铁粉、萤石等，燃料为煤，也可加入石油焦，再经粉磨、均化等工序成为配比合适、细度符合要求的均匀生料。若用立窑生产，生料需加水成球，若采用回转窑，则生料不需成球。之后送入窑内受高温煅烧。烧成的熟料又配以适量的石膏作水泥调凝剂等，有时还要加入其他的水泥添加剂，再磨成细粉就可成为水泥产品出厂。

高硫石油焦用于水泥生产，主要起到两种作用：一是代替部分煤炭作为燃料，二是高硫石油焦中的硫与石灰石作用，生成石膏，代替原来加入的水泥调凝剂。在工业试生产中，考查了高硫石油焦对水泥生产过程的影响、对水泥产品质量的影响以及对环境保护的影响等，结果归纳如下：

高硫石油焦的掺入对粉磨的过程没有明显影响，发现在相同的原料粒度和粉磨时间内，用高硫石油焦全部代替煤炭，产生的生料细度更好。在成球过程中，由于高硫石油焦会有残余油分，具有疏水性，成球外观粗糙，强度较低，经某些技术处理，并调整了生料配比，能制成合格生料球。

在煅烧水泥过程中，耗热量6.09kJ/g生料。由于高硫石油焦的燃料热值高于煤炭，所以其用量可以少于煤炭。但有时不宜用高硫石油焦完全代替无烟煤，以防止高硫石油焦的挥发分使立窑料层上火燃烧过快，而出现欠烧。最合适的搭配比例因煤炭和高硫石油焦的质量不同而异。在不同规格的试验窑中进行的各种工业试验表明，所制得熟料的煅烧完全程度指标和游离态氧化钙（f_{CaO}）值都达到了国家建材局颁布的《立窑水泥企业质量管理规程》规定的小于3.0%的要求。

在工业试验窑中，煤炭、高硫石油焦配比为8∶2、5∶5以及2∶8时，制成Ⅰ型硅酸盐水泥的性能见表4-4-30。由表中数据可以看出，这些水泥都能符合国家标准高标号（525及以上）水泥要求，且部分指标超过了标准要求。

表 4-4-30　用掺高硫石油焦燃料制成的 I 型硅酸盐水泥质量

项　　目	煤炭/高硫石油焦			GB 175—92 普通硅酸盐水泥 525R 标准要求
	8∶2	5∶5	2∶8	
细度(0.08 筛/筛余)/%	0.3	0.2	0.0	≤10.0
标准稠度/%	25.6	25.8	25.2	
初凝时间(时∶分)	2∶43	1∶44	2∶37	≥0∶45
终凝时间(时∶分)	3∶45	2∶49	3∶43	≤10∶00
安定性	合格	合格	合格	合格
水灰性	0.44	0.44	0.44	
流动度/mm	126	123	126	
抗折强度/MPa				
3d	6.7	6.1	3.5	≥5.0
7d	7.2		3.5	
28d	9.1	8.8	3.7	≥7.0
抗压强度/MPa				
3d	35.5	33.4	36.4	≥26.0
7d	49.1	—	47.4	
28d	63.8	64.4	57.8	≥52.5
SO_3/%				≤3.5
MgO/%				≤5.0
烧失量/%				≤5.0

在水泥生产中，高硫石油焦中含有的硫转化为调凝剂，同时减少了环境污染。通常水泥调凝剂用天然生石膏($CaSO_4 \cdot 2H_2O$)或硬石膏($CaSO_4$)。几乎所有通用水泥中都加有石膏，其作用是使水泥与水掺和后的流动性或可塑性保留一定时间，不迅速凝固，使其在极易凝固的夏季高温施工时，或大体积混凝土施工时，能保持其工作性能，不会边施工边凝固，消除或减少混凝土构件内温差引起的裂缝，保证施工质量。调凝剂的作用原理是，石膏溶解后与水泥中的成分铝酸钙或其水化物生成水化硫铝酸钙，在水泥颗粒外形成一个阻隔层，阻碍水泥颗粒与水的接触，从而延缓其水化速度，此外石膏还能提高混凝土的早期强度，改善其性能。对高硫石油焦而言，所含有的硫在水泥窑中燃烧而形成 SO_x 烟气，水泥原料中的石灰石($CaCO_3$)就是环保工程中推荐的烟气脱硫剂。石灰石脱硫后所生成的又正是石膏-水泥调凝剂。

为了更准确地定量估算其脱硫效果，在中试立窑中使用高硫石油焦时，进行了硫的平衡测试，结果见表 4-4-31。

表 4-4-31　水泥生产中用高硫石油焦代替部分煤炭时的硫平衡

混合燃料中硫含量	
高硫石油焦硫含量/%	3.5
煤炭硫含量/%	0.4
高硫石油焦/煤/(质量)	55.6/44.4
高硫石油焦占混合燃料中硫/%	1.95
煤炭带入混合燃料中硫/%	0.18
混合燃料硫含量/%	2.13

续表

入方	生料	原料/混合燃料/(质量)	90.42/9.58
		原料带入生料中硫/%	0.225
		混合燃料带入生料中硫/%	0.204
		生料硫含量/%	0.429
		生料用量/(kg/h)	16520
		生料代入硫/(kg/h)	71.0
出方	熟料	SO_3含量/%	1.57
		熟料产量/(kg/h)	9830
		熟料带出硫/(kg/h)	61.73
		占生料带入硫/%	86.9
	烟气	SO_2含量/(mg/m^3)	25.7
		排出烟气量/(m^3/h)	33422
		烟气带出硫/(kg/h)	0.43
		占生料带入硫/%	0.6
	粉尘	硫含量/%	0.535
		排出粉尘量/(kg/h)	97
		粉尘带出硫/(kg/h)	0.52
		占生料带入硫/%	0.7
	其他①	带出硫/(kg/h)	8.32
		占生料带入硫/%	11.8

① 其他是指该次测试中无法检测到的硫含量，包括管壁吸附、泄漏的烟气和粉尘以及其他测试误差。

由表4-4-31中数据可以看出，从生料带入的硫(包括从高硫石油焦、煤炭及其他原料带入的硫)约有86.9%以SO_3的形式转入熟料，与石灰石一起生成调凝剂，只有13.1%以各种方式(烟气、粉尘、管壁吸附等)排放到环境中(包括测试误差)。其中以SO_2形式排放到大气中的硫，只占全部进料中硫的0.6%，其浓度为25.7mg/m^3，排放量为0.43kg/h。

经济效益分析表明，高硫石油焦用于水泥生产，代替部分煤炭，对高硫石油焦生产厂和水泥厂都有显著效益，其中包括：

① 若高硫石油焦与煤炭市场价格相近或相当，由于高硫石油焦的燃烧热值高，代替煤炭后，所用燃料量减少，节省燃料费用；若高硫石油焦市场价格低于煤炭，燃料费用还会更低。

② 高硫石油焦中所含硫的85%以上转化成石膏-水泥调凝剂，节省了调凝剂费用。

③ 减少或免除当高硫石油焦作为普通燃料燃烧时，为了满足环境保护要求，需增设的烟气脱硫装置的建设费用和操作费用。

6. 高硫石油焦气化制氢及化工综合利用

(1) 高硫石油焦有效利用是炼厂劣质原油加工产业链的一个重要课题

近年来世界原油的重质化和劣质化倾向越来越严重，对于加工高硫、高密度和高沥青质含量的劣质原油炼厂而言，延迟焦化工艺仍然是国内外一种主要优先选择的重油加工工艺。但由于焦化过程是一种没有外供氢的热裂化过程，在重油轻质化过程中必然同时生产一定数量副产品——高硫石油焦。近年来，我国沿海、沿江炼厂焦化所生产的石油焦基本上都是高硫石油焦。当前，几个传统的石油焦市场已经日趋饱和，期望在传统的市场上为高硫石油焦产品找到有效利用的出路非常困难。因此，当今大部分高硫石油焦都用于锅炉燃料(包括

CFB 锅炉)，基本上是利用了它的化学能，产值不高，高硫石油焦已成为炼厂一种低值副产品，制约着炼厂经济效益的提升。

在焦化工艺中有两种不生产(或少生产)石油焦的组合工艺，它们分别是灵活焦化和延迟焦化-石油焦气化制氢 CTH(多联产)技术，二者都已经产业化。灵活焦化本质上是流化焦化和石油焦空气气化组合工艺，石油焦气化制氢 CTH(多联产)技术的前部配置延迟焦化，是一种延迟焦化+CTH 组合工艺。由于二种气化用的氧化剂不同，灵活焦化用空气作氧化剂，得到气体产品是低热值瓦斯(热值为 4.47~5.18MJ/Nm^3)，只能用于炼厂加热炉或作为锅炉燃料。石油焦气化制氢(CTH)过程氧化剂用纯氧，属于部分氧化(POX)，得到的气体产品是合成气(H_2+CO)，后者进一步可制造氢气或石油化工多联产方案，利用价值远高于灵活焦化。本节以下将对延迟焦化+石油焦 CTH 组合工艺进行讨论，重点是高硫石油焦气化(POX)过程[198,199]。

从资源利用角度分析，石油焦气化过程(POX)是对石油焦中所蕴含的化学能梯级利用的一种有效方式，它以产生合成气(CO+H_2)为主，可充分利用合成气中的 C、H 元素，生产炼厂当前极为需要的氢气以及其他多联产石化产品，如甲醇、醋酸、丁辛醇、乙二醇和乙醇等，一些其他的副产品经燃烧后外供热能，所以这是一种既可以有效利用能量，又可以充分利用质量的石油焦利用方式，如果能全面推广，则不仅可使劣质原油热加工产业链得到完整的打通，也是一个符合可持续发展方向、具有较好经济价值的石油焦处理方案。

在这种情况下，本节所要讨论的石油焦制氢(CTH)，不仅可解决炼厂所生产的低值高硫石油焦出路问题，而且也可为炼厂带来巨大的经济效益，具有“一石二鸟”的作用。国外一些著名的石化工程公司(如 FluorCorp 公司)在讨论新一代重油加工流程时也认可这个观点，认为这是加工高硫重质原油一体化炼厂的一个重要的案例[202]。世界上一些大石化公司如印度的信任(Reliance)公司最近建设了一套大型石油焦制氢装置，生产氢气供本厂使用，气化部分采用 ConocoPhillips E-GAS 技术。

(2) 延迟焦化+石油焦 CTH 组合工艺的工程研究

高硫石油焦湿法制氢常用的总工艺流程如图 4-4-24 所示。原料(石油焦+煤)及石灰石(调整灰熔点用)经过料浆制备单元制成合格料浆后，与空分装置提供的氧气一起进入气化单元的气化炉。原料料浆在气化炉内发生部分氧化反应得到粗合成气，粗合成气主要组成为氢气和一氧化碳，在气化单元粗合成气经急冷和洗涤除尘后，进入一氧化碳变换单元发生变换反应，反应使一氧化碳变换为氢气，经过废热回收及冷却洗涤后进入低温甲醇洗单元；变换气在低温甲醇洗单元脱除所含的硫(主要以硫化氢形式存在)和二氧化碳后，进入变压吸附 PSA 系统进行精制，得到合格纯度的工业氢气产品后外送；低温甲醇洗单元产生的富含硫化氢的酸性气在硫回收单元得到副产品硫黄。应指出的是，我国已完全掌握上述成套技术并建有多套国产化工厂。

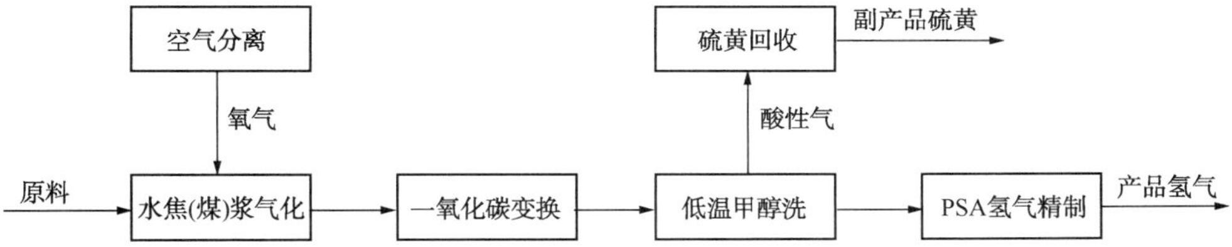

图 4-4-24　高硫石油焦湿法制氢总工艺流程图

(3) 高硫石油焦气化[203]

石油焦制氢和煤制氢技术主要部分是基本相同的，二者不同处主要是气化(POX)部分原料不同，从而在气化单元有一定差别，甚至还有一个将老的煤气化装置改造成石油焦气化“煤改焦”工程的成功案例[204]，这就是美国 Farmland 石油焦气化工程(1999 年)，该项目特点是利用原有的冷水 IGCC 示范项目中老的煤气化部分原有设备搬过来重建的。扩建后所需的石油焦由 Coffeyville 炼油厂供应，由于焦的热值比煤大 25%，因此合成气产量将成比例增加。在石油焦/煤为原料的气化过程中应用最为广泛的是气流床气化技术，代表性的有 GE 水煤浆气化技术(原 Texaco 技术)和 Shell 粉煤气化技术。我国先后引进建设了 60 余套 GE 气化装置和 19 套 Shell 气化装置。近年来国内自主研发的气流床气化技术也获得了较大的成功，其典型代表有华东理工大学开发的多喷嘴对置式煤气化技术。

(4) 发展高硫石油焦气化工艺在新一代炼化一体化石化企业中的重要作用和前景分析

① “高硫渣油焦化-高硫焦造气”组合工艺

我国加工高硫原油有关炼厂较早地遇到高硫石油焦出路问题。有的炼厂率先提出了采用石油焦气化工艺来解决这个问题，如齐鲁石化本世纪初提出并组织实施高硫原油加工—高硫渣油焦化—高硫石油焦气化—汽电联产的组合工艺路线[201]，认为实现这一工艺路线可大大降低生产成本，有效实现高油价下的资源优化配置和企业利润最大化，为高油价下石化行业资源结构调整，提高资源利用率和经济效益探索出一条新路。该路线预测炼厂氢气成本可降低 30%；合成气成本可降低 40%；蒸汽成本可降低 35%左右。

图 4-4-25 为齐鲁石化资源优化配置炼化一体化总流程示意图。由图可见，在总流程中配置了石油焦造气装置来代替渣油造气装置，以焦代油，以满足该企业下游丁辛醇装置(产能 30 万 t/a)和甲醇装置(产能 10 万 t/a)对合成气的需求。同时高硫石油焦造气还可生产氢气替代轻油制氢，既弥补了炼厂氢气供应不足的局面，也降低制氢成本，提高炼油盈利能力。

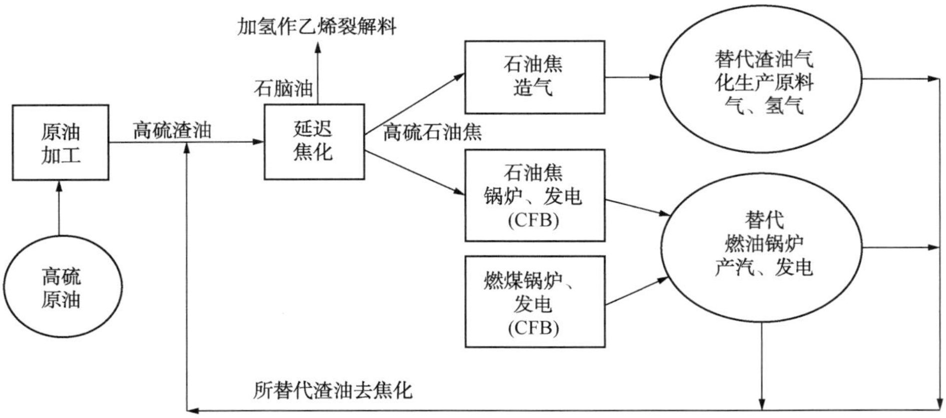

图 4-4-25　中国石化齐鲁石化资源优化配置炼化一体化总流程示意图

齐鲁石化第二化肥厂新建的气体联合装置已于 2008 年 11 月顺利投产，按设计安排，随着该项目的建成投用，齐鲁石化第二化肥厂的渣油造气装置改为由石油焦(煤)造气装置以制取甲醇合成气和羰基合成气。仅此一项，每年可节约原料成本超过 1 亿元。同时，其产氢装置还可以向炼油装置提供氢气，替代原先轻油制氢，每年又可降低生产成本7000多万元，成为企业一个有力的效益增长点，当然，焦煤比例调整将是实施过程中一个重要的课题。

② 高硫石油焦气化工艺在新一代炼化一体化石化企业中的重要作用

目前高硫石油焦气化工艺主要产品是炼厂急需的氢气，但远景发展远不止于制氢一个目的，对于新的第三代炼化一体化石化企业，它可以起到相当重要的作用[219]。

第三代炼化一体化的特征是产业结构的优化和原料替代化，目前它正处于前期准备和部分推广阶段。在炼油部分主要表现为3个"TL"，即天然气制油(GTL)、煤制油(CTL)和生物质制油(BTL)，重点是天然气化工(包括页岩气化工)等迅猛发展[220]。在石化部分主要为4个"M"，即以甲醇为原料制备乙烯(MTO)、丙烯(MTP)及MTBE(TAME)、二甲醚(DME)等衍生物和推广石油焦/煤制氢及生物乙醇制乙烯等技术，核心是石油化工和煤化工的优化整合[221,222]。

高硫石油焦气化制氢(CTH)路线可以实现"以焦代油"，开辟了一条炼厂新的氢资源道路。在工业装置中，还可以向石油焦掺入一部分低值褐煤等作为原料(最高可达50%)，扩大了褐煤的清洁利用用途。采用这一方案可提高全厂轻油收率和经济效益，其重要性是毋庸置疑的。

一旦石油焦气化制氢技术产业化成熟并具备大面积推广的条件以后，由于所生产的合成气中不仅有氢气，而且所含的CO(占合成气的一半)是羰基合成的主要原料，可生产多种石化工业产品。羰基合成将其中CO用去以后，过程排放的CO_2量将大为减少，非常有利于节能减排、保护环境的大趋势。表4-4-32为典型的德士古法石油焦气化合成气组成。

表4-4-32　典型的德士古工艺石油焦合成气组成

合成气组成	所占比例/%(v)	合成气组成	所占比例/%(v)
一氧化碳	47.7	氩　气	0.8
氢　气	30.3	氮　气	1.3
二氧化碳	17.8	硫化氢	1.8
甲　烷	0.2	羰基硫	0.02
水	0.1		

③ 高硫石油焦气化工艺下游产品多联产方案

石油焦气化工艺所得到的合成气可以制造许多下游化工产品，其中不乏为重要的清洁能源和石化产品，见图4-4-26。因此，21世纪炼厂高硫石油焦气化工艺具有良好的发展前景，在达到一定规模化基础上它应该是制氢和石化产品多联产路线并举的局面。延迟焦化装置将转变为一种新型的不产(或少产)石油焦的延迟焦化—石油焦气化CTH制氢、多联产的组合工艺，这种组合工艺一方面为加工重质、劣质原油的炼厂提供大量油品(尤其是优质柴油)和氢气，同时也可有选择地生产企业本身或市场需要的清洁能源和石油化工产品，如一些炼厂(石化厂)自用化工品如甲醇(MTBE)、醋酸、丁辛醇和乙二醇等，后者可以替代一定量的石油馏分原料，充分体现出对石油焦资源"梯级利用"的本质，是发展石油化工和煤化工优化整合的一个重要方向。

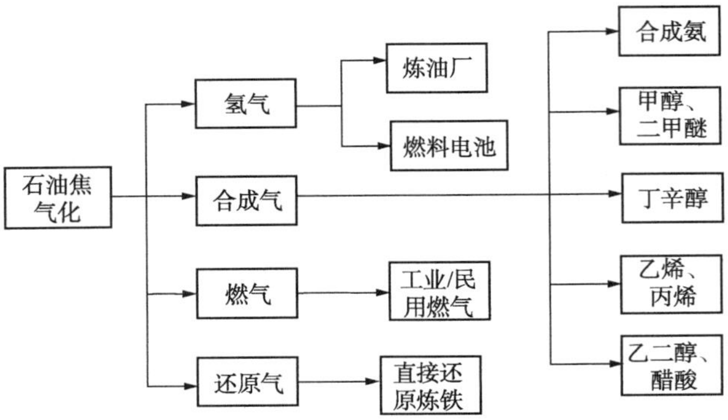

图 4-4-26　石油焦气化下游多联产化工产品示意图

7. 弹丸焦的合理利用

弹丸焦是呈球状的焦炭，表面坚硬少孔，直径一般在 1cm 以下，在焦炭塔内松散地聚集在一起，偶尔也会形成 25cm 甚至更大尺寸的球体。通常没有 100%弹丸焦的焦炭，而是弹丸焦和海绵焦的混合体。典型弹丸焦形状见图 4-4-27。

图 4-4-27　典型的弹丸焦

为获取更好的经济效益，炼油厂通常选择价格相对便宜的重质原油和劣质原油进行加工。与此同时，为能产出更多的高附加值产品，常减压装置采用各种措施提高原油的拔出率，使减压渣油变得越来越重。因此，目前不少加工进口高沥青重质原油炼厂的延迟焦化装置常有弹丸焦的生成，在生产过程中同时发生各种异常现象或故障，如焦炭塔在进料时发生晃动、冷焦时焦炭塔变形、放水时弹丸焦堵塞管道、除焦时焦炭塌方卡钻等。生成的弹丸焦会造成焦炭结构疏松，在除焦过程中容易引发安全事故。

弹丸焦主要用作发电、生产水泥和玻璃的燃料。电厂在不改变燃烧工艺的情况下，可以掺烧一定比例的弹丸焦，燃烧效果比单纯烧煤更胜一筹。水泥厂和玻璃厂在生产烧制过程中需要高温，以往主要是燃烧重油产生热量，而经过改进生产工艺采用燃烧弹丸焦来节省燃料成本。作为燃料使用时，弹丸焦需要预先研磨成一定粒度范围要求的焦粉，以保证燃烧的充分性。

弹丸焦也可用以制作炭阳极，在制备过程时首先将含有弹丸焦的石油焦进行煅烧，然后磨成粉，用于制作炭阳极的粉料，进行混捏、成型和焙烧工序制作铝用炭阳极。用含有弹丸焦的原料生产阳极时，对沥青的吸附性能差，阳极炭块容易开裂，导致成品率降低问题。合理利用了含有弹丸焦的石油焦，拓宽了炭阳极资源选择范围，有利于保持炭阳极生产的可持续性。

（二）石油焦用于冶金和有色金属工业

1. 石油焦用于高炉炼铁[196,197]

主要用在高炉中冶炼铁矿石，使之加热熔融，并还原为原铁，或称为生铁。可用含挥发分16%~20%的延迟焦化生产的低硫石油原焦，配入20%的高挥发分烟煤，炼成适于鼓风炉中使用的焦炭。高灰分(达2.0%)及高挥发分(达20%)的低质石油焦粉，与20%~30%的沥青混捏，压制成块，煅烧成适合高炉使用的炭砖衬块，也可供由铁矿石冶炼生产原铁使用。如石油原焦的粒度大且强度高时，可直接作为高炉焦使用。

高炉的墙衬，采用炭砖以及厚度达1m的炉底用机制炭块等，都使用煅烧石油焦。

2. 石油焦用于金属锻造[196,235]

（1）熔融金属

石油焦用作熔融金属进行浇铸机械部件等所需的加热材料，可用于铸铁、铸钢、铸铅、铸铜等金属铸造。

使用石油焦配制并煅烧成致密焦，可大大降低生产费用并提高铸造产品的质量。致密焦的特点是表观密度大、灰分含量低、孔隙度低及具有均匀的微细炭体结构等。在美国和德国均使用石油焦50%、低挥发分煤25%、精选无烟煤12.5%及煤焦油沥青12.5%，经过混捏、压制、烧结、焦化制成致密焦。此种致密焦所用石油焦组成分析结果见表4-4-33。

表4-4-33　致密焦生产用石油焦的组成

组成成分(干基)	致密焦生产用的石油焦		组成成分(干基)	致密焦生产用的石油焦	
	美国	德国		美国	德国
灰分/%	0.73	0.26	氢	4.18	4.01
挥发分/%	11.4	11.8	氮	1.53	0.95
固定碳/%	88.6	88.2	硫	1.02	1.64
元素分析/%			氧	1.00	1.11
碳	92.27	92.29	碳氢质量比	22.1	23.0

（2）增碳剂[235]

在感应炉熔炼金属时，由于过热保温时间长，熔炼温度较高，使金属中碳元素烧损较大。此外，为降低成本和提高铸件性能，大量使用废钢增碳生产合成铸件，因此增碳剂是感应炉熔炼和合成铸钢生产必备的原辅材料。一般用量为单耗不超过2kg/t钢。石油焦作为增碳剂的化学成分和粒度要求见表4-4-34。

表4-4-34　石油焦作为增碳剂的化学成分和黏度要求

项　目	指标要求	项　目	指标要求
碳/%	>98	灰分/%	<0.8
硫/%	<0.9	挥发分/%	<1.0
水分/%	<2.0	粒度/mm	5~20

3. 石油焦用于电炉冶金[196]

电炉冶金是在电炉中通过石墨电极输入电能，以电极端部与炉料之间发生电弧放电为热源，进行冶金的方法。要制成电炉用石墨电极，石油焦要经过1300℃以上温度的煅烧，成为煅烧焦，以便将石油焦中挥发分尽量除掉，这样可使石油焦氢含量减少，石墨化程度提高，制成的石墨电极在高温下强度高，耐热性能好，比电阻小，导电性能得到改善。用煅烧焦制成的石墨电极可用于炼钢和炼铝。

(1) 石油焦用于制造电炉炼钢用石墨电极及用作炼钢增碳剂

适用于钢铁工业中制作普通功率石墨电极的石油焦是我国延迟焦化石油焦(生焦)质量标准(SH 0527—92)中的一级品或1A和1B焦。标准对硫含量的限制是由于电极在高温下操作时，硫会分解出来使电极晶体膨胀。此外，石墨电极中硫含量越高，电炉耗电量就越大。对灰分的指标限制是由于它会使电极机械强度降低，电阻系数提高，影响石墨化时的孔隙度，灰分中的杂质会使钢铁质量变坏。在炼钢铁时，石墨电极是消耗品，每炼制1t钢锭需消耗石墨电极2~4kg，最多达6kg。

石油焦除用作电极的主要原材料外，还用作增碳剂以增加钢铁的碳含量。在电炉中投入钢铁原料时，需投入一定数量的各种类型炭体，如煅烧焦、石墨或破碎的电极等，用于钢铁的碳化或渗碳，根据其价格、硫分、灰分含量以及熔渣形成泡沫倾向等因素进行选用，其中以使用煅烧焦较为有利。

高功率电炉炼钢和超高功率电炉炼钢是电炉炼钢技术的新发展[197,226~232]，它对其电炉使用的电极质量和使用性能提出了更加严格的要求。自1964年W. E. Schwabe等提出超高功率概念后，美国将一座140t电炉改造成超功率电炉，钢产量增加了一倍。从此开发了超高功率电极炼钢技术，使炼钢电炉输入功率提高两倍多，提高了炼制效率，缩短了冶炼时间，降低了电力及电极的消耗，使相同吨位的电炉增产约150%。

针状焦需求主要用在炼钢用的超高功率和高功率石墨电极生产上，2012年全球粗钢产量833Mt，其中电炉钢产量为372Mt，占44.66%。国外每吨电炉钢消耗超高功率石墨电极2.5kg左右，测算出2012年国外炼钢行业消费针状焦976.5kt。在全球主要的针状焦消费国中，中国针状焦市场供应紧张情况最为显著。

国内超高功率和高功率石墨电极的生产主要集中在几家特大型石墨企业和个别技术较强的大型石墨企业。通常生产1t超高功率石墨电极消耗针状焦1.05t，生产1t高功率电极消耗0.2t针状焦。历年国内HP、UHP石墨电极产量与针状焦消费情况见表4-4-35。

表4-4-35　历年国内HP、UHP石墨电极产量与针状焦消费情况　　万t/a

品　种	2006年	2007年	2008年	2009年	2010年	2011年	2012年
石墨电极产量	40.58	49.56	54.15	43.35	60.77	67.5	64.83
UHP产量	8.92	12.23	14.29	11.98	19.26	22.3	21.43
HP产量	16.17	19.77	22.80	17.53	25.13	25.1	23.96
普通电极产量	15.49	17.56	17.06	13.84	16.38	20.1	19.44
针状焦消费量	12.60	16.8	19.56	16.08	24.30	28.44	27.29

由于国内针状焦质量与国际水平比差距较大，目前基本没有针状焦出口，只有针状焦进口和石墨电极产品出口。目前，国内外钢产能已饱和，产量不会再有大的提高，但炼钢技术进步、产品结构调整仍有大的发展空间，尤其是电炉钢，今后在我国将有大的发展。

高功率电炉和超高功率电炉中使用的石墨电极是工业消耗材料，一般炼每吨钢需石墨电极5~6kg，最先进的2~4kg。用碱性弧光炉冶炼高合金钢，每吨钢需消耗电极14kg，随着钢铁技术的快速发展及超高功率电炉的日益广泛应用，对超高功率电极的需求也将会越来越大。

由于超高功率电炉与常规电炉相比，运转时电流强度大，功率高，温度高，启动和停车时温度骤变大，所以对超高功率电极的质量要求要比常规电极高得多。制备超功率电极需用针状焦为原料。

针状焦与普通焦相比除有较高的结晶度外，还要有较高的纯度，首先要有更低的硫含量，避免在更高的操作温度下硫分解出来，使电极石墨晶体产生严重的膨胀（简称晶胀），引起电极的破裂。其次要求低的灰分含量，除保证更高的机械强度外，更重要的是降低电极的电阻率，以降低超高功率操作时的能耗。对针状焦的真密度也要予以控制，确保气孔率小，电极机械强度高。为了脱除针状焦的挥发分，针状焦需要高温煅烧石墨化。

若针状焦热膨胀系数小，则超高功率电极在瞬时接通或切断强大电流时，电极遭受骤热骤冷，不致产生很大局部应力，使电极破裂，甚至报废。一般国内要求针状焦（熟焦）的热膨胀系数小于 $2.6\times10^{-6}/℃$（RIPP 方法）。

针状焦有较高的导电性能，比电阻可低于 $9\Omega/(m\cdot mm^2)$，有高的化学稳定性和热稳定性，能保证在强电流和高温下有稳定的操作性能。

（2）石油焦用于制造电解铝用炭阳极[224]

我国在 2005 年起已淘汰落后的自焙烧炼铝技术，全部采用预焙炭阳极炼铝技术。随着电解铝产业的快速发展，铝用炭阳极生产得到快速发展，2010 年，铝用炭阳极总产量 8.1Mt，国内需求 7.2Mt，其余出口。电解铝工业中铝阳极生产已成为石油焦的最大用户之一。

电解铝是由 Al_2O_3 经过电解还原生产的，石油焦制备的预焙阳极作为电解铝的还原剂，化学反应式如下：

$$2Al_2O_3+3C \xrightarrow{950\sim970℃\text{电解}} 4Al+3CO_2$$

电解铝阳极净消耗包括电化学消耗和过量消耗（阳极净消耗和阳极理论消之差），其中过量消耗与阳极质量关系密切。电解铝电化学反应消耗为 334kgC/tAl，由于阳极质量的不同，过量消耗从 20kgC/tAl 到 150kgC/tAl 不等。过量消耗主要是由于空气反应（$C+O_2 \longrightarrow CO_2$ 和 $C+\frac{1}{2}O_2 \longrightarrow CO$）和 CO_2 反应（$CO_2+C \longrightarrow 2CO$）产生，其次还有未反应的炭粉及热分解和挥发物等。我国电解铝阳极净耗为 450～480kgC/tAl，而国外电解铝阳极净耗为 390～420kgC/tAl。阳极总消耗除以上阳极净消耗外，还包括了机械消耗，我国生产 1t 铝，要消耗预焙阳极近 600kg[223]。

炭阳极中的杂质含量对炭阳极的反应消耗有较大影响，有些杂质在电解过程中充当催化剂加速炭阳极的反应速率，从而加大了炭阳极的消耗。铝用炭阳极杂质对化学反应的影响列于表 4-4-36[224]，金属 Pb、Fe、V 和 Na 对炭阳极有较强的催化作用，Ni、Ca 和 Si 对炭阳极有中等的催化作用。因此要制备高质量的炭阳极，必须降低原料焦炭中的金属含量。硫对炭阳极空气反应性具有催化作用，对炭阳极 CO_2 反应性阻化作用也较弱。硫在一定程度上能抑制 CO_2 反应性，但只是对低硫焦而言。对于高硫焦，在热处理过程中，随着温度的升高，硫的溢出加快，增加炭阳极的比表面积，因脱硫造成的炭阳极反应性残留率降低。炭阳极中硫含量每增加 1%，炭阳极的净消耗要增加 2%～3%。

表 4-4-36　炭阳极杂质对化学反应的影响

名　称	对炭阳极空气反应性的影响	对炭阳极 CO_2 反应性的影响
硅	催化(中等)	无作用-抑制-弱
铅	催化(强)	催化(弱)
铁	催化(中等-弱)	催化(强)
钒	催化(强)	催化(中等-弱)
镍	催化(中等-弱)	催化(中等)
钠	催化(强)	催化(强)
硫	催化(无作用-弱)	抑制-无作用-弱
钙	催化(弱)	催化(中等-强)
钛	催化(弱)	无作用
硼	抑制	抑制
磷	抑制	抑制
AlF_3	抑制	抑制

我国铝电解用炭阳极国家标准 GB 8742—88 分为 TY-1 和 TY-2 两个牌号，规定了灰分、电阻率、耐压强度、体积密度和真密度等质量要求，见表 4-4-37。中国铝业河南分公司 2001 年开辟了炭阳极出口市场，出口美国的炭阳极质量要求见表 4-4-38。其中空气渗透率的高低直接影响阳极在电解过程中的消耗，它是体现阳极质量的主要指标之一。

表 4-4-37　我国铝电解用炭阳极国家标准(GB 8742—88)

牌　号	灰分/%	电阻率/($\Omega \cdot mm^2/m$)	耐压强度/(N/mm^2)	体积密度/(g/cm^3)	真密度/(g/cm^3)
TY-1	≤0.5	≤55	>29	>1.5	>2.0
TY-2	≤1.0	≤60	>29	>1.5	>2.0

表 4-4-38　中国铝业河南分公司出口美国炭阳极质量要求[225]

理化性能指标	保证值	典型值	理化性能指标	保证值	典型值
体积密度/(g/cm^3)	>1.55	1.57	灰分/%	<11	3
空气渗透率/npm	3~4	3.9	损失/%	<12	10
抗压强度/MPa	>35	40	硫/%	<2.5	2.5
空气反应性			微量元素/(μg/g)		
残留物/%	>85	88	镍	<220	220
灰分/%	<5	4	钒	<200	200
损失/%	<15	8	钠	<400	400
CO_2反应性			硅	<250	250
残留物/%	>85	88	铁	<450	450

国际电解铝用炭阳极质量要求见表 4-4-39，表中列出了质量指标的分析项目、标准范围及相应的实验方法。国际炭阳极质量要求比我国的国家标准指标还多了热膨胀系数、空气渗透率、CO_2反应性、空气反应性、硫和金属含量等指标要求。

表 4-4-39　国际电解铝用炭阳极质量要求

分析项目	标准范围	试验方法
体积密度/(g/cm^3)	1.530~1.580	ISO 12985-1
比电阻/($\mu\Omega \cdot m$)	52~60	ISO 11713
抗弯强度/MPa	8.0~12.0	ISO 12986-1
抗压强度/MPa	32.0~48.0	ISO 18515
静态弹性模量/GPa	4.0~5.5	
动态弹性模量/GPa	7.0~10.0	
热膨胀系数/($10^{-6}/K$)	3.57~4.50	ISO 14420
折断能量/(J/m^2)	250~300	
导热率/[$W/(m \cdot K)$]	3.00~4.50	ISO 12987
二甲苯中密度/(g/cm^3)	2.050~2.080	ISO 9088
空气渗透率/npm	0.50~1.50	ISO 15906
CO_2反应性		ISO 12988-1
残留物/%	84.0~92	
灰分/%	2.0~6.0	
损失/%	6.0~10.0	
空气反应性		ISO12989-1
残留物/%	70.0~85.0	
灰分/%	4.0~8.0	
损失/%	10.0~24.0	
微量元素含量/($\mu g/g$)		ISO 12980
硫	1.20%~2.40%	
钒	80~260	
镍	80~160	
硅	100~300	
铁	100~500	
铝	100~600	
钠	200~600	
钙	50~200	
钾	5~30	
镁	10~50	
氟	100~400	
氯	10~50	
锌	10~50	
铅	10~50	
灰分/%	0.2~0.5	DIN 5130

由于石油生焦含有较多的水分和挥发分、孔隙度大、体积密度小，不能直接用于生产预焙阳极，石油生焦一般需要经1250~1350℃高温煅烧。石油生焦煅烧的目的就是排除原料中的挥发分、水分、加速硫的转化，使石油焦体积得到充分收缩与稳定，从而提高石油焦的真密度、强度、导电性能和抗氧化性能，使得煅烧后的石油焦物理化学性能显著提高。

煅烧后的石油焦经破碎，与15%~20%煤沥青混捏，在150~200℃挤压或振实成型，然后进行焙烧。在焙烧低温阶段(250℃以下)，升温速度要快，因为如果升温缓慢，此阶段黏结剂沥青黏度低，流动性大，制品在膨胀的同时，会在重力作用下下沉，容易导致变形。在250~700℃阶段，挥发分大量排出，要适当减慢升温速度，同时此阶段沥青黏结剂渐渐焦化，为提高沥青残炭率，改善阳极质量，也应严格控制升温速度，缓慢升温，一般控制在4~7℃/h。否则挥发分大量排出，不但会使阳极产生裂纹，而且使阳极结构疏松，孔隙增加，体积密度下降。在焙烧高温阶段，由于黏结剂的焦化过程基本结束，为了减少焙烧时间，升温速度可以适当加快，一般预焙阳极的最终焙烧温度控制在1050~1100℃。

在我国延迟焦化石油焦(生焦)质量标准(SH 0527—92)中一级品和合格品中的1A、1B、2A和2B焦可用于炼铝工业中制作炭阳极。近年来由于电解铝工业的迅速发展，用来制备炭阳极的优质石油焦供不应求，因此一些铝业公司和碳素厂也采用3A和3B石油焦生产铝用炭阳极。生产铝用炭阳的石油焦极硫含量可适当放宽，杂质含量要少，灰分要低(<0.5%)。

铝锭所含杂质主要来自氧化铝和阳极，所以石油焦的灰分必须控制在0.5%以下，否则铝锭纯度达不到优级品质量要求(纯度99.8%以上)，也就不能用于飞机材料的制造。高的硫含量对炭阳极也是不利的。

炼铝工业炭阳极最忌所用煅烧焦含有铁、硅、钠、钒等金属杂质，炼铝电解槽的阴极也是用无定型炭制成，但其纯度要求不高，因此一些质量较低的石油焦，可作为炼铝工业电解槽的阴极底块的配料使用。

(三) 石油焦的其他应用

1. 石油焦用于生产活性炭[233,234]

活性炭具有优异的综合吸附性能，广泛应用在环保、医药、食品、化工等领域，用于物质的吸附分离和净化，尤其是在环保领域，已将活性炭净化作为解决大气、水源污染等的重要手段之一。

活性炭按外观形状可分为粉状炭和颗粒炭两大类，按原料不同主要可分为煤质炭和木质炭。活性炭品种不同，用途也不一样，见表4-4-40。

表4-4-40　活性炭品种与用途

活性炭品种	用途举例
木质粉炭	制糖、乳制品、造酒、食用油、味精、饮料等行业的脱色、脱臭和提纯；贵金属回收；制药；香烟过滤嘴；色谱分析等
木质颗粒炭	食品、制药行业中净化提纯；化学工业中作催化剂及载体；各种防毒面具；提炼稀有金属；饮用水净化；汽车尾气净化等
煤质粉炭	污水净化处理等
煤质颗粒炭	废气、废水净化；溶剂回收；烃类分离；排烟脱硫等

我国活性炭市场潜力巨大，一是我国环保需求与发达国家相比有很大差距，发达国家用于环保领域活性炭占活性炭消费总量的60%以上，而我国目前还不到10%，水源大气污染都较严重，预计今后食糖脱色和饮用水处理两个领域每年所需活性炭就将近200kt；二是国际市场对我国活性炭产品需求也有很大潜力，我国是世界最大的活性炭出口国，许多发达国家大量从我国进口环保用颗粒炭及脱色粉状炭。美国、西欧和日本都以我国作为主要活性炭进口国。

目前我国制造活性炭的原料主要有木材、果壳及优质无烟煤，这些原料来源都受到很大限制。木材是造纸的主要原料，资源有限，而且大规模砍伐木材会破坏生态环境，因此今后木质活性炭的生产难以发展；果壳虽被认为是制造活性炭的最好原料，但价格昂贵，资源稀少，决定了它不可能大规模发展。煤质活性炭所需原料是特定的优质无烟煤，受到所处地域和运输条件的很大限制。目前我国木质活性炭生产主要集中于华东地区，果壳质活性炭集中于河北等省，煤质活性炭产于优质煤产地山西、宁夏等省。

以石油焦为原料制取活性炭，目前在我国尚处于研究阶段。但从国外生产实践和国内外研究结果表明，石油焦是生产活性炭的好原料，有巨大的发展潜力。这是由于与其他生产活性炭原料相比，石油焦除价格低廉、来源易得外，在性能上也具有许多特殊优点。石油焦与其他生产活性炭原料的性质对比见表 4-4-41。

表 4-4-41　石油焦与其他生产活性炭原料性质对比

项　目	石油焦	木炭	果壳炭	优质无烟煤	烟　煤
水分/%	≤3	~10	~8	1.5~5	4.7
挥发分/%	~10	16.7	13	10~40	25.7
灰分/%	0.1~0.3	1.09	2.0	8~20	1.8
固定碳/%	≥85	82.5	85	70~80	72.5
硫含量/%	2.5			0.7~4.0	

从表 4-4-41 中看出，以石油焦为原料生产活性炭有如下特点：

① 石油焦的固定碳含量相对较高。生产实践表明，通常生产 1t 活性炭需用石油焦 2t，而用优质煤作原料则需 4t，用木材则需 15~20m^3，因此用石油焦为原料，活性炭收率高，可大大降低生产成本，更重要的是可以保护绿色植被。

② 石油焦的灰分和挥发分含量相对较低，因此制得的活性炭杂质含量低，这两个指标是直接影响活性炭产品档次和价位的主要因素。

③ 石油焦与优质无烟煤一样，可能含有一定量的硫，它们在制活性炭过程中高温活化处理时可被脱除，不影响活性炭产品质量。

实践证明，用石油焦生产的活性炭孔结构发达，孔径分布较集中，吸附性能强，可用于生产比表面在 800~1000m^2/g 的中档活性炭及≥1000m^2/g 的高档活性炭，产品质量可与木质炭相当媲美。用石油焦生产的活性炭与普通活性炭主要性能对比见表 4-4-42。

表 4-4-42　用石油焦生产的活性炭与普通活性炭性能比较

项　　目	石油焦质活性炭	普通活性炭
表面积/(m^2/g)	>2500	800~900
孔容/(m^3/g)	>1.5	0.50
颗粒大小	>180 目	
碘值/(gI/100g)	>2000	900~1000
填充密度/(g/cm^3)	0.30	
亚甲蓝吸附量/(mg/g)	>600	100~150
苯吸附量/%	>150	20~40

国外于 20 世纪 70 年代开始进行用石油焦制备活性炭的研究，80 年代中期美国实现工业化，90 年代初日本开始工业化生产，均生产比表面 2500m^2/g 以上的活性炭。我国有许多用石油焦生产活性炭的研究报告发表，进入本世纪后，已经有多个石油焦活性炭商业产品问世，包括中国石化金陵石化也正在开发此产品，江苏省和南京地区已有产品出售。现将国外

已工业化的用石油焦生产的活性炭的著名品牌及其生产方法专利介绍如下：

美国美孚石油（Standard Oil）公司发表专利（US 4082694，1978）称：将石油焦破碎、筛选，与 3 倍量的 KOH 活化剂充分混合，在 300～500℃下进行脱水预活化，在 700～1000℃下活化，将活化后的混合物冷却，充分水洗、过滤、干燥，即可制得高比表面粉状活性炭。若要制成型炭，还需再加黏结剂后成型，干燥。水洗后所得碱液，可回收后进行苛化再生，制成活化剂再循环使用。其流程如图 4-4-28 所示。

该项专利技术于 1976 年在隶属于美孚石油公司的 Amoco 研究中心进行了中型试验，所得活性炭比表面积大于 2500m^2/g，粉状炭商品名为 PX，颗粒炭为 GX。其后这一技术于 1985 年在 Ahderson 开发公司实现了工业化，商品号为 AX。

日本 Kansai Cokeand Chemicals 公司发表专利（JP95-215711，1995）称：将石油焦与 3 倍量 KOH 混合，于 300～500℃低温脱水，然后于 600～800℃高温活化，再经水洗和干燥后成活性炭，其比表面积大于 3000m^2/g。该专利技术经 1993 年中型试验后进行工业化生产，商品名为 Maxsorb，其生产流程见图 4-4-29，性能指标见表 4-4-43。

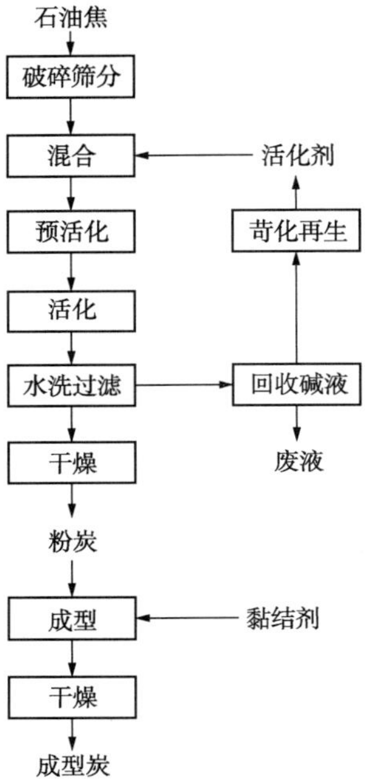

图 4-4-28　美国美孚石油公司生产石油焦质活性炭专利技术流程图

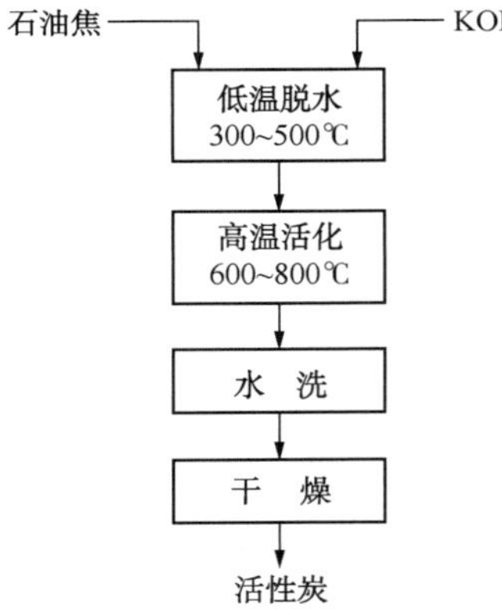

图 4-4-29　日本 Kansai 公司生产石油焦质活性炭专利技术流程图

表 4-4-43　日本 Kansai 公司专利产品 Maxsorb 活性炭性能

项　　目	粉状炭	颗粒炭
表面积/（m^2/g）	2800～3200	1800～2200
细孔容积/（mL/g）	1.5～2.0	1.0～1.3
溴价/（mgBr/g）	2400～3200	1800～2200
亚甲蓝吸附量/（mg/g）	400～600	250～400
堆积密度/（g/cm^3）	0.25～0.35	0.25～0.40
粒　度	平均粒径 10～15μm	ϕ1.5mm，ϕ4.0mm

在活性炭新产品开发方面当前应着重从提高技术含量和提升产品的附加产值入手。包括以下几个品种：

① 变压吸附炭和碳分子筛。变压吸附炭和碳分子筛的性能是石油化工变压吸附(PSA)过程提高效率最为关键的因素之一。该类产品技术含量高，附加值高，经济效益非常明显。

② 催化剂载体炭。活性炭本身具有一定的催化活性，可单独作催化剂使用，也可作为催化剂的载体。如用于一氧化碳和氯气合成光气、烷烃的置换卤化、烷烃的氧化脱氢、三聚氯氰的聚合等反应均可用活性炭为催化剂，效果良好；活性炭还可用于许多合成反应的催化剂载体，如用于葡萄糖制葡萄糖酸钠、葡萄糖酸钙催化剂 Pd-Bi 的载体，选择性好、糖转化率高；合成醋酸乙烯催化剂醋酸锌的载体；氯乙烯单体合成用催化剂升汞(二氯化汞)的载体等。

③ 汽油吸附炭。包括为了防止汽油从化油器蒸发而浪费燃料和污染环境，专门开发将活性炭用于吸附汽油的化油器炭以及从节能和环保的角度出发在加油站贮油罐上装设活性炭吸附装置以防止汽油的挥发损失。目前，国内这种产品的质量还不高，急需研制高性能的活性炭及吸附装置。随着我国汽车工业的发展，越来越多的汽车将投入使用。

④ 颗粒糖炭。主要用于蔗糖精制，要求糖蜜值>230mg/g，粒度 20~40 目。该炭在国际市场上有较大容量，附加值较高。随着我国居民生活水平和对健康的认识水平的提高，国家主管部门必然会对食糖的加工工艺提出更高的要求，活性炭法脱色终将会成为我国制糖业的主要精制手段。通常食糖脱色中活性炭的消耗量约为糖的 0.5%~1.0%，由此推算，我国每年用于食糖脱色的活性炭将需要 30~60kt，市场潜力巨大。

2. 石油焦用于生产电石[196]

电石的生产是将生石灰与石油焦混合后，在电炉内加热 2000℃高温，熔融反应而得到。石油焦的灰分少，导电率较高，是良好的电石生产原料，生产 1kg 电石需用 0.6~0.7kg 石油焦。每千克电石至少可产生乙炔 0.255Nm^3。

生产电石时，石油焦所含硫约 90%残留在电石内，而用此电石生产乙炔时，电石中所含硫约 85%成为硫化氢混在乙炔内，同时所含磷也能混入乙炔中，这些都会严重影响乙炔的质量。因而要求生产电石使用的石油焦，硫含量不得超过 2.0%~3.0%，磷含量需控制在 0.04%以下。

按照我国延迟石油焦(生焦)的石化行业标准(SH 0527—92)，合格品中的3A 和3B 焦可用于化学工业中制作碳化物用。

3. 石油焦用于生产研磨材料金刚砂[196]

以前用作研磨材料的金刚砂(Emery)为自然界中刚玉(Al_2O_3)和氧化铁的混合物。这种天然矿物的研磨材料有被碳化硅取代的趋势。

碳化硅主要成分为 SiC。纯碳化硅为无色晶体，密度为 3.06~3.20g/cm^3。硬度很高，约为莫氏 9 度。由石油焦和石英砂等熔炼而成的碳化硅有黑、绿两种，黑碳化硅适用于非金属材料和有色金属材料的研磨，绿碳化硅用于材料的精磨。碳化硅可作研磨粉，擦光纸，又可制磨轮和砥石的摩擦表面。

碳化硅的生产是将石英砂(又称硅石)和石油焦粉混合后，在电炉中加热至 2000℃以上，进行碳化反应而得。石油焦的电导率高，是生产碳化硅的良好原料。一般生产 1kg 碳化硅需用 1.4kg 石油焦。

石油焦中所含硫在电炉中会生成大量二氧化硫，腐蚀设备，污染大气，不利操作，故所用石油焦硫含量应控制在 2.0%~3.0%以下。一般石油焦原料中可含较多的灰分，但灰分中铁及铝含量多时，其氧化物可起催化作用，促使碳化硅分解为硅及石墨，因而要求石油焦铁含量不超过 0.06%、铝含量不超过 0.02%。

按照我国延迟焦化石油焦(生焦)的石化行业标准(SH 0527—92)，合格品中的 3A 和 3B 可用于化学工业中制作碳化物。

4. 石油焦用于制造核工业及国防工业用特种碳素材料[196]

由特种石油焦制成的碳素材料是核反应堆装置不可缺少的重要原料。由煅烧焦生产的石墨对核反应堆中铀 235 分裂产生的中子速度具有控制作用，可用作减速剂，构成反应堆内层中子反射层。核石墨套管也起着保护砌体、增加砌体结构的稳定性和抗变形能力的作用。这种石油焦是用富含芳烃的二次加工渣油为原料，经过延迟焦化和煅烧制成，不仅需对所用焦化原料进行严格选择，而且对工艺过程也需认真控制，不得有任何杂质混入或有污染等情况发生，以确保最终石墨产品的质量符合要求。这种特种石油焦类似针状焦，呈银灰色，结构微细，条理状明显。它具有高纯度，灰分在 0.15%以下，硫含量和挥发分要严格控制，对其致密度和表观密度均有严格要求。

在国防工业中，由优质石油焦制成的特种碳素材料用于制造火箭、导弹及宇宙航行器的石墨舵，它需具有更高的抗热震强度、耐烧蚀稳定性和机械强度。这种石油焦也是由延迟焦化生产，并经过高温煅烧。它的质量有很严格要求，灰分含量小于 0.15%。

5. 石油焦用于生产化工原料钛白粉[236,237]

钛白粉(化学名为 TiO_2)，是一种重要的化工原料，其物理、化学、光学和颜料性能极佳，广泛应用于涂料、造纸、塑料、化纤、橡胶、电器等工业领域，近年来又扩展应用于催化剂、化妆品、食品包装材料和汽车工业等方面。

钛白粉的生产方法是，将天然金红石或高钛渣粉料与焦炭或石油焦混合后，进行高温氯化，生成四氯化钛，再经高温氧化生成二氧化钛，再经过滤、水洗、干燥和粉碎而得到钛白粉产品。国内生产钛白粉的耗焦炭规定指标为 0.9t 焦炭/t 钛白粉，要求石油焦为低硫、低挥发分和低灰分的锻烧焦。2013 年，我国钛白粉实际产量达到 2.155Mt，约占全球总量的三分之一，已连续数年超过美国，是世界第一大钛白粉生产国和消费国。据统计，2016 年全国钛白粉总产能 3591kt/a，2016 年全国在运 39 家企业的钛白粉总产量为 2597kt，再创历史新高，比 2015 年的 2323kt 增长 11.8%。2016 年我国钛白粉的产品构成见表 4-4-44。

表 4-4-44　我国钛白粉的消费构成

消费领域	产量/(kt/a)	构成/%	消费领域	产量/(kt/a)	构成/%
金红石型产品	1969	75.8	非颜料类产品	153	5.7
锐钛型产品	475	18.3	总　计	2597	100.0

6. 油系针状焦新用途——制备锂电池负极材料的原料[238,239]

在太阳能、风能、核能等新能源体系中，锂离子电池因其能量密度高、环境友好、结构多样化及价格低廉等优异特性使其成为未来混合动力汽车、空间技术等高端储能系统的理想电源。锂离子电池由正极、负极、隔膜和电解液组成，而负极材料的研究始终是新能源材料领域的研究热点。2014 年针状焦在锂电池负极材料领域的应用取得新的突破，得益于下游锂电市场需求的快速增长，2014 年负极材料增长率达到 35%，对针状焦需求量达到 8kt。

2016 年，负极材料领域对针状焦的年度需求量已经达到 70kt。

国内曾尝试使用煤系针状焦制作锂电池负极，但煤系针状焦的缺陷是石墨化过程中因气胀引起的残留膨胀太大，这种致命缺陷是天然的且无法克服。与煤系针状焦相比，油系针状焦因其易石墨化和高石墨化度的优点，在 2014 年被国内主要厂家视为生产锂电负极的极好材料，而且此种看法也被实验数据所证实。毫无疑问，油系针状焦将会迅速成为锂电池负极材料的主要原料。进一步提升油系针状焦的性能以增强其在锂电池负极方面的应用，届时，油系针状焦或许会有一款产品被命名为“负极材料焦”。

不同的应用领域对针状焦的要求也各异。针状焦用于石墨电极领域时是为了提升石墨电极的强度、降低电阻率以及降低吨钢消耗，用于锂电池负极时则是为了提升电池的克容量，延长电池循环寿命以及提升电池的安全性，而对针状焦的这些要求恰恰是油系针状焦的优点。

日本是油系针状焦负极材料领域应用的首推者。同样，对油系针状焦在中国的负极材料市场需求这方面也应充满信心。因为油系针状焦在锂电池负极材料制备过程中的“石墨化”工序需要耗费大量的电力，目前中国国内部分地区的电力供应充沛，价格较低，是生产负极材料一个极大的优势。利用好自身的优势和国内外两种针状焦资源(我国目前进口大量美国菲利普 66 油系针状焦)，有理由认为中国的锂电池负极材料产业可在不远的将来确立世界领先的地位。

参 考 文 献

[1] 侯祥麟主编. 中国炼油技术[M]. 2 版. 北京：中国石化出版社，2001：98；254；261；406；616；619.
[2] 程之光主编. 重油加工技术[M]. 北京：中国石化出版社，1994：360.
[3] 瞿国华，黄大智，梁文杰. 延迟焦化在我国石油加工中的地位和前景[J]. 石油学报：石油加工. 2005，21(3)：47.
[4] John J Mcketta. Petroleum Processing Handbook[M]. 1992：245.
[5] Lepage J F. Resid and Heavy Oil Processing[M]. 1992：45.
[6] 侯祥麟主编. 中国炼油技术新进展[M]. 北京：中国石化出版社，1998：2.
[7] 李维发. 焦化产品综合利用[J]. 石油化工技术经济，1992，8(4)：56-58.
[8] 刘训峰，晁可绳，王介华，等. 上海石化延迟焦化装置生产技术总结和分析[C] //中国石油学会第四届石油炼制学术年会论文集. 北京：石油工业出版社，2001：371.
[9] James H Gary. Petroleum Refining，Technology and Economics. Fourth Edition[M]. New York：Marcel Dekker Inc，2001：61.
[10] 李春年. 渣油加工工艺[M]. 北京：中国石化出版社，2002：93；29.
[11] Golden SW，Craft S，Villalanti D C. Refinery analytical techniques optimize unit performance[J]. Hydrocarbon Processing，1995，74(11)：85.
[12] Ali V A. The Impact of Phase Behaviour on Coke Formation in Delayed Cokers. A thesis for the degree of Master of Applied Science. Universtiy of Toronto，2001.
[13] Japanwala S，Chung KH，Dettman H D，et al. Quality of Distillates from Recycle of Residue[J]. Energy，2002，16(2)：477-484.
[14] 程之光. 延迟焦化工艺的新进展[C]. 1987 年全国焦化会议资料，1987.
[15] Wiehe I A. The Enhanced Microcarbon Tester and Other Ideal Laboratory Cokers[C]. 220th ACS，Aug 20-24，2000.
[16] 王玉章，陈清怡，等. 延迟焦化成焦周期对焦炭收率和质量的影响[J]. 炼油设计. 2002，32(8)：6.

[17] Meyers R A. Handbook of Petroleum Refining Processes[M]. 3rd Ed. New York：McGraw-Hill，2003，Chapter 12. 1.
[18] 肖雁，冯茂生. 减黏-焦化联合工艺的工业应用[J]. 炼油设计. 2000，30(12)：12-15.
[19] 刘智强. 发展焦化工艺技术 提高重油加工深度[C] //石油化工科学研究院建院四十周年科技论文集. 石油化工科学研究院，1996：252.
[20] Robert A Meyers. Handbook of Petroleum Refining Processes[M]. 1996.
[21] 刘文章. 关于我国稠油分类、热采筛选标准及储量分类问题的研究[M]. 石油部勘探开发科学研究院，1985. 3.
[22] Kerr R，Birdgeneau J，et al. The Long Lake Project-The First Field Integration of SAGD and Upgrading[C]. SPE/Petroleum Socity of CIM/CHOA 79072 Calgary，Canada，Nov 4-7，2002.
[23] Crandall G R. Non-Conventional Oil Market Outlook[C]. International Energy Agency Confernce on Non-Coverntional oil，Nov 26，2002.
[24] 李锐，石玉林，崔德春. 应用延迟焦化工艺从重质渣油中制取乙烯原料[C]，第一届延迟焦化生产技术交流会，南京，2001：199.
[25] Alan G Lucas. Modern Petroleum Technology：Volume 2[M]. JOHN WILEY & SONS，Ltd，2000：61.
[26] 刘伯龙，孙樵，毕文波，等. 焦化气制氢工艺的开发及工业应用[J]. 石油炼制与化工，1996，27(1)：1-5.
[27] 方怡中. 焦化气作为制氢原料的研究及工业应用[J]. 石油炼制与化工，1996，27(2)：1-5.
[28] 王文英. 国内外炼厂干气综合利用技术进展[J]. 化工科技动态，1998(12)：8.
[29] 黄阜生，金东生. JT-1G 型加氢催化剂在焦化干气制氢中的应用[J]. 工业催化，1999(3)：50.
[30] 崔长久. 用焦化干气作原料制氢的投产情况及问题分析[J]. 金陵石油化工，1998(4)：46.
[31] 陈大跃，胡先念. 采用 JT-1G 型加氢催化剂优化制氢工艺[J]. 工业催化，1999(6)：40-45.
[32] 崔君利，王德利，李向阳. 炼厂干气制氢新途径[J]. 沈阳化工，1998，27(2)：24-28.
[33] 陈苏. 在炼油厂中寻找新的氢源和制氢原料[J]. 石油炼制与化工，2001，32(9)：57-60.
[34] 蒋国梁，等. 膜分离法与深冷却法联合用于催化裂化干气的氢烃分离[J]. 石油炼制与化工，1995，26(1)：26-29.
[35] 刘伯龙，等. 焦化气作为制氢原料的研究于工业应用[J]. 石油炼制与化工，1996，27(2)：1-5.
[36] 周爱武，等. CS-1 型高效催化剂应用于液相本体聚丙烯生产过程中的几个问题的探讨[J]. 石油炼制与化工，1995，26(8)：32-36.
[37] 丁新三. MB-82、MB-86 催化剂联合工业应用[J]. 石油化工，1996，25(6)：417-419.
[38] 许剑浩，等. MB-86 催化剂在年产万吨丙烯腈装置上的应用[J]. 石油炼制与化工，1996，27(11)：31-33.
[39] 刘玉翠，等. 哈尔滨炼油厂 MTBE 装置试生产[J]. 石油炼制与化工，1996，27(1)：6-9.
[40] 王崇廉. 炼油厂催化 C_4 馏分醚化的经验与建议[J]. 石油炼制与化工，1995，26(9)：23-27.
[41] Alan G lucas. Modern Petroleum Technology：Volume 2[M]. JOHN WILEY & SONS，Ltd，2000：67.
[42] 杨连栋，刘伯龙，等. 加氢裂化协作组第二届年会报告论文集，1997：296.
[43] Unzelman G H. Retining Options and Gasoline Composition. NPRA Annual Meeting，1992，AM-92-05.
[44] 张国才. 焦化汽油的催化裂化改质[J]. 石油炼制与化工，2001，32(4)：5.
[45] 蒋福山，崔强，等. 焦化汽油加氢试生产重整原料的技术分析[ ] J. 石油炼制与化工，2003，34(1)：61.
[46] 钟孝湘，张执刚，黎仕克等. 催化裂化多产液化气和柴油工艺技术的开发与应用[J]. 石油炼制与化工，2001，32(11)：1.
[47] 王松汉，何细藕. 乙烯工艺与技术[M]. 北京：中国石化出版社，2000：27.
[48] 陈滨主编. 乙烯工学[M]. 北京：化学工业出版社，1997：34.

[49] 詹高龙. 焦化汽油的工业利用途径研究[J]. 广石化科技，1999(2)：56.

[50] 中国石化集团公司技术开发中心. 石油化工规划参考资料：基本有机原料[G]. 1998：18.

[51] 瞿国华. 乙烯蒸汽裂解原料优化[J]. 乙烯工业，2002，14(4)：61-65.

[52] 瞿国华. 我国重质(超重质)原油加工前景分析. 中国石化上海石化股份有限公司，2001：6.

[53] 李锐，石玉林，崔德春. 应用迟迟焦化工艺从重质渣油中制取乙烯原料[C] //第一届延迟焦化生产技术交流会，南京，2001：199.

[54] 瞿国华. 新世纪中国乙烯工业原料优化发展趋势[J]. 化工进展，2004，23(3)：238-243.

[55] 梁颖杰，吕清茂. 靳由顺，等. 齐鲁乙烯原料优化[J]. 齐鲁石油化工，2002，30(4)：279-282.

[56] 管卫东，张世宏. 焦化汽油加氢作合成氨原料的工业试验[J]. 石油炼制与化工，2001，32(7)：64-65.

[57] 赵仁殿，金彰礼，陶志华，等. 芳烃工学[M]. 北京：化学工业出版社，2001：31.

[58] 罗勇. 焦化汽油改质方案的比较[J]. 石油炼制与化工，2002，33(2)：65.

[59] 王晓璐. 加氢焦化汽油作重整原料的工业试验[J]. 石油炼制与化工，2000，31(2)：13-16.

[60] 邱继军，林运祥，梁成安，等. RS-1 催化剂用于掺炼焦化汽油的重整原料预加氢[J]. 石油炼制与化工，2001，32(8)：43-45.

[61] 李永安，黄国弘，单青松. 连续重整掺炼精制焦化汽油[J]. 石油炼制与化工，2000，31(11)：15-17.

[62] Hammond D G，Lampert LF，Mart C J. Review of Fluid Coking™ and Flexicoking™ Technologies[C]. AIChE Paper，2003 Spring National Meeting，2003.

[63] Lee C K，McGoven S. Comparison of clean diesel production technologies[J]. PTQ，2001(02).

[64] 胡志海，蒋东红，石玉林，等. RICH 工艺研究与开发[C] //中国石油学会第四届石油炼制学术年会，北京，2001.

[65] 孙钦，何军成，等. 焦化干气制氢技术的工业应用[J]. 石油炼制与化工，2003，34(9)：6.

[66] 陈清怡，王玉章，李锐. 焦化低循环比-馏分油循环技术[C] //第一届延迟焦化生产技术交流会报告论文集. 南京，2001.

[67] 侯芙生主编. 炼油工程师手册[M]. 北京：石油工业出版社，1995：221.

[68] 李锐，石玉林，崔德春. 第一届延迟焦化生产技术交流会报告论文集，南京，2001：199.

[69] John D Elliot. Delayed Coking：Recycle & Zero Recycle Concepts and Considerations. NPRA Annual Meeting，2003，AM-03-30.

[70] 王玉章，陈清怡，李锐. 提高液收的延迟焦化工艺[C] //第一届延迟焦化生产技术交流会报告论文集，南京，2001：129.

[71] 陈文艺. 几种焦化蜡油化学组成与结构的研究[J]. 石油炼制与化工，1997(2).

[72] ELLiott J D. Optimize coker operation[J]. Hydrocarbon Processing，2003，82(9)：85.

[73] 张继光，石亚华. CH-16(RN-2)焦化蜡油加氢处理催化剂的性能及工业应用[J]. 长炼科技，1997(2)：32.

[74] 石亚华，高晓东，张瑞驰，等. 焦化蜡油加氢处理-催化裂化联合技术的开发[J]. 石油炼制与化工，1998，29(2)：1.

[75] 张涛. 焦化蜡油加工技术的探讨[J]. 石油炼制与化工，1995，26(10)：12.

[76] 朱义勤. 延迟焦化馏出油加氢精制的研究[J]. 石油炼制与化工，1997，28(6)：25-29.

[77] 王艳花，贾明春，吕春旺，等. 催化裂化焦化蜡油初探[J]. 大庆石油学院学报，2000，24(1)：4.

[78] 陈文良. 焦化蜡油作催化裂化原料的探讨[J]. 炼油设计，1993，23(2)：21.

[79] 甘俊. 催化剂组成及性能对焦化蜡油催化裂化影响的研究[J]. 石油炼制与化工，1996，27(1)：56.

[80] 单青松，张海峰，徐满兴. 焦化蜡油加氢改质试加工技术分析[J]. 南炼科技，2001，8(2)：1-5.

[81] LeRoy C F. Hydrotreating vacuum and coker gas oils from heavy Venezuelan crudes for FCC feedstock. NPRA

Annual Meeting，1991，AM-91-55.
[82] Asim M，Hunter M，Pappal D. Combine MAK Hydrocracking and FCC to upgrade heavy oils[OL]. http：//www. akzonobel-catalysts. com/html/catalystcourier/courier31/C31al. htm.
[83] 刘金龙，黄新龙，李庆有. 单程焦化-溶剂抽提组合工艺试验[C]. 第一届延迟焦化生产技术交流会，南京，2001：159.
[84] 黄新龙，曲贺欣，王更新. 延迟焦化-溶剂抽提组合工艺试验[C]. 第一届延迟焦化生产技术交流会，南京，2001：153.
[85] 黄新龙，曲贺欣，王更新. 延迟焦化-溶剂精制及其组合工艺研究[C]. 第一届延迟焦化生产技术交流会，南京，2001：153.
[86] 王更新，叶安道，赵晓青，等. 焦化蜡油(CGO)抽出芳烃产品开发[J]. 天然气与石油，2001，19(3)：34.
[87] 季根忠，崔中强，王凯，等. 焦化蜡油(CGO)抽出芳烃产品开发[J]. 天然气与石油，2001，19(3)：34.
[88] 谢继玄. 石油焦. 化工百科全书：第14卷[M]. 北京：化学工业出版社，1997：665.
[89] Jeannie Stell. 2002 Worldwide Refining Survey[J]. Oil & Gas Journal，2000，98(51)：66-68.
[90] 中国石油化工集团公司年鉴2000[M]. 北京：中国石化出版社，2000：485.
[91] 申海平，王新军，王玉章，等. 国产石油焦产量、质量及市场[J]. 化工技术经济，2004，22(1)：11-20.
[92] David N Nakamura. Worldwide refining capacity creeps ahead in 2004[J]. Oil & Gas Journal，2004，102(47)：46.
[93] 中国石油化工集团公司年鉴2004[M]. 北京：中国石化出版社，2004：585.
[94] John D Elliott，et al. Delayed coking innovations and new design trends[C]. NPRA Annual Meeting，1999，AM-99-12.
[95] N. P. Liebrman. Shot coke[J]. Oil & Gas Journal，1985，84(27)：45.
[96] 杨翠定，顾侃英，吴文辉. RIPP 24-90石油焦(焙烧1000℃)热膨胀系数测定法[S]. 石油化工分析方法(RIPP试验方法). 北京：科学出版社，1990：63.
[97] 许国清. 综合治理确保焦炭质量[J]. 长炼科技，1992(4)：58.
[98] 中国石化集团公司炼化部技术监督处编. 石油化工产品企业标准汇编[G]. 北京：中国石化出版社，2000：727.
[99] 刘炳义主编. 中国石油化工商品手册[M]. 北京：中国石化出版社，2000：242.
[100] 丁宗属，申海平. 石油针状焦生产技术[J]. 炼油设计，1997，27(1)：10.
[101] Rhedey P. Structual Changes of Petroleum Coke During Calcination[J]. Light Metals，1967.
[102] Ellis P J，Paul C A. Great Lakes Carbon Corporation. Tutorial：Petroleum Coke Calcining and Uses of Calcined Petroleum Coke[C]. The AIChE 2000 Spring National Meeting，Atlanta，GA，March 2000.
[103] Ellis PJ，Paul C A. Great Lakes Carbon Corporation. Tutorial：Delayed Coking Fundamental[C]. The AIChE 2000 Spring Nationnal Meeting. Atlanta，GA，March 2000.
[104] SH 0527—92 中华人民共和国石油化工行业标准. 延迟石油焦(生焦)[S].
[105] 孙义诚. 当前国内外石油焦的生产状况[J]. 新型炭材料，1994，(1)：1.
[106] Jerry A Acciarri，Gordon H. Stockman. Demand for superpremium needle cokes on upswing[J]. Oil & gas Journal，1989，87(52)：118.
[107] 高凤平，齐仲辉，谭炜洲. 国外针状焦的质量现状分析[J]. 炭素技术，2003(1)：27-31.
[108] 续正国. 初探针状焦的选择与应用[J]. 炭素技术，1996(1)：33-38.
[109] Mochida I，Fujimoto K，Oyama T. Chemistry in the Production and Utilization of Needle Coke[J]. The Chemistry and Physics of Carbon，1994，24(3)：111-211.

[110] Brooks J D, Taylor G H. The Formation of Graphitizing Carbons from the Liquid Phase[J]. Carbon, 1965, 3(2): 185-186.
[111] Lewis I C. Chemistry of Carbonization[J]. Carbon, 1982, 20(6): 519-529.
[112] 钱树安. 针状焦形态结构形成过程基本原理[J]. 石油炼制, 1980(1): 14-25.
[113] Marsh H. Introduction of the Carbon Sciences[M]. Landon: Butterworth, 1989: 52.
[114] Marsh H. Carbonization and Liquid - Crystal (Mesophase) Development: Part 1. The Significance of the Mesophase During Carbonization of Coking Coals[J]. Fuel, 1973(52): 205-512.
[115] White J L, Price R J. The Formation of Mesophase Microstructures During the Pyrolysis of Selected Coker Feedstocks[J]. Carbon, 1974, 12(3): 321-333.
[116] 钱树安, 李春峰, 周国英. 炭化原料的组成结构和中间相组织形态之间的关系[J]. 燃料化学学报, 1983(12): 348-359.
[117] Rodeiguez R F, Santana P, Marsh H, et al. Delayed Coking: Industral and Labortory Aspects[J]. Carbon, 1998, 36(1-2): 105-116.
[118] Mochdia I, Oyama T, Korai Y. Formation Scheme of Needle Coke from FCC - DO[J]. Carbon, 1988, 26(1): 49-55.
[119] Mochdia I, Oyama T, Korai Y, et al. Study of Carbonization Using a Tube Bomb: Evaluation of Lump Needle Coke, Carbonization Mechanism and Optimization[J]. Fuel, 1988, 67(9): 1171-1181.
[120] 丁宗禹. 以石油组分为原料生产优质石油焦[C]. 中国石油学会石油炼制学会年会论文集, 1993。
[121] 钱树安. 从液相碳化理论看 A - 240 石油沥青和 LS 中温沥青组成结构的差别[J]. 碳素, 1984(3): 1-11.
[122] 王茂章. 有机化合物的液相炭化化学[J]. 化学通报, 1990(12): 22.
[123] Liu Y, Eser S, Hatcher P G. Two - Dimensional HPLC Analysis of FCC Decant Oils[J]. ACS Division of Chemistry Preprients, 1992, 37(3): 1227-1234.
[124] Eser S, Liu Y. A GC - MS Analysis and Carbonlization of Decant Oils[J]. ACS Division of Chemistry Preprints, 1993, 38(2): 452-459.
[125] Smith W E, Napier B, Horne O J. Characterization of Petroleum Pitch Used for Coke Production. Petroleum Drived Carbon, ACS, 1976: 63-74.
[126] Mochida I, Azuma A, Korai Y. Ext. Abstracts 19th Bien. Conf on Carbon. Penn State Univ, PA, 1989: 184-185.
[127] Mochida I. Carbonization in a Tube Bomb: Ⅰ. Carbonization of Petroleum Residue into a Lump of Needle Coke[J]. Ind Eng Chem Prod Res Dev, 1986, 25(2): 198-201.
[128] Mochida I, Korai Y, Fujitsu H, et al. Evaluation of Several Petroleum Residues as the Needle Coke Feedstock Using a Tube Bomb[J]. Carbon, 1987, 25(2): 259-264.
[129] Mochida I, Korai Y, Oyama T, et al. Carbonization in the Tube Bomb Leading to Needle Coke: I. Cocarbonization of a Petroleum Vacuum Residue and a FCC - Decant Oil into Better Needle Coke[J]. Carbon, 1989, 27(3): 359-365.
[130] Nesumi Y, Todo Y, Oyama T, et al. Carbonization in the Tube Bomb Leading to Nneedle Coke: II. Mechanism of Cocarbonization of a Petroleum Vacuum Residue and a FCC - Decant Oil[J]. Carbon, 1989, 25(3): 367-373.
[131] Eickemeyer D B, Rausch M K, Tollefsen G E. Needle Coke Process and Product[P]. US Pat Appl. US4466883. 1983.
[132] Goval S K, Kolstad J J, Hauschildt F W, et al. Process for Producing Needle Coke[P]. US Pat Appl. US 5286371. 1992.
[133] Sien H P, McGinley T J. Coker Feedstock Analysis Method[P]. US Pat Appl. US 4388408. 1980.

[134] Stocks A, Guercio V J, Erdgas E K. Petrochemic, 1985(38): 31.
[135] 李同起，王成扬. 碳质中间相形成机理研究[J]. 新型炭材料，2005(03): 278-284.
[136] 王赣父，程国柱. 催化裂化-芳烃油提联合工艺的研究与工业试验[J]. 石油炼制与化工，1995(6): 1-8.
[137] 史权，许志明，梁咏梅，等. 催化裂化油浆及其窄馏分芳烃组成分析[J]. 石油学报：石油加工，2000，16(2): 90-94.
[138] 张立. 催化裂化油浆的分离、性质和组成[D]. 北京：石油大学(北京)，1999.
[139] 肖志军，祖德光. 从乙烯焦油生产针状焦的研究[J]. 石油学报：石油加工，1995，11(2): 63-71.
[140] 肖志军. 从乙烯焦油生产针状焦的研究[D]. 北京：石油化工科学研究院，1993.
[141] 祖德光，程之光. 采用组合工艺增产催化裂化及裂解制乙烯原料[J]. 石油炼制，1991(9): 13-19.
[142] 崔龙，经小平. 减压渣油掺合油浆生产优质焦的工业试验[J]. 炼油设计，1993，23(5): 19-21.
[143] 魏淑珍. 催化裂化 FCC 澄清油的综合利用[J]. 催化裂化，1993(2): 8-13.
[144] 王永林，李好管. 煤焦油沥青深加工利用综述[J]. 煤化工：2001(1): 13-17.
[145] 赵鹏程，姚婷，杨宏伟，等. 煤焦油沥青加工应用的研究进展[J]. 当代化工：2013，42(8): 1158-1160；1188.
[146] 张怀平. 煤焦油和石油渣油共炭化制备针状焦[J]. 石油炼制与化工，2005，36(2): 21-26.
[147] 郭少青，张伟，王桂云，等. 煤系针状焦原料预处理技术进展[J]. 炭素技术：2011(3): 40-43.
[148] Hardin E E, Gelbach R E. Calcined Petroleum Coke for the Aluminum Industry, Great Lakes Carbon Corp-Information Booklet, Mar, 1992.
[149] Ellis P J, Bacha J D. Shot Coke[J]. Light Metals, 1989: 461-469.
[150] Bagdoyan EA, GootzaitE. Refiners Calcine Coke[J]. Hydrocarbon Processing, 1985: 85-90.
[151] Allred V D. Rotary Hearth Calcining of Petroleum Coke[J]. Light Metals, 1971: 319-329.
[152] Merrill Jr, Lavaun S. Partical Emissions From A M-W Rotary Hearth Calciner[J]. Light Metals, 1978.
[153] Meyers R A. Handbook of Petroleum Refining Processes[M] , 2003.
[154] Hardin E E, Gelbach R E. Calcined Petroleum Coke for the Aluminum Industry, Great Lakes Carbon Corp-Information Booklet, Mar, 1992.
[155] 徐明荣. 美国石油焦的生产和用途[J]. 高桥石化，1998，13(3): 53.
[156] 尹恩杰，张英. 石油焦的用途与延迟焦化的发展[J]. 抚顺石油化工研究院院报，1995，8(3): 18.
[157] 万武洋. 国内外石油焦的产需状况[J]. 石油化工技术经济，1992(2): 39.
[158] 刘耕戊. 高硫石油焦的利用[J]. 石油炼制与化工，1998，29(4): 36.
[159] 王靓. 拓展石油焦市场发展下游应用技术[J]. 石油商技，1998(6): 24.
[160] 谢民. 浅谈加快开发我国石油焦燃料市场[J]. 石油化工动态，1998，6(6): 17.
[161] 程一步. 石化企业高硫石油焦利用途径探讨[J]. 炼油设计，1999，29(8): 55.
[162] 吕彦生，谢维国，林萍. 高硫石油焦的工业应用[J]. 广石化科技，1998(4): 53.
[163] 申海平，王新军，王玉章，等. 国产石油焦产量、质量及市场[J]. 化工技术经济，2004，22(1): 11-20.
[164] Meyers R A. Handbook of Petroleum Refining Processes[M]. 3rd Ed. 2004.
[165] Pace 公司. 美国石油焦市场分布图[J]. Oil & gas Journal, 1982, 80: 145.
[166] 庄永嘉. 利用高硫焦作锅炉燃料[J]. 炼油设计，1998，28(2): 36.
[167] Hassan Al-Haj-Ibrahim, et al. 石油焦脱硫一综述[J]. 世界石油科学，1995(1): 82.
[168] 廖健. 燃料级石油焦的合理利用[J]. 齐鲁石油化工，1999，27(1): 63.
[169] 李锐，黄伟祈，祖德光，等. 零渣油排放技术——新世纪重油加工的趋势[C] //中国石油学会第四届石油炼制学术年会论文集. 北京：石油工业出版社，2001: 361.
[170] 万邦蒸. 水煤浆——一种煤代油的清洁燃料[J]. 石油炼制与化工，1997，28(6): 28.

[171] 张建华，黄伟祈，祖德光. 硬沥青-水浆作代用燃料油的研究[J]. 石油炼制，1989，20(10)：29.
[172] 任炽刚，黄太山. 延迟焦化与循环流化床一体化技术的应用[J]. 石油炼制与化工，2001，32(9)：10.
[173] 镇海炼油化工股份有限公司. 延迟焦化与CFB锅炉一体化技术在镇海炼化公司的应用[C] //重油深度加工技术研讨会论文集，茂名，2000：103.
[174] 时铭显. 关于高硫焦利用问题的探讨[C] //重油深度加工技术研讨会论文庥，茂名，2000：135.
[175] 刘慧仙，刘灵丽，周颖，等. 含硫油加氢与焦化加工路线的技术经济对比[J]. 石油炼制与化工，2001，32(6)：42.
[176] 沈伯雄，刘德昌，陆继东. 石油焦燃料及其在循环流化床燃烧的技术[J]. 石油炼制与化工，1999，30(3)：25.
[177] 陈海运. 热电站循环流化床灰渣在水泥生产中的应用[J]. 茂名石油化工，2001，(2-3)：23.
[178] Foster Wheeler Experience will Clean Coal Technology in China，Beijing，2001.
[179] 时铭显. 关于高硫硫利用问题的探讨[C] //重油深度加工技术研讨会论文集，茂名，2000：5.
[180] Texaco-Sinopec Technical Exchange Meeting Presentations，Beijing，2000.
[181] Anne K Rhodes. Kansas refinery starts up coke gasification unit[J]. Oil & Gas Journal，1996，94(32)：31.
[182] Gary DelGrego. Experience with Low Value feed Gasification at the El Dorado，Kansas Refinery. 1999 Gasification Technologies Conference，San Francisco，California，Oct 17-20，1999.
[183] James S Falsetti，Ronald L Skarbek. Petroleum Coke utilization with the Texaco Gasification process[C]. NPRA Annual Meeting，1993，AM-93-71.
[184] Fred C Jahnke，Falsetti J S，Wilson R Fred. Coke gasification costs，economics & commercial applications[C]. NPRA Annual Meeting，1996，AM-96-54.
[185] Walt Stupin，Ravi Ravikumar，Brian Hook. Liquid products from petroleum coke via gasification and Fisher Tropsch Synthesis[C]. NPRA Annual Meeting，2000，AM-00-10.
[186] Kwon S H，Shin J W，Oh J K. Hydrogen production alternatives in an IGCC plant[J]. Hydrocarbon Processing，1999，78(4)：73.
[187] Karpenski M J，Alveal E Davila. Refiner uses cogeneration project to revamp for high-sulfur crudes[J]. Hydrocarbon Processing，1999，78(12)：55.
[188] 曾逸民，胡龙真. 延迟焦化热电联产方案之研究[J]. 炼油，1997(2)：28.
[189] 李春年. 造气-联合循环发电工艺技术探讨[J]. 炼油设计，1998，28(3)：1-7.
[190] 谢英奋，陈真维. 高硫石油焦用作水泥燃料的研究[J]. 石油炼制与化工，1999，30(8)：20.
[191] 谢英奋. 高硫石油焦作水泥燃料的研究[J]. 广石化科技，1999(2)：43.
[192] 黄婉利，檀革江，马竞涛，等. 高硫石油焦作水泥燃料工业应用试验研究[J]. 镇海石化，1998，9(4)：55.
[193] 王伟. 高硫石油焦作水泥工业燃料的工业应用及前景分析[C] //重油深度加工技术研讨会论文集，茂名，2000：203.
[194] 王伟. 高硫石油焦作水泥工业燃料的工业应用及前景分析[C] //第一届延迟焦化生产技术交流会论文集，南京，2001：369.
[195] Feintuch H M，Bonilla J A，Godino R L. FW Delayed Coking Process[M]，Handbook of petroleum Refining Processes，1986.
[196] 欧风编著. 石油产品应用技术手册[M]. 北京：中国石化出版社，1998：957.
[197] 田忠原主编. 中国 1997 特殊钢年鉴[M]. 中国特钢企业协会，1998：17；49.
[198] 瞿国华，王辅臣，代正华，等. 石油焦气化制氢技术[M]. 北京：中国石化出版社，2014：1-35.
[199] 瞿国华，王辅臣. 延迟焦化-石油焦制氢组合工艺技术[J]. 炼油技术与工程，2010，40(11)：20.

[200] 胡江青. 大型炼厂生产低成本氢气的技术开发与应用[J]. 当代石油石化，2010，18(5)：5-8.
[201] 何素珍，孙永胜. 高油价下资源优化配置的有效途径——“高硫渣油焦化-高硫焦造气-汽电联产”组合工艺在齐鲁石化的应用[J]. 当代石油石化，2006，14(6)：39-44.
[202] Kapur S，Vaidyanathan S，Rajguru A，et al. Why integrate refoneries and petrochemical plants? [J]. Hydrocarbon Processing，2009(2)：29-33.
[203] 于遵宏，王辅臣，等. 煤炭气化技术[M]. 北京：化学工业出版社，2010.
[204] Coleman R Ferguson，James S Falsetti，William P Volk. Refining Gasification：Petroleum Coke to Fertilizer at Farmland′s Coffeyville KS Refinery，NPRA Annual Meeting，1999，AM-99-13.
[205] Higman C，van der Burgt M. Gasification[M]. Elsevier，Oxford，UK，2003：110.
[206] Weissman R，Thone P. Gasification of sloid，liquid and gaseous feedstock：commercial Portfolio of Texaco Technology[C]. IChemE Conference，London，Nov，1995.
[207] Curran P F，Tyree R F. Feedstock Versatility for Texaco Gasifiers[J]. IChemE Conference，Dresden，Sep，1998.
[208] 于广锁，于遵宏. 多喷嘴对置式水煤浆气化技术开发与产业化应用[J]. 中国科技产业，2006(2)：28-31.
[209] 王辅臣，于广锁，龚欣，等. 多喷嘴对置煤气化技术的研究与工业示范[C]. 第三届中国国际煤化工及煤转化高新技术研讨会，西安，2006.
[210] U. S. Department of Energy，Office of Fossil Energy，National Energy Technology Laboratory. A Current Perspective on the Gasification Industry-Robust Growth Forecast(2004)[OL]. www. gasification. org.
[211] Phil Amick. Gasification of petcoke using the E-GAS technology at Wabash River[C]. 2000 Gasification technologies conference.
[212] Rhodes Anne K. Kansas refinery starts up coke gasification unit[J]. Oil and Gas J，1996，94：31-36.
[213] Mark J. Hornick. Tampa Electric Polk Power Station Integrated Gasification Combined Cycle Project[R]. Final Technical Report，Aug，2002.
[214] Schellberg W. Prenflo Gasification 10 years operating experience at the Puertollano ElCOGAS IGCC，Jan，2009.
[215] 程祖山. 金陵石化水煤浆制氢工艺技术[C]//炼厂制氢、废氢回收与氢气管理学术交流会论文集. 广州：广东省石油学会，2008.
[216] Jinichiro Nakano，Seetharaman Sridhar，James Bennett，et al. Interactions of refractory materials with molten gasifier slags[J]. International Journal of Hydrogen Energy，2011，36(7)：4595-4604.
[217] See Hoon Lee，Sang Jun Yoon，Ho Won Ra，et al. Gasification characteristics of coke and mixture with coal in an entrained-flow gasifier[J]. Energy，2010，35(8)：3239-3244.
[218] 平雅敏，黄胜，吴诗勇，等. 气化灰渣的理化性质及其对石油焦/CO_2气化反应特性的影响[J]. 华东理工大学学报：自然科学版，2012，38(1)：12-16.
[219] 瞿国华：炼化一体化二个重要发展阶段及其产业特征[J]. 当代石油石化，2008，16(8)：9-13.
[220] 梁晓菲，史林渠. 页岩气使全球石化产业中心重新向美国偏移[J]. 中外能源，2011，16(12)：1-9.
[221] Chales Butcher. Higher margins are triggering much-needed investment in petroleum refineries world wide [J]. Chemical Engineering，2007(5)：37.
[222] 陈俊武，李春年，陈香生. 石油替代综论[M]. 北京：中国石化出版社，2009：909-932.
[223] 孙毅，崔东生，徐英第. 我国铝用碳素发展方向与措施[J]. 轻金属，2003(7)：45-48.
[224] 李庆义，于易如. 炭阳极电解消耗与炭阳极性能的研究[C]//第一届国际铝用炭素技术会议论文集，大连，2004：131-137.
[225] 李涛，牛宏旭，韩颜卿. 出口炭阳极空气渗透率[J]. 炭素技术，2004，23(5).
[226] 丁宗禹，申海平. 石油针状焦生产技术[J]. 炼油设计，1997，27(1)：10.

[227] 解志友. 用锦州石油焦化替沥青焦生产石墨电极的研究[J]. 炭素技术，1998(5)：20.
[228] 刘炳强，刘振昌. 用胜利焦生产石墨电极的工艺控制[J]. 炭素技术，1999(1)：42.
[229] Shen Haiping，Li Rui，Ding Zongyu. Manufacture of Premium Needle Coke from Petroleum Residua[G]. RIPP Newsletter，1997，5(1)：5.
[230] 徐旭明. 辽河稠油生产针状焦研究[D]. 北京：石油化工科学研究院，2000.
[231] 李志国，凌逸群. 我国延迟焦化现状和今后发展的建议[J]. 炼油设计，2001，31(7)：1.
[232] 陈冠荣主编. 化工百科全书：第 5 卷[M]. 北京：化学工业出版社，1993：515.
[233] 韩松，古可隆. 用炼油厂石油焦生产活性炭[J]. 石油化工，1999，28(2)：128.
[234] 袁文辉，陈秋燕，关建郁，等. 用炼油厂石油焦制备活性炭的研究[J]. 天然气工业，2000，20(1)：83.
[235] 黄乃瑜，魏伯康，罗吉荣. 铸造原辅材料的发展趋势及若干建议[J]. 铸造，1999(增刊)：32~37.
[236] 钟国利，廖晓东. 世界钛白粉生产技术及市场发展状况[J]. 安徽化工. 2001(4)：32-35.
[237] 卢松青. 钛白粉成品煅烧的两项改造[J]. 湖北化工，1995(3)：49-50.
[238] 牛鹏星，王艳莉，等. 针状焦和沥青焦用作锂离子电池负极材料的电极性能[J]. 材料科学与工程学报，2011(02).
[239] 王邓军，王艳莉，等. 锂离子电池负极材料用针状焦的石墨化机理及其储锂行为[J]. 无机材料学报，2011(06).

第五章　焦化工艺流程、操作参数及技术进步

第一节　延迟焦化工艺流程

延迟焦化是石油加工过程中的一种主要的重油加工工艺，通过热裂化和缩合反应达到把低价值重质油转化为高价值轻质油的目的。延迟焦化的名称来源于通过控制适宜的操作条件把结焦反应由加热炉延迟到下游的焦炭塔，下游焦炭塔提供反应时间并积聚焦炭。原料由加热炉加热并开始汽化、裂化和结焦，最终反应在焦炭塔内完成，吸收热量并生成焦化产品。世界上许多大的石油公司、工程公司和研究机构相继都对延迟焦化技术进行了研究和开发，总体看在基本原理和基本工艺流程上没有重大突破，主要在专利、专有技术方面各有特色，形成各公司的成套专利技术或专有技术。

一、延迟焦化装置典型工艺流程

延迟焦化装置的基本工艺流程是渣油通过换热和加热炉加热达到需要的焦化反应温度后进入焦炭塔进行热裂化和缩合反应；生成的高温油气经馏分油冷却后进入分馏系统分离出气体、汽油、柴油、蜡油、重蜡油和循环油等馏分，气体和汽油进入气体回收部分进一步加工分离出干气、液化气和稳定汽油；生成的高温焦炭停留在焦炭塔内，用蒸汽和水把焦炭冷却到100℃左右，冷焦过程产生的含油蒸汽进入一个密闭的放空系统进行处理，回收污油和污水，冷焦过程产生的含油、含焦粉热水进入一个密闭的冷焦水处理系统处理，实现冷焦水的循环利用；冷却后的焦炭采用高压水切除出塔，焦炭和水一起进入焦炭池，通过重力沉降使水和焦炭分离，焦炭采用抓斗吊车装汽车、火车或皮带运输机外送，含焦粉的切焦水进入切焦水处理系统处理，实现切焦水的循环利用。基于延迟焦化各过程步骤的特点和作用，通常把延迟焦化工艺流程划分为加热炉部分、焦炭塔部分、分馏部分、气体回收部分、吹汽放空部分、冷焦切焦水部分和焦炭储运部分等。典型延迟焦化装置物流流程划分框图见图5-1-1。

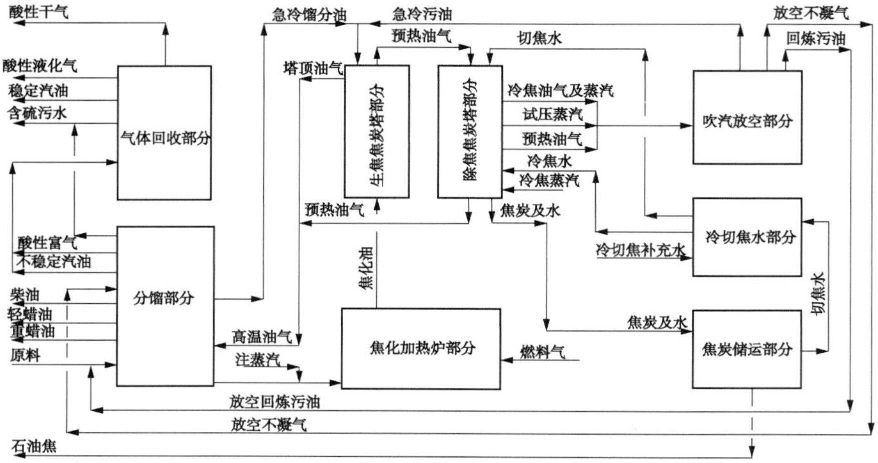

图5-1-1　典型延迟焦化装置物流流程划分框图

（一）加热炉及焦炭塔部分

加热炉及焦炭塔部分又称为延迟焦化的反应部分，是焦化装置的关键及核心部分，焦化加热炉的主要作用是为焦化反应提供必要的热量，在不发生严重结焦而影响加热炉运行的条件下，允许适当的裂化和结焦反应。延迟焦化工艺对加热炉的技术要求是把工艺介质加热到所需温度而不发生严重结焦，一旦发生结焦能及时判断并能快速有效地清除结焦。焦炭塔的主要作用是为焦化反应提供必要的停留时间、为反应生成的焦炭提供一定的储存空间和为反应油气中的泡沫焦提供一定的沉降空间。为保证装置连续进料生产，通常一台加热炉对应两个焦炭塔，称为一个系列，一套延迟焦化装置由单系列或多系列组成。国内加热炉及焦炭塔部分的典型流程图见图 5-1-2。

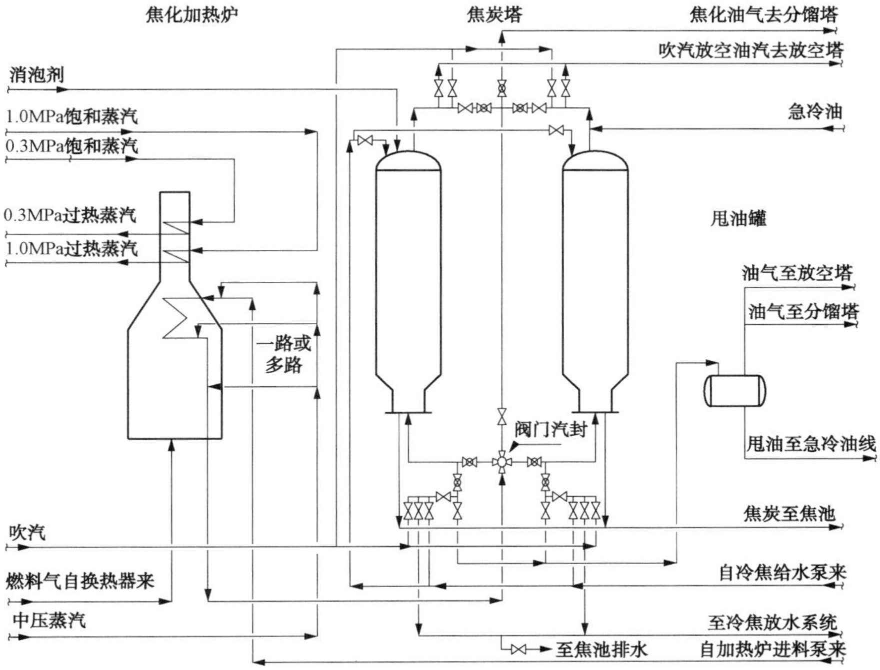

图 5-1-2　加热炉及焦炭塔部分的典型流程图

1. 工艺介质流程说明

焦化油或混合原料油从分馏塔底或进料缓冲罐由加热炉进料泵抽出分一路或多路在流量调节阀的控制下进入焦化加热炉，快速加热升温到焦化开始反应的温度（约 500℃）后经四通阀进入生焦焦炭塔的底部。焦化加热炉每路设有 1 至 3 个蒸汽注入点，注入一定量的蒸汽（或水），以维持介质在炉管内的流速和停留时间，减缓炉管内结焦。焦化油或混合原料油在焦炭塔内足够的停留时间和适当的温度及压力条件下，完成热裂化及缩合反应。最终转化生成的富气、汽油、柴油、蜡油、重蜡油等高温混合油气在焦炭塔顶出口线经急冷油冷却到合适的温度，以终止焦化反应防止管道结焦，再由焦炭塔顶的大油气管道自压进入焦化分馏塔进行分离。焦炭自下往上由塔壁向进料通道结聚，随着生焦时间的不断增加，焦炭塔内的生焦高度和泡沫层也不断升高，当达到一定的高度后开始注入消泡剂，注入消泡剂后泡沫层高度下降，待泡沫层高度再次达到设定的高度后，说明焦炭塔已充满，这时需要通过四通阀将进料切换至另一台焦炭塔，同时该焦炭塔进行除焦操作。焦炭塔按预定的焦化周期切换操作，所以对延迟焦化工艺而言，焦炭塔的操作是间歇的，但焦化全过程是连续的。通常在焦炭塔外壁的不同高度安装 2~4 个点的中子料位计或上部安装一套 γ 射线料位计，以检测焦炭内焦炭和泡沫层的高度，指导焦炭塔的切换、消泡剂的注入和冷焦水的控制等操作。另外，在焦炭塔外壁的不同高度安装温度指示，不仅检测了焦炭塔的壁温，而且通过外壁温度的变化还可以大概判断焦炭和泡沫层的高度。参见加热炉及焦炭塔部分的典型流程图见图 5-1-2。

2. 焦炭塔冷焦工艺流程说明

焦炭塔冷焦是除焦操作的第一步，其主要目的是把焦炭及焦炭塔冷却到一定的温度，降低焦炭塔开盖时的压力，防止除焦过程中焦炭的自燃，减少切焦时大量蒸汽的挥发，使焦炭形成有利于切焦的固化通道和汽提回收焦炭中的油气。冷焦的步骤主要有少量吹蒸汽、大量吹蒸汽、少量进水、大量进水、塔顶水溢流或塔顶放空泡焦、放水等。少量吹蒸汽通常在切换四通阀前开始到切换四通阀后 1~2h，蒸汽自四通阀后引入焦炭塔，由于焦炭塔内油气分压的降低，焦炭中的油气被汽提，油气和蒸汽一起沿塔顶油气管道进入分馏塔，为防止由于油气温度高而发生结焦反应，油气出口仍然需要注入一定的急冷油，为防止泡沫焦被吹入分馏塔，塔顶仍然需要注入消泡剂。少量吹汽末期，需要打开焦炭塔顶去放空系统的阀门，关闭去分馏系统的阀门，为大量吹汽做准备。大吹汽的目的是吹出焦炭中的重质油和油气，同时为冷焦进水建立通道。大吹汽时一般小吹汽阀不需关闭，其工艺流程为来自蒸汽管网的蒸汽，沿甩油总阀自焦炭塔进料隔断阀后引入焦炭塔，吹出的重质油气和蒸汽一起经吹汽放空总管进入放空塔进行冷凝冷却回收污油和污水。吹蒸汽一段时间后开始引入冷焦水，冷焦水由冷焦水部分提供，确定水已经进入焦炭塔后开始停止吹汽，水和蒸汽同时进入焦炭塔时注意控制流量，避免发生水击。冷焦水的引入流程为自冷焦水控制阀沿甩油总阀自焦炭塔进料隔断阀后引入焦炭塔，在塔内汽化的携带油气的蒸汽经吹汽放空总管进入放空塔进行冷凝冷却回收污油和污水。为防止焦炭塔顶压力超压，开始给水的流量较小，称为少量进水阶段。随着进水流量的逐步增加，焦炭温度逐渐降低(约 200℃)，当进水量对焦炭塔顶压力影响不大时，加大进水流量，通常把该阶段称为大量进水。大量进水后由于焦炭温度的降低，水蒸气的压力不能满足进入放空塔的条件，此时开始塔顶水溢流或塔顶放空泡焦。塔顶水溢流是打通焦炭塔顶去冷焦热水罐的流程，关闭焦炭塔顶去放空塔的阀，冷焦水自焦炭塔顶溢流至冷焦热水罐，溢流约 0.5~1.0h，使焦炭冷却到约 100℃。塔顶放空泡焦是冷焦水在焦炭塔中的液位达到一定的高度后，打开塔顶带消音器的放空阀，冷焦汽化的水蒸气排至大气，根据液位由塔顶补充适当的冷焦水，泡焦冷焦时间约 0.5h，使焦炭冷却到约 100~130℃。在确认焦炭塔内的焦炭被全部冷却到许可的温度后，打通塔底放水流程，塔内冷焦水自塔底沿甩油总阀和放水阀进入冷焦水放水罐或焦炭池，放水速度由放水阀控制，开始不能太快，以免大块焦炭脱落堵塞管道或焦炭塔出现负压。参见加热炉及焦炭塔部分的典型流程图图 5-1-2。

3. 焦炭塔预热工艺流程说明

焦炭塔预热的主要目的，一是避免切换高温进料后焦炭塔塔体升温速度过快导致塔体热应力太大影响焦炭塔的使用寿命，二是避免切换高温进料后渣油被快速冷却使反应温度太低影响液体收率和产生沥青焦(软焦)。正常操作时，焦炭塔预热流程是引生焦塔的高温油气到除焦塔，高温油气自塔顶油气管道进入焦炭塔，预热焦炭塔达到塔底入口管线温度 320~380℃为宜，凝缩油和不凝气自塔底流出沿甩油总阀和甩油支阀进入甩油罐。当进甩油罐油气温度低于 150~230℃时，甩油罐顶油气去放空塔系统，当进甩油罐油气温度高于 150~230℃时，甩油罐顶油气去分馏塔系统，甩油罐的凝缩油由泵抽出去回炼或作为焦炭塔的急冷油。焦炭塔切焦完成后，关闭塔底盖机和塔顶盖机，经过赶空气、试压、泄压排凝后才进行油气预热。赶空气流程为来自蒸汽管网的蒸汽，沿甩油总阀自焦炭塔进料隔断阀后引入焦炭塔，在塔顶或塔顶出口油气管道上的放空阀排空，置换塔内的全部空气。试压流程为关闭放空阀，用蒸汽给焦炭塔充压，达到设定的压力后，检查塔顶盖机、塔底盖机和所有与焦炭塔相连的管道、阀门、法兰、仪表的蒸汽泄漏情况。试压合格后，由塔底放水管道泄压脱水，泄压不能使焦炭塔的压力太低，通常泄压到比生焦塔的压力低 0.005MPa 左右为宜，避免油气预热时生焦塔的压力出现较大波动。

4. 急冷油及消泡剂注入工艺流程说明

急冷油的主要作用是降低焦炭塔顶油气出口温度，终止结焦反应，减缓油气管道结焦，不能用于降低焦炭塔内油气温度。急冷油可以利用焦化蜡油、柴油或中段回流油，也可以利用焦化甩油、放空污油或炼厂污油，采用哪一种应综合考虑其技术经济性。例如：柴油密度小、便于输送、容易汽化、冷却效果好，蜡油密度大、管道易凝、不容易汽化、冷却效果较差，但是柴油作急冷油带到分馏塔热量的温位低于蜡油作急冷油带到分馏塔热量的温位，很明显用蜡油作为急冷油有利于高温位热利用，以此推理，利用中段回流油的技术经济性介于柴油和蜡油之间，目前国内利用中段回流油或蜡油作急冷油的占多数。焦化甩油、放空污油或炼厂污油作为急冷油可实现污油回炼提高经济效益，但是焦化装置一般不希望用污油作为急冷油，一是污油中含有大量的水，消耗焦化的能量，增加分馏塔的负荷，增加酸性水量；二是污油中含有金属或固体杂质，易堵塞急冷油注入管(喷头)，分馏塔塔板易结盐等，馏分油中混合部分污油作为急冷油是目前国内外焦化装置经常采用的方式之一。急冷油的注入有多种流程，常用的第一种是蜡油或中段油由泵出口或换热器出口来，经过温度流量控制阀至焦炭塔顶出口或出口管线，分 3~4 个支管，斜向下注入到焦炭塔出口或出口管道。第二种是蜡油或中段油由泵出口或换热器出口来，首先经急冷油过滤器过滤，然后经过温度流量控制阀至焦炭塔顶出口管线上的三通或四通形式的特殊管件，由特殊的喷头将急冷油水平方向、垂直方向或水平加垂直方向喷到管道中，通过对急冷油雾化提高急冷油和高温油气的换热效果。通常急冷油的注入时间自切换进料开始到小吹汽结束为止。

消泡剂的主要作用是降低焦炭塔内泡沫层的高度，消泡剂是由高分子硅和稀释剂组成，消泡剂的注入量决定于原料性质、消泡剂性质和泡沫层高度，通常注入量为原料量的 20~100μg/g。消泡剂的注入流程主要由消泡剂罐、消泡剂泵和计量仪表等组成，通常消泡剂由桶装运进装置，然后由加剂泵把消泡剂由桶抽送至消泡剂罐，根据浓度要求确定是否再次加入稀释剂和进行混合搅拌，满足要求的消泡剂由计量泵或螺杆泵抽送到焦炭塔顶。在焦炭塔顶可单独开口注入，也可利用塔顶的安全阀口注入，但必须保证注入点远离焦炭塔的油气出口。另一种注入流程是用螺杆泵抽罐中的高浓度消泡剂，在管线中和来自分馏系统的馏分油混合，然后注入到焦炭塔。消泡剂的注入时间根据焦炭塔内的泡沫层高度确定，国内通常在切换塔前 3~6h 和切换塔后 0.5~1.0h 期间注入。

5. 加热炉燃料气和蒸汽工艺流程说明

焦化加热炉通常使用燃料气作为燃料，目前焦化装置的燃料气主要有炼油厂管网燃料气、焦化自产脱硫干气、天然气和气化液化气等。国内加热炉的主火嘴和长明灯基本采用同一种燃料气，国外加热炉主火嘴和长明灯的燃料气品种和来源通常不同，如果主火嘴采用炼厂燃料气，则长明灯可能采用天然气或丙烷气。其工艺流程为：燃料气自管网引入装置内燃料气缓冲罐，沉降脱液后进加热炉火嘴燃料系统。双面辐射加热炉每管程两边各有一排火嘴，采用一个调节阀控制，通常通过调节燃料气进火嘴的压力来控制对应管程的出口温度。国内长明灯火嘴燃料气自压力控制阀前引出，采用自力式调节阀控制压力，然后分配到各个长明灯火嘴。

加热炉炉管中注入蒸汽或水的目的是调节炉管的流速和停留时间，对现有的加热炉增加蒸汽注入量，可提高管内流速和缩短停留时间，有利于减缓炉管结焦，但是为了达到一定的出口温度和吸热量又必须提高炉管的表面热强度，炉管内膜温度提高，不利于减缓炉管结焦，因此应选择合适的炉管注汽量。2000 年前国内设计的焦化加热炉都采用一点注水，2000 年后国内设计的焦化炉大部分采用了三点注汽。多点注汽可降低炉管的压力降，有利于节能。加热炉炉管注汽采用 3. 5MPa 蒸汽，三点注汽时，每管程需要设三个蒸汽调节阀，分别注到加热炉炉管的对流入口、对流转辐射室入口和辐射下部炉管。多点注汽相对单点注汽的蒸汽流程比较复杂，并且每点的蒸汽量较少，不易控制。美国的 Foster Wheeler 公司和 Bechtel 公司设计的焦化加热炉采用单点注汽的较多。

（二）分馏部分

分馏部分主要包括：分馏塔、分馏塔内构件、换热器、水冷却器、空气冷器、容器、蒸汽发生器、机泵和过滤器等。分馏塔的主要作用有：调节装置的循环比、分离来自焦炭塔的油气为不同需要的馏分油产品以及预热新鲜原料。控制蒸发段温度改变循环油量，实现循环比的调节；利用各馏分油相对挥发度的不同，在分馏塔塔盘上，通过外取热建立内回流，使分馏塔自下而上建立温度梯度，实现不同馏分油产品的分离；通过产品及回流取热换热器和新鲜原料换热，实现原料的预热。通常分馏部分自上而下分出的产品有富气、汽油、柴油、蜡油、重蜡油、循环油。国内分馏部分的取热回流通常设置塔顶冷回流、塔顶循环回流、柴油回流、中段油回流、蜡油回流和重蜡油回流中的全部或部分，回流的取热比例和产品收率及换热流程有关，通常柴油抽出以上的回流取热占总取热的 35%~45%，柴油抽出以下的回流取热占总取热的 55%~65%[1]。为降低汽油和柴油的重叠度、柴油和蜡油的重叠度、提高柴油的闪点，可以设置柴油汽提塔和蜡油汽提塔，但由于国内对焦化产品的分离度要求不高，国内焦化装置设置柴油汽提塔和蜡油汽提塔的较少。国内分馏部分的典型流程图见图 5-1-3。

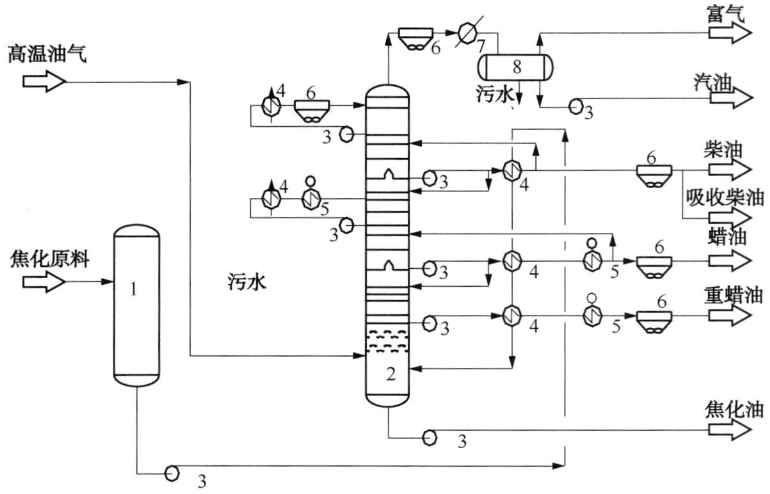

图 5-1-3　分馏部分的典型流程图

1—原料缓冲罐；2—分馏塔；3—机泵；4—换热器；5—蒸汽发生器；6—空冷器；7—水冷器；8—气液分离罐

1. 原料油部分工艺流程说明

国内典型焦化装置的原料一般是先进装置内的原料缓冲罐，缓冲时间根据上下游装置的物料平衡和控制方案确定，通常为0.5～1.0h。部分装置是原料和馏分油换热后再进原料缓冲罐，一是温度升高减小渣油进原料泵的黏度以降低原料泵的功率；二是高温渣油在原料缓冲罐内闪蒸，部分轻组分可直接进入分馏塔；但是该流程对原料进装置的压力要求稍高。国外焦化装置一般不设原料缓冲罐，而是直接由罐区或上游装置送至焦化换热系统。焦化原料由原料泵自缓冲罐抽出分别与分馏塔侧线柴油、中段回流油、蜡油、重蜡油或循环油换热，换热后温度为280～330℃，然后进入焦化主分馏塔底部的缓冲段，缓冲时间通常为10～15min左右，在塔底和上部脱过热段被冷凝的循环油混合，混合后温度为290～350℃，再用加热炉进料泵送至焦化加热炉部分。

2. 分馏塔蒸发段工艺流程说明

从焦炭塔顶部出来的油气经急冷油冷却到410～430℃后进入焦化主分馏塔底部的位于换热洗涤板下的换热段，用上部洗涤段来的高温蜡油进行洗涤和冷凝冷却，使循环油冷凝下来流入塔底，在塔底循环油和新鲜进料充分混合，然后由加热炉进料泵抽送焦化加热炉。循环油和新鲜进料的比被称为循环比，提高循环比需要增加洗涤段来的高温蜡油量，同时也会提高洗涤效果，改善蜡油质量。2000年前国内的焦化装置分馏塔多采用直接换热洗涤结构，即通过新鲜原料上、下层进料量的调节和蜡油集油箱下回流量的调节来实现循环比的调节，实践证明该流程方案可有效调节循环比的范围在0.15～0.75之间，但是该原料洗涤流程和蜡油下回流洗涤流程相比，当循环比相同时，蜡油产品的残炭稍高，主要是由于原料的携带所致。分馏塔下部或蒸发段是分馏塔的技术核心，其流程设计和操作直接关系到循环比的控制、产品质量和分馏塔的运行周期。目前，国内外的设计、研究及工程公司都开发出了具有各自特点的工艺方案。

3. 换热流程说明

焦化分馏部分的换热流程与原料油的性质(如黏度)、操作条件(如循环比、进料温度)和分馏塔的回流取热方案(如是否设中段循环取热)及装置的组成结构和蒸汽平衡等因素有关。国内常规焦化装置的换热流程比国外复杂，通常重蜡油由泵抽出先和原料换热，再去发生蒸汽及和热水换热，最后经空冷器冷却送出装置；也有部分装置设置重蜡油回流，用重蜡油回流调节循环比。蜡油由泵抽出也是先和原料换热，再去发生蒸汽及和除氧水换热，最后经空冷器冷却送出装置，蜡油热下回流自泵出口引出，蜡油冷上回流自蒸汽发生器引出，不设置重蜡油回流时，用蜡油下回流来调节循环比，通常设置一台蜡油蒸汽发生器是必要的，可以通过调节发生蒸汽量来平衡由于焦炭塔切换引起的分馏塔热量的波动，稳定换热终温。柴油由泵抽出，如果温位允许也可以先和原料换热，必要时产生0.4MPa低压蒸汽，最后经空冷器冷却送出装置，柴油热下回流由泵出口引出，柴油冷上回流自0.4MPa低压蒸汽发生器引出。分馏塔顶油气经空冷器和水冷器冷凝冷却后进入分离罐，分出的富气和汽油分别送至气体回收部分，含硫污水送酸性水汽提系统进行处理。

为了进一步平衡分馏塔内的汽液负荷和按照温度梯度逐级利用分馏塔的热量，国内焦化分馏塔设了多个取热回流，除了侧线产品取热回流外还有塔顶循环回流及中段回流。塔顶循环回流油通常是和燃料气换热及加热采暖水，中段回流油通常是和原料换热及发生蒸汽。当焦化部分和气体处理部分热联合时，柴油或中段油通常作脱吸塔重沸器热源，蜡油或中段油通常作稳定塔重沸器热源，此时，必然会降低原料的换热终温。

4. 分馏部分换热流程的设计考虑

焦炭塔切换四通阀、油气预热和少量吹蒸汽时以及加热炉执行在线清焦和(或)烧焦时，分馏系统的物料平衡、热量平衡及物料性质都会发生变化，直接影响到换热流程的换热效果，换热流程设计时必须给予充分的考虑。针对一炉两塔的焦化装置，影响幅度约 20%~30%；针对两炉四塔的焦化装置，影响幅度较低，约 10%~15%。

分馏塔设置较多的取热回流时，为保证产品的分离精度，需要增加分馏塔的塔板数量，通常汽油-柴油分馏塔板实际板数约 5~8 块，柴油-蜡油分馏塔板实际板数约 6~9 块，换热塔板实际板数约 2~4 块。当需要进一步提高汽油与柴油、柴油与蜡油的分离度和柴油闪点要求较高时，需要设置柴油和蜡油汽提塔，因为产品的上回流取热会溶解部分比产品轻的组分，汽提蒸汽可以利用过热到 350~400℃ 的低压蒸汽，也可以直接利用蒸汽管网的 200~280℃ 的低压蒸汽。

采用塔顶循环回流时，应提高回流返塔温度到 70~100℃，减少塔顶塔板的结盐，提高塔顶温度到 120~150℃ 也有利于减少结盐。如果塔顶循环回流的热量没有利用，或者分馏塔顶油气热量被充分利用时，应改塔顶循环回流为塔顶冷回流，由于提高了油气的分压，使塔顶温度升高，降低了水蒸气分压，使蒸汽不易冷凝，这都对减少分馏塔结盐有利。当焦化部分和气体处理部分的处理能力不匹配时，或发现汽油中含二烯烃较多导致高温重沸器结焦时，焦化高温馏分油不宜直接作为重沸器的热源，应用其产生的饱和蒸汽直接去作热源，一是降低了温位，二是有利于各自的稳定运行。

当炼厂低温位热量有去处时，尽量安排回收焦化装置的低温热流程以降低能耗，焦化装置可回收的低温热主要有分馏塔顶油气、顶循回流、非热出料产品、稳定汽油、放空塔顶油气等的冷凝冷却热。当炼厂低温位热量无去处时，可安排溴化锂制冷流程来利用低温热。当企图尽可能回收分馏塔区余热时，可能会出现换热流程过分复杂化，从而导致工程投资费用和操作费用过分增加，为之，应考虑有一个合理的经济效益平衡点。国外延迟焦装置分馏换热部分换热流程相对简单，通常不设塔顶循环回流和中段回流，仅有塔顶冷回流、柴油上下回流和蜡油上下回流等。如果设置柴油、蜡油汽提塔，柴油回流和柴油产品、蜡油回流和蜡油产品的流程是分开设置的。国外换热流程比较简单的另外的原因是原料进装置的温度高，达 200~250℃，与柴油不换热，而国内原料进装置的温度一般为 100~160℃，需要大量的原料-柴油换热器，另外国外的换热流程中，低温热利用的换热器比较少。

为了满足焦化蜡油去下游催化裂化或加氢裂化加工对原料的残炭、重金属含量等要求，必要时可增设重蜡油抽出线。根据对焦化汽油、柴油和蜡油的不同要求，在分馏系统设计中，可采用不同馏程范围侧线馏分油的选择性循环。

(三) 气体回收部分

气体回收部分通常包括气体压缩、气体吸收、汽油脱吸和汽油稳定等，其主要目的是从焦化富气中回收液化气，产生的干气经脱硫后作为燃料气，同时降低焦化汽油的蒸气压。气体吸收过程是利用气体混合物各组分在液相中具有不同的溶解度来分离气体混合物。汽油稳定过程是一个脱丁烷的精馏过程，进料段以上为精馏段，进料段以下为提馏段，不平衡的气液两相在塔盘上逆向接触进行传质传热，气相中重组分(高沸点物)优先冷凝，液相中轻组分(低沸点物)优先汽化，最后塔顶部得到较纯的轻组分，底部得到较纯的重组分，从而达到对产品精馏的目的。国内典型的气体回收工艺流程见图 5-1-4。

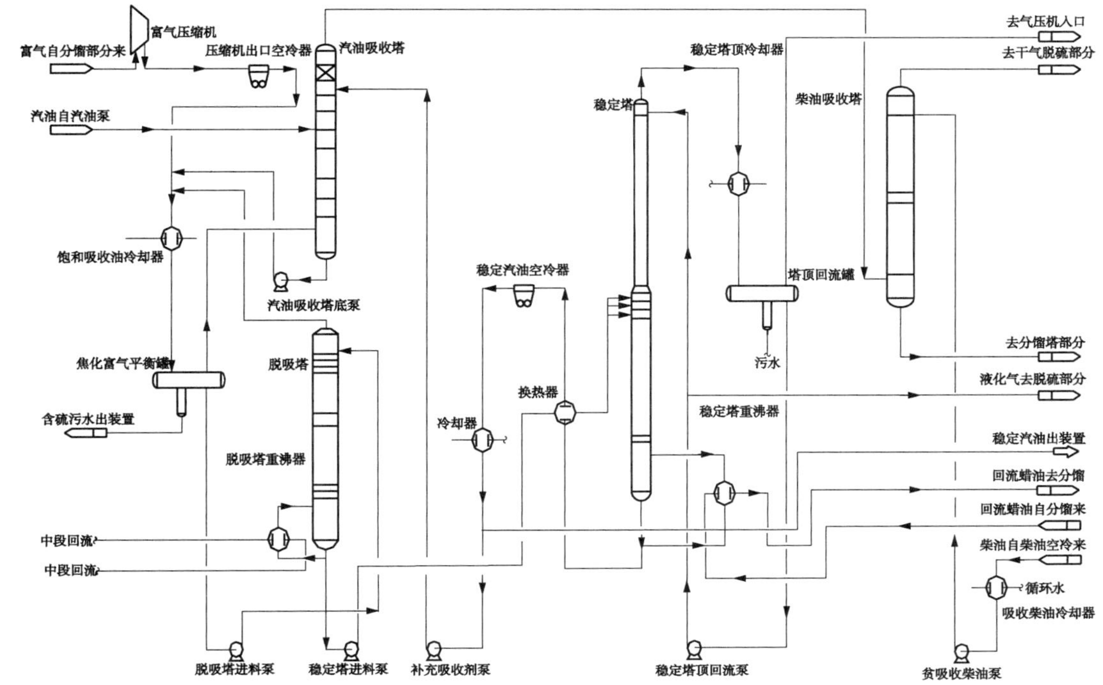

图 5-1-4　国内典型的气体回收工艺流程图

1. 压缩机部分工艺流程

富气压缩机是气体吸收的压力来源，压缩机的出口压力是根据合适的吸收压力来确定。压缩机的出口压力太低对吸收不利，但是压力太高则压缩机的压缩比太大，导致能耗提高，另外压缩机可能需要三段压缩，其经济性较差。应综合考虑吸收塔的压力、温度、吸收剂、塔内件和要求的吸收率等要素通过技术经济对比来确定适宜的压缩机出口压力。目前国内外焦化富气压缩机的出口压力一般为 1.2~1.5MPa(表)。压缩机的驱动方式有电动、背压透平驱动和凝汽透平驱动三种，采用哪种驱动方式应根据炼油厂的蒸汽、水和电的平衡来确定，总体目标是达到全厂能耗最低。但从压缩机本体考虑，根据国内的能耗计算方法，一般是蒸汽背压透平驱动能耗最低，电动机驱动次之，蒸汽凝汽透平驱动最高。从投资来看背压透平最低，凝汽透平次之，电动最高，因为电机驱动需要配备高压变频，提高了一次性投资，如果不考虑高压变频，电机驱动的投资最低，但操作能耗会增加。压缩机部分的工艺流程主要是指气路流程，国内常规流程为焦化富气由分馏塔顶分液罐自压至压缩机入口分液罐，在此进一步分液后进入压缩机一级入口，经一级压缩后进入一级出口冷却器，冷却后进一级出口分液罐，分液后进二级入口，经二级压缩后到二级出口冷却器，一级出口反飞动气体至分馏塔顶空冷器，二级出口反飞动气体至一级出口冷却器，一级出口分液罐的液体自压至分馏塔顶分液罐。

国内新建装置增加了一级出口分液罐底泵，把一级出口凝液送至吸收塔入口的平衡罐，降低了压缩机的负荷。加工大量外来气体的焦化装置，一般是根据外来气体的压力，把外来气体引入一级入口或二级入口分液罐前，同时一级出口分液罐底设置液体抽送泵。国外常规设计的流程中没有压缩机一级入口罐，利用分馏塔顶分液罐作为压缩机一级入口罐，简化了流程和减少了占地。国外某炼油厂设计的流程中不稳定汽油不是直接去吸收塔，而是先进入压缩机一级出口空冷器，再由一级出口分液罐底泵送至吸收塔，增加了一级富气和汽油的接触吸收，同时也降低了分馏塔顶汽油回流泵的出口压力。为防止压缩机内焦粉的沉积，国外设计的压缩机流程中含有汽油冲洗系统。国内焦化压缩机的一级出口和二级出口基本都没有设置水洗水，而国外焦化压缩机基本都设有水洗系统，设置水洗系统不仅可以降低气体中的硫化氢浓度，而且可以减少气体中的焦粉携带。

2. 气体吸收部分工艺流程

气体吸收部分包括汽油吸收和柴油吸收，根据相似相近吸收原理，汽油吸收塔主要是吸收富气中的 C_3、C_4 和 C_5 组分，柴油吸收塔主要是吸收由汽油吸收塔携带过来的汽油组分。来自压缩机出口空冷器的压缩富气首先和来自吸收塔底的饱和吸收油及来自脱吸塔顶的脱吸气混合，然后经冷却器冷却后进入三相平衡罐，气体进入吸收塔，由来自分馏部分的粗汽油和来自稳定塔底的稳定汽油吸收，富吸收油自塔底由泵抽送至空冷器出口，气体自塔顶流出进入柴油吸收塔，在柴油吸收塔由来自分馏部分的经冷却增压的柴油吸收，富吸收柴油自塔底在液位控制下经换热后进分馏塔，酸性干气在压力控制下由塔顶送至下游脱硫装置。国内外的富气吸收流程区别不大，国内的吸收塔通常设有 2~3 个中段取热回流，通过降低吸收温度来提高吸收率，需要的稳定汽油补充吸收剂相对较少，而国外的吸收塔通常不设中段回流或设 1 个中段回流，为达到相同的吸收率，需要的补充吸收剂较多。哪个更为合理应通过能耗及投资的对比确定。国内某炼厂设计的吸收流程中采用了吸收塔顶气和稳定汽油再次接触和闪蒸分离的工艺，相当于增加了一个理论板，达到相同的吸收率可减少吸收塔的塔板数。

3. 脱吸及稳定部分工艺流程

脱吸塔的主要作用是脱除饱和吸收油中携带的 C_2 及更轻的组分，降低稳定塔顶回流罐的压力和控制液化气中的 C_2 含量，脱吸塔是气体回收部分的核心，它的运行直接关系到稳定和吸收的平稳；稳定塔的作用是脱出饱和汽油中的液化气，控制液化气中的 C_5 含量和汽油的蒸气压。富吸收汽油自焦化富气平衡罐由脱吸塔进料泵抽出后送至脱吸塔顶部，以脱除富吸收汽油中的 C_2 及以下组分。脱吸塔设有重沸器，可用柴油或中段油作为热源。脱乙烷汽油自脱吸塔底由稳定塔进料泵抽出经换热后进入稳定塔。液化气从稳定塔顶出来，经稳定塔顶冷凝冷却器冷却至 40℃ 后进入稳定塔顶回流罐，液化气自罐底由稳定塔顶回流泵抽出后分为两股，一股作为冷回流返回稳定塔顶，另一股作为液化气产品送出装置。稳定塔底的稳定汽油经换热器、空冷器和水冷器冷却至 40℃ 后分为两股，一股作为补充吸收剂由补充吸收剂泵升压后送入汽油吸收塔顶部，另一股在稳定塔液位控制下送出装置。稳定塔底重沸器可采用蜡油回流、中段回流或 3.5MPa 蒸汽作为热源。

脱吸及稳定部分的工艺流程设计区别较大，主要区别在于：

① 脱吸塔是冷进料还是热进料。早期设计的流程采用热进料的较多，目的是回收部分稳定汽油的热量，后来发现热进料易导致过度脱吸，增加了吸收塔的负荷，降低了吸收效果，能耗增加；新设计的流程和国外的流程基本都采用了冷进料，如果和稳定汽油换热，换后温度也不宜太高。

② 顶部冷进料和中间热进料。一段时间采用该流程的较多，它部分克服了热进料的缺点，回收了部分热量，但它改变了脱吸塔自上而下的自然的温度梯度，降低了脱吸效率，国外流程很少应用。

③ 塔顶冷进料，下部塔板设置稳定汽油加热的中间重沸器。该流程使脱吸塔内塔盘充

分利用，同时回收大量的稳定汽油热量，目前该流程在国内外得到普遍应用。

④ 脱吸塔是否设置中间排水。富吸收汽油携带的水很难自脱吸塔顶或塔底排出，当塔内水含量太大时，会影响脱吸塔的平稳运行，因此，国外的流程中一般都设置了排水措施。

⑤ 稳定塔顶压力控制流程。目前普遍应用的有热旁通控制、冷却器前卡脖子控制和冷却器后卡脖子控制等。

⑥ 用塔灵敏板的温度控制重沸器的旁路阀、分程控制重沸器的旁路阀和主路阀、控制重沸器的给热量等控制流程均有采用。

(四) 吹汽放空部分

国内焦化装置吹汽放空部分的作用主要有：处理焦炭塔大吹汽和给水冷焦操作过程中排出的油气和蒸汽、处理焦炭塔油气预热前期操作过程中排出的蒸汽和油气以及处理焦炭塔安全阀起跳时排放的高温油气，其目的主要是减少装置的噪声、空气和水的污染以及回收废气、污水和污油，保证装置的安全运行。吹汽放空部分主要由放空塔、分液罐、冷却器和机泵等组成。图 5-1-5 是典型的密闭式放空系统流程。

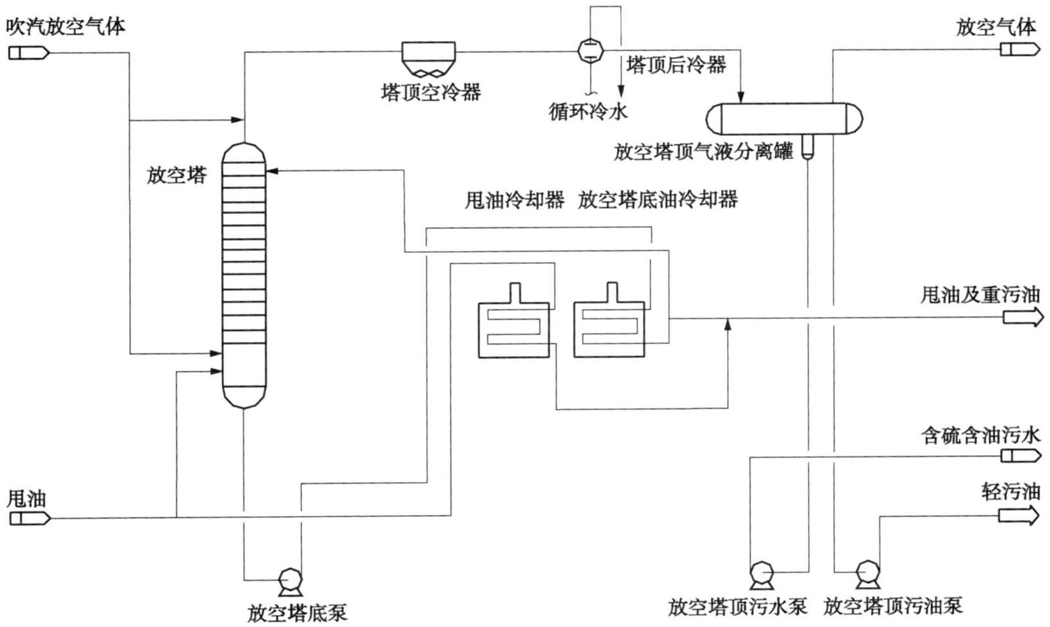

图 5-1-5　典型密闭式放空系统流程图

1. 工艺流程说明

焦炭塔大吹汽及给水冷焦操作过程排出的蒸汽和油气沿吹汽放空管道进入放空塔的下部，焦炭塔油气预热前期操作过程排出的蒸汽和油气由甩油罐顶出口管道也进入放空塔的下部，在塔内和由放空塔底抽出经冷却的循环油逆流接触，蒸汽和油气自下而上，循环油自上而下，在塔内及换热挡板上传质传热，气体中的重油被冷凝、冷却和吸收，和循环油一起进入塔底。塔底重污油经水箱冷却器冷却后，部分作为塔顶回流，部分送出装置或装置内回炼。塔顶蒸汽和油气或者温度较低的吹汽放空气体经空冷器及水冷器冷凝冷却后进入分液罐，分出的轻污油送出装置或装置内回炼，分出的污水送去污水汽提或装置内处理，不凝气自压至富气压缩机或火炬管网。焦炭塔安全阀起跳时排放高温油气的处理流程同上。

2. 国内吹汽放空流程的特点

国内吹汽放空流程的主要特点是放空塔底泵并联 1~2 台蒸汽往复泵，重污油带水时可停离心泵用蒸汽往复泵；重污油冷却器采用水箱冷却器，利用热水冷却，避免重污油凝固堵塞冷却管；塔顶空冷器下设置蒸汽加热盘管，防止空冷管束内介质凝固；放空塔设置副线，当塔入口温度低于 180~200℃时，油气不进放空塔，避免大量水进到塔底；放空塔污油作为急冷油的补充油，减少了污油排放。目前操作遇到的主要问题有焦炭塔前期给水量太大时，放空塔体晃动，塔内换热挡板经常被冲掉；塔顶污水中含重油较多，去冷焦水罐影响冷焦水处理系统的操作，去污水汽提影响汽提塔的运行；放空废气的温度、压力及流量波动，影响去压缩机回收的操作；放空塔底油带水，容易导致塔底泵抽空；吹汽放空时放空塔底油通过塔顶回流下来的油加热，塔底油中的水易突沸，使塔内气速快速上升，导致塔内换热挡板冲掉和塔顶污水携带重油。放空污水中含油量偏高，塔顶轻污油含水量高。国内流程基本是不凝气直接去压缩机入口罐或去分馏塔顶罐，由于该气体的温度、压力、流量和组成不稳定，对操作带来影响，国外通常是为该不凝气单独设置压缩机或抽空增压器，压缩升压后的气体去分馏塔顶空冷器。

3. 国内吹汽放空流程的改进

炼厂污油含水量都比较高，一般为 80%左右，直接送至分馏塔回炼会导致分馏塔操作的波动和能耗提高，许多炼厂考虑利用焦化的吹汽放空系统为炼厂污油脱水，因此形成了带塔底油循环加热器的吹汽放空流程。在焦炭塔吹汽放空时可利用高温蒸汽和油气的热量为污油脱水，焦炭塔不吹汽放空时利用蒸汽加热塔底油并在塔内循环使污油脱水，脱出的水蒸气经塔顶空冷器冷凝后回收，污油中含有的轻油也从塔顶回收。高温焦炭塔和焦炭的热量基本是由放空塔取出，生焦量较大的装置，这部分热量较多，部分炼油厂通过改进流程，增加放空塔顶油汽热水换热器，放空塔底污油冷却水箱热水综合利用等措施，回收了部分焦炭的热量。

（五）冷焦水部分

冷焦水部分的主要作用是为焦炭塔冷焦供水和处理焦炭塔冷焦的排放水，实现冷焦水的循环利用，减少新鲜水消耗及污水排放，减少环境污染。国内早期的冷焦水处理为地面储水隔油池加凉水塔的工艺流程，由于水池和凉水塔的污染严重，后来发展为罐式储水、离心旋流除油除焦及空冷器冷却的工艺流程，目前国内大部分焦化装置采用该流程。即冷焦溢流水自焦炭塔至溢流水罐，冷焦放水至放水罐，然后由泵抽出经离心分离器、旋流分离器和空冷器脱除焦粉、脱出污油和冷却后进入储水罐，在焦炭塔冷焦时由泵抽出送至焦炭塔，如此循环利用。水罐和旋流器分出的污油进入污油罐，定期由泵送出装置或装置内回炼。罐底沉积的焦粉和离心分离器及旋流分离器分出的焦粉排至粉焦池，然后由泵送至焦池。国内典型的冷焦水处理流程见图 5-1-6。

1. 冷焦水流程特点

国内冷焦水处理流程的主要特点是实现了全密闭，减少了环境污染；冷焦水实现循环利用，减少了新鲜水的补充量；回收了大量污油，提高了效益；降低了冷焦水中的焦粉及油含量，提高冷焦效果。主要不足是占地面积大，投资较高。

2. 国内冷焦水流程的改进

随着上述冷焦水流程的大量使用，逐渐发现了一些问题，在随后设计的焦化装置得到逐步改进。

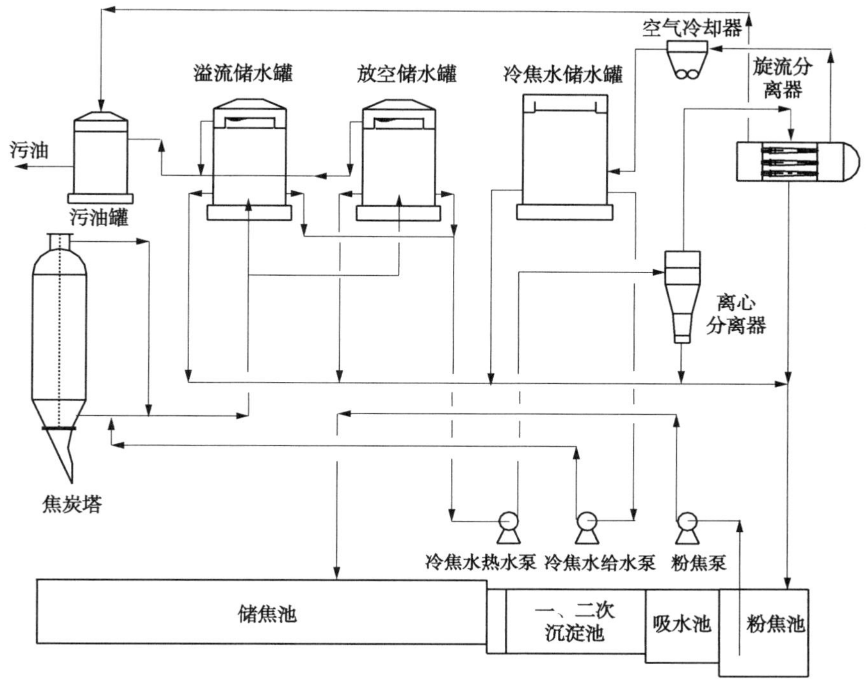

图 5-1-6　国内典型的冷焦水处理流程图

① 溢流水罐和放水罐的温度较高，有时达到近 100℃，冷焦水中溶解的硫化物挥发导致装置恶臭发生。改进措施是对热水罐挥发的气体进行了脱臭，其工艺流程为热水罐顶的气体先进水封罐，当水罐进水压力增加时，气体冲破水封进入气体脱硫系统，当水罐出水压力降低时，向罐内补充氮气避免出现负压。气体脱硫系统有胺液脱硫、碱液脱硫和固定床脱硫等形式，每种形式都有优缺点，使用哪种形式应根据炼油厂的具体情况确定，但是铁基脱硫剂脱硫后生成的硫化亚铁遇到空气容易自燃，目前基本不使用。

② 基于冷焦溢流水中含油较多，而塔底放水中含焦粉多而油少，部分焦化装置的设计取消了放水罐，放水到焦池，冷焦水和切焦水共用一个罐，只对冷焦溢流水进行脱油处理，简化了流程节省了占地面积。

③ 部分焦化装置增加了冷焦放水和溢流水旋流过滤器，过滤冷焦水中的大块焦粉去焦池，减少了冷焦水罐的焦粉沉积和清罐频次。

④ 由于冷焦水中油的比例较大，冷焦水的温度和流量变化也较大，部分装置发现旋流分离器分离污油和分离焦粉的效果较差，基本不能投用，因此开发了“罐中罐”和罐中添加絮凝剂的冷焦水脱油工艺流程，收到较好的脱油效果。

(六) 切焦水部分

国内的切焦水系统相对独立，切焦水和冷焦水一般不混合使用，切焦水的处理主要是通过自然冷却、沉降和过滤来降低切焦水的温度和焦粉含量，减少切焦水对设备和管道的磨蚀。由于焦池水的蒸发和焦炭大约带走约 10%的水分，该系统需要定期补充新鲜水、净化水或工业水。切焦水工艺流程涉及的主要设备包括切焦水储罐、高压水泵、除焦控制阀、高压胶管、钻杆、切焦器、焦炭塔、焦池、沉淀池、切焦水提升泵、切焦水过滤器等，典型的切焦水部分工艺流程见图 5-1-7。

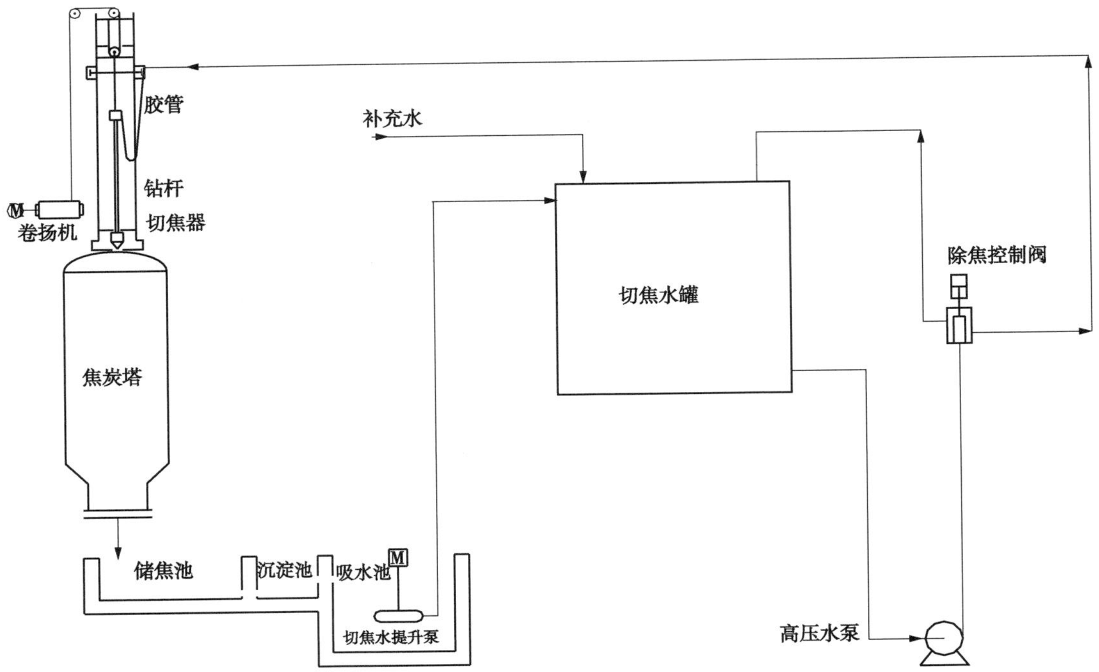

图 5-1-7　典型的切焦水部分工艺流程图

焦炭塔水力除焦时，切焦水由高压水泵自切焦水罐抽出，经除焦控制阀至焦炭塔顶，然后经高压胶管和钻杆至切焦器，利用切焦器喷射的高压水流的能量打击焦炭使焦炭破碎，焦炭塔内切下来的焦炭和切焦水一起自流至焦池，切焦水经沉淀池沉淀脱除焦粉后流入吸水池，再由切焦水提升泵升压经过滤器过滤除去焦粉后送切冷焦水罐，以实现切焦水的循环利用。通常切焦水处理后要求焦粉含量不大于 300～600μg/g，焦粉粒径不大于 3mm。切焦水的处理采用敞开式，切焦水中含有的硫化物会对环境产生恶臭影响。由于焦池露天布置，多雨地区的切焦水过剩，外排时增加了污水量；干旱地区的切焦水不足，补充时增加了水耗量。

（七）焦炭装运部分

目前国内外焦化装置的储焦基本都是采用焦炭池形式储焦，只有德国的一家公司采用了密闭除焦，但由于存在技术和投资问题没有得到推广。焦炭塔内切下来的焦炭和切焦水一起自流至焦池，在焦池内焦炭和水分离，焦炭由抓斗吊车装汽车、火车或皮带运输机运出装置。焦炭池的大小根据焦炭产量和运输销售能力确定，国内通常按照 3～10d 考虑，如果装置外设有堆焦场可适当缩短焦池的储存时间，如果皮带运输系统可靠并且焦炭的销售或利用不受限制，也可以适当缩短焦池的储存时间；缩短焦池的储存时间可以减少装置占地节省投资。抓斗吊车的能力及可靠性对焦炭外输产生一定的影响，国内焦化使用的吊车一般为 10～20t，国外通常采用 30～50t 吊车。典型的焦炭装运部分工艺流程见图 5-1-8。

现有焦炭装运部分存在的主要问题是焦炭处理为敞开式，切焦水的挥发导致切焦水中的有毒有害组分排至大气，产生大气环境污染；焦炭装运和干燥天气时，焦粉的飘洒会导致较严重的粉尘等污染。目前的处理措施只有减少焦池的堆放量、不定期的向焦池内的焦炭喷水保持焦炭湿润和增加焦池围墙高度等。

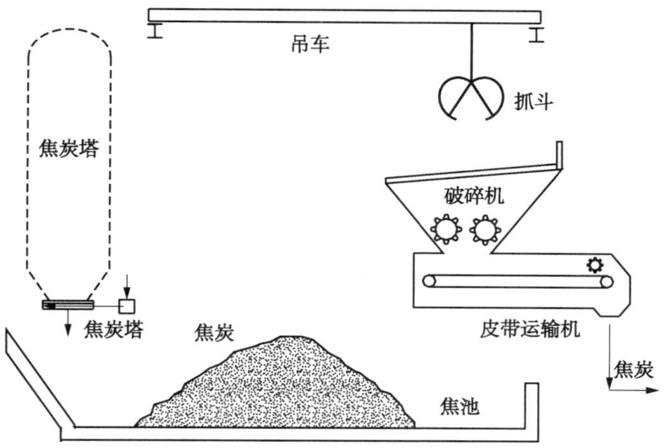

图 5-1-8　典型的焦炭装运部分工艺流程图

二、国内外几种延迟焦化装置工艺流程的对比

在延迟焦化技术的发展过程中，虽然焦化工艺的基本原理和基本加工流程没有多大变化，但是为了进一步提高装置的安全性、减少环境污染、提高液体收率、降低能耗、延长操作周期和提高灵活性等，各石油公司和科研设计公司相继开发了许多各具特点的工艺流程。

（一）加热炉系统

目前加热炉工艺介质的加热流程主要有对流和辐射室分别进料流程、对流物料直接转辐射室并两管程共用一个对流及一个辐射室流程、单管程单辐射室并两管程共用一个对流室流程、辐射室采用下进上出流程和单管程单对流及辐射室只是共用一个烟囱的流程等。加热炉系统工艺流程见图 5-1-9。

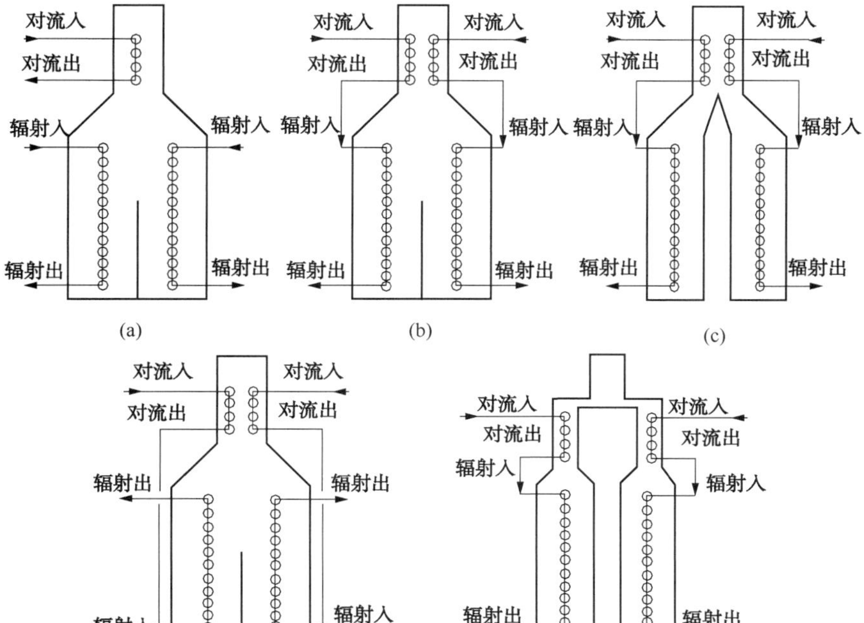

图 5-1-9　加热炉系统工艺流程示意图

图 5-1-9(a)为国内 2000 年前经常使用的流程，其特点是对流室加热原料，辐射室加热焦化油，原料经换热后先进加热炉对流预热，然后到分馏塔闪蒸，对含轻组分较多的渣油可在分馏塔充分闪蒸，另外辐射炉管压降较低。其缺点是对流出口温度不易控制，对流流量易受分馏塔底液位的影响。生产实践证明，这种新鲜原料经加热炉对流段加热的流程，在生产过程中，尤其是开工阶段，极易造成新鲜原料对流段出口超温，从而出现对流管结焦现象，这一点对于低芳香性、高沥青质含量的稠油焦化原料更显危险。另外，很难控制调节好新鲜原料对流出口超温与分馏塔底液面超高以及塔底和/或蒸发段超温的相互关系。若调节不当，还进一步影响到分馏塔侧线馏分轻、重瓦斯油与原料的换热和下游的蒸汽发生器和冷却器的换热效果。

图 5-1-9(b)为美国 Petro-Chem 公司推荐使用的流程，2000 年后国内大部分焦化加热炉采用该流程。其特点是对流辐射串联，操作简化，配合多点注汽，炉管压降增加不大。其缺点是两个管程共用一个辐射室，当一管程进行在线清焦时，温度的升降会受到另一个管程的影响。当一台联合加热炉设有 2~4 个辐射室时，在线清焦时采取一个辐射室的两个管程同时清焦效果较好。Conoco/Bechtel 公司的焦化技术也经常推荐该加热炉流程。

图 5-1-9(c)为美国 Foster Wheeler 公司推荐使用的流程，其最大的流程特点是一个管程一个辐射室，一个管程的温度调节及在线清焦操作不会影响其他管程的操作，也不会受其他管程的严重影响，但是不能实现单管程停工水力机械清焦。

图 5-1-9(d)为中国石油大学(华东)推广的加热炉流程，其主要特点是让炉膛的高温区加热低温渣油，让炉膛的低温区加热高温渣油，减少炉管结焦。另外，如果视炉管为热裂化反应器，则由下流式反应变上流式反应，配合其延长加热炉管内停留时间技术，可降低焦炭收率。

图 5-1-9(e)是 Foster Wheeler 公司为加工劣质渣油推荐使用的流程，其特点是配合加热炉进出口切断阀可实现任意一管程的在线清焦、在线机械清焦和在线烧焦。

另外，中国石化工程建设有限公司、中石化洛阳工程有限公司和中国石油大学开发了不同形式的带中间反应器的加热炉流程，通过延长反应时间来提高焦化装置的液体收率。

关于加热炉炉管的注汽或注水流程也有所区别，Conoco/Bechtel 公司及 Foster-Wheeler 公司提供的技术多为单点注汽或水，Foster-Wheeler 公司认为采用炉管注水时装置内可以控制其压力稳定，可避免由于蒸汽压力波动或中断导致炉管结焦。国内的焦化加热炉多采用多点注汽流程，部分装置同时配备了注水作为备用，总体而言，注水注汽流程比较复杂。

(二) 焦炭塔系统

焦炭塔系统流程的区别主要体现在塔底进料、塔顶出料和开工预热等方面。

1. 塔底进料流程

国内外几种焦炭塔进料流程示意图见图 5-1-10。

图 5-1-10(a)为焦炭塔底中心进料方式，是焦炭塔最开始应用和到目前为止被认为最好的进料方式，焦化原料在焦炭塔进料段的流量分布和温度分布最均匀，高温高流速的原料对焦炭塔的冲刷最小，这些都对延长焦炭塔的使用寿命有利。原料由塔轴心进料，焦化反应由轴心向周边扩散，生焦时形成中心通道，对冷焦和除焦有利。应用闸板阀式底盖机后，塔底中心进料改为侧线进料。图 5-1-10(b)为水平单侧进料，进料对塔体的冲刷较大，进料段空间的温度分配不均匀。图 5-1-10(c)为向上倾斜的单侧进料，其进料对塔体的冲刷稍好于水平单侧进料，但除焦时进料管线易堵，应考虑冲洗措施。图 5-1-10(d)为水平两侧

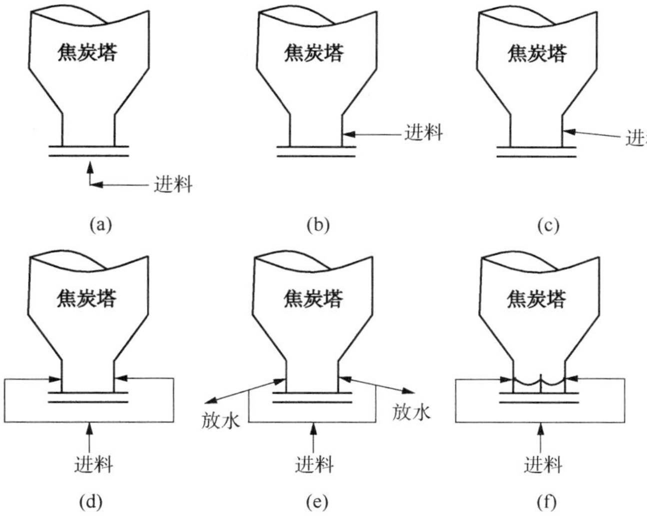

图 5-1-10 几种国内外焦炭塔进料流程示意图

进料，由于双向进料的对冲相对减少了对焦炭塔体的冲刷，但是两侧进料会出现结焦和偏流现象。图 5-1-10(e)为 Conoco/Bechtel 公司改进的两侧进料，每侧进料向上倾斜，两股物料在塔内顺流汇合，不完全对冲，对焦炭塔的冲刷大大降低；冷焦放水时斜向下至焦池，不易堵塞管道；切焦操作时在入口通入冲洗水；入口两侧管道设置表面温度检测，及时判断管道是否结焦和偏流。有的公司也采用了两侧斜向上进料方式，但放水流程和 Conoco/Bechtel 公司不同。图 5-1-10(f)为国内开发的一种特殊的进料方式，主要用于国内生产的旋起式自动卸盖机的进料，其特点是在焦炭塔内部设置导流管，把水平单侧或双侧进料变为底中心进料，避免了侧向进料对焦炭塔的冲刷。另外，中石化洛阳工程公司开发了焦炭塔的上下组合进料，即把焦炭塔底部进料自加热炉出口引一部分到焦炭塔顶部进料，并选择合适的底部和顶部进料的比例，试验结果表明，该进料方式可提高焦化装置的液体收率。

2. 焦炭塔的开工预热流程

焦化装置开工循环时，国内外的焦炭塔预热流程不同，国内大部分采用液相预热，而国外基本采用气相预热。国内开工循环的焦炭塔预热流程为：开工循环油自原料缓冲罐→原料油泵→换热器→分馏塔底→加热炉进料泵→加热炉加热→四通阀→四通阀副线→焦炭塔顶(开工循环油在塔内部分汽化，液相自上而下至焦炭塔底，气相自塔顶油气管道流出，温度低时去放空塔，温度高时去分馏塔)→焦炭塔底→甩油罐(气相自罐顶流出，温度低时去放空塔，温度高时去分馏塔)→甩油泵→甩油水箱冷却器→原料缓冲罐。

国外开工循环的焦炭塔预热流程为：开工循环油自原料罐→原料油泵→换热器→分馏塔底→加热炉进料泵→加热炉加热→四通阀→四通阀副线→焦炭塔顶出口大油气管道(开工循环油在管道内部分汽化，液相自流循环至分馏塔底，气相在焦炭塔顶油气管道自下而上进入焦炭塔)→冷凝冷却的汽液混相至焦炭塔底→甩油罐(气相自罐顶流出，温度低时去放空塔，温度高时适当关闭背压阀引油气去分馏塔)→甩油泵→放空塔(在放空系统加热脱水或冷却)→原料进装置管线。针对没有甩油系统的装置，焦炭塔底冷凝冷却的汽液混相至放空塔或分馏塔(当温度低时去放空塔，当温度高时去分馏塔)→放空塔(在放空系统加热脱水或冷却)→原料进装置管线。

国内开工循环流程需要一条自四通阀到焦炭塔顶的开工线；大量高温焦炭塔预热油需要水箱冷却器冷却，造成蒸汽污染和能量浪费；液相预热焦炭塔时预热不均匀且速度慢；切换四通阀改焦炭塔底进料时，塔内存油较多。另外，国内流程和国外流程相比，焦炭塔预热温度高、预热速度慢、甩油温度高、甩油量大和分馏塔底升温速度慢，开工时经常由于甩油泵超负荷和温度高而导致泵的损坏，甩油管线的振动也经常发生[2]。国外的开工循环流程需要放空系统一起参入循环，为脱除循环油中的水，通常在放空系统设置蒸汽加热器；开工循环油中需要含有一定的轻组分，以保证炉出口的汽化量为焦炭塔预热；大量的开工循环油无需冷却，耗能较少；开工循环油液相的流程短，只是由分馏塔至加热炉加热后再回到分馏塔，当分馏塔底温度偏高时，部分循环油由加热炉进料送至蜡油产品系统，经蜡油产品空冷器冷却后沿原料管线返回分馏塔。

（三）分馏塔系统

1. 循环比控制流程

循环比是延迟焦化装置最重要的操作参数之一，对装置的产品分布、产品性质、加工量和能耗等产生重要影响，通常原料性质及产品要求决定循环比的选择。循环比的控制是由分馏塔下部的操作来实现，分馏塔下部流程的设计不仅要考虑如何更好地控制循环比，而且还要考虑如何减少蜡油携带焦粉等。国内几种典型的循环比控制流程见图 5-1-11。

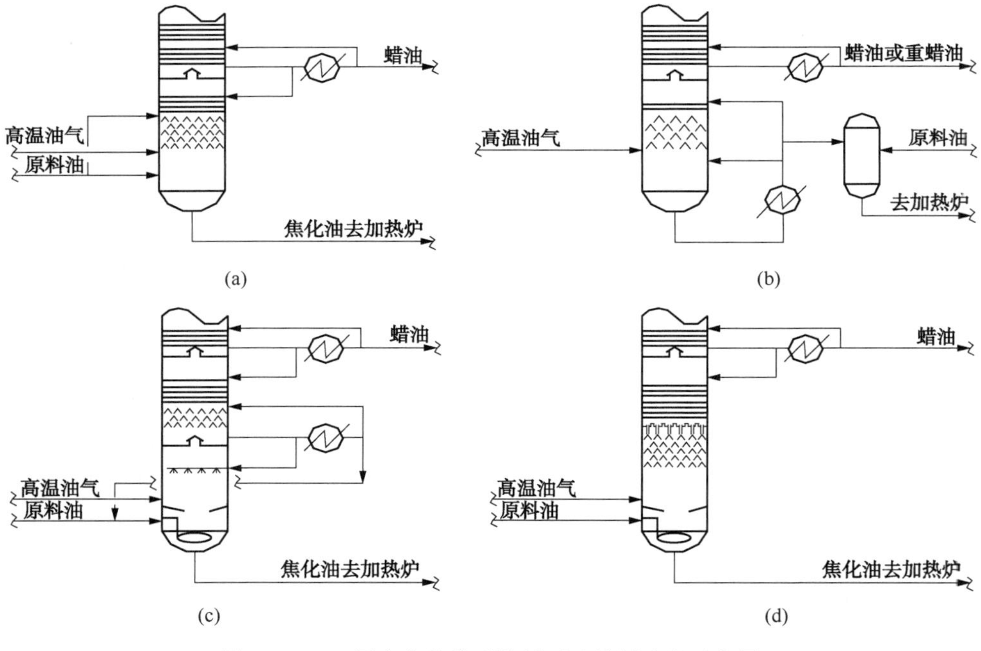

图 5-1-11　国内几种典型的循环比控制流程示意图

图 5-1-11(a)为国内传统的一种控制循环比的流程，采用原料和来自焦炭塔的高温油气在分馏塔内直接换热，利用上下进料比例来控制循环比，上进料比例增加时，原料和油气的换热量增加，油气中被冷凝的循环油量增加，循环比加大。该流程避开了高温段渣油的换热，换热器结焦程度降低，同时降低了投资；为减少蜡油携带焦粉，设置了蜡油洗涤段，但是当循环比较小时，蜡油下回流量少易造成洗涤板干板；当超低循环比操作时，渣油上进料量需要的很少，导致换热板上的渣油温度高和结焦，采用该流程推荐的循环比通常大于 0. 15。

图 5-1-11(b)为“可调循环比焦化工艺流程”控制循环比的流程[3]，该工艺流程与传统流程相比，区别在于新鲜原料逐级经与分馏塔侧线馏分换热。加热和/或经加热炉对流段预热后不进入分馏塔底部，而是先进入加热炉进料缓冲罐，然后再用加热炉进料泵抽送流经加热炉辐射段快速升温到所需焦化温度，再直接快速进入焦炭塔。而来自焦炭塔顶的高温油气仍进入分馏塔底部，其高温反应油气的热量由分馏塔底抽出的循环油经塔外蒸汽发生器或原料换热取走。该“可调循环比焦化工艺流程”的循环比是通过循环油泵抽出分馏塔底含焦粉的循环油，在流量控制下混入加热炉进料缓冲罐后实现的。该工艺流程与近年来国内设计的分馏塔流程如上海石化、齐鲁石化的焦化分馏塔流程及国外焦化分馏流程相比，“可调循环比焦化工艺流程”的核心是相当于把新鲜原料下进料的分馏塔底加大后“一分二段”，原分馏塔底部相当于加热炉进料缓冲罐，而原分馏塔的重蜡油集油箱相当于“可调循环比焦化工艺流程”中的分馏塔底。该流程的主要特点是渣油和油气不换热，防止换热板结焦；通过流量控制使循环比灵活可调；增设加热炉进料缓冲罐，避免了辐射泵抽空；可实现零循环比操作。采用该流程需要注意，虽然在零循环比下操作流经加热炉辐射管的进料没有焦粉夹带问题，但要实现零循环比条件下焦化长周期运行是很困难的，尤其对于低芳香性、高沥青质的重质渣油更难实现长周期运行。另外，油气和原料在分馏塔内的直接换热改为原料和塔底含焦粉的循环油间接换热，换热器的结焦也应引起重视。

图 5-1-11(c)为国内某炼厂采用的一种控制循环比流程，该流程采用循环油三级接触洗涤技术，以减少焦粉夹带和实现循环比灵活调节。采用蜡油下回流、循环油上回流和循环油下回流喷淋三级洗涤，解决了蜡油及以上产品的焦粉携带问题；循环油的热回流和到塔底的冷回流相结合调节塔底温度；循环油下回流喷淋可把大部分焦粉洗涤到塔底，减少了循环油集油箱的焦粉含量；循环油集油箱设有搅拌，防止底部焦粉沉积；蜡油下回流和循环油的上回流相结合可使循环油和蜡油的分离度提高[4]。

图 5-1-11(d)为中国石化工程建设有限公司为提高作为加氢裂化原料的蜡油质量应用并推荐使用的一种控制循环比流程。该流程采用全部蜡油下回流控制循环比，蜡油回流量较大，蜡油和循环油分离塔板及换热板较多，洗涤和换热效果好，可有效降低蜡油的干点和减少蜡油的焦粉携带，同时减少了蜡油换热器的结焦。该流程相对简单，但是当循环比太低时需要增加重蜡油抽出流程。

国外几种循环比控制流程示意图见图 5-1-12。

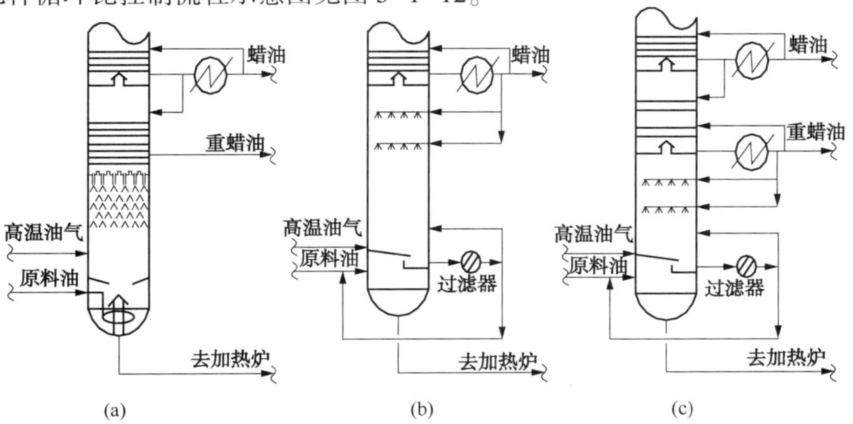

图 5-1-12　国外几种循环比控制流程示意图

图 5-1-12(a)为国外设计的一种循环比控制流程。其主要特点是：采用蜡油下回流控制循环比，循环油和原料在分馏塔底混合，为减少蜡油的残炭、焦粉含量、金属含量和硅含量以满足加氢裂化对蜡油质量的要求设置了重蜡油抽出，分馏塔底抽出口设有滤焦器和原料冲洗搅拌环管，和国内流程不同的是塔外未设过滤器，为检测分馏塔底的结焦情况，推荐安装料位计。

图 5-1-12(b)为国外设计的另一种循环比控制流程。其主要特点是：采用蜡油下回流控制循环比，蜡油下回流采用两层喷头，用喷头喷出的液体来洗涤油气和与油气换热，冷凝的自然循环油由积液箱收集，在液位控制下泵送至原料进分馏塔管线，为防止积液箱焦粉沉积，设置了回流搅拌流程。该流程循环油中焦粉含量较多，循环油过滤器清焦频率较高，通常 7~14 天清焦一次，劳动强度较大。该流程适合循环比为 0.05 的超低循环比操作，同时对蜡油作为加氢处理原料，对蜡油残炭要求不高的情况。为检测分馏塔底和循环油积液箱的结焦情况，推荐安装料位计。

图 5-1-12(c)为改善蜡油质量设计的一种循环比控制流程。与图 5-1-12(b)的主要区别是，采用重蜡油下回流控制循环比，蜡油和重蜡油之间设置分馏塔板，通过重蜡油的抽出量平衡蜡油产量和质量，重蜡油可以送出装置，也可以作为急冷油的补充在装置内循环，相当于提高了循环比。

图 5-1-13 是美国大陆石油公司(Conoco)焦化零自然循环原则流程图。大陆石油公司开发的延迟焦化工艺流程的特点是通过分馏塔下部特殊的内构件设计来实现焦化零自然循环操作；同时也可根据原料的不同特性，对产品分布的不同要求和加热炉管内前后不同部位的结焦状况，采用不同计量、不同馏分油的选择性循环。显然，该流程基本汇集了前述国内现有焦化流程的特点，说明我国也已经具备零自然循环操作焦化工程的设计能力。

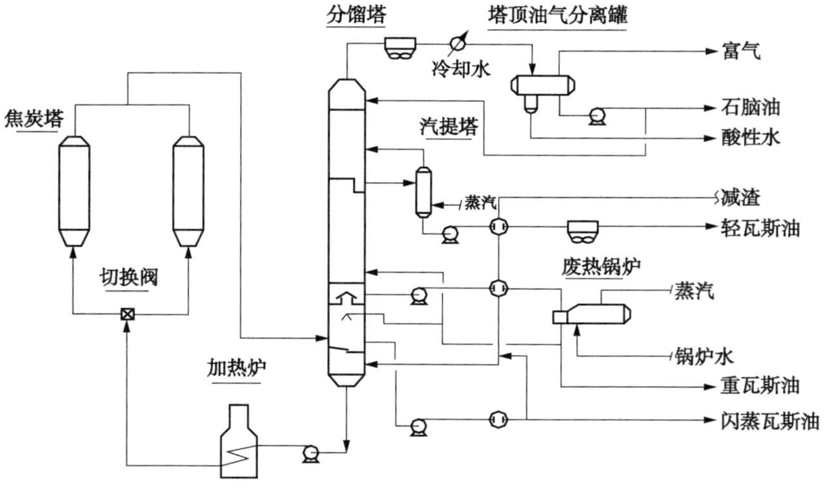

图 5-1-13　美国大陆石油公司焦化零自然循环原则流程图

2. 分馏塔回流取热及热量利用流程

分馏塔回流取热及热量利用流程设计考虑的主要因素为满足产品质量的要求、满足安全平稳灵活操作的要求、保证汽液负荷相对均匀使分馏塔直径合理、最大限度回收热量及减少电耗以降低能耗、减少塔内结焦结盐和优化设备投资与节能的关系以提高效益等。针对上述影响因素，不同的项目和不同的人员考虑的重点不同，因此，国外分馏塔回流取热及热量利用流程和国内的常规设计有所区别。为保证柴油和蜡油的闪点、提高产品分离度、降低分馏塔的高度，国外流程通常设置柴油汽提塔和蜡油汽提塔，而国内流程很少设置两个汽提塔，大部分装置不设汽提塔，少部分装置仅设置蜡油汽提塔。国外的分馏塔通常不设置塔顶循环回流和中段回流，用汽油回流控制塔顶温度，用柴油下回流控制柴油干点，其特点是：简化了分馏系统的流程，减少了分馏系统设备台数和占地，减少了分馏塔的塔板数量，降低了分馏塔顶部塔板结盐的可能性[2]。典型的国外分馏塔回流取热及热量利用流程示意见图 5-1-14。

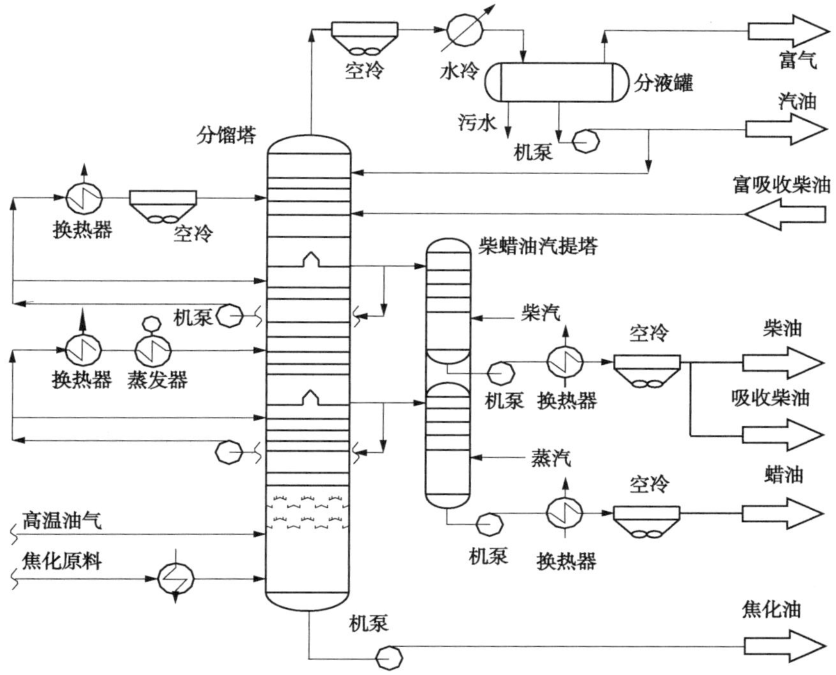

图 5-1-14 典型的国外分馏塔回流取热及热量利用流程示意图

(四) 气体回收系统流程

国内外焦化气体回收系统的流程基本相同，都是采用汽油吸收塔、柴油吸收塔、脱吸塔及稳定塔的四塔流程。Conoco/Bechtel 公司及 Foster-Wheeler 公司仍然推荐汽油吸收塔和脱吸塔重叠布置的流程，不设汽油吸收塔底泵，而是通过具有液封功能的 U 型管道自压至压缩机出口空冷器，优点是取消吸收塔底泵降低了电耗、占地和投资，缺点是吸收塔标高较高，操作不方便，特别是当塔径较小时塔顶晃动严重。当采用多台塔底重沸器并联操作时，国外通常设置重沸器切断阀，实现重沸器在线检修。Conoco/Bechtel 公司不建议采用焦化高温蜡油直接作为重沸器的热源，而是用蜡油发生的饱和蒸汽作为重沸器的热源，自产蒸汽不足时补充系统蒸汽，自产蒸汽过剩时向低压蒸汽管道排放。其优点一是避免了焦化部分和气体回收部分之间的相互影响，二是在焦化部分未开工正常时气体回收部分可实现热循环，三是避免汽油中的烯烃高温聚合结焦，但是该流程增加了设备台数和投资。国内外流程另外的区别是国内吸收塔的中段回流个数较多，国外基本不用或少用；国内脱吸塔进料多采用热进料或冷热进料相结合，国外基本是采用全部冷进料，塔顶冷量多塔底热量多有利于提高脱吸塔的效率。

（五）吹汽放空系统

国外焦化装置吹汽放空系统的功能比国内多，除处理吹汽给水冷焦产生的气体、油气预热排放的气体和安全阀泄放气体外，还处理设备及管道冲洗和吹扫产生的污油及废气、过滤器反冲洗排放的污油和装置外来污油等。和国内流程相比，国外的吹汽放空流程相对复杂，设备设计压力较高，设备尺寸较大，如放空塔的直径通常大于 5m。其主要工艺特点是流程中基本都设置了蒸汽加热器，以维持放空塔底温度，减少重污油含水量；吹汽放空产生的重污油都作为急冷油补充油；放空塔顶尾气都进行回收利用；放空塔顶只设空冷器，没有后水冷器；重污油采用空冷器冷却，没有水箱冷却器等。

1. 设置水封罐的吹汽放空流程

设置水封罐的吹汽放空流程示意图见图 5-1-15。除具有上述特点外，其独特之处是放空塔顶罐气体出口设置了水封罐代替安全阀，当压力超高时气体冲破水封排放至火炬系统；注入破乳剂，提高塔顶分离罐的分离效率；来自焦炭塔的油气进放空塔前设置压力控制，控制冷焦压力，降低焦炭塔内空塔气速和提高冷却效果；甩油罐的甩油送放空塔，未设单独的冷却器；放空污水前期去污水汽提，后期去冷焦水处理系统；污油加热器采用低压蒸汽加热等。

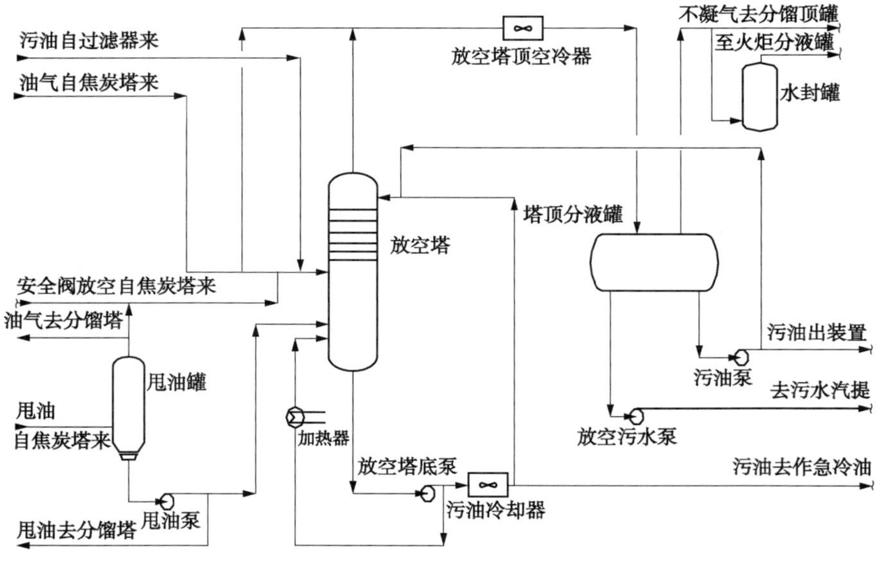

图 5-1-15　设置水封罐的吹汽放空流程示意图

2. 设置抽空器的吹汽放空流程

设置抽空器的吹汽放空流程示意图见图 5-1-16。该流程的主要特点是把吹汽放空总管作为传质传热设备，利用蒸汽加热器控制管道内液相温度不低于设定值（170~200℃），利用放空污水或冷焦水控制管道内气相温度不大于设定值（170~200℃）；放空塔除作为平衡闪蒸塔外，还用塔底油对闪蒸气体进行吸收；利用补充到放空系统的蜡油控制塔底液位；取消了甩油罐，简化了流程；污油加热器采用中压蒸汽加热；利用抽空增压机或蒸汽喷射器将放空尾气送至分馏塔顶空冷器等。

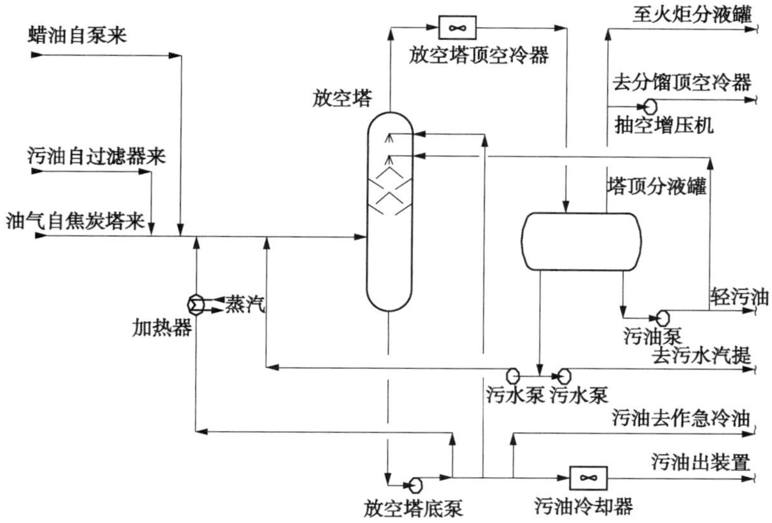

图 5-1-16　设置抽空器的吹汽放空流程示意图

(六) 冷切焦水系统

1. 冷、切焦水共用一个系统的流程

国外通常把冷焦水和切焦水作为一个系统，冷切焦水共用一个系统的流程见图 5-1-17。流程的主要特点是：

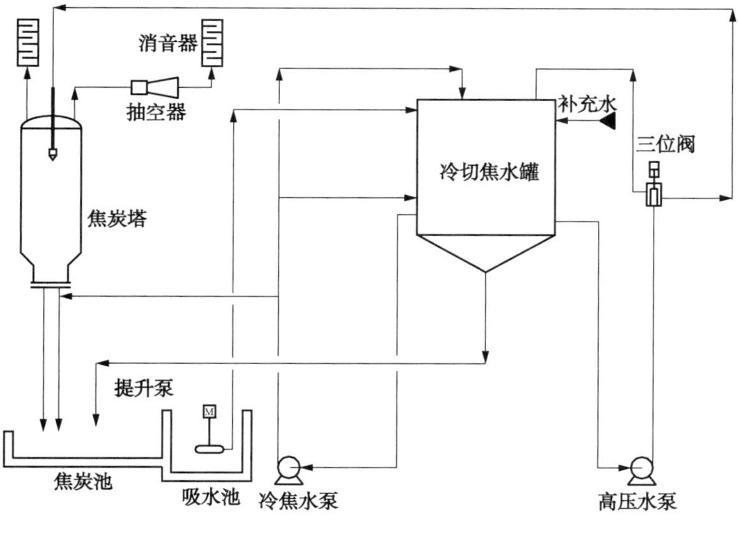

图 5-1-17　冷切焦水共用一个系统的流程图

① 冷焦水和切焦水共用一个水罐，水罐容积较大，水罐罐底为锥形，罐内沉积的焦粉由冷焦水泵来的水搅拌后排放至焦炭池。

② 冷焦水泵通常设置 3 台，冷焦水的流量由 2 个调节阀控制，采用阶梯式自动给水模式，在装置控制室内 DCS 上操作。

③ 采用泡焦冷焦模式，没有溢流水，冷焦放水直接排到焦池，和切焦水一起经沉淀焦粉后由提升泵送至冷切焦水罐。该流程和国内流程相比设备台数少、占地少、操作简单、投

资低，但是塔顶排空和塔底放水时含油的蒸汽对环境产生污染。

④ 为减少焦炭塔顶排空和除焦过程的污染，设置蒸汽抽空器，对抽出的气体进行冷凝冷却，不凝气经消音器排空。

⑤ 当焦炭塔台数较多时，在焦池的两侧分别设置沉淀池和吸水池，焦池内的水自中心向两边流动。

⑥ Conoco/Bechtel 公司把焦池分成焦坑和焦台 2 部分，靠近焦炭塔侧为焦坑，另一侧为焦台，除焦时焦炭堆在较深的焦坑，然后由吊车运到焦台脱水。

2. 冷焦水放水闪蒸脱汽流程

为了解决塔底直接放水到焦池产生的含油含硫蒸汽对环境的污染，中国石化工程建设有限公司开发了一种冷焦水处理的改进流程[5]，即为冷焦水放水闪蒸脱汽流程，见图 5-1-18。该流程的主要特点是：

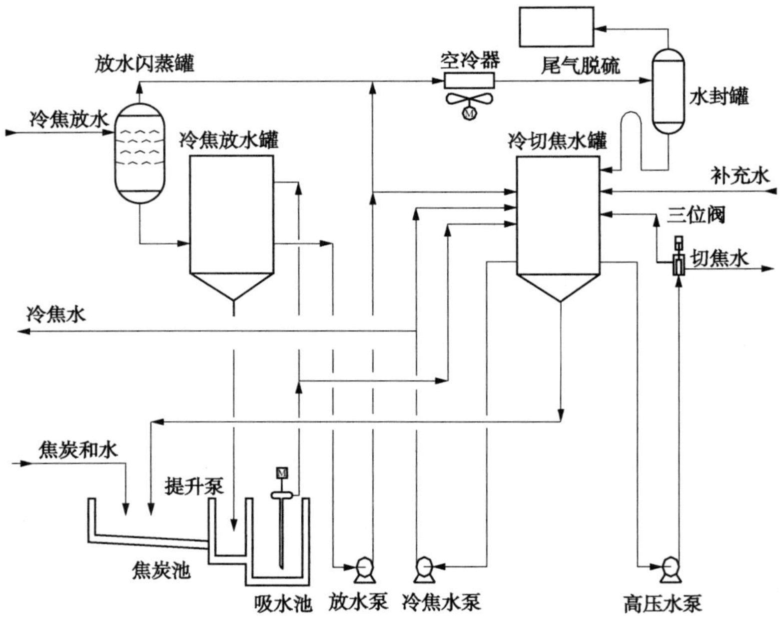

图 5-1-18　冷焦水放水闪蒸脱汽流程示意图

① 当焦炭塔冷焦放水时，冷焦热水先由焦炭塔自流至冷焦放水脱气罐内进行闪蒸并脱气。

② 冷焦热水经闪蒸脱除少量含硫化物、不凝气等气体后自流至冷焦放水罐；当冷焦放水罐内冷焦水经自然冷却至约 60℃时，送至冷焦水罐回用。

③ 冷焦放水脱气罐内闪蒸出的含少量硫化物、不凝气的蒸汽先经尾气空冷器冷却至约 50℃，再进入尾气分水罐，分离出的蒸汽冷凝水自流至冷焦水罐回用，尾气分水罐顶出来的含硫尾气进入尾气吸附脱硫设施脱除硫化物后排大气。

④ 冷焦放水罐底和冷切焦水罐底沉淀的焦粉定期排放至焦池。

⑤ 该流程简单，操作安全可靠，解决了延迟焦化装置冷焦放水过程中焦池上方蒸汽弥漫及冷焦水中硫化物直接排放至大气的问题，对改善延迟焦化装置的工作环境非常有利。

（七）密闭除焦及焦炭装运系统流程

1. 密闭除焦流程

图 5-1-19 为 TRIPLAN 公司技术持有的密闭除焦系统（CCS System）流程图[6]，该系统已经在德国成功运行多年。

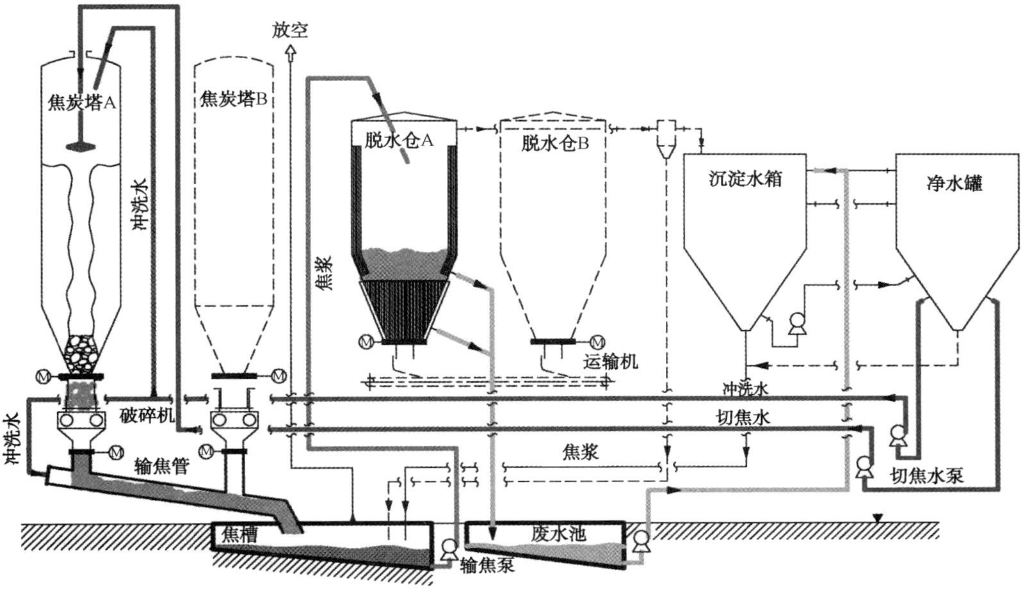

图 5-1-19　TRIPLAN 公司的密闭除焦系统（CCS System）流程图

其工艺过程为，来自焦炭塔的焦炭首先经破碎机破碎，在大量水的冲击下流至焦槽，焦炭和水由输焦泵抽出送至焦炭脱水仓，脱出的水至废水池，焦炭由脱水仓底部流出经皮带运输机送出装置。废水池的含焦粉的水由废水泵抽出送至沉淀水箱，沉淀出的焦粉自压流回焦槽，水经进一步的处理后送到净水罐，净水罐的水用于水力切焦、破碎机前焦炭冲洗和焦槽的冲洗搅拌。

该流程的主要特点是：实现了除焦过程的全密闭，焦炭在线破碎，特殊的脱水仓可实现焦炭含水量小于 8%，自动化程度高。但是该流程中破碎机冲洗和焦槽冲洗搅拌的用水量较大，导致能耗较高；焦槽、脱水仓、废水池排除的废气没有处理直接排大气，导致环境污染。

2. 直接装车流程

除焦过程从焦炭塔放出的焦炭和除焦水直接落入装运焦炭的铁路货车中，除焦水和焦炭粉末从车底部流入污水池。污水由此进入澄清池，从水中除去焦粉，净化后的水再循环使用。图 5-1-20 为直接装车和脱水系统的流程。

3. 焦池装车流程

焦池装车系统流程见图 5-1-21。除焦过程放出的焦炭和水经过溜槽排入一个混凝土制的储焦池中，在储焦池一侧设一个集水坑，流出的水经过一些可拆卸的篮筐（内装焦炭）把水中的焦粉收集下来。另外，用循环水冲洗、搅拌集水坑内的焦粉，用泥浆泵把集水坑内的粉浆排出。最后从折流沉降池沉降出的洁净水送入除焦水缓冲罐，以便循环使用。储焦池中经过脱水的焦炭用吊车装车外运。储焦池的尺寸根据焦炭塔的个数和出焦量确定。

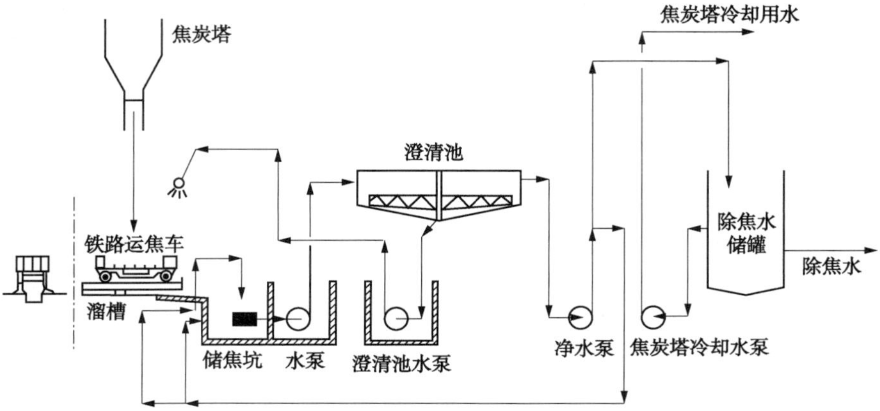

图 5-1-20　焦炭直接装车系统流程图

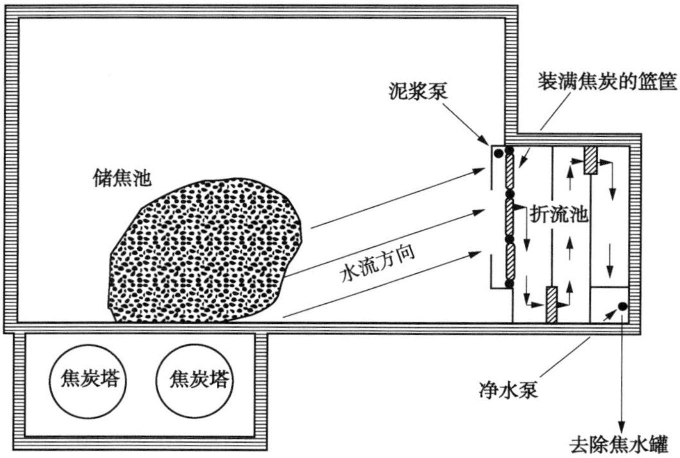

图 5-1-21　焦池装车系统流程图

4. 储焦坑装车流程

除焦过程排出的焦炭和水直接排入地下式混凝土储焦坑中。储焦坑的一侧或两侧有除焦水排出口。在排水口之前的底层焦炭起着过滤焦粉的作用，以便把从储焦坑排出水中的大部分焦粉过滤出去。然后，水中残存的焦粉在折流池内进行最后净化，净化的水送回除焦水罐再重复使用，储焦坑内经过脱水的焦炭用高架式抓斗起重机装车运出。储焦坑的容量根据焦炭塔的生焦能力和需要的储焦天数设计。储焦坑装车系统流程见图 5-1-22。

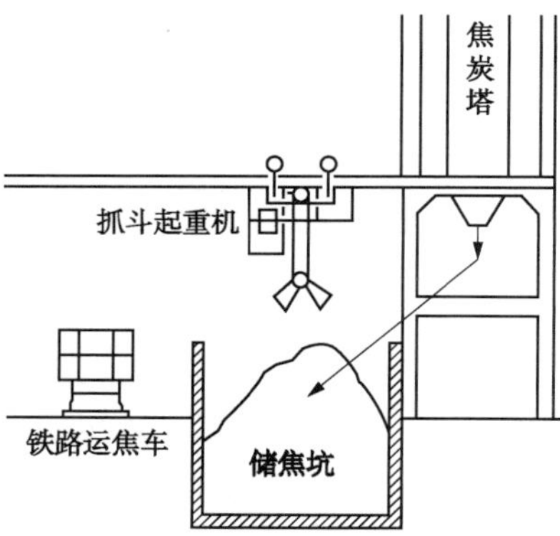

图 5-1-22　储焦坑装车系统流程图

上述几种焦炭处理系统均为敞开式系统，操作条件差，环境污染严重，存在较严重的污水，粉尘和恶臭等污染问题。

5. 脱水罐

这是一种能满足环保要求的先进的全封闭式焦炭脱水系统。焦炭塔放出的焦炭和除焦水首先经过设在焦炭塔下部的粉碎机形成泥浆，然后送入(或直接落入)脱水罐进行沉降脱水。分离出的水经过净化后循环使用。脱水后的焦炭在振动器的作用下从脱水罐中放出，经过运输机送入运焦车中。根据焦炭塔和脱水罐相对位置的不同，有泥浆式脱水罐和重力式脱水罐两种形式。

(1) 泥浆式脱水罐

焦炭塔和脱水罐为并列式布置。从焦炭塔底部排出的焦炭和水经过粉碎机破碎成焦粉后直接排入位于焦炭塔下部的泥浆池中，然后再用泥浆泵把焦粉和水形成的泥浆送入与焦炭塔并列布置的脱水罐中。焦炭在脱水罐内沉降下来，分离出的水排入泥浆池。系统内需用大量水进行循环。脱水焦炭最后从脱水罐底部经输送机运出或直接装车。在一台澄清罐内从水中最后分出残余的焦粉。净水再用于除焦。泥浆式脱水罐系统流程见图 5-1-23。

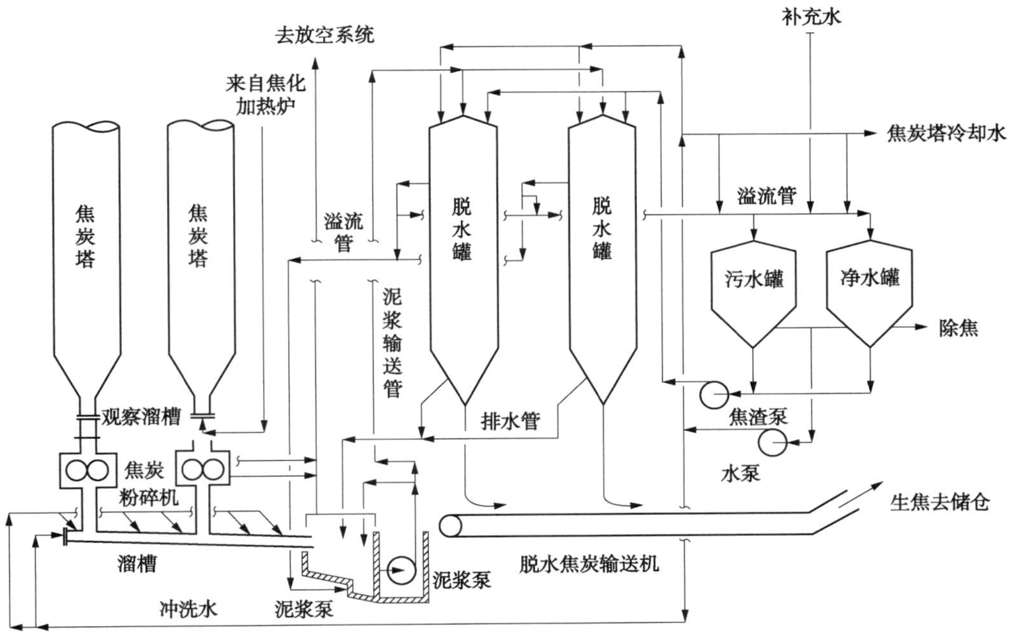

图 5-1-23　泥浆式脱水罐系统流程图

(2) 重力式脱水罐

焦炭塔放出的焦炭和除焦水经粉碎后直接靠重力流入位于焦炭塔下部的脱水罐内。焦炭和水混合物在罐内沉降后，水被排出。脱水的焦炭从脱水罐的底部排出，经带式运输机运出装车。排出的水仍含少量焦粉，在澄清罐中进行最后的净化。重力式脱水罐系统流程见图5-1-24。

上述两种形式的脱水罐均为密闭式且环境污染少的洁净操作。其差别是泥浆式脱水罐需使用泥浆泵，使用大流量循环水；重力式脱水罐则不需用泥浆泵，不需要大流量的循环水，但需要很高的焦炭塔框架构筑物。重力式脱水罐系统和泥浆式脱水罐系统的竖向布置图分别见图 5-1-25 和图 5-1-26。

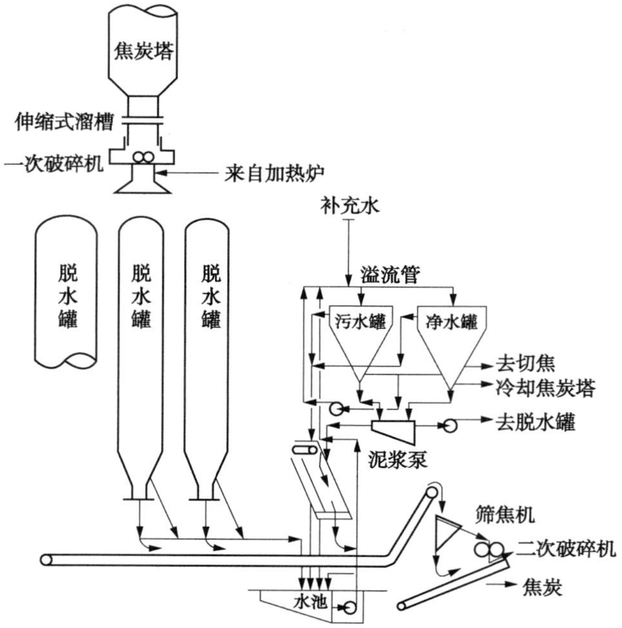

图 5-1-24　重力式脱水罐系统流程图

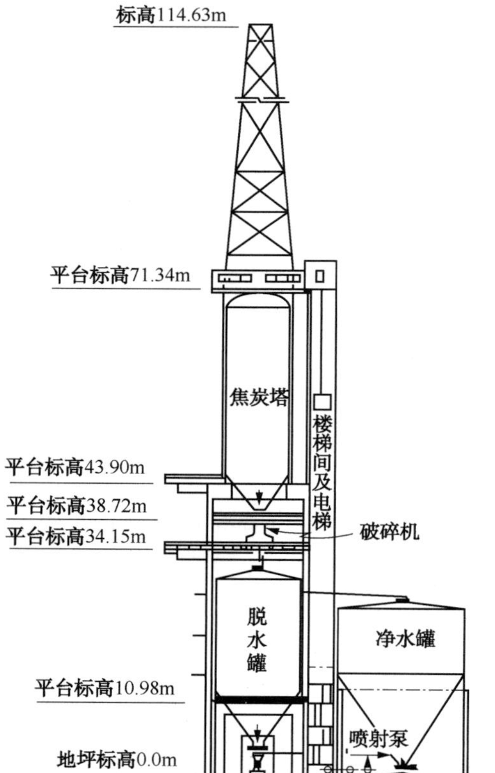

图 5-1-25　重力式脱水罐系统的竖向布置图

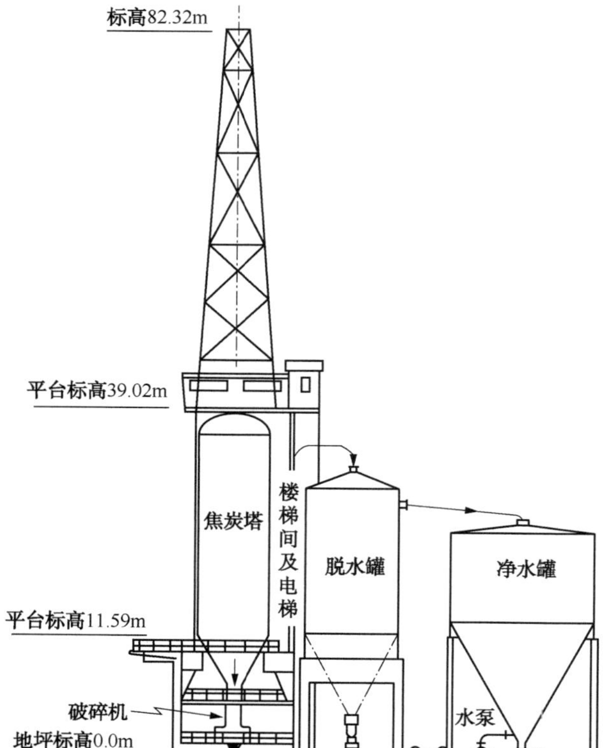

图 5-1-26　泥浆式脱水罐系统的竖向布置图

第二节　延迟焦化工艺技术

延迟焦化工艺从20世纪30年代工业化以来，目前是应用最广的一种渣油加工技术。下面归纳介绍延迟焦化工艺在技术、经济方面的特点。

一、延迟焦化工艺特点

（一）原料特点

1. 原料性质

焦化原料减压渣油是以碳、氢、硫、氮、氧和金属为主要元素组成大分子（平均相对分子质量约为500~1500）烃类和非烃类化合物的混合物，具有残炭值高、重金属含量高、沸点高、凝点高、硫和氮含量高、碳氢比值大、自燃点低和热稳定性差等特点。其化学组成和分子结构非常复杂，目前很难用具体的分子式来描述渣油中各种物质的组成，通常人们把渣油分为四组分：饱和分、芳香分、胶质和沥青质[1]。目前利用焦化工艺加工或掺炼的主要原料有减压渣油、常压渣油、减黏渣油、重质原油、重质燃料油、沥青、催化油浆、加氢未转化油、煤焦油以及污油、污泥等。有人称焦化装置为现代炼油厂的“垃圾桶”，例如可用三废治理中得到的废油、废渣和催化裂化的油浆作焦化原料，拓宽了焦化原料的来源，也使这些废料产出更大的效益。这样，焦化装置对提高炼厂轻油收率和效益有很大作用，国际上有一些“渣油零排放”和“废油零排放”炼厂的流程就是以大型焦化为主体[7]。可以这样说，焦化装置正在从炼油厂的“垃圾桶”往炼油厂的“垃圾处理厂”发展。

2. 原料的热裂化

渣油的热反应符合烃类和非烃类化合物热转化反应的一般规律，遵循自由基链反应历程，即链的引发、链的增长和链的终止。渣油在热转化时，始终是沿着裂解和缩合两个方向进行反应的，其产物中除有比渣油更轻的气体和馏分油外，必然同时还有比原料更重的产物。渣油在热的作用下主要发生两类反应：一类是热裂解吸热反应，另一类是缩合放热反应。总体来讲，渣油焦化热转化反应在宏观上表现为吸热反应[8]，延迟焦化反应的最大特点是在焦化原料的热加工过程中不使用任何催化剂，所以不存在催化剂的中毒和污染而造成催化剂再生和更换等问题。焦化反应是在一个中空的焦炭塔（罐）中进行的，原料自下而上沿进料通道进入焦炭塔，由于进料的向上流动在塔内形成数个通道，缩合反应生成的焦炭停留在塔内，并由塔壁向进料通道扩展。在焦炭层以上为主要反应区，即泡沫层，泡沫层分油相泡沫和气相泡沫，气相泡沫在上部，油相泡沫在焦层以上，焦化反应主要在泡沫层，泡沫层高度和原料性质及操作条件有关。裂解反应生成的气体、汽油、柴油、蜡油、循环油组分，由焦炭塔顶流出并经过急冷油冷却后进入分馏塔。随着原料的不断进入，产生的焦炭量增加，焦炭层高度增加，泡沫层也随之升高，当达到设定的高度后，切换进料到另一个塔内进行焦化反应，装满焦炭的焦炭塔开始冷焦、切焦、预热等。塔内反应进程示意图见图5-2-1。

3. 渣油的生焦过程

渣油是由饱和分、芳香分、胶质和沥青质四个组分以及硫、氮、氧和金属等非烃化合物组成的，是一种胶体分散体系，其分散相是以沥青质为核心并吸附以胶质形成的胶束。由于胶质的胶溶作用，在受热之前渣油胶体体系是比较稳定的。在热转化过程中，裂化和缩合两种反应是同时发生的，但是由于裂化反应的活化能较缩合反应的活化能低，在温度较低时，裂化反应的速度大于缩合反应的速度，渣油热转化过程主要生成裂化产物。当温度升高裂化

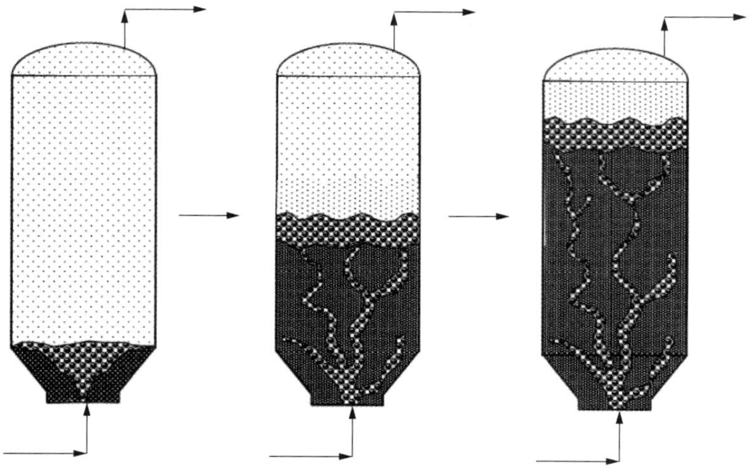

图 5-2-1　焦炭塔内反应进程示意图

深度增加，缩合反应的速度增大，芳烃、胶质裂化和缩合生成的沥青质增加，渣油的胶体性质就会受到破坏。由于缩合反应速度的逐步加快，渣油中作为分散相的沥青质的含量逐渐增多，而裂解反应不仅使分散介质的黏度变小，还使其芳香性减弱，同时作为胶溶组分的胶质含量则逐渐减少，这些变化都会导致分散相和分散介质之间的相容性变差。这种变化趋势发展到一定程度后，就会导致沥青质不能全部在体系中稳定地胶溶，致使部分沥青质聚集并发生缩合生焦反应而生成焦炭[8]。渣油热转化过程中的生焦现象是一个复杂的相变过程，沥青质是渣油热转化体系中生焦的根源。原料中的残炭对焦炭产率有直接的影响，通常焦炭产率为 1. 2~2. 0 倍的残炭值，残炭值越高该倍数越小，残炭值越低该倍数越大。

4. 焦化产能

基于焦化原料性质及热裂化反应的特点，延迟焦化特点是能够加工各种劣质原料，可以处理其他重油加工工艺不能处理的高残炭（R_c 可达到 30%左右）、高金属含量的原料，同时焦化流程比较简单，生产成本较低，炼厂内一些其他装置不能处理的重质废油可送往焦化装置处理，提高全厂轻油收率和效益。自 2003 年以来，各地区的焦化能力都有所增加。2010 年世界部分国家炼油能力和焦化能力统计见表 5-2-1[1]。

表 5-2-1　2010 年世界部分国家炼油能力和焦化能力统计

国家和地区	常压蒸馏/（万 t/a）	焦化能力/（万 t/a）	占原油加工量的比例/%
美　国	89346	13608	15. 2
俄罗斯	27155	467	1. 72
日本	23649	679	2. 87
印　度	20002	933	4. 66
韩　国	13608	105	0. 77
德　国	12088	582	4. 81
意大利	11686	248	2. 12
巴　西	9541	634	6. 65
加拿大	9510	314	3. 30
英　国	8831	355	4. 02

续表

国家和地区	常压蒸馏/(万 t/a)	焦化能力/(万 t/a)	占原油加工量的比例/%
墨西哥	7700	1051	13.6
委内瑞拉	6411	797	12.43
西班牙	6358	336	5.28
荷　兰	6043	228	3.77
印度尼西亚	5059	179	3.54
科威特	4680	396	8.40
乌克兰	4399	122	2.81
埃　及	3631	216	5.95
阿根廷	3135	502	16.0

近些年，全世界焦化加工能力发展很快，美国等一些美洲国家把延迟焦化作为一种重质原油的主要加工手段。美国于 2002 后的 20 年内为发展延迟焦化计划投资 70 亿美元，其中 30 亿用于增加产能，10 亿用于维持生产，30 亿用于满足空气清净法修正案改善油品质量。较典型的有 Exxon 公司在贝汤炼厂新建一套 2.2Mt/a 加工能力的延迟焦化，加工重质玛雅原油，并着手改造巴吞鲁日炼厂三套延迟焦化装置。美国 Coastal 公司投资 2.5 亿元在科珀斯克里斯蒂新建一套 3.0Mt/a 的装置，加工委内瑞拉原油。菲利浦斯和委内瑞拉石油公司合资在斯威尼炼油厂新建一套 3.2Mt/a 的延迟焦化装置加工委内瑞拉原油。加拿大和委内瑞拉等国也非常重视发展延迟焦化，委内瑞拉奥里油(Orimulsion)是高黏度的超重油，产量从 1997 年的 4.10Mt 扩大到 2006 年的 36.0Mt/a，它的国内价格和煤相当，作为焦化原料非常有利。委内瑞拉已经在 Jose 新建五套大型延迟焦化装置，总能力是 29.0Mt/a(52 千桶/日)，平均单套装置产能为 5.8Mt/a。其中 Sincor 公司于 1998 年投产的 4.90Mt/a 延迟焦化，投资 4 亿美金，采用福斯特-惠勒公司的三炉六塔工艺。最近中国石化和沙特阿美合资在沙特延布建设约 6.60Mt/a 的延迟焦化装置，原料为沙特重质原油的减压渣油，采用 Bechtel-Conoc 公司的技术，三炉六塔工艺流程。以上说明，对于大量加工高含硫重质和超重质原油资源的国家，其渣油深加工首选采用技术成熟，具有脱硫、脱氮功能的焦化工艺是合理的。因此，世界上焦化产能主要集中在加工重质原油比例较高的国家，无论是产能还是占原油加工量比例，美国都占首位。

在中国焦化装置也成为渣油加工的重要装置之一。2010 年底，国内以减压渣油、减压渣油掺合沥青或催化油浆、重质原油、重质燃料油或煤焦油为原料的延迟焦化装置共计约 110 余套，其总加工能力约 1.1 亿 t/a。2010 年国内延迟焦化装置加工能力统计见表 5-2-2[1]。

表 5-2-2　2010 年国内延迟焦化装置加工能力统计

单位或公司名称	装置套数/套	加工能力/(万 t/a)
中国石化	36	4630
中国石油	22	2430
中国海洋石油	5	810
中国化工	3	360
中国兵器工业集团	1	100
地方企业①	45	2700
中国台湾		281

① 由于地方企业的装置比较分散，装置套数、加工能力和实际加工量仅供参考。

（二）产品特点

1. 产品性质

焦化装置的产品主要有干气、液化气、汽油、柴油、蜡油和焦炭，焦化装置的产品均为半成品，需要下游装置进一步的加工，对产品性质要求不高。其特点为[1]：

① 干气和液化气产品硫化氢和硫醇含量高，烷烃含量比烯烃含量高，易夹带焦粉末。

② 焦化汽油的溴值高，安定性差，容易变色(氮含量高)，刚生产的石脑油为白色，在大气中放置一会儿就会变成淡黄色；辛烷值比较低，抗爆性不好；易夹带焦粉末。经加氢精制后适宜作乙烯裂解原料，也可以作重整原料。

③ 焦化柴油的溴值高，安定性差，容易变色；刚生产的轻瓦斯油为黄色，在大气中放置一会儿就会变成深褐色(氮含量高)；十六烷值较高，其自燃性较好；易带焦粉。

④ 焦化蜡油的芳烃含量较高，并含有硫、氮和金属；易带焦粉；经加氢处理后适宜作为催化原料，或者直接作为加氢裂化原料。

⑤ 石油焦的主要成分是炭青质，并含有一定量的挥发分、灰分和水分，生焦的外观为黑色多孔固体，含有硫、氮和金属。

2. 产品利用

干气经脱硫后适宜作为制氢原料和加热炉燃料，液化气经脱硫后一般作为民用燃料。干气中的 C_2回收后去乙烯装置作原料，脱硫液化气经气体分馏后回收丙烯，烷烃也可去作乙烯原料。焦化石脑油经加氢精制可作催化重整原料油，适宜作为乙烯裂解原料。加氢焦化柴油的质量无论是十六烷值还是安定性方面均好于催化裂化柴油，是提高全厂柴油产品的十六烷值的重要组分，焦化柴油加氢精制耗氢量低于催化裂化柴油精制的耗氢量。焦化蜡油经加氢处理后适宜作为催化原料，或者直接作为加氢裂化原料，加氢焦化蜡油用作催化裂化和加氢裂化原料时可增加液体产品收率。多产柴油为主的中间馏分是焦化流程的一个特点。如果焦化石脑油不作为油品而用于化工用途后，炼厂汽油产量相应减少，全厂汽油中烯烃含量相对较低，但焦化柴油数量不变。这样的炼厂柴汽比可以高达 2.5 以上。对于大型焦化装置，加氢后的中间馏分还存在生产喷气燃料的可能性，国外有这种流程，这对于提高焦化的经济效益是有利的。我国一些现代煤化工企业，利用未转化渣油进行焦化，可以得到高密度军用喷气燃料(相对密度 0.9 左右)，由于具有航程远的独特优点，是延长作战飞机航程的一个重要手段，目前正在加速产业化过程中。

3. 在炼油化工厂中的特殊用途

焦化石脑油经加氢精制后是一种良好的乙烯裂解原料，乙烯收率和优质直馏石脑油相当。加氢焦化蜡油(CGO)通过加氢裂化所得到的加氢裂化尾油(HVGO)也是一种制造乙烯的好原料。因此，焦化液体产品中石脑油馏分、柴油馏分中轻柴油部分(≤200℃馏分)和蜡油馏分都可以直接或间接提供乙烯裂解原料[9]。

初步估计，一套 2.0Mt/a 的延迟焦化装置每年可提供 300~400kt 石脑油和 250~300kt 加氢裂化尾油作乙烯裂解原料，可年产乙烯 155~200kt。延迟焦化装置是炼油化工一体化炼油厂的主要装置，它可以为乙烯工业提供更多、更好、更廉价的原料，从而使炼油业和石化业都获得比较好的效益，得到“双赢”的效果。

有这样一个案例，原油是沙轻、沙重混合原油为主的石化企业，采用以焦化为主的重油加工流程，原油加工量 10Mt/a 时就能满足生产 1Mt/a 乙烯所需的乙烯原料数量要求，乙烯原油比可以降低到 1 :（9~10）。就是在不考虑外供乙烯原料的前提下，生产 1t 乙烯只需配置9~10t左右原油加工量。用最少量的原油生产最大量的乙烯是目前中国各大石化企业的重要任务，焦化方案可作为一个首选的多生产乙烯原料的重油加工推荐方案。

4. 石油焦用途的扩大

焦化装置石油焦的收率比较高(20%~40%)，延迟焦化生产的石油焦有多种用途，根据焦炭质量的不同，可用作锅炉燃料、作为制造电极用焦和针状焦等一系列用途。石油焦的销售、处理比溶剂脱沥青所得的硬沥青(pitch)容易得多。高硫石油焦(硫含量大于3%)大部分作为燃料使用，其价值稍大于煤炭，属于炼油厂的一种低值产品，是焦化装置产品结构的一个主要缺点。和煤炭不同的是，石油焦的灰分很低，低硫石油焦广泛适用于冶金、炼铝工业和造气原料。国内炼铝业进行了技术改造，对原料石油焦的硫含量要求有较大放宽，一些中等硫含量的石油焦也可以用于炼铝工业，从而扩大了石油焦的用途。由于石油焦灰分低，用石油焦造气比煤造气的技术难度要小。

生产固体石油焦是焦化装置最大的特点。因此，在炼油厂延迟焦化装置最大的特征是有一个水力除焦井架，并且井架较高也比较明显，井架的主要作用是安装水力除焦设备并使钻杆和切焦器上下移动。通常焦炭塔旁边还有一个焦炭池，池内的焦炭由抓斗吊车不时地装入火车、汽车或皮带运输的下料斗。

(三) 操作特点

1. 间歇-连续操作的波动性

延迟焦化装置根据原料加工规模可采用一炉两塔、二炉四塔或三炉六塔，通常一炉两塔称为一个系列，加热炉、分馏塔和压缩吸收稳定部分连续操作，焦炭塔进料部分、焦炭塔油气预热部分、吹汽给水冷焦部分、放空塔部分、水力除焦部分和冷切焦水处理部分间歇操作，针对单系列间歇操作的一般18~24h轮换一次。操作的间歇性导致阀门频繁开关，机泵频繁启停，冷换设备频繁切换、管道频繁吹扫、设备操作温度和压力频繁波动等，使设备事故率增加，产品质量不稳定、操作难度和劳动强度增加，误操作概率增加，生产危险性加大。焦炭塔的切换进料和切换进料前的油气预热，使焦炭塔的反应温度和操作压力降低，导致反应产物的收率和性质发生变化；由于焦炭塔的预热减少了油气到分馏塔的质量流量和热量，导致分馏塔的回流取热量、分馏塔底温度、产品抽出量、压缩机的流量发生变化；由于焦炭塔的吹蒸汽和加热炉的在线清焦，导致分馏塔的气相负荷发生变化。上述变化都会导致装置操作的波动，产物收率和性质变化的影响相对较小，焦炭塔的预热和吹蒸汽影响较大，针对一炉两塔的装置，一般操作波动范围约为10%~30%。因此，焦化装置的操作是一个动态调整的过程。为降低由于操作波动导致的劳动强度，国外大部分焦化装置设置了泵的最小流量控制阀、设置了泵的自启动、设置了空冷器和某些机泵的变频控制以及配置了大量的电动或气动切断阀。

2. 易结焦、易凝、易自燃和产生焦粉夹带

延迟焦化加工的是热稳定性较差的渣油，温度大于350℃时就会发生裂化和缩合反应，焦化加热炉出口温度通常500℃左右，因此在加热炉管内结焦是不可避免的，目前采用的主动措施是提高管内流速、缩短管内停留时间、降低表面热强度、提高炉管受热均匀性、减少管内介质中易诱发结焦物(如Na^+含量不大于10μg/g)等；采用的被动措施是在线蒸汽剥焦、分炉膛烧焦和机械清焦、停炉烧焦和机械清焦等。焦炭塔是一个生焦和储焦的容器，当塔内的焦炭料位或空塔线速超高时，泡沫焦会带到下游加工工序中去，导致产生分馏系统、吸收稳定系统和脱硫系统不同程度的夹带焦粉现象，影响产品质量和正常操作，如何减少产品夹

带焦粉和防止焦粉堵塞设备是设计和操作必须考虑的。

焦化原料渣油的凝点一般为30~60℃，焦化重瓦斯油的凝点一般为20~40℃，均高于常温，焦炭塔预热凝缩油(甩油)是轻瓦斯油、重瓦斯油和重循环油的混合油，凝点一般为10~40℃，间歇操作下，在低温或不流动区域容易被冷凝，因此延迟焦化装置的防冻防凝显得特别重要。焦化原料渣油的自燃点一般为200~300℃，焦化重瓦斯油的自燃点一般为300~350℃，原料渣油所处的操作温度在150~500℃，焦化重瓦斯油所处的操作温度在150~400℃，有比较多的设备和管道的操作介质温度高于其自燃点，所以焦化装置经常可能发生因设备、管道、阀门和仪表等泄露着火事故。因此，焦化装置的防止泄露着火是减少安全事故的一个重点，应充分考虑介质的腐蚀性和操作温度、压力及流速等条件，选择合适材料、耐温耐压等级、防腐措施和制造工艺等。

(四) 建设投资、加工费用及原料适应性特点

1. 建设投资及加工费用较低

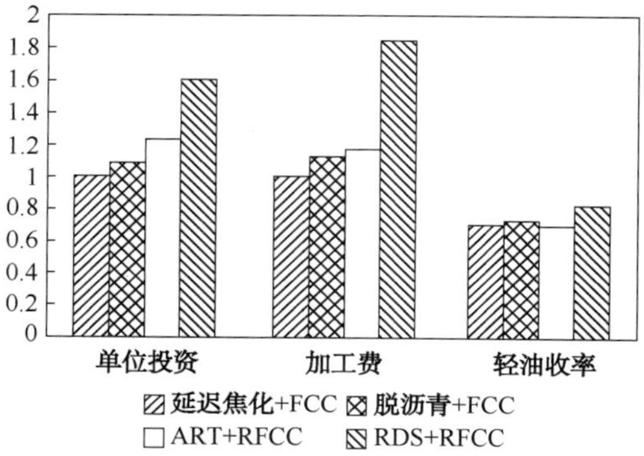

图5-2-2　胜利减压渣油加工方案比较
(以胜利减压渣油为原料油)

据有关报道，大型延迟焦化工业装置投资指标适中，单位生产能力(万t/a)的投资指标为50~120万美元，国内建设大型延迟焦化装置投资更低。与渣油加氢处理等过程相比，延迟焦化的加工费也比较低。图5-2-2为以胜利减压渣油为原料，采用延迟焦化、溶剂脱沥青或渣油加氢脱硫作为渣油预处理过程，加上催化裂化组成的各种不同方案的渣油联合加工过程单位投资额和加工费比较结果[10]。由此可以看出四个方案的轻油收率相近，但延迟焦化工艺在投资和加工费上均比其他预处理方法有一定的优势。

表5-2-3是国外对延迟焦化、重油催化裂化(RFCC)和渣油加氢三种重油加工工艺进行技术经济比较，按照焦化和加氢裂化加工能力为2.2Mt/a，进料是沙重、沙轻混合原油的减压渣油，RFCC由于不可能处理高残炭渣油，所以由沙轻常渣作为原料。对比的主要结论是：从固定资产费用比较，延迟焦化为1.641亿美元，RFCC为2.11亿美元，渣油加氢裂化3.49亿美元，二段加氢裂化是最复杂的装置。若以焦化固定资产费用为100%，则RFCC相对投资为128.6%，二段加氢裂化相对投资为212.7%，焦化固定资产费用最少。

表5-2-3　各种渣油改质工艺效益比较(加工能力2.2Mt/a)

项　　目	延迟焦化	渣油加氢裂化	RFCC
开工系数	0.90	0.92	0.92
原　料	减渣	减渣	常渣
主要产品	瓦斯油	喷气燃料	催化汽油
投资费用/10^6美元			
界区内	144.0	303.7	183.5
界区外	20.1	45.3	27.7
总计①	164.1	349.0	211.2

续表

项　　目	延迟焦化	渣油加氢裂化	RFCC
生产成本/(10^6美元/a)	132.11	231.00	205.15
原材料　新鲜进料	88.15	89.88	144.82
制氢用天然气		29.4	
催化剂		17.4	13.51
公用工程	7.83	24.36	3.43
总劳务费用②	6.66	10.44	6.06
维修材料及供应	4.50	9.24	5.71
直接操作成本	107.12	180.72	174.32
非直接费用③	24.99	50.28	30.83
相对生产成本(以焦化为基准)/%	100	174.85	155.29
产品收入/(10^6美元/a)			
燃料气	-15.00	-8.40	-11.80
C_3~C_4	-4.83		—
丙烯(供烷基化)			-13.70
丙烷		-2.04	-2.47
丁烯(供烷基化)			-25.50
异丁烷		-3.84	-5.71
正丁烷		-1.92	-1.33
石脑油或催化汽油	-25.52	-60.96	-145.58
喷气燃料(煤油)		-80.52	
柴油或轻循环油		-49.08	-31.78
轻瓦斯油	-57.82		—
重瓦斯油	-50.49	-7.80	
渣油		-43.44	-15.22
焦	-16.66	—	—
税前投资回报率(ROI)/(%/a)	23.3	7.7	22.7

① 包括15%的不可预见费，公用工程和贮罐投资，5%废水处理补贴。

② 包括操作工工资，仪表工和维修人员工资。

③ 包括工厂总部费用，税和保险及10%的年贬值率。

从投资回报比较，各方案的ROI值和产品需求有较大的关系。表5-2-3内数据是1998年美国海湾数据，当时WTI(West Texas Intermediate)原油价格是14美元/桶，得到的ROI值分别为延迟焦化23.3%，RFCC22.7%，加氢裂化7.7%，焦化最好。当WTI原油价格为25美元/桶(1999年11月)时，加氢裂化和RFCC的ROI有了提高，ROI值分别为延迟焦化33%、RFCC38%、加氢裂化27%~30%，延迟焦化仍然不错。

2. 原料适应性较强

目前炼油厂加工渣油的主要工业化装置有延迟焦化、灵活焦化、减黏裂化、渣油催化裂化、渣油加氢(ARDS/VRDS)和溶剂脱沥青装置等，采用哪一种渣油加工工艺主要取决于原料性质、产品要求、产品收率、产品市场、建设投资、操作费用、安全环保要求等。每一种加工工艺，都有其特点和适用范围。几种不同渣油加工工艺对原料的常规要求见表5-2-4[11]。

表 5-2-4　几种不同渣油加工工艺对原料的常规要求

加工工艺	残炭/%	沥青质/%	碱氮/(μg/g)	硫/%	镍+钒/(μg/g)	铁/(μg/g)	钠/(μg/g)
延迟焦化	≯45	≯20	—	—	—	—	≯10
灵活焦化	≯50	—	—	—	—	—	—
减黏裂化	≯30	≯15	—	—	—	—	≯10
渣油催化	≯10	≯2	≯1000	—	≯25	10	≯10
渣油加氢	≯15	≯3	—	—	≯130	≯15	≯10

延迟焦化装置虽然具有连续性差、除焦系统的密闭性差、对环境存在较大的污染和焦炭产值低、市场波动性强的不利因素，但由于延迟焦化装置对原料的适应性特别强，可加工高重金属、高残炭和高硫含量的减压渣油，是深度热裂化装置，轻油收率较高，投资和操作费用相对较低，能够生产优质乙烯裂解原料——焦化石脑油，增产高十六烷值柴油，增加中间馏分焦化重瓦斯油，为催化裂化及加氢裂化提供原料和提供冶金行业使用的石油焦，并且沥青、催化油浆、污泥、废胺液和污油等也可掺炼到焦化装置中去进行处理，因此，目前延迟焦化在加工劣质渣油方面仍将发挥重要的作用。

二、国内外延迟焦化成套技术、专有技术和专利技术的特点

（一）国内延迟焦化成套技术、专有技术和专利技术的特点

近年来，国内延迟焦化装置规模发展迅速，其加工能力的总和仅次于美国，居世界第二位。随着延迟焦化装置的大量新建和改造，通过自主创新、总结提高和消化吸收，各大石油公司、研究单位及设计单位都在不同程度上开发和应用了许多延迟焦化新技术、新工艺和新设备，形成了具有自主知识产权的延迟焦化成套技术、专有技术和专利技术。

1. 中国石化石油化工科学研究院延迟焦化成套技术、专有技术和专利技术的特点

中国石化石油化工科学研究院(RIPP)非常重视焦化技术的开发，结合中国炼油工业发展的需要先后开发了许多延迟焦化专利技术和专有技术。

RIPP 发表的一种低循环比的延迟焦化专利[12]。该专利在焦炭塔顶增加一个用重焦化蜡油冷却的旋风分离器，使进入分馏塔的焦粉和重质组分提前在该分离器中分出，并循环回到焦化原料之中。这样，可以改善分馏塔的产品和塔底结焦情况。

RIPP 发表的二个专利讨论了多产化工轻油的方法，一个是采用蜡油循环的办法[13]，另一个是提高焦化压力[14]，焦化压力最好是 0.3～1.5MPa，由于反应压力提高，焦炭塔内重组分难以挥发，使焦化原料在塔内停留时间增加，加深了裂化深度，有利于增产化工轻油。

近年来 RIPP 发表了不少焦化组合工艺专利，有关浅度脱沥青和延迟焦化组合工艺的专利[15]是提高焦化液收很有特色的一项专利，渣油先经过溶剂浅度亚临界脱沥青，所得 DAO 可全部或部分作为焦化原料进行焦化，溶脱沥青过程使用 C_4～C_5作为溶剂，抽提温度 60～280℃，压力 1.0～6.0MPa，溶剂比 1.0～15.0，以中东减渣为原料时 DAO 收率 89.0%～85.2%，脱油沥青收率 11.0～14.8%。某高硫减渣 DAO 焦化结果见表 5-2-5，可见以 DAO 为原料，焦化液收提高 12.14%，焦炭收率降低 9.92%。

表 5-2-5　高硫减渣 DAO 焦化结果

项　　目	DAO 焦化	渣油焦化(对比试验)	项　　目	DAO 焦化	渣油焦化(对比试验)
焦化温度/℃	500	500	焦化汽油	15.12	14.31
焦化压力/MPa	0.17	0.17	焦化柴油	28.90	25.67
循环比	0.10	0.10	焦化蜡油	30.63	22.53
注水量/%	1.5	1.5	焦　炭	19.04	28.96
焦化收率/%			液收率	74.65	62.51
焦化瓦斯	6.31	8.53			

脱油沥青可以用于气化作 IGCC 原料或循环流化床锅炉的燃料，也可以直接进行焦化，但需要和>330℃的焦化蜡油混合后作为焦化原料，减少加热炉结焦倾向[16]。此外，还有渣油加氢处理延迟焦化组合工艺[17]和延迟焦化润滑油溶剂精制组合工艺[18]。

(1) MDDC——高液收延迟焦化技术[19]

该工艺和常规焦化比较，液体收率增加约 5%~8%，焦炭收率下降约 2%~3%，气体收率下降约 3%~4%。采用该技术后可扩大装置处理能力。由于蜡油收率增加，可为裂化装置提供更多的原料。加工低硫原料时，该工艺生产的焦炭质量符合冶金焦要求。

(2) HMDDC——高中间馏分油收率延迟焦化技术[20]

该工艺和常规焦化比较，焦化分馏塔的循环方法不同，它采用焦化轻蜡油循环，柴油收率可提高 7%以上，是一个多产柴油的焦化技术，在保持 MDDC 工艺特点的基础上，气体和焦炭收率比较低。表 5-2-6 是 HMDDC 工艺和常规焦化产品分布比较。表 5-2-7 是所得焦炭性质比较，二者基本相近。

表 5-2-6　HMDDC 焦化工艺和常规焦化产品分布比较　%

产　品	国内减渣		国外减渣	
	常规焦化	HMDDC	常规焦化	HMDDC
气　体	9.27	8.94	9.01	8.50
汽　油	13.75	12.00	15.70	14.03
柴　油	32.18	41.26	27.51	32.85
蜡　油	18.10	15.07	17.68	16.28
焦　炭	26.70	22.73	30.10	28.34
液收率	66.03	68.33	60.89	63.16

表 5-2-7　HMDDC 焦化工艺和常规焦化产品性质比较

项　目	国内减渣		国外减渣	
	常规焦化	HMDDC	常规焦化	HMDDC
挥发分/%	8.43	8.10	8.8	8.9
灰分/%	0.18	0.34	0.11	0.14
硫含量/%	0.49	0.38	5.9	5.5
CTE(RIPP 方法)/(10^{-6}/℃)	4.39	5.48	—	—

(3) PEFDC——生产乙烯原料延迟焦化技术[21]

本工艺特点是采用内循环方式，增加轻馏分油产量，在汽油增产的同时，柴油收率也有提高，详见表 5-2-8。焦化汽油和柴油的质量基本不变，柴油十六烷值在 50 左右，加氢精制后，可能稍有上升，详见表 5-2-9 和表 5-2-10。表 5-2-11 是焦化汽油、柴油加氢精制后的性质，加氢条件为：

氢分压　　3. 2MPa

反应温度　　320℃

体积空速　　1. 5~3. 0h^{-1}

氢油体积比　　350

如表 5-2-11 所示，加氢后焦化汽油的 BMCI 值为 11. 82，说明是一种很好的乙烯裂解原料。表 5-2-12 是裂解试验结果，不仅焦化汽油有较好的烯烃收率，焦化柴油的乙烯单程收率和三烯单程收率也分别达到 25. 68%和 43. 31%，说明如果切出焦化柴油中的轻组分也可能是一种乙烯裂解好原料。需注意，采用该工艺负面影响是将导致装置加工新鲜原料产能下降，同时能耗上升约 5%。

表 5-2-8 采用 PEFDC 焦化工艺和常规焦化工艺汽油、柴油收率比较　　%

项　目	常规工艺	PEFDC 工艺	项　目	常规工艺	PEFDC 工艺
气　体	8. 2	11. 8	焦　炭	23. 7	25. 4
汽　油	13. 1	20. 6	液收率	68. 1	62. 8
柴　油	28. 6	37. 8	汽油+柴油	41. 7	58. 4
蜡　油	26. 4	4. 4			

表 5-2-9　采用 PEFDC 焦化工艺和常规焦化工艺汽油质量比较

项　目	常规工艺	PEFDC 工艺	项　目	常规工艺	PEFDC 工艺
馏程/℃	67~185	65~182	溴价/(gBr/100g)	43. 6	38. 6
密度/(g/cm^3)	0. 7484	0. 7514	硫含量/%	0. 81	0. 61

表 5-2-10　采用 PEFDC 焦化工艺和常规焦化工艺柴油质量比较

项　目	常规工艺	PEFDC 工艺	项　目	常规工艺	PEFDC 工艺
馏程/℃	191~343	195~345	十六烷值	51. 0	49. 0
凝点/℃	-9	-8	硫含量/%	0. 84	0. 78
溴价/(gBr/100g)	16. 6	16. 4			

表 5-2-11　加氢精制后焦化汽油、柴油的性质

项　目	焦化汽油	焦化柴油	项　目	焦化汽油	焦化柴油
馏程/℃	75~201	178~356	溴价/(gBr/100g)	10. 1	1. 9
密度/(g/cm^3)	0. 7344	0. 8196	氢含量/%	14. 64	13. 49
折光率(20℃)	1. 4119	1. 4569	BMCI 值	11. 82	23. 53
硫含量/(μg/g)	9. 7	199			

表 5-2-12　焦化汽油、焦化柴油蒸汽裂解试验结果　　%

单程收率	焦化汽油	焦化柴油	单程收率	焦化汽油	焦化柴油
裂解气	68. 03	63. 10	丙　烯	15. 08	13. 62
氢　气	0. 80	0. 64	丁二烯	46. 34	43. 31
甲　烷	12. 25	11. 14	裂解油	31. 97	36. 90
乙　烯	27. 83	25. 68			

（4）HLCGO——多产轻质油品延迟焦化技术[22]

该技术主要针对延迟焦化工艺处理高沥青质含量、高硫含量和高金属含量的劣质渣油原料，这类原料在焦化过程中容易产生加热炉结焦和产生弹丸焦等影响焦化装置正常开工的严重问题。HLCGO 技术通过高循环比，增加焦化实际进料中芳烃含量，可以抑制弹丸焦的产生和减轻焦化加热炉炉管结焦问题[23]，同时，可将焦化蜡油大部分转化成为轻质油品，如采用以新疆某重质原油的常压渣油（沥青质含量 10.9%）为原料的 HLCGO 工业试验表明该工艺适合于处理这类劣质渣油。表 5-2-13 是新疆重质渣油的性质。

表 5-2-13　新疆重质原油渣油的性质

项　目	新疆重质常渣（中试）	新疆重质减渣（中试）	新疆重质常渣（工业试验）
密度（20℃）/（g/cm^3）	0.9914	1.0389	0.9942
运动黏度（100℃）/（mm^2/s）	304.5	>10000	351.4
残炭/%	16.6	28.7	16.2
凝点/℃	25	—	24
碳/%	85.38	—	85.67
氢/%	10.77	—	10.68
硫/%	2.51	2.55	2.1
氮/%	0.50	—	0.54
族组成/%			
饱和分	30.8	12.29	31.4
芳烃	36.2	38.41	35.7
胶质	22.1	26.74	21.5
沥青质	10.9	22.56	11.4
芳烃/沥青质	3.32	1.70	4.74
金属/（μg/g）			
镍	35.9	74.9	41.2
钒	201	433	132
馏程/℃			
初馏点	317		312
5%	392		386
10%	419		427
30%	484		—

加工新疆重质常渣工业试验时，焦化循环比提高到 0.6~0.8，为防止对流段结焦，加热炉对流段出口温度控制不超过 330℃，分馏塔底温度控制在 375℃以下，以防止分馏塔底结焦。由于大循环比给焦炭塔供给的热量增加，所以可适当降低加热炉辐射段出口温度（493±1℃）。中试焦化结果见表 5-2-14。

某厂工业试验时，焦化气体、汽油、柴油、蜡油和焦炭收率分别为 9.81%、16.82%、35.91%、9.51%和 27.95%，由于工业试验循环比保持 0.7，循环比较中试低，因此工业试验的蜡油收率偏高。工业试验所产的焦化汽油、柴油质量和普通焦化工艺所得产品相似，S 和 N 含量相差变化不大，柴油十六烷指数大于 44，加氢后可作为优质柴油。

表 5-2-14　HLCGO 焦化中试物料平衡和蜡油转化率

项　　目	普通焦化	HLCGO 焦化	项　　目	普通焦化	HLCGO 焦化
循环比	0.40	1.00	汽　油		4.1
物料平衡/%			柴　油		10.32
气　体	8.83	10.56	蜡　油		-17.89
汽　油	14.25	18.35	焦　炭		1.74
柴　油	29.19	39.51	蜡油转化率		85.43
蜡油	29.94	3.05	蜡油转化成各种产品的比例/%		
焦　炭	26.79	28.53	气　体		9.67
合　计	100.00	100.00	汽　油		22.92
汽油+柴油	43.44	57.86	柴　油		57.69
收率增加值(HLCGO-普通)/%			焦　炭		9.73
气　体		1.73	汽油+柴油		80.60

由此可见，HLCGO 工艺不仅可以增产轻质油品，更主要是可以加工新疆等沥青质含量高的重质渣油，避免加工过程中生成弹丸焦和减轻炉管结焦延长开工周期。

(5) 缓和热转化-焦化组合工艺[24]

新鲜焦化原料先进行缓和热转化，产生 5%~15%的低沸点物质作为供氢剂和稀释剂，然后进入焦炭塔焦化。采用该组合工艺后，装置的处理能力可扩大 20%左右，总液收率提高 0.5%~2%，柴油收率有较大的提高。详见表 5-2-15。

表 5-2-15　缓和热转化-焦化组合工艺产品分布比较　%

产　　品	常规工艺	缓和热转化-焦化组合工艺
气　体	7.95	8.98
汽　油	14.42	13.26
柴　油	17.83	24.35
蜡　油	32.03	27.03
焦　炭	27.77	26.38
液收率	64.28	64.64

(6) 延迟焦化-热裂化组合工艺

焦化油气经分馏塔分出>330℃的焦化馏分油，然后进入热转化装置，在该装置内进行缓和热裂化反应，生成气体、汽油、柴油和未转化油，气体和汽油与焦化气体和焦化汽油混合，送入下游装置处理，未转化油返回焦化装置作循环油应用。采用该组合工艺后汽柴油收率有一定提高，详见表 5-2-16。

表 5-2-16　延迟焦化-热裂化组合工艺产品分布比较　%

产　　品	常规工艺	焦化-热裂化组合工艺
气　体	8.30	8.78
汽　油	16.10	17.32
柴　油	32.00	40.58
蜡　油	20.70	10.52
焦　炭	22.80	22.80
液收率	68.90	68.42

(7) 沥青延迟焦化技术(ADC)[25]

沥青延迟焦化技术是以溶剂脱沥青装置的脱油沥青为焦化原料，脱油沥青直接进入焦化分馏塔底部。脱油沥青单独焦化时加热炉结焦将非常严重，为了改善焦化加热炉进料状况，ADC 技术将焦化蜡油全部作为循环油应用。也就是说，焦化加热炉是二者的混合进料，从而解决了加热炉的结焦问题。表 5-2-17 为沥青焦化(ADC)加热炉混合进料性质比较。

表 5-2-17　沥青焦化(ADC)加热炉混合进料性质比较

项　目	国内减渣		国外减渣	
	常规焦化	多产柴油	常规焦化	多产柴油
密度(20℃)/(g/cm^3)	0.9244	0.8967	1.0146	0.9905
运动黏度(100℃)/(mm^2/s)	78.40	40.10	212.4	58.9
残炭/%	9.3	6.9	15.8	11.7
碳/%	87.02	86.92	86.02	86.99
氢/%	12.16	12.31	9.79	10.05
硫/%	0.22	0.21	2.83	2.40
氮/%	0.60	0.54	0.74	0.53
饱和烃/%	36.1	40.3	18.4	30.9
芳烃/%	33.3	34.9	46.7	47.7
胶质/%	29.2	24.2	26.5	23.4
沥青质/%	1.6	0.6	8.4	6.6

(8) 焦化消泡剂技术[26~28]

焦炭塔在成焦过程中，大部分稠环芳烃(主要是 BI-QS)聚集在焦炭层顶部，经气体鼓动形成“泡沫”。加工中东原油时，焦炭塔中的泡沫层高度可达到 7~10m，焦化原料越重，泡沫层越高，从而成为焦化装置加工此类原油的一个瓶颈。影响泡沫产生的因素有：

① 原料性质，主要是沥青质含量高低。

② 焦炭塔内气流线速度。

③ 焦炭塔顶的温度。

焦炭塔内泡沫层高度过高产生的问题：

① 装置某些部位严重结焦，主要部位有大瓦斯管线、分馏塔底部和加热炉管内。

② 堵塞焦化加热炉辐射进料泵。

③ 焦化分馏塔流出物中携带焦粉，如焦化蜡油、焦化柴油都有可能，严重时可影响到下一道加工工序。

为了适应加工劣质焦化原料和大处理量要求，有效抑制和降低焦炭塔内泡沫层高度，加入焦化消泡剂可有效抑制焦炭塔内焦层上部泡沫层高度，降低焦粉的携带量。主要消泡过程是当消泡剂微粒和气泡表面接触时，会降低接触点上液膜的表面张力，使液膜变薄，气泡合并，导致气泡破碎。使用消泡剂应和中子料位计同时一起正确使用，效果更好。

对消泡剂性质的基本要求为：比发泡介质有更低的表面张力；在发泡介质中有好的分散性；不溶于发泡介质，不与发泡介质发生化学反应；有较高的热稳定性；较好的经济性。

焦化消泡剂可以是含硅或低硅消泡剂或无硅消泡剂。石油化工科学研究院研制的 CDF-19 焦化消泡剂是一类含硅化物，化学性质稳定、低毒、无腐蚀性物质，其规格指标见表5-2-18。

表 5-2-18　CDF-19 消泡剂规格指标

项　目	指　标	项　目	指　标
运动黏度(40℃)/(mm^2/s)	3800~4200	储存温度/℃	-20~50
开口闪点/℃	>60	溶解性能	可溶于脂肪烃、芳烃、卤代烃等溶剂
密度/(kg/m^3)	930~970	储存期/a	1
凝固点/℃	<-40		

工业试验结果表明，消泡剂加入量为 15μg/g 时，可使焦炭塔利用率提高 15%以上，操作成本增加不到 1 元/t。某工业装置试验，消泡剂和柴油混合后按质量 1∶9 配制成 10%消泡剂溶液，按对比进料量 15μg/g 注入。注入消泡剂后，焦炭塔内焦层上的反应泡沫高度下降 2~3m，焦化主分馏塔底循环系统保持正常，再未发生过辐射过滤器和塔底过滤器堵塞现象。长时间运转后，未发现对下游加氢精制和加氢裂化装置催化剂活性产生影响。

加入含硅消泡剂后，一般在焦化馏分油中硅含量不到 1μg/g，硅分布主要集中在焦化汽油中，如某案例中有 85.5%的硅进入焦化汽油，8.7%的硅进入到焦化柴油，5.8%的硅进入焦化蜡油。

2. 中国石化工程建设公司延迟焦化成套技术、专有技术和专利技术的特点

中国石化工程建设公司(SEI)作为国内大型炼化工程公司之一，具有丰富的延迟焦化工艺包设计、工程设计和工程建设总承包的经验，设计和建设的延迟焦化装置达 30 多套。设计的延迟焦化装置规模最大的为 5.2Mt/a，单系列规模最大的为 2.1Mt/a，在国内延迟焦化的技术进步方面发挥了重要作用。首先实现了一炉两塔规模 1.0Mt/a 以上、高酸特稠原油的直接焦化加工、高残炭高沥青质的渣油加工、18h 生焦时间、双面辐射加热炉、单管程单辐射室的附墙燃烧加热炉、9.8m 直径的焦炭塔、铬-钼材质焦炭塔、焦炭塔的锻造结构过渡段、自动底盖机、焦炭塔程控及安全联锁等工业化。

其焦化成套技术特点主要体现在如下方面：

① 对原料的适应性强。设计的焦化原料有减压渣油、常压渣油、沥青、催化油浆、超稠原油和炼厂污油等。有高硫渣油，也有高酸原油。原料相对密度为 0.95~1.05，CCR 为 16%~30%，硫含量为 2%~7%，高酸原油的酸值为 1.0~12.8mgKOH/g。

② 产品质量有保证。能满足下游加工装置的要求。合理的设计配合有效的操作，能灵活地调节石脑油、LCGO 和 HCGO 的质量。

③ 操作灵活、加工能力弹性大，装置运行稳定性高，连续运行周期长。通过在线清焦技术的成功应用，加热炉的机械清焦或蒸汽-空气烧焦周期达到 2 年以上，装置连续操作周期可达到 4 年。

④ 根据全厂总加工流程优化确定产品方案及操作条件。可选择是否进行轻重蜡油分离和是否设计产品汽提塔等。根据产品分布要求确定最佳循环比，低循环比设计可达到 0.0~0.2，提高液体产品收率，减少气体和焦炭收率；高循环比设计可达到 0.4~0.8，提高 LCGO 产品收率，增产乙烯原料，采取较好的循环比调节措施，提高 HCGO 的质量。

⑤低操作压力设计降低焦炭的挥发分，提高液体产品收率，常规的设计压力可达到 0.11~0.15MPa(表)。

⑥ 优化的原料给热量和适宜的加热炉出口温度(500~510℃)，最大可能提高焦化裂化苛刻度来提高液体产品收率，同时保证加热炉尽可能少的结焦，延长操作周期。

⑦ 采用较好的环保措施，环境友好，做到清洁生产。一是优化设计减少三废排放，二

是采用密闭冷切焦水处理、密闭排放装置废气、密闭排放轻重污油并回炼等措施。

⑧ 自动控制和安全联锁水平高，做到安全第一。通过设置加热炉、水力除焦、焦炭操作塔系统、压缩机、高温泵入口阀和焦炭塔顶底盖机等联锁，保证装置安全操作。

⑨ 设备布置和管道合理，能够安全、方便地操作。四通阀、底盖机和大油气管道阀布置在同一层平台，方便了操作和检修。

在总结工程设计和工程建设经验的基础上，通过技术合作、对国外引进技术的消化吸收、自主创新等开发了许多工程技术，其主要技术和特点如下：

（1）高效强适应性延迟焦化加热炉技术[29]

辐射室炉墙为直墙与斜墙组合形式，配备附墙燃烧器燃烧方式，采用一个管程一个辐射室，可以多辐射室配一个对流室，也可以一个辐射室对应一个对流室。其优点是改善了炉膛内流场结构，增强了炉管表面热强度分布的均匀性，防止局部过热，减缓炉管结焦；有效延长焦化油高温段停留时间，同时提高炉出口温度而加热炉不会严重结焦，因此可进一步提高裂解深度，增加液体收率；一管程一辐射室，有利于在线清焦，进而延长加热炉运行周期。

（2）铸铁双向翅片空气预热器技术[30]

空气预热器空气侧、烟气侧均有与气体流动方向一致的不连续翅片，采用添加微量元素的抗露点腐蚀的铸铁材质。技术特点是：间壁式换热，比表面积大；既强化换热效果，又有效减少流动阻力；可有效避免积灰和便于水清洗；换热元件间的密封结构的设置，有效减少泄露，利用热膨胀现象，强化热态下的密封性；由于流动空间较大，对燃料的灰分含量要求不高；适应温度高；抗腐蚀性能好等。

（3）减缓焦炭塔油气出口线结焦技术[31]

在焦炭塔的塔顶油气出口处的油气管线上采用至少两级的急冷油注入设备。其中第一级的注入设置在塔顶的油气出口处，尽可能地靠近焦炭塔顶封头，可尽早终止焦化反应，通过多点的注入方式将急冷油主要集中在塔顶的油气出口处注入，使其与油气充分接触，降低油气温度；在第一级注入之后的油气管线上设置第二级注入，每级急冷油注入采用了雾化喷头形式，提高了换热效果。其主要特点是：通过四通结构的法兰，解决机械清焦难度大的问题；雾化效果好，降低急冷油损失，减少急冷油的消耗；减少结焦，降低焦炭塔反应压力，提高液收；避免过去管道注入，急冷油喷到泡沫层，使泡沫层升高的现象。

（4）分馏塔顶洗结盐技术[32]

在分馏塔顶循环回流抽出位置设置集油箱，从集油箱下层塔板上部空间到塔顶空冷器前设置油气跨线。分馏塔顶洗盐时，集油箱下层塔板上部空间的油气直接通过油气跨线至塔顶空冷器；清洗水由顶循环回流返回口注入，洗盐水从顶循环回流抽出口排出；汽油质量通过打入集油箱下层塔板的冷回流来控制。主要技术特点：在洗盐的过程中不影响分馏塔的分馏效果和汽、柴油的产品质量；对后续的富气压缩和吸收稳定部分不造成影响；洗盐时不影响处理量，操作简单，稳妥可靠等。

（5）蜡油下回流脱过热和循环比定量控制技术[33]

技术的主要特点是：循环比全部由蜡油下回流量来控制，蜡油下回流量大，且蜡油和重蜡油之间的分馏板数较多(没有取热回流板)，提高了蜡油和循环油的分离精度，降低了蜡油的残炭及干点，提高了蜡油产品的质量；循环比可维持恒定不变，不受分馏塔底液位波动的影响，有利于加热炉、焦炭塔及分馏塔的平稳操作和维持产品性质的稳定；操作上循环比可以根据原料变化及产品质量要求及时调整，操作简单灵活，且循环油的量可以单独计量。

此外，维持循环比的恒定既有利于加热炉的长周期稳定操作，又可以保证延迟焦化装置的处理能力；焦化原料油不直接与油气的换热，减缓了换热挡板上的结焦倾向，降低了分馏塔底温度(约 310~330℃)，使分馏塔底的结焦倾向大大降低，同时减少了分馏塔底焦粉沉积的可能性。

(6) 大型铬钼钢塔器(焦炭塔)背带式保温技术

主要技术内容是：①增加了外背带，由外背带固定保护层(铝合金瓦楞板)，使内背带与外背带分开，这样就不因保温层内外温度不一致、膨胀不一致而损坏保护层。②保护层与背带的连接采用尾钻自攻螺钉，代替自攻铝铆钉，连接强度高，保护层寿命长。保温由保温层和涂料组成，涂料层由不锈钢丝网加固，外部有玻璃布+防水层。主要技术特点是：保温效果好，某厂投产后，保温层外侧(瓦楞板)的实测温度为 26~32℃，个别处最高温度亦低于 40℃(实测时环境温度 21℃)，保温效良好；施工方便，使用寿命长；焦炭塔体不焊保温钉，对整体热处理的焦炭塔使用寿命没有影响。

(7) 焦炭塔顺序控制及安全联锁技术[34]

焦炭塔切换频繁操作的阀门采用电动阀或气动马达阀，对每个阀按照焦炭塔切换操作的顺序及安全要求增加允许操作和阀位回讯功能，通过 SIS、DCS 或 PLC 按照设定的程序实现阀门的限制操作、阀门自动操作和阀门状态指示等，其主要目的是防止焦炭塔区域的高温阀门和顶底盖机等误开或误关导致高温油气泄漏而发生烫伤、中毒、着火及爆炸等事故。

(8) 除焦过程中的废气回收脱硫技术

焦炭塔底的溜槽处会排放一定量的油气、硫化物和蒸汽的混合物，其中的硫化物会导致装置恶臭增加，影响操作人员的健康，因而应增加回收脱硫系统，减少废气的排放。处理工艺主要是油汽通过油汽收集罩进入装置后，首先被换热器冷凝冷却到 20~25℃，再经分液罐，分离出含油污水和不凝气，含油污水进炼厂含油污水处理系统进行处理，不凝气经引风机抽送至焦粉过滤器过滤掉焦粉，然后再送至脱硫罐脱除硫化氢和硫醇，净化尾气排入大气。

(9) 一种焦炭塔裙座包裹式搭接结构[35]

将裙座内径与塔内径相同直至裙座外径与塔外径相同，并将裙座上部压成圆弧状，使之与塔体(即锥体)外表面紧密贴合，这样裙座局部包住了锥体，实际上托住了整个塔体，裙座上部开设 U 形膨胀缝，沿裙座均布，U 形膨胀缝两侧与塔体不焊。两 U 形膨胀缝之间的裙座筒体呈波浪状与塔体相焊，本实用新型专利的有益效果是：裙座的柔性增加，搭接焊缝受力减少，焊缝的安全性增加，即使裙座与塔体的搭接焊缝开裂也不会引起塔体下沉或倾斜。本结构简单，制造方便，成本低，投资省。

3. 中石化洛阳工程公司延迟焦化成套技术、专有技术和专利技术的特点

中石化洛阳工程公司(LPEC)是国内大型炼油工程建设公司之一，具有丰富的延迟焦化工艺设计、工程设计和工程建设总承包的经验，在延迟焦化领域，开发、研究和应用了许多工艺、设备、机械、安全环保等方面的新技术及成套技术。

LPEC 发表了一种可灵活调节循环比操作的延迟焦化工艺[35]、延迟焦化-溶剂脱氮-催化裂化组合工艺(CSCC)[36]和延迟焦化-溶剂精制-加氢裂化组合工艺(CSHC)[37]等工艺方面的专利。LPEC 还发表了不少焦化专利，讨论了添加油溶性添加剂、硼化物阻焦剂、自由基阻止剂和添加石灰石等来降低焦炭收率。一些较新专利讨论了焦化过程中加入以碱金属或碱土金属盐为主的油溶性添加剂对降低生焦率的效果，使用的添加剂可以是环烷酸(naphthenic acid)、软脂酸(palmitic)或油酸(oleic acid)等[38](USP 专利号 6387840，6344429，6193875，6169054)。表 5-2-19 是两种原料情况下的添加效果，由表可见，添加上述添加剂后，生焦率和瓦斯产率有所降低，其中生焦率可相对降低 21.4%~25.8%，液收率有较大提高。

表 5-2-19　钙、钾有机添加剂对降低焦化生焦率的效果①　%

序号	添加剂	生焦率	液收率	瓦斯产率
1	—	26	62	12
2	钙(500μg/g)	19	73	7
3	钾(550μg/g)	22.5	69	8
4	钙/钾(500/500μg/g)	19.3	72	8.3
5	—	28	60	12
6	钙(20μg/g)	26	62	12
7	钙(506μg/g)	22	74	4

① 反应条件：101.3kPa，540℃。

专利[39]讨论了加入 1~600μg/g 含硼化合物或 1~250μg/g 二羟基苯(dihydroxybenzenes)可以减少焦化加热炉炉管内焦的生成。专利[40]讨论了加入 1~600μg/g 含硼化合物或 1~250μg/g 二羟基苯酚(dihydroxyphenol)可以减少焦化装置转油线内结焦。某工业装置使用 BETZ 工艺化学品公司纯度为 35%的二硼酸胺和纯度为 20%的氢醌，效果良好。

专利[41]讨论了加入添加剂可降低焦化过程的生焦率。自由基阻止剂组成可以是氢醌(hydroquinone)、*N*-苯酚-1-2-萘胺(*N*-phenyl-1-2-naphthylamine)和三氯化铁等，添加量 500~50000μg/g。实验室工作发现，加入自由基阻止剂后原料康氏残炭(CCR)相当于可降低 50%。由于延迟焦化生焦率和 CCR 呈比例关系，因此，间接证明了加入自由基阻止剂可以降低生焦率的作用。中石化洛阳工程公司发表了抑止炉管结焦的阻焦剂专利[42]。

中石化洛阳工程公司从延迟焦化工艺入手，开发出了一种改进的延迟焦化工艺-ADCP(Advanced delayed coking process with Higher Liquid Yield，ADCP)。该工艺把焦化反应过程分为 2 个阶段，第 1 阶段把重油加热到 370~430℃，先行发生浅度的热裂化反应，使键能较弱的大分子从链的中间断裂，以增加中间馏分油的产率，同时降低重油的黏度；第 2 阶段再把减黏重油加热到 480~510℃进行深度热裂化反应，因给重油的热反应多提供了约 7%的热量，故提高了重油的反应深度，从而降低了干气和焦炭产率，提高了液体产品，尤其是柴油馏分的产率。中试结果表明，在焦炭塔非绝热的条件下，降低了气体和焦炭产率，液体产品产率提高 1.5~2.0 个百分点，尤其是柴油馏分产率提高了 1.0~2.5 个百分点。

该技术已授权多项专利：

一种延迟焦化工艺(CN 200910065261.0)；

一种改进的延迟焦化工艺(CN 200910065262.5)；

一种重油加工装置(CN 201320328038.2)；

一种实现重油加工组合工艺的装置(CN 201320283566.0)；

一种实现减黏裂化延迟焦化工艺联合的装置(CN 201320328016.6)。

图 5-2-3 是 ADCP 工艺的原则流程图，图 5-2-4 是不同减黏率下气体、减黏汽油和减黏重油的产率分布。

表 5-2-20 是不同减黏率下浅度热裂化重油与减压渣油的性质对比，表 5-2-21 是在焦化工艺条件相同情况下减压渣油先进行浅度热裂化后作为焦化进料的产品分布对比。

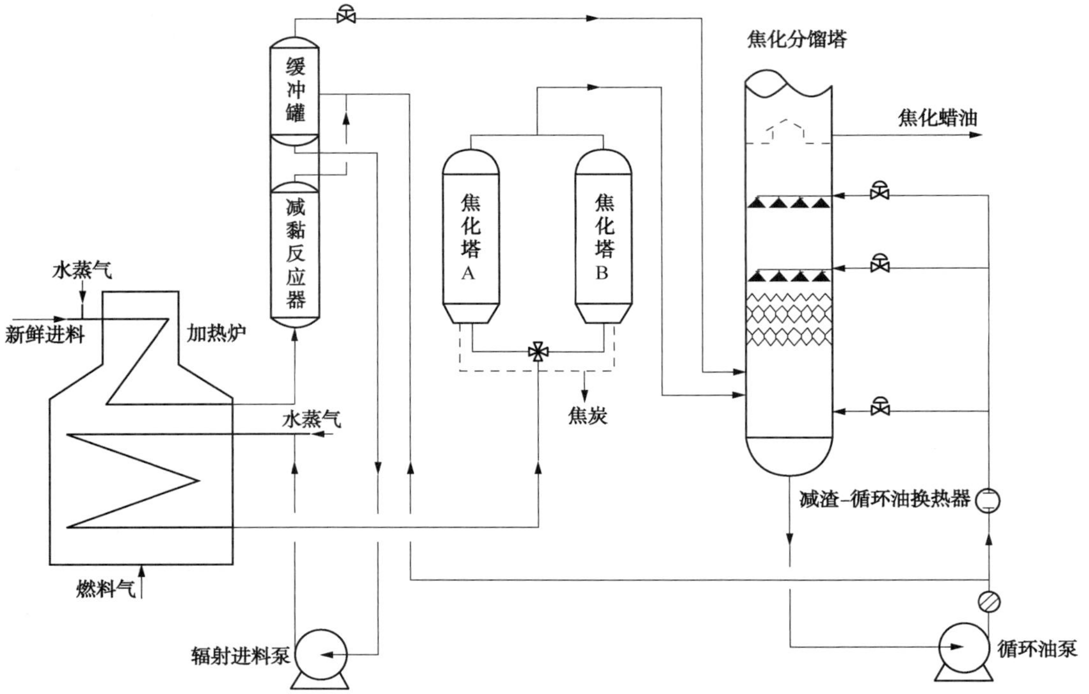

图 5-2-3　ADCP 工艺原则流程图

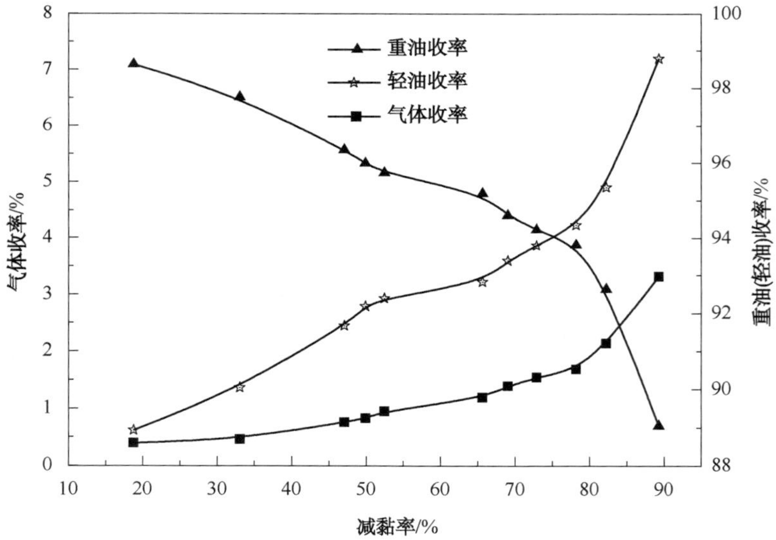

图 5-2-4　减黏率对产品分布的影响

表 5-2-20　减压渣油浅度热裂化前后的性质对比

项　　目	减压渣油	重油Ⅰ	重油Ⅱ	重油Ⅲ
重油减黏率/%	0	33.03	52.43	78.21
重油的主要性质				
密度(20℃)/(kg/m³)	1019.5	1024.0	1023.0	1025.0

续表

项　　目	减压渣油	重油Ⅰ	重油Ⅱ	重油Ⅲ
黏度(100℃)/(mm^2/s)	1644	1101	782.0	358.2
倾点/℃	48	42	36	33
残炭/%	22.35	22.98	23.18	23.96
硫/%	4.28	4.24	4.23	4.14
C_7不溶物/%	10.16	10.38	10.41	11.64
Ni+V/(μg/g)	200.8	204.6	210.3	212.1
馏程(ASTMD7169)/℃				
初馏点	378.9	289.6	262.3	244.5
5%	449.2	411.7	394.7	335.4
10%	481.8	477.5	454.8	393.9
20%	541.9	532.1	517.9	468.3
30%	578.4	569.8	559.1	522.6
40%	614.3	603.5	593.1	567.0

表 5-2-21　ADCP 工艺和常规焦化工艺的操作条件和产品分布对比

项　　目	常规焦化工艺	ADCP 工艺		
重油减黏率/%	0	33.03	52.43	78.21
浅度热裂化反应条件				
进油量/(kg/h)		4.739	4.815	4.719
注汽量(占进料)/%		0.77	0.71	0.76
反应温度/℃		T	T+10	T+30
反应器顶表压/MPa		0.185	0.185	0.185
深度热裂化(焦化)反应条件				
进油量/(kg/h)	4.549	4.739	4.815	4.719
注汽量(占进料)/%	3.62	3.75	3.51	3.56
加热炉出口温度/℃	498	498	498	498
焦化塔底温度/℃	490	490	490	490
油气出口温度/℃	439.6	439.8	443.3	440.4
焦化塔顶表压/MPa	0.17	0.17	0.17	0.17
循环比	0.275	0.272	0.275	0.279
充焦时间/h	13	13	13	13
产品分布/%				
气体	基准	-0.20	-0.36	-0.57
汽油馏分(IBP~180℃)	基准	-0.14	-0.12	-0.25
柴油馏分(180~350℃)	基准	1.18	1.23	2.44
焦化蜡油(>350℃)	基准	-0.56	-0.14	-0.48
焦炭	基准	-0.41	-0.70	-1.09
轻油收率/%	基准	1.04	1.11	2.19
液体收率/%	基准	0.48	0.97	1.71

4. 中国石油延迟焦化成套技术及特点

随着常规石油资源的日益减少以及重质原油开采技术的日趋成熟，重质原油在原油供应中的比例不断增加，原油劣质化已成为全球范围内不可避免的趋势。以委内瑞拉超重油为代表的劣质重油加工技术，已成为制约炼油业务发展的技术瓶颈。重油轻质化，特别是委内瑞拉超重油的有效利用，成为中国炼油企业所面临的重大技术难题。为此，中国石油成立"劣质重油轻质化关键技术"重大科技攻关项目，开发具有国际先进水平和自主知识产权的重油加工成套技术工艺包。而焦化作为加工委内瑞拉超重油的最重要选择之一也涵盖其中。

委内瑞拉超重油的特点是金属含量高、残炭值高、硫含量高、黏度大、酸值高，炼制过程难度大，难以用常规的加工手段加工或实现其有效利用。对其大规模商业化加工的主要技术手段是延迟焦化技术，仅美国 FosterWeeler 公司和 Conoco-Phillips 公司掌握此关键技术，委内瑞拉国家石油公司、美国 ExxonMobil 公司和 Conoco-Phillips 公司的 8 个炼厂应用此技术处理 100%委内瑞拉超重油渣油，见表 5-2-22。不仅中国石油的炼油厂无法进行加工此类油，而且国内的所有炼油厂均不掌握单独、大量加工的技术。

表 5-2-22　全球加工 100%委内瑞拉超重油渣油焦化装置现状

供应商＼使用商	委内瑞拉国家石油公司	ExxonMobil	Conoco-Phillips
Foster Weeler	Cardon/Judibana PETROCEDENO PETROPIAR PETROMONAGAS	Chalmette 炼厂 LakeCharles 炼厂	—
Conoco-Phillips	PETROANOATEGUI	—	美国 Sweeny 炼厂
合计	5	2	1

2011 年，委内瑞拉超重油减压渣油延迟焦化工业试验在国内某石化厂取得圆满成功，标志着中国石油一举攻克了百分之百委内瑞拉超重油减压渣油延迟焦化加工这一世界级难题。百分之百委内瑞拉超重油渣油延迟焦化加工在国内尚属首次，此次试验成功标志着中国石油成为全球第三个拥有自主知识产权的委内瑞拉超重油渣油延迟焦化技术的公司。

(1) 中国石油焦化技术的一般特点

① 研究发现石蜡基、中间基和环烷基渣油热裂化特性差异，指导优选适宜的供氢体作为循环油，成功实现应用。大幅度提高了焦化液体产品收率，有效抑制了弹丸焦生成。

② 开发应用了加热炉附墙燃烧技术，强化了介质均匀受热，提高了炉温操作可控性，炉热效率提高至 92.6%。

③ 完成了国内首次 100%委内瑞拉超重油渣油延迟焦化工业试验，连续加工 30kt 委油减渣，实现安全平稳运行，焦化液收大于 60%，炉热效率 92%以上。

④ 首次完成了 4.3Mt/a(双系列)劣质重油延迟焦化工艺包开发，技术水平达到国际先进。

中国石油焦化操作条件：加热炉出口温度 481～505℃；焦炭塔压力 0.10～0.30MPa；循环比(相当新鲜进料)0.05～1.0。中国石油延迟焦化加工委内瑞拉超重油典型焦化收率见表 5-2-23。

表 5-2-23　中国石油延迟焦化加工委内瑞拉超重油工艺典型收率　%

产　品	循环比		
	0.3	0.1	0.6
干气	9.44	7.95	10.88
液化气	2.36	2.05	2.56
汽油	12.58	11.23	14.81
柴油	37.57	31.31	39.15
蜡油	8.03	20.15	0.44
甩油	2.17	1.83	2.52
焦炭	27.71	25.35	29.54
液收	58.18	62.69	54.4

（2）提高液收和改善加热炉进料性质的供氢体循环技术

重油中含有较多的胶质及沥青质，这些物质热解很容易产生活泼的自由基。根据自由基理论和反应机理，这些活泼的自由基极易缩合生成焦，当渣油在加热炉内达到反应温度时，生成的焦炭堆积在加热炉炉管上，增加加热炉管路压降，严重时造成装置被迫停工。中国石油根据对委油渣油特性研究，优选采用适宜的供氢体馏分进行循环，可提高装置液体产品收率 0.5%~1.0%，同时改善加热炉进料性质，延长装置操作周期。

（3）典型的大型双面辐射焦化炉改造技术

采用"烟气导流式附墙燃烧技术"对某炼油厂的典型的大型双面辐射焦化炉进行了改造，使得焦化炉辐射室内的烟气流场及温度场分布更加均匀，保证了辐射炉管表面热强度分布均匀，避免原焦化炉燃烧器不正常燃烧时，火焰舔炉管造成的炉管内局部高温而结焦的现象发生；焦化炉保温效果突出，炉外壁温度小于 60℃，热效率达 92%以上。

① 加热炉改造技术一：

在辐射室侧墙肩部增设烟气导流板，如图 5-2-5 所示，消除烟气流动死区，充分改善炉膛内上下部烟气流场及温度场分布的均匀性，保证了辐射炉管表面热强度分布均匀。该项技术已申报专利，专利号：201120272933.8。

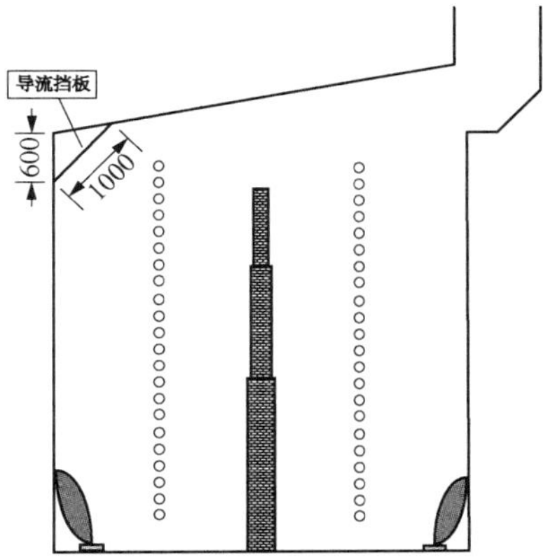

图 5-2-5　辐射室侧墙肩部增设烟气导流板示意图

② 加热炉改造技术二：

研发了新型附墙焰气体燃烧器，实现无缝燃烧方式，火焰紧贴炉墙，呈扇形向上燃烧，炉膛亮度均匀，彻底避免了火焰舔炉管造成的炉管内局部高温而结焦的现象发生。同时，改变介质流向，辐射室由过去的上进下出改为下进上出。加热炉墙由平面墙改为异形墙。如图 5-2-6 所示。

③ 加热炉改造技术三：

配合附墙燃烧技术，研发了高荷重软化隔热耐火砖，优化衬里结构设计，保证了焦化炉辐射室外壁温度≤60℃，降低了炉体散热损失，提高了焦化炉热效率。该项技术已申报专利，专利号：201120272933.8。

上述加热炉三项核心技术的运用，很好地解决了焦化炉在加工劣质渣油所遇到的炉管易

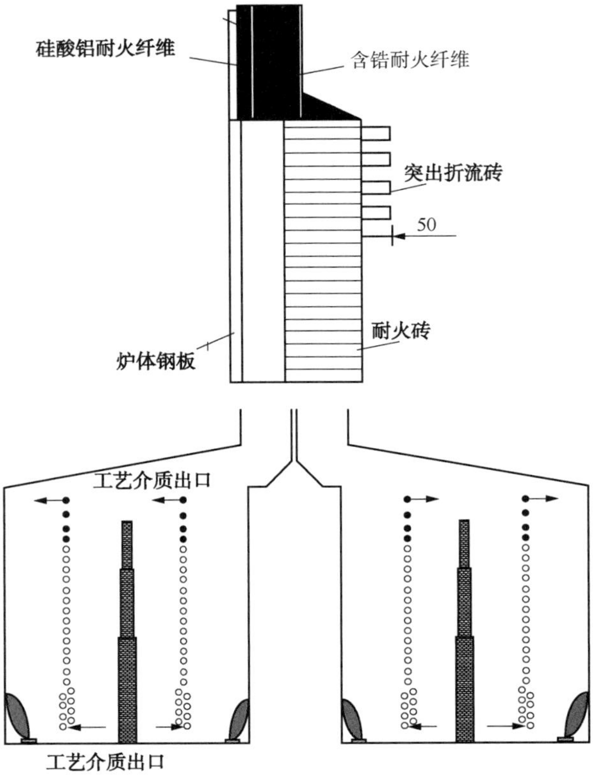

图 5-2-6　加热炉技术改造示意图

结焦的问题，也解决了大型加热炉炉体的散热问题，配以在线清焦和在线烧焦等多种炉管除焦手段，能够保证焦化炉安全、高效、平稳长周期运行，减少焦化装置非正常停工次数，提高焦化装置经济效益。

（4）分馏系统技术进展

中国石油依据对劣质重油的性质分析，对原设计分馏系统进行改造，如图 5-2-7 所示。应用的新技术包括：独创两级脱过热技术及高效气、液分布器的组合技术应用，原料全部下进料，蜡油回流洗涤脱过热，循环比定值调节，增加重蜡油抽出系统；倾斜式集油箱和防焦粉沉积的推动技术；两段式升气孔设计，不停产切换，实现平稳切换渣油、原油生产；借鉴福斯特-惠勒技术，采用塔釜防焦粉沉积的分布环管技术等。

（5）弹丸焦安全处置技术

① 增加焦炭塔上给水措施，保证产生弹丸焦下给水无法实现时，从塔顶给进冷焦水以保证切塔时间。

② 增加焦炭塔底部排水措施，防止产生弹丸焦时冷焦水进管线堵塞无法排水，影响备塔时间。

③ 更换焦炭塔半自动底盖机为中国石油渤海装备兰州石油化工机械厂开发的平板闸阀式全自动底盖机，可以防止处理弹丸焦时容易产生的人身安全事故，减少卸盖时间，有利于缩短生焦周期。

中国石油渤海装备兰州石油化工机械厂在焦化塔底阀、塔顶阀的研制过程中取得多项技术成果，掌握了多项核心技术。

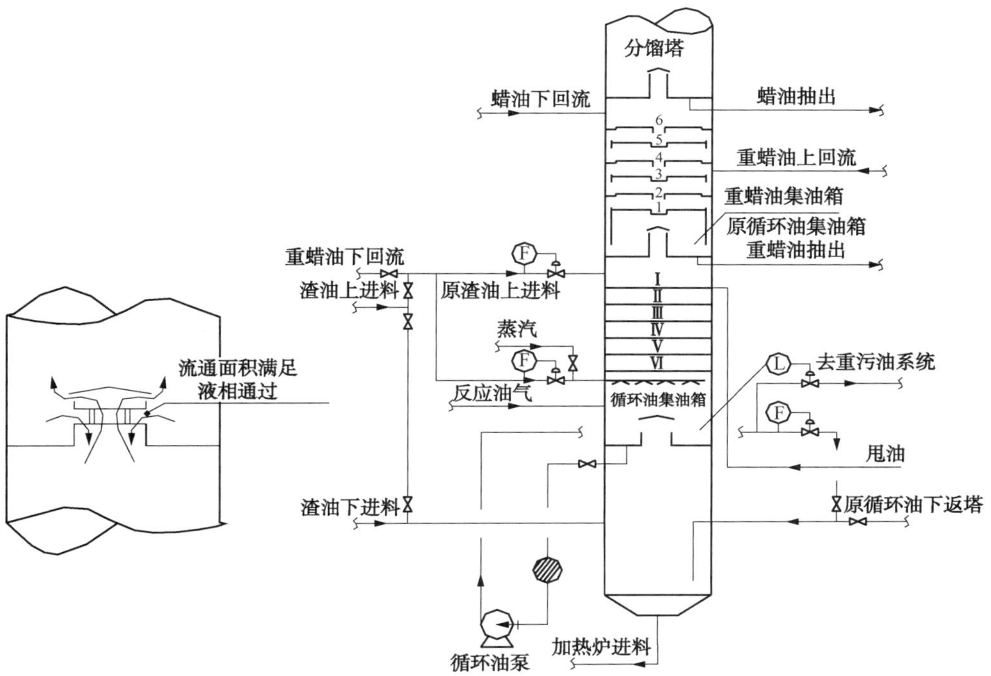

图 5-2-7　分馏系统技术改造示意图

第一，研究完成下浮动式金属硬密封加蒸汽辅助密封的设计。浮动结构可自动吸收膨胀与补偿收缩，总密封力达数百万牛顿，保证关阀时的密封可靠性。与原有结构相比，一是关阀后密封总比压大出数倍，密封效果有很大的改善，用于辅助密封的蒸汽耗量低；二是开阀时密封总比压相对较小，减小了阀板、阀座的磨损。工作时阀盖内通蒸汽，蒸汽压力高于介质压力 0.1MPa 以上，起辅助密封作用，提高了可靠性。第二，完成新型焦化塔底阀、塔顶阀大功率电液执行机构的设计。设计了逻辑控制箱，主要是把塔底阀、塔顶阀与 DCS 主控室的温度压力信号进行逻辑联锁，实施 DCS 控制室和现场操作站两级授权操作，确保塔底阀、塔顶阀操作安全可靠，防止与相关阀门之间的误动作，避免油气泄漏到大气中引起火灾等。第三，掌握大型阀板的加工及表面处理技术。阀板面积较大(外形尺寸：3730mm×1700mm×128mm)，表面渗氮处理，阀板表面平面度≤0.05mm，表面粗糙度 *Ra*0.8。针对以上难题，兰州石油化工机械厂对材料的热处理及表面氮化性能做了大量实验，并采用国际先进的表面毫克能光整工艺保证了技术要求。

(6) 冷焦水系统脱臭改造

针对劣质重油中硫含量高的特点，将开放的冷焦水系统改造为密闭系统，增设脱臭设施及氮封，解决了冷焦水系统中含有的硫化氢、氨等有毒物质污染问题。如图 5-2-8 所示。

5. 中国石油大学延迟焦化成套技术及特点

中国石油大学(华东)在延迟焦化方面的技术主要为“焦化炉管外定向反射与管内深度裂解”技术。该技术是以控制焦化炉炉管结焦为核心，通过特制燃烧器、炉管排布与炉膛结构合理分配炉管表面热强度，尽量降低最高油膜温度，尽量在较低的出口温度下提高焦化炉出口转化深度，并提供尽可能多的生焦反应给热量。在中国延迟焦化工业快速发展过程中形成的延迟焦化高效转化技术，具有以下特点：

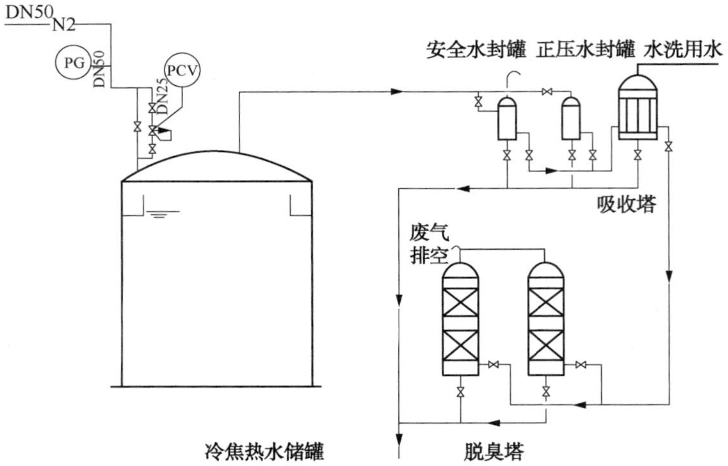

图 5-2-8　冷焦水系统技术改造示意图

① 以追求最大单程加工能力为目标，将焦化炉单程处理能力从 250kt/a 提高到 500～600kt/a，尽量降低管程数。

② 从降低焦化炉有效负荷和提高加热炉热效率两方面着手，降低装置燃料消耗，多方面措施降低装置能耗。

③ 从追求辐射强度均匀分配上升到合理分配炉管表面热强度，尽量降低最高油膜温度，减少炉管结焦速率，延长装置周期。

④ 基于现场炉管结焦现状诊断及趋势预测系统和原料结焦倾向定量评价，延长介质在管内的反应停留时间，提高焦化炉生焦反应给热量及生焦反应给热品质，在较低的出口温度下，提高焦化炉出口转化深度，装置干气产率低，轻油收率高。

⑤ 该技术主要是通过增加炉管数延长炉管内的停留时间；增加加热炉的给热量；改变介质流向，辐射室由过去的上进下出改为下进上出；加热炉墙由平面墙改为异型墙，改变辐射传热方向；火嘴由垂直燃烧改为贴墙燃烧，以减少炉管结焦和降低焦炭产率。炉管排布结构详见图 5-2-9。该技术在国内多套焦化装置得到应用，其效果为降低焦炭收率 1%～2%，增加能耗约 0.5kg 标油/t 原料，未大量出现炉出口严重结焦和弹丸焦生成等现象[6]。

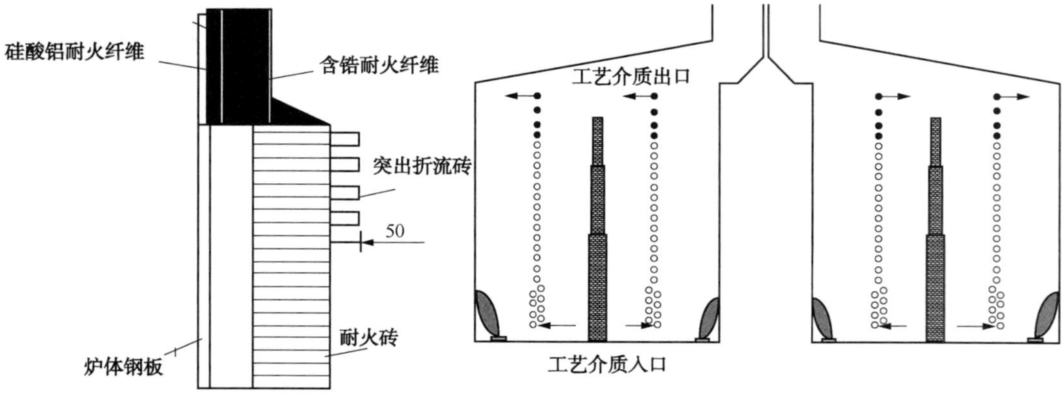

图 5-2-9　异型结构炉墙示意图及下进上出流程示意图

（二）国外延迟焦化成套技术、专有技术和专利技术的特点

国外拥有比较成熟延迟焦化技术的公司有鲁姆斯公司(ABB Lumms Global Inc)、凯洛格公司(Kellogg Brown & Root)、福斯特-惠勒公司(Foster Wheeler)和 Bechtel-Conoco-Phillips 公司等。表面上看这些公司的专有技术在焦化部分和分馏部分的工艺流程和设备方面相差不大，但是其设计理念和细节上均有其不同的技术特点。

1. 鲁姆斯公司[44]

鲁姆斯公司(ABB Lumms Global Inc)最新延迟焦化技术是一个低投资成本的技术路线，在满足炼厂对新的、更严格的环境和安全要求的同时，这项技术非常重视装置的可靠性和灵活性。鲁姆斯延迟焦化技术的主要特点为：

① 最大灵活性的设计。

② 适应进料的变化。

③ 适应加工能力的变化。

④ 设备设计的灵活性。

鲁姆斯延迟焦化重点考虑如下具体措施：

① 在满足加工目前渣油的同时，能够满足以后加工更多量的渣油，并能处理由于渣油残炭升高时产生更多的焦炭情况。

② 加工低硫轻质原料时，焦化可以生产电极焦，对操作条件(温度、压力、循环比)能够进行优化，设计采用的工艺条件范围必须满足馏分油和焦炭间的适当的平衡，从而达到最佳的经济操作点。

③ 加工含硫重质原料时，能够优化工艺操作条件，达到最大馏分油收率和最小焦炭收率。这种操作需要有低压、高温和低循环比的设计。

④ 对于重质原料，能够调整焦化的成焦周期等操作条件来抑制弹丸焦的生成。

⑤ 能够改变(或增加)反应压力，降低焦炭塔内气相表观流速，使装置能按需要提高处理量。

⑥ 调整反应压力达到整体最佳经济性。选择反应压力必须考虑用最低压力生成最多馏分油和降低焦炭数量。低压操作应该仔细考虑以下问题：焦炭塔将产生更高的表观流速、需要更大的设备和管线以及系统压降和压力分布。

⑦ 能够调整循环比以达到最大的馏分油收率，同时满足焦化蜡油质量方面的要求(如残炭、金属含量和干点等)，低循环比操作的设计，必须考虑包括独特的分馏塔和塔内构件设计。

⑧ 焦炭塔灵活性设计目的是：通过采用较短的焦炭塔操作周期来提高处理量；充分考虑到焦炭塔加热和冷却频率，保证适当的焦炭塔寿命；优化焦炭塔设计以获得焦炭塔最佳使用效果，包括充分考虑到换塔周期、操作条件、原料处理量、焦炭产率和焦炭塔数量及大小等。

⑨ 合理选择加热炉炉型和数量，达到加热炉设计的灵活性，允许将来可增加炉管及炉管在线清焦或其他清理手段的实施。实现长周期连续运行。

鲁姆斯公司延迟焦化技术的焦化加热炉采用标准型式加热炉，根据加热炉的功率大小来选用单面辐射室或双面辐射室加热炉。

鲁姆斯公司延迟焦化操作条件：

加热炉出口温度	900~950°F(482~500℃)
焦炭塔压力	15~90psig(0.10~0.62MPa)
循环比(与进料体积比)	0~100%

原料及性质：	中东减压渣油	加氢处理后减压渣油	煤焦油沥青
API 度	7.4	1.3	-11.0
硫含量/%	4.2	2.3	0.5
康氏残炭/%	20.0	27.6	—
产品收率：			
气体+LPG/%	7.9	9.0	3.9
石脑油/%	12.6	11.1	—
瓦斯油/%	50.8	44.0	31.0
焦炭/%	28.7	35.9	65.1

主要经济指标：投资[以美国海湾 2000 年 20000 桶/开工日(1.10Mt/a)的直馏减压渣油进料，生产燃料级焦，包括蒸汽回收为基准]，一般为 4000 美元/(桶·开工日)。

公用工程典型的吨进料消耗：

燃料	20.6kg 标油
电	2.4kW·h
蒸汽(输出)	3.02kg
冷却水	5.0t

2. 凯洛格公司

凯洛格公司(Kellogg Brown & Root)开展焦化工程设计已多年，设计建设了多套延迟焦化装置。主要技术特点是采用低循环比和低压操作。20 世纪 80 年代之前，焦炭塔的操作压力一般为 0.17~0.21MPa，目前典型的焦炭塔的操作压力为 0.10~0.14MPa。焦化压力降低后，可降低焦炭产率，提高液体收率。以前为了保证重焦化瓦斯油的质量，采用的典型循环比为 0.10~0.15。由于焦化重瓦斯油加氢处理能力的发展才使得实现超低循环比成为可行，现在装置的循环比可按 0.05 设计，降低循环比就意味着提高重瓦斯油收率，但其质量要降低。重焦化瓦斯油经过加氢脱硫改质之后，再作为催化裂化或加氢裂化的原料油，对改进裂化工艺、提高液收有很大作用，总的经济效益是合算的。

(1) 一般特点

凯洛格公司延迟焦化流程除焦化部分外，该装置需要几个支持设施，如封闭式放空设施、切焦和清焦设施及水回收系统等。

凯洛格公司延迟焦化操作条件：

炉出口温度	900~950°F(482~500℃)
焦炭塔压力	15~90psig(0.10~0.62MPa)
循环比(与进料体积比)	0~100%

经济指标：投资(以美国海湾 2002 年减压渣油进料，加工能力 1.0Mt/a，界区内设备安装费用为基准)5900 万~7850 万美元。

公用工程典型的吨进料消耗：

燃料　　17.4kg 标油

电　　18.9kW · h

蒸汽　　42.8kg

冷却用水　　6.4t

(2) 低压设计特征

为了比较常规延迟焦化(焦炭塔设计压力为 0.17MPa)和低压延迟焦化(压力为 0.10MPa)的主要区别，现场两种设计基准均为 26000 桶/工作日(1.43Mt/a)的新建装置，采用 1.05 循环比，选用原料为 CCR 中 23%典型的减压渣油，由阿拉伯轻/重原油(50/50)混合原油生产。表 5-2-24 是凯洛格公司延迟焦化低压设计焦炭塔的尺寸数据。

表 5-2-24　凯洛格公司延迟焦化低压设计焦炭塔尺寸数据

项　目	减压渣油，CCR 23%		减压渣油，CCR 15%	
焦炭塔压力/kPa	172	103	172	103
新鲜原料/(Mt/a)	1.30	1.30	1.40	1.20
焦炭塔直径/m	8.4	8.4	8.4	8.4
实际气速(允许气速)/(m/s)	0.87	1.0	1.0	1.0
循环周期/h	18.0	18.0	18.0	18.0
焦炭塔高/m	33.5	33.2	28.5	25.9
限制内容	循环周期	气速	气速	气速

3. 福斯特-惠勒公司[45]

福斯特-惠勒(Foster Wheeler)公司是设计延迟焦化装置最多的公司之一，据统计，1990~1995 年期间新建的 54 套延迟焦化装置中，就有 20 套采用了福斯特-惠勒的技术，占 37%。印度 Reliance 石油公司的延迟焦化装置，加工能力为 6.7Mt/a，采用了福斯特-惠勒公司的技术。世界上近一半的针状焦装置都是由它设计的。福斯特-惠勒公司在焦化技术的领先地位主要表现在收率估算、工艺设计、加热炉设计、机械技术要求和详细工程设计等方面。

(1) 福斯特-惠勒焦化技术的特点

① 采用低压和超低循环比设计以保证液体产品的高收率。

② 在设备设计和操作分析中广泛采用计算机仿真技术，可实现更经济设计要求。

③ 可按顾客定制焦化加热炉，有先进的双面辐射加热炉和加热炉在线清焦技术，福斯特-惠勒公司的斜顶双面辐射加热炉在当代是属于比较先进的一种炉型。

④ 焦炭塔配置专门的管线系统和塔顶蒸汽管线的急冷系统。

⑤ 焦炭塔支撑结构和焦池/焦垫设计的最优化。

⑥ 世界上第一次采用直径为 7.9~8.5m 大型焦炭塔，焦炭塔自动卸盖和固体装卸设备，较短的焦炭塔操作周期，一般为 18h(更低的达 16h)，因而可以减小焦炭塔的尺寸或提高已有装置的产能。

⑦ 改进的焦化主分馏塔喷淋段及内件的设计。

⑧ APC 先进控制系统。

福斯特-惠勒焦化操作条件：

加热炉出口温度　　900~950°F(482~500℃)

焦炭塔压力　　15~100psig(0.10~0.69MPa)

循环比(相当新鲜进料)　0.05～1.0

福斯特-惠勒公司典型焦化收率见表 5-2-25。

表 5-2-25　福斯特-惠勒公司延迟焦化工艺典型收率

项　目	委内瑞拉减压渣油	非洲北部减压渣油	澄清油
进　料			
API 度	2.6	15.2	-0.7
硫含量/%	4.4	0.7	0.5
康氏残炭/%	23.3	16.1	—
生产要求	最大蒸馏	阳极焦	针状焦
产品/%			
气体	8.7	7.7	9.8
石脑油	10.0	19.9	8.4
瓦斯油	50.3	46.0	41.6
焦　炭	31.0	26.4	40.2

经济指标：投资以美国海湾地区 2002 年初价格、加工能力 1.0Mt/a 为基准，投资约为 5000 万～8000 万美元。

公用工程典型的吨进料消耗：

燃料　20.1kg 标油

电　20kW · h

蒸汽(输出)　6.04kg

冷却水　0.91t

(2) 福斯特-惠勒公司的产率选择性延迟焦化工艺

福斯特-惠勒公司新开发的产率选择性延迟焦化技术又称为“SYDEC”工艺(Selective Yield Delayed Coking)

① SYDEZ^{SM}延迟焦化工艺特点

产率选择性延迟焦化(SYDEC)工艺可将渣油改质成为较轻的烃馏分，主要产品为焦炭、气体、LPG、石脑油和瓦斯油。用于生产燃料级、阳极焦和针状焦的焦化装置，总处理量在 19.1Mt/a 以上。表 5-2-26 列出了 SYDEC^{SM}焦化工艺的优点。

表 5-2-26　福斯特-惠勒公司 SYDEC^{SM}延迟焦化的优点

项　目	优　点	效　果
SYDEC 低循环比设计	(1)操作费用低； (2)收率灵活性大； (3)加热炉和分馏部分投资费用低； (4)技术成热	经济效益好，并且操作维修费用低
在线清焦	长周期运转	提高装置效益和安全性
自动打开封头	(1)安全； (2)改进操作	(1)操作更简单； (2)除焦更快
特别的焦炭塔设计和塔与裙座的连接	(1)延长焦炭塔的寿命； (2)更好地处理周期性的加热/冷却应力变化	(1)维护费用低； (2)装置操作时间长

续表

项　目	优　点	效　果
专有的加热炉设计	(1)精确控制输给工艺介质的热值; (2)操作灵活性大	(1)操作费用低; (2)运行周期长; (3)除焦容易
丰富的延迟焦化经验	(1)人工费用低; (2)进度快; (3)项目组有丰富的经验; (4)丰富的采购经验	(1)施工图设计费用低; (2)节省设备和材料采购费用

② $SYDEC^{SM}$焦化工艺产率

过去大多数的新建和改造的延迟焦化装置均涉及加工高硫、高金属渣油以最大量地生产液体产品和燃料级焦炭为目的，因此在考虑延迟焦化装置设计基础方案时，必须确定最佳的操作条件，以得到最大的液体产率并能得到适合下游加工的重质焦化瓦斯油。$SYDEC^{TM}$技术以最大液体收率为操作方案时，装置在低压 0.103MPa 和超低循环比 0.05 条件下进行操作，以达到最大的液体产品目的。表 5-2-27 表示几种减压渣油的产品产率比较。

表 5-2-27　典型的 $SYDEC^{TM}$工艺加工减压渣油的产品产率比较

项　目	Orinoco 重质油	Mrey 混合油	Maya 油	阿拉伯混合油
产率(液体体积占比)/%				
气体(当量燃料油)	5.36	5.52	5.58	5.20
C_3+C_4	7.04	7.66	7.08	6.64
石脑油	14.07	16.71	13.50	12.64
LCGO	28.38	31.69	28.77	27.09
HCGO	28.48	20.79	20.81	31.24
焦炭	32.44	35.77	39.80	30.91
HCGO 性质				
API 度	16.56	16.55	14.27	13.86
镍+钒/(μg/g)	0.50	0.70	0.60	0.40
康氏残炭/%	0.31	0.53	0.55	0.41
焦炭　硫含量/%	4.65	3.96	6.02	6.39

③ 馏分油循环

在低压力、超低循环比工艺条件下，采用馏分油循环，不但可以延长加热炉运行周期，而且可以降低焦炭收率，增加液体收率，具体为：

a. 液体收率可增加 2.0%～2.5%。

b. 富气产率上升。

c. 焦炭产率下降 2.5%～3.5%。

d. 按焦化装置能力 2.0Mt/a 为基础，炼厂每年可增加效益超过 800 万美元。

④超低循环比和真实零循环操作

调节焦化循环比主要被用于控制重质焦化蜡油(HCGO)的干点。20 世纪 80 年代设计的焦化装置循环比一般为 10%，以后低于 5%的循环比操作是普遍的。如果下游转化装置允许 HCGO 产品有较高的干点、金属含量和康氏残炭的话，设计中就可采用“超低循环比”技术。

福斯特-惠勒公司已设计了几个采用真实零循环操作的延迟焦化装置，即由焦炭塔顶急冷管线所产生的液体用重瓦斯油来收集分出。许多工厂也已成功地进行了改进型零循环操作，即按超低循环比操作，但不用泵返回冲洗油，并只在最小量的焦炭塔塔顶急冷工况下进行操作，这种操作型式相当于在循环比为 0.01～0.02 工况下操作。

降低焦化循环比所增加的 HCGO 的体积产率已部分地被其他液体产品的减少所抵消，真实零循环操作只增加总液体产率的 0.64%(v)左右。另一方面，它所多产的 1.32%液体产物均为重质焦化瓦斯油(HCGO)。HCGO 的密度、残炭、沥青质、金属和干点方面质量较差，HCGO 的硫和氮含量则由于降低了转化深度是比较低的。

最近福斯特-惠勒公司的超低循环比技术能在循环比低于 1.05 的条件下操作。有关咨询公司认为，改进延迟焦化工艺的核心是将循环比降到零，即单程操作。

(3) 高热效率焦化加热炉

福斯特-惠勒公司和 Kellogg 公司对延迟焦化装置的加热炉均有着良好设计业绩，尤其是福斯特-惠勒公司的延迟焦化加热炉在燃烧负荷超过原设计的工况下，更显示出福斯特-惠勒焦化加热炉的特点。该公司可提供两种加热炉炉型，即单面辐射型和双面辐射型。单面辐射型设计，加热炉炉管一侧提供大部分辐射热量的设计。按这种布置，典型设计的平均峰值辐射强度为 102.10MJ/(m^2·h)，对应的最大辐射强度为 183.96MJ/(m^2·h)。双面辐射型设计，加热炉管二侧提供相等辐射热量的设计。双面辐射型加热炉因其油膜和管壁温度较低，停留时间短，压降低和流速高特点适宜加工不稳定和高结垢(焦)原料。福斯特-惠勒公司设计的双面辐射型加热炉采用斜坡炉墙，以便沿炉管的辐射热均衡。关于炉型的选择，福斯特-惠勒公司可以通过特定的试验装置，测定原料的结垢指数，并将试验结果计算出相对结垢指数，然后对照福斯特-惠勒公司标准，判定结垢指数等级，最后确定采用哪种炉型。如果采用 T-91(一种含钒的 Cr9Mo 钢，美国钢号：ASTM A335 P91，比常用的 Cr9Mo 钢的使用温度可高 38℃)管材，注意要降低原料中的 Na^+含量以及使用福斯特-惠勒公司在线清焦技术，无论哪种炉型均可以达到超过一年的运行周期。

(4) 在线清焦(on-line spalling)技术

运行周期长短是焦化装置一个非常重要的因素，尤其是当焦化装置加工重质、高沥青质的进料，这个问题显得更为重要。使用在线清焦的焦化装置，典型的在线清焦周期为 3～5 个月，总的装置运行周期可以延长。有些炼油厂报道说他们的加热炉可操作 24 个月。有些使用这一技术的加热炉不用注汽清焦，其操作时间可长达 5 年。同时其处理量大大超过设计量。

如果要使用在线清焦，辐射炉管、弯头及配件金属材质至少为 Cr9Mo 合金钢，但对流段的炉管可为 Cr5Mo 合金钢。炉管内径最好 82.5mm 或以上。加热炉最好设计为四管程，以便在一个管程清焦时，加热炉的能力只降低 20%。

一般来说，在线清焦可有如下效果：

① 清焦完成后，炉管表面温度一般平均降低 69.5℃。

② 清焦后的炉管入口压力应恢复到正常操作压力。

③ 由于加热炉效率提高，炉管清焦后炉膛所需燃料量降低 10%～15%。

这样，加热炉的操作周期就会延长，同时处理量不会大幅度下降。

4. 康菲石油公司(Conoco-Phillips)[46]

大陆石油公司(Conoco)从 1981 年开始发放延迟焦化技术许可证，2002 年大陆石油公司和菲利普石油公司合并成立 Conoco-Phillips 公司。早期 Bechtel-Conoco(大陆石油)公司的专利焦化工艺技术已有超过 40 年的操作经验，该技术通过 Conoco 和 Bechtel 联营公司实施技术转让。适于将石油油渣(减压渣油、沥青、溶剂脱沥青和燃料油)改质成更有价值的液体产品(LPG、石脑油、瓦斯油)，同时还生产燃料气和石油焦。

(1) 一般特点

Bechtel-Conoco(大陆石油)公司延迟焦化流程和一般延迟焦化流程相似。它的技术特点和效益是：

① 通过低压操作、馏分油循环技术(CPP 技术)和零或极低的自然操作循环比，达到最大液体产品收率和最小的焦炭收率。大陆石油公司是最早开发馏分油循环技术的公司。

② 最大的灵活性，可以根据液体-产品方案来调整循环操作馏分油的品种或排出馏分油，从而达到装置最大加工能力。

③ 更长加热炉的除焦周期。

④ 超低循环比操作使处理能力最大，并达到最有价值地利用装置能力。

⑤ 良好的装置可靠性和可维修性，确保高的开工时间和较低的维修费用。

⑥ 较低的投资费用。

经济指标：对于一个处理 35000 桶/开工日(1.93Mt/a)的高硫重质减压渣油的延迟焦化装置，美国海湾投资费用约 1.45~1.60 亿美元。

(2) 馏分油循环的低压焦化

大陆石油公司延迟焦化技术中重要的一点是使用馏分油循环的低压焦化操作，即用馏分油循环代替常规的自然循环。可用作循环的馏分油包括石脑油、轻焦化蜡油和重焦化蜡油，选用哪种不同沸程的馏分油作为循环，要根据保证炼厂操作取得最大的经济效益和下游装置的能力而定。当循环一种馏分油时，比这种馏分油轻或重的物料的收率就会提高，因此，使用 343~427℃馏分循环时，比使用 168~343℃馏分循环所生产的蜡油少，柴油多。也就是说，循环 168~343℃馏分时，炼厂的蜡油加工能力需增加；而循环 343~427℃馏分时，则可提高炼厂柴油加工能力。

馏分油循环技术的优点是：

① 焦炭收率降低，一般降低 2%。

② 液体收率增加。

③ 产品方案灵活，可选择生产产值最高的液体产品。

④ 可提高焦炭塔的操作温度。

馏分油循环技术既可用于新建装置，又可用于老装置改造。新建装置采用 20%馏分油循环与 10%自然循环相比较，不但可以延长焦化加热炉的运行周期，而且装置对原料变化和季节性操作灵活性大。用于老厂改造设计，不仅改善焦化产品产率，而且提供了装置加工能力提高的可能性。图 5-2-10 是典型的 Conoco-Phillips 延迟焦化工艺流程图。

(3) 最小循环比操作

大陆石油公司延迟焦化技术的另一特点是最小循环比、零循环比或单程焦化。实际上此时因焦炭塔顶有急冷油和回流，所以单程焦化还是有极少回流的(实际循环比为 0.02~0.04)。此时，分馏塔的闪蒸段将安装一个抽出塔盘，收集闪蒸段的冷凝油，经过滤之后作为一部分重蜡油产品送出装置。这样不仅可以降低焦炭收率，还可减少塔底焦粉，并可使分馏塔闪蒸段有足够的洗涤油以免污染塔内产物。

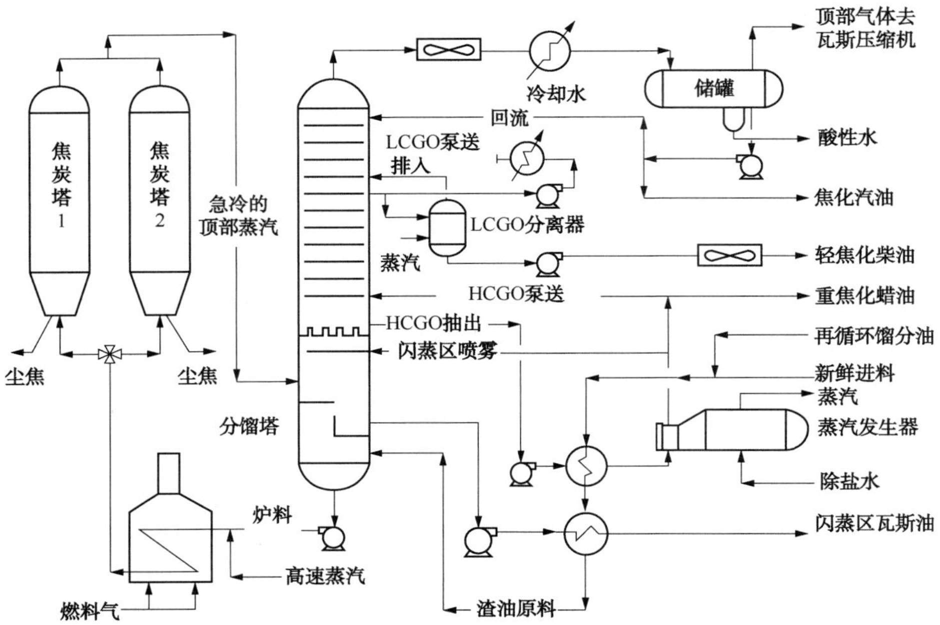

图 5-2-10　Conoco-Phillips 延迟焦化工艺流程图

零循环比的优点是：

① 焦炭收率降低，一般降低 1%。

② 增加了液体收率。

采用零循环比操作所生产的焦化蜡油中含有较高的残炭和金属(Ni+V)，对下游加工装置有一定影响。

(4) 加热炉软件

加热炉是延迟焦化中的一个重要设备，大陆石油公司开发了一套复杂的计算炉子工艺条件的计算机软件。结合工业化操作数据和经验，该软件已成功地运用于新加热炉设计和老加热炉改造；这个软件可计算加热炉各点的裂化和气化量以及其他的重要设计因数。

加热炉的模拟软件包括：

① 管侧模拟内容。

a. 确定温度和压力分布；

b. 计算平均热强度和加热炉负荷；

c. 确定油的停留时间；

d. 确定相对焦化因数。

② 确定优化的加热炉设计。

③ 帮助评估现有加热炉的改造。

④ 确定操作变化的影响。

加热炉可以在线清焦，这样可使装置生产能力超过设计能力，降低燃料用量，并使大修周期延长到 24 个月。

(5) 水力除焦和焦炭运输

Bechtel-Conoco 公司对水力除焦有丰富的设计和操作经验，有一套可靠的计算机控制的切焦系统。一般的延迟焦化焦炭塔操作是基于 20~24h 的操作周期，而该公司设计值为 14~

24h 周期，通过使用该公司的操作经验和切焦技术，周期可缩短至 11h。焦炭从焦炭塔切割下来之后，要有一套可靠的运输系统将生焦运走。Bechtel-Conoco 公司对焦炭运输系统有丰富经验，并可提供相应运输系统。该公司的焦池装车系统或储焦坑装车系统(Pit/PaI 运焦系统)有以下优点：

① 提高焦炭塔在线投用系数。

② 系统维修量少。

③ 投资低。

④ 减少运输费用。

⑤ 占地少以及有利于环保。

(6) 密闭式放空系统

密闭式放空系统是延迟焦化改善环境保护的一个重要部分，在焦炭塔注汽或水冷时，该系统可安全地将释放出的蒸汽和油气冷凝，并在紧急情况时安全地回收焦炭塔放出的重质油和惰性组分。

(7) 针状焦生产技术

大陆石油公司开发了生产针状焦技术，也是全世界针状焦产量最大的公司，20 世纪 90 年代中期，该公司的针状焦年产量占世界总产量的 70%左右。

上述四大石油公司焦化技术的主要操作条件和原料、产品收率数据分别汇总于表 5-2-28 和表 5-2-29。

表 5-2-28　四大石油公司延迟焦化专有技术的操作条件[47]

操作条件	福斯特-惠勒	鲁姆斯	凯洛格	大陆石油
加热炉出口温度/℃	482~510	482~510	482~510	
焦炭塔压力/MPa	0.10~0.69	0.04~0.62	0.10~0.62	
高液收操作时焦炭塔压力/MPa	0.103	0.103	0.103	0.130
循环比	0.05~1.00	0.00~1.00	0.00~1.00	0.10~0.20①
焦化周期/h	16~18		16~20	最低为 11

① 为采用馏分油循环技术。

表 5-2-29　延迟焦化原料和产品产率[47]

专有技术	福斯特-惠勒			鲁姆斯		
焦化原料油	减压渣油	减压渣油	澄清油	中东原油减压渣油	加氢处理减压渣油	煤焦油沥青
相对密度	1.0552	0.9646	1.0818	1.0187	1.0655	1.1743
硫含量/%	4.4	0.7	0.5	4.2	2.3	0.5
康氏残炭/%	23.3	16.7	—	20.0	27.6	—
产品收率/%						
气　体	8.7	7.7	9.8	7.9	9.0	3.9
石脑油	10.0	19.9	8.4	12.6	11.1	—
瓦斯油	50.3	46.0	41.6	50.8	44.0	31.0
焦　炭	31.0	26.4	40.2	28.7	35.9	65.1
操作方式	最大液收	电极焦	针状焦	—	—	—

5. 国外部分焦化专利或专有技术及特点

(1) 焦化工艺方面

① 大陆石油公司较早发表的增加焦化液收率的专利[48]

该专利的核心是利用焦化轻油循环，由于它具有较低的生焦率，从而提高整个过程的液收率，这是大陆石油公司 CPP 技术的早期专利，图 5-2-11 是该专利的流程示意图。

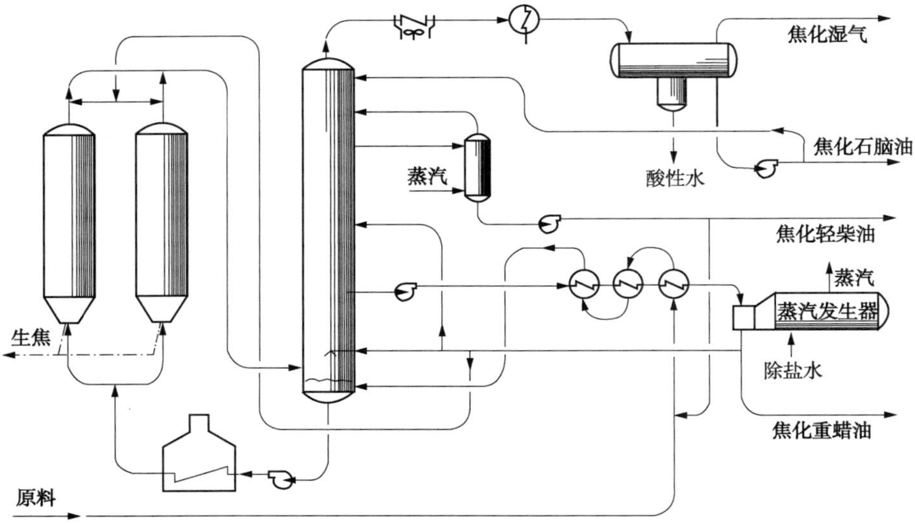

图 5-2-11　轻油循环焦化流程示意图

大陆石油公司在 1997 年发表的增加焦化液收率的专利[49]，流程就比较复杂，它是另外用一股分别加热的不产生焦化的稀释油通入焦炭塔内来提高焦炭塔的温度，同时焦化加热炉出口可保持较低的温度，使生焦率降低，液收率有所增加。

大陆石油公司在 1999 年发表的缩短焦炭塔操作周期提高装置产能的专利[50]，主要采取的措施是在焦炭塔切换过程的预热阶段用外部加热方法使预热时间达到最小，加热更均匀。预热介质可以用蒸汽、烟道气，甚至可用电热带加热。

② 美国 URS Corporation 的"优化焦化 Opticoking"技术

该技术的核心是在焦炭塔切换和换塔期间向生焦塔内注入石脑油或瓦斯油。其主要技术特点是：在加热炉进料系统、燃料系统和余热回收系统实现 RMS 和 ESD 报警，自动联锁；在焦炭塔顶压力控制下注入瓦斯油或石脑油；切换四通阀和暖塔期间减缓压力波动，避免发泡和冲塔现象；焦化分馏塔塔顶压力不受焦炭塔波动的影响；可增加焦化装置加工能力，提高液收，降低消泡剂用量；稳定装置操作；降低焦炭收率，提高液体收率。但是该技术未见工业应用的报道。

③ 美国 US Coker Tech，LLC 的"最大焦化 Maxicoking"技术

该技术集成了所有用于改进延迟焦化装置操作的稳定性、可靠性和效益性的专有控制方法的专利技术，在焦炭塔顶预热和切换期间，控制地注入轻、重瓦斯油/石脑油来减少压力波动，增加的油气允许操作量稳定焦炭塔压力，并保持上升的压力分布。在压力控制所需的流量下，不会有 LGO 或石脑油冷凝，因此不会降低焦炭质量，提高装置加工能力，液体产品产率，减少焦炭产率，抗泡剂用量，更重要的是提高装置的可靠性、操作性和安全性。该技术也未见工业应用的报道。

④ 美国 Cokertech 公司的 IDCU 技术[51]

IDCU 技术的核心在于废除了传统焦化的大吹汽、冷切焦过程，采用蒸汽在热态下将焦炭挤出焦炭塔。该技术是建立在 Cokertech 公司认为在温度高于 482℃时焦炭呈粉末状，容易除去的机理上。采用零循环比操作，焦化原料经加热炉加热后进入焦炭塔，生焦完成后，采用蒸汽充压至 0.34MPa(表)，将焦炭挤出至破碎机中粉碎为小于 25mm 的焦块，然后经换热器产汽，回收热量，冷却后的焦炭排到焦池。分馏等其余部分与常规延迟焦化工艺相同。IDCU 工艺流程示意见图 5-2-12，焦化产品中包括喷气燃料。

Cokertech 公司列出了 IDCU 工艺技术的优点，主要有：增加焦炭塔处理量超过 200%；生焦周期由 18h 缩短到 6h；消除了热胀冷缩对焦炭塔的潜在损害，延长了焦炭塔的使用寿命；回收焦炭热量用于产汽；取消水力除焦系统、冷切焦水系统、顶底盖机和吹汽放空系统；减少公用工程消耗，降低装置操作和维修成本。该技术在试验阶段，未见工业应用的报道。

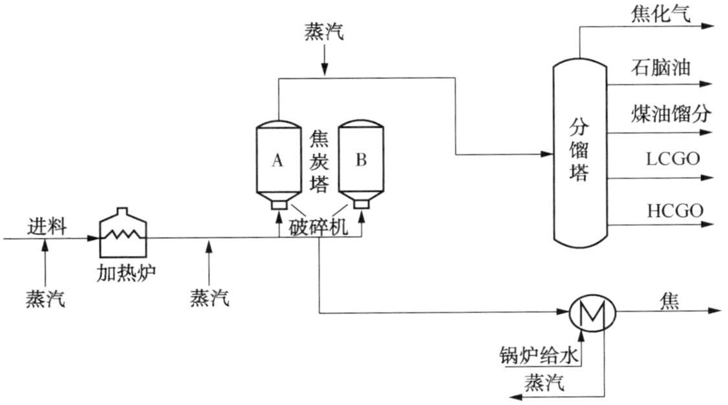

图 5-2-12　Cokertech 公司的 IDCU 工艺流程示意图

(2) 扩大焦化原料、回收炼厂三废方面的专利

利用焦化热加工工艺无催化剂、不存在催化剂中毒的特点处理炼厂三废方面的专利较多，其中最多的是处理炼厂污油、污泥回用方面的专利[52]，各种沥青焦化专利也比较多[53]，还包括乙烯裂解焦油焦化专利[54]、炼厂减渣和催化油浆作焦化原料专利[55]和废润滑油利用的专利[56]等。

Amoco 公司提出的回收炼厂废渣的一篇专利[57]比较全面地介绍了处理炼厂大部分废渣，包括隔油池油泥、含油乳化液和含油废水等过程，见表 5-2-30。废渣处理是在焦炭塔内进行，焦化进料从底部进入，而废渣则从塔的顶部进入，其位置应在塔内焦炭层和泡沫层之上，不主张在急冷操作期内处理废渣。这样做废渣中所含的有毒有害物质不可能转化成无害物质，会造成污染转移。图 5-2-13 是处理炼厂废渣的焦炭塔结构示意图，管 206 是焦化进料，管 214 是废渣进料，管 213 是焦炭塔内废渣喷嘴，管 208 是油气出口。

表 5-2-30　焦化装置处理炼厂废渣的性质和数量

含水废渣	固含量/%	油含量/%	数量/(kg/d)
API 分离器油泥	3.9	2.5	3000
污油乳化液	—	84.0	1452

续表

含水废渣	固含量/%	油含量/%	数量/(kg/d)
含铅汽油罐油泥	6.1	—	13.6
不含铅汽油罐油泥	66.0	—	1374
热交换器油渣	17.0	—	2.72
含油废水	—	7.7	24.95
MEA 再生塔底渣	6.2	0.2	44.9
ASP 活性污泥	2.0	0.34	10251
平均	7.6	9.4	19193

有一篇关于延迟焦化处理炼厂废渣的专利[58]，提出将废渣和瓦斯油形成淤浆后和焦化原料一起从焦炭塔入口通入，这样可避免温度较低的急冷过程。图 5-2-14 是污油淤浆处理流程图，所处理炼厂废渣的主要性质见表 5-2-31。

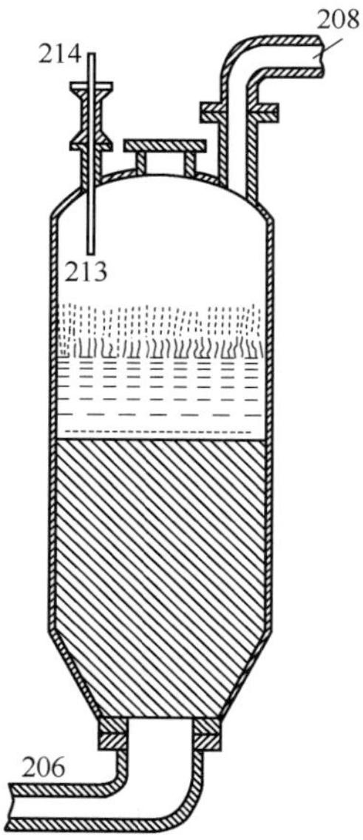

图 5-2-13　处理炼厂废渣的焦炭塔结构示意图

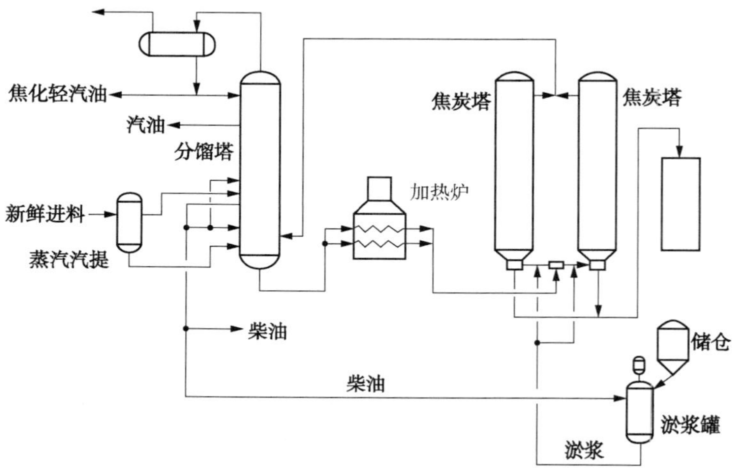

图 5-2-14　焦化装置污油淤浆处理流程图

表 5-2-31　延迟焦化装置所处理炼厂废渣的性质

项　目	数　据	项　目	数　据
油含量/%	15.5	废渣密度/(g/cm^3)	1.09
水含量/%	25.0	馏程(废渣中含油)/℃	
固体含量/%	59.5	初馏点/5%	89/139
微量金属(干基)/(μg/g)		50%/60%	256/286
铬	886	90%/95%	434/472
铅	276	终馏点	533
钒	376		

不少专利讨论了焦化装置处理废渣时如何防止污染转移的问题，包括讨论在焦化装置急

冷过程中加入废渣回收可能带来的焦炭被有毒、有害物质污染的问题，有的提出在利用过程中同时通入氧气进行燃烧，将他们转化成无害物质的方法。可见焦化装置在处理三废同时，一定要注意避免发生污染转移问题[59]。

一篇讨论延迟焦化装置处理炼厂碱渣的专利[60]指出，碱渣中含有机物小于10%，50%~95%是水和硫化物、硫氢化物。碱渣的加入有利于焦化过程和焦炭塔的冷却，但会诱发弹丸焦的生成。

一篇讨论催化油浆(Decant oil)作焦化原料的专利[61]指出，在焦化原料中混入5%~20%的高芳烃油，不仅焦炭收率下降，焦炭的质量也有所改进。

UCC公司发表的乙烯焦油进行焦化的专利[62]，焦油预先经过加氢处理后，可以得到优质焦，所制成的石墨制品的CTE(膨胀系数)可小于0.55×10^{-6}/℃。焦油预加氢采用双功能催化剂，中压加氢条件是：温度290~370℃；压力5.2~1.3MPa。

(3) 其他方面

① 有关焦化产品方面的专利也较多。其中大部分是早期关于针焦方面的专利[63]。最近，国外很少发表针焦专利，说明针焦的工艺已经比较成熟。

有两篇处理弹丸焦的专利[64]。

② 延迟焦化设备方面专利发表不多，讨论双面辐射加热炉的专利几乎没有，两篇加热炉专利都是早期的，而且比较简单[65]。有一些专利讨论了焦炭塔应力分析问题[66]。有三篇专利讨论焦化主分馏塔闪蒸段和产品抽出板结构，有一定参考意义[67]。值得注意的是，近来大量发表焦炭塔卸盖自动化的专利[68]，说明国外焦化装置在减轻体力劳动强度、提高大盖安装质量和效率方面非常重视，而且正在发展中。

③ 有少量专利讨论了焦化的控制和清焦问题，少量专利讨论了焦化的环境保护，包括废水处理[69]和除尘方面的专利[70]。

从以上焦化专利分析中可以看出，延迟焦化是一个成熟的工艺，主要流程变化不大。发展方向主要是提高效率，提高液体收率，扩大原料品种，降低焦炭收率，降低基建投资，降低操作成本，实现高效化、大型化和清洁化，从而提高焦化工艺在整个炼油加工工艺过程中尤其在各种重质含硫原油加工过程中的地位和作用。

三、焦化组合工艺

延迟焦化装置和其他炼油装置及其产品加工装置的优化组合通常称为焦化组合工艺，组合工艺的目的是发挥各相关组合装置的技术优势，使整体效益达到最佳化。目前既有延迟焦化和减压蒸馏、减黏裂化、溶剂脱沥青、渣油加氢、加氢裂化、催化裂化等提供原料装置的组合，也有延迟焦化和减压蒸馏、加氢裂化、加氢精制、催化裂化、渣油加氢、溶剂抽提、石油焦气化、石油焦焙烧、CFB锅炉等处理焦化产品装置的组合。20世纪60年代末70年代初，国外为提高炼厂综合经济效益开发了不少延迟焦化组合工艺[71~74]，如加拿大埃得蒙特炼厂的蒸馏-延迟焦化组合工艺，日本水岛炼厂的热裂化-延迟焦化-石油焦焙烧的组合工艺。80年代以后出现了延迟焦化和催化裂化、加氢裂化、渣油脱金属和溶剂脱沥青等组合工艺，它们不仅可以提高柴汽比，还可以提高全厂油品收率，降低焦炭产率和提高延迟焦化装置及经济效益。延迟焦化和渣油加氢脱硫组合工艺被认为是加工含硫渣油的有效方法，美国福斯特-惠勒公司和Kellogg公司都推荐在加工高硫劣质渣油时选用渣油加氢脱硫-延迟焦化-FCC或渣油加氢脱硫-延迟焦化组合工艺。

我国炼厂也采用过焦化组合工艺[75,76]，如石家庄炼化公司采用催化裂化-延迟焦化组合工艺，在合理匹配加工量的前提下，催化裂化油浆作焦化原料，可使原油全部转化掉不产渣油，该组合工艺已在镇海炼化等七家炼油厂应用。茂名石化、广州石化、安庆石化等厂采用减黏裂化-延迟焦化组合工艺，改善了产品分布，提高了液体收率。1998 年 3 月茂名炼化焦化装置使用减黏渣油为原料，用马西拉-伊朗混合原油(混合比例 2：1)，产品收率和常规焦化比较见表 5-2-32。总的效果是：轻油收率提高 3.52%，焦炭收率降低 6.17%，装置加工负荷可提高 6%，增加效益 53.68 元/t。广州石化采用溶剂脱沥青-减黏裂化-延迟焦化组合工艺，将沥青和减渣混合料作为焦化装置进料，对渣油原料做到了“吃干榨尽”。

表 5-2-32　减黏裂化-延迟焦化组合工艺收率比较　%

项　目	减黏-延迟焦化组合工艺	常规延迟焦化	项　目	减黏-延迟焦化组合工艺	常规延迟焦化
瓦　斯	6.23	6.75	重蜡油	5.65	5.20
汽　油	15.19	12.31	焦　炭	25.43	31.60
柴　油	31.23	30.59	损　失	0.99	0.50
蜡　油	15.28	13.03			

焦化组合工艺随着炼油厂的原料供应、产品要求、市场变化和炼油技术水平的变化而发展，下面介绍几种焦化组合工艺的特点及发展历程。

(一) 减黏-延迟焦化组合工艺

减黏-延迟焦化组合工艺是一种比较简单实用的组合工艺，它是 20 世纪末发展起来的，由于锅炉以煤代油和内燃机轮船的发展，燃料油的需求减少，延迟焦化为过剩的减黏渣油找到了出路。发现减压渣油经过减黏之后，黏度降低，减黏渣油再用作焦化原料，可以提高液体产品收率。有关一些热裂化和缓和热裂化的组合工艺基本上都属于这一类[77]。表 5-2-33 为该组合工艺加工阿拉伯轻质原油减压渣油的有关数据。虽然减黏渣油作焦化原料可以提高液体收率，但是很少特意为焦化装置的原料去建设减黏裂化装置。目前国内减黏裂化装置基本都停运或拆除，因此该组合工艺在国内基本不用，同时溶剂脱沥青-减黏裂化-延迟焦化组合工艺也随之消失。国外的减黏裂化装置大都是为生产船用燃料油服务的，也很少用于处理焦化原料。

表 5-2-33　减黏裂化与延迟焦化联合的效应[78]

项　目	延迟焦化	减黏裂化+延迟焦化		
		减黏裂化	延迟焦化	合计
收率(对减压渣油)/%				
$<C_4$气体	9.1	2.2	6.4	8.6
C_5^+馏分油	56.0	16.9	43.1	60.0
焦　炭	34.9	渣油：80.9	31.4	31.4

注：减黏渣油用作焦化原料油。

(二) 延迟焦化-溶剂精制联合流程[79~81]

2000 年左右，为改善催化原料性质，保证催化产品质量，作为催化原料的焦化蜡油的掺炼比例不能太高，否则应对焦化蜡油进行精制处理。加工劣质减压渣油的延迟焦化装置采用延迟焦化-溶剂精制联合流程，对焦化蜡油进行抽提精制就可以改善焦化蜡油性质，为后继的催化裂化/(加氢裂化)装置提供合格的原料油组分。因为，加工劣质减压渣油时，所得到焦化蜡油中的氮和多环芳烃含量偏高，不适合于作催化裂化(加氢裂化)原料油组分。以辽河减压渣油为例，焦化蜡油中的氮含量高达5000μg/g，芳烃、胶质和沥青质总含量高达40%；按单程操作的延迟焦化装置，焦化蜡油的质量比按常规操作所得的焦化蜡油更差。采用溶剂精制工艺处理此类焦化蜡油，所得抽余油的饱和烃含量就高于焦化蜡油，氮含量也会相应降低，故适合于作催化裂化(或加氢裂化)的原料组分。以采用延迟焦化-溶剂精制-催化裂化联合流程为例，催化裂化的轻油收率可以提高2.85%，干气和焦炭收率约可降低1.5%，催化裂化装置的处理能力约可提高8.6%。抽余油用作加氢裂化原料时裂化性能好于焦化蜡油。

我国某石化工程公司成功地开发了延迟焦化-溶剂精制联合工艺技术，并已经实现工业化。

1. 焦化蜡油精制中型试验

表5-2-34为某炼厂的直馏蜡油(VGO)、焦化蜡油(CGO)及其抽余油(CGO-R)的性质数据。从表中数据可以看出，焦化蜡油的硫、氮、芳烃和胶质沥青质含量均高于直馏VGO，不宜直接用作催化裂化或加氢裂化的原料。

表5-2-34 焦化蜡油及抽余油性质

项 目	焦化蜡油(HCGO)	抽余油(HCGO-R)	直馏蜡油(VGO)
抽余油收率/%	—	78.1	—
油样性质			
密度/(kg/m^3)	903.1	894.9	910.2
残炭值/%	0.11	0.10	0.14
凝点/℃	34	36	29
硫含量/(μg/g)	2620	1490	2040
氮含量/(μg/g)	6256	1317	1911
族组成/%			
饱和烃	59.0	74.3	68.1
芳烃	32.0	21.5	27.2
沥青质+胶质	9.0	4.2	4.7
馏程/℃			
初馏点	249	346	285
10%	364	369	348
50%	416	423	432
90%	474	484	508
95%	495	503	540

试验结果表明：

① 焦化蜡油进行溶剂精制之前应经拔头处理，除去<320℃轻馏分，目的是为了减轻柴油馏分对溶剂的污染，降低溶剂单耗和操作费用，也增产了柴油。

② 精制试验使用了几种溶剂配方，即使用单溶剂和双溶剂。双溶剂时，采用醛作为主溶剂，可有干、湿两种。使用干醛作主溶剂虽对非理想组分的溶解性能较好，但是溶剂回收流程复杂；采用平衡溶剂(湿醛，即醛、水、油三相平衡的醛相)选择性好，并可简化溶剂回流程。

③ 单溶剂和双溶剂的差别在于单溶剂精制所得的抽余油质量好，收率相对降低；双溶剂精制的抽余油质量稍差，但可提高收率。表 5-2-35 为焦化蜡油精制试验收率数据实例。

表 5-2-35　焦化蜡油溶剂精制的工艺条件和抽余油收率

项　　目	CGO 原料	CF	CFW-1	CFWS-1
抽余油收率/%		75.51	88.93	90.78
抽余油性质				
硫含量/(μg/g)	2080	932	1483	1530
氮含量/(μg/g)	5571	891	1421	1495
族组成/%				
饱和烃	62.4	81.5	70.9	69.1
芳　烃	28.9	16.5	24.3	26.7
沥青质+胶质	8.7	2.0	4.8	4.2

注：CF 为干醛单溶剂精制；CFW-1 为湿醛单溶剂精制；CFWS-1 为湿醛双溶剂精制。

2. 工业化应用

我国某炼油厂加工辽河原油，延迟焦化装置的焦化蜡油氮含量达 4800μg/g 以上，不宜直接用作加氢裂化的原料油组分。为了扩大加氢裂化原料的来源，炼厂采用了延迟焦化-溶剂精制-加氢裂化联合工艺，于 1997 年新建了 0.5Mt/a 焦化蜡油溶剂精制装置，使此项工艺技术实现了工业化应用。在下游加氢裂化装置进料掺入了 19.29%抽余油后，扩大了加氢裂化的原料来源，液体收率提高了 0.86%，柴油和加氢尾油的质量均得到了改善。

新建的溶剂精制装置采用单溶剂处理焦化蜡油，所得的抽余油用作加氢裂化装置的原料组分，抽出油返回焦化装置。

焦化蜡油的初馏点偏低(有时仅 180℃左右)，含小于 350℃柴油组分约占 10%，需要经过拔头处理。否则，轻馏分油会在溶剂回收过程中随溶剂一起蒸出，成为污油，不仅造成溶剂损失，还会对平衡溶剂产生稀释作用，造成平衡溶剂的醛含量降低，抽余油中醛含量偏高(达 20%)，使汽提塔操作困难，并使溶剂单耗增高。溶剂精制的物料平衡如表 5-2-36 所示，焦化蜡油、抽余油和抽出油性质如表 5-2-37 所示。

表 5-2-36　溶剂精制装置抽提塔物料平衡

项　　目	设计值	1997 年标定数据	1998 年标定数据
抽余油收率/%		78.3	83.3
抽出油收率/%		17.6	14.0
污油收率/%		3.7	2.2
装置负荷/%	100	71.52	95.48
溶剂单耗/(kg/t)	1.60	3.58	4.10

表 5-2-37　焦化蜡油、抽余油和抽出油性质

项　　目	焦化蜡油①	抽余油②	抽出油②
密度(20℃)/(kg/m^3)	925	898.2	1081
硫含量/(μg/g)	3010	2497	4125
氮含量/(μg/g)	4823	2218	24826
脱氮率/%	—	59.39	—

续表

项　　目	焦化蜡油①	抽余油②	抽出油②
族组成/%			
饱和烃	64.5	71.5	6.7
芳烃	21.1	22.8	66.5
胶质+沥青质	14.4	5.7	26.8
馏程/℃			
初馏点	277	252	279
10%	380	357	368
90%	460	500	509
95%	473	536	—

① 1997 标定数据。

② 1998 标定数据。

从表 5-2-37 可以看出，抽出油中富含稠环芳烃和胶质，其数量约为延迟焦化装置进料量的 4%，送回焦化装置对其产品分布和产品性质的影响不大。

精制装置所得的抽余油掺兑于直馏 VGO 中用作加氢裂化原料油，抽余油量为装置进料量的 19.29%。表 5-2-38 为抽余油用作加氢裂化原料组分时加氢裂化装置的标定数据。与掺兑抽余油之前相比，石脑油的收率持平，喷气燃料油和柴油收率略有降低，尾油收率增加近 2%，总液体收率增加了 0.86%。由于抽余油的饱和烃含量偏高，使石脑油芳潜含量由原来的 53.5%降至 51.4%，降低了近 2.1%；但柴油和加氢尾油质量获得了改善。即柴油十六烷值提高了 1.2 个单位，加氢尾油的 BMCI 值降低了 1.6 个单位。

表 5-2-38　加氢裂化装置的产品分布

项　　目	1998 年标定数据	项　　目	1998 年标定数据
原料油组成/%		柴　油	20.00
直馏蜡油(VGO)	80.71	加氢尾油	10.54
抽余油(CGO-R)	19.29	液体收率/%	94.54
原料油含氮量/(μg/g)	1728	重石脑油芳烃潜含量/%	51.4
产品分布/%		柴油十六烷值	45.8
石脑油	50.64	加氢尾油 BMCI 值	14.9
喷气燃料	13.36		

随着产品质量升级对催化产品质量要求的提高，催化原料若不经过预处理，其产品很难满足要求，因此诞生了催化原料加氢预处理技术。加氢预处理装置可以更好地脱出原料中的硫、氮、残炭和金属，为焦化蜡油作催化原料提供了保证。延迟焦化-溶剂精制联合流程以后基本不再被采用。

(三) 延迟焦化-溶剂脱沥青-催化裂化组合工艺

国内有的炼油厂采用延迟焦化-溶剂脱沥青-催化裂化组合工艺，即渣油经过溶剂脱沥青，脱油沥青掺入渣油中作为延迟焦化的进料，脱沥青油和焦化蜡油作为催化裂化的原料。该组合工艺可以扩大催化装置的原料，减少焦化装置的规模。但是由于焦化原料中掺入沥青对焦化装置的操作带来影响，导致生焦率提高和炉管结焦等；脱沥青油的收率太高以后，其质量变差，直接进催化对催化操作也会产生影响，因此该组合工艺没有推广。不过随着延迟焦化技术的改进使之能够加工高沥青质含量的原料，同时配套建设催化原料预处理装置使之处理脱沥青油和重质焦化蜡油，延迟焦化-溶剂脱沥青-加氢处理-催化裂化组合工艺有一定的应用前景。

(四) 延迟焦化-减压深拔-蜡油加氢处理-催化裂化组合工艺[82]

延迟焦化-减压深拔-蜡油加氢处理-催化裂化组合工艺是目前经常采用的一种组合工艺，该组合工艺是常压渣油经减压深拔，渣油去延迟焦化，减压瓦斯油和焦化蜡油经蜡油加氢处理后去催化裂化。以 5.0Mt/a 沙特原油的常压渣油为例，常压渣油残炭 11%，减压拔出率为 55%，减压蜡油残炭 0.36%，减压渣油残炭 24.0%。采用延迟焦化-减压深拔-蜡油加氢处理-催化裂化组合工艺的物料平衡见表 5-2-39。

表 5-2-39　延迟焦化-减压深拔-蜡油加氢-催化裂化的产物收率分布

原　料 或产品	延迟焦化		蜡油加氢		蜡油催化裂化		总收率/%
	万 t/a	%	万 t/a	%	万 t/a	%	
原料							
减压蜡油			275	87.80			
焦化蜡油			38.21	12.20			
精制蜡油					305.38	100	
减压渣油	225	100					
产品							
气体	8.53	4.79	5.01	1.6	9.68	3.17	4.64
液化气	4.55	3.02	—	—	58.14	19.04	12.54
汽油	36.68	16.3	2.35	0.75	152.20	49.84	38.25
柴油	74.95	33.31	0.47	0.15	63.06	20.65	27.70
焦化蜡油	38.21	16.98					
精制蜡油			305.38	97.5			
油浆					6.57	2.15	1.31
焦炭	62.1	27.6			15.73	5.15	15.51

由表 5-2-39 可以看出，延迟焦化-减压深拔-蜡油加氢-催化裂化组合工艺相对常压渣油的轻油收率可达到 65.95%，和渣油加氢处理-催化裂化组合工艺的轻油收率基本相当。另外，该组合工艺改善了加氢处理装置的原料，使催化剂消耗量降低，从而可节省操作费用；该组合工艺还可以把催化油浆送延迟焦化进一步加工，不但解决了催化油浆的去处，而且通过焦化装置加工后增产部分轻质油；如果将焦化重蜡油与常压渣油一同进入减压蒸馏装置进一步深拔出剩余部分焦化蜡油，并与直馏蜡油一同去加氢处理，带有少量焦粉的减压渣油作为延迟焦化进料，则提高蜡油产量的同时提高了蜡油质量。由于蜡油拔出量增加，焦化循环油量减少，可提高焦化加工量，提高经济效益。

(五) 加氢处理-延迟焦化组合工艺

该组合工艺可以是先对焦化原料减压渣油进行加氢处理后进焦化装置加工，通过脱硫、脱氮、脱残炭改善焦化原料性质，以生产冶金工业用的低硫焦炭，同时降低焦炭产率，增产高质量柴油。焦化原料加氢预处理组合工艺在不缺少低硫石油焦的情况下不被采用，但在一些急需冶金用石油焦的国家或地区是生产低硫石油焦(或针状焦)的选择之一。该组合工艺也可以是对焦化蜡油的加氢处理，处理后的蜡油进催化装置，其优点是为劣质的焦化蜡油找到了加工途径，不再担心蜡油残炭值、干点、硫含量、金属含量等的限制，焦化装置可以改变操作条件来提高蜡油收率，增加催化原料，提高炼油厂的汽油收率。

（六）减压深拔-延迟焦化-加氢裂化组合工艺

需要多产柴油的炼油厂通常采用延迟焦化-加氢裂化组合工艺。如2014年建成的沙特延布炼油厂，其炼厂规模为20.0Mt/a，原料为沙特重质原油，主要产品方案为生产向欧洲出口的符合欧V标准的汽油和柴油。采用的重油加工路线是常压渣油先经减压深拔，减压渣油全部去6.6Mt/a的焦化装置，减压瓦斯油和焦化蜡油进加氢裂化，加氢裂化采用全循环流程，生产的少量未转化油再进焦化加工，实现渣油的完全转化。由于没有催化裂化装置，柴油池的柴油主要有加氢裂化柴油、加氢精制的直馏柴油和加氢精制的焦化柴油，柴油的十六烷指数较高。

（七）延迟焦化-移动床加氢裂化组合工艺

延迟焦化-移动床加氢裂化组合工艺是指移动床加氢裂化生产的约10%~30%的未转化油送延迟焦化进一步加工，劣质的焦化重蜡油再送至移动床加氢裂化加工。由于移动床加氢裂化工艺目前在国内没有大型工业化装置，在该组合工艺还没用应用实例，不过许多石油公司正在对其进行研究。据资料介绍，移动床加氢裂化未转化油的性质和其原料渣油的性质相差不大，收率约为20%，通过焦化装置加工后约70%的转化为气体及液体，仅30%的转化为焦炭，由此可推算延迟焦化-移动床加氢裂化组合工艺的生焦率约为渣油的6%，转化率高达94%，而渣油直接焦化的生焦率约30%。虽然延迟焦化-移动床加氢裂化组合工艺的投资高、剂耗大、氢耗高和操作费用高，但是在高油价和低焦炭价格时期的经济效益还是比较明显的。

（八）延迟焦化-石油焦循环流化床锅炉组合

加工高硫原料的延迟焦化得到一定量的高硫石油焦，近年来随着加工高硫原油数量的增加，高硫石油焦的产量越来越大，仅中国石化总公司下属7家企业的高硫石油焦产量将达到3.14Mt/a，石油焦平均硫含量5.9%。发展石油焦循环流化床(CFB)工艺主要的目的是解决高硫石油焦的出路问题。国内大部分生产高硫石油焦的炼油厂都配置了石油焦循环流化床(CFB)，并实现了延迟焦化-石油焦循环流化床锅炉的有机结合，即焦炭在焦化装置脱水、破碎和除铁后直接由皮带运输至循环流化床(CFB)的焦炭料仓，减少了中间倒运环节，降低了环境污染，节省了操作费用。

（九）延迟焦化-石油焦气化联合循环(IGCC)组合工艺

高硫石油焦不仅可用于循环流化床(CFB)发生蒸汽或发电，而且可以通过石油焦气化转化成蒸汽、电力或合成气等联产多品种设计方案。实现以焦代油的燃料替换，从而提高炼厂整体效益，是当前备受关注的另外一种高硫焦的处理方案。延迟焦化-石油焦气化联合循环(IGCC)组合工艺的核心设备是焦炭气化炉，工业化气化炉型式有急冷型(TEXACO公司)和合成气冷却型(Shell公司)两种，各有不同的优缺点，目前较多公司使用TEXACO焦炭气化技术(TGP)。

（十）延迟焦化-乙烯裂解的组合

有乙烯裂解装置的炼油化工厂应配置一套较大规模的延迟焦化装置，因为焦化装置能为乙烯裂解提供比直馏石脑油更廉价的原料，实现延迟焦化-乙烯裂解的组合。焦化干气和液化气中含有大量的饱和烃，如乙烷、丙烷和丁烷等。干气通过低温吸收等工艺可回收C_2，直接送去乙烯裂解装置进一步处理后作为裂解原料。液化气在焦化装置经过深度脱硫脱硫醇，然后经气体分馏分离出丙烯，剩余的丙烷等组分也可去乙烯作原料。中国石化抚顺石油化工研究院开发了焦化汽油和焦化液化气的混合加氢，加氢脱硫的同时饱和了汽油和液化气中的烯烃，扩大了乙烯原料供应。该工艺技术在镇海炼化 2. 10Mt/a 延迟焦化装置中得到应用。

第三节　延迟焦化操作参数

影响延迟焦化过程的基本参数包括原料参数、工艺参数和工程参数三大类[45]。图 5-3-1 是延迟焦化基本参数的系统图。

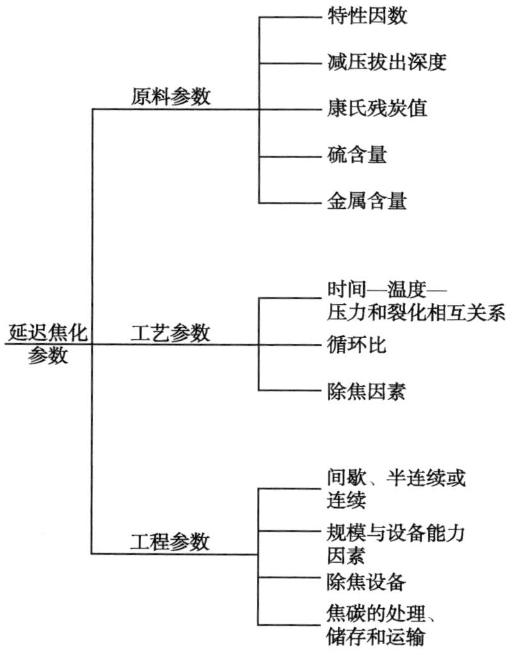

图 5-3-1　延迟焦化基本参数的系统图

延迟焦化原料参数是影响装置设计和操作条件的主要参数，主要包括有原料的密度、特性因素、馏程、残炭、四组成、硫含量、酸值和金属含量等。原料因素往往是事先确定的客观先决条件，但对焦化过程有决定性的影响。

延迟焦化原料突出的问题是当今世界原油质量越来越差，并出现许多新情况，如高酸值高稠劣质原油产量不断增加，国产的有辽河稠油、克拉玛依稠油、塔河原油等，这类原油一般常减压蒸馏装置很难加工，可考虑用延迟焦化配置原油预处理的联合工艺作为第一步轻质化加工手段，普通的高稠原油可按照“稀释→换热→深度电脱盐脱水→加热→闪蒸(或初馏)→焦化”流程进行初加工，一般要求脱盐后原料含盐小于 10～15μg/g。若原油酸值较高，大于 0. 5mgKOH/g 时，在设计中应考虑注防腐剂、缓蚀剂措施。由于环烷酸的腐蚀主要发生于 240～420℃温度范围内，对于该温度范围内的原料和分馏侧线馏分的管线、设备和加热炉对流炉管等可考虑采用含钼奥氏体不锈钢材(SUS-316L/317L)进行材质防腐，如果分馏侧线中没有原油蒸馏组分，全部为焦化蜡油馏分，由于高温热裂化对酸的分解，可根据实验情况考虑不采用 316L/317L 材料，以节省投资。对于塔河油常渣、辽河稠油渣油、奥利油常渣、沙轻减渣、沙重减渣、伊朗油和科威特油减渣等高沥青质含量、高残炭、低热稳定性的焦化料，如果不希望产生弹丸焦和减少炉管及主分馏塔底结焦尽可能考虑缓和的加热炉管出口温度、适宜的循环比和适合的操作压力。为延长加热炉运行周期应选用具有在线清焦技术的双面辐射炉型，配置分炉膛机械清焦和烧焦。在工艺设计中可考虑选择性瓦斯油外循环流程，以增加产品方案灵活性和延长焦化炉运行周期。焦化原料一般性质及一些深层次问题读者可参考本书第四章。

延迟焦化工程参数包括有间隙、半连续或连续操作方式，产能和规模因素，除焦设备和焦炭储存、运输和出厂方式等。

延迟焦化工艺参数可分为控制原料反应的、控制产品分离的、控制产品质量的、控制(降低)能耗的、保证安全运行等等，有温度、压力、流量和液位四大控制参数以及差值，另外还有组成、时间和能量以及其差值等。基于对原料反应、产品分布、产品收率和产品性质有重要影响的工艺参数主要是操作温度、操作压力、循环比和生焦时间，本节主要讨论这几种工艺参数及其优化以及焦化产品收率和质量预测等问题。

一、主要工艺参数

(一) 操作温度

操作温度通常是指焦化加热炉出口温度，有的也用焦炭塔内的反应温度表示，但是焦炭塔内的反应温度很难检测和控制，加热炉出口温度的控制及测量相对容易实现，焦炭塔内反应温度的变化基本和加热炉出口温度的变化一致。加热炉出口温度的变化直接影响着焦炭塔内的反应温度和反应深度，从而影响到产品分布和产品质量。当操作压力和循环比固定后，提高温度将使气体和石脑油收率增加，瓦斯油收率增加，焦炭产率下降，并使焦炭中挥发分下降。在压力和循环比一定时，温度每增加5.5℃，瓦斯油收率增加约1.1%(v)，适当增加反应温度对提高焦化效益是有利的。合理选择焦化温度的原则是必须要充分考虑原料特性、产品性质要求和焦炭性质等多方面因素。温度太高反应过深，使柴油、蜡油继续裂化，降低柴油和蜡油的收率，增加气体收率，促进弹丸焦的生成。操作温度同时可以影响焦炭的挥发分含量(VCM)，温度升高，焦炭VCM降低，硬度增大，造成除焦困难。温度过高还会使加热炉炉管和转油线的结焦倾向增大，影响焦化装置的操作周期。对于沥青质含量较高，容易结焦的原料，操作温度不能过高。如果操作温度过低，焦化反应深度不足，液体产品收率低，焦炭挥发分高，并可能生成软焦或沥青。挥发分含量是焦炭的重要质量指标，生产中一般控制焦炭的挥发分为6.0%~12.0%。在操作中通常用加热炉出口温度来调节焦炭的挥发分含量。

焦化装置操作温度的可调节范围很窄。我国延迟焦化装置加热炉出口温度一般控制在493~502℃范围之内。也有在一个生焦周期内调节操作温度实施变温操作的，该操作法虽然增加了操作难度，但是有利于提高焦化液收和降低焦炭挥发物含量。最佳反应温度是原料开始结焦的温度，是该原料达到最大可裂化度的温度，它取决于原料性质，受制于焦炭硬度、炉管结焦、焦炭质量和开工周期等，通常由试验确定比较理想。

(二) 操作压力

操作压力是指焦炭塔顶压力。焦炭塔顶压力下限值是为克服焦化主分馏塔及后继系统压降所需的压力。装置的操作压力对产品的分布有一定的影响。操作温度和循环比固定之后，提高操作压力将使塔内焦炭中滞留的重质烃类增多，气体产物在塔内停留时间延长，增加了二次裂化反应的机会，从而使焦炭产率增加，气体产率也略有增加，C_5以上的液体产品产率下降，焦炭的挥发分含量也会略有增加。这些是在装置设计或改造时选择操作压力的基本原则。对于已有的装置而言，操作压力一般是不变化的。

延迟焦化工艺的设计趋势是降低操作压力，以提高液体产品的收率，焦炭塔压力每降低0.05MPa，液体产品体积收率增加1.3%(v)，焦炭产率下降1%。特别是产燃料焦的装置，为了取得最大的馏分油收率，应采取低压操作方案。低压焦化可提高液收，但操作压力高的焦化装置，在避免焦炭塔起泡、焦粉携带和弹丸焦生成方面优于压力低的焦化装置。我国焦炭塔的操作压力在0.12~0.20MPa之间。国内典型焦炭塔的设计压力为0.35MPa，操作压力为0.15MPa左右，低压操作应注意焦化部分的系统压力平衡，在老装置改造时低压操作会受一定限制[83]。表 5-3-1 是一个延迟焦化装置操作压力对产品收率影响的实例[84]。表 5-3-2是焦化操作压力对焦化蜡油(HCGO)的影响。图 5-3-2 说明焦炭塔压力对焦炭收率增加的影响。

表 5-3-1　延迟焦化装置操作压力对产品收率的影响

焦化原料			汽油收率/%	12.0	12.4
原油：威尔明顿原油			密度(15.6℃)1.0536	0.7936	0.7923
实沸点(TBP)切割温度：552℃			硫含量/%	1.4	1.3
相对密度(15.6℃)：1.0536			瓦斯油收率/%	37.3	33.3
康氏残炭值：20.6%			相对密度(15.6℃)	0.9402	0.9352
硫含量：2.4%			硫含量/%	1.8	1.8
焦炭塔操作压力/MPa(表)	0.1055	0.24	焦炭收率/%	34.6	37.8
干气和 LPG 收率/%	16.1	16.5	硫含量/%	2.4	2.4

表 5-3-2　焦化操作压力对焦化蜡油(HCGO)的影响

项　　目	老装置 (172kPa/1.15TPR)	新装置 (103kPa/1.05TPR)	项　　目	老装置 (172kPa/1.15TPR)	新装置 (103kPa/1.05TPR)
收率/%	25.7	35.2	API 度	19.6	16.3
终馏点/℃	493	871	镍+钒/(μg/g)	0.5	1.0

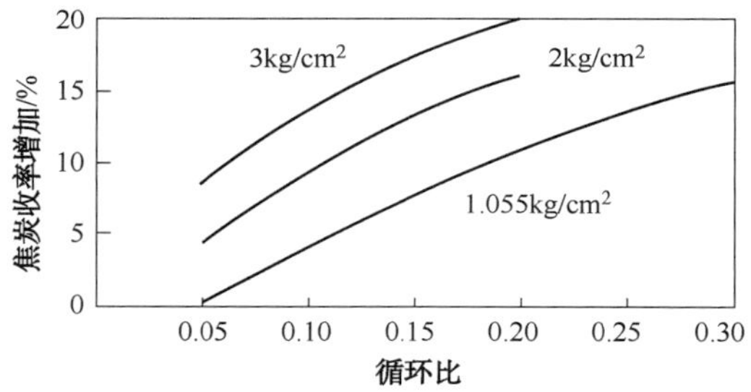

图 5-3-2　焦炭塔压力对焦炭收率增加的影响

(三) 循环比

常规的焦化装置循环油是指由焦炭塔出来的瓦斯中的高沸点成分，相对于低沸点馏分它富含硫、氮、残炭、C_7不溶物和金属。循环油经过回炼后，可以得到更多的轻质馏分油产品和少量的焦炭，有利于提高柴汽比。

延迟焦化循环比的定义有三种：

① 循环比=循环油量/新鲜原料油量。

② 联合循环比(CFR)=(新鲜原料油量+循环油量)/新鲜原料油量=(1+循环比)。

③ 通量循环比(TPR)，和联合循环比(CFR)相同，通常用前面两种，国内焦化装置一般用循环比。

循环比对装置处理能力、产品性质及其分布都有重要影响。为了提高液体收率、降低单位投资和操作费用等原因，延迟焦化工艺总的趋向是降低循环比，尤其是新建装置联合循环比由过去常规降到 1.05%[85]。目前在中国的某些炼厂，由于总加工流程限制和产品分布要求，需要增大循环比，这可使焦化汽、柴油收率增加，焦化蜡油收率减少，焦炭和焦化气体的收率略增加。除此之外，下述场合也需要增加循环比：

① 减少焦化蜡油(HCGO)产量。当炼厂下游装置的能力较小不可能全部处理掉焦化蜡油或者其售价较低时，可提高焦化循环比，将焦化蜡油多转化一些，这样，焦炭收率虽然略增加，但焦化石脑油和中间馏分收率有较大增加，尤其是柴油馏分收率。对国内现有焦化装置应“因地制宜”选择循环比。

② 改善焦炭质量。如生产针状焦和质量要求很高的电极焦时需要采用高循环比。

③ 保护下游的加氢精制(或加氢裂化装置)。由于一些较老的或超负荷的加氢精制(或加氢裂化)装置不能加工高残炭的进料，为了满足下游加氢装置要求，采用较大循环比，能进一步降低焦化蜡油中的残炭、C_5不溶物(HI)和金属含量，常规焦化蜡油康氏残炭为0.3%，而超低循环比方案中，焦化蜡油康氏残炭高达0.65%~0.8%。

④ 避免弹丸焦(Shot-coke)生成。一些加工高沥青质渣油原料的焦化装置，常采用稍高的循环比来避免发生弹丸焦事件。同时，在进料中调入一部分催化裂化澄清油也有助于减少弹丸焦的生成[86]。

⑤ 减缓加热炉结焦。对一些燃烧工况不好的加热炉，可用循环比来调整炉管的结焦速度，延长开工周期。

⑥ 增产乙烯裂解原料。通常在乙烯裂解效益较好时，需要增加产量，其原料成为限制因素时就需要焦化增加循环比来多产焦化石脑油。

图5-3-3为循环比对焦化液体产品收率的影响，图5-3-4为循环比对大庆减压渣油产品收率的影响。

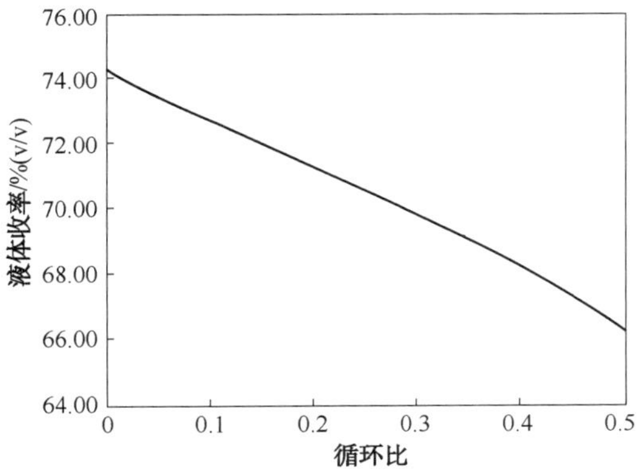

图5-3-3　循环比对焦化液体产品收率的影响

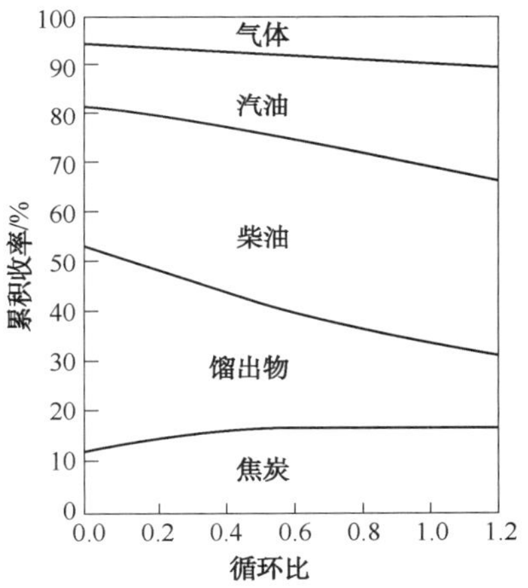

图5-3-4　循环比对大庆减压渣油焦化产品收率的影响

循环比大小直接影响焦化蜡油的干点。为了提高液体产品收率，生产燃料焦的焦化装置以采用低循环比为好。

实现低循环比操作，焦化装置需要适当调整进料流程。例如，将去主分馏塔的减压渣油分流一部分直接进加热炉。合理的低循环比应以主分馏塔洗涤段能否有效洗涤来自焦炭塔的油气为极限，还应考虑焦化重瓦斯油的质量。随着循环比的降低，焦化蜡油(HCGO)的干点、残炭值、硫及其他杂质含量均有所增高。为了控制焦化蜡油的质量，可以从焦化蜡油抽出塔盘之下抽出一定量的重蜡油。

焦化蜡油的收率提高后，进入焦炭塔二次裂化的循环油量就会减少，因而降低了低分子烃的产量。以前，受焦化蜡油质量的限制，焦化装置的联合循环比一般控制在1.10~1.15范围之内。降低循环比可以提高$C5^+$液体收率并降低焦炭产率。对于康氏残炭值为23%的减压渣油，当联合循环比由1.15降至1.05后，C_5^+液体产品收率约可提高2.5%(v)，焦炭收率约可降低2.5%。但同时也将使焦化蜡油的硫、金属及残炭含量增大，造成下游催化裂化装置加工困难。随着焦化蜡油加氢处理工艺的进展，容许焦化蜡油中含有较高的杂质。为了提高液体收率，近来将焦化装置联合循环比设计为 1.05 或更低。实际操作中，一般是通过提高焦化蜡油的干点来降低循环比，也就是减少主分馏塔下部蜡油回流量，提高焦化主分馏塔蒸发段或塔底温度，这将能引起塔底和炉管结焦的加剧，开工周期缩短，因此塔底温度一般不宜超过 350℃。

循环比降低后，焦化加热炉辐射段进料性质将发生变化，表现为密度增加、康氏残炭增加、沥青质增加，更接近焦化新鲜原料的性质。表 5-3-3 是沙轻减渣(≥535℃)在循环比降低后加热炉辐射段进料性质的变化情况。这样，在同样的炉管平均热强度和管壁温度条件下，炉管内结焦的可能性增加，结焦速率也将迅速上升，应引起高度重视。

表 5-3-3　降低循环比对蜡油和加热炉辐射段进料性质影响

项目名称	循环比			
	0.0	0.1	0.2	0.4
产品收率/%				
富气	7.93	8.22	8.53	9.01
汽油	12.60	13.86	14.31	15.70
柴油	24.08	24.31	25.67	27.51
蜡油	28.34	26.55	22.53	17.68
焦炭	26.50	27.06	28.96	30.10
蜡油性质				
密度(20℃)/(g/cm^3)	0.9612	0.9595	0.9593	0.9571
黏度(100℃)/(mm^2/s)	5.97	4.907	4.903	3.358
康氏残炭/%	1.90	1.28	0.86	0.78
干点/℃	510	484	479	465
炉进料性质				
密度(20℃)/(g/cm^3)		1.0000	0.9994	0.9963
黏度(100℃)/(mm^2/s)		273.6	191.5	82.39
康氏残炭/%		17.1	15.6	13.4
沥青质/%		5.70	5.30	4.10

从表 5-3-3 可看出：

① 单程和低循环比操作焦化液收高，焦炭收率低；反之，蜡油收率高，但柴油收率低、汽油和富气收率略低。现有装置经过少量技术改造降低循环比，是提高装置加工能力和液收的主要增效措施。

② 单程和低循环比操作，焦化蜡油变重、变稠，康氏残炭高达 1.90%，会影响到下游催化裂化装置或加氢裂化装置。

③ 低循环比操作焦化炉进料油性质变差，特别是残炭和沥青质含量提高，必然会影响到焦化炉运行周期，这种情况下宜选用可以进行在线清焦的双面辐射炉炉型，当炉管内介质温升速率达到某一 $\Delta T/\Delta\tau$ 值时，可采用分别在前后管段适当部位注入少量不同馏分油的技术。其原理是改变该高 $\Delta T/\Delta\tau$ 管段介质的族组成结构，提高炉管内介质热稳定性。

近年来延迟焦化工艺的发展趋向是尽可能降低循环比。在炼厂总流程中如配置有焦化蜡油加氢装置或全厂有渣油加氢处理装置，则新设计焦化装置就可以采用“超低循环比”。如同时考虑降压操作，焦化蜡油 CGO 收率可有很大提高。应注意蜡油性质变差后，相应焦化主分馏塔设计应作一定改进。目前，国内常规延迟焦化装置的循环比为 0.10~0.2。

循环比降低后，对降低焦炭产率有利，蜡油干点升高，残炭和重金属含量都增加，显然会影响下游蜡油加工过程的能力。表 5-3-4 为在低压，超低循环比的条件下，焦化蜡油产率和质量的对比[87]。

表 5-3-4　不同操作条件下的焦化蜡油产率和质量

操作条件①	1	2	操作条件①	1	2
蜡油产率/%	25.7	35.2	相对密度	0.9365	0.9574
蜡油性质			残炭值/%	0.35	0.8~1.0
干点/℃	493	571	镍+钒含量/(μg/g)	0.5	1.0

① 操作条件：1. 压力 0.172MPa，循环比 0.15；2. 压力 0.104MPa，循环比 0.05。

（四）生焦时间

生焦时间是指同一个焦炭塔从开始进料到停止进料的时间间隔，和焦炭塔的操作周期不同，焦炭塔的操作周期是同一个焦炭塔从开始进料到下一次再进料的时间间隔，一般焦炭塔的操作周期是 2 倍的生焦周期。生焦时间决定焦炭塔的处理能力，针对现有焦炭塔，生焦时间缩短可以提高焦炭塔的加工能力；针对新设计装置，采用缩短生焦时间可以减小焦炭塔容积规格，节省投资。适当缩短生焦时间对产品收率影响不大，但生焦时间太短，会影响液体收率。生焦时间的确定不完全受焦炭塔进料时间影响，而是主要受已完成生焦塔处理时间的限制，生焦时间过短，需要焦炭塔冷却和预热速度加快，一是会缩短焦炭塔的使用寿命，二是会加大放空气体处理系统和冷却水处理系统的负荷，三是操作不当会引起焦炭塔的振动。另外，缩短水力除焦时间，需要提高除焦水压力和加快下钻速度，这样会导致产生粉焦影响焦炭质量，操作不当会发生塌方卡钻事故，因此应综合考虑各方面因素来确定合理的生焦时间。生焦时间通常为 18~24h，最长的约 36h，最短的达到 12h。不同操作周期及生焦时间具体安排可参考表 5-3-5。

表 5-3-5　不同操作周期及生焦时间具体安排　h

生焦时间	24	22	20	18
操作周期	48	44	40	36
小量吹汽	1.5	1.5	1.5	1.0
大量吹汽	2.0	1.5	1.5	1.5
小量给水	1.0	1.0	1.0	1.0
大量给水	6.0	5.0	4.5	4.0
开阀放水	2.5	2.5	2.0	2.0
拆卸顶底法兰盖	1.0	0.75	0.75	0.75
水力除焦	3.0	3.0	2.5	2.5
安装顶底法兰盖	1	0.75	0.75	0.75
蒸汽试压	0.5	0.5	0.5	0.5
油气预热	5.5	5.5	5.0	4.0

二、焦化工艺参数的优化

焦化工艺参数优化过程必须要在充分考虑到原料性质、产品规格和产品分布要求的前提下进行，同时还要考虑到对现有装置加工能力、操作成本和能耗等影响。一般讲，生产燃料和副产品焦炭的焦化装置，希望得到最大的液体收率和最小的焦炭收率，国内有些焦化装置情况比较特殊，要求多产焦化汽、柴油，少产焦化蜡油，所以焦化工艺条件优化一定要结合实际，从各厂的实际出发来选择最佳的操作条件[88]。焦化压力的优化在老装置中由于受到装置能力的限制一般变化很小，近来新设计的焦化装置比较注意这个问题。加热炉出口温度受原料的影响比较大，原料确定后其允许变化的范围是很有限的。因此，循环比和操作压力就成为焦化装置主要可变动的操作参数[89]，循环比和操作压力的优化成为焦化工艺参数优化主要讨论的内容。

（一）循环比的优化

1. 循环比和产品分布及产品质量的关系

国外常规焦化装置的循环比小于0.1，低循环比小于0.05，零循环比则为单程焦化，国外的循环比通常为体积比。目前，国内延迟焦化的循环比普遍高于国外值，一般在0.1以上，有的装置甚至达到0.4左右。国内老装置必须经过技术改造后才能实施低循环比方案，主要改造内容包括分馏塔下部结构、分馏塔蒸发段以上各回流取热负荷的分配和焦化加热炉改造等。因为国内部分炼厂缺少二次加工蜡油加氢装置或渣油加氢处理装置，低循环比焦化得到较多的重质焦化蜡油也是很难于处理的。图5-3-5是各种循环比下焦化蜡油的干点。图5-3-6是不同循环比下焦化蜡油干点和中沸点情况。从图5-3-5、图5-3-6看出，随着循环比增加，蜡油干点下降，中沸点馏出量增加。

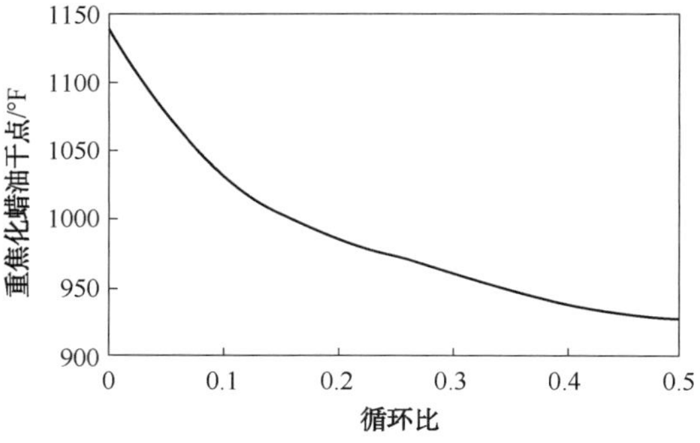

图5-3-5 各种循环比下焦化蜡油的干点

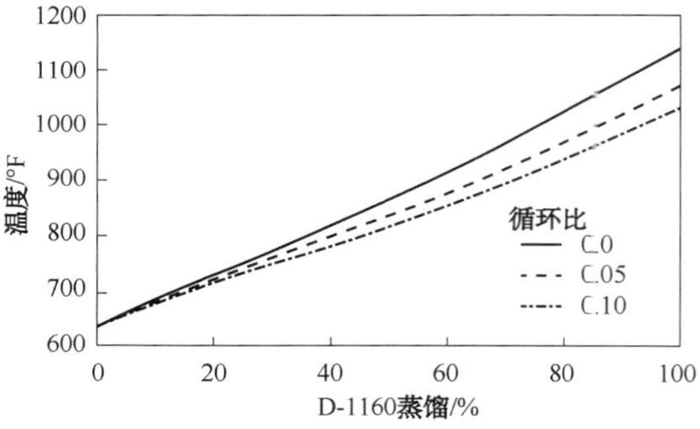

图5-3-6 各种循环比下焦化蜡油(HCGO)干点和中沸点的变化情况

图5-3-7为循环比和焦炭增量的关系(装置产能1.23Mt/a)。减少循环比有利于降低投资和操作费用，后者因减少燃料消耗所至。图5-3-8是一套采用低循环比后产能为1.375Mt/a焦化装置燃料成本的变化情况。循环比增加则加热炉燃料费用也增加。

20世纪90年代中期以来，国外大部分新建、改建的延迟焦化装置多为加工高密度、高硫、高金属重质原油的减压渣油，目标是最大量生产液体产品和燃料级焦炭。所以，普遍采用低压(0.105MPa)、超低循环比(循环比为0.05)或“零循环比”设计[90]。

“零循环比”操作是将焦炭塔顶转油线中冷却下来的重质油均作为焦化重瓦斯油及更轻产品。有些炼油厂按“改进的零循环比”(即超低循环比)操作，即分馏塔不打洗油，焦炭塔顶转油线注入急冷油量很小，使循环比降低到 0.01~0.02。这种操作的“诀窍”是塔顶管线中保持最少量的液体油，否则就会结焦。采用零循环比操作时，除工程上要考虑加热炉、分馏塔等主要设备和工艺流程的合理设计外，必须同时考虑焦化重瓦斯油收率提高和轻质产品收率减少以及焦化重瓦斯油质量特别差等问题。表 5-3-6 为超低循环比和零循环比的产品收率及焦化重瓦斯油的质量比较。

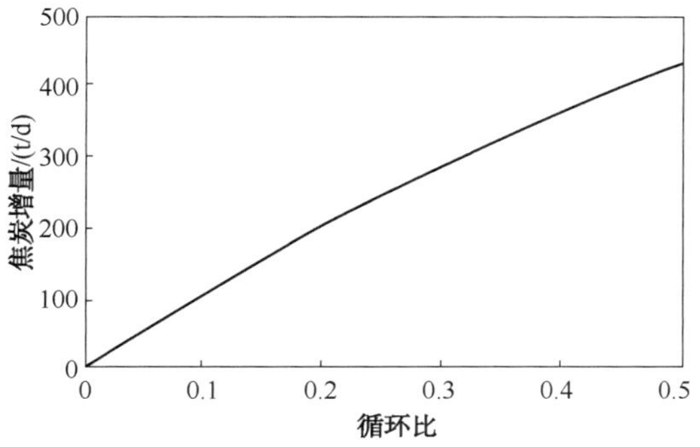

图 5-3-7 循环比和焦炭增量的关系
(装置产能 1.23Mt/a)

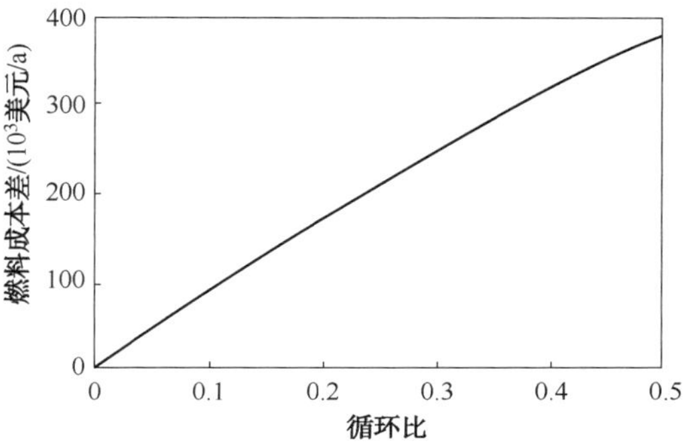

图 5-3-8 低循环比焦化装置燃料成本的变化情况

表 5-3-6 延迟焦化产品收率及焦化重瓦斯油的质量比较

项目	超低循环比	零循环比	项目	超低循环比	零循环比
产品收率			氮含量/(μg/g)	5303	5087
干气(FOE)①/%(v)	5.80	5.78	庚烷不溶物/(μg/g)	432	2000
C_3、C_4/%(v)	7.27	7.07	康氏残炭值/%	0.53	2.43
石脑油/%(v)	13.34	12.41	特性因数(K)	11.13	11.12
焦化轻瓦斯油/%(v)	32.52	31.48	馏程/℃		
焦化重瓦斯油/%(v)	24.02	27.83	10%(v)	387	390
焦炭/%	32.73	31.43	50%(v)	462	478
焦化重瓦斯油性质			干点	578	616
相对密度	0.807	0.9892	镍+钒/(μg/g)	1.0	3.8
硫含量/%	2.58	2.55			

① FOE：燃料油当量。

从表 5-3-6 可以看出，零循环比所产的焦化重瓦斯油质量很差，重瓦斯油所增加的部分属于性质与焦化原料油十分接近的重质馏分。比较两种重瓦斯油的蒸馏曲线可知：超低循环比的重瓦斯油中，>566℃组分仅约为 7%；而零循环比的重瓦斯油中>566℃组分增加近 1 倍的量。虽然零循环比操作的焦化重瓦斯油收率是高了，但是它的质量(密度、残炭值、金属和干点)很差。因此，延迟焦化决定是否采用零循环比或超低循环比，不仅仅是一个技术问题，而是需要根据炼油厂实际情况，进行全面考虑后才能做出合理的决策。一般认为，当生产合成原油时或是可将重瓦斯油进一步分馏时，把特重的焦化瓦斯油(HCGO)切割出来作燃料油的调和组分使用时，采用零循环比才较为有利。如果焦化重瓦斯油用作加氢裂化原料，需要看加氢裂化采用的专利技术、使用的催化剂对原料油的金属、残炭值、干点、氮含量及沥青质含量有何具体要求来决定。一般对加氢裂化原料的质量要求比催化裂化原料的加氢处理更为严格。研究某工程项目时，曾提出加氢裂化原料的正庚烷沥青质的含量要求为

<500μg/g。中试及工业数据表明，<538℃的重瓦斯油中正庚烷沥青质含量很低，超过此温度后，正庚烷沥青质含量急剧增加。表5-3-7为超低循环比的延迟焦化装置焦化重瓦斯油收率和质量数据，焦化重瓦斯油性质如能满足加氢裂化进料质量，将可增产加氢裂化原料。表5-3-7表明，为了使焦化重瓦斯油性质能满足加氢裂化工艺要求，必须要考虑选择适当的循环比，重焦化瓦斯油的性质要求制约着焦化循环比的进一步降低。

表5-3-7　生产加氢裂化原料的延迟焦化装置产品质量和收率

项　　目	延迟焦化与新型加氢裂化工艺联合（焦化按低压、超低循环比操作）	延迟焦化与旧式加氢裂化工艺联合（焦化重瓦斯油性质为限制条件）
焦化产品收率		
干气/%(v)	5.20	5.53
液化气/%(v)	6.64	7.33
石脑油/%(v)	12.64	14.86
焦化轻瓦斯油/%(v)	27.09	31.85
焦化重瓦斯油/%(v)	31.24	21.63
焦炭/%	30.91	34.08
焦化重瓦斯油性质		
相对密度	0.9733	0.9567
镍+钒/(μg/g)	0.44	0.10
康氏残炭值/%	0.41	0.17
庚烷不溶物/(μg/g)	362	111
干点(ASTM D1160)/℃	578	510

我国石油化工科学研究院(RIPP)针对国产原油开发了单程操作延迟焦化，进行了循环比为零的试验。在进料流程上采取了主分馏塔底重油在塔内循环，渣油直接进加热炉，实现了单程操作。与高循环比的操作相比，单程操作的液体收率可提高5%~6%，气体和焦炭收率均可下降2%~4%，结果见表5-3-8。

表5-3-8　有循环比和单程操作的延迟焦化收率比较[91]

原　料　油	大庆减压渣油		胜利减压渣油		管输减压渣油		辽河减压渣油	
操作方式	循环	单程	循环	单程	循环	单程	循环	单程
操作条件								
加热炉出口温度/℃	500	500	500	500	500	500	500	500
焦炭塔顶压力/MPa	0.11	0.11	0.12	0.11	0.11	0.11	0.11	0.11
循环比	0.3	0.0	0.45	0.0	0.43	0.0	0.43	0.0
产品收率/%								
<C_4气体+损失	8.3	5.0	6.8	5.7	8.3	5.9	9.9	8.8
焦化汽油	15.7	12.9	14.7	12.1	15.9	13.6	15.0	12.4
焦化柴油	36.3	30.1	35.6	25.3	32.3	24.4	25.3	22.5
焦化蜡油	25.7	40.0	19.0	37.0	20.7	37.2	25.2	34.9
焦炭	14.0	12.0	23.9	19.9	22.8	18.9	24.6	21.4
轻油收率/%	52.0	43.0	50.3	37.4	48.2	38.0	40.3	34.9
总液收率/%	77.7	83.0	69.3	74.4	68.9	75.2	65.5	69.8
比较：液体收率	+5.3		+5.1		+6.3		+4.3	
焦炭收率	-2.0		-4.0		-3.9		-3.2	

零循环比和超低循环比操作是焦化降低循环比操作的极限情况。一般新设计的焦化装置可以考虑采用，国外也有类似的新工业装置投产。

以下进一步讨论国内外有关焦化循环比优化方案的具体实施方案[92]。

2. 福斯特-惠勒公司(Foster Wheeler)超低循环比方案

福斯特-惠勒公司认为，焦化装置循环油来自以下三部分：

① 注入的急冷油(通常是焦化蜡油)，可减少焦炭塔顶大油气管线内结焦。

② 焦炭塔顶大油气管线热量损失产生的冷凝液。

③ 分馏塔下部内回流，最好是焦化蜡油返塔的洗涤油。

实际上大部分循环油来自急冷油和返塔洗涤油，在福斯特-惠勒公司超低循环比方案中急冷油和返塔洗涤油量要小心控制，尤其是主分馏塔下段洗涤区液体数量很少，容易干板和结焦。该公司利用喷淋洗涤原理来处理"脏油蒸汽"(oil-dirty vapor)，出料板位于喷淋段下、油气入口之上，实际证明这种设计是经济有效的。这部分挡板还可以收集上升油气中所携带的雾沫。图 5-3-9 是超低循环比的焦化分馏塔下部设计。表 5-3-9 是采用喷淋洗涤原理改造老焦化装置的效果。

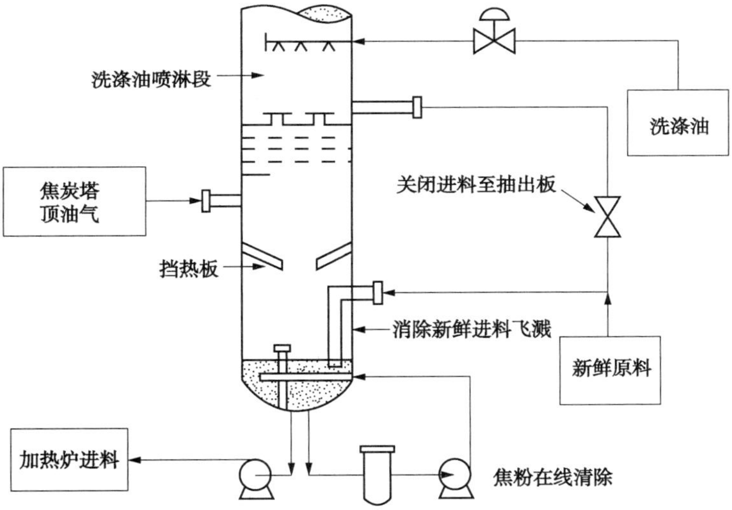

图 5-3-9　超低循环比的焦化分馏塔下部设计

表 5-3-9　采用喷淋洗涤原理改造老焦化装置的效果

项　　目	改造前	改造预测	实际运行
循环比/%(v)	10	5	3.6~5.4
洗涤油+O/H 急冷油/(kt/a)	—	540	530~630
焦化蜡油(HCGO)性质			
干点(ASTM D1160)/℃	524	546	平均 533
相对密度(20℃)	0.9529	0.9574	平均 0.9321
硫含量/%	2.55	2.93	平均 1.93
氮含量/(μg/g)	2200	2400	平均 2240
残炭(CCR)/%	0.38	0.9	平均 0.69/最大 0.94
固体含量/(μg/g)	9	15	平均 15

可见焦化装置采用低循环比操作时，主分馏塔下段“洗涤段”的设计是很重要的。它不仅能控制焦化蜡油后部重馏分的携带问题，也可以降低焦化蜡油中焦粉含量。从表 5-3-9 改造前后数据对比可看出：其设计仍有不足之处，似应该增加喷淋循环设施。为了消除焦化装置分馏塔的瓶颈，Charlie Herron 等提出采用高通量塔盘和规整填料方案[93]。福斯特-惠勒公司有最新技术——零循环比方案。

真正的零循环比焦化方案，是从焦炭塔顶油气管线急冷或者分馏塔入口油气洗涤产生的液体都被作为“焦化超重蜡油(XHCGO)”单独收集抽出，也可和焦化蜡油混合后抽出，而不将其和新鲜原料混合后再循环回去。

一些非常老的零循环比焦化装置用焦油分离器收集焦炭塔顶线中所生成的液体，排出的焦油可作为重燃料油的调和料。如果需要循环，可以从焦油分离器返回的油气经过“泡帽塔”分馏后得到。由于容易结焦，焦油分离器的检修是非常头痛的一件事。同样，有的建议使用洗涤段集油箱(wash-zone draw pan)，这在其他工艺中已用了数十年了。当用于焦化时，在发生泡沫携带和其他不正常情况时，集油箱会产生结焦和油渣沉积。较新的设计是在主分馏塔底部回收超重焦化蜡油(XHCGO)或混合 HCGO/XHCGO 油，在零循环比设计中，加热炉要有一定的缓冲时间，合理的新鲜进料缓冲时间常由界区外的储罐来提供。如没有，则需要用一个原料罐来代替，这个思路可保证设计的完整性和操作的可靠性。很少情况下需要将 HCGO 和 XHCGO 再进行仔细分馏，此时，就需要一个 XHCGO 的汽提塔，后者可置于主分馏塔底部，如位置允许，可使用外部汽提塔。

对于传统的主分馏塔结构，分馏塔的可新增能力太小，解决的方案是用焦炭塔顶线直接急冷将 HCGO 和 XHCGO 冷凝作为塔底产物回收。图 5-3-10 是投资最小的分馏塔零循环改造流程。

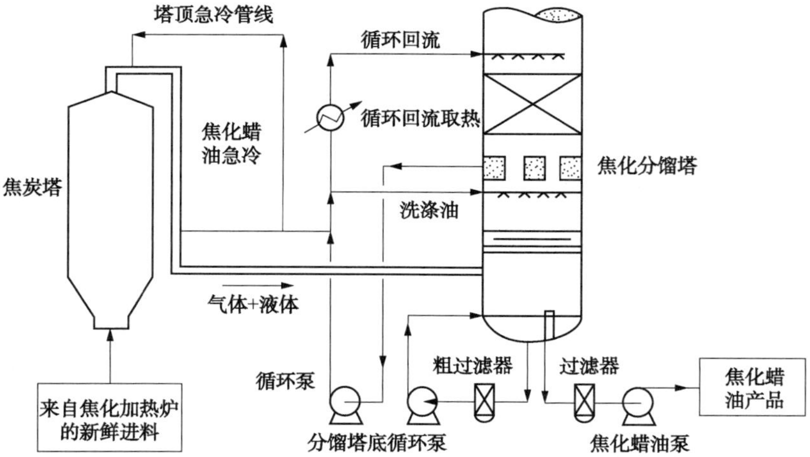

图 5-3-10　投资最小的零循环比改造流程

零循环比方案的好处是最少的焦炭生成和最大的液体产品收率。表 5-3-10 是零循环比方案和超低循环比方案的收率比较，表 5-3-11 是二种方案的焦化蜡油性质比较。可见零循环比方案所增加的“焦化超重蜡油(XHCGO)”部分性质已开始和焦化原料的性质相近，它的残炭、C_7不溶物和镍+钒含量都极大增加。

表 5-3-10　零循环比方案和超低循环比方案焦化收率比较

项　　目	真实零循环比	超低循环比	增量
干气(FOE)/%(v)	5.78	5.80	+0.02
C_3+C_4/%(v)	7.07	7.27	+0.20
石脑油/%(v)	12.41	13.34	+0.93
焦化柴油(LCGO)/%(v)	30.48	32.52	+2.04
焦化蜡油(HCGO)/%(v)	27.83	24.02	-3.81
焦炭/%	31.43	32.73	+1.30

表 5-3-11　零循环比方案和超低循环比方案焦化蜡油性质比较

项　　目	真实零循环比	超低循环比	蜡油增量部分
相对密度	0.9892	0.9807	1.0416
硫含量/%	2.55	2.58	2.37
氮含量/(μg/g)	5087	5303	3806
CCR/%	2.43	0.53	13.70
C_7不溶物/(μg/g)	2000	432	11300
镍+钒含量/(μg/g)	3.8	1.0	20.4
馏程/℃			
10%(v)	390	387	
50%(v)	478	462	579(体积中沸点)
干点	1141	1072	
特性因数(K)	11.12	11.13	11.07

由上可见，选择合理的焦化循环比主要取决于下游配套装置能否处理质量较差的焦化蜡油或超重焦化蜡油(XHCGO)，一般加氢裂化处理焦化蜡油中这些杂质是不经济的，尤其是有机氮，这就需要将焦化蜡油进行加氢预精制，或者采用大循环比操作。但是，目前许多炼油厂都配置了渣油加氢处理装置，劣质蜡油经加氢处理后去作催化原料，为延迟焦化采用超低循环比或零循环比提供了技术支持。当用硬沥青(bitumen)作为焦化原料时，焦化蜡油或超重焦化蜡油的质量问题就不那么重要。福斯特-惠勒公司最近在拉丁美洲开工的一套零循环比 SYDEC™焦化就是这样。

零循环比方案和超低循环比方案相比在操作上还可能增加一些特殊的新问题，主要有焦粉问题、主分馏塔问题和超重焦化蜡油的处理问题等。

(1) 焦粉携带问题

在零循环比操作过程中，焦炭塔油气所携带的焦粉被 XHCGO 洗涤并收集其中的绝大部分，这些焦粉在分馏塔焦粉过滤回收系统的循环过程中，大于 4～6mm 的焦粉能够被除去，但由于零循环焦化(即单程焦化)，大量小于 4～6mm 的焦粉无法通过加热炉进料泵直接返回到焦炭塔焦层内，就分馏塔底焦粉平衡而言，它只可能随上升气相进入焦化馏分油或从塔底随 XHCGO 排出，这显然会影响到 XHCGO 的利用效果。

(2) 产品分馏问题

由于 XHCGO 或 XHCGO/HCGO 混合油是从洗涤段产生的液体，它的组成受到焦炭塔油气中全部轻组分的影响，实际上 HCGO 和 XHCGO 之间的分馏程度是很有限的。XHCGO 具有很高的平均沸点，在主分馏塔内温度最高位置得到，性质不稳定。因此，这种物料发生任何一点变化就可能因自由基的缩合反应而结焦，为避免发生这种情况，应考虑 XHCGO 直接急冷方式。

(3) 超重焦化蜡油(XHCGO)的出路问题

假如炼厂下游加工工艺装置能够很经济地解决质量很差的焦化蜡油(HCGO)加工问题，XHCGO 就可以和 HCGO 重新混合起来，在这种工况时，就不用注重这两种产品之间的分馏问题。所增加的焦粉可以用焦化装置的过滤系统或改进加氢精制装置的过滤器来解决。国内使用比较成功的是带反冲洗的过滤器系统[94]。

XHCGO 也可以作为单独的产品加以回收，假如焦化装置扩能改造后操作压力有了提高，并配置适合的消泡剂和料位检测系统，则其质量问题可得到改善，有可能用作催化裂化和加氢精制装置原料。此外，它如能代替馏分油如煤油等用作重燃料油的调和料，是非常有吸引力的。

3. 大陆石油-菲利普斯(Conoco-Phillips)公司低循环比+馏分油循环方案[94]

馏分油循环技术(Thruplus™)是大陆公司对焦化技术进步的一个重要贡献，采用焦化轻馏分油循环来代替重油循环可减少焦炭收率、提高液体产品收率和延长操作周期。焦化石脑油、柴油或重瓦斯油馏分及其中间馏分均可用作循环油，但效果不同，可根据对焦化产品种类的要求和后继加工装置的能力大小确定采用循环馏分的馏程范围。

传统延迟焦化使用主分馏塔闪蒸段的冷凝油为循环油，从塔底抽出的循环油与新鲜原料油一起送入焦化加热炉。采用馏分油循环时，可在主分馏塔闪蒸段下部装一个抽出塔盘收集冷凝油，抽出油经过滤除去焦粉后作为重瓦斯油产品；将所选择循环的馏分油随新鲜进料一起进入焦化加热炉。馏分油循环约可降低焦炭产率 10%，相应提高液体收率，因而可以提高装置的经济效益。由于从主分馏塔单独抽出了重瓦斯油，相当于除去了可能在塔内聚积的焦粉，避免塔内部件的结垢。馏分油循环还可延长焦化加热炉的运转周期。馏分油循环的馏分油和原料混合可选择在原料换热前，通过稀释原料提高了换热器的传热系数。

表 5-3-12 为 2.0Mt/a 延迟焦化装置加工阿拉伯重质原油的减压渣油，焦化压力为 0.1MPa(表)，采用常规循环和不同的馏分油循环时产品收率的变化情况。基准实例采用 10% 自然循环，实例 1 和实例 2 是分别采用 10% 和 20% 实沸点为 168～343℃ 的馏分油循环，实例 3 和实例 4 是分别采用 10% 和 20% 实沸点为 343～427℃ 较重的馏分油循环[91,96]。

从表 5-3-12 数据可以看出，与常规循环流程相比，馏分油循环可以降低焦炭收率、提高液体产品收率。随着所采用馏分油馏程的不同，各类液体产品收率的变化也不同。例如：用 343～427℃ 馏分作循环油时，重瓦斯油收率比用 168～343℃ 的循环油要少，而柴油收率则多于后者，所以应按照炼厂实际需要的产品结构和炼油厂现有的后继加工装置能力来选择循环油的品种。可见，采用馏分油循环技术对于新建或改建的焦化装置有很大的吸引力。

表 5-3-12　延迟焦化馏分油循环方案的产品收率

项　目	基准	工况 1	工况 2	工况 3	工况 4
常规循环比	0.1	—	—	—	—
馏分油循环比	—	0.1	0.2	0.1	0.2
循环馏分油沸程/℃	—	168～343	168～343	343～427	343～427

续表

项　　目	基准	工况 1	工况 2	工况 3	工况 4
产品收率/%					
<C_4焦化气体	9.12	9.85	10.40	9.59	10.08
焦化石脑油(C_5~168℃)	11.31	11.30	11.64	11.28	11.60
焦化柴油(168~343℃)	22.05	17.65	16.26	22.27	23.25
焦化蜡油(>343℃)	25.15	31.86	32.89	27.10	25.60
焦　炭	32.37	29.34	28.81	29.76	29.47
总液体收率/%	58.51	60.81	60.79	60.65	60.45

调整或改变循环油馏程可以改变产品的种类结构，更好地利用已有的加工能力实现最佳的效益。馏分油循环既适用于新建焦化装置也适用于旧装置的改、扩建，是焦化装置值得推广的一项技术。采用馏分油循环技术不仅改善了产品收率，并且提供了加大装置处理量的机会。对于旧装置改造、消除瓶颈有实际意义。当旧装置由于焦炭塔限制了处理量时，采用馏分油循环使焦炭产率降低 8%或更多，也就是可以相应提高焦炭塔的处理量约 8%。若因下游配套装置能力制约了焦化处理能力的提高，通过改变循环馏分油切割点来调整焦化产品产率将有助于缓解下游配套装置能力的瓶颈。

对于新建焦化装置，工艺设计中按 20%馏分油循环操作考虑是一种明智的选择，这是因为：

① 馏分油循环方案的创收效益及投资偿还率均比较好。

② 焦化装置对选择原料油和适应季节变化均有较好的灵活性。

③ 今后炼厂扩大生产能力时，有利于消除焦化装置的瓶颈。

前已指出，焦化循环比降低会导致焦化加热炉进料性质恶化，结焦速率增加。美国大陆公司则认为，采用低自然循环比+馏分油循环方案不仅可以保证加热炉长周期运行，而且可以改善焦化产品产率，提高装置加工能力。如果需要增加石脑油收率，可选用焦化柴油作循环油，当需要增加柴油收率时，应选用焦化蜡油进行循环。

表 5-3-13 是常规的自然循环(循环比 0.05)和大陆石油-菲利普斯公司的零循环+20%焦化柴油(168~343℃)馏分油循环焦化的经济效益比较。由该表可以看出，在本案例中，焦化干气、石脑油、HCGO 收率分别增加 1.5%、0.7%和 5.2%，焦炭收率减少 2.5%，年增效益非常好，估计在 3~6 个月内可以回收投资。

表 5-3-13　常规自然循环和零循环+20%焦化柴油馏分油循环焦化效益比较

产　　品	相对新鲜进料收率/%		收入/亿美元	
	常规	Conoco-Phillips	常规	Conoco-Phillips
≤C_4	9.6	11.1	63.4	74.7
石脑油(C_5~168℃)	11.8	12.5	103.4	108.8
焦化柴油(168~343℃)	22.2	17.4	149.9	117.3
焦化蜡油(≥343℃)	25.5	30.7	148.6	178.6
焦　炭	30.8	28.3	5.2	4.7

利用“低循环比+馏分油循环”方案针对国产减渣也进行过研究，其增产柴油和提高液收的效果是明显的，可见表 5-3-14。

表 5-3-14　两种渣油“低循环比+馏分油循环”焦化产品分布

项　　目	中东减压渣油			国内减压渣油		
相对密度(20℃)	1.0029			0.9794		
残炭/%	18.2			15.3		
烃组成/%						
饱和烃	13.8			20.8		
芳　烃	53.0			29.6		
胶　质	27.1			43.8		
沥青质	6.1			5.8		
循环方式	常规循环	轻蜡油循环		常规循环	轻蜡油循环	
循环比	0.40	0.10	0.15	0.40	0.10	0.15
汽油/%	15.70	13.29	14.03	15.39	13.36	14.15
柴油/%	27.51	26.73	27.85	32.21	33.36	35.72
蜡油/%	17.68	24.54	21.28	16.91	22.38	18.36
总液收/%	60.89	64.56	63.16	64.51	69.10	68.23
焦炭/%	30.10	27.13	28.34	26.01	24.10	24.19

4. 可调循环比方案[9,96]

“可调循环比焦化工艺流程”中循环比定义是指通过循环油泵抽出分馏塔底含焦粉的循环油，以一定的流量混入加热炉进料缓冲罐后实现的。这种流程的特点是：

① 采用分馏塔底循环油(相当于重蜡油馏分)代替国内传统流程中的新鲜原料渣油在分馏塔底部换热段与来自焦炭塔的高温油气间进行换热。由于循环油和/或蜡油中胶质沥青质含量降低，芳烃/沥青质比值上升，其结焦倾向比用减压渣油原料低，有利于提高蒸发段温度的低循环比操作。

② 该流程中循环油不仅可以用分馏塔换热、洗涤段冷凝下来的循环油，也可用蜡油或柴油馏分，实现选择性馏分油循环。

③ 由于采用塔底循环油经塔外换热器循环回流取热，可控制塔底温度不至于太高，减缓了塔底结焦和塔底泵抽空现象。

④ 由于受到换热流程中热流温位的限制，加热炉进料温度最高为330℃，这样降低了加热炉进料泵的苛刻度。

⑤ 焦化新鲜原料渣油不进入分馏塔内与高温油气接触换热，对稳定和提高蜡油产品质量会有一定的好处。

⑥ 提高了调节循环比的灵活性，可实现零循环比操作。

与近年来国内新设计的某些焦化装置的分馏塔流程及国外焦化分馏流程相比，“可调循环比焦化工艺流程”的核心是相当于把新鲜原料进料的分馏塔底加大后“一分二段”，原分馏塔底部相当于加热炉进料缓冲罐，而原分馏塔的重蜡油集油箱相当于“可调循环比焦化工艺流程”中的分馏塔底。

针对低循环比、超低循环比、扩大焦化加工能力等各种要求，我国某炼油厂在延迟焦化装置大型化扩能改造中采用了可调循环比的工艺流程，从改造后装置运行情况来看，该设计是成功的。该炼厂延迟焦化装置始建于1971年，本次改造决定将延迟焦化装置能力由

0.6Mt/a 扩建改造为 1.20Mt/a，同时在工艺流程和工艺设备方面主要采用了以可调节循环比的工艺流程为主的一系列新技术，主要有：

（1）采用可灵活调节循环比工艺流程(图 5-3-11)

可调循环比的特点是可控制焦化蜡油的干点和残炭值，采用高循环比操作可提高柴油收率，蜡油的质量好但收率降低；采用低循环比时，会使柴油收率降低，蜡油收率高但质量差。国内已有的延迟焦化装置，循环比一般均在 0.2 左右。当循环比低于 0.1 时，传统焦化流程的分馏塔下部就容易结焦，从而影响辐射进料泵正常运转和导致炉管结焦而缩短装置运行周期。要求多产柴油和要求多产蜡油以便为二次加工装置提供足够的原料油，灵活调节焦化循环比就能满足这种要求。承担设计的中石化洛阳工程建设有限公司在设计中变更了传统的减压渣油进焦化分馏塔和反应油汽换热的流程，采用可调循环比方案。装置设计时按超低循环比和零循环比思路考虑，但又可适应不同循环比操作的要求。利用直接洗涤实现换热深度的不同来控制进料油气中重组分的冷凝量，从而调节循环比。在小循环比方案时，常规流程的分馏塔换热段因温度较高容易结焦。因此，这次改造采用增设加热炉进料罐，而从分馏塔底抽出循环油馏分，循环比的调节直接采用循环油与减压渣油在加热炉进料罐内混合的方式，在循环油回流中增设换热器的方式取走反应热量，取消了反应油气在塔内直接和减压渣油接触换热的方式。该流程不仅可以灵活调节循环比，而且可以起到减轻分馏塔在低循环比或超低循环比时分馏塔下部的结焦问题，同时，由于作为进料的减压渣油不直接和含有焦粉的反应油气相接触，加热炉辐射段进料中焦粉含量减少，可以减缓进料泵的磨损，延长泵的使用寿命。该流程采用蜡油循环方案时，用焦化重蜡油作循环油；采用馏分油循环方案时，可以用焦化蜡油或焦化柴油作循环油，两个方案都可以使焦炭产率降低，焦化柴油或焦化石脑油产率提高。

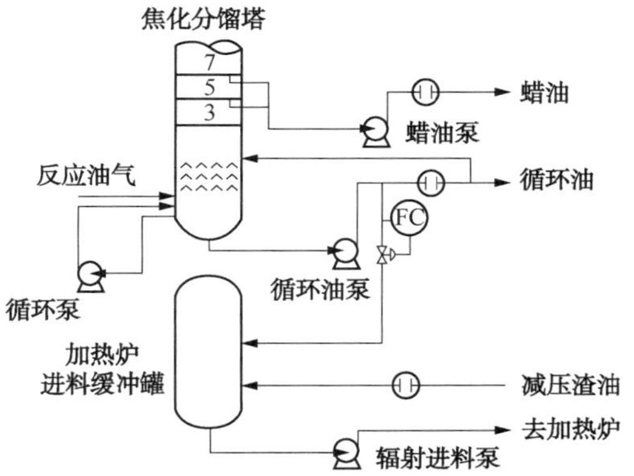

图 5-3-11　某厂延迟焦化装置可灵活调节循环比的工艺流程图

（2）采用大型焦炭塔

根据焦炭塔大型化的发展趋势，本次改造采用了两台 Φ8400mm×26000mm(切线)焦炭塔。设计中曾进行了 4 塔方案与 2 塔方案的技术经济比较。比较结果如表 5-3-15 所示。对比结果表明，2 塔方案不仅节约建设投资，而且消耗指标和生产费用也优于 4 塔方案。焦炭塔材质使用 15CrMoR 钢板，焦炭塔泡沫段以上部位要求抗高温硫腐蚀，故采用 15CrMoR+0Cr13 复合钢板。

表 5-3-15　焦炭塔 4 塔方案和 2 塔方案生产费用及建设投资比较

项　　目	四塔流程	二塔流程
焦炭塔		
台数	4	2
规格/mm	ϕ6100×26000(切线)	ϕ8400×26000(切线)
材质	15CrMoR/(15CrMoR+OCr13Al)	15CrMoR/(15CrMoR+OCr13Al)

续表

项　　目	四塔流程	二塔流程
单台焦炭塔质量/t	136	227
焦炭塔总质量/t	568	490
焦炭塔总体积/m^3	3409	3429
焦炭塔总表面积/m^2	2320	1746
每天操作消耗和操作费用		
焦炭塔吹汽量/t	72	54
焦炭塔热损/MJ	17400	11400
焦炭塔升温耗蒸汽/t	15.0	12.6
焦炭塔升温耗油气热量/MJ	27400	24350
高压水泵耗电/(kW·h)	6300	5000
甩油量/t	52	45
甩油回炼能耗(折合标油)/kg	1421.2	1229.9
折合能耗总计(折合标油)/kg	10993	8646
标油单价/(元/kg)	0.8	0.8
操作费用/元	8792	6916
投资		
焦炭塔投资/万元	1849.6	1543.6
除焦设备投资/万元	4139.6	3464.6
总投资/万元	5989.2	5007.9

(3) 焦化分馏塔

为了实现调节循环比的灵活性，设计中改变了焦化分馏塔的管线流程。同时，焦化分馏塔采用了 ADV 微分塔盘，其优点是处理量大，效率高，防堵塞和不易脱落。扩建改造设计中，为了提高柴油收率和轻蜡油的质量，调整了柴油及轻蜡油的抽出位置。在柴油与轻蜡油和轻蜡油与重蜡油之间增加了塔盘数，以提高分馏精度。

(4) 优化换热流程

焦化装置进料的常规换热流程是减压渣油进料先与侧线产品换热至 190~210℃后进加热炉对流室，再预热至约 340℃后进分馏塔。在塔内再与反应油汽换热至 380℃，然后与循环油一起从塔底抽出去加热炉辐射室。分馏塔侧线产品剩余的热量均用来发生蒸汽。改造设计中优化了原料油换热流程，减少了低压蒸汽发生量。减压渣油进料不在分馏塔内与反应油汽换热，而是依次与各侧线产品深度换热。进塔油汽的热量用塔底循环回流方式取出。这样，渣油的换热终温可提高至 330℃，从而降低了加热炉的热负荷约 1280~3020kW，减少了燃料消耗，同时 1.0MPa 低压蒸汽发生量减少了 7~8t/h。

(5) 焦化加热炉设计

改造设计中，新设计增加处理能力为 0.70Mt/a 焦化加热炉一台，与原有的 J-301 加热炉并联操作。新设计的加热炉采用了以下新技术：

① 辐射炉管采用双面辐射式排列，使辐射炉管表面受热均匀，加热炉的主要技术数据见表 5-3-16。

② 采用了新型低 NO_x燃烧器；小能量多台布置的燃烧器可使炉膛热强度均匀。

③ 采用了在线清焦技术，可在装置不停工状态下进行任何一列管程的清焦作业。

④ 采用“双点二极”注水法。

⑤ 对流管采用扩面管，辐射管采用 1Cr9Mo 材质。

⑥ 采用新型炉衬材料减少热损失。

表 5-3-16　某厂可调循环比改造焦化加热炉技术数据

项　目	数　据	项　目	数　据
焦化原料油入口温度/℃	330	冷油流速/(m/s)	约 1.7
焦化原料油出口温度/℃	500	管壁温度/℃	546
计算热负荷/MW	22.22	排烟温度/℃	165
辐射管平均热强度/(W/m^2)	33610	炉热效率/%	约 91
冷油质量流速/[$kg/(s·m^2)$]	1757	炉管压力降/MPa	约 2.0

(6) 采用经过改进的有井架水力除焦技术

① 我国自行开发的除焦控制系统包括除焦程序控制、除焦控制阀和自动切换除焦器，具有程序控制和人工操作互相切换功能，并配有钻具位移模拟数字显示器。

② 除焦器为自动切换式，可在焦炭塔任意位置进行钻孔或切焦的切换，可以缩短焦炭塔的除焦时间。

③ 除焦控制阀采用了无触点接近开关，可完成预充状态的阀位控制。

④ 除焦胶管用 4 层 ϕ1.6mm 钢丝编制，胶层结构由内胶层、增强层和外胶层组成。

⑤ 使用了水蜗轮减速器，具有安装、检修方便的特点。

装置改造后于 2002 年建成投产，效果非常显著，已平稳运行 28 个月以上。生产实践证明，工艺设备有较大的弹性，处理能力达到设计要求。可调节循环比的流程操作灵活，焦化分馏塔蒸发层温度可根据需要进行调节，分馏塔底温度降低 15~20℃，可不受其他因素影响保持不变。和 4 台焦炭塔相比，2 台焦炭塔可减轻劳动强度。此外，原料换热终温达到 330℃，降低了公用工程消耗，2004 年装置实际生产能耗为 26.15kg 标油/t 原料，比改造前的 30.66kg 标油/t 原料大大降低。表 5-3-17 是 2002 年投产后该装置的能耗和产品产率，与传统焦化装置比较有较好的经济效益(见表 5-3-18)。

表 5-3-17　某厂延迟焦化装置扩能改造能耗和产品产率

项　目	设计值	工况 1	工况 2	工况 3
原料密度/(kg/m^3)	989	981	981	985
原料残炭/%	16.21	14.89	13.55	13.80
加工量/(t/h)	150	147.5	143	125
负荷率/%	100	98.3	95.24	83.3
产率/%				
干气	5.76	7.87	8.25	7.14
汽油	9.43	8.04	8.53	9.52
柴油	39.00	29.53	31.56	30.79
蜡油	22.06	30.94	26.80	28.74
焦炭	23.75	22.52	24.06	23.30
能耗/(MJ/t)	1143.4	981.9	880.3	961.8

表 5-3-18 两种焦化流程经济效益比较

项　　目	可调循环比流程	传统流程	收率差	年产量/万 t	年收入/万元
循环比	0.1	0.25			
收率/%					
气体	7.43	8.06	-0.63	-0.756	-756
汽油	14.2	15.0	-0.80	-0.960	-2337.6
柴油	26.32	28.30	-1.98	-2376	-6023.16
蜡油	31.11	26.20	4.91	5892	10016.4
焦炭	20.94	22.44	-1.47	-1.764	-529.2
合计					370.44

采用该工艺对老装置扩能改造也有其他成功案例，如国内某炼油厂延迟焦化扩能改造项目，加工能力要求由 0.8Mt/a 提高到 1Mt/a，原料为沙特和伊朗混合减渣(4：1)，原料残炭 20.5%。同时要求主要设备如焦炭塔、主分馏塔、吸收稳定塔和加热炉不作大的改动。采用该技术进行改造后，标定结果表明装置处理量可达 1.0Mt/a(生焦周期按 24h 计算，循环比为 1.21)，处理量提高 25%，液体收率 63.84%，轻油收率 44.2%，综合能耗 1397MJ/t。在零循环比操作时，处理量进一步提高到 1.18Mt/a，能力提高 47.5%，液体收率 68.12%，轻油收率 39.17%，能耗 1199MJ/t。改造后各项技术经济指标均达到或优于设计规定的指标[97,98]。

5. 多产轻油的大循环比焦化方案[88]

高芳香性、高密度、低硫、低沥青质的焦化原料在要求多产汽油、柴油和提高炼厂柴汽比或生产优质石油焦时，可考虑大循环比焦化方案或馏分油循环方案。前已指出，加氢焦化汽油是一种良好的乙烯原料。对于炼化一体化的石化企业，要求提高焦化装置的石脑油产量时，焦化循环比可按 0.7~1.0 范围操作，在工艺流程上采用塔内直接洗涤换热的“自然”循环再结合馏分油外循环的路线比较好。这样，既可以达到塔内对油气的直接洗涤冷却效果，又可以实现对所需循环油量的有效控制和对塔底温度的有效调节，也有利于加热炉的稳定操作。该工艺流程的特点是无需单独设置加热炉进料缓冲罐，循环油也无需通过循环油泵来传送，从而节省工程投资和操作费用。表 5-3-19 是三种原料多产汽油方案焦化时的物料平衡。

表 5-3-19 多产汽油方案焦化物料平衡

项　　目	减压渣油	稠油	原油
原料性质			
密度(20℃)/(g/cm³)	0.9719	1.0014	0.9678
黏度(20℃)/(mm²/s)	356.4	700.7	145
康氏残炭/%	14.9	14.1	15.8
硫含量/%	1.21	0.41	2.40
酸值/(mgKOH/g)	0.38	7.40	1.37
沥青/%	2.4	3.9	13.87
操作条件			
炉辐射出口温度/℃	495~500	495~500	495~500
循环比	0.8~1.0	0.8~1.0	0.9~1.0

续表

项　　目	减压渣油	稠油	原油
产品收率/%			
富气	10.3~10.6	10.7~11.0	10.2~10.8
汽油	18.2~18.9	15.0~15.7	16.2~18.6
柴油	39.5~41.1	41.4~42.9	31.9~36.7
蜡油	3.9~7.0	3.9~7.0	3.0~4.0
焦炭	25.0~25.5	25.9~26.5	30.5~31.5

由表 5-3-19 可知，当焦化蜡油馏分收率大幅度下降后，其轻油收率均可大于 50%。汽油收率均可大于 15%。大循环比操作对于常减压能力不足以及下游缺乏焦化蜡油加工能力和加氢预精制能力的中小炼油厂而言，是一种可以考虑的生产方案，对需要更多的乙烯原料的场合也是可以考虑的一种方案。

大循环比方案的本质是在焦化过程中将焦化蜡油最大限度地裂化成轻油，当然，对现有装置而言，由于循环比的增加，装置处理新鲜原料能力将下降，能耗有所增加[88]，表 5-3-20 是以鲁宁管输原油为原料，循环比为 0.0~1.29 时焦化物料平衡和焦炭性质，汽油收率最高达到 20.6%，焦炭性质明显改善。鲁宁管输原油焦化原料含硫 1.6%，残炭 15.6%。

表 5-3-20　鲁宁管输原油为原料大循环比焦化物料平衡和焦炭性质

循　环　比	0.00	0.44	0.60	1.00	1.29
产品收率/%					
气体	6.9	8.2	8.8	10.1	11.8
汽油	11.8	13.1	14.5	17.9	20.6
柴油	23.6	28.6	37.5	41.7	37.8
蜡油	34.8	23.4	11.7	2.0	1.4
污油	3.0	3.0	3.0	3.0	3.0
焦炭	19.9	23.7	24.5	25.3	25.4
生焦性质					
硫/%	1.8	2.0	1.8	1.6	1.6
灰分/%	0.18	0.18	0.10	0.28	0.44
挥发分/%	7.66	9.50	9.10	6.17	8.54
熟焦性质					
真密度/(g/cm^3)	2.030	2.152	2.098	2.0718	2.0410
硫/%	2.1	1.7	1.6	1.6	1.6
灰分/%	0.20	0.05	0.44	0.12	0.10
热膨胀系数/(10^{-6}/℃)	4.84	4.57	4.18	3.59	3.70

国内一些炼厂由于缺少焦化蜡油加氢预精制能力，处理焦化蜡油时非常困难。提高焦化循环比可以降低焦化蜡油收率，但由于焦化蜡油和焦化新鲜原料一起加工容易产生裂化，使得混合进料中的蜡油部分热裂化程度不可能很高，焦化蜡油收率难以降低到理想的水平。为此有一专利提出延迟焦化装置另设一台加热炉和反应器，单独处理焦化蜡油[99]。另一专利提出部分焦化蜡油和循环油一起加热回炼，可以提高焦化柴油收率，减少蜡油收率[100]。有一种轮换进料的延迟焦化装置将减压渣油和焦化蜡油轮换进入焦化加热炉，在不同的反应条件下进行操作，整个焦化周期较长的前期内处理新鲜原料，以完成装置要求的加工量，此时

采用低循环比(1.2~1.3)和常规焦化温度(495~520℃)。焦化周期较短的后期内处理自产的焦化蜡油，通过提高焦化温度(505~520℃)来提高焦化蜡油的单程转化率，循环比为1.3~1.4，可将装置自产的蜡油基本转化掉，同时提高了焦化汽油和柴油收率。表5-3-21是两种操作方式的对比[101]。

表5-3-21 两种操作方式延迟焦化对比

项　目	普通延迟焦化	普通延迟焦化	降低蜡油收率焦化
循环比	0.4	0.8	0.2~0.3/0.3~0.4
操作条件			
操作周期/h	24	24	24(19/5)
循环比	0.4	0.8	0.30/0.45
炉对流段流量/(kg/h)	12500	9720	13460/12069
炉辐射段流量/(kg/h)	17500	17500	17500/17500
注水量/(kg/h)	250	250	250
炉辐射段出口温度/℃	495	495	485/510
炉膛温度/℃	746	743	752/760
炉对流段出口温度/℃	325	350	320/350
焦炭塔顶压力/MPa	0.15	0.15	0.15
分馏塔底温度/℃	375	385	370/380
除焦水压力/MPa	12	16	20
装置年加工量/Mt	0.10	0.078	0.085
物料平衡/%			
焦化气体	7.92	10.81	9.92
焦化汽油	13.67	16.87	19.67
焦化柴油	33.17	42.26	46.96
焦化蜡油	23.35	7.93	2.89
石油焦	21.89	22.13	20.56
焦炭性质/%			
挥发分	13.49	9.34	7.85
灰分	0.18	0.19	0.19
硫含量	1.86	1.88	1.90
焦化蜡油性质			
密度(20℃)/(g/cm^3)	0.9183	0.8872	0.8654
5%馏出温度/℃	349	345	336
95%馏出温度/℃	471	432	418
装置能耗			
燃料气单耗/(kg/t)	23.5	29.4	27.0
电单耗/(kW·h/t)	11.21	14.95	16.50
综合能耗/(MJ/t)	1116.5	1410.4	1328.4

由表5-3-21可知，采用该方式操作，蜡油收率可以大幅度降低，几乎不生产蜡油，但操作相对复杂，同时需要增加一套蜡油单独回炼系统。

6. 添加稀释油

焦化原料油添加稀释组分的单程操作技术是一种延迟焦化装置优化操作技术，稀释组分为一类轻烃馏分油。根据焦化原料性质和要求的产品分布，来调节稀释组分的组成和加入量，它可以起到改善产品分布、提高液体产品收率、减缓炉管结焦和延长开工周期的目的。表5-3-22为添加稀释组分焦化试验结果[102]。

表5-3-22　添加稀释组分焦化试验

项　　目	工况1	工况2	工况3	工况4	工况5
焦化原料	减压渣油	减压渣油	0.85减渣+ 0.15稀释剂	0.8减渣+ 0.2稀释剂	0.75减渣+ 0.25稀释剂
操作条件					
炉出口温度/℃	500	500	500	500	500
焦炭塔压力/MPa	0.17	0.17	0.17	0.17	0.17
联合循环比	1.32	1.0	1.0	1.0	1.0
产品分布/%					
气体	9.27	7.94	8.46	9.85	10.63
焦化汽油	13.75	11.34	12.62	12.50	14.55
焦化柴油	32.18	30.08	35.75	42.68	43.56
焦化蜡油	18.10	26.94	19.95	11.54	7.53
焦炭	27.0	23.70	23.22	23.43	23.73
总液体收率/%	64.03	68.36	68.32	66.72	65.64

（二）操作压力的优化

延迟焦化工艺的发展趋势之一是降低操作压力以达到提高液体收率和降低焦炭产率的目的，除循环比对生焦率的影响较大外，操作压力对生焦率的影响有时比炉出口温度的影响大。高硫石油焦是一种低值产品，降低焦炭收率有利于改善焦化装置的经济效益。20世纪90年代初以来，新延迟焦化的设计和操作均朝着降低压力和降低循环比的方向发展。焦炭塔压力为0.105~0.141MPa(或更低)，循环比降至0.05；使液体产品收率提高3%左右；焦炭收率则约可降低2%。

福斯特-惠勒公司典型的焦化装置设计的操作压力仅为0.103MPa(表)，压力分布如下：

分馏塔顶分液罐压力　0.015MPa(表)

分馏塔顶冷却器及管线压降　0.040MPa

分馏塔顶压力　0.055MPa(表)

分馏塔压力降　0.033MPa

分馏塔油气入口压力　0.088MPa(表)

焦炭塔顶管线压降　0.015MPa

焦炭塔压力　0.103MPa(表)

Lummus公司典型的低压操作焦炭塔压力为0.105MPa(表)左右。凯洛格公司典型设计压力为0.10~0.141MPa(表)。表5-3-23为近年来延迟焦化操作变化的情况。

表5-3-23　延迟焦化降低压力和循环比对产品收率的影响①

项　　目	早期设计装置	现在设计装置
焦炭塔压力/MPa	0.21	0.106
循环比	0.1	0.05

续表

项　　目	早期设计装置	现在设计装置
焦炭产率/%	32.1	29.7
C_5+液收率/%(v)	69.7	72.6

① 进料渣油残炭值为 20.5%。

下面讨论延迟焦化低压操作的经济性及相关的设计问题[103,104]。为了分析降低焦炭塔压力对工艺流程和工艺设备的影响，比较焦炭塔操作压力由常规流程的 0.172MPa 降至低压焦化的 0.103MPa 后，对装置操作的影响。比较基准为：延迟焦化装置能力为 1.4Mt/a，焦化原料为阿拉伯轻/重质混合原油(50/50)的减压渣油，渣油康氏残炭值 23%。焦化压力改变后，受影响的设备有焦炭塔、分馏塔及塔顶冷凝系统、焦化富气压缩机及这些设备之间的连接管线。

1. 焦炭塔

焦炭塔主要设计参数为油气流速和生焦周期。塔内允许气速与焦化气体密度和产生泡沫倾向大小有关。焦炭塔的内径根据油气线速确定，焦炭塔的台数和总容积根据生焦周期确定。焦炭塔一般都设有自动顶盖机和自动底盖机，生焦周期可缩短至 16~20h，Lummus 公司设计采用 18h 或更短时间。如按原料油康氏残炭值为 23%、生焦周期 18h、两台焦炭塔计算，当操作压力为 0.103MPa 时，油气速度成为限制因素。当操作压力为 0.172MPa 时，生焦量增大，操作周期成为限制因素。常规焦化和低压焦化的焦炭塔尺寸见表 5-3-24。

表 5-3-24　焦炭塔规格数据

焦化原料油	残炭值为 23%的减压渣油		残炭值为 15%的减压渣油	
处理量/(Mt/a)	1.38	1.38	1.48	1.27
焦炭塔压力/MPa	0.172	0.103	0.172	0.103
焦炭塔直径/m	8.38	8.38	8.38	8.38
焦炭塔个数	2	2	2	2
实际气速/允许气速	0.87	1.0	1.0	1.0
生焦周期/h	18	18	18	18
焦炭塔高度/m	33.57	33.23	28.5	25.9
限制因素	生焦周期	油气流速	油气流速	油气流速

从表 5-3-24 中右两列数据可以看出：两个方案的焦炭塔差别不大，同一套设备改加工残炭值为 15%的渣油、压力为 0.172MPa 时，可加工渣油量为 1.48Mt/a；压力为 0.103MPa 时，由于受油气流速的限制，渣油处理量降低至 1.27Mt/a。

2. 主分馏塔

焦化主分馏塔结构一般上部为塔盘，下部为挡板。为了减少塔压力降，主分馏塔有时需要改用低压降的塔内构件(如闪蒸段采用规整填料、挡板或喷头等)。按处理量 1.38Mt/a 计，操作压力为 0.103MPa 和 0.172MPa 时，主分馏塔计算塔径分别为 3.80m 和 3.40m。

3. 塔顶冷凝器

操作压力从 0.172MPa 降至 0.103MPa 后，塔顶冷凝器面积需增加 25%，其原因是压力降低导致馏出温度降低，对数平均温差减小和为满足低压降而采用较低管程气速，因而使内膜传热系数降低所致。

4. 焦化富气压缩机

压缩机能力常常是焦化装置降低操作压力的瓶颈。因为焦化装置降压操作后对气体压缩机的影响甚大，压缩机吸入口压力降低后，气体体积增加很多，压缩机规格需要升级，电机功率也需增大。更换压缩机投资费用高，施工复杂，应认真进行技术经济评估后再进行决策。

5. 连接管线

对系统压降影响最大的是从焦炭塔顶至主分馏塔转油线和从主分馏塔至压缩机吸入口的管线管径。产能 1.40Mt/a 的延迟焦化装置，焦炭塔顶转油线的公称直径通常选 600mm。转油线上的切断阀门最好采用全通径球阀。双系列的装置建议油气转油线分别进分馏塔以降低压力降。油气转油线结焦也会提高焦炭塔压力，应采用防止大油气管线结焦技术及定期检测和清焦。一般要求压缩机入口压力维持在正压 0.005~0.02MPa 之间，也可以采取扩大管径的措施来降低管线压降。

6. 其他考虑因素

由于降低操作压力，主分馏塔顶回流罐和压缩机气液分离罐均需加大。焦化装置降低操作压力后对主分馏塔顶回流泵、柴油汽提塔和重瓦斯油循环回流系统的影响比较小。

对于康氏残炭值为23%的减压渣油，当操作压力由 0.173MPa 降至 0.103MPa 后，C_5^+液体产品收率可提高 1%(v)以上，焦炭收率可降低 1%以上。根据目前油品和焦炭的差价计算其效益还是明显的。但是无论新建焦化装置或改建旧焦化装置，操作压力均应该根据实际情况综合考虑后再作决定。随着渣油加氢装置处理能力的增加，延迟焦化装置的加工能力正逐步减少，低焦化加工能力为降低焦化操作压力提供了条件，降低操作压力的装置改造将是提高炼油厂效益的机遇。

(三) 加热炉出口温度的优化

加热炉出口温度受原料性质的影响比较大，可变化的范围较小。但是在实际操作中还是可以根据原料的变化及对炉管结焦的容忍程度进行优化以提高液体收率增加效益。国内焦化加热炉出口温度的控制指标通常是参考焦炭硬度及除焦时间、炉管结焦程度及清焦周期、燃料消耗及能耗等因素确定。除焦时间除受到焦炭硬度的影响外还受到高压水泵的压力、切焦器的效率和除焦工操作水平的影响，因而由此确定的炉出口温度不是最优化的；炉管结焦程度及清焦周期和加热炉的设计、管内流速、表面热强度、停留时间、注水量、进料的稳定性、燃烧状况等也有较大的关系，为了防止炉管结焦延长加热炉运行周期而降低炉出口温度也是不科学的；部分炼油厂的焦化装置为了节省燃料降低能耗采用较低的炉出口温度，这样的做法是非常不经济的。加热炉出口温度的高低基本代表原料受热量的多少，只有采用较高的炉出口温度，在加热炉内充分受热并部分气化和裂化甚至少量结焦，焦化油到焦炭塔内才能有足够的能量完成热裂化反应，热裂化反应不能全部完成就会导致生焦率偏高。加热炉出口温度的优化应针对不同性质的原料通过实验寻找达到原料最大裂化度的温度，尽量提高裂化苛刻度。在实际操作中可根据原料的四组分判断炉出口温度的高低，如原料中芳烃含量较高时可考虑提高温度，沥青质含量较高时可考虑降低温度。实现炉出口温度的优化控制降低生焦率，应考虑如下因素：

(1) 弹丸焦的产生

提高加热炉出口温度是产生弹丸焦的因素之一。产生弹丸焦可能代表裂化度的提高和液体收率的最大化，但是弹丸焦的销路必须考虑，国内部分炼厂就因为弹丸焦的销路不畅而降低了出口温度。如果允许产生弹丸焦，装置的设计是否适应也需要检查及完善，如设备及管道的振动问题、冷焦水系统的堵塞问题、切焦时的塌方问题等。

（2）加热炉的优化设计及操作

加热炉的优化设计及操作是提高加热炉出口温度而不会大大降低清焦周期的保证。加热炉技术的改进，如双面辐射、高流速设计、附墙燃烧、多点注汽等，可减缓炉管结焦。在线蒸汽剥焦、分炉膛机械清焦或烧焦等技术实现了装置不停工的炉管清焦。为充分发挥上述技术的作用应尽量提高加热炉的出口温度，国内追求1~2年清焦一次，而国外基本是3个月蒸汽在线剥焦一次，待蒸汽剥焦效果降低时约2~3年机械清焦一次。高的炉出口温度和清焦频次可换取高的液体收率，这在高油品价格和低焦炭价格的时代是经济的，国外焦化一般选择较高的加热炉出口温度。

（3）完善水力除焦设施

焦炭硬、除焦困难是相对水力除焦的能力水平而言的。完善水力除焦设施和在不影响生焦周期的前提下适当延长除焦时间，适应偏硬焦炭的切除，可以为进一步提高炉出口温度提供保障。提高切焦水的压力、更换高效切焦器、安装防卡钻设施、聘用高技能切焦操作工等是目前可供选择的主要措施。

（4）完善能耗考核体系

提高原料裂化苛刻度和液体收率的考核权重，在保证加热炉效率的前提下降低燃料消耗的考核权重，使操作人员不因节能而通过降低炉出口温度来节省燃料消耗。

（5）原料性质的定期分析或在线分析

配套原料性质的在线分析设施，根据原料性质的变化，综合各项影响因素，及时优化和调整加热炉出口温度。

（四）生焦时间的优化

生焦时间的优化应综合考虑装置的处理量、生焦率、投资、占地、能耗、冷切焦能力、设备制造运输及吊装能力和操作倒班制度等因素。对现有装置，缩短生焦时间可提高焦炭塔的处理能力，如果炼厂渣油出路存在问题，焦化装置扩能的瓶颈在焦炭塔，采取缩短生焦时间提高装置处理量是非常经济有效的。针对新建装置，装置处理量和原料的生焦率已经确定，采用短的生焦时间可以减小焦炭塔的规格尺寸，进而减少占地和投资。另外，降低生焦时间、缩小焦炭塔直径及高度，有时会消除冷切焦能力、焦炭塔的制造运输及吊装能力的限制。装置大型化后，能采用单系列的装置尽量不采用多系列，在处于单系列和双/多系列选择的临界点时，通过适当缩短生焦时间可实现单系列，对减少占地、投资和能耗的效果比较明显。生焦时间的优化并不是越短越好，生焦时间太短，焦炭塔预热不充分及原料在焦炭塔内的反应时间不足，会导致液收降低。焦炭塔塔体的频繁冷热快速变化，不仅浪费了预热的热量，同时由于热应力的增加会大大降低焦炭塔的使用寿命。缩短生焦时间后，焦炭塔切换操作的频率提高，大大增加了工人的劳动强度。当焦炭塔内的油气线速是焦炭塔大小的限制因素而不是生焦高度时，应适当延长生焦时间。当采用多系列工艺路线而焦炭塔规格不受限制时，是否需要缩短生焦时间应充分考虑。生焦时间是一种选择，其技术含量不高，但是确定生焦时间需要充分考虑由此导致的相关技术的可行性及经济性。

三、焦化产品收率和质量的预测

焦化过程的产品收率关联式均是根据实际操作数据和中型试验数据归纳得出的，有一定的适用范围。用于进行工艺方案估算和技术经济评价，有足够的精确度。用于工程设计则必须以拟加工原料油的中型试验所取得的数据或工业生产数据为依据进行修正。焦化过程的产品收率一般均与进料的康氏残炭值相关联，本书将对有关残炭方面的知识进行一定深度的阐述。

(一) 康氏残炭对焦化产品收率和性质的影响

残炭(CarbonResidue)是指石油产品在规定条件下受热经蒸发和热解后所形成的碳质残余物。它不全部是碳，而是一种会进一步热解变化的焦炭。残炭的测定结果以试样的质量分数表示，石油产品的残炭值是用来估计该产品在相似条件下，形成碳质型沉积物的大致趋势，以提供石油产品相对生焦倾向的指标。石油产品残炭根据其测定试验方法不同可以分为康氏法(GB/T 268—87，ASTM D189—97，IP13/94)和兰氏法(SH/T 0160，ASTM D524—97，IP14/97)。康氏法是将称重后的试样置入坩埚内进行分解蒸馏，残余物经强烈加热一定时间即进行裂化和焦化反应，在规定的加热时间结束后，将盛有碳质残余物的坩埚置于干燥器内冷却并称重，计算残炭值。兰氏法是将适量试样装入特制的带有毛细管的玻璃焦化瓶中，并置于温度维持在550±5℃的金属炉内，将试样迅速加热升温使分解产生的和未经分解的所有挥发性物质都从瓶口逸出，而较重的残留物则留在瓶内进行裂化、焦化反应。在规定的加热周期之后，将焦化瓶从炉内取出，置于干燥器内冷却后称重，计算残炭值。这两种方法测得的结果都是以试样的质量分数表示，但在数值上不同，而且它们之间也不存在精确的相互关系。对于通用型石油产品有一定的近似线性关系。由于焦化原料一般是高黏度的重油，不容易装入兰氏焦化球，宜用康氏法测定，所以通常焦化原料的残炭值是指康氏残炭[105,106]。

过去的残炭测定法正逐步被微量法所代替(GB/T 17144—1997，ASTM D4530—93)。微量法测定残炭是将已称重的试样放入一个样品管中，在惰性气体(氮气)气氛中，按规定的温度程序升温至500℃，在反应过程中生成的易挥发性物质由氮气带走，留下的碳质型残渣以占原样品的质量分数报告微量残炭值。当残炭值在0.10%～30.0%范围内，微量法测定结果与康氏残炭法测定结果等效。

重油残炭主要来源是其组成中含有稠环芳烃的胶质与沥青质或高分子化合物，多环芳烃和烯烃在热作用下相互缩合脱氢也会产生残炭。石油混合组分的残炭值可以通过按比例把各个组分的残炭值相加获得；也就是说，石油馏分的残炭值具有简单加和性，各组分之间不存在协同或对抗作用[107]。

根据15种不同原油的114对试验数据得到了下列康氏残炭值(CCR)与氢碳原子比(N_H/N_C)的关联式(5-3-1)，线性相关系数为0.988，而且发现一些炼油加工过程如减黏裂化、加氢处理或焦化产品均适应本关系式。

$$N_B/N_C=1.71-0.0115\times CCR \quad (5\text{-}3\text{-}1)$$

根据一系列阿拉伯重油数据提出氢含量和康氏残炭(CCR)的关系如式(5-3-2)，线性相关系数为0.993。

$$\text{氢含量}(\%)=12.19-0.084\times CCR \quad (5\text{-}3\text{-}2)$$

石油残炭浓缩了石油馏分中的大部分氮，I. Roberts根据28个阿拉伯重油的氮含量和残炭数据，提出石油馏分的氮含量与残炭有一定的线性相关性，残炭值和氮含量的关系如式(5-3-3)，线性相关系数为0.975。加氢处理后样品和直馏样品均有相同的线性关系，说明加工过程不会影响它们的线性相关性；但对于不同来源的原油，有不同的关系。

$$氮含量(\%)=0.05-0.016\times CCR \quad (5-3-3)$$

残炭值主要与油样的芳香性有关，而氢碳原子比能很好地反映油样分子中芳香结构的多少以及芳香环系稠合程度的高低，所以两者之间存在一定的对应关系是完全可以理解的。也就是说，氢碳原子比越小表明其中所含芳香结构的份额越多，以及芳香环系的稠合程度越高，这样其生焦的倾向自然也就越大。式(5-3-1)和式(5-3-2)说明可以通过加氢或脱碳两种途径来降低残炭。深度加氢可以提高氢含量到12.3%，残炭降为0。同样通过焦化，也可以将氢碳原子比提高到1.71。

杨光华等在"渣油评价新方法及我国渣油评价研究工作总结报告"中[108]，使用一个新特性因子 K_H 作为渣油的物性关联和分类的判据。K_H 定义为：

$$K_H=10\times\frac{H/C}{M^{0.1236}d} \quad (5-3-4)$$

式中　H/C——氢碳原子比；

M——相对分子质量；

d——20℃时的密度。

将大庆、大港、孤岛、胜利、辽河、华北、阿曼和沙特减压渣油超临界流体萃取分离所得窄馏分的残炭值和这些窄馏分的 K_H 进行关联，据此回归出下列关系式：

$$CCR=2.451K_H^2-44.10K_H+200 \quad (5-3-5)$$

康氏残炭与渣油特性化参数 K_H 之间也存在着良好的对应关系，而氢碳原子比与残炭的线性相关性相对较差。

Wiehe 提出一种所谓"核-悬挂分子模块"(Pendant-Core)模型[109]。就是设想重质油分子都是由芳香核模块与一些非芳香性的悬挂物模块相互聚合所构成，而其残炭值是这两部分残炭值之和。核分子模块与其他模块连接的键因受热断裂，不会挥发仍然留在液相或固相中相互缩合形成焦炭。而悬挂模块与其他模块连接的键受热断裂后，会成为挥发性组分，脱离渣油体系。由于渣油受热会产生不同相对分子质量的挥发性组分，悬挂模块不是只有一种，而是具有一定的相对分子质量分布和含有不同大小的烷烃和芳烃模块。

由于渣油分子是由这两种模块按不同比例相互结合构成，所有渣油脱除挥发性组分后所剩下的残炭具有相对恒定的性质。在所有热转化产品中，不同产品中的氢含量差别较大。根据渣油热转化前后的氢平衡，得出以下关系式：

$$100H=(100-CCR)H_p+CCR\times H_c \quad (5-3-6)$$

其中 H、H_p 和 H_c 分别代表渣油、悬挂模块和核模块的氢含量。对残炭求解可得关系式：

$$CCR=100\times\frac{H_p-H}{H_p-H_c} \quad (5-3-7)$$

根据阿拉伯等五种重油及焦化原料共240个残炭及氢含量的试验结果，归纳出重质油芳香核的氢含量为(3.8±0.3)%(质量分数)，其悬挂物的氢含量为(11.6±0.4)%(质量分数)，而残炭值与油样的氢含量呈线性关系。也就是说，重质油的康氏残炭值(CCR)与重质油中氢的质量分数基本符合下列关系式：

$$CCR=148.7-12.8\times H \quad (5-3-8)$$

一般来讲，核的氢含量基本恒定，而悬挂模块的氢含量要取决于渣油的相对分子质量分布和芳香度。常压渣油悬挂模块的氢含量应该高于减压渣油，而两者的核模块的氢含量应基本相同。式(5-3-8)对于平均相对分子质量大于700的减压渣油是适用的，对于平均相对分子质量小于700的常压渣油则误差较大。原因在于部分小分子未经反应直接挥发，“核-悬挂模块”假定挥发分和残炭均由反应产生。

在焦化过程中，可用康氏残炭值来估计重油加工中的生焦量和生焦倾向，当以新鲜进料表示焦收率的粗略估算(±25%)时，可以康氏残炭的1.6倍估算(质量分数)。以下公式所得数据并不代表最新的燃料焦化装置设计，因为最新设计使焦的收率最小化，而使馏分油的收率最大化，所以焦化工艺的技术转让者拥有基于更多因子、更精确的专有关系式，以估算焦化装置原料的产品收率。

(1) R. Maples 根据从1951至1986年60多组传统焦化产品分布数据[110]，对焦化产品收率和原料残炭关联，得到焦炭与残炭关系式(5-3-9)，其相关性较好。焦化气体收率与残炭值的关联式(5-3-10)，有一定的相关性。而焦化汽油及其他馏分油线性相关性很差，只能用减差法得到，如式(5-3-11)。

$$\text{焦炭收率}(\%)=1.64\times CCR \tag{5-3-9}$$

$$\text{气体收率}(\%)=4.07+0.28\times CCR \tag{5-3-10}$$

$$\text{馏分油收率}(\%)=100-\text{焦炭收率}-\text{气体收率} \tag{5-3-11}$$

(2) James H Gary 认为传统的延迟焦化产品分布可以根据焦化原料的康氏残炭值按关系式(5-3-12)估计[111]：

$$\left.\begin{aligned}&\text{焦炭收率}(\%)：COK=1.6\times CCR\\&\text{气体}(<C_4)\text{收率}(\%)：Gas=7.8+0.144\times CCR\\&\text{焦化石脑油收率}(\%)：Nao=11.29+0.343\times CCR\\&\text{焦化瓦斯油收率}(\%)：TGO=100-(COK+Gas+Nao)=CGO+CVGO\\&\text{焦化柴油收率}(\%)：CGO=0.648\times \mathrm{TGO}\\&\text{焦化蜡油收率}(\%)：CVGO=0.352\times \mathrm{TGO}\end{aligned}\right\} \tag{5-3-12}$$

焦化柴油相对密度为0.8762，焦化蜡油相对密度按0.9762计，两者的体积收率分别为67.3%和32.7%。

以上产品分布关联基于以下条件：

① 相对密度不超过0.9465(API度18)的直馏减压渣油，汽油干点为200℃，蜡油干点为475~495℃。

② 在有的资料中，CGO代表焦化柴油，注意不要混淆。

③ 焦炭塔表压为0.15~0.2MPa。

上述公式计算的数值可以用来作为项目的经济可行性初步评估，其中气体和焦炭产率相对准确。如果焦化原料是二次加工渣油，由上述公式估计的物料平衡会和实际有很大差别。

(3) Baid 推荐适用于直馏减压渣油焦化过程的产率关联式如下[112]：

① 产品收率计算公式：

$$\text{硫化氢收率}(\%)：H_2S=0.25\times\text{原料硫含量}(\%) \tag{5-3-13}$$

干气收率(%)：$RG=3.5+0.1\times CCR$

液化石油气收率(%)：$LPG=4.3+0.044\times CCR$

焦化石脑油收率(%)：$Nao=11.38+0.335\times CCR$

焦炭收率(%)：$COK=1.60\times CCR$

总瓦斯油收率(%)：$TGO=100-H_2S-RG-LPG-Nao-COK$

焦化柴油对总瓦斯油的收率比：$R=CGO/TGO=0.38+0.011\times CCR-3.1\times(10^{-4})\times CCR$

焦化柴油收率(%)：$CGO=R\times TGO$

焦化蜡油收率(%)：$CVGO=TGO-CGO$

② 固定数据：

产品的切割：石脑油 C_5～204℃馏分，焦化柴油 204～343℃馏分，焦化蜡油 343～510℃馏分；焦化干气组成：氢气 1.6%，CH_4 54.2%，C_2H_4 6.1%，C_2H_6 38.1%；液化石油气组成：C_3H_6 16.8%，C_3H_8 36.1%，C_4H_8 20.3%，i-C_4H_{10} 7.7%；n-C_4H_{10} 19.1%。

③ 需要采用的焦化原料油数据：硫含量 S_f(%)；氮含量 N_f(%)；康氏残炭值 CCR(%)；相对密度 SG_f。

④ 产品性质估算：

焦化石脑油　硫含量(%)：$S_n=0.14\times S_f$　(5-3-14)

　　氮含量(%)：$N_n=0.01\times N_f$

焦化柴油　硫含量(%)：$S_c=0.45\times S_f$

　　氮含量(%)：$N_c=0.24\times N_f$

焦化蜡油　相对密度：$SG_{cvgo}=0.528\times SG_f+0.4053$

　　硫含量(%)：$S_{cvgo}=0.82\times S_f$

　　氮含量(%)：$N_{cvgo}=0.63\times N_f$

　　溴价：$BN_{cvgo}=283.0-270\times SG_{cvgo}$

　　苯胺点(℃)：$AP_{cvgo}=1/1.8\times(637.6/SG_{cvgo}-562)$

焦炭　硫含量(%)：$S_{cok}=(100.0\times S_f-0.2353\times S_f-S_n\times Nao-S_c\times CGO-S_{cvgo}\times CVGO)/COK$

　　氮含量(%)：$N_{cok}=(100.0\times N_f-S_n\times Nao-N_c\times CGO-N_{cvgo}\times CVGO)/COK$

⑤ 上述公式适用延迟焦化的操作条件范围：

焦炭塔操作压力：　0.24～0.31MPa

焦炭塔焦化温度：　430～440℃

循环比：　0.1

对五种计算焦收率的方法进行了评估和比较。人们发现利用回归分析方法将分析数据和装置操作条件结合起来可以提供最佳的将进料质量与装置操作条件关联起来的方法，并可以足够的精度预测收率(焦的收率偏差 0.5%)。他们自已的分析数据并不充分，因为没有考虑操作条件。高压液相色谱仪使用二极管阵列检测器能对原料进行详细的分析，是精确预测焦收率(焦收率偏差 1%)和针状焦 CTE 的良好基础。

(4) 直馏渣油和二次加工渣油生焦率预测：

另一种用原料油残炭值预测生焦率的公式，对于直馏渣油，其关联式为式(5-3-15)：

$$Coke=a\cdot CCR+b \tag{5-3-15}$$

式中　CCR——进料的康氏残炭值,%；

　　a，b——经验常数，可从表 5-3-25 中选取。

表 5-3-25　焦化经验常数

工艺过程	a	b	工艺过程	a	b
延迟焦化	1.66	2	流化焦化	0.9	11.6
延迟焦化	0.85	10	流化焦化	1.1	0.6

对于二次加工渣油，例如催化裂化澄清油、脱沥青油等残炭值较低、芳烃含量高的原

料，可用式(5-3-16)估算其焦炭产率，此式也可有条件地适用于直馏渣油。

$$焦炭产率 = 100 \times f_A \qquad (5-3-16)$$

式中　f_A——进料的芳碳分率。

(5) 循环比对焦炭收率的校正：

推荐按以下关系式对不同循环比延迟焦化装置进行收率估算：

基准：循环比为 0.2 时，校正系数 λ 为 1.0。

校正公式：$\lambda = 1.36 + 0.21\ln R$

式中　λ——循环比的校正系数；

R——循环比。

例如，在循环比为 0.2 时，焦炭产率为 19.0%；当循环比提高到 0.4 时，相应的焦炭产率为：

焦炭产率 = (1.36+0.21ln0.4)×19% = 1.168×19.0% = 22.2%

(6) 有关估算图表：

① 各种焦化产品收率数据和原料残炭关联结果图(图 5-3-12)。

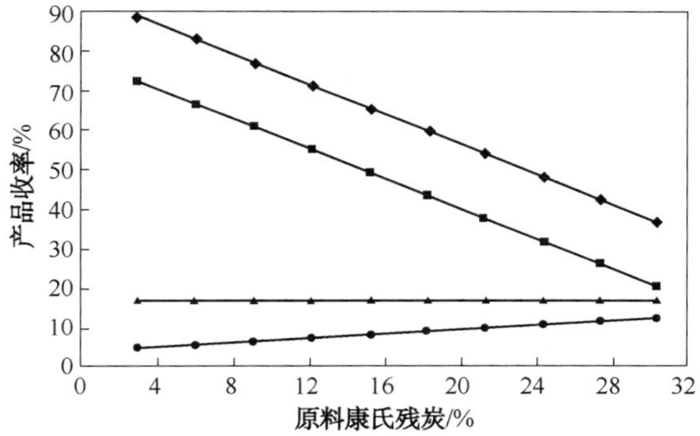

图 5-3-12　延迟焦化产品收率和原料残炭关联图

—●— 气体；—▲— 汽油；—■— 蜡油；—◆— C_5 以上组分

② 焦炭产率数据和直馏减渣残炭关联结果图(图 5-3-13)。

③ 焦化蜡油残炭和原料残炭的关联结果图(图 5-3-14)。

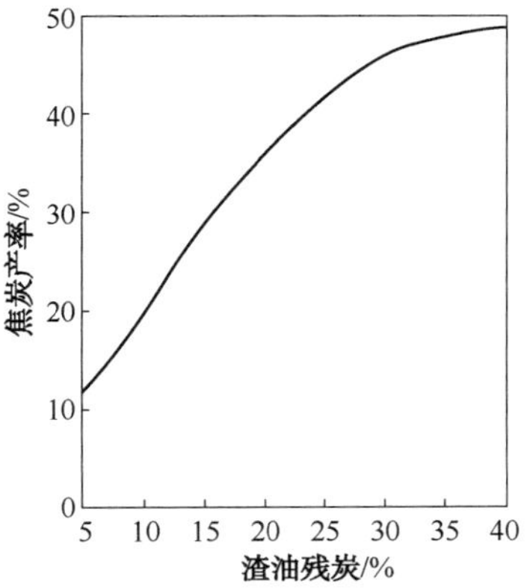

图 5-3-13　焦炭产率和直馏减渣残炭关联图

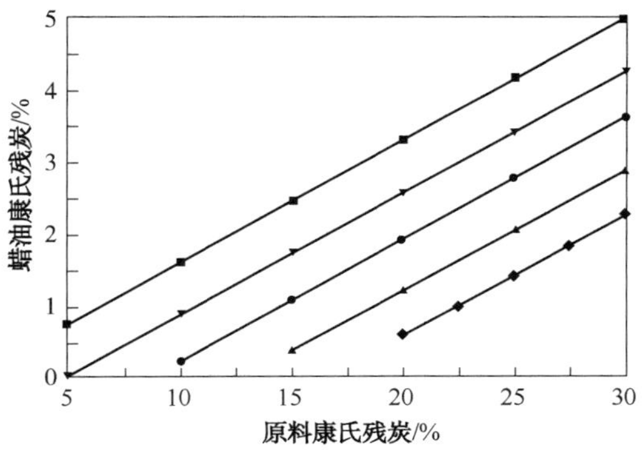

图 5-3-14　蜡油残炭和原料残炭的关联图

—■— 10%；—▼— 15%；—●— 20%；—▲— 25%；—◆— 30%

④ 焦化产品 API 度和原料 API 度的关联结果图(图 5-3-15)[113]。

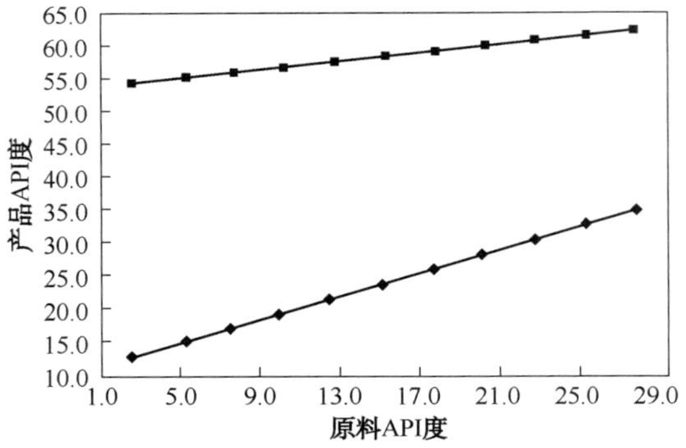

图 5-3-15　焦化产品 API 度和原料 API 度关联图

—◆— 蜡油 API 度; —■— 汽油 API 度

⑤ 原油和渣油 API 度关联得到焦炭收率图(图 5-3-16), 并服从式(5-3-17)。

$$减渣收率(\%, v)=55.2-1.203\times原油\ API\ 度 \tag{5-3-17}$$

⑥ 减渣 API 度和残炭关系图(图 5-3-17), 并服从式(5-3-18)。

$$减渣残炭(\%, CCR)=27.9-1.057\times减渣\ API\ 度 \tag{5-3-18}$$

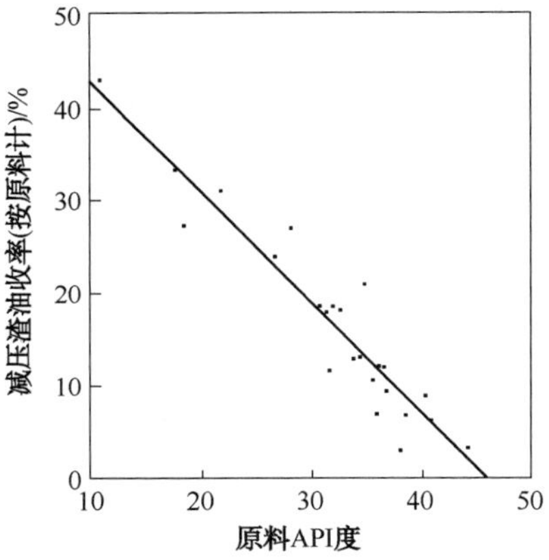

图 5-3-16　原油 API 度和减渣收率关系

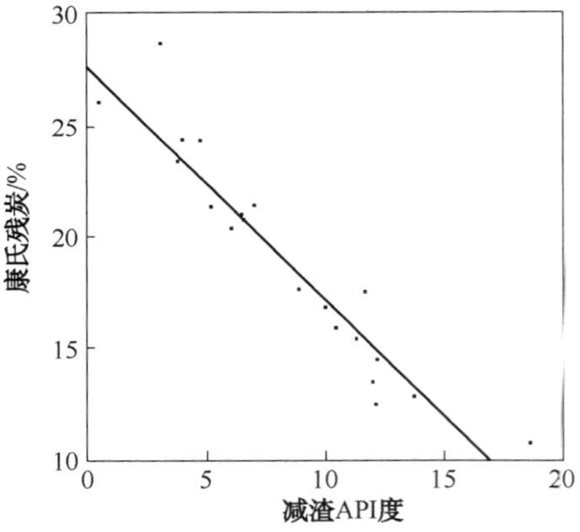

图 5-3-17　减渣 API 度和减渣残炭关系

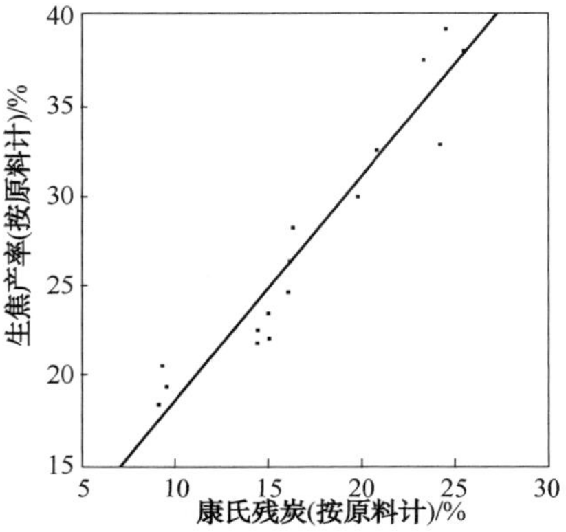

图 5-3-18　减渣残炭和生焦收率关系

⑦ 焦化生焦收率和残炭关系图(图 5-3-18), 并服从式(5-3-19)、式(5-3-20)。

$$生焦收率(\%)=6+1.26\times CCR(\%) \tag{5-3-19}$$

或

$$生焦收率(\%)=41.2-1.332\times原料\ API\ 度 \tag{5-3-20}$$

(二) 原料硫含量和氮含量对产品性质的影响

对石油分子组成研究结果表明, 石油中除绝大多数是碳氢类化合物外, 还含有少量的含硫、氮、氧等有机化合物及其他金属化合物。尽管石油中碳氢含量占 97%以上, 然而少量的杂原子对石油性质和加工工艺选择上却起着决定性的作用。石油中含硫、氮、氧化合物使石油分子更加复杂，它们绝大部分浓缩在重油馏分中，石油商品中这类杂原子化合物可以直接影响它们的质量如颜色和储存安定性等以及环保性能。在炼制过程中这些化合物可造成设备腐蚀和催化剂中毒，因此在重油加工过程中对这些杂原子的存在就格外关注。

本书前面有关章节已经比较详细和深入地讨论了重油中硫含量和氮含量在产品中的分配及影响问题，读者可参考有关内容或文献[114~119]。

延迟焦化后原料中硫在各产品中所占百分比大致如表5-3-26，可见焦化原料中60%硫进入到焦化干气和焦炭中，因此，延迟焦化有一定脱硫作用。

表5-3-26　延迟焦化硫在产品中的分布

焦化产品	硫含量/%	焦化产品	硫含量/%
气　体	30	其他馏分油	35
石脑油	5	焦　炭	30

图5-3-19是延迟焦化产品硫含量和原料硫含量关联，图5-3-20是延迟焦化H_2S产率和焦炭产率的关联。

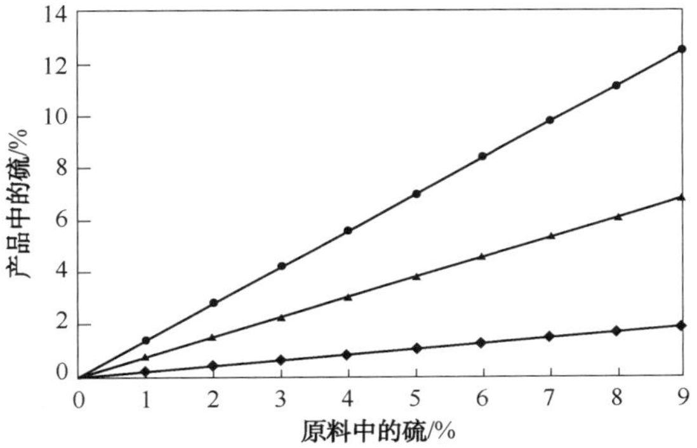

图5-3-19　延迟焦化产品硫含量和原料硫含量的关联

—◆— 汽油；—▲— 蜡油；—●— 焦炭

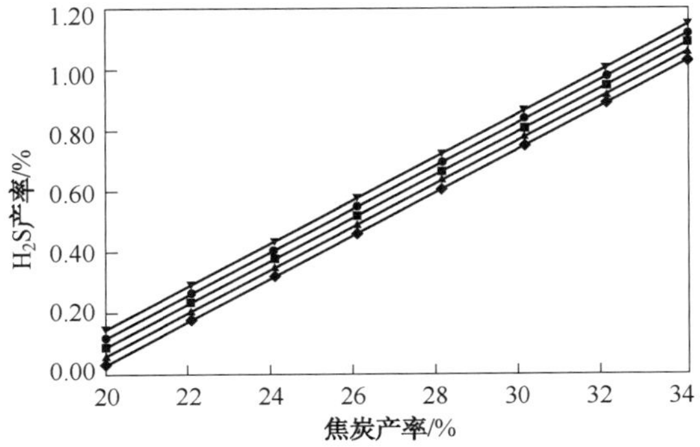

图5-3-20　延迟焦化H_2S产率和焦炭产率的关联

—◆— 1.0%S；—▲— 1.5%S；—■— 2.0%S；—●— 2.5%S；—▼— 3.0%S

如表5-3-27所示，焦化原料中75%的氮进入到石油焦中，可见焦化也具有一定的脱氮作用。

表 5-3-27　延迟焦化氮在产品中的分布

延迟焦化产品	氮/%	延迟焦化产品	氮/%
气　体		其他馏分油	24
石脑油	1	焦　炭	75

（三）原料组成及结构参数对产品收率及性质的影响

重质油的组成和结构十分复杂，对于重质油这样相对分子质量较大的物质，不仅不可能从单体化合物的层次来加以分离和研究，即使按化合物类型来研究也相当困难，迄今人们对于重质油的认识还不够深入。

在重质油中环烷烃和芳香烃的分子中均含有相当量的烷基链，芳香烃中的芳香环一般还并合有环烷环，因此它们之间的性质就趋近了。就重质油中的非烃化合物而言，往往一个分子中会含有几个杂原子，这样也就难以按含硫化合物、含氮化合物和含氧化合物来分离了。甚至烃类和非烃类有时也不易分开，因为当相对分子质量较大时，非烃化合物中烷基、环烷基及芳香基占有的份额相当大，他们和烃类物性的差别也就缩小，这样便导致出现诸如芳香性含氮或含硫化合物与多环芳香烃不易分离等现象。

陈俊武提出，可从原料油的芳碳率 f_A 用式(5-3-16)估算大循环比下延迟焦化产率，芳碳率是指芳香环上碳原子占总碳原子的百分比，又称为芳香碳百分率。

$$焦炭率=100\times f_A$$

从 f_A 关联求取的焦炭产率较为准确，其误差一般小于 10%，表明焦炭的前身主要是原料油中的芳香结构。由于芳香结构的氢碳比显著小于饱和结构，可以判定当油样的氢碳比较小时，其芳香度必然较大。鉴于芳香度与氢碳比之间的这种内在联系，刘晨光等将用核磁共振氢谱求得的关于重质油芳香度与氢碳原子比(N_H/N_C)的一百多对数据进行回归，得到下列经验公式[120]：

$$f_A=1.132-0.560\times\frac{N_H}{N_C} \tag{5-3-21}$$

用此式从氢碳原子比求得的芳香度与用核磁共振氢谱法求得结果的偏差大多在 5%以内，这为估算重质油的芳香度提供了一个简便的方法。

根据芳碳率和结焦产率的公式以及芳碳率和氢碳原子比的公式，可以推出结焦产率与氢碳原子比的关系如式(5-3-22)：

$$焦炭产率(\%)=113.2-56.0\times\frac{N_H}{N_C} \tag{5-3-22}$$

Corbett 使用密度法研究重质油的平均结构。烃类的密度与其结构有密切联系，当相对分子质量相近时，芳香烃的密度最大，烷烃的最小，环烷烃的居中。这就提供了用密度关联油品组成结构的可能性[122]。

Williams 利用烃类的单位碳原子的摩尔体积和氢碳原子比(N_H/N_C)求芳碳率，经实验数据关联，得到了下列用密度 ρ、相对相对分子质量 M_C 及碳氢元素组成计算重质油芳碳率 f_A 的经验公式(5-3-23)。

$$f_A=0.09\times\left(\frac{M_c}{\rho}\right)_C-1.15\times\left(\frac{N_H}{N_C}\right)+0.77 \tag{5-3-23}$$

式中　M_C——以每个碳原子计的平均摩尔质量，即平均摩尔质量 M 除以每个平均分子中的碳原子数 N_C。

由于实际油样中都含有杂原子，所以需要把 M_c/ρ 按式(5-3-24)校正为$(M_c/\rho)_C$：

$$\left(\frac{M_c}{\rho}\right)_c=\frac{M_c}{\rho}-6.0\times\left(\frac{1-\omega_C-\omega_H}{\omega_C}\right) \tag{5-3-24}$$

式中　ω_C，ω_H——碳、氢的质量分数。

当直接取得试样的密度值有困难时，可用式(5-3-25)进行估算：

$$d_4^{20}=1.4673-0.0431\times(\omega_H\times10^2) \tag{5-3-25}$$

以上基于渣油密度求渣油平均分子的结构参数称为密度法。对于减压渣油馏分，还可以利用油品的折光率、密度和平均相对分子质量计算出油品不同结构碳原子的分布和平均分子的不同环数。

随着核磁共振波谱的应用，石油重组分化学结构的研究有了新的进展。借助于 H-NMR 及 C-NMR，人们可以直接得到关于氢原子和碳原子结合情况的信息。Brown 和 Lander 首先发表了用^{1}H-NMR 研究重质油的方法，其中 B-L 法求得的芳碳率和芳香环系周边碳取代率至今仍被广泛应用。近年来，使用^{13}C-NMR 方法可以直接得到碳结构分布，能由它们直接算出芳碳率，并通过各种 C、H 间的关系式得到结构参数[123]。

使用不同的数据，通过不同关系式得到的同一参数之间常会产生误差。主要原因是采用的关系式比较简单，不能完全反应实际。所以应尽可能使用来自 H-NMR 及 C-NMR 的数据，这些内容已经超过本书的范围。

第四节　延迟焦化技术进步

随着重质原油特别是劣质原油加工量的增加，渣油加工路线的选择成为重要课题，延迟焦化由于其对原料的适应性强、投资少和操作费用低等特点得到许多炼化公司的关注。近年来，随着延迟焦化装置加工能力的不断提高，在装置规模大型化、工艺技术、设备技术、节能减排技术、安全环保技术和生产操作技术等方面都有许多发展和创新，通过各种有效的技术进步，使延迟焦化技术能够适应炼厂不断变化的需要，加工各种渣油(包括各种污油和污泥)，把低价值的重油和污油等转化成高价值的产品，成为炼厂重油加工的一种主要加工工艺。近代延迟焦化技术的发展可以总结归纳为以下几个方面。

一、提高焦化液体收率或减少生焦率的技术

1. 优化操作条件提高焦化液体收率

提高液体收率降低焦炭产率始终是延迟焦化技术发展的最重要目标。从炼油厂整体效益出发，延迟焦化装置在保证产品质量、开工周期等的前提下，应采取各种有效措施来提高液体产品收率，降低焦炭的产率。为实现这一目标可采取的措施有：降低循环比，降低操作压力，提高操作温度和减压蒸馏采取深拔操作等。此外，采用馏分油循环流程也可以降低焦炭收率、提高液体产品收率。近几年国内为提高液体收率在操作条件方面的改进见表 5-4-1。

表 5-4-1　近几年国内为提高液体收率在操作条件方面的改进

项　　目	2000 年前	2012 年
加热炉出口温度/℃	较低，492~495	较高，495~505
循环比(R)	较大，0.3~0.6	较小，0.05~0.15
焦炭塔顶操作压力/MPa(表)	较高，0.17~0.22	较低，0.12~0.15
提高液体收率/%	基准	增加 2~3

提高馏分油收率，尤其是提高焦化蜡油收率(HCGO)可提供更多的裂化(催化裂化或加氢裂化)原料油，也是提高炼厂轻油产量的有效措施。要注意的是，提高焦化蜡油产率可能带来焦化蜡油质量下降的结果。不过渣油加氢处理技术的发展为质量较差的焦化蜡油找到了出路。另外，对于沥青质含量高的原料，采用提温、降压和减少循环比时容易产生弹丸焦，虽然给生产带来一定的负面影响，但是弹丸焦的出现意味着焦化液收的最大化。

2. 提高加热炉给热量提高焦化液体收率

中国石油大学为提高液体收率开发了“焦化炉管外定向反射与管内深度裂解”技术。其技术背景主要针对国外引进的双面辐射焦化加热炉一般采用短停留时间和高炉出口温度的设计原则，由于高炉出口温度导致焦炭变硬，使除焦困难，实际操作并没有按照高炉出口温度操作，因而，导致和过去单面辐射炉操作相比，焦炭收率偏高。该技术内容包括：增加炉管数延长炉管内的停留时间；增加加热炉的给热量；改变介质流向，辐射室由过去的上进下出改为下进上出；加热炉墙由平面墙改为异型墙，改变辐射传热方向；火嘴由垂直燃烧改为贴墙燃烧。针对现有装置的主要改造内容为：对流室增加炉管，辐射室增加炉管，辐射室出口炉管扩径，更换火嘴，重新安装加热炉衬里和改变辐射流向等。和改造前相比，应用效果显示可降低焦炭收率 1%~2%，增加能耗约 0.5kg 标油/t 原料，未大量出现炉出口严重结焦和弹丸焦生成等现象。该项技术已经在国内许多焦化装置得到应用。

国内某大型石油化工公司 2010 年 11 月装置大修期间，进行了 18h 生焦改造和加热炉改造，采用中国石油大学研究开发的焦化加热炉新技术。主要改造内容包括：

加热炉辐射室炉管改造，加热炉辐射管由原来的上进下出流程改造为下进上出流程，并增加 32 根辐射炉管及炉出口管扩径；加热炉对流段增加 2 排共 16 根管(管内介质为渣油)；炉内全部衬里更换；加热炉炉墙、衬里、火嘴、火盘全部更换，火嘴改为对炉墙侧烧，避免火焰直扑炉管；在原有热管式空气预热器的基础上，在高温烟气段串联一组扰流子空气预热器；调整加热炉注汽流程和烧焦流程等。改造前后物料平衡表见表 5-4-2。

表 5-4-2　焦化加热炉改造前后物料平衡表

项　　目		改造前收率	改造后收率
进　料	渣油量/%	100	100
出　料	汽油/%	18.03	17.64
	柴油/%	28.6	34.17
	蜡油/%	16.53	13.48
	液态烃+干气/%	9.01	8.57
	甩油/%	0.41	0.08
	焦炭/%	27.22	25.94
	损失/%	0.2	0.12

续表

项　　目	改造前收率	改造后收率
轻油收率(汽油+柴油)/%	46.63	51.81
液收率(汽油+柴油+蜡油)/%	63.16	65.29
渣油残炭值/%	18.42	20.69
焦炭收率/残炭值	1.478	1.156

加热炉节能改造后，排烟温度由改造前的220℃左右下降到130℃以下，进炉热风温度由改造前的170℃左右提高到280℃左右，炉效率增加了1.7%~2.5%；炉燃料气单耗由17.98kg标油/t原料下降到16.20kg标油/t原料。炉管改造后，焦炭收率减少约1.28%，液体产品收率增加了2.13%。

3. 添加渣油改性剂提高焦化液体收率

渣油改性主要是在焦化原料中加入渣油改性剂，渣油改性剂的主要作用原理是：阻断自由基链式反应，与活性自由基形成惰性分子，终止自由基链反应，阻止和减少大分子有机聚合物的生成，减少干气和焦炭生成；破坏渣油超分子结构，使复杂结构单元半径和溶剂化层的数值最小，使渣油中较轻的馏分油气化出来，达到提高轻质油收率的目的；提供活泼原子可以抑制自由基缩合反应和聚合反应，抑制脱氢缩合从而抑制焦炭的生成；渣油改性剂中含有的抗氧剂和金属钝化剂能分别抑制微量氧引发的自由基链反应和过渡金属离子引发的链反应，从而抑制结垢物生成；渣油改性剂具有耐高温分散作用，在高温操作条件下能将生成的高聚物分散溶解在液体油品中，使其不能沉积在设备的表面上形成积垢；并且可以将已经吸附在设备上的漆膜和积炭洗涤下来，分散在油中，保持金属表面清洁。总之，渣油改性剂具有减少结焦和结垢的作用，不但可以提高液体收率，而且可以减少加热炉和分馏塔的结焦和结垢，降低装置能耗和延长开工周期。

渣油改性剂的加入量通常占新鲜原料的200μg/g左右，加入位置一般在加热炉的入口，也可以在分馏塔底或加热炉进料缓冲罐加入。不同性质的渣油改性剂针对同种原料的作用不同，同一种渣油改性剂针对不同的原料也会有不同的效果，因此，渣油改性剂的选用应有针对性，应通过试验装置或工业化装置的标定实验来筛选。目前国内的增液剂或阻焦剂的品种很多，承诺的效果一般为提高液收1%~2%，针对工业化焦化装置，由于产品的计量问题，1%~2%的液收变化很难标定，使渣油改性剂的效果受到质疑。因此在加入渣油改性剂前应通过实验进行评价和筛选，使加入的渣油改性剂真正起到提高液体收率的作用。

二、加工劣质原料的延迟焦化技术

20世纪90年代以来设计、建设的延迟焦化装置，要求有更大的原料灵活性，它既能满足目前需要，又能符合未来石油工业可能发生的变化，包括原料品种、质量及产品结构和标准的变化等。延迟焦化装置的灵活性主要包括：加工多种原料油，处理能力有一定弹性，最大量地生产馏分油或最大量生产优质焦，处理炼油厂污油废渣和不合格油以及适应炼油厂总流程变化的灵活性等。在装置工艺设计中，应根据实际需要考虑装置的灵活性。

(一) 加工原油的多样性，尤其是加工含硫或含酸重质原油和劣质原油

目前延迟焦化装置的原料呈现多样化，已处理的原料多达60种，有减压渣油、常压渣油、超稠原油、减黏渣油、重质燃料油、煤焦油等，此外沥青、催化油浆、污泥、废胺液和污油等也可掺炼到焦化装置中去进行处理，解决了炼油企业的部分困难。延迟焦化装置原料

的多样化和劣质化又进一步推动了延迟焦化工艺技术的发展。

2005 年对国内 20 套焦化装置使用的原料情况进行调查，除个别炼厂外，大部分炼厂都加工过重质、劣质原料，表 5-4-3 是国内外几种焦化原料油性质[88]。近期设计的具有代表性的国内几种劣质渣油性质数据见表 5-4-4。

表 5-4-3　国内外几种焦化原料油性质

项　　目	辽河稠油	管输减渣	塔河常渣	科威特减渣	沙轻减渣
密度(20℃)/(g/cm^3)	1.0014	0.9695	1.0141	1.0148	1.0031
黏度(100℃)/(mm^2/s)	700.7	305	12.90		406.5
康氏残炭/%	14.1	14.0	19.8	18.8	18.2
元素组成/%					
碳	86.03	85.6	—	83.97	85.0
氢	10.7	11.1	—	10.1	10.39
硫	0.41	0.98	3.12	5.05	3.68
氮	0.66	0.61		0.31	0.35
四组成/%					
饱和烃	24.3	21.8	26.2	15.7	21.0
芳烃	25.1	31.0	35.6	55.6	54.7
胶质	46.7	46.2	21.6	22.6	18.5
沥青质	3.9	1.0	16.6	6.1	5.8
SF①/10^{-2}	6.436	31.0	2.144	9.11	19.15
不稳定指数	0.3927	0.2953	0.7482	0.2788	0.3661

① SF——稳定性因子(Stability Factor)。

表 5-4-4　国内加工的几种劣质渣油性质数据[124]

项　　目	青岛焦化设计原料	镇海焦化设计原料	揭阳焦化设计原料	泉州焦化设计原料
原油	沙特混合油	进口混合油	Merey16	科威特油
密度(20℃)/(g/cm^3)	1.0367	1.035	1.050	1.0624
API 度	5.0	5.2	3.3	1.7
黏度(100℃)/(mm^2/s)	4684	2500	127840	7155
硫含量/%	5.30	4.5	4.52	5.76
残炭/%	26.5	25.5	27	25.7
沥青质/%	15.7	15.0	20.4	11.08
重金属含量/(μg/g)				
镍	49.7	90	144	47
钒	155	300	660	150
馏分范围/℃	>562	>570	>580	>590
沥青质/残炭值	0.59	0.59	0.76	0.43

由表 5-4-3 及表 5-4-4 可以看出，2005 年左右，国内焦化加工原料的残炭范围为 12.63%~22.1%，硫含量范围为 0.51%~4.37%，胶质含量最高为 33.21%，密度最高为

1.0255g/cm^3。而近期焦化加工原料的残炭高达25%~27%，硫含量高达4.5%~5.8%，沥青质含量高达20%，密度高达1.0624g/cm^3。这充分说明我国加工密度大、残炭高、硫含量高、沥青质含量高、镍+钒含量高的劣质减压渣油的延迟焦化技术有了进一步的提高。

1. 国内焦化装置加工劣质原料油存在的主要问题[124]

(1) 产生弹丸焦

据资料[125]报道，当原料的API度小于或等于7.0时，很可能产生弹丸焦。生产经验和实验研究均表明，当原料中的沥青质和残炭的比值大于或等于0.5，而条件又适宜时，便容易产生弹丸焦。另根据表5-4-4中减压深拔后的劣质渣油性质数据判断，以减压深拔后的劣质渣油为原料的焦化装置产生弹丸焦是难免的。弹丸焦的生成会对装置产生很多不利的因素，严重影响安全生产，主要表现在：延长了冷焦和放水时间，打乱了冷焦程序；生产塔及冷焦塔整体及附属管线会产生明显剧烈的晃动或倾斜；放水时大量的焦块、焦粉会被带入冷焦热水罐，造成冷焦水系统堵塞；卸塔底盖和除焦时焦炭容易塌方和卡钻；散落在平台或地面的弹丸焦易使人滑倒；弹丸焦销售困难等。如国内某炼厂加工钠波：塞巴混合原油(1∶1)，加热炉管壁温上升速度较快，焦炭塔出现振动，出焦时发现生成大量弹丸焦。

(2) 生焦率高

由于劣质渣油易导致炉管结焦和产生弹丸焦，炼油企业通常采用降低加热炉出口温度、提高循环比、提高反应压力和劣质渣油中混兑较轻的原料改善焦化进料的性质等措施来保证装置的安全平稳生产，但针对延迟焦化装置降低加热炉出口温度、提高循环比、提高反应压力都会导致焦炭产率提高，大大影响装置的经济效益。

(3) 加热炉炉管易结焦

焦化加热炉管的结焦是有内在因素和外在因素共同作用的结果，内在因素是被加热介质的特性，外在因素是被加热介质在炉管内所处的操作条件。根据渣油特性，通常高沥青质含量降低了渣油的热稳定性，容易产生结焦反应；另外，渣油的H/C原子比越小、残炭值越高、特性因数越小、芳烃/沥青值的比值越小、钠离子和其他金属含量越高等都会导致炉管越容易结焦。由于劣质渣油的结焦反应温度更低，加工劣质渣油的焦化加热炉炉管结焦会提前并更严重。

(4) 分馏塔和焦炭塔顶油气管线容易结焦

劣质渣油的沥青质含量高，在焦炭塔内反应的泡沫层高，焦粉容易携带，因此焦炭塔顶油气管线容易结焦，同时焦粉带入到分馏塔也会导致塔底焦粉沉积，影响分馏塔的正常操作。此外，劣质渣油的热稳定性差，在分馏塔和高温油气换热时易发生结焦反应，导致分馏塔底和换热挡板结焦。

(5) 焦炭塔容积相对显得不足，焦粉携带量大。加工劣质渣油焦炭产率很高，焦炭塔内焦层高度大幅升高，造成焦炭塔空高不足，焦粉携带量增加，焦炭塔下游分馏塔、换热器等系统焦粉沉积量加大，装置运行时间缩短。总之，加工劣质渣油时，结焦问题要特别引起注意。

(6) 蜡油质量降低

针对劣质渣油的延迟焦化，在较低循环比操作时，焦化蜡油的残炭、沥青质含量、焦粉含量、氮含量和金属含量会升高，影响下游加氢裂化装置或催化裂化装置的正常操作。

(7) 焦炭质量变差

焦化原料硫含量和焦炭硫含量有对应关系，近年来我国镇海、茂名、上海石化和塔河等厂的石油焦硫含量已经高于7.5%。如果劣质原料中含有大量沥青质，不仅容易造成加热炉结焦，而且可能生成弹丸焦。这些都影响到石油焦的市场销路和价格。

(8) 装置容易出现波动，影响平稳生产，对提高处理量存在矛盾

在加工劣质原料时，劣质原料黏度大，焦化原料泵和辐射段进料泵容易抽空不上量。由于焦粉携带严重，分馏塔底过滤器经常堵塞需进行清焦。由于沥青质含量较高，许多装置都采用控制掺炼比或加大循环比等方法实现平稳生产，这就和提高处理量、降低能耗产生矛盾。

(9) 设备、管道腐蚀严重

劣质渣油一般硫含量较高，有的酸值也很高。腐蚀部位主要集中在250℃以上的高温部位，如焦炭塔顶油气挥发线受腐蚀和冲刷的双重影响，是焦化装置发生腐蚀穿孔的常见部位。

(10) 安全环保压力增大

劣质渣油的硫含量较高，对设备的腐蚀加重，增加了设备、管线和仪表被腐蚀泄漏着火的危险性。渣油的自燃点较低，易泄漏着火的部位增加。由于生焦率的提高，装置不得不缩短生焦时间来保证装置的处理能力，频繁复杂的焦炭塔切换操作，不但增加了操作人员的劳动强度，而且增加了发生事故的可能性。焦炭产率的增加，使冷焦和切焦的能耗提高。高硫焦炭的冷却和切焦过程，导致挥发至大气中的废蒸汽中硫化物含量增加，对环境造成一定的污染。

2. 针对加工劣质原料应采取的主要措施[124]

(1) 采用针对产生弹丸焦的设计

随着重质化和劣质化原油的增加及减压深拔技术的发展，延迟焦化原料会更加劣质化，同时随着非固定床渣油加氢技术的不断进步，延迟焦化工艺只有加工更劣质的原料才能显示出其优越性。采用针对产生弹丸焦的装置设计非常必要，弹丸焦的出现意味着焦化装置处于最经济条件下运行，美国许多焦化装置视产生弹丸焦为正常操作，他们原料的残炭可高达40%，沥青质含量达到20%，有的装置可以直接加工沥青。针对产生弹丸焦的焦化装置设计主要应考虑的措施有：采用超低循环比(5%)、低反应压力[0.11MPa(表)]和较高的加热炉出口温度来降低焦炭产率，提高装置的经济效益。焦炭塔使用1.25Cr-0.5Mo-Si(SA387-11-1)钢板，焦炭塔裙座过渡段采用整体锻件结构，提高其耐疲劳性，使之适应焦炭塔的晃动或倾斜；焦炭塔和其周围的框架及平台留有偏移和位移的空间；和焦炭塔相连的所有管道配置应考虑焦炭塔的晃动或出现‘香蕉’现象时的膨胀量。提高焦炭塔的设计压力，Foster-Wheeler公司焦炭塔的设计压力通常为0.41MPa(表)左右，Conoco/Bechtel公司焦炭塔的设计压力通常为0.69MPa(表)左右。采用高的设计压力，焦炭塔的壁厚增加，对减少塔体晃动和延长使用寿命有利。增加冷焦放水罐式旋流预过滤器，减少冷焦水罐的焦粉含量，避免冷焦水罐的频繁清焦。冷焦放水经冷水降温后直接排向焦池，避免弹丸焦对管道的堵塞。增加焦炭塔底自动卸盖机和除焦防卡钻及钻杆自动盘车系统。采用提压自动给水冷焦工艺，防止或减缓冷焦时焦炭塔的振动。

(2) 优化加热炉的设计和操作

选择合适的加热炉出口温度、炉管表面热强度($32\sim40kW/m^2$)、管内油膜温度、流速[冷油流速为$1200\sim1800kg/(m^2\cdot s)$或$1.8\sim2m/s$]、流型(雾状或环雾状)、油品停留时间(427℃以上段的停留时间不大于30s)、加热炉管管径($\phi76\sim127mm$)、炉管长度、炉管壁

厚、炉管布置、燃烧器(附墙燃烧)的形式和注水(汽)位置等对减少炉管结焦可起到关键的作用。选择耐高温材质的炉管，提高表面温度使用上限，延长炉管的清焦周期。采用单辐射室单管程两个辐射室共用一个对流室的新型四管程或六管程加热炉[126]实现在线蒸汽剥焦、分炉膛空气烧焦和分炉膛水力机械清焦，实现加热炉不停工清焦，延长一炉两塔装置的运行周期。实现焦化的全面 APC 控制，保持流量稳定、加热炉出口温度和炉膛温度稳定、良好的供热和供风、合适而稳定的注水或注汽量和避免加热炉进料泵抽空、进料中注入缓焦剂和加强电脱盐降低焦化原料中的盐含量等措施对防止炉管结焦起决定性作用。

(3) 防止分馏塔底和焦炭塔顶油气管线结焦

加工劣质渣油时，焦炭塔的油气线速、泡沫层高度或出口管线温度超高都会导致分馏塔底结焦，如果分馏塔内的重馏分油或渣油的操作温度太高也会导致分馏塔底内构件结焦，如果分馏塔底内件设计不合理或洗涤效果差会导致结焦并影响分馏塔的操作。主要采取措施为：通过控制处理量、减少注汽量、用料位计密切监视焦炭塔内料位、注高效消泡剂和出口管线注急冷油等控制焦炭塔的油气线速、泡沫层高度和出口管线温度，减少源头焦炭塔的焦粉携带；加强分馏塔内的洗涤和分馏塔外的过滤；分馏塔下部设防结焦脱过热塔板、塔底设原料搅拌和循环回流搅拌、洗涤采用高效喷头等，可有效减少分馏塔底焦粉沉积；分馏塔循环回流油、循环油和加热炉进料设置过滤器，减少加热炉进料的焦粉含量。

目前国内防止焦炭塔顶油气管线结焦的技术主要有：选择合适的急冷油，通常采用中段回流油或高温蜡油，采用柴油作急冷油虽然效果更好，但是对分馏塔的高温位热量利用不利。在焦炭塔塔顶油气出口处的油气管线上采用四通结构的急冷油注入设备，方便出口管道的清焦。选用高效喷头使急冷油雾化，提高换热冷却效果。设置焦炭塔顶和出口管线的差压报警，及时判断油气出口的结焦情况，随时清焦。消泡剂塔顶注入，注入口位置应远离油气出口，提高消泡效果。控制焦炭塔的油气线速和泡沫层高度，防止泡沫焦冒顶。焦炭塔顶油气管线每个弯头处设置清焦法兰，在不停工情况下可以采用高压水进行清焦，国内已经成立了专业的清焦公司。大油气管线内尽可能避免产生液相，高温、低流速和液相的长停留时间也可能导致结焦。

(4) 提高装置安全水平

提高装置安全水平主要是通过改进工艺、设备和仪表消除装置的安全隐患。设备、管道、阀门、仪表等的选择应充分考虑耐温耐压、耐腐蚀、耐磨蚀、耐冲蚀和抗疲劳等，避免发生设备泄漏着火和爆炸。进一步完善现有加热炉安全联锁、压缩机安全联锁、水力除焦安全联锁、高温泵进出口阀门和泵的安全联锁，增加焦炭塔安全联锁和顺序控制系统，实现焦炭塔操作过程中的小吹汽、大吹汽、小给水、大给水、放水、蒸汽赶空气试压、油气预热以及四通阀切换等步骤的安全操作，增加加热炉开停工顺序控制系统，实现燃料气试压、开鼓引风机、点火和蒸汽吹扫等步骤的安全操作，减少因人工误操作和设备故障导致安全事故的发生。增设焦炭塔塔顶和塔底自动卸盖机，提高自动化水平，降低劳动强度和提高操作的安全性，特别是提高产生弹丸焦时除焦卸盖操作的安全性。将主要的除焦操作设置在高压水泵房或中央控制室，辅以电视监控系统和丰富的智能传感器对整个除焦状态进行检测，实现远程地面手动或自动除焦，避免传统除焦模式对除焦人员的安全风险。设备及管道设置必要的安全阀和在线备用安全阀，满足各种事故情况下的安全泄放和安全阀检修。

(5) 减少环境污染

目前国内通过采用密闭吹汽放空、密闭冷焦水处理和冷焦水循环利用技术使焦化装置污染大大减少。但石油焦还露天堆放，因此石油焦的密闭除焦、密闭输送、密闭仓储等将是今后的发展方向。烧焦对环境也造成一定的影响，国内已经有公司购买了专用机械清焦设备，成立了清焦队伍，建议国内焦化装置积极采用。尽量取消蒸汽-空气烧焦，不仅减少环境污染，而且可降低炉管损伤几率和操作工劳动强度。水力除焦过程中，焦炭塔底的溜槽处会排放一定量的油气、硫化物和蒸汽的混合物，其中的硫化物会导致装置恶臭增加，影响操作人员的健康，应增加回收脱硫系统，减少废气的排放[127]。吹汽放空产生的含油、含焦粉和含硫化物等污水，送至污水汽提装置处理时由于其含油和含焦粉而影响污水汽提装置的正常操作，送至装置内的冷焦水处理系统时，由于其中含油量较多而影响冷焦水的质量，进而影响到冷焦和切焦过程，因此开发单独的吹汽放空污水处理系统以实现装置内回用是十分必要的。焦化加热炉对流出口烟气脱硫技术在国外已有采用，建议国内也要进行研究和应用，它不仅降低烟气中的硫含量减少污染，而且可以使排烟温度进一步降低，提高加热炉热效率。另外，增加冷焦热水换热器和放空塔顶/底热水换热器回收焦炭热量可降低装置能耗。

（6）适当提高循环比

根据原料性质，调整和优化操作条件，必要时提高焦化循环比到0.8左右。除循环比外还有炉管注水(汽)量、炉出口温度、小吹汽量和焦炭塔顶温度等。加强防腐措施，包括更换材质和注缓蚀剂等。在条件允许情况下，应根据原料情况，控制好劣质原料的掺炼量。

3. 进一步分析加工劣质原油的特性和规律

一般认为，康氏残炭大于22%、沥青质含量大于15%、胶质含量低的焦化原料易生成弹丸焦，如苏丹混合油减渣、大庆减渣、伊朗减渣、辽河稠油、中原减渣及塔河常渣在热加工时相对比较不稳定。大庆减渣、苏丹混合油减渣其初始裂解温度较低，热稳定性最低；辽河稠油、伊朗减渣、奥利油常渣、中原减渣及塔河常渣，不仅初始裂解温度不高，而且有较高的热缩合反应趋向，生焦率较高，特别是辽河稠油、塔河常渣、委内瑞拉奥利常渣、伊朗减渣和科威特减渣，在低循环比焦化时要注意可能产生弹丸焦等麻烦问题。如塔河外输重质原油的残炭、沥青质含量很高，减压渣油(≥540℃)收率44.2%、残炭33%、沥青质含量28.4%，这种原料易在焦化时生成弹丸焦，必须在决定焦化工艺参数、加热炉炉型和焦炭塔设计条件时认真加以考虑。一些沥青质含量高的焦化原料，可采用增大循环比，使焦化进加热炉料的残炭值降低到10%左右，沥青质降到8%~9%，焦化装置可以安全运转。

由于塔河油、胜利油及沙特油、伊朗油、阿曼油和科威特油等进口油的硫含量较高，所以在焦化设备材质、工艺管件材质的选择上要认真对待，尤其在高温部位(温度>240℃)和低温相变部位的防腐问题要特别注意。从生产实践中反映来看，当温度高于240℃时，采用Ni-P镀防腐效果不理想，并要强调指出这种装置内要避免异种钢材焊接。

对于加工高含酸原油，由于高含酸原油存在轻质、中质和重质三类，用焦化工艺处理时可以用不同的方案。对于轻质高酸原油可以用减渣作原料进行焦化。如果该原油常压拔出率较高、减压拔出率较低，建议用常压渣油焦化，原油蒸馏单元可不配减压蒸馏。对于高酸值稠油，如辽河稠油、苏丹稠油可直接采用延迟焦化技术进行加工，原油不必经过常减压蒸馏。

当原料酸值≥1.0mgKOH/g时，在设计中应考虑注防腐剂、缓蚀剂。由于环烷酸的腐蚀主要发生在280~380℃的温度范围，所以处于该温度范围内接触原料和分馏侧线馏分的管线、设备和部件应考虑采用316L系列不锈钢材料。

因为塔河油、奥利油、辽河稠油及苏丹油都很重、黏度也高，并且酸值较高，可以考虑采用高稠原油直接进延迟焦化装置的组合工艺流程，但必须配置相应措施，如为了使焦化进料盐含量达到小于 10~15μg/g 要求，对新鲜原料先进行二级电脱盐脱水处理。对像塔河原油这样的含硫原料，在流程中各相应部位要采取“三注”防腐措施。新鲜原料在进焦化部分前，可先经换热和/或加热到 380℃以上，然后进入一个常压塔(或闪蒸罐)，以减轻焦化炉和焦化分馏塔的负荷，也有利于缓和或消除环烷酸对整个焦化分馏部分造成的酸腐蚀。

(1) 焦化原料预处理[128]

在某些情况下，应特别注意原料中含盐、含固体杂质和含环烷酸等对焦化所造成的严重影响，也就是焦化原料需要进行预处理，一般它包括原料电脱盐、减压蒸馏按深拔方案操作和加氢处理等。在生产电极焦和燃料焦时应特别注意原料含盐、固体杂质和环烷酸问题。

① 原料电脱盐

对于直接以稠油为原料的焦化装置，必须设置二级电脱盐设施，控制钠盐含量在 10~15μg/g 以下。因为焦化原料中含盐和催化剂粉末等固体杂质会诱发产生生成焦先兆体和加快炉管内结垢速度，原料中含盐，它的 $lgNa^+$ 增加值与加热炉运行周期的倒数值成线性关系(图 5-4-1)。

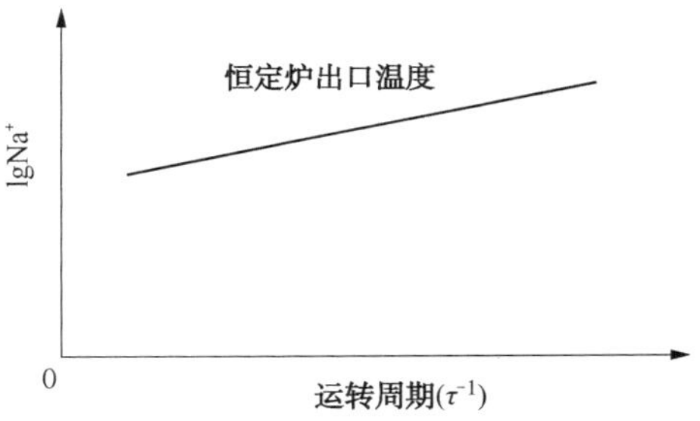

图 5-4-1　原料含 Na^+ 对焦化运转周期的影响

对黏度高、密度大的超稠重质原油的电脱盐，电脱盐操作温度是影响油水分离的重要因素。电脱盐的温度应选择水和油的密度差较大时的温度点，以利于水的沉降。当在 100~150℃之间油的密度大于水的密度或水油密度差较小时，可考虑在电脱盐处理时原油中掺混一定比例的轻油。掺混的轻油可以是汽油和柴油，掺入的轻油比例以达到在特点的温度下，原油的密度低于水的密度并保证电脱盐的油水分离为准。对于焦化装置可直接掺入焦化汽油、焦化分馏塔顶循环油或焦化柴油等。

② 原料脱钙

不少含酸原油同时含有大量的钙元素，相对脱水、脱盐而言，原油脱钙、脱酸是比较困难的。采用常规的电脱盐技术均可使脱后原油的 NaCl 含量小于 3mg/L、水含量小于 0.3%，而原油中的钙多为油溶性的环烷酸钙或其他油溶性钙化合物，有机钙能作为乳化剂使油水混合形成稳定的乳化液，造成油水分离困难和电脱盐处理过程不稳定，增加电耗和运行成本，且采用一般的电脱盐方法也难以将钙脱除。

目前国内外的脱钙技术主要有络合萃取脱钙、加氢催化脱钙、膜分离脱钙、树脂脱钙、生物脱钙等。络合萃取脱钙在国外应用较多，该技术的关键是选择合适的脱钙剂，一般采用实验手段进行筛选，脱钙剂能和有机钙化合物反应，生成络合钙化合物和有机酸，络合钙化合物能溶解于水，和脱盐污水一起排出，达到脱除原油中钙的目的。目前国内常用的脱钙剂很多，主要有 JA-024、JP-08、SXT301、SXT302、KR-1 等。原油的性质不同，采用的最佳脱钙剂也不同，没有通用的脱钙剂。脱钙剂的注入量和原油中的钙含量及要求脱钙率有关，原油中钙含量多，脱钙率高，要求注入的脱钙剂量就大。电脱盐的每级脱钙率一般为 60%~80%，采用几级电脱盐和原油中的钙含量及对脱后原油钙含量的要求有关，为满足石油焦产品对灰分一般小于 0.3%的要求，原料中的金属含量应不大于 500μg/g，按此标准对脱钙率要求不高。但是根据焦化加热炉的设计，其进料中的盐含量应低于 10μg/g，钙含量应低于 50μg/g，盐及钙含量太高会导致炉管结焦速度加快。要满足炉进料盐含量低于 10μg/g、钙含低于 50μg/g，对于钙含量较高的原油所需要的电脱盐罐个数及脱钙剂的注入量就较多，从而也增加工程投资和操作费用，因此应综合考虑焦化加热炉的流速、表面热强度，合理确定脱后原油的钙含量，针对高含钙原油，建议脱后原油中的钙含量以不大于 50~100μg/g 为宜。具体脱盐脱钙的操作条件应通过实验来确定。

③ 减压蒸馏深拔

减压蒸馏深拔有助于降低焦化装置的进料数量，间接地减少了炼厂焦炭总产量。据分析，国内炼油厂减压蒸馏装置的切割温度一般为 500℃，和国外同类装置相比，国外新建的原油“连续蒸馏”装置[129]，减压渣油的切割温度达 585℃(减压加热炉出口温度为 416℃，减压塔顶压力 53mmHg)，国内深拔程度明显不够。初步分析，若采取减压深拔操作，将切割温度提高至 550℃左右，国产管输原油的重瓦斯油收率至少可提高 3%~4%(有可能达到 7%)。表 5-4-5 是根据常压重油减压平衡闪蒸数据估计的国产原油减压深拔效果[130]。

表 5-4-5 国产原油减压深拔的蜡油(HVGO)收率

原油种类	减压渣油(500℃)/%	减压渣油(t℃)①/%	深拔温度(t)/℃	HVGO 提高/%
大庆萨尔图原油	44.1	26.2	575	+17.9
胜利混合原油	42.03	33.0	572	+9.03
孤岛原油	51.8	43.4	558	+8.4
中原文留原油	25.6	17.6	550	+8.0

① 在常压、温度为 t℃下的渣油收率，例如大庆萨尔图常压重油在常压、575℃(相当于 670Pa、380℃下)的渣油收率为 26.2%(对原油)。即减压深拔至 575℃，HVGO 收率增加量为 44.1%-26.2%=17.9%。

与减压蒸馏深拔原理相类似的就是焦化加工前原料先经过脱沥青，脱沥青油(DAO)可作为裂化原料，全部沥青和溶剂的混合物作为焦化进料，这可以提高沥青焦化时的液体收率，减少焦炭总收率。溶剂是一种轻石脑油馏分，从焦化部分回收后循环使用[131]。

④ 加氢精制

焦化原料加氢精制有利于减少焦炭的硫含量，也可以降低焦炭的收率。福斯特-惠勒公司讨论了三种组合方案焦化原料脱硫的效果，见表 5-4-6。如果采用渣油加氢脱硫-减压闪蒸-延迟焦化方案，焦炭收率可由 16.1%下降到 5.6%[45]。

表 5-4-6 原料加氢脱硫后延迟焦化收率① %

产品收率	减压闪蒸+延迟焦化	渣油加氢脱硫+延迟焦化	渣油加氢脱硫+减压闪蒸+延迟焦化
C_4^-	5.8	9.6	7.6
C_5^+	78.1	84.6	87.7
焦炭	16.1	6.7	5.6
合计	100.0	100.0	100.0

① 焦化原料：科威特原油≥343℃，API 度 16.6，康氏残炭 9.0%，硫含量 3.8%。

焦化原料中的钼、钒、镍、钴、铜等金属元素极大地促进焦炭的生成。在一个试验中，在焦炭原料中加入 1000μg/g 的钒和镍，焦炭收率分别增加 4.6%和 3.1%。因此，加入锑、铅、锡、钙、铋等钝化剂可以抑制焦化过程中焦炭过度生成。当然，加氢脱硫同时也将所含金属成分除去，对降低焦炭收率是有作用的。

从高硫渣油生产电极焦时需要考虑焦化原料加氢脱硫问题，但要注意加氢裂化或深度加氢精制后原料不稳定，容易析出沥青质，造成焦化加热炉结焦。掺入催化澄清油(decant oil)或高循环比操作可以减轻这个问题

对于酸值大于5.0mgKOH/g的苏丹原油、辽河稠油直接焦化时，产生的汽油和柴油应分别进行碱洗或加氢精制，除去所含酸性物。一般，当原油酸值大于1.5mgKOH/g，温度在220~400℃范围内时，设备和管线材质应考虑使用含Mo的奥氏体不锈钢(SUS-316/317)。在此温度范围内，温度每增加50℃，腐蚀速率增加约3倍，对碳钢和低合金钢而言，腐蚀是很严重的[132]。

(2) 重质稠油直接焦化技术

我国第一套1.00Mt/a重质稠油直接焦化工业装置建成并投产[133]，所加工辽河超稠油性质很差，原油密度(20℃)1.0698g/cm^3，运动黏度(100℃)821.3mm^2/s，酸值12.8mgKOH/g，凝点32℃，金属含量高，如钙含量为356μg/g。

辽河超稠油很重，小于350℃馏分含量只有8%，用常规炼油工艺加工意义不大，而直接焦化的工艺具有路线短、能耗低等优点。工业装置采用了多项先进焦化工艺技术：

① 超稠油深度电脱盐、脱钙技术。

② 抑制焦化加热炉炉管结焦技术。

③ 轻质油回注技术，将轻质油回注到电脱盐前，可提高电脱盐效率，有利于降低焦化原料灰分，提高石油焦等级。

④ 大循环比焦化技术等。

该重质稠油直接焦化工业装置投产以来，运行正常，在电脱盐不注脱钙剂情况下，石油焦灰分小于0.5%，达到1B级石油焦标准。各项产品收率如下：

焦化汽油收率	15%
焦化柴油收率	45%
焦化蜡油收率	6%
石油焦收率	25%

重质稠油直接焦化技术不仅开发了一条稠油加工的工艺路线，而且也解决了稠油外运困难等问题。

(3) 一种中、小型炼厂适合的CDMax技术

2003年12月世界石油大会第二届地区会议上，日本日挥公司(Chiyoda)介绍了CDMax技术，适合于受投资限制加工含硫原油或高硫原油的中小型炼厂。该技术用常减压闪蒸代替常减压蒸馏，常压闪蒸油和减压闪蒸油分别进行加氢，根据不同的产品要求，加氢脱硫装置可有多种设计方案。减压闪蒸塔底油进行焦化，焦化热油气直接和原油混合，用于加热原油。一个典型的处理能力为50万桶/日(2500万t/a)的CDMax装置，可生产48.4万桶/日(2100万t/a)的合成油(相对密度0.8251)，同时每天产生725MW电力和850t硫黄。

CDMax技术的特点是：可以生产超低硫的无渣油的合成油，有效利用焦化热能，避免多次重复蒸馏，能耗较低。实际是全馏分加氢脱硫和焦化的组合工艺，可以为大多数炼厂节约20%的投资。

（二）提高加工不同焦化原料灵活性的案例研究

对于以加工进口油为主的沿海、沿江炼厂而言，提高焦化装置加工原料的灵活性更为重要。

案例 1：加工轻质低硫原油，渣油的沥青质、硫、金属含量均较低，可生产电极焦。焦化装置设计应既能按馏分油产量最大，又能按焦炭产率最高的工艺条件运转。最大馏分油生产方案要求的操作条件是较低的操作压力、较高的反应温度和低循环比；而最高焦炭生产方案是为了生产电极焦，其操作条件是提高压力、降低温度和提高循环比。因此焦化装置必须具有较大的操作范围变化的适应能力以满足不同操作方案的需要。

案例 2：能适应未来加工重质原油的需要，包括更大量的减压渣油和更高残炭值的渣油。有时需要考虑装置在不同时期的生产能力。此时，焦化装置的设计处理能力可有三种选择方案。

（1）按目前需要能力设计，不为后期扩建预投资。这样，初始投资最低，但将来扩建时装置和炼油厂就需要停工，某些设备可能需要更换。

（2）初期建设中为后期扩建预投资。预投资的设备及设施应满足当前和未来生产的需要。为使扩建时减少停工时间，设计中应考虑：

① 可在装置运转中安装新增的设备；

② 首次设计中预留管线接头；

③ 平面设计考虑了增加设备的位置，甚至做好地基处理；

④ 对将来安装设备的基础预投资；

⑤ 为将来的管线、电缆预留空间。

此方案应考虑的因素有初始投资额、价格上涨指数、计划的投资偿还期、扩建的停工期和在初期能力下的运转年限等。综合具体情况后做出评价。

（3）按最终能力设计。所需的初始投资高，其优点是不需要再扩建。但是，一部分投资在多年内不能获得经济效益。按经济评价的标准衡量是不可取的。若炼油厂已有减黏裂化装置，可选择把减黏裂化改造为延迟焦化的方案或在原有减黏裂化外另建一套延迟焦化改为按减黏-焦化联合运转。后一种方案可比减压渣油直接焦化提高液体收率、降低焦炭收率，本书前面已有所阐述。

三、提高装置处理能力的相关技术

提高延迟焦化装置处理量的措施主要是设备的大型化和操作条件的优化，针对现有装置一般是通过装置的适当改造和工艺条件的优化来提高处理能力，但是提高的幅度是有限的。针对新建装置一般是通过设备的大型化提高处理能力，大型化不单是设备规格尺寸的大型化，而且还包括设备规格尺寸的优化等。

（一）设备大型化

设备大型化是炼油工业发展和进步的主要趋势之一，也是装置能力大型化的一个主要措施。国外延迟焦化装置规模已达 7Mt/a 左右，国内延迟焦化装置规模最大达到 4.2Mt/a，单系列的规模一般在 1.0～1.6Mt/a 之间，最大达到 2.1Mt/a，加热炉单管程加工量达到 0.4Mt/a。扩大焦炭塔直径可以提高处理能力，国外焦化装置的焦炭塔直径达到 9.75m，但是直径为 9m 左右的焦炭塔较多。国内焦化装置的焦炭塔直径最大的达到 9.8m，并成功运行多年。针对大型化的焦化装置，设备大型化是一个非常现实的问题。设计时是采用“一炉两塔”流程还是“两炉四塔”流程、如何优化焦炭塔的直径、水力除焦是否配套等问题，都是需要认真考虑的。

1. 关于焦炭塔适宜气速和大型化焦炭塔直径的选择

在目前的焦炭塔操作条件下，国内焦炭塔允许线速一般设定为不大于0.15m/s，而国外焦炭塔允许线速一般设定为不大于0.25m/s，通常按照0.21m/s设计，这就是国外同等规格的焦炭塔处理量比国内高的原因之一。焦炭塔直径的选择主要取决于焦炭塔内的油气线速，如果提高塔内油气线速，焦炭塔顶出口油气中夹带的泡沫焦会增加，严重时导致油气管线和分馏系统结焦，影响正常生产。采用多大的焦炭塔气速来确定焦炭塔直径需要考虑的问题主要有：处理量和原料性质及其变化、焦炭塔内泡沫层的高度及密度、焦炭塔切换时焦炭到塔顶切线的空高、焦炭塔操作压力、油气管道和分馏系统防止结焦和清焦的措施等。国内部分焦化装置，为提高装置的处理能力，优化了油气管道和分馏塔的设计和操作，焦炭塔内实际线速已经超过了0.15m/s，装置的运行没有受到大的影响。装置大型化后，为提高单系列焦炭塔的处理能力，无限扩大焦炭塔直径是不合适的，需要提高焦炭塔线速和优化工艺流程及配套设施来确定适宜的焦炭塔直径。

2. 大型化焦化装置水力除焦系统设计

焦炭塔直径增加后，确定高压水泵的额定扬程和流量是一个非常重要的问题。焦炭塔水力除焦过程中，除焦所需能量由高压水射流来供给，当高压水射流的轴心动压力大于焦炭的破碎强度若干倍以后，就可以保证水力除焦顺利进行。焦炭塔顶、底自动卸盖机的开发和利用对提高处理量具有积极作用，因为焦炭塔顶、底自动卸盖机的使用缩短了拆卸钻焦口和除焦口法兰的时间，可以进一步缩短生焦时间，也大大地减轻了工人的操作强度。

3. 大型焦化加热炉的设计

国内外的焦化加热炉大部分为卧管立式炉，按照辐射段形状划分，可分为箱式炉、阶梯炉、组合截面三种炉型；按照辐射盘管受热方式划分，延迟焦化炉可分为单面辐射、双面辐射两种炉型；按照辐射段炉膛数量划分又可分为单室炉、双室炉及多室炉。如果将以上不同划分方式产生的炉型进行组合又可得出多种可供选择的炉型。加热炉炉型、管程数、炉膛数、燃烧及传热方式的选择需要设计人员根据装置规模、原料性质、建设条件等来选择。过去采用双面辐射、双管程一个辐射室、垂直燃烧火嘴的箱式炉较多，通常加热炉单管程加工量最大约0.3Mt/a。现在采用双面辐射、单管程一个辐射室、附墙燃烧火嘴的箱式炉开始增多，它比较适合加工劣质渣油并且不容易结焦，单管程加工量最大已达到0.4Mt/a，1.6Mt/a的焦化装置设置4管程即可满足要求。

（二）缩短焦炭塔生焦时间

缩短焦炭塔生焦时间是提高装置的处理能力最常用的方法，虽然提高的幅度有一定限制，但是最成熟和最节约投资的一种方法。

1. 焦化装置生焦时间分布

图5-4-2是美国石油学会于1966年调查的54份报告生焦时间的分布，从图中可见，生焦时间为16h的有15份，占总数的27.8%；生焦时间为18h的有11份，占总数的20.4%。可见国外延迟焦化装置生焦时间很早就已经采用短生焦时间操作。

目前几乎所有的新建延迟焦化装置均采用现代化的短循环操作方式，如将焦炭塔生焦时间由24h缩短18~20h，焦炭塔的处理能力可提高20%左右。

工业上把生焦时间从24h缩短到20~18h可以较容易做到。实施一个中等的消除瓶颈就可完成把生焦时间缩短到18~16h，但进一步缩短到16h以下就较困难。如果在设计中认真考虑包括焦炭处理、急冷和切焦过程中的供水和水的回收，放空系统以及冷凝油回用系统等

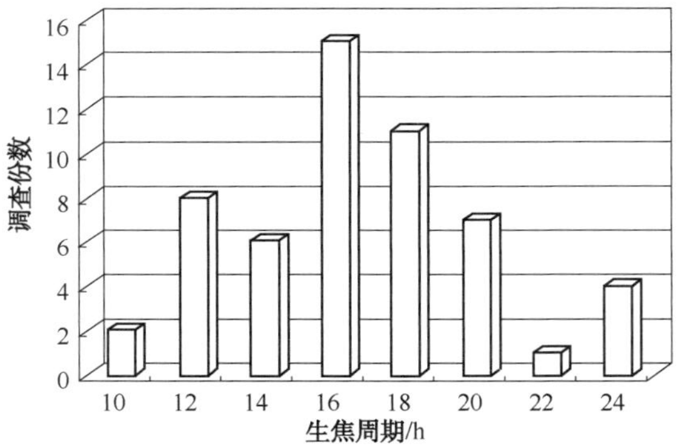

图 5-4-2　美国石油学会焦化装置生焦时间调查

保安措施，则目前在一些老装置中实施 14h 的焦化生焦时间也已不少见。

短生焦时间虽然能提高装置处理能力，但这是以降低操作效率、增加维护费用和缩短装置使用寿命为代价的。因为缩短生焦时间需要减少焦炭塔预热时间，加快焦炭塔的冷却速度，增加焦炭塔骤冷骤热的频次，在焦炭塔 30 年设计寿命内，按 24h 生焦时间计，每个焦炭塔的循环次数为 5475 次，按 16h 生焦时间计，每个焦炭塔的循环次数为 8213 次，循环次数增加 50%，大大加剧了焦炭塔材料疲劳。一般而言，焦化生焦时间由 21h 缩短到 18h，焦炭塔寿命损失 25%。因此，英国 BP 公司认为，焦化生焦时间的长短取决于许多因素，不是一成不变的。对新设计的延迟焦化装置建议采用 20h 的生焦时间，然后通过缩短焦炭塔空塔时间再把生焦时间从 20h 减少到 18~16h。目前，美国有套延迟焦炭装置通过采用先进技术和操作技巧把原设计为 20h 的生焦时间缩短到 16h，又在加强管理的基础上，进一步缩短到 14h，使原设计的装置加工能力增加 40%左右。总之，国外焦化装置生焦时间已由 24h 大大缩短，以提高焦化装置的生产率，美国 Lummus 公司设计的焦塔操作周期是≤18h，该公司认为这种设计具有在低循环比的条件下增加加工能力的操作灵活性。大陆石油公司的生焦时间为 11~14h，凯洛格公司的生焦时间为 16~20h，福斯特-惠勒公司的生焦时间为 16~18h，典型的焦化装置生焦时间为 16~18h。

虽然短循环操作可以扩大装置处理量，但是也可以不选择短循环操作而是选择在现有一对焦炭塔基础上增加一个焦炭塔，形成一炉三塔操作。有几个炼厂为加工重质原料，改(扩)建时增加了第三焦炭塔，并采用 12h 的焦化生焦时间。

根据调查，我国焦化装置已有占调查总数的 33%的装置缩短生焦时间，有不少成功经验[134]。实施缩短生焦时间应注意的问题是：

① 缩短生焦时间提高处理量以后，焦炭塔内气速增加，焦粉夹带量增加，容易造成分馏塔底部和加热炉炉管结焦。

② 在缩短生焦时间的同时，必须借助中子料位计正确监测焦炭塔的泡沫层高度，正确注入消泡剂。

③ 对于实行三班制运行的装置，缩短生焦时间后对管理带来了一定的困难，主要是每天除焦时间不固定，有时是夜间除焦，甚至 1 次除焦要跨越 2 个班组，如果除焦系统设备维护情况不是很好，一旦夜间出现设备故障，不能及时处理，将给安全生产带来很大影响。图 5-4-3 是国外某公司典型的 16h 生焦时间操作表。缩短生焦时间后，相应要缩短除焦、拆卸顶、底盖和焦炭塔的预热时间，国外焦化装置广泛推行焦炭塔卸盖和除焦冷却自动化，有助

于提高操作安全度和缩短焦炭塔操作周期。虽然要一些投资，但从总的经济分析看还是有利可图的。

2. 焦化除焦技术进步

缩短焦炭塔生焦时间和焦化除焦技术进步是不可分离的。除了广泛推行焦炭塔自动卸盖机和除焦冷却自动化外，国外焦化装置除焦技术的发展趋势还有：

① 采用除焦程序控制技术。大陆公司于1979年开发出了除焦程序控制技术，并于1982年在Humber炼油厂试验成功，提高了除焦操作的自动化水平，保证了设备安全运行和人身安全。目前该程序已经在国内外的焦化装置上广泛应用。

② 采用除焦控制阀。美国PACIFIC公司首先使用除焦控制阀，该技术可以使高压水回流时不上焦炭塔，防止产生水锤和冲击现象，目前国内生产的除焦控制阀也完全满足这一要求。

③ 除焦胶管采用双层或四层钢丝编织层的合成橡胶管，工作压力最大到34MPa，断裂压力为68MPa。

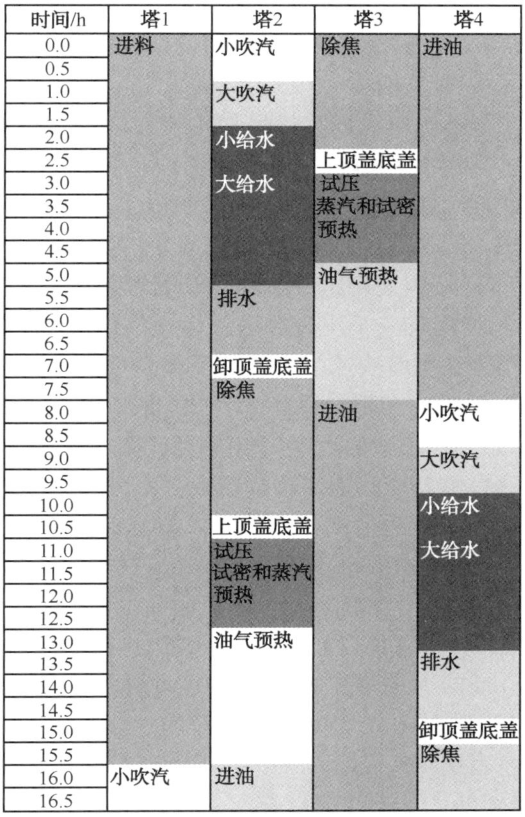

图5-4-3　国外某公司典型的16h生焦时间操作表

④ 关于除焦器。美国的除焦器为一种联合钻孔切焦器。采用锥形蜂窝状整流器，切换时需提出塔外人工操作。目前国内生产的除焦器都可实现在焦炭塔内自动切换。

⑤美国过去焦炭塔底盖装卸设备采用两个液下油缸驱动的底盖装卸机构，塔底盖装卸时绕一铰接支点转动，在两个油缸的作用下装卸螺栓比较容易。自从美国DeltaValve公司开发了单闸板阀式自动底盖机和德国G&J公司开发了双闸板阀式自动底盖机后，国外的焦化基本都陆续更换了自动底盖机。国内的首台旋开式自动底盖机由上海石化、洛阳涧光和SEI开发成功，随后在国内推广到约50台焦炭塔。随后荆门石化、荆门石化机械厂和洛阳工程公司以及兰州石化、兰州机械厂和SEI又分别开发了单闸板阀式自动底盖机。最近由广州石化、洛阳涧光和洛阳工程公司以及沧州石化、襄阳航生和SEI分别开发了可调密封力的单闸板阀和扇形阀式自动底盖机。国内外焦炭塔自动底盖机种类繁多，且各有其特点，都对缩短生焦时间提高装置处理量、减轻工人劳动强度和安全生产具有一定的作用。

（三）改进和优化操作

改进和优化操作也是提高生产能力有效的措施，例如降低循环比、减压蒸馏深拔均意味着提高现有焦化装置的渣油处理能力，可参考本章第三节。

（四）美国炼厂延迟焦化装置消除“瓶颈”增量改造案例

主要措施有：

① 降低循环比，如采用循环比为0.05~0.15的超低循环比方案。

② 缩短切焦周期，由 24h 减少到 16h。

③ 改造“瓶颈”设备，调整操作参数。

④ 适当增加一些关键设备。

以下是美国四个炼厂焦化装置消除“瓶颈”增量改造的案例。

案例 1：某炼厂 A，该厂 1971 年建成，原油加工能力 5.0Mt/a，焦化装置能力 1.4Mt/a。原油加工能力需要扩大到 10.0Mt/a，焦化扩能改造后能力需要达到 2.8Mt/a，能力增加了一倍。主要改造措施：

① 切焦周期由原来的 25h 缩短到 15h。

② 增加一个主分馏塔，生产焦化蜡油供加氢裂化，原来的主分馏塔生产石脑油和柴油，这种方法可解决原主分馏塔下段高负荷产生的瓶颈。

案例 2：某炼厂 B，该厂原油加工能力 12.2Mt/a，配套二套延迟焦化装置，1#焦化能力 1.5Mt/a，改造后达到 2.0Mt/a，2# 焦化能力 0.8Mt/a，改造后达到 1.0Mt/a，分别增加 33.3%和 25%。主要改造措施：

① 采用小循环比操作，循环比为 0.05~0.2。

② 生焦时间缩短到 13~16h。

案例 3：某炼厂 C，该厂原油加工能力为 2.1Mt/a，1950 年建成时焦化能力为 0.6Mt/a，用“二炉四塔”流程，1974 年增加二台焦炭塔装置能力扩大到 1.0Mt/a，1993 年缩短操作周期，使能力进一步扩大到 1.95Mt/a。说明可以通过采用“一炉三塔”方案，达到低投资、满负荷、分期扩大处理能力的目的。

案例 4：某炼厂 D，该厂焦化装置 1983 年建成，设计能力 1.75Mt/a，改造后达到 2.4Mt/a。主要改造措施：

① 生焦时间由 24h 缩短到 20h。

② 采用最小循环比。

由以上四个实际案例分析可以看出；焦化工业装置扩能改造大多集中在缩短生焦时间、合理降低循环比和主分馏塔改造三个方面下工夫，这样可以用最少的投资达到最大的增量效果。

四、优化产品方案的技术

(一) 关于增产柴油

增产优质柴油是炼厂为满足国民经济需要的一项非常重要的任务，目前，许多大型内燃机都使用柴油机，它具有功率大、效率高和油耗低等特点。相对于汽油来讲，柴油可能是一种更重要的节能型发动机燃料。

炼厂增产柴油，一个重要的途径是渣油轻质化，从渣油中得到更多的柴油等轻质油品是焦化工艺发展过程应该十分重视的问题。

提高焦化柴油收率主要可通过以下三个方面：

① 合理选择循环比，虽然可能对总液体收率有轻微的影响，但这是最简便可行的一个方法，也适用于加工劣质原油和一些较小型的焦化装置。由于循环比的提高，焦化蜡油就进一步裂解而生成汽油和柴油。例如在加工新疆重质常压渣油时，将循环比从 0.40 提高到 1.00 后，焦化蜡油转化率达到 85.43%，其中 22.92%转化为汽油，57.69%转化为柴油，9.73%转化成焦炭。总物料平衡中柴油收率为 39.51%，提高幅度为 10.32%。

② 采用循环油回炼技术，如采用 343~427℃馏分的焦化蜡油回炼，则主要增产的是柴油馏分。应指出的是，上述两种方法可能增加装置的负荷，对于已经满负荷的装置就可能要

降低加工能力，因此需要经过详细的核算后才能采用。

③ 采用组合工艺增产柴油。

（二）关于增产喷气燃料

我国延迟焦化装置不生产喷气燃料，估计原因一是下游配套加氢精制深度不够，产品不能满足喷气燃料规格的要求，二是我国焦化装置单套能力较小，焦化产品中喷气燃料馏分量太小，利用价值不大。随着今后建设大型装置越来越多，从焦化装置生产喷气燃料应该讲技术上难度是不大的，如果经济上有效益，就可以考虑这个方案。最近报道我国煤化工企业利用和焦化协同生产大密度军用喷气燃料（相对密度 0.9），如果进展顺利的话对加强国防是有重要意义的，据说美国国防部也十分重视这个问题。

（三）关于生产乙烯原料

20 世纪，我国的乙烯裂解原料油以石脑油和中间馏分油（AGO）为主。乙烯原料优化的趋向是轻质化和优质化。良好的裂解原料要求烷烃含量越高越好（烷烃含量>65%，正构烷烃含量>30%），质量指标详见表 5-4-7。实践表明，某些国产原油的直馏石脑油不适合作为乙烯裂解原料，但它的焦化石脑油 BMCI 值低于直馏油馏分，可作为乙烯裂解原料。使用上述加氢精制的焦化石脑油作为裂解原料，约可使乙烯装置的原料油单耗下降 4%。目前我国已有较多的炼化一体化企业用加氢焦化石脑油作乙烯裂解原料，这对扩大延迟焦化产品的应用、增产乙烯裂解原料油具有重要的意义。

表 5-4-7 乙烯裂解石脑油质量标准

项　目	新加坡（Open Spec）	中国石化集团公司（Q/SHR 011-2001）	项　目	新加坡（Open Spec）	中国石化集团公司（Q/SHR 011-2001）
相对密度	0.65~0.75	0.65~0.75	硫/(μg/g)	≯800	≯800
烷烃/%	≮65	≮65（正构烷烃≮30）	铅/(μg/g)	≯150	≯150
环烷烃/%	实测	报告	砷/(μg/g)	≯20	≯20
芳烃/%	实测	报告	色度（赛氏）	>20	>20
烯烃/%	≯1.0	≯1.0			

为了增产焦化石脑油，可采用调整焦化循环比，联合循环比提高至 2.0，延迟焦化的轻质油（汽油+柴油）收率可达 59.6%，焦化汽油收率明显高于常规延迟焦化。此外，作为乙烯原料时焦化汽油的干点可由常规的 150~160℃提高到 220~230℃，焦化石脑油收率可由 15%提高到 20%以上，这就大大地扩大了焦化汽油量。所以，将焦化石脑油作为乙烯裂解原料油后对炼油和化工都有利，可产生“双盈”的效果。

表 5-4-8 是以鲁宁管输油的减压渣油为原料，常规延迟焦化和大循环比延迟焦化的产品收率比较[135]。可见循环比增加后，焦化石脑油收率可增加 4.8%。

表 5-4-8 延迟焦化的产品收率

项　目	常规延迟焦化	大循环比延迟焦化	项　目	常规延迟焦化	大循环比延迟焦化
循环比	0.44	1.0	蜡　油	23.40	2.00
产品收率/%			污　油	3.00	3.00
焦化气	8.20	10.10	焦炭	23.70	25.30
焦化汽油	13.10	17.90	合　计	100.0	100.0
焦化柴油	28.60	41.70	轻油收率①/%	41.70	59.60

① 汽油+柴油收率。

常规延迟焦化方案生产的焦化蜡油 HCGO 杂质含量比直馏 VGO 高，一般直接用作催化裂化原料油时由于氮含量和烯烃含量高，会影响催化剂裂化性能，导致催化裂化产品液收下降，生焦率上升，经过加氢精制后其裂化性能有很大的改善。有时焦化蜡油只能作为重燃料油的调和组分使用。

如果把大循环比操作所得焦化汽、柴油全部用作裂解原料，按相同数量的焦化原料油计，大循环比操作的延迟焦化所产的乙烯裂解原料量比常规延迟焦化提高了 43%。表 5-4-9 为裂解产品的产量及其分布。

表 5-4-9　不同延迟焦化操作循环比的乙烯裂解产品产量及其分布

项　目	常规	大循环比	项　目	常规	大循环比
焦化原料油量	40.0	40.0	裂解油产量	5.97	8.55
裂解原料油产量	16.68	23.84	其中：裂解汽油	1.85	2.66
裂解气体产量	10.71	15.29	裂解焦油	2.48	3.57
其中：乙　烯	4.32	6.17	苯	0.81	1.15
丙　烯	2.35	3.35	甲　苯	0.61	0.87
丁二烯	0.68	0.96	二甲苯	0.22	0.30

大循环比焦化所得焦化汽油需经过加氢精制才能用作乙烯裂解原料油。用在较缓和的条件下管输减压渣油所得的焦化汽油和焦化柴油，使用国产的 RN-1 高效脱氮催化剂进行加氢精制后，可得优质的裂解原料和加氢柴油，结果如下：

① 焦化汽油在 RN-1 催化剂、氢分压为 3.2MPa、温度为 300℃下进行加氢精制，可使进料氢含量提高 1%，溴价降低近 80%(由 57.1gBr/100g 降至约 10gBr/100g)，硫、氮含量也显著降低。由于作为乙烯裂解原料对烷烃含量等指标有要求(≮65%)，因此，要注意选择适宜的加氢工艺条件和催化剂种类。

② 使用 RN-1 催化剂对焦化柴油进行加氢精制后，也可大幅度地改善其质量。在氢分压为 3.2MPa、温度 300℃下，脱硫、脱氮率分别为 98%和 57%；溴价可降低 90%以上，实际胶质由 472mg/100mL 降至 21mg/100mL。

注意延迟焦化采用大循环比操作后，装置处理量有所降低，能耗增大、生产成本有一定提高，但是仍不失为提高乙烯裂解原料油产量的有效途径。和通过加氢裂化过程生产尾油作乙烯裂解原料油的方案相比，焦化方案的投资和生产成本都比较少。

五、延长装置运行周期的技术进步

影响焦化装置长周期运行的主要因素有加热炉管结焦、分馏塔底结焦、焦炭塔顶油气管线结焦、分馏塔顶结盐、高温油品泄漏着火事故、水力除焦机械事故和公用工程及电力供应中断事故等。

1. 防止加热炉管结焦

焦化加热炉管的结焦是由内在因素和外在因素共同作用的结果，内在因素是被加热介质的特性，外在因素是被加热介质在炉管内所处的操作条件。加热炉管结焦主要表现现象是管壁温度升高、炉膛温度升高、进口压力升高和炉管颜色变红(暗红)等，降低加热炉进料的残炭、沥青质含量、不饱和烃含量、碳氢比和钠盐、钙盐及固体杂质的含量可以减少被加热介质的结焦倾向。选择合适的加热炉出口温度、炉管表面热强度、管内油膜温度、流速、流型、油品停留时间来确定加热炉管管径、炉管长度、炉管壁厚、炉管布置、燃烧器的形式和位置，对减少炉管结焦起到关键的作用。选择耐高温材质的炉管，提高表面温度使用上限，延长炉管的清焦周期。采用在线蒸汽剥焦、分炉膛烧焦或分炉膛机械清焦，实现加热炉不停工清焦，延长一炉两塔装置的运行周期。实际操作中采取保持流量稳定、加热炉出口温度和炉膛温度稳定、炉膛燃烧均匀、良好的供热和供风、合适而稳定的注水或注汽量和避免加热炉进料泵抽空、进料中注入缓焦剂和加强电脱盐降低焦化原料中的盐含量等措施，对防止炉管结焦起决定作用。目前国内焦化装置很少有因为加热炉管意外结焦而被迫停工的现象，这一是因为国内防止加热炉管结焦技术和在线清焦有了较大提高，二是因为国内焦化加热炉的加热反应苛刻度水平较国外低。

2. 防止分馏塔底结焦

当焦炭塔内油气线速太高(超过0.15m/s)、泡沫层高度超高或出口管线温度超高都会导致分馏塔底结焦，如果分馏塔内的重馏分油或渣油的操作温度太高也会导致分馏塔底内构件结焦，如果分馏塔底内件设计不合理或洗涤效果差也会导致集焦并影响分馏塔的操作。目前，国内的相关技术是首先控制好焦炭塔的油气线速、泡沫层高度和出口管线温度，减少源头焦炭塔的携带，主要措施是控制处理量、减少注汽量、用料位计密切监视料位、注高效消泡剂和出口管线注急冷油等；然后加强分馏塔内的洗涤和分馏塔外的过滤。分馏塔内的洗涤和循环比控制主要有两种专利技术，一种是灵活可调循环比技术，该技术采用循环油洗涤脱过热，在液位和流量控制下循环油和原料混合，使循环比灵活可调，增设加热炉进料缓冲罐，避免辐射泵抽空，循环油外送可实现零循环比操作；另一种是全蜡油下回流脱过热和循环比定量控制技术，该技术采用质量较好的蜡油下回流洗涤脱过热，循环油和原料按比例混合，提高了蜡油和循环油的分离精度，降低了蜡油的残炭及干点，循环比不受分馏塔底液位或重蜡油集油箱液位波动的影响，达到装置平稳运行。采用渣油洗涤脱过热的方式会导致渣油温度高易结焦，加工劣质渣油的装置基本不再采用该技术。分馏塔下部设防结焦脱过热塔板、塔底设原料搅拌和循环回流搅拌、洗涤采用高效喷头等措施可有效减少分馏塔底焦粉沉积。分馏塔循环回流油、循环油和加热炉进料设置过滤器，减少加热炉进料的焦粉含量。

3. 防止焦炭塔顶油气管线结焦

目前国内防止焦炭塔顶油气管线结焦的技术主要有：选择合适的急冷油，通常采用中段回流油或高温蜡油，采用柴油作急冷油虽然效果更好，但是对分馏塔的高温位热量利用不利。油气出口采用四通或三通结构，方便出口管道的清焦。选用高效喷头使急冷油雾化，提高换热冷却效果。设置焦炭塔顶和出口管线的差压报警，及时判断油气出口的结焦情况，随时清焦。消泡剂塔顶注入，并且注入口远离油气出口，提高消泡效果。控制焦炭塔的油气线速和泡沫层高度，防止泡沫焦冒顶。在分馏塔入口上方设置洗涤段和在分馏塔底设置塔底油循环过滤器，冲洗掉油气或过滤掉塔底油中的焦粉(粒径5~10mm)，把进加热炉的焦粉降低到最小，利用加热炉进料泵中安装的焦粉粉碎叶轮，降低进料中的焦粉粒径，改善加热炉操作。

4. 防止分馏塔顶结盐

当焦化原料中含金属、含酸、含氮和含其他杂质超高，分馏塔顶操作温度偏低，容易导致分馏塔顶结盐。分馏塔顶结盐的主要表现是：塔顶循环泵抽空、塔板压降升高和塔顶温度升高。目前国内防止分馏塔顶结盐的技术是：加强原油的电脱盐，提高分馏塔顶的操作温度和塔顶循环回流的返塔温度，改塔顶循环回流为塔顶汽油回流，增加塔顶循环回流油的脱水脱盐设施等。分馏塔顶塔盘的在线洗盐和离线洗盐，基本避免了因分馏塔顶结盐而发生停工现象。

5. 防止高温油品泄漏着火事故

高温油品泄漏着火是延迟焦化装置发生概率最大的安全事故，也是一个导致焦化装置非计划停工影响装置连续运行周期的重要原因。高温油品泄漏着火的主要部位有：高温泵的机械密封，高温管道及其与之相连的支管蒸汽吹扫管、放空排凝管和压力计嘴子的管道和法兰，高温管道上的阀门，高温换热器法兰，加热炉炉管，焦炭塔钻焦口和出焦口法兰，分馏塔高温法兰等。高温油品泄漏着火的主要原因是：操作不当导致憋压或泄漏，设备及管道腐蚀穿孔或开裂，设计选材不合理等。目前采用的技术主要是：焦炭塔选用 1.25Cr0.5Mo+0Cr13，焦炭塔裙座与壳体结合部采用锻焊结构；分馏塔选用 16MnR（或 20R）+0Cr13AL 复合板；高温换热器壳体选用 16Mr+0Cr13 复合板，管束选用 18-8 不锈钢材料；高温管道及其支管选用 Cr5Mo 或 Cr9Mo 材料，加热炉炉管选用 Cr9Mo 等来减少高温硫腐蚀。高温泵的机械密封选用波纹管密封、串联密封和干气密封等，以减少机械密封泄漏。焦炭塔钻焦口和出焦口法兰采用金属垫片，螺栓安装碟簧等。对经常开关的阀门增加安全联锁等防止发生误开或误关动作，对加热炉炉管着火增设快速停炉联锁。高温泵入口增加快速切断阀，当泵机械密封泄漏着火时快速切断泵进料，防止火势的继续扩大。

6. 防止水力除焦机械事故

水力除焦机械事故会延长除焦时间，严重情况下会迫使装置降量生产或停工。防止水力除焦机械事故的主要措施是选择质量可靠的水力除焦机械、对易发生故障的机械设备采取离线备用、加强维护保障水力除焦设备的完好。

7. 防止公用工程及电力供应中断事故

仪表风设置缓冲罐，加热炉注汽设置备用注水手段，高温阀门的密封蒸汽采用自产蒸汽来稳定其供应压力，循环水和除盐水等从总管直接供应，关键机泵应采用双路电源供电等均可缓解公用工程及电力供应波动对装置的影响。

六、焦化装置节能

（一）延迟焦化装置用能及用能过程分析

能耗是发展我国炼油工业的一个重要课题，在石油资源缺乏、油价居高不下的情况下，搞好装置节能尤为重要[136]。

同其他炼油过程用能一样，延迟焦化装置的用能可以归纳为能量的转换和传输、工艺利用及能量回收三个环节。三者之间互相联系又互相影响。

（1）能量的转换和传输环节

供入焦化体系的总能量包括燃料化学能及部分电能等，通过加热炉、压缩机、各类机泵等设备转换，一部分有效地供给工艺过程所需要的能量，其形式可以是热能和机械能或其他，有时还可能直接输出一部分能量，同时也必然有一部分能量直接损失。

（2）能量的工艺利用环节

这是用能过程的核心。进入此环节的能量通过与各化工单元过程（分馏、吸收）相应的设备，完成其工艺过程。供入此环节的能量除了转换和传输环节有效供入之外，还有回收环节回收的能量。在这一环节中，热力学能耗是不能回收的，而剩余部分则有可能回收，称之为待回收能。

（3）能量的回收环节

由大量的传热过程构成，主要设备是各种换热器、蒸汽发生器、冷却器等。此环节回收的能量有两部分：一是回收循环能，用于体系内部，构成工艺总用能的一部分；二是回收输出能，用于体系外或用于转换环节。未回收的能量均以散热、冷却、物流排弃等方式排入环境。

延迟焦化装置由于工艺过程的特殊性，决定了其用能特点：

① 总输入能多。焦化的裂化反应是一个强吸热反应，焦化原料升温也需要供入大量能量，这些是构成焦化能耗的主要组成之一。

② 需要高能级的输入能。基于上述原因，延迟焦化输入能的能级要求很高，需要大量高能级的燃料和动力。

③ 低温热多。高能级的能量输入装置后，通过一系列化学和物理过程，部分转化为低于120℃的低温热，这部分低温热回收是降低延迟焦化装置能耗的重要方向之一。

从能量平衡观点分析，装置运行过程中无法回收而排弃的热量及散失于周围环境的热量、能量转换中的损失和反应热共同构成了装置能耗。下面分几个部分来分析延迟焦化装置用能过程。

（1）反应部分

反应部分的能耗主要是加热炉燃料气、加热炉注汽及焦炭塔冷焦用水、用汽等，其中燃料气的耗能占延迟焦化装置的总能耗60%以上，如何减少燃料气的消耗是降低装置能耗最主要的方向。

（2）分馏部分

焦炭塔的高温油气以过热状态进入分馏塔，分馏塔存在大量的余热输出，如何有效地利用分馏塔的过剩热量是降低装置能耗的关键。由于顶循回流、柴油抽出的温位较低，回收经济性较差，如果该部分取热量大，容易造成产品分馏过程高品位热损较大，热量利用效率低。因此，在保证产品质量合格的前提下，优化调整分馏塔的各个回流取热，减少上部塔板的回流比，提高高温位热量的取热比例，提高分馏系统热能利用效率，用来加热原料或者发生蒸汽。

（3）吸收稳定部分

吸收稳定部分能耗主要有压缩机的动力消耗、压缩富气的冷凝冷却、稳定塔顶产物的冷凝冷却及稳定汽油的冷却。影响压缩机能耗的主要因素是气体产率、压缩比和气压机驱动动力品种的选择。其中以采用背压汽轮机能耗最低，采用凝汽汽轮机能耗最高。压缩富气的冷凝冷却能耗主要决定于气体的产率，尤其是液化气产率。稳定塔的能耗主要决定于液化气产率及稳定塔的回流比。稳定汽油换热后温度、汽油产率及吸收塔补充吸收剂用量也对能耗有一定影响。

（4）放空冷却部分

放空冷却部分能耗主要由冷凝冷却所需要的热量构成，包括放空塔顶部气体的冷却及放空塔底部污油、甩油的冷却。

（5）泵的动力消耗

延迟焦化装置泵的电力消耗在装置能耗中所占比例仅次于燃料气及蒸汽消耗，其中加热炉进料泵及高压水泵消耗较大，过大的消耗往往是无谓地消耗在调节阀及阀门的节流压力降上。

（6）散热损失

散热损失是不可避免的，主要受保温材料性能、保温厚度设计及保温工程质量的影响。

综上分析，要降低延迟焦化装置的能耗，主要的途径一是减少总输入能，二是要提高转化效率，三是减少排弃能量。

（二）焦化能耗现状及构成分析

1. 装置能耗现状[137]

2000 年中国石化延迟焦化装置的平均能耗为 30.68kg 标油/t 原料，最低为 24.3kg 标油/t 原料，最高为 48.4kg 标油/t 原料，2000 年前中国石化的延迟焦化装置大部分不含吸收稳定系统，如果增加吸收稳定系统，装置的能耗约增加 3～5kg 标油/t 原料。2012 年中国石化延迟焦化装置的平均能耗为 22.88kg 标油/t 原料，最低为 18.07kg 标油/t 原料，最高为 38.75kg 标油/t 原料，2012 年平均能耗明显低于 2000 年的平均单耗，说明这几年来焦化节能是有成效的。

中国石油 2012 年、2013 年延迟焦化装置能耗统计见表 5-4-10，中国石化 2012 年延迟焦化装置能耗统计见表 5-4-11，图表列出装置规模。

表 5-4-10　中国石油 2012 年、2013 年延迟焦化装置能耗统计表

炼厂名称	装置规模/（万 t/a）	能耗/（kg 标油/t 原料）	
		2012 年	2013 年
大庆石化	120	26.65	30.78
吉林石化	100	20.68	20.49
抚顺石化	240	33.68	30.17
辽阳石化	160	22.3	22
辽河石化	100	35.45	29.25
锦州石化Ⅱ	160	24.76	17.51
锦西石化	150	18.94	19
大港石化	120	22.5	21.83
独山子石化Ⅱ	120	27.2	26.6
克拉玛依石化Ⅱ	150	25.19	25.31
克拉玛依石化Ⅲ	100	—	32.28
乌鲁木齐石化Ⅰ		36.66	30.52
乌鲁木齐石化Ⅱ	—	—	22.08
玉门石化	50	26.31	24.97
兰州石化	120	18.43	17.23
平均能耗		26.06	24.7

表 5-4-11　中国石化 2012 年延迟焦化装置能耗统计表

炼厂名称	装置规模/（万 t/a）	能耗/（kg 标油/t 原料）	炼厂名称	装置规模/（万 t/a）	能耗/（kg 标油/t 原料）
		2012 年			2012 年
燕山石化	140	19.33	胜利石化	40	29.85
天津石化Ⅰ Ⅲ	90	23.62	安庆石化	150	25.07
天津石化Ⅱ	230	21.73	九江石化	100	28.24
石家庄炼化	80	25.5	武汉石化Ⅱ	150	20.16
沧州石化	120	31.17	长岭石化	120	25.63
洛阳石化	140	20.89	荆门石化	130	21.46
齐鲁石化Ⅱ	140	20.91	金陵石化Ⅰ	145	21.97
齐鲁石化Ⅲ	170	23	金陵石化Ⅱ	55	38.05
济南石化Ⅰ	120	19.43	金陵石化Ⅲ	185	22.8

续表

炼厂名称	装置规模/(万t/a)	能耗/(kg标油/t原料) 2012年	炼厂名称	装置规模/(万t/a)	能耗/(kg标油/t原料) 2012年
扬子石化Ⅰ	80	22.93	广州石化Ⅲ	140	19.71
扬子石化Ⅱ	160	18.36	茂名石化Ⅰ	125	21.25
高桥石化Ⅰ	140	22.24	茂名石化Ⅱ	100	21.16
高桥石化Ⅱ	120	24.73	北海石化	120	26.77
上海石化Ⅰ	100	19.81	塔河石化Ⅰ	120	22.47
上海石化Ⅱ	120	18.07	塔河石化Ⅱ	140	26.51
镇海炼化Ⅰ	80	22.06	青炼石化	290	25.89
镇海炼化Ⅱ	100	25.27	青石石化	160	20.65
广州石化Ⅰ	100	38.75	平均能耗		23.7
广州石化Ⅱ	100	19.03			

从表5-4-10可以看出，2013年底，中国石油共运行15套延迟焦化装置，2012年装置平均能耗为26.06kg标油/t原料，2013年装置平均能耗为24.7kg标油/t原料，中国石化2012年共运行装置36套，平均能耗为23.7kg标油/t原料，比中国石油略低。

2. 装置能耗构成

某产能240万t/a延迟焦化装置在0.4循环比条件下焦化部分能耗见表5-4-12，吸收稳定部分能耗见表5-4-13。

表5-4-12　焦化部分能耗表

序号	项　目	单耗		能耗指标/(MJ/t)	单位能耗/(MJ/t原料)	能耗比例/%
		单位	数量			
1	新鲜水	t/t	0.00350	7.12	0.025	
2	循环水	t/t	0.58450	4.19	2.449	0.17
3	除盐水	t/t	0.03953	96.3	3.807	0.26
4	脱氧水	t/t	0.06097	385.19	23.485	1.59
5	电力	kW·h/t	14.67551	9.546	140.092	9.48
6	3.5MPa蒸汽	t/t	0.01645	3684	60.602	4.10
7	1.0MPa消耗蒸汽	t/t	0.04109	3182	130.748	8.85
8	1.0MPa自产蒸汽	t/t	-0.06097	3182	-194.007	
9	净化压缩空气	Nm^3/t	0.84000	1.59	1.336	0.09
10	非净化压缩空气	Nm^3/t	0.37450	1.17	0.438	0.03
11	燃料气	kg/t	23.67752	41868	991.33	67.10
12	氮气	Nm^3/t	0.00350	6.28	0.022	
13	含硫污水	t/t	0.07777	46.05	3.581	0.24
14	含盐污水	t/t	0.00035	46.05	0.016	
15	蒸汽凝结水	t/t	-0.01050	320.3	-3.363	
17	低温热输出	MJ/t	-162.45266		-162.45	
18	重沸器热输出	MJ/t	-167.02367		-167.02	
19	过热蒸汽热输出	MJ/t	-13.98878		-13.99	
	合计	817.097MJ/t原料，19.52kg标油/t原料				

表 5-4-13　吸收稳定部分能耗

序号	项　目	单耗		能耗指标/(MJ/t)	单位能耗/(MJ/t 原料)	所占比例/%
		单位	数量			
1	循环水	t/t	1.24824	4.19	5.230	0.35
2	除盐水	t/t	0.03064	96.3	2.951	0.20
3	电力	kW·h/t	1.74580	9.546	16.665	1.13
4	3.5MPa 蒸汽	t/t	0.17325	3684	638.253	43.20
5	1.0MPa 消耗蒸汽	t/t	0.00175	3182	5.569	0.38
6	1.0MPa 自产蒸汽	t/t	-0.17325	3182	-551.282	-37.31
7	净化压缩空气	Nm^3/t	0.10500	1.59	0.167	0.01
8	氮气	Nm^3/t	0.27650	6.28	1.736	0.12
9	蒸汽凝结水	t/t	-0.00175	320.3	-0.561	
10	净化水	t/t	0.02100	10.47	0.220	0.01
11	低温热输出	MJ/t	-26.58603		-26.59	
12	重沸器热输入	MJ/t	167.02367		167.02	
	合计	259.379MJ/t 原料，6.20kg 标油/t 原料				

可以看出，延迟焦化装置的耗能构成主要是加热炉燃料气的消耗、压缩机驱动蒸汽的消耗和机泵电力的消耗，其耗能占总能耗的比例分别为 67.10%、5.89%和 10.61%，三者总计为 83.60%。因此降低焦化装置的能耗主要应从减少燃料气的消耗、蒸汽消耗和电的消耗三方面入手。

(三) 焦化装置用能三大环节和主要的节能措施[138]

焦化装置用能三大环节包括转换环节、利用环节和回收环节。在转换环节有加热炉、机泵及相关的能量分析、㶲分析、加热炉效率、机泵效率等；在利用环节有焦炭塔、分馏塔及相关的反应热(涉及到渣油性质，循环比)、回流取热分布、多点高温位取热等；在回收环节有冷换设备及相关的换热网络设计、换热平均温差、换热终温(原料入炉温度)、介质入空冷水冷前温度等。焦化的节能主要通过这三个环节去实施。

1. 能量转换环节节能

能量转换环节节能主要对象有焦化加热炉、机泵等能量转换设备。

(1) 焦化加热炉节能

在焦化能耗结构中，燃料所占比例最大，因此加热炉节能是焦化节能的主要对象。和过去单面辐射加热炉相比，采用带空气预热器的大型双面辐射焦化加热炉热效率有很大提高，可提升 5%以上，达到 92%以上。除选用高效率的新型加热炉外，强化加热炉管理是一项非常重要的工作。

① 提高加热炉进料温度。

通过优化焦化分馏塔的操作，在保证产品质量的前提下，最大限度地增加蜡油及中段回流高温位热量的取热比例，充分利用分馏塔的余热来加热原料，提高加热炉的进料温度，减少加热炉燃料气消耗。某 160 万 t/a 延迟焦化装置对分馏塔取热进行优化，增加塔底循环循环流量，可以将分馏塔侧线循环总取热量提高 2.63%，经过侧线循环逐级换热，减压渣油换热最终温度可由 295.8℃提升至 306.6℃左右，节省燃料气约 275.02Nm^3/h[139]。

② 优化加热炉炉管设计。

在保证加热炉出口温度的前提下，采用合适的流速和停留时间，控制加热炉进料油在辐射室停留时间小于 45s，防止过度裂化和结焦，控制炉出口汽化率，减少介质吸热负荷。

③采用高效空气预热器，回收烟气余热加热燃烧用空气，降低排烟温度，提高炉效率，针对焦化装置一般可提高约 5%～10%。为防止烟气的低温露点腐蚀，最新的措施是空气预热器的低温侧采用成熟的耐腐蚀材料。

一台总输入㶲量为 25.89MW 的加热炉，排烟温度降低到 170℃左右，可多回收能量 800kW；将炉子过剩空气系数降到 1.25 时，可节省燃料约 500kW。

如某厂焦化装置 2 台立式加热炉，热管空气预热器投用后烟气温度降低 90～100℃，空气温升不小于 140℃，排烟温度降至 170～180℃，炉效率提高 5%，全年节约燃料 1000t，2 年可回收投资。在热管空气预热器使用过程中，应注意烟气旁路挡板能否关严至关重要，加热炉炉体泄漏对热管影响较大。过去，由于对燃料气脱硫的要求不高，通常要求排烟温度不小于 160℃，防止热管受烟气露点腐蚀(125℃)。近几年，由于加强了燃料气的脱硫和改进了空气预热器，国内部分焦化加热炉的排烟温度降低到 120℃左右甚至更低，加热炉的热效率达到了 93%以上。

④选用高效加热炉火嘴，使其在低过剩空气系数条件下有效燃烧。此外，减少加热炉炉管内结焦和炉管外积灰，提高传热系数，如定期在线烧焦和除灰，都可以减少燃料气的消耗。

影响燃烧室良好燃烧的因素要求包括燃烧器的性能，配风、配汽及燃烧室热分布和火焰燃烧情况能得到良好控制。炉管外壁结垢/结灰与燃料的清洁度、雾化效果(配风、配汽)有关。近代先进的加热炉采用中小型能量低 NO_x 火嘴和扁长形炉膛尺寸，不仅燃烧效率得到提升，同时对降低烟道气的 NO_x 含量有良好的效果。图 5-4-4 是二种焦化加热炉内火焰燃烧情况。

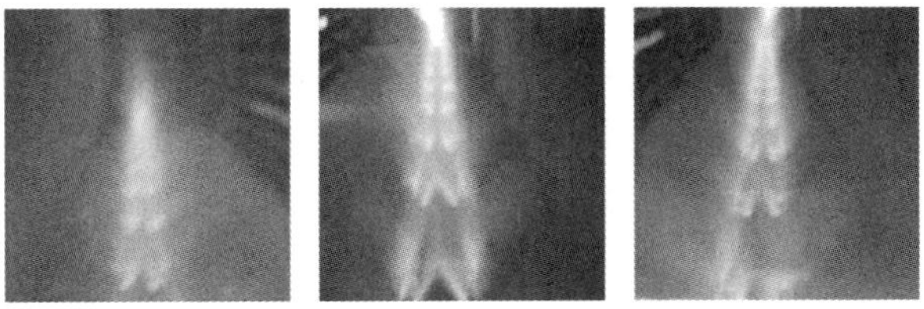

(a)良好燃烧情况

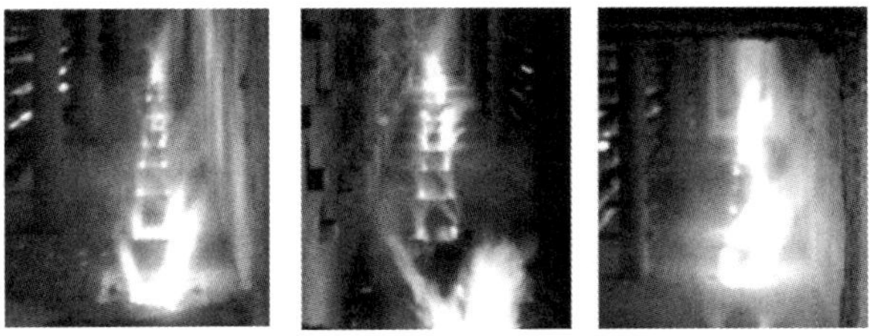

(b)不正常燃烧情况

图 5-4-4　焦化加热炉内二种火焰燃烧情况

⑤ 加热炉使用脱硫后的燃料气，燃料气中硫含量低于 20μg/g。由于燃料气中的硫含量相对较低，相应露点温度大约在 100℃，可以将排烟温度降低到 125℃左右。

图 5-4-5　高荷重软化耐火砖

⑥ 根据加热炉的使用条件，合理选用耐火材料，科学设计炉衬厚度，在保证炉衬的强度和耐高温条件下，尽量使用导热系数小的轻质耐火材料(见图 5-4-5)，达到最大限度减少炉壁的热量损失。在高温区选取导热系数较低的陶纤类衬里材料，保证加热炉外壁温度不超过 60℃，并且在壁板内侧涂抹防露点腐蚀专用涂料。另外，根据衬里的选择情况，在辐射段采用高辐射节能涂料，能使得辐射室炉膛温度分布更均匀。此外，在加热炉或烟道衬里使用耐高温节能涂料(厚度 0.5～10mm)的作用是：衬里补强，裂缝密封，提高辐射强度，加热炉效率可提高 3%～5%，炉外壁温度下降 3～60℃。此外，耐火纤维喷涂复合衬里效果也很好。

⑦ 加热炉 APC 控制和智能控制技术。

常规焦化加热炉的自动控制，主要以燃烧控制为主，即通过烟道挡板和进风蝶阀进行调节，以满足排烟氧含量和炉膛负压趋进设定值，实现最佳燃烧。炉膛压力和温度作为安全指标约束控制，也有燃料量的变化作为前控制。采用空气燃料比例调节技术降低加热炉过剩空气系数至 1.15 以下，以达到提高热效率降低燃料消耗的目的。设计时可分别对燃料管线和空气管道设置流量计，根据燃料组成可计算出理论空气用量，从而可设定实际的空气与燃料比例。

加热炉的智能控制，不以排烟氧含量为控制目标，而是以实现工艺要求的前提下燃料消耗最低为控制目标，以相关的压力、流量、温度作为检测和控制的对象，解决仪表检测误差和执行机构不精确带来的不利影响，设定多项而非单一的控制策略，动态地优选、寻找、记忆最佳路线和最优化参数组合，使加热炉始终处于最佳燃烧状态，实现加热炉节能高效运行。

⑧ 使用阻焦剂可延长加热炉运行周期，保持加热炉高效率，降低能耗。

某炼厂焦化装置使用国产 CAF-1 阻焦剂，原料为大庆/辽河渣油，用量 60μg/g，效果较好，加热炉运行周期延长 50%。

(2) 电机节能

① 机泵选型应选择高效率的泵，泵效率提高 5%，装置节电约 5%以上，装置能耗节省约 0.7%。

② 在正常操作中，泵的流量或扬程变化较大时，可采用变频驱动，通过变供电的频率调节电机转速，再通过泵的转速调节流量或压力及温度，如焦化原料油泵、柴油回流泵、蜡油回流泵、放空塔顶空冷器等可采取变频调速节电技术，效果好，性价比高。

炼厂电动机变频节能原理主要是利用电机转速与机泵流量成正比以及电机的功率和电机的转速立方成正比，通过变频调速达到节能目的。

焦化装置投用变频后的综合效果是：节电效果十分明显；改变传统的控制方式，实现了高质量的自动控制；有利于机泵冷换及控制阀等设备的长周期运行和维护保养，大大降低了维修成本；改善操作环境，减少了漏油，降低了噪声污染；装置安全运行可靠性得到提高。

某炼厂利用变频器的闭环控制对焦化装置 11 台机泵/风机进行无级调速，用变频器精确调速来调节流量，取得了很好的节电率，详见表 5-4-14。

表 5-4-14　焦化装置安装变频器机泵/风机节电率[140]

机　泵	原功率/kW	泵出口压力/MPa	泵流量/(t/h)	节电率/%
焦化原料泵	193.8	2.7	125	65.32
焦化汽油泵	33.4	2.0	29.4	44.13
焦化蜡油泵	88.8	1.6	99.3	79.52
吸收塔进料泵	34.5	2.1	42.7	82.32
重蜡油泵	40.10	1.1	18.9	93.27
焦化柴油泵	78.89	1.4	55.4	66.88
补充吸收剂泵	19.8	2.6	187.16	53.18
稳定塔进料泵	64.8	2.15	39.13	77.78
除氧水泵	35	3.1	4.9	66.91
循环热水泵	135	1.2	210	65.78
3#风机	14.9			89.32

此外，焦化富气压缩机如采用电机驱动、变速器调速，负荷变化通过变频调速，节电效果非常明显，总能耗降低 2kg/t。

③ 加热炉进料泵是焦化的大功率机泵，目前选的泵扬程普遍偏高，可通过切割叶轮来降低加热炉进料泵的扬程，降低能耗。某 100 万 t/a 延迟焦化装置对加热炉进料泵进行削级降压改造，出口压力由 4.0MPa 降至 2.8MPa，泵的功率下降了 31kW，节能效果十分明显[141]。

④ 根据焦炭塔直径和焦炭性质确定合理的高压水泵的流量和扬程。高压水泵流量太大和扬程太高不但浪费电能，而且还会导致焦炭灰分太多。同时加大高压水泵至焦炭塔顶水管直径，减少阻力，降低电耗。

⑤ 对于流量变化较大的分馏塔顶空冷器、放空塔顶空冷器及放空塔底空冷器的电机采用变频驱动，加热炉鼓、引风机也可采用变频调速。

2. 工艺优化(能量利用环节)节能

工艺优化节能不需要大量投资，是一种低投入、高产出的高技术含量的节能方式，应该予以十分重视。

(1) 原料管理

① 原料管理是焦化装置工艺优化节能中一个很重要的基础工作。通过焦化原料管理，掌握和控制好入炉混合油(包括渣油、循环油、油浆、脱油沥青、污油)的性质和数量(混合比例)，焦化原料主要性质包括有四组分分析、黏度、残炭、硫含量和酸值等。加强原料管理，可使焦化加热炉和分馏塔保持和达到长周期运行，而焦化装置平稳操作和长周期运转又是节能降耗的基本保证。

② 控制劣质原料的掺炼量。原料管理中一个重要内容是合理控制劣质原料的掺炼量，如国内某炼厂焦化掺炼脱油沥青后原料性质劣化，2004 年掺炼脱油沥青比例从 20%降为 11.46%。某炼厂加工波纳原油，掺炼比降到 1/3 后，操作和焦炭质量才恢复正常。

(2) 优化焦化工艺条件节能

①根据原料分析结果，包括密度、残炭、硫含量及饱和烃、芳烃、胶质、沥青质四组分的分析数据，及时优化、调整操作条件，包括调整焦化循环比、炉管注水量、加热炉出口温度、小吹汽量、焦炭塔顶温度等操作条件。通过优化延迟焦化装置循环比和加热炉注水量，

可降低炉子热负荷。一套0.5Mt/a焦化装置，循环比由0.4降低到0.2后，加热炉总负荷可降低约1.4MW，处理量也可提高10%~20%。降低循环比主要受两个因素的制约：一个是原料性质制约，沥青质含量高的原料，由于容易结焦，不能采用低循环比。另一个是焦化蜡油质量变差，会影响下游进一步加工。

② 分馏塔各回流取热优化，降低分馏塔的过程㶲损。如通过流程模拟计算，优化调整焦化分馏塔取热，尽可能增大高温位的蜡油循环取热，加热原料和多产蒸汽等措施。分馏塔顶循环回流代替冷回流，可提高分馏塔取热温度。某装置使用冷回流，空冷器排出的热量达到10000kW，可回收量达8000kW。

③ 换热流程优化。按照窄点分析原理，进行换热流程优化。尽量采取热出料，降低冷却负荷，提高热量回收率。利用好装置的低温热，如分馏塔顶油气、塔顶循环回流、稳定汽油等，预热除盐水或暖水等。

(3) 节约蒸汽

延迟焦化装置的用汽点主要有加热炉注汽、焦炭塔吹汽、阀门汽封、蒸汽往复泵用汽、压缩机用汽、设备管线伴热及设备管线吹扫用汽，其中压缩机和注汽消耗蒸汽量最大，所占比例最高。为降低蒸汽消耗，可采取以下措施：

① 在保证炉管流速的条件下，尽可能采用小的注汽量，一般控制低于原料的2%，在大循环比操作及炉管内油品流量大时可采用小注汽/水量。

② 在保证石油焦挥发分合格的前提下，减少焦炭塔吹汽量和吹汽时间来降低蒸汽消耗。焦炭塔吹汽阶段是消耗蒸汽最大的步骤，减少吹汽时间和降低吹汽量来降低蒸汽消耗。或者采用以水代汽技术，大吹汽时用蒸汽把冷焦水雾化和携带进入焦炭塔进行冷焦，减少大吹汽的蒸汽耗量。某140万t/a延迟焦化装置经过试验摸索及研究论证，在保证石油焦质量的前提下，将小吹汽蒸汽用量由6t/h降至3t/h，小吹汽的时间改为1.5h，大吹汽蒸汽用量由设计值20t/h改为13t/h，大吹汽时间由3h改至2h，每个生焦周期可节约蒸汽50t[142]。

③ 设置限流孔板控制高温球阀和四通阀的注入量来节省蒸汽，另外对于高温区阀门尽量选用旋塞阀，正常操作时不需要注入蒸汽，减少蒸汽消耗。

④ 合理地选择压缩机流量和出口压力，减少反飞动量，降低分馏系统压降提高气压机入口压力，减少压缩机轴功率，减少蒸汽耗量。对于长周期操作、频繁调节流量、压力等的操作以及正常工况和设计工况相差较大的操作情况，增设变转速流量调节设施，避免“大马拉小车”，节约蒸汽的消耗，尽量避免采用单一打回流的方式调节流量，或孔板(调节阀)降压的操作模式，减少能量的浪费。

(4) 节水

焦炭塔甩油由水箱冷却改至分馏塔或作为焦炭塔顶急冷油热回炼，减少循环水的消耗量。九江石化公司通过改造将高于200℃甩油送至分馏塔底部回炼，年节约循环水约2200t[143]。

焦池补水采用来自酸性水汽提装置的净化水，减少新鲜水的消耗量。

3. 能量回收环节节能

(1) 低温热回收

① 充分利用分馏塔塔顶产品、顶循回流、柴油和蜡油温位较低的热量来加热全厂的采暖水和伴热用水。

② 提高焦化分馏塔的换热效率，回收焦化分馏塔轻瓦斯油循环回流的热量，用于发生

低压蒸汽、预热工艺物料或用作气体分馏装置的低温位重沸器的热源。在增大蜡油回流取热量的基础上，多产生1.0MPa的蒸汽。

③ 注意焦化装置和其他炼油装置间的热联合，增加热输出，尤其是低温热的输出。在一些需要低温热的储运和公用工程场合，如水处理站、油罐加热、保温、拌热等的热联合是焦化低温位热量有效利用的重要方向。

（2）强化高温设备的保温

焦炭塔有效保温不仅可减少热量损失，对焦炭塔防腐也有很好的效果。高温管线热损也要予以一定的重视。国内先进的焦炭塔保温技术采用背带式保温结构，有良好的保温效果。

某炼厂2台ϕ6800mm焦炭塔，采用背带式保温后，外表面温度30～40℃，最高51℃，室内仪表显示，焦炭塔塔底495℃，中部453℃，塔顶440℃。某炼厂4台ϕ6000mm焦炭塔，采用旧式保温，焦炭塔预热时间4h，而2台ϕ6800mm焦炭塔，采用背带式保温，预热时间只需要2h，相比之下，可见其保温效果显著。

（四）焦化节能管理

1. 我国焦化能耗管理

我国节能技术中心发布的延迟焦化基准能耗为911.7MJ/t（包括吸收稳定部分在内为1141.7MJ/t）。表5-4-15为三种原油焦化装置的基准能耗数据。基准操作条件为：循环比0.38，加热炉出口温度500℃，炉子热效率90%。

表5-4-15　三种原油延迟焦化装置的基准能耗

项　目	管输原油	大庆原油	新疆原油
密度（20℃）/（g/cm³）	0.9534	0.9227	0.9200
总液体收率/%	70.20	73.99	77.68
焦炭收率/%	22.5	15.46	15.63
加热炉热负荷/（MJ/t）	958.9	984.26	984.26
加热炉热效率/%	90	90	90
燃料用量/（kg/t）	25.45	26.12	26.12
电用量/（kW·h/t）	9.0	9.0	9.0
蒸汽用量/（kg/t）	5.0	3.8	5.4
软化水用量/（kg/t）	137	101	128
循环水用量/（t/t）	6.3	3.9	5.0
新鲜水用量/（kg/t）	58	45	63
单位总能耗/（MJ/t）①	911.7	965.4	928.0

① 不包括吸收稳定部分的能耗。

2. 国外炼油厂先进能源管理

这里介绍国外KBC公司的最佳技术标准BT100（BEST TECHNOLOGY METHODOLOGY）和SOLOMON公司的能源密度指数EII（Energy Intensity Index）。

KBC公司设定的最佳技术标准BT100要求炼厂和工艺装置应具备如下特点：

① 工艺装置的结构配置是优化的。

② 全部燃料的燃烧状况是高效且经济的，加热炉效率达到92%。

③ 所有工艺热联合是基于经济目标（窄点法）的分析，换热温差要求<20℃。

④ 所有机械的轴功效率，无论是电机、蒸汽透平、或是气体透平驱动，都达到可实现

的经济的循环效率。

⑤ 蒸汽锅炉都产高压蒸汽，工艺装置所用的中低压蒸汽均由蒸汽透平的背压排汽供给，蒸汽透平的等熵效率相当于电机或机械轴功效率的75%(净值)。

对于现有的炼厂，即使经过技术改造，一般也难以达到KBC公司设定的最佳技术标准BT100(新建炼厂BT120)100%的能源效率，但许多炼厂可以大幅度地接此目标。

KBC公司节能最佳技术方法有：

① 炼厂整体能源优化。

② 每个工艺装置之间优化。

③ 工艺装置之间、上下游装置之间能源一体化。

④ 工艺与设备之间能耗优化。

⑤ 选择设备时耗能核算。

⑥ 工艺装置与公用工程之间能耗优化。

⑦ 公用工程系统(燃料、电力、蒸汽、水)能源优化。

⑧ 能源价格经济。

⑨ 节能应用技术，如软件Petro-Sim，TotalSite，Prosteam等。

SOLOMON公司能源管理(Energy Management 2000年)：

能源密度指数EII的定义是“炼厂实际总能耗与标准能耗对比分析的指标”。

$$EII = \frac{\text{炼厂实际总能耗}/\text{全年天数}}{\sum[(\text{装置加工量}\times\text{装置的标准能耗})+\text{显热}+\text{界区外系统耗能}]}\times 100$$

SOLOMON公司炼油装置标准能耗，见表5-4-16。

表5-4-16　SOLOMON公司炼油装置标准能耗　　kBtu/桶②

装置名称	标准能耗①	装置名称	标准能耗①
标准常压(含轻烃回收)	3+1.23API度	加氢裂化(轻油型)	180
标准减压蒸馏	15+2.3API度	重整(半再生)	3.65×RONC-120
延迟焦化(含吸收稳定)	180	重整(连续)	3.65×RONC-133
催化裂化(不含烟机)	70+40×C%	加氢精制(石脑油/渣油)	80/90

① C%——碳含量，RONC——研究法辛烷值。

② 1kBtu/桶=6.4kJ/L。

延迟焦化(含吸收稳定)标准能耗计算示例：

焦化原料相对密度一般为0.95~1.0，相当于6.662~6.329桶/t，按SOLOMON公司标准能耗180kBtu/桶折算，延迟焦化标准能耗应为1202~1265MJ/t。

七、处理炼油厂废料技术

延迟焦化装置重要特点之一是能处理炼油厂废料。炼油厂废料种类较多，目前延迟焦化装置处理过的废料主要有炼油厂的“三泥”、废溶剂、废机油、废塑料和污油等。国内某炼化公司曾报道一套100万t/a的焦化装置可处理污水处理的“三泥”6000t/a，既降低了三废处理的成本，又回收了其中轻油，对提高全厂的轻油收率和经济效益有一定的作用[144]。催化裂化油浆由于其固体杂质含量较高，比较难以销售，国外部分炼厂也把它作为废料处理。本书只介绍国内外常用的焦化处理炼厂污泥技术。

（一）污泥的构成

炼厂污水处理场气浮池产生的浮渣、隔油处理部分的池（罐）底油泥及生化处理部分产生的剩余活性污泥统称为炼油厂“三泥”。炼厂污水处理厂在浮选工序中大都采用无机聚合氯化铝作为絮凝剂，形成大量含油的氢氧化铝浮渣。这些浮渣含水率通常高达95%，且又极难脱水，导致“三泥”处理难度增加。以往污水处理场处理“三泥”的措施有两种，一种是污水处理场建有焚烧炉，“三泥”通过重力脱水、机械脱水后送往焚烧炉焚烧，但成本过高，且“三泥”含水率高导致难以正常焚烧，消耗燃料油较多；第二种是通过重力脱水、机械脱水后外送，送至填埋场或由外单位处理，每吨“三泥”需要补贴处理费，有时还会造成二次污染。由于石化污水场产生的“三泥”按国家相关环保规定应划分为危险固体废物，危险废物处理收费约2000元/t，将增加炼厂的运行成本。利用焦化装置回炼“三泥”，可以节省操作费用，减少环境污染。

（二）直接加入到焦炭塔中回炼的方式

在生焦过程中，把废料直接加到焦炭塔中，直接与进料混合或加到放空罐之中，使废料与焦炭塔顶的冷凝油混合，然后将混合物送回焦炭塔，此法可在放空罐内把废料中的水分蒸发掉。如果通过加热炉向焦炭塔加废料，由于水分的蒸发，会使焦化进料吸收的热量减少，这就需要提高炉出口温度，导致轻油收率降低。目前该回炼方式很少采用。

在生焦时间内直接加入废料会对过程造成影响，所以必须先把废料中的水分除掉。但是，无论采用哪种方法，在生焦时间加入废料均会降低装置的处理能力，并容易使炉管及管线结垢。

（三）作焦炭塔冷焦水的回炼方式

在焦炭塔冷却周期内向塔内加入废料。正常操作是在生焦时间结束后，向塔内吹入蒸汽以除去焦炭中的油气，再用水冷却。用废渣代替冷却水可以克服在生焦时向焦炭塔注入废料所造成的缺点。但是，即使在冷却初期就开始注入废渣，从焦炭传给废料的有效热量也很少。由于废料量大、传热量不足，使焦炭中挥发分含量增加，焦炭变得有黏性、气味难闻。废料中的固体物不能均匀分布到焦炭中，使焦炭质量不均匀；还会堵塞焦炭的孔隙，延缓冷焦过程，产生局部过热。在冷焦期间的废料加入量以焦炭的灰分和金属含量不超标为限。

某焦化装置采用废渣作焦炭塔冷焦水的回炼方式，其流程见图5-4-6。

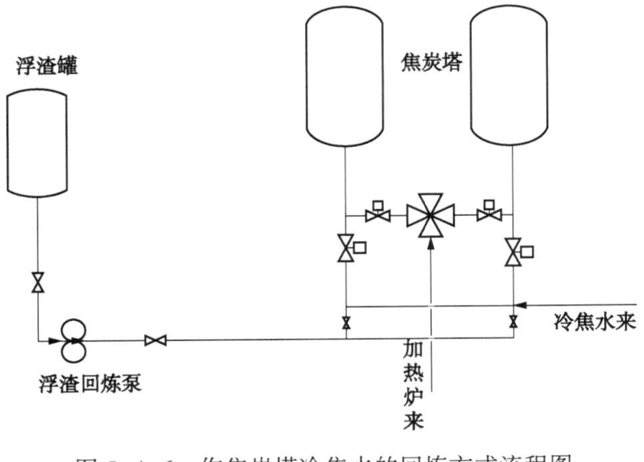

图5-4-6　作焦炭塔冷焦水的回炼方式流程图

浮渣进焦化装置内的缓冲罐，由一台离心泵升压至0.4MPa（表）从焦炭塔底间断注入，注入点在大吹汽调节阀后。当除焦塔塔顶温度降为380℃后开始注入，同时注少量脱氧水防止堵焦，当塔顶温度降为200℃后停泵关阀停止注入浮渣，开始大给水关脱氧水。注入浮渣量为15t/h，每天注入大约2h。整个系统没有任何控制系统，完全人工操作。焦化装置处理浮渣后，泡沫层的挥发分及灰分含量分别增加了0.74%和0.06%，但是由于泡沫层所占焦炭比例较小(一般为6%~9%)，加之重烃汽化分解，混合焦的挥发分及灰分含量实际上仅比浮渣处理前增加0.1%和0.04%，挥发分及灰分含量仍能达到2类石油焦标准。存在的主要问题是放空塔顶油水分离罐很难分离出油和水，分离出的带水污油打入污油系统。目前该回炼方式在国内外被普遍采用。

(四) 污泥作焦炭塔急冷油的回炼技术[144]

镇海炼化"三泥"主要性质为：密度978kg/m^3，含油17.32%，含水64.1%(有时大于85%)，其余杂物成分18.58%。炼厂"三泥"由于含水高，含油和有机物少，很难用一般焚烧等方法进行处理。镇海炼化试验用排水"三泥"从焦炭塔顶部直接注入的方法来解决"三泥"处理问题，"三泥"进入焦炭塔后，和上升的450℃高温油气接触，"三泥"中水分被蒸发，有机物和焦化料一起焦化成为焦炭和焦炭中的灰分。这一过程不仅处理了炼厂"三泥"，还可部分代替作为焦化急冷油的蜡油。其工业试验流程见图5-4-7。

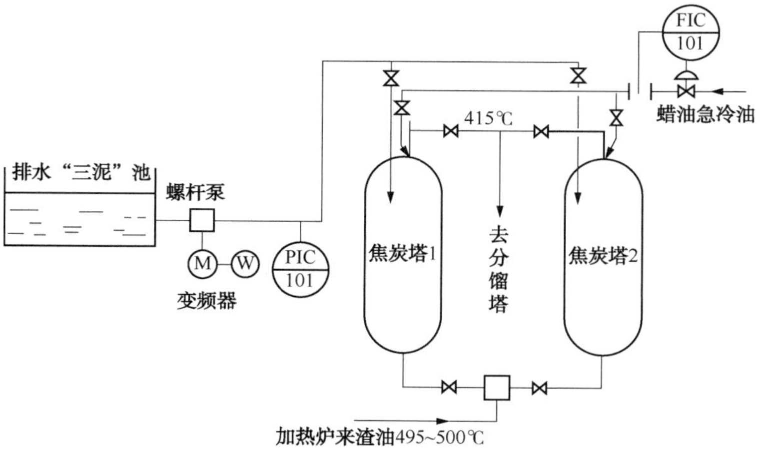

图5-4-7　排水"三泥"工业试验处理流程

根据镇海炼化经验，一套50万t/a能力的焦化装置，处理"三泥"量宜控制在6~10t/d。同时由于"三泥"输送过程中容易发生堵塞、偏流等情况，因此要求泵的扬程在200m以上，用变频调速控制流量。同时"三泥"不要和蜡油混合后进焦炭塔，以避免焦炭塔顶法兰因冷热不匀而发生泄漏着火事故。

通过分析可知，该回炼技术对液体产品质量影响不大，但焦炭灰分有所上升，最高达到0.38%，未回炼"三泥"时灰分为0.1%~0.2%。表5-4-17是焦炭塔内分段考察焦炭灰分情况，总的情况是没有超出0.5%的质量控制标准。

表5-4-17　焦炭塔分段考察焦炭灰分情况　%

样　品	4m	8m	12m	16m
1	0.20	0.23	0.38	0.16
2	0.29	0.20	0.24	0.18

焦化装置处理"三泥"后，装置能耗有所上升，一般升高0.20kg标油/t渣油左右。国外

焦化也非常关注这个问题，有的装置在冷焦阶段注入含水污油，也有的将污油、含蜡尾油及冷焦冷凝液用作焦炭塔顶管线的急冷油。在污油脱水过程中用装置余热加温有利于污油破乳[145]。

（五）废渣的预处理

延迟焦化装置中处理炼厂污油时，污油水含量应控制在5%以下，否则会发生泡沫携带和造成塔盘损害等问题。为克服上述缺点，可采用离心分离技术除去水分和降低颗粒直径。炼油厂的污油组成，一般为含油15%、固体物5%和水分80%的乳化液。通过专门设计的离心分离机（Guniard DC6型），可回收污油中的油分（其中固体物和水分含量<1%），生成固体物含量为10%～20%的水浆，再将此水浆在焦炭冷却过程中注入到焦炭塔中。经过离心分离后，固体物的平均颗粒直径可由28μm降至4μm。这种水浆注到焦炭塔内不仅减小了堵塞焦炭孔径的可能性，也增加了向焦炭塔内的废料注入量。

实际向焦化装置加入的废料量，随焦化装置的能力、所处理的废料种类及数量、生成焦炭的性质（挥发分、灰分、金属含量）而定。焦化装置处理废料可以降低炼厂废料处理费用。但是，利用焦化装置处理炼厂废料将导致焦炭的灰分、金属（铁、硅、钙）含量增大，很难生产电极焦等优质焦。鲁姆斯公司有在焦化装置中处理废渣的专利技术。在生焦时间中向焦炭塔中注入炼油废渣并使其分解，此系统包括废渣的分离、直接向焦炭塔加入废渣的设备等。有关焦化处理炼厂废料的专利本书在前面已有所叙述。

（六）掺炼催化裂化油浆

随着国内催化裂化装置加工量的增长，特别是近年来加工加氢渣油（ARDS/VRDS）的重油催化裂化（RFCC）装置产能大量增加，催化油浆的产量也不断增加。催化油浆中固体含量较高，很难作为燃料油直接销售，成为炼厂很难处理的一种副产品。根据目前技术和市场测算，催化油浆到焦化装置掺炼比作为燃料油出售的效益更好，因此，国内大部分炼油厂为解决催化油浆的出路而送到焦化装置回炼。由于催化油浆的相对密度大、氢含量低、芳烃含量高和催化剂固含量高（2～5g/L），掺炼催化油浆会对焦化装置产生一定的影响：一是可能导致焦炭收率提高和轻油收率降低；二是导致焦炭灰分增加；三是部分油浆未裂化又被蒸馏到柴油、蜡油产品中去，导致柴油、蜡油质量下降；四是易导致设备的磨蚀、冲刷，主要表现为加热炉管和分馏塔底结焦严重、原料换热器结垢严重、辐射进料泵和加热炉管磨损严重等。通常要求催化油浆在焦化装置的掺炼率控制在10%以下。在有可能的情况下，对催化油浆进行沉淀和/或静电除尘或反冲洗机械过滤，以除去所含的催化剂粉末，希望催化剂粉末含量≤100mg/kg。已经有一些炼厂开展这方面的研究，以扩大催化油浆的其他有效利用用途（如制备油系针焦）。

延迟焦化掺炼催化油浆，针对部分加工劣质原料的焦化装置也会起到积极的作用。如加工易产生弹丸焦的原料，掺炼催化油浆后由于油浆中芳烃含量较高对沥青质有溶解作用，可抑制弹丸焦的生成。不同的催化油浆和不同的渣油掺炼，对渣油生焦率的影响是不同的。在相同的操作条件下，如果催化油浆的生焦率高于渣油的生焦率，二者混炼时总的生焦率可能会高于渣油单独焦化的生焦率。如果催化油浆的生焦率低于渣油的生焦率，二者混炼时总的生焦率可能会低于渣油单独焦化的生焦率。判断催化油浆对渣油生焦率的影响推荐如下公式。

纯渣油焦化产品收率的计算式为：

$$YR_{\mathrm{i}}=(YM_{\mathrm{i}}-YS_{\mathrm{i}}\times x_{\mathrm{S}})/x_{\mathrm{R}}$$

式中　YM_i——混合渣油焦化产品 i 的收率,%;

YR_i——纯渣油焦化产品 i 的收率,%;

YS_i——催化油浆焦化产品 i 的收率,%;

x_R——混合渣油中纯渣油的含量;

x_S——混合渣油中催化油浆的含量。

如果通过标定或实验发现计算的混炼时纯渣油焦化产品收率好于渣油单独焦化的产品收率，说明催化油浆的掺炼对原焦化原料是有利的，反之亦然。

八、工程技术的进步

近几年延迟焦化装置的工程设计技术也得到了进一步的发展，主要体现在工艺、设备、机械、控制、安全和环保等方面。

(一) 工艺技术

1. 装置规模大型化

2000 年前，国内的焦化装置规模一般为 300~1000kt/a，单系列规模最大为 500kt/a，加热炉单管程加工量最大为 250kt/a，1000kt/a 的装置需要采用“两路四塔”。目前国内装置规模一般为 1000~2500kt/a，最大的达到 4200kt/a。单系列的规模一般在 1000~1600kt/a 之间，最大达到 2100kt/a。加热炉单管程加工量最大为 400kt/a。

2. 加工劣质化原料

2000 年国内常规焦化原料密度 0.92~0.99g/cm^3，残炭(CCR)10%~17%，硫含量 0.5%~3.1%，沥青质含量和酸值都不高。随着减压深拔技术的发展和采购原油的劣质化，焦化原料更趋向劣质化。2012 年中国石化焦化原料密度 0.95~1.07g/cm^3，残炭(CCR)16%~27%，硫含量 2%~6%，沥青质含量大幅提高，最高达到 16%，并导致部分装置产生了弹丸焦。焦化原料由单一减压渣油为主发展到目前的原料多样化，有减压渣油、常压渣油、超稠原油、重质燃料油、煤焦油等，沥青、催化油浆、污泥、废胺液和污油等也掺炼到焦化装置中去进行处理，解决了炼油厂的部分困难。

3. 焦化炉管外定向反射与管内深度裂解技术

焦化炉管外定向反射与管内深度裂解技术在国内部分炼厂得到了推广，通过改变介质流向、辐射室由过去的上进下出改为下进上出、加热炉墙由平面墙改为异型墙、改变辐射传热方向、火嘴由垂直燃烧改为贴墙燃烧和延长介质在炉管内停留时间，达到降低焦炭收率的目的。

4. 蜡油下回流脱过热和循环比定量控制技术

应用蜡油下回流脱过热和循环比定量控制技术，循环比全部由蜡油下回流量来控制，增加蜡油下回流量和增加蜡油和重蜡油之间的分馏板数，提高了蜡油产品的质量；增加循环油和原料的比例控制，使循环比相对恒定，优化稳定加热炉、焦炭塔及分馏塔操作。原料油不直接与油气的换热，减缓了换热挡板上的结焦倾向。

5. 灵活可调循环比技术

灵活可调循环比技术通过增设加热炉进料缓冲罐，避免了焦炭塔高温油气和原料渣油的直接换热，防止了分馏塔换热板的结焦；由于进料缓冲罐安装位置提高和焦粉减少，避免了加热炉进料泵抽空和减少炉管结焦；循环油由泵抽出通过计量后与渣油混合，使循环比灵活可调。如果循环油全部出装置，可实现零循环比操作。

6. 焦炭热量回收技术

焦炭热量回收技术是利用低温热水和吹汽放空塔顶油气及塔底油进行换热回收吹汽放空热量；利用低温热水和冷焦热水进行换热回收冷焦水热量，从而回收焦炭的热量。该技术配合分馏塔顶油气、塔顶循环回流、柴油、蜡油和稳定汽油与低温热水的换热，可最大限度地回收焦化装置的低温热。根据焦炭的产率不同，焦炭热量回收技术可使装置的能耗再降低2~3kg标油/t 原料。

7. 在线清焦(剥离)技术

在线清焦(剥离)技术是利用焦炭和炉管的热膨胀系数不同，通过加热炉管的温度快速变化，使焦炭剥离并通过蒸汽吹扫到焦炭塔。和分炉膛烧焦或分炉膛机械清焦不同，其技术特点为：加热炉出口不用切断和隔离；炉出口不设置高温切断阀，加热炉不停工，一路或两路同时清焦，对处理量影响不大；操作工可按照规程根据炉管壁温升高情况随时实施操作；定期在线清焦，降低炉管表面温度，有利于节省燃料；采用定期在线清焦，可延长加热炉连续运行周期达到 3 年以上；采用在线清焦技术，不担心因炉管结焦而停工，可提高加热炉出口温度，从而进一步提高液体收率；同时在线清焦操作简单，时间较短，我国中海油惠州炼化焦化装置有成熟经验。注意，如果炉管结焦严重，炉管被堵塞的风险增大，就不建议进行在线清焦。

基本步骤是：首先降低加热炉需要清焦的某一管程(四管程中)的出口温度，通入清焦蒸汽，然后切断流向这一管程的物料，再按预定流量和炉出口温度调节清焦蒸汽量，不断地进行冷却和升温操作，致使焦层产生散裂并和管壁间剥离。由注射蒸汽作为急冷汽和载体将沉积的焦炭吹入焦炭塔中。在某一组炉管进行清焦时，其他三组炉管仍然维持正常运行，清出的焦炭与其他管程来的物料一起进入焦炭塔生焦。待清焦完成后，此管程重新通入物料继续生产。

8. 分馏塔顶洗盐技术

分馏塔顶洗盐技术是在分馏塔顶循环回流抽出位置设置集油箱，从集油箱下层塔板上部空间到塔顶空冷器前设置油气跨线。分馏塔顶洗盐时，集油箱下层塔板上部空间的油气直接通过油气跨线至塔顶空冷器；清洗水由顶循环回流返回口注入，洗盐水从顶循环回流抽出口排出；汽油质量通过打入集油箱下层塔板的冷回流来控制。在洗盐的过程中不影响分馏塔的分馏效果和汽、柴油的产品质量；对后续的富气压缩和吸收稳定部分不造成影响，洗盐时不影响处理量，操作简单，稳妥可靠。

(二) 设备技术

1. 高效强适应性延迟焦化加热炉技术

为满足加工劣质化原料、降低循环比和提高裂化苛刻度等的工艺要求，国内开发了高效强适应性延迟焦化加热炉技术。该技术主要内容为辐射室炉墙为直墙与斜墙组合形式，配备附墙燃烧器燃烧方式，采用一个管程一个辐射室，可以多辐射室配一个对流室，也可以一个辐射室对应一个对流室。其特点是改善了炉膛内流场结构，增强了炉管表面热强度分布的均匀性，防止局部过热，减缓炉管结焦；有效延长焦化油高温段停留时间，同时提高炉出口温度而加热炉不会严重结焦，因此可进一步提高裂解深度，增加液体收率；一管程一辐射室，有利于在线清焦，进而延长加热炉运行周期。不同炉型的燃烧情况对比见图 5-4-8。

2. 铸铁双向翅片空气预热器

铸铁双向翅片空气预热器是空气侧和烟气侧均有与气体流动方向一致的不连续的翅片，

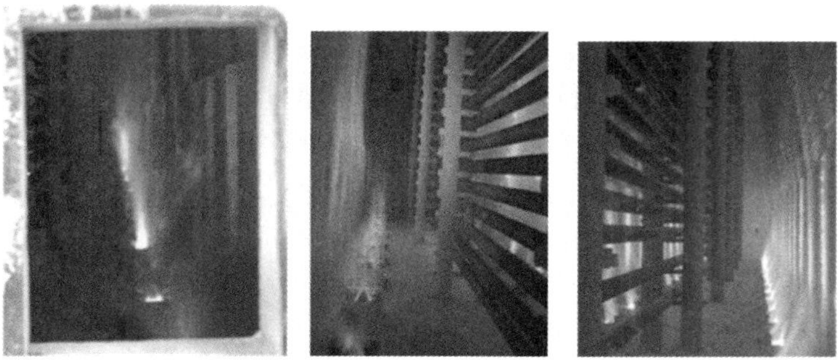

图 5-4-8　不同炉型的燃烧情况对比

采用添加微量元素的抗露点腐蚀的铸铁材质。其技术特点为：间壁式换热，比表面积大；既强化换热效果，又有效减少流动阻力；可有效避免积灰和便于水清洗；换热元件间密封结构的设置，有效减少泄漏，利用热膨胀现象，强化热态下的密封性；铸铁双向翅片空气预热器具有由于流动空间较大对燃料的灰分含量要求不高、适应温度高、抗腐蚀性能好和使用安全可靠等特点，值得进行大面积推广。

3. 焦炭塔油气出口防焦器

过去，焦炭塔顶急冷油是在塔出口短管或出口管线上通过 3~4 个直径为 20~40mm 的孔注入，由于油气和急冷油接触不充分，影响急冷效果，容易结焦，而且一旦管道结焦需要把大油气线拆除进行清焦，检修工作量和劳动强度非常大。焦炭塔油气出口防焦器是一个单独设计的四通或三通结构的管件，急冷油注入采用雾化喷头形式，提高了换热效果。四通结构采用可拆卸法兰，方便了机械清焦。

4. 分馏塔底搅拌技术

分馏塔底搅拌技术是渣油进料设置环管分布器，利用渣油进料的有效能量对分馏塔底油品进行搅拌；塔底循环油进料也可设置环管分布器，对塔底渣油进行再次搅拌；优化搅拌环管位置和环管孔速，促使分馏塔底物料分布均匀。该技术可有效防止分馏塔底结焦，避免因分馏塔底结焦而导致装置停工。

5. 裙座与壳体结合部采用锻焊结构

一般焦炭塔裙座结构有 4 种，即对接式、搭接式、堆焊式和整体锻焊式。目前焦炭塔大部分采用整体锻焊结构，制造时可以整体或由几个锻件拼焊完成，热处理后整体机加工。焦炭塔裙座过渡段下部接口分叉处加工 R 圆弧，以减少产生应力集中。实现焦炭塔裙座过渡段与筒体、下锥段、裙座筒体三边对接。需要对这三段间焊接接头 100%RT、100%UT、100%MT 进行探伤，采取措施保证焊接接头质量，且避免了大量的焊接工作量。其主要技术特点是在高应力区取消了环焊缝，避免了大量的焊接工作量，显著降低了峰值应力，产生裂纹的可能性大大降低，有效地提高了焦炭塔抗疲劳破坏的能力；在相同的试验条件下，其堆焊结构的疲劳寿命为 5503 周期，而整体锻件结构的疲劳寿命为 14508 周期，后者的疲劳寿命为前者的 2.6 倍。

（三）机械技术

1. 焦炭塔顶/底自动卸盖机技术

近几年，国内开发并成功应用了 4 种自动卸盖机：半密闭液压旋启式卸盖机、全密闭闸板阀式卸盖机、全密闭可调密封力的闸板阀式卸盖机和全密闭可调密封力的扇形阀式卸盖机，卸盖机种类超过国外并在国内完全取代进口产品。焦炭塔顶/底自动卸盖机的应用对提高焦化装置的安全水平、自动化水平和缩短生焦时间提高处理量等方面发挥了重要作用。

2. 焦化加热炉水力机械清焦技术

加热炉管的机械清焦是以水为动力，推动不同规格的带清焦钉的塑料 PIG 对加热炉管内壁进行刮磨，被刮下的焦炭由水带出并经过滤器清除，水循环利用，焦炭回收到焦池。机械清焦的主要设备有：清焦工程车、柴油机驱动的水泵、胶管、清焦 PIG、PIG 发射器等。不同清焦方式的对比见表 5-4-18，这三种清焦方式各有优缺点，实际中都有使用。

（四）控制技术

1. 加热炉的安全联锁

目前国内外的焦化加热炉基本都设有安全联锁系统或紧急停车联锁，其主要目的是保护加热炉、加热炉炉管、空气预热器和防止炉膛内瓦斯积聚引起闪爆。焦化加热炉常规联锁逻辑关系见表 5-4-19。

表 5-4-18 不同清焦方法的比较

清焦方法	空气-蒸汽烧焦	蒸汽在线清焦	水力机械清焦
清焦效果	基本清除可燃烧的焦炭物质，但管壁的无机盐垢以及对流段结焦无法彻底清除	清焦并不彻底，需要每半年左右一次，最终还是需要停炉清焦	可以彻底地清除干净炉管内的所有结焦及锈垢，可实现两年一次清焦
清焦时间（以四管程为例）	24h 左右	48h 左右	30h 左右
安全系数	炉管局部温度达到 700℃以上，对炉管的使用寿命有影响，易造成局部过热而引起炉管变形甚至超温损坏	有可能造成清焦效果差、炉管堵塞、炉管变形，甚至炉管爆裂等严重的事故发生	无风险
环 保	产生大量的烟尘、硫化物和污水	无污染	无污染
清焦效果检测	烧焦过程中无法直观检测	恢复正常操作后才能进行检测	用炉管清焦器检测清焦效果
适应性	多种加热炉	特殊设计的加热炉	多种加热炉

表 5-4-19 焦化加热炉常规联锁逻辑关系

条件	动作	切断主火嘴燃料	切断长明灯燃料	切断加热炉进料	停引风机	停鼓风机	打开烟道挡板	打开快开风门	关闭各风道调节挡板	停加热炉进料泵	打开炉膛吹扫蒸汽	打开紧急吹扫蒸汽
对流出口温度超过 530℃	联锁	●	●	●	●	●	●			●	●	●
紧急停炉	手动	●	●	●	●	●	●			●	●	●
主燃料气压力低低，0.01MPa	联锁	●										
长明灯瓦斯压力低低，0.01MPa	联锁	●	●									
加热炉流量低低，15~20t/h	联锁	●		●						●	●	●

续表

条　件	动作	切断主火嘴燃料	切断长明灯燃料	切断加热炉进料	停引风机	停鼓风机	打开烟道挡板	打开快开风门	关闭各风道调节挡板	停加热炉进料泵	打开炉膛吹扫蒸汽	打开紧急吹扫蒸汽
预热器烟气入口温度大于450℃	联锁				●	●	●	●	●			
预热器烟气出口温度大于250℃	联锁				●	●	●	●	●			
鼓风机空气出口压力小于1kPa	手动				●	●	●	●	●			
预热器烟气出口压力大于-1kPa	手动				●	●	●	●	●			

国内焦化加热炉的安全联锁关系基本相同，但是联锁条件数值和执行的动作要求不尽相同。主要区别有：

① 对流出口温度超温数值、预热器烟气入口温度超温数值、燃料气压力低低数值、加热炉流量低低数值等联锁条件不同和联锁值的获取采用的安全等级不同。

② 是否联锁停加热炉进料泵，停泵是否需要延时动作的不同。

③ 是否自动打开炉膛吹扫蒸汽和炉管紧急吹扫蒸汽，打开蒸汽是否需要延时，是只打开对应炉膛的蒸汽，还是打开全炉蒸汽动作的不同。

④ 加热炉流量低低是只联锁切断对应炉膛的主火嘴燃料气，还是切断整台加热炉燃料气动作的不同。

⑤ 长明灯燃料气和主燃料气同时切断，还是在长明灯熄灭后数分钟，如果通过各种手段没有重新启动长明灯时，再切断主火嘴燃料气动作的不同。

2. 远程智能除焦技术

远程除焦是指把除焦操作由焦炭塔顶的操作平台移到地面的操作室或控制室，目前该技术在许多焦化装置上已经成功使用。远程智能除焦是指在控制室完成的完全自动化和智能化的水力除焦。远程智能除焦系统是由水力除焦安全联锁控制系统、塔顶/底盖机、自动切焦器、水力马达、钻杆机械保护系统、电动水龙头、钢丝绳张力检测系统、除焦状态检测系统、焦炭塔相关工艺阀门操作系统、除焦专家分析系统等的有机结合，彻底实现远程自动水力除焦，以减少除焦过程对操作人员可能的危害，提高水力除焦的自动化程度和操作水平。

（五）安全技术

1. 焦炭塔的顺序控制及安全联锁技术[34]

焦炭塔的顺序控制及安全联锁涉及焦炭塔顶/底盖机、焦炭塔切换经常操作的有关阀门、关键操作条件和水力除焦系统等。顺序控制及安全联锁是条件限制行为方式，是以时间为主轴，以各操作步骤为关联，以温度、压力、料位、阀门开关状态和人工确认为条件，实现每一步骤每个需操作阀门的开关顺序联锁。国内某公司焦炭塔顺序控制及安全联锁操作流程画面见图5-4-9，其主要特点为：

① 采用分步控制设计思路，每步骤设若干子程序，每子程序的完成是下一子程序的开始条件，每个步骤满足条件前必须进行人工确认。在条件不满足时，采取“询问”的方式选择是否进行下一步动作。

② 以时间为主轴，顺控程序包括了赶空气—试压—泄压脱水—引油气—换塔—小吹

汽—大吹汽—给水—泡焦—放水—开顶底盖—除焦—关顶底盖等主要步骤。

③ 采用 PLC 或 SIS 控制系统，内操设置操作站和工程师站，在监控软件中设置三级用户授权：操作员级、技术员级、管理员级。

④ 顺控系统对参与顺序控制联锁的开关阀门发出允许信号作为阀门的动作条件，阀门动作的执行操作工现场操作，在监控软件均设手动、自动切换开关。

⑤ 设置每一步骤的温度、压力、料位、阀位等判断条件，并通过 PLC 或 SIS 联锁阀门动作条件。

⑥ 频繁操作的阀门设置联锁，在条件不允许时保持原位不动，状态需改变时须管理员级别发出特定指令。

⑦ 在内操设置直观的画面显示，指示每一步骤中所需条件，指导操作。

⑧ 非正常状态下，管理员权限可修改程序指定的时间、压力等条件。

⑨ 阀门未按程序规定完成动作时(事故状态)，自动显示错误提示，外操控制盘提示需要执行的工作内容。

⑩ 设置暂停、复位、初始化等功能，以适应非正常工况。

⑪ 具有时间计时功能，规定每一步操作时间，以换塔为基点，提前报警提示。

⑫ 参与控制及联锁的阀门应采用电动执行机构或气动马达。

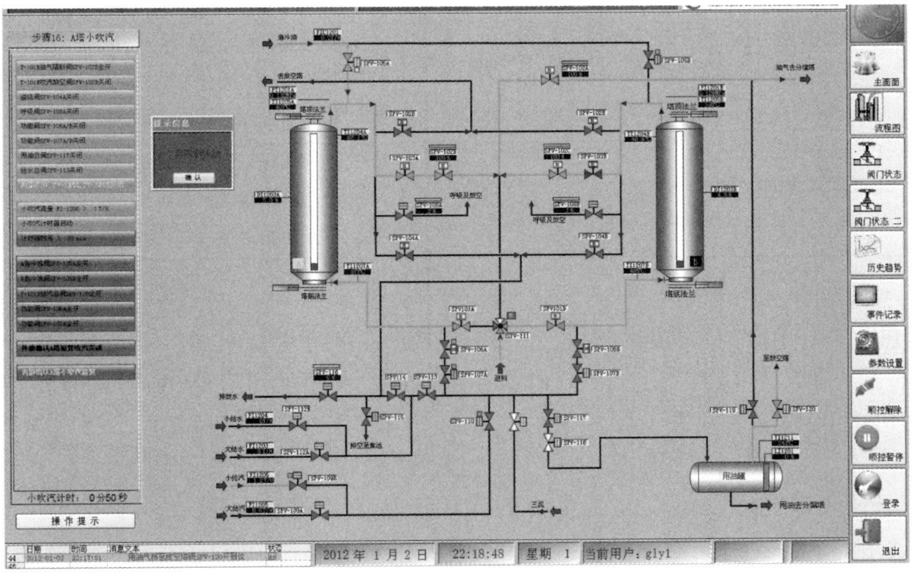

图 5-4-9 国内某公司焦炭塔顺序控制及安全联锁操作流程画面

2. 无障碍焦炭塔平台布置技术

国内焦炭塔下部操作平台大部分为 2 层布置，上层布置大油气管道和相关阀门，下层布置焦炭塔进料管道和相关阀门，并且两层的布置均有管道和阀门横穿平台，给操作和安全逃生带来不利影响。无障碍焦炭塔平台布置是把焦炭塔油气出口管道和相关阀门及焦炭塔进料管道和相关阀门布置在同一层平台，焦炭塔进料管道和相关阀门布置在靠近焦炭塔侧，油气管道和相关阀门布置在远离焦炭塔侧，中间留有无障碍通道。该布置方式不但方便操作，而且为操作工的逃生提供了保障。

（六）环保技术

1.“三废”处理技术的进步

延迟焦化环境保护包括空气、液体、固体排放和噪声污染四大类问题。要求设计能为满足国家和地方环保标准创造先天条件。焦化装置有关的环保技术进步概括见表5-4-20，详可见本书其他章节。

表5-4-20 焦化装置有关的环保技术进步概括

污染源	处理措施	
	常规措施	改进措施
污　油	装置内循环回炼或送至装置边界线之外	
烃类液体排放	半密闭排放，去装置外处理	轻重污油密闭回收，装置内回炼
分馏塔酸性水	送污水汽提装置处理，部分装置先过滤除焦粉再外送	
放空塔酸性水	送冷焦水罐，经大罐沉降除焦、除油后作冷焦水	前期送污水汽提，后期去含油污水处理厂
装置废水	去污水处理厂	装置内处理后循环利用
含油污水	去含油污水处理厂	
冷、切焦水	冷却、除油密闭处理回用	冷却、除油密闭处理，尾气脱臭
放空塔气体	送至火炬	通过压缩机回收
加热炉废气	低NO_x喷嘴，加热炉的蒸汽-空气烧焦	低NO_x喷嘴，在线清焦，加热炉的机械清焦，烟气脱硫
切焦时塔底气	通风	喷水冷却
焦池挥发气	通风	部分采用密闭除焦
焦粉污染	润湿焦炭以防止焦粉飞扬	采用密闭式焦炭处理系统，润湿焦炭以防止焦粉飞扬

2. 冷焦水密闭处理技术

延迟焦化装置在水力除焦过程中，尤其是在大给水冷焦、泡焦、溢流过程中产生90~130℃左右的含油、含硫污水，即“冷焦水”，含油污水含油可高达6000mg/L左右，含焦粉量可高达10000mg/L左右。国内老的焦化装置采用敞开式处理流程，挥发出大量含硫化合物气体，产生恶臭，对周围空气产生严重污染，对人体健康影响很大。冷焦水密闭处理技术对解决这些问题可以起到重要的作用。从工艺设计角度分析本技术主要要解决以下问题：

① 在密闭条件下油、焦、水分离和冷却问题。

② 密闭设备呼吸的含硫气体处理。

③ 相关的安全问题。

具体设计内容包括：

① 增设冷焦水缓冲罐，将焦粉在此沉淀。

② 采用旋流除油器，利用旋心分离的原理，将水中的污油和焦粉去除，旋流器出口水相含油达到150~200μg/g。旋流器出口油相含水约90%。旋流器分离时间1~3s，油相越重，油滴越小，分离越困难。

③ 冷焦水采用空冷间接冷却，避免水中硫化物挥发到周围大气中，避免冷焦水对环境

造成污染。

④ 采用沉降罐进一步油水分离和储存冷焦水，污油回炼。

⑤ 脱硫罐脱硫、除臭。在冷焦水缓冲罐和冷焦水沉降罐顶各设置一个固定床脱硫罐，内装脱硫剂，可将气体中的硫化物转化并脱除。

冷焦水密闭循环处理技术已在我国焦化装置广泛采用。从现场调查的几套冷焦水密闭处理装置的运行情况看，气体密闭效果非常好，几乎没有异味，解决了过去敞开式冷焦水处理装置气体污染大的难题。但由于冷焦水密闭进入储罐，也经常发生焦粉堵塞过滤器和罐底焦粉较多的问题，有待改进。

3. 除焦过程废气的脱臭

除焦过程中焦炭塔底的溜槽处会排放一定量的油气、硫化物和蒸汽的混合物，其中的硫化物会导致装置恶臭增加，影响操作人员的健康。除焦过程废气的脱臭是将除焦废气通过收集罩进入一个特别设计的装置，首先被换热器冷凝冷却到20~25℃，再经分液罐，分离出含油污水和不凝气，含油污水进炼厂含油污水处理系统进行处理，不凝气经液环抽空机抽送至焦粉过滤器过滤掉焦粉，然后再送至脱硫罐脱除硫化氢和硫醇，净化尾气排入大气。

（七）目前国内延迟焦化主要技术状况

目前国内延迟焦化主要技术状况见表5-4-21。

表5-4-21 目前国内延迟焦化主要技术状况

项 目	2012年前延迟焦化主要技术状况
原料劣质化程度	残炭约27%，硫含量约7%，沥青质约17%
装置加工规模	一般100万~300万t/a，最大420万t/a(惠州炼化)
单系列加工规模	一般100万~160万t/a，最大220万t/a(镇海炼化)
加热炉辐射传热	个别单面辐射，大部分双面辐射，少数附墙燃烧
加热炉炉管材质	少数Cr5Mo，大多数Cr9Mo
注水注汽技术	少数用单点注水，大多数用多点注汽
在线蒸汽清焦	部分装置成功应用
空气预热器	热管式、板式、水热煤式都有采用，铸铁式应用还较少
加热炉炉管清焦	蒸汽-空气烧焦、在线蒸汽剥焦、机械清焦均已采用
加热炉热效率	少数为85%~90%，大多数为91%~92%，极少数93%以上
焦炭塔直径	一般6~9m，最大9.8m(惠州炼化、锦州石化、抚顺石化、镇海炼化等)
焦炭塔材质	大部分材质为1.0Cr0.5Mo或1.25Cr0.5Mo，大部分只有上部复合0Cr13，全塔等壁厚和全塔复合0Cr13的只有一套(镇海炼化)
过渡段形式	大部分采用堆焊，少数采用整体锻焊
料位计	普遍采用中子或γ射线
焦炭塔底盖机	大部分装置已配置自动底盖机
分馏塔直径	一般3.8~6.4m，最大7.6m
操作循环比	大部分为0.1~0.2，少数大于0.3
焦炭塔顶压力	0.13~0.18MPa(表)，少数0.103~0.13MPa(表)
加热炉出口温度	490~500℃
生焦时间	18~24h
生焦系数	一般1.4~1.8，少数1.4以下

续表

项　　目	2012 年前延迟焦化主要技术状况
装置能耗	一般 20~30kg 标油/t 原料，最低 18kg 标油/t 原料(上海石化 2# 焦化)
安全联锁系统	大部分配置了加热炉、压缩机、水力除焦、顶/底盖机和泵入口联锁，焦炭塔顺控联锁也大量采用，加热炉的点火顺控较少
先进控制技术(APC)	大部分装置应用
环保技术	吹汽放空、冷焦水处理基本实现密闭
掺炼技术	具有了部分掺炼沥青、油浆、污油和污泥的经验
装置运行周期	大部分装置达到 2~3 年

(八) 国外延迟焦化主要技术特点

目前国外的延迟焦化技术专利商主要有：ABB Lummus，Conoco/Bechtel，Foster Wheeler，Kellog Brown & Root 等。Foster Wheeler 公司主要是“SYDECTM”——可选择液体收率技术，Conoco/Bechtel 公司主要是“Thru Plus™”——馏分油循环专利技术，ABB-Lummus 公司主要是的低压、低循环比设计技术，Kellog Brown & Root 公司主要是低压、高炉出口温度设计技术等，21 世纪我国中海油惠州炼化和中国石化镇海炼化相继引进了 Foster Wheeler 公司和 Conoco/Bechtel 公司的焦化技术，并都已顺利投产。国外延迟焦化技术的主要特点对比见表 5-4-22。

表 5-4-22　国外延迟焦化技术的主要特点对比

公 司 名 称	主要技术特点
Foster Wheeler 公司	(1)增加加热炉注汽，提高加热炉出口温度到 510℃； (2)降低焦炭塔压力到 0.103MPa(表)； (3)超低循环比或零循环比操作，根据蜡油质量确定； (4)超低循环比时分馏塔采用喷淋洗涤； (5)加热炉可以双面或单面辐射，采用在线清焦； (6)采用自动拆头盖机，缩短生焦周期到 16h； (7)焦炭塔及加热炉安全联锁及顺序控制
Conoco/Bechtel 公司	(1)进加热炉的循环油部分或全部被更轻的馏分油代替； (2)过滤蜡油中大于 25μm 的焦粉颗粒； (3)分馏塔加装循环油抽出槽和设置喷淋洗涤油； (4)零或最小循环比，馏分油循环； (5)优化的焦炭塔压力，较高的焦炭塔操作温度； (6)缩短生焦周期到 11~20h； (7)安全的除焦系统和敞口的斜式溜槽
ABB-Lummus 公司	(1)降低焦炭塔压力到 0.103MPa(表)； (2)加热炉可以双面或单面辐射，采用在线清焦； (3)低循环比时分馏塔设置塔盘和喷淋洗涤； (4)优化的专利焦池和焦炭塔框架设计； (5)可靠的联锁和自动化技术； (6)较高的加热炉出口温度(482~510℃)； (7)污油处理技术和环境友好
Kellog Brown & Root 公司	(1)焦炭塔压力维持 0.103MPa(表)； (2)加热炉出口温度到 510℃； (3)超低循环比或零循环比操作； (4)采用自动拆头盖机，缩短生焦周期

由此可见，国外的延迟焦化技术主要是：通过降低循环比、提高加热炉出口温度、降低焦炭塔压力和采用先进控制来提高高附加值的液体收率和降低低附加值的焦炭产率，提高装置的经济效益；通过改进加热炉、焦炭塔和分馏塔的设计和采用先进的清焦措施来延长装置的连续运行周期；通过采用自动拆头盖机等措施来缩短生焦周期，提高装置的处理能力和降低装置工程投资；通过设置安全联锁和顺序自动控制等来提高装置的自动化水平和安全操作水平；通过采用低 NO_x 喷嘴、在线清焦、机械清焦和烟气脱硫等措施来减少加热炉对环境的污染。

九、国外引进技术应用案例

（一）Foster Wheeler 公司技术应用案例

1. 概述

国内某大型石油公司 420 万 t/a 延迟焦化装置采用美国 Foster Wheeler 公司的工艺包。装置设计加工原料为蓬莱 PL19-3 减压渣油，采用“两炉四塔”工艺路线，设计加工能力为 420 万 t/a，于 2009 年 4 月 18 日一次投料开车成功，是我国目前加工规模最大的延迟焦化装置。装置投产以来运行平稳，加工能力、设备运行、产品质量和产品收率均达到或优于设计目标。装置主要特点包括：

① 装置大型化。

采用“两炉四塔”的大型化工艺路线，使装置处理能力达到 420 万 t/a。焦炭塔采用 ϕ9800mm×23900mm（切线）的规格，塔体母材采用 SA387-Gr11CL. 2+410S。

② 加热炉采用双面辐射阶梯炉。

采用 Foster Wheeler 公司的专有设备双面辐射阶梯炉，采用多点注水和在线清焦技术，加热炉连续运行周期不少于 660d，热效率不小于 90%。

③ 焦炭塔生焦时间采用 18h；设计循环比为 0.3，并实现 0.2～0.4 之间可调循环比操作；焦炭塔周期生产采用顺序控制技术。

④ 焦炭塔内料位采用放射性料位计和测壁温的方法来判别；采用往塔内注消泡剂以提高焦炭塔容积利用率；采用注入急冷油技术以严格控制焦炭塔顶到分馏塔的油气管线内油气温度。

⑤ 焦炭塔顶盖采用国内开发的自动卸盖机，底盖引进国外液压自动卸盖机，配备安全连锁系统。

⑥ 焦炭塔顶油气线和放空线均采用两道电动隔断阀，以保证安全操作；焦炭塔底进料线四通阀和隔断阀通过联锁控制，以避免误操作。焦炭塔区关键阀门开关信号均进入联锁系统。

⑦ 分馏塔底内件采用特殊设计，防止焦粉沉积；同时塔底油部分热循环，通过过滤器除去焦粉，以有效地延长开工周期。

⑧ 焦炭塔吹汽放空。

焦炭塔的吹汽放空采用塔式油吸收接触冷却工艺技术，不仅可以减少吹汽放空油气和蒸汽对环境的污染，而且可以回收大量污油，提高装置经济效益。

放空塔底油及甩油采用空冷器冷却，避免使用水箱式冷却器产生的环境污染。

⑨ 冷、切焦水处理系统。

冷、切焦水共用一个冷切焦水罐。冷切焦水均排到焦池，沉淀冷却后通过泵提升至冷切焦水罐储存供冷、切焦用。

⑩ 焦炭的贮存、装卸采用常规技术，即焦炭池贮存、抓斗装卸；运输则采用火车或管

状带式输送机。

2. 原料性质

装置设计及运行的原料性质见表 5-4-23。

表 5-4-23　原 料 性 质

项　　目	设计值	实际值（平均值）	项　　目	设计值	实际值（平均值）
密度(20℃)/(g/cm^3)	0. 983	0. 986	钒/(μg/g)	2. 77	5. 2
硫含量/%	0. 46	0. 40	钠/(μg/g)	10. 0max	2. 4
酸值/(mgKOH/g)	1. 1	0. 8	铁/(μg/g)	46. 23	11. 6
氮含量/%	0. 85	0. 64	铜/(μg/g)	1. 58	<1. 0
残炭/%	16. 23	15. 29	钙/(μg/g)	12. 8	288. 7
沥青质/%	1. 2	1. 9	镁/(μg/g)	18. 03	49. 9
饱和烃/%	18. 4	20. 3	凝点/℃	42	50
芳香烃/%	35. 1	37. 2	黏度(100℃)/(mm^2/s)	1946. 4	567. 5
胶质/%	45. 3	40. 6	初馏点/℃	396	372
镍/(μg/g)	78. 93	46	30%(v)/℃	600	529

注：本数据表“平均值”指 2013~2015 年度原料化验数据平均值。

3. 工艺操作条件

装置工艺操作条件主要依据不同生产阶段、生产目的及特殊工况选定。生产阶段包括开工初期、中期和末期；生产目的包括最大化液体收率、最大化轻油收率(少产蜡油)等；特殊工况包括如产出弹丸焦等。由于开工后主力油种缺口较大，全厂原油品种变化较为频繁(每周 1~2 次)，针对原料变化同步调整生产操作的方案尚无固定模式。

（1）不同生产阶段下，最大化液体收率工艺操作条件见表 5-4-24。

表 5-4-24　焦化装置工艺操作条件

生产阶段	炉出口温度/℃	反应压力/MPa	循环比	备　　注
初　期	501~502	0. 13~0. 15	0. 15~0. 2	受原料性质、装置能耗、油气线结焦等影响，生产阶段不同，加热炉出口温度及反应压力工艺参数控制作相应调整
中　期	500~501	0. 15~0. 18	0. 15~0. 2	
后　期	498~500	0. 18~0. 20	0. 15~0. 2	

（2）不同生产阶段下，最大化轻油收率工艺操作条件见表 5-4-25。循环比有所增加。

表 5-4-25　焦化装置工艺操作条件

生产阶段	炉出口温度/℃	反应压力/MPa	循环比	备　　注
初　期	501~502	0. 13~0. 15	0. 25~0. 3	受原料性质、装置能耗、油气线结焦等影响，生产阶段不同，加热炉出口温度及反应压力工艺参数控制作相应调整
中　期	500~501	0. 15~0. 18	0. 25~0. 3	
后　期	498~500	0. 18~0. 20	0. 25~0. 3	

（3）不同生产阶段下，产出弹丸焦时工艺操作条件见表 5-4-26，炉出口温度下降。

表 5-4-26　焦化装置工艺操作条件

生产阶段	原油掺炼比例	炉出口温度/℃	反应压力/MPa	循环比	备　注
初期	蓬莱原油≥65%	493~496	0.13~0.15	0.25~0.3	当蓬莱原油掺炼比例≥65%时，装置产出弹丸焦概率大幅增加，约 25%；当蓬莱原油掺炼比例≥85%时，装置产出弹丸焦概率几乎为 100%
中期	蓬莱原油≥65%	493~496	0.15~0.18	0.25~0.3	
后期	蓬莱原油≥65%	493~496	0.18~0.20	0.25~0.3	

4. 主要产品收率分布

延迟焦化装置主要产品收率见表 5-4-27。

表 5-4-27　装置主要产品收率汇总

产　品	收率/%		产　品	收率/%	
	2013 年	2014 年		2013 年	2014 年
干　气	5.06	5.16	石油焦	24.05	23.84
液化气	4.01	3.89	污　油	0.02	0.04
汽柴油	49.89	49.17	合　计	99.88	99.83
蜡　油	16.86	17.72	加工损失率	0.12	0.17
重蜡油	0.00	00			

5. 装置能耗

延迟焦化装置能耗见表 5-4-28。

表 5-4-28　延迟焦化装置能耗

项　目		2013 年		2014 年	
		消耗量/t 或(kW·h)	单耗量/(kg 标油/t 原油)	消耗量/t 或(kW·h)	单耗量/(kg 标油/t 原油)
燃料气		86543	19.53	65042	19.86
蒸汽	3.5MPa	247626	4.95	187511	5.36
	1.0MPa	213283	3.73	143855	3.16
	0.45MPa	-88037	-1.32	-66840	-1.49
电		50466968	3.50	44697477	3.63
水	新水	169743	0.01	102533	0.01
	循环水	31091092	0.64	24241869	0.80
	除氧水	48803	0.03	36711	0.03
	除盐水	185635	0.46	176690	0.55
	凝结水	-99693	-0.09	-91290	-0.10
装置综合能耗/(kg 标油/t 进料)		31.44		31.80	

6. APC 使用情况

(1) 投用率

自 APC 系统投用以来，总共 194 个 APC 控制点中投用数量在 187 个左右，投用率为

96%以上。投用的控制点均稳定可靠，未投用的控制点及未投用原因如下：

受控变量中 D101/D102、D103/D104 焦炭高度未投用。原因是焦炭高度是周期性数值，为人工计算所得，DCS 系统和 APC 系统无法自动取值，故这两个控制点未投用；受控变量中两个加热炉分支平衡控制器的循环比未投用，原因是循环比瞬时计算值波动较大，若投用，易造成加热炉进料量大幅波动，导致炉管结焦，影响装置长周期运行，故这两个控制点也未投用；受控变量中分馏塔底液位未投用，原因为该液位取值为浮球液位计 LI02503，目前浮球液位计损坏，待大修时修复后再投用。操作变量中蜡油蒸汽发生器阀位未投用，原因为 APC 程序中限定了该阀位的最大值为 30%，而当前实际生产中热量较大，需要将阀位开大到 35%左右，超出了控制点的范围，若投用该控制点，则会造成蜡油返塔温度高，影响蜡油产品质量，需进一步研究阀位控制值的合理性并作出相应修改后再投用；操作变量中稳定塔底热负荷设定未投用，原因为 APC 组态时对稳定塔底热负荷设定、稳定塔底热负荷阀位进行了二选一设置，该两个控制点选择一个投用即可，目前投用了热负荷阀位的控制点，故热负荷设定的控制点未投用。

（2）五个软仪表使用情况

焦化稳定汽油初馏点、焦化柴油 95%点、焦化蜡油 10%点、焦化蜡油 95%点四个软仪表预测使用良好，有效地保证了产品质量，增加了轻质产品收率；焦炭塔空高测算则因 DCS 系统和 APC 系统无法自动取值，未投用。以 2015 年 11 月 7 日为例说明软仪表使用效果，见图 5-4-10。

图 5-4-10　延迟焦化装置软仪表化验校正画面

可以看出，焦化稳定汽油初馏点、焦化柴油 95%点、焦化蜡油 10%点、焦化蜡油 95%点四个软仪表点预测值中，前三点的偏差均在 2℃以内，焦化蜡油 95%点偏差为 3. 1℃，预测精度较高，满足工艺需求。

（二）Bechtel 公司技术应用案例

1. 概述

国内某大型石化公司的 210 万 t/a 延迟焦化装置引进美国 Bechtel 公司的工艺包。装置采用“一炉两塔”大型化工艺技术，焦炭塔直径 9. 8m，装置采用超低循环比和超低焦化操作压力等先进工艺以及 18h 生焦的短周期操作方式，该装置于 2014 年投产。装置主要特点如下：

（1）单系列国内最大

规模为 210 万 t/a，年操作时数按照 8000h 计算，如果按照常规的年操作时数 8400h 计算，则装置规模可达到 220 万 t/a，是目前国内单系列设计规模最大的焦化装置。

（2）超低压和超低循环比

表 5-4-29 是国内焦化装置与引进焦化装置关键技术参数对比情况。

表 5-4-29　国内焦化装置与引进焦化装置操作参数对比

项　目	国内常规	引进焦化装置
循环比	0.15~0.3	0.05
焦炭塔顶压力/MPa	0.14~0.2	0.103
加热炉出口温度/℃	490~498	498

（3）高 C_3 回收率

表 5-4-30 是国内焦化装置与引进焦化装置 CCR/CY 值和干气中 C_3 以上组分对比情况。

表 5-4-30　国内焦化装置与引进焦化装置经济性对比

项　目	国　内	引进焦化装置
CCR/CY 值	0.6~0.75	0.81
干气中 C_3 以上组分/%(v)	2.5~6.5	1.5

（4）安全措施独特

表 5-4-31 是国内常规焦炭塔系统和引进焦化装置焦炭塔系统的对比情况。

表 5-4-31　国内焦化装置和引进焦化装置焦炭塔系统安全设计的对比

项　目	国　内	引进焦化装置
焦炭塔本体	焦炭塔壁厚 15~40mm，设计压力一般在 0.3~0.4MPa，抗压性较弱	焦炭塔壁厚 59mm，设计压力为 0.69MPa，抗压性较强
关键隔离阀	采用单球阀或双闸阀，有效隔离性差	采用双球阀，有效隔离性好
焦炭塔系统联锁	一般只有四通阀及两边进料阀联锁	整个系统有联锁，并且有顺序控制操作联锁，使焦炭塔的操作更安全，避免误操作带来的安全隐患
阀门(包括顶/底盖机)操作方式	现场操作阀门，如出现阀门法兰高温油或高温油气泄漏，或误操作对操作人员的人身安全有一定影响	采用现场控制面板遥控或 DCS 遥控，使操作人员远离危险源
切焦操作	切焦操作台设在焦炭塔塔顶，一旦焦炭塔顶出现火灾情况，切焦人员人身安全无法得到有效保证	切焦操作台设在 DCS 控制室，离焦炭塔数百米，保证了切焦人员人身安全
安全通道	一般焦炭塔框架平台只设置两个安全通道，分设在焦炭塔平台两边，一边为电梯及与之相配的楼梯，另一边为直梯	焦炭塔框架开放式布置，设计有多个斜梯逃生通道，焦炭塔顶、底平台还设置逃生井，在焦炭塔发生失火事故时，人员可以迅速跑离焦炭塔顶、底平台，进入逃生井。同时，焦炭塔顶层还设置了隔火墙，在焦炭塔塔顶发生失火时，人员通过隔火墙后通道到达各逃生口

(5) 采用自动除焦系统

焦化装置焦炭塔除焦操作通常需要到焦炭塔塔顶去进行，塔顶环境差，并有一定的安全风险，同时，装置需要设置专业除焦操作人员。采用自动除焦系统，通过程序设置，可在DCS控制室内按下除焦按钮，便可以实现自动除焦，使操作人员摆脱繁杂的除焦操作，工艺班就可以进行除焦。

(6) 焦炭塔大部分阀实现DCS远程控制

焦炭塔系统操作阀门多，操作比较频繁，国内焦化装置基本上都要到现场去操作，劳动强度大。焦炭塔设计中除了关键隔断球阀必须现场操作外，其他的阀都可以在DCS中遥控操作。

(7) 焦炭塔不设甩油流程，流程简洁，操作方便

焦炭塔系统不设甩油罐和甩油泵，由于焦炭塔塔底标高设计较高(约19m)，比分馏塔和放空塔进料口高出一定的高度，在装置开工和焦炭塔预热时，焦炭塔塔底凝缩油自流至放空塔和分馏塔，该流程比较简洁，操作工作量小，可实现预热操作内操远程控制。

2. 原料性质

表5-4-32为装置运行原料(渣油和油浆混合)性质。

表5-4-32　焦化原料性质

项　目	运行平均值	设计值	项　目	运行平均值	设计值
密度(20℃)/(kg/m³)	1031.0	1041	铁/(μg/g)	10.07	—
残炭/%	22.21	22.91	镍/(μg/g)	66.02	80.93
酸值/(mgKOH/g)	0.26	—	钒/(μg/g)	175.34	264.1
硫/%	3.92	4.03	钠/(μg/g)	8.88	8.83
氮/(μg/g)	3451	6125	铜/(μg/g)	0.14	—
黏度(100℃)/(mm²/s)	2236	4027	饱和烃/%	14.06	—
350℃馏出/mL	0.8	—	芳香烃/%	44.25	—
500℃馏出/mL	15.1	—	胶质/%	31.08	—
530℃馏出/mL	20.5	—	沥青质/%	10.61	—

3. 工艺操作条件

表5-4-33为装置运行主要操作条件。

表5-4-33　装置运行主要操作条件

名　称	操作值	设计值	名　称	操作值	设计值
加热炉出口温度/℃	499.4	498	焦炭塔顶急冷前温度/℃	430.2	449
单管程注汽量/(kg/h)	623	500	焦炭塔顶急冷后温度/℃	429.2	429
炉膛温度/℃	733.9	—	焦炭塔顶压力/MPa	0.105	0.103
炉管表面温度/℃	530-600	—	循环比	0.08	0.05
焦炭塔入口温度/℃	489.3	488			

4. 主要产品收率分布

表5-4-34为装置运行产品收率分布。

表5-4-34　装置运行产品收率分布

名　称		设计值/%	操作值/%
原　料	渣　油	87.5	92.68
	催化油浆	12.5	7.32
	原料合计	100.0	100.0

续表

名称		设计值/%	操作值/%
产品	干气	4.85	7.22
	液化气	2.83	2.74
	焦化汽油	13.05	16.71
	焦化柴油	22.13	18.81
	焦化蜡油	28.88	26.01
	石油焦	28.26	28.45
	产品合计	100.0	99.92
	损失	0	0.08
	轻收	35.18	35.53
	液收	66.89	64.27

5. 装置能耗

表 5-4-35 为装置能耗值。

表 5-4-35 装置能耗

项目	本期消耗/t 或(kW·h)	标定能耗/(kg 标油/t)	设计能耗/(kg 标油/t)
能耗合计	—	23.37	24.14
新鲜水	3031	0.022	0.007
循环水	79754	0.340	0.513
软化水	2955	0.290	0.279
除氧水	-1267	-0.497	—
凝结水	2230	-0.347	-0.332
电	347529	3.405	4.006
3.5MPa 蒸汽	4639	17.392	16.797
1.0MPa 蒸汽	-3368	-10.905	-10.433
0.35MPa 蒸汽	-871	-2.449	-2.058
燃料气	378	15.299	17.159
热输入(出)	3	0.128	-1.797

6. 超低压和超低循环比的效益

延迟焦化装置的经济性在于装置液收的最大化或焦炭收率的最小化，一个主要的经济性指标是原料残炭(CCR)与石油焦收率(CY)之比，比值越大，装置经济性越好；本装置原料平均残炭 22.21%，由于采用了超低压和超低循环比操作，石油焦平均收率为 28.45%，CCR/CY 值为 0.781，小于设计值 0.81。同一个炼油厂，同类原料的另一套常规焦化装置的全年 CCR/CY 值为 0.614，国内其他炼油厂，类似原料常规焦化装置的 CCR/CY 值为 0.694，按照常规焦化装置的 CCR/CY 平均值 0.68 计算，超低压和超低循环比操作的焦化减少生焦率 4.21 个百分点，针对一套 210 万 t/a 的延迟焦化装置，每年增加经济效益约 1.5 亿元。

第五节 针状焦生产[148]和石油焦(针状焦)煅烧[146,147]

一、针状焦的性质和我国针状焦产业的发展前景

针状焦是多孔固体，有银灰色金属光泽，焦孔略呈椭圆形，孔的方向性明显，表面上有

明显的针状或纤维状纹理结构，故称为针状焦(Needle Coke)。由针状焦制成的石墨制品具有高密度、高强度、高纯度、高结晶度、高导电导热性、低热膨胀系数(CTE)、低烧蚀性等特点。针状焦的硫含量、灰分和重金属含量均比普通石油焦低，表征针状焦质量主要有纯度、结晶度、抗热震性能等指标，用于电池负极材料时还有比表面积、放电容量、放电效率等指标，详见本书第四章。

针状焦主要用于生产电炉炼钢用高功率、超高功率石墨电极，在原子反应堆中用作高能中子减速材料，也用于火箭技术中，其中冶金工业中的用量最大。在冶金工业中，用针状焦制成的超高功率(UHP)石墨电极可缩短电炉炼钢冶炼时间50%~70%，电耗可降低20%~50%，可以显著地提高冶炼效率，降低电耗和原材料消耗，减少环境污染，是一种附加产值很高的碳素材料，此外，由于针状焦的价格优势，在新能源锂电池的负极材料制备中已开始得到实际应用，主要在日本。图5-5-1是进口康菲油系针状焦煅后焦外观图(即美国菲利普66公司的油系针状焦，菲利普66是世界最大的针状焦生产企业，其油系针状焦年产能达45万t，特点是质量稳定)。图5-5-2是国产锦州石化油系针状焦煅后焦外观图。

图5-5-1　进口康菲油系针状焦煅后焦外观图

图5-5-2　国产锦州石化油系针状焦煅后焦外观图

自从20世纪30年代中期美国开始成功地生产针状焦以来，由于制造针状焦的原料有特殊要求和对生产技术的垄断，至今只有美国、日本、英国和我国等少数国家才能生产针状焦。石油系针状焦以美国为代表，煤系针状焦则以日本为代表。针状焦主要生产企业在全世界只有7家，集中在美国、英国、日本等几个国家。2012年国外针状焦产能120万t/a，实际产量100万t/a左右，20世纪末国外针状焦产能见表5-5-1。

表5-5-1　20世纪末国外各针状焦生产企业年设计生产能力

企业名称	年设计能力/万t	产品类别
Conoco INC(英国HUMBER工厂)	23	油系
Conoco INC(美国休斯敦工厂)	14	油系
美国碳/石墨集团海波针状焦公司(CGG)	14	油系
日本兴亚株式会社(KOA)	8	油系
日本水岛制油所	7	油系
日本新日铁化学株式会社	14	煤系
三菱化学株式会社	6	煤系
合计	86	

根据制备的原料不同，针状焦分为油系针状焦和煤系针状焦，其生产过程都是焦化-煅烧过程。从产品质量而言，油系针状焦在体积密度、机械强度、石墨化工序及对粘结剂吸附性能等方面均优于煤系针状焦，二者主要性能比较见表5-5-2，在世界针状焦行业中油系针状焦占有较重要的地位。

表 5-5-2 油系针状焦与煤系针状焦性能比较

性 能	油 系	煤 系
体积密度	较高(稍优)	较低
机械强度	较高(稍优)	较低
电阻率	较低	低(稍优)
CTE	较低	较低
石墨化工序的控制与掌握	较容易(硫元素在 1400～1800℃产生气胀，微量 F_2O_3 抑制剂)	较难(氮元素在 1000～2000℃产生气胀，镍、铬、钴为抑制剂，效果不好)
对粘结剂的吸附性	好	较差，在 1400～1800℃产生气胀

表 5-5-3 和表 5-5-4 是我国南通扬子碳素公司对几种进口和国产针状焦及其试样产品的理化指标评价。可见和进口针状焦比较，国产针状焦硫含量偏高，制成品强度偏低，热膨胀系数 CTE 偏高，有关质量有待改进。

表 5-5-3 几种针状焦熟焦的理化指标

针状焦品种	水分/%	挥发分/%	灰分/%	硫含量/%	真密度/(g/cm^3)
新日化产针焦	0.13	0.28	0.1	0.28	2.12
三菱产针焦	0.14	0.68	0.1	0.28	2.13
鞍山产针焦	0.55	0.81	0.3	0.28	2.12
锦州产针焦	0.24	0.45	0.08	0.48	2.12

表 5-5-4 几种针状焦熟焦试样产品的理化指标

焦 种	真密度/(g/cm^3)	电阻率/($\mu\Omega \cdot m$)	抗折强度/MPa	弹性模数/GPa	灰分/%	CTE/(10^{-6}/℃)
新日化产针焦	1.69	4.83	11.7	10.8	0.04	1.07
三菱产针焦	1.69	5.13	10.7	11.8	0.05	1.15
鞍山产针焦	1.51	10.22	5.3	9.6	0.02	2.07
锦州产针焦	1.52	5.79	9.1	9.5	0.06	1.96

表 5-5-5 为中国、美国大陆石油公司、荷兰壳牌公司和日本的几种针状焦的质量实例。

表 5-5-5 针状焦的质量实例

项 目	中国	美国 1	美国 2	美国 3	荷兰	日本
挥发分/%	0.36	0.1	0.24	0.14	0.30	0.45
灰分/%	0.06	0.14	0.07	0.12	0.10	0.10
硫含量/%	0.27	1.14	0.52	0.69	0.50	0.20
矾含量/($\mu g/g$)	—	5.0	4.0	4.1	3	3
镍含量/($\mu g/g$)	—	2.0	7.0	6.4	—	—
密度(200 目)/(g/cm^3)	2.164	2.12	2.150	2.142	2.14	2.12
振动堆积密度/(g/cm^3)	—	—	0.833	—	—	—
热膨胀系数/(10^{-7}/℃)	2.22	3.9	3.5	3.3	—	1.35

我国从 20 世纪 70 年代开始了针状焦生产的研究、开发工作，并进行了工业化试生产，生产出了适合于制造超高功率电极用的针状焦，在国内大型电弧炉中使用效果良好。从整体而言，当前我国针状焦生产技术落后，产量少，进口依赖度加大，因此需要对针状焦生产技

术加大投入进行研究开发或引进技术，提高我国针状焦生产技术水平及扩大生产量。近年来，随着国内石墨电极行业产品结构持续优化，超高功率石墨电极密度不断增加，针状焦需求量增速明显加快。同期，由于中国针状焦生产企业数量少，技术基础薄弱，普遍存在稳定生产及产品质量控制方面的技术障碍，中国针状焦产能增长缓慢，针状焦产品供应缺口不断拉大。2009-2011 年，中国针状焦需求量从 16.1 万 t 增长到 38.0 万 t，年增长率达 53.6%。同期，中国针状焦年产能仅从 13.0 万 t 增长到 13.2 万 t。

2012 年国内针状焦产能已超过 70 万 t/a，实际产量接近 20 万 t，实际产量与装置设计能力相差很大，主要问题是国内针状焦生产企业大多由于原料性质不稳定，设备故障多，产品质量波动大，生产装置难以连续稳定生产，尤其是油系针状焦生产。目前锦州石化 4 万 t/a装置是国内唯一能够连续稳定生产的油系针状焦装置，其他具有油系针状焦装置的企业基本没有组织生产。预计未来中国针状焦市场供应紧张局面将会延续。

针状焦需求主要用在炼钢用的超高功率和高功率石墨电极生产上，2012 年全球粗钢产量 8.33 亿 t，其中电炉钢产量为 3.72 亿 t，占 44.66%。根据有关文献资料报道，国外每吨电炉钢消耗超高功率石墨电极 2.5kg 左右，测算出 2012 年国外炼钢行业消费针状焦 97.65 万 t。目前我国只有针状焦进口（见表 5-5-6）和石墨电极产品出口。国内超高功率和高功率石墨电极的生产主要集中在几家特大型石墨企业和个别技术较强的大型石墨企业。通常生产 1t 超高功率石墨电极需消耗针状焦 1.05t，生产 1t 高功率电极需消耗 0.2t 针状焦。历年国内 HP、UHP 石墨电极产量与针状焦消费情况见表 5-5-7。

表 5-5-6　中国针状焦进口量　　万 t

品　种	2009 年	2010 年	2011 年	2012 年
油系针状焦		8.42	7.49	3.82
煤系针状焦		4.70	4.14	4.19
合　计	8.26	13.12	11.63	8.01

表 5-5-7　历年我国 HP、UHP 石墨电极产量与针状焦消费情况　　万 t/a

品　种	2005 年	2006 年	2007 年	2008 年	2009 年	2010 年	2011 年	2012 年
石墨电极产量	40.48	40.58	49.56	54.15	43.35	60.77	67.5	64.83
UHP 产量	6.44	8.92	12.23	14.29	11.98	19.26	22.3	21.43
HP 产量	16.45	16.17	19.77	22.80	17.53	25.13	25.1	23.96
普通电极产量	17.59	15.49	17.56	17.06	13.84	16.38	20.1	19.44
针状焦消费量	10.05	12.60	16.8	19.56	16.08	24.30	28.44	27.29

当前中国经济进入新常态以后，整体增速放缓，钢铁行业面临产能压缩的严重局面，终端市场的低迷致使近年来针状焦市场出现量价齐跌的暂时局面。虽然国内外钢产能已饱和，产量不会再有大的提高，但从长远来看，未来在废钢价格下滑，电炉钢比例提升（目前中国电炉钢比例约 10%，远低于世界 70%平均水平，且国内电力出现过剩局面，电价较低），石墨电极需求量相应增加的情况下，针状焦市场亦将回到正常发展轨道。具体分析是，随着我国炼钢技术进步、产品结构调整仍有大的发展空间，重点是电炉钢，今后将有大的发展。2020 年，中国的粗钢产量将呈现饱和趋势，维持在 8.5 亿 t 左右，电炉钢的比例将达 25%。同年中国高功率石墨电极的年消耗量将达 12.8 万 t，预计 2020 年中国石墨电极市场对针状焦的年需求量将不低于 36 万 t。

2014 年针状焦在锂电池负极材料领域的应用取得新的突破，得益于下游锂电市场需求的快速增长，我国锂电池负极材料 2014 年增长率达到 35%，其对针状焦需求量 2014 年达到 8000t。预计至 2020 年，负极材料领域对针状焦的年度需求量将突破 4 万 t，对我国生产高品质的针状焦产业是具有非常重要的促进意义[149,150]。

不同的应用领域对针状焦的要求也各异。针状焦用于石墨电极领域时是为了提升石墨电极的强度，降低电阻率以及降低吨钢消耗；针状焦用于锂电池负极时则是为了提升电池的克容量，延长电池循环寿命以及提升电池的安全性，而对针状焦的这些要求恰恰是油系针状焦的优点。

在锂电池负极材料制备过程中有一道针状焦“石墨化”工序，此工序要耗费大量的电力，目前，中国国内部分地区的电力供应充沛，价格较低，是生产负极材料的一个极大优势。如果能利用好自身的优势和国内外两种针状焦资源，有理由认为中国的锂电池负极材料产业可在不远的将来确立世界领先的地位。

二、针状焦的原料及原料预处理

（一）针状焦的原料

根据针状焦的性质和生成机理，生产针状焦原料的性质有严格要求，主要包括芳烃含量高、沥青质含量低、灰分低、含硫量低、低氮和低金属含量等。根据用途也可以改变原料的轻重配比。如果用于生产碳素用电极，则应偏向于原料重质化，产品倾向于宏观力度和强度的同时关注整体导电性能；如果用于生产电池负极原料，则应侧重于高芳烃略轻原料，产品倾向于微晶颗粒性能，要求更低的杂质。炼厂的热裂化渣油、催化裂化澄清油、从催化裂化循环油抽出的重芳烃、润滑油糠醛精制抽出油、焦化重蜡油等都可能用作生产针状焦的原料；此外，蒸汽裂解得到的乙烯焦油、预处理后煤焦油等也是生产针状焦的适宜原料。由于这些油料的性质各异，应根据具体情况，通过试验研究才能用作生产优质针状焦的原料。

1. 热裂化焦油

热裂化焦油是减压蜡油、焦化蜡油或催化蜡油经单炉或双炉热裂化得到的副产品，沸程范围 250～540℃，密度 0.95g/cm^3，芳烃含量 65%以上，残炭 6%～7%，产率 30%左右。一般来讲，是生产针状焦的较好原料。现在国内已经没有热裂化工业装置。

2. 催化裂化澄清油

催化裂化澄清油是催化裂化装置的副产品，沸程 270～506℃，产率 2%～7%(v)，密度 1.08g/cm^3，芳烃含量 45%以上，沥青质含量低，残炭 7%左右。以^{1}H 和^{13}C 核磁共振的研究表明，澄清油是由缩合的多环芳烃分子组成，有甲基和其他短链烷基取代基，平均分子结构为三环链连接结构，主要是一些含有低相对分子质量的化合物。尽管最后焦炭的性质随澄清油的来源不同会有变化，但经研究的所有不同的澄清油都能生产低热膨胀系数(CTE)的焦炭，它是生产针状焦的最佳原料。但是需要注意其硫含量，高硫澄清油生产的针状焦的硫含量也高。同时催化裂化澄清油灰分高，必须经处理符合要求后才能作为生产针状焦的原料。

3. 润滑油精制抽出油

润滑油精制抽出油是从润滑油料经糠醛溶剂抽出的芳烃组分，因润滑油料的轻重不同，抽出油的芳烃轻重也有差别，但可以肯定其芳烃含量>50%，并几乎不含沥青质，它也是生产针状焦的好原料。

4. 高温裂解制乙烯焦油

乙烯焦油的芳烃含量虽然达 60%以上，但其胶质和沥青质的含量也高达 35%(沥青质近 30%)。它不能直接用来生产针状焦，其原因是乙烯焦油中的胶质和沥青质含量高，平面性差，核片间的连接键易断裂，分裂成活性基碎片，易产生早期结焦，影响正常生产。要想利用乙烯焦油作针状焦原料，可作为部分的调和料掺兑到如澄清油、热裂化焦油等好原料中去使用。但需特别注意的是，乙烯焦油在大多数情况下极不安定，且和别的燃料不配伍。另一个方法是进行预处理，包括溶剂抽提和加氢处理。前一方法是去掉所含的沥青质，净化原料；后一个办法是使沥青质核片间连接键断裂，用氢饱和其活性基碎片，中止其继续反应。两种办法都是有效的，采用加氢的方法较多。

5. 原料混兑

国内延迟焦化装置大部分都是两炉(两个加热炉)、四塔(四个焦炭塔)、一分(一个分馏塔)的工艺流程，为适应针状焦的生产，可将目前的循环工艺流程改为循环和不循环相结合的工艺流程，进料分主进料和副进料。

主进料为数量大的减压渣油。减压渣油进装置换热后直接进入加热炉对流段再到辐射段加热，然后再进入生产普通焦的焦炭塔内进行焦化反应，反应后的油气经焦炭塔顶转油线进入分馏塔。

副进料为生产针状焦的原料，如热裂化焦油、催化澄清油、润滑油精制抽出油等，数量较少。这部分油料经换热后进入分馏塔底部与分馏塔内的重馏分混合，由塔底进入另一座加热炉加热后，送入生产针状焦的焦炭塔中反应，反应后的油气也进入分馏塔。

从上述的流程可知，主进料为无循环(单程)操作，副进料为有循环操作。而主、副进料反应物中的重馏分油都成副进料的循环油，从而扩大针状焦原料的来源。

6. 煤焦油

用煤焦油生产的针状焦，称为煤系针状焦。相对应的以天然石油组分生产的针状焦，称为油系针状焦。两者的质量相比，油系针状焦总体较好。

煤焦油系煤焦化或气化时产生的副产物，主要为多环芳烃，含有较多的树脂状化物和游离碳。因此焦化前必须预处理，通过蒸馏和溶剂抽提除去其中的喹啉不溶物。

大量试验证明，采用目前炼厂能提供的催化裂化澄清油、热裂化焦油、润滑油精制抽出油或混兑不同比例的乙烯焦油、减压渣油、焦化循环油等为原料，并适当改变工艺流程，是可以生产出针状焦的。表 5-5-8 是生产针状焦的原料性质要求。

表 5-5-8　生产针状焦原料性质要求

芳　烃	胶质和沥青质	灰　分	硫	钒+镍
30%～50%	<2.0%	<0.05%	<0.5%	≤0.005%

从产业角度看，生产针状焦的最佳原料是催化裂化澄清油，包括用原始的或加氢精制后的澄清油，美国油系针状焦主要原料是催化澄清油，其产量列世界第一。

表 5-5-9 是几种生产针状焦原料实际性质，其中硫含量要求小于 0.5%是一个关键指标，硫对于针状焦质量影响很大。一般而言，由蜡油催化(FCC)得到的油浆质量好于重油催化(RFCC)油浆。催化澄清油灰分含量较高(主要是由于含有催化剂粉末)，必须经处理符合要求后才能作为生产针状焦的原料。中国是世界催化裂化大国，澄清油或油浆来源充足，仅中石化油浆产量 10 万 t/a 以上的企业就有十余家，原料数量是不成问题的，关键是其质量要满足要求。对于加工高硫进口原油的沿海、沿江炼厂，大部分催化澄清油的硫含量过高，因此如何从这一类劣质原料制取针状焦，也就是解决好针状焦原料的预处理问题是我国油系针状焦产业面临的一个重要而又困难的课题，也是国内油系针状焦产业化的主要障碍。

表 5-5-9　几种生产针状焦原料油的实际性质

焦化原料油	大庆热裂化渣油	催化裂化澄清油	乙烯裂解焦油	糠醛抽出油
密度/(g/cm^3)	0.9179	0.9783	1.0184	0.9853
残炭/%	2.78	3.03	14.12	1.51
灰分/%	—	0.003	0.004	0.016
元素分析/%				
碳	87.94	89.69	90.88	88.00
氢	11.76	10.01	6.93	10.35
硫	0.15	0.31	0.23	0.40
氮	0.15	0.23	0.05	0.62
氢碳摩尔比	1.61	1.34	0.915	1.41
相对分子质量	675	338	427	406
族组成分析/%				
饱和烃	60.73	51.20	5.51	34.20
芳烃	29.34	36.90	58.63	50.31
胶质	9.22	9.7	—	15.09
沥青质	0.71	2.0	—	0.11

（二）针状焦的原料预处理

加工含硫中东原油的重油催化裂化油浆是一种劣质的针状焦原料。催化油浆脱硫和脱灰是原料预处理的两个主要目的。随着油浆精制技术的进步，开发了不少预处理工艺，一般有过滤法、蒸馏分离法、离心分离法、溶剂分离法、改制分离法等，其中静电分离和 MOTT 过滤器都属于过滤法，改制分离法现在实验室可以做到利用高温长停留时间来达到增芳目的。以下简要讨论几种预处理技术。

1. 减压蒸馏-加氢精制

该工艺路线中，油浆加热到一定温度后进行减压蒸馏，可得到 60%左右低灰分含量的轻催化油浆，再送到中压加氢精制单元脱硫，经过加氢精制将原料硫含量降低到 0.5%以下水平，这一工艺还是比较简单的。中国石化石油化工科学研究院和国内某石化企业已经成功进行了工业放大，得到合格针状焦原料并进行焦化工业试验。据国外报道，该技术第一道工序大部分采用“减压闪蒸”工艺，同时油浆加热炉设计要注意避免因含有催化剂粉末导致产生炉管堵塞甚至结焦的现象。

2. 精密过滤-加氢精制

锦州石化是国内唯一在生产的油系针状焦制造商，原料采用催化油浆（含硫应小于 0.5%），油浆预处理除灰采用油浆过滤器（MOTT 过滤器，滤芯用粉末冶金制造）。投运该装置对灰分及机械杂质脱除效率很高，使用效果见表 5-5-10 和表 5-5-11[151]。MOTT 过滤器国内有多家引进，据说用好的不多，在提高过滤效率和延长寿命方面锦州石化进行了多项成功的技术创新。

表 5-5-10　油浆过滤前后灰分脱除情况

时　间	过滤前/(μg/g)	过滤后/(μg/g)	脱除率/%
2005 年 7 月	27880	300	98.92
2005 年 8 月	28116	362	98.71

表 5-5-11　油浆过滤前后机械杂质脱除情况

时　间	过滤前/(μg/g)	过滤后/(μg/g)	脱除率/%
2005 年 7 月	12000	700	94.17
2005 年 8 月	16440	450	97.24

3. 超临界抽提-加氢精制

该工艺由中国石油大学研究开发，已经在山东沂河石化开工建设 20 万 t/a 针状焦装置，属于溶剂分离法。

三、针状焦的生产工艺

（一）针状焦的生成机理

延迟焦化过程中生焦机理在前面第三章已经进行过较详细讨论，文中指出有关烃类在碳化反应中发生脱氢、缩聚反应，缩聚反应随着温度的升高而加深。随着反应生成物的含碳量不断增加，相对分子质量和碳氢比也在增大，环数增多。当大分子的平面状缩合物的碳原子数接近 100，相对分子质量大于 1500 之后，在渣油母液中出现了一种有明显界面的液晶。它是小球状可塑型物质，定向程度高，有明显的光学各向异性的特征，称为中间相小球体。

形成中间相是一个复杂的化学、物理过程，大致要经历出生和成长、相遇和融并、增黏老化、定向和固化等过程，小球体的变化历程随反应条件而异。随着这种缩聚过程的逐步深化，小球体及其周围介质不断增黏，小球体内部也逐渐形成有纹理的纤维结构，这种由广域中间相固化所得的焦炭即为针状焦。因此，可以认为中间小球体就是焦炭的前躯体，能否形成优质针状焦则取决于中间小球体的变化历程。

（二）生产针状焦的工艺流程

从上述针状焦生成机理可知，要生产出质量合格的针状焦就必须要有适宜的环境，使原料油能够成长为中间相小球体，并再从中间相小球体转化为广域中间相，最后得到针状焦。因此生产针状焦的技术关键是选择、确定适宜的成焦工艺条件，尽量靠近理想的生焦条件：低温、绝热、高压、长停留时间(见表 5-5-12)。由表 5-5-12 生产针状焦工艺数据可见，催化裂化澄清油为原料的针状焦焦化反应压力是 0.5MPa，高于常规延迟焦化反应压力，实际采用的压力可能更高一些。另外注意以三环和四环为主的芳烃原料用来生产针状焦和以煤焦油为主的原料生产针状焦的反应压力是不同的。

表 5-5-12　几种重油生产针状焦的工艺数据

原料油	热裂化焦油	催化裂化澄清油	糠醛抽出油
主要工艺条件			
温度/℃	460~500	460~500	460~500
压力/MPa	0.15	0.5	0.15
循环比	1.20	1.51	1.87
产品收率/%			
气体	6.5	12.1	7.6
汽油	10.1	11.6	13.4
柴油	35.6	23.7	30.3
蜡油	33.6	13.9	18.7
优质焦	14.2	38.7	30.0

利用常规延迟焦化工业装置生产针状焦时，在操作上应采用变温、变压、变循环比和延

长焦炭塔的生焦周期才能生产出质量合格的针状焦。鲁姆斯针状焦工艺认为，只有做到所要求质量传递/反应动力学之间的巧妙平衡以后才能形成针状焦。因此针状焦生产时焦化温度要适当并在适宜的黏度下以允许中间相的生长和聚结，温度过高或过低都是不利的，温度过高，焦化反应过快；温度过低，黏度过高，抑制中间相的生长，而有利于促进生成均质焦(isotropic coke)。高焦化压力/高循环比有利于保持反应的流动性(fluidity)和提高焦的收率[152]。

国外生产针状焦一般是根据原料油的性质和种类来确定生产工艺流程。采用高芳烃原料油(热裂化渣油、催化裂化澄清油、乙烯裂解焦油等)生产针状焦时，可采用一段法流程，即按照需要的工艺条件将原料直接焦化生产针状焦。两段法流程是热裂化-焦化联合过程，其目的是首先将原料油(如焦化蜡油)在热裂化工序中制取适合于生产针状焦的原料(热裂化焦油)，生成的热裂化焦油再进入焦化工序生产针状焦。这种情况下，可根据原料的种类及性质，在流程中适当安排必要的精制、处理工序。图 5-5-3 是带原料处理单元的针状焦工艺流程图。

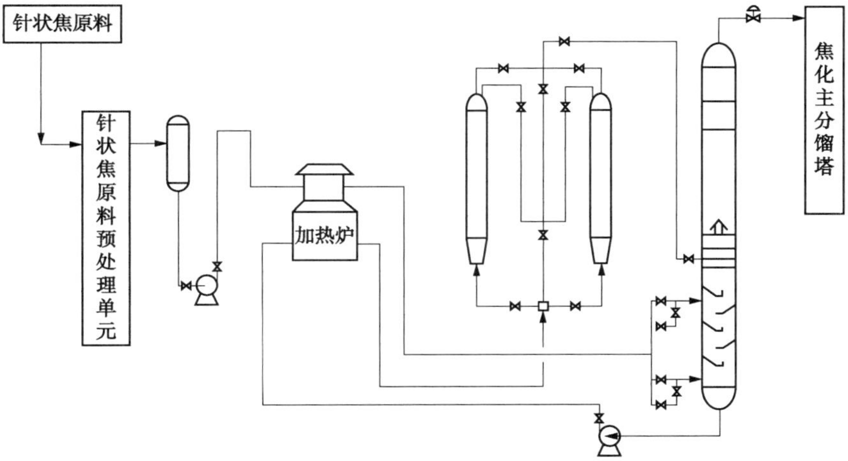

图 5-5-3　带原料处理单元的针状焦工艺流程图

我国在开发针状焦生产工艺技术中，建设了针状焦工业化示范装置，成功地产出优质针状焦。在此基础上，确定了双路进料延迟焦化生产针状焦的流程，它是利用现有(或经过技术改造)的两炉四塔延迟焦化装置同时生产针状焦和普通焦。该技术在工业化过程中实施比较困难，特别是单塔的反应时间和反应压力不易控制，而且针状焦质量容易受到影响。和普焦装置生产条件对比而言，在实际针状焦生产控制时，主要应靠近理论的“变温操作、高压、绝热”的反应条件，尽可能提供反应在液相无扰动条件下进行。

实际针状焦工业化过程中，原料应进行预处理，以降低原料中影响质量的因素，其除焦部分及冷焦水部分可利用普通焦化现有设施，主分馏塔共用，此部分的循环比可自行调节，有利于生焦反应，反应压力和反应时间可单独控制。

四、国内外针状焦技术的发展

目前国内针状焦有煤系和油系针状焦共存的局面，煤系针状焦总量多，油系目前只有锦州石化一家在生产。国内碳素厂家一般是国产和国外针状焦都采购。相比国外的产品，国内针状焦不分档次，混焦为主，影响了使用。国外针状焦分级、分档，使用效果更好。

国内针状焦涉及原料处理技术应进一步优化和提高，油浆过滤利用沉降、静电吸附、高精度滤芯的方法都能实现工业化。减压抽提、溶剂抽提工业化能稳定运行，脱除沥青质非常有效。对原料加氢或者加氢工艺与针状焦工艺的结合目前也有探索，注意针状焦原料加氢脱硫前必须先除去机械杂质，否则加氢反应器压降将很快上升，严重时产生堵塞被迫停工。

在国内已经将进口针状焦应用到锂离子电池负极材料的研究和开发中，国内针状焦也正在进行这方面探索。

五、石油焦煅烧的目的和作用

焦化装置所产的生焦存在硬度小，易粉碎，水分和挥发分含量高等特点，必需经过煅烧后才能用作炼钢用的电极，生焦也可以直接作电池负极原料而不需要煅烧或者两者都选用。国外一些加工低硫渣油的延迟焦化装置在装置内部设有焦炭煅烧工序，其主要优点是可减少焦炭运输量，利用炼油厂的燃料系统供应煅烧用燃料，煅烧工序可与焦化装置实现热联合等。在经营上，焦炭经过煅烧之后，产值增加，故可以提高炼油厂的经济效益。国内炼油厂在延迟焦化装置中附设焦炭煅烧设施的比较少，而且增设焦炭煅烧以后延迟焦化的环保问题也比较突出。

（一）石油焦煅烧目的

焦炭煅烧是各种炭质原料在隔绝空气的条件下进行的高温干馏过程，实际生产控制上以乏氧燃烧为主，它是炭制品和石墨制品生产过程中十分重要的一道工序。各种炭质原料在煅烧过程中从元素组成到组织结构都将发生一系列深刻的变化。煅烧的结果显著地提高了炭质原料的物理化学性能。原料煅烧质量对成品质量及各工序的技术指标都有明显的影响，所以保证原料煅烧质量是保证产品质量的重要前提。石油焦煅烧的主要目的如下：

（1）降低石油焦的挥发分

石油焦含有一定数量的挥发分，挥发分主要是各种不同分子结构的碳氢化合物，含量可高达10%以上，当加热到一定温度后即以烟气状态排出。原料含挥发分多，说明这种原料的炭化程度(或焦化程度)比较低或者提供的反应热量不足，反应深度不够。一般炭质原料加热到300℃左右其挥发分开始排出，而在400~800℃之间挥发分出量剧增，到1250℃附近基本结束。煅烧后焦炭的挥发分可由8%~12%降至0.15%以下。

（2）提高原料的密度和强度

经过煅烧的石油焦密度增大，典型煅烧焦的堆积密度不小于780kg/m^3。在煅烧过程的高温下，各种不同分子结构的碳氢化合物发生复杂的分解与缩聚反应，分子结构不断变化，焦块体积不断收缩，体积收缩的结果提高了原料的密度及机械强度。煅烧后的原料，无论是真密度、假密度和颗粒机械强度都有显著的提高，特别是石油焦，其质量提高的幅度较大。挥发分高的普通石油焦，其碳氢比为20左右，煅烧后，其碳氢比可高于1000。

（3）降低电阻，提高了原料的导电性能

焦炭导电性能的提高是原料煅烧后排出了挥发分以及分子结构发生变化的结果。炭和石墨制品的导电性在很大程度上取决于几个热处理工序——煅烧、焙烧、石墨化的热处理温度。热处理不仅促使大量挥发分逸出，而且促进石墨微晶尺寸不断增大，这是影响导电性的主要原因。焦炭煅烧后，其石墨微晶的平均宽度(L_a)和微晶的平均厚度(L_c)都很大。

（4）提高了原料的化学稳定性

提高碳素材料的化学稳定性，即降低它们的氧化反应能力。从石油焦及沥青焦在不同温度煅烧后的氧化反应能力的测定结果看出，焦炭的氧化反应能力随原料煅烧温度的升高而降低。

石油焦经过高温煅烧后，其物理、化学性质有很大变化。煅烧过程的加热速度、最终加热温度和生焦的质量等因素对于煅烧焦的质量都有影响。表 5-5-13 为典型的石油焦生焦质量数据，表 5-5-14 为煅烧焦的典型质量数据。

表 5-5-13　典型的石油焦生焦质量

焦炭种类	海绵焦	针状焦	焦炭种类	海绵焦	针状焦
水分/%	6~12	6~10	灰分/%	0.25	0.25
挥发分/%	8~14	4~7	镍含量/%	0.02	0.02
硫含量/%	1.0~4.0	0.2~1.0	钒含量/%	0.015	0.01
硅含量/%	0.02	0.02	堆积密度/(kg/m^3)	720~800	720~800
氮含量/%	0.03	0.01			

表 5-5-14　煅烧焦的典型质量

原料焦炭种类	海绵焦	针状焦	原料焦炭种类	海绵焦	针状焦
水分/%	0.1	0.1	灰分/%	0.4	0.4
挥发分/%	—	—	镍含量/%	0.03	0.03
硫含量/%	1.0~4.0	0.2~1.0	钒含量/%	0.03	0.02
硅含量/%	0.02	0.02	真密度/(kg/m^3)	2060	2110
氮含量/%	0.02	0.01			

(二) 石油焦煅烧的过程

石油焦在干燥的储焦场中堆放数日后，其平衡水分含量可下降到 4%~7%左右。焦炭在煅烧炉内从常温加热至 150℃期间即可失去水分，加热至 150~200℃时开始排放出挥发分，还可能同时排出轻烃和 H_2S。随着温度的升高，生成的氢气开始增多。当温度升至 480~700℃时，焦炭中的挥发分降至只有初始含量的 3%~4 %。温度升至 760℃仍有会氢气放出，在 980℃左右脱挥发分完成。温度大于 1250℃时，有硫放出。以上反应并不是单独进行的，会在较大的温度范围内同时发生几种反应。在煅烧的终期，焦炭的性质被固定。此时还需要在高温下保持一段时间，以便使焦炭的真密度合格。图 5-5-4 为在回转窑内煅烧石油焦时焦炭性质的变化情况，图 5-5-5 为三种石油焦挥发分放出率的变化情况，图 5-5-6 为石油焦的真密度与煅烧温度的关系。

(三) 煅烧过程中焦炭结构的变化

未煅烧的石油焦的 X 射线衍射谱线中具有弥散的(002)和微弱的(004)谱线，这说明石油焦是由很小的六角碳原子网格平面散乱地堆叠而成，网格平面的外围还连结着许多基能团，在平面之间有碳原子或其他杂原子构成的基能团作桥状交叉连结。

未煅烧的石油焦的石墨微晶厚度(L_c)和微晶宽度(L_a)只有几纳米，它们随煅烧温度的升高，不断发生变化。在 700℃以前，L_c 和 L_a 都有所缩小，说明焦炭层平面结构在这一温区移动和断裂，变得更杂乱和细化，此时挥发分放出最为强烈。当温度超过 700℃以后，结构变化也不是单调地向 L_c、L_a 长大发展。石油焦 X 射线衍射谱线(002)的半高宽在 1000~1200℃时又增大，即 L_c、L_a 值又变小。在 1340℃以后(002)谱线半高宽又重新逐渐变小，说明 L_a、L_c 又渐渐增大。这一系列变化表明，石油焦在煅烧过程中，它的结构先经过 700~1000℃的有序变化，又经过 1000~1200℃的无序变化，然后在更高温度下再过渡到有序变化。

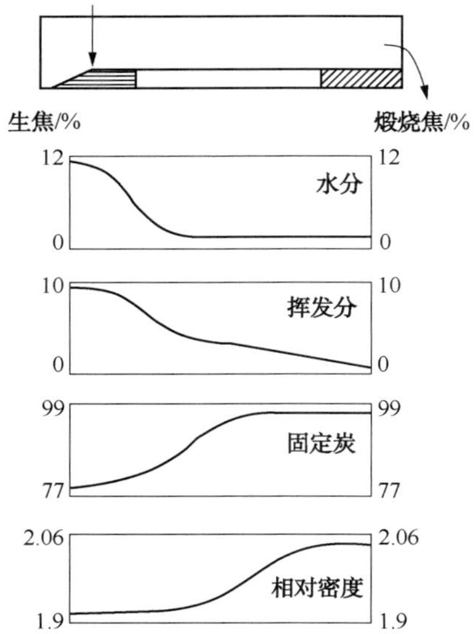

图 5-5-4 煅烧过程中石油焦炭性质的变化情况

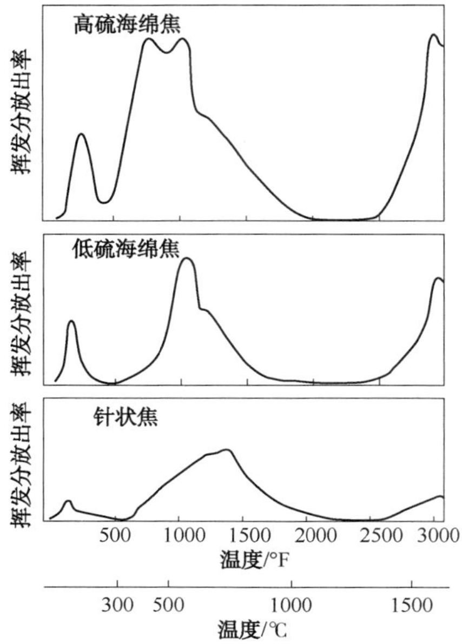

图 5-5-5 石油焦煅烧过程中挥发分的放出率

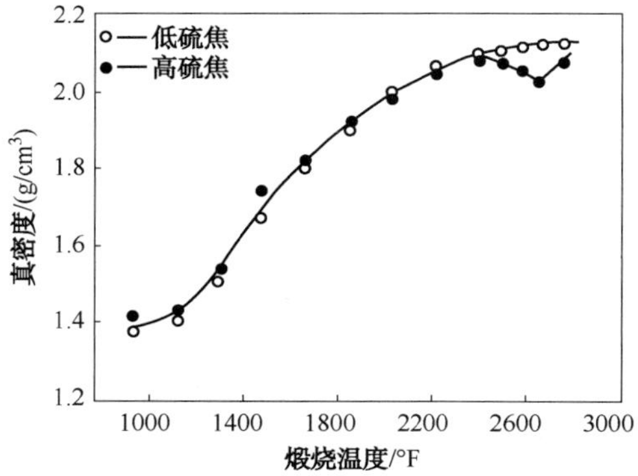

图 5-5-6 石油焦的真密度与煅烧温度的关系(加热速率为 28℃/min)

用电子顺磁共振法(EPR)研究结果很好地说明在 500~700℃时焦炭结构的变化。在 300℃以前煅烧过的焦炭电子顺磁共振信号强度逐渐增大，主要是焦炭吸收的氧从其表面放出。经 700℃煅烧过的焦炭信号强度最大，温度超过 700℃则降低，这说明在 700℃之前，焦炭在加热过程中挥发分和氢受热放出，平面分子进行缩聚反应，促进了结构重排。当网格平面外围的基能团断裂并被排除时，就将电子转移给碳环体系。这个过程还伴着 δ 键的断裂，形成不成对电子并过渡到 π 轨道，故而使顺磁共振信号增大。在 700℃以后，随着温度进一步升高，π 电子与相邻碳原子中的未成对电子再结合成交叉键时，顺磁共振信号便急剧降低。在 500~700℃顺磁共振信号增大也表明在被煅烧的焦炭中形成越来越多的活性中心。

(四) 煅烧过程中焦炭性能的变化

焦炭在煅烧过程中，由于石墨微晶结构重排，增大挥发分的放出，其各种物理、化学性质均得到改善。

在 500~700℃期间抗拉强度增大。这是由于焦炭内生成许多不成对的电子和活性中心的同时，相应地也发生再结合和形成交差键，使 L_a 的各向异性因素变小的缘故。石油焦的抗拉强度和弹性模量在 700~2000℃左右的期间总的趋势是逐渐降低，这是由于其石墨微晶逐渐长大，L_a 各向异性因素变大的原因。在 2000℃以后，逐渐变成排列规整的石墨化结构，故此其机械强度又增大。

焦炭在煅烧时体积收缩和气孔率增大是挥发分放出所发生的毛细管张力的作用以及结构

的和化学的变化使焦炭本体变得致密而引起的。

在700~1200℃之间焦炭的总气孔体积逐渐增大，这与在700℃时挥发分大量放出产生了气体通道（开口气孔）有关，也与焦炭结构重排，产生收缩而导致的微细裂纹有关。

焦炭在煅烧过程中，其元素组成也发生变化。焦炭中H、S、N等元素含量随煅烧温度升高而减少。对石油焦来说，在500~900℃时，氢的含量大幅度降低，这主要是由于在此温度范围内有大量的挥发分气体排出所致。温度升高到1100~1200℃时，挥发分实际上已完全放出，只残留0.1%~0.2%的氢。硫的放出需要较高温度，因为高温才能使焦炭物质结构重排，使C—S间的化学键断裂开。在1200~1500℃高温范围内硫才能大量放出。

（五）煅烧过程中石油焦真密度的变化

碳质原料煅烧后的真密度都有较大程度的提高，特别是各种石油焦的真密度，从煅烧前的1.42~2.0g/cm^{3}提高到2.00~2.14g/cm^3，提高了约40%。煅烧过程中煅烧焦的真密度随煅烧温度的变化呈很好的直线关系，这表明测定煅烧焦的真密度可以直接反映碳质原料的煅烧程度以及所处的煅烧温度。煅烧焦真密度的提高，主要是由于碳质原料在高温下不断逸出挥发分并同时发生分解缩聚反应，导致结构重排和体积收缩的结果。碳质原料煅烧过程中真密度的增大与其挥发分的逸出密切相关。由于真密度可以表示煅烧焦的结构致密化程度和微晶规整化程度，因此可以用煅后焦的真密度来评价煅后焦质量的优劣以及煅烧工艺的好坏。一般来说，在同样温度下煅烧后物料的真密度越高，越容易石墨化。

（六）煅烧过程中碳质原料的比电阻变化

在煅烧过程中焦炭导电性能的变化与其结构有关，它取决于焦炭共轭π键的形成程度。焦炭的导电性能是碳原子网格中共轭π键的离域电子的传导性的反映，它随六角环网格层的增大而增大。在500~700℃时比电阻最大；在700~1200℃，随着温度的升高，焦炭的比电阻直线下降，从$10^5\Omega\cdot cm$降到$10^{-2}\Omega\cdot cm$；在1200~1700℃，比电阻变化甚小；在1700℃以上，比电阻又明显降低。从700~1200℃，焦炭逐渐放出了稠环芳香烃大分子周围的官能团和分子中的杂原子，形成越来越多的共轭π键，即可导电的电子浓度逐渐增多，因而其比电阻直线下降。从1200~1700℃，石墨微晶开始长大，而晶粒的边界和晶粒中的微裂缝却因晶粒的收缩而增大，它们对电子产生强烈的反射作用，因而降低了电子迁移率。另一方面，氢及其他杂元素排出后所产生的自由键会捕捉离域电子。这些因素都使电子浓度相对减少，因而比电阻随温升变化不大。在1700℃以上，焦炭逐渐石墨化，石墨微晶粒迅速长大，晶粒中电子浓度增大，电子迁移率提高，故比电阻进一步降低。

碳质原料煅烧过程中导电性的提高是挥发分的逸出和分子结构发生变化的综合结果，尤其是煅烧物料所含石墨微晶尺寸的增大。经过同样温度的煅烧，煅后石油焦的比电阻最低，煅后沥青焦的比电阻略高于煅后石油焦，煅后冶金焦的比电阻又高于煅后沥青焦，煅后无烟煤的比电阻最高。无烟煤的灰分含量波动较大，煅后无烟煤的比电阻不仅与煅烧温度有关，而且与灰分含量有关，灰分越高，无烟煤煅烧后比电阻越大。

（七）煅烧过程中碳质原料抗氧化性能变化

随着煅烧温度的提高，碳质原料所含杂质逐渐放出，降低了碳质原料的化学活性。同时，在煅烧过程中碳质原料热解逸出的碳氢化合物在原料颗粒表面和孔壁沉积了一层致密有光泽的热解炭膜，其化学性能稳定，也提高了煅后料的抗氧化性能。

(八) 煅烧过程碳质原料体积的变化

所有碳质原料煅烧后体积都有所收缩，但收缩的程度不一样，原料挥发分含量大，煅烧过程中逸出量多，则其体积收缩大。例如，成焦温度比较低的石油焦在煅烧过程中体积收缩比较大，达到20%以上；而成焦温度接近煅烧温度的沥青焦，煅烧后体积收缩很小。

(九) 煅烧过程中原料所含挥发分的放出

碳质原料在煅烧过程中随热处理温度的升高而放出的可燃性气体称为挥发分。碳质原料所含挥发分的高低，取决于原料成焦温度或变质程度的高低。一般石油焦和无烟煤都从200～300℃开始排出挥发分。挥发分逸出量随煅烧温度的升高而增大，在一定温度范围内挥发分的排出达到最大值(石油焦为500～700℃，无烟煤为700～850℃)。若继续升高温度，挥发分的排出量会急剧下降，当温度达到1200～1400℃时，挥发分排出基本停止，煅后碳质物料的挥发分含量降低到0.5%以下。相对而言，煅烧过程中无烟煤挥发分的放出比石油焦平稳。

六、石油焦煅烧的方法及操作条件

工业上使用的石油焦煅烧方法有：回转窑煅烧法、罐式炉煅烧法、回转床(旋转炉)煅烧法，其中以回转窑煅烧法居多，下面分别讨论。

(一) 回转窑煅烧法

传统的生焦煅烧使用类似生产水泥用的回转窑进行。回转窑是一台纵长的钢板制成的圆筒，内衬耐火材料。窑体的大小根据生产的需要而定，较小的回转窑内径只有1m左右，长20m左右；较大的回转窑内径可达2.5～3.5m，长60～70m。为了使物料能够在窑内移动，窑体要砌成一定角度安装，倾斜度的大小一般为窑体总长的2.5%～5%，窑头比窑尾略低(进料及排出废烟气的一端称窑尾，出料及喷入燃料的一端为窑头)，为了防止窑体上下串动，在数对托辊中的一对两侧安装有挡轮。窑尾与余热锅炉烟道相接或直接与通往排烟机的烟道相连。

破碎至一定块径的生焦，经过储料仓从给料斗加到回转窑内。焦炭的流率由储料仓下部的给料秤控制。焦炭沿着窑的倾斜方向向下，与燃烧气体呈逆向流动。首先在预热段蒸发掉水分，然后经过燃烧段释放出挥发分。窑的下部设有燃烧室，送入燃料和空气以供应煅烧所需的热量。焦炭从窑底部排出，进入回转冷却器。在此，焦炭被冷却至90～120℃后排出。为了冷却煅后焦，在回转窑的正下方安装一台冷却窑，结构与主窑相仿，但尺寸较小。回转冷却器有多种形式，最常用的是直冷式回转冷却器，热焦炭先用喷淋水急冷，再用并流流动的空气冷却，煅烧料通过冷却窑后冷却到可以正常排出的温度。从冷却器排出的焦炭，在用螺旋输送机运出时，向焦炭上喷洒高闪点的油以防止焦炭粉尘造成的污染。旋转窑各加热段可分为：脱水分的预热段、脱挥发分的煅烧段和脱硫及焦结构收缩的焦煅烧段。其示意图见图5-5-7。

为了把回转窑本体与冷却窑及废热烟道连接起来，回转窑两端有方箱结构(内衬耐火材料)的窑头罩、窑尾罩。窑头罩和窑尾罩均带有铁轮可以在轨道上前后移动。燃料喷嘴插入窑头罩内，窑头罩前方设有观察孔，可以随时观察窑内煅烧情况。煅烧的物料经过窑头罩进入冷却窑内。窑尾直接与沉灰室相连，进料管由上方斜插入窑尾罩内。为了控制进入窑内的空气量，在窑头罩和窑尾罩与窑体前后连接处有密封装置。

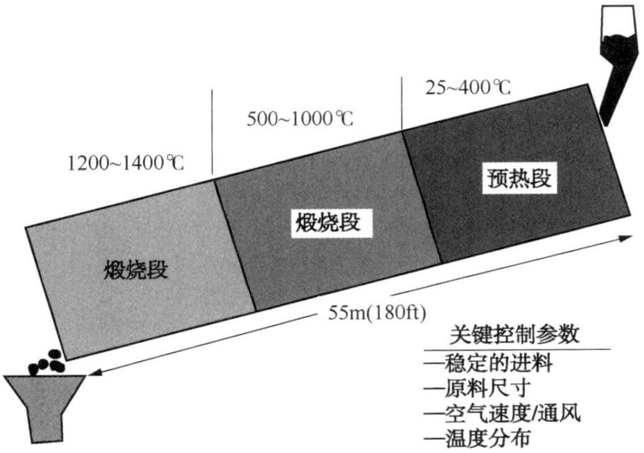

图 5-5-7　旋转窑各加热段示意图

在回转窑内未燃烧的挥发分与燃烧气体、粉尘一起进入焚烧炉。焚烧炉的炉膛包括装有辅助火嘴的燃烧室和用于将挥发分和携带的粉尘完全燃烧的箱式炉膛两部分。

焚烧炉的燃烧所用空气由一台风机和来自回转冷却器的排气供给。用一台余热锅炉回收焚烧炉的热量和发生蒸汽。所发生的蒸汽可直接使用或用于联合发电。为保证回转窑停工时仍能不间断供汽，焚烧炉可用气体、液体燃料或焦粉作燃料供余热锅炉发生蒸汽。

焦炭煅烧系统靠自然通风的烟囱保持微负压，若装有余热锅炉时，需在余热锅炉之后装设引风机。可根据当地的环保条例要求和生焦的质量确定是否设置脱硫、脱硝和除尘设施。经过煅烧、冷却后的焦炭用带有防雨棚的储运设备运至焦炭储仓中储存。回转窑煅烧系统流程简图如图 5-5-8 所示，平、竖面布置图如图 5-5-9 所示。

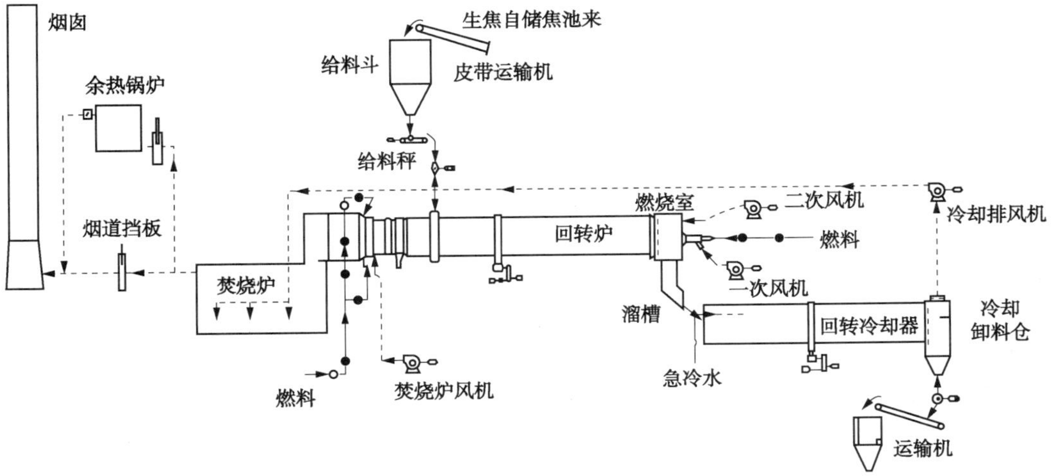

图 5-5-8　石油焦回转窑煅烧系统流程简图

一套年产 200kt 煅烧焦的煅烧装置工艺数据如下：

海绵焦原料量：35t/h

煅烧焦产量：25t/h

回转炉燃烧热：95GJ/h

回转窑放出气体量：64500kg/h

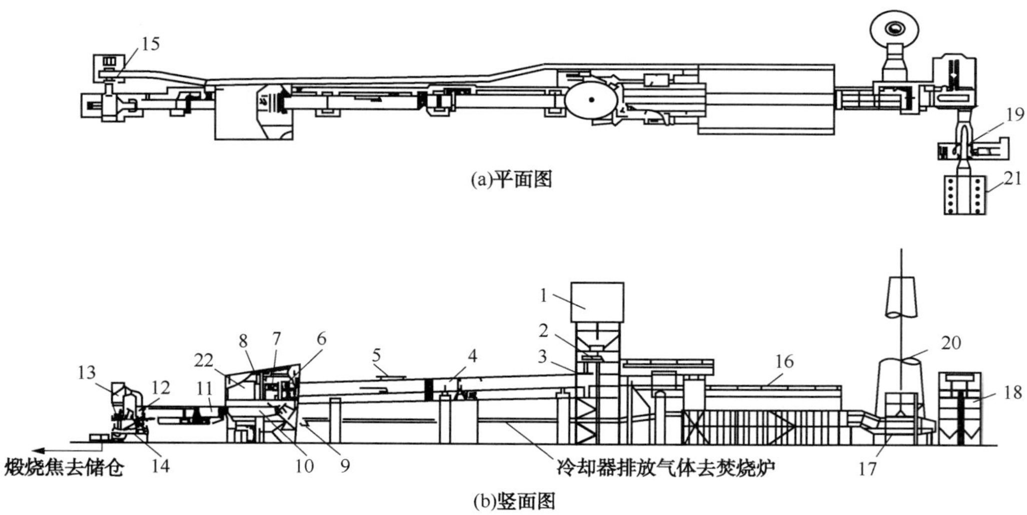

图 5-5-9　石油焦回转窑煅烧系统平、竖面布置图

1—给料斗；2—给料秤；3—斗式给料机；4—回转炉；5—二次风系统；6—点火罩；7—点火系统；8—二次风机；9—溜槽；10—冷却器；11—回转冷却器；12—冷却卸料仓；13—除尘器；14—产品油系统；15—冷却器风机；16—焚烧炉；17—旁路和抽力调节挡板；18—余热锅炉；19—引风机；20—烟囱；21—袋式除尘器；22—仪表室

冷却器放出气体量：78200kg/h

焚烧炉放出气体量：165000kg/h

煅烧焦出冷却器温度：90～120℃

回转窑焦炭放出温度：1200～1260℃

焚烧炉排气温度：1090～1310℃

蒸汽(6.0MPa，440℃)发生量：72.7t/h

（二）罐式炉煅烧法

罐式煅烧炉是煅烧碳素原料的关键设备。罐式煅烧炉由若干个用耐火材料砌成的结构相同的垂直煅烧罐组成。每个煅烧罐体高约4.5m，罐体内宽为360mm，长约为1.7m，每四个(2×2排列)煅烧罐为一组。图5-5-10所示的煅烧炉为顺流式炉型，即火道内烟气的流动方向与罐体内煅烧石油焦运动方向一致，每台煅烧炉配置5～8组煅烧罐。在每个煅烧罐两侧都有加热火道，每条加热火道在高度方向为八层结构[153]。

生石油焦经罐式炉炉顶的加料机构加入料罐，受到两侧火道的间接加热，原料中的水分和一部分挥发分经预热段被排出。再经过温度为1250～1350℃高温段的煅烧，石油焦释放出大量的挥发分，产生体积收缩，密度、强度、导电率得到提高。最后经过冷却水套冷却后排出合格的煅后焦。石油焦在料罐内的停留时间为24～34h。每罐的排料量为80～100kg/h。罐式炉加热燃料为石油焦的挥发分(早期的罐式炉还使用一部分外加燃料，如重油、煤气等，目前已完全实现无外加燃料煅烧)，燃料在首层燃烧，炽热的火焰和高温烟气由烟囱产生的抽力引导，从首层火道末端迂回进入二层火道，依次沿火道成蛇形流动，最后进入烟道，经烟囱排入大气。从炉体排除的烟气温度高达700～900℃，烟气余热利用具有十分重要的意义。目前，大多数煅烧炉建有余热锅炉或余热有机热载体加热炉进行余热回收，排放的烟气

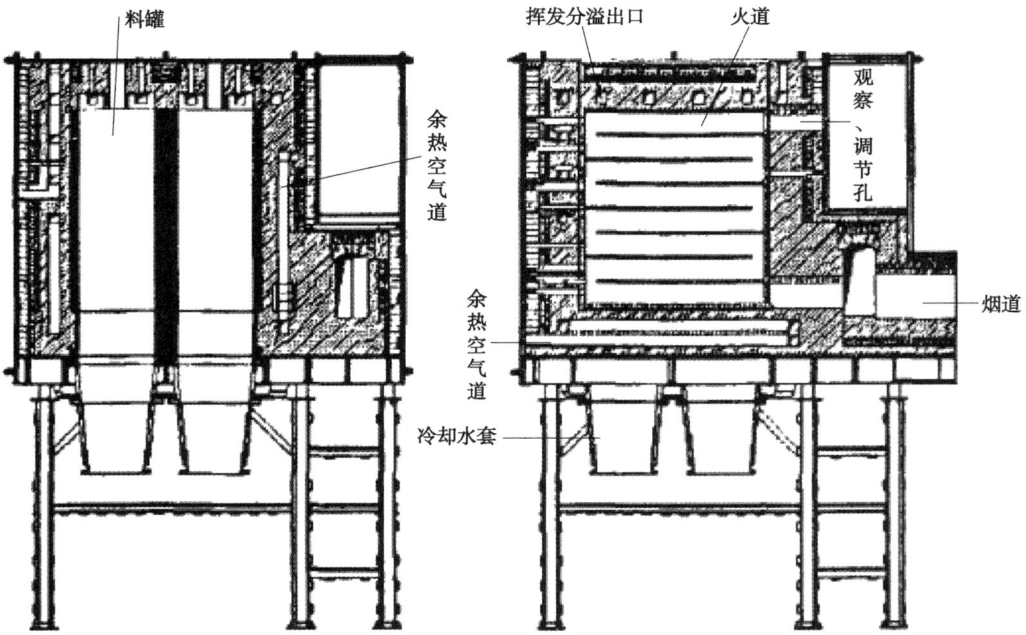

图 5-5-10　八层火道顺流式罐式煅烧炉结构

温度在 300~400℃，实现了阳极生产企业的热能自给。

相对回转窑，罐式炉在产品质量、能耗水平、实收率等方面有比较明显的优势，其煅后焦质量比较稳定，物料氧化损失极小，原料在炉内煅烧温度高、停留时间长、工况稳定，煅后焦的真密度一般大于 2.06g/cm^3；全炉热损失小、热效率比较高；可实现连续生产，基本无大修，小修也比较少，平时维修费用非常低。罐式炉石油焦煅烧炭质烧损少、能耗低、煅烧质量较好。但是罐式炉产能小，对原料挥发分变化适应性较差，自动化程度不高，操作条件较差。因此，进一步优化设计与操作，提高罐式炉小时产能、工艺生产自动化水平及改善工艺操作环境等，以适应现代化大型铝用预焙阳极生产需要是今后罐式炉石油焦煅烧技术发展的主要方向。

(三) 回转床(旋转炉)煅烧法

回转床(旋转炉)煅烧法则是一种比较新颖的石油焦煅烧方法，其主要设备是一台可水平旋转的煅烧炉，工艺流程如图 5-5-11 所示。经过破碎至规定粒度的生焦送入给料斗，然后从炉顶沿着炉壁送入旋转炉的炉膛中。旋转炉由可旋转的耐热炉膛和固定式耐热炉顶构成。炉壁与炉顶之间装有气封保持密闭。炉膛内装有呈一定角度的推耙，以便把焦炭从炉的外缘逐步向炉中心的均热室推，推耙内部用水冷却。在炉顶和侧壁上装有燃烧火嘴和热空气入口。焦炭煅烧所需的热量靠燃烧外供燃料和焦炭中挥发分来供给，在焦炭层的上部空间为挥发分和燃料的燃烧室。操作中应控制空气流量为缺氧燃烧以减少焦炭的燃烧损失。旋转炉中间为烟道，在此进行完全燃烧后，烟气经过废热锅炉和空气预热器回收热量后排入烟囱。旋转炉中间为均热室，焦炭在此经过长时间焖烧，然后在间接冷却器内用冷却水间接冷却。最后经过出料器排出。回转床(旋转炉)炉膛工作原理图见图 5-5-12。

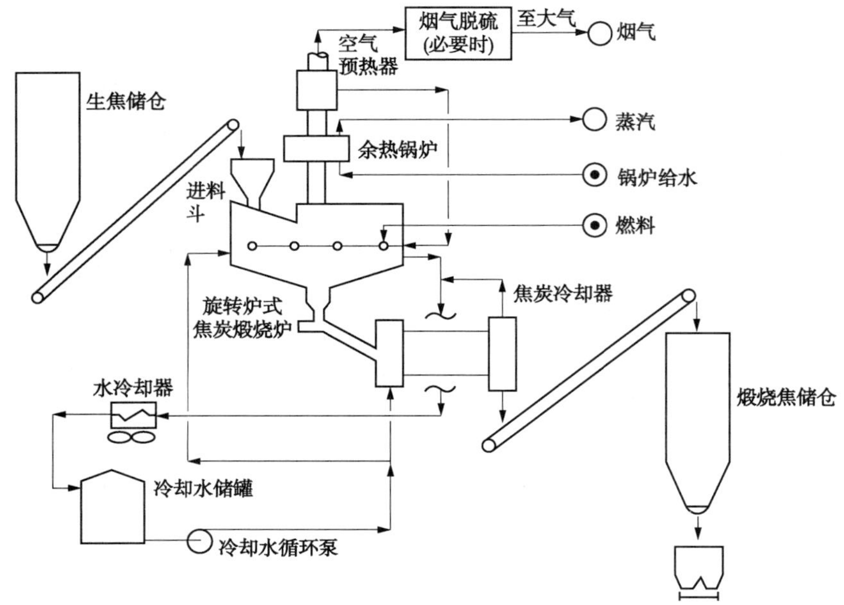

图 5-5-11　回转床(旋转炉)焦炭煅烧工艺流程

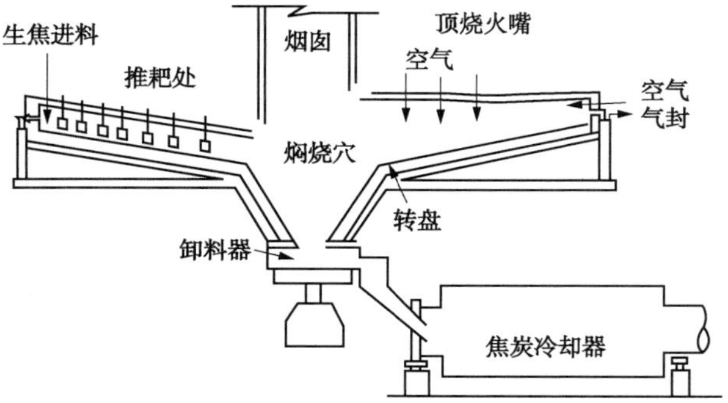

图 5-5-12　回转床(旋转炉)炉膛工作原理图

1. 回转床煅烧炉的开发

第一座回转床煅烧炉于 1967 年 11 月在德国的巴瓦里布尔加森由马拉松石油公司建成并投入使用。回转床煅烧炉代表了石油焦煅烧的一种新途径。我国锦州石化公司于 1993 年引进了美国 SALEM 窑炉公司的技术及设备，建成了国内唯一的一套回转床煅烧石油焦装置。

2. 回转床煅烧石油焦的工艺技术

回转床煅烧炉是石油焦煅烧的一种新设备，这种工艺设备明显地不同于常规的回转窑。回转床煅烧炉在操作时，当生焦由缓冲仓落入回转床周边后，以同心圆的形式一圈一圈向中心均热室缓慢移动，同时焦炭就被煅烧了。煅烧所需的热量主要是由煅烧过程中焦炭释放出来的可燃挥发物和一定化学当量的空气燃烧提供的，煅烧炉除有本身的高效煅烧特点外，还可以不借助其他辅助设备就可以免除粉尘对大气的污染。由于该设备基本上和简单的台式给料机相似，因此只需简单调节回转床的转速或是床层加料厚度，就可以在很大范围内控制焦炭的产量。为了确保每颗焦炭粒子在炉内的固定停留时间，焦炭不能走炉床的捷径而直接进入均热室。气相温度和游离氧量的控制，也较容易做到。这些特点，使得它在生产质量均一的煅烧石油焦工艺中显示出相当大的灵活性。

3. 煅烧工艺流程描述

回转床煅烧炉，既可以煅烧针状石油焦又可以煅烧普通石油焦。回转床煅烧炉煅烧石油焦系统大致分为：原料焦的破碎和脱水，原料焦在回转床煅烧炉内煅烧，冷却、煅后焦的存储、包装和废热回收四部分。

在生产过程中，由桥式吊车将焦池中的煅前生焦送至格筛上，再由皮带输送机、斗式提升机、可逆配仓皮带输送机等设备输送至煅前四个生焦脱水料仓。生焦中含水较多，不利于石油焦的煅烧，四个生焦料仓交替使用以达到充分脱水的目的。

脱水后的生焦被送入位于回转床上的缓冲料仓中。然后，依靠自身重力的作用，通过下料槽进入炉内，落至炉床的周边。在缓冲仓装满焦时，它至少可以提供 2h 的储备量，缓冲仓的下料溜管与床面的距离是可以调节的。焦炭进入煅烧炉的速度由下料溜管与床面的距离和回转床的转速决定。也就是说，焦炭在炉床上的厚度由下料溜管与床面的距离来调节，焦炭在炉内的停留时间由炉子旋转速度来调节。

在回转床煅烧炉的固定炉顶分别设有一组输送耙子和两组搅拌耙子。由于炉床的旋转，落入炉床周边的生焦在耙子的作用下，以环状层形式被移至炉中心部位的均热室内，完成煅烧过程。耙子的顶端设置在炉床上面 50mm 处，耙子在输送焦炭时，不直接接触炉床耐火材料层，50mm 厚的固定焦炭层减少了耐火材料的磨损量，也减少了煅烧焦的灰分含量。焦炭由下料槽落至回转床的周边上，然后就绕煅烧炉床作同心圆移动，炉床每旋转一周后，焦炭就被耙子机械地移到下一个同心圆的路径上，这样的过程一直重复到最后一个输送耙子。最后，焦炭被卸入均热室内。从整体上看，输送过程是炉床在下料管下面旋转，使焦炭形成环绕炉床周边的同心圆，在经过每个输送耙子的位置时，焦炭都向里移动，形成比前一个更小的同心圆，焦炭连续不断地在炉内移动(见图 5-5-13)，焦炭进入均热室后，经过卸料台送入焦冷器内，完成焦炭的煅烧过程。在通常操作条件下，焦炭在炉内停留时间大约 1h。

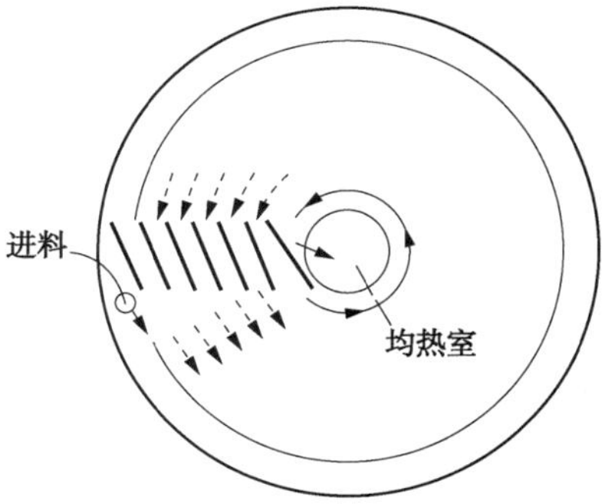

图 5-5-13　回转床内焦炭移动轨迹

焦炭在炉内移动时，定时被搅拌耙子搅拌。搅拌耙子的作用是：

① 搅拌耙子轻轻地搅拌焦层，从而避免了焦炭在炉内剧烈运动所产生的机械磨损。

② 热传递不断提高，是因为耙子的搅动使焦炭不断以新表面来承接炉内的热辐射。

在最后一个输送耙子把焦炭推入煅烧炉中心的均热室内。均热室的作用如下：

① 使所有进入均热室的焦炭都达到某一均匀的温度。

② 均热室可以当作一个缓冲料仓，可以控制均热室的料位，确保煅后焦均匀地卸出。

③ 通过控制均热室的料位，形成一个焦炭密封，在煅后焦连续地卸出同时，炉外的冷空气无法通过均热室进入炉内。

生焦在煅烧炉内煅烧过程的热量来源，主要靠被释放出来的生焦中所含挥发分进行燃烧来提供的。燃烧所需的过程空气是经过 500℃ 预热的，通过煅烧炉侧墙上的边门和火嘴进入煅烧炉内，通过控制进入煅烧炉内空气量及其分布可以控制煅烧炉内的温度。若生焦中挥发分含量较少，挥发分燃烧释放的热量不能满足煅烧温度的要求时，可以使用辅助燃料。

煅烧后的焦炭通过均热室进入旋转卸料台，再通过卸料槽进入焦冷器。煅后焦经焦冷器冷却，温度降至低于100℃。然后，煅后焦被输送至煅后焦料仓储仓。

煅烧过程产生的大量废烟气，通过水平烟道进入废热回收系统，该系统包括余热锅炉和空气预热器，产生3.5MPa、约400℃的过热蒸汽和500℃的过程空气。废热烟气通过余热回收系统，其温度由最高的1550℃降到200℃左右。然后通过脱硫、脱硝、除尘，由排风机送入约80m高的烟囱排入大气，烟气排放可满足环保的要求。

4. 回转床煅烧炉主要工艺参数

(1) 原料中水含量

原料中的水含量影响煅烧过程的热平衡，因为水不仅是被蒸发，而且还被加热超过1400℃。

(2) 生焦中的挥发分含量

延迟焦化焦炭塔生产的生焦是批量生产的，尽管焦炭塔中的原料、操作温度、压力和循环比是常数，但是生产出的生焦挥发分含量在每一批生产的焦中是不同的。

(3) 固定碳的燃烧

在回转床煅烧炉中的焦炭被加热至1200℃，焦中所有挥发分挥发的同时，燃烧掉了一部分固定碳。燃烧掉的固定碳的量取决于温度、焦的表面条件、焦的反应性和与焦表面相接触的气体组成、时间等因数。固定碳的损失在过量空气条件下操作炉床时，趋向增加，因为碳-氧反应比碳-水反应、碳-二氧化碳反应快。固定碳在煅烧炉中燃烧提供过程热量。固定碳的燃烧导致产品收率降低，如果要提高收率，应减少固定碳的燃烧。

(4) 过程空气

过程空气是进入煅烧装置、废热回收系统前的空气量总和。几乎所有的过程空气都是由鼓风机提供，通过燃烧火嘴、炉墙上的边门、后燃器空气口、稀释空气入口进入煅烧炉。从工艺控制观点来看，所有的过程空气可划分为三个部分：加热室空气、后燃器空气和稀释空气。

加热室空气是指在炉顶水平线以下进入煅烧系统的所有空气。煅烧室空气的需要量取决于煅烧温度，是炉床墙上的边门、火嘴、渗入的空气量之和。燃料燃烧空气是通过火嘴进入煅烧炉内的，在使用燃料气时，燃料气与所需的空气比率要尽可能地接近等化学当量，离开炉床的烟气中含有少量的氧、氢、一氧化碳等。在使用燃料气时，离开炉床的烟气中含有约1%的氧。在以恒定进料速度和湿度的条件下，煅烧炉很容易做到这一点。另外，煅烧炉是在轻微负压条件下操作的，一些外界空气有可能渗入到煅烧炉加热室中。渗入的空气是通过耐火材料处理过程中产生的裂缝进入到煅烧炉中的，所以进入加热室中用于燃烧的全部空气比工艺所需要的多。外界环境空气比预热过的过程空气温度低，这又增加了一个热负荷。

后燃器空气是指在炉顶水平线以上进入煅烧系统的空气。理论上是燃烧掉所有离开加热室的一氧化碳、挥发分和煅烧过程中烟气夹带的大部分粉尘燃烧所需要的空气量，后燃器空气只是炉床在不足量空气条件下操作时才用。后燃器空气不用来燃烧烟气中夹带的炭粒，焦炭粉粒由高效陶瓷多管除尘器回收。

稀释空气是指用来提供烟气中过量氧的空气。由于烟道气中的粉尘浓度低，稀释空气通常是用来降低烟气温度。稀释空气与后燃器空气使用相同的空气入口，但其作用不同。

(5) 煅烧炉加热的热量来源

① 全部或部分挥发分燃烧释放出的热量。

② 固定碳的燃烧释放出来的热量。

③ 辅助燃料燃烧释放出来的热量。

④ 热过程空气的显热。显热是造成温度变化所吸收或释放的热量。

(6) 煅烧炉加热时需要的热量

① 蒸发湿物料中水分需要的热量。

② 蒸发原料中挥发分需要的热量。

③ 热产品到最终产品温度需要的热量。

④ 供废热烟气显热需要的热量。这包括各种气相成分的显热(包括蒸发的水)和存在于气体中未燃烧的粉尘的显热。

⑤ 供通过耙子冷却水和炉膛保温层向外界损失的热量。

(7) 回转床煅烧炉水冷却系统

回转床煅烧炉水冷却系统是一个闭路循环水系统，用来提供煅烧炉各水冷部件所需的冷却水。需要水冷却的部件有：

① 十七个煅烧炉的输送耙子。

② 十二个煅烧炉的搅拌耙子。

③ 一个卸料台耙子。

④ 一个卸料台刮板。

⑤ 内区的鼻拱部位。

⑥ 卸料台罩盖。

⑦ 卸料箱。

⑧ 卸料台下料槽。

⑨ 卸料台的蜗形管。

水冷却系统所使用的冷却水为软化水，供水温度为33℃，回水温度为55℃，供水压力为0.65MPa。

5. 回转床煅烧炉的工艺特点

(1) 原料特性

为煅烧炉提供的煅前生焦是不同批次的产品，其化学性质和物理性质是不相同的。回转床式煅烧炉能很容易地处理原料中挥发分量的变化。若挥发分含量少，其燃烧释放的热量不能满足煅烧温度的要求，就使用外加燃料，达到煅烧温度要求；若挥发分含量多，其燃烧释放的热量超过煅烧温度的要求，就使其在不足量空气(亚化学当量空气)下燃烧，从而满足煅烧温度的要求。另外，非常细小颗粒的原料进料时，或原料水分含量强烈变化时，需要调节与之相应的煅烧工艺。

(2) 产品特性

回转床煅烧炉提供的煅后焦产品的化学成分很大程度上取决于原料性质。如果原料中硫、灰分含量高，其产品同样地也显示出这些成分含量高。

(3) 热传递

回转床煅烧炉是受热传递控制的，对一定的原料，要得到在一定产品温度(真密度)下的最大生产率，取决于炉膛温度、停留时间、床层厚度和炉膛的几何形状、结构等因素。

以化学计算法分析，整体的煅烧炉是被视为以过量空气方式操作的，但煅烧设备的一部分可以在不足空气量、等化学当量空气、过量空气三种方式来操作。大量的挥发分在烟道系统中燃烧，所以存在能量和物料平衡，烟道中后燃室产生的热量不适用于加热焦炭。

①炉床在不足量空气条件下操作。

所有回转床煅烧炉系统都使用过量的空气，并且有含自由氧的废气。在一些情况下，煅烧炉的加热室是在不足量空气气氛下操作的。通过煅烧炉的边门进入的空气量，要调节到能给出一定生产能力下，达到希望真密度的煅烧产品所需要的炉膛温度。在这种情况下，离开炉床的气体中含有氧、一氧化碳以及焦炭粉尘、未燃的挥发分等。这些物质在烟道系统中(后燃室)，通过注入空气燃烧掉所有的一氧化碳、未燃的挥发分和大部分焦粉。注入烟道的空气量是受限制的，通常以出口气体中氧含量为3%(v)作为标准，这样可以加强焦粉在烟道中充分燃烧。此外，还有必要向烟道中注入额外的空气，以降低烟气温度，这是因为耐火材料和保温层一般设计的最高温度是1550℃，同时还要保护烟气下游设备(废热锅炉、换热器等)。烟气中燃烧可燃物的空气称后燃室空气，提供过量的空气称为稀释空气。

② 炉床在过量空气条件下操作。

在过量空气条件下操作加热室。在对于具有一定密度的产品焦来讲，炉床的温度控制和在不足量空气条件下操作是一样的。如炉床在过量空气条件下操作，炉床中产生的热量比在不足量空气条件下操作所产生的热量多，这种情况是因为，所有的挥发分充分燃烧外，还有更多的固定碳要在炉床中燃烧。使用过量空气的回转床煅烧炉，它的上升烟气中含有2%～7%的氧。如果原料中挥发分含量低而水分含量高，则上升烟气中氧含量较少。当原料中挥发分含量高而含有少量水时，必须在炉床中加入大量的空气，以吸收掉多余的热量，使得炉床温度控制在所要求的范围内，这时上升烟气中氧含量较高，一般需要5%的过量氧。

(4) 炉床中由于燃烧而引起的固定碳损失

固定炭是焦中不含挥发分和不含水分的成分。在煅烧过程中，由于化学反应而损失掉的固定碳的大部分是和气体中的游离氧燃烧的。碳和二氧化碳在高温下反应产生一氧化碳，水分在高温下接触碳时，可以形成氢和一氧化碳，所以在不足量空气条件下操作炉床能减少固定碳的损失。

煅烧石油焦时固定碳损失有三种途径：

① 固定碳在炉床上的燃烧损失。

② 烟气携带炭粉的燃烧损失。

③ 烟气携带走的炭粉损失。

在回转床煅烧炉煅烧工艺中，固定碳损失可保持最低，其原因是：

① 焦床面以上保持完好的燃烧。

② 由于在回转床煅烧炉中，焦炭运行速度缓慢和气体流速低，烟气中所携带的焦粉很少。

③ 由于回转床煅烧炉的流道系设计，限制了微粒的散发。设备的热效率高，烟气的流速较其他同规模工艺低。

(5) 产品收率

一般来说，生焦中水含量是以湿质量分数来计算；其他成分(挥发分、固定碳、粉尘和元素分析)以干质量分数来计算。产品的收率就是煅烧过程固定碳的回收。用进料(生焦)中所含非挥发性碳素的质量分数来表示。

产品焦(WT)计算：

$$WT = WT_{\text{湿料原料}} \times (1 - XWP) \times (1 - XVMP) \times (1 - XFCB)$$

式中　XWP——水在湿的生焦中的质量分数；

$XVMP$——干生焦中挥发分(ASTM)的质量分数+0.005；

$XFCB$——干原料中燃烧的固定碳的质量分数。

上式假定在煅烧后的石油焦中不含挥发性物质。在 $XVMP$ 项上加 0.005 是由于另外的 0.5%挥发分在 950℃以上分解，这个温度是用于 ASTM 挥发分分析过程中的温度。

例如：如果含 10%的水分和 10%的 ASTM 挥发分的湿原料，以 23.333t/h 的速度被煅烧，固定碳的损失是 4%，其产品收率计算如下：

$$WT = 23.333 \times (1 - 0.10) \times (1 - 0.105) \times (1 - 0.04) = 18.0(\mathrm{t/h})$$。

6. 回转床煅烧炉设备特点

① 在煅烧过程中，加入炉中的原料平稳地从回转床周边以环状层进入炉床中心的均热室。固定在炉顶的搅拌耙子和输送耙子不停地使物料翻动并推向均热室，使得物料得以充分、均匀地煅烧。它的煅烧效率高、产品质量均匀。

② 煅烧所需的热量主要由焦在煅烧过程中分解出来的可燃性挥发分与预热空气燃烧提供的，设备的综合热效率高。

③ 由于控制燃烧气氛，可燃挥发分在物料表面燃烧，形成了一层还原性气氛，大大降低了固定碳的氧化烧损。设备的旋转底盘与顶部的固定上盖之间采取水封，以及在操作过程中控制炉内近于零的负压，使漏入的空气量减少，从而降低了物料的氧化损失。

④ 回转床垂直烟道截面积很大，上升气流速度很低，粉料被气体带走的很少，减少了物料的机械损失。

⑤ 设备运转率高，检修频次少。

⑥ 给料量、燃料的使用量和预热空气的供给量以及炉床的转速均可在一定范围内调整，因此，炉子的适应性较大，能在设计能力的 33%～130%范围内正常运行。

⑦ 回转床煅烧炉上部炉顶为固定型式，耐火材料不与焦炭接触。转动部分的炉床与运动的焦炭之间有 50mm 厚的固定的焦炭垫层。运动的焦炭不直接与耐火材料接触，故耐火材料磨损小，也减少了煅烧焦的灰分含量。

⑧ 使用集散型仪表控制系统(DCS)控制煅烧炉操作，大大地提高了生产自动化程度。煅烧炉操作更平稳。

7. 回转床煅烧与回转窑煅烧的差别

回转窑煅烧技术历史较长，技术成熟，投资少，是一种广泛应用的成熟的煅烧技术。回转床煅烧炉煅烧技术与之相比各有特长，主要有以下几个方面：

① 回转窑在煅烧时，要注意防止耐火材料衬里的损坏。同时，由于焦炭与耐火材料之间存在磨损，增加了煅后焦中的灰分含量；而回转床煅烧炉煅烧石油焦减少了与耐火材料之间的磨损，避免了煅后焦中灰分的增加。

② 回转窑焦炭的产量和在窑内的停留时间由窑的转速和顷斜角所确定。回转床煅烧炉的处理量和炉内的停留时间是由煅烧炉下料管距离炉床的高度和炉床的转速决定的，通过对下料管的调节和 DCS 系统对炉床转速的改变，煅烧炉的处理量和炉内的停留时间是可以随时更改的。

③ 回转窑煅烧工艺的一些主要问题是在处理和保存焦粉方面。在生焦中含有大量的焦粉，这些粉末被回转窑所产生的相对高速气流所带走。这些粉末如果不被除掉，就会构成对空气的污染，同时也造成总焦炭量的损失。这是因为，这些焦粉是未被煅烧的，即使把这些

焦粉从气流中回收下来，也没有多大价值。因此回转窑煅烧工艺气流所带走的焦粉通常是在后序工艺中被烧掉。

④ 回转窑煅烧过程中焦炭的损失除了它在窑内和燃烧空气、氧化气体、水蒸气、二氧化碳接触燃烧掉的以外，由于操作条件的不同，使窑和窑之间有明显的不同，碳质原料的损失量较大。回转床煅烧炉煅烧过程中，可燃的挥发分在物料的表面形成了一层还原性气氛，降低了固定碳的氧化损失。旋转的炉床与固定的炉顶之间采用水封，在煅烧操作过程中，控制煅烧炉内的负压接近于零，降低了空气的漏入量，从而降低了物料的氧化烧损。

⑤ 回转床煅烧炉与回转窑的结构差异及所使用的耐火材料不同，回转床煅烧炉在煅烧过程中热量损失较小。

8. 回转床煅烧炉的主要结构

回转床煅烧炉可分为三大部分，包括炉顶、回转床和旋转卸料台。

(1) 炉顶

炉顶是由支撑钢桁架固定的，是固定不动的部分，又可大致分为烟道和上半部两部分。

上半部为一定壁厚的圆弧形碳钢结构，内衬耐火材料，以防止炉室温度太高而损坏炉壁，在低侧壁墙上，有 17 个火嘴、11 个边门空气开孔和几个视孔。这 28 个开孔经管道与过程空气管道相连，用以提供给煅烧用空气。在刚开车或保温操作及在煅烧针状焦时，需用火嘴燃烧燃料以补充热量，维持煅烧温度。在上侧壁墙及顶盖上共有 13 个开孔，6 个是火嘴空气用开孔，7 个是边门开孔。它们也经管道与过程空气管道连接，表示火嘴在煅烧炉上的分布位置，这些小门和火嘴的空气进气量可根据煅烧状况由计算机进行调节。

在固定的顶盖上面为烟道部分，这是一个截面积很大的且为矩形的烟气通道，这样设计，可使烟气缓慢地通过烟道，降低粉尘含量。烟道分为竖直烟道和水平烟道，在其交汇处，有四个空气注入孔，称为后燃室空气/稀释空气入口。它们也是经管道与过程空气管道相通的，且根据煅烧状况，进气量是可调的。

在上侧壁底端有一衬有可塑性耐火材料且为水冷称为"鼻子"的部件。我们把炉床围边到鼻子这一区域，称为外区。鼻子以内，称为内区。在煅烧针状焦时，鼻子处的耙子向上提起一段距离，从而使生焦在此向上"拱"起，进而与下凸的鼻子组成了一个很小的空间，这样很大程度地屏蔽了内区的高辐射对外区的影响，使针状焦可以提高冷强度及减少粉粒的产生。

(2) 回转床

这一部分又可划分为炉床及均热室两部分。

炉床是直径 17.5m 的碳钢结构圆盘，其上覆有一定厚度的平滑的耐火材料。在炉床底部，有 4 条半径不同的圆形部件，相应地，有 4 个圆形水泥基础结构与它们相对应。最外边圆环为炉床的驱动装置用环，第二条及最内一条为支撑轮用轮。40 个一定直径的钢轮分别固定在炉床底面上，二条圆形的钢轨分别固定在水泥基础上，轮"骑"在轨道上，承受炉体的重量，并可减小炉转动时的摩擦，在这二个支撑环中间是使炉床旋转时不能"跑偏"起着定心作用的定心轮圆形环。这四条闭合圆形钢结构保障炉床水平地、正常地运转。

煅烧炉床由安装在炉床下成直径对称位置布置的两套传动组件驱动，炉床传动系统由驱动电机的不同转速来保障炉床转速的无级调节。

在炉中心有一覆有耐火材料的锥形均热室，在这里，生焦被进一步均匀加热，最终完成其煅烧过程。均热室形状类似一个倒圆台，在均热室内部装有料位探测器，以监控其料位高度。当料位过高或过低时，此探测器将测量信号送至 DCS 内，进而调节下面旋转卸料台的转速，来维持均热室料位高度。

另外，在炉床低侧墙的顶部有一个充满水的环形钢槽，在炉顶低侧墙底部有一环状不锈钢板，它们形成了一个水封，以防止空气的渗漏及炉室内烟气的泄漏。

（3）旋转卸料台

正对均热室的下方，是安装在固定钢架上且覆有耐火材料的另一个旋转圆盘，称之为“旋转卸料台”，这个卸料台由一套单驱动组件驱动。一台交流电动机通过一个扭矩联轴节与直齿轮箱相连，安装在减速器输出轴上的是一个与齿圈相啮合的齿轮，这个齿圈被安装在处于轴承支座上的卸料台的外部。这个电机是变频电机驱动系统带动的，也可提供卸料台转速的无级调节。在卸料台上有 7 个水冷的、覆有耐火材料的刮板，其可阻挡住煅后焦溢流出卸料台。在一端留有缺口，使煅后焦经此在卸料耙子的作用下流向下一个设备。

在均热室出口端与卸料台之间有一个空间，对此，由一个卸料盒进行连接。由于从均热室出来的煅后焦具有很高的温度，1300℃左右，这个卸料盒为内有循环水、外覆耐火材料的夹套结构。这就要求这个碳钢构件强度要高，否则，大量泄漏的水会引起燃烧和热焦的溅出。煅后焦经下料溜槽进入焦冷器。

在卸料台罩上部的环形钢槽与固定的旋转均热室上的不锈钢板会阻止空气渗漏进均热室。用于炉床和卸料台密封处的密封介质可以是延迟石油焦、沙土或水，这套煅烧炉采用煅后焦作为密封媒介。煅烧炉的结构示意图见图 5-5-14。

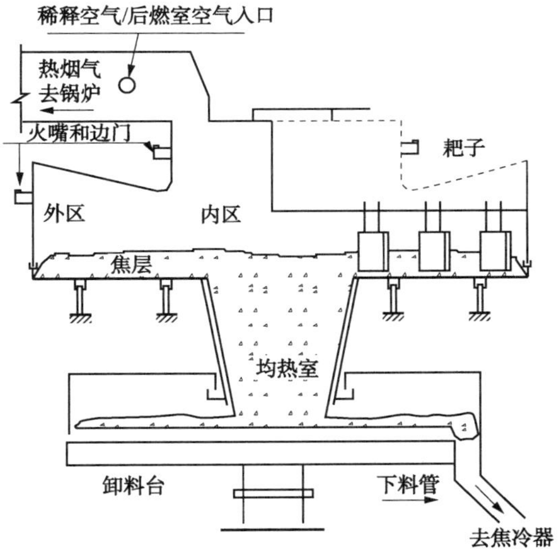

图 5-5-14 回转床煅烧炉结构示意图

煅烧炉的几个重要部件如下：

（1）耙子

在煅烧过程中，耙子对生焦有搅拌、翻动的作用，与灼热的焦炭接触，由于一般钢在 1000℃左右就要变形，所以耙子设计成空箱结构，内有挡板，使循环水均匀地、连续地带走热量。外面覆有一定厚度的耐火材料，使耙子不至于在高温环境中损坏。可以说，耙子在煅烧炉设备中是极其重要，而又极易损坏的部件。耙子通过进水管连接在炉顶的上部，插入炉床的高度，根据工艺要求及实验结果设定，一般耙子底部距炉床底面的耐火材料层约 50mm。

全部水冷部件的冷却水通过一个闭路水回路循环使用，水在循环水场得以冷却。一定要防止循环水断流，如果缺水超过 1min，耙子就会损坏变形，导致水泄漏。

（2）缓冲仓

缓冲仓是储存生焦用的储仓，它是圆柱体、圆锥体混合结构。其通过一垂直的溜槽伸入炉床外周边，使生焦靠自重滑到炉床上，这个进料溜槽伸入炉床的高度是可以调节的，数值大小直接影响煅烧产量，是煅烧工艺的重要调节参数。

缓冲仓为碳钢结构，在溜槽上装有一插板阀。在缓冲仓底部装有仓壁振动器，保证生焦顺畅进入炉内，防止堵料情况发生。

(3) 回转床煅烧炉所用耐火材料

回转床煅烧炉，仅炉子主体就用耐火材料780t，其中包括：保温材料、高铝耐火砖、可塑料、浇铸料等30多种，其中用量较多的两种耐火材料是Plibrico塑性耐火材料和Plicast浇铸耐火材料。Plibrico塑性耐火材料是稠黏的、油灰状的物质，该塑料具有合适的工作性能，不用添加水就可以施工安装。Plicast浇铸耐火材料是由筛选的原材料所组成的干型粒状混合物，并且按精确的比例混合而成。有关这二种耐火材料的使用和安装说明应参考专门资料。耐火材料衬里的烘干是非常重要的，在烘炉过程中，耐火材料中存在的结合水必须蒸发掉。烘炉过程的进行必须按照给定的升温速度，具体情况取决于安装材料的数量和类型。

9. 回转床煅烧装置能耗指标

回转床煅烧装置能耗包括在煅烧过程中燃烧的从生焦中挥发出的挥发分(VM)、固定碳在煅烧过程中的烧损(C)、燃料气、蒸汽消耗、软化水、电、新水和废热回收锅炉外输蒸汽等。石油焦煅烧装置能量消耗情况见表5-5-15(装置锅炉外输蒸汽为负值)。

表5-5-15 石油焦煅烧装置能量消耗表

石油焦品种	VM+C消耗	燃料气	蒸汽消耗	外输蒸汽	软化水	新鲜水	电/(kW·h/t)
煅烧普通焦/(t/t)	0.23	0.10	0.07	-1.65	3.21	1.35	74.7
煅烧针状焦/(t/t)	0.28	0.21	0.19	-2.86	6.41	2.74	111.10

某生产能力为100kt/a针状焦煅烧装置的主要消耗指标(以针状焦为基准)如下：

燃料量(按燃料油计)：40kg/t

用电量：36kW·h/t

1.0MPa蒸汽发生量：1.2 t/t

(四) 针状焦的煅烧

1. 针状焦煅烧工艺和工艺控制

(1) 回转床煅烧炉的特点

因为回转床煅烧炉本身具备的特点比较适合用于煅烧针状石油焦，本节主要讨论回转床煅烧炉针状焦煅烧工艺。回转床煅烧炉本身具备三个特点：

① 控制回转床煅烧炉内的燃烧气氛，可燃的挥发分在物料表面燃烧，形成了一层还原性气氛，降低了固定碳的氧化烧损。回转床煅烧炉旋转的炉床与固定的炉顶之间采用水封，在煅烧操作过程中炉内压力控制为微负压，使漏入炉内的空气量较小，降低了煅烧物料的氧化损失。回转床煅烧炉的固定碳收率比较高。

② 回转床煅烧炉的竖直烟道截面积很大，上升烟气气流速度很低，被烟气带走的粉焦量很少，减少了煅烧过程中物料的烧损。

③ 回转床煅烧炉固定的炉顶所装配的输送耙子、混合耙子外包耐火材料，不与炉床的耐火材料直接接触，转动的炉床与固定的输送耙子、混合耙子之间有50mm厚的固定焦炭层，使耐火材料的磨损量小，减少了煅后焦中灰分含量，提高了产品质量。

(2) 回转床煅烧炉煅烧针状焦工艺的控制

针状石油焦在炉内煅烧的热量来源主要是生焦中所含的挥发分被释放出来后燃烧所提供的。燃烧所用的过程空气是通过同流换热器加热至500℃，经过煅烧炉侧墙上的边门和火嘴进入炉内，控制进入煅烧炉内的过程空气量及其分布可以控制煅烧炉内的煅烧温度。由于针状石油焦的挥发分含量较低，在针状石油焦的煅烧过程中，其挥发分的燃烧不能够满足实际煅烧温度的要求，需要使用外加燃料。外加燃料的使用量取决于以下几个方面：

① 煅烧炉处理针状石油焦的产量及煅后针状石油焦真密度所要求的炉内煅烧温度。

② 进入煅烧炉的煅前生针状石油焦中水分和挥发分的含量情况。

③ 煅烧过程中使用过程空气的预热温度。

④ 煅烧过程中针状石油焦的固定碳烧损量。

⑤ 煅烧过程中炉内热量损失量。

(3) 煅烧针状焦内、外区的划分

回转床煅烧炉煅烧针状石油焦的内区煅烧温度比煅烧普焦的内区煅烧温度高，外区的煅烧温度要低。内、外区的温度梯度的控制是煅烧针状石油焦的关键。煅后针状焦的强度和粒度取决于从环境温度升至 800℃ 左右的升温速率。如果加热速率过快，煅后焦的冷强度差，并产生过量的焦粉。为了提高针状焦的强度，减少过量粉焦产生，把煅烧炉分成两个区：外区(预热区)和内区(煅烧区)。回转床煅烧炉的内、外区的划分在于炉顶倾斜向下形成煅烧炉的鼻梁，由于鼻梁的下探，使煅烧炉的内、外区之间的热传递面积减小。在煅烧针状石油焦时，外区的煅烧温度与内区的煅烧温度相差太大，仅靠鼻梁的下探很难控制所要求的外区煅烧温度，需要进一步减少内、外区之间的传热面积，阻止内区高温热量辐射到外区，使外区的温度控制在合理的范围内。通过提起在炉顶鼻梁处的 11# 输送耙子，在鼻梁的正下方建立一个焦堆，形成焦堆的高度可以通过 11# 耙子提起的高度来控制，由于鼻梁下方焦堆的形成，使得内、外区的煅烧温度能控制在合理的范围内。

(4) 煅烧针状石油焦外区温度的控制

煅烧针状石油焦的外区温度控制要求比较严格，在使用回转床煅烧炉煅烧针状石油焦的初期，外区的煅烧温度很难控制，外区的煅烧温度一直超过要求的煅烧温度，原因在于进入外区的过程空气量大，针状石油焦中的挥发分在外区挥发出后，与过量的过程空气充分混合、燃烧，同时由于过程空气过量，使碳质原料烧损增加，造成外区煅烧温度严重超标。外一区的温度达到 1150℃ 左右，外二区的温度达到 1250℃ 左右，外三区的温度达到 1350℃ 左右。由于外区的煅烧温度过高，使进入炉内的煅前针状石油焦中的挥发分在短时间内突然溢出，造成部分挥发分无法充分挥发而残留在焦内或积聚在针状石油焦的表面，严重影响煅后针状石油焦的质量。合理地控制外区的煅烧温度是保证煅后针状石油焦质量的前提，而如何减少漏入外区的过程空气量又是降低外区炉温的关键。根据回转床煅烧炉的本体结构，对回转床煅烧炉的过程空气边门进行技术改造，可减少进入外区的过程空气量，使得外区的煅烧温度大幅度降低，外区的煅烧温度能控制在合理范围内。

(5) 煅烧针状石油焦内区温度控制的优化

必须根据实际情况逐渐摸索出煅烧针状石油焦较佳的工艺操作条件。在装置进行生产标定过程中所使用的内区针状石油焦煅烧温度接近回转床煅烧炉的耐温极限 1600℃，虽然煅后针状石油焦的真密度达到合同的要求，但是，如此高的煅烧温度增加了回转床煅烧炉的整体热负荷，不利于装置的平稳、安全运行；同时也增加了装置整体的能耗，加大了物料的烧损。因此，在保证煅后针状石油焦的产品质量前提下，对煅烧针状石油焦的内区煅烧温度需要进行优化，经过多次对内区煅烧温度的调整，使内区的煅烧温度降低至 1470℃ 左右，为装置的平稳、安全运行创造了条件。内区煅烧温度优化情况可见图 5-5-15。当然，不同情况下优化结果也可能不同。

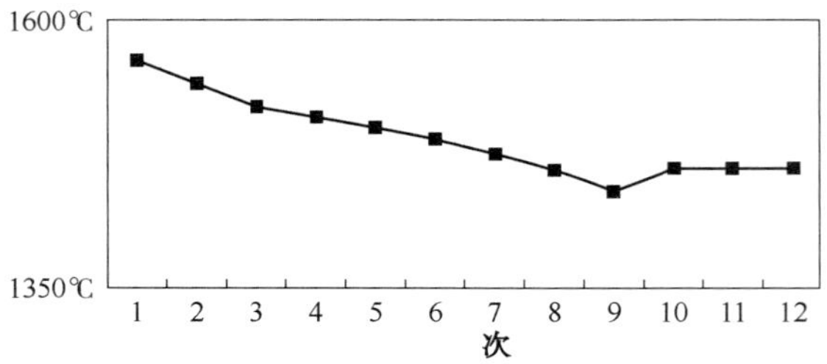

图 5-5-15　煅烧针状石油焦的内区煅烧温度优化

2. 回转床煅烧炉普焦煅烧工艺与针状焦煅烧工艺的区别

普焦的煅烧与针状焦的煅烧有不同之处，通常普焦生产时，由于普焦中挥发分含量较高，挥发分的燃烧释放出的热量可以满足普通石油焦的煅烧温度的要求，不需要使用辅助燃料，或使用较少的辅加燃料。在普焦的煅烧过程中，煅烧炉是在亚化学当量的情况下操作的，依靠控制过程空气的流量和过程空气的预热温度来控制煅烧炉的煅烧温度。烟气离开煅烧的内区时还携带有没燃烧的挥发分，这些挥发分将在后燃室内与后燃室空气燃烧，这样就提高了废热烟气的温度。可在后燃室加入稀释空气，用来降低废烟气的温度，保护后续的设备。

由水平烟道处进入的过程空气有两个用途：后燃空气是用来燃烧废热烟气中的未燃的过量的挥发分和废热烟气中携带的未燃的焦粉；稀释空气是用来降低废热烟气的温度，使进入废热回收系统的烟气的温度得到控制。后燃空气的使用量由水平烟道的氧含量分析仪控制；稀释空气的使用量是由水平烟道的一个热电偶控制。普焦生产过程的产率较高，挥发分含量较高，所以过程空气和废烟气流速都高于针状焦的生产过程。

回转床煅烧炉由普焦生产转换到针状焦是很容易做到的。在由普焦生产转换到针状焦生产时，必须对炉床上不同种类的石油焦进行置换，以保证生产出的针状焦产品的质量。

3. 煅后针状石油焦的产品质量案例

煅后针状石油焦的产品质量在国内现无统一标准，锦州石化公司制定的企业标准见表5-5-16。

表 5-5-16　锦州石化公司煅后针状石油焦质量企业指标

序号 \ 指标	真密度/(g/cm³)	挥发分/%	灰分/%	硫分/%	水分/%	固定碳/%	热膨胀系数/(10^{-6}/℃)
1#	≥2.13	≤0.4	≤0.2	≤0.5	≤0.15	≥99.5	≤1.30
2#	≥2.12	≤0.4	≤0.3	≤0.5	≤0.15	≥99.5	≤1.40
3#	≥2.10	≤0.5	≤0.4	≤0.5	≤0.15	≥99.2	报告

现有煅烧装置生产的煅后针状石油焦产品质量情况，能够达到锦州石化公司内部企业标准要求的1#煅后针状石油焦的质量标准。煅后针状石油焦已经通过 ISO 9002 质量体系认证过程中的产品认证。由 ISO 9002 质量体系审核单位指定冶金工业部焦化产品质量监督监测中心对煅后针状石油焦的质量进行分析，所得出的煅后针状石油焦质量分析结果(A)与鞍山热能研究所 1996 年对国外煅后针状石油焦的分析结果(B)、吉林碳素厂 1996 年对国外煅后针状石油焦的分析结果(C)列表比较见表 5-5-17。

表 5-5-17　国产煅后针状石油焦与国外产品对比表

分析项目	国产(A)	国外(B)	国外(C)
水分/%	0.06	0.40	—
灰分/%	0.15	0.05	0.09
硫分/%	0.49	0.31	0.28
挥发分/%	0.17	0.65	0.97
真密度/(g/cm^3)	2.14	2.14	2.14
热膨胀系数/(10^{-6}/℃)	1.26	2.3	1.09
固定碳/%	99.62	—	—
电阻率/(Ω·mm^2/m)	—	637	553

由表 5-5-17 可见，国产的煅后针状石油焦产品质量已经接近国外同类产品的质量。

第六节　流化焦化与灵活焦化

20 世纪 50 年代美国首先试验成功了流化焦化和灵活焦化，流化/灵活焦化过程的出现，使得焦化工艺由固定床反应变化为流化床反应，操作得以完全连续化，是焦化工艺的一个新发展。

一、流化焦化和灵活焦化

(一) 概况

20 世纪 50 年代美国 Exxon 公司开发了一种流态化焦化工艺技术——流化焦化工艺[146,154]，特点是焦化反应不在焦炭塔内进行，而是在流态化反应器内进行。后来，在此基础上又成功开发了灵活焦化工艺。流化焦化和灵活焦化的反应部分是相同的，都属于流态化反应工程。

流态化焦化经过 30 多年的工业实践和改进，人们重新对流化焦化作出了新的评价。从固定床延迟焦化发展到流态化焦化，在下述四方面有较大进步：

① 从化学工程分析，延迟焦化焦炭塔属于固定床反应器，而流态化焦化(流化焦化和灵活焦化)属于流态化反应，从固定床反应发展到流化床反应，在反应工程方面是一个很大进步，反应效率有很大提高。

② 流化焦化和灵活焦化没有原料加热炉，不存在加热炉炉管结焦问题，因此原料的适应性比延迟焦化更加广泛。所有的常压重油、减压渣油以及任何可以泵送的重质油料，例如油砂沥青、重质原油、页岩油等均可作为流态化焦化的原料油。一般炼油装置不能加工的超重、高金属含量劣质原油，流化焦化和灵活焦化都能加工，而且一个重要的特点是加工费用高低和原料中杂质含量多少的影响(如重金属、灰分、硫、氮等)关系不大，这些特点是其他炼油工艺，如渣油固定床加氢等无法与之竞争的。

③ 流态化焦化不设原料加热炉，不需要用自产的焦化干气作燃料，装置热平衡和催化裂化工艺相似，依靠自身烧焦热量来解决。因此，装置净生焦量比延迟焦化低，所生产的焦化干气量也比延迟焦化多。

④ 由于流态化焦化焦粒载体是在二器(或三器)系统内密闭循环和反应，没有延迟焦化暴露于大气中的除焦系统和焦水系统，装置清洁程度好于延迟焦化。

此外，流态化焦化许多工程及设备和催化裂化是很相似的。我国是一个催化裂化大国，完全掌握了催化裂化成套技术，对发展流态化焦化从设计到建设有许多有利条件。表5-6-1是延迟焦化、流化焦化和灵活焦化三种焦化工艺特点的简单比较。由表可见，与延迟焦化工艺相比，流化焦化和灵活焦化工艺都具有原料和操作柔性化程度高、反应温度高、液体收率高、焦炭(流化焦化）收率低等优点，装置清洁生产比延迟焦化有很大的改善。早期流化焦化生成大量没有合适用途的焦粉，以及由于加工高硫原油造成CO锅炉烟气排放严重超标等原因，在工业上推广和应用少于延迟焦化工艺。灵活焦化由于配置有焦粉气化设备，可将焦粉转化成低热值瓦斯，基本上不生成焦粉，它可把99%的减压渣油转化成液体和气体产品，但存在所产低热值灵活气的利用问题。同时灵活焦化投资比一般延迟焦化大。

表5-6-1　三种焦化工艺特点简单比较

项　目	延迟焦化	流化焦化	灵活焦化
反应设备	焦炭塔(固定床)	流态化反应器	流态化反应器
工艺特点	反应温度缓和，液体收率一般	反应温度较高，液体收率高	反应温度较高，液体收率高
工艺复杂程度	简单	简单	较复杂
固体产品	石油焦(燃烧焦、电极焦、针焦)	焦粉	生成极少量高金属含量焦粉
焦炭:(净)收率	高	较低	—
单套能力	小-中	中-大	中-大
投资	低	低	较高
相对投资	100%	100%~120%	130%~150%
环境影响	一般	较好，CO锅炉烟气超标	较好

（二）工艺流程

流化焦化的原则工艺流程图如图5-6-1[155]所示。流化焦化两器部分包括流化床反应器和流化床燃烧器。重质焦化原料首先进入反应器之上的洗涤塔，与来自反应器的物料换热。温度为260~370℃的物料加入至焦化反应器中，在反应器中进行热裂化，反应器进料包括新鲜进料和冷凝下来的循环油，反应温度510~565℃，比延迟焦化的反应温度高，反应器内停留时间15~30s。进料热裂化生成全馏分的油气和焦炭，生成焦炭沉积在流态化的焦颗粒上(粒度40~1000μm)，焦颗粒流态化是在裂解气和汽提水蒸气共同作用下产生的。和延迟焦化比较，流化焦化液收率较高，但产品中烯烃含量高[156]。

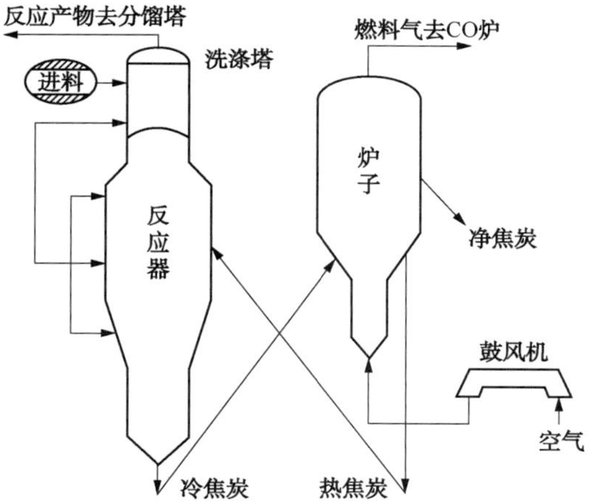

图5-6-1　流化焦化原则流程图

焦化反应是一个吸热反应，焦化反应热量由循环热焦炭所提供，循环热焦炭颗粒的推动力由两器流化系统的压力平衡参数决定，热焦炭循环量用滑阀开度控制，焦炭循环比常规催化裂化剂油比大。滑阀的滑动接触表面使用硬质表面处理使磨损最小化，焦炭管线(包括烟道气)使用独特的耐热/耐磨衬里。在反应器和燃烧器之间用蒸汽来维持热炭颗粒的循环，离开反应器的焦炭温度为510~520℃，也是利用流化蒸汽使之再回到燃烧器(炉子)中。

焦化生成油气从反应器顶部进入洗涤塔。反应产物在洗涤塔内除去固体颗粒，同时把高于 520 ℃的重质油冷凝下来，再返回至反应器中。洗涤塔顶 400℃以前的馏分送入分馏系统，分离为焦化气、焦化石脑油、焦化柴油和蜡油，它们的进一步处理方案和延迟焦化基本上一样。为使反应器维持一定焦化温度所需的热量由反应器与燃烧器之间的循环焦炭来供给。在燃烧器中一部分焦炭进行燃烧，以提供焦化过程所需的热量。多余的焦炭从燃烧器排出，送至焦炭储仓。

流化焦化关键设备之一焦化反应器的高度一般为 18~30.5m。焦化反应生成的焦炭堆积在作为反应热载体焦炭颗粒之上。油气则通过反应器的稀相层进入一组旋风分离器，最后进入洗涤塔。系统的焦炭藏量依靠从反应器底部至燃烧器之间输送的颗粒焦炭来维持，由热焦炭提供裂化反应所需的热量。约有 15%~20%的生成焦炭在燃烧器中用空气燃烧，两器热平衡由焦炭燃烧热供给，不需要由外部补充燃料。因此流化焦化不需要配置焦化原料加热炉，它的生焦率(净)低于延迟焦化。焦炭燃烧生成烟气的热值约为 0.75~1.5MJ/Nm^3，送至 CO 锅炉或其他加热炉中回收热量，多余的焦粉从燃烧器排出。流化焦化在炼厂中的系统流程见图 5-6-2。

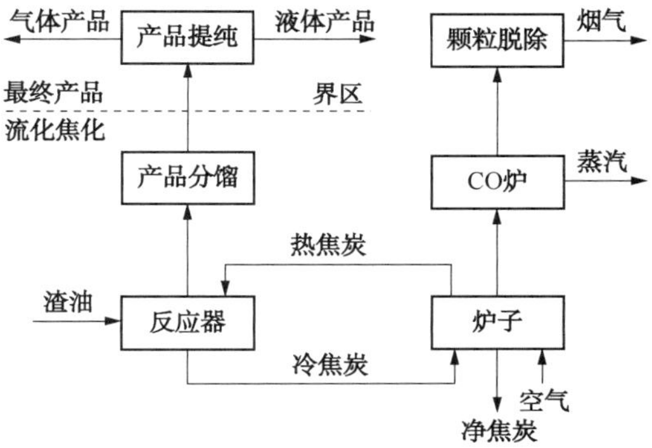

图 5-6-2　流化焦化系统流程图

灵活焦化流化床反应器结构基本和流化焦化相似，图 5-6-3 为灵活焦化的原则工艺流程图。

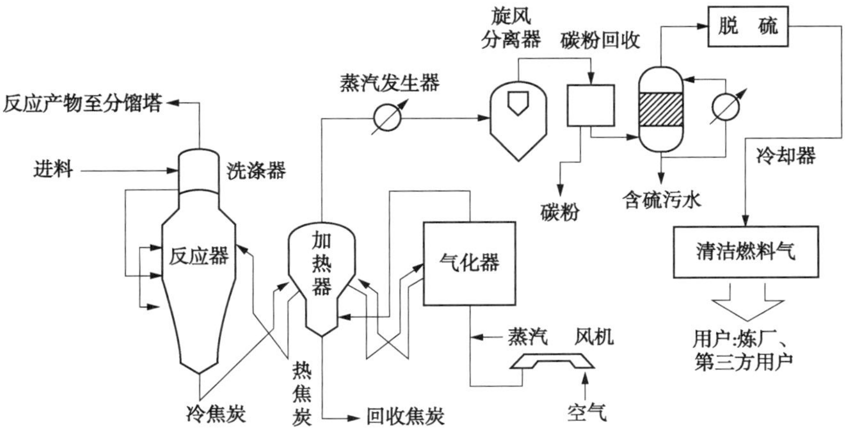

图 5-6-3　灵活焦化原则工艺流程图

灵活焦化反应部分和流化焦化基本相同，但热平衡方式则不同。灵活焦化气化器中循环焦炭同空气和水蒸气在 815~982℃(典型为 871℃)反应产生低热值瓦斯。从气化器中回到加热器中的热焦炭将其热量传给了从反应器来的焦炭，出加热器热焦炭温度为 620℃左右。由气化器来的焦炭热量提供整个反应热平衡的热量需要。

加热器顶部出来的焦化瓦斯和可挥发烃类先产生蒸气，然后经过三段旋风分离器分出干焦粉，剩余的焦粉经过文丘里洗涤器呈浆液状排出。灵活焦化所产的焦 95%以上可以被气化，装置实际产出的极少量焦粉，占焦化进料 1.5%左右。灵活焦化装置生成热值为 4.47~

5.18MJ/Nm^{3}的低热值煤气，它可用作炼厂工艺加热炉或锅炉燃料。焦化瓦斯(灵活气)中所含的硫化氢可用脱硫工艺(如 Stretford 蒽醌法脱硫工艺)除去，因此燃料瓦斯中硫含量是很低的。过程中生成的少量焦粉，其中含有焦化原料中 99%左右的重金属，可以回收这些重金属。此焦粉也可用作水泥窑的燃料。加工劣质原油高转化率的炼油厂可用灵活焦化-催化裂化或灵活焦化-加氢裂化组合工艺流程生产汽油、喷气燃料和柴油，同时可不生产或极少生产低值的石油焦。灵活焦化在炼厂中的系统流程图见图 5-6-4。

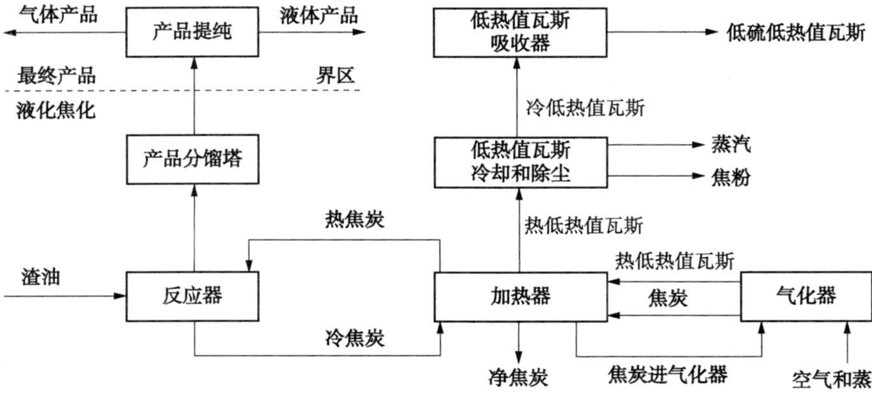

图 5-6-4　灵活焦化系统流程图

(三) 物料平衡及主要参数

流化/灵活焦化液体产品的下游用途和延迟焦化基本相同。流化焦化的粉焦可与延迟焦化的石油焦和(或)煤炭一样销售。约半数的流化焦粉用作水泥窑燃料，也可用作普通锅炉的燃料。流化焦粉用作循环流化床锅炉(CFB)燃料时，无需进行粉碎和其他处理。用流化焦粉造气，组成联合循环(IGCC)联产电力、蒸汽和氢气的方案在技术上是可行的，并有工业装置报道。灵活焦化基本上不存在下游焦粉的处理问题。表 5-6-2 是几种减压渣油流化焦化产品收率。表 5-6-3 为流化焦化装置加工阿拉伯原油，按一次通过和循环流程的产品收率及性质数据。

表 5-6-2　流化焦化的产品收率

项　　目	中东原油	Tia Juana 中质原油	Bachaquero 原油
焦化原料	减压渣油	减压渣油	减压渣油
切割温度/℃	>566	>566	>566
相对密度(15.6℃)	1.0359	1.0510	1.0466
硫含量/%	3.4	3.0	3.7
氮含量/%	0.77	0.52	0.81
康氏残炭/%	21.4	23.3	26.5
产品收率/%			
<C_4焦化气	11.8	12.1	12.6
C_5～182℃焦化汽油	11.0	10.8	10.3
182～520℃焦化瓦斯油	50.8	47.9	44.2
焦　炭	26.4	29.2	32.9
合　计	100.0	100.0	100.0

表 5-6-3　流化焦化装置的产品收率及其性质

项　　目	阿拉伯轻质原油		阿拉伯重质原油	
焦化原料油	减压渣油		减压渣油	
切割温度/℃	>565		>565	
相对密度(15.6℃)	1.0180		1.0505	
硫含量/%	4.3		5.6	
氮含量/%	0.37		0.47	
康氏残炭值/%	22.0		28.5	
总金属含量/(μg/g)	116		250	
产品收率/%	循环	一次通过	循环	一次通过
<C_4焦化气	11.2	9.8	12.9	11.2
C_5~221℃焦化汽油	15.3	13.3	14.4	12.5
221~343℃焦化柴油	12.1	10.7	10.2	8.9
343~522℃焦化蜡油	34.7	30.0	27.1	24.1
>522℃渣油	0	12.3	0	12.2
总焦炭	26.7	23.9	35.4	31.1
产品性质				
C_5~221℃焦化汽油				
相对密度(15.6℃)	0.7571	0.7451	0.7563	0.7491
硫含量/%	0.8	0.8	1.0	1.0
氮含量/%	0.01	0.01	0.01	0.01
氢碳质量比	0.159	0.166	0.160	0.164
221~343℃焦化柴油				
相对密度(15.6℃)	0.9001	0.8844	0.8990	0.8911
硫含量/%	2.8	2.8	3.6	3.6
氮含量/%	0.10	0.10	0.12	0.12
氢碳质量比	0.135	0.137	0.135	0.136
343~522℃焦化蜡油				
相对密度(15.6℃)	0.9958	0.9765	0.9965	0.9847
硫含量/%	4.3	43	5.6	5.6
氮含量/%	0.4	0.4	0.6	0.5
康氏残炭值/%	3.8	3.8	4.9	4.9
金属含量/(μg/g)	1.6	1.6	3.4	3.4
氢碳质量比	0.120	0.124	0.120	0.122
>522℃渣油				
相对密度(15.6℃)		1.0298		1.0784
硫含量/%		4.5		5.9
氮含量/%		0.4		0.5
康氏残炭值/%		18.6		24.1
金属含量/(μg/g)		53		113
氢碳质量比		0.098		0.096

灵活焦化产品收率估算见表 5-6-4，表 5-6-4 是四种原油减渣灵活焦化产品收率[157,158]。

表 5-6-4　四种原油减渣(>565℃)灵活焦化产品收率

项　　目	阿拉伯重质原油	北坡原油	S. Louisian 混合	Athabasca 油砂沥青
原料性质				
API 度	3.0	5.5	8.7	8.9
硫含量/%	6.0	2.5	1.7	4.9
康氏残炭值/%	27.7	20.0	17.9	12.7
收　率				
H_2S/%	1.45	0.53	0.36	1.1
C_3/%	9.62	8.85	8.53	7.6
C_4/%	0.67	0.58	0.57	
焦化汽油(干点 188℃)/%(v)	15.0	16.0	16.1	17.9(干点 221℃)
焦化轻柴油/%(v)	16.7	20.4	21.6	23.4
焦化重柴油/%(v)	28.9	36.9	39.1	42.1
瓦斯低热值				
Btu/10^3ft^3	127	113	108	94
10^3Btu/桶原料	1370	900	760	480
排出碳/%	0.69	0.48	0.43	0.8

表 5-6-5 是用墨西哥玛亚原油和 Isthmus 原油混合油(52/48)的减压渣油为原料油估算得到灵活焦化的产品收率，表 5-6-6 是所得到的灵活焦化产品性质，表 5-6-7 是中东原油减压渣油作原料时灵活焦化装置的产品收率、性质及其用途。

表 5-6-5 中混合原油性质及其他数据如下：

减压渣油切割温度	>566℃
进料温度	260℃
加工能力	1.4Mt/a
相对密度	1.0528
硫含量	5.1%
氮含量	0.6%
康氏残炭值	29.7%
镍含量	99μg/g
钒含量	81μg/g
<538℃组分含量	5%(v)

表 5-6-5　墨西哥玛亚原油和 Isthnus 原油混合油(52/48)的减压渣油灵活焦化产品收率(估算值)

产　品	收率(进料)/%	产　品	收率(对进料)/%	产　品	收率(对进料)/%
H_2S	1.04	甲　烷	2.69	正丁烷	1.04
COS	<0.01	乙　烯	0.61	C_4合计	2.71
CH_3SH	0.04	乙　烷	2.29	C_5~177℃	11.51
C_2H_5SH	0.04	丙　烯	1.11	177~343℃	12.64
NH_3	0.05	丙　烷	1.67	343~427℃	9.24
CO	0.15	<C_3气体合计	8.52	>427℃	17.1
CO_2	0.10	丁二烯	0.05	小　计	50.49
小计	1.42	丁　烯	1.43	焦　炭①	36.86
H_2	0.15	异丁烷	0.19	产品总计	100.00

① 其中 97.3%的焦炭气化，其余部分为焦粉。

表 5-6-6　墨西哥玛亚原油和 Isthmus 原油混合油(52/48)减压渣油灵活焦化馏出油性质

项　　目	焦化石脑油	焦化柴油	焦化轻蜡油	焦化重蜡油
切割温度/℃	C_5~177	177~343	343~427	427~524
相对密度	0.7408	0.8844	0.9629	1.018
硫含量/%	0.72	2.81	4.59	5.21
氮含量/%	0.007	0.119	0.417	0.674
康氏残炭值/%			2.30	6.37
镍含量/(μg/g)				2.30
钒含量/(μg/g)				11.2
氢碳质量比	0.160	0.137	0.125	0.117
苯胺点/℃	10.6	29	38	54
倾点/℃		-25	59	88
溴价/(gBr/100g)	117	62	41	29
十六烷值		30.2		
黏度/(mm^2/s)				
38℃	0.6	2.2	44.2	1360.6
99℃	0.4	0.9	4.2.	30.6
族组成/%(v)				
烷烃	22.3	15.5		
烯烃	59.0	30.0		
环烷烃	5.5	2.9		
芳烃	13.2	51.6		
低热值煤气				
流率/(Nm^3/min)	6220			
热值(干)/(MJ/Nm^3)	5.0			
组　成①				
CO/%(v)	20.16			
CO_2/%(v)	9.51			
H_2/%(v)	21.47			
N_2/%(v)	44.54			
CH_4/%(v)	0.80			
H_2S/(μL/L)	150			
COS/(μL/L)	120			
H_2O/%(v)	3.5			
合计	100.00			

① 为脱硫后煤气组成。

表 5-6-7　中东减压渣油灵活焦化产品收率、性质及其用途

原 料 油	产品收率(进料)	产品质量	用　途
中东减压渣油(>566℃) 硫含量 3.4% 康氏残炭 21.4% 镍含量 135μg/g 钒含量 387μg/g	≤C_4焦化气 12%	硫含量 6%	燃料气；回收液化石油气；烷基化原料
	C_5~220℃焦化汽油 15%	硫含量 0.8%	加氢精制后作汽油组分或乙烯原料
	220~524℃焦化柴油 46%	硫含量 3.0%	催化裂化、加氢裂化原料(需加氢处理)
	焦炭 27%； 气化生成低热值煤气量 0.16 燃料油当量/桶进料； 焦粉 0.8%	焦粉 钒含量 52% 硫含量<2%	炼油厂燃料气；电站燃料；回收金属

对于一套处理能力为 2.0Mt/a 减压渣油焦化加工装置为例，将灵活焦化和延迟焦化技术

进行比较。装置原料性质见表5-6-8，两种工艺主要操作条件对比见表5-6-9、表5-6-10，灵活焦化工艺物料平衡见表5-6-11。

表5-6-8　灵活焦化装置原料性质[165]

项　目		设计数据	实际(最小)	实际(最大)
相对密度		1.035	0.98	1.1
残炭/%		20.7	16	33
硫含量/%		3.4	2.6	7.2
氮含量/%		0.83		
镍/(μg/g)		114	20	600
钒/(μg/g)		517	20	600
减压蒸馏(ASTM D1160)/℃	5%	504		
	10%	555		
	30%	636		

表5-6-9　灵活焦化装置主要操作条件

项　目		操作条件
反应器	温度/℃	510
	压力/MPa	0.086
加热器	温度/℃	521
	压力/MPa	1.8
反应器停留时间/s		15
气化器温度/℃		927
洗涤油焦粉含量/%		3
低热值气体发汽后温度/℃		165

表5-6-10　延迟焦化装置主要操作条件

项　目	操作条件	项　目	操作条件
加热炉出口温度/℃	496	生焦周期/h	18
循环比	0.1	急冷后温度/℃	441
焦炭塔压力/MPa(表)	0.105	急冷油类型	蜡油

表5-6-11　灵活焦化物料平衡

项　目	收率/%	
	灵活焦化	延迟焦化①
焦化气体	8.6	9.2
焦化石脑油(C_5~221℃)	12.1	12.2
焦化柴油(221~343℃)	13.9	28.1
焦化蜡油(343~524℃)	41.2	25.2
液体产品总收率	67.2	65.5
净产品焦炭	1.2	
气化焦炭	23.0	
焦炭总收率	24.2	25.2
焦炭总量/(t/h)	58	
低热值煤气/(t/h)	317	

① 延迟焦化工艺设定循环比为0.1，焦炭塔反应压力为0.105MPa(表)。

从表5-6-9至表5-6-11可以看出，灵活焦化工艺液体产品收率略高于延迟焦化液体产品收率1.7%，气体产品及焦炭总量低于延迟焦化装置。同时，该反应条件下灵活焦化柴油产品收率明显偏低，这与该反应器设计的物料停留时间短有关，可相应延长停留时间，增加柴油产品收率。但总体来说，灵活焦化装置的柴油收率低于延迟焦化。灵活焦化生焦率在一定范围内灵活可调的条件下，可将95%以上的石油焦转化为低热值气体，脱硫后作为清洁燃料气使用，而剩余少量石油焦粉富含重金属，可进一步作为金属回收资源或卖给水泥厂等作为原料。相比于延迟焦化装置，灵活焦化洗涤油量较大，装置不能在循环比为零的情况下操作。

（四）工业应用现状

1. 流化焦化工业应用现状

第一套流化焦化装置建于1954年，至今已建成13套工业装置(表5-6-12)，加工减压渣油总能力约为8Mt/a，加工阿萨巴斯卡(Athabasca)油砂沥青能力约为10Mt/a。美国达拉瓦州达拉瓦城流化焦化装置(目前运转能力2400kt/a)下游和IGCC配置，是一套比较典型的流化焦化-IGCC组合工艺。

表5-6-12　流化焦化工业装置

建设地点	设计能力/(kt/a)	首次开工日期	目前状况
美国蒙大拿州比灵斯	200	1954年12月	目前运转能力410kt/a
美国马里兰州巴尔的摩	530	1955年10月	1957年炼油厂关闭
加拿大魁北克	200	1956年8月	1976年停产
美国密西根州底特律	210	1956年10月	1970年停产
美国加州贝克斯菲尔德	210	1957年4月	1984年停产
美国加州埃文	2200	1957年6月	
美国达拉瓦州达拉瓦城	2200	1957年8月	目前运转能力2400kt/a(流化焦化-IGCC)
美国密西西比普威斯	250	1957年12月	1994年炼厂关闭
墨西哥马德拉	530	1968年2月	目前运转能力640kt/a
加拿大安大略萨尼亚	740	1968年4月	目前运转能力1100kt/a
美国加州贝尼西亚	850	1969年4月	目前运转能力1450kt/a
加拿大艾伯塔米尔德湖	2×390	1978年7月	目前运转能力为2×567kt/a
加拿大艾伯塔米尔德湖	500	2004年建成	

由表5-6-12可见，流化焦化从20世纪70年代后很少建设新装置，除了大量粉焦的利用有一定局限性外，另一原因是CO锅炉排放烟气的环保严重超标问题，配置烟气脱硫的设备投资很大，操作费用较高，所以，流化焦化比较适应于大型装置。Syncrude公司在加拿大建设第三套大型流化焦化(5 Mt/a)，2004年底建成，2005年投产[150]。装置加工油砂沥青的质量参数主要是：

相对密度	1.007	钒含量	250μg/g
硫含量	5%	镍含量	100μg/g
康氏残炭	12.9%		

加拿大Alberta省北部4个油砂沉积带的沥青储量超过1亿桶，可回收采出沥青3000亿桶(500亿t)。虽然这种沥青质量很差，但数量巨大，Syncrude联合企业沥青改质厂UE-1扩建计划的核心装置是“流化焦化”和“中馏分加氢改质”。图5-6-5是Syncrude联合企业沥

青改质厂 UE-1 扩建流程图。可见对于一些劣质原油加工流程，由于流化焦化不存在加热炉结焦问题，所以仍是一个重要的选择。Syncrude 联合企业第三套流化焦化装置脱除尾气中 SO_2 的措施是设置烟气洗涤装置，采用本厂副产的氨，与 SO_2 反应生成 15 %的硫酸氨浆液，再送到厂外的肥料厂加工成片状的硫酸氨，销往美国西北部肥料市场。

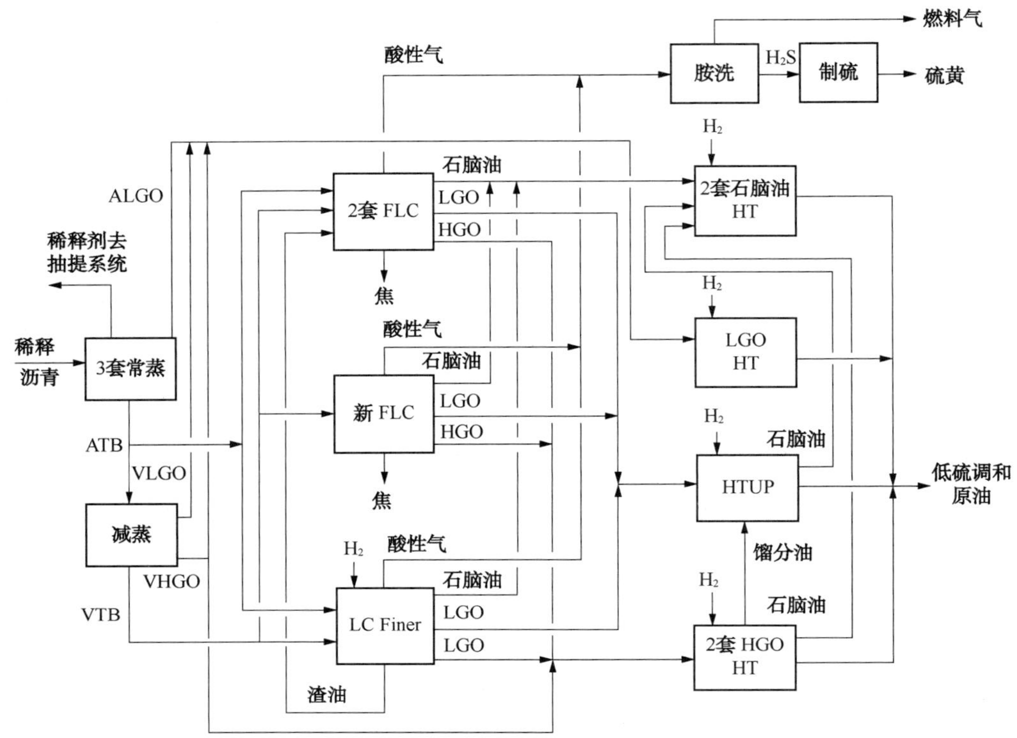

图 5-6-5　加拿大 Syncrude 联合企业沥青改质厂 UE-1 扩建流程图

2. 灵活焦化工业应用现状

第一套灵活焦化装置 1976 年 9 月建于日本川崎 TOA 石油公司的 KEIHIN 炼厂，1993 年扩建，2002 年进一步扩建，能力由 1. 155Mt/a 增加到 1. 32Mt/a，增加了 14. 3%，运行情况正常。自 20 世纪 90 年代至 2006 年以前，受 ExxonMobil 公司对外转让的苛刻条件限制，以及欧美等国炼油企业大都都有丰富天然气管网供应等原因，使得灵活焦化工艺没有新装置建设，但现有加工能力通过不断地改造扩能始终在增长。近年来，石油加工企业开始关注灵活焦化装置的优越性和盈利性。在过去不到两年的时间里，就在希腊、秘鲁和俄罗斯相继转让了 3 套装置，正在洽谈的还有 10 多套装置。2013 年投产的希腊国有 Hellenic 炼厂的 100 万 t/a 灵活焦化装置的经济效益据说很好，累计开工一年全厂效益有两亿多美金。目前世界上已经投产及在建的灵活焦化装置情况见表 5-6-13[165]。由表可见，灵活焦化单套加工能力较大，目前新建装置不多，但原有装置一直在扩建，经济效益较好。2017 年 3 月 27 日，恒逸实业(文莱)有限公司与文莱能源局、经济发展局在文莱帝国酒店正式签署关于恒逸文莱 PMB(大摩拉岛)石油化工项目的实施协议，该项目是一个以原油、凝析油为原料的炼油化工一体化项目，计划建设工艺装置中有 100 万 t/a 灵活焦化装置，建设地点位于文莱达鲁萨兰国大摩拉岛，预计 2018 年底投产。

表 5-6-13　灵活焦化工业装置

公　司	地　址	原设计能力/(Mt/a)	开工日期	附　注
日本东亚石油株式会社	日本川崎炼油厂	1.155	1976 年 9 月	已扩建至 1.32Mt/a
委内瑞拉国家石油公司	委内瑞拉 Amuay 炼油厂	2.86	1982 年 11 月	已扩建至 3.575Mt/a
壳牌	美国加利福尼亚州 Martinez 炼油厂	1.21	1983 年 3 月	
埃克森美孚	荷兰鹿特丹炼油厂	1.76	1986 年 4 月	已扩建至 2.09Mt/a
埃克森美孚	美国得克萨斯州 Baytown 炼油厂	1.54	1986 年 9 月	已扩建至 2.035Mt/a
希腊石油公司	雅典埃莱夫西斯炼厂	0.95	2013 年	
秘鲁石油公司	秘鲁	1.00	设计中	
俄罗斯石油公司	俄罗斯	2.27	设计中	
总计		8.525		已扩建至 10.065Mt/a

(1) 灵活焦化主要设计条件

灵活焦化工业装置主要基础条件见表 5-6-14[160]。

表 5-6-14　灵活焦化工业装置主要基础条件

项　　目	A 公司	B 公司	项　　目	A 公司	B 公司
能力/(Mt/a)	1.172	2.86	焦炭气化量/(t/d)	971	2156
原料康氏残炭值/%	22.7	20.5	气化器直径/m	16.8	21.3
金属含量(镍+钒)/(μg/g)	390	811	流化床反应器高度/m	34.1	45.7
焦炭气化率/%	95	95	正常焦炭藏量/t	1750	3500

(2)灵活焦化装置开工系数、负荷系数

据已建成灵活焦化装置的操作运行情况，装置平均运转率超过 90%。委内瑞拉阿穆艾灵活焦化装置曾经在高于设计能力下连续操作达 416d，装置操作能力弹性较好，在设计处理量 118%下，仍可成功地运行。灵活焦化运行周期一般可达 2~3 年，检修周期 40~60d。

(3) 灵活焦化建设投资

表 5-6-15 为产能 1.3~1.5Mt/a 灵活焦化装置的投资估算数据(美国海湾地区价格)，表中仅指灵活焦化投资，脱硫单元 FLEXSORB-SE 设备未包括在内。

表 5-6-15　灵活焦化装置投资估算①(加工沙重减渣>565℃，2001 年 4 季度)　10^6美元

项　　目	方案 1	方案 2	项　　目	方案 1	方案 2
能力/(Mt/a)	1.50	1.30	主分馏塔	4.9	4.5
直接材料和劳务费	66.6	60.5	非直接费用	36.1	35.0
灵活焦化	54.9	49.5	一次合同价	102.7	95.5
鼓风机	6.8	6.5			

① 包括界区内所有的投资设备、备件、现场制造的容器和管线、直接劳务工资、内陆运输费、现场劳务加班费、合同详细工程费和过剩材料费等。

(4) 灵活焦化装置三器等主要设备和材料

① 所有容器和管线的耐火衬里都有专门型号的规格特性、测试程序和施工方法等。容器的稀相和密相部分有不同的维护要求。单层衬里带整体加强或龟甲网加强结构，在高流速区域使用耐磨衬里，如旋风分离器。

② 加热器和气化器中使用全焊接格栅(ALL-welded grids)，通过格栅管子的穿透作用，从而避免了气封的使用。

③ 使用先进的旋风分离器。

④ 三器管线(包括烟道气)使用独特的耐热/耐磨耐火衬里。

⑤ 在所有高温设备的节流阀门处安装带有专门耐火衬里滑阀，滑阀的滑动接触表面使用硬质合金表面处理使磨损最小化。

⑥ 最大限度使用冷壁技术，避免不锈钢产生连多硫酸应力腐蚀开裂。

⑦ 采用高温、高压(最高达 4.14MPa)单程固定管板烟气冷却器。

3. 流化焦化、灵活焦化工艺特点和运行情况

① 技术成熟，运转周期长，最长运转时间已达三年。延迟焦化的焦炭塔为周期性操作，需要定期切换和除焦，主分馏塔的负荷是周期性波动的。而流化焦化反应器为连续运转，操作简单，需要的操作工人少，可长周期运转，最长运转时间为 36 个月。图 5-6-6 为流化焦化和灵活焦化开工周期达到的水平。

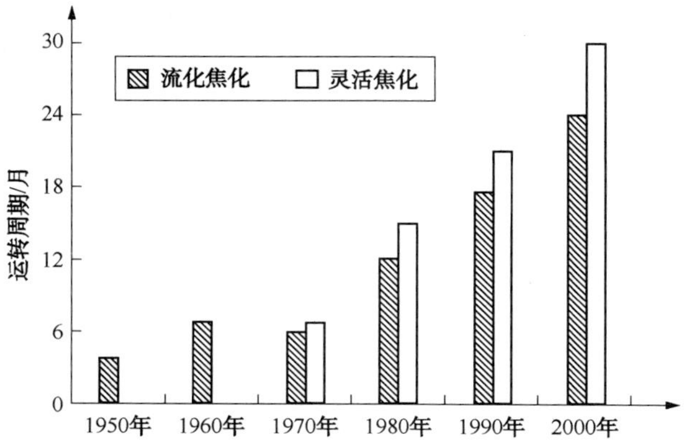

图 5-6-6　流化焦化和灵活焦化开工周期水平

② 工艺灵活性好。流态化焦化可用的原料包括减压渣油、常压重油、油砂沥青、脱油沥青和各种转化过程得到的渣油。在操作方式上，流化焦化可按渣油全循环或一次通过方式均可(生产>520℃渣油，或将>520℃渣油中的大部分固体物分离出来并送回反应器)。在流程上，流化焦化可与减压蒸馏联合，使焦化蜡油的干点提高至减压塔的切割温度(560℃)。流化焦化装置的处理量弹性约为60%，足以适应炼油厂任何失常、停工和事故。

③ 流态化焦化的液体产品收率高于延迟焦化，焦炭收率(按实际生焦量计)低于延迟焦化，灵活焦化由于在装置内已将生成的焦炭转化成低热值瓦斯，因此实际上几乎没有焦炭生成。表 5-6-16 和表 5-6-17 为流化焦化和延迟焦化的产品收率和焦炭质量数据情况。

表 5-6-16　延迟焦化和流化焦化产品收率

项　目	混合渣油		减压渣油	
	延迟焦化	流化焦化	延迟焦化	流化焦化
原料性质				
密度/(g/cm^3)	0.966		1.032	
康氏残炭值/%	19.0		22.5	
硫含量/%	1.2		1.7	
产品收率/%				
$<C_3$气体	6.0	5.5	9.2	8.0
C_4	1.5	0.9	2.0	1.3
C_5~221℃石脑油	17.1	10.2	20.2	14.1
馏分油	53.0	72.0	26.9	51.0
焦炭①	22.0	11	40.2	26.0
液体产品合计	70.1	82.2	47.1	65.1

① 流化焦化为实际生焦率。

表 5-6-17　延迟焦化和流化焦化焦炭质量

项　目	流化焦化	延迟焦化焦	项　目	流化焦化	延迟焦化焦
挥发分/%	1.5~3	6~15	孔隙率/%(v)	8	23~33
灰分/%	0.1~1.0	0.1~1.0	强度(转鼓试验)	20	33~85
碳含量/%	85~92	82~87	燃点/℃	760	
氢含量/%	1.5~2.1	2.3~4.5	自然倾斜角/(°)	约 30	
硫含量/%	1.2~8	0.3~4.5	水分/%	0.3~1	6~12
堆积密度/(g/cm^3)	0.84~0.92	0.57~0.66	净热值/(kJ/kg)	27850~34815	33650~34815
真密度/(g/cm^3)	1.50~1.60	1.28~1.42	Hargrove 磨损指数	20~32	70~80

④ 设备运转可靠性高。流态化焦化流化部分的机械设备少，装置的平均开工系数可达90%以上(装置开工日数除以开工日数与停工日数之和)，有的已达95%。

⑤ 流化焦化单系列装置处理能力可达3Mt/a，单个反应器的流化焦化装置的处理能力可达3.4Mt/a(减压渣油进料，康氏残炭值为20%)，处理残炭值为40%的脱油沥青时仍可达1.6M/a。流化焦化装置扩建改造时可能以较小投资使装置处理能力提高10%~100%，因为装置常常不需要新建主要设备，可节约较多投资。灵活焦化投资较大主要原因是由于配套焦炭气化部分的投资所致，实际这是一套焦化加气化的组合工艺，有一定不可比因素。由于我国尚无一套该类型工业装置，因此缺乏国内投资数据来和延迟焦化比较。

⑥ 流态化焦化用管道将焦炭在系统内循环，燃烧器内多余的焦炭通过气动输送排出装置，反应器和燃烧器、气化器为全密闭的系统，燃烧器的烟气经过热回收及适当的净化后排入烟囱，整个装置在环境污染方面优于延迟焦化装置。

(五) 焦粉和低热值煤气的利用

流化焦化装置焦粉包括有流化床排出焦粉、旋风分离器排出干焦粉和洗涤塔排出湿焦粉等，这类焦粉中硫含量较低，原料油中的金属大部分集中于焦粉之中。干焦粉可在炼油厂的循环流化床锅炉或烧焦炭锅炉中使用，还可用作水泥窑燃料或高炉用焦炭，也可以成为IGCC组合工艺代替渣油作为原料；湿焦粉可用于回收金属，或干燥至水分量小于10 %后用作水泥窑的燃料。灵活焦化产极少量的焦粉，除了可回收金属外，也可用作水泥窑的燃料。

低热值气体的利用是灵活焦化装置运行是否成功的关键，如果低热值气体能够得到充分利用，则全厂的燃料费用将会大幅度降低，使灵活焦化装置的经济效益显著提高，这是灵活焦化有别于延迟焦化的主要特点之一。灵活焦化所产煤气的热值约为4.2~5.2MJ/Nm^3，燃气的热值及组成与典型炼油厂燃料气有较大差别，灵活焦化燃气中氮气、二氧化碳含量较高，体积分数分别达到45.55%、10.43%，甲烷含量低，体积分数仅有0.82%左右，这是造成其热值低的主要原因。另外，由于灵活焦化燃气中氢气与一氧化碳体积分数只有40%左右，使经济地回收其中氢气或合成气具有一定的困难，对于一般炼油厂这种气体目前只能作为燃料使用。

从目前全球范围内在运行的灵活焦化装置可知，灵活焦化所产低热值气作炼油厂燃料在技术上是完全可行的，以ExxonMobil公司鹿特丹炼油厂灵活焦化装置为例，其焦炭产率约为26%，其中七分之一作为产品输出，供水泥厂作燃料，不回收重金属，其余焦炭则在汽化器中部分氧化，产生低热值气体，供应全厂作为燃料。工厂曾经用氧气送汽化器进行部分氧化，但发现成本太高，后来一直使用空气进行部分氧化。该装置低热值气体的产量为330t/h，总热值为426MW，全部用于该厂的加热炉和锅炉，装置自产的高热值燃料气一部分自用，其余平衡全厂燃料需要后大部分出卖给其他炼油厂。平衡全厂燃料需要量除使用自产高热值气体外，也使用了天然气。低热值气体的燃烧采用了特殊的双气体燃烧火嘴，这类火嘴的一侧为低热值气体，另一侧为高热值气体。高低热值气体分开是由于两种气体的压力不同，低热值气体的压力只有 0.1MPa，同时更重要的原因是低热值气体在开工置换过程中会含有氧气，而开工过程一般需持续 5d，为了安全起见，必须将两种燃料气分开。低热值气体与高热值气体的比例一般为 10：1，两种气体同时使用还能避免单用低热值气体易发生的火焰熄灭现象。从现场观察的燃烧情况看，燃烧情况良好。工厂设有全厂燃料平衡自动控制系统，可及时调节天然气或自产高热值气体的补充量，必要时还可启动液化气汽化系统，以便在灵活焦化装置发生故障时，全厂的燃料供应仍不中断。另外，从加热器卸出的焦粉量也是调节全厂燃料平衡的一种手段，这也是这类装置被称为灵活焦化装置的原因。

（六）发展趋势展望

1. 流化焦化发展趋势

流化焦化技术成熟，工艺灵活，设备运转可靠性高，液体产品收率高，单系列装置处理能力可达 3Mt/a，而且装置改扩建时可以较少的投资使装置的处理能力提高 10%～100%。装置的运行连续、平稳，最长运转时间可达 36 个月以上。但流化焦化装置所生产的焦粉，包括流化床排出的焦粉、旋风分离器排出的干焦粉和洗涤塔排出的湿焦粉，因为相对较硬而且挥发分低没有适当的回收利用途经；而且流化焦化的烟气需要洗涤等因素在一定程度上制约了流态化焦化工艺的发展。

流化焦化技术的发展，受限于市场条件的变化(对车用汽油和燃料油的需求以及流化焦炭处理及应用等问题)。更由于一些地区对环境关注日益增强，用于锅炉燃料的流化焦化高硫焦的使用越来越受到限制。因此，近年来全世界没有再建新的流化焦化装置。但新的研究结果显示，在不能生产优质焦炭时，流化焦化至少与延迟焦化具有同等竞争力；因焦炭呈粉状，也比延迟焦化更易于同循环流化床锅炉(CFB)相结合。

2. 灵活焦化发展趋势

开发灵活焦化技术的原动力主要是应付高油价。在 1970 年到 1980 年石油危机时，石油和天然气价格居高不下，为降低燃料成本，开发了灵活焦化技术，目前在运行的 5 套灵活焦化装置全部是建成于 1973 年和 1979 年两次高油价前后。1980 年以后，由于油价持续走低，所以在 20 多年时间里，国外没有新建灵活焦化装置。

灵活焦化(包括气化部分)整个系统操作条件温和，设备均为普通碳钢材质，没有任何特殊专利设备。一般同等规模灵活焦化装置投资要比延迟焦化多 30%～50%左右，包括反应、分馏、气化、吸收稳定、燃气净化、粉料仓等设备，但不包括低热值燃气利用所带来的投资增加部分。如果一套 1.50 Mt/a 延迟焦化装置的投资按 6 亿元计算，那么灵活焦化装置的投资就为 7～8 亿元。低热值燃气输送管线、加热炉等投资费用需要和专利商进行技术与商务谈判，国内目前尚没有这方面的工程设计与施工经验。

当原油价格高过 50 美元/桶后，天然气、燃料油等传统燃料价格都大幅上涨，燃料消耗占炼厂操作成本的比例越来越大，此时灵活焦化装置就显示出其经济优越性。灵活焦化工艺最主要的特点，是在装置内可将低附加值的石油焦气化成低热值的燃料气，以替换炼厂内其他高附加值燃料。据测算，一套 1000kt/a 灵活焦化装置每年所产出的燃料气可替代约 190kt 燃料油，如果石油焦价格按 1000 元/t 考虑，燃料油价格按 3000 元/t 考虑，燃料油跟石油焦差价为 2000 元/t，那么 1000kt/a 灵活焦化装置比同等规模的延迟焦化装置多产生近 3.8 亿元人民币的效益。这就是日本川崎炼厂(拥有世界上第一套最早的灵活焦化装置)连续7年保持全日本效益最好炼厂的主要原因。灵活焦化工艺的经济性不仅体现在如何充分利用所产低热值气体方面，同时也体现在对加工原油的适应性方面。灵活焦化工艺由于不设进料加热炉，对原料中的残炭没有限制要求，有的灵活焦化装置常年加工脱沥青尾油和H-Oil尾油，残炭高达35%~36%左右，这一特性可使炼厂原油加工适应性更强，可为企业赚取更高利润。

但是，只有在低热值气体(热值约4600~5020kJ/Nm^3)能得到充分利用的前提下，选用灵活焦化才是可行的。采用灵活焦化技术时，需要考虑配套低热值燃气利用系统(包括工艺加热炉或锅炉)的特殊要求。新建炼油厂加热炉在设计时考虑到利用灵活焦化燃气可以及时做出相应修改，而老厂改造现有加热炉比较麻烦，技术上需要专利商提供关于灵活焦化低热值燃气适用的加热炉设计工艺包，设计单位据此完成设计。当工艺加热炉或锅炉使用灵活焦化生产的低热值燃气时，与使用高热值燃气相比，虽可节约燃料成本，但加热炉的投资约增加20%，蒸汽锅炉即使是按高效率设计，设备投资仍比常规锅炉高10%~15%。

在炼油厂规划设计以及总流程比选过程中，是否推荐灵活焦化方案需要考虑的因素很多，包括炼油厂外部购买燃料及氢气的来源及价格，所产石油焦的性质及市场情况，是否有石化园区提供公用工程依托等，这些因素都对全厂经济效益以及投资回收周期有较大影响。在总流程优化及方案比选中，以灵活焦化代替延迟焦化的投资估算和技术经济评价还需要进一步开展有关工作。灵活焦化工艺适合解决炼油厂燃料不足以及燃料成本过高的问题，但由于国内尚没有运行装置，该技术有待改进的方面包括：单元操作的优化、进料系统的强化、加强装置的监测，控制系统、低消耗机械系统改进以及操作、机械可靠性等。据悉，目前国内中海石化(营口)有限公司引进的国内首套FlexicokingTM(灵活焦化)工艺包合同于近日签订，装置规模为200万t/a。目前该灵活焦化装置工艺包PFD审查已圆满完成，工程设计工作已正式启动，项目计划于2018年投产，届时国内炼油业就可以了解到许多实际运行过程中的问题。虽然该工艺在世界上已有近40年的成功运行历史，期间也没有发生重大的事故，但对其工程可靠性方面目前国内还是存在有不同看法。

前已指出，我国是一个催化裂化大国，在流态化成套技术方面在世界上是占有先进、独特的位置，因此开发国产化类似流态化焦化技术，在工艺与工程包括压缩投资等方面应该是有十分有利的条件。

二、其他焦化工艺

(一) 其他流态化焦化工艺[146]

ART、ROP、KKI和HOT等均属于流化床热转化工艺的范畴。ART工艺是由Engelhard公司开发的与FCC过程相似的工艺，但它采用微球形热载体作为接触剂而不用催化剂。ROP是由我国开发的一种渣油预处理工艺，并已初步完成了工业运转试验，取得了阶段成果，与流化焦化相比，投资省、操作也较容易，是处理高金属、高残炭渣油的一种有竞争力的工艺技术。KKI和HOT均为采用铁矿石粉为热载体的渣油流化热转化过程，前者由日本神户制钢、兴亚石油和出光兴产三家合作开发，其特点是利用不宜作燃料的高硫焦生产具有高经济价值的还原铁；后者由日本矿业公司和鹿岛石油公司共同开发，其特点是可副产氢气供加氢装置使用。上述流化床渣油热处理工艺技术都从不同侧面力图用较经济的办法来解决渣油轻质化中因原料中的高重金属、沥青质、硫、氮含量等带来的一系列问题，值得进一步深入研究、论证后加以应用。

（二）双路气化灵活焦化工艺[164,166]

传统的灵活焦化产生大量低热值气体且氮气含量太高，使氢气或合成气的回收经济上不合理，对于某些炼油厂，不能完全消耗这部分气体。因此，在灵活焦化基础上发展了双路气化工艺，用于生产合成气或氢气，特别适用于氢气缺乏的炼油厂。双路气化工艺流程图如图 5-6-7 所示。

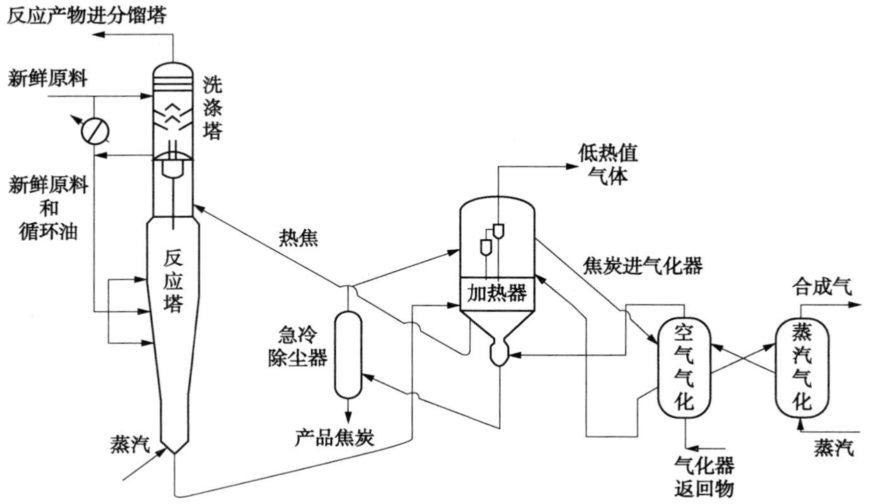

图 5-6-7　双路气化灵活焦化工艺流程示意图

简单地说，双路气化灵活焦化工艺把灵活焦化气化器一分为二为空气气化器和蒸汽气化器。在空气气化器内，焦炭和空气一起燃烧为反应器和蒸汽气化器提供热量。在蒸汽气化器，产生不含氮气的氢气和一氧化碳合成气。这一工艺可以减少低热值气体的产生。

用阿拉伯重质原油的减压渣油（> 565℃），处理能力为 7155 m^3/d，对双路气化灵活焦化与常规的灵活焦化进行比较，分析、研究结果表明：双路气化焦化工艺装置，可生成合成气（标准状态）$308\times10^4 m^3/d$。若将合成气全部制氢，氢气量约为焦化液体产品加氢改质所需氢气的 2 倍。这两种工艺所产气体的组成见表 5-6-18[164]。

表 5-6-18　灵活焦化与双路气化灵活焦化所得气体组成

组　成	灵活焦化	双路气化灵活焦化	
	焦化气	焦化气	合成气
CO/%(v)	19.4	1.7	26.0
CO_2/%(v)	7.5	11.8	11.1
H_2/%(v)	17.0	9.7	52.9
H_2O/%(v)	12.7	10.1	8.5
N_2/%(v)	41.3	54.3	
其他/%(v)	2.1	2.4	1.5
共计/%(v)	100.0	100.0	100.0
净热值/(MJ/m^3)	4.77	3.24	9.25

由表 5-6-18 可以看出，双路气化焦化的合成气中 H_2 达 52.9%（v）、CO 达 26.0%（v），灵活焦化的焦化气热值为 4.77 MJ/m^3，双路气化焦化的焦化气热值为 3.24 MJ/m^3，由此可算出双路气化减少低热值焦化气总热值的 50%。

综上所述，双路气化灵活焦化工艺适用于氢气缺乏的炼厂，但是截至目前未见到工业化应用报道，技术实施效果还需要工业运转试验验证。

（三）其他焦化工艺

除延迟焦化和流化焦化、灵活焦化外，世界上还开发了不少其他渣油改质工艺。Khan和Patmore归纳了58种之多[161]。本书将其中一些焦化工艺列于表5-6-19，其中最重要的焦化工艺还是延迟焦化和流化焦化、灵活焦化[162]。其他工艺本书选择了一些重点进行叙述。

1. 德国鲁奇(Lurgi)公司的LR焦化技术

德国鲁奇公司开发了多种渣油加工工艺，LR焦化技术于20世纪60年代开发，80年代用于加工油砂原料，90年代用于焦化原料，第一个工业装置建于德国南部。

LR工艺特点是通过利用循环焦炭作为热载体对渣油进料进行高温闪蒸，渣油原料与热载体在独特的混合器内强制混合、闪蒸加热和最短的产品蒸汽滞留时间等。

表5-6-19 世界焦化工艺情况

名 称	专利商	已建产能	备 注
灵活焦化	Exxon	160000桶/d	焦气化
流化焦化	Exxon	350000桶/d	焦部分燃烧
延迟焦化	ABB Lummus Cest，Kellog，UOP，Koo Oil，Conoco	1800000桶/d	
延迟焦化SYDEC（Seledted yield delayed coking）	Foster Wheeler	58000t/d	生产燃料焦、电极焦或针焦
Lurgi Ruhrgas(LR) coking	Lurgi	200t/d（工业试验装置）	焦和汽的机械混合，短停留时间
SATCON(渣油缓和焦化)	Lurgi and Exxon	8000桶/d	Lurgi Ruhrgas缓和焦化和Exxon流化焦化组合工艺
Dynacracking	HRI		
Cherry-P	Osaka Gas	36t/d	重质原油和煤混合物裂化
FTC	Fuji Oil/Fuji Standard Research		焦气化
KKI	Kobe Steel，Koa Oil，Idemitsu	30桶/d（中试装置）	
HOT(重油处理)	Nippon Mining，Hitachi，Kashima Oil and RAROP	250桶/d（工业试验装置）	

鲁奇LR焦化装置的“心脏”是LR混合器。固体和液体进料在混合器内于500~550℃下与热载体和闪蒸馏分彻底混合。混合过程几乎在瞬间完成，混合器内有两个旋转螺杆，彼此啮合。LR混合器的主要特性是高效径向混合，基本不产生轴向返混，因此混合器运行像是一个柱塞流反应器，在这里所有颗粒几乎有相同的焦化过程所需的滞留时间。蒸汽在混合时有着极短的(闪蒸)滞留时间，使产品油的热转化量最小，同时绝大多数非理想组分(如重金属)被脱除。沉积在热载体上的新鲜焦炭像洋葱皮状，从混合器移动到缓冲仓。焦化装置产品从混合器排出后在分馏塔中冷凝。塔底冷凝馏分循环回混合器，几乎100%的渣油可以转化。

2. 渣油转化的 SATCON 工艺[163]

SATCON 是 Satllite Conversion 的缩写。它是 Lurgi Envirotherm 与美国 ExxonMobil 研究与工程公司联合开发的一种“缓和焦化”或“热脱沥青”工艺，图 5-6-8 为 SATCON 工艺流程示意图。该工艺是 Lurgi 的 LR 闪蒸焦化装置技术的一种改进，主要用于减压渣油等重质烃类的改质和脱除金属污染物，为催化裂化或加氢裂化生产原料。SATCON 工艺与一般焦化或溶剂脱沥青工艺相比，可以提高液体产率，减少气体和焦炭产率。

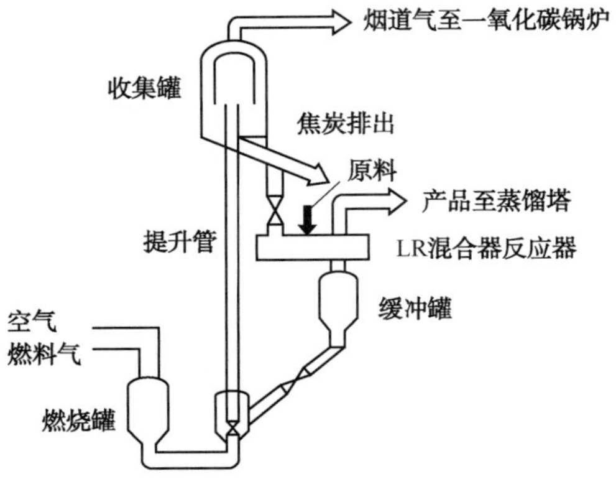

图 5-6-8　SATCON 工艺流程示意图

SATCON 工艺核心技术是 LR 混合器反应器，它有两个螺杆，把原料与热的循环焦炭进行混合。这两个螺杆相互啮合和相互清扫，同时达到固体的活塞流动，使气态物停留时间最短。

本工艺所产生的焦炭细粒作为热载体，在混合器反应器中，原料与炭粒搅拌混合，在约 500~600℃发生以下反应。

SATCON 工艺原料的康氏残炭为 15%~50%，生焦系数(焦炭产率/康氏残炭)约为 0.7~0.9。第一套工业化示范装置于 1999 年底在 Exxon 公司所属的德国 Esso’s Ingoldstadt 炼厂建成，规模为 44 万 t/a。

参　考　文　献

[1] 胡尧良．延迟焦化装置技术手册[M]．北京：中国石化出版社，2013.

[2] 李出和．国内外延迟焦化技术对比[J]．石油炼油与化工，2010，41(1)：1-5.

[3] 李和杰，徐江华，甘丽琳，等．延迟焦化装置的大型化扩能改造设计[J]．炼油技术和工程，2003，33(8)：5-9.

[4] 李出和，李卓，袁志祥．2.5Mt/a 延迟焦化装置的设计与运行探析[J]．石油化工设计，2010，27(1)：1-4.

[5] 黄孟旗，李晋楼，李出和．一种冷焦放水闪蒸脱气处理装置及方法[P]．中国，201410039763.7，2014-01-28.

[6] 中国石油化工信息学会石油炼制分会．2013 年中国石油炼制技术大会论文集[C]．北京：中国石化出版社，2013：3-19.

[7] 李锐，黄伟祈，祖德光，等．“零渣油排放”技术——新世纪重油加工的趋势[C]//中国石油学会第四届石油炼制学术年会论文集．北京：石油工业出版社，2001：361-364.

[8] 侯芙生．中国炼油技术[M]．3 版．北京：中国石化出版社，2011：99-118.

[9] 瞿国华，黄大智，梁文杰．延迟焦化在我国石油加工中的地位和前景[J]．石油学报：石油加工，2005，21(3)：47-53.

[10] 程之光，等．延迟焦化工艺的新进展．延迟焦化文集，1987.

[11] 李出和，李蕾，李卓．国内现有延迟焦化技术状况及优化的探讨[J]，石油化工设计，2012，29(1)：10-12.

[12] 中国专利，专利申请号 01134273.0.

[13] 中国专利，ZL 9211 3510.6.

[14] 中国专利，专利申请号 03149945.7.

[15] 中国专利，ZL00124904. 5.
[16] 中国专利，ZL99125286. 1.
[17] 中国专利，ZL00100879. X.
[18] 中国专利，ZL96109779. 5.
[19] 中国专利，CN96109779. 5.
[20] 中国专利，CN98117809. X，CN9811781. 1，CN96109779. 5，CN92113510. 6.
[21]中国专利，CN92113510. 6.
[22] 王玉章，申海平，李锐．多产轻质油品的延迟焦化工艺及工业应用[C]//2002 重质油加工利用学术研讨会论文集．北京：中国石化出版社，2002：175-180.
[23] Gary L Hamilton，Alok Bhargava，Louie WS. Flexibility-Delayed Coking in the 90's. NPRA Annual Meeting，1994，AM-94-7.
[24] 中国专利，ZL98117809. X，ZL98117811. 1.
[25] 中国专利，CN 999999999.
[26] 王玉章，李云龙，李锐，等。CDF-10 延迟焦化消泡剂的应用[J]. 石油炼制和化工，2001，32(4)：17-19.
[27] 汪海栋，余水龙．焦化 CDF-10 消泡剂的工业应用[J]. 镇海炼化，2000(11).
[28] 中国专利，CN 99119740. 2.
[29] 中国专利，ZL201020148645. 7.
[30] 中国专利，ZL200920176203. 0.
[31] 中国专利，专利申请号 200710118743. 9.
[32]中国专利，ZL201010178746. 3.
[33]中国专利，ZL20111015043. 0.
[34] 李出和，李卓．延迟焦化装置安全联锁的探讨[J]. 石油化工设计，2010，27(3)：1-4.
[35] 中国专利，ZL201220202154. 5.
[36]中国专利，02139312. 5.
[37]中国专利，96109719. 1，97100673. 3，97121842. 0.
[38]中国专利，98122189. 0，97100673. 3，09121942. 0，961099719. 1.
[39]美国专利，USP 6387840，6344429，6193875，6169054.
[40]美国专利，USP 5093032.
[41]美国专利，USP 5039391.
[42]美国专利，USP 4378288.
[43]中国专利，02138912. 8.
[44] Gary L Hamilton，Ram Mallik. Delayed Coker Design Considerations and Project Execution. NAPA Annual Meeting，2002，AM-02-06.
[45] Feintuch H M，et al. F W Delayed-Coking Process[M]. In Handbook of Petroleum Refining Processes. 2nd ed. New York：McGraw-Hill，1997 (12)：25-82.
[46] Richare R Heniford，Brian J Doerksen，Michelle I Wohlgenant. Coke is Good，But Lessis Better. NPRA Annual Meeting，2003，AM-03-90.
[47] 洛阳石化工程公司技术信息室．焦化技术及焦炭的利用文集，1996.
[48] 美国专利，USP 4518487.
[49] 美国专利，USP 5645712.
[50] 美国专利，USP 5891310.
[51] 章柏洋．加快延迟焦化速度的改进工艺．石油化工要闻，2009-1-4：16-17.
[52]美国专利，USP 5114564，5068074，5110449，5041207，4985131，4666585，4118281.

[53] 美国专利，USP 4818373，4764318，4686027，4183802，4111784，4104150.
[54] 美国专利，USP 4762608，4624775，4207168.
[55] 美国专利，USP 5258115，4832823.
[56] 美国专利，USP 52484109.
[57] 美国专利，USP 5068024.
[58] 美国专利，USP 4666585.
[59] 美国专利，USP 5114564，5110449，5041207.
[60] 美国专利，USP 5258115.
[61] 美国专利，USP 4832823.
[62] 美国专利，USP 5258115.
[63] 美国专利，USP 5286371，5007987，4814063，4545859，4521278，4466883，4127472，4116815，4075084.
[64] 美国专利，USP 4419092 和 4096097.
[65] 美国专利，USP 6264787 和 5078857.
[66] 美国专利，USP 5804038.
[67] 美国专利，USP 5824194，4621724 和 4549934.
[68] 美国专利，USP 6565714，6367843，6264829，6254733，6228225，6223925.
[69] 美国专利，USP 6204421.
[70] 美国专利，USP 4421629.
[71] Brugt A Douwes, et al. Thermal Conversion Technology in Modern Power Integrated Refinery Schemes. NPRA Annual Meeting, 1999, AM-99-24.
[72] Watari R, Shimizu S, Reich E A. Eureka in Combination with Texaco Gasification Improves Refinery Integration. NPRA Annual Meeting, 1997, AM-97-52.
[73] Jahnke F C, Falsetti J S, Wilson R F. Coke Gasification Costs, Economics & Commercial Applications. NPRA 《Annual》 Meeting, 1996, AM-96-54.
[74] Bruce F Burke. Prospects for the US Energy and Refining Industries: Markets, Profitability and Key Drivers for Change. NPRA Annual Meeting, 1996, AM-96-04.
[75] 胡尧良. 延迟焦化装置加工催化裂化油浆的经济技术分析[C]//中国石化延迟焦化技术交流暨第二届焦化年会报告论文集. 中国石化股份有限公司焦化科技情报站，《炼油技术与工程》编辑部，2006：18-26.
[76] 中国石化股份有限公司炼油事业部. 加快消除"瓶颈"、提高管理水平、努力发挥延迟焦化在渣油加工中的作用，2000：11.
[77] 中国专利，ZL98117809. X，ZL98117811. 1.
[78] Hamilton G L, Bhargava A, Louie W S. NPRA Annual Meeting, 1994, AM-94-07.
[79] 黄新龙，等. 延迟焦化-溶剂精制及其组合工艺研究[J]. 炼油设计，2001，31(3)：36-39.
[80] 李庆有，刘金龙. 单程焦化-溶剂抽提组合工艺试验[J]. 石油炼制与化工，1995，25(5)：45-48.
[81] 黄新龙，等. 延迟焦化-溶剂精制-加氢裂化组合工艺的工业试验[J]. 炼油技术与工程 2004，34(7)：10-12.
[82] 李出和，李晋楼. 国内延迟焦化技术面临的挑战和发展方向[J]. 石油化工设计，2015，32(4)1-4.
[83] Bharat B Bansal, Jon C Moretta, Arthur R Gentry. Design and Economics for Low Pressure Delayed Coking. NPRA Annual Meeting, 1993, AM-93-20.
[84] DeBiase R, Elliott J D. Delayed Coking: last trends[J]. Hydrocarbon Process, 1982, 61(5): 99-104.
[85] Latest Coker Designs Increase Liquid Yields, Reduce Emissions[J]. Oil & Gas J, 1993, 91(45): 82-87.
[86] Stefani A. Debottleneck Delayed Cokers for Greater Profitability[J]. Hydrocarbon Processing, 1996: 99-103.
[87] Jahnke F C, Falsetti J S, Wilson R F. Coke Gasification Costs, Economics & Commercial Applications. NPRA

Annual Meeting, 1996, AM-96-54.
[88] 晁可绳．延迟焦化装置的设计考虑[J]．炼油技术和工程，2003，33(10)：12-16.
[89] J D ELLIOTT. Optimize coker oprations. H P, Sep, 2003: 85-90.
[90] 周晓龙，陈绍洲，马伯文，等．减压渣油复杂反应动力学模型研究[J]．石油学报：石油加工，1999，15(2)：73-79.
[91] 刘智强，丁宗禹．高液体收率焦化技术的进展[J]．炼油设计，1997，27(1)：7-9.
[92] John D Elliot. Delayed Coking: Recycle & Zero Recycle Concepts and Considerations. NPRA Annual Meeting, 2003, AM-03-54.
[93] Charlie Herron, Keith Whitt, Greg Hall. Debottlenecking Coker Fractionation Sections with High Capacity Trays and Structured Packing. NPRA Annual Meeting, 2003, AM-03-51.
[94] 杨云峰．焦化蜡油过滤器的工业应用分析[C]//第一届延迟焦化生产技术交流会报告论文集．中国石化股份有限公司焦化科技情报站，2001：332-336.
[95] Richard R Heniford, Brian J Doerksen, Michelle I Wohlgenant. Coke is Good, But Less is Better. NPRA Annual Meeting, 2003, AM-03-90.
[96] Charles J Kruse, Ralph Ragsdale, Jim R Roth, et al. Low Pressure Coker Operation with Distillate Recycle. NPRA Annual Meeting, 1995, AM-95-17.
[97] 甘丽琳，徐江华，李和杰，等．可调循环比的延迟焦化工艺[J]．炼油技术和工程，2003，33(10)：8-11.
[98] 中国专利，ZL02139312. 5.
[99] 李锐，石玉林，祖德光．从重油生产乙烯原料的组合工艺．石油化工科学研究院，2001. 6.
[100] 中国专利，CN1246512.
[101] 中国专利，CN1176287.
[102] 施昌智，李家栋，龙军，等．比大循环比操作更有效的降低蜡油收率的延迟焦化技术[J]．炼油技术和工程，2003，33(10)：5-7。
[103] Charles J Kruse, Ralph Ragsdale, Jim R Roth, et al. Low Pressure Coker Operation with Distillate Recycle. NPRA Annual Meeting, 1995, AM-95-17.
[104] David Sloan, Bharat Bansal, Joseph Fruchtbaum. The Role of Delayed Coking in a Clean Fuels Environment. NPRA Annual Meeting, 1992, AM-92-36.
[105] Bharat Bansal, Jon C Moretta, Arthur R Gentry. Design and Economics for Low Pressure Delayed Coking. NPRA Annual Meeting, 1993, AM-93-20.
[106] GB/T 268-1987 石油产品残炭测定法(康氏法)[S].
[107] Roberts I. The Chemical Significance of Carbon Residue Data. Preprints, Div Petrol Chem, ACS, 1989, 34(2): 251-255.
[108] 杨光华，林世雄．重质油化学与加工研究进展[J]．青岛：中国石油大学出版社，1998.
[109] Wiehe I A. The pendant-core building block model of petroleum residua[J]. Energy Fuels, 1994, 8(3): 536-544.
[110] Robert E Maples. Petroleum Refinery Process Economics[M]. 2ed Edition, 2000.
[111] Gary J H, Handwerk G E. Petroleum Refining: Technology and Economics[M]. 3rd Edition. Marcel Dekker Inc, p56.
[112] 史由编译．炼油工艺过程关联(六)：延迟焦化[J]．炼油设计，1987，17(5)：50-52.
[113] 吴辉译．石油炼制工艺与经济[M]. 2 版．北京：中国石化出版社，2002，10：118-129
[114] James G Speight. The Desulfurization of heavy Oils and residua, 1981.
[115] Moschopedis S E, Parkash S, et al. Thermal decomposition of asphaltenes[J]. Fuel, 1978, 57(7): 431-434.

[116]梁文杰，等．我国原油减压渣油的化学组成与结构：Ⅱ．减压渣油及其各组分的平均结构[J]．石油学报：石油加工，1991，7(4)：1.
[117] 程之光．重油加工技术[M]．北京：中国石化出版社，1994.
[118] 张寿增，岳淑范，沈家珍，等．大庆、胜利及任丘渣油的组成研究[J]．石油炼制，1982(1)：24-33.
[119] Ball J S，Whisman M L，Wenger W J. Nitrogen content of crude petroleums[J]. Ind Eng Chem，1951，43(11)：2577-2581.
[120] 刘晨光，阙国和，等．减压渣油芳碳率f_A的两个经验计算方法[J]．石油炼制，1987(12)：55-61.
[121] 王子军．进口含硫原油中含硫化合物和减压渣油的表征．石油化工科学研究院博士后研究报告，1999.
[122] Corbett L W. Densimetric method for characterizing asphalt. Anal Chem，1964，36：1967-1971.
[123] Brown J K，Ladner W P. A Study of the Hydrogen Distribution in Coal-like Materials by High-resolution Nuclear Magnetic Resonance spectroscopy Ⅱ. A Comparison with Infra-red Measurement and the Conversion to Carbon Structure[J]. Fuel，1960，39(2)：87-96.
[124] 李蕾，李出和．加工劣质渣油的延迟焦化技术探讨[J]．炼油技术与工程，2013(8)：14-17.
[125]利伯曼 N P. 炼油厂事故处理[M]．北京：中国石化出版社，1992：29.
[126] 一种管式加热炉[P]．中国专利，ZL201020148645. 7.
[127] 一种延迟焦化除焦排放蒸汽处理装置及方法[P]．中国专利，专利申请号 201110177212. 3.
[128] Rhodes A K. Environmentally Advanced Refining Nears Start-up in Germany[J]. Oil & Gas J，1997，95(11)：49-59.
[129] 石油化工科学研究院．中国原油的评价，1985.
[130] Mc Grath M，Elliott J D. ASCOT-Intagration of Solvent Deasphalting and Delayed Coking. AIChE'88 Congress，1988.
[131] 石油化工科学研究院．炼厂环烷酸腐蚀的防治，1991. 北京
[132] 辽河石化分公司技术部．我国第一套重质原油直接延迟焦化装置建成投产[J]．炼油技术与工程，2004，34(11)：47.
[133] 张卫兵．焦化 18 小时生焦周期生产技术总结[C]//中国石化延迟焦化技术交流暨第二届焦化年会报告论文集．中国石化股份有限公司焦化科技情报站，《炼油技术与工程》编辑部，2006：191-192.
[134] Robert F Martindle，William F Hurt，Donald Nedanovich，et al. Optcoking Technology. NPRA Annual Meeting，2001，AM-01-06.
[135] 方家驹，郑世耀．重油加工生产乙烯原料的途径[C]//第 7 次全国乙烯年会专集，1991：56-59.
[136] 华贲．工艺过程用能分析及综合[M]．北京：烃加工出版社，1989.
[137] 汪华林，扬强．延迟焦化生产技术进展[M]．上海：华东理工大学出版社，2010.
[138] 陈清林，尹清华，曹咏军，等．某延迟焦化装置用能分析及改进[J]．炼油技术与工程，2003，33(8)：58-60.
[139]蒋良雄．延迟焦化装置分馏塔测线取热优化[J]．石油学报：石油加工，2014，30(5)：844-850.
[140] 李立岩，邵林保．变频调速技术在简化车间的成功应用[C]//第一届延迟焦化生产技术交流会报告论文集．中国石化股份有限公司焦化科技情报站，2001：327-330.
[141] 邹圣武．延迟焦化装置用能分析及节能措施[J]．中外能源，2009，14(6)：95-100.
[142] 邓宗孝．延迟焦化装置能耗分析和节能措施[J]．炼油技术与工程，2007，37(7)：42-46.
[143] 邹圣武．延迟焦化装置甩油全回炼技术及其应用[J]．中外能源，2009，14(7)：87-90.
[144] 余水龙．延迟焦化装置处理排水"三泥"总结[C]//第一届延迟焦化生产技术交流会报告论文集．中国石化股份有限公司焦化科技情报站，2001：348-350.
[145] Robert M Scalliet，Walter Alan Carter. Recycling Refinery Waste in a Delayed Coker. NPRA Annual Meet-

ing, 1995, AM-95-16.

[146] 李春年．渣油加工工艺[M]．北京：中国石化出版社，2002：83-90.

[147] 周文平，胡海波，宋连军．石油焦煅烧．中国石油锦州石化分公司，2002.

[148] Peter A Thrower. Chemistry and Physics of Carbon: A Series of Advances. Marcel Dekker Inc, 2000: 112-189.

[149] 牛鹏星，王艳莉，等．针状焦和沥青焦用作锂离子电池负极材料的电极性能[J]．材料科学与工程学报，2011(02).

[150] 王邓军，王艳莉，等．锂离子电池负极材料用针状焦的石墨化机理及其储锂行为[J]．无机材料学报，2011(06).

[151] 崔勇刚．TPS 系统 CL 程序设计技术在炼油厂 MOTT 过滤器上的应用[C]//第四届全国石油和化学工业仪表及自动化技术交流研讨会论文集，广西南宁，2005.

[152] 夏瑞杰．鲁姆斯针状焦生产技术．2013 年国际针状焦及石墨电极高峰论坛(上海)，2013.

[153] 孙毅，许海飞，王玉彬．石油焦煅烧技术方案的比[J]．较轻金属，2010(11)：38-42.

[154] Hammond D G, et al. Review of Fluid Coking™ and Flexicoking™ Technologies. Sixth Topical conference on Refining Processing Tutoriel on Resid Upgrading AIChE 2003 Spring National Meeting, April 2, 2003.

[155] Eugene M Roundtree. Handbook of Petroleum Refining Process[M]. 2nd Ed. New York: McGraw - Hill Book Co, 1997.

[156] Speight J G. Thermal Chemistry of petroleum Constituents. Petroleum Chemisty & Refining. Bristol: Taylor & Francis, 1998: 121-148.

[157] Allan D E, et al. Advances in Fluid and Flexicocking Technology[J]. CEP, 1981, 77(12): 40.

[158] Fasullo P, et al. U S Coke Outlook: Part 1 Coke: U S Capacity Heading up; Quality down. Oil & Gas J, 1982, 80(43): 145-150; Part 2 Coke Markets Have Been Disrupted. Oil & Gas J, 1982, 80(44): 76-79; Part 3 Price of Dwindling Supply of Better-Quality Coke will Trend Upward During this decade[J]. Oil & Gas J, 1982, 80(45): 198-200.

[159] Busch R A, et al. Coke Heavy Stocks, then treat[J]. Hydrocarbon Process, 1979, 58(9): 136-142.

[160] Blaser D E, et al. Flexicoking: Latest Commercial Experience. NPRA Annual Meeting, San Francisco, March 25-27, 1984.

[161] Khan M R, et al. Heavy Oil Upgrading Processes. Petroleum Chemistry and Refining. Bristol: Taylar & Francis, 1998: 149-173.

[162] Weirauch W. Outlook for Global HPI Surprisingly Strong[J]. Hydrocarbon Processing, 1998, 77(11): 23-29.

[163] 陈祖庇，李才英．从第十六届世界石油大会看今后炼油工业的发展[J]．石油炼制与化工，2000，31(10)：1.

[164] Allan D E, Blaster D E. Flexicoking of residua with syntheses gas production. NPRA Annual Meeting, San Antonio, texas, 1982(3): 1-12.

[165] 张崇伟，王笑梅，田慧，等．灵活焦化与延迟焦化介绍及对比[J]．中外能源，2013(2)：18-2.

[166] 康建新，申海平．流态化焦化的发展概况[J]．炭素技术，2006，25(3)：28-33.

第六章 延迟焦化设备工程

第一节 概 述

延迟焦化工艺是将重油快速加热到一定温度发生热裂解反应，生成轻质油品，同时发生缩合反应产生焦炭的过程。延迟焦化装置按照功能可以分为：焦化、分馏、吸收稳定、吹汽放空、水力除焦、冷焦水切焦水处理等部分。延迟焦化过程中涉及到反应、加热、分离、传热、流体输送、固体粉碎及输送等机械设备。延迟焦化装置主要的机械设备有：

焦炭塔：延迟焦化反应发生的场所，在焦炭塔内渣油发生裂解反应生成气体和轻质油品，同时发生缩合反应生成焦炭，焦炭塔实质上是延迟焦化装置的反应器，是延迟焦化装置的核心设备之一。由于延迟焦化工艺的特点，一般焦炭塔成双设置，互换操作，一个焦炭塔进料反应，另一个焦炭塔进行除焦过程为再次进料进行准备。

焦化加热炉：焦化加热炉提供渣油发生反应所需的能量。焦化加热炉的性能不仅影响到加热炉的运行周期，更主要的是影响轻质油品的收率，是延迟焦化装置的核心设备之一。由于焦化加热炉出口温度高，渣油在加热炉管内不可避免地会产生结焦，因此先进的焦化加热炉应具有不停工清焦的功能。

焦化分馏塔：焦化分馏塔是将焦炭塔反应产生的油气经过脱过热，并进一步分离成焦化富气、焦化石脑油、焦化柴油、焦化蜡油以及循环油的设备。

富气压缩机：富气压缩机将焦化分馏塔顶分出的焦化富气升压到吸收稳定系统所需要的压力。

辐射进料泵：辐射进料泵是将焦化装置的原料送入焦化加热炉的关键机泵，由于焦化进料温度高、黏度大、含有固体焦粉，焦化进料泵的操作条件比较苛刻。

焦炭塔顶盖机和底盖机：焦炭塔顶盖机和底盖机起到对焦炭塔的放空和密闭的作用，对焦炭塔安全操作和自动化的提升起着十分重要的作用。

水力除焦机械：水力除焦机械设备包括胶管、钻杆、绞车、水力马达、切焦器及其他配套设施，主要的作用是利用高压水流的能量，将焦炭塔内的焦炭进行切割，使之随水流进入焦炭池。

高压水泵：高压水泵提供水力除焦高压水所需要的动能，扬程高达 $3300mH_2O$。

焦炭池及焦炭转运机械：焦炭池的作用是储存从焦炭塔中卸出的焦炭，同时对焦炭进行脱水。焦炭池通常为钢筋混凝土材质，根据装置产能和焦炭的储存天数确定焦炭池的容积。焦炭转运机械包括桥式起重机和抓斗，一般延迟焦化装置设置 2~3 台桥式起重机，抓斗能力根据装置规模确定，单个抓斗能力为 10~20t。

另外还有吸收塔、解吸塔、再吸收塔、稳定塔、放空塔、机泵、冷换设备及进料缓冲罐、回流罐等重要设备。

除机械和设备外，与焦炭塔直接相连的大型阀门，如四通阀、进料阀、反应油气环阀等对延迟焦化装置的安全生产至关重要，是与机械设备同等重要的关键阀门。

典型的延迟焦化装置设备数量如表 6-1-1。

表 6-1-1 典型延迟焦化装置主要设备

序号	设备名称	设备台数	备注
一	焦炭塔	2 或 4 或 6	根据装置规模确定，一般，规模<1.6Mt/a 2 台；规模在 1.6~4.2Mt/a 4 台；规模>4.2 Mt/a 6 台
二	焦化加热炉	1 或 2 或 3	根据装置规模确定，一般，规模<1.6Mt/a 1 台；规模在 1.6~4.2 Mt/a2 台；规模>4.2 Mt/a 3 台
三	分馏塔类		
1	焦化分馏塔	1	
2	汽提塔	2	柴油汽提塔和蜡油汽提塔
3	吸收塔	1	
4	解吸塔	1	
5	再吸收塔	1	
6	稳定塔	1	
7	放空塔	1	
四	容器类		
1	缓冲罐类	3	装置进料缓冲罐、加热炉进料缓冲罐等
2	回流罐	2	
3	冷焦水、切焦水储罐	4	
4	其他容器	~22	
五	压缩机	1	
六	机泵	~43	
七	冷换类	~100	约 50 台换热器，50 片空冷器
八	水力除焦设备	2 或 4 或 6	与焦炭塔数量相同
九	焦炭塔顶盖机、底盖机	4 或 8 或 12	顶盖机的数量、底盖机的数量均与焦炭塔的数量相同
十	重要阀门	9	2 个焦炭塔有 9 个阀门
十一	焦炭池	1	根据焦炭产能和储存天数确定容积
十二	抓斗	2~3	单个抓斗规模 10~20t

第二节 焦化加热炉

延迟焦化是把所希望进行的重油热裂解-缩合反应延迟到加热炉下游的焦炭塔中进行的。这种工艺特点要求延迟焦化加热炉必须具有快速把工艺介质加热到所需焦化温度的良好性能，并具有低结焦速率、长周期运行的特点。这是一对既统一又辩证的矛盾，只有在良好的设计和操作中，结合动态的工况条件优化，才能求得这对矛盾的统一。这是焦化加热炉的技术核心所在，也是它有别于其他炼油装置加热炉的地方。

延迟焦化是一种利用重油在热转化深度较低时不易生成结焦前体物(结焦母体)的特性，在焦化加热炉管内获得反应所需要的能量，然后在焦炭塔内完成裂化及生焦反应的工艺过程。控制焦化加热炉炉管结焦速率是确保延迟焦化装置长周期运行的基础，在此基础上确保焦化加热炉把工艺介质加热到特定的炉出口温度，供给介质升温、部分汽化和反应所需要的热量，增加馏分油产率，减少装置的焦炭产率，从而使该工艺过程获得较好经济效益。由此可见，良好的加热炉设计和操作是延迟焦化装置实现“安、稳、长、满、优”生产的技术关键之一。

焦化加热炉设计应该具有如下特点：

① 针对给定的原料和加热炉进料性质以及相应的工艺参数，有很强的适应性和可靠性。

② 辐射段炉管的热强度周向不均匀系数小，火焰对炉管加热均匀。

③ 有适宜的均匀的热强度，使炉管内油品有较短的停留时间，要求温度在427℃以上油品停留时间不超过30s。

④ 有尽可能均匀的炉膛内温度场和热强度场，使介质有稳定的温升梯度。

⑤ 较高的管内油品冷油流速(大于1.83m/s)或质量流速。

⑥ 具备有多点注汽(或水)、在线清焦(On-line spalling)等功能。

⑦ 高加热炉热效率，一般要求90%以上。

⑧ 连续运行时间(在低循环比工况下)应在一年以上。

有关管式加热炉更详细的知识，读者可参考相关文献[1]。

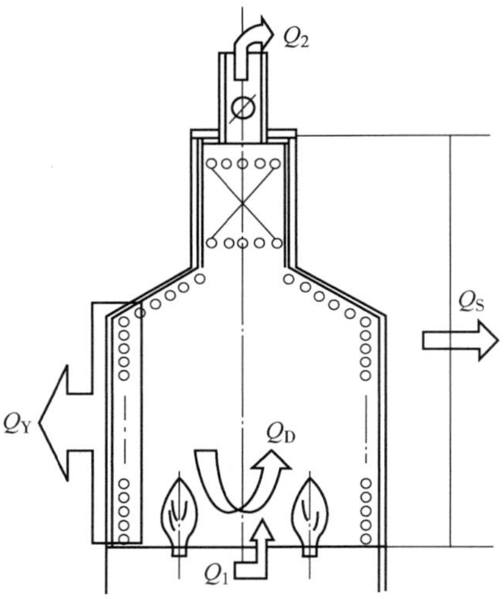

图 6-2-1　焦化炉热平衡图

一、焦化加热炉炉管内反应、传热及燃烧理论

(一) 焦化加热炉热平衡

延迟焦化加热炉热平衡见图 6-2-1，加热炉内燃料燃烧放出的热量与管内介质吸热量之间的关系可用下式表示：

$$Q_D + Q_1 = Q_Y + Q_S + Q_2 \qquad (6-2-1)$$

式中　Q_D——燃料燃烧放出的热量，kW；

Q_1——燃料及空气带进的显热，kW；

Q_Y——管内介质的吸热量，kW；

Q_S——炉体散热损失，kW；

Q_2——烟气带走的热量，kW。

管内介质吸收的热量，一部分用于升温和汽化，另一部分用于焦化炉管内的热裂解反应：

$$Q_Y = Q_T + Q_E + Q_F \qquad (6-2-2)$$

式中　Q_T——介质升温所需要的热量，kW；

Q_E——介质汽化所需要的热量，kW；

Q_F——介质反应所需要的热量，kW。

过去炉管内介质反应所需要的热量往往被忽略。实际上，尽管介质在管内停留时间不长，热转化深度不高，但反应所需要的热量在总吸热量中占有相当的分量，Q_F与炉出口时热转化深度成正比。

炉管内介质反应所需要的热量与介质在炉管内的反应深度有关。由盖氏定律知，反应过程的热效应，只与反应的始终状态有关，而与反应途径无关，因此反应热可以利用原料及反应物的生成热或燃烧热求得。如采用生成热来计算反应热(生成热的基准取827℃)计算方法如下[2,3]：

$$H_R = \Delta H_o - \Delta H_i \tag{6-2-3}$$

式中 H_R——任意微元段的反应热，kJ/kg；

ΔH_o——任意微元段出口介质的生成热，kJ/kg；

ΔH_i——任意微元段进口介质的生成热，kJ/kg。

混合油品的生成热 ΔH，可由下式求得：

$$\Delta H = \sum_{i=4}^{m} x_{wi} \Delta H_i \tag{6-2-4}$$

式中 x_{wi}——馏分 i 质量分数；

ΔH_i——馏分 i 的生成热，kJ/kg。

原料及产物的生成热可以由氢含量来估算，减压渣油的生成热为：

$$\Delta H_{827,\ f} = -360.08 x_{H,\ f} + 3642.69 \tag{6-2-5}$$

式中 $x_{H,f}$——渣油的氢含量，%；

$\Delta H_{827,f}$——减压渣油的生成热，kJ/kg。

裂化馏出油的生成热为：

$$\Delta H_{827,\ i} = -628.05 x_{H,\ i} + 8164.65 \tag{6-2-6}$$

式中 $x_{H,i}$——裂化馏出油的氢含量，%；

$\Delta H_{827,i}$——裂化馏出油的生成热，kJ/kg。

裂解油氢含量与特性因数和分子平均沸点之间的关系如下[4]：

$$x_{H,\ i} = -16.6677 + 0.7472 K_{UOP}^{1.2275} + \frac{25.5798}{T_{mv}^{0.1037}} \tag{6-2-7}$$

式中 K_{UOP}——裂解油的特性因数；

T_{mv}——裂解油的分子平均沸点，℃。

裂解气在 827℃时的生成热可根据裂解气组成从有关手册查得，焦化炉管内转化深度不大，裂解气组成变化不大，生成热可取-3405.08kJ/kg，假定渣油为一虚拟组分在微元管段内氢含量不变，不计温度对反应热的影响，式(6-2-3)可以整理成下式：

$$H_R = \sum (\Delta x_i \Delta H_{827,\ i}) - \Delta x \Delta H_{827,\ f} \tag{6-2-8}$$

式中 Δx_i，Δx——管段内 i 组分的转化率及物料的总转化率。

焦炭塔内裂化反应所需要的热量几乎全部来自焦化炉。焦化炉炉出口温度及炉出口汽化率越高，介质在管内的裂解深度越大，供给焦炭塔内裂化反应的热量越大。焦炭塔内泡沫层温度越高，越有利于进一步降低焦炭产率。为了便于比较，定义单位质量焦化进料从 430℃升至设定炉出口温度所需要的热量为焦化炉给热，用 Q_{Coking}表示：

$$Q_{Coking} = H_o - H_{430} \tag{6-2-9}$$

式中 H_{430}——管内介质温度为 430℃时介质的焓值，kJ/kg；

H_o——炉出口状态下介质的焓值，kJ/kg。

考虑到不同装置焦化炉出口状态的差异，进一步定义：

$$C_Q = \frac{Q_{Coking}}{Q_{Coking}^0} \tag{6-2-10}$$

式中 Q_{Coking}——任意工况焦化炉给热，kJ/kg；

Q_{Coking}^0——基准工况焦化炉给热，kJ/kg。

C_Q为焦化裂化反应给热比，以比较不同工况焦化炉提供给焦炭塔内焦化裂化反应的热量。

（二）关键工艺参数的计算框图

除管内冷油质量流速较易确定外，最大可裂化度是原料的一种性质，需通过实验确定。本节述及的其他关键工艺参数：焦化炉实际操作裂化度、介质在管内的停留时间、最高油膜温度、炉管表面热强度、任意截面的两相流流型、焦化裂化反应给热量等参数都不能直接测定，必须通过相互耦合的过程模拟模型的联合求解才能得到。焦化炉管内外涉及的过程模拟模型将在下节详细介绍，本节对关键工艺参数的计算过程作一简要描述。

计算关键工艺参数时按一定规则将炉管分成若干微元段，从炉管入口计算到出口，计算时出口压力及温度、入口介质温度为给定参数，假定每个微元段内介质的性质不变。管外模块通过对燃料燃烧、烟气湍流流动及高温辐射的模拟得到每个微元段上的炉管表面热强度，由管外表面热强度结合介质的焓及反应热模型求得微元段的介质温升，结合两相流及传热模型求得微元段的油膜温度；微元段截面介质性质由热裂解产物分布模型求得，截面的汽化分率由平衡汽化模型求得，微元段的压降由两相流压降模型求得。简明计算框图参见图 6-2-2。

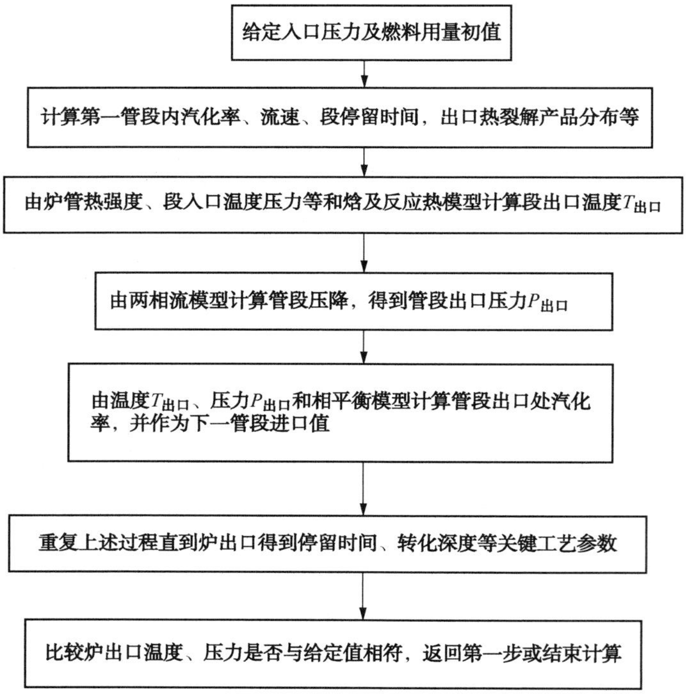

图 6-2-2　关键工艺参数简明计算过程

（三）管外传热模型与计算

管内逐段计算时，必须已知该段炉管表面热强度。管外传热过程模拟的目的是为了得到炉管热强度沿炉管的分布。炉管热强度沿炉管分布与燃料燃烧、烟气湍流流动及高温辐射过程都有关系。由于影响因素复杂，计算管式炉辐射室内热强度分布的方法很多，主要有纯经验法和理论分析法两大类，纯经验法如威尔逊、罗泊和霍特尔（Wilson Lobo and Hottel）1932年发表的计算式，在早期管式炉的设计及校核计算中起了一定的作用，但这类方法中的公式关联因素不全、局限性较大，因而限制了使用。本节将对半经验半理论方法以及纯理论过程模拟法进行简要介绍，其中涉及的细节参见所引用文献。

1. 辐射传热零维模型

常见的辐射传热零维模型主要有别洛康(Белоконь)法、罗伯-伊万斯(Lobo-Evans)法、巴赫希特(Бахшиян)法和佐野司朗法四种模型。常见零维模型均假定辐射室内火焰及烟气搅动良好，烟气温度及性质处处相同，通过传热速率方程及热平衡方程的联合求解，得到炉膛烟气平均温度及炉管表面热强度；不同的是，别洛康法和巴赫希特法都只考虑辐射能流在炉壁面上的一次反射和在烟气中的一次透射，而罗伯-伊万斯法和佐野司朗法则计算了辐射能流在炉壁面上的一次反射和烟气中无穷多次的反射和透射。由于理论上的差异，这些计算方法的适用炉型也有不同。需要说明的是，常用的罗伯-伊万斯法和别洛康法适用于传统加热炉，对于高径比较大、有火墙或有其他新颖设计的加热炉计算结果与实际并不符，这类模型的详细介绍可参见有关文献。

2. 三维纯辐射传热模型

零维模型只能得到炉管表面平均热强度。在加热炉中，火焰的热辐射能力与火焰温度、吸收和散射能力有关，而介质的辐射、散射能力与辐射波长有关；燃烧空间中任一点对空间中其他另一点都有辐射换热，炉壁对辐射电磁波具有反射作用。由于辐射换热的以上特性，使得辐射换热求解复杂而困难。如果给定介质的辐射性质及火焰形状，理论上，可以计算出热流强度沿炉管分布，常用的方法有以下几种：

(1) 热通量法

辐射强度是空间位置、辐射传播方向和辐射波长的函数。辐射的方向性使得问题变得复杂，因为所有可能的方向都要加以考虑，因此有必要将辐射强度随方向的变化与随空间位置的变化分开考虑，以简化辐射换热计算。假定在给定的空间立体角中辐射强度均匀(不随方向变化)，则辐射传播方程可大大简化，这种处理过程就构成了辐射热通量法。

热通量法计算火焰辐射换热的基本原则是把微元体界面上复杂的半球空间热辐射简化为垂直于此界面的均匀辐射热流后求解，实际介质的各微元界面上不仅有垂直于界面的辐射能射入，其他方向也有辐射能射入。当燃烧时火焰传热中辐射换热很强烈而又占主要份额时，用热通量法计算辐射换热并据此求解能量方程就有较大的误差。

(2) 区域法

区域法(Zone Method)是霍特尔(H. C. Hottel)1954 年提出的，1958 年霍特尔与科恩(E. S. Sohen)和 1967 年霍特尔与萨罗菲姆(A. F. Sarofim)将区域法进行了改进，使得这种方法更加系统和完善。区域法是空腔理论中的一种传热模型，当空腔表面或者空腔中的吸收性气体不是等温的，或者空腔表面的各个部分对外散热速率不同时，区域法是计算空腔中辐射传热的一种有效的方法。

区域法的基本思想是将空腔内的表面及气体都分成很多小的表面区及气体区，使每个区的温度及其物理性质都可以看成是均一的。区与区之间的辐射换热可以根据辐射换热的基本理论求出区与区之间的直接交换面积、总交换面积及定向流面积，进而求得区与区之间的辐射传热速率，然后对每个区域作能量衡算，最后得到每个区的温度和对外散热速率。

(3) 蒙特卡洛法

用蒙特卡洛法(Monte Carlo 法)计算辐射传热问题，最早由 Howell 作了系统的论述。该法与区域法相似的地方也是将辐射室内气体和表面分为若干份，但蒙特卡洛法避开了区域法中繁琐的交换面积计算，将每个区域在单位时间内所发射的辐射能分为数目足够大的若干个能量束，用一系列均匀分布的随机数来确定每个能量束的出发点、发射方向以及最终被何区所吸收；然后将所有各能量数的历程总和加起来，算出各区域的温度和热通量。

（4）离散传播法

离散传播法(Discrete Transfer Method，简称 DT 法)具有蒙特卡洛法、区域法和热通量法的特征。其主要思想是考虑边界网格面作为辐射的吸收和发射源，将边界网格面上向半球空间发射的辐射能离散成有限束能束，这些能束穿过内部网格被介质吸收和散射后，到达另外的边界面上被吸收，在各边界网格面上进出的辐射能达到平衡。DT 法是一种较新的工程计算辐射换热方法，值得进一步研究和推广应用。

3. 管外整个过程模拟

三维辐射传热模型是在已知燃料在辐射室内的燃烧及烟气湍流流动状况，给定介质的辐射性质及火焰形状而得到热强度分布的。随着计算机应用技术的发展，一种完全从质量、动量及能量守恒的基本微分方程出发，辅以湍流流动、燃料燃烧、辐射传热等数学模型的全过程模拟方法正在形成。本节简要地对这种方法作一介绍。

（1）基本控制方程[4,5]

包括质量守恒方程、组分守恒方程、动量守恒方程及能量守恒方程。稳态下，其通用方程形式如下：

$$\frac{\partial(\rho\phi u)}{\partial x}+\frac{\partial(\rho\phi v)}{\partial y}+\frac{\partial(\rho\phi v)}{\partial z}=\frac{\partial}{\partial x}\left(\Gamma_{\phi}\frac{\partial\phi}{\partial x}\right)+\frac{\partial}{\partial y}\left(\Gamma_{\phi}\frac{\partial\phi}{\partial y}\right)+\frac{\partial}{\partial z}\left(\Gamma_{\phi}\frac{\partial\phi}{\partial z}\right)+S_{\phi}\tag{6-2-11}$$

等号左端 3 项表示对流项，右端前 3 项表示扩散项，S_{ϕ}为源项，Γ_{ϕ}为扩散系数，ϕ 代表相应方程中的变量(对质量守恒方程，$\phi=1$)，含义见表 6-2-1。

对湍流流动和燃烧，这些方程都是瞬态方程，在工程应用上有实际意义的是各变量的时均值。经雷诺分解及平均并引入 Boussinesq 的湍流黏度等概念后，可得与通用方程式(6-2-11)形式完全相同的时均化方程[6]，只是式(6-2-11)中所有的因变量 ϕ 及源项 S_{ϕ}都代表时均变量，Γ_{ϕ}代表湍流交换系数。进一步根据湍流 *Pr*-*Sc* 数(*Pr* 为普兰特准数，*Sc* 为施蜜特准数)的定义，$\Gamma_{h}=\Gamma_{v}/\sigma_{h}$，可由 Γ_{v}、σ_{h}求出 Γ_{h}。通用时均化方程中，ϕ，Γ_{ϕ}及 S_{ϕ}的含义见表6-2-1。

表 6-2-1　式(6-2-11)中相应的各种控制方程

变　量	ϕ	Γ_{ϕ}	S_{ϕ}
质　量	1	0	0
x 方向动量方程	u	μ_{eff}	S_u
y 方向动量方程	v	μ_{eff}	S_v
z 方向动量方程	w	μ_{eff}	S_w
湍流脉动动能	k	μ_{eff}/σ_k	$G_k-\rho\varepsilon$
湍流脉动动能耗散率	ε	$\mu_{eff}/\sigma_{\varepsilon}$	$(C_1G_k-C_2\rho\varepsilon)\varepsilon/k$
混合分率	f	μ_{eff}/σ_f	0
滞止焓	h	μ_{eff}/σ_h	s_k

表中：$$S_u=-\frac{\partial p}{\partial x}+\frac{\partial}{\partial x}\left(\mu_{eff}\frac{\partial u}{\partial x}\right)+\frac{\partial}{\partial y}\left(\mu_{eff}\frac{\partial v}{\partial x}\right)+\frac{\partial}{\partial z}\left(\mu_{eff}\frac{\partial w}{\partial x}\right)$$

$$S_v=-\frac{\partial p}{\partial y}+\frac{\partial}{\partial x}\left(\mu_{eff}\frac{\partial u}{\partial y}\right)+\frac{\partial}{\partial y}\left(\mu_{eff}\frac{\partial v}{\partial y}\right)+\frac{\partial}{\partial z}\left(\mu_{eff}\frac{\partial w}{\partial y}\right)$$

$$S_w = -\frac{\partial p}{\partial z} + \frac{\partial}{\partial x}\left(\mu_{eff}\frac{\partial u}{\partial z}\right) + \frac{\partial}{\partial y}\left(\mu_{eff}\frac{\partial v}{\partial z}\right) + \frac{\partial}{\partial z}\left(\mu_{eff}\frac{\partial w}{\partial z}\right) - \rho g$$

$\mu_{eff} = \mu + c_D\rho k^2/\varepsilon$

$C_D = 0.09$；$\sigma_k = \sigma_h = \sigma_f = 0.9$；$\sigma_\varepsilon = 1.2$；$C_1 = 1.45$；$C_2 = 1.9$。

(2) 湍流流动模型

采用比较适于有回流流动的 $k-\varepsilon$ 双方程模型[7]求湍流黏度 μ_t。根据量纲分析可得出

$$\mu_t = c_D\rho k^2/\varepsilon \qquad (6-2-12)$$

式中，k 和 ε 可由求解它们的控制方程(见表 6-2-1)得出，源项中 G_k 表示湍流脉动动能的生成，$\rho\varepsilon$ 表示它的耗散。

(3) 湍流燃烧模型

湍流燃烧是一个伴随放热的十分复杂的化学反应过程，其中最简单的湍流扩散火焰模型[8]认为，燃料与氧化剂在时间及空间上都不能共存，化学反应无限快，且达到平衡，反应为单步不可逆反应，各组分的交换系数均相等，燃料与氧化剂按固定的质量比化合成产物，即：

1kg 燃料+$s$kg 氧化剂⟶(1+s)kg 产物

由氧化剂和燃料守恒方程可得出 f 的控制方程(见表 6-2-1)，它是一个无源方程，f 的定义式为

$$f = \frac{\theta - \theta_2}{\theta_1 - \theta_2} \qquad (6-2-13)$$

式中，$\theta = Y_{fu} - Y_{ox}/s$，$Y_{fu}$、$Y_{ox}$ 分别为空间任一点燃料及氧化剂的质量分率，θ_1、θ_2 分别表示燃料流及氧化剂流在入口处的 θ 值。

设 f_s 为混合物在化学当量比下的 f 值，则

当 $f = f_s$ 时，$Y_{fu} = Y_{ox} = 0$：

$$f = f_s = \frac{0.232/s}{Y_{fuin} + 0.232/s}$$

当 $f < f_s$ 时，$Y_{fu} = 0$：

$$Y_{ox} = -s\left[f\left(Y_{fuin} + \frac{0.232}{s}\right) - \frac{0.232}{s}\right]$$

当 $f_s < f < 1$ 时，$Y_{ox} = 0$：

$$Y_{fu} = f\left(Y_{fuin} + \frac{0.232}{s}\right) - \frac{0.232}{s}$$

式中，0.232 是氧气在空气流中的质量分率，Y_{fuin} 为入口处的 Y_{fu}。由 f 方程解出 f 后，即可由上列方程求出氧化剂和燃料浓度在空间中的分布。

(4) 辐射传热模型

辐射传热在辐射室传热中占主要地位，辐射传热模型就是要求出能量方程中的源项 S_h。区域法、蒙特卡洛法和热通量法是用于模拟辐射能在三维空间上分布的三种著名计算方法，其中蒙特卡洛法基本思想是：将辐射室细分成若干个气体区和表面区，把燃料燃烧放出的辐射热，分解成若干份辐射光束，每个区与其他区之间的辐射换热由具有随机特性的能量束模拟表征，即用一系列的随机数确定每个能量束的发射点、发射方向和行程长度以及确定能量束在那个区域是否被吸收，最后统计可以得到每个区域吸收的能量，得到能量方程的源项

S_h。基本计算公式如下：

表面区的发射能力：

$$E_s = \varepsilon_R \sigma_o T^4 \Delta A \qquad (6-2-14)$$

表面区的发射方向：

$$\eta = \sin^{-1}\sqrt{R_\eta},\ \beta = 2\pi R_\beta \qquad (6-2-15)$$

气体区的发射能力：

$$E_g = 4k\sigma_o T^4 \Delta V \qquad (6-2-16)$$

气体区的发射方向：

$$\eta = \cos^{-1}(1-2R_\eta),\ \beta = 2\pi R_\beta \qquad (6-2-17)$$

能量束的行程长度：

$$L = \frac{\ln(R_L)}{K_{flue}} \qquad (6-2-18)$$

式中　E_s——表面区发射能力，W；

ΔA——表面区面积，m^2；

T——表面区温度，K；

ε_R——表面区黑度；

σ_o——Stefan-Boltzman 常数，$W/(m^2 \cdot K^4)$；

η——能量发射极角；

β——能量发射方位角；

R_η——能量发射极角随机数；

R_β——能量发射方位角随机数；

R_ε——能量发射表面随机数；

E_g——气体区发射能力，W；

ΔV——气体区体积，m^3；

k——气体区发射系数，1/m；

R_L——长度方向随机数；

K_{flue}——气体吸收系数。

壁面吸收情况 $R_\varepsilon \leqslant \varepsilon_R$时为吸收；$R_\varepsilon > \varepsilon_R$时为反射。

（5）基本控制方程的求解[4,5,9]

① 热力学性质

将烟气看成是理想气体混合物，其密度由理想气体状态方程求出，混合物的比定压热容由下式求得：

$$c_{pm} = \sum_i Y_i c_{pi} \qquad (6-2-19)$$

混合物的滞止焓定义为：

$$h = Y_{fu} h_{fu}^o + \int_{T_o}^{T} \left(\sum Y_i C_{pi}\right) dT \qquad (6-2-20)$$

式中　c_{pi}——烟气中 i 组分比定压热容，J/(kg · ℃)；

Y_i——烟气组成,%；

Y_{fu}——燃料组成,%。

通用方程得到的 h 值利用上式转换成局部的烟气或火焰的温度 T。

② 边界条件

进口条件：进口处的混合气体可按理想气体处理，根据进口处燃料及空气的流量来确定进口处的流速；燃料及氧化剂的浓度可根据实际情况确定；焓可通过进口温度及各组分的浓度计算；进口处的 k 可取进口平均流速动能的 0.6%左右；ε 可取进口处 k^2的 10%左右。

壁面边界条件：对第Ⅰ类边界条件，给定变量值；对第Ⅱ类边界条件，即绝热或无物质通过的固体表面，取

$$\phi_1 = C_{\phi2}\phi_2 + C_{\phi3}\phi_3 \tag{6-2-21}$$

式中，ϕ_1为壁面处的因变量；ϕ_2，ϕ_3为其相邻的两个变量；$C_{\phi2}$，$C_{\phi3}$为计算出的常数。

出口条件：一般看作Ⅱ类边界：

$$\frac{\partial \phi}{\partial z} = 0 \tag{6-2-22}$$

③ 壁面附近交换系数的处理

在靠近壁面的区域内，速度趋向于零，雷诺数很小，以致黏度效应占优势，在这些区域内，交换系数的修正值取决于结点至壁面的距离 δ。采用低雷诺数法。定义无因次量为[6]

$$Y^+ = c_D^{\frac{1}{4}} p k^{\frac{1}{2}} \delta / \mu \tag{6-2-23}$$

对动量方程中平行于壁面的速度分量可做如下修正：

当 $Y^+ \leqslant 11.5$ 时，

$$\Gamma'_v = \mu \tag{6-2-24a}$$

当 $Y^+ > 11.5$ 时，

$$\Gamma'_v = \mu\left[\frac{C_L Y^+}{\ln(E_R Y^+)}\right] \tag{6-2-24b}$$

式中，C_L为湍流尺度与距离的比值；$C_L = 0.4$；E_R取决于壁面粗糙度，对于垂直壁面的速度分量，$\Gamma'_v = 0$，对变量 f，取：

当 $Y^+ \leqslant 11.5$ 时，

$$\Gamma'_f = \frac{\mu}{\sigma_f} \tag{6-2-25a}$$

当 $Y^+ > 11.5$ 时，

$$\Gamma'_f = \frac{\mu}{\sigma_f}\left[\frac{C_L Y^+}{\ln(E_R Y^+) + C_L p}\right] \tag{6-2-25b}$$

式中，p 取决于分子的 Pr-Sc 数与湍流的数的比值，$p = -2.0$。在壁面附近，k，ε 及 h 方程中的交换系数 $\Gamma'_\phi = 0$；出口边界处的交换系数 $\Gamma'_\phi = 0$，以保证出口边界对上游没有影响。

④计算方法及收敛准则

采用控制容积法[5]将微分方程离散化，得到的三维离散化方程为

$$a_p\phi_p = a_E\phi_E + a_W\phi_W + a_S\phi_S + a_N\phi_N + a_T\phi_T + a_B\phi_B + S_\phi \tag{6-2-26}$$

式中，下角标 p 表示有计算的网格结点，E、W、S、N、T、B 分别表示相邻的东、西、南、北、上、下的网格结点。S_ϕ需要线性化，写成 $S_\phi = S_c + S_p\phi_p$的形式，可以根据具体的方程选定系数 S_c及 S_p的值，详细作法可参考文献[10]。差分格式一般用幂函数方案，可采用均匀或非均匀网格离散变量，速度分量必须用交叉网格，迭代方式用逐线校正法。为保证计算的

收敛，对不同的变量要采用不同的松弛因子和收敛判据：对速度场，当压力校正方程中的质量源项接近于零时，认为速度场已经收敛；对于能量方程，可以根据温度的相对误差大小作为此方程解是否收敛的准则；对其他变量，控制的方法是检查因变量的现时值满足离散化方程的完善程度。

4. 计算方法选用

目前在工程实际计算中大多仍采用零维模型，这主要是因为这些计算方法相对简单，比较容易掌握，同时也能满足一定的工程精度，尤其在长期应用的基础上，这些经验模型也能够很好地完成计算任务。

纯辐射三维模型中蒙特卡罗法适用于任意复杂边界的问题，得到的结果在“真实解”附近波动，由于所发射能束是由计算机产生的随机数所决定的，蒙特卡罗方法不可避免地存在统计误差；区域法理论基础扎实，但不易于求解复杂边界的辐射问题；离散传播法是一种较新的计算辐射换热方法，实际上是区域法和蒙特卡罗方法的有机结合，但该法将能束的发射方向由随机抽象决定改为预先给定，只能在两边界面间跟踪计算能束的吸收情况；热通量法简便易掌握，该法最大特点是所需计算时间比较少，缺点是轴向和径向辐射热通量可能没有关系，因而造成方程的物理上不真实，其计算结果的精确性要比上面介绍的几种方法差。

完全从质量、动量及能量守恒的基本微分方程出发，辅以湍流流动、燃料燃烧、辐射传热等数学模型，用特定的数值方法将微分方程离散，得到辐射室中烟气流速、温度、热流通量、燃料及燃烧产物浓度等参数分布数值解的全过程模拟方法，完全以理论模型为基础，理论能反映炉膛结构及操作条件对炉管热强度分布的影响，但是这种全理论过程模拟方法算法复杂，对计算机性能及操作者理论水平要求高。

上述热强度分布的几种计算方法，就应用而言，很难说哪种方法最佳。判断某一种方法是否适合于某一具体问题，应该将方法的计算结果与实验结果进行比较确定。

（四）管内反应模型计算

1. 截面组成的确定

重油热转化是裂化和缩合同时进行的，由于组成复杂，其热反应过程也极为复杂，完全从反应机理得到动力学方程式是不可能的。目前处理重油的热反应过程一般用一些简单的反应模型来表示，按处理方式不同，可以分为平行反应模型、平行顺序反应模型及集总（网络）反应模型。有关平行反应模式[11]、平行顺序反应模式[12]和管式炉热裂化模型[13]本书第三章已经有所阐述[27]。

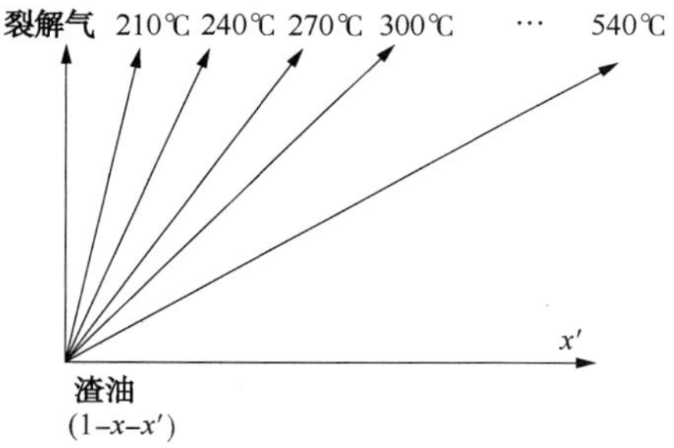

图 6-2-3　修正后的加热炉管式反应模型

为了便于计算各裂化产物的物性，中国石油大学[14]在 Toru Takatsuka 等[13]开发的模型的基础上提出了一个修正的加热炉管式反应模型，如图 6-2-3 所示，模型将裂化产物分成裂化气、小于 210℃、210～240℃，240～270℃，…，480～510℃十二个组分，模型同样假定所有反应都是一级反应，反应产物均不参加二次反应，不考虑缩合反应的连串过程。

修正后的加热炉管式反应模型对裂化产物分布预测比较仔细，模型假定全部裂化产物均来自原料中的正庚烷可溶物，在热转化深度较低时可能是适合的；但在热转化深度较高时，不能真正地表征复杂的渣油热转化过程，因为热转化深度较高时，裂化产物的二次反应影响不能忽略，基于此，中国石油大学[15]提出了如图 6-2-4 所示的反应网络，模型提出如下假定：

① 各反应为一级反应；

② 高沸点馏分发生二次反应，但认为每个高沸点馏分因二次反应而增加的量均来自 C_m。C_m 生成速率和 C_m 消失速率相等。

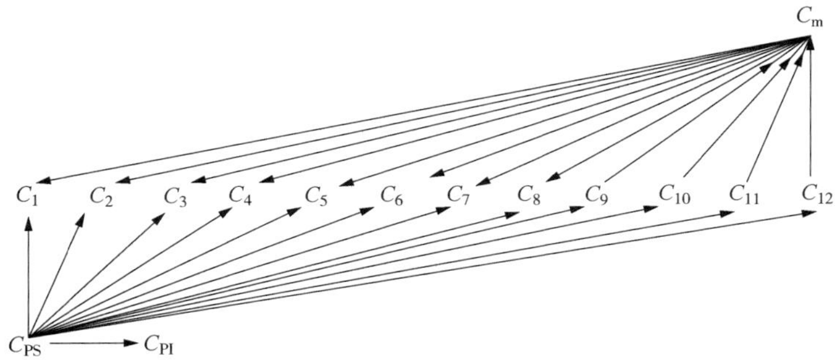

图 6-2-4　考虑重组分二次反应的 14 集总反应模型
C_1—裂化气体的质量分数；C_2—<210℃馏分的质量分数；
$C_3 \sim C_{12}$—分别表示 210~510℃之间各窄馏分的质量分数；
C_{PS}—原料中>510℃正庚烷可溶物的质量分数；
C_{PI}—正庚烷不溶物的质量分数；
C_m—引入的假想馏分的质量分数

由假定①和②可得模型关联式如下：

$$\frac{dC_m}{d\theta} = 0 \tag{6-2-27}$$

$$-\frac{dC_{PS}}{d\theta} = \left(\sum_{i=1}^{12} k_{Pi} + k_{PI}\right) C_{PS} \tag{6-2-28}$$

$$\frac{dC_{PI}}{d\theta} = k_{PI} C_{PS} \tag{6-2-29}$$

$$\frac{dC_i}{d\theta} = k_{Pi} C_{PS} + k_{mi} C_m \qquad i = 1,\ 2,\ \cdots,\ 8 \tag{6-2-30}$$

$$\frac{dC_i}{d\theta} = k_{Pi} C_{PS} + k_{im} C_m \qquad i = 9,\ 10,\ 11,\ 12 \tag{6-2-31}$$

式中　k_{Pi}——由 PS 生成馏分 i 的反应速率常数；
k_{PI}——由 PS 生成正庚烷不溶物 PI 的反应速率常数；
k_{mi}——由 m 生成馏分 i 的反应速率常数；
k_{im}——由 i 生成假想馏分 m 的反应速率常数。

2. 截面温度的确定

热焓及反应热模型用于预测油品温度沿炉管分布。焦化炉炉管外模型给出热强度分布后，如何由炉管热强度求算油品的温度分布取决于焓模型。对于烃类和石油馏分焓的计算，广泛选用不同状态方程或混合模型，如 Lee-Kesler 方程、BWRS 方程、SRK 方程、C-S 模型等，其中 Lee-Kesler 根据三参数对应状态理论建立的方程目前被认为是最准确的[16]。由于难以确定重油的假临界参数，限制了上述方程的使用。API 的石油馏分纳尔逊焓图(已拟合成计算式)广泛用于工艺设计，已知温度、压力及油品的特性因数和 API 重度即可求得石油馏分焓值。以下各式为该图拟合式：

$$Z = \sum_{i=0}^{2} \sum_{j=0} A_{ij} X^i Y^j \ (i + j < 2) \qquad (6-2-32)$$

X、Y、Z、A_{ij}的意义见下表：

Z	X	Y	A_{00}	A_{01}	$A_{02}\times10^2$	A_{10}	$A_{11}\times10^2$	$A_{20}\times10^3$
H_L^*	T	API 度	3.8192	0.2483	-0.2706	0.3718	0.1972	0.4754
$H_v^\#$	T	API 度	78.12202	0.3927	-0.1654	0.3059	0.0996	0.4630
$H_v^=$	T	K_{UOP}	24.2206	-20.5617	158.570	0.8623	-7.5500	0.0672
G_{v1}	H_v^*	K_{UOP}	-1557.437	408.4433	-1906.32	4.6660	34.8260	0.1010
G_{v2}	G_{v1}	API 度	512.0600	-8.6401	3.0160	-0.2497	1.8720	0.5582
H_v^-	G_{v2}	p	24.4700	-0.3327	0.0128	-0.1578	0.1762	0.2387

$$H_L = H_L^* \times (0.0533 \times K_{UOP} + 0.3604) \qquad (6-2-33)$$

$$H_v^* = H_v^\# - H_v^= \qquad (6-2-34)$$

$$H_v = H_v^* - H_v^- \qquad (6-2-35)$$

式中　H_L，H_v——液相、汽相热焓，kcal/kg；

p——压力，kgf/cm^2(绝对压)；

T——温度,℃；

K_{UOP}——油品的 UOP 特性因数。

需要强调的是上述关联图拟合式未计算反应热。反应热计算可参见式(6-2-8)。

3. 截面压力的确定

由于渣油的热裂化及炉管注水(汽)，焦化炉管内存在着两相流体的混合流动。两相流相界面的不均匀性使得单相流动的压力降的计算方法不能直接用于有相变化的过程，而压力降的分布决定了压力沿炉管的分布。压力的大小对两相流速及油品在炉管内停留时间的计算至关重要。有关水平管内六种两相流流型可参见图 6-2-11。

由于两相流系统的复杂性，至今两相流动过程的机理仍然不清晰。所提供的计算方法均属经验关联式或半经验关联式。而且两相流动过程中由于位置不同(水平，垂直或倾斜)其流动特性也有较大差别，提供的计算方法不完全相同[17]。

汽液两相流动的主要理论模型有两类：均质流动模型和分离流动模型，其中均质流动模型把两相流动视为具有平均流体性质的单相流动。均质流动模型基本假定有：①气体和液体线速度相等；②两相之间达到热平衡；③单相流动中的摩擦因数在两相流动中仍然适用。分离流动模型认为两相流动系统中两相分离成两股流体。分离流动模型的基本假定为：①气相和液相速度是常数，但二者不一定相等；②两相之间达到热平衡；③运用经验关联式或简化概念来描述两相摩擦因子和空隙率与流动过程中一些独立变量之间的关系。

两相流动中压降计算方法，根据各人不同的实验条件，已发表的经验关联式约有 30 余种。目前公认[17,18]用 Orkiszewsk 方法计算垂直管内两相相流动的压降最为准确，特别适用于小管径(50mm 以下)内的两相流动。该法将垂直管内两相流动分成公认的四个流动区，即全泡流、塞状流、过渡流和雾沫流，根据特定的流型，由两相流动基本动量方程求解该流型下的压力降。

水平管与垂直管两相流动流型有不同的解释。在水平管内有可能出现分层流、波型流，环雾状流，液节流和分散流等。Lockhart—Martinelli 法常见用于计算水平管两相流动压降[17,19]。

A. E. Duckler[20]在大量试验数据的基础上，用 Hughmark 法求滞流量，通过相似分析得出摩擦压力降关联式。该法既适用于水平管又适用于垂直管，在炼油设计中被推荐使用[21]。该法需要的物性参数较少，但计算过程中需要迭代，稳定性较差。Masud Behnia 对几个常用的关联式计算结果与两相流管内的实测压降值进行了比较，发现 Beggs-Brill 关联式平均误差最小[22]，该法的计算方法如下：

$$(\Delta p)_{f}=\frac{\rho_{tp}g\sin\theta}{1-\frac{\rho_{tp}U_{m}U_{SG}}{p}}\Delta Z+\frac{\frac{f_{tp}G_{m}U_{m}}{2d_{i}}}{1-\frac{\rho_{tp}U_{m}U_{SG}}{p}}\Delta L \tag{6-2-36}$$

$$U_{m}=\frac{(Q_{L}+Q_{G})}{\pi/4d_{i}^{2}}$$

$$U_{SG}=\frac{Q_{G}}{\pi/4d_{i}^{2}}$$

$$\rho_{tp}=\rho_{L}H_{L}+\rho_{G}(1-H_{L})$$

式中　$(\Delta p)_{f}$——计算段压降，Pa；

d_{i}——管内径，m；

p——计算段压力，Pa；

ΔZ——计算段高差(正值)，m；

ΔL——计算段长度，m；

θ——计算段倾斜度，水平时 $\theta=0°$，向下时 $\theta=-90°$，向上时 $\theta=90°$；

G_{m}——混合质量流速，kg/(m^{2}·s)；

U_{m}——混合流速，m/s；

Q_{L}——计算段液相体积流量，m^{3}/s；

Q_{G}——计算段气相体积流量，m^{3}/s；

U_{SG}——气相表观流速，m/s；

ρ_{tp}——两相混合密度，kg/m^{3}；

ρ_{L}——液相密度，kg/m^{3}；

ρ_{G}——气相密度，kg/m^{3}；

H_{L}——持液分率(Liquid Holdup Fraction)，由下式确定：

$$H_{L}(\theta)=H_{L}(0)\{1+C[\sin(1.8\theta)-\frac{1}{3}\sin^{3}(1.8\theta)]\} \tag{6-2-37}$$

式中，$H_{L}(0)$为水平持液分率，在凝析流(Segregated，$N_{Fr}<L_{1}$)、间歇流(Intermittend，$L_{1}<N_{Fr}<L_{2}$)及扰动流(Distributed，$N_{Fr}>L_{1}$ 且$>L_{2}$)，可用下式计算：

$$H_L(0)=\begin{cases}\dfrac{0.98\lambda^{0.4846}}{N_{Fr}^{0.0868}} & (当 N_{Fr}<L_1 时)\\ \dfrac{0.845\lambda^{0.5351}}{N_{Fr}^{0.0173}} & (当 L_1<N_{Fr}<L_2 时)\\ \dfrac{1.065\lambda^{0.5824}}{N_{Fr}^{0.0609}} & (当 N_{Fr}>L_1 且 N_{Fr}>L_2 时)\end{cases} \tag{6-2-38}$$

式中，N_{Fr}为弗鲁德(Froude)数，无因次，$N_{Fr}=U_m^2/gd_i$；λ 为液相体积分率：

$$\lambda=\frac{Q_L}{(Q_L+Q_G)}$$

定义　$x=\ln(\lambda)$，L_1 及 L_2 由下式确定：

$$\begin{cases}L_1=\exp(-4.62-3.75x-0.48x^2-0.0207x^3)\\ L_2=\exp(1.061-4.602x-1.609x^2-0.179x^3+0.000635x^5)\end{cases} \tag{6-2-39}$$

当液体向上流动时，参数 C 由下式计算：

$$C=\begin{cases}(1-\lambda)\ln\left(\dfrac{0.011N_{LV}^{3.539}}{\lambda^{3.768}N_{Fr}^{1.614}}\right) & (当 N_{Fr}<L_1 时)\\ (1-\lambda)\ln\left(\dfrac{2.96\lambda^{0.305}N_{Fr}^{0.0978}}{N^{0.4473LV}}\right) & (当 L_1<N_{Fr}<L_2 时)\\ 0 & (当 N_{Fr}>L_1 且 N_{Fr}>L_2 时)\end{cases} \tag{6-2-40a}$$

当液体向下流动时，参数 C 由下式计算：

$$C=(1-\lambda)\ln\left(\frac{4.7N_{LV}^{0.1244}}{\lambda^{0.3692}N_{Fr}^{0.5056}}\right) \tag{6-2-40b}$$

这里，$N_{LV}=\dfrac{Q_L}{\pi/4d_i^2}\left(\dfrac{\rho_L}{g\sigma}\right)^{0.25}$，$\sigma$ 为液相表面张力，N/m，f_{tp}可由下式计算：

$$\frac{f_{tp}}{f_{ns}}=\exp(s) \tag{6-2-41}$$

式中

$$s=\frac{x}{-0.0523+3.182x-0.8725x^2+0.01853x^4}\quad y=\frac{\lambda}{[H_L(\theta)]^2}\quad x=\ln(y)$$

当 $11<y<1.2$ 时，$s=\ln(2.2y-1.2)$；当流动接近全气体时，$\lambda\to0$，$s\to0$；当流动接近全液体时 $y\to1$，$s\to0$，f_{ns}为单相流动时的摩擦系数，可由下式求得：

$$f_{ns}=\frac{1}{\left\{\dfrac{2}{\ln(10)}\ln\left[\dfrac{N_{Re}}{4.5223}\dfrac{\ln(N_{Re})}{\ln(10)}-3.8215\right]\right\}^2}$$

或由 Mody 图得到，$f_{ns}=f\left(\dfrac{\varepsilon}{d},\ N_{Re}\right)$　式中　$N_{Re}=\dfrac{G_m d}{\mu_L\lambda+(1-\lambda)\mu_G}$

4. 截面汽化分率的确定

由热裂解产物分布模型得到管内油品的截面组成后，汽液相平衡模型用于预测管内油品的截面汽化分率。在焦化炉内，裂解深度与油品温度均随着油品停留时间而增加，轻质裂化物平衡汽化量估算的准确性取决于汽液相平衡模型。

石油及其馏分平衡汽化问题处理一般有两类方法：一类利用实验数据得到蒸馏曲线；另一类沿用30年代初Souders和Brown[23]以及Katz和Brown[24]提出的汽液平衡常数及“假多元系”概念将石油或馏分按沸程分成一系列窄馏分，每个窄馏分看作一虚拟组分，然后按多元汽液相平衡方法处理。

用状态方程描述相平衡过程常用的有SRK方程及Chao-Seader(C-S)模型、Grayson-Streed(G-S)关联等。获得石油及其馏分的汽液相平衡模型较详尽的讨论可参阅文献[16，25]。

状态方程预测平衡常数是基于馏分临界参数的基础上进行的，焦化炉油品主要是沸点高的渣油，渣油临界参数十分缺乏，公开报道的经验公式是否能用于渣油临界性质预测尚不得而知。

Hadden-Grayson相平衡常数图拟合式所需基础数据较少，且有一定的准确度[16]，延迟焦化炉内油品停留时间短，总转化率不高，因而可采用该相平衡常数图拟合式计算平衡常数：

$$K_i = \frac{K_{c7}^{(b+1)}}{K_{c2}^{b}} \tag{6-2-42}$$

K_{c2}及K_{c7}由下式计算：

$$\left.\begin{array}{l}\ln(K_{c2})\\ \ln(K_{c7})\end{array}\right\} = a_0 + \frac{a_1}{t} + \frac{a_2}{t^2} + \frac{a_3}{t^3} + \frac{a_4}{p} + \frac{a_5}{p^2} + \frac{a_6}{tp} + \frac{a_7}{t^2p} + \frac{a_8}{t^3} \tag{6-2-43}$$

$$b = -0.723 + 0.692\times10^{-2}t_b - 0.291\times10^{-5}t_b^2 + 0.263\times10^{-7}t_b^3 \tag{6-2-44}$$

求K_{c2}及K_{c7}所需常数见下表

常　数	K_{c2}	K_{c7}	常　数	K_{c2}	K_{c7}
a_0	1.75	2.708	a_5	-2.156	-2.198
a_1	3.606×10^2	-6.377×10^2	a_6	-1.386×10^2	-1.723×10^2
a_2	-6.260×10^4	4.032×10^3	a_7	2.192×10^4	2.328×10^4
a_3	2.702×10^6	8.807×10^5	a_8	1.060×10^6	-8.993×10^5
a_4	4.750	4.782			

式中　p——体系总压，atm(1atm=101.3kPa)；

t——体系温度，℃；

t_b——馏分中沸点，℃；

K_i，K_{c7}，K_{c2}——石油窄馏分、庚烷及乙烷在相同条件下的平衡常数。

5. 基础物性关联

上述模型必须基于相应的基础物性才能得到有意义的解。国外物性测试研究和著名的数据图表集及大型技术手册首推API技术手册。几十年来，由于这套手册所归纳的内容和规律具有相当普遍的适用性，一直是国内石油化工技术人员最主要的工具书。

在焦化炉管内计算过程中需用的基础物性主要有馏分相对分子质量、密度、黏度等，文献[26]系统地介绍了近年来他们的研究成果。值得注意的是，焦化炉管内油品主要是渣油，操作温度范围较高(400~500℃)，高温下渣油基础物性极少。使用上述模型应注意关联式的使用范围。

（五）加热炉燃烧理论

提高焦化炉热效率、降低焦化炉有效负荷是降低焦化炉燃料单耗的有效途径。我国焦化炉炉用燃料一般为装置自产瓦斯，燃料燃烧放出的热量(低热值)Q_D与燃料及热空气带进的显热Q_1与焦化炉有效负荷Q_Y、炉体散热损失Q_S及烟气带走的热量Q_2之间的关系见式(6-2-1)。

燃料燃烧放出的热量Q_D，可由下式求得：

$$Q_D = F_{kgs} \sum y_i Q_{li} \tag{6-2-45}$$

式中　F_{kgs}——燃料气用量，kg/s；

y_i——燃料气的摩尔或体积分数；

Q_{li}——燃料的低热值(由于燃烧产物中水呈气态，故用燃料的低热值)，MJ/kgFuel。

燃料及入炉空气带进的显热Q_1，可由下式求得：

$$Q_1 = F_{kgs}[Cp_F(T_F - T_0) + \alpha L_0 Cp_{Air}(T_{air} - T_0)] \tag{6-2-46}$$

式中　Cp_F，Cp_{air}——燃料气及空气的比热，kJ/(kg·℃)；

T_F，T_{air}，T_0——燃料气及空气的入炉温度及基准温度，℃；

L_0——燃料气的理论空气用量，kgair/kgFuel；

α——过剩空气系数，为实际入炉空气量与理论空气用量之比。可由烟气组成计算：

$$\alpha = \frac{L}{L_0} = \frac{21}{21 - 79 \times \dfrac{O_2 - 0.5(CO + H_2) - 2CH_4}{100 - (CO_2 + SO_2 + O_2 + CO + H_2 + CH_4)}} \tag{6-2-47}$$

式中分子式表示干烟气中相应成分的体积分数，可用色谱或奥氏气体分析得到。一般在体系出口处人工采集烟气样，作奥氏气体分析时，只能测定干烟气中CO_2、CO及O_2，上式可写成：

$$\alpha = \frac{21}{21 - 79 \times \dfrac{O_2 - 0.5CO}{100 - (CO_2 + O_2 + CO)}} \tag{6-2-47a}$$

目前国内焦化炉一般装有氧化锆测氧仪，氧化锆探头直接插入烟气中，而不用将烟气引出炉外。探头是一个氧化锆小磁管，管内外壁的相对应处涂上并烧结一层多孔的铂电极，管内通以标准气(空气)，这样管外气体(烟气)和管内标准气体之间氧浓度差构成一个氧浓差电池，使铂电极输出电讯号而测出烟气中的氧含量。由于氧化锆氧浓差电池的内阻随温度的降低而升高，因此氧化锆探头的工作温度一般在600℃以上，实际使用中常用恒温法或温度补偿法来避免烟气温度波动的干扰。由于氧化锆只能测出烟气的氧含量，只能用以下式估算过剩空气系数：

$$\alpha = \frac{21 - 0.0627O_2}{21 - O_2} \tag{6-2-47b}$$

烟气带走的热量Q_2，可由下式求得：

$$Q_2 = F_{kgs}(1 + \alpha L_0) c_{pflue}(T_2 - T_0) \tag{6-2-48}$$

式中　c_{pflue}——烟气的比热，kJ/(kg·℃)；

T_2——排烟温度，℃；

Q_s——炉体表面散热损失，kW。

炉体表面散热损失与炉体的保温措施有关，可以通过下式估算：

$$Q_S = \frac{A_w \alpha_T (T_{w0} - T_{air})}{10^6} \tag{6-2-49}$$

式中 A_w——炉体的散热面积，m^2；

T_{w0}，T_{air}——分别为炉体外壁及环境温度,℃；

α_T——综合对流传热系数，对垂直面：

$$\alpha_T = 2.559\sqrt[4]{T_{w0} - T_{air}} \tag{6-2-49a}$$

对水平面，采用下式计算：

$$\begin{cases} \text{表面向上时，} \alpha_T = 3.256\sqrt[4]{T_{w0} - T_{air}} \\ \text{表面向下时，} \alpha_T = 1.628\sqrt[4]{T_{w0} - T_{air}} \end{cases} \tag{6-2-49b}$$

一般计算：

$$\begin{cases} \text{严格计算时，} \alpha_T = 2.559\sqrt[4]{T_{w0} - T_{air}} + \dfrac{5.67\varepsilon}{T_{w0} - T_{air}}\left[\left(\dfrac{T_{w0} + 273}{100}\right)^4 - \left(\dfrac{T_{air} + 273}{100}\right)^4\right] \\ \text{简化计算时，} \alpha_T = 9.304 + 0.0582T_{w0} \end{cases} \tag{6-2-49c}$$

简化计算时，环境温度 T_{air}取为0℃，炉墙外壁黑度 ε 取为0.8，管外壁温度 T_{w0}在50~350℃之间，设计时，一般限制炉体外壁温度不大于80℃。

焦化炉的热效率 η 可用反平衡算出：

$$\eta = \frac{Q_Y}{Q_D} = 1 + \frac{Q_1}{Q_D} - \frac{Q_2}{Q_D} - \frac{Q_s}{Q_D} \tag{6-2-50}$$

为了确保 $\eta \not> 100\%$，或定义成：

$$\eta = \frac{Q_Y}{Q_D + Q_1} = 1 - \frac{Q_2}{Q_D + Q_1} - \frac{Q_s}{Q_D + Q_1} \tag{6-2-51}$$

正常情况下，炉体散热损失与燃料燃烧放热量之比，为5%左右。

烟气带走热量可用式(6-2-48)计算，已知过剩空气系数及排烟温度时，也可用图6-2-5查得烟气带走的热量与燃料燃烧放出的热量之比(Q_2/Q_D)。

焦化炉是炼油厂中除常减压炉之外有效热负荷最大的管式加热炉，提高焦化炉热效率在炼油厂中受到普遍重视。理论上讲，在确保燃料完全燃烧的基础上尽量降低过剩空气系数、在确保炉管不发生露点腐蚀的条件下尽量降低降低排烟温度并提高空气入炉温度均能使加热炉热效率增加。

以空气预热器为核心内容的节能措施在焦化炉设计及改造环节中都得到了体现，一般炼油厂焦化炉排烟温度已降到了180℃以下，空气入炉温度已可达到250℃左右。过剩空气系数过高不仅使排烟量激增，而且还会导致炉管氧化腐蚀，由于气体燃料容易与空气混合，对一般烧气火嘴，过剩空气系数维持在1.1~1.2(氧含量2%~4%)，即能保证充分燃烧。除看火门、人孔门、防爆门等处漏风外，对于底烧单面辐射型加热炉，将控制过剩空气系数作为主要考核手段的方法正在引起生产操作管理者的注意，焦化炉的热效率已可达到92%以上。

焦化循环比的大小将影响焦化炉燃料消耗。循环比越大，焦化炉的有效负荷越大。对于正在运行的焦化炉而言，从理论上讲有效负荷增加会导致排烟温度增加，焦化炉的热效率将会降低，焦化炉的燃料单耗将会升高。

炉管结焦同样影响燃料消耗：炉管结焦后会导致排烟温度上升，参见图6-2-5。排烟温度上升 15~20℃，焦化炉热效率将下降 1%，产能 1.0Mt/a 的延迟焦化装置加热炉热效率下降 1%，仅此一项，意味着每年多消耗 200~300t 标油。

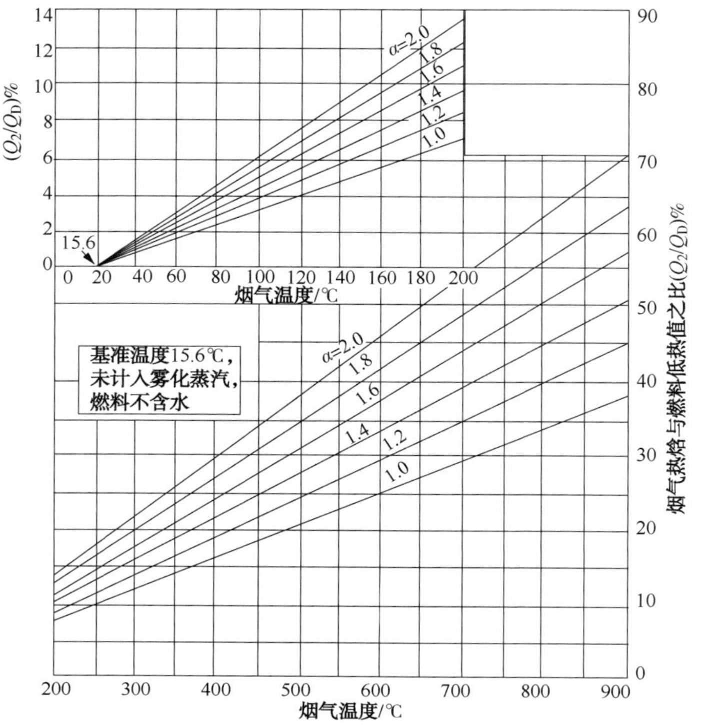

图 6-2-5　烟气带走热量与燃料发热值之比与排烟温度及过剩空气系数的关系

（六）加热炉燃烧的优化

提高热效率和扩大处理能力是延迟焦化加热炉热技术改造的两大任务。通过增加传热面积提高加热炉的热负荷在旧炉改造中往往会遇到难以克服的困难，同时经济性也较差。由于在传热过程中，烟气的传热能力会发生变化；炉管、炉墙与燃烧器位置的相互关系引起炉管各部位的吸热能力有所差别，两者的综合结果使得辐射炉管最高表面热强度与平均表面热强度之差高达数倍之多；为了确保合理的炉管使用寿命和操作周期，必须根据被加热介质与炉管的材质对辐射炉管最高表面温度加以限制。优化燃烧系统，既可改善辐射室温度分布，强化辐射室低传热区的传热能力，在辐射炉管最高表面热强度有所降低的基础上，增加加热炉的处理能力；又可降低燃烧过剩空气系数，提高加热炉的热效率；是扩大延迟焦化加热炉处理能力和提高热效率的经济、有效的技术措施之一。

现代焦化加热炉热效率已可达到 92%左右，进一步提高的空间不是很大，必须通过各方面的深入研究分析，才能找到提高炉子热效率的方法和途径。

1. 管式加热炉辐射室烟气流场与传热

石油化工管式加热炉辐射室是一个有限空间，从燃烧器出口喷入的高温烟气具有限制射流的特性。洛阳石油化工工程公司设备研究所在研究了加热炉辐射室内部烟气流场分布后认为，当焰烟刚进入辐射室时，喷射速度最高；由于限制射流的作用，在燃烧器喷口附近形成一定的负压；随着射流的不断扩张，喷射速度逐渐降低，限制射流的作用逐渐减小，射流气体内部以及周围气体的压力随着射流气体喷速的逐渐降低而逐渐增加，造成了辐射室沿射流方向上的压力分布不均，辐射室顶部与底部存在一定的压力差；压力差使气流减速或倒流，由于射流中心气流速度和惯性力较大，只能减速，不能倒流；射流边界上气体流速和惯性力较小，而产生回流，形成烟气的循环，见图6-2-6。在管式加热炉辐射室内存在着两股气流，即从燃烧器出口喷入的高温焰烟(射流)和向与射流方向相反的方向流动的回流烟气。高温焰烟(射流)通过辐射把热量传给炉管，其温度及传热能力沿射流方向逐渐降低，辐射室出口至回流中心这个区域为射流烟气的强辐射传热区，燃烧器喷口至回流中心这个区域为射流烟气的弱辐射传热区。回流烟气承担着辐射室的对流传热任务。辐射室出口回流烟气的温度与射流烟气相同，在沿着返向燃烧器喷口的流动过程中，以对流方式把热量传给炉管；在回流中心下游，由于时时有从射流烟气中分离出来的烟气进入回流烟气中，回流烟气与射流烟气之间的温差很小，相互之间的辐射热交换极其微弱。在回流中心下游这个区域内，回流烟气量大、流速高，以对流方式传给炉管的热量较多；而这个区域恰好是射流烟气的弱辐射传热区，回流烟气以对流方式传给炉管的热量较多，理想地弥补了射流烟气辐射传热的不足。在回流中心上游，回流烟气一方面以对流方式把热量传给炉管，温度逐渐下降，另一方面由于时时有烟气从回流中分离出来进入射流烟气中，回流烟气量也逐渐减少，所以在回流中心上游这个区域内，回流烟气对流传热能力和以对流方式传给炉管的热量沿回流方向逐渐降低。而这个区域恰好是射流烟气的强辐射传热区，射流烟气以辐射方式传给炉管的热量较多；同时，由于回流烟气温度逐渐下降，与射流烟气之间的温差逐渐加大，相互之间的辐射热交换逐渐加强，回流烟气吸收一部分射流焰烟的辐射热，间接地，降低了回流中心上游这个区域内炉管的表面热强度，保护了炉管。因此，回流烟气不仅承担着辐射室的对流传热任务，而且还具有对辐射室炉管受热的调节功能，辐射室对流传热量的多少主要取决于回流烟气量和流速，提高回流烟气量和流速不但可以增加辐射室的传热量，而且还可以降低炉管受热不均匀系数，为提高辐射室炉管表面平均热强度创造条件。在燃烧器的热负荷一定的条件下，增加回流烟气量最经济的方法是提高燃料在燃烧器内部的燃尽率、降低火焰高度、提高焰烟喷速，这和燃烧器的结构、性能有很大关系。

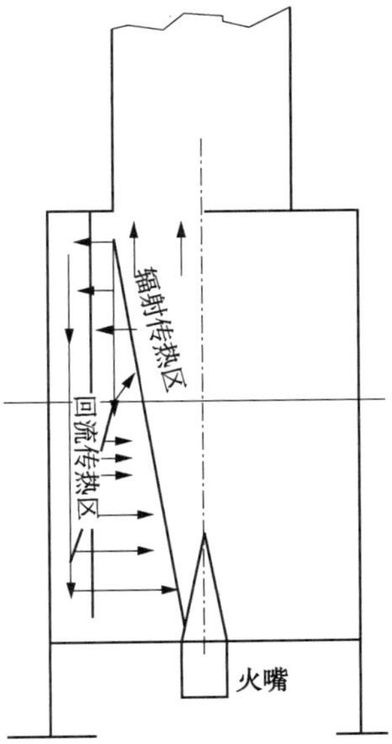

图6-2-6　加热炉辐射室烟气流场分布图

2. 燃料在燃烧器内部的燃尽率与辐射室对流传热量的关系

辐射室总传热量为：

$$Q_R = Q_r + Q_c \tag{6-2-52}$$

$$Q_c = h_{rc} A_r (T_g - T_w) \tag{6-2-53}$$

式中　Q_R——辐射室总传热量，kW；

Q_r——辐射室辐射传热量，kW；

Q_c——辐射室对流传热量，kW；

A_r——辐射炉管有效传热面积，m^2；

T_g——辐射室回流烟气温度，℃；

T_w——辐射炉管表面温度，℃；

h_{rc}——对流传热系数，kW/(m^2·℃)。

在辐射炉管有效传热面积、辐射室回流烟气温度和辐射炉管表面温度一定时，辐射室对流传热量 Q_c 与对流传热系数 h_{rc} 成正比，提高对流传热系数可有效地增加辐射室对流传热量。对流传热系数的关系如下：

$$h_{rc} = C\rho \frac{\lambda}{\mu^{0.65}} \times \frac{W_g^{0.65}}{d_w^{0.35}} \qquad (6-2-54)$$

式中　C——炉型无因子系数，当 $S=2d_w$ 时，卧管底烧立式加热炉 $C=0.184$，当 $S=2d_W$ 时，立管底烧立式加热炉 $C=0.096$。

λ——回流烟气的导热系数，$kW/(m^2 \cdot ℃)$；

μ——回流烟气的黏度，$kg/(m \cdot s)$；

W_g——燃烧器出口烟气喷速，m/s；

d_w——辐射炉管外径，m；

ρ——回流烟气密度，kg/m^3。

当加热炉的炉型、燃料和辐射炉管的规格一定时，辐射室对流传热系数 h_{rc} 与燃烧器出口烟气喷速 W_g 的 0.65 次方成正比。

$$W_g = \frac{v_t}{S_r} \qquad (6-2-55)$$

式中　v_t——燃烧器出口烟气体积喷速，m^3/s；

S_r——燃烧器出口面积，m^2。

$$v_t = (v_0\alpha + 1)B \times \frac{273 + t_0}{273} \qquad (6-2-56)$$

式中　v_0——燃料的理论空气量，Nm^3/Nm^3；

α——过剩空气系数；

B——燃料耗量，Nm^3/s；

t_0——燃烧器出口烟气温度，℃。

$$t_0 = \frac{Q_L\eta + v_0\alpha t_\alpha C_\alpha - q_s}{(v_0\alpha + 1)c_{RP}} \qquad (6-2-57)$$

对于自然供风的加热炉，同时不计燃烧器外表面散热损失，则燃烧器出口烟气温度 t_0 为：

$$t_0 = \frac{Q_L\eta}{(v_0\alpha + 1)c_{RP}} \qquad (6-2-58)$$

将式(6-2-56)和式(6-2-57)代入式(6-2-55)，得：

$$W_g = \frac{273c_{RP}(Bv_0\alpha + B) + BQ_L\eta}{273c_{RP}S_r} = \frac{B(v_0\alpha + 1)}{S_r} + \frac{BQ_L\eta}{273c_{RP}S_r} \qquad (6-2-59)$$

将式(6-2-59)代入式(6-2-54)，得：

$$h_{rc} = C\frac{\lambda}{\mu^{0.65}}\frac{1}{d_W^{0.35}}\left[\frac{B(v_0\alpha + 1)}{S_r} + \frac{BQ_L\eta}{273c_{RP}S_r}\right]^{0.65} \qquad (6-2-60)$$

将式(6-2-60)代入式(6-2-53)，得：

$$Q_c = A_R C\frac{\lambda}{\mu^{0.65}}\frac{1}{d_W^{0.35}}\left[\frac{B(v_0\alpha + 1)}{S_r} + \frac{BQ_L\eta}{273c_{RP}S_r}\right]^{0.65} (T_g - T_w)$$

$$= A_R C \frac{\lambda}{\mu^{0.65}} \frac{1}{d_W^{0.35} S_r^{0.65}} \left[B(v_0 \alpha + 1) + \frac{B Q_L \eta}{273 c_{RP}} \right]^{0.65} (T_g - T_w) \quad (6-2-61)$$

式中　Q_L——燃料的低热值，kJ/Nm³；

c_{RP}——烟气的比热容，kJ/(Nm³·℃)；

η——燃料在燃烧器内部的燃烧效率,%。

$$\eta = \frac{Q_L - \alpha_s}{Q_L} \times 100\%$$

式中　α_s——燃料在燃烧器内部因化学不完全燃烧和机械不完全燃烧损失之和，kJ/Nm³。

由式(6-2-61)可知，在同等条件下，辐射室对流传热量随燃料在燃烧器内部的燃尽率的提高而增加；在燃烧器的热负荷一定时，火焰在辐射室的高度随燃料在燃烧器内部的燃尽率提高而降低，也就是说，在加热炉的炉型结构、热负荷、燃料、辐射炉管规格、供风量和燃烧器几何尺寸、热负荷一定时，辐射室对流传热量随火焰高度降低而增加。表6-2-2是我国三个炼油厂焦化炉辐射室传热量和火焰高度测试数据。

表6-2-2　焦化炉辐射室传热量和火焰高度测试数据

项目名称	A厂	B厂	C厂
火焰高度/m	5	4	3
全炉总供热量/kW	10906.5	13259.5	11615
辐射室热负荷/kW	6762	9150	8430.3
辐射室热负荷占总供热量的比例/%	62	69	72

由表6-2-2可知，在炉型结构、传热面积、燃烧器的数量和负荷等不变的条件下，火焰高度降低1m，管式加热炉辐射室的传热量占总供热量的百分比约增加3%。强化燃料燃烧，降低火焰高度可以有效地增加管式加热炉辐射室的传热量。

3. *燃料在燃烧器内部的燃尽率对辐射室温度分布的影响*

燃料通过火嘴进行燃烧将高温烟气高速喷入辐射室，产生射流作用，在喷口处一定的范围内形成一定的负压，拉动辐射室顶部烟气向辐射室底部回流，在辐射室形成烟气回流和机械扰动的过程。燃料在燃烧器内部的燃尽率越高，火焰就越低，烟气具有的做功能力越大。喷入辐射室后，在辐射室引起的烟气回流速度和机械扰动强度就越高；使辐射室上部和下部、高温区和低温区的烟气相互混合，从而使得辐射室烟气温度分布趋向均匀化，降低了温度分布不均匀系数。焦化装置常用燃气燃烧器，按燃料与空气混合方式可分为全预混式燃烧器、半预混式燃烧器和外混式燃烧器。全预混式燃烧器的燃料燃尽率比半预混式燃烧器和外混式燃烧器的燃料燃尽率高得多，使用全预混式燃烧器与使用半预混式燃烧器和外混式燃烧器相比，辐射室烟气温度分布均匀。对外混式燃烧器来讲，采用先进配风技术、强化燃料与空气混合，提高燃料在燃烧器内部的燃尽率(燃料在燃烧器内部的燃尽率提高，火焰高度降低)与采用一般配风技术的外混式燃烧器相比，辐射室烟气温度分布均匀。表6-2-3是我国两个炼油厂焦化炉火焰高度和辐射室横向最大温差测试数据。

表6-2-3　某厂焦化炉火焰高度和辐射室横向最大温差测试数据

项目名称	A厂	B厂	项目名称	A厂	B厂
燃烧器台数	24	24	辐射室中部最大温差/℃	72	65
火焰高度/m	4	3	辐射室上部最大温差/℃	51	34

由这两个炼油厂焦化炉火焰高度与辐射室横向最大温差测试数据可知，在炉型结构和燃烧器的安装方式一定时，管式加热炉辐射室温度分布随火焰高度降低趋向均匀，由于火焰高度取决于燃料在燃烧器内部的燃尽率，所以，在管式加热炉的炉型结构和燃烧器的负荷、数量及安装方式一定时，辐射室温差和辐射炉管受热不均匀系数随燃料在燃烧器内部的燃尽率的提高而减小。通过强化燃烧、降低火焰高度，可以改善辐射室温度分布，降低辐射室温差和炉管受热不均匀系数。

4. 燃料在燃烧器内部的燃尽率对炉管平均表面热强度的影响

前已述及，管式加热炉辐射室的温度分布随燃料燃尽率的提高趋向均匀化。辐射炉管受热不均匀系数随燃料在燃烧器内部的燃尽率的提高而降低；辐射室的传热量随燃料在燃烧器内部的燃尽率的提高而增加。高燃尽率也有利于辐射室炉管平均表面热强度提高。表 6-2-4 是三个炼油厂焦化炉火焰高度和全炉炉管有效传热面积、表面热强度的比较。

表 6-2-4　焦化炉的火焰高度和全炉炉管表面热强度

项目名称	A 厂	B 厂	C 厂
火焰高度/m	5	4	3
全炉热负荷/kW	10906.5	13259.5	11615
全炉有效传热面积/m^2	1319.8	1272	1036.8
全炉炉管表面热强度/(kW/m^2)	8.264	10.4	11.2

由表 6-2-4 可知，全炉炉管平均表面热强度是随燃料燃尽率的提高而增加；辐射室传热量和全炉炉管平均表面热强度的提高，减少了全炉炉管的用量，从而降低了管式加热炉的基建投资。对于在线运行的管式加热炉来讲，处理能力和操作弹性随燃料燃尽率的提高而增加。

5. 过剩空气系数对辐射室传热量和热效率的影响

（1）过剩空气系数对辐射室辐射传热量的影响

燃料通过燃烧形成高温烟气，烟气通过辐射传给炉管的热量有多种计算公式[1]，如下式：

$$Q_r = 5.67 \times 10^{-8} A_R \cdot \phi \cdot \psi (T_g^4 - T_W^4) \qquad (6-2-62)$$

式中　Q_r——高温烟气通过辐射传给炉管的热量，kW；

A_r——辐射炉管有效传热面积，m^2；

T_g——辐射室回流烟气温度，℃；

T_W——辐射炉管表面温度，℃；

ϕ——综合角系数，与炉型结构及几何尺寸、炉管管心距、炉管设置及材质有关；

ψ——高温烟气的辐射率，与过剩空气系数 a、燃料性质和燃烧工况有关。

高温烟气通过辐射传给炉管的热量 Q_r 与高温烟气辐射率 ψ 成正比，ψ 与过剩空气系数 a、燃料性质和燃烧工况有关。

因单原子气体和双原子气体没有辐射能力，高温烟气中的基本辐射成分是三原子气体 CO_2 和水蒸气 H_2O；高温烟气辐射率 ψ 的大小取决于烟气中的三原子气体 CO_2 和水蒸气 H_2O 的分压。由过剩空气系数与三原子气体 CO_2 和水蒸气 H_2O 的分压的关系图(图 6-2-7)可知，烟气中的三原子气体 CO_2 和水蒸气 H_2O 的分压随过剩空气系数加大而降低，由图 6-2-8 可知，烟气辐射率 ψ 随烟气中三原子气体 CO_2 和水蒸气 H_2O 的分压增加而增加。因烟气中三

原子气体 CO_2 和水蒸气 H_2O 的分压随过剩空气系数加大而降低，所以高温烟气辐射率 ψ 随过剩空气系数加大而减小；在烟气出辐射室的温度不变的条件下，辐射室辐射传热量随过剩空气系数加大而减少。

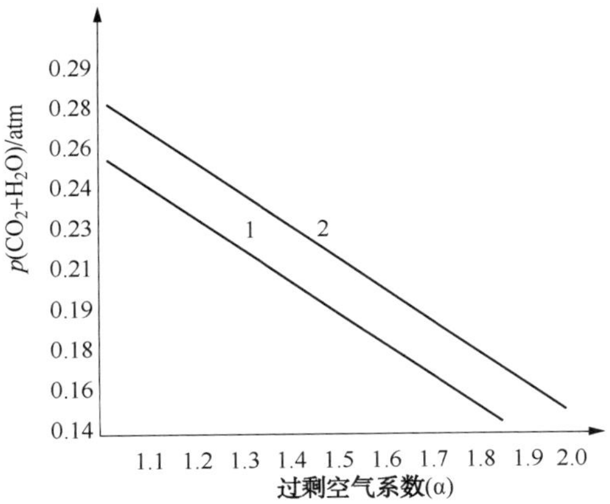

图 6-2-7　过剩空气系数与 CO_2 和水蒸气 H_2O 的分压的关系图

1—气体燃料；2—液体燃料

$1atm = 1.013\times10^5Pa$

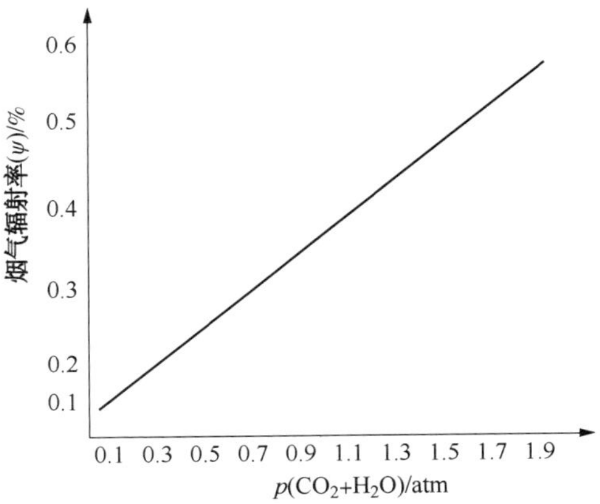

图 6-2-8　烟气辐射率(ψ)与 CO_2 和水蒸气 H_2O 的分压的关系图

$1atm = 1.013\times10^5Pa$

（2）过剩空气系数对辐射室总传热量的影响

根据热量平衡原则，辐射室传热量与烟气出辐射室带走的热量有关，过剩空气系数 a 增加，带走的热量增加，辐射室传热量 Q_R 就减少。辐射室传热量为：

$$Q_R = B \cdot Q_L - B \cdot (v_0\alpha + 1) \cdot c_{RP} \cdot t_P - q_r \qquad (6-2-63)$$

式中　B——燃料用量，Nm^3/s；

v_0——燃料的理论空气量，Nm^3/Nm^3；

t_P——烟气出辐射室时的温度，℃；

c_{RP}——烟气在 t_P 温度下的比热容，$kW/(Nm^3 \cdot ℃)$；

q_r——辐射室外壁散热损失，kW。

由此可知，在管式加热炉热负荷、辐射室外壁散热损失、烟气出辐射室时的温度和燃料一定时，辐射室的传热量随过剩空气系数加大而减少。

（3）过剩空气系数对热效率的影响

加热炉热效率反平衡计算公式前面已经提到，可见式(6-2-51)。

由式(6-2-51)可知，过剩空气系数对加热炉的热效率有着直接的影响；在排烟温度、不完全燃烧损失和外壁散热损失不变时，加热炉热效率随过剩空气系数加大而降低。降低过剩空气系数可以有效地提高加热炉的热效率。但是，在某些情况下，燃料不完全燃烧对加热炉热效率的影响大于过剩空气系数对加热炉热效率的影响，所以采用先进的配风技术，强化燃料与空气的混合，保证燃料完全燃烧是降低过剩空气系数的前提。

6. 燃烧器数量对辐射室横向温度分布的影响

焦化炉燃烧器数量和辐射室横向温度分布有一定的关系。由表 6-2-5 可知，当焦化炉的炉型结构和燃烧器的型号确定后，辐射室最大横向温差随燃烧器数量的减少而加大。增加燃烧器的数量，可以有效地改善辐射室横向温度分布，降低横向温差。

表 6-2-5　焦化炉燃烧器台数和辐射室横向最大温差的关系

项目名称	A厂	B厂	C厂
燃烧器台数	8	16	24
辐射室中部最大温差/℃	140	80	65
辐射室上部最大温差/℃	87	55	34

7. 燃烧器数量对辐射室纵向温度分布的影响

火焰高度对辐射室纵向温度有着直接的影响，当焦化炉的热负荷和燃烧器的型号确定后，火焰高度主要取决于燃烧器的热负荷；在焦化炉的热负荷一定时，燃烧器的热负荷取决于燃烧器的数量。总之，当焦化炉的热负荷和燃烧器的型号确定后，燃烧器的数量决定着辐射室纵向温度分布。由表 6-2-6 和图 6-2-9 可以得知：焦化炉辐射室纵向最大温差随着燃烧器台数的增加而加大；辐射室高温区占整个辐射室的比例随着燃烧器台数的增加而降低，低温区占整个辐射室的比例随着燃烧器台数的增加而加大；辐射室高温区的温度随着燃烧器台数的增加而升高，低温区的温度随着燃烧器台数的增加而降低；可以通过控制燃烧器的台数或火焰高度在辐射室形成符合传热需要的温度梯度。

表 6-2-6　焦化炉燃烧器数量对辐射室纵向温度分布的影响

项目名称	A厂	B厂	C厂
辐射室顶部温度/℃	786	760	745
辐射室纵向最大温差/℃	100	170	210
辐射室纵向温度分布不均匀系数	1.12	1.22	1.30
燃烧器台数/台	8	16	24
火焰高度/m	5	4	3

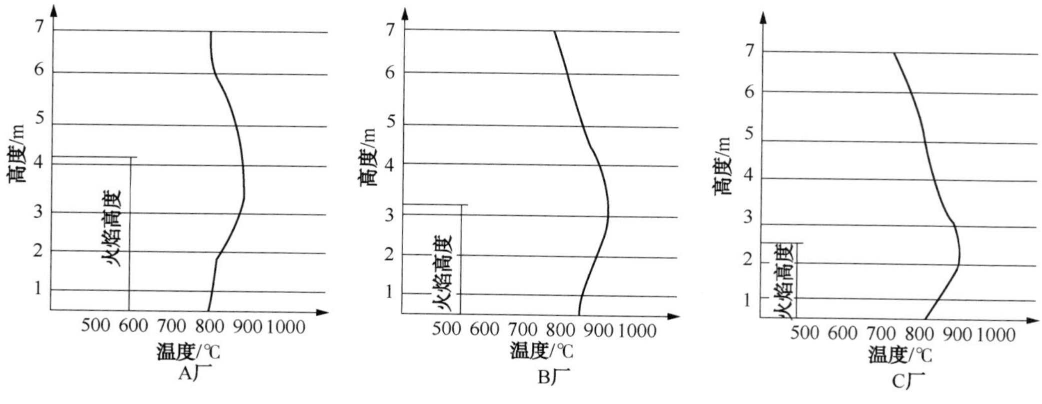

图 6-2-9　焦化炉辐射室纵向温度分布曲线图

综合上述分析研究，得出如下结论：

① 燃料在燃烧器内部燃尽率的高低、燃烧过剩空气系数的大小对焦化炉辐射室传热量、辐射室与对流室热负荷分配比例、辐射炉管受热不均匀系数、热效率、处理能力以及基建投资都有着直接的影响。采用先进的燃烧器，提高燃料在燃烧器内部燃尽率，在保证燃料完全燃烧的前提下降低燃烧过剩空气系数，并对燃烧器的数量和设置进行优化，可以大幅度地提高焦化炉的处理能力和热效率并降低投资，是焦化加热炉技术进步的重要方面。

② 燃烧器的台数、单台燃烧器热负荷和火焰高度对焦化炉辐射室横向温度分布不均匀

系数有着直接的影响；增加燃烧器的数量、单台燃烧器热负荷减小，会使火焰高度降低，可以有效地降低辐射室横向温度分布不均匀系数。在燃烧器台数相同时，通过强化燃烧、降低火焰高度，可以进一步改善辐射室温度分布，降低辐射室横向温差和降低辐射炉管受热不均匀系数。为了减缓辐射炉管结焦，满足焦化炉辐射室横向最大温差 $\Delta t \leqslant 30$℃ 的生产工艺要求，可以采用先进的中低能量、扁火焰火嘴。

③ 燃烧器的台数、单台燃烧器的热负荷和火焰高度对于焦化炉辐射室纵向温度分布、辐射室与对流室热负荷分配、全炉炉管表面平均热强度以及基建投资有着直接影响。增加燃烧器数量、降低单台燃烧器热负荷和火焰高度，可以有效地提高辐射室传热量和全炉炉管表面平均热强度，降低焦化炉基建投资。但随着燃烧器数量的增加、火焰高度的降低，高温区的温度会急剧升高。当火焰高度低于 2m 时，高温区炉管可能产生过热弯曲变形和表面高温氧化，炉管使用寿命大幅度缩短。焦化炉燃烧器火焰高度控制在 2.5~3m 范围以内为宜。

二、焦化加热炉炉管结焦原理及长周期运行措施

(一) 结焦前体物的形成规律

重油分子在高温下会自发地产生自由基，自由基再以不同的方式参与反应：一方面发生裂化反应，大分子裂化成小分子；另一方面中、小分子缩合成更大的大分子。裂解与缩合反应是同时进行的，焦化炉炉管上所沉积的焦炭来自于重油中胶质、沥青质的缩合反应，由苯不溶物(BI)到喹啉不溶物(QI)，进而缩聚成焦[27]，所以控制结焦前体物的生成速率可控制炉管结焦速率。

实验表明，重油在 350℃以上时即开始发生热转化反应，但在热转化深度较浅时，不会出现喹啉不溶物；反应温度越高或在某一反应温度下停留时间越长，产生的喹啉不溶物越多。一般重油油样结焦前体物产率随裂解深度的变化规律可用图 6-2-10 表示[37]，在裂解深度较低时，实验中检测不到结焦前体物的生成，结焦前体物产率为零；但当裂解深度增加到结焦前体物出现后，其产率随裂解深度增加而急速增加，明显存在一个加速拐点。定义管内油品热转化反应过程中出现甲苯不溶物作为结焦前体物，定义 510℃以前轻油和裂解气收率为裂解转化率，当管内油品随油品温度增加而开始有明显出现甲苯不溶物时的裂解转化率为该油品的最大可裂化度，一般重油的最大可裂化度在 15%左右。所以严格控制焦化加热炉辐射管出口温度，使炉出口油品的裂解转化率不超过最大可裂化度是决定焦化装置长周期运行和焦化经济效益的技术关键。

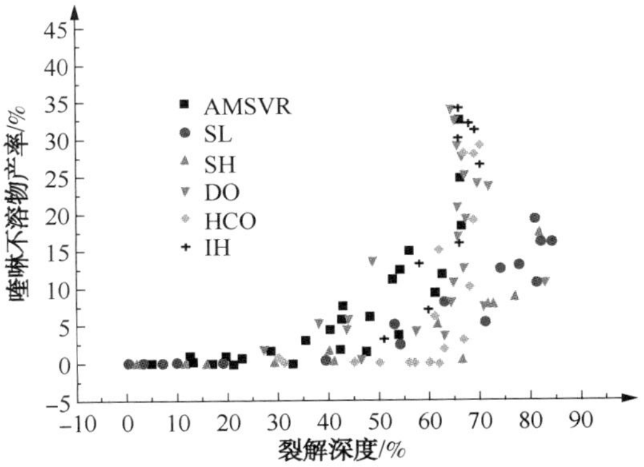

图 6-2-10　不同产地重油 QI 产率随裂解深度的变化

(二) 炉管结焦机理[28]

由于注入蒸汽及重油裂解产物的平衡汽化，焦化炉管内介质处于气液共存的两相流动状态。为了防止管内出现不良流型，油料因局部过热而加速结焦，一般均采用水平管作为焦化炉辐射管。对于水平管可存在分层、波状、环-雾状、长泡、液节及分散气泡六种流型[1]，参见图 6-2-11。基于流体力学基本原理，无论炉管内介质处于何种流动形态，在靠近管壁处总是存在一个滞流的边界层(膜)，管壁上沉积的焦是在边界层内形成的。

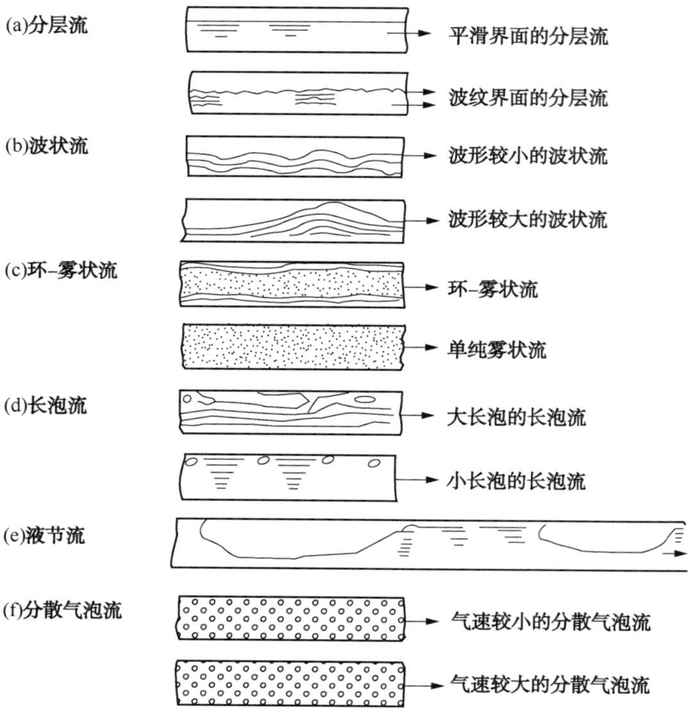

图 6-2-11　水平管两相流流型

1. 结焦速率关联式

如图 6-2-12 所示，设炉管内径为 R，管长为 L，由于炉管结焦在操作时间为 θ 时，流通半径缩小为 r，在操作时间为 $\theta+\Delta\theta$ 时，流通半径缩小为 $r-\Delta r$，ρ_c 为炉管管焦的密度。定义单位时间内炉管单位表面积上沉积的焦炭质量 Rc 为炉管结焦速率，$-dr/d\theta$ 为结焦速度，则：

$$-[\pi r^2-\pi(r-\Delta r)^2]L\rho_c=2\pi rLR_c\Delta\theta$$

$$-\frac{dr}{d\theta}=\frac{R_c}{\rho_c} \tag{6-2-64}$$

假设：与一般的流动边界层不同的是，在已成型的炉管焦层与层流底层间存在一不流动的多孔性软焦层[29]，成焦反应集中在多孔性软焦层内，参见图 6-2-13。结焦前体物既可能向成焦层流动(由 B 到 A)，形成焦炭；也可能向流动边界层流动(由 B 到 C)，扩散到流动主体；结焦前体物在多孔性软焦层内的浓度几乎相同；多孔性软焦层厚度与原料性质及温度有关；多孔性软焦层温度与边界底层温度(油膜温度)几乎相同，且为结焦最敏感温度[30]。

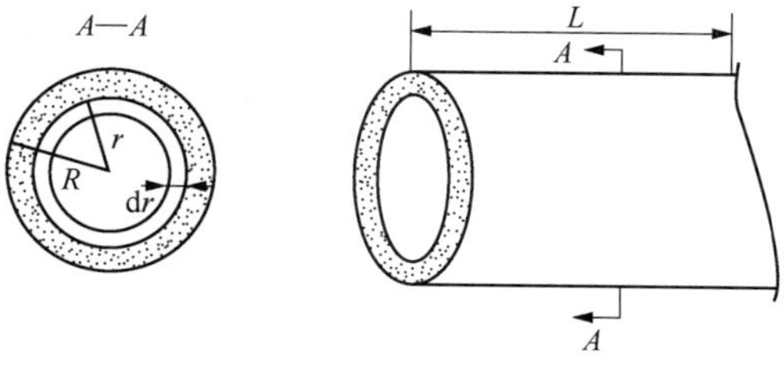

图 6-2-12　结焦炉管剖面图

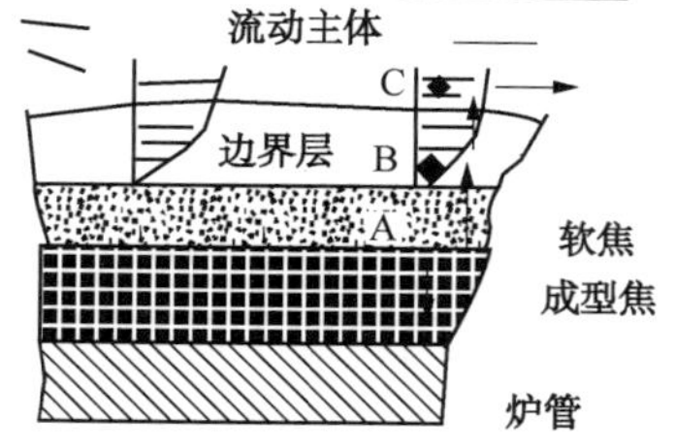

图 6-2-13　结焦前体物的脱落与沉积

油品在某个截面流动边界底层温度与流动主体温度、表面热强度及对流传热系数 α 之间的关系为：

$$T_{film}=T_{oil}+\frac{q}{\alpha} \tag{6-2-65}$$

式中　α——对流传热膜系数，kW/(m²·℃)；

T_{film}——任意炉管截面上的油膜温度,℃；

T_{oil}——任意炉管截面上流动主体油温,℃；

Q——炉管表面热强度，kW/m²。

炉管结焦速率为焦炭生成速率与焦炭向流动主体扩散速率之差：

$$R_C=R_r-R_D \tag{6-2-66}$$

式中　R_C——炉管结焦速率，kg/(m²·a)；

R_r——焦炭生成速率，kg/(m²·a)；

R_D——焦炭脱落速率，kg/(m²·a)。

假设：在软焦层中结焦前体物浓度较低，焦炭生成速率为一级反应过程，与软焦层底层结焦前体物的浓度 C_W 成正比：

$$R_r=K_rC_W \tag{6-2-67}$$

假设：焦炭脱落速率为结焦前体物在流动边界层内向流动主体中的分子扩散过程。

设流动主体中结焦前体物浓度为 C_X，则：

$$R_D=K_D(C_W-C_X) \tag{6-2-68}$$

由式（6-2-66)得：

$$R_C=K_rC_W-K_D(C_W-C_X) \tag{6-2-69}$$

焦炭生成速率常数 K_r 为反应速率常数，因而与油膜温度 T_{film}之间的关系符合阿累尼乌斯方程：

$$K_r=A_0\exp\left(-\frac{E_0}{RT_{film}}\right) \tag{6-2-70}$$

式中，A_0、E_0 分别为焦炭生成速率的表观频率因子及活化能。

不考虑传质与流动边界层的差异，结焦前体物向主体的扩散速率常数 K_D 在低浓度下为：

$$K_D=\frac{D_{AB}}{\delta} \tag{6-2-71}$$

式中，δ 为边界层厚度。由传递过程原理，湍流时圆管中的层流底层厚度 δ 与雷诺数 Re 的-7/8 次方成正比[31]：

$$\delta=KRe^{-\frac{7}{8}}D \tag{6-2-72}$$

式中　K——与流动无关的比例常数，D 为圆管直径。

D_{AB}——结焦前体物在流动边界层中的分子扩散系数，由斯托克斯-爱因斯坦方程：

$$D_{AB}=\frac{kT_{film}}{6\pi\mu_w r_A} \tag{6-2-73}$$

或

$$D_{AB}=K_C\frac{T_{film}}{\mu_w} \tag{6-2-74}$$

式中　k——波尔茨曼常数；

μ_w——内壁温下的黏度；

r_A——结焦前体物的直径；

K_C——等于 $k/(6\pi r_A)$。

将式(6-2-72)、式(6-2-74)代入式(6-2-71)，并将常数合并到 K_C，可得：

$$K_D = K_C \frac{T_{film}}{\mu_w} \frac{Re^{7/8}}{D} \tag{6-2-75}$$

因而：

$$R_C = A_0 \exp\left(-\frac{E_0}{RT_{film}}\right) C_w - K_c \left(\frac{T_{film}}{\mu_w}\right) \left(\frac{Re^{7/8}}{D}\right) (C_W - C_X) \tag{6-2-76}$$

2. 机理关联式的简化

式(6-2-76)反映了炉管结焦速率与原料性质及操作条件的相互关系：流体的黏度越大，质量流速越小，结焦前体物向流动主体的扩散越困难，炉管越容易结焦；原料本身结焦倾向对炉管结焦速率大小的影响，由焦炭生成速率表观活化能 E_0 及频率因子 A_0 的大小体现，可由结焦前体物的生成速率来判断原料的生焦倾向，及时根据原料的性质调整操作，以保证较小的结焦速率。

由式(6-2-76)边界层底层温度对焦炭生成速率和脱落速率都有影响，边界底层温度升高，焦炭生成速率将上升；由于温度升高，流体的黏度将显著下降，结焦前体物在流动边界层向流动主体扩散加快，因而焦炭的脱落速率也将升高。

软焦层中结焦前体物的浓度 C_W 与原料性质、油膜温度、软焦层的更新速度都有关系。考虑到软焦层中结焦前体物的浓度受诸多因素的影响，如果已知两个状态下的结焦厚度 δ_1 及 δ_2，在脱落速率不变时，可以根据缩合反应的活化能及不同状态下油膜温度，确定未知工况下的炉管结焦厚度 δ_x：

$$\frac{\delta_x - \delta_1}{\delta_2 - \delta_1} = \frac{\exp\left(-\frac{E_0}{RT_{film,\ x}}\right) - \exp\left(-\frac{E_0}{RT_{film,\ 1}}\right)}{\exp\left(-\frac{E_0}{RT_{film,\ 2}}\right) - \exp\left(-\frac{E_0}{RT_{film,\ 1}}\right)} \tag{6-2-77}$$

式中，$T_{film,1}$、$T_{film,2}$ 及 $T_{film,x}$ 分别为已知状态 1、2 及未知状态下的油膜温度。

周晓龙等[32]用大庆减压渣油在流动管式反应器内进行减黏热裂化反应，假定：①结焦速度恒定；②结焦速度与管内壁处渣油甲苯不溶物成正比；③管内壁处渣油甲苯不溶物的生成速度只与内壁温度有关；④边界层厚度与流速成正比；(5)流动主体中甲苯不溶物与壁面处相比可以忽略不计。得出管内结焦速度与管内壁温度及流速之间的关系为：

$$x = \frac{1.21\exp[0.001944\ (T_{wi} - 450)^2]}{u} \tag{6-2-78}$$

式中　T_{wi}——管内壁温度，℃；

U——管内平均速度，m/s；

X——焦炭沉积速度，mm/d。

（三）炉管结焦的关键参数

管内介质质量流速及炉管表面平均热强度是过去用来判断管内介质是否处于正常延迟焦化状态的两个基本参数：

$$G_F = \frac{W_{kgs}}{N\frac{\pi}{4}D_i^2} \quad (6-2-79)$$

式中　G_F——管内介质的质量流速，kg/(m^2·s)；

W_{kgs}——管内介质的质量流量，kg/s；

N——管程数；

D_i——管内径，m。

$$q_R = \frac{Q_R}{A_R} = \frac{W_{kgs}(I_g^o - I_e^i)\times\eta_g + W_{kgs}(I_e^o - I_e^i)\times(1-\eta_g) + Q_F}{n_{tube}\pi D_o L_{eff}} \quad (6-2-80)$$

式中　q_R——炉管表面平均热强度，kW/m^2；

Q_R——管内介质在辐射炉管中的吸热量，kW；

Q_F——介质流经辐射炉管后反应热量，kW；

A_R——以管外径为准的辐射炉管传热面积，m^2；

I_e^o，I_e^i——介质出、进辐射炉管时的液相焓值，kJ/kg；

D_o，L_{eff}——辐射炉管管外径及单根炉管管长，m；

n_{tube}——辐射炉管根数；

I_g^o——介质出辐射管时的气相焓值，kJ/kg；

η_g——介质出辐射管时的汽化率，%。

对水平管立式炉，辐射炉管表面平均热强度按有关行业标准[33]是32~38kW/m^2(1992年修正为29~32kW/m^2)，冷油流速推荐值为1200~1800kg/(m^2·s)。

炉管表面平均热强度越小，油膜温度越低，炉管的结焦倾向越低。但油品在管内停留时间延长，使油膜温度高于425℃的区域停留时间加长。所以应针对不同原料性质包括原料结焦实验数据和加热炉进料量，依据所要求的炉出口温度来计算确定适宜的管表面平均热强度和质量流速。

在实际生产中，焦化炉辐射室进料温度一般在370℃以上，而出口温度在493~505℃之间，所以在管内油膜层发生裂解和缩合反应是必然的。依据炉管结焦机理，促使管内软焦层中结焦前体物向流动主体扩散，即控制前体物生成速率与脱落速率之差——结焦速率，是维持焦化炉能否长周期运行的关键。也就是说，如何控制好炉出口条件下，使油品的裂解转化率低于该油品的最大可裂化度是设计和操作的关键参数。

如何确保加热炉出口油品的裂化度低于该油品的最大可裂化度，如何确保易结焦炉管管段内两相流流型为喷雾流，确保油膜温度不致于过高，则需对内外传热状态进行过程模拟才能取得。

(四)焦化炉的长周期运行措施

针对已知的焦化原料，特别是加热炉进料，影响加热炉长周期运行的主要问题为：

——良好的焦化装置原料管理；

——良好的加热炉工艺和结构设计；

——良好的加热炉操作水平；

——缓和炉管结焦的技术措施，如多点注汽、在线清焦等；

——炉进料和燃烧系统的“本安型”工艺联锁控制。

加热炉炉管结焦速率等于结焦前体物生成速率与脱落速率之差，影响炉管内结焦速率的因素可以分为两类：一类为影响结焦前体物生成速率的因素，如原料性质、油膜温度(Film Temperature)等；另一类为影响结焦前体物脱落速率的因素，如边界层厚度、管内流动主体结焦前体物浓度等。因此，减少炉管结焦必须从降低结焦前体物生成速率，提高结焦前体物脱落速度的角度入手。

1. 焦化炉炉管结焦案例

加热炉炉管结焦是导致操作后期炉膛及管壁温度上升、焦化炉炉管损坏的根本原因，提高加热炉热效率、延长操作周期必须在对炉管结焦速率进行有效控制的基础上才能实现。炉管结焦厚度与管外壁温度之间的对应关系参见式(6-2-85)，某工业炉在一个操作周期内结焦厚度理论推算结果[34]参见图 6-2-14。正常情况下，最大炉管结焦厚度大约在 7~8mm，最大结焦厚度不在出口炉管，而在出口炉管之前，这是因为尽管出口炉管管内介质温度高，但出口处管内介质速度也高，结焦前体物的脱落速率较大，因而沉积在炉管上的焦炭反而较少，另外与燃烧器的性能、布置及炉膛结构有关。某工业装置加热炉实际结焦厚度沿炉管的变化参见图 6-2-15；假定燃料量均匀分布在每个火嘴，利用引进 CFX 软件对典型底烧单面辐射焦化炉管外进行模拟，部分炉管表面热强度的分布参见图 6-2-16，图中数据表明正常燃烧时，沿炉管长度方向热强度分布基本均匀，由于单根炉管进出口油温、流速等性质变化不大，因而理论上炉管管焦沿周向分布应该是均匀的。图 6-2-17 为在不破坏炉管前提下，用可变形件通过炉管后得到的炉管焦沿周向的可能分布，左侧图中炉管上沉积的管焦厚度明显不一致，说明管外处于不正常燃烧状态。

对于底烧单面辐射焦化炉，当炉管结焦厚度达到 4mm 以上时，即会导致炉膛温度显著上升；对于 Cr5Mo 管材辐射管，当结焦厚度超过 10mm 后，即会导致炉管弯曲变形；由于管外局部过烧等导致的管内非正常结焦现象比较普遍。

炉管结焦后会导致炉膛温度、炉管压降及管外壁温度上升：正常操作状态下导致的炉管结焦可通过炉膛温度、管内压降的变化来判断；非正常操作状态下导致的炉管结焦可通过管外壁热电偶温度及炉管颜色的变化来观察；焦化炉辐射炉膛温度设计值一般不超过 800~850℃，炉管压降一般在 2MPa 以下，限制炉膛温度在 800℃以下，是我国延迟焦化装置在操作中经常使用的控制指标。

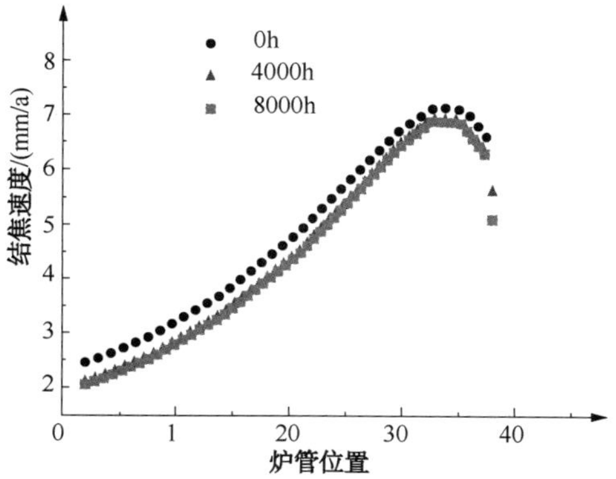

图 6-2-14　炉管结焦厚度理论推算
(初开工、4000h、8000h 状态)

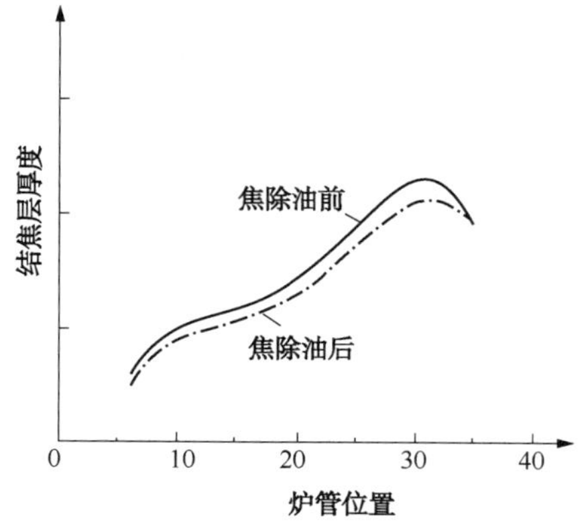

图 6-2-15　炉管实际结焦状况

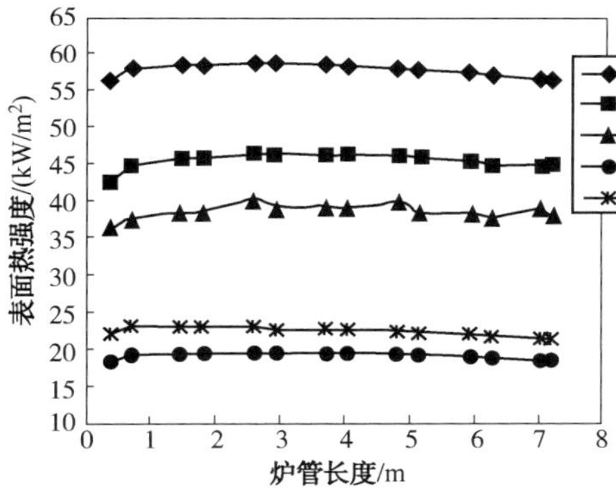

图 6-2-16　正常燃烧时表面热强度沿炉管的分布

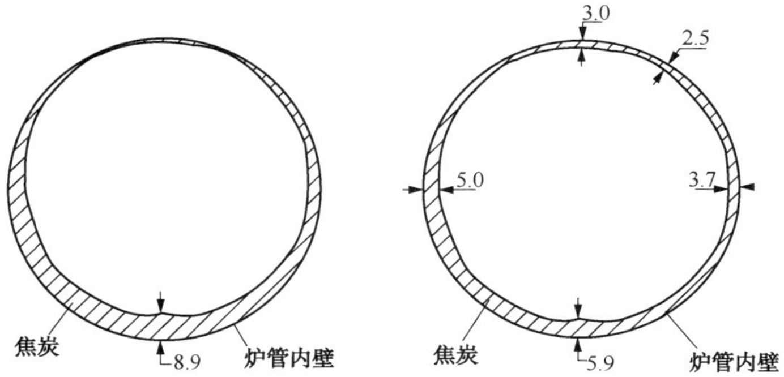

图 6-2-17　炉管管焦沿周向的可能分布

2. 缓和加热炉炉管结焦，延长运行周期的方法[35]

（1）改进炉管材质

炉管采用 Cr9Mo 管材，提高炉管允许温度。

（2）加强焦化原料管理

需要加工高密度、高沥青质含量等生焦性能强的劣质焦化原料时，要及时调整焦化操作条件或采取限制掺入比例等措施，防止发生严重的炉管结焦事故。控制原料钠含量，最好钠盐含量小于 10μg/g。

（3）进料报警联锁设计

为了防止由于暂时停电、机泵抽空等原因造成的流量过低或中断，以及由于炉管破裂等原因造成的紧急停工，在加热炉进料系统设计中应考虑低流量报警、低/低流量联锁自动熄灭火嘴、停泵、紧急吹汽等一整套逻辑控制措施，以防止炉管结焦以及炉管破裂造成炉膛着火燃烧。

（4）燃烧系统报警联锁设计

为了保证加热炉平稳，有效地长周期运行，在加热炉燃烧系统设计中考虑燃料气量与风量的比例控制；燃料气低压报警和低/低压联锁自动熄火；热管式空气预热器入口烟气温度和引风机入口烟气温度、烟道挡板前温度的高报警、高/高温度联锁自动熄火、停泵、停风机、紧急吹汽等一整套逻辑控制措施，以防止空气过剩系数过大、降低炉热效率和炉管氧化剥皮现象，以及炉膛着火烧坏炉子和损坏烟气余热回收系统。在焦化加热炉设计时，应该考虑“本安型”的 ESD 紧急联锁系统设计方案。

(5) 注入缓和结焦馏分的设计

根据对作为介质不同四组成比例结构函数的稳定因子$\left(稳定因子=\frac{芳烃+胶质}{残炭\times饱和烃}\right)$和蜡含量分析可见，随着热裂解介质在炉管内的停留时间增加，从进口到出口其介质的热稳定性会下降，当炉管内介质温升速率达到某一 $dt/d\tau$ 值时可以考虑注入含芳烃较高的不同馏程范围的油品，以改善油膜性质，增加其热稳定性和胶溶性，以缓和结焦趋势，延长炉管表面温度达到管材允许温度的时间，从而延长加热炉运行时间。对于底火焰燃烧、上进下出结构的加热炉，若前段部分炉管 $dt/d\tau$ 值超高，则注入 LGO 为宜，若后段部分炉管 $dt/d\tau$ 值超高则注入 HGO 为宜。注入选择性馏分于炉管内缓和结焦的方法比注汽有实质性优点。

(6) 在线清焦(on-line spalling)技术设计

顾名思义，在线清焦就是在不停加热炉的条件下对多管程加热炉中的某一列管程进行通蒸汽清焦，通过改变蒸汽量和管壁温度使焦炭剥落，达到清焦目的。

在线清焦技术特别适用于加工低热稳定性的重质原料以及消除扩能瓶颈的低循环比工况操作条件。采用在线清焦技术可以延长加热炉的连续运行时间，缩短停炉烧焦次数及停工检修次数，从而提高全装置以至于全厂经济效益。一般在两次烧焦之间可进行 2~3 次在线清焦。

根据国外炼厂焦化资料介绍，在线清焦的效果是：

——炉管表面温度降低(约 55.5℃)。

——炉管压降基本回复正常(开工初期压降)。

——清焦后燃料节省约 10%~15%。

——在线清焦无需拆装加热炉出入口高温弯管、安全性高、时间短(1~2d)。

——单炉可连续运行三年以上(即两年以上才用蒸汽和空气烧焦 1 次)。

(7) 良好的加热炉工艺和结构设计

在已知焦化原料性质，尤其是加热炉辐射段进料性质的前提下，加热炉工艺设计应提供出有效热负荷、加热炉出口温度、出口压力、气化率、多点注汽位置及注汽量、炉出口热裂解深度和介质在管内停留时间等工艺参数，再结合炉用燃料的特性设计出良好的加热炉。

良好的加热炉设计应该是：

——高管内流速(大于 1.83~2m/s)。

——短停留时间，特别是介质 426℃以上段的停留时间小于 30s。

——稳定的温升梯度。

——炉内合理的对称布置和配管。

——合理的平均热强度且炉管热强度周向不均匀系数要小。

——每管程多点注汽以及较小的注汽(或水)量。

——正确的对流转辐射处介质设计温度。

——中、小型能量的低 NO_x 火嘴及扁长形炉膛尺寸。

——适宜的炉膛体积热强度。

图 6-2-18 反映了在设计条件下，加热炉从入口沿炉管顺序到出口的介质温度、流速、汽化率的变化趋势[35]。

总之，针对已知焦化原料、处理量和炉出口温度等工艺参数的前提下，焦化加热炉必须保持有短的停留时间、高的冷油流速和高的平均热强度(但局部热强度不能很高)之优点，

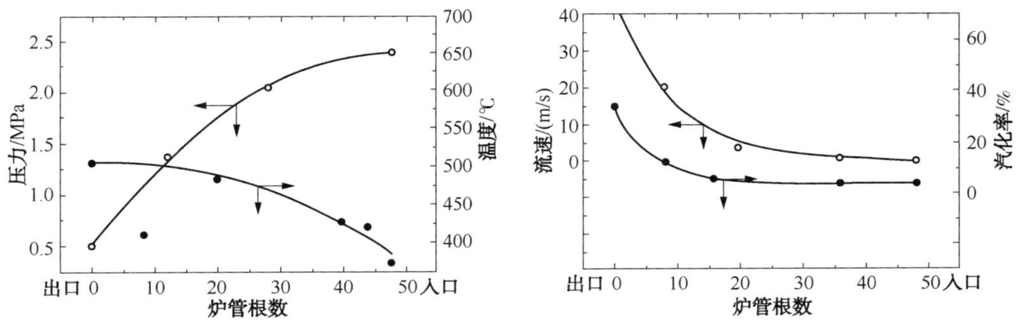

图 6-2-18　典型加热炉管内介质流速与汽化率分布图

使加热炉出口的介质转化率低于该介质的允许转化深度。加热炉的结构设计应从这些工艺要求作为主要出发点来考虑。

① 多点注汽(水)

焦化加热炉多点注汽(水)目的是降低管内结焦速度，延长焦化开工周期。炉管内介质结焦速度取决于焦垢生成速度和焦垢脱离速度。

从图 6-2-19 和图 6-2-20 可以看出，内膜温度(或管壁温度)和表面热强度是影响焦垢生成速度的主要工程因素。在一定质量流速下，热强度增大或内膜温度升高，则生焦速度加快，此时为了降低结焦速度，务必提高焦垢脱离速度，即要增加质量流速。

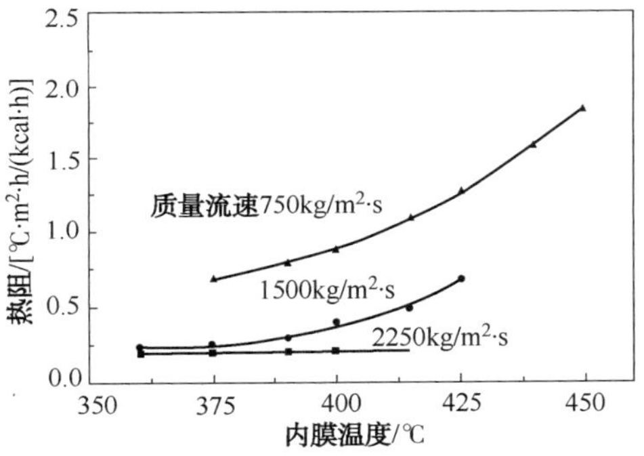

图 6-2-19　内膜温度对结焦速率的影响

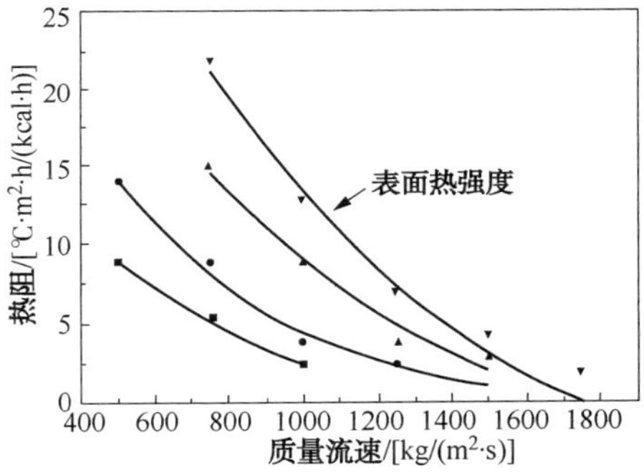

图 6-2-20　质量流速对结焦速率的影响

所以在炉管入口，尤其在高内膜温度段前注入蒸汽(或凝结水)有利于焦垢的脱离，但由于注入蒸汽会导致油分压降低、汽化率增加，使气相和液相的高温介质密度增加、变重，更易造成炉管内介质不稳定而结焦，若注水又会增加辐射段所需热负荷从而提高炉膛燃烧热强度，所以国外焦化炉及减黏炉设计的注汽(或水)量比国内低得多(只有进料量的 0.3%～0.5%)。此外，少量增加注汽量就会大幅度增加炉管入口压力，所以采用高冷油流速(≥2m/s)的综合效果比较好[35]。表 6-2-7 说明当注汽量减少一半后，油品在管内停留时间增加了 12.9s，裂解深度增加 1%。

② 管径和管间距

图 6-2-21 是炉管比表面积与管径的关系曲线。该图说明：第一，用小管径代替大管径，由于比表面积(表面积/容积)提高，加热同样多的流体可以比大管径炉管获得更多的传热外表面积，使炉管平均热强度降低，管内传热系数增加，相对而言使管壁温度(或油膜温度)降低。第二，管径变小提高了管内介质流速，使内膜传热系数和焦垢脱离速度提高。第

三，若管径变小(如从 ϕ127mm 改为 ϕ102mm)管程数相应增加，则可使反应介质停留时间降低，对改善炉管结焦极为有利。国外公司在炼厂减黏炉设计及焦化炉设计中均采用了这一概念。

表 6-2-7　注汽量及炉出口温度对工艺参数的影响

工况		操作	注汽比减少一半		按单面辐射炉反应给热	
			燃料量不变	炉出口温度不变	炉出口温度不变	注汽比不变
注汽条件	单程流量/(kg/h)	705.4	352.7	352.7	59.959	705.4
	(注汽/减渣)/%	1.927	0.964	0.964	0.164	1.927
	(注汽/辐射进料)/%	1.691	0.846	0.846	0.144	1.691
炉出口温度/℃		500	495.6	500	500	512.5
燃料量/(Nm^3/h)		2360	2360	2560	2915.2	2915.2
≥430℃介质行程/m		297.5	297.5	302.2	319.38	323.75
炉管表面平均热强度/(kW/m^2)		33.929	33.929	36.4	40.673	40.563
最高边界底层温度/℃		507.78	504.17	508.89	511.94	520.44
管内介质停留时间/s		36.35	49.25	49.1	91.03	36.18
介质反应耗时/s		19.74	26.69	28.35	52.85	22.29
介质炉出口汽化分率/%		28.893	27.25	28.57	26.33	32.273
焦化炉裂解深度/%		5.395	6.359	7.809	12.83	9.441
生焦反应焦化炉给热/(kJ/kg)		309.41	309.41	331.99	402.2	402.2

国外焦化炉一般采用管径 101.6mm、壁厚 11mm 的 Cr_9Mo 炉管。凯洛格公司设计加热炉比表面积值一般≥62.3m^2/m^3。

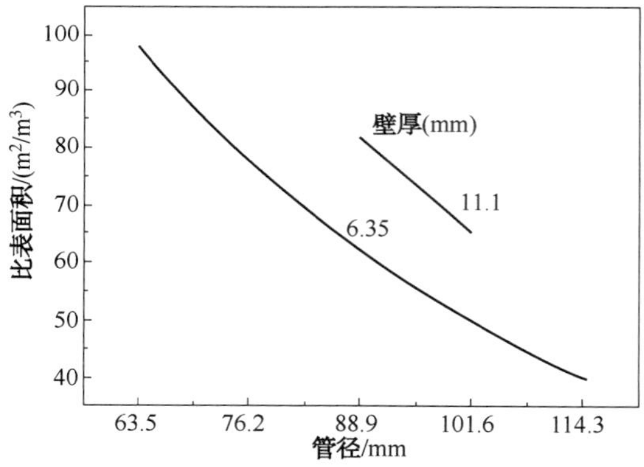

图 6-2-21　比表面积与管径的关系

管心距的大小影响到炉管周向热分布，管心距增加有利于改善炉管周向热分布均匀性。

管心距的大小通常用 C 值(管心距/管外径)来表示。如图 6-2-22 所示，C 值不同时炉管圆周方向热强度的不均匀系数 FC 也不同，管心距越大，炉管圆周方向受热越均匀。凯洛格公司采用这种方法使炉管表面热强度趋于均匀，以防局部过热而结焦。C 值在辐射段分别为上部 2.2，中部 2.5，下部 2.7(火嘴底部垂直布置，介质流向上进下出)，这样排管后虽然介质温度连续升高，但炉管圆周方向热强度不均匀系数下降，炉管平均热强提高，局部过热程度下降，因而不致造成局部结焦。

炼厂“尤利卡”工艺的反应炉辐射管的管心距 C 值全部为 2.625，与国内焦化炉通常取的 C 值之相比，周向不均匀系数减少 0.20。

图 6-2-23 为有效吸收因数 α 与管心距 C 值的关系曲线。由此图可知，虽然管心距 C 值加大使有效吸收因数 α 变小，但 $\alpha \cdot C$ 值仍然增加，使 q_R 增加。就是说在 q_R 不变情况下，可

减少辐射段表面积，即在确定管径下可降低炉管长度。

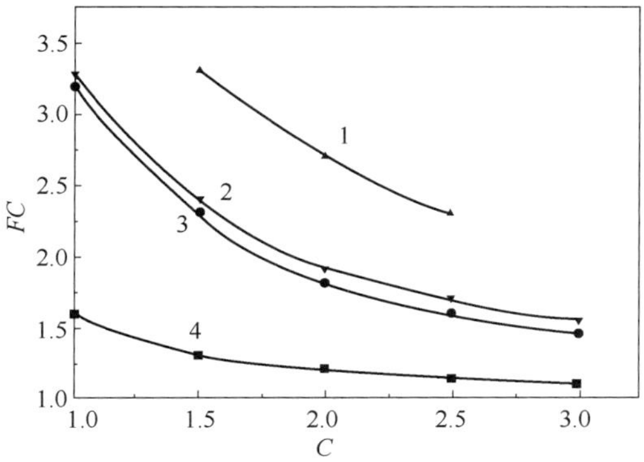

图 6-2-22　管心距与炉管圆周方向热强度不均匀系数的关系

1—双排，靠墙三角形排列；2—双排，双面等量辐射，排间距为 2 倍直径；3—单排，靠墙；4—单排，双面等量辐射

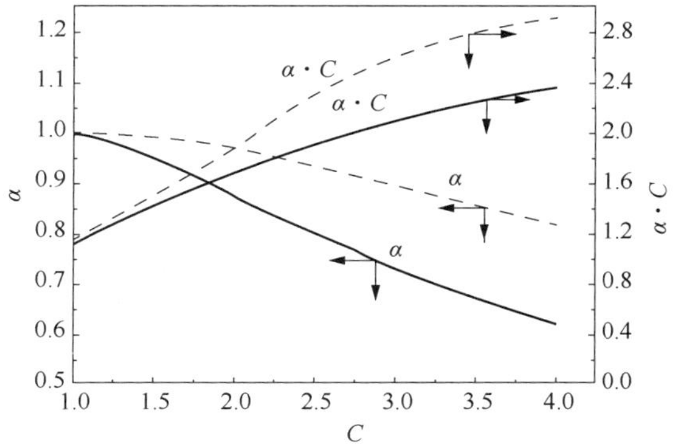

图 6-2-23　有效吸收因数 α 与管心距 C 值的关系

——单排；---双排

表 6-2-8 表明，在同样燃烧热强度下，管心距由 $2d$ 增加到 $4d$，管子背火焰部分吸热量可增加 2 倍左右、辐射热强度增加约 37%。最高热强度 q_{max} 与平均热强度 q_{ave} 之比由 1.79 降至 1.3 左右。这说明从工艺角度来看，对高苛刻度焦化设计，采用双面辐射结构是优越的。

表 6-2-8　管心距对辐射热强度影响

名　称	A	B	C
管心距	$2d$	$3d$	$4d$
燃烧热强度/(W/m²)	78500	78500	78500
管壁温度/℃	427	538	645
辐射平均热强度/(W/m²)	28574	35169	38937
q_{max}/q_{ave}	1.79	1.485	1.30

综上所述，对于某一给定原料而言，对要求转化率较高、苛刻度较大，即加热炉出口温度较高，停留时间较短的热加工工艺(如延迟焦化)来说，采用较大 C 值，较高平均热强度(q_R)设计参数是适宜的. 反之，对于上流式减黏裂化工艺来说，因为转化率较低，炉出口温度较低，所以采用较小 C 值，较低平均热强度设计参数是合适的，特别对于辐射段热负荷较低的圆筒炉设计更加合适。

③ 火嘴和炉管布置

国外公司设计的焦化炉在考虑炉管尺寸和排列方式时，以尽可能保证 426℃ 以上管段的生焦因子和停留时间最小为出发点。为此采取近炉管出口处调整炉管直径；尽量不在高局部热强度区安排炉管以及调整炉管出口温控点位置，提高炉出口温度与燃料气压力(或流量)串级控制的灵敏度等设计措施。

当然，焦化炉辐射室的炉膛尺寸和单位燃烧热容积，炉管直径和长度，管间距和管墙距，火嘴距和火嘴管心距等结构参数均与采用的火嘴型式、能量大小及燃料性质有密切关系。近来较普遍推荐烧炼厂干气的小能量(0.174～0.581MW)低 NO_x 扁平焰火嘴。在保证提供工艺所需热量相匹配的炉膛单位燃烧热容积下，采用相对扁长形炉膛尺寸结构为宜，这有利于炉膛内热强度分布的均匀性。

④ 对流段与辐射段的热分配

国外设计的焦化炉在对流室不安排新鲜原料预热段，一般除去联合油（指包括新鲜原料加上回炼油的二次量）的预热段外，均为蒸汽过热段或蒸汽发生器加非热管式余热回收系统，使炉子热效率达到91%~92%。这种布管形式避免了出现像国内焦化炉对流出口温度波动过大，导致换热系统混乱和分馏塔下部温度波动，尤其在开工阶段造成超温结焦的现象。但联合油（二次量）的对流段预热热负荷受到对流出口到辐射入口转油线温度的制约。

$$Q_{对} = G(T_{出} - T_{入})C_P \qquad (6-2-81)$$

式中　$Q_{对}$——对流联合油预热段所需热量；

G——联合油量；

$T_{出}$——对流段出口温度；

$T_{入}$——对流段入口温度（即分馏塔底温度）；

C_P——介质进出口平均温度下等压比热。

即 $Q_{对}$受到介质 $T_{出}$最大允许温度的制约，从而决定了联合油的 $Q_{对}/Q_{辐}$比例。对热效率91%的加热炉热平衡来说，热效率为：

$$91\% = Q_{辐射} + Q_{对流} + Q_{过热} + Q_{余热}/Q_{燃烧热} \qquad (6-2-82)$$

过高的对流段出口介质温度会导致位于高热强度区的炉管结焦，为此对流出口温度的确定，顶辐射区炉管的布置及注汽是防止炉管结焦又一要认真考虑的技术问题。

当然，在加热炉结构设计过程中，和 $Q_{对}$与 $Q_{辐}$有关的炉管布置比例、回收 $Q_{余热}$的型式、回收 $Q_{过热}$采用的方案等均与每个焦化装置的换热方案、全厂蒸汽平衡和蒸汽等级以及工程投资和节能效益等因素有关，要综合考虑。

综上所述，实现焦化加热炉长周期运行目标，必须在针对已给定的焦化新鲜原料和加热炉进料性质，以及对焦化产品的要求的基础上，应预先进行必要的性能条件试验或模拟预测计算，并结合丰富的工程经验，对焦化加热炉进行良好的工艺和结构设计，所以焦化加热炉设计是一门综合性考虑的工程学科。

三、焦化加热炉工程设计

（一）焦化加热炉设计的工艺要求

由于延迟焦化装置的原料油为重质油，具有密度大、黏度高、金属含量高、残炭高、氢碳比低等特点，在加热过程中容易结焦，但又必须在焦化加热炉内把原料油加热到焦化反应所需的温度。在加热过程中，焦化炉加热炉管结焦是不可避免的，为了减缓焦化加热炉辐射炉管结焦速率，使延迟焦化装置有一个合理的开工周期，在工艺上可采取的技术措施有：

① 加热炉进料中加入一部分比原料轻的焦化馏分油（其循环馏分油与原料油之比称作循环比），以改善加热炉进料性质和提高管内油品的质量流速。

② 向炉管内注汽或软化水，提高管内介质的流速，从而提高管内壁焦垢的脱离速度。

在焦化加热炉热负荷和炉管规格一定的条件下，循环比越大，焦化加热炉处理新鲜原料的能力越小，循环比每增加0.1，延迟焦化装置的液体产品收率约降低0.7%。增大循环比及注汽或水量对延迟焦化装置的处理能力、能耗不利。因此，在低循环比和低注汽或注水量的操作条件下实现焦化加热炉的长周期运行是延迟焦化装置对焦化加热炉设计及操作优化的基本要求之一。

焦化加热炉辐射段炉管、对流段炉管以及转油线所用钢材量约占焦化加热炉所需钢材的

40%，由于炉管长期在高温、高压条件下操作运行，炉管的材质为耐高压、高温，抗高温氧化和硫、酸腐蚀的优质铬钼耐热钢材。这类优质钢材的价格通常是普通钢材的好几倍，同时在焦化加热炉中炉管和弯头更换的频率很高，折旧率很大，因此减少炉管用量对于降低焦化加热炉的基建投资和维修费用有着重要的意义。焦化裂化反应所需的热量主要是通过炉管表面传给被加热介质的，要减少炉管用量就必须提高炉管表面平均热强度。由于辐射段温度场分布是不均匀的，辐射段炉管各部分的传热条件不同，炉管各部分的表面热强度也是不均匀的。提高辐射段炉管受热均匀度是减少炉管用量的前提，同时辐射段炉管均匀受热对于延长焦化炉的正常开工周期是十分重要的。辐射段炉管受热均匀是延迟焦化装置优化对加热炉设计及操作的另一个基本要求。显然，就炉管表面均匀受热而言，采用瓦斯燃料和双面辐射炉是有利的。根据我国近年来的研究和工程实践证明：焦化加热炉目前采用的附墙燃烧方式，可以使辐射炉膛的烟气流动场和温度场分布更加均匀，这一观点已经在设备设计中得到验证。

焦化加热炉的能耗约占整个延迟焦化装置能耗的60%~70%，提高焦化炉的热效率、减少燃料耗量对于降低延迟焦化装置能耗、提高装置运行的经济效益有着十分重要的意义。能够满足装置长周期高效率运行是延迟焦化装置对加热炉设计的基本要求之一，延迟焦化加热炉设计的热效率应在92%以上，并具有高冷油流速、低辐射炉管表面热强度分布不均匀系数和装置在线操作的同时加热炉具有实施有效清焦功能等。

（二）焦化加热炉工程设计

1. 一般设计原则

（1）炉型选择

由于焦化加热炉炉管内工艺介质性质差、所需加热温度高，且管内介质存在着汽化及复杂的裂解-缩合化学反应和管内容易结焦等因素，所以应在流速快、高温停留时间短、辐射热强度较高的操作条件下，把油品加热到焦化所需温度。基于这些特点，保证管内介质在理想流型状况下均匀受热非常重要。焦化加热炉辐射炉管一般采用水平管的布置形式，辐射炉管不采用垂直管布置形式的原因主要是因为存在两大缺点：一是两相流在立管内的良好流型范围很窄，特别容易出现不良流型，介质因受热不均匀局部过热而裂解；二是在底烧条件下管内介质多次通过炉膛高温区，管内高温介质结焦倾向增大，易造成整个辐射炉管管内结焦严重直至炉管被破坏的重大事故。

与其他炼油装置加热炉相同，焦化加热炉由辐射段、对流段和能量回收系统及烟囱构成。辐射段为焦化加热炉的主要传热部位，其吸热量约为总吸热量的65%~75%，而在辐射段内约80%以上的热量是由热辐射来完成，其余部分是由高温烟气和炉管间的对流传热来完成，因此良好的辐射炉管布置对均匀地吸收辐射热量是非常重要的。单排管双面辐射与单排管单面辐射(加反射)比起来，其最大的优点是热流沿炉管圆周分布更均匀，在其他条件相同时，双面辐射炉管表面热强度可以是单面辐射的1.5倍。换句话说，传热热量相同时，辐射炉管的总长度可缩短33%，即停留时间缩短33%，这可以有效地缩短管内介质在426℃以上的停留时间。大多数工程公司设计的延迟焦化炉辐射炉管多采用双面辐射水平管的布置形式。

按照辐射段形状划分，延迟焦化加热炉可分为箱式炉、阶梯炉、组合截面三种炉型；按照辐射炉管受热方式划分，延迟焦化加热炉可分为单面辐射、双面辐射两种炉型；按照辐射段炉膛数量划分又可分为单室炉、双室炉及多室炉。如果将以上不同划分方式产生的炉型进行组合即可得出多种可供选择的炉型。

在延迟焦化装置循环比为0.2~0.4范围内，焦化加热炉可根据装置处理量的大小选择管程数及炉膛数量，推荐设计炉型见表6-2-9。

表6-2-9　焦化加热炉推荐炉型

单系列处理量/(kt/a)	<300	300~800	800~1600	1600~2200
单面辐射炉	单室2管程，水平管立式炉	单室2管程，水平管立式炉		
双面辐射炉	单室1管程，水平管立式炉； 单室1管程，水平管阶梯炉	单室2管程，水平管箱式炉； 双室2管程，水平管箱式炉； 双室2管程，水平管阶梯炉	2室4管程，水平管箱式炉； 4室4管程，水平管阶梯炉	3室6管程，水平管箱式炉； 6室6管程，水平管阶梯炉

（2）设计参数选择

传统设计方法是在炉型和管程数确定以后，按表6-2-10选取合适的辐射管平均热强度、管内质量流速，根据辐射段热负荷确定辐射管规格及排管面积，见式(6-2-83)和式(6-2-84)。

$$q_{R} = \frac{Q_{R}}{A_{R}} \tag{6-2-83}$$

$$G_{F} = \frac{W_{F}}{\frac{\pi}{4}D_{i}^{2} \cdot M_{R}} \tag{6-2-84}$$

式中　q_R——辐射炉管平均热强度，W/m^2；

Q_R——辐射室热负荷，MW；

A_R——辐射排管面积，m^2；

G_F——辐射管内介质质量流速，$kg/(m^2 \cdot s)$；

W_F——辐射室工艺介质流量，kg/s；

D_i——辐射管内径，m；

M_R——辐射室管程数。

表6-2-10　辐射炉管平均热强度及管内质量流速的设计范围

炉　型	辐射炉管平均热强度/(W/m^2)	管内质量流速/[$kg/(m^2 \cdot s)$]
单面辐射炉	28000~31000	1200~1800
双面辐射炉	42000~46500	1200~1800

实验研究结果表明，对于某一种固定的油品来说，影响焦化加热炉炉管内结焦速率的关键参数为炉管内最高油膜温度和介质在管内的停留时间。炉管内最高油膜温度越低、油品(>426℃)在炉管内的停留时间相对越短，炉管内结焦的可能性就越小。然而当炉管规格、管程数及注汽量确定后，降低炉管内最高油膜温度和缩短油品在炉管内的停留时间是相互矛盾的。降低炉管内最高油膜温度意味着需要减小辐射管平均热强度，由于热负荷为定值，因此需要增加辐射排管面积，也就是增加炉管长度，其结果就是增大了停留时间。

尽管增大注汽量对缩短停留时间会起到明显的作用，然而其副作用是增大了加热炉热负荷，燃料消耗、蒸汽消耗及管内压降增大，并且会使下游设备负荷提高，操作参数发生不利变化。另外，随着注汽量的增加，炉出口至焦炭塔的管线压降增加，提高了炉出口及整个炉管内压力，不利于炉管内油膜因汽化而发生破裂，反而会加剧管内结焦现象，因此注汽量必须控制在一定范围之内。一般设计注汽量为加热炉新鲜原料流量的1%~3%。

随着实验研究的不断深入及计算机软件的开发，已经成功实现了专用计算软件对焦化加热炉的全面模拟计算。在已知油品性质的前提下，采用该模拟计算方法对焦化加热炉管内管外进行详细分区计算，计算结果可给出管外分区火焰温度、烟气温度、管壁热强度及管内逐段介质的温度、压力、汽化率、停留时间、管内油膜温度、管壁温度、热转化率，并且可以预测不同操作时间后管内结焦厚度。通过调整设计参数(如炉膛尺寸、辐射管规格、数量和布置方式、燃烧器布置、注汽点位置及注汽量等)即可得出不同设计方案下的计算结果，通过对计算结果的对比和优选可以得出最优化的设计方案。

(3) 炉管

① 炉管材料

焦化加热炉炉管选材主要考虑管壁温度、管内介质腐蚀和管材高温强度三个方面的问题。国内目前多数焦化加热炉辐射段炉管材料为A335 P9/A213 T9(1Cr9Mo)。该钢种的最高使用温度可达650℃，抗氧化极限温为705℃，可以满足焦化加热炉的各种操作工况。但当操作一段时期后，由于炉管受热不均匀、炉管内结焦不均匀等因素，会有部分炉管，尤其是介质出口附近的炉管，或火焰高温区附近的炉管会出现氧化爆皮的现象。为减缓这种氧化爆皮现象，在操作过程中，应随时观察，及时调整操作，尽可能避免过热区的出现。

焦化加热炉炉管选材的另一个重要依据是管内介质的腐蚀特性。当介质总硫含量(质量分数)大于或等于1%，且按照GB 264—1983规定的方法测定的酸值小于0.5mgKOH/g时，根据SH/T 3096—2012的规定，延迟焦化炉对流段材质可选A335 P5/A213 T5(1Cr5Mo)，辐射段材质可选A335 P9/A213 T9(1Cr9Mo)。当介质按照GB 264—1983规定的方法测定的酸值大于0.5mgKOH/g时，根据SH/T 3096—2012的规定，延迟焦化炉对流段材质可选A213 TP316L，辐射段材质可选A335 P9/A213 T9。

在A335 P9/A213 T9的基础上研发的升级材料A335 P91/A213 T91(国标10Cr9Mo1VNb)，其高温强度可提高一倍左右。在国内的工程项目中，已经在辐射盘管高流速、高温部位采用材质为A234 WP91的急弯弯管。国外工程公司，在该部位采用高温强度更好、抗冲刷性能更佳的ASME A217 C12(化学成分与P9相似)材质的铸造急弯弯管，或辐射盘管全部采用铸造急弯弯管。

焦化加热炉出口温度是一般炼油装置加热炉中较高的，高达500℃左右，被加热的介质又是最重的(一般是减压渣油)，炉管内结焦是不可避免。焦层热阻造成的温差使管壁温度升高，随着操作时间的延续，即使在正常操作状态下运行，焦层的厚度也会逐渐增加，到操作末期，管壁温度往往接近甚至达到管材金属的最高使用温度，这时材料的许用应力已经很低。因此，其炉管壁厚必须经过计算确定。计算应遵循SH/T 3037规范的规定，当采用分段计算时，应以各段的当量管子金属温度、各段最高计算压力作为计算值，取各段壁厚最大值作为整个盘管的壁厚。

表6-2-11列出了焦化加热炉管材质的性能比较，通过该表的比较能更充分地说明上述观点。

表 6-2-11 焦化加热炉管材质性能比较

项目		P5（Cr5Mo）	P9（Cr9Mo）	P91（加钒 Cr9Mo）	TP316L
最高使用温度/℃		600	650		815
抗氧化极限温/℃		650	705		850~900
极限设计金属温度/℃		650	705	650	815
100000h 弹性许用应力/MPa	550℃	80	80	180	75
	600℃	70	70	140	70
	650℃	60	53	110	55
	700℃		38		31
100000h 断裂许用应力/MPa	550℃	42	53	205	75
	600℃	23	26	80	70
	650℃	13	13	35	55
	700℃				31

② 炉管尺寸的确定

被加热介质的温度在炉管截面上的分布是不均匀的。火焰、烟气的热量通过辐射和对流方式传给炉管，在炉管管壁内和靠近管壁的油膜内，热量以传导方式传递，由于油膜的热导率很小，故其热阻很大，油膜温差也很大。从油膜到湍流主体之间，还存在一个温度逐步连续变化的过渡区。在湍流中心区传热方式以对流为主，由于各部分互相混合得很激烈，各点之间的介质温差很小。通过实验而整理出的半经验准数公式表明，管径越大，油膜传热系数越小，亦即油膜温差越大。正如前面所述，焦化原料油极易裂解，要求被加热的温度也很高，因此，焦化炉炉管直径不宜过大，以避免过大的油膜温差。另外，由于焦化加热炉管内结焦是不可避免的，因此，焦化加热炉管直径又不宜过小，以避免产生过大的压降或被结焦堵死。目前工程上常用的焦化加热炉管外径，除处理量很小的针状焦加热炉用较小的管径外，一般规格用管径为 ϕ102~127mm。

(4) 燃烧器(火嘴)选型及布置

燃烧器的性能对焦化加热炉操作的状态起到重要的作用。为满足辐射炉管表面热强度沿长度和高度方向的均匀性，宜采用发热量较小的扁平火焰的气体燃烧器(焦化加热炉燃料一般使用燃料气)，沿炉管长度方向均匀布置，且可视火焰高度以不超过炉膛高度的 1/3 为宜。单台燃烧器的发热量一般控制在 0.5MW 以下。

近年，通过采用 CFD 模拟分析，并经多个工程项目的实践证明，焦化炉加热采用附墙燃烧方式对炉内烟气流动和传热产生较大影响，是克服炉内燃烧火焰偏斜、优化炉内烟气分布、提高炉管的平均热强度、防止炉管局部过热的有效方式。越来越多的新设计和改造的双面辐射炉型采用了扁平焰附墙燃烧气体燃烧器。

如采用垂直燃烧的燃烧器，同其他加热炉一样，焦化加热炉也要求燃烧器的火焰稳定、刚直、不飘散。其布置应与炉管及炉墙保持足够的距离，以避免火焰直接冲击炉管，但间距过大将造成设备占地面积及投资增加，因此应根据燃烧器发热量按照有关规范合理选取。表 6-2-12 为《一般炼油装置用火焰加热炉》(SH/T 3036—2012)中对自然通风气体燃烧器安装尺寸的要求。

表 6-2-12 自然通风气体燃烧器安装尺寸的要求[36]

每台燃烧器最大放热量/MW	最小间距			
	A	B	C	D
	燃烧器至顶部炉管中心或耐火材料的垂直距离(仅对于垂直燃烧)/m	燃烧器中心至靠墙炉管中心的水平距离/m	燃烧器中心至无遮蔽耐火材料的水平距离/m	对烧燃烧器间的水平距离(水平安装时)/m
0.5	2.6	0.6	0.4	3.4
1.0	3.6	0.7	0.6	4.9
1.5	4.6	0.8	0.7	6.5
2.0	5.6	1.0	0.8	8.1
2.5	6.7	1.1	1.0	9.6
3.0	7.7	1.2	1.1	11.1

注：(1) 水平安装的燃烧器，燃烧器中心线与顶部炉管中心或耐火材料间的距离应比 B 列的数据大 50%。

(2) 对于普通的气体燃烧器(非低 NO_x 型)，间距可减小：本表 A 列的数据乘 0.77 的系数；本表 D 列的数据乘 0.67 的系数。

(3) 表中所列数据的中间值，可用内插法查出。

随着环保及有关法律法规要求的提高，对烟气中氧化氮含量的限制也更为严格，超低氧化氮燃烧器将逐步占据主导地位。图 6-2-24 为一典型的双面辐射焦化加热炉用的超低氧化氮扁平焰附墙燃烧气体燃烧器。该燃烧器采用了燃料分级燃烧或空气分级以及烟气自循环技术，降低了火焰区的氧浓度及火焰区燃烧温度，从而可使烟气中氧化氮含量降至 40μL/L 以下甚至更低。

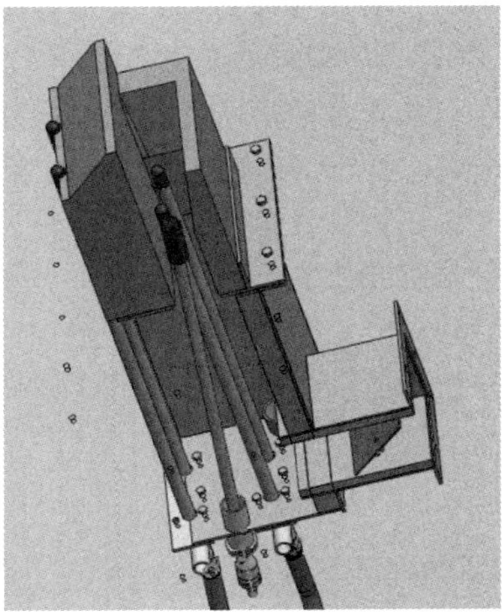

图 6-2-24 超低氧化氮扁平焰附墙燃烧气体燃烧器

(5) 炉衬材料的选择

国内焦化加热炉辐射室常用的炉衬材料主要有陶瓷纤维折叠块(又称纤维模块)、陶瓷纤维层铺毯、陶瓷纤维机制硬板、轻质耐火隔热浇注料、耐火砖等。炉衬结构多为复合结构，如轻质耐火隔热浇注料+陶瓷纤维层铺毯+陶瓷纤维折叠块，轻质耐火隔热浇注料+陶瓷纤维层铺毯(或陶瓷纤维机制硬板)+耐火砖，单层或双层轻质耐火隔热浇注料等形式，一般很少采用全砖结构炉衬。近年来，对流室炉衬结构也从单一的轻质耐火隔热浇注料改进成为复合结构，如陶瓷纤维层铺毯+陶瓷纤维机制硬板+轻质耐火隔热浇注料。烟道及烟囱一般采用全轻质耐火隔热浇注料衬里结构。此外，双面辐射炉型的炉膛内，侧墙下部以及炉膛中央设有砖墙。选用垂直燃烧的燃烧器时，砖墙选用使用温度 1260℃以上的轻质低铁高铝耐火砖。选用火焰附墙燃烧的燃烧器时，砖墙选用使用温度 1650℃以上的具有良好抗热振稳定性的低铁高铝耐火砖。

单层或双层轻质隔热耐火浇注料结构强度好，能适应燃料组分较宽的变化范围，整体使用寿命较长，但要达到相同外壁温度的厚度大，体积密度大，高温体积稳定性较弱，使用过程中宜避免出现裂纹。陶瓷纤维平铺毯的导热系数低，隔热性能较好，达到相同外壁温度的厚度小，但该结构对陶瓷纤维毯的质量要求高，对燃料组分要求较严格，使用寿命较短。总的来说，陶瓷纤维导热系数低，气孔率大阻气性能低。当高温烟气流动至低温层，会形成冷凝液。燃料中硫含量增加时，烟气露点温度下，冷凝液的酸性增加，易造成保温钉尾部露点腐蚀，严重时导致衬里结构坍塌。

辐射室采用陶瓷纤维结构炉衬可有效地减少散热损失、降低炉外壁温度，但应考虑采取适当的防止低温露点腐蚀措施，以避免因保温钉发生腐蚀造成炉衬脱落事故。根据最新 API 560 规范规定，采用陶瓷纤维类结构炉衬，当燃料气中硫含量超过 10mg/kg 时，应在炉内壁板及保温钉根部刷涂一层防低温腐蚀涂料，涂料的工作温度应达到 175℃；当燃料中硫含量超过 500mg/kg 时，应在炉衬内部至少高于露点温度 55℃部位设置不锈钢板阻气层。

根据烟气组分和炉膛温度选择适当的耐火隔热材料，主要考虑耐火隔热材料的高温性能、力学性能和热力性能。选择导热系数较低的陶瓷纤维模块与阻气性能较好的隔热耐火浇注料的复合结构(简纤维模块浇注料复合衬里结构)是比较好的组合形式。陶瓷纤维模块浇注料复合衬里结构的向火面是陶瓷纤维模块，其气孔率大体积密度小导热系数低，同时具有较好的高温体积稳定性。为了适应燃料中硫含量的变化，在低温侧采用气孔率小、阻气性能较好的浇注料。随着环保要求的提高和燃料的不断清洁化，可以考虑采用全陶瓷纤维层铺毯结构，根据不同层的温度选择不同等级的陶瓷纤维毯，以较薄的厚度达到耐火隔热的要求，减小炉膛体积，减少钢结构工程量，具有一定的经济性。

在线蒸汽剥焦操作需要实现炉膛温度的快速升降，宜采用热容量较低的陶瓷纤维类炉衬材料。

(6) 烟气余热回收系统及加热炉热效率

① 余热回收系统的设计

焦化加热炉所耗燃料的能耗约占焦化装置(不含焦化富气压缩和下游单元)总能耗的 60%~70%，要实现延迟焦化装置节能增效目标，提高焦化加热炉热效率是最有效的措施之一。国内焦化加热炉均设置烟气余热回收系统，利用来自对流段的烟气预热燃烧用空气，降低最终排烟温度，热效率大多数在 91%~92%，极少在 93%[37] 以上。

烟气余热回收系统一般由空气预热器、鼓风机、引风机及烟风道组成，根据空气预热器布置位置可分为上置式和下置式两种方案，见图 6-2-25 和图 6-2-26。

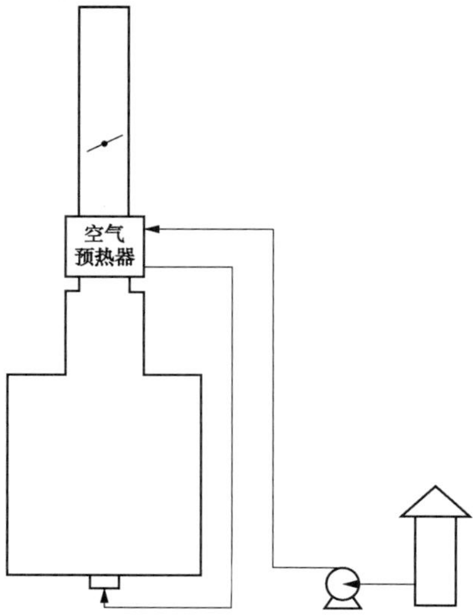

图 6-2-25　上置式空气预热器

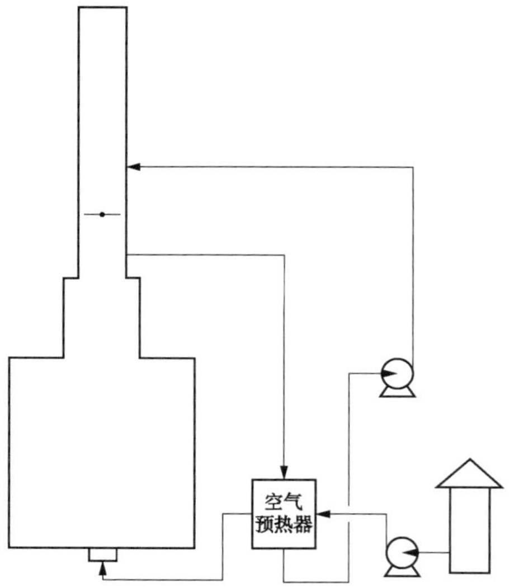

图 6-2-26　下置式空气预热器

上置式方案将空气预热器设置在对流段顶部，出对流段热烟气直接进入空气预热器与空气换热，一般不考虑设置旁通烟道及烟气引风机，冷烟气由炉顶烟囱排入大气，因此烟囱高度设计应考虑克服空气预热器内的烟气阻力。由于顶置式烟囱高度受到结构设计的限制，空气预热器内的烟气阻力应小于 50~60Pa，故空气预热器内烟气流速不能过大，管排数也不能太多。导致烟气侧传热系数较小，空气预热器传热量的大小也受到限制。该种方案的优点是占地面积小、投资较小，缺点是加热炉炉顶结构复杂，空气预热器及附属设备维护难度大，当余热回收系统内设备出现故障需进行维修时加热炉要停车。目前，仅少数小型焦化炉采用该方案。

下置式方案将空气预热器设置在地面，出对流室热烟气经下行热烟道进入空气预热器与空气换热，出预热器的冷烟气由引风机经冷烟道排入炉顶烟囱或位于地面的独立烟囱。空气则由鼓风机送入空气预热器与烟气换热，而后经热风道至燃烧器供燃烧使用。由于空气预热器内空气及烟气侧阻力均可以由风机来克服(一般可选择 1000~2000Pa)，因此烟气侧阻力不受到烟囱抽力的限制，烟气及空气侧均可以选择较大的流速，从而强化了传热，减少了空气预热器的传热面积及设备投资，而且空气预热器的换热量也不会受到限制。该种方案的优点是操作灵活，设备维修方便，焦化加热炉可独立操作而不受余热回收系统限制，缺点是占地面积大、投资较多，适用于大型焦化加热炉的热量回收。

烟风道的设计既要兼顾系统压降，又要兼顾工程投资和操作费用。总的来说，高流速烟风道截面小，工程投资小，但系统压降大，风机的压差大，运行的电耗高；低流速烟风道截面大，工程投资大，但系统压降小，风机的压差小，运行的电耗低。同时，烟风道内气体流速还应兼顾自然通风和强制通风工况。相关规范中给出相应的烟风道流速范围，焦化加热炉的烟囱较高，烟道流速可根据具体情况取上限值。

② 预热器的形式与选择

空气预热器是余热回收系统中最关键的设备，其类型较多，以换热形式区分大致分为以下几种形式：

- 蓄热式，如回转式空气预热器，常用于大型电站锅炉，焦化装置极少采用。
- 间接换热，如热管式空气预热器和水热媒空气预热等。
- 间壁式换热，如管束式、板式、铸铁式空气预热器等。

目前延迟焦化装置中主要采用的是管式预热器、热管式预热器、板式空气预热器、水热媒空气预热系统、铸铁双向翅片空气预热器等形式。

随着节能要求的提高，加热炉最终排烟温度随之下降，由原来的 150℃降至 120℃左右。由于冷端换热温差小，所需换热面积大，同时考虑设备寿命等，越来多的设计在高温段(烟气温度 200~180℃以上)采用换热效率高的，诸如波纹板板式或扰流子式空气预热器，低温段采用耐腐蚀性较好的换热效果接近波纹板板式空气预热器的双向翅片板式铸铁空气预热器。在装置改造中，在低温段增设铸铁空气预热器。这种组合形式在满足热效率要求的同时尽可能减少占地。

预热器设计中应根据燃料中硫含量确定排烟温度，一般要保证尾部换热面的最低金属温度至少比露点温度高 5℃，但还是会有部分换热面暴露在露点以下温度的烟气中。为避免空气预热器内发生露点腐蚀，一般有如下几种措施：

- 尾部换热面采用耐低温露点腐蚀的材料，如陶瓷管、耐低温腐蚀钢(ND 钢)、铸铁等。

• 采用热空气循环方案提高空气进空气预热器温度，但该方案将增大空气鼓风机能量消耗。

• 采用冷空气旁通方案减少进空气预热器空气流量，从而提高烟气出预热器温度，该方案最为简单，但其代价是降低了加热炉热效率。

• 采用其他热源(如蒸汽)先将进空气预热器的空气预热。

以上几种方案各有优缺点，应根据装置实际情况进行优化选择。

(7) 注汽(水)

焦化加热炉工艺介质炉管内注汽(或凝结水)可增加管内介质流速，降低停留时间，尤其是可降低该介质裂解温度以上段停留时间。另外，可提高管内已生软焦脱离速度，由于这两个原因，提高了加热炉运行时间。

注汽(或凝结水)注入有以下几种方式：

① 在工艺介质对流段炉管入口或辐射段炉管入口设置一个注汽(或凝结水)点，也称单点注汽。

② 在工艺介质对流段炉管入口、辐射段炉管入口、辐射段炉管接近出口处各设一个注汽(或凝结水)点，但不同时注汽(或凝结水)，可称选择点注汽。

③ 在工艺介质对流段炉管入口、辐射段炉管入口、辐射段炉管接近出口处各设一个注汽(或凝结水)点，同时注汽(或凝结水)，也称多点注汽。

国外焦化炉设计以上三种注汽形式均采用，注汽量比国内设计低。方法一是比较传统的，操作易控制，全炉工艺介质压降在三种形式中较高，但注汽与工艺介质混合使得炉管内主体(汽液混相)速度加快，有利于减轻结焦倾向。方法二中三个注汽点的作用是：开工初期从对流入口注汽(或凝结水)，当管内结焦达到一定程度时，压降增加，不能满足辐射进料泵工作状态时，改从第二点——辐射段炉管入口注汽(或凝结水)。管内结焦严重时，最后几根管易出现焦体迅速堵塞流通面积的情况，为装置正常停工程序的实施，且保证炉管不会被完全堵死，改在最后一点——辐射炉管注汽点注入。三个注入点与炉管的连接点均设置在炉膛外。

2000 年以前国内延迟焦化炉采用的是单点注水技术，和国外不同的是注水点没有在对流入口而是在辐射炉管入口。之后新设计、改造的炉子基本都是采用第三种注汽(或凝结水)方式。其特点是：

① 在同等注汽量下，多点注汽的工艺介质流经炉管的压力降相对较小，可以降低炉入口压力。

② 经模拟计算后，在工艺介质面临峰值热强度的部位注汽，可提高该部位流速，从而可降低油膜厚度和温度，强化管内传热。

③ 由于分段注汽，便于分段调节注汽量，由于注汽量相对减少，使管内油品气相中烃分压增加，缓和了液相油品的特性因数沿炉管加热升温而变小的趋势，这种现象有利于减缓油膜层生焦速率。

注汽点位置的选择及注汽量的大小对焦化炉的操作是十分重要的，必须采用专业软件经多次优化核算后确定。

(8) 清焦技术

焦化加热炉工艺介质炉管管内结焦是难以避免的，管内结焦除影响传热效果和增加压降外，还会造成装置处理量降低，影响装置操作周期和效益。及时迅速清除炉管内结焦，特别是在不停炉的条件下清焦，是提高焦化加热炉及装置在线开工率的有效措施。清除管内结焦常用的方法有：在线蒸汽剥焦、水力机械清焦、蒸汽-空气烧焦等。

① 在线蒸汽剥焦(On-line spalling)

在线蒸汽剥焦是延迟焦化加热炉不停炉情况下对炉管内结焦进行清除的过程，多管程的炉子可采用这种清焦方式。操作时，需清焦的炉管通入蒸汽、切断进料(通常是多管程中的一个管程)，其余管程正常操作，清焦用的蒸汽及被剥离的碎焦炭与其他管程油品一同进入焦炭塔。

在线蒸汽剥焦方法有两种，一种是恒温法，将需清焦的炉管金属壁温提高至660~700℃之间，恒温24h左右，利用高速流动的蒸汽(蒸汽流速接近100m/s)冲刷焦垢层，以清除管内焦层。采用恒温法时，清焦前的最高管壁温度应低于清焦工况管壁温度30℃左右。另一种方法是变温法，该方法的原理是利用炉管金属与管内焦垢层热膨胀系数的不同，通过升高管壁温度并恒温4h左右，然后快速降低管壁温度，使得管内焦层与炉管剥离并被蒸汽携带至焦炭塔。

无论采用何种方法，都必须严格控制管壁温度不超过炉管的最高使用温度。在线蒸汽剥焦所需蒸汽量、管壁温度的升降范围及速度应按照工艺介质、炉管规格、材质等确定，其操作必须严格按照规定的步骤进行实施，否则有可能造成炉管堵塞、变形，甚至炉管爆裂等严重的事故。

一般地，在线蒸汽剥焦可达到如下效果：

- 辐射炉管表面温度平均下降50℃左右。
- 炉管压降基本恢复到开工时的压降。

对于要求具有可进行在线蒸汽剥焦操作的加热炉设计，要认真考虑加热炉排管和炉出口转油线配管的轴对称性，尤其是由于热胀冷缩造成的应力破坏问题。工艺介质炉管应采用P9或P91材质。在线蒸汽剥焦时要特别关注分馏塔的操作状态，注意蜡油的颜色和质量。

② 空气-蒸汽烧焦

过去国内应用广泛且较成熟的清焦技术是空气-蒸汽烧焦。随着国内工艺流程设计的改进和优化，烧焦技术得以实现分炉膛实施。

全部停炉与分炉膛烧焦的原理是相同的，将空气、蒸汽通入需清焦的管程，并升温。管内焦层在高温环境下，与空气接触燃烧。在此过程中，利用蒸汽量控制烧焦速度并带走燃烧产生的热量，同时降低管壁温度起到保护炉管的作用。

分炉膛烧焦是将需烧焦炉膛的管程切换通入空气、蒸汽，而其他炉膛的管程维持正常操作。分炉膛烧焦适用于多管程多炉膛的焦化炉，一般按照炉膛进行切换烧焦，需要每个炉膛管程的出口总管设置耐高温的切断阀。针对单系列的焦化装置，分炉膛烧焦可以延长装置的运行周期，多系列装置是否设置分炉膛烧焦需要综合考虑。

空气-蒸汽烧焦技术根据流程设计可实现双向烧焦，有利于较彻底清除辐射管内的结焦。在线操作有较高的灵活性，烧焦操作可根据实际工况随时实施。在线操作是根据工艺流程设计，即相应的切断阀/阀组的选型和阀本体的可靠性，确定清焦管程的入口压力是否需高于正常操作的管程压力，以防止焦化原料漏到清焦管程中。

空气-蒸汽烧焦技术的不足在于烧焦过程对炉管的损伤较大，这是由于烧焦过程中炉管受热不均匀，易出现局部管壁温度超温，造成过烧，严重时会出现炉管变形弯曲现象，降低炉管使用寿命。另外烧焦时产生的含SO_2、烟尘的烟气直接排放到大气，会对环境产生不利影响。

③ 机械清焦

机械清焦方法是国内外近年广泛采用的清焦技术。英文名称为 PIGGING 或 PIGGING-CLEAN，有些文章将其翻译成清焦球或管道清洁球，也有工程公司称之为水力机械清焦。机械清焦时，将需要清焦管程的出入口与清焦工程车的水系统连接，用安装在工程车上的泵组打出 2~3MPa 压力的水流，推动特殊材料及工艺制造的清焦球(PIG)在管道内运动，清理管内焦层。机械清焦可单管程也可多管程同时进行。图 6-2-27 为两台清焦工程车同时清洗四排炉管示意图，图 6-2-28 是清焦球通过炉管各部位的示意图。清焦球能够通过急弯弯管和带内弧度的可拆式铸造回弯头。机械清焦效果较好，得到国内外同行认可。如果加热炉每个炉膛的对流及辐射能够隔离，则可实现分炉膛的水力机械清焦。

采用以上三种清焦技术或其组合模式，可以有效地保证装置的在线率，提高焦化加热炉的操作苛刻度，为优化装置目标产品、加工劣质原料提供技术保障。

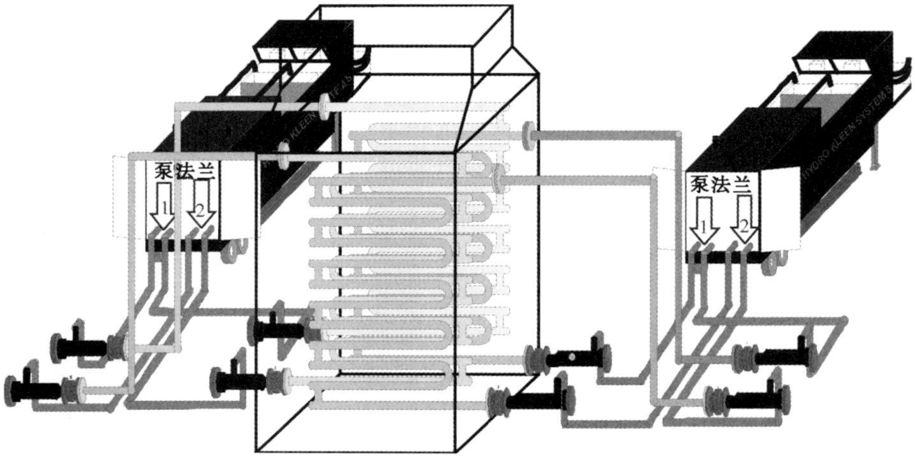

图 6-2-27　机械清焦系统简图

图 6-2-28　机械清焦示意图

(9) 加热炉进料和燃烧系统联锁控制

为了保证延迟焦化加热炉安全、可靠地长周期运行，在加热炉区的工艺控制设计中，需设置加热炉每程进料量和燃烧系统的自动联锁控制。加热炉每一路进料都设有流量指示记录和遥控调节阀，保证在任何时间每一路有流量，其流量值大于低限(低)值，即FSLL值。当流量降到FSLL值时报警，若进一步降到FSLL值，ESD逻辑系统信号进入BMS逻辑系统中，执行BMS逻辑程序，自动切断主燃烧器燃料，加热炉熄火。紧接着停加热炉进料泵，继而向炉管内通入吹扫蒸汽，以免炉管内介质滞留结焦。

采用空气燃料比例调节技术可最大限度地降低过剩空气系数，以达到提高热效率降低燃料消耗的目的。设计时可分别对燃料管线和空气管道设置流量计，根据燃料组成可计算出理论空气用量，从而可设定实际的空气与燃料比例。另外，压力、温度异常等相应的报警联锁设置对延迟焦化炉操作的安全性是极其重要的。在鼓风机、引风机或空气预热器出现故障时，可自动打开自动快开风门及烟囱密封挡板，延迟焦化炉可实现自然通风操作而不影响装置的正常生产。

2. 单面辐射炉的设计

2000年以前我国设计的延迟焦化加热炉大多数为单面辐射炉，一般采用单室双管程水平管立式炉炉型(图6-2-29)，如果装置处理量达到80Mt/a以上时，在国内由于焦炭塔和除焦机械的限制，一般采用双系列，采用两台单室双管程水平管立式炉，四管程水平管箱式炉炉型(图6-2-30)较少使用。单面辐射炉的辐射炉管靠炉墙布置，燃烧器位于炉膛中间，火焰及热烟气对炉管呈单面辐射传热方式。燃烧器可以是油气混烧。

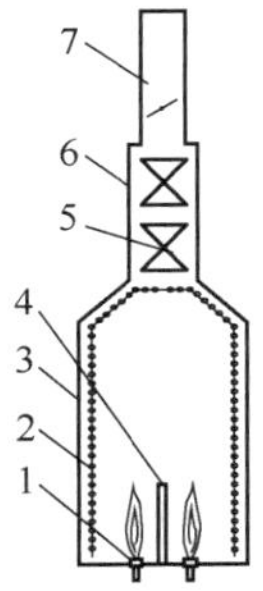

图6-2-29　双管程单面辐射水平管立式炉
1—燃烧器；2—辐射管；3—辐射室；4—中间火墙；5—对流管；6—对流室；7—烟囱

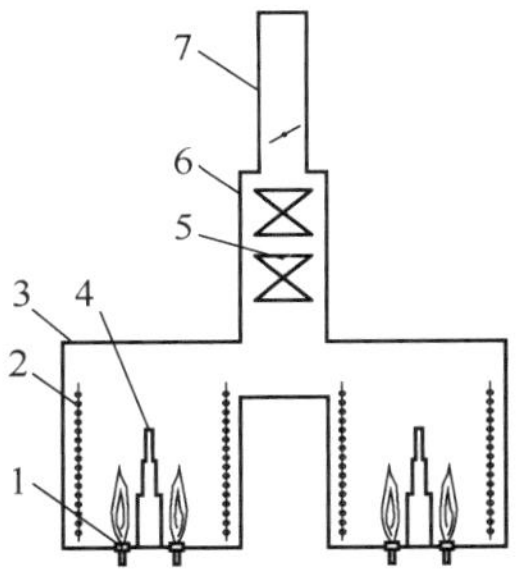

图6-2-30　四管程单面辐射水平管箱式炉
1—燃烧器；2—辐射管；3—辐射室；4—中间火墙；5—对流管；6—对流室；7—烟囱

由于国内焦化工艺换热流程的原因，焦化加热炉除辐射段布置焦化工艺介质外，对流段一般布置减压渣油预热段、过热蒸汽段和注水段加热，表6-2-13为国内几家炼油厂单面辐射炉的主要设计数据。

表6-2-13　典型单面辐射炉的主要设计数据

项　　目	A厂	B厂	C厂	D厂
炉　型	水平管立式	水平管立式	水平管立式	水平管立式
加热炉处理量/(kt/a)	300	400	500	600
操作循环比	0.4	0.4	0.4	0.2
全炉热负荷/MW	约13	约15	约23	约18
工艺介质流量①/(kg/h)	52500	70000	87500	90000
工艺介质进出炉温度/℃	370/500	380/500	350/500	380/500
对流减压渣油流量/(kg/h)	37500	50000	62500	75000
对流减压渣油进出炉温度/℃	170/340	170/340	180/330	280/330

续表

项目			A厂	B厂	C厂	D厂
辐射室	工艺介质	炉管规格/mm	ϕ102×8	ϕ127×10	ϕ127×10	ϕ127×10
		炉管根数	80	76	74	72
		炉管材质	Cr5Mo	Cr5Mo	Cr5Mo	Cr5Mo
		管程数	2	2	2	2
对流室	工艺介质	炉管规格/mm	—	—	ϕ127×10	ϕ127×10
		炉管根数	—	—	6	16
		炉管材质	—	—	Cr5Mo	Cr5Mo
		管程数	—	—	2	2
	减压渣油	炉管规格/mm	ϕ114×8	ϕ127×10	ϕ152×10	ϕ152×10
		炉管根数	72	96	76	32
		炉管材质	Cr5Mo	Cr5Mo	Cr5Mo	Cr5Mo
		管程数	1	2	1	1
	过热蒸汽	炉管规格/mm	ϕ114×8	ϕ127×10	ϕ152×8	ϕ89×8
		炉管根数	6	8	6	6
		炉管材质	20#	20#	20#	20#
		管程数	1	1	1	3
	注水	炉管规格/mm	ϕ89×6	ϕ60×6	ϕ89×6	ϕ89×8
		炉管根数	80	140	68	100
		炉管材质	20#	18-8	20#	20#
		管程数	2	2	2	2
燃烧器数量/台			16	16	26	26
辐射管内介质质量流速/[kg/(m^2·s)]			1255	1081	1352	1390
辐射管平均热强度/(kW/m^2)			27~33	27~33	27~33	27~33
设计热效率(η)/%			90	90	90	90

① 工艺介质为减压渣油和循环油的混合物。

单面辐射加热炉均采用固定在侧墙钢结构上的铸造管架来支撑辐射炉管，辐射段管架材质一般为ZG35Cr25Ni12，对流室中间管板根据烟气温度的温位可分别选用ZG40Cr25Ni20、ZG35Cr25Ni12或RQTSi-4.0铸造管板。辐射段管架及对流段中间管板的支撑间距一般不大于35倍管外径。单面辐射炉的辐射段和对流段均设置两端管板及弯头箱，连接炉管的铸造可拆式回弯头或推制急弯弯管位于弯头箱内，由于铸造可拆式回弯头容易在堵头处发生泄露，为减轻维护工作量，国内已有多家炼油厂将铸造回弯头改成了推制急弯弯管，目前新设计的单面辐射炉除在个别位置采用铸造回弯头外，其余炉管之间连接大多数已采用推制急弯弯管。

单面辐射加热炉炉管数量较多，炉膛高度一般均在8~9m，因此单台燃烧器发热量多在1.0~1.2MW，火焰长度一般应控制在2~3m为宜。由于扁平焰气体燃烧器可以减小沿炉管长度方向热强度的不均匀系数，并且相对增加了火焰到炉管的距离，减少了火焰直接冲击炉管的几率，因此应在设计中加以推广。

3. 双面辐射炉的设计

双面辐射加热炉的辐射炉管布置在炉膛中间，管排两侧布置燃烧器，火焰及热烟气对辐射炉管呈双面辐射传热方式。据资料显示，美国双面辐射焦化炉的设计始于1994年，从那时开始，美国新建的延迟焦化装置有90%以上均采用双面辐射焦化炉。国内第一台双面辐射焦化炉于1999年底在上海石化股份有限公司建成并顺利投产，并且在2001年2月成功地实施了在线清焦操作。与常规单面辐射焦化炉相比，双面辐射焦化炉在操作周期及操作费用等方面有着显著的技术和经济优势。

双面辐射延迟焦化加热炉其辐射段的燃烧室有三种形式：箱式、阶梯式、组合截面式。炉型可以是一个辐射段设置一个对流段，或是几个辐射段公用一个对流段(见图 6-2-31 至图 6-2-35)。

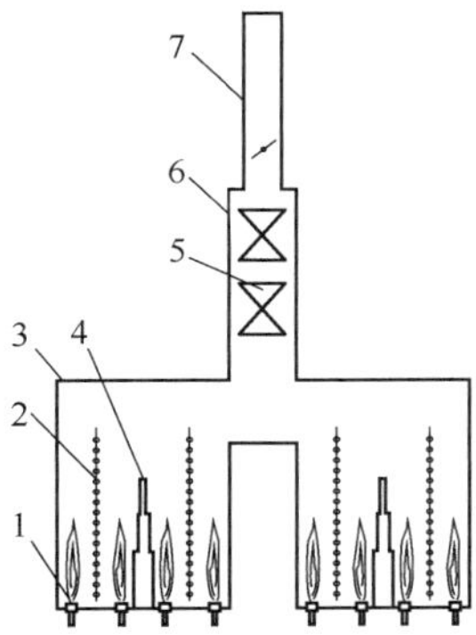

图 6-2-31　双室四管程箱式炉

1—燃烧器；2—辐射管；3—辐射室；4—中间火墙；5—对流管；6—对流室；7—烟囱

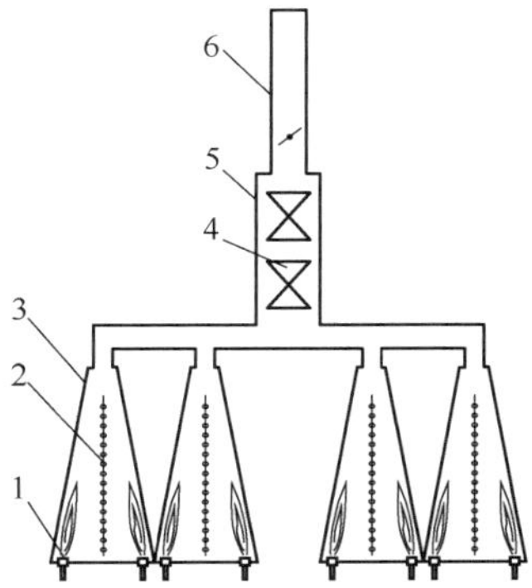

图 6-2-32　四室四管程阶梯炉(单阶梯)

1—燃烧器；2—辐射管；3—辐射室；4—对流管；5—对流室；6—烟囱

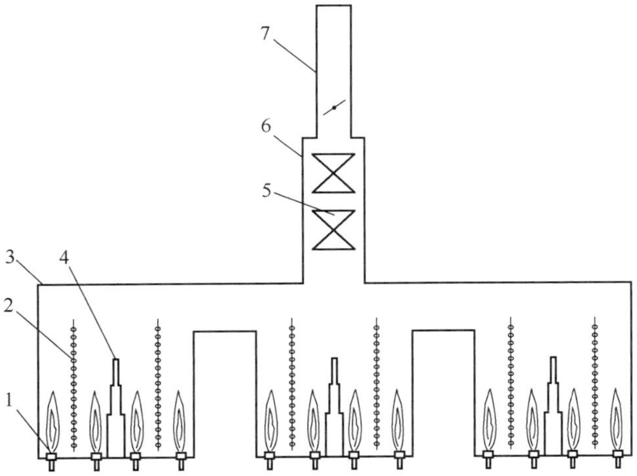

图 6-2-33　三室六管程箱式炉

1—燃烧器；2—辐射管；3—辐射室；4—中间火墙；5—对流管；6—对流室；7—烟囱

由于设置在燃烧室内的辐射管架与辐射炉管的金属温度不同，为避免因两者热膨胀量不同而对辐射管架产生过大的应力，双面辐射焦化炉炉膛高度不宜过高，一般在 6m 左右为宜，因此导致炉膛长度方向尺寸较大，燃烧器数量较多、燃烧器发热量较小。一个燃烧室可以仅设置一管程工艺介质炉管，也可以设置两管程工艺介质炉管。设置两管程的燃烧室，通常以中间火墙隔开两组炉管，以尽可能减少操作中的相互干扰。通常燃烧器采用垂直向上底烧式，为保证炉膛温度分布的均匀性，燃烧器可视火焰高度一般不超过炉膛高度的 1/3 左右。设置一管程的燃烧室可采用垂直向上底烧式燃烧器，也可采用附墙燃烧的燃烧器。附墙燃烧的燃烧器产生的高温火焰紧贴炉墙向上燃烧，将炉墙加热成为高温辐射体，再由炉墙将

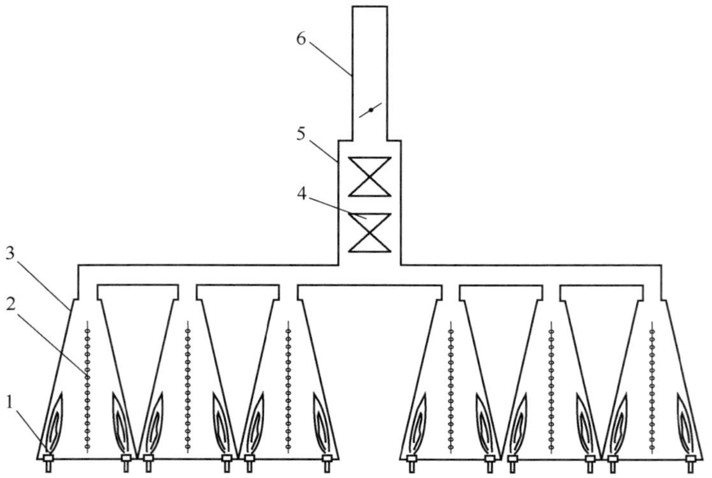

图 6-2-34　六室六管程阶梯炉(单阶梯)

1—燃烧器；2—辐射管；3—辐射室；4—对流管；5—对流室；6—烟囱

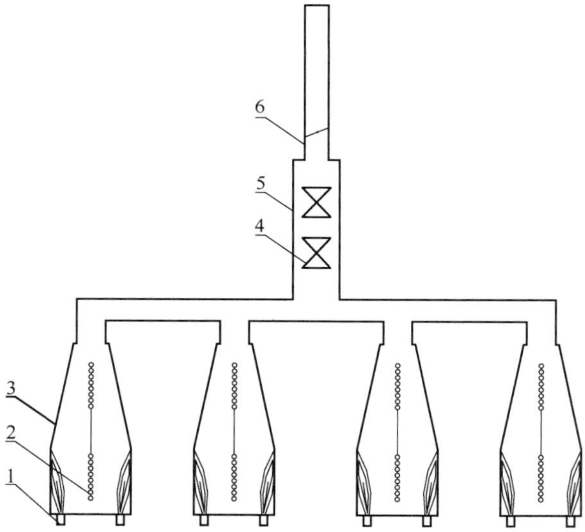

图 6-2-35　四室四管程新型炉型图

1—燃烧器；2—辐射管；3—辐射室；4—对流管；5—对流室；6—烟囱

热量辐射给炉管。这种方式在炉管受热更加均匀的同时，保证操作中不会出现相互干扰的现象。

双面辐射焦化加热炉辐射炉管内介质一般采用自上向下流动方式，但也有关于采用自下向上流动方式的报道。双面辐射布置的辐射炉管之间有以下几种连接方式：

① 全部采用设置在燃烧室内的推制急弯弯管；

② 全部采用设置在燃烧室内的铸造急弯弯管；

③ 一侧采用推制急弯弯管，另一侧采用带可拆堵头的铸造回弯头(设置在炉膛外的弯头箱中)。

双面辐射炉采用固定在炉顶或炉底钢结构上的管架来支撑辐射炉炉管(即悬吊式结构或下支撑式结构)，辐射室中间管架材质一般为 ZG40Cr25Ni20 或离心浇注管 HP40Nb，对流室中间管板根据烟气温度的温位，可分别选用 ZG40Cr25Ni20、ZG35Cr25Ni12 或 RQTSi-4.0 铸造管板。辐射室中间管架及对流室中间管板的支撑间距一般不大于 35 倍管外径。表 6-2-14 为国内几家炼油厂双面辐射炉的主要设计数据。

表 6-2-14　国内典型双面辐射炉的主要设计数据

项目			A 厂	B 厂	C 厂	D 厂
炉型			4 室水平管箱式	4 室水平管箱式	2 室水平管箱式	6 室水平管箱式
加热炉处理量/(Mt/a)			1.0	1.4	0.5	1.6
操作循环比			0.35	0.2	0.4	0.25
全炉热负荷/MW			33.88	46.67	16.64	49.95
工艺介质流量/(kg/h)			168750	210000	87500	250000
工艺介质进出炉温度/℃			327/500	317/500	340/500	300/500
辐射室	工艺介质	炉管规格/mm	Φ114.3×8.56	Φ127×12	Φ114.3×8.56	Φ114.3×9.8
		炉管根数	96	96	48	144
		炉管材质	Cr9Mo	Cr9Mo	Cr9Mo	Cr9Mo
		管程数	4	4	2	6
对流室	工艺介质	炉管规格/mm	ϕ114.3×8.56	ϕ127×10	ϕ114.3×8.56	ϕ114.3×9.8
		炉管根数	72	72	36	132
		炉管材质	Cr9Mo	Cr9Mo	Cr9Mo	Cr9Mo
		管程数	4	4	2	6
辐射管内介质质量流速/[kg/(m^2·s)]			1580	1622	1638	1643
辐射管平均热强度/(kW/m^2)			42~52	38~48.6	39~49	35~45
燃烧器数量/台			96	128	48	144
设计热效率/%			91.5	91.5	91.5	90.5

（三）延迟焦化加热炉的工艺校核

辐射管外壁温度与管内介质温度、炉管内流体流动与热转化反应等需要校核，加热炉结构尺寸及工艺条件确定后，必须对管内外传热、流体流动及管内油品热转化反应等进行核算，以得到管内压降、管内流速、油品在炉内停留时间、管内最高油膜温度、管壁最高温度、辐射管平均热强度、最高热强度、烟气出辐射室温度，烟气出对流室温度、对流室烟气侧阻力等参数，为加热炉的机械设计提供条件。

表面热强度及结焦厚度之间的对应关系，不计炉管本身的热阻，可用下式表达：

$$T_{\mathrm{Wo}} = T_{\mathrm{oil}} + q_{\mathrm{R}}\left(\frac{1}{\alpha} + \frac{\delta_{\mathrm{ck}}}{\lambda_{\mathrm{ck}}}\right) \qquad (6-2-85)$$

式中　T_{wo}——任意炉管管外壁温度,℃;

T_{oil}——任意截面管内介质温度,℃;

δ_{ck}——管焦厚度，m;

λ_{ck}——管焦导热系数，kW/(m·℃)。

管焦的导热系数很小，实验测得[25]仅为钢管导热系数的十分之一左右。由于焦化炉管内介质极易结焦，工艺上一方面要求结焦速率小，另一方面又要求提供尽可能多的裂化反应给热，为了减少传热阻力，避免过高的管外壁温度及管内压降。因而焦化炉结构设计完之后，还需要对结焦速率进行校核。

罗伯-伊万斯法[3]自问世以来，已普遍用于加热炉辐射室传热速率的校核，该法利用传热速率及热平衡(反平衡)方程，在燃料量给定的条件下联合求解得到烟气出辐射室温度及辐射室介质吸热量：

$$\begin{cases}\text{传热速率方程}\quad \dfrac{Q_R}{\alpha A_{CP}F}=5.72\left[\left(\dfrac{T_g}{100}\right)^4-\left(\dfrac{T_w}{100}\right)^4\right]+40.8(T_g-T_w)\\ \text{热平衡方程}\quad \dfrac{Q_R}{\alpha A_{CP}F}=\dfrac{F_{kgs}Q_l}{\alpha A_{CP}F}\left(1+\dfrac{q_1}{Q_l}-\dfrac{q_L}{Q_l}-\dfrac{q_2}{Q_l}\right)\end{cases}\qquad(6-2-86)$$

式中 Q_R——待校核量，辐射室介质吸热量，W；

T_g——带求变量，烟气出辐射室温度，K；

α——烟气对炉管的角系数；

A_{CP}——管排的冷平面面积，m^2；

F——烟气的辐射交换因素；

T_w——管外壁的平均温度，K；

Q_l——燃料的低热值，J/kg；

F_{kgs}——燃料用量，kg/s；

q_1/Q_l——燃料及空气带进的显热与燃料发热量之比；

q_L/Q_l——炉墙散热损失与燃料发热量之比；

q_2/Q_l——烟气带走热量与燃料发热量之比，与烟气出辐射室温度有关。

其他半经验半理论的校核方法，只是传热速率方程形式不同，被校核变量是一样的。

实现对结焦速率及压降进行校核，同时对结构进行优化设计是近年来随高速计算机的出现及过程模拟模型开发而出现的新技术。通过分段计算法及两相流压降等模型，可以直接得到管内压降与结构、操作及物性条件的对应关系。

(四)焦化加热炉技术进展和改造

1. 中国焦化加热炉的发展现状

中国拥有的延迟焦化总生产能力仅次于美国，是全世界第二焦化大国。截至2010年底，全国运行的以减压渣油或减压渣油掺和沥青及催化油浆的延迟焦化装置约60余套，加工能力约78Mt/a；以重质原油、重质燃料油或煤焦油为原料的延迟焦化装置约50余套(主要是地方厂)，加工能力约35Mt/a；延迟焦化总加工能力超过110Mt/a。其中25套延迟焦化装置的加热炉为卧管单面辐射立式炉，其余大部分为卧管双面辐射立式炉[36]。

单面辐射型焦化加热炉大多是2000年以前完成建设的，根据当时的设计规范，辐射段炉管表面平均热强度最高为33.6kW/m²，最低为20.83kW/m²。中国石化集团公司的“石油化工管式加热炉设计技术规定”[35]中延迟焦化炉辐射段炉管表面平均热强度推荐值为32.5~38.3kW/m²，冷油流速最高为1.39m/s，最低为1.06m/s。该行业标准中规定焦化加热炉冷油流速为1.3~1.9m/s，而国际工程公司大多数延迟焦化炉冷油流速多大于2.1m/s。

国内双面辐射型焦化加热炉大多是2000年以后开始设计和建设的，大部分采用FRNC-5专业工艺计算程序进行工艺设计。单管程处理量在200~400kt/a左右。对于大型装置(1.0Mt/a以上)多采用3~6管程，一般将辐射盘管的两管程设置在同一燃烧室内，以中间火墙分隔，共用一个或两个对流段。燃烧器多采用扁平焰气体燃烧器，低烧火焰垂直向上。辐射段炉管表面平均热强度在40~42kW/m²之间，最大不超过48kW/m²，冷油流速多大于2m/s。在2008年以后设计的延迟焦化炉开始采用附墙燃烧扁平焰气体燃烧器。经过采用

CFD 模拟研究，附墙燃烧可以使辐射段获得更加均匀的温度场，烟气流动也更加均匀稳定。

国内焦化蜡油及馏分油循环循环比在 0.15~0.3 之间，少数大于 0.4[36]，国际先进水平最低到 0.05。焦化辐射炉管注水量占处理量的 1.5%~3%，国际先进水平最低为 1%左右，且向着少注水或不注水方向发展。国内延迟焦化炉的热效率少数为 85%~90%，大多数为 91%~92%，极少的一部分到 93%以上[36]，国外大多数焦化炉的热效率在 91.5%左右。过去国内延迟焦化炉多采用停炉烧焦的方式清除管内结焦。近年，机械清焦技术开始被越来越多的人认可，停炉采用机械清焦的装置逐步增加，也有一些装置成功采用了在线蒸汽剥焦技术，例如中国石化镇海炼化、中国石化燕山分公司、中海油惠州炼厂等延迟焦化装置。国外延迟焦化炉多采用在线蒸汽剥焦，当在线蒸汽剥焦不能有效剥离焦层时，将停炉运用机械清焦技术清除管内焦层。曾有报道，延迟焦化装置连续运行 5 年以上，其多管程的延迟焦化炉采用了在线蒸汽剥焦和部分停炉机械清焦的组合清焦技术。由此看来，灵活运用各项清焦技术可以消除管内结焦所造成的瓶颈，能够满足装置进料的劣质化、操作苛刻度提高的需求，为装置长周期在线运行提供必要的保障。

国内目前延迟焦化炉技术水平与国外焦化先进的美国相比，整体上还有一定的差距，主要反映在下述几个方面：

① 针对各种不同焦化原料和产品要求，对延迟焦化炉进行精确的管内反应和管外传热的耦合计算。

② 缺乏对延迟焦化炉工程设计结合生产经验做适宜优化、修正的工程经验，造成不应该的工程投资增加和与实际生产的偏差。

2. 技术改造案例

(1) 福建炼油厂焦化扩能改造

① 改扩背景

福建炼油厂根据发展需要，原油加工能力从 2.5Mt/a 扩建到 4.0Mt/a，为此，从全厂加工物料平衡出发，要求焦化加工能力从 0.4Mt/a 扩大到 0.6Mt/a。本着投资少、见效快的原则，通过提高技术含量，在不增加主要设备的前提下，通过对 0.4Mt/a 焦化装置进行标定、核算，然后提出改扩方案。于 1997 年扩能改造并一次投料成功，其产品质量合格，经济效益明显。

② 加热炉改造内容

- 降低循环比，由原设计 0.4 降到 0.2，使加热炉负荷减少 4.7%。
- 采用热进料，焦化原料改为直接从常减压装置来的热进料，使进料温度提高 50℃，并优化换热流程，使对流段新鲜原料加热取热负荷减少 15.3%。
- 重新分配对流管和辐射管之比例，辐射注水改为注汽，新增一套烟气余热回收设施，提高炉热效率。

(2) 石家庄炼油厂延迟焦化加热炉技术改造

① 焦化加热炉的现状

石家庄炼油厂延迟焦化装置建于 1990 年，原设计处理能力为 0.8Mt/a。由于当时全厂原油处理量较小，延迟焦化装置处理量能力达到 0.4Mt/a 就可以实现全厂物料平衡，所以只建了一台 0.4Mt/a 的水平卧管单面辐射加热炉。随着全厂原油加工量的提高，为实现全厂物料平衡，需将延迟焦化装置处理量提高到 0.5Mt/a。而加热炉处理量小是制约延迟焦化装置处理量提高的“瓶颈”。归纳而言，焦化炉存在如下几方面问题：

- 渣油出对流室的温度超过生产工艺规定值。
- 软化水出对流加热段的温度比生产工艺规定值高 140℃。
- 燃烧器性能落后，以瓦斯作燃料时也需用中压蒸汽夹带。
- 热管空气预热器下部热管爆管失效严重，每年需要更换热管数量较多。
- 排烟温度为 241℃，烟气中氧含量为 8%(v)；全炉热效率仅为 83%。
- 辐射室衬里整体老化，整体外壁温度超过 80℃，局部超过 100℃，同时炉体漏风严重。

② 技术攻关改造内容

- 针对石家庄炼厂焦化炉排管状况，辐射进料流程由“上进下出”改为“下进中出”。
- 用新型焦化炉专用燃烧器取代原用燃烧器。
- 进行全面的传热核算，根据传热核算结果调整辐射室和对流室的炉管传热面积。
- 更换空气预热器，并把空气预热器下部四排热管更换为碳钢-萘热管。
- 辐射炉管注水方式由“单点一级”注水改做“双点二级”注水。
- 辐射炉管进行渗铝处理。

③ 技术攻关改造预定的技术指标

- 处理量由 0.4Mt/a 提高到 0.5Mt/a；正常开工周期达到 315d。
- 消除渣油和软化水出对流室温度大于工艺规定值的问题。
- 在以瓦斯气为燃料时，取消燃烧引射高压蒸汽。
- 延迟焦化加热炉热效率由 83%提高到 85%。

④ 改造效果

该焦化加热炉改造前后的标定结果见表 6-2-15。

表 6-2-15　石家庄炼油厂延迟焦化加热炉(立式水平卧管单面辐射炉)标定结果汇总

项目名称	原设计值	改造前	改造后	
			Ⅰ	Ⅱ
对流段渣油流量/(t/h)	50	50	63.6	62
对流段渣油入炉温度/℃	230	215	214	192
对流段渣油出炉温度/℃	340	317	336	329
辐射段渣油流量/(t/h)	62.5	65	78	70
渣油入辐射室温度/℃	380	377	364	360
渣油出辐射室温度/℃	500	494	496	497
烟气出辐射室温度/℃	830	780	770	770
软化水入炉温度/℃	150	150	150	150
软化水出炉温度/℃	200	326	207	203
辐射炉管注水量/(kg/h)	1600	1560	1060	1040
蒸汽出炉温度/℃	240	320	234	232
处理能力/(kt/a)	400	400	509	496
蜡油循环比	0.3~0.4	0.238	0.227	0.13
注水量占处理量/%	3.2	2.97	1.67	1.68
全炉有效传热面积/m^2	1267.4	1267.4	1111	1111
全炉炉管平均热强度/(kW/m^2)	12.4	13	17.9	17.45
燃烧引射蒸汽耗量/(kg/h)	1400	1300	0	0
热效率/%	87	83	85	85

延迟焦化加热炉技术改后达到的效果如下：

- 技术改后，焦化炉的处理能力达到了509kt/a，比设计处理能力提高了27%。
- 辐射室炉管烧焦周期为13个月。
- 焦化炉的处理能力提高以后，原使用的空气预热器已不能满足需要。在空气预热器没有更换的条件下，热效率由改造前的83%提高到85%。
- 注水量由改造前的占新鲜原料量的2.88%降低到1.68%，降低幅度为42%。
- 全炉有效传热面积由1267.4m^2减少到1111m^2。
- 改造后经济效益明显。

⑤ Cr5Mo渗铝炉管的应用结果

石家庄炼油厂延迟焦化加热炉辐射室炉管外表面原来氧化严重，年腐蚀率达2mm以上。后两次进行12m炉管整体渗铝，共更换37根渗铝炉管。使用两年后渗铝炉管基本未减薄，预计渗铝炉管可提高使用寿命约2倍。

(3) 某炼厂延迟焦化炉深度裂解技术改造

① 改造背景

某炼厂延迟焦化炉设计处理能力为1.6Mt/a(循环比0.25)，该炉分A、B、C三个单元，公用一个供风和排烟系统。三单元的辐射室共有6管程，设置在3个燃烧室中，每管程26根辐射炉管，低烧燃烧器的火焰高约2.5m。经长时间高负荷生产，炉膛操作温度最高达到780℃，炉管结焦速率过快，排烟温度170℃，难以适应当前原油加工形势和节能要求。为配合装置提高处理量，增加液收，进行了延迟焦化炉深度裂解技术改造，同时对烟气余热回收系统进行优化改造。

② 技术原理简介

重油在焦炭塔内裂化反应所需热量几乎全部由焦化炉提供。延迟焦化炉设计特点是既关注控制炉管结焦，又关注提高焦炭塔生焦反应给热量及给热品质，以达到长周期运行和提高装置轻油收率的目的。延迟焦化炉管内重油发生的热裂解与缩合反应，与管外燃料燃烧、辐射传过程是极为复杂且相互耦合，计算过程复杂。操作中有时为了片面追求长操作周期，一般采用低出口温度及大注汽量操作方案，造成延迟焦化炉所提供的生焦反应给热量不足，导致介质在管内反应深度不够，进而造成焦炭塔内生焦反应不完全，不利于提高装置轻油收率。

焦化炉深度裂解技术是基于焦化炉管内外过程模拟技术，通过改善炉膛温度场分布而平抑辐射传热的峰值达到控制炉管结焦速率的目的，并通过延长炉管水力学长度，增加停留时间，尽可能提高焦化炉生焦反应给热量，以增大重油焦炭塔内反应深度，从而达到提高装置轻油收率目的。

③ 改造内容及核算

针对某厂1.6Mt/a焦化炉装置现状，进行了深度裂解技术改造。主要改造内容：

- 增加辐射段炉管，优化炉管排布，辐射炉管面积增加20%。
- 优化注汽点位置，三点注汽分别位于对流室入口、辐射室入口和辐射出口倒数第4根炉管。
- 采用附墙燃烧技术。
- 采用组合式空气预热器。

改造前后管内关键工艺参数模拟结果列于表6-2-16。

表 6-2-16　改造前后管内外过程模拟主要结果

项　　目	改造前	改造后
介质管内总停留时间/s	51.2	66.4
介质管内反应停留时间/s	31.5	44.4
介质炉出口裂解深度/%	6.0	10.6
最大表观流速/(m/s)	29.8	31.3
出口汽化分率/%	39.0	41.0
介质入口压力/MPa	1.3	1.6
生焦反应焦化加热炉给热/(kJ/kg)	316.9	374.3
生焦反应总给热/kW	3244.8	4782.4
(生焦反应总给热/介质总吸热)/%	73.7	75.7
炉内反应总吸热/kW	665.0	1441.6
(炉内反应总吸热/介质总吸热)/%	15.1	20.8

模拟结果表明，改造后介质管内反应停留时间从 31.5s 延长至 44.4s，介质炉出口裂解深度由 6%提高至 10.6%，生焦反应焦化加热炉给热由 316.9kJ/kg 增加至 374.3kJ/kg。

④ 改造效果

- 处理量：改造后焦化炉处理能力由 1.60Mt/a 提高至 1.85～1.90Mt/a。
- 烧焦周期：运行周期从改造前的 9 个月延长到 12 个月以上，有一定程度的延长。
- 焦炭产率：焦化装置产品分布与原料性质、装置结构与操作条件均有关，一般按照装置焦炭产率系数(装置焦炭产率/原料康氏残炭)来判断原料转化的程度，在循环比和焦炭塔压力无明显变化的情况下，连续三年焦炭产率系数统计结果参见图 6-2-36。统计结果显示，改造后焦炭产率系数明显降低，按原料残炭值 20%计算，焦炭产率降低 1%～2%，液收增加 1%～1.5%。

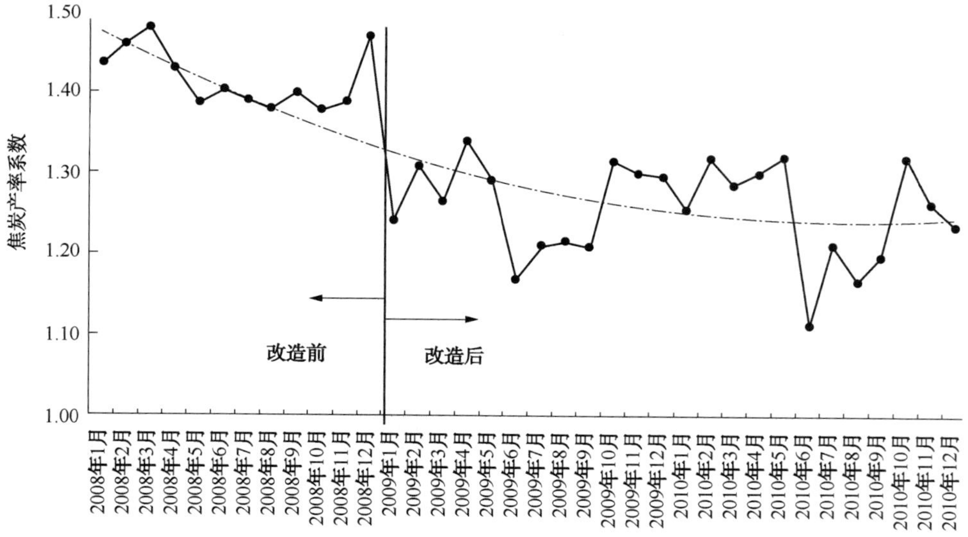

图 6-2-36　改造前后焦炭产率系数变化

第三节　焦　炭　塔

一、焦炭塔的工艺特点和结构特点

延迟焦化是以渣油或类似渣油的各种重质油、污油及原油为原料，通过加热炉快速加热到一定的温度后进入焦炭塔，在塔内适宜的温度、压力条件下发生裂解、缩合反应，生成气体、石脑油、柴油、蜡油、循环油组分和焦炭的工艺过程，工艺流程简图见图6-3-1。延迟焦化装置的主要设备有焦化加热炉、焦炭塔、焦化分馏塔、吹汽放空塔、加热炉进料泵、水力除焦机械等，其中焦化加热炉被认为是焦化装置的关键设备，而焦炭塔则是焦化装置的核心设备。因为焦炭塔是焦化装置的反应器，加热炉、分馏塔、放空系统、冷切焦水处理系统、水力除焦系统等均与之有关。虽然焦炭塔是一个空筒设备，但它的设计涉及到几乎全装置的工艺过程。

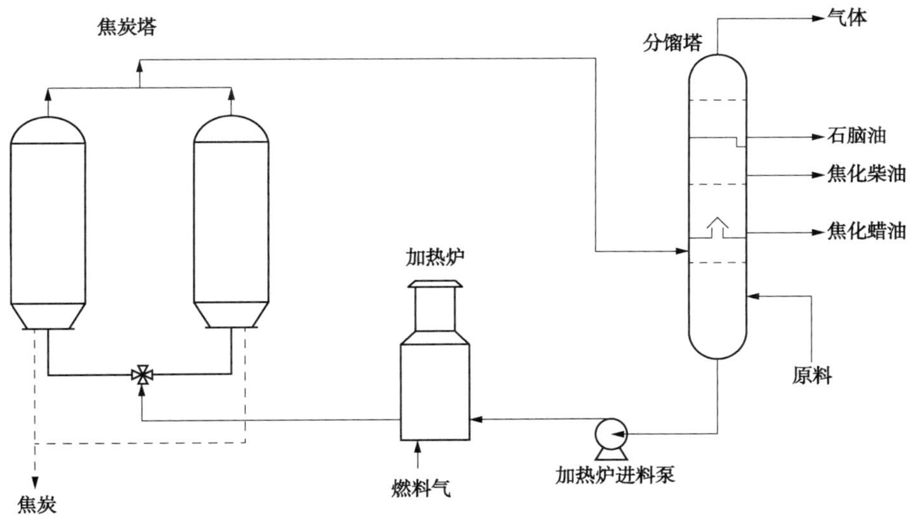

图6-3-1　常规延迟焦化流程图

焦炭塔的工艺特点是操作温度高，最高可达到495℃，操作温度变化频繁，每一个操作周期都要由常温变化到最高操作温度，再由最高温度冷却到常温，生焦周期越短，温度变化速度越快。焦炭塔不但是一个反应器而且还是一个装焦炭的容器，操作不当会使生焦过程泡沫溢出，造成后部系统结焦。在生焦过程中焦炭塔基本处于恒温操作。在除焦过程中要经过先降温再升温的变化过程，往往由于这一个变温操作过程使焦炭塔及其相关系统经受一定的考验。

焦炭塔一般是两台一组，每套延迟焦化装置中有的是一组(两台)，有的是两组(四台)，还有三组(六台)，四组(八台)的焦化装置比较少。在每组塔中，一台焦炭塔在反应生焦时，另一台塔则处于除焦阶段。即当一台塔内焦炭积聚到一定高度时把进料切换到另一台塔内，该焦炭塔先通入少量蒸汽把轻质烃类汽提去分馏塔，再大量通入蒸汽，汽提重质烃类去放空冷却塔，回收重油和水，然后先注入水(先少量后大量)将焦炭塔及焦炭冷却到80~130℃，待确认焦炭被冷却后开始把焦炭塔内的水排放至焦池或冷焦水放水罐，焦炭塔内的水排放完毕后进入水力除焦阶段。除焦是先打开焦炭塔顶盖，后打开焦炭塔底盖，启动高压水泵，采用除焦机械设备对焦炭塔内的焦炭进行清除。除焦完成后利用蒸汽对该塔进行吹扫和试压，然后引另一个塔的油气把该塔预热到300~380℃，切换进料开始生焦，另一个塔按照上述同样步骤进行冷焦、切焦、和油气预热过程，两个塔交替进行生焦和除焦操作。每台塔的切换使用周期一般为36~48h，其中生焦18~24h，除焦及其他辅助操作18~24h(见表6-3-1)。除焦采用高压水，高压水压力一般为14.8~36MPa。高压水压力值取决于焦炭塔塔径的大小和焦炭的硬度。随着技术的进步，焦炭塔的切换周期已缩短，一般为30~36h，除下的焦炭落入焦池，同时用桥式起重抓斗经皮带输送到别处存放或装车外运。焦炭塔内产生的高温油气经过急冷油冷却后进入分馏塔系统，在分馏塔系统分离出气体、汽油、柴油、蜡油、重蜡油和循环油等。

表6-3-1　焦炭塔除焦及其他辅助操作

序号	操作步骤	操作时间/h		操作条件	介质来源及去向	操作主要目的
		24	18			
1	切换四通阀	0.5	1.5	现场切换，电动或气动操作		焦炭塔进料由A塔改去B塔
2	少量吹蒸汽	1.0		蒸汽：2~5t/h	蒸汽来自管网，油气去分馏塔	汽提焦炭塔内的轻质油、油气及泡沫层
3	大量吹蒸汽	2.5		蒸汽：10~18t/h	蒸汽来自管网，油气去放空塔	汽提焦炭内的大量重油，冷却焦炭，形成冷焦通道
4	少量给水	1.5	4.5	冷焦水：10~50t/h	水来自冷焦水处理系统，蒸汽去放空塔	快速冷却焦炭，进一步汽提焦炭内的重油
5	大量给水	3.5		冷焦水：约350t/h	水来自冷焦水处理系统，前期蒸汽去放空塔，溢流水去冷焦水处理系统，或不溢流，用水浸泡塔内焦炭，气体塔顶放空	冷却焦炭及焦炭塔，达到80~130℃
6	排放冷焦水	3.0	2.0	排水：200~600t/h	排水至冷焦水处理系统或焦池	放净塔内水，便于卸顶底盖
7	卸塔盖	0.5		液压或电动自动卸盖机(手动)	先卸顶盖后卸底盖	为除焦作准备
8	水力除焦	4.5	3.0	水压力：15~36MPa；水流量：150~300m^3/h	水来自高压水泵，焦炭去焦池	清除塔内的焦炭为换塔做准备
9	装塔盖	0.5	0.5	液压或电动自动卸盖机(手动)	先装底盖后装顶盖	
10	试压	1.0	1.0	蒸汽试压到0.3MPa左右	蒸汽来自管网	密封试验，赶空气
11	油气预热	5.5	5.5	油气：约420℃，约0.2MPa	油气来自生焦的B塔，不凝气去分馏塔	使焦炭塔塔体升温到300~380℃，防止换塔时温度变化太快

焦炭塔的工艺设计主要包括焦炭塔直径确定、塔高确定和相关系统的设计。

1. 焦炭塔的直径和高度

焦炭塔的直径和高度主要取决于装置的处理量、原料性质、操作温度、操作压力、循环比和加热炉注汽及阀门汽封量等。装置的处理量是决定焦炭塔大小的主要参数，目前国内单系列(一炉两塔)处理量和焦炭塔规格的对应关系如表 6-3-2 所示。

表 6-3-2　延迟焦化单系列处理量和焦炭塔规格

序号	单系列处理量/(Mt/a)	焦炭塔规格/mm	建设时间	操作循环比	生焦时间/h
1	0.2~0.3	ϕ5400×18000(切)	20 世纪 50 年代至 70 年代	1.3~1.4	24
2	0.4~0.5	ϕ6100×21000(切)	20 世纪 90 年代至 2000 年	1.3~1.4	24
3	1.0~1.2	ϕ8400~ϕ8600×24000(切)	2000 年以后	1.15~1.35	18~24
4	1.3~1.6	ϕ8800~ϕ9400×27000(切)	2004 年以后	1.15~1.25	18~24
5	1.6~2.1	ϕ9600~ϕ9800×(24000~29000)	2008 年以后	1.1~1.2	18~24

延迟焦化单系列处理量越大，要求焦炭塔直径也越大，这主要是由焦炭塔塔内的允许气速决定的。焦化原料在加热炉中被快速加热到 500℃左右进入焦炭塔，为防止加热炉炉管结焦，原料在加热炉内的反应苛刻度不会太高，通常加热炉出口的反应转化率在 10%左右(气体和汽油的转化率之和)，而大部分的裂化反应被延迟到焦炭塔内进行。原料进入焦炭塔，在塔内适宜的压力、温度和停留时间的条件下发生裂化和缩合反应，裂化为吸热反应，缩合为放热反应，裂化的热量除了来自加热炉加热的热渣油原料外还有一部分由缩合反应提供，缩合反应生成的焦炭停留在塔内，并不断由下向上堆积，由于进料渣油、反应油气和蒸汽的向上流动，在堆积的焦炭层中会形成中心通道或树枝型通道，为以后的冷焦和切焦提供方便。在焦炭层以上为主要反应区，包括油相区、泡沫区和气相区，焦炭塔内自上而下分别为气相区、泡沫区、油相区和焦炭区，密度分别约为 4~10kg/m^3、100~300kg/m^3、500~800 kg/m^{3}和 800~950 kg/m^3。通常油相和泡沫区的温度体现焦化反应温度，一般为 440~470℃，在焦炭塔外表面显示为最高的温度区域，并且该高温区域随着生焦高度的增加逐渐向上移动，在过去没有安装中子料位计时通常利用此温度间接判断焦炭高度。

随着原料的不断进入焦炭塔，产生的焦炭量不断增加，焦炭层高度增加，泡沫层也随之连续升高。塔内反应末期状态示意简图见图 6-3-2。

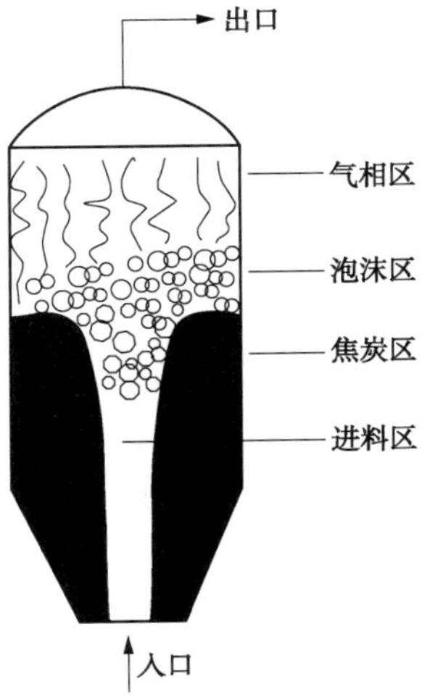

图 6-3-2　焦炭塔内生焦末期示意图

由于泡沫层为反应区，一般不希望正在反应的泡沫被油气夹带到焦炭塔顶口的大油气管线和分馏塔，导致该管线结焦和分馏塔内结焦，影响装置安全生产和产品质量。焦炭塔内油气允许气速符合如下公式：

$$u_c = 0.048\sqrt{\frac{\rho_L - \rho_V}{\rho_V}}$$

式中　u_c——塔内允许气相线速，m/s；

ρ_L——泡沫相密度，kg/m^3；

ρ_V——气相密度，kg/m^3。

由于气相密度和泡沫密度的不确定性，人们很少通过理论计算求取每台焦炭塔内的允许气速，而是采用经验数据。国内设计焦炭塔时通常采用的允许气速为0.15m/s，国外设计焦炭塔时通常采用的允许气速为0.21m/s。允许气速和原料性质、操作温度、操作压力及使用的消泡剂等都有一定的关系，因此应综合确定焦炭塔的允许气速。焦炭塔的允许气速确定后，按照一定的安全系数来确定设计气速，安全系数的确定主要决定于对焦粉携带的容忍程度和焦炭塔后部系统防结焦和处理结焦的能力，安全系数可取0.7~1.0。根据确定的油气速度和焦炭塔内油气流量可计算焦炭塔直径，但是，确定最终焦炭塔直径还应考虑焦炭塔的制造、运输和施工因素，水力除焦能力、焦炭塔高度、是否考虑今后扩能以及焦炭塔标准化设计因素等也是必须考虑的。

当确定焦炭塔塔径后，通常要重新核算焦炭塔内气速。首先是计算塔内所有物料在实际操作条件下的体积，然后除以塔截面积可得到焦炭塔内气速，具体计算方法如下：

① 急冷油不计算在内，加工损失计算在焦炭中。

② 焦炭塔气相温度 T,℃。

③ 焦炭塔顶压力 p(塔顶实测压力 p_1+0.1)，kg/cm^2。

④ 根据产品分布和循环比求取每个焦炭塔的每个产品的流量 G，kg/h。

⑤ 根据产品分析数据求取每个产品的相对分子质量 M，kg/kmol。

⑥ 列表计算每个焦炭塔产物的总摩尔数 $N=G/M$，kmol/h。

项　目	富气	石脑油	柴油	蜡油	循环油	注汽(水)	合计
流量/(kg/h)	$G1$	$G2$	$G3$	$G4$	$G5$	$G6$	
平均相对分子质量	$M1$	$M2$	$M3$	$M4$	$M5$	18	
摩尔数/(kmol/h)	$N1$	$N2$	$N3$	$N4$	$N5$	$N6$	$N=N1+\cdots+N6$

⑦ 计算每个焦炭塔的体积流量 V，m^3/s。

$$V=22.4\times N\times(273+T)/(273\times p\times 3600)$$

⑧ 计算焦炭塔的截面积 S，m^2。

$$S = 0.785D_{塔}^2$$

$D_{塔}$为焦炭塔内径。

⑨ 计算焦炭塔内气速 u，m/s。

$$u = V/S$$

如果计算所得的焦炭塔内气速和理论计算允许气速或经验的允许气速相比不大的话，说明确定的焦炭塔塔径是合理的。

焦炭塔内的油气体积流量除和渣油进料量有关外，与原料性质、操作条件也有密切的关系。在确定焦炭塔的直径以前应首先确定焦炭塔的操作条件和产品分布。渣油是以碳、氢为主要元素的大分子烃类，通常分为饱和分、芳香分、胶质和沥青质，沥青质含量高的渣油生焦率较高，轻油收率较低。一般生焦率的估算可按式：$W_c=1.6K$ 进行，其中 K 为渣油的康氏残炭，产品分布一般最终由试验确定。当原料性质确定后，对生焦率和产品分布影响较大的主要是循环比、反应温度和压力。循环比降低，生焦率减少，同时焦化蜡油收率增加，气体、汽油、柴油收率下降。当需要提高装置的液体收率时，一般采用降低循环比(0.10~0.20)或零循环比操作；当需要多产焦化石脑油和柴油时，一般采用较大循环比(0.20~0.40)操作；当焦化蜡油无出路或需要最大可能地生产柴油和乙烯原料时，一般采用大循环比(0.4~1.0)操作。循环比越大，焦炭塔内的油气体积流量越大。提高焦化温度可增产液体产品收率，但基于焦化反应的特点，反应温度(炉出口温度控制)调整的幅度是很窄的，温度过高会导致提前结焦，堵塞炉管、转油线，影响开工周期，同时易生成硬质石油焦，使除焦困难；温度过低导致热量不足反应深度不够，轻油收率降低，焦炭挥发分增大或产生焦油。一般情况下是根据原料性质确定最佳的操作温度，通常焦化炉出口温度为495~505℃，芳烃含量和沥青质含量的比值较大时宜采用较高的炉出口温度。采用低压操作可改善焦化产品分布，在国内外已普遍认可，国内焦炭塔塔顶操作压力一般为0.15~0.20MPa，国外最低的达到0.1~0.15MPa。压力降低一般能提高蜡油的收率，但是增大了焦炭塔的气体体积流量，势必使焦炭塔的塔径和油气管道直径加大，并且造成压缩机的负荷加大，导致装置的投资增加，因此应综合考虑设备投资、操作费用和产品分布等因素后确定适宜的操作压力。

在基本确定焦炭塔的直径后，根据焦炭产率、生焦时间、泡沫层高度来确定焦炭塔的高度。焦炭产率和原料性质、操作条件有关，泡沫层高度和原料性质、反应温度及压力有关，一般情况下渣油的沥青质含量高、硫含量高、反应温度低、操作压力低其泡沫层较高。当在焦炭塔内注入消泡剂后，泡沫层的高度一般可减少40%~65%。当单系列处理能力、原料性质和操作条件确定后，塔内的焦层高度主要决定于生焦时间。目前国内焦化装置设计的生焦时间为18~24h，国外焦化生焦时间为12~18h，采用16~18h的占大多数。采用短的生焦时间，可以提高焦炭塔的利用率，或者同等规模的装置可以降低焦炭塔的高度。在确定焦炭塔高度时应留有一定的安全空高，安全空高一般为塔顶切线离泡沫层顶部的距离。国内设计的焦炭塔一般安全空高为3~5m，国外焦炭塔的安全空高一般为1~3m。空高越大，焦炭塔的利用率越低，但油气在塔内的停留时间延长，对减少油气线和分馏塔内结焦有利。

空高的计算公式如下：

$$H_{空高} = H_{切} - \left(\frac{G_{焦} \times \tau_{焦}}{\rho_{焦}} - V_{锥}\right) / 0.785D_{塔}^2 - H_{泡沫}$$

式中　$H_{切}$——焦炭塔切线高度，m；

$G_{焦}$——焦炭生焦率，kg/h；

$\tau_{焦}$——生焦时间，h；

$\rho_{焦}$——塔内焦炭堆密度(一般为800~900kg/m^3)，kg/m^3；

$V_{锥}$——焦炭塔锥体体积，m^3；

$D_{塔}$——焦炭塔直径，m；

$H_{泡沫}$——泡沫层高度，m。

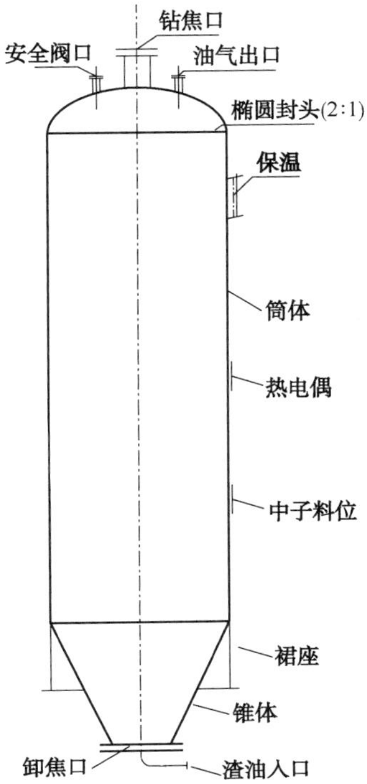

图6-3-3　焦炭塔简图

焦炭塔直径和高度相互补充，当装置处理量、操作条件确定后，直径增大可以降低高度，高度增加也可以适当减少塔径。国内过去建设的焦炭塔直径较小，一般为5.4~6.4m，其高径比一般为3~4。最近建设的大直径焦炭塔，由于塔直径增加，高径比一般为2~3。美国焦炭塔的高径比一般为2~3。

焦炭塔的直径和高度受到水力除焦机械、制造、运输、吊装等的限制，不宜太大和太高，美国运行的焦炭塔的直径大部分在7.4~9.4m之间。对于装置处理能力较大，采用一炉二塔使焦炭塔的直径和高度特别巨大时，建议采用二炉四塔或三炉六塔更为适宜。

2. 焦炭塔的结构特点

焦炭塔是一个直立圆柱壳压力容器，顶部是球形或椭圆形封头，下部是锥体，见图6-3-3。直径范围通常为4.6~9.8m，高约15~35m。在顶部有直径为ϕ600~900mm的盲板法兰(即钻焦口)，底部有ϕ1500~1800mm的盲板法兰(即卸焦口)或底盖机，该盲板法兰或卸焦口筒节上有ϕ150~450mm的渣油入口接管。裙座位于连接壳体与锥体的焊缝区域，用来支撑塔体。焦炭塔本体材料可用碳钢、C-0.5Mo、1Cr-0.5Mo、1.25Cr-0.5Mo和2Cr-1.0Mo钢制造，其壁厚通常在14~56mm之间。

加工高硫原油的焦化装置，焦炭塔壳体采用不锈钢复合板制造，复层为厚2.0~3.2mm的06Cr13Al或06Cr13型不锈钢，以抵抗塔内介质腐蚀。

焦炭塔设计压力范围为0.35~0.8MPa，国内一般为0.35MPa。操作温度为440~495℃。

焦炭塔外保温通常采用厚度为120~200mm的玻璃纤维或复合硅酸盐等保温材料，并用铝合金薄板或不锈钢薄板作为保护层。安全阀位于焦炭塔顶部，料位测量通常采用三个或四个中子料位计，或者安装一套伽马射线料位计，位于塔体外表面。

焦炭塔上封头过去大多采用球形封头，其优点是受力条件好，耗材少；但近来大都采用椭圆封头(2：1)，其优点在于在保证塔顶标高不变(即钻杆长度不变)的情况下，能增加焦炭塔筒体段的有效体积。以ϕ8800mm焦炭塔为例，将球形封头改为椭圆封头，能增加体积44.6m^3。

焦炭塔下部进料口接管的结构型式大致有三种，即从侧面进入、水平并呈向上倾斜方向进入和轴向进入。操作经验表明，500℃左右的原料油从侧面进入焦炭塔会造成塔底加热不均匀，所引起的变形会促使塔体倾斜并产生裂纹、鼓胀和其他缺陷，将使塔的可靠性下降。当原料油入口接管呈水平方向和呈向上倾斜方向配置时，对面的器壁受较强烈加热而产生附加的应力；若原料油在中心轴向进入，则可以保证设备均匀加热，焦炭塔操作的可靠性增大，这种结构设计使变形减少。目前未安装自动底盖机的焦炭塔大都采用这种轴向进料方式，安装自动底盖机后，焦炭塔大都采用了单侧或双侧进料方式，既有水平方向进料的也有向上倾斜方向进料的。

二、焦炭塔操作特点及对塔寿命的影响

焦炭塔的作用是将重油(渣油)轻质化变成瓦斯、液体产品和焦炭。渣油在加热炉内被加热到500℃左右进入塔内，单系列的延迟焦化装置使用二台并联的焦炭塔，进行连续操作，见图6-3-4。该操作过程是周期性的，当焦炭在一台塔内积聚，而另一台塔进行清焦。焦炭在塔壁上积聚并在塔内累积增长，最后用高压水喷头切除。通常每隔48h或36h为一周期。焦炭塔冷却到环境温度又重新被加热到454~495℃，见图6-3-5。伴随着焦炭塔长期反复冷却和反复加热，可导致塔体变形、鼓胀和开裂。

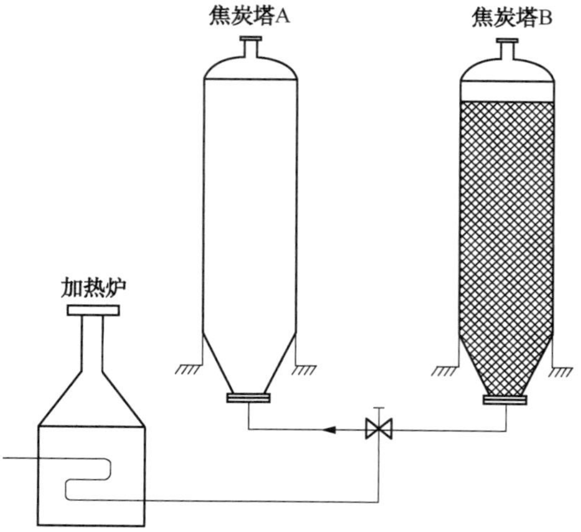

图6-3-4　单系列延迟焦化装置简图

焦炭塔操作时，塔壁温度变化复杂，引起的应力也非常复杂。如果单向为壁厚方向引起

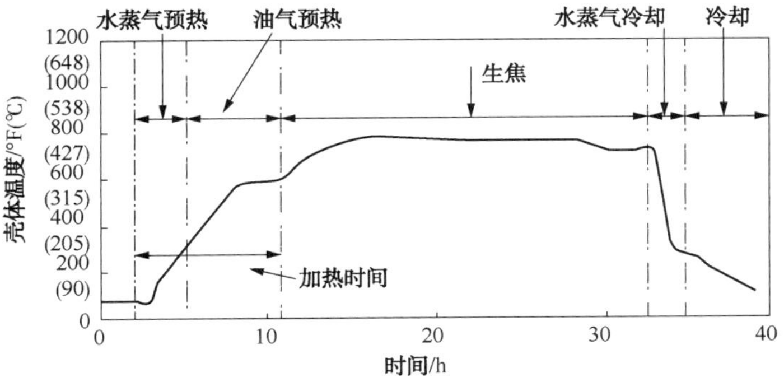

图 6-3-5　焦炭塔塔壁温度曲线

的热应力，当升温时塔外壁为拉应力；而当单向由纵向温差引起的热应力，则塔外壁为压应力。实测的焦炭塔纵向温差为 175℃(间距 2m)，而壁厚温差为 85℃[53]，显然纵向引起的热应力绝对值大于壁厚引起热应力的绝对值。如果这时的综合应力超过了材料在该温度下的屈服强度，会引起塔壁的局部塑性变形。反复循环，将出现“热应力棘轮现象”，它比相同的定常应力的静态蠕变要大得多，这就是产生焦炭塔鼓胀变形的主要原因。

日本学者平修二 1974 年综合叙述了“棘轮”概念，即受静载荷作用的构件，若反复施加能产生塑性变形的大应力，则在部件受定常载荷作用的方向上产生永久变形，而且逐渐增长，这种永久变形的增长状态恰恰和齿轮在解脱制动器后开始旋转的状态相似，故称之为“棘轮”作用[46]。

在焦炭塔寿命的早期，变形仅局限于底部发生，随着时间的推移，上部产生的鼓胀更加明显。由于环缝具有较高的屈服强度，该焊缝厚度又比母材稍厚一些，因而显示出较少的鼓胀，焦炭塔就产生一个糖葫芦状的鼓凸，见图 6-3-6。

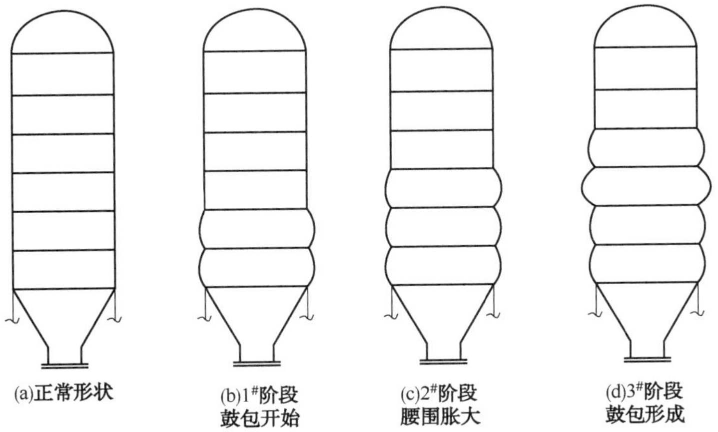

图 6-3-6　焦炭塔筒体鼓包形成的阶段

许多焦炭塔，尤其是碳钢塔和 C-0.5Mo 钢塔，操作几年后就会出现鼓包，见图 6-3-7[44]。经验表明，大多数明显的鼓包发生在壳体的中段，这是由于一个区段和相邻的另一个区段存在巨大的温差引起的。这种局部的巨大温差，往往发生在生焦周期快结束时，某一区段仍在加热而邻近的区段却开始进水冷却。

图 6-3-7　焦炭塔壳体鼓包

焦炭塔发生裂纹最多的位置是裙座焊缝，造成了许多重大设备事故。最严重的案例是20世纪70年代胜利炼油厂3#焦炭塔焊缝整圈开裂，造成塔体下沉807mm，塔体倾斜395mm；石油一厂焦炭塔焊缝开裂长度3.77m，塔体倾斜74mm；大庆炼油厂1#焦炭塔和南京炼油厂2#焦炭塔裂纹分别为9.4m和4.06m。

由于热机械疲劳的影响，南京炼油厂在焦炭塔外壁焊缝熔合线发现裂纹最长2m，深3mm；广州石化厂的焦炭塔运行5年后发现焦炭塔(T101/4)裙座与塔体连接焊缝存在断续长度10m，最深达5mm的环向裂纹[48]，这些案例的焦炭塔材质都是碳钢。

三、焦炭塔材质的选择

(一) 塔体材质的选择

焦炭塔生焦时的操作温度约427~495℃，操作压力约0.1~0.27MPa(表)；生产针状焦的焦炭塔，操作压力可更高一些，达0.7~0.8MPa，操作温度达510~520℃。周期性操作使焦炭塔反复处于骤冷骤热、承受高压水冲击等苛刻操作条件，以致出现塔体腐蚀、变形和鼓包，甚至焊缝开裂、塔体倾斜等情况。塔体变形情况与焦炭塔的材质有关，碳钢制造的焦炭塔，发生鼓包处塔径可增大200~250mm。使用碳-钼或铬-钼钢制造的焦炭塔，产生鼓包、径向增大量就比较小。通常铬钼钢焦炭塔最早产生穿透裂纹的时间为12年，碳钼钢焦炭塔为8年，碳钢焦炭塔只有7年[45]。过去国内焦炭塔材质多采用20号钢，壁厚24~32mm，使用一定时期后均出现上述塔体鼓包、变形情况。国外从70年代起就已使用铬钼钢(1Cr-0.5Mo或1.25Cr-0.5Mo)制造塔体，内衬410S型不锈钢。

美国石油学会(API)于1968年、1980年、1996年和2013年对美国国内外焦炭塔的使用状况进行了四次调查研究，并提出了报告。报告表明，美国用于制造焦炭塔的材质主要有三种：

（1）碳钢(例如 A285C 级)。

（2）碳钼钢(例如 A204C 级)。

（3）铬钼钢(例如 A387Gr. 12)。

用碳钢制造的焦炭塔已使用多年，其优点是制造容易，对于小直径的塔，价格便宜，投资省。缺点是耐热强度低，易变形，焊缝易开裂，维修费用高。

用碳钼钢的优点是耐热强度稍高，但制造较复杂，需要整体热处理。

用铬钼钢，耐热强度更高，抗腐蚀性好，尽管制造也有一定难度，需要热处理等，但性能好、整体性价比高。

据 1996 年 API 调查[39]，1950～1979 年，焦炭塔大量采用碳钢和碳钼钢。1980～1997 年大量使用铬钼钢，见图 6-3-8。铬钼钢中经常用的钢号是 1Cr-0. 5Mo、1. 25Cr-0. 5Mo 和 2. 25Cr-1. 0Mo 钢，见图 6-3-9，从 1970 年以后，铬钼钢塔的数量不断增加，尤其是 1. 25Cr-0. 5Mo 钢塔增加很快。因为 1. 25Cr-0. 5Mo 钢和 1Cr-0. 5Mo 钢相比，铬含量有一定增加，钢材许用应力高，对缺口敏感性小，耐热性更好，见表 6-3-3。

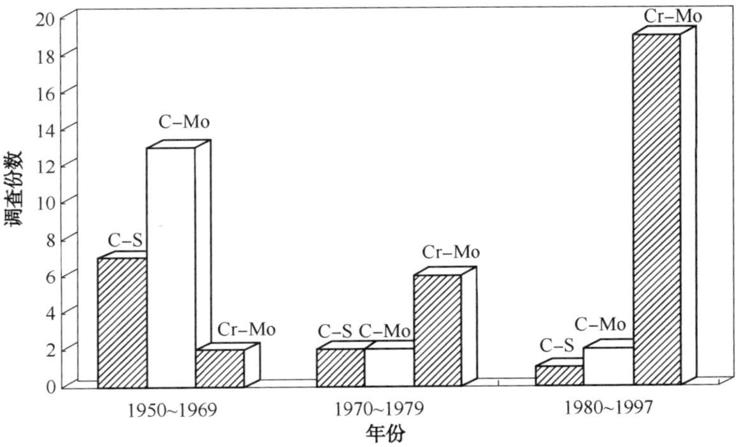

图 6-3-8　焦炭塔材料选择的趋势(壳体和锥体)

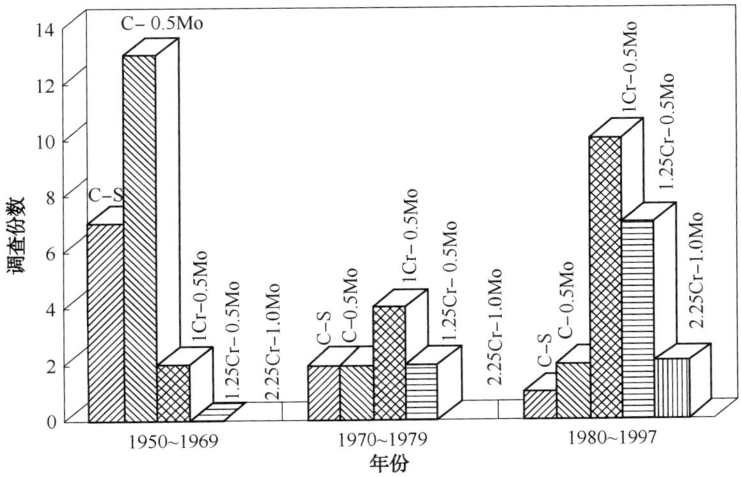

图 6-3-9　焦炭塔材料选择的趋势(壳体和锥体)

表 6-3-3　焦炭塔所用不同钢材的性能比较

材　料	1Cr-0.5Mo	1.25Cr-0.5Mo-Si	注
许用应力(475℃)/MPa	107	116	按 ASME Ⅷ篇第一分篇
高温屈服强度(475℃)/MPa	176.5	185.5	按 ASME Ⅱ篇 D 分篇

1Cr-0.5Mo 钢主要是珠光体组织，而 1.25Cr-0.5Mo-Si 钢主要是贝氏体组织，后者钢板二分之一厚度处的冲击值更高且稳定。

1.25Cr-0.5Mo 钢，相应我国的钢号为 14Cr1MoR，国产钢材性能符合设计要求。

API 调查指出，新塔的材料选择趋向于提高 Cr-Mo 合金元素的含量。例如采用 2.25Cr-1.0Mo 钢，因为它具有更高的屈服强度、蠕变强度和抗蠕变疲劳能力，因而能更好地抵抗热循环。为了进一步提高焦炭塔寿命，美国已开始采用 2.25Cr-1.0Mo 钢，例如福斯特-惠勒(Foster-Wheeler)公司为印度信诚石油公司(Reliance Petroleum Ltd)设计的直径 29ft(8.84m)的焦炭塔，下部锥体采用 2.25Cr-1.0Mo 钢，上部壳体采用 1.25Cr-0.5Mo 钢。据资料介绍，美国曾研究采用含 3%Cr 钢制造焦炭塔[49]。

过去国内使用的焦炭塔材质大都选用 20g，使用一定时期后均出现上述塔体鼓包、变形的情况，最长寿命也有达 20 多年。碳钢焦炭塔出现过这种鼓包变形(俗称“糖葫芦变形”)和焊缝开裂现象，经修补后经专家评定有的塔仍能使用，积累了很多碳钢焦炭塔的使用经验。焦炭塔选用碳钢的优点是钢板货源充足，价格低，焊接方便且不需热处理，修补方便。但随着焦炭塔大型化，碳钢材料已明显不能适应其要求。因为碳钢钢板厚度已超出允许不热处理的范围，与其使用碳钢进行热处理，还不如用铬钼钢更为经济、更为合理。

国内外操作经验表明，生焦时间少于 24h，不宜采用碳钢，目前投用的碳钢塔越来越少了。

对钢材性能分析表明，20g 的最高使用温度为 450℃，在焦炭塔的操作工况条件下，长期使用还是有可能产生石墨化现象的。产生石墨化的时间约几万小时，石墨化的结果将会导致钢材韧性、强度和塑性降低，不少碳钢制焦炭塔使用几年后出现严重变形和裂纹就是例证。而 1Cr-0.5Mo 是耐热钢，其机械性能大大优于 20g 和 20R，例如：475℃许用应力比较，1Cr-0.5Mo(正火+回火)为 110MPa，而 20R 仅是 41MPa；475℃ 10 万小时持久强度比较，1Cr-0.5Mo 达 180MPa，而 20R 仅为 59MPa。

就蠕变强度而言，20g 在 400℃以上即可生产蠕变，450℃的蠕变极限为 44MPa(此时相应的蠕变速率为 1×10^{-5})。根据南京炼油厂对焦炭塔塔体的受力分析[53]，膜应力较小，轴向应力为 10.9MPa，环向应力为 21.8MPa；而热应力较大，进油阶段由外壁厚度方向引起的环向和轴向热应力为 44.8MPa。冷却期间，轴向温差所产生的环向和轴向热应力分别为 80.5MPa 和 24.15MPa(平均值)。由此可见，热应力和内压产生的应力叠加已超过 56MPa，且在 420℃以上持续 20 多小时，足以使材料发生蠕变，所以使用 20g 钢板易产生“糖葫芦”现象。而 1Cr-0.5Mo 钢的 475℃蠕变极限为 100MPa(相应的蠕变率也为 1×10^{-5})，几乎是 20g 的 2 倍。如按上述南京炼油厂焦炭塔的应力分析，其热应力和内压产生的应力叠加亦小于 1Cr-0.5Mo 钢的蠕变极限 110MPa。由此可见，如选用 1Cr-0.5Mo 钢，焦炭塔发生蠕变的可能性小得多。

焦炭塔选用国产 1Cr-0.5Mo 钢及其复合板是可以实现的。

(1)该钢种已列入国家标准 GB 713—2008《压力容器用钢板》，在加氢设备中已应用多台。使用证明，我国的 1Cr-0.5Mo 钢板水平及实物水平已达到了 ASME《锅炉和压力容器规范》第二篇中 SA387Gr12CL.2 规定的要求，并已取得一定的制造经验，是目前制造焦炭塔较理想的材料。

目前国内 1Cr-0.5Mo 钢板生产已成熟，性能稳定，国内数家钢厂都能批量生产。为了更安全可靠，对钢板提出了一些特殊要求：

① 磷含量要求≤0.012%，而 GB 713 规定磷含量≤0.025%。

② 提高了冲击值的要求，-10℃夏比(V 型缺口)冲击功≥54J(三个试样平均值)，允许其中一个试样≥47J。而 GB 713 规定，+20℃冲击功≥47J。

上述要求国内钢厂现都能满足。

(2)复合钢板国内也能提供，宜宾复合板厂就可以提供爆炸复合钢板，并提供相应的焊接工艺。该厂生产的该类复合板已用于制造加氢、重整装置的预加氢反应器，其焊接工艺是成熟的。

针对焦炭塔的操作特点，人们担心使用复合板会产生复层和基层的剥离问题是不会发生的，理由是：

① 复层(06Cr13A1 或 06Cr13)金相组织是铁素体或铁素体+马氏体，和基层基本一致，其膨胀系数 α 也很接近。

② 宜宾复合板厂的复合板是爆炸复合的，复合的过程是一个焊接过程，基层和复合层的结合是冶金结合，结合强度高。

根据 NB/T 47002.1-2009《压力容器用爆炸焊接复合　第一部分：不锈钢板-钢复合板》标准，其爆炸复合钢板的剪切强度 $\tau \geq 210$MPa。

根据使用条件，应选择 B_1级，即复层的贴合率为 100%。

(3)1Cr-0.5Mo 壳体根据规范 GB 150.4—2011 规定应进行焊后整体热处理，据调查，国内对于大型设备现场热处理已有了成熟的经验。

随着技术进步及延迟焦化装置大型化的需要，焦炭塔大型化是必然趋势。从 2000 年我国第一个铬钼钢塔即上海石化公司 2 台 ϕ8400mm 焦炭塔问世以来，铬钼钢塔不断出现，到目前为止已有 100 多台铬钼钢焦炭塔投入使用。

(二) 关于复层材料的选择

国外的焦炭塔几乎全部采用不锈钢复合板制造。根据我国的经验，因为焦炭塔泡沫层以下部分有一层焦炭保护，腐蚀很轻，可以不用复合板。根据 SH/T 3096-2012《加工高硫原油重点装置主要设备设计选材导则》规定，从顶部至泡沫层底面以下 1500～2000mm 处应采用不锈钢复合板，复层为 06Cr13A1 或 06Cr13。

复层采用 06Cr13A1(即 405 钢)和 06Cr13(即 410S 钢)的选择，据 API 调查[39]，美国 1969 以前基本都采用 405 钢，1970 年以后基本都采用 410S 钢，见图 6-3-10。据资料介绍[38]，采用 405 型不锈钢应限制在 343℃以下，长期处于 371～538℃时 405 型材料会变脆。超过 343℃(650℉)时只可使用 410S 不锈钢作内部构件。

早期我国使用 405 型(即 06Cr13A1)作复层的不锈钢复合板很多，还未见有 06Cr13A1 脆

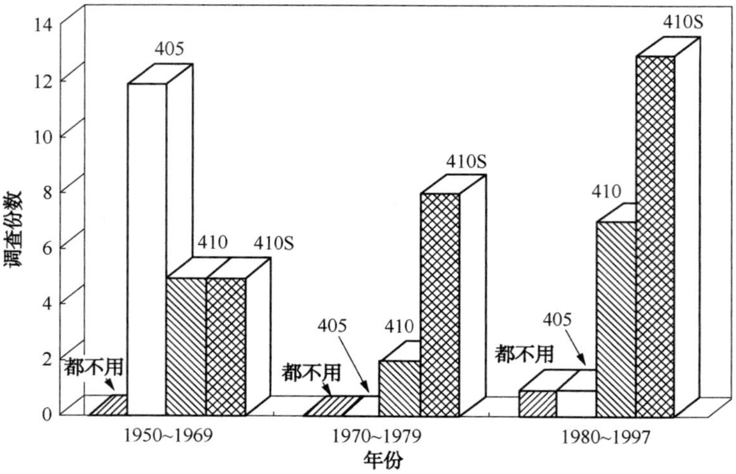

图 6-3-10 材料选择的趋势(壳/锥复层)

化的报道。但由于焦炭塔壳体复层长期处于 427~495℃之间，为了稳妥可靠起见，近期基本都选用 06Cr13(即 410S)，两者价格亦相差不多。

实践表明[41]，焦炭塔复层的焊缝也会发生裂纹，为了减少裂纹产生，有的专家建议，采用 INCONEL625 代替常用的 405 或 410S 作为复层。其优点不但抗腐蚀性能更好，更为重要的是复层与基层之间因热膨胀差异产生的热应力少，不易产生裂纹。根据对内径为 ϕ6840mm、C-0.5Mo 钢制造的焦炭塔进行有限元分析，基层厚 20mm，复层为 405 或 410S，厚度为 1.6mm 或 3.2mm。分析是在复合板处于 482℃的工况下进行的。分析的结果是 405 或 410S 的应力强度是 INCONEL625 的 13 倍，见表 6-3-4。

表 6-3-4 焦炭塔复层应力强度分析

复层和厚度	应力强度/MPa	复层和厚度	应力强度/MPa
405 或 410S，1.6mm	219.14	INCONEL625，1.6mm	16.96
405 或 410S，3.2mm	210.73	INONEL625，3.2mm	16.41

据统计，复层采用 1.6mm 厚的 INCONEL625 后焦炭塔成本将增加 30%；当采用厚 3.2mmINCONEL625 时，成本增加 40%~50%。当部分采用 INCONEL625，例如塔体下段和其他容易产生鼓凸变形和焊接裂纹的部位复层采用 INCONEL625，厚度为 1.6mm 时，成本增加不会超过 15%~20%[41]。

由于 INCONEL 625 比 410S 和 405 有更高的强度，而且它的热膨胀系数和塔体基材更接近，见表 6-3-5，所以更适用于焦炭塔下部锥体，能更好防止腐蚀、冲蚀和磨损[44]。

表 6-3-5 Inconel625 与 410S、405 强度及膨胀系数的比较

钢　材	σ_b/MPa	$\sigma_{0.2}$/MPa	450℃膨胀系数(α)/[10^{-6}mm/(mm·℃)]
410s	460	210	12.0
405	420	180	12.0
Inconel625	770	390	13.7
碳钢、低铬-钼钢			14.1

随着技术发展和使用经验的积累，目前新建焦炭塔塔体趋向全塔采用铬钼钢+不锈钢复合板。

（三）复层焊接材料的选择

据 API 调查[39]，1960 年以前，复层焊接使用三种材料即 ENiCrFe-3、ENiCrFe-2 和 308/309 型不锈钢焊条。从此以后，仅使用镍基材料，ENiCrFe-2 使用率是 100%，ENiCrFe-3(INCO. 182 型)使用率是 92%，见图 6-3-11。对 309 型不锈钢的评价是从好到坏都有，有一份调查介绍，在第一次操作期间就产生大范围的龟裂而全部被清除。如果抗硫腐蚀是首先要考虑的因素，则 309 型不锈钢性能比镍基材料较好些，但如果相应的热膨胀系数是关键，那么采用镍基材料比采用奥氏体不锈钢更好。

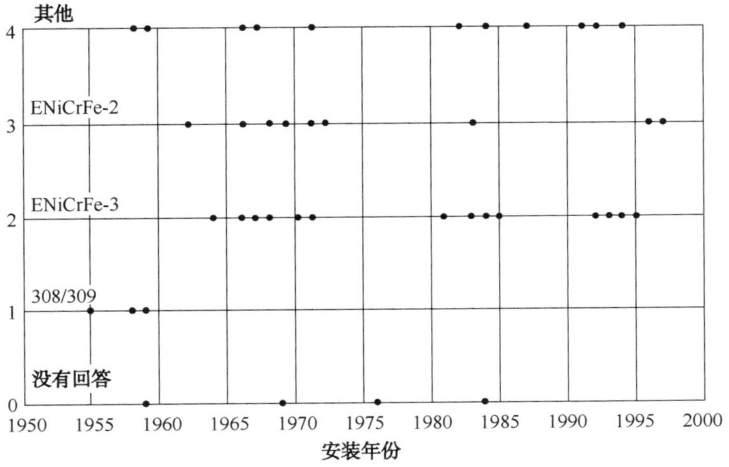

图 6-3-11　焦炭塔材料选择的趋势(复层接头的焊接材料)

焦炭塔工作温度高达 427~495℃，并周期变化，膨胀应该是首先考虑的重要因素，虽然镍基材料贵一些，但仍应选用它。

对于复层 410S，目前趋向采用 ENiCrM03 焊条取代 INCONEL182 焊条，这样可更耐腐蚀，更能避免疲劳裂纹。

四、裙座结构型式

焦炭塔是一个承受热和机械循环的压力容器，在可预见的将来，由于经济上的原因，加热和冷却速度还将提高，这类循环操作将在塔裙中产生比较高的应力。焦炭塔疲劳开裂的激发和扩散是由焦化过程热循环操作特性导致的，尽管比较好的设计能使这些开裂降到最小，但是不管在什么地方，这些塔使用 1~10 年都可能发生开裂。在 API 调查的焦炭塔中，有约 1/2 的塔在靠近塔裙-壳体连接处的塔裙发生开裂，开裂常常发生在塔裙-壳体连接结构附近，由于该处对流和辐射传热面积较大，通常要经受比较大的温度梯度。

设计焦炭塔的难点之一是塔裙的设计。例如，它需要足够的强度才能支撑设计负荷条件下的壳体，同时还要求其径向有较好的柔韧性，以便避免热应力的影响。经研究表明，壳体和裙座之间的连接细节是非常重要的，好的塔裙设计能够大大延长使用寿命。

焦炭塔裙座受力最复杂，是最容易出现裂纹的部位。API 调查[39]给出了裂纹的位置，见图 6-3-12。A、B、C 都有裂纹的占报告的 56%，最严重的裂纹即延伸到筒体的裂纹(A)占报告的 43%，从外表面开裂的裂纹(B)占 63%，从内表面开裂的裂纹(C)占 26%，从膨胀缝槽孔处开裂(D)占 76%，有 A、B、C、D 四种裂纹的塔占 78%。

筒体与裙座的连接方式有如下四种[40]：

① 一般对接型，见图 6-3-13。其结构简单，但易产生应力集中和裂纹。

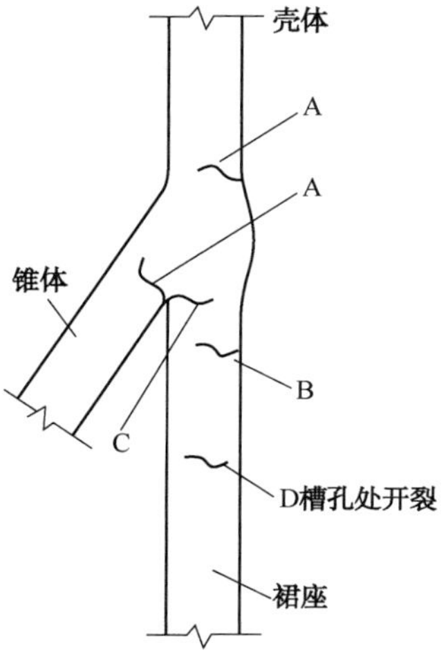

图 6-3-12　焦炭塔裙座裂纹位置

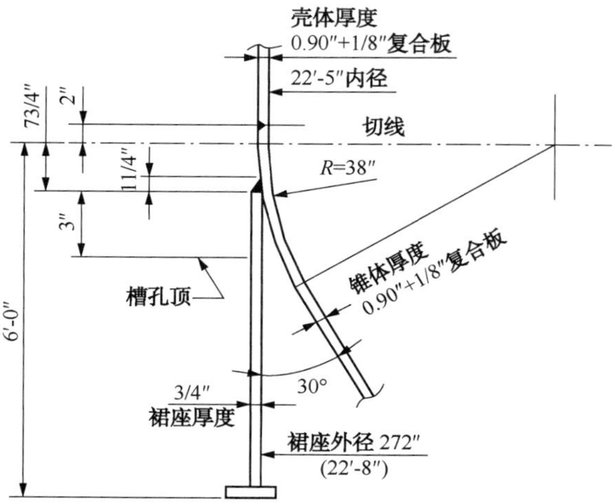

图 6-3-13　焦炭塔裙座连接——一般的对接型

② 搭接型，见图 6-3-14。其结构简单，但易产生应力集中和裂纹，裂纹扩展后将会造成塔体下沉的严重后果。

③ 堆焊型，见图 6-3-15。应力集中系数较小，产生裂纹的可能性小，但制造较复杂，焊接工作量较大。裙座开槽孔(即膨胀缝)，有利于应力释放，防止焊缝开裂，但槽孔处易开裂。

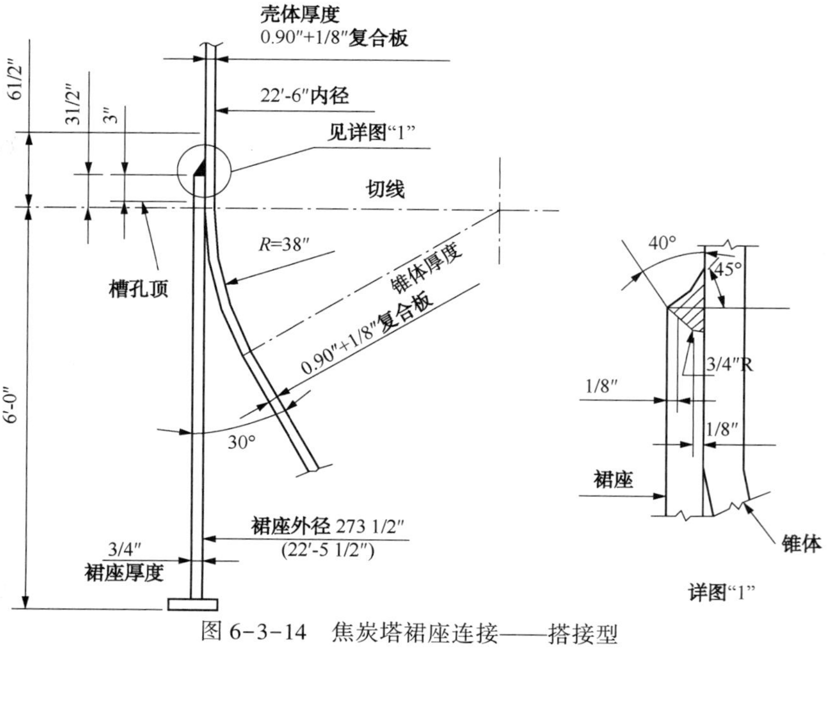

图 6-3-14　焦炭塔裙座连接——搭接型

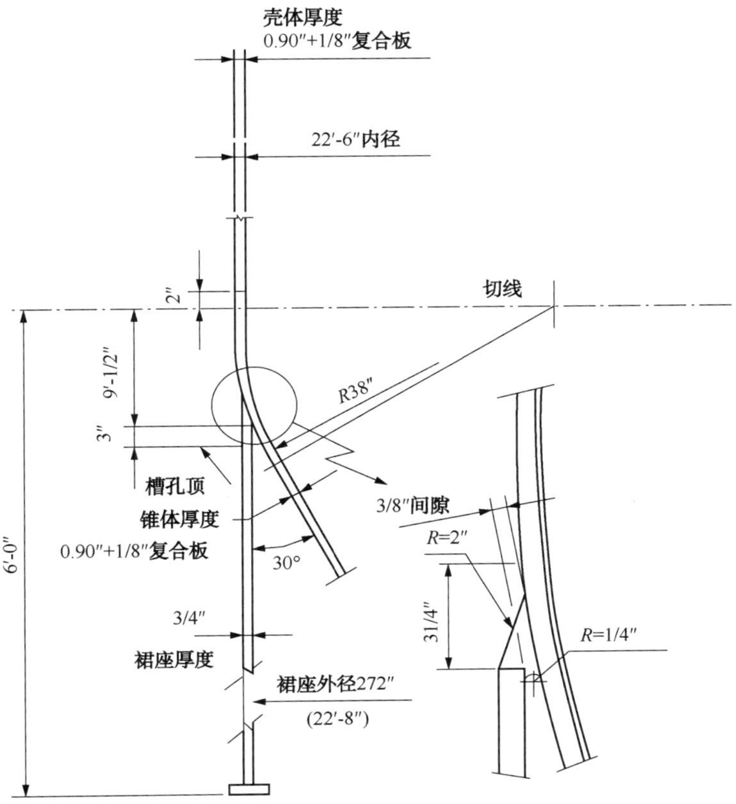

图 6-3-15　焦炭塔裙座与壳体的堆焊连接结构

④ 整体型，见图 6-3-16。即采用整体锻件，应力集中系数最小，但制造难度大、成本高。

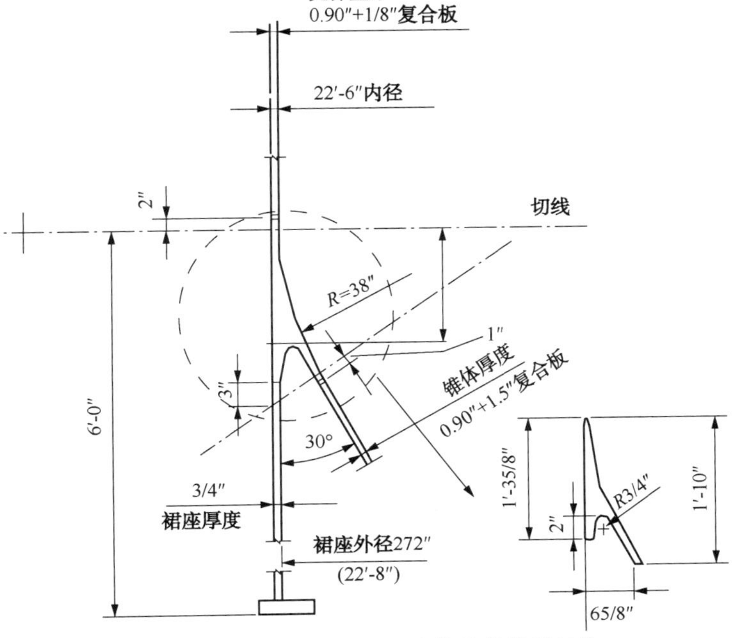

图 6-3-16　焦炭塔裙座与壳体整体锻焊结构

1995 年 ASME 石油化工设备与服务部的一份报告[40]介绍了对这四种结构的应力分析，并进行了比较。分析结果表明，第四种型式的疲劳寿命最长，第三种型式次之，见表6-3-6。

表 6-3-6　裙座连接处的应力值、应力集中系数和疲劳寿命

项　目	一般对接型（图 7-1-12）	搭接型（图 7-1-13）	堆焊型（图 7-1-14）	整体型（图 7-1-15）
裙座连接处加热时的应力值/MPa	459.38 在裙座内表面焊肉上和在与裙座相连的锥体上	503.07 在裙座内表面焊肉上和在与裙座相连接的锥体上	374.97 在裙座内表面和在与裙座相接的锥体上	325.86 在裙座内表面和在与裙座相接的锥体上
裙座连接处冷却时的应力值/MPa	285.72 在裙座内表面的焊肉上和在裙座与锥体连接处	304.18 在裙座内表面焊肉上和在与裙座相连接的锥体上	150.54 在裙座内外表面和在与裙座相接的锥体上	95.31 在裙座内外表面和在与裙座相接的锥体上
应力集中系数（用于疲劳计算）	1.5	1.5	1.0	1.0
计算疲劳寿命（周期）/次	598	478	5503	10704
槽孔应力值（加热时）/MPa			470.23 （槽孔顶部）	
槽孔应力值（冷却时）/MPa			155.13 （槽孔顶部）	
槽孔应力集中系数			1.5	
槽孔计算疲劳寿命（周期）/次			3302	

1999 年 ASME 的一份报告[41]，推荐裙座与壳体锥体连接部位采用整体锻焊结构（图 6-3-16）代替堆焊结构（图 6-3-15），其好处在于在此高应力区取消了环焊缝，代之以机加工的锻件。经验表明，焊缝同基材相比对裂纹更敏感，整体锻焊结构比焊接结构更能抵抗裂纹。选择合理的结构尺寸可大大提高焦炭塔的疲劳寿命。报告中介绍了八种不同结构尺寸的整体锻件结构，简图如图 6-3-17 所示，整体锻件结构应力状况及寿命分析如表6-3-7。

由表 6-3-7 可见，同样是锻焊结构，不同的结构尺寸其寿命也大不相同，例如，图 6-3-17（h）的疲劳寿命最高，达 17123 次，是堆焊结构（图 6-3-15）疲劳寿命的 3 倍多，而图 6-3-17（g）的疲劳寿命才 5449 次，比堆焊结构（图 6-3-15）的 5503 次还低。

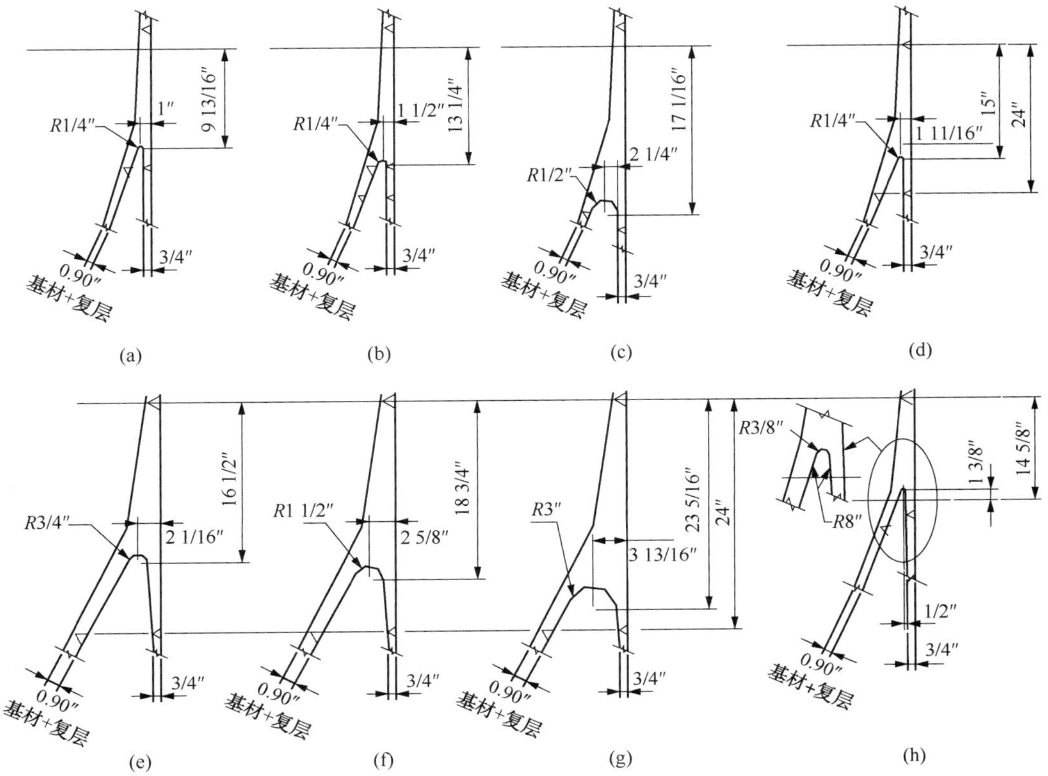

图 6-3-17　焦炭塔裙座整体锻焊结构的优化

表 6-3-7　整体锻焊结构的应力状况及寿命分析

项　目	图 6-3-16	图 6-3-17(a)	图 6-3-17(b)	图 6-3-17(c)	图 6-3-17(d)	图 6-3-17(e)	图 6-3-17(f)	图 6-3-17(g)	图 6-3-17(h)
加热应力/MPa	374.97	391.65	321.87	353.10	394.64	315.65	334.48	409.61	265.93
冷却应力/MPa	150.54	148.67	106.66	107.71	89.73	69.54	74.00	117.63	100.96
应力范围/MPa	525.51	540.32	428.53	460.81	484.37	385.19	408.48	527.25	366.89
寿命周期/次	5503	5067	10092	8126	7009	14508	11880	5449	17123

必须指出[40]，热应力水平的确定取决于加热速度和冷却速度，以上热应力是在塔升温(6.1℃/min)和冷却(2.24℃/min)条件下，对最高应力点的强度水平计算出来的，实际操作时实测的加热速度约为 7.8℃/min，冷却速度为 3.3℃/min，这还是相当低的。有的延迟焦化装置加热和冷却速度往往分别达到 11.1℃/min 和 16.7℃/min，这样将产生更高的热应力，随之相应的疲劳寿命将大大减少，这点可由一般的焦炭塔裙座在投产五年内开裂而得到证明。但整体锻焊结构(图 6-3-16)能提供最好的计算寿命，甚至在操作条件达到了最高的加热速度和最高的冷却速度时，也能提供无裂纹的寿命。

这种整体锻焊结构已在日本和西班牙的 4 台焦炭塔和我国上海石化的 ϕ8800mm、青岛大炼油 ϕ9400mm 和中海油惠州炼化 ϕ9800mm 等 50 多台焦炭塔上得到应用。

采用整体锻焊结构，塔的成本将增加大约 10%。

据 API 调查指出[39]，87%的裙座发生焊缝开裂而仅 13%的裙座有鼓包变形，直线型裙

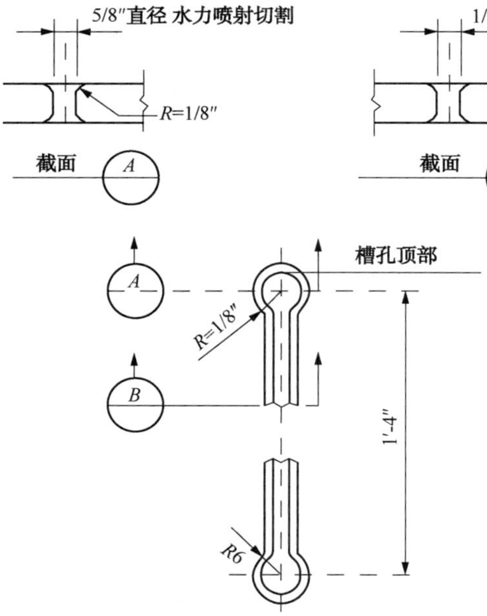

图 6-3-18　焦炭塔裙座上的膨胀缝

座占没有发生裂缝裙座的 83%，没有发生裂缝裙座的 75%焊缝是磨平的，两者结合起来，没有发生裂缝裙座的 67%是直线型设计并且焊缝是磨平的。

所以在决定裙座结构型式时，应该选择直线型设计(即裙座外壁与壳体外壁成一直线)，焊缝应打磨平滑。根据具体情况选择堆焊结构或整体锻焊结构，在有条件的情况下，为了尽量延长焦炭塔的疲劳寿命，应优先选择整体锻焊结构。

焦炭塔裙座开膨胀缝的影响。由于焦炭塔操作温度高且周期变化，而裙座下部固定在基础上，在塔体与裙座的连接处会产生因热膨胀引起的周期变化的热应力，此热应力值很大，容易引起焊缝开裂。过去有人提出在裙座上开设膨胀缝(槽孔)，如图 6-3-18 所示，将有效减少因膨胀差引起的热应力，但开了膨胀缝后势必在裙座的开孔处引起很大的局部应力，如果开孔处离焊缝太近，将和焊缝处的局部应力叠加，产生很大的集中应力，引起开孔处上部靠近焊缝处开裂，如某石化厂曾发现 4 座焦炭塔的开孔处全部出现裂纹。

1995 年，ASME 的一份报告[40]称对此开孔进行了应力分析，表明槽孔顶部的集中应力最大，达 155~470MPa，其应力分布见图 6-3-19、图 6-3-20。

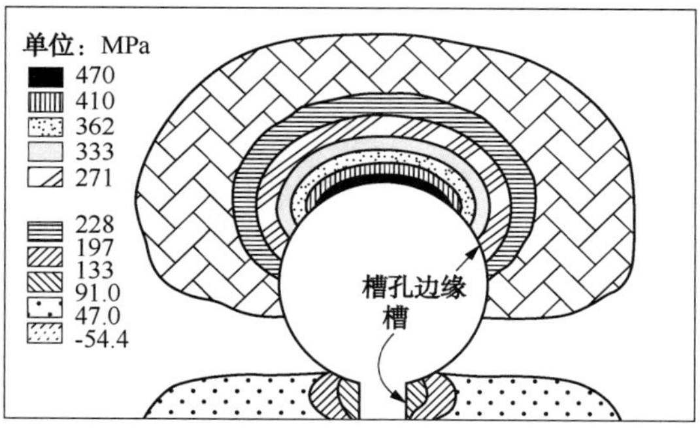

图 6-3-19　加热时槽孔顶部的应力强度

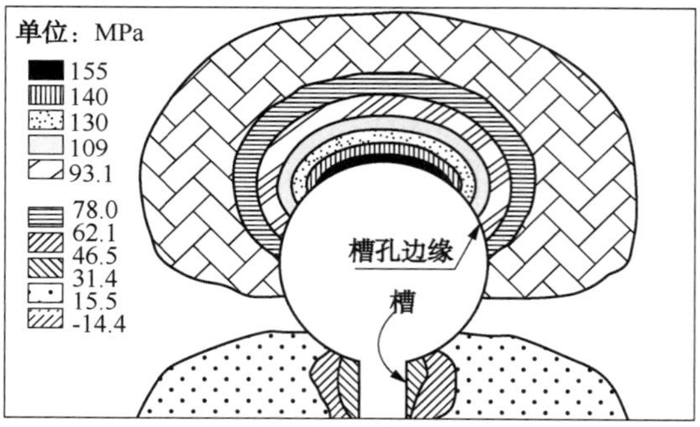

图 6-3-20　冷却时槽孔顶部的应力强度

根据国外资料介绍[40]，为了减少槽孔处的集中应力，槽孔顶部离焊缝距离应大于 3in (7.62cm)，槽孔边缘应打磨圆滑。

根据 1996 年 API 调查[39]，开槽的裙座的 89%发生开裂，而不开槽的裙座仅 22%开裂。根据对某 ϕ8600mm 焦炭塔的裙座的应力分析，不开槽的危险截面在裙座上部，其最大应力值为 161.2MPa；而开了槽后，危险截面在槽孔上，其最大应力值达 361MPa。由 ANSIS 应力分析得知，开设槽孔后危险截面的应力值反而增加，槽孔处的集中应力更大，所以一般情况下裙座上不宜开设膨胀缝。图 6-3-21 表示槽孔顶部裂纹延伸至裙座与壳体的环焊缝。

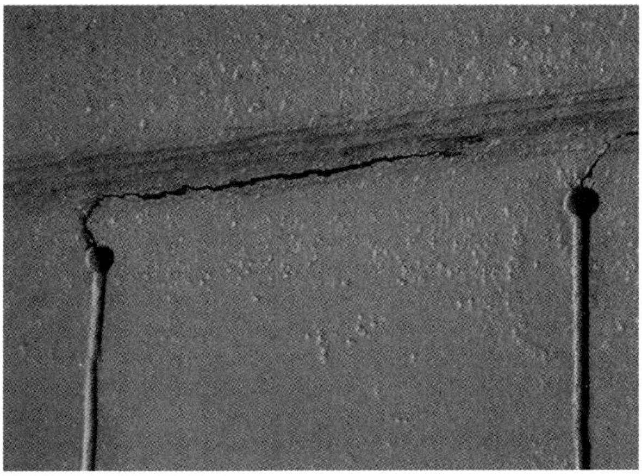

图 6-3-21　槽孔裂纹向裙座与底封头的环焊缝方向扩展

近期出现了一种热套型裙座结构。其裙座上部内径周长小于锥体外径周长，制造时将上部裙座加热，套合到锥体直边上。装配的目标是在不采用机械外力的作用下两者 100% 接触，零间隙。但允许在任意四分之一象限内达到 75% 的接触，未接触位置的间隙不超过 3mm。裙座上端与锥体的搭接焊缝应打磨圆滑，以减少应力集中。焊接简图如图 6-3-22 所示。

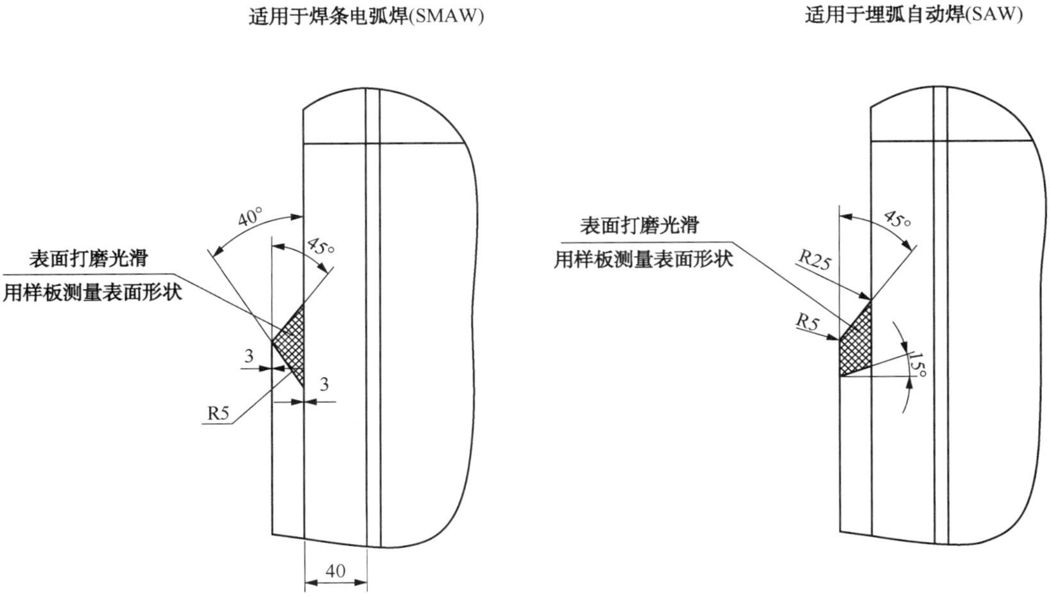

图 6-3-22　热套型裙座的搭接焊接简图

贴合率的检测采用手电光照的方法，不透光部分可认为完全贴合，透光部分用塞尺测量其间隙，如图 6-3-23 所示。

这种结构在国外已有多年使用经验，其优点是结构简单、制造成本低，但制造要求高。国内很少使用。

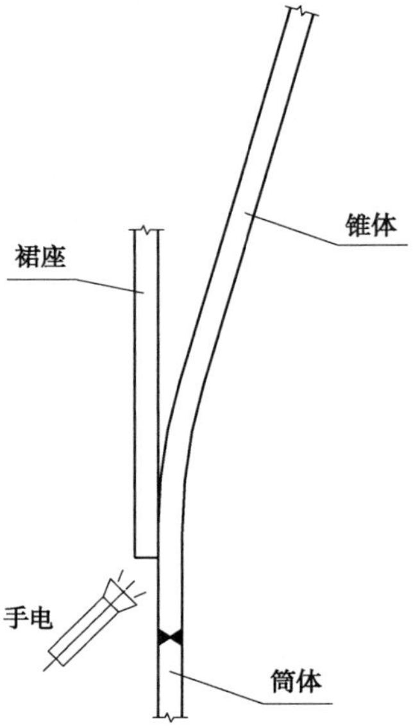

图 6-3-23　贴合率的检测

五、焦炭塔保温

焦炭塔保温对完善渣油的裂化反应是至关重要的。如果保温不好，热量大量损失，将使反应温度降低，裂化反应不能充分完成，甚至局部部位无法结焦。据估算，焦炭塔内温度每降低5.6℃，将使液体收率降低1.1%[43]。

焦炭塔塔体表面保温的好坏，也对减少局部应力及塔壁腐蚀有着极其重要的作用，应当引起我们的高度重视。当塔体表面某些部位缺少保温或保温破损，长期裸露在外，特别在下雨、下雪天气时，会造成塔内外温差陡增，热应力增大，造成塔体变形、焊缝开裂的潜在隐患。一些炼厂焦炭塔接管、支腿加强板焊缝开裂就是与保温不善、内应力过大有着很大关系。在塔顶部位，因保温不善而引起塔内壁接管的加速腐蚀，直至产生局部渗透、泄漏。

胜利炼油厂曾对已换下来的旧塔塔体检查后发现，凡塔体内壁未结焦而产生腐蚀处，塔外壁均有焊接件，导致保温不好。塔外壁保温不好，使得塔内壁温度小于410℃，不易结焦，塔内壁就失去一层保护屏障，腐蚀加剧。据资料介绍，焦炭塔塔顶温度为432℃时，内壁结一层致密的焦层，温度小于410℃时内壁结焦轻微，温度为380~390℃时就不易结焦。南京炼油厂也有同样的问题，3#、4#焦炭塔封头下部的一圈钢板在四根平台支腿的加强板处，塔壁从24mm减至17mm。由于外壁保温不善，塔内油气在露点温度时变成冷凝液，旋流冲刷内壁，造成坑点腐蚀，并使接管下端腐蚀加剧，直至断裂、泄漏。

从防腐蚀的观点出发，焦炭塔塔体上不宜焊接支吊架、加强板、支腿等焊接件。

1996年API调查询问了保温支持圈的焊缝问题，29%的用户说，在焊缝处有贯穿塔壁的裂纹，52%的用户说有裂纹但还没有延伸成贯穿裂纹。API调查报告也指出，早期的设计将井架和除焦平台的附件都焊在塔顶，在连接板和塔体上都发现有裂纹，焊到塔体上的管线支吊架也有相似的情况。

焦炭塔承受热疲劳载荷，要求表面形状圆滑过渡，故不宜在其表面焊接保温钉或保温支持圈。对必要的焊接件也应使其焊缝圆滑过渡。若塔体采用铬钼钢，因铬钼钢对裂纹的敏感性更强，故更不能在塔体上焊保温钉和保温支持圈，所以焦炭塔应参考加氢反应器的保温结构，采用“背带”式保温结构，它有内外两层背带，在“内背带”上焊保温钉并固定保温支持圈，内侧的保温材料应能耐500℃高温。外表面应有保护层，例如铝合金瓦楞板等，它固定在外背带上。这种结构见图6-3-24，国内已有相应的专利[50]，并有专业公司进行保温工程施工。

鉴于焦炭塔的操作特点，所采用的保温结构应能适应其周期性的膨胀收缩。为此要求：

① 保温材料应是软质的，本身能吸收膨胀，而不易损坏。

② 保温层内外侧温差很大，外侧的保护层即保温铁皮(或瓦楞板)不应与内部的保温钉连接，否则保护层易被损坏。外侧的保护层应由外背带来固定。

裙座上部和焦炭塔锥体之间应设有热盒，见图6-3-25，此热盒能使裙座与锥体连接部

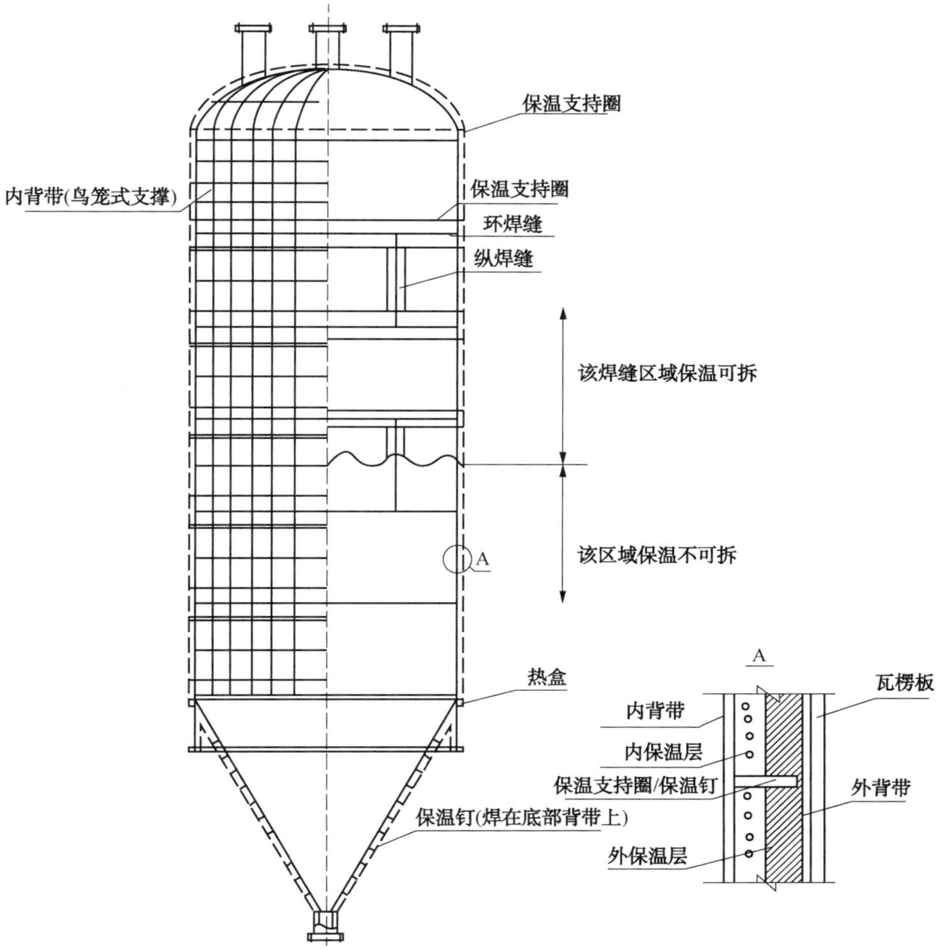

图 6-3-24　背带式保温结构图

位的焊缝处的热量损失减少，当焦炭塔操作时，能有效减少该处的温度梯度，也就是能减少该处的热应力，防止该处焊缝产生裂纹。

六、焦炭塔结构设计改进

焦炭塔操作时低循环疲劳引起筒体部分弹性变形转变为塑性变形。随着循环次数的增加，塑性变形的积累会形成筒体的“糖葫芦状”变形，这是因“低周疲劳+金属蠕变”所引起的。由于反复循环受力，环焊缝几何形状(轴向)不连续，导致筒体凹凸变形，产生严重的“应力集中”，在环焊缝熔合线处易产生裂纹。

针对焦炭塔出现的问题，应在调查研究的基础上，采取一些相应的改进措施。

(1) 按疲劳容器的要求进行具体设计[44]。

① 采用无堵焦阀设计，在筒体上不开孔，尽量减少与筒体相焊的连接件，所有与壳体相焊的连接焊缝处打磨圆滑。

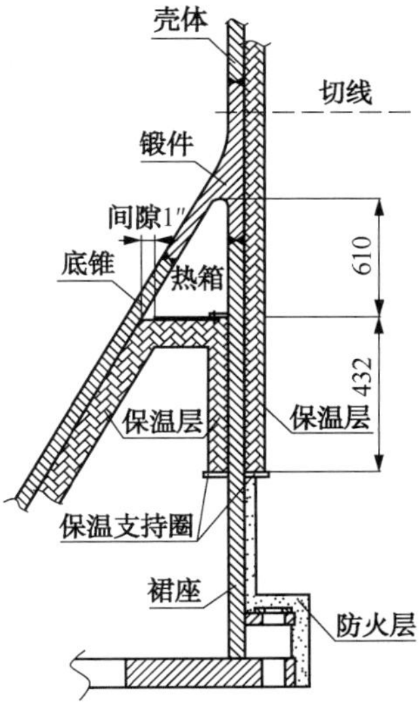

图 6-3-25　焦炭塔裙座热盒和保温简图

② 因为塔体焊缝加强高度在焦炭塔操作条件下是引起应力集中产生疲劳裂纹的根源，同时也是筒体段鼓凸变形的一个因素，所以焊缝内外侧应全部磨平，其加强高度应为 0。不等厚壁板相焊时，应打磨成 1∶10 斜坡，这样能减少由热循环引起的峰值应力。近年来国外新设计的焦炭塔筒体上下采用等壁厚[44]，其优点是不但减少了钢板对接处的峰值应力，增加了疲劳寿命，而且增加了筒体刚度，减少了外压失稳的危险性。

③ 对接焊缝采用 X 形坡口以减小变形和应力。

④ 上封头上的开孔连接处取消补强圈，采取整体补强设计。

（2）针对裙座与筒体焊缝处出现裂纹的状况，采取以下措施：

① 当采用堆焊型结构时，裙座焊缝应圆滑过渡，并增加焊缝高度(控制焊缝外表面与垂线成 15°角)。尤其是焊缝下部应打磨成圆弧状，焊缝应保证全焊透。有条件时应采用整体锻焊结构。

② 当采用堆焊结构时，裙座与筒体焊缝处加设加热盘管，以减少操作时的温差，即可减少温差应力。

③ 加强保温效果，设计热盒结构(见图 6-3-25)。

（3）水力除焦时，高压水对筒壁冲击造成塔体振动，引起底座垫铁外逸，螺栓松动。采取措施：

① 斜铁(二斜一正)找正后，斜铁之间及斜铁与底座环之间都焊死焊牢。

② 地脚螺栓上螺母下加弹簧垫圈或碟簧。

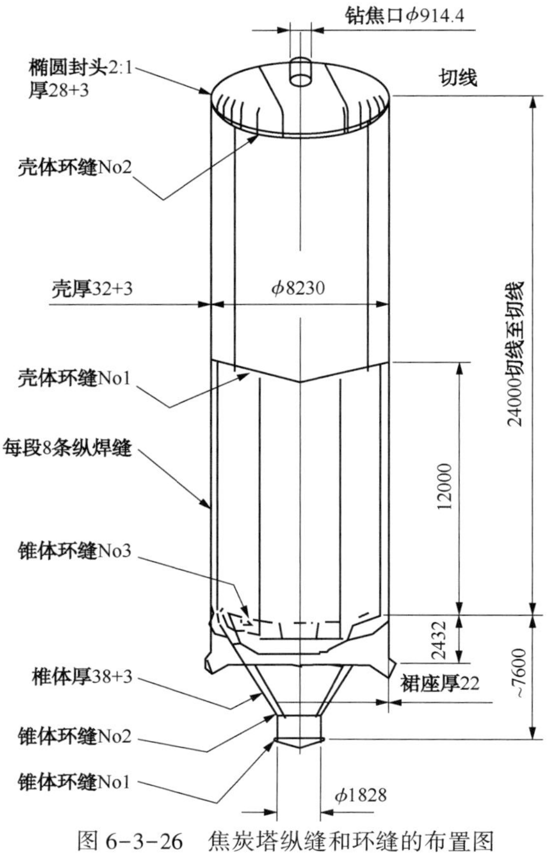

图 6-3-26　焦炭塔纵缝和环缝的布置图

（4）由于焦炭塔的鼓凸变形和焊缝开裂经常发生在环焊缝及其周围，所以制造时尽量减少环焊缝。为此芝加哥钢桥公司(CB & I)采用新的方法制造焦炭塔[41]，即采用大型板材纵向排板，以减少环焊缝，增加纵焊缝。例如对于直径 φ8208mm(27ft)的焦炭塔，筒体切线长为 24m(80ft)，采用 3m 宽 12m 长的钢板，纵向排列，这样一周有 8 条纵焊缝，壳体直段部分只有 2 条环焊缝，如图 6-3-26 所示。

（5）提高材料的冲击韧性。

不论是碳钢还是 C-0.5Mo 钢塔，随着使用时间的日益增长材料会变脆，C-0.5Mo 钢制造的塔对于脆化和破裂更为敏感。当壳体发生穿透破裂时，碳钢塔显示比 C-0.5Mo 钢塔有更严重的鼓凸。穿透壳体的裂缝是环向的。穿透性裂纹往往发生在急速冷却时、吹蒸汽冷却时或刚开始升温时。伴随着塔的恶劣工作条件，壳体裂纹主要发生在环焊缝的热影响区，或发生在鼓凸的波峰或波谷。穿透性裂纹的长度从几十厘米到几米不等，它们几乎都是与钢材脆化有关。据 1968 年 API

调查结果[45]，碳钢塔和 C-0.5Mo 钢塔塔体明显发生脆化，测量一些塔破裂处的冲击韧性，发现在 21℃时降到了 2.7~4m·N。为了减少裂纹的倾向性，必须提高材料的冲击性。

低合金铬钼钢中影响冲击值的因素有如下几种：

① 化学成分。不同化学成分的材料对缺口敏感性尤其是 0℃冲击韧性的影响是不同的。在各种元素中，磷的影响最大，其次是硅、锑、砷、锡等。

② 晶粒度。细而均匀的晶粒意味着单位体积内的晶粒多，受冲击后裂纹沿晶间扩展的阻力大，材料吸收冲击能的能力较强。这里特别要防止大型锻件里常见的混晶，它会使材料整体抗冲击的能力大大降低[42]。

③ 组织。不同热处理状态下的析出组织(如不同百分比组合的奥氏体、珠光体、马氏体包括位错、层错，孪晶等亚组织)及不同纯净度且杂质不同分布的材料对冲击的影响有着截然不同的结果。

④ 热处理状态。15CrMo 是一种常用钢材，热处理工艺已十分成熟。但应注意，对于时间、冷速、温度比较而言，温度起的作用最大，所以应主要考虑温度因素。

焊后热处理温度对冲击值的影响是很显致的。例如对从厚 160mm 的 15CrMo 锻件焊接件上锯下的试片分别进行了 675℃、690℃和 705℃的焊后热处理，得到如下不同的冲击值，见表 6-3-8。

表 6-3-8　不同焊后热处理温度下冲击值比较

现场焊后回火(675℃，5h)，试片又经 PWHT(如下)×2h	接头 σ_b/MPa(10℃)	A_{KV}(0℃)/J			A_{KV}(10℃)/J		
		母材	焊缝	HAZ	母材	焊缝	HAZ
675℃	534~606	91~265	20~48	38~102	105~242	80~198	98~210
690℃	509~608	110~280	52~102	80~112	105~281	160~203	113~200
705℃	503~588	140~289	62~113	76~225	152~268	115~211	117~190

由表 6-3-8 可见，选择合理的热处理温度，控制热处理温度偏差，对提高冲击韧性来说是至关重要的。

提高材料冲击韧性的措施一般为：

① 采用细晶粒钢加正火处理，其冲击韧性将大大提高。目前焦炭塔一般都采用铬钼钢，尤其是采用 1.25Cr-0.5Mo-Si 钢，因为它是贝氏体组织，而 1Cr-0.5Mo 钢是珠光体组织，贝氏体钢比珠光体钢冲击韧性更好。

② 铬钼钢应经精炼，严格控制硫、磷含量。国外某公司控制磷含量≤0.008%，硫含量 0.005%。目前国内一般能控制磷含量≤0.012%，硫含量≤0.010%。

③ 适当降低焊接材料的屈服强度，规定一个母材与焊接材料之间的最大屈服强度差。焊接材料的屈服强度一般不应超过母材的 10%[49]。

④ 提高铬钼焊接的预热温度，一般应为 160~250℃。

⑤ 选择低热输入的焊接工艺(例如小电流手工焊)，以抑制热影响区晶粒的长大。

⑥ 提高焊后热处理温度(PWHT)，一般为 690±14℃[52]。

采取以上一系列措施后，钢材的冲击值将大大提高。例如，某炼厂 ϕ8800mm 焦炭塔采用舞阳钢厂的 15CrMoR 钢板，其工程试块的冲击值见表 6-3-9。

表 6-3-9　钢板工程试块冲击值比较

项　　目	A_{KV}(常温)/J	A_{KV}(0℃)/J	项　　目	A_{KV}(常温)/J	A_{KV}(0℃)/J
手工焊(钢板 δ28mm)			埋弧焊(钢板 δ28mm)		
焊　缝	124	162	焊　缝	166.3	147.3
热影响区	246.6	189	热影响区	175.3	171
母　材	215	216.3	母　材	223.3	221

⑦ 为了减少钢材对高温蠕变脆化的敏感性，延长高温操作寿命，根据 API 938[47] 的要求，国外有的公司规定，操作温度超过 445℃的压力容器，SA-387 Gr. 11 的钢材类别应是 1 类，而不应是 2 类，也就是说要降低强度，增加冲击韧性。在美国，有的公司明确规定焦炭塔选用 SA-387Gr. 11 class 1 或 SA-387Gr. 22 class 1，并要求-29℃的 A_{KV}>54J。

七、焦炭塔大型化

要实现延迟焦化装置的大型化，首先要实现其核心设备焦炭塔的大型化，加工能力 1.0Mt/a 的延迟焦化装置中焦炭塔直径一般都在 8m 以上。实现焦炭塔大型化必须考虑以下因素：

① 应选择高温性能好的耐热钢制造大型焦炭塔，例如 1Cr-0.5Mo 钢、1.25Cr-0.5Mo-Si 或 2.25Cr-1Mo 钢。若选用碳钢，则因其高温强度低，不可能制造大型焦炭塔。例如 φ8400mm 焦炭塔，若采用 20R 钢板，则壁厚达 40～70mm[53]，已经超过不热处理的允许范围。由于壁厚太厚，在操作过程中因径向温差引起的热应力将很大。而选用 15CrMoR 钢，则计算厚度仅为 20～36mm，操作时产生的热应力也较少。从经济角度看，若选用 20R，设备估算重达 380t/台，1998 年的概算投资为 760 万元/台，而选用 15CrMoR 则设备重仅 200t/台，概算投资为 680 万元/台。这样选用铬钼钢后，设备自重减少 180t/台，投资节约 80 万元/台。

② 大型焦炭塔的制造首先要解决的是焊后热处理问题。铬钼钢设备按规范应进行焊后热处理，但因直径大，整体热处理很困难，故一般进行分段炉内热处理，现场拼接后，对环缝再进行局部热处理。目前国内有多家热处理公司专门从事大型设备的热处理。大型焦炭塔的现场热处理是一项比较复杂的施工工艺，热工计算要求正确合理，工艺设计要求经济适用并满足工程实际需要。现场热处理的工艺设计主要包括加热设施的设计与布置、测温与温控系统的设置以及采取必要的防变形措施。现场简易加热炉的结构见图 6-3-27。有的单位采用塔体整体热处理的方法，即将塔体吊装完后竖立在框架上，加外保温，塔内装有烧油喷嘴加热。这也是一种可取的热处理方法，但一定要控制工件表面温度偏差在±14℃之内。这两种热处理方法都已有了成功的经验，作为比较，后者占地少、操作方便、投资省、热处理质量好、更受用户的欢迎。国内目前大多采用立置燃油法整体热处理[51]。

③ 运输。大型焦炭塔一般在车间制成筒节，在工地拼装并热处理，所以必须首先考虑从车间到工地的运输问题。

④ 吊装。一般焦炭塔直径 φ6000～9800mm，质量为 100～600t/台。其吊装方案视安装公司的吊装能力和现场条件而定，有整体吊装和分段吊装两种。整体吊装时也有采用吊耳和采用内置背杠两种(图 6-3-28)。由于焦炭塔是低周期热疲劳容器，要求所有临时固定在壳体上的吊耳等临时固定件在吊装完毕后都必须清除干净、磨平磨光，

并作磁粉探伤。为了减少打磨工作量，有条件的话可以采用内置背杠式。采用何种吊装方式都应进行应力核算。

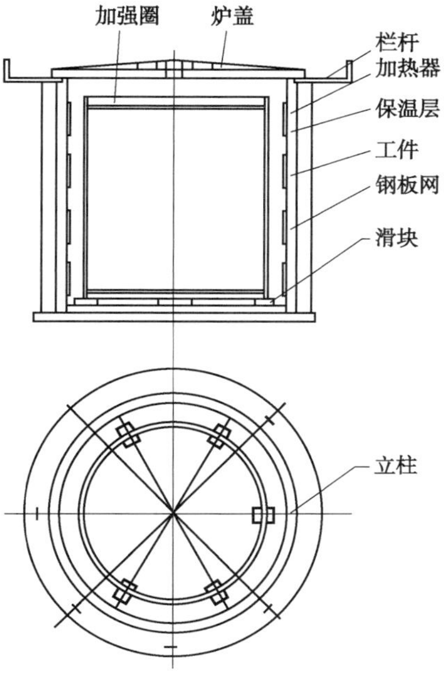

图 6-3-27 现场简易加热炉示意图

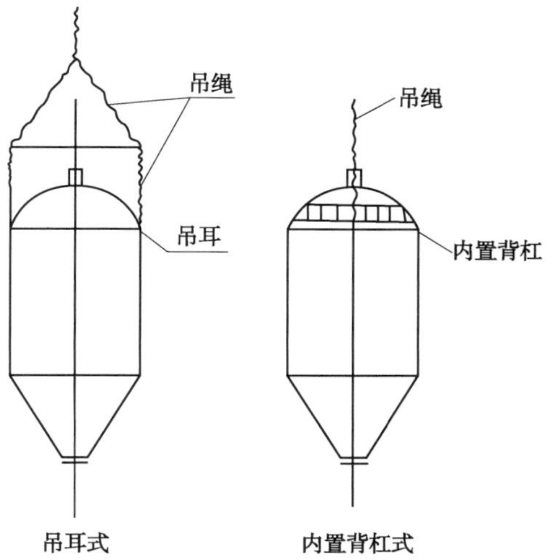

图 6-3-28 焦炭塔吊装用吊耳或采用内置背杠

目前大多采用分段吊装法，即将塔体分成 3~5 段，按吊车的能力分几次吊装，其优点是不需用大型吊车，安全性增加了，缺点是高空拼装量大。

随着延迟焦化装置的大型化，焦炭塔的直径也相应增大。1996 年 API 调查报告中焦炭塔的最大直径为 28ft(8534mm)，福斯特-惠勒公司 1998 年为印度信诚石油公司设计的 6.70Mt/a 延迟焦化装置有 8 个直径为 29ft(ϕ8840mm)的焦炭塔，该公司 2003 年有 18 台直径为 28ft(ϕ8534mm)的焦炭塔投产。据资料介绍，鲁姆斯(Lummus)公司最大的焦炭塔为 30ft(ϕ9144mm)。

我国焦炭塔直径早期大多是 ϕ5400mm，20 世纪 80 年代后期建的塔为 ϕ6100mm。目前投产的焦炭塔直径达 ϕ8400~9800mm。

焦炭塔直径的增大受切焦系统能力的限制，直径越大，匹配高压水泵的压力越大，见表 6-3-10。

表 6-3-10 焦炭塔直径与高压水泵压力的关系

塔直径/mm	高压水泵压力/MPa	塔直径/mm	高压水泵压力/MPa
5400	15.0	8800	29.5
6100	18.0	9000	31.0
6400	20.0	9200	32.0
6800	21.0	9400	34.0
8400	28.5	9600	35.0
8600	29.0	9800	36.0

八、焦炭塔仪表、自动化

焦炭塔的料位计和塔壁测温点的设置是焦炭塔设计应考虑的因素。设置料位计的主要目的是观察焦炭塔内泡沫层和焦层的所处位置，有助于及时注入消泡剂和停止工艺进料，对提高焦炭塔的利用率，指导焦化工艺操作、节约能耗和消泡剂耗量非常有利。目前国内采用的大部分是国产的中子料位计，其使用的中子源活度为50毫居里（1.85×10^{9}Bq），相应辐射剂量为距源点lm处，中子及γ射线总辐射剂量小于1.6×10^{-6}Sv/h。其工作原理是中子源发出的快中子，穿过塔壁和塔内介质，由于塔内介质中的气体、泡沫层、焦炭的碳氢比不同，对中子的吸收慢化不同，塔外壁接收到的中子通量也不同。测量在此中子通量及其随时间的变化，则可以确定塔内物料的相对密度的大小及其变化，由此判定塔内物料状态是油气、泡沫还是焦炭。通常每个焦炭塔设置料位计一至四点不等，设三点的较多。三个点的设置位置应根据生焦率、进料量、生焦时间、泡沫层高度来确定。每个检测点由中子源、检测器、电子线路、主控室接口及二控PC数据处理、显示系统等构成。塔上部件均有效地密封在防火、防水、防电磁干扰的外壳内，并安装在塔壁外的支架上，在塔体设计时应考虑料位计的安装位置及结构形式。中子料位计每个检测点只能检测塔内某一点的料位，另外一种料位计点发射源和接收器在焦炭塔相对的两侧，发射源发射的射线是水平向下约30°的扇面，其对面的是长约2~3m的棒形接收器，该料位计可以在一定范围内连续检测塔内的料位，若采用该类型料位计，在焦炭塔设计时应考虑在塔的两侧设计安装料位计支架。

根据焦炭塔塔壁温度的变化基本也可以判断焦层、泡沫层的位置，该措施在国内外也得到普遍应用。根据焦炭塔内的反应模式，泡沫层区的塔壁温度最高，焦层区由于焦炭的隔热作用，塔壁温度比进料温度低，气相区由于气体的温度低且传热的效果较差，导致塔壁温度比反应区温度也低。根据不同点的塔壁温度的变化，由低到高再到低来确定泡沫层是否已经过此点。另外，塔壁温度的设置对焦炭塔的吹汽、给水、油气预热过程也有一定的指导作用。测温点的热电偶和塔壁应有效接触，采用埋置式较合理，在焦炭塔的制造过程中就要预放焊接板。

用计算机实现冷焦过程自动化，控制进料流率，控制焦炭塔的空高，焦炭塔自动切换；按照焦炭塔压力控制冷却水流率，用γ射线或中子料位计监视塔内焦炭层和泡沫层高度等。属于延迟焦化自动控制范畴。

由于设备自动化程度的提高，液压或电动自动卸顶/底盖机的普及，焦炭塔的焦化操作周期已可降至16~20h。

焦炭塔为间歇操作，需要提高仪表自动化水平以保证操作安全。新建装置的仪表和自动联锁装置已经能实现焦炭塔操作自动化。焦炭塔的联锁阀门就是一项可供参考的实例。焦炭塔部分联锁的阀门及管线图见图6-3-29。

切换阀的进口隔断阀SP6与公用工程总管的隔断阀SP7互相联锁，其作用是：

① 当四通切换阀SV切换加热炉出料至焦炭塔A时，四通切换阀不会向隔断阀关闭的焦炭塔B一侧打开，这就不至于使加热炉出口形成憋压。

② 当进口隔离阀SP6A开启时，联锁的公用工程总管隔断阀SP7A就不能打开。这可防止加热炉转油线的热油进入排水系统。

③ 当四通切换阀通至某一侧之前，该侧的公用工程隔断阀提前关闭。

④ 当四通切换阀向某一侧进料时，该侧的进口隔断阀不能关闭。

焦炭塔顶的安全阀与放空阀联锁，是在焦炭塔安全阀排出管线上装设一只电动切换阀，

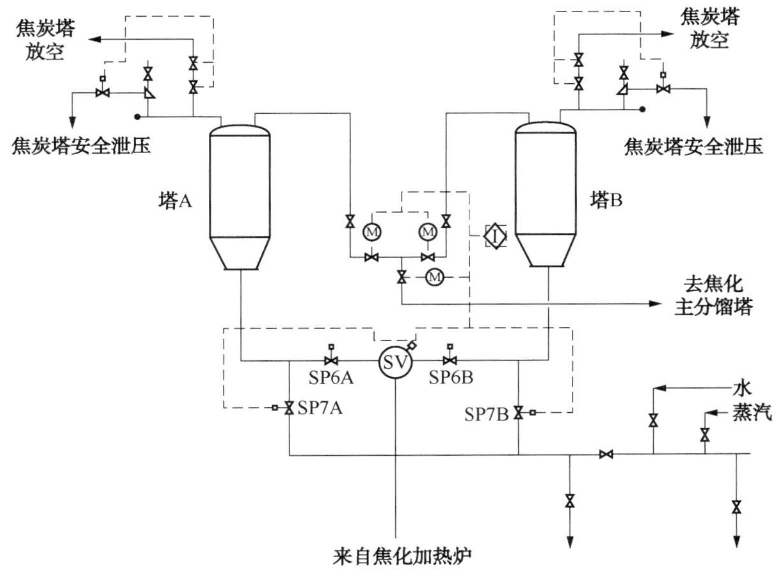

图 6-3-29　焦炭塔联锁的阀门及管线流程图

其作用是防止放空油气倒流至已经打开头盖的焦炭塔内。当某台焦炭塔的放空阀或头盖已经打开时，此切换阀不会因为误操作而被打开。

九、焦炭塔的检测和寿命评估

焦炭塔损坏包括：裙座鼓包和开裂、壳体鼓包和开裂、复层开裂、腐蚀和剥离等。鼓胀和开裂是影响焦炭塔完整性和可靠性的常见因素。焦炭塔每天都在经受严厉的热循环、压力循环和机械循环，在这种环境下操作的焦炭塔用不了多久，在其环焊缝附近就会鼓胀，鼓胀可能引起不可接受的应力直至开裂。

焦炭塔产生开裂现象，一般来说有以下原因：

① 设计时未考虑低周疲劳和焦炭的压应力。

② 没有采用实测的瞬时热应力或应力范围。

③ 操作切换和冷却程序更加苛刻。

④ 制造过程有缺点。

⑤ 焦化的操作周期越来越短(10~16h)。

⑥ 原料油不同，加工更加困难。

焦炭塔的失效发生在不同的操作周期，失效的频率随使用年限的增加而增加。通常发生穿透性裂纹所需要的典型时间间隔是3000~5000周期(按每一个循环24~36h为基准)，但是有的炼厂报告，在使用时间不长的情况下也发生开裂。正常情况下，如果焦炭塔是首次使用，头5年不应发生鼓胀和开裂。在发生鼓胀和开裂的地方，通常会测量到超常大的应力值。焦炭塔的轴向应力和周向应力峰值可分别超过843.7MPa和808.5MPa。平均轴向应力和周向应力为337.4MPa和281.2MPa。在循环过程中产生的超常应力将严重影响焦炭塔的寿命。

有资料介绍，国外某公司建于20世纪90年代的大多数焦炭塔(至少8台)4~5年内壳体和裙座就出现穿透性裂纹。一般的检修周期是每4~7年一次。

1. 焦炭塔的检测方法

确定焊缝开裂的最直接方法是从焦炭塔内部进行肉眼检查和着色渗透检查，或者从外部进行超声波检查。由于一座焦炭塔有150～300m长的焊道，100%地检查出初期焊缝开裂是不切实际的。常用的检测方法有：

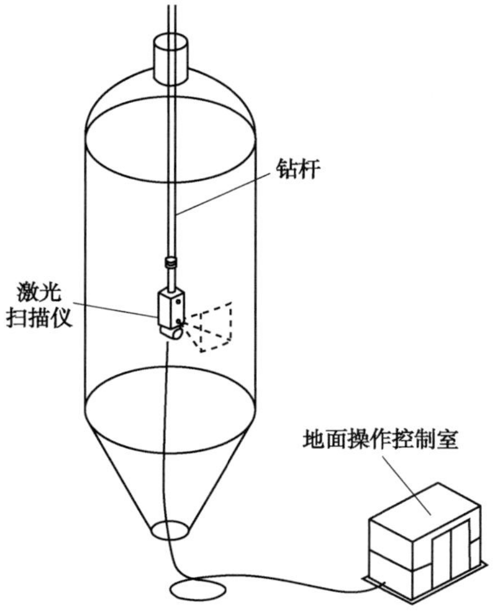

图6-3-30　具有激光剖面仪的焦炭塔检查系统

（1）用断面激光遥控系统监测变形

早期的焦炭塔变形定位和定性的人工检查是在塔内搭脚手架后进行的，这种检查方法目前已经基本上由断面激光遥控系统所取代。操作断面激光遥控系统能够在很短时间内从塔内绘制出焦炭塔剖面图，不用等到检修期就能进行内部测量，见图6-3-30。检查所得的常规激光剖面图能帮助操作者做下列几项工作：

① 比较不同焦炭塔的变形程度，据此确定哪些焦炭塔需更多的检查。

② 把检查工作集中到靠近变形区域的焊道。

③ 比较超时服役焦炭塔的变形程度，预测焦炭塔鼓胀何时才能达到临界水平。

（2）遥控内部直观检查

配备高分辨率变焦镜头的彩色视频摄像机能够详细观察焦炭塔内部，确认表面开裂状况，这是人工检查不能相比的。用这类设备能够获得价值比较高的开裂激发点信息，能够确认开裂位置和开裂程度。检查精度取决于焦炭塔内壁表面的清洁度。

应用遥控视频检查技术，不用等到检修期，就能连续记录和同时自动打上定位信息。

（3）应用应变测量仪定量测出焦炭塔某处的实际应力

应变测量仪是一个能够确定焦炭塔壁板和塔裙在操作过程中承受实际负荷应力范围的重要工具。高温应变测量仪是附着在焦炭塔外侧的单轴向电阻传感器，高温应变测量仪以周向/轴向的形式安装在焦炭塔上。

（4）声发射试验

自1985年以来，声发射试验被用来执行焦炭塔的在线检查、找出裂纹的活动。借助于表面热电偶和高温应变测量仪能够监测几个循环。对于低循环疲劳来说，应当检查相关的内外径尺寸并绘图。利用已有的常规的声发射检查知识，就能制定停工检修计划。

利用以上检测技术以及它们的组合，就能避免或减少操作人员进入焦炭塔。减少内部检查，不仅节约经费，而且能够明显降低相关人员的危险性，对焦炭塔的在线检测应当是经常性的，以便确定它们何时何处在变化和变形速率是多少。根据这些信息，能够确定修补对策，随着焦炭塔达到它寿命的终点，这些检测能够帮助操作者确定焦炭塔在更换之前还能使用多久。这类超前信息和可预测性对制定壁板更换计划是必不可少的。

2. 焦炭塔的寿命评估

焦炭塔所承受的是炼油厂最苛刻的热循环，它是一个低周期疲劳容器，其寿命的计算通常采用静态应力分析法，即采用有限元应力分析方法，计算出最危险点的应力范围，根据JB 4732-95《钢制压力容器-分析设计标准》中图C-1，查得允许的循环次数，即预测焦炭塔的疲劳寿命。但此分析法，没有考虑到最大应力点的位置实际上是在变化的，最高应力值也是在变化的，是随着操作过程中升温和降温的速率在变化的，所以出现了另一种方法，称为动态应力分析法。即用有限元应力分析法建立一个数学模型，此数学模型是根据用应力应变仪和热电偶实测操作中的实际瞬时应力范围来修正的。用此数学模型来评估焦炭塔的寿命。

焦炭塔的寿命评估，一般由专业公司来实施，例如：美国的 SES 公司，该公司在现场安装应变仪和热电偶测量操作中的实际瞬时应力，采用"寿命控制系统"来监测操作中的焦炭塔。通过"寿命控制"系统，改变影响焦炭塔损伤的过程和操作方法。

① 通过 50~70 周期的瞬时数据确定实际的应力范围。

② 计算出每个周期直到失效时累积的疲劳损伤。

③ 给出与 DCS 操作对应的损伤累积分布图。

④ 发现操作人员在操作中存在的问题，优化日常操作，特别是优化升温和冷却速率，以减少疲劳损伤和裂纹扩展。

第四节　分馏系统工艺及设备

延迟焦化装置产品分离系统主要包括分馏和吸收稳定两大部分。分馏部分的核心是焦化分馏塔，吸收稳定部分主要设备有吸收塔、解吸塔、再吸收塔和稳定塔。

一、分馏系统流程

延迟焦化分馏系统的作用是将从焦炭塔来的反应油气经脱过热和分馏后分成焦化富气、焦化石脑油、焦化柴油、焦化蜡油等馏分，作为下游加工装置的原料进一步加工。分馏系统的核心是焦化分馏塔，工程上通常将焦化分馏塔分为上下两个部分，上部(蜡油集油箱以上)称为分馏段，下部(蜡油集油箱以下)称为洗涤换热段。分馏段的原理与催化分馏塔、加氢分馏塔相同，起着分馏产品的作用。洗涤换热段则具有自身特点，是各种焦化技术的主要区别之一，也是焦化分馏塔设计的关键。延迟焦化分馏系统典型流程见图 6-4-1。

(一) 分馏段工艺流程

自焦炭塔来的反应油气首先进分馏塔的进料段，然后上升进入洗涤换热段下部，在洗涤段换热与装置的冷源接触换热，经洗涤段洗涤后的反应油气进入焦化分馏塔的分馏段进一步分馏。

分馏塔顶油气经冷凝冷却后进入分馏塔顶气液分离器进行三相分离，气液分离器分出的焦化富气经压缩机压缩后进入吸收稳定系统回收液态烃和石脑油，分出的焦化石脑油用泵送入吸收稳定系统进一步分离，分出的污水用泵送入工厂污水汽提装置处理。

根据焦化产品加工的需求和回收能量的需要，分馏段一般设置二个(焦化柴油抽出侧线、焦化蜡油抽出侧线)或三个侧线(焦化柴油抽出侧线、焦化轻蜡油抽出侧线和焦化重蜡油抽出侧线)。焦化柴油抽出后进入焦化柴油汽提塔汽提出轻组分，然后再经泵抽出，换热后出装置进入下游加工装置。为了回收焦化蜡油中的柴油组分，焦化轻蜡油一般设置汽提塔，经汽提后的焦化蜡油经泵抽出、换热后进入下游加工装置。

(二) 洗涤换热段工艺流程

自焦炭塔来的反应油气首先从分馏塔洗涤换热段下部进入分馏塔，在洗涤换热段与装置的冷源接触换热。在与冷源接触换热过程中，反应油气夹带的焦粉得到洗涤，反应油气中的重组分得到冷凝。冷凝下来的重组分作为循环油，与原料混合后一起进入塔底，经塔底泵抽

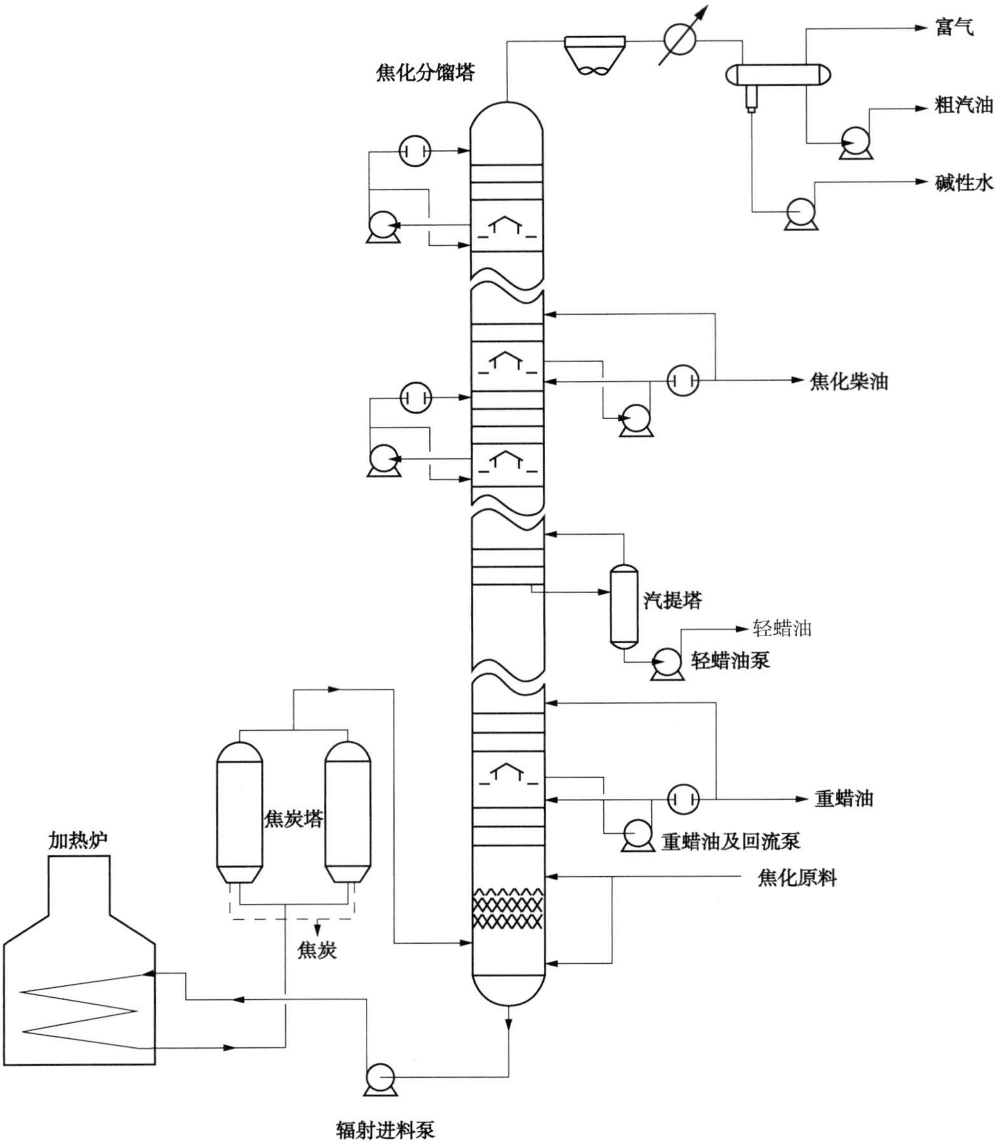

图 6-4-1　延迟焦化分馏系统典型流程

出送到焦化加热炉。

分馏塔洗涤换热段的工艺作用是：①与焦炭塔油气换热，油气脱除过热。自焦炭塔来的油气温度在 420℃左右，处于过热状态，携带大量热量。为回收热量，利用油气加热冷源介质，在反应油气温度降低的同时，与之接触换热的原料油或循环油温度得到提高，反应油气的热量得到了利用。②根据下游加工装置对原料的要求，控制焦化蜡油干点及其他技术指标(残炭、重金属及碱氮含量等)。在重蜡油集油箱以下通常设置塔盘或填料等传质内件，通过加大进入洗涤换热段的液相回流量，提高蜡油和循环油的分离度，降低蜡油干点。③调整焦化循环油组成和流量(循环比)，优化焦化产品分布。④洗涤焦炭塔油气，脱除从焦炭塔携带的焦粉。

与洗涤换热段相关的操作控制参数是循环比(或循环油量)。进入分馏塔的高温油气与塔内液相换热，部分油气被冷凝为液相，与原料混合的部分即为循环油，因此通过控制换热量，可以调整循环比。另外，换热段温度较高易结焦，应保证洗涤油具有一定流量，同时应控制塔底温度和液相停留时间，防止结焦。

由于焦化分馏塔洗涤换热段的特殊功能，不同的技术采用了不同的工艺流程。常规的延迟焦化流程是油气与原料换热，可灵活调节循环比流程是油气与循环油换热，部分装置直接采用蜡油下回流换热。

1. 洗涤换热段传统工艺流程

洗涤换热段传统工艺流程如图 6-4-2 所示。焦化新鲜原料经换热升温后分为上、下两股进料分别进入分馏塔换热段上方和塔底部，来自焦炭塔高温油气进入换热段下方。油气与上进料在换热段逆向接触换热，部分油气冷凝为液相流入塔底，作为循环油与焦化原料混合，经泵送至加热炉。上进料与油气换热量是影响循环比的主要变量，生产操作中通过调节新鲜原料的上、下进料量，实现所需循环油量(循环比)的控制。

从洗涤换热段工艺作用分析，传统流程具有以下特点：①循环油带有较多蜡油组分。油气与新鲜进料逆向接触换热，重组分被冷凝并被新鲜原料吸收一起落入塔底混合为加热炉进料，尤其当新鲜原料进塔温度偏低时，为了保证洗涤效果，会将上进料比例提高，造成蜡油轻组分返回加热炉及焦炭塔，增加能耗。②蜡油干点高、质量差。上进料中部分重组分被油气夹带至蜡油产品中，导致蜡油干点升高、残炭及其他技术指标变差。③换热段结焦倾向严重。当循环比较小时，换热板温度较高(可高达 410℃)，加之焦化新鲜原料残炭高，容易发生结焦，不利于装置长周期运行。小循环比时结焦倾向严重，因此传统流程无法实现低循环比操作，实践证明传统流程循环比调节范围在 0.15~0.75 之间。

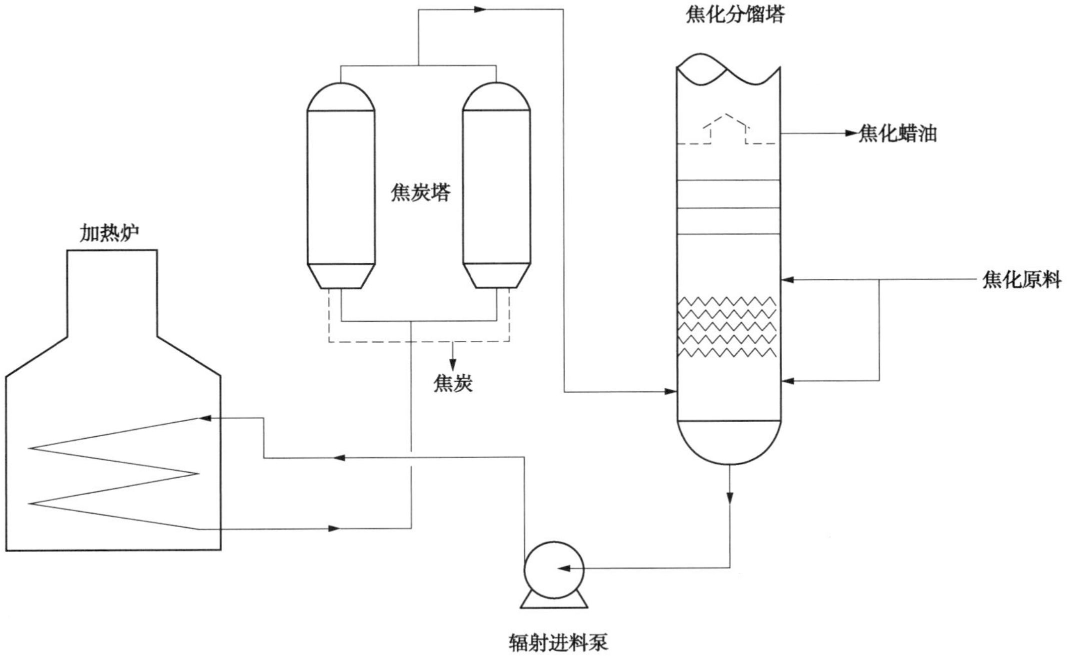

图 6-4-2　延迟焦化传统工艺流程简图

2. 可灵活调节循环比工艺流程

针对传统流程的缺点，中石化洛阳工程有限公司(LPEC)开发了“可灵活调节循环比”工艺流程[54,55]。如图 6-4-3 所示，高温油气进入洗涤换热挡板下方，塔底循环油抽出后分为两股，一股与经过换热升温新鲜原料混合进入加热炉缓冲罐，然后送至加热炉。另一股循环油经过换热降温，分为上、下两股进料，分别进入洗涤换热挡板上方和分馏塔底部。上进料与高温油气逆向接触换热，油气被部分冷凝形成循环油流入塔底。蜡油和循环油之间设置分离塔板，提高二者分离度，有利于控制重蜡油干点、残炭等技术指标。塔底设置搅拌环，防止焦粉堆积。塔底抽出线设置过滤器，及时清除焦粉。

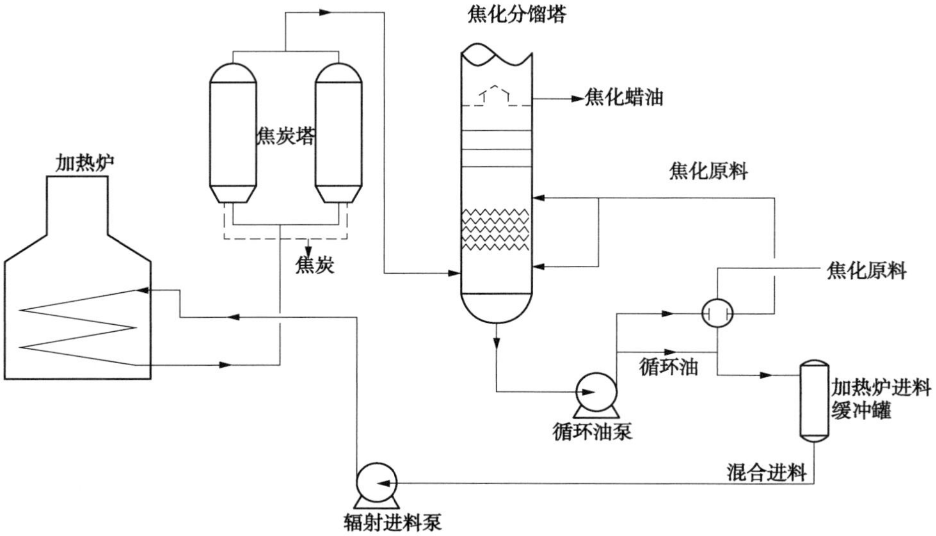

图 6-4-3　可灵活调节循环比工艺流程

循环比由换热量调节，可通过调节循环油的上、下进料量和改变循环油返回温度，达到所需的循环比，循环油换热后温度通常在 290～310℃，上进料流量控制换热段上方的温度（换热量）；下进料流量控制塔底温度小于 360℃。

循环油至加热炉缓冲罐的流量和塔底液位串级控制。因循环油流量可准确测量，进而可以准确计算循环比数值，优化操作参数。当塔底液位发生波动，循环油量也随之变化，偏离理想值，通过选择适宜的 PID 参数，实现均匀控制，利用加热炉进料缓冲罐可以有效平抑循环油量的波动，因此对于确定的焦化原料和理想循环比，上述控制方案可在较长周期内维持稳定的循环比，实现平稳操作。

可灵活调节循环比流程具有以下特点：①新鲜原料不进入分馏塔，采用循环油与高温油气接触换热，循环油抽出至塔外间接取热。②循环油的重组分、胶质、沥青质及杂质含量均低于新鲜原料，因此可以减少上升油气夹带的重组分、胶质和沥青质，从而降低蜡油产品干点和残炭值，改善残炭等技术指标，提高蜡油产品质量。③循环油的胶质及沥青质含量低，结焦倾向比新鲜进料低，有利于洗涤换热段的长周期操作。另一方面，可以提高换热段温度，实现超低循环比操作，增加液体收率。当循环油作为燃料油或下游装置（例如渣油加氢）可以接受循环油作为原料，可以实现零循环比操作。④塔底部为循环油，结焦倾向低，而且下进料可以有效控制塔底温度（≤360℃），防止塔底结焦。⑤循环油单独计量，可准确计算循环比，有利于生产操作优化。⑥轻、重蜡油分别抽出作为产品，可以增加产品方案的灵活性，为下游装置提供适宜原料，优化全厂总流程，提高炼厂整体效益。⑦设置专门的加热炉缓冲罐，新鲜原料不进入分馏塔而进入缓冲罐，可减少新鲜进料对分馏塔的影响；循环油与新鲜原料在缓冲罐内混合，可提高循环比控制的稳定性。⑧若循环油不进入缓冲罐，而将焦化柴油或焦化石脑油循环，可以实现馏分油循环，改变产品收率。由于比常规流程增加加热炉进料缓冲罐，流程稍复杂。

“可灵活调节循环比”工艺流程2002年首次在中石化长岭分公司延迟焦化装置实施，目前已成功应用于国内30余套装置，并作为成套工艺包技术出口到国外。

3. 全蜡油下回流脱过热及循环比定量控制流程

中国石化工程建设公司(SEI)在2011年开发了一种全蜡油下回流脱过热及循环比定量控制的延迟焦化流程[56,57]，该流程的主要特点在于对焦化分馏塔洗涤换热段的改进。如图6-4-4所示，高温油气进入换热段下方，重蜡油(循环油)集油箱设置在油气入口下方。油气与蜡油回流液逆向接触、洗涤换热，部分油气冷凝后进入重蜡油集油箱。重蜡油抽出后，一股作为循环油进入塔底，与塔底的新鲜原料混合，送至加热炉。另一股经换热冷却后再分为两股，一股返回重蜡油集油箱，控制集油箱温度、搅拌冲刷，防止焦粉聚集，其余部分作为重蜡油产品。塔底设置搅拌环防止焦粉堆积，设置循环系统和过滤设施清除焦粉。

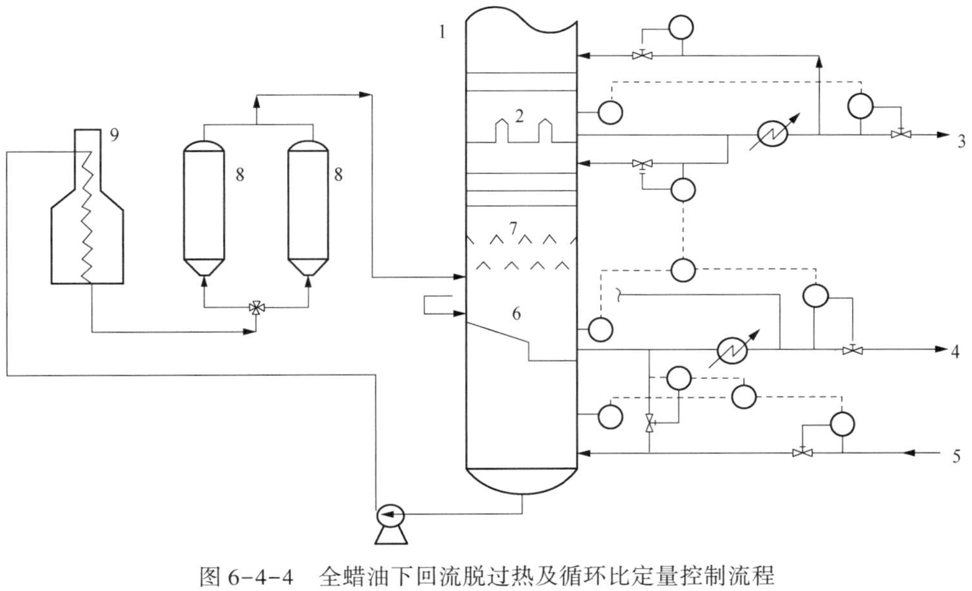

图6-4-4　全蜡油下回流脱过热及循环比定量控制流程

1—分馏塔；2—蜡油集油箱；3—蜡油；4—重蜡油；5—新鲜原料；
6—重蜡油集油箱；7—换热挡板；8—焦炭塔；9—加热炉

重蜡油集油箱液位由重蜡油抽出量控制或由蜡油回流量控制，循环油量与新鲜原料量之间采用比例控制。与其他工艺相同，油气换热量依然是影响循环比的主要因素。高温油气与蜡油下回流逆向接触换热，循环比由蜡油下回流量决定，而回流量由蜡油上返塔泵循环取热控制，因此本质上循环比由蜡油循环取热控制。与传统流程比较，调整循环比的控制通道更长。通常情况下，只有原料变化时，才需要调整循环比。

全蜡油下回流脱过热工艺的特点包括：①新鲜原料直接进入塔底，不与油气接触。②高温油气与蜡油回流液逆向接触，完成油气洗涤和脱过热过程，不设置重蜡油泵循环取热。蜡油回流未经冷却，有利于塔板上气-液平衡，因回流量大，蜡油与重蜡油(循环油)分离效果好。③循环油单独计量，按照预设循环比与新鲜原料混合(比例控制)，因此对于原料量波动造成的干扰，循环比的调节更及时、更灵活，保证加热炉混合进料的循环比恒定。

该工艺的蜡油(或称为轻蜡油)质量较好，但其重蜡油即为循环油，没有任何分离措施，若直接抽出作为重蜡油产品，质量较差。

4. 福斯特-惠勒公司(Foster Wheeler)超低循环比工艺流程

福斯特-惠勒公司(Foster Wheeler)工艺流程为“选择性产率延迟焦化技术(Selective Yield Delayed Coking，SYDECSM)”。全世界已有50余套应用SYDECSM技术，国内中海油惠州炼厂引进了该技术。

SYDECSM技术可实现超低循环比和零循环比操作，按照超低循环比设计的分馏塔下段结构见图6-4-5。换热升温后新鲜原料进入分馏塔底部，底部设置隔热挡板，焦炭塔油气入口设在隔热挡板和洗涤段之间，新鲜原料不与油气换热。油气入口以上设置洗涤换热段，洗涤油为蜡油。洗涤油与油气逆向接触，冷凝下来的循环油流入塔底，塔底设搅拌环和清除焦粉设施。当洗涤段液体流量低时，塔板或填料可能结焦，洗涤段可采用喷淋式空塔。

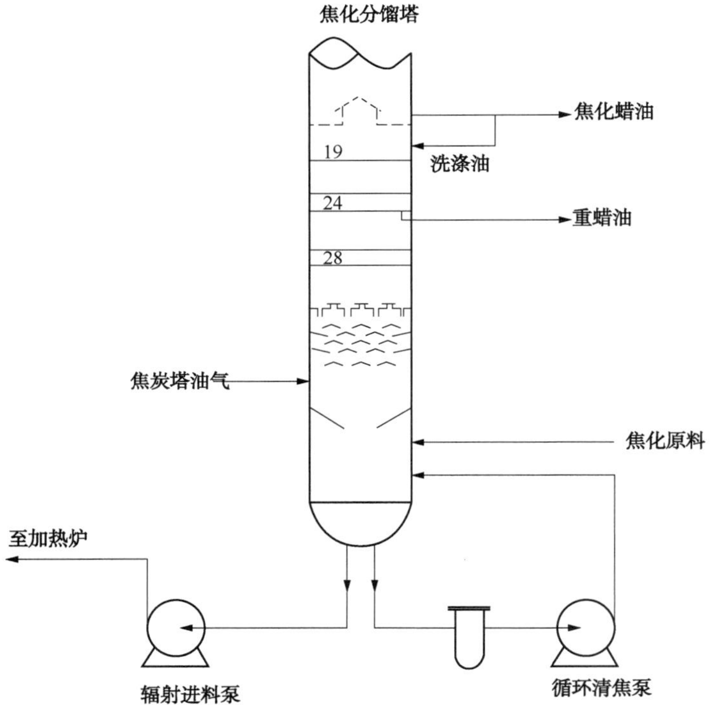

图6-4-5　福斯特-惠勒公司(Foster Wheeler)工艺流程

5. 大陆-菲利普斯公司(Conoco-Philips)低循环比馏分油循环工艺

美国Conoco-Philips公司焦化工艺的主要特点是低循环比和馏分油循环。该技术已应用于20余套装置，国内镇海炼厂采用了Conoco-Philips技术。

图6-4-6是Conoco-Philips公司焦化自然循环示意图。蜡油集油箱下方设置喷淋洗涤段，重蜡油(循环油)集油箱位于洗涤换热段下方，高温油气入口位于二者之间，新鲜原料直接进入分馏塔底部，不与油气换热。油气与洗涤油换热冷凝下来的重组分流入循环油集油箱，抽出后进入分馏塔底与新鲜原料混合送至加热炉。Conoco-Philips焦化分馏塔下部特殊

的内构件设计可实现零自然循环比操作，同时可根据原料特性、产品方案和加热炉结焦情况，采用馏分油(包括汽油、柴油、轻蜡油和重蜡油)选择性循环。由于蜡油和重蜡油之间没有分离段，重蜡油质量较差。

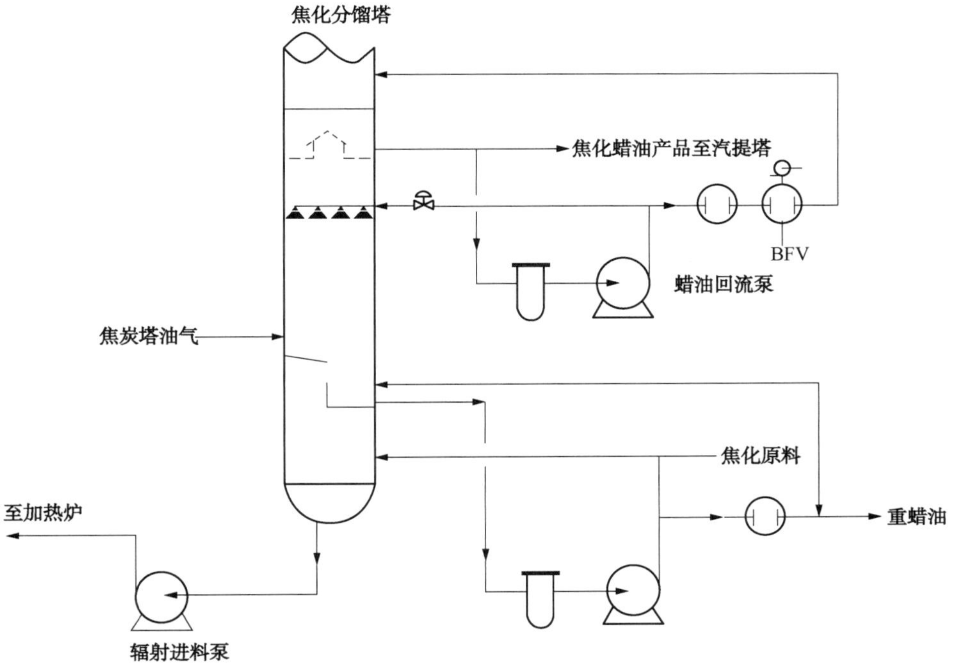

图 6-4-6　大陆-菲利普斯公司(Conoco-Philips)工艺流程

二、分馏系统工艺设计考虑特点

延迟焦化分馏系统与其他装置分馏系统一样，都起到分离产品的作用。但是，由于延迟焦化工艺具有独特的特点，延迟焦化分馏系统设计除考虑遵循常规分馏系统设计准则外，还需重点考虑以下方面因素。

(1) 充分回收热量

延迟焦化分馏塔的进料为高温气相进料，携带大量热量，加上延迟焦化产品均需继续加工，对产品的分离精度要求不高，因此，分馏系统的设计应充分回收热量。为了最大限度地回收热量，焦化分馏塔一般设置顶循环回流、柴油回流、中段回流和蜡油回流，对于可灵活调节循环比流程，还设有循环油回流。

(2) 尽量降低塔压降

降低生焦系统的压力是减少焦炭产率的重要手段，为此，延迟焦化分馏系统应具有较低的压降。为了降低压降，延迟焦化分馏系统塔盘数较少，满足馏分分割即可；采用顶循环回流代替冷回流，降低塔顶系统的压降。

(3) 降低进入分馏段焦粉夹带量

从焦炭塔来的反应油气夹带有焦粉，进入分馏系统会沉积在集油箱、塔盘抽出盘等底部，造成堵塞。除焦炭塔系统采取措施降低反应油气的焦粉携带外，分馏系统的设计应考虑最大限度地将反应油气携带的焦粉在进入分馏段之前除去，以降低进入分馏段焦粉夹带量。为了降低焦粉进入分馏段的携带量，通常采用换热洗涤、喷淋洗涤、回流洗涤等措施。另外，合理选择分馏塔空塔线速，设置进料分配器也可起到良好作用。

（4）具有良好弹性

延迟焦化实行两个焦炭塔切换操作。在切换过程中，已完成生焦的焦炭塔要经历大吹汽、小吹汽、油气预热等过程，这些过程都会引起分馏塔负荷的波动。

（5）具有良好的防铵盐结晶抗堵塞性能

延迟焦化加工的减压渣油中含有一定量的氯离子，在加工过程中与塔顶的注胺药剂在低温部位形成铵盐，腐蚀设备，堵塞塔盘。分馏塔的设计应具有良好的抗堵塞性能。提高塔顶温度，用冷回流代替顶循环回流，使低温部位远离结盐区域，或者设置水洗设施、设置在线除盐设施等均可降低铵盐的不利影响。

三、焦化分馏塔的热平衡和气液相负荷

分馏塔气液相负荷是确定分馏塔直径和内件规格的基础，分馏塔气液相负荷应通过焦化分馏塔的热平衡计算确定。

（一）焦化分馏塔热平衡计算

1. 热平衡计算原则和方法

焦化分馏塔热平衡的计算与其他分馏塔类似，首先需要确定物料平衡，再根据能量守恒的原理计算热平衡。为了方便计算，消除急冷油对计算的影响，在进行分馏塔系统物料平衡和热平衡计算时，反应油气以从焦炭塔油气出口为基准。

进入分馏塔的物料包括自焦炭塔来的油气（含加热炉注汽、特阀汽封泄漏蒸汽）、新鲜原料、侧线汽提蒸汽、再吸收塔富吸收柴油。离开分馏塔系统的物料有：焦化富气、焦化石脑油、焦化柴油（包含再吸收塔柴油吸收剂）、焦化蜡油、焦化塔底油（包含循环油）、分馏塔顶分离罐排水。

分馏塔热平衡按式（6-4-1）计算。

$$\sum H_{入} - \sum H_{出} = \sum Q_{取} + Q_{损} \qquad (6-4-1)$$

式中　$\sum H_{入}$——进入分馏塔系统物料的总焓之和，MJ；

$\sum H_{出}$——离开分馏塔系统物料的总焓之和，MJ；

$\sum Q_{取}$——各种中段回流取热量之和，MJ；

$Q_{损}$——系统的散热损失，MJ。

当采用手工计算时，来自焦炭塔的油气不易准确计算出其性质，可以采用各产品性质混合的方法分别计算进入分馏塔的物料总焓。

2. 分馏塔热平衡计算实例

（1）装置设计能力 1.4Mt/a；减压渣油馏程>565℃，相对密度 1.0202，进料量为 3038t/d；循环比 0.2。

（2）分馏塔的塔盘布置：

① 总塔盘数为 25 层。

② 焦化重蜡油从第 6 层抽出，不经过汽提，直接送出。

③ 焦化柴油从第 15 层抽出，经过有 4 层塔盘的汽提塔汽提后送出。

（3）少数焦炭塔油气进口和新鲜原料油进口间设置填料段。

（4）主分馏塔的回流取热系统：

① 焦化重蜡油抽出层以下无取热措施，为了保证对进入第 6 层塔盘的油气有充分的洗涤效果，重蜡油抽出层取热量不超过总有效热量的 2/3。

② 第 15 层(柴油抽出塔盘)全抽出塔盘，既无向第 14 层的内回流又无外循环回流，用第 12~14 层的循环回流完成柴油抽出层以下段的取热。

③ 第 23~25 层的循环回流作为塔顶的回流，塔顶油气分离罐的焦化石脑油不作为塔顶回流。

④ 新鲜进料的进塔温度为 260℃。

焦化分馏塔的物料及热平衡见图 6-4-7 和表 6-4-1、表 6-4-2。

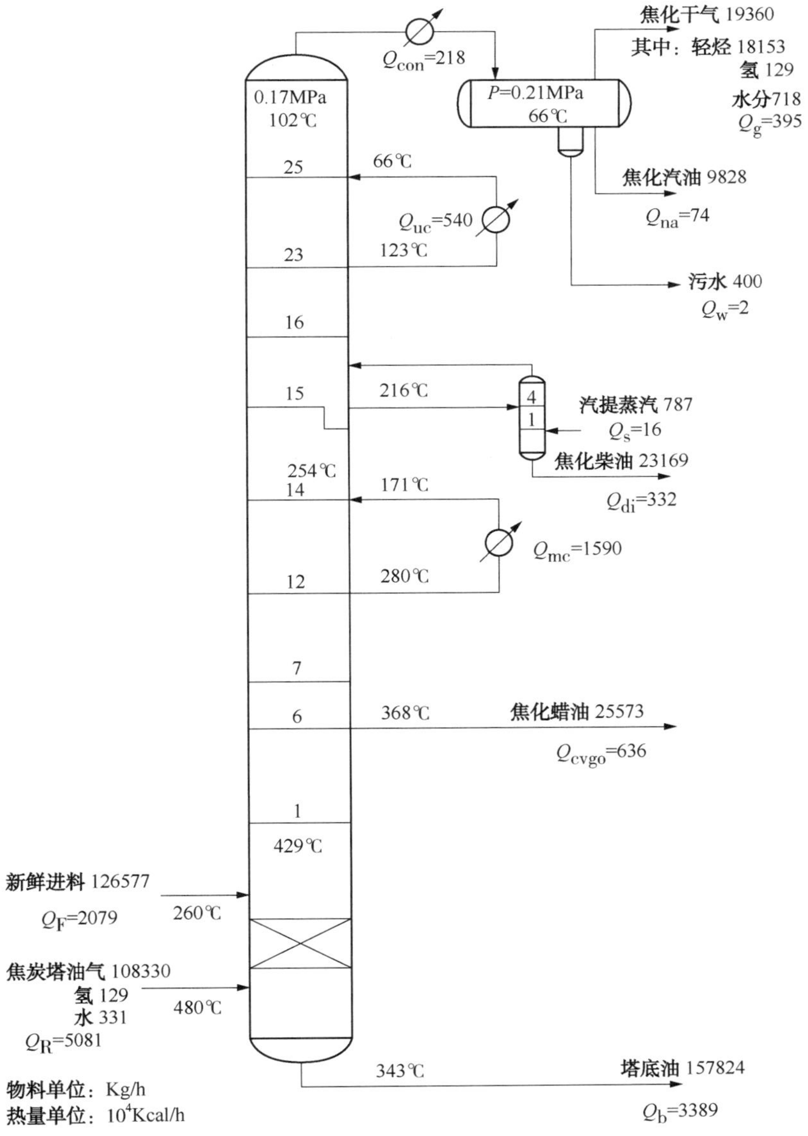

图 6-4-7　焦化分馏塔物料及热平衡实例

表 6-4-1　焦化分馏塔物料平衡表

进塔物料	物料量/(kg/h)	出塔物料	物料量/(kg/h)
新鲜进料	126577	焦化富气	19360
焦炭塔油气	108330	其中：轻烃	18153
氢	129	氢	129
水	331	水	718
汽提蒸汽	787	焦化石脑油	9828
		焦化柴油	23169
		焦化蜡油	25573
		塔底油	157824
		污水	400
进料合计	236154	出料合计	236154

表 6-4-2　分馏塔热量平衡表

进塔物料	热量/MW	出塔物料	热量/MW
新鲜进料	24179	焦化富气	4594
焦炭塔油气	59092	石脑油	861
汽提蒸汽	186	污水	23
		塔顶冷凝器取热	2535
		顶循环回流取热	6280
		焦化柴油	3861
		中段循环回流取热	18492
		焦化蜡油	7397
		塔底油	39414
合计	83457	合计	83457

(二) 焦化分馏塔的气液相负荷

与催化分馏塔相似，焦化分馏塔分馏段的气液相负荷随着塔高的增加，气液相负荷均呈增加的趋势，气相负荷沿塔高变化不大，液体负荷沿塔高逐渐增加，当有侧线抽出和中段回流时，液体负荷突变。由于焦炭塔为周期性切换操作，已生焦的焦炭塔在小吹汽时，吹出的油气和蒸汽进入焦化分馏塔，造成焦化分馏塔的气相负荷突然增加(见图 6-4-8)。特别注意的是，延迟焦化分馏塔塔径计算采用的气相负荷应是焦炭塔小吹汽时的气相负荷。

四、分馏塔直径的确定

焦化分馏塔塔径可按式(6-4-2)、式(6-4-3)计算：

$$D = (4V_s/3.14u)^{0.5} \qquad (6-4-2)$$

$$u = C \times [\rho_v/(\rho_l - \rho_v)]^{0.5} \qquad (6-4-3)$$

式中　D——分馏塔塔径，m；

V_s——气相负荷，m^3/s；

u——允许空塔气速，m/s；

ρ_l——液相密度，kg/m^3；

ρ_v——气相密度，kg/m^3；

C——经验常数，也称蒸汽负荷因子，m/s。

新设计的分馏塔，计算允许空塔线速时可采用系数 C 为 0.1~0.2。喷淋式洗涤段可以

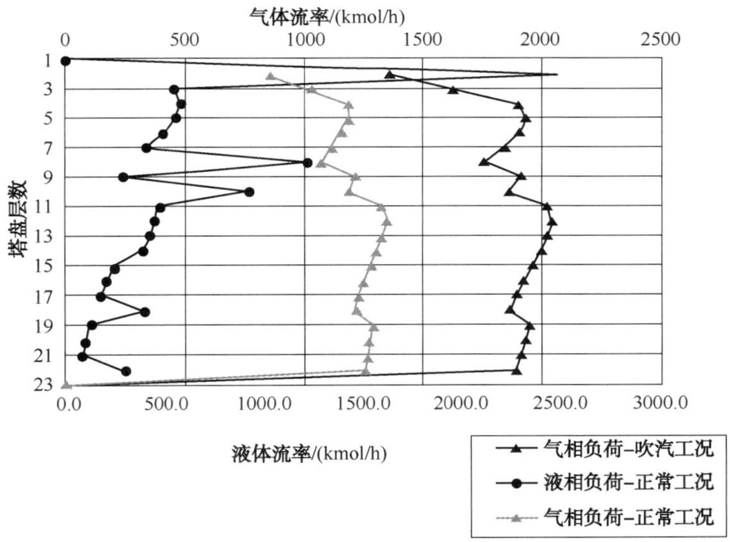

图 6-4-8　焦化分馏塔气液相负荷分布图

减少来自焦炭塔的焦粉进入焦化重蜡油抽出塔盘，但其分馏效果差，系数 C 应采用较低值，才能降低空塔线速，消除夹带现象。典型延迟焦化装置规模和分馏塔塔径见表 6-4-3。

表 6-4-3　典型延迟焦化装置规模和焦化分馏塔塔径

延迟焦化规模/(Mt/a)	0.40	0.60	1.00	1.20	1.40	1.60	2.30	4.20
焦化分馏塔塔径/m	3.2	3.6	4.4	4.8	5.0	5.4	6.4	7.6

五、焦化分馏塔内件

焦化分馏塔可按常规分馏塔考虑塔径、塔盘数及布置。洗涤换热段则起着控制焦化重蜡油的干点，减少主分馏塔产品(主要是焦化蜡油)中携带的焦粉量，调整循环油切割点或循环比，优化产品分布的作用，是焦化分馏塔设计的关键。

1. 分馏段

(1) 塔盘数量

焦化分馏塔分馏段一般设置焦化柴油、轻焦化蜡油和焦化重蜡油三条侧线和顶循环回流、柴油循环回流、中段回流和蜡油循环回流。根据产品分馏精度和压降考虑，焦化分馏塔一般设置 36~41 层塔盘，具体参见表 6-4-4。

表 6-4-4　焦化分馏塔分馏段塔塔盘数的选择

分离段	塔盘层数	分离段	塔盘层数
焦化石脑油~焦化柴油分离段	11~13	焦化轻蜡油~焦化重蜡油分离段	7
其中：顶循环回流	(2~3)	其中：蜡油回流	(2~3)
柴油循环回流	(2~3)	焦化重蜡油分离段	3~4
焦化柴油~焦化轻蜡油分离段	15~17	合　计	36~41
其中：中段回流	(2~3)		

(2) 塔内件形式

焦化分馏塔分馏段内件一般选择塔盘，如果分馏段需脱瓶颈提高能力，也可采用规整填料，格栅填料也可以考虑在重蜡油回流段使用。当塔内负荷以气相为主时，采用规整填料比塔盘的优势大。塔盘和规整填料比较，具有投资省(一般要便宜50%)、抗腐蚀性能好和检修方便等特点。塔盘形式应选择不易磨损和脱落、塔盘弓形区流动均匀、效率高的塔盘。顶循环回流抽出层、柴油抽出层、重蜡油抽出层可选择集油箱形式。表6-4-5是分馏段内部构件的选择标准。

表6-4-5　焦化分馏塔分馏段内部构件的选择标准①

项　目	高效塔盘	规整填料	格栅填料
效率	3	3~4	1
容易检查程度	4	1	1
成本	4	2	1
气相负荷为主时处理能力	2	3	4
液相负荷为主时处理能力	3	2	4
抗腐蚀性	4	1	3

①1—最差；4—最好。

为了稳定焦化分馏塔操作，大部分焦化分馏塔抽出层采用集油箱，少部分分馏塔采用降液管受液盘抽出。焦化分馏塔分馏段内件的计算与其他分馏塔相同，没有特别之处。

2. 洗涤换热段

焦化主分馏塔洗涤换热段起到以下四种作用：

——控制焦化重蜡油馏分的重质“尾馏分”。

——尽可能减轻分馏塔产品(主要是CGO)中焦粉的携带。

——通过循环油切割点的调整，优化焦化产品分布。

——脱除进料油气的过热。

(1) 洗涤换热段设置

为了保证洗涤换热段满足上述工艺要求，通常在蜡油集油箱以下设置一个蜡油分离段(3~4层塔盘)，该分离段主要起分离作用也带有一定洗涤作用，目的是保证蜡油质量，同时也作为换热洗涤段的一部分。蜡油分离段液相为塔内回流，通常采用塔盘或填料，设计方法与常规塔盘填料完全相同。

蜡油分离段以下是真正地起到换热洗涤作用的部分，洗涤油种类包括焦化原料、循环油和蜡油。传统流程采用焦化原料作为洗涤油，焦化原料与高温油气直接接触换热，换热效果较好，但焦化原料(通常为减压渣油)残炭及金属含量高，影响蜡油质量，而且容易结焦。目前各种新流程都不采用焦化原料作为洗涤油，而采用循环油或蜡油作为洗涤油。

(2) 洗涤换热段内件形式

洗涤段内件的形式取决于洗涤油循环量和对焦化重蜡油质量的要求。选择洗涤段内件在考虑效率的同时，必须考虑其结焦趋向。一般而言，效率越高的内件，所得的蜡油CGO质量越好，但其结焦趋向越严重，也就要求更多的洗涤油量来进行冲洗以防止结焦。为了降低塔压降，可根据需要在洗涤段内使用挡板、格栅填料、塔盘、空塔喷淋或这些内件的组合。各种内件形式的性能对比[58]见表6-4-6。从工程技术角度，应主要考虑洗涤换热效果和防结焦性能。

当装置采用超低循环比的操作时，可采用空塔喷淋式洗涤段，但所产焦化重蜡油质量稍差。对焦化重蜡油沥青质含量有严格要求时，宜采用洗涤段效率高的内件。

表 6-4-6　焦化分馏塔洗涤换热段内件性能比较①

项　　目	浮阀或筛板	栅格填料	栅格塔盘	挡板塔盘	喷嘴
抗垢性能	1	2	3	4	4
润湿速率要求	1	2	2	4	4
效率	4	3	2	2	1
检查的方便性	4	1	4	4	3
成本	3	1	3	3	4
能力	1	4	2	3	3

①1—最差；4—最好。

我国 2000 年以后新设计的延迟焦化分馏塔洗涤换热段内件的型式绝大部分采用挡板型式。上海石化分公司 1.0Mt/a 延迟焦化装置分馏塔采用 4 层“鸭舌”型挡板结构(图 6-4-9)，其他装置采用“人字”挡板结构(图 6-4-10)。早期的“鸭舌”型挡板的开孔率较低，洗涤段油气线速较高，油气通过“鸭舌”形成的液体幕帘得到洗涤，但因气速高、接触面积小，易形成焦粉夹带和焦粉沉积。“人字”挡板开孔率高，液体幕帘个数多，气速小，洗涤效果较好。但“人字”挡板的液体需良好的初次分配，否则极易形成“干板”。

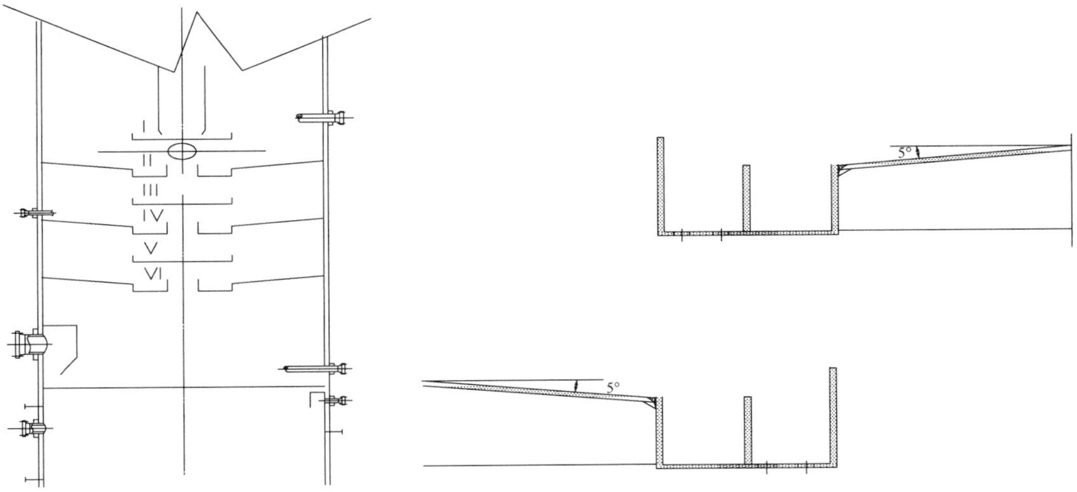

图 6-4-9　“鸭舌”形挡板

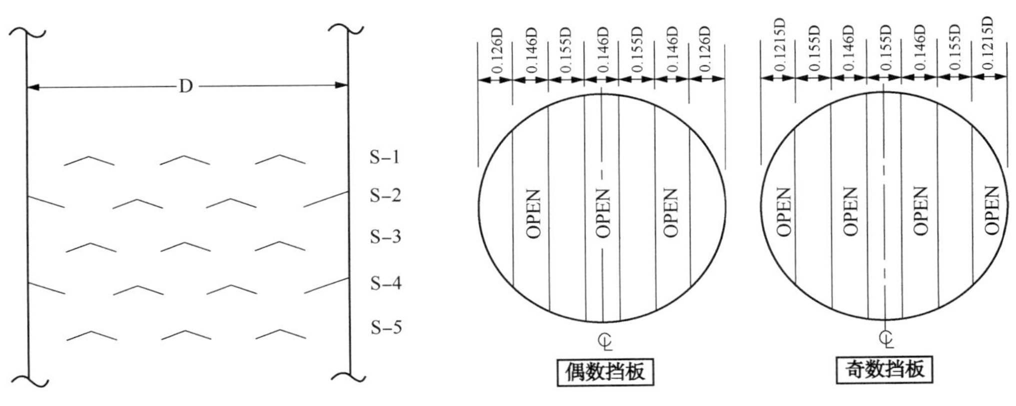

图 6-4-10　人字形挡板

填料作为洗涤换热段内件应特别考虑填料易结焦的特性，所用填料应具有通量高，比表面积较小，通常为 $90m^2/m^3$，而且表面应光滑，没有为提高持液量和液膜均匀度的凸起和提高气相分布均匀性的小孔的特点。生产实践表明，因洗涤换热段下方油气温度高，焦粉量大，容易发生结焦，而且填料底部易形成较大焦块，某厂曾发生过焦块脱落堵塞底部出口的现象。不同填料效率见表 6-4-7。

表 6-4-7　不同填料效率

填料种类	等板高度/mm	填料种类	等板高度/mm
格栅填料	2130 以上	规整填料	1220 以上
乱堆填料	1520 以上		

随着装置循环比的降低和焦化压力的降低，喷淋洗涤越来越受到重视。表 6-4-6 中列出抗垢性能和润湿速率要求(实际上二者密切相关)，挡板和喷嘴具有较好的防结焦性能。需要说明，喷嘴有液相通过时具有较好的防结焦性能，一旦洗涤油断流，高温油气导致喷嘴口很快结焦堵塞。因此设计时应考虑设置备用洗涤油和蒸汽等防结焦措施。

表 6-4-6 中的喷嘴效率低，应是指喷嘴的分离性能较差，但是喷嘴具有较好的换热洗涤效果，喷淋换热在减压塔中已获得广泛认可。根据分馏塔脱过热所需换热量，液滴换热蒸发时间应大于 1s，相应降落距离应大于 1m。只要在空间设计上满足这些条件，喷嘴可实现较好的脱过热作用。

根据某厂焦化油气数据，小于 50μm 颗粒计数浓度约为 30%，质量浓度 3%。烟气脱硫采用喷淋除尘方法，大于 50μm 颗粒可全部脱除，20μm 颗粒的脱除率达到 85%[59,60]。烟气喷淋塔设计气速上限为 4~4.5m/s，焦化分馏塔内空塔气速较低，通常不大于 0.6m/s。较低气速允许采用较小喷淋液滴直径，可获得更好的除尘效果。实验研究表明[61]，气速为 2m/s，液气比为 $0.5L/m^3$，48.8μm 颗粒分级除尘效率达到 99.1%，14.5μm 颗粒分级除尘效率为 79.3%。

通常挡板和塔板可有效脱除大于 15μm 焦粉颗粒，对于 15μm 以下洗涤效果较差。国内某炼厂焦炭塔油气的焦粉颗粒分布见表 6-4-8，该焦化装置的洗涤段设置了挡板和分离塔板，经检测馏分油中 5~15μm 颗粒占 84.6%(表 6-4-9)。

表 6-4-8　焦炭塔油气焦粉颗粒分布

颗粒尺寸/μm	总颗粒数	计数占比/%	质量占比/%
≥8000	100	2.13	18
5000~8000	200	4.26	23
1000~5000	400	8.52	30
500~1000	500	10.65	13
100~500	1000	21.3	13
50~100	1000	21.3	2
≤50	1500	31.95	3

表 6-4-9　焦化分馏塔馏分油焦粉颗粒分布

颗粒范围/μm	5~15	15~25	25~50	50~100	>100	总计
计数值	301	33	15	5	2	356
颗粒分布/%	84.6	9.2	4.2	1.4	0.6	100

喷淋洗涤形成的液滴索特直径更均匀，如果设置双层喷淋，可以实现塔界面200%～300%覆盖，另外，油气冷凝产生Stefen流动(被冷凝气体向液滴的净流动)，增加液滴直径，有利于惯性沉降，因此喷淋洗涤效果更佳。即使在正常循环比情况下，也应考虑设置喷淋洗涤。

福斯特-惠勒公司按超低循环比操作设计的焦化分馏塔下段结构如图6-4-11所示。由于洗涤段的液体流率太低，无法防止塔盘或填料结焦，所以洗涤段采用喷淋式空塔并在喷淋室下面安装了几层挡板。从焦炭塔来的油气进入塔内，靠挡板分出油气中的重质焦油和焦粉。由于时常发生挡板上结焦，所以有的炼油厂拆除了塔内的挡板，虽然焦化重蜡油含有较多的杂质，但免除停工时清扫塔内挡板的麻烦。福斯特-惠勒公司曾将一台旧的焦化分馏塔按照超低循环比模式进行了改造。改造前后的数据比较如表6-4-10所示。

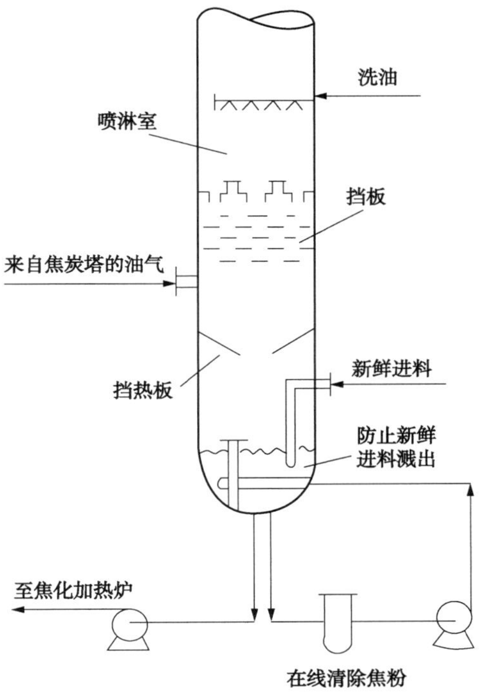

图6-4-11　福斯特-惠勒公司分馏塔换热洗涤段结构示意图

表6-4-10　超低循环比操作的焦化重瓦斯油质量

项　　目	改造前	改造设计	实际操作
循环比	0.1	0.05	0.036～0.054
洗油+急冷油/(桶/开工日)	—	10800	10600～12600
焦化重瓦斯油性质			
干点(ASTM D1160)/℃	524	547	平均533
相对密度	0.9529	0.9574	平均0.9321
硫含量/%	2.55	2.93	平均1.93
氮含量/(μg/g)	2200	2400	平均2240
微残炭值(MCR)/%	0.38	0.9	平均0.69 最高0.94
固体物/(μg/g)	9	15	平均15

LPEC在镇海炼化II焦化改造设计时，拆除原格栅填料，采用了空塔喷淋洗涤，在喷嘴与蜡油抽出线之间设置分离段(塔板)，取得了良好效果。生产数据表明，在循环比0.1时，若维持换热段温度与改造前相同，则蜡油质量显著提高；若提高换热段温度，维持蜡油质量与改造前相同，则液收增加2%。镇海炼化Ⅲ焦化引进的Conoco-Philips的工艺包，也采用了喷淋技术。

对洗涤段而言，高洗涤油流率可以除去更多的焦化蜡油中所含的重质尾部携带物和焦粉，改善了焦化蜡油的质量，也降低了洗涤段内部构件结焦的可能性，从而提高了装置运行的可靠性。但是，这将导致焦化加热炉进料和热负荷的增加，就是循环比增加。随着循环比增加，装置加工能力下降，焦炭收率增加，能耗增加。因此，要综合各种因素后，确定一个合理的洗涤段洗涤油流率。

（3）洗涤油分布器

喷淋式内件的核心是洗涤油分布器。分布器分为压力型分布器和重力型分布器。重力型分布器需要较高的安装精度，同时由于洗涤油流量小、停留时间长、分布点少、分布孔易堵塞等原因，在延迟焦化分馏塔洗涤换热段不适宜采用。压力型分布器不同于常规的重力型槽盘式等，不需要很高的安装水平度。洗涤油在一定压力下进入分布管内，通过喷嘴形成旋流喷射的实心雾状圆锥流，覆盖整个塔界面，保证油气与洗涤油充分接触洗涤降温后才继续上行到挡板，见图6-4-12、图6-4-13，喷嘴喷射示意图见图6-4-14，分布器组合见图6-4-15。

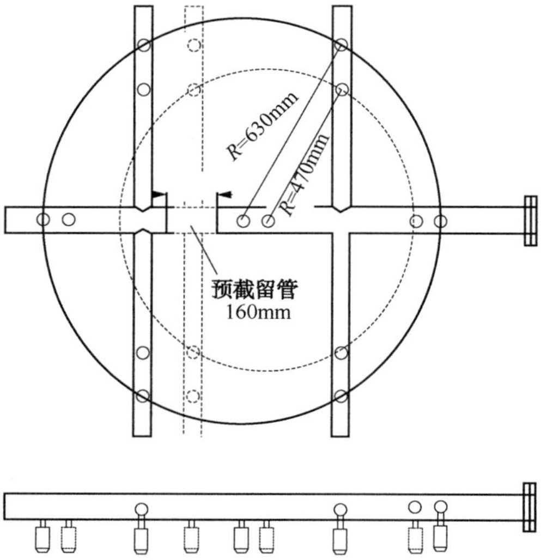

图6-4-12　压力型分布器示意图

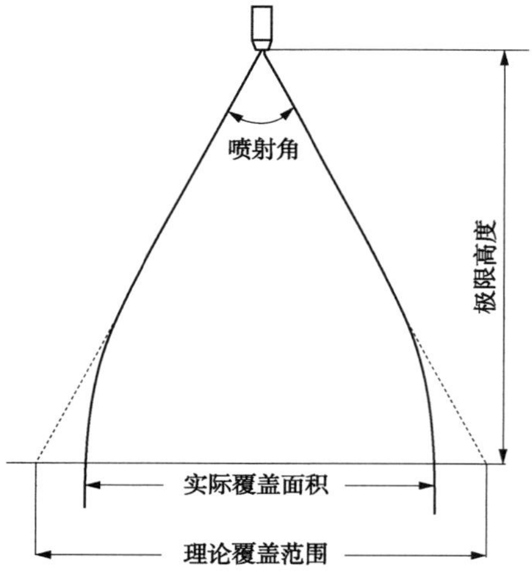

图6-4-13　喷射角与覆盖范围示意图

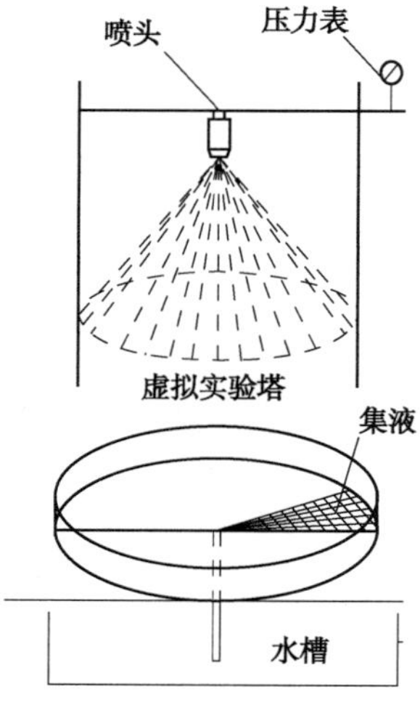

图6-4-14　喷嘴喷射图

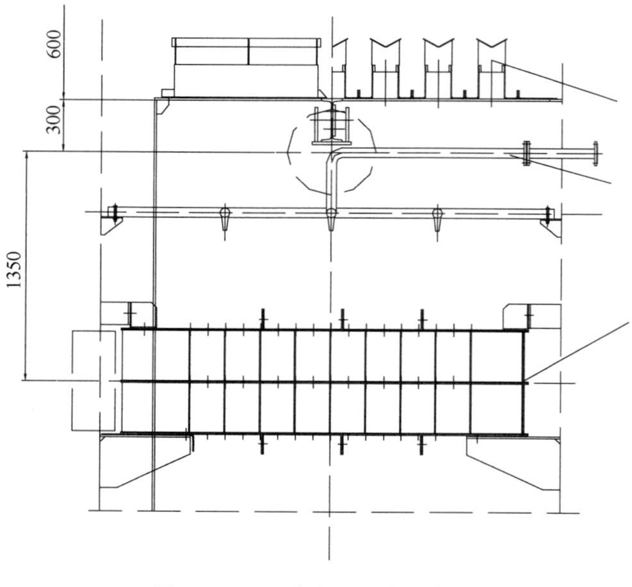

图6-4-15　分布器组合示意图

3. 反应油气进料分布器

焦化分馏塔通常直径较大，反应油气从焦炭塔进入分馏塔内实现组分分离，如果初始分布不好容易造成气体偏流，直接影响到塔内的气液传质效率，并因局部超温引起换热挡板结焦。

LPEC 在 2002 年设计长岭石化 1.20Mt/a 延迟焦化装置时首先采用了反应油气进料分布器来提高洗涤换热段的效率和除去进料中携带的焦粉，运行十多年效果良好。评价进料分布器性能的指标有气体分布不均匀度、雾沫夹带率和压降。不同进料分布器的性能见表 6-4-11。

表 6-4-11　不同进料分布器的性能比较

进料分布器型式	气体分布不均匀度	雾沫夹带率/%	压降/Pa
多孔直管式	2.0	5.3	2740
直管挡板式	2.0	1.3	843
切向号角式	1.97	0.0	10
双列叶片式	1.8	0.6	30
单切向环流式	0.52	0.0	49
双切向环流式	0.37	0.1	15
轴径向式	0.18~0.31	0.1	23~31

Shell 公司的 Schoepentoeter（国内称为双列叶片式）进气分布器（图 6-4-16）和 Glitsch 公司的 Vapor horn（国内称为新型双切向环流式）进气初始分布器（图 6-4-17）是两种性能比较优良的进气初始分布器，采用此分布器后，进入塔内的气体上返后更加均匀，这对于大直径的塔器可以更好地发挥塔板的效率，同时气体达到均匀分布的空间高度也大大降低。

新型 V 型叶片式进料分布器（图 6-4-18）可以使高速气体快速通过该分布器的中间通道，转而通过合理有序排布的弧形翅片形成的多重通道，将气体分散开，从而达到消解动能的目的，同时使气体得到了高质量的分布，使汽液两相介质充分接触，具有气液分离充分和分布均匀、雾沫夹带率低、阻力小、对塔壁冲刷小、结构简单，便于安装、更换，所占空间小的特点，符合焦化分馏塔脱过热洗涤段的使用要求。

图 6-4-16　双列叶片式进气初始分布器

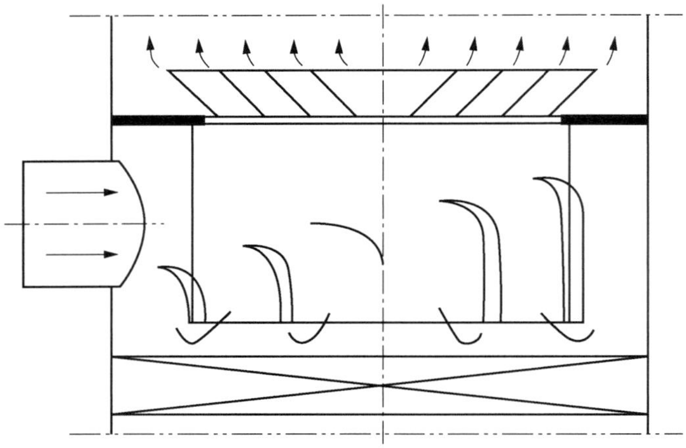

图 6-4-17　新型双切向环流式进气初始分布器

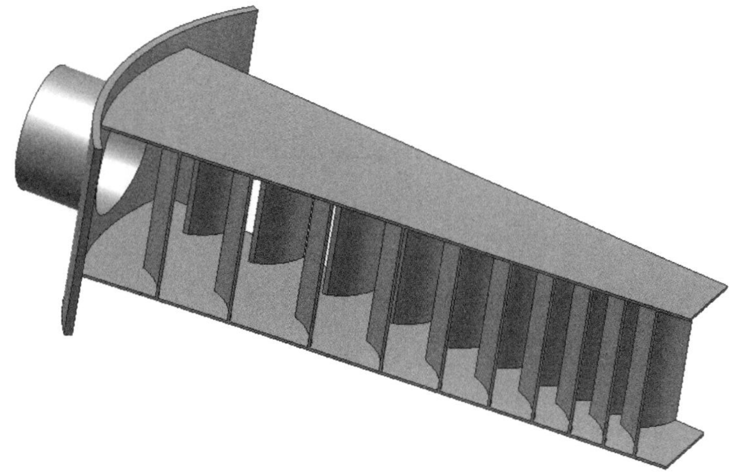

图 6-4-18　V 型叶片式进气分布器

4. 滤焦器

目前国内新设计的延迟焦化装置分馏塔底滤焦器通常利用原料进塔底线，在塔底安装两组环管，管上接多组短管，原料自短管冲入塔底，将焦粉搅起，通过循环油系统将焦粉滤除，加热炉进料泵采用的是有切割功能的叶轮，循环油引出线和加热炉进料引出线上安装的滤焦器过滤规格不同。

5. 焦化分馏塔的塔板

焦化分馏塔的塔板目前普遍采用条形浮阀(简称条阀)。国内经常采用的条阀主要有：BJ 条形浮阀、导向浮阀、ADV 条形浮阀、梯形浮阀、T 排条形浮阀等。

(1) 组合导向浮阀塔板

组合导向浮阀塔板一般用于汽液传质过程，具有良好的操作性能，其主要特征为：

① 塔板上配有矩形导向浮阀(图 6-4-19)和梯形导向浮阀(图 6-4-20)，按一定的比例组合而成。浮阀上设有导向孔，导向孔的开口方向与塔板上的液流方向一致。在操作中，从导向孔喷出的少量气体推动塔板上的液体流动，从而可消除塔板上的液面梯度。

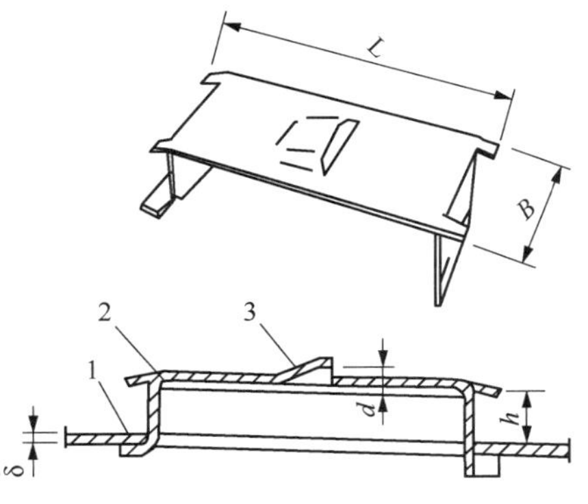

图 6-4-19　矩形导向浮阀结构
1—阀孔板；2—导向浮阀；3—导向孔

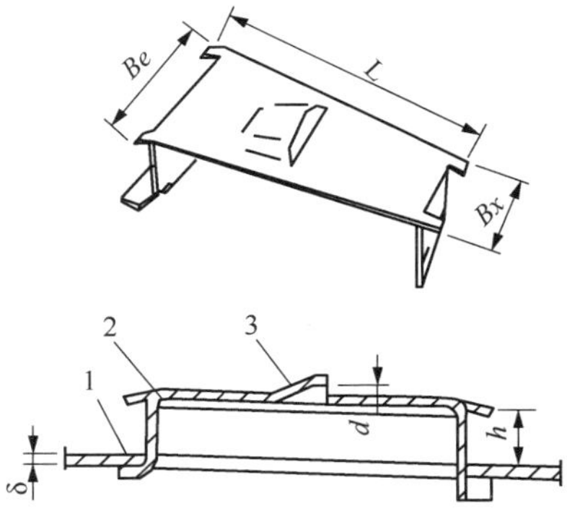

图 6-4-20　梯形导向浮阀结构
1—阀孔板；2—导向浮阀；3—导向孔

② 矩形导向浮阀和梯形导向浮阀，两端设有阀腿。在操作中，气体从浮阀的两侧流出，无向后的力，因此，组合导向浮阀塔板上的液体返混较小。

③ 塔板上的梯形导向浮阀，适当排布在塔板两侧的弓形区内。因为从梯形导向浮阀两侧流出的气体有向前的推力，可以加速该区域的液体流动，从而可以消除塔板上的液体滞止区。

④ 如果液流强度较大或液体流路较长，在液体进口端和中间部位，也可以排布适当数量的梯形导向浮阀，以便消除液面梯度。

⑤由于矩形导向浮阀和梯形导向浮阀在操作中不转动，因而浮阀无磨损，不脱落。

因此，组合导向浮阀塔板为目前国内最佳浮阀型塔板之一，具有大处理能力和高效率的突出特点，与 F1(V1)型浮阀塔板相比，塔板效率可提高 15%~20%；处理能力可提高 30%，塔板压降减小 20%~30%，工业上应用可取得良好效果。

（2）ADV® 微分浮阀塔盘

ADV® 微分浮阀塔盘是在 F1 型浮阀塔盘的基础上，继承其优点，并克服其缺点而开发的，在浮阀结构和塔板结构上进行了优化，其结构见图 6-4-21。

图 6-4-21　ADV® 微分浮阀塔盘

浮阀结构的优化主要是两个方面，其一是在阀面上增加三个切口，其作用是：①使气流分散得更细，消除传统 F1 浮阀顶部传质死区，提高效率；②有利于降低雾沫夹带，增加生产能力；③有利于减少漏液，增加操作弹性。其二是特殊的阀腿设计使浮阀具有导向性，其作用在于：①降低塔盘上的液面梯度，减少夹带，使生产能力提高；②消除塔盘上液体停滞区，使液流均匀分布，从而使效率提高；③减少返混，提高效率。

ADV® 微分浮阀塔盘与 F1 型浮阀塔盘相比，生产能力提高 40%以上，分离效率高 10%以上，操作弹性大 40%以上，压降约低 10%。

（3）BJ 型条形导向浮阀塔板

BJ 型条形导向板见图 6-4-22。BJ 型导向浮阀呈条形，操作时不会像圆形浮阀那样发生转动而造成磨损，条阀有导向孔，对液体流动有导向作用。条阀与 F1 浮阀相比，具有结构

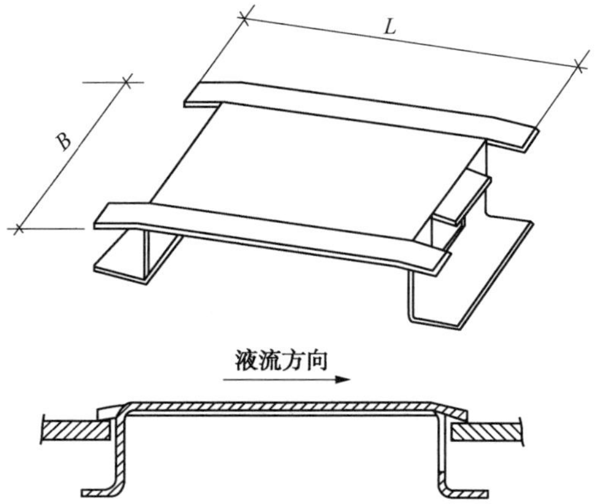

图 6-4-22　BJ 型条形导向板

可靠、不易磨损，不会脱落、操作安全可靠，液相返混小等优点。例如 BJ 型条阀塔板较 F1 型浮阀塔板在开孔率相同条件下，实验表明有几下优点：

① 压力降低 15%~35%。

② 若以雾沫夹带 10%为气速上限，BJII 型条阀的上限空塔动能因子高出 F1 浮阀 10%以上。

③ BJ 塔板允许空速下限较 F1 型浮阀塔板低 30%~60%。

④ BJ 塔板传质效率高于 F1 型浮阀塔板。

由此看来，采用条阀代替 F1 型浮阀不但提高了处理能力，还改善了塔的分离效率。而且压力降小，操作弹性大，因而操作费用低，操作灵活性大。据资料介绍，采用条阀与 F1 型浮阀相比，处理能力可提高 20%~30%，塔板效率提高 10%~20%，塔板原料压降减少 20%左右，因而可以获得显著的经济效益。

第五节　其他塔器及设备设计

一、塔器

延迟焦化装置塔器除焦化分馏塔外，还有分馏部分的汽提塔，吸收稳定部分的吸收塔、解吸塔、再吸收塔、稳定塔以及吹汽放空部分的放空塔。分馏部分的汽提塔与其他装置汽提塔的作用和设计相同，没有特别之处；吸收稳定部分的吸收塔、解吸塔、再吸收塔、稳定塔与催化裂化装置吸收稳定部分塔器的作用和设计相同；放空塔主要起着将焦炭塔大吹汽的气体进行冷却的作用，实质是一个接触冷却塔。

塔器作为气液传质的主体设备，根据塔内件的结构特点分为两大类：板式塔和填料塔。塔器型式的选择需综合考虑物料性质、操作条件、塔设备的性能等多种因素。

1. 与物性有关的因素

① 易起泡的物系，在处理量不大时，宜选填料塔，因为在板式塔中易引起液泛，而填料塔能使泡沫破碎，在填料塔内，气相主要不以气泡形式通过液相，可减少发泡的危险。

② 具有腐蚀性的介质，多采用填料塔，因填料可用非金属材料制作，如陶瓷、塑料等，如必须用板式塔，宜选结构简单、造价低的筛板塔、穿流式塔板或舌形塔板，以便更换。

③ 具有热敏性的物料，对于高温下易发生聚合或分解的物系，为了降低沸点，必须减压操作，宜选用压降小的填料塔、湿壁塔等。当要求真空度较低时，可用筛板塔或浮阀塔。

④ 黏性较大的物系，因板式塔传质效率太差，可选用大尺寸的填料。

⑤ 含悬浮物或易结垢、有结晶的物料，一般不选用填料塔，以液流通道较大的板式塔为宜，如泡罩塔、浮阀塔、栅板塔、斜孔塔及孔径较大的筛孔塔等。

⑥ 操作过程中有热效应的系统，以板式塔为宜，因塔盘上积有液层，可安放传热管，进行有效的加热或冷却。

2. 与操作条件有关的因素

① 若塔内气相传质阻力大(即气相控制系统，如低黏度液体的蒸馏、空气增湿等)，宜

采用填料塔，因为填料层中气相呈湍流，液相为膜状流。反之，受液相阻力控制的系统，宜采用板式塔。

② 低的液相负荷，一般不宜采用填料塔。因为这种情况下，填料的表面润湿不充分，难以保证分离效率。

③ 大的液相负荷，可选用填料塔。若用板式塔，宜采用气液并流的塔型，如喷射型塔板、S 型塔板，或选用液体流动阻力较小的塔型，如筛板或浮阀塔板。此外，导向筛板和多降液管筛板都能承受较大的液相负荷。

④ 液气比波动较大时，宜用板式塔。

⑤ 操作弹性，一般板式塔优于填料塔。浮阀等浮动型塔板弹性最大，填料塔和穿流式塔板弹性较小。

特别要指出，对某些特殊要求的场合，塔型选择时应具体分析。如对于分离高沸点或热敏性物质的真空蒸馏及需要理论板数很多的精密蒸馏，由于新型填料压降小、通量大、传质效率高，工业应用中多采用填料塔。而加压蒸馏多采用板式塔，是由于加压操作的情况下，塔内气液比过小，容易产生液体的不均匀流动以及气相严重返混，若采用填料塔会导致分离能力明显下降。另外，对于以增加产量或提高产品质量为宗旨的旧塔改造，由于塔高、塔径已经确定，将原有塔板部分或全部更换成新型高效填料是切实可行的办法之一。

（一）塔径和塔高

1. 塔径

焦化装置通常采用板式塔，不同塔径时常用塔板间距见表 6-5-1。其中，由于腐蚀及积垢等原因需要频繁维修内件的塔器，推荐采用较大的板间距；支撑梁较厚重，影响气相分布及人员维修内件的塔器，推荐采用较大的板间距；易起泡物系，推荐较大的板间距；高液体负荷的大塔采用多液流塔板设计时，可适当减小塔板间距。

表 6-5-1　常用塔板间距与塔径的关系

塔径(D)/mm	塔板间距(H_t)/mm							
0.6~0.7	300	350	400	450				
0.8~1.0		350	400	450	500	600		
1.2~1.4		350	400	450	500	600	750	
1.6~3.0				450	500	600	750	
3.2~4.2					500	600	750	900
>4200						600	450	900

塔径初算步骤如下：

(1) 计算最大允许气速 W_{max}

$$W_{max}=\frac{0.055\sqrt{gH_t}}{1+2\dfrac{V_l}{V_v}\sqrt{\dfrac{\rho_l}{\rho_v}}}\sqrt{\frac{\rho_l-\rho_v}{\rho_v}} \qquad (6-5-1)$$

对于各种起泡体系，采用体系因子对气速进行校正。焦化装置各塔体系因子推荐值见表 6-5-2。

表 6-5-2 焦化装置各塔体系因子

名　称	体系因子(K_s)	名　称	体系因子(K_s)
焦化分馏塔	1.0	解吸塔	0.8
柴油汽提塔	1.0	再吸收塔	0.8
蜡油汽提塔	1.0	稳定塔	0.9
吸收塔	0.8		

(2) 适宜的气体操作速度 W_a 及气相空间截面积 F_a

$$W_a = K \cdot K_s \cdot W_{max} \tag{6-5-2}$$

式中 K——安全系数，对于直径大于 0.9m、$H_t > 0.5$m 的塔器，$K = 0.82$；对直径小于 0.9m，或者塔板间距 $H_t \leq 0.5$m，$K = 0.55 \sim 0.65$。

$$F_a = \frac{V_v}{W_a} \tag{6-5-3}$$

(3) 降液管内液体流速 v_d

液体在降液管内的流速按照式(6-5-4)和式(6-5-5a)或式(6-5-5b)计算，选取计算结果中较小值。

$$v_d = 0.17K \cdot K_s \tag{6-5-4}$$

当 $H_t \leq 0.75$m，

$$v_d = 7.98 \times 10^{-3} K \cdot K_s \sqrt{H_t(\rho_l - \rho_v)} \tag{6-5-5a}$$

当 $H_t > 0.75$m，

$$v_d = 6.97 \times 10^{-3} K \cdot K_s \sqrt{(\rho_l - \rho_v)} \tag{6-5-5b}$$

(4) 降液管面积 F'_d

降液管面积取式(6-5-6)和式(6-5-7)计算结果较大值。

$$F'_d = \frac{V_l}{v_d} \tag{6-5-6}$$

$$F'_d = 0.11 F_a \tag{6-5-7}$$

(5) 计算塔径 D_c

塔横截面积 F_t 按式(6-5-8)计算，塔径 D_c 按式(6-5-9)计算：

$$F_t = F_a + F'_d \tag{6-5-8}$$

$$D_c = \sqrt{\frac{F_t}{0.785}} \tag{6-5-9}$$

根据计算的塔径按照国内标准浮阀塔板系列进行圆整，得到采用的塔径 D，计算出采用的塔横截面积、空塔气速及降液管面积。

上述公式中符号名称见表 6-5-3。

表 6-5-3 塔径计算中各符号名称

符　号	名　称	单　位
g	重力加速度	9.81m/s^2
W_{max}	塔板气相空间截面积上最大的允许气速	m/s
ρ_v	气相密度	kg/m^3
ρ_l	液相密度	kg/m^3

续表

符　号	名　　称	单　位
H_t	塔板间距	m
V_v	气体体积流率	m^3/s
V_l	液体体积流率	m^3/s
W_a	塔板气相空间截面积上适宜的允许气速	m/s
F_a	计算的气相空间截面积	m^2
v_d	降液管内液体流速	m/s
F'_d	计算的降液管面积	m^2
F_t	计算的塔横截面积	m^2
D_c	计算塔径	m
D	采用的塔径	m

塔径初步确定后，需进行塔板水力学计算，并根据水力学计算结果对塔径进行调整，使得装置设计点及上下限均处于适宜操作区。

塔板水力学计算与浮阀参数密切相关，而浮阀通常是专利产品，设计人员可获得的信息量较少，仅能进行初步水力学计算，最终以中标厂家核算结果为准。

塔板水力学简要计算步骤如下：

(1) 浮阀塔板的压力降

浮阀塔板的压力降 Δp 可认为是由三部分组成：干板压力降 $\Delta p_{干}$、克服液层静压的压力降 $\Delta p_{液}$ 及克服液体表面张力的压力降 $\Delta p_{表}$。$\Delta p_{表}$ 一般很小，可忽略不计，于是

$$\Delta p = \Delta p_{干} + \Delta p_{液} \qquad (6-5-10)$$

干板压力降 $\Delta p_{干}$ 是指塔板上没有液体存在时，气体通过塔板的压力降。

浮阀全开前的干板压降计算：

$$\Delta p_{干} = \xi \cdot g w_0^{0.175} \qquad (6-5-11)$$

全开后的计算：

$$\Delta p_{干} = \xi \cdot \frac{\rho_v w_0^2}{2} \qquad (6-5-12)$$

式中　w_0——阀孔气速，m/s；

ρ_v——气相密度，kg/m^3；

ξ——阻力系数。对 34g 的 F1 型浮阀，全开前 $\xi=19.9$，全开后 $\xi=5.37$。

计算液层静压降时，忽略板上的液面落差，塔板上的液层厚度等于堰高 h_w 和堰上液面高 h_{ow} 之和。塔板上的液层处于气液两相接触的鼓泡或泡沫状态，密度应取气液混合相的密度，但该密度不易测定，设计时一般近似地取为 $0.5\rho_l$。

$$\Delta p_{液} = (h_w + h_{ow})\rho_{气-液} g = 0.5(h_w + h_{ow})\rho_l g h \qquad (6-5-13)$$

式中　ρ_l——液相密度，kg/m^3。

其中堰上液面高 h_{ow} 和液体的体积流率 L 以及堰的几何形状与尺寸有关。对弓形降液管应用最多的是平口堰，平口堰上的液层高度 h_{ow} 按式(6-5-14)计算：

$$h_{ow} = 2.84 \times 10^{-3} k \left(\frac{L}{l_w}\right)^{2/3} \qquad (6-5-14)$$

式中　L——液体在塔板操作条件下的体积流率，m^3/h；

l_w——堰长，m；

k——液流收缩系数。

液流收缩系数 k 是考虑到塔壁对堰附近的液流所起的收缩作用，近似地可取 $k=1.0$。

（2）雾沫夹带

在相同的分离物系中，雾沫夹带量是随塔板间距的增大，空塔速度的降低而减少；塔板上清液层高度的降低使雾沫量增大，但由于液层下降又增加了塔板净空，所以雾沫量有所减少。在相同的塔板结构和操作条件下，雾沫量是随物系的表面张力增加而减少；气相密度增加，液滴不易沉降，而当气相质量流率一定时，气相密度增加，则空塔速度下降，又有利于液滴的沉降，所以气相密度的影响是两方面的。液体黏度对雾沫夹带影响不大。过量的雾沫夹带会使塔板效率降低很多，所以应限制塔板的雾沫夹带。一般情况下，延迟焦化分馏塔雾沫夹带可限制在每千克上升气体所夹带的液体小于或等于 0.1kg。

$$e=\frac{A(0.052h_1-1.72)}{H_t^n\cdot\phi_1^2}\left(\frac{W}{\varepsilon\cdot m}\right)^{3.7} \qquad (6-5-15)$$

式中　e——雾沫夹带量，kg 液体/kg 气体；

ε——除去降液管面积后的塔板面积与塔横截面积之比；

W——采用的空塔气速，m/s；

m——参数，按下式计算：

$$m=5.63\times10^{-5}(\sigma_1/y_0)^{0.295}[(y_1-y_0)/\mu_c]^{0.425}$$

μ_c——气体黏度，$kg\cdot s/m^2$；

A，n——系数，当 $H_t<350$mm 时，$A=9.48\times10^7$，$n=4.36$；$H_t\geqslant350$mm 时，$A=0.159$，$n=0.95$；

ϕ_1——液体表面张力，10^{-5}N/cm；

H_t——塔板间距，mm；

h_1——塔扳上液层高度，mm。

（3）阀孔动能因子

浮阀塔板上的泄漏量一般是随阀重和阀孔速度的增加而减少，随塔板上液层高度的增加而增加，其中以阀重和阀孔速度影响较大。在气速达到阀孔临界速度以前，塔板上的泄漏量是较大的。在一定的空塔速度下，阀孔速度可用塔板开孔率来调节，使塔板上全部浮阀在刚全开时操作，于是阀重就成为影响塔板泄漏的主要因素。

过多的泄漏将使塔板效率下降，特别在靠近进口堰的地方泄漏将使板效率下降更多，所以浮阀塔板安装时应不允许它向进口堰方向倾斜。塔板的泄漏量应控制在该塔板液相负荷的10%以下。

一般用阀孔动能因数来评价塔的漏液性能，对延迟焦化分馏塔，一般可取阀孔动能因数 $F_0=5\sim6$ 作为操作负荷的下限值。

$$F_0=W_h\sqrt{\rho_v} \qquad (6-5-16)$$

式中　F_0——阀孔动能因数，$m/s\cdot(kg/m^3)^{1/2}$；

W_h——阀孔气速，m/s；

ρ_v——气相密度，kg/m^3。

（4）淹塔

当降液管中清液超过一定高度后，就可能因液体所携带的泡沫充满整个降液管而产生淹塔现象，使操作破坏，所以应使降液管内的清液维持在一定的高度以下。降液管内清液层的高度取决于液相流过塔板的压力降。这个压力降为气相通过该板的压力降、塔板上液层高度产生的压力降以及液体流经降液管所产生的压力降之和，可按式(6-5-17)计算：

$$\Delta p_1 = \Delta p_t + h_1 + \Delta p_{dk} \tag{6-5-17}$$

式中　Δp_1——液相流过一层塔板所需克服的压力降，m 液柱；

h_1——不设进口堰时液相通过降液管的压力降，m 液柱；

Δp_{dk}——设进口堰时液相通过降液管的压力降，m 液柱；

为防止发生淹塔，必须满足式(6-5-18)要求。

$$\Delta p_1 \leqslant (0.4 \sim 0.6)(H_t + h_w) \tag{6-5-18}$$

（5）降液管超负荷

当液体在降液管内流速太快，则使从上层塔板携带到降液管内的气体来不及在降液管中与液体分离而随液体进入下层塔板，降低了分离效率。液体在降液管内的流速选式(6-5-4)与式(6-5-5)中的较小值。

（6）适宜操作区和操作线

浮阀塔板水力学计算表明，塔板上的许多因素是互相关联又相互制约的。对一个结构尺寸已定的塔板将有一个适宜的操作区，它综合地反映了塔板的操作性能，把不同气液负荷下塔板上出现的各种流体力学的界限综合地表达出来。通过适宜操作区和该塔板上的操作线，可以形象地反映出塔板的操作弹性大小，检验该塔板设计是否合理。

塔板适宜操作范围可用空塔气速为纵坐标，液体流率为横坐标作图。当塔的气液负荷(操作点)位于该适宜操作区内适中位置时，则塔板的流体力学操作状态是正常和稳定的，见图 6-5-1。

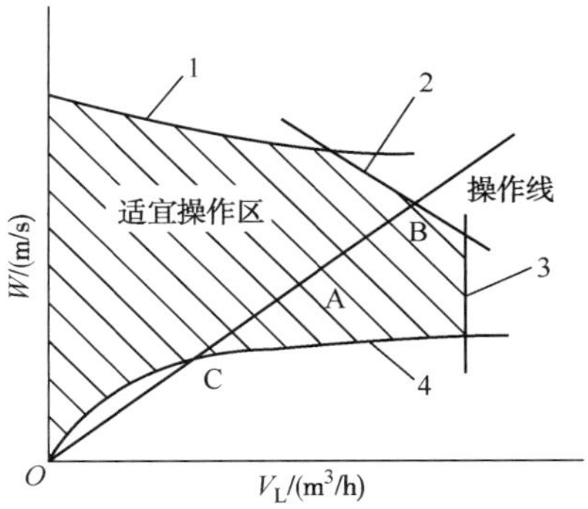

图 6-5-1　适宜操作区示意图

1—雾沫夹带界限；2—淹塔界限；3—降液管超负荷界限；4—泄漏界限

对于焦化装置吸收稳定系统，通常阀孔动能因子较低，严格控制雾沫夹带量即可，可适当放开对漏液量的要求。

2. 塔高

板式塔的高度由主体高度 H_s(含进料板空间高度)、顶部空间高度 H_a、底部空间高度 H_b 等部分组成，见图6-5-2。

（1）主体高度

板式塔的主体高度(H_s)为从塔顶第一层塔板到最后一层塔板之间的垂直距离，一般为实际板数与板间距的乘积加上进料板额外高度及集油箱空间。

① 进料板的空间高度

进料板的空间高度取决于进料状态及进料板的结构型式。如果是液相进料，其高度可与板间距相同或稍大；如果是气相进料，则取决于进口形式。当投资限制比较严格时，对于不变径塔的水力学负荷小的塔段可适当缩小板间距。

② 分馏塔集油箱停留时间

分馏塔通常设置顶循集油箱、蜡油集油箱，其停留时间取如下几种工况的最大值，用于

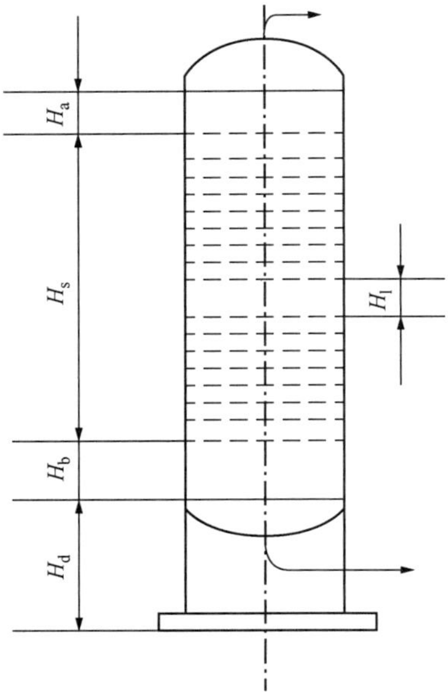

图 6-5-2　板式塔的高度组成

考虑集油箱空间高度，见表 6-5-4。

表 6-5-4　分馏塔集油箱停留时间

描　述	停留时间(LLL-HLL)/min
循环回流量	1
至储罐产品量	2
冷回流油量	2~5

(2) 塔的顶部空间高度

塔的顶部空间高度(H_a)是指从第一层塔板到塔顶封头切线的距离。为了减少塔顶出口气相中夹带的液相的量，顶部空间一般取 1.2~1.5m。为了提高产品质量，通常在再吸收塔顶设置除沫装置。如采用金属除沫网，注意除沫网底到塔盘的距离一般不小于板间距。

(3) 塔底空间高度

塔底空间高度(H_b)是指从塔底最下一层塔板到塔底封头的切线处的距离，该距离由塔底液体的停留时间(LLL-HLL)而定。

通常，焦化装置塔器塔底液体停留时间按表 6-5-5 确定。

表 6-5-5　焦化塔器塔底液体停留时间

描　述	停留时间(LLL-HLL)/min	描　述	停留时间(LLL-HLL)/min
采用流量、液位联合控制	5	塔底料至换热器或者储罐	2
仅流量控制	15	焦化分馏塔底	10

(二) 塔内件型式

1. 降液管型式

液体在塔板上流动型式有 U 形流、单溢流、双溢流、多溢流及阶梯式流多种形式。通常根据塔径及液体流量确定塔板流动型式，见表 6-5-6。

表 6-5-6　塔板上液体流动型式选择

塔径(D)/m	液体流量(V_l)/(m^3/h)			
	U 形流	单溢流	双溢流	阶梯式流
0.6	5 以下	5~25	—	—
0.8	7 以下	7~50	—	—
1.2	9 以下	9~70	—	—
1.8	12 以下	12~90	90~160	—
2.4	—	12~120	120~180	—
3.0	—	—	120~200	200~320
3.6	—	—	120~230	230~360
4.6	—	—	120~250	250~410
6.0	—	—	120~250	250~440
6.4	—	—	120~280	—

针对不同的液流强度，可选用不同型式的降液管，如图 6-5-3 所示。圆形降液管面积小，溢流效果不好，塔截面利用系数低，所以优先推荐弓形降液管[见图 6-5-3(a)]。

当液体负荷低时，可考虑采用图 6-5-3(b)、图 6-5-3(c)或者图 6-5-3(d)的降液管型式来满足最小降液管宽度要求或最小化液体泄漏量。在中等或较高的液体负荷下，最小的降液管宽度及液体泄漏量很少成为阻碍因素，故图 6-5-3(b)、图 6-5-3(c)或者图 6-5-3(d)型式很少采用。

焦化分馏塔低循环比操作时，蜡油集油箱下部浮阀塔板、解吸塔冷热两股进料时上部塔板可根据水力学计算结果考虑是否采用此种型式的降液管。有文献指出，即使降液管流速、降液管内停留时间均满足要求，降液管面积也不能低于塔截面积的 5%，否则降液管负荷仅为设计负荷 40%~50%时即会发生降液管液泛。

图 6-5-3(e)、图 6-5-3(f)为倾斜式降液管，该降液管充分利用了塔板截面积，在装置塔径偏紧及扩能改造中可以考虑采用。

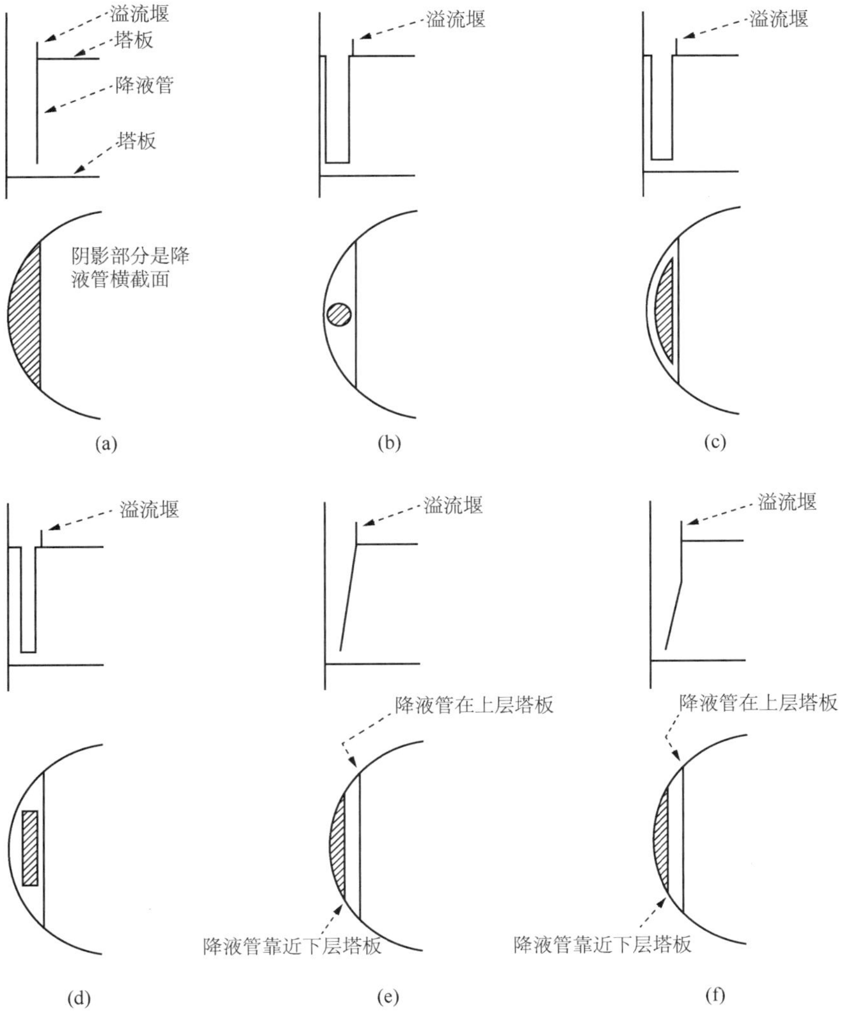

图 6-5-3　不同型式的降液管

2. 塔段结构改变时降液管结构型式

(1) 塔板溢流程数改变时的结构

塔板从单溢流型改为双溢流型时降液管结构见图 6-5-4，该结构型式适合于塔板上液流方向不变的情况；当单溢流型改为双溢流型时，塔板上液流方向同时做 90°改变时，降液管型式见图 6-5-5。

(2) 塔径改变时的降液管结构

以单溢流为例，如图 6-5-6 所示，其中(a)是常用结构，(b)是代用结构。设计时应使 $A \geqslant H_{T1}$，$B \geqslant H_{T2}/2$，$X \geqslant 0.866(D_2 - D_1)$，$Y \geqslant 75$mm。

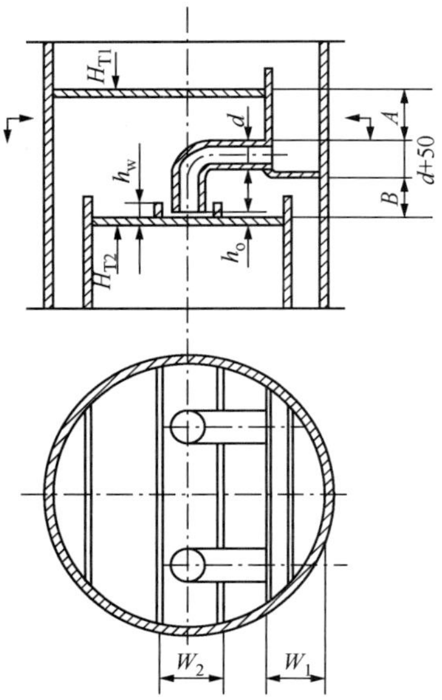

图 6-5-4　单溢流改为双溢流时的降液管结构

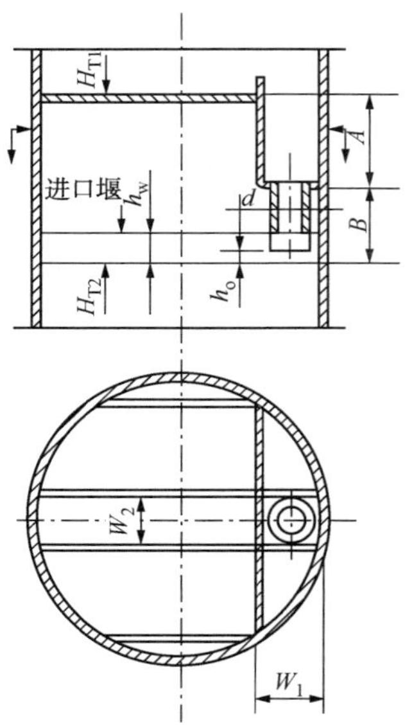

图 6-5-5　单溢流改为双溢流，且流向 90°改变时的降液管结构

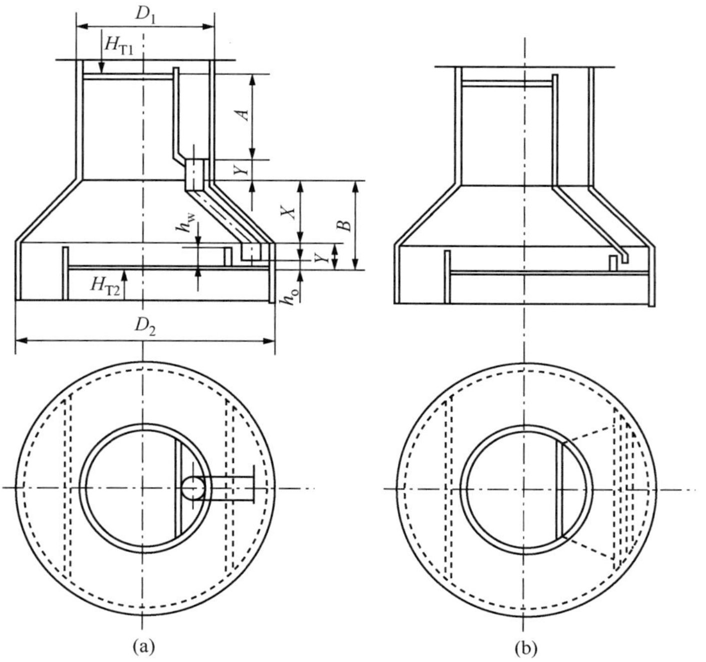

图 6-5-6　塔径改变时的降液管结构

（3）塔径、溢流程数同时改变时降液管结构

焦化稳定塔精馏段、提馏段通常塔径、溢流程数同时改变，单溢流改双溢流参考图见图6-5-7；装置规模较大时，双溢流改四溢流参考图见图6-5-8。

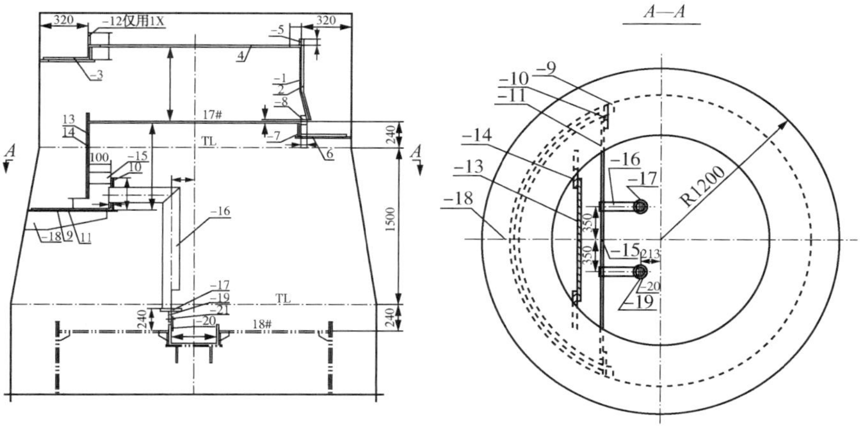

图6-5-7　塔径、溢流程数同时改变时单溢流改双溢流降液管结构

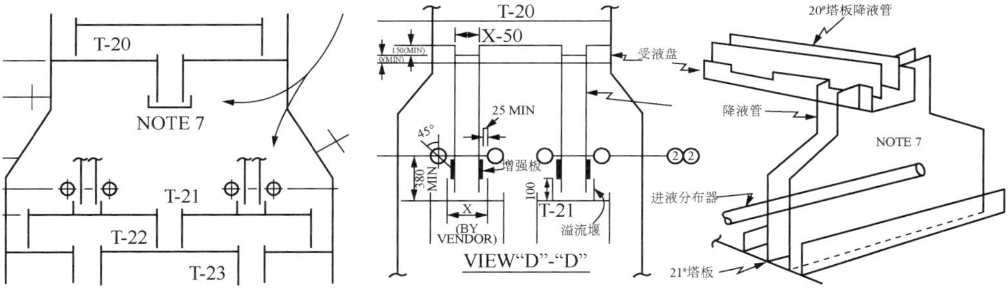

图6-5-8　塔径、溢流程数同时改变时双溢流改四溢流降液管结构

（4）吸收塔、再吸收塔气体进料分布器

图6-5-9为气体进料管示意图，其中直管(a)、斜口管(b)气体流动情况类似，气流冲击前方塔壁，折而向上；缺口管(c)、弯管(d)气流冲向塔底然后反折向上。均匀度测试结果显示，缺口式分布较均匀，弯管次之，直管和斜管最差。进口管伸入塔中或切成斜口均无必要。

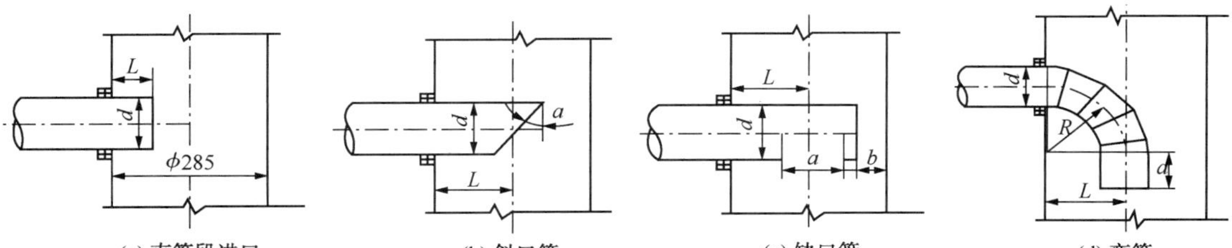

图6-5-9　气体进料管示意图

（5）塔器侧线液相进、出料口

焦化分馏塔、吸收塔对应侧线抽出和返回口，返回口结构参见图6-5-10。液体进入降液管一侧，并朝向降液管方向开孔或者开槽，某些情况下可直接进入降液管。设计时应满足以下要求：①液体不宜直接加到塔板上鼓泡区；②接管安装高度不妨碍塔盘上液体流动；③

管内允许流速一般小于 1.5~1.8m/s；④尽量使进料在塔板上均匀分布。

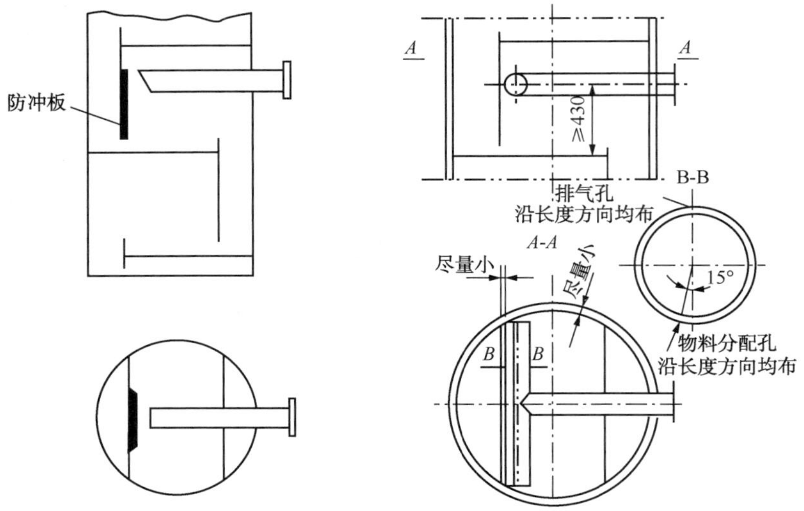

图 6-5-10　侧线进料管示意图

为使液体能完全排尽，通常在集油箱或降液管底部设置一抽出斗，如图 6-5-11 所示。抽出斗凹下深度至少为 1.5 倍出口管径，以保证最低的浸没深度，使液体自动排出。

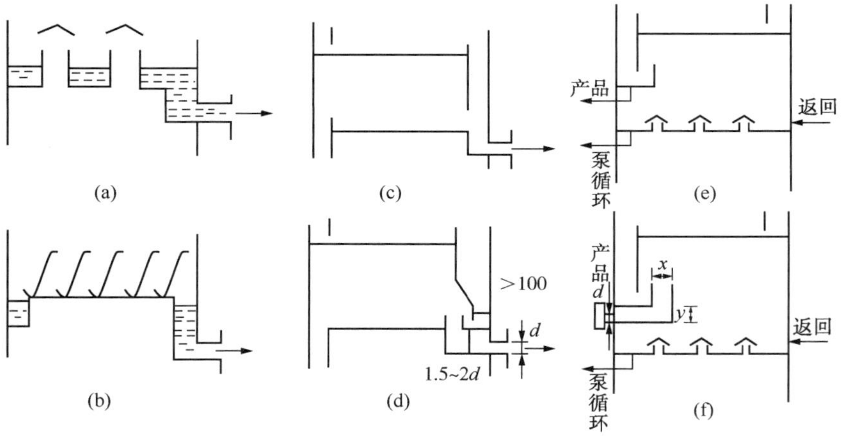

图 6-5-11　侧线出料口示意图

(a)集油箱；(b)斜板收集槽；(c)无正液封的抽出口；(d)有正液封的抽出口；
(e)有泵循环无正液封；(f)泵循环，有正液封

(6) 除雾沫器

焦化含硫干气经再吸收塔吸收后出装置，该气体需严格控制雾沫夹带量，进而实现控制干气中 C_3^+ 含量的要求。研究表明，在气体分离塔气相出口前设置破沫网能够有效减少雾沫夹带量及增加分离效果，故通常在再吸收塔顶设置破沫网。

常用的除雾沫器有折流板式、丝网式、旋流板式以及多孔材料或玻璃纤维除沫器等。对除沫器的要求是除沫效率高、压降低、不易堵塞及结构简单等，除沫器型式根据雾沫直径、要求的除沫效率和允许的压降而定。

再吸收塔顶气因气体沫含量不高而除沫要求较高，且气体较干净，无自聚合反应发生，

通常选用平置式丝网除沫器，其作用机理是液滴因惯性冲击丝网从而附着、聚合成大液滴而流下。平置式丝网除沫器示意图见图6-5-12，分为上装式和下装式两种，当人孔设在除沫器的上方，或虽然无人孔但设有法兰时，选用上装式丝网除沫器；当人孔设在除沫器下方时，采用下装式丝网除沫器。

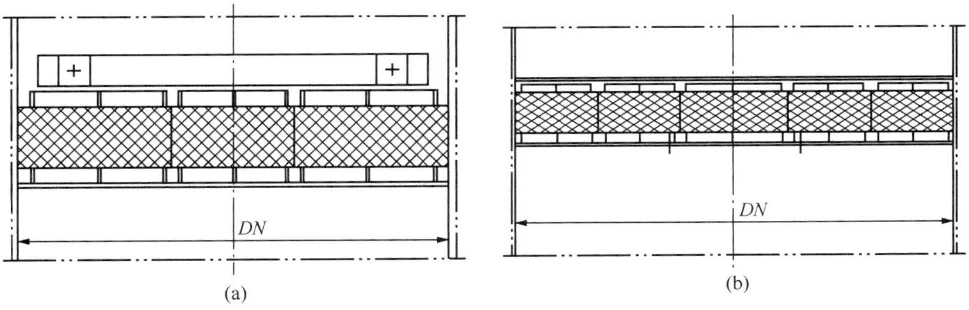

图6-5-12　丝网除沫器
(a)上装式；(b)下装式

根据除沫效率要求，确定除沫器的网块厚度。一般选用 H=150mm 的丝网除沫器，如除沫要求不高，可采用 H=100mm 的丝网除沫器。且可根据需要，在网块上、下两面加设符合 JB 3316 规定的 YW-1/5 的方孔网，以提高网块的刚性。

另外，当气速过大时，已聚集的液体易被气速二次夹带。斜置(或立置)式对液体有导流作用，因而聚集的液体较少、阻力较小、不易二次夹带，斜置式丝网除沫器见图6-5-13。

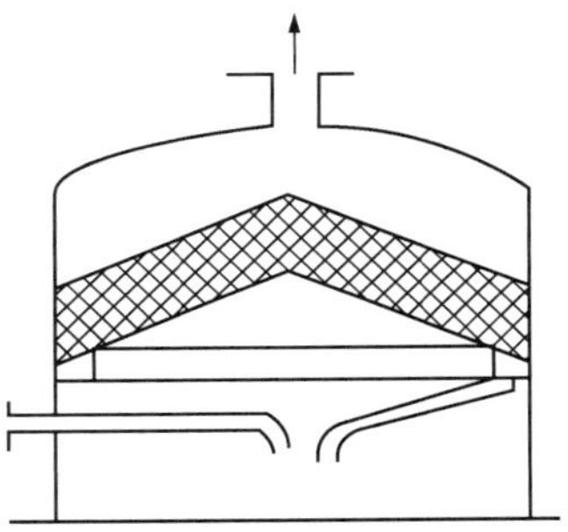

图6-5-13　斜置式丝网除沫器

丝网除沫器使用的气液过滤网型式及其基本参数见表6-5-7。

表6-5-7　气液过滤网型式

型式代号	容积质量/(kg/m³)	比表面积/(m²/m³)	空隙率(ε)
SP	168	529.6	0.9788
HP	128	403.5	0.9839
DP	185	625.5	0.9765
HR	134	291.6	0.9832

二、容器

焦化装置内的容器类设备按功能分有缓冲罐、分液罐及三相分离器三类；按容器型式分类可分为卧式容器和立式容器。其中，卧式容器中的液体运动方向与重力作用方向垂直，有利于沉降分离，液面稳定性好；但其气液分离空间小，占地面积大，高位架设不方便，塔顶回流罐、沉降罐、液体中间缓冲罐、油水分离罐宜采用这类卧式容器。而立式容器的气液分离空间大，有利于中间混合层的连续分离，占地小，高位架设方便，但其液面稳定性不如卧式容器，气体缓冲罐、气体分液罐、油品沉降罐等宜采用这类容器。

1. 停留时间

容器高、低液位之间推荐的液体最小停留时间见表6-5-8。

表 6-5-8　最小液体停留时间建议值(工艺有特殊要求除外)

容器的用途	停留时间/min
回流罐	5
塔进料的储存器	15(有流量控制); 或 8(液位/流量串级控制)
产品储存容器(产品到储罐)	非泵送 3；泵送 8
产品储存容器(产品到其他单元)	15(有流量控制); 或 8(液位/流量串级控制)
进料缓冲罐	如果直径小于 1.2m，30; 如果直径在 1.2~1.8m，30; 如果直径大于 1.8m，15

注：罐的设计容积应是几种功能所需容积之和。

2. 容积计算

焦化装置内气液分离设备比较典型，以此为例简要说明容积计算过程。

(1) 气体速度

为使通过容器的气体中所夹带的液滴得以沉降，必须确定气体在容器气体空间的临界速度，其计算公式如下：

$$u_c = 0.048\sqrt{\frac{\rho_l - \rho_v}{\rho_v}} \tag{6-5-19}$$

式中　u_c——临界速度，m/s；

ρ_l——操作条件下的液体密度，kg/m^3；

ρ_v——操作条件下的气体密度，kg/m^3。

对于允许有一定液沫夹带的容器(如油气分离器、燃料气分液罐、紧急放空罐等)，容器中不装破沫网时，气体速度可取临界速度的 170%。对液沫夹带限制严格的容器(如压缩机入口分液罐等)，不装破沫网时，气体速度可取 80%临界速度；装破沫网时，可取 100%~150%临界速度。

(2) 气体空间

卧式容器的气体空间截面积是指高液面以上与液面垂直的弓形截面积，立式容器的气体空间截面积指水平截面积。计算方法按式(6-5-20)、式(6-5-21)所示。

$$S = \frac{V}{a \times u_o} \tag{6-5-20}$$

$$D_i = 1.129\sqrt{S} \tag{6-5-21}$$

式中　S——容器截面积，m^2；

u_o——允许气速，$u_o = (80\% \sim 170\%)u_c$，m/s；

V——操作条件下气体流率，m^3/s；

D_i——容器内径，m；

a——结构系数。对于立式容器，此系数为 1；对于卧式容器，则为高液面以上弓形面积与圆截面积之比，见图 6-5-14。

对于某些容器，当全部产品送入炼厂燃料气系统或其他系统时，若气体产品中带有液体

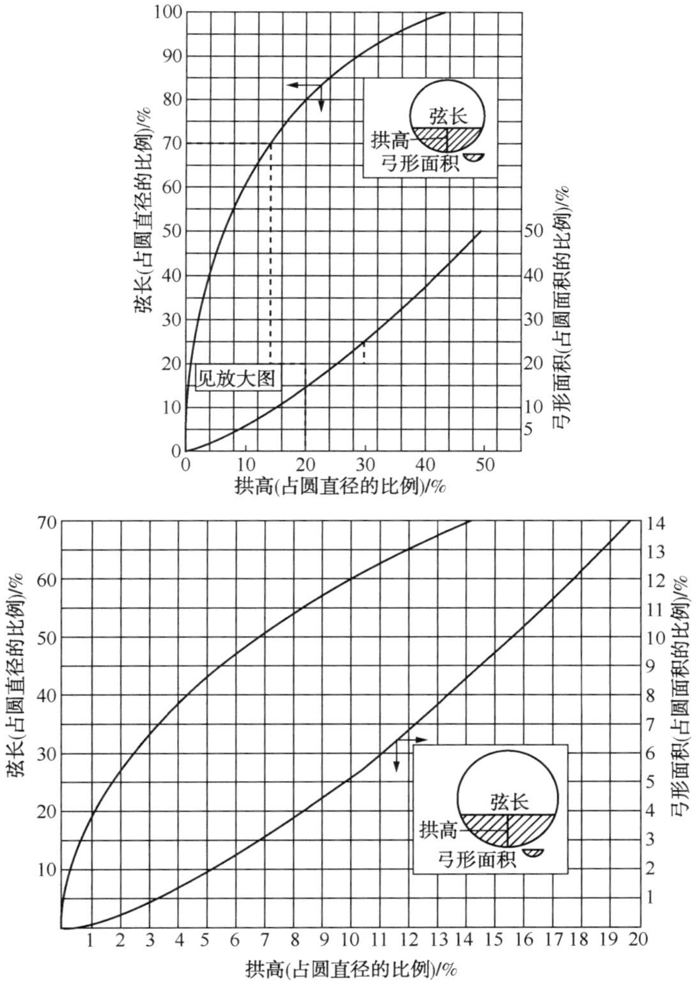

图 6-5-14　圆的弓形面积与拱高的关系

会对系统造成潜在危险时，气体流率应按正常流率的二倍考虑，并且使气体空间的容积不小于相当于 10min 液体产品流量的容积。

容器气体空间高度按式(6-5-22)计算：

$$H \geqslant c \times D_i \tag{6-5-22}$$

式中　c——系数，卧式容器为 0.2~0.25，立式容器为 1.5。

对于卧式容器还必须保证气体空间高度不低于 0.3m；立式容器无挡板时气体空间高度不低于 1.2~1.5m。

(3) 液体空间

液体空间包括油品所占空间和水所占空间。容器中油品最高液面与最低液面之间的容积由油品所需停留时间决定。

① 油品空间

卧罐油品空间容积可按式(6-5-23)计算，立罐油品空间容积可按式(6-5-24)计算。

$$V = (s - a \times s - s_w) \times L \quad 或 \quad V = 60 \times t \times Q \tag{6-5-23}$$

$$V = s \times H_1 \quad 或 \quad V = 60 \times t \times Q \tag{6-5-24}$$

式中 H_1——液体空间高度，m；

Q——操作条件下的液体流率(油品、液体产品或回流流率)，m^3/s；

L——罐长(切线至切线距离)，m；

s——容器(罐)截面积，m^2；

s_w——低液面以下空间截面积(弓形面积)，m^2，一般取低液面高出罐底 150mm，如罐底装有分水斗，则 s_w 可不考虑；

a——结构系数，对于立式容器，此系数为1；对于卧式容器则为高液面以上弓形面积与圆截面积之比，见图 6-5-14；

t——停留时间，min。

② 水空间

水空间是指产品低液面以下的容积。卧罐一般在罐底装分水斗，这样有利于油水分层和用仪表控制液面。分水斗的直径在不影响机械设计的要求下应取大一些。当罐直径不小于 1.5m 时，分水斗直径应不大于罐直径的 1/3，罐直径小于 1.5m 时，分水斗直径不大于罐直径的 1/2，分水斗的直径一般不小于 300mm。

采用液面控制仪表时，卧罐分水斗高度应不小于 1m，分水斗中低水位至高水位的高度按水流率 5min 来考虑。立式容器一般取水层高度的 0.7~0.8(包括垫水层高 0.3m)。

对于焦化装置分馏塔顶的三相分离器设计，应充分考虑到原料带水、特阀汽封用汽、加热炉注汽、塔顶注水缓蚀剂及汽提蒸汽量，尤其是间歇的小吹汽及在线洗盐对水空间的影响。为达到更好地油水分离效果，除增加注入破乳剂措施外，也可以设计为独立的油水分离罐。实际生产中，这样的配置可以更好地保证油水分离效果，对间歇波动的水量有很好的适应性。

液体停留时间用来计算设备容积，通常操作过程中各容器实际控制液位见表 6-5-9。

表 6-5-9　焦化装置主要容器操作过程中的液位值

容器名称	液位/%	容器名称	液位/%
原料缓冲罐	40~70	放空冷却塔顶气液分离罐油品液面	20~40
分馏塔柴油集油箱	30~70	放空冷却塔顶气液分离罐油水界面	20~40
分馏塔蜡油集油箱	30~70	吸收塔底	35~60
分馏塔底	40~70	压缩富气分液罐液面	<30
分馏塔顶气液分离罐油品液面	15~35	压缩富气分液罐油水界面	15~35
分馏塔顶气液分离罐油水界面	20~35	稳定塔底	40~70
放空冷却塔底	40~70	稳定塔顶回流罐	20~40

3. 挡板

卧式油气分离罐当分水量较大，且分水斗的采用受到限制时，宜在容器中加挡板，挡板的高度取正常液面的高度，以挡板隔开的缓冲区，其储液量按 3~5min 液体流率考虑，见图 6-5-15。压缩空气分水罐及蒸汽分水器入口处多装有垂直挡板，以使气体与水更好地分离，蒸汽分水器中除加挡板外，还可加孔板，以进一步脱水，见图 6-5-16。

三、冷换设备

1. 污垢热阻

冷换设备在操作中不断地被污垢所覆盖，它对传热和流动阻力都有很大的影响。在油品的一侧易发生沉积物的堆积，在冷却水的一侧易积水垢。沉积物可划分为如下的种类：固体沉积物，如盐类、焦炭、铁锈和氧化皮等；游离状沉积物，如炭黑、淤泥、黏土和焦粉等。使换热表面污垢热阻增大的原因一般有：物流流速较低；物流温度升高或管壁温度高于主物流温度；管壁粗糙或结构上有死角；油品中焦炭、石蜡和机械杂质的增高以及水硬度增大等。换热表面上沉积物的形成，与液体主物流的温度无关，而取决于管壁表面的液膜温度。

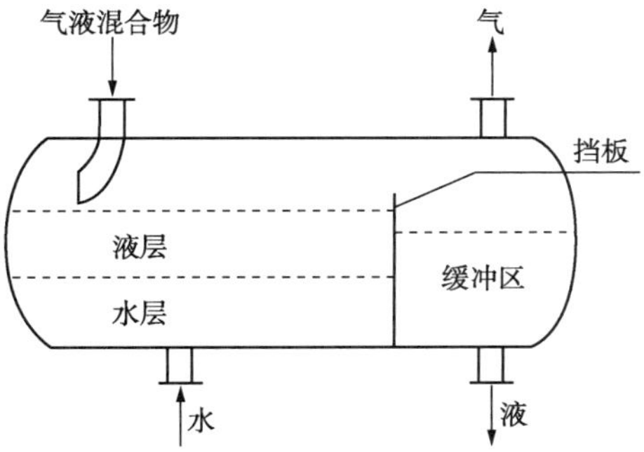

图 6-5-15　卧式油气分离罐挡板

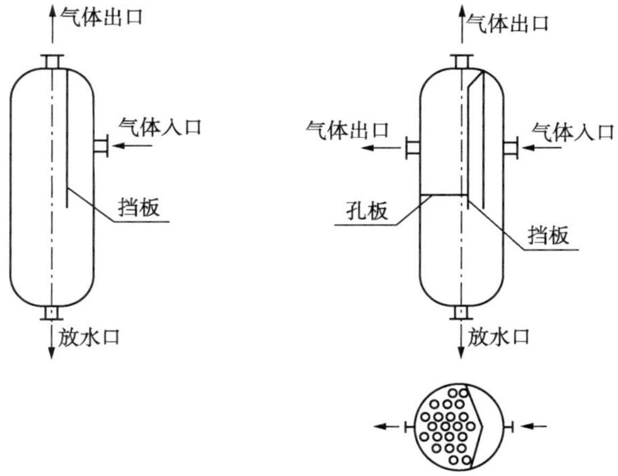

图 6-5-16　立式容器挡板

防止生成沉淀物的主要因素不在于物流的温度，而在于物流的速度。当物流速度超过3m/s 时，结构热阻趋于零。在设计时最好采用条件相似的现场标定数据。

2. 空冷器

空冷和水冷式在经济上的精确评定是有难度的，根据工艺介质的冷却要求及所建装置的水源、电力情况与水冷进行经济比较，以确定合理的冷却方案。表 6-5-10 列出了空冷优于水冷的场合，表 6-5-11 列出了水冷优于空冷的场合。

表 6-5-10　空冷优于水冷的场合

序号	采用空冷的优点	采用水冷的缺点
1	空气容易获得	缺水地区水源难于保证
2	采用空冷器时，厂址选择可少受水源限制	水源条件差的地方，如远离水源地，取水成本高
3	空气的腐蚀性低、不用特殊的清垢措施	水质差，如水的腐蚀性大或结垢严重
4	由于空冷器空气侧的压力降低（仅为 100～200Pa），所以运行费用低	水的运行费用高，需建立庞大的循环水厂和污水处理系统，成本较高
5	空冷系统的维护费用低，一般为水冷的 20%～30%	冷却水中含有某些会附着在换热器表面上难于清除的微生物
6	环境污染小	污水排放，污染环境

表 6-5-11　水冷优于空冷的场合

序号	采用水冷的优点	采用空冷的缺点
1	水冷能将工艺介质冷却到最低的温度	空气的比热容小，干空冷的冷后温度一般应高于空气温度的 15℃以上，否则会造成成本过高
2	水冷却器结构紧凑，冷却面积要比空冷器少得多	空气侧的传热系数低，空冷器面积大

续表

序号	采用水冷的优点	采用空冷的缺点
3	水冷却时对环境气温的变化不敏感	空冷器的性能易受环境影响，如气温、雨雪、大风和冰雹等
4	水冷却器可放在其他工艺设备之间，可以更好的利用装置的空间	空冷器不能靠近高大的建筑物，否则会形成热风再循环
5	水冷设备为管壳式换热器，制造简单，成本较低	空冷器要求特殊制造的翅片管，设备投资较大
6	噪声小	风机噪声较大

按照冷却方式，空冷器可分为干式空冷器、湿式空冷器及干湿联合空气冷却器。

焦化装置最常用的空冷器型式包括干空冷及表面蒸发空冷器(湿空冷的一种)，两种类型的空冷器以往文献中进行过详细介绍及比较，本节内容不再重复。

一种新型高效复合空冷器简图见图6-5-17、图6-5-18，该空冷以蒸发冷却为主体的蒸发式换热与余能再利用的辅助湿式空冷等换热方式优化组合，以潜热换热机理为基础，将蒸发换热和空冷换热优化组合，提升了蒸发式冷却(凝)设备的适用性和综合效能。

在相同的换热负荷下，与传统水冷系统相比，采用此种技术可节水30%~70%，节电30%~60%，年节省运行费用50%以上；与普通蒸发冷却(凝)器相比，采用该技术可节水30%~50%，节电10%~20%左右，年节省运行费用40%以上。

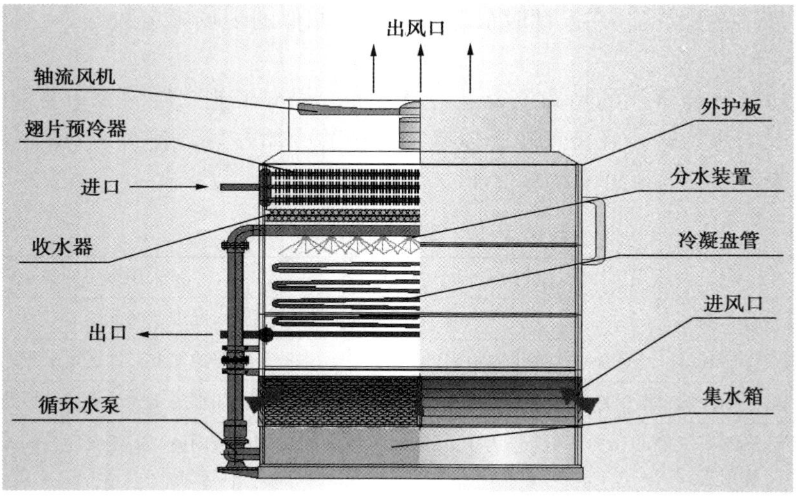

图6-5-17　新型高效复合空冷器剖面图

3. 重沸器

(1) 重沸器型式

焦化装置解吸塔、稳定塔重沸器通常采用卧式热虹吸重沸器。按照工艺过程，卧式热虹吸重沸器又可分为一次通过式和循环式，一次通过式是指塔底出产品，进重沸器的物料由最下一层塔板抽出，与塔底产品组成不同。循环式是指塔底产品和重沸器进料同时抽出，其组成相同。一次通过式和循环式也可由泵强制输送，流程图示于图6-5-19。

卧式热虹吸重沸器的汽化率不应过大，否则会引起上升管的管壁干竭和发生雾状流。对于焦化吸收稳定系统重沸器的汽化率须小于30%。当汽化量较大时，不能采用一次通过式，

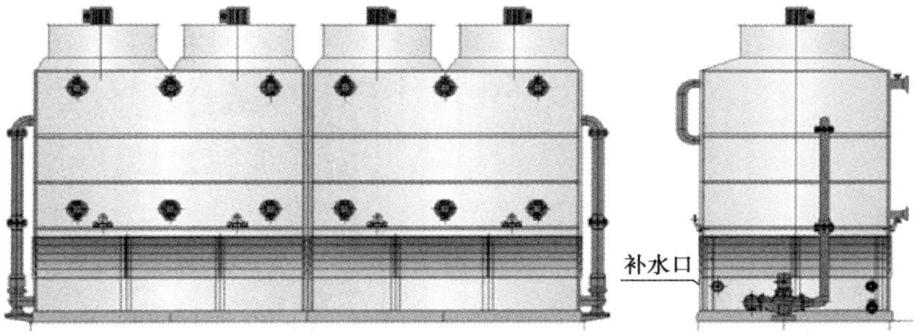

图 6-5-18　新型高效复合空冷器安装图

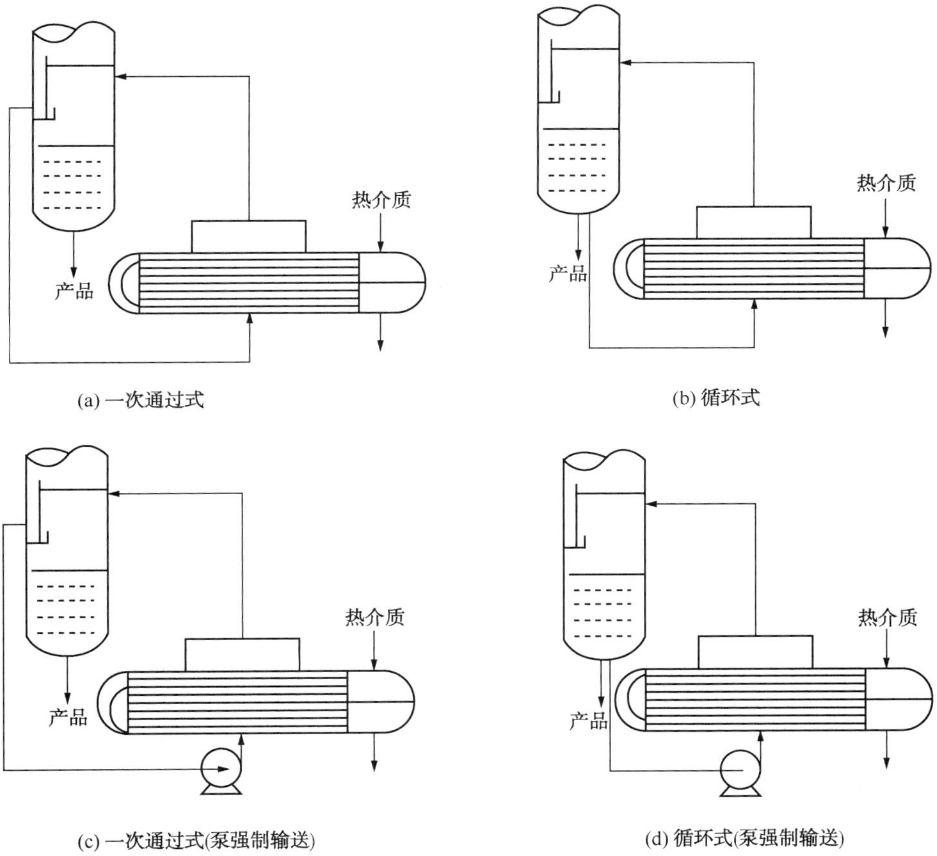

图 6-5-19　卧式热虹吸重沸器流程示意图

而需采用循环式。强制循环式一般不用于焦化装置。

卧式热虹吸重沸器的分馏效果小于一块理论板，可以允许使用较脏的介质加热。如果需要较大的换热面积，采用卧式重沸器是适合的。卧式重沸器位于地平面，可以省去框架，方便维修。

卧式热虹吸重沸器有“J”和“H”壳体形式可选择，“H”壳体大多在操作压力较低的工况下使用，“J”壳体则适用于较高的压力。“J”壳体为一进两出式，“H”壳体为两进两出式，壳体中心线需有一块多孔的分配板。

（2）壳程压力平衡及安装高度

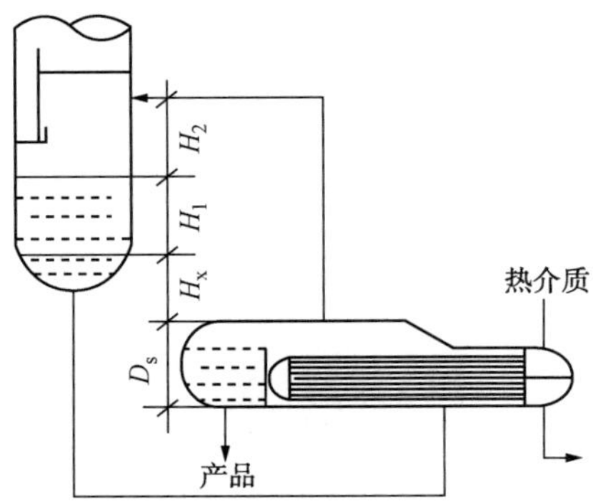

图 6-5-20　卧式重沸器压力平衡示意图

在设计重沸器时，应进行壳程压力平衡计算，以确定塔和重沸器之间的标高差和各项安装尺寸，保证重沸器操作时的正常循环。在计算压力平衡时，可参考图 6-5-20。

① 重沸器入口管线摩擦损失

$$\Delta p_1 = \frac{f_1 \cdot u_1^2 \cdot L_1}{19.62d_1} \qquad (6-5-25)$$

式中　Δp_1——重沸器入口管线的压力降，m 液柱；

u_1——入口管流速，m/s；

d_1——入口管内径，m；

L_1——从塔底到重沸器入口处的管线当量长度，包括入口管线直管部分长度、液体出塔收缩、入重沸器膨胀以及阀门、弯头和管嘴等管件的当量长度，m；

f_1——入口管线摩擦系数，采用下列公式计算。

$$Re = \frac{d_1 \cdot G_1}{\mu_1} \qquad (6-5-26)$$

当 $Re \leqslant 1000$ 时，

$$f_1 = 67.63Re^{-0.9873} \qquad (6-5-27)$$

当 $1000 < Re \leqslant 4000$ 时，

$$f_1 = 0.496Re^{-0.2653} \qquad (6-5-28)$$

当 $Re \geqslant 4000$ 时，

$$f_1 = 0.344Re^{-0.2258} \qquad (6-5-29)$$

式中　G_1——入口管质量流速，kg/(m^2·s)；

$$G_1 = \frac{W_0}{S_1}$$

S_1——入口管线流通面积，$S_1 = 0.785 \times d_1^2$，m^2。

② 重沸器出口管线的摩擦损失

$$\Delta p_2 = \frac{f_2 \cdot u_2^2 \cdot L_2}{19.62d_2} \cdot \left(\frac{\rho_{lv}}{\rho_l}\right) \qquad (6-5-30)$$

$$Re_2 = \frac{d_2 \cdot u_2 \cdot \rho_{lv}}{\mu_{lv}} \qquad (6-5-31)$$

$$\rho_{lv} = \frac{1}{\dfrac{y}{\rho_v} + \dfrac{1-y}{\rho_l}} \qquad (6-5-32)$$

$$\mu_{lv} = \frac{1}{\dfrac{y}{\mu_v} + \dfrac{1-y}{\mu_l}} \qquad (6-5-33)$$

式中　Δp_2——重沸器出口管线压力降，m 液柱；

f_2——出口管线摩擦系数；

d_2——出口管线直径，m；

L_2——从重沸器出口到入塔处的管线当量长度，包括出口管线直管长度、液体出重沸器的收缩、入塔的膨胀以及阀门、弯头和管嘴等管线的当量长度，m；

u_2——出口管流速，m/s；

S_2——出口管流通面积，$S_2=0.785d_2^2$；

ρ_{lv}——出口管内气液混合物平均密度，kg/m^3；

μ_{lv}——出口管内气液混合物平均黏度，Pa·s。

③ 重沸器壳程流体的静压头

$$\Delta p_3 = D_s \cdot \left(\frac{\bar{\rho}}{\rho_1}\right) \tag{6-5-34}$$

式中　Δp_3——重沸器内流体静压头，m 液柱；

$\bar{\rho}$——平均密度，kg/m^3，$\bar{\rho}=\dfrac{(\rho_1+\rho_{lv})}{2}$；

D_s——重沸器壳径，m。

④ 重沸器出口管线内流体的静压头

$$\Delta p_4 = (H_1 + H_2 + H_x) \cdot \left(\frac{\rho_{lv}}{\rho_1}\right) \tag{6-5-35}$$

式中　ΔP_4——出口管线流体静压头，m 液柱；

H_1，H_2，H_x——标高差，m。

⑤ 重沸器壳程摩擦压力降

$$\Delta p_5 = \frac{D_s \cdot (N_B + 1) \cdot f_s \cdot G_s^2}{39.24 d_e \cdot \rho_1 \cdot \overline{\rho_1}} \tag{6-5-36}$$

$$Re_0 = \frac{d_e \cdot G_s}{\mu_1} \tag{6-5-37}$$

式中　Δp_5——壳程压力降，m 液柱；

N_B——壳程折流板块数；

d_e——管子当量直径，m；

S_0——壳程流通面积，m^2；

G_s——壳程质量流速，卧式热虹吸重沸器取总流速的一半，$kg/(m^2 \cdot s)$；

f_s——壳程摩擦系数，计算方法如下：

当 $10 \leqslant Re_0 < 100$ 时，

$$f_s = 98 Re_0^{-0.99} \tag{6-5-38}$$

当 $100 \leqslant Re_0 < 1.5\times10^3$ 时，

$$f_s = 0.8466\left(0.402 + \frac{3.1}{Re_0} + \frac{3.5102\times10^4}{Re_0^2} + \frac{6.85\times10^6}{Re_0^3} + \frac{4.157\times10^8}{Re_0^4}\right) \tag{6-5-39}$$

当 $1.5\times10^3 \leqslant Re_0 < 1.5\times10^4$ 时，

$$f_s = 0.6179 Re_0^{-0.0774} \tag{6-5-40}$$

当 $1.5\times10^4 \leqslant Re_0 < 10^6$ 时，

$$f_s = 1.2704Re_0^{-0.153} \tag{6-5-41}$$

⑥ 重沸器安装高度

安装高度指塔底和重沸器顶部之间的标高差 H_x，按压力平衡原理，

$$(H_1 + H_x + D_s) - \Delta p_1 = \Delta p_2 + \Delta p_3 + \Delta p_4 + \Delta p_5 \tag{6-5-42}$$

令：$\Delta p_\Sigma = \Delta p_1 + \Delta p_2 + \Delta p_3 + \Delta p_4 + \Delta p_5$，代入式(6-5-42)，得：

$$H_x = \Delta p_\Sigma - D_s - H_1 \tag{6-5-43}$$

由于在进出口管线当量长度中包括塔底和重沸器顶部之间的标高差，进一步整理：

重沸器出口管线的垂直长度为：$H = H_1 + H_2 + H_x$；

重沸器入口管线当量长度为 $L_1 = L_{10} + H_x$，L_{10}为入口管线当量长度；

重沸器出口管线当量长度为 $L_2 = L_{20} + H_x$，L_{20}为出口管线当量长度。

(3) 稳定塔底重沸器

稳定塔底重沸器热源优先采用分馏塔侧线物流预热，当分馏塔侧线余热不足以提供重沸器热源时，采用减温后饱和中压蒸汽做热源。为防止二烯烃聚结，重沸器热源温度应小于 295℃。

四、机泵

1. 泵轴的密封

泵轴的密封装置用以防止泵轴与壳体间的泄漏。常用的轴封型式有填料密封、机械密封和动力密封。叶片式泵、转子泵的轴封可以用填料密封、机械密封或动力密封，往复泵的轴封一般用填料密封，若输送的介质不允许泄漏，可采用隔膜泵。

(1) 填料密封

密封用于输送一般介质，不适宜输送易燃、易爆、有毒和贵重的介质。特点是结构简单、价格便宜、维修方便，但功耗损失大、泄漏量大。

(2) 机械密封

又称端面密封，适用于输送石油化工中各种不同黏度、强腐蚀性和含颗粒的介质。机械密封的密封效果好，泄漏量小，寿命长，但价格贵，加工安装维修保养要求高。

(3) 动力密封

密封分为背叶片密封和副叶轮密封两类。原理是泵工作时靠离心力使轴封处介质压力下降，不产生泄漏。停车时依然利用填料密封。动力密封性能可靠、价格便宜、维修方便，适宜输送固体颗粒含量较多的介质。但功率损失大，且停车密封装置的寿命较短。

为保证停车时填料密封的寿命，对采用动力密封的泵，泵进口压力应有限制，即泵进口压力(p_s)<10%泵出口压力(p_d)。

2. 焦化离心泵机械密封

焦化装置用离心泵通常采用机械密封。按照密封要求不同，装置内机泵可分为三类：低温冷油泵、高温热油泵、轻烃泵。低温冷油泵密封要求相对不高，下面主要介绍高温热油泵及轻烃泵的机封。

(1) 高温热油泵

输送介质最高运行温度大于或等于自燃点或介质温度大于 200℃ 的输油泵属于高温热油泵。为保证高温热油泵密封的安全运行，应采用符合 API 682 规定的双密封。

① 密封冲洗方案通常采用 P32+53B、P32+54 和 P32+52。对于不允许采用外冲洗(P32)的高温泵，可采用 P21 或 P22 或 P23 替代 P32。对于介质温度低于 300℃ 热油泵，可

以通过提高密封端面材质耐温性能，改善密封设计，尽量避免采用外冲洗。

② P21 或 P22 或 P23 中的换热器中建议采用低压蒸汽对冲洗热油进行换热。对密封腔有冷却夹套的 P02 冲洗方案，建议也采用低压蒸汽进行冷却；如果采用水进行冷却，应采用软化水，并保证足够量的冷却水量和水的流速，以防出现水的汽化；不应使用循环水。

③ 方案 P32 系统中要求配置单向阀、Y 型过滤器、流量计、压力表、截止阀。流量计需耐 400℃。

④ 方案 P53、P54 或 P52 系统中应根据要求设压力和液位报警，对密封泄漏进行报警。

⑤ 密封本体设计时必须考虑该密封可以在 300℃以上高温条件下运行，以保证辅助系统意外中断时，密封可长期运行。

⑥ 在采用 P53 或 P54 时，介质侧密封必须可以承受正、反两个方向的压力；大气侧密封应该同样采用与介质侧密封相同的耐高温密封。在采用 P52 时，大气侧密封应采用能承受介质侧的压力和高温的密封。

⑦ 采用 P52、P53、P54 时应该考虑辅助系统的承压和耐温与泵保持一致，并符合国家新的压力容器规定；特别对于采用 P52 时，应考虑介质侧密封泄漏高温热油大量泄漏出时，储液罐的耐热和耐压以及热油的排放和收集，应采取措施降温，防止高温热油自燃。

⑧ 双密封系统在设计和制造上应能满足连续运行 25000h 无需更换。

（2）轻烃类

轻烃介质泵密封优先选用无压串联双密封，对于现场无放空条件，应选用有压双密封；密封结构选择 A 型标准推环式密封，静环应设置限位挡板。

① 密封冲洗方案采用 P11+52、P11+53 或 P11+72+75 或 76，P11 采用加大量的自冲洗（多孔冲洗）；对于高温轻烃泵可采用 P21（22）+52、P21（22）+53 或 P21（22）+72+75 或 76。

② P11+52、P11+53B 或 P11+72+75 或 76 系统中应设压力和液位报警，储液罐（或缓冲气）放空口应设节流孔板。P11+52 的储液罐应能承受泵内压力，外部密封应承受泵内的压力。

③ 双密封系统在设计和制造上应能满足连续运行 25000h 无需更换。P11+72+75 或 76 冲洗方案的内部密封泄漏时，其外部密封应能正常运行不小于 8h。

常用密封冲洗方案见图 6-5-21～图 6-5-27。

图 6-5-21 方案从泵排出口经节流孔板到密封的循环，流体进入密封腔接近机封端面，冲洗该端面，越过密封再进入泵。

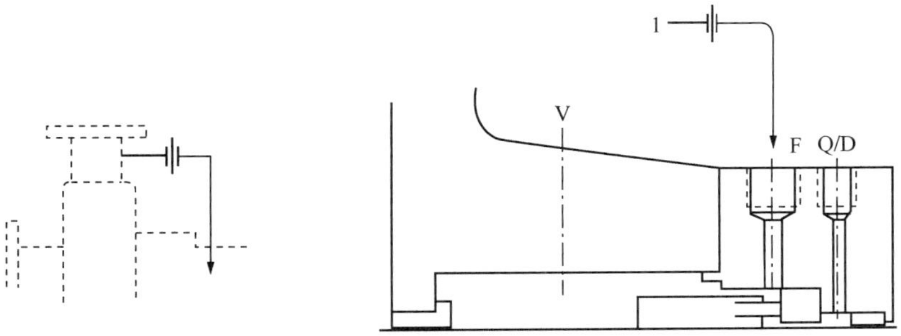

图 6-5-21 P11 密封方案

1—自泵排出口；F—冲洗；Q/D—阻封/排水；V—排气口（可选）

图 6-5-22 方案从泵排出口经节流孔板和冷却器，再进入密封腔的循环。

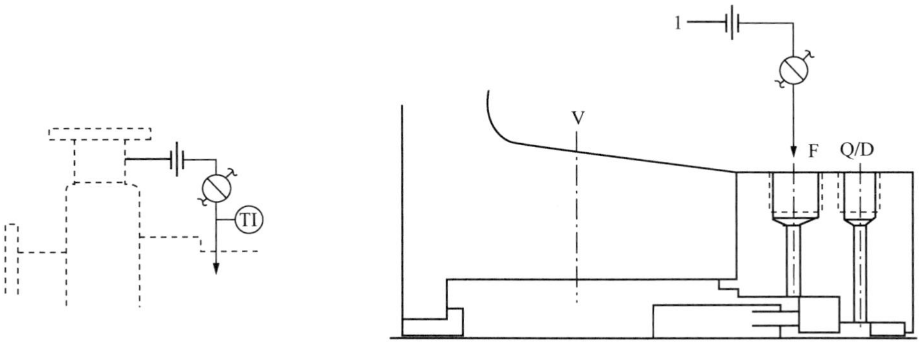

图 6-5-22　P21 密封方案

1—自泵排出口；F—冲洗；Q/D—阻封/排水；TI—温度计；V—排气口(可选)

图 6-5-23 方案冲洗液从外部液源引入密封腔。须正确选择冲洗液，以消除液体蒸发隐患并避免泵送液与引入的冲洗液不相容。

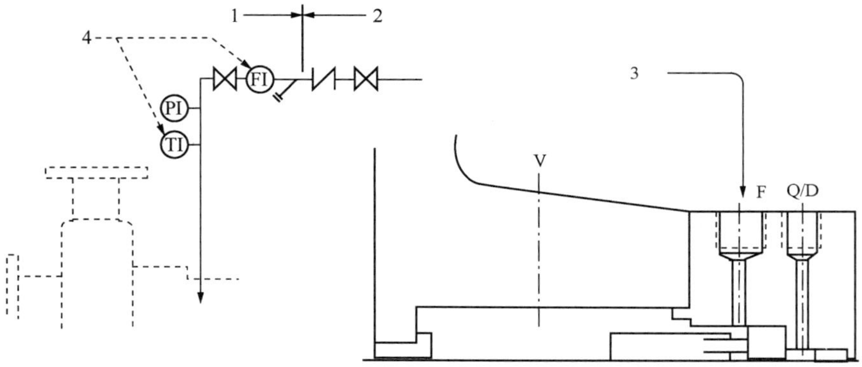

图 6-5-23　P32 密封方案

1—卖方；2—买方；3—自外源；4—选用件；FI—流量计；PI—压力计；
F—冲洗；Q/D—阻封/排水；TI—温度计；V—排气口(可选)

图 6-5-24 方案外储罐提供缓冲液。在常规操作中，靠一个内部的泵送环来维持循环。储罐常常要连续地向蒸汽回收装置排气，以保证其压力低于密封腔内的压力。

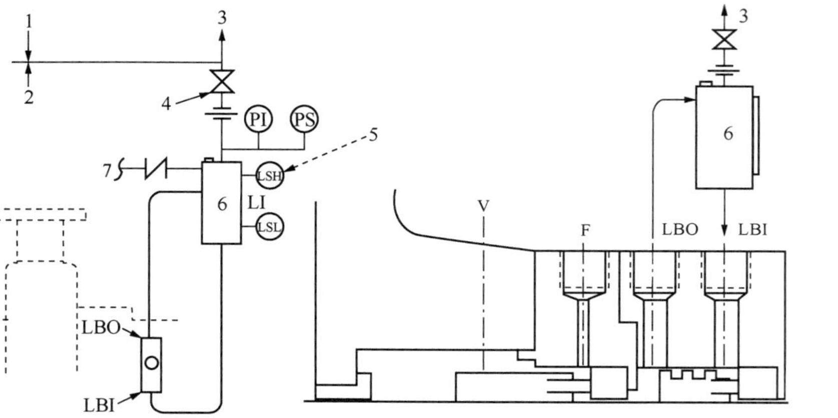

图 6-5-24　P52 密封方案

1—买方；2—卖方；3—至收集系统；4—常开；5—有规定时；6—储罐；7—补足缓冲液；
LBI—缓冲液入口；PI—压力计；LBO—缓冲液出口；PS—压力开关；
LSH—高液位开关；V—排气口(可选)；LSL—低液位开关；LI—液位计；F—冲洗；FI—流量计

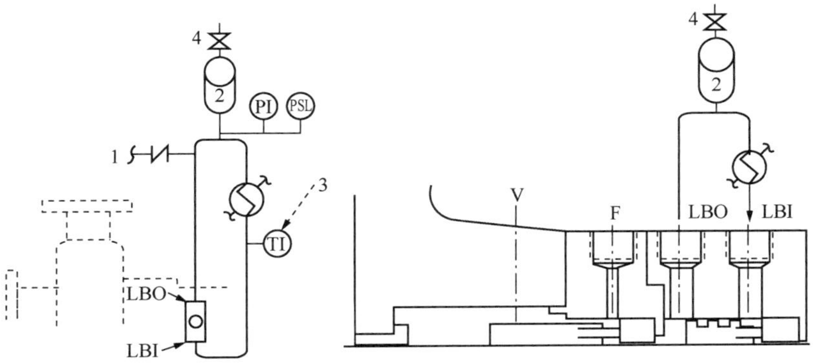

图 6-5-25　P53B 密封方案

1—补足阻塞液；2—气胆式蓄压器；3—有规定时；4—气胆式充气连接；
LBI—阻塞液入口；LBO—阻塞液出口；F—冲洗；PI—压力计；PSL—低压力开关；V—排气口(可选)

图 6-5-25 方案外管路向加压双密封布置的外密封供液。预压气胆式蓄压器为循环系统供压。由内部的泵送环来维持流动。通过用空气或水冷却的热交换装置，把循环系统生成的热量带走。

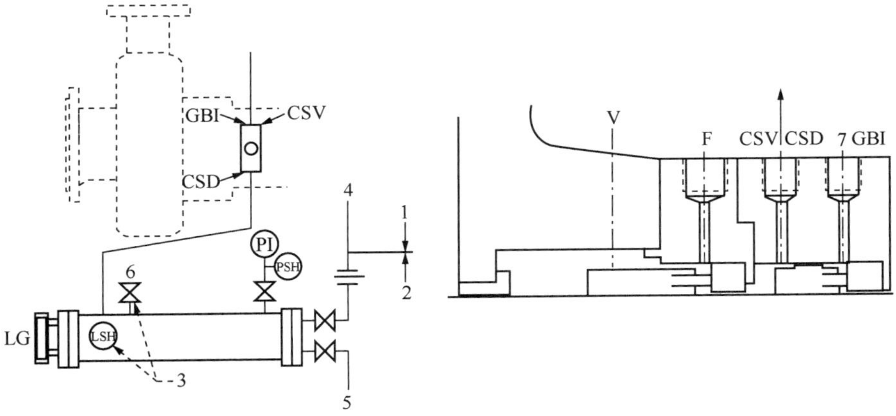

图 6-5-26　P75 密封方案

1—买方；2—卖方；3—有规定时；4—至蒸汽收集系统；5—至液体收集系统；6—试验连接；7—自外源；
F—冲洗；GBI—缓冲气入口；CSV—抑制密封排气口；CSD—抑制密封排液口；
LG—水准仪；LSH—高液位开关；PSH—高压力开关；V—排气口(可选)

图 6-5-26 方案密封腔的排液口用于排放冷凝泄漏物。当泵抽送的流体在室温凝结时常采用该方案。系统由卖方提供。

3. *屏蔽泵与磁力泵*

焦化稳定塔顶回流泵主要输送液化石油气，该介质对密封程度要求高，因此一些厂家在该部位选用没有动密封点的机泵，在离心泵领域主要有屏蔽泵和磁力泵。两种泵型在该部分均有应用，各有优缺点，其对比见表 6-5-12。

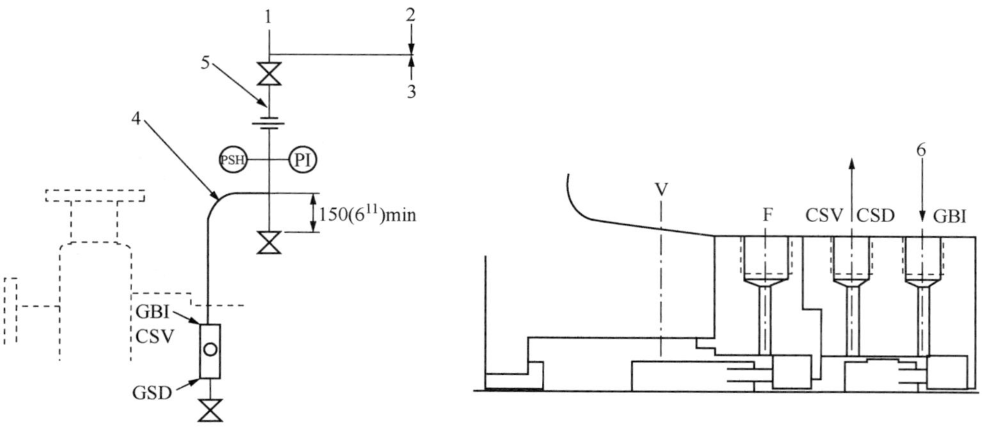

图 6-5-27　P76 密封方案

1—至收集系统；2—买方；3—卖方；4—弯管(见注 1)；5—直管(见注 2)；6—自外源；
F—冲洗；GBI—缓冲气入口；CSV—抑制密封排气口；CSD—抑制密封排液口；PSH—高压力开关；V—排气口(可选)

注：(1)弯管的最小外径应为 $13\frac{1}{2}''$，从 CSV 连接处向上和直管/仪表导线相连；

(2)导线的最小外径应为 *DN* $15\frac{1}{2}''$ 直管。

表 6-5-12　屏蔽泵与磁力泵性能比较

项　目	屏蔽泵	磁力泵
安全性	双层密封，一旦屏蔽套破损，外壳起到密封作用，阻止介质外泄	隔离套破坏后，介质直接漏向大气
保温	整个泵与屏蔽电机的加热可达到电机最高温度	泵体、前隔离套与轴承套可以保温
黏度范围	屏蔽电机能力损失能够给介质加热，使得电机内介质黏度下降，因此使用范围更大	较窄
驱动机	专用电动机	普通电动机或汽轮机
温度	-160~480℃	-10~400℃
是否适合含颗粒介质	增加外部冲洗后可以应用于含颗粒介质	否
高熔点液体	电机侧和泵侧均可以增设保温夹套来适应高熔点介质的应用	否
是否适合于强腐蚀介质	不适合对金属有强腐蚀的介质	可以采用内衬树脂防腐
NPSHR	润滑轴承冷却电机的介质被吸收电机损失的热量导致泵汽蚀余量降低	润滑轴承的介质吸收热量较少，NPSHR 较低
维护	复杂，需专门的工具和人员	简单
价格	比选用双密封的离心泵便宜	比选用双密封的离心泵便宜很多

第六节　水力除焦

一、水力除焦技术发展概况

水力除焦系统是延迟焦化装置的重要组成部分，对装置的安、稳、长、满、优生产具有重要作用。水力除焦技术是美国 Shell 公司 1938 年借鉴水力采煤的方法，将射流切割、破碎原理用于延迟焦化装置进行水力除焦取得成功，1939 年正式投入工业使用，推动了延迟焦化工艺技术的快速发展。

水力除焦就是把高压水的压力通过喷嘴转化为高速射流，压力能转变为动能，当具有动能的水射流碰到焦炭时发生动量转换，由于水射流单位面积上的动压力大于焦炭的破碎强度，所以焦炭被切割、破碎。

随着延迟焦化装置规模的不断增加，单系列焦化装置的处理量也不断扩大，实现设备大型化是提高单系列装置处理量的主要手段之一，如：增加焦炭塔直径。1964 年国内建成的第一套延迟焦化装置的焦炭塔直径为 5.4m，2009 年国内建成并投产的处理量为 4.2Mt/a 的延迟焦化装置的焦炭塔直径达到了 9.8m。

随着焦炭塔直径的不断扩大，水力除焦系统对高压水的参数和除焦设备的压力等级要求也不断提高。直径 5.4m 的焦炭塔进行水力除焦时要求高压水的流量为 140~180m^3/h、压力为 12~14MPa，除焦设备的压力等级为 16MPa。直径 9.8m 的焦炭塔进行水力除焦时高压水的流量为 330m^3/h、压力为 34MPa，除焦设备的压力等级为 42MPa。

为了适应延迟焦化装置的不断发展对水力除焦技术的要求，1976 年美国 PACIFIC 公司研制成功了除焦控制阀，1979 年美国 CONOCO 公司研制成功了水力除焦程序控制系统。在消化引进技术的基础上，1996 年我国也先后开发了除焦控制阀、水力除焦程序控制系统、自动切换除焦器。2002 年后我国将水涡轮减速器及水力马达用于有井架水力除焦，2003 年直径 8.4m 的焦炭塔采用了自动顶盖机，2006 年焦炭塔开始采用自动底盖机。2009 年至今，密闭式自动底盖机及自动顶盖机得到不断推广应用。

国内典型的水力除焦系统主要包括：高压水泵、高压水管道、高压切断阀、除焦控制阀、高压胶管、钻杆、风动水龙头、和/或水力马达及水涡轮减速器、自动或半自动切换除焦器、钻机绞车、滑轮组、焦炭塔自动顶盖机、焦炭塔自动底盖机和除焦控制系统等。

二、高压水射流理论基础

（一）喷嘴与射流基本理论

1. 薄壁孔口流出

（1）薄壁孔口流出

图 6-6-1 所示为水箱，在其侧面开有一个直径为 d 的圆孔，在水力学中知道，若孔壁厚度不大，且孔口做成尖锐的边缘时，出流与孔壁仅接触于一条线上，此时出流仅受到局部阻力，没有沿程能量损失，这种孔口称为薄壁孔口。若 $d<1/10H$ 时，称为小孔口。作用在小孔口上各点的水头可以近似地认为是与小孔中心点的水头 H

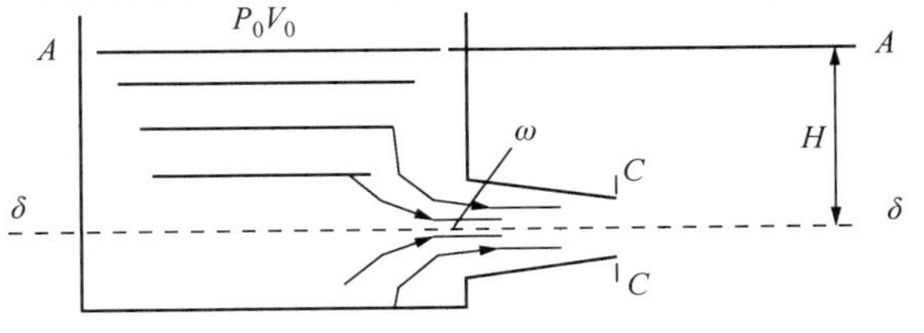

图 6-6-1　薄壁孔出流示意图

相等。

从图 6-6-1 可以清楚地看到，在水头 H 较高的情况下，当水流向孔口流动时，由于惯性的作用，水的流线不能急剧地折角改变方向，而是以不同的角度集中流向孔口中心，流线的不平行性不仅可以在孔口观察到，也可以在最初流出的一段水柱内观察到。由于流线的不平行性，使水柱在离孔口某一距离后，流线才基本达到平行状态。

这时水柱断面收缩完毕。这里的过水断面叫做收缩断面(图 6-6-1 的 $C—C$ 断面)，其面积以 ω_c 表示。

应用伯努力方程式，可以推导出孔口出流的速度和压头的关系式。现对断面 $A—A$ 和 $C—C$ 列出伯努力方程式，其中 $A—A$ 为容器内液体的自由表面，$C—C$ 为水流的收缩断面，假定孔口出流完全符合薄壁小圆孔完全收缩的条件，则可得：

$$H+\frac{P_0}{r}+\alpha_0\frac{V_0^2}{2g}=0+\frac{P_1}{r}+\alpha\frac{V^2}{2g}+h_j \tag{6-6-1}$$

式中 H——断面 $A—A$ 和 $C—C$ 间的几何高度，m；

P_0——断面 $A—A$ 上的压力，MPa；

P_1——断面 $C—C$ 上的压力，MPa；

V_0——断面 $A—A$ 处的水流速度，m/s；

V——断面 $C—C$ 处的水流速度，m/s；

h_j——流经薄壁孔时的压头损失，m；

α_0——断面 $A—A$ 处的速度不均匀系数；

α——断面 $C—C$ 处的速度不均匀系数。

如果把 $H+\frac{(P_0-P)}{r}+\frac{\alpha_0}{2g}\cdot V_0$ 以 H_0 表示，H_0 为实际压头。

把压头损失写成

$$h_j=\zeta\frac{V^2}{2g}$$

式中 ζ——孔口的局部阻力系数。

则：

$$H_0=\frac{(\alpha V^2)}{2g}+\zeta\frac{V^2}{2g} \tag{6-6-2}$$

$$H_0=(\alpha+\zeta)\frac{V^2}{2g} \tag{6-6-3}$$

$$V=\frac{\sqrt{2gH_0}}{\sqrt{\alpha+\zeta}} \tag{6-6-4}$$

孔口出流的流量为：

$$Q=\frac{1}{\sqrt{\alpha+\zeta}}\omega_c\sqrt{2gH_0} \tag{6-6-5}$$

为了工程应用和计算方便，下面引入 μ、ϕ、ε 几个重要系数。

(2) 关于系数 μ、ϕ、ε 的概念

① 流量系数 μ——表征水流通过孔口的能力：

$$\mu=\varepsilon\phi$$

② 流速系数 ϕ——表征孔口局部阻力和速度分布的情况：

$$\phi=\sqrt{\alpha+\zeta}$$

③ 收缩系数 ε——表征水流经孔口的收缩程度，即 ω 与 ω_c 的比值：

$$\varepsilon=\frac{\omega_c}{\omega}$$

式中　ω——过流孔的理论面积；

ω_c——过流收缩后的实际面积。

将上述三个系数代入式(6-6-1)和式(6-6-2)，可得薄壁孔出流的速度计算公式：

$$V=\phi\sqrt{2g\,H_0} \tag{6-6-6}$$

流量计算公式：

$$Q=\omega_c\phi\sqrt{2gH_0} \tag{6-6-7}$$

对完全收缩的圆形孔口的各系数，有如下的数值：

$$\varepsilon=0.63\sim0.64$$

$$\zeta=0.05\sim0.06$$

$$\phi=0.97\sim0.98$$

$$\mu=0.60\sim0.62$$

2. 短管和管嘴出流

(1) 短管出流、管嘴的概念

图6-6-2所示为一水箱，侧面接有一个尖锐边缘的短管。这种短管的水流现象，叫做短管出流。当水流经过短管出流时，如图6-6-2所示，一般首先发生水流的收缩，然后扩大充满全管。

当水经薄壁孔口出流到大气中时，水流收缩处与大气接触，收缩断面上的压强等于大气压。加接短管后，情况就不同了，其差别主要有以下两点：①对一般圆柱形短管而言，管内水流的收缩断面处就将发生真空。这时真空的抽吸作用，将使水流的流动速度比薄壁孔出流时有一定的提高，这是短管的根本特性。②由于短管的存在，引起了一些能量损失，主要有管内的摩擦损失和流速扩大引起的损失两部分，这两部分的能量损失则会使水流的流动速度滞缓。

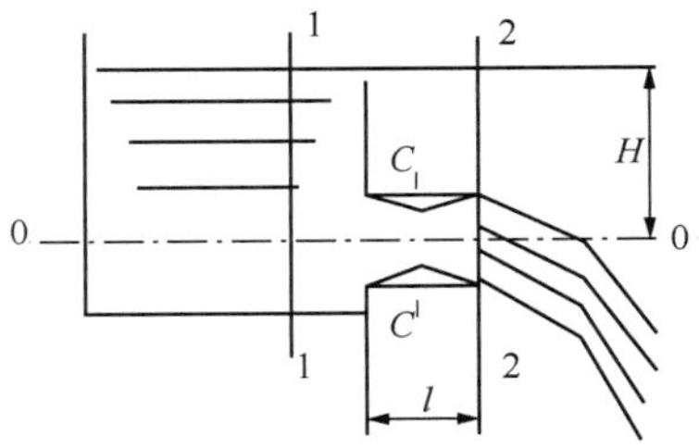

图6-6-2　短管和管嘴出流示意图

下面讨论出流流量最大时的短管长度。现以通过图6-6-2所示的断面2—2中心的水平面作为基准面，列出过水断面1—1和2—2的能量方程可得：

$$H_0=\alpha\frac{V^2}{2g}+\sum\zeta\frac{V^2}{2g}\alpha=\left(1+\sum\zeta\right)\frac{V^2}{2g}\alpha \tag{6-6-8}$$

式中　V——断面2—2处的平均流速，m/s。

在图示的情况下，水流流动阻力共有三部分：水箱壁上的孔口阻力、管内流速突然扩大的阻力、沿短管长度上的摩擦阻力。所有系数都应以出口断面的流速为准。

$$\sum\zeta=\zeta_1+\zeta_2+\zeta_3 \tag{6-6-9}$$

薄壁孔口阻力系数一般都是以收缩断面的速度来表示，其数值为0.05~0.06。如考虑速度比：

$$\frac{V}{V_c}=\frac{\omega_c}{\omega}=\varepsilon=0.64$$

将系数ζ_1以短管出口流速来表示，应采用：

$$\zeta_1=0.06\times0.64^{-2}\approx0.15$$

速度突然扩大的阻力系数ζ_2可按水力学有关公式计算：

$$\zeta_2=\left[\frac{\Omega}{\omega}-1\right]^2=\left[\frac{1}{0.64}-1\right]^2=0.32 \tag{6-6-10}$$

式中　Ω——扩大后断面面积，m^2。

将系数ζ_1和ζ_2代入式(6-6-9)，可得：

$$\sum\zeta=0.15+0.32+\lambda\frac{1}{d}=0.5+\lambda\frac{1}{d}$$

系数ζ_1和ζ_2之和(0.15+0.32)≈0.5，这里考虑了箱壁孔口出流及管内流速突然扩大而引起的能量损失，也可称为管子进口阻力系数ζ_n，它和管道直角进口的局部阻力系数的数值是一致的，代入方程式(6-6-8)后可得：

$$V=\phi_n\sqrt{2gH_0}$$

$$\phi_n=\sqrt{\frac{1}{1.5+\lambda\dfrac{l}{d}}} \tag{6-6-11}$$

式中　ϕ_n——流速系数；

λ——沿程阻力系数，它是雷诺数 Re 和相对粗糙度 ε/d 的函数。

由于所研究的是短管出流，管端应是满流的，它的收缩系数 $\varepsilon=1$，因此流速系数将和流量系数相等，即：

$$\mu=\varepsilon\phi_n=\phi_n \tag{6-6-12}$$

现在分三种典型来情况分析短管出流的流量系数：

① $l=0$，即短管长度等于零的情况

这时候和孔口出流的情况完全一样，流出的水柱断面出现收缩，其流量系数为 0.61。当 l 由零逐渐加大时，即在最初短管长度很小时，流出的水柱不能扩大充满全管，这时流动仍为孔口出流。

② 短管的长度适合，流量系数最大

从式(6-6-11)可以看到，当短管的沿程损失可以忽略不计时，它的流量系数将为最大，这时：

$$\mu=\phi_n=\frac{1}{\sqrt{1+0.5}}\approx0.82$$

实验研究结果知道，最大的流量系数μ 值将发生在下列短管长度时：

$$l=(3\sim4)d$$

这种短管称为管嘴。

当知道短管长度超过上述范围时，从式(6-6-11)可以看出，由于 l 增大，流量系数将减小。我们可以通过下列方法求得流量系数将和孔口出流(即短管长度 $l=0$ 时)的 μ 值相等时的管长。

③ μ 值减到 0.61 时管长

使式(6-6-11)刚好等于 0.61，并近似地假定 $\lambda=0.02$，于是可求得：

$$\frac{l}{d}\approx 55$$

由此可见，虽然短管长度增加时有附加能量的出现，但需短管长度接近其直径 55 倍时，其出流才和薄壁孔口出流相等。当然如果管长继续增加，μ 值也将继续减小。

（2）圆柱型外管嘴

它是一段长(3~4)d 的圆柱型短管，联接在孔口的外面，直径和孔口的 d 值一致，如图 6-6-2 所示。

试验求得的尖锐进口边缘的圆柱型外管嘴的流量系数 $\mu=0.82$，和前面计算求得的数值相符。

下面我们来讨论保证圆柱型外管嘴正常工作的条件。这里指的正常工作，系指它能产生的真空度，使管嘴具有较大的流量。

如图 6-6-2 所示，圆柱型外管嘴正常工作时，流出的水柱应经过收缩和扩大两个过程，从而保证管嘴具有较大的流量。

（3）圆锥型和流线型管嘴

① 圆锥型管嘴

根据圆锥型沿水平方向是收敛或扩张，可分为圆锥扩张型管嘴(图 6-6-3)和圆锥收敛型喷嘴(图 6-6-4)。

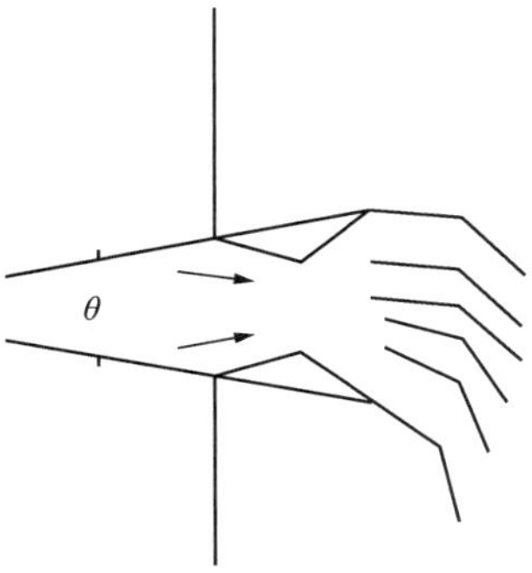

图 6-6-3　圆锥扩张型管嘴水流示意图

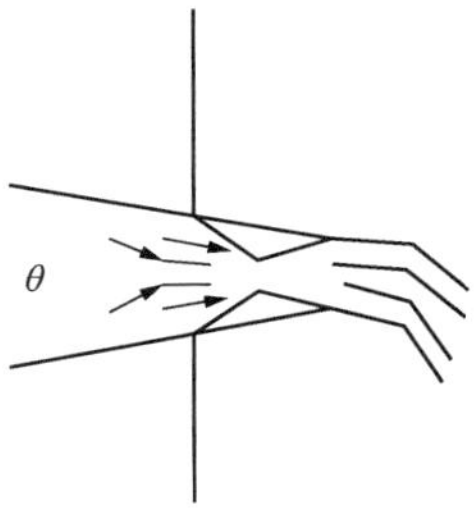

图 6-6-4　圆锥收敛型管嘴水流示意图

水射流技术中圆锥收敛型管嘴应用较多，下面将以它作为重点进行分析和研究。

② 流线型管嘴

流线型管嘴是在管嘴进口处作为符合水流流线型的曲线型管嘴，如图 6-6-5 所示。

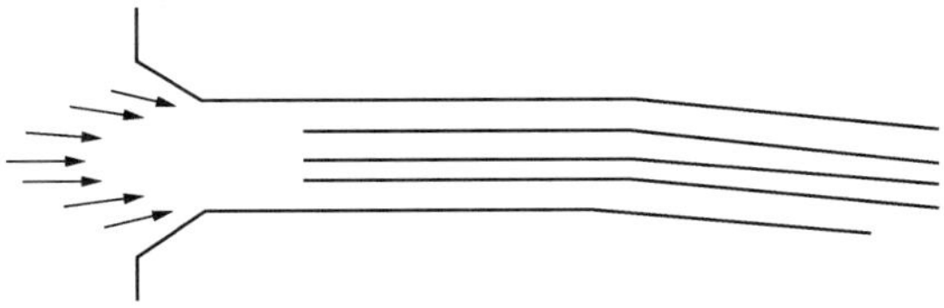

图 6-6-5　流线型管嘴水流示意图

各种管嘴的出流情况都具有自己的特性，它们的主要特性列于表 6-6-1 中。从表 6-6-1

可以看到它们各有不同的系数，对于各种不同用途的管嘴要求不同数值的系数，为此选择合适的管嘴形式是很有研究的。虽然流线型管嘴是具有很大动能的射流，但是这种管嘴加工十分困难，因此流线型管嘴应用受限。

表 6-6-1　不同类型管嘴的出流系数

管嘴类型	水头损失系数(ζ)	收缩系数(ε)	流速系数(ϕ)	流量系数(μ)	出口单位动能($V^2/2g=\phi^2H$)
圆柱型外管嘴	0.5	1.0	0.82	0.82	0.67H
圆柱型内管(满流)	1.0	1.0	0.707	0.707	0.50H
圆锥型收敛管嘴(θ=13°~24″)	0.09	0.98	0.96	0.95	0.90H
圆锥型扩散管嘴(θ=5°~7°)	3~4	1.0	0.45~0.50	0.45~0.50	(0.2~0.3)H
流线型管嘴	0.04	1.0	0.98	0.98	0.96H
薄壁小孔口	0.06	0.64	0.97~0.98	0.6~0.62	—

3. 喷嘴的基本概念和类型

(1) 喷嘴和水射流的基本概念

前面主要讨论了孔口和短管出流中有关的水流流动现象，着重讨论了增加流速和流量问题。

图 6-6-6 所示为一般水力除焦常用来产生高速水射流完成除焦工艺的喷嘴组件。它由稳流器和喷嘴组成。从高压泵系统来的高压水，经喷嘴喷射出去，形成速度很高的水流，即通常所说的高速水射流或高压水射流。

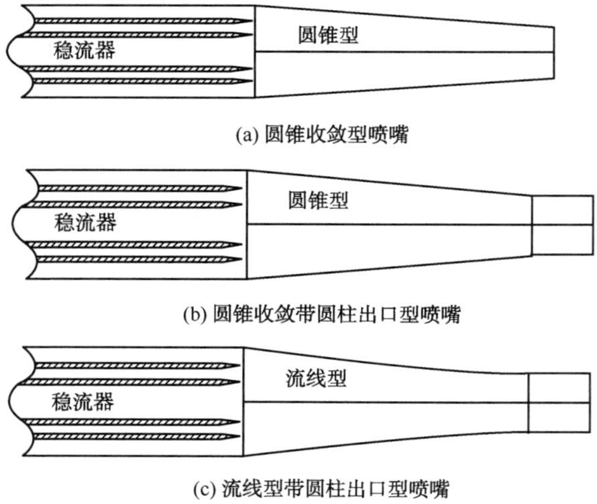

图 6-6-6　不同类型喷嘴的结构示意图

从图 6-6-6 中可以看到，喷嘴是一种具有一定长度，一般与稳流器相连接，用来发生比较密集，有一定用途的射流的成型管段。喷出的射流是具有一定的形状，以一定速度向前运动，并有一定距离的水柱或水团。

(2) 水力除焦常用的喷嘴类型

用于切割和破碎焦炭的高压水射流有下列两项主要要求：①高的速度，保证射流具有较高的动能；②较好的密集性，以保证射流有较远的射程，能在较大的范围内完成切割或破碎焦炭的作业。

为了满足水力除焦技术对高压水射流的这些要求，各国陆续研究开发了多种不同截面形状的喷嘴。对于一般连续水射流系统来说，较普遍采用的有：圆锥收敛型、圆锥带圆柱出口型、流线型等几种。其中比较典型的截面如图 6-6-6 所示。本节主要介绍上述三种喷嘴的基本形状。

① 圆锥收敛型。见图 6-6-6(a)，这种喷嘴比较容易加工，但是射流的密集性不理想。常常用于对射流射程要不高的场合，如用于水力透平、水力扬水器等设备上。

② 圆锥带圆柱出口型。见图 6-6-6(b)，这是目前较为常见的一种喷嘴。

③ 流线型。见图 6-6-6(c)，这是目前最为理想的一种喷嘴。

目前各国正从不同角度研究流线型喷嘴的内截面形状，以期获得较理想的效果。圆锥型喷嘴的流量系数与圆锥角 2α 密切相关。如图 6-6-7 所示为它们的关系曲线。有的研究人员研究后认为，最大流量系数相应于圆锥角在 $2\alpha=13°24'$时。很多高压水射流系统上应用的喷嘴，最大流量系数的圆锥角大约变动在 2α 为 12°～14°的范围内。

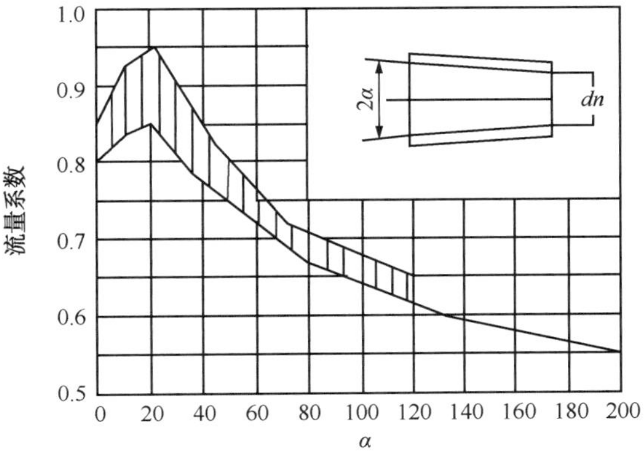

图 6-6-7　流量系数与圆锥角的关系曲线

(二) 连续水射流的结构和特性

1. 普通连续水射流的结构

(1) 连续水射流结构的基本概念

工程上常用的分析连续水射流结构如图 6-6-8 所示。

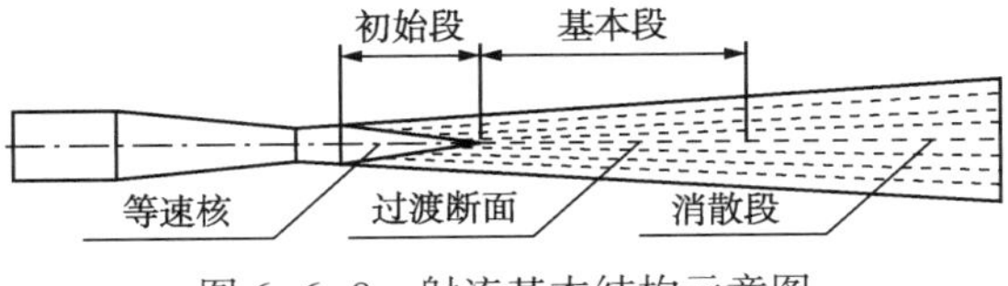

图 6-6-8　射流基本结构示意图

液流以压力 p_0进入喷嘴以速度 V_0喷出时，即形成射流。当压力 p_0和速度 V_0不随时间改变时，射流是连续均匀的，称为连续射流。连续射流的结构分为初始段、基本段和消散段。初始段内有一等速核，核内为均质液体并且速度保持不变，等速核逐渐缩小到过度断面完全消失。在基本段内，由于射流的紊流作用不断和周围空气发生动量交换，周围空气进入射流中，使接近边界部分的射流速度逐渐降低。消散段气液继续混合，射流速度进一步降低。消散段之后，射流即消散到大气中。

(2) 连续射流结构的变化规律

射流的结构和它的喷射压力及形成条件有密切联系。图 6-6-9 所示为喷射压力变化时，连续射流结构变化的示意图。

图中 6-6-9(c)所示为高压时射流结构的特点，这时射流在喷嘴出口处边缘内壁的附面层，由层流变为紊流。紊流附面层出现的条件(起始形成的喷射速度)和它的厚度都直接决定于喷嘴内表面的加工质量。

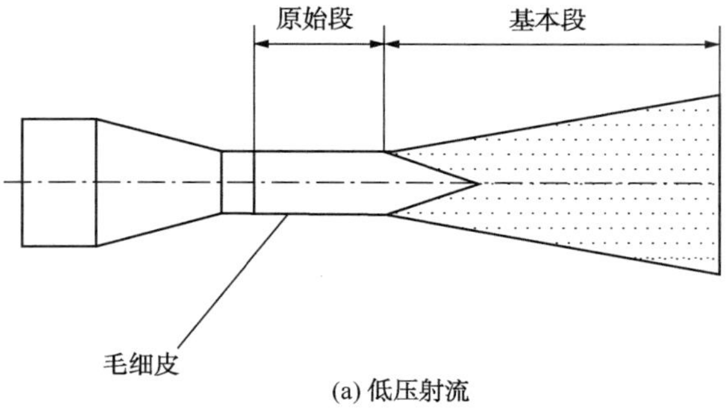

(a) 低压射流

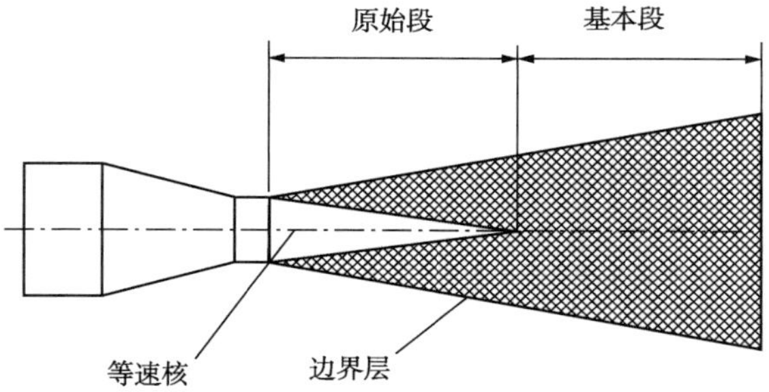

(b) 中压射流

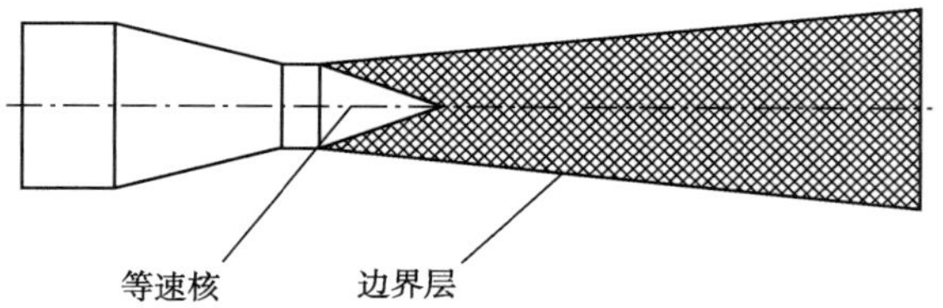

(c) 高压射流

图 6-6-9　射流结构示意图

2. 连续水射流的几何特性

连续水射流的几何特性，主要包括射流的长度和直径等参数及其变化规律。在工程上，射流的长度以初始段长度或落地射程为标准。射流的直径则应能计算出离喷嘴不同距离处(简称靶距)的数值，以掌握射流扩散的规律。

(1) 射流初始段

核心部分以不变的速度(等于喷嘴出口流速)运动密集的射流段，称为射流初始段。射流初始段的特征是非常密集，这段射流越长，它就越密集，通常都可以用密集段的长度来判断射流的质量。

射流初始段的长度取决于很多因素，其中最主要的是射流的基本参数及其形成条件。射流基本参数对初始段无量纲长度的影响可以下列关系式表示：

$$\frac{L_0}{d}=f(Re) \tag{6-6-13}$$

通过对大量射流几何特性数据的图解分析整理，获得了采用不同质量喷嘴时，高压水射流初始段长度 L_0 与喷射压力 p 的关系曲线(见图 6-6-10)、高压水射流初始段长度 L_0 与雷诺数 Re 的关系曲线(见图 6-6-11)。对喷射压力较低的射流来说，可以下列方程来表示：

$$\frac{L_0}{d_0}=A-B\cdot Re \tag{6-6-14}$$

$$Re=V_0\cdot\frac{d_0}{\nu}$$

式中　Re——射流初始段的雷诺数；

V_0——射流流速，m/s；

d_0——喷嘴出口直径，m；

ν——运动黏度系数，m^2/s，对于水 $\nu=(1\sim1.3)\times10^{-6}$；

A——取决于射流形成条件的经验系数，其中主要的因素是喷嘴的加工精度和内表面的加工粗糙度；

B——取决于射流基本参数的经验系数，其中最主要的因素是雷诺数。

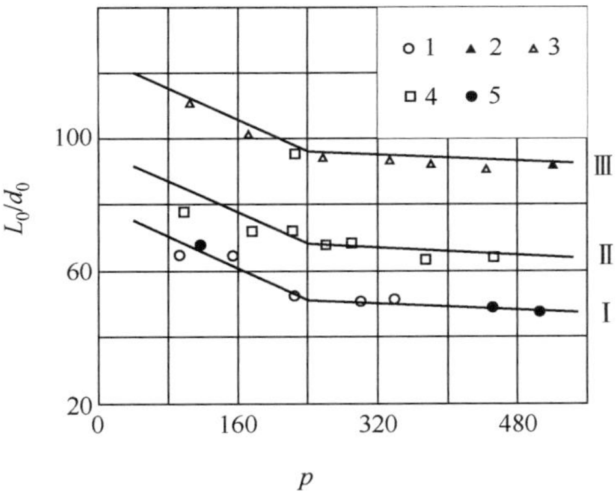

图 6-6-10　采用不同质量喷嘴时高压水射流初始段长度 L_0 与喷射压力 p 的关系曲线

喷嘴质量：Ⅰ—低等；Ⅱ—中等；Ⅲ—高等

喷嘴直径：1—d_0 = 0.97mm；2—d_0 = 1.27mm；3—d_0 = 1.50mm；4—d_0 = 2.17mm；5—d_0 = 2.87mm

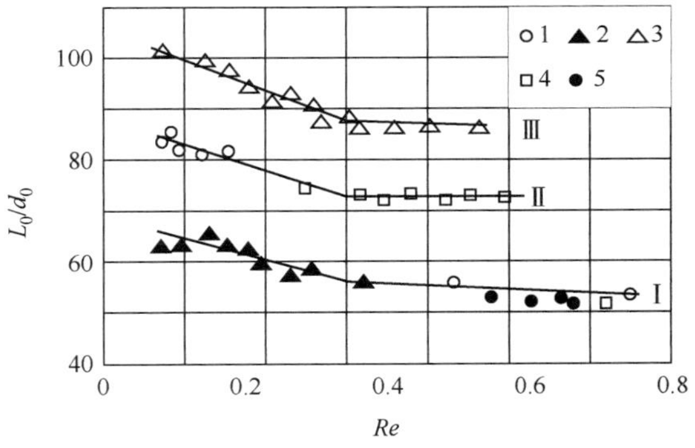

图 6-6-11　采用不同质量喷嘴时高压水射流初始段长度 L_0 与雷诺数 Re 的关系曲线

喷嘴质量：Ⅰ—低等；Ⅱ—中等；Ⅲ—高等

喷嘴直径：1—d_0 = 0.97mm；2—d_0 = 1.27mm；3—d_0 = 1.50mm；4—d_0 = 2.17mm；5—d_0 = 2.87mm

对于喷射压力较高，雷诺数 $Re>0.4\times10^6$ 时，射流初始段长度直接决定于形成条件，而不再和雷诺数有关，可按下列公式来选择：

$$L_0=(53\sim106)d_0 \tag{6-6-15}$$

A、B 两经验系数和式(6-6-15)中常数的选取可参考表 6-6-2、表 6-6-3。

表 6-6-2　计算射流初始段长度用表①

喷嘴质量	$Re<0.4\times10^6$		$Re>0.4\times10^6$
	A	B	L_0/d_0
差	84	68×10^{-6}	53~60
中等	96	68×10^{-6}	70
优	112	68×10^{-6}	85~106

① 本表适用于喷射压力为 10~60MPa，喷嘴出口直径 d_0 为 0.005~0.003m。

表 6-6-3　连续射流的相对初始段长度（L_0/d_0）表①

射流喷射压力（p_0）/MPa	初始段长度（L_0）/mm	初始段无量纲长度（L_0/d_0）	雷诺数（Re）
喷嘴直径 d_0=0.00097m；加工质量中等			
10	77.5	80	0.13×10^6
20.3	74	76	0.19×10^6
29.9	74	76	0.23×10^6
38.7	75	77	0.26×10^6
喷嘴出口直径 d_0=0.0015m；加工质量优			
10	158	106	0.2×10^6
21.3	144	96	0.3×10^6
33.2	135	90	0.3×10^6
39.4	131	87	0.4×10^6
喷嘴出口直径 d_0=0.00287m；加工质量很差			
10	200	70	0.99×10^6
16.4	172	60	0.50×10^6
33	155	54	0.71×10^6
39.2	155	54	0.77×10^6

① 本表系试验所得数据。

（2）射流直径

水射流自喷嘴喷出后，即逐渐扩散。这是由于在射流中形成横向速度，横向速度使射流从喷嘴中喷出时发生紊流扰动，并使射流与外部介质（空气）相互作用。在水流中开始出现液体的断裂，而后射流分裂成水滴。

图 6-6-12 为某靶距离 L 时渗入空气后，射流直径 D 的变化情况。射流的全部断面 F_τ 可以作为液体断面（假定的）F_y 和与一部分空气占领的射流断面 F_{1-4} 之和。靶距越大，渗入空气后的射流断面也越大。

射流每一断面上的水流量（在工作范围内）可由下式来表示：

$$Q=V_{cp}\cdot F_\tau \tag{6-6-16}$$

式中　V_{cp}——某一靶距上射流的平均速度，m/s。

射流的液体断面（假定的）由以下关系式表示：

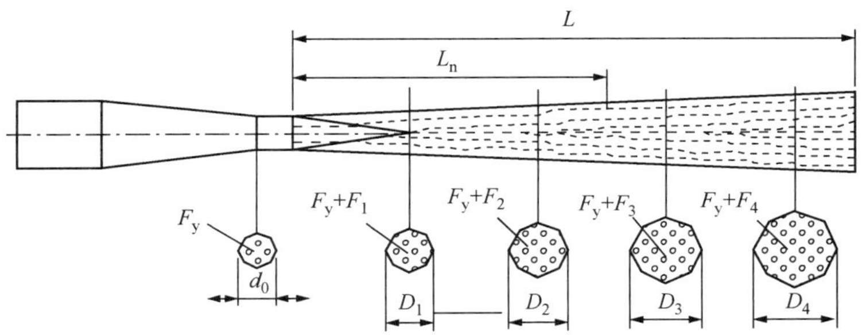

图 6-6-12　射流结构示意图(分析射流直径用)

$$F_y=F_\tau-F_{1-4}=F_\tau\left(1-\frac{F_{1-4}}{F_c}\right)=F_\tau K_0 \tag{6-6-17}$$

从上式得：

$$K_0=\frac{F_y}{F_\tau} \tag{6-6-18}$$

于是：

$$K_0=V_{cp}\cdot F_\tau\cdot K_0 \tag{6-6-19}$$

将式(6-6-19)变换后，获得无因次形式的渗气后的射流直径变化方程式为：

$$\frac{D}{d_0}=\sqrt{\frac{\mu}{K_0}}\cdot\left(\frac{P_0}{P_{cp}}\right)^{0.25} \tag{6-6-20}$$

式中　D——在靶距为 L 时的射流直径，m；

μ——喷嘴流量系数，取 0.93~0.98；

P_{cp}——在靶距为 L 时的射流动压力，MPa。

系数 K_0 表示相对密度等于 1 的射流的实际流量与相对密度小于 1 的掺气后射流的水气混合物流量的比率。系数 K_0 不可能大于 1，因为实际流量小于水气混合物流量。随着靶距的增大，而系数 K_0 却减小。

水压力变化为 33~50MPa 时，高压水射流直径与喷嘴直径($a=0.00097$m，$b=0.0015$m，$c=0.00217$m，$d=0.00287$m)距离的关系如图 6-6-13 所示。由此曲线图可看出，曲线呈抛物线形状，而水压力值在试验时的变化范围为 26~50MPa 时，实际上对射流直径没有显著的影响。

高压水射流无因次直径的关系由下式表示：

$$\frac{D}{d_0}-1=A_1\left(\frac{L}{d_0}\right)^{K_0} \tag{6-6-21}$$

式中　K_0——指数，与喷嘴出口直径无关，其值不变；对于在水力除焦中使用的除焦器喷嘴射流的形成条件来说，$K_0=0.65$；

A_1——无因次参数，其值由喷嘴直径的尺寸决定，并由下式表示：

$$A_1=0.03\,d_0(\text{mm})$$

$\frac{D}{d_0}-1=f\left[A\left(\frac{L}{d_0}\right)^{K_0}\right]$ 综合曲线如图 6-6-14 所示。

从图 6-6-14 中可以看到试验数据分散性的偏差系数在 5%~10%范围内变化。这样推出的关系式(6-6-21)以足够的精确度反映了高压水射流直径实际变化的规律性。高压水射流直径也可按式(6-6-20)求得。

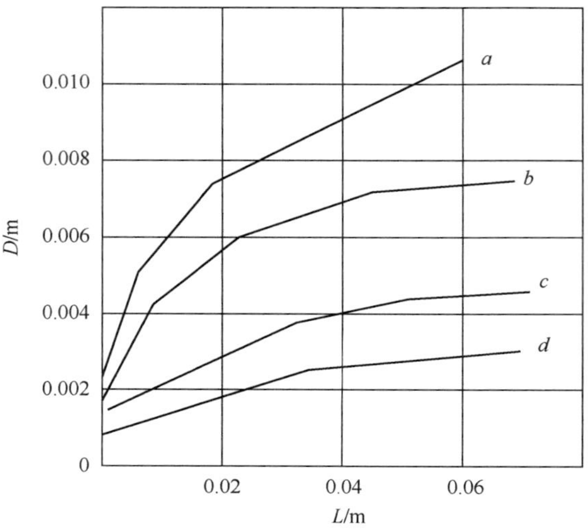

图 6-6-13　不同喷嘴和初始压力时高压水射流与距离的关系曲线

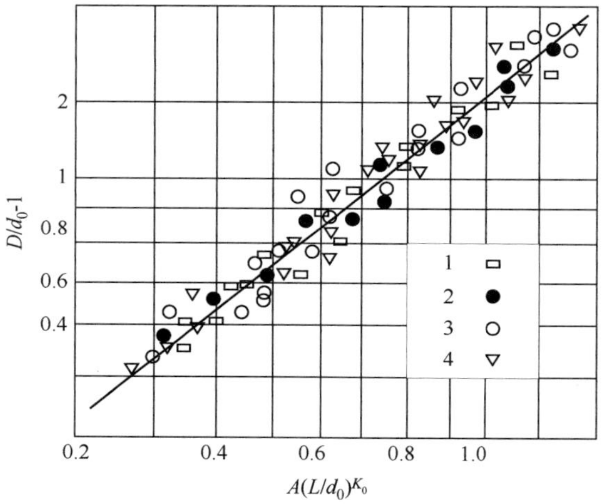

图 6-6-14　在不同喷嘴直径和初始压力时$\frac{D}{d_0}-1=f\left[A\left(\frac{L}{d_0}\right)^{K_0}\right]$关系曲线

喷嘴直径：0.00097m；0.0015m；0.00217m；0.00287m

初始压力：1—33MPa；2—39MPa；3—44MPa；4—50MPa

$$K_0=1.8\left(\frac{d_0}{L}\right)^{0.424} \tag{6-6-22}$$

以上方程式是在图 6-6-15 综合曲线图的基础上获得的。

(三) 连续水射流的动力特性

1. 射流动压力

高压水经过喷嘴形成高速水流，其能量的形式由压能转变为动能。由水力学可知：

$$V_0=\varphi\sqrt{\frac{2gp_0}{\rho}} \tag{6-6-23}$$

或

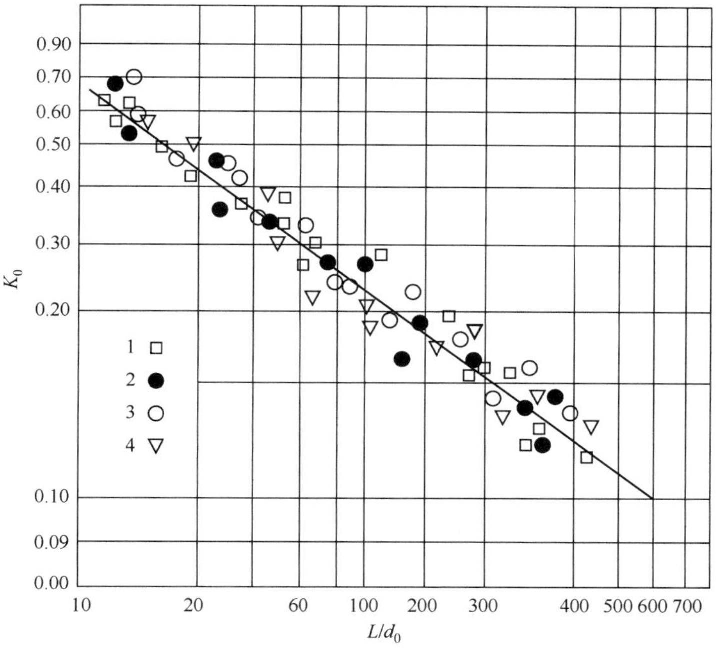

图 6-6-15　在不同的喷嘴直径和初始压力时高压水射流的 $K_0=f(L/d_0)$ 关系曲线

喷嘴直径：0.0015m；0.002m；0.00217m；0.00287m

初始压力：1—33MPa；2—40MPa；3—45MPa；4—50MPa

$$\phi^2 p_0=\rho\frac{V_0^2}{2g}=p$$

式中　V_0——喷嘴出口速度，m/s；

p_0——喷嘴入口压力，MPa；

p——喷嘴出口动压，MPa；

ρ——水的密度，kg/m^3；

g——重力加速度，m/s^2；

ϕ——喷嘴流速系数，良好的流线型喷嘴 $\phi\approx0.98$。

$p=\rho\frac{V_0^2}{2g}$即为水射流在喷嘴出口处的动压，其意义为单位体积的水在喷嘴出口处所具有的动能。射流因为在运动过程中克服空气阻力逐渐扩散，其动能逐渐减小。图 6-6-16 为射流轴心动压力的一般变化规律。

（1）轴心动压力

射流轴心动压力 p_m的变化规律如图 6-6-16(b)所示，对应于射流结构图可以看到，在初始段内，它是不变的，在初始段外，随着距离的增加，轴心动压力逐渐减小。对于一般 p_0为 30~60MPa 的水射流来说，轴心动压力 p_m的数值可按下式计算：

$$p_m=p_0\left(\frac{L_0}{L}\right)^{0.27+0.0075\left(\frac{L}{L_0}\right)^2} \qquad (6-6-24)$$

（2）射流平均动压

射流各断面上的相对平均动压 p_{cp}/p_0随 L/d_0变化规律如图 6-6-16(c)所示。

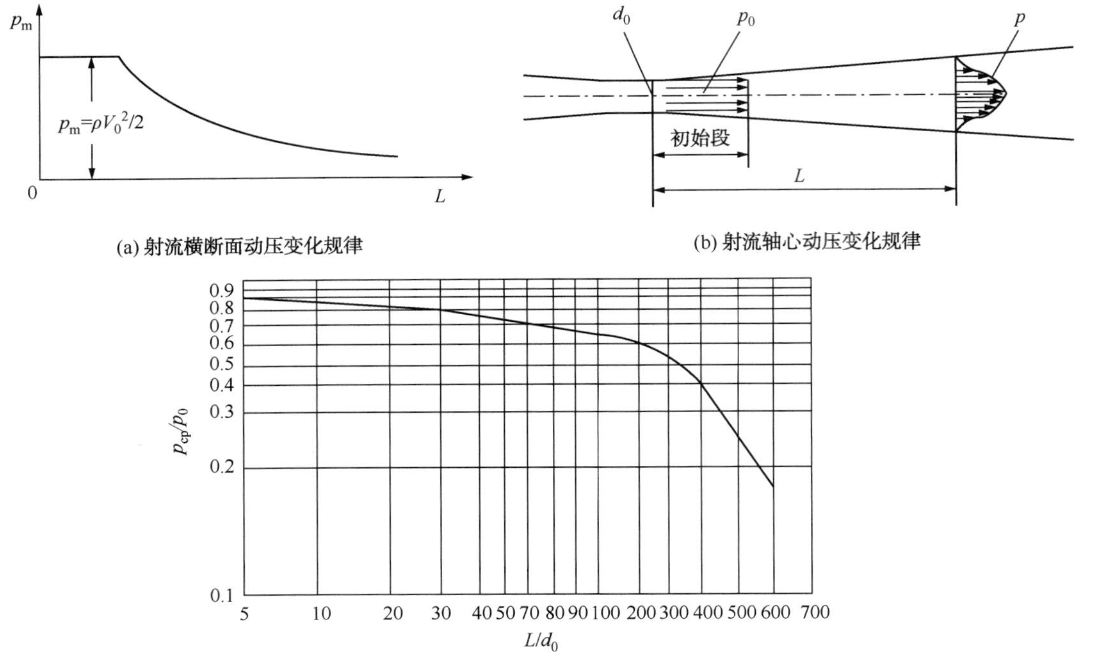

(a) 射流横断面动压变化规律

(b) 射流轴心动压变化规律

(c) 无量纲平均动压力和无因次距离的综合关系

图 6-6-16　射流动压力沿射流长度上的变化规律

射流沿截面的平均压力 p_{cp} 反映射流横断面上的动压力变化。在喷嘴距离不同的情况下，射流的结构特征和动力特征变化之间的关系可借助 p_{cp} 来确定，并计算出离喷嘴距离 L 处的作用力。高压水射流的平均动压力由下式确定：

$$\frac{p_{cp}}{p_0}=A\left(\frac{d_0}{L}\right)^K \tag{6-6-25}$$

式中的 A、K 为固定系数，其数值由试验确定。由于高压水射流沿长度范围在周围空气介质中扩散过程的强度不是固定的，A、K 也是变化的。在初始段内 $K=0.105$、$A=1.14$，即在初始段内高压水射流的平均动压力计算公式为：

$$\frac{p_{cp}}{p_0}=1.14\left(\frac{d_0}{L}\right)^{0.105} \tag{6-6-26}$$

在射流初始段范围外（$L/d_0=90\sim600$），系数 $A=1$，系数 K 以下式表示：

$$K=0.105+7.4\left(\frac{L}{d_0}\right)^2\times10^{-7} \tag{6-6-27}$$

2. 射流打击力

射流以一定的速度向物体喷射时，物体受到的力量就是射流打击力。由于几何和动力特性变化的综合影响，射流打击力有自身独特的规律。

（1）最大打击力

随着喷嘴与物体之间的距离逐渐增大，开始时打击力逐步增大，在某一距离时打击力达到最大 F_{max}，然后开始下降。根据研究结果表明，射流打击力达到最大值的距离 L 波动范围很大，处在 L/d_0 为 60～200 的范围内（见图 6-6-17）。

虽然随着距离的增大，射流的平均速度和密度将减小，但在某一距离上射流总打击力却

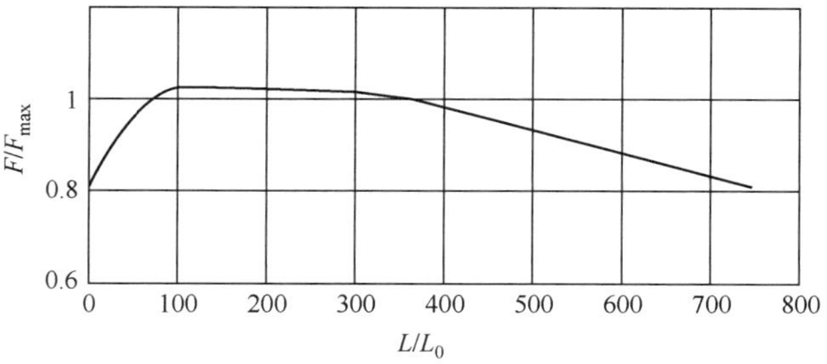

图 6-6-17 对于不同喷嘴和不同初始压力射流的 $F/F_{max}=f(L/d_0)$ 的综合曲线

增大。出现这种现象的原因，可以通过对射流参数的函数关系式 $F=f(\omega、p、v)$ 的分析来说明。因为由喷嘴喷出的射流立即扩散，射流的横断面面积随扩散角的增加而增加。试验表明，射流直径的增加在其长度上是不一致的。在 L/d_0 为 0～100 的射流段上，直径增长较强烈，在这段范围之外，即 L/d 为 100～720 处，直径增长较缓慢，因此在射流各种扩散角的结合处出现弯曲，而在这弯曲处获得最大的射流打击力 F_{max}。

因为在 L/d_0 为 0～100 段上射流扩散最强烈，所以在某一角度下有相当一部分运动流体碰到平面物体，这就引起反射回流，从而产生附加反力。这些发生在射流对物体的打击力增长的地方，即 L/d_0 为 0～100 的射流段上。在射流两种不同扩散角弯曲的断面上获得射流对平面物体的最大打击力。

射流的最大打击力可按下式计算：

$$F_{max}=p_{zj}=p_0\times(0.785\ d_0^2) \tag{6-6-28}$$

式中 p_{zj}——作用于喷嘴出口端面上的射流总静压力，N；

p_0——喷嘴内单位静压力，MPa；

F_{max}——射流最大打击力，N。

(2) 射流基本段内的打击力

对于高压水射流来说，射流对平面物体的最大打击力 F_{max} 与无量纲距离 L/d_0 为 80～150 相吻合，即 $F/F_{max}=1$。射流在这个区域范围以外，无量纲距离在 L/d_0 为 150～740 之间，射流的打击力可按下式计算：

$$\frac{F}{F_{max}}=1.046-3\times\left(\frac{L}{d_0}\right)\times10^{-4} \tag{6-6-29}$$

(四) 普通连续射流的计算

1. 给出条件

在计算连续射流的各项数值时，应给出下列主要条件，以便于计算。

① 射流喷射压力 p_0(MPa)。

② 喷嘴出口直径 d_0(mm)。

③ 喷嘴内表面加工质量(差、中等或优)。

2. 计算程序

(1) 射流喷射速度

这里指的是喷嘴出口处的喷射速度 V_0(m/s)，可按下式计算：

$$V_0=\phi\sqrt{2gH_0}=43.96\sqrt{p_0} \tag{6-6-30}$$

(2) 射流流量

射流流量 $Q(m^3/s)$ 可按下列公式进行估算：

$$Q=\phi\omega_0\sqrt{2gH_0}=V_0\omega_0=0.785\times d^2V_0 \tag{6-6-31}$$

式中　ω_0——喷嘴出口截面积，m^2。

（3）雷诺数

雷诺数 Re 可按下列公式计算：

$$Re=V_0\frac{d_0}{\nu} \tag{6-6-32}$$

式中　ν——水的运动黏度，cm^2/s（当室温为 13℃时，可取为 $0.012cm^2/s$）。

（4）射流初始段长度

正如前面所指出的那样，射流初始段长度和射流喷射速度、喷嘴内表面加工质量密切相关。因此，应根据雷诺数的不同分两种情况来进行初始段长度的计算。

① 当 $Re<0.4\times10^6$时，可按下列公式计算：

$$L_0=(A-B\cdot Re)d_0 \tag{6-6-33}$$

式中系数 A 主要决定于喷嘴质量，A 与 B 数值均可由表 6-6-2 查得。

② 当 $Re>0.4\times10^6$时，可按下列公式计算：

$$L_0=(70\sim160)d_0 \tag{6-6-34}$$

其长度值主要决定于喷嘴内表面加工质量。

（5）射流轴心动压力

值得注意的是，随着离喷嘴出口距离的变化，轴心动压力的变化可分为两个阶段。在第一阶段，即初始段范围内，它的数值是不变的，一直接近于射流在喷嘴出口处的数值。在第二阶段，即超出射流初始段范围后，轴心动压力的数值随着离喷嘴出口距离增大而减小，其数值可按下式进行计算：

$$p_m=p_0\left(\frac{L_0}{L}\right)^n \tag{6-6-35}$$

$$n=0.27+0.0075\left(\frac{L}{L_0}\right)^2$$

式中　L——要求的计算截面离喷嘴出口的距离，m。

（6）射流平均动压力

指离喷嘴距离 L 处的截面内的平均动压 p_{cp}。随着射流轴心动压变化分成两个阶段，射流平均动压也应根据计算截面所处的位置不同，分别按下列公式计算。

① 初始段内：

$$p_{cp}=p_0\times1.14\,d\left(\frac{d_0}{L}\right)^{0.105} \tag{6-6-36}$$

② 初始段外：

$$p_{cp}=p_0\left(\frac{d_0}{L}\right)^k \tag{6-6-37}$$

$$k=0.105+7.4\times10^{-7}\left(\frac{L}{d_0}\right)^2$$

（7）射流直径

射流直径 $D(m)$ 可按下列公式计算：

$$D=d_0\left[A_1\left(\frac{L}{d_0}\right)^{0.65}+1\right] \tag{6-6-38}$$

式中　A_1——经验系数，可取 $0.03d_0$。

(8)射流平均速度

射流平均速度 V_{cp}(m/s)可通过射流平均动压计算：

$$V_{cp}=43.96\sqrt{p_{cp}} \tag{6-6-39}$$

(9) 射流最大打击力

射流最大打击力 F_{max}(N)通过下式计算：

$$F_{max}=2\omega_0 p_0 \tag{6-6-40}$$

(10) 射流总打击力

下面列出了 $L=d_0(150\sim740)$区段内截面上总打击力 F(N)的计算公式：

$$F=F_{max}\times\left(1.04-3\times10^{-4}\times\frac{L}{d_0}\right) \tag{6-6-41}$$

(11) 射流平均打击压强

这里指的是射流单位面积内的平均打击力 f'(MPa)，可按下式计算

$$f'=\frac{F}{\omega} \tag{6-6-42}$$

式中　ω——射流截面积，m^2。

(12) 射流功率

射流功率 N(kW)可按下式计算：

$$N=\frac{pQ}{102}\times10^5 \tag{6-6-43}$$

(13) 比能消耗

比能消耗 E(kW/m^3)就是用高压水除焦时，每立方米焦炭所消耗的能量，它是衡量水力除焦效率的一项指标，按下式计算：

$$E=\frac{N}{A} \tag{6-6-44}$$

式中　A——单位时间内切割掉的焦炭体积，m^3。

(14) 射流的后坐力

射流的后坐力 R(N)按下式计算：

$$R=2\omega_0 p_0 \tag{6-6-45}$$

三、水力除焦方法与操作

(一) 无井架水力除焦

无井架水力除焦技术是我国自行开发的具有独立知识产权的技术，它具有建设周期短、节省钢材、建设投资较少等特点。在 20 世纪 60~70 年代先后有胜利、茂名、荆门、金陵、长岭等延迟焦化装置采用了无井架水力除焦技术。

无井架水力除焦设备如图 6-6-18 所示，主要由高压胶管、水龙带绞车、对位小车、传动机构、水涡轮减速机、除焦器、高压回转接头、联接法兰、塔底盖装卸机及程序控制系统等组成。

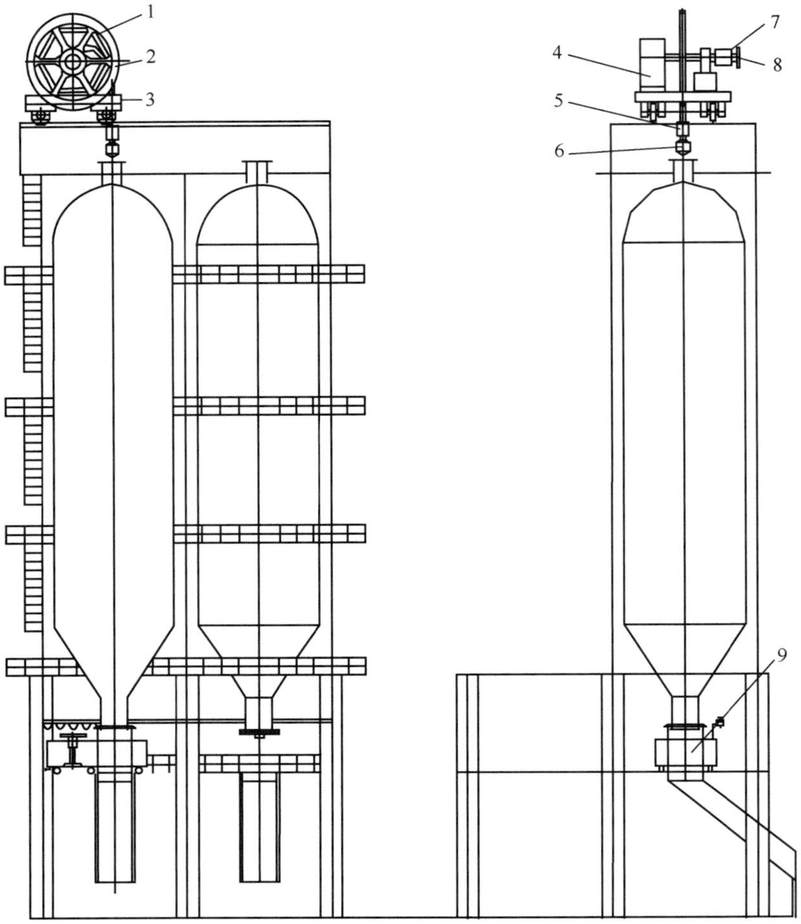

图 6-6-18　无井架除焦机械设备布置示意图

1—高压胶管；2—水龙带绞车；3—对位小车；4—传动机构；5—水涡轮减速机；6—除焦器；7—高压回转接头；8—联接法兰；9—塔底盖装卸机

由于无井架水力除焦是用高压胶管代替钻杆，使得高压胶管在受压、拉、扭及冲击等交变载荷下工作，导致使用寿命短，水涡轮维修率高，因此限制了该技术的推广。近年来新建的焦化装置均采用有井架水力除焦，所以对无井架水力除焦技术本书不再作详细介绍。

（二）有井架水力除焦

1. 有井架除焦机械设备

国外延迟焦化水力除焦系统都是采用有井架水力除焦。而国内水力除焦系统分为有井架水力除焦系统和无井架水力除焦系统。有井架水力除焦的机械设备布置如图 6-6-19 所示，这些机械设备属于除焦专用。

2. 高压水流程

图 6-6-20 为有井架高压水力除焦系统流程示意图，流程主要包括：高位水罐、高压水泵、除焦控制阀、高压球阀及高压管道等。

除焦水从高位水罐(6)流出，经过滤器、低压管道(7)进高压水泵吸入口，经过高压水泵增压后通过高压管道(1)进入除焦控制阀(8)。除焦控制阀有三种状态(见图 6-6-22)：当

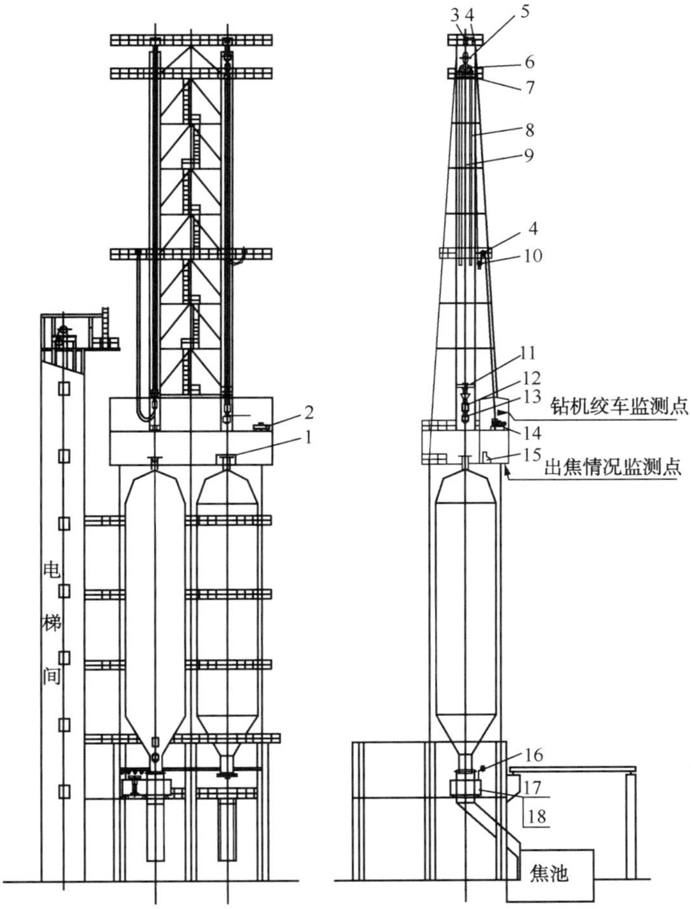

图 6-6-19　有井架除焦机械设备布置示意图

1—顶盖机；2—检修小车；3—固定式滑轮组；4—导向滑轮组；5—游动式滑轮组；6—风动水龙头；7—支点轴承；8—高压胶管；9—钻杆组件；10—张紧器；11—塔口扶正器；12—水力马达减速器；13—自动除焦器；14—钻机绞车；15—塔顶除焦操作台；16—电缆滑车；17—塔底盖装卸机；18—风动扳手

阀在状态 a 时，高压水经除焦控制阀内的回流多级降压后，通过管道(3)流回高位水罐(6)。当阀在状态 b 时，高压水分两路，第一路经除焦控制阀内的回流多级降压后，通过管道(3)流回高位水罐(6)，第二路经除焦控制阀内的预充多级降压后，通过管道(2)、高压球阀、高压胶管、钻杆等进入自动除焦器。当阀在状态 c 时，第一路通道关闭，全部除焦水经第二路进入除焦器。

3. 高压水泵组

高压水泵组是水力除焦系统中提供动力的机械设备，它与一般的离心泵相比具有扬程高、流量大、启动频繁、抗焦炭颗粒磨损及耐硫腐蚀等特点。

4. 控制设备

程序控制设备主要包括：塔顶防爆操作台、塔底联络柜、泵房主控柜或 DCS 及变频柜、摄像头及无触点开关等。

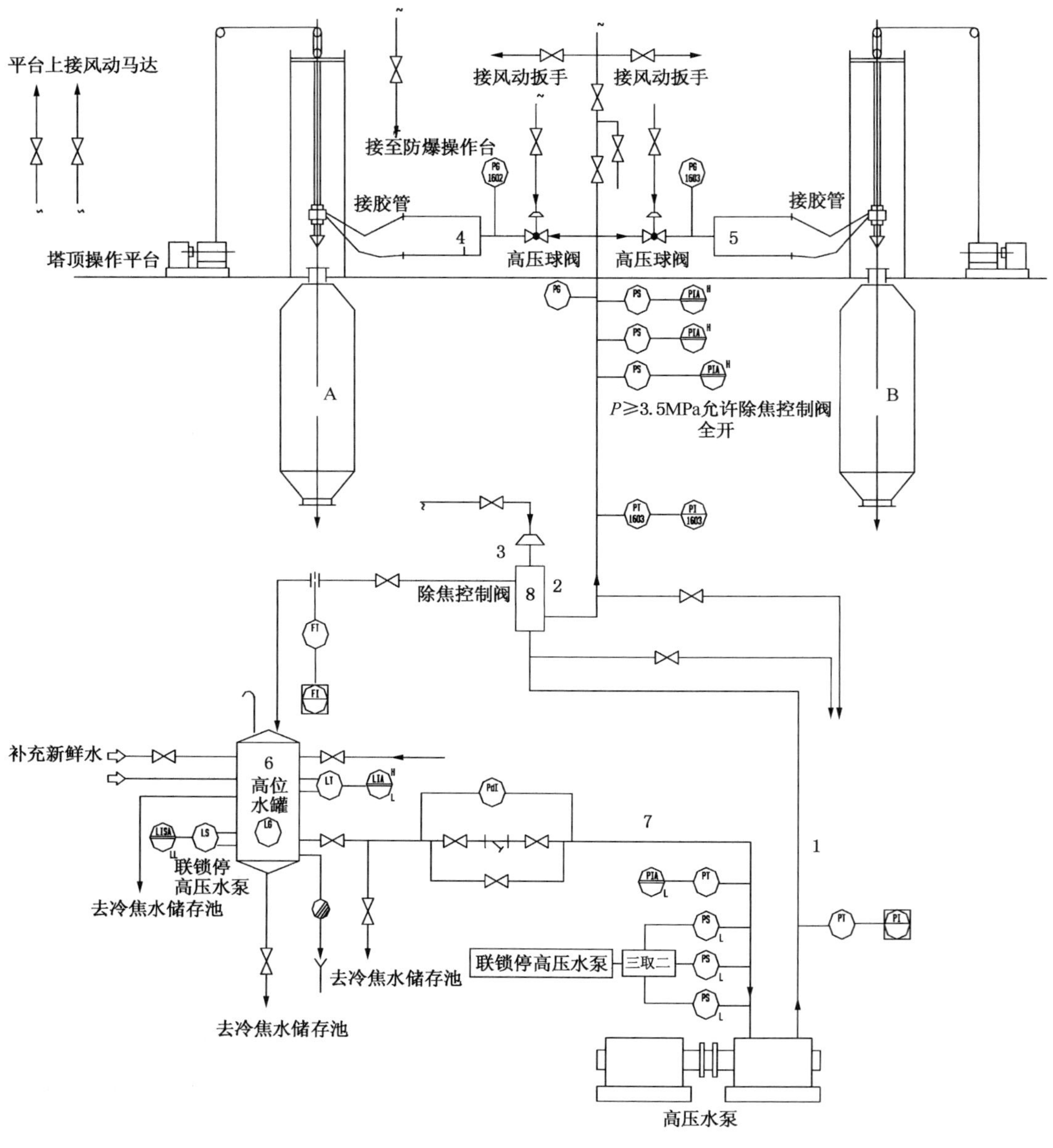

图 6-6-20　水力除焦系统流程示意图

(三) 水力除焦系统的操作

1. 水力除焦流程

水力除焦是延迟焦化装置生产中的一道工序，水力除焦的原理是利用高压水射流的动能对焦炭塔内的焦炭进行破碎，使其与塔壁脱离，靠自重下落并排出焦炭塔。

高压水由高位水罐经过过滤器进入高压水泵，然后进入除焦控制阀，除焦控制阀出口分为两路：一路打循环流回高位水罐，另一路经高压水管道引至塔顶操作平台，分两支管道上到井架73m平台高度，再通过高压胶管沿焦炭塔架分别延伸到井架顶部操作平台，接风动水龙头，在每个焦炭塔顶部高压水管线上各安装一个气动球阀，用来接通或切断供给该焦炭塔的高压水。切换切焦器喷嘴时，高压水经除焦控制阀流回高位水罐，切焦器达到自动切换目的。

钻杆组件、水涡轮减速器，最后通过自动切换联合钻孔切焦器形成高压水射流进行钻孔和切焦。

钻具的旋转由水涡轮或风动马达带动，钻具的升降通过钻机绞车卷放钢丝绳来实现。

在除焦过程中，焦炭和水同时落下，经过塔底盖装卸机的保护筒至塔底斜溜槽流进储焦池。经过过滤，水进入沉淀池内经沉淀冷却等处理后作为除焦水循环使用；焦炭经抓斗起重机进行抓运，经火车/汽车将焦炭外运走。

2. 水力除焦操作过程

（1）除焦前的准备

当焦炭塔内的焦炭被水冷却至80℃以下，冷焦水从塔底管道放完以后，可准备进行水力除焦操作：

① 确认接通水力除焦程序控制系统电源。

② 焦炭塔内冷焦水放干净后开启底盖机。

③ 焦炭塔内压力为零时开启顶盖机。

④ 在主控柜上完成选塔、选泵，主控柜上的指示灯显示高压水泵检测系统指示正常，高位水罐液位指示正常，除焦控制阀处于回流位置。

⑤ 由主控柜向塔顶操作台、塔底联络柜发出准备启动高压水泵信号(灯光、声响)。

⑥ 塔顶接到启泵信号后，确认除焦器喷嘴直径与对应的高压水泵流量相匹配及处于钻孔状态后，启动钻机绞车，钻具进入塔内(距离塔口6~8m时)塔顶对应的气动球阀自动打开，另一塔的气动球阀处于关闭状态，在塔顶操作台上的指示灯显示正常。

⑦ 由塔顶操作柜和塔底联络柜向主控柜发送允许启动高压水泵信号(灯光、声响)。

⑧ 主控柜接到以上信号后启动高压水泵。

（2）钻孔

① 高压水泵运行正常以后，由塔顶操作柜切换除焦控制阀到预充状态，待管线压力升到塔顶管线压力开关整定压力值时，预充指示灯亮。

② 由塔顶操作柜切换除焦控制阀到全开状态。

③ 由塔顶操作柜启动钻机绞车，选择适当的钻孔速度，操作柜上应显示除焦器的位移及除焦状态，显示斜溜槽的出焦情况。下钻时要尽可能地快，以减少塔内的存水，下钻速度可根据焦炭硬度的具体情况随时进行调整，以钻具不直接接触焦层(即不顶钻)为宜，自上而下一直钻通为止。

④ 除焦器接近焦炭塔下极限位置时，观察塔顶操作柜(FBK)上电视屏显示斜溜槽的出焦情况，斜溜槽中出现大量焦炭时，应使钻机绞车停止下降。

（3）扩孔

① 观察斜溜槽基本没有焦炭流出时，启动钻机绞车使除焦器适当地将钻通的孔径扩至约1500mm。

② 除焦器提升到焦层高度以上，斜溜槽中出来的焦炭明显减少时，停止钻机绞车，切换除焦控制阀使其处于回流状态。

（4）切焦

① 在上述情况下，塔顶高压水管线内水压降至0.5MPa以下时，由塔顶操作台(FBK)切换除焦控制阀到预充状态。

② 当高压水管线内压力升至压力开关整定压力值时，塔顶操作台上预充完成指示灯亮。

③ 由塔顶操作台切换除焦控制阀到全开状态，这时除焦器自动切换成切焦状态。

④ 由塔顶操作台启动钻机绞车，使除焦器在塔内作上、下往复运动。不断观察斜溜槽的出焦情况，直到把塔内焦炭除净为止。

⑤ 由塔顶操作台(FBK)切换除焦控制阀到回流位置。

⑥ 将钻杆及胶管内的水排净后把除焦器提出塔口 1500mm 以上停止钻机绞车，由塔顶操作柜通知主控柜停止高压水泵。

⑦ 安装焦炭塔顶盖和底盖，准备进料生焦。

在除焦过程中，抓斗、桥式起重机配合，将经过斜溜槽落入焦池的焦炭及时抓走并均匀分布在储焦池内。

3. 程序控制系统

(1) 程序控制系统组成

① 主控柜。主控柜安装在高压水泵房内，是程序控制系统的核心设备，柜内安装有 PLC(可编程逻辑控制器)及其他控制电器，它接受系统一次仪表和二次仪表信号，对除焦控制阀、高压水泵、塔顶高压球阀、钻机绞车进行控制，实现联锁。控制面板设有报警、跳闸指示、电源开关、与塔顶联络按钮及指示灯、电源接通指示、高压水泵运行指示、选泵、选塔开关、除焦塔号指示、泵阀、塔阀、除焦控制阀阀位指示等。故障顺序记录仪能及时显示系统故障跳闸的时间和顺序。

② 塔顶防爆操作台。塔顶防爆操作台为正压通风型防爆结构(防爆等级 dⅡBT4)，为操作人员提供除焦控制阀三种工作状态的手动选择和钻机绞车的控制。设有高压水泵紧急停车按钮、联锁状态开关、与泵房联络按钮等。在玻璃视窗内设有切焦器位移的模拟显示和数模显示，设有联锁解除指示、除焦控制阀、塔阀状态指示、切焦器上下极限及进塔指示、与泵房联络指示、柜内正压高低报警指示等。电视监视系统使操作人员的操作更直观、方便。

③ 变频柜。变频柜安装在低压配电室，盘面上设有工频/变频转换开关、电源指示。

④ 上位机。上位机安装在高压水泵房内，上位机系统通过组态软件与 PLC 通讯对系统各测点状态进行检控，并可以通过上位机对系统各项联锁进行旁路、投用、设置操作(设置相应操作权限)。

(2) 程序控制系统操作顺序

① 根据正压防爆柜使用说明书给防爆操作台 FBK 正常送电。

② 当主控柜允许主控柜送电指示灯亮后，接通电源开关，电源接通指示灯亮起，打开变频柜空气开关。

③ 将选泵(选阀)开关指向准备启动的高压水泵，确定后按下选泵选定按钮，对应选泵指示灯亮。

④ 将选塔开关指向准备除焦的塔(塔 A 或塔 B)，确认无误后，对应塔号指示灯亮起，若发现选塔、选泵有误且已选定(塔号灯亮)，则必须在高压泵启动前关闭 PCK 电源开关一次，重新进行选塔。

高压水泵系统监测系统正常，高位水罐液位正常，除焦控制阀处于回流位时，操作人员按下允许高压水泵启动确认按钮，高压水泵允许启动灯亮，高压水泵的启动处于待命状态。

以上操作完成且条件具备后，系统将给所选塔对应绞车操作台允许上升、允许下降信号。操作人员可以根据操作台操作步骤进行控制(以启动 1#绞车为例，按下绞车控制电源开按钮，绞车控制电源指示灯亮，扳动选择上升或下降控制，平稳、缓慢地旋转调速旋钮，调整至希望的运行速度）。这里需要说明一点，除焦控制阀的控制必须要待高压水泵启动正常（高压水泵工作正常确认），钻具进入塔内，塔阀自动打开后，或者联锁解除开关打开后，方可真正起作用。

当切焦器下降至塔内（距塔口 8m）时，除焦器进塔指示灯（塔内指示灯）亮，所选塔对应塔阀自动打开；其他未选塔对应塔阀关闭，且打不开。

塔顶操作人员通知泵房操作人员可以启动高压水泵。

高压水泵运行正常后，塔顶操作人员将所选塔对应操作台盘面上除焦控制阀控制开关拨至“预充”位，高压水以小压力、小流量将上水管线充满。当管线压力到达塔顶管线上压力开关整定压力值时，预充完成信号灯亮，此时将除焦控制阀控制开关拨至“全开”位，当除焦控制阀到达全开位置时，“全开”信号灯亮，即可进行除焦作业。（注意，当上水管线未注满水，即预充未完成时，除焦控制阀对全开信号不响应）

井架上设有上、下极限位保护和进塔位（塔内距离塔口 8m）保护开关。绞车在上、下极限位时自动停止升、降，极限位指示灯闪烁，提示操作者应将绞车升/降控制开关拨到“停止”位，并将钻具放在合适的位置（反方向操作），待闪烁消失后，再恢复正常操作。当除焦控制阀在非回流状态，绞车上升至进塔位时，绞车会自动停止上升，塔内指示灯闪烁，提示操作者应先将绞车升/降控制开关拨到“停止”位，然后将除焦控制阀控制开关拨至“回流”位，将钻具放在合适的位置，待闪烁消除后，并确认除焦控制阀已处在“回流”位，才能允许钻具继续提升，提出塔口，出塔口时塔阀自动关闭。

当对一个塔的除焦作业完成，塔顶操作人员通知泵房操作人员可以停泵。关闭控制柜电源后，做下一塔除焦作业的准备工作。

监视器画面的控制与切换：打开防爆操作台操作面板上的监视器电源开关，监视器屏幕上即出现被监视点（钻机绞车和漏焦槽）画面，按 AUTO/MANUAL 键和画面 1-4 键。可随时切换被监视点画面。

（3）水力除焦程序控制系统操作注意事项

① 主控柜 PCK 属于非防爆低压电器控制柜，在送电之前一定要确认其周围无可燃性物质，且塔顶防爆操作台送电正常，方可送电。

② 在塔顶防爆操作台断电开门检修时，由于部分电路由泵房主控柜和变频柜供电，因此在主控柜和变频柜未断电时塔顶操作台仍有带电部分，应注意安全，确认开盘时周围有无可燃性气体。

③ 当接近开关故障失灵或由于其他原因无法取到信号时，造成过程控制中下一步控制无法实现（比如：进塔信号取不到时，塔阀就无法打开，除焦控制阀也打不开，影响正常除焦）。为不影响生产，可将操作台盘面上联锁解除开关拨到“开”位置，此时联锁解除指示灯和所选塔塔内指示灯同时亮，所选塔对应塔阀自动打开；这时钻具已没有上下极限位联锁保护和钻具出塔口联锁保护，完全靠操作人员人工观察进行操作，应高度注意安全。故障排除后，必须及时置联锁解除开关于“关“的位置。尤其要注意，不必要时，不要随意打开联锁解除开关。

④ 严禁使用控制电源按钮直接启动绞车或顶驱。

⑤ 变频/工频控制方式的切换，必须在关闭绞车或顶驱电源以后，由电气维修人员进行切换。

⑥ 在调速时，务必平稳、缓慢地操作。

⑦ 当出现由于除焦控制阀不在回流位钻具出塔口绞车保护停车时，或者其他原因造成

的停车时，一定要先将绞车升降控制开关拨到“停止”位置，再做下一步处理工作。

⑧ 在除焦作业过程中，操作人员要注意仪表盘(主控柜和防爆操作台)上受控对象所处状态显示，出现异常情况时，立即按下高压水泵紧急停泵按钮。

(4) 水力除焦程序控制系统联锁条件及报警讯号

表6-6-4为除焦控制系统联锁和报警讯号，表6-6-5为高压水泵联锁条件表，表6-6-6为塔顶底盖机联锁条件。

表6-6-4 除焦控制系统联锁和报警讯号

序号	项 目	内容	报警	停车	连锁	仪表名称	安装位置	备 注
除焦控制阀在下列情况通旁路								
1	阀位选择开关在旁通位置							
2	钻具未进入塔内				√			
除焦控制阀具备下列条件才能进入预充状态								
1	钻具进入塔口8m以下				√	灯	就地盘	
2	阀位选择开关在预充满位	指示			√		主、就地盘	
除焦控制阀具备下列条件才能进入全开状态								
1	预充满完成	指示				压力开关	主、就地盘	
2	阀位选择开关在全开位置					灯	主、就地盘	
塔阀具备下列条件才能开阀								
1	选塔完成	指示			√	灯	主盘	
2	塔顶盖打开	指示			√	灯	就地	
3	钻具在塔口8m处	指示			√	灯		塔入口阀自动打开
塔阀具备下列条件才能关阀								
1	钻具在上限位开关接通时	指示			√			塔入口阀自动关闭
2	除焦控制阀旁路通							
钻具在出现下列情况之一时不允许上升								
1	未完成选塔			√	√			
2	钻具已处在塔顶极限位置			√	√			
3	钻具在塔口8m处且除焦控制阀在非回流位			√	√			
钻具在出现下列情况之一时不允许下降								
1	未完成选塔			√	√			
2	钻具已处在塔底极限位置			√	√			
3	塔顶盖未打开			√	√			

表6-6-5 高压水泵联锁条件

序号	项 目	内容	报警	停车	连锁	仪表名称	安装位置	备注
高压水泵具备下列条件时方能启动								
1	润滑油压力正常	指示				压力开关		
2	润滑油温度正常	指示				温度计		

续表

序号	项　　目	内容	报警	停车	连锁	仪表名称	安装位置	备注
3	高位水罐水位正常	指示				液位控制		
4	选泵正确，相应泵阀打开	指示				阀位检测	主、就地盘	
5	除焦控制阀通旁路	指示				灯	主、就地盘	
6	选塔正确	指示				灯	就地盘	
高压水泵具备下列条件时报警								
1	润滑油压力	低	√			压力开关		
2	润滑油温度	高	√					
3	高位水罐液位	低	√			液位		
4	泵轴承温度	高	√					
5	齿轮箱轴承温度	高	√					
6	电机定子温度	高	√					
7	电机轴承温度	高	√					
8	泵轴振动	高	√					
9	齿轮箱高速轴振动	高	√					
高压水泵具备下列条件之一时停机								
1	润滑油压力	低低		√		压力开关		
2	高位水罐液位	低低		√		液位控制		
3	泵吸入压力	低低		√				
4	电机定子温度	高高		√				
5	PLC 低电压电源消失			√				
6	人工停机信号			√				

表 6-6-6　焦炭塔顶底盖机联锁条件

序号	项　　目	内容	报警	停车	联锁	仪表名称	安装位置	备注
塔顶盖机具备下列条件时允许开盖								
1	塔被选				√	选塔开关		
2	被选塔内温度低于设定允许开盖温度				√	温度变送器		
3	被选塔内压力小于设定允许开盖压力				√	压力变送器		
塔顶盖机具备下列条件时允许关盖								
1	塔被选				√	选塔开关		
2	钻具已提出塔外				√	接近开关		
塔底盖机具备下列条件时允许开盖								
1	塔被选				√	选塔开关		
2	被选塔顶盖机已打开				√	回讯开关		
塔顶盖机具备下列条件时允许关盖								
1	塔被选				√	选塔开关		
2	被选塔顶盖机已关闭				√	回讯开关		

(四) 远程智能除焦系统

近年来，国外新上的焦化装置大多采用自动化除焦，将除焦操作间移至地面，整个除焦操作过程采用程序化顺序动作来完成。高压水泵、三位阀、自动顶盖机、自动底盖机、水龙头、钻机绞车、钻具、控制检测等各设备的控制系统均进入除焦程序控制系统参与智能顺序控制，完成焦化装置全自动化除焦。

目前，国内自主研发的智能除焦系统逐步完成了工业应用，实现了远程和自动除焦。智能除焦系统是用在以前系统上进行技术升级的自动控制技术，将操作环境恶劣和工况复杂的除焦过程实现智能化，最终达到远程、自动化操作。

智能除焦系统主要由远程除焦控制系统(钻杆运动专家系统、防坠落安全保护装置系统、钢丝绳精密检测系统、事故应急处理系统)、电视监视系统、除焦动态监测系统及其相关的机械设备等组成。

1. 远程除焦控制系统

远程除焦控制系统主要由主控柜、远程操作柜、变频柜组成，其对高压水泵、泵出口高压球阀、除焦控制阀、塔顶高压球阀、泄压阀、钻机绞车、自动顶盖机、自动底盖机、电动水龙头、电动盘车等进行控制和联锁。远程操作柜安装在水泵房或中控室内，整个除焦过程可以通过操控远程操作柜来实现。

2. 电视监视系统

电视监控系统主要是通过高清摄像头远程监视主要设备的运转情况和重要场合的活动。可以对溜焦槽的出焦情况、钻杆的升降和旋转情况、钻机绞车的运转情况、顶底盖机的运行情况等进行监视。可以多画面同时监视，也可以对监视画面进行存储回放等。

3. 除焦动态监测系统

除焦动态监测系统就是通过动态除焦监测器对整个除焦过程进行监测，并将监测的结果实时显示在组态画面中，从而指导除焦人员的操作，达到减轻劳动强度、改善工作环境、提高工作效率的目的。

通过安装在焦炭塔塔壁外侧的动态除焦监测器，采集高压水打击塔壁所产生的噪声，在实时处理的基础上，获得焦炭的清除状态。然后通过 RS485 总线将获取的信号传送到信号集中器，再由信号集中器转换成对应的 5 路 4~20mA 电流信号送入 PLC。在 PLC 中将送入的焦炭清除信号与切焦器位移信号进行综合处理，在触摸显示屏上显示出除焦过程的组态画面。

4. 除焦动态监测音频采集系统

在焦炭塔口分别安装一个音频采集探头，通过光纤/工业以太网远传至远程除焦操作台回放，使得操作人员在远程操作时还能够听到塔上的声音，保持原有的操作模式。

(五) 焦炭塔顺序控制系统

延迟焦化装置焦炭塔的操作非常复杂和频繁，为焦化装置生产带来许多安全隐患，鉴于安全生产要求，国内的焦化装置已逐步推广焦炭塔部分阀门操作的顺序控制和安全联锁系统，这对避免事故发生与规范操作是十分必要的。

焦炭塔装置顺序控制及安全联锁系统采用一套完整的 PLC 系统，按照焦炭塔生产的工艺流程，将焦炭塔的生产分为赶空气、试压、泄压脱水、引油气预热、换塔、小吹汽、大吹汽、给水、放水、除焦十个步骤，以时间、温度、压力、液位、流量以及阀门开度为条件，实现焦炭塔现场阀门的联锁控制，从而避免操作工误开阀门，以保障焦炭塔的安全生产。目前该系统在国内多家炼油厂投入使用，运行稳定可靠。

焦炭塔的顺控及安全联锁系统由主控制柜 1 台(控制系统核心)、辅助控制柜 1 台(信号隔离和信号分配)、操作员站1套(对焦炭塔流程进行监控和操作)、工程师站1套(仪表维护人员对系统进行维护和检查)、现场防爆操作柜1台(顺控分阶段外操人为确认操作)等组成。

四、水力除焦系统的机械设备

(一) 高压水泵

1. 高压水泵组的构成

高压水泵组主要包括：高压水泵、齿轮增速箱、电动机、联合底座等，与之配套的还有润滑油系统、冷却水系统、泵的仪表监控及操作系统等。图6-6-21为高压水泵组外形图。

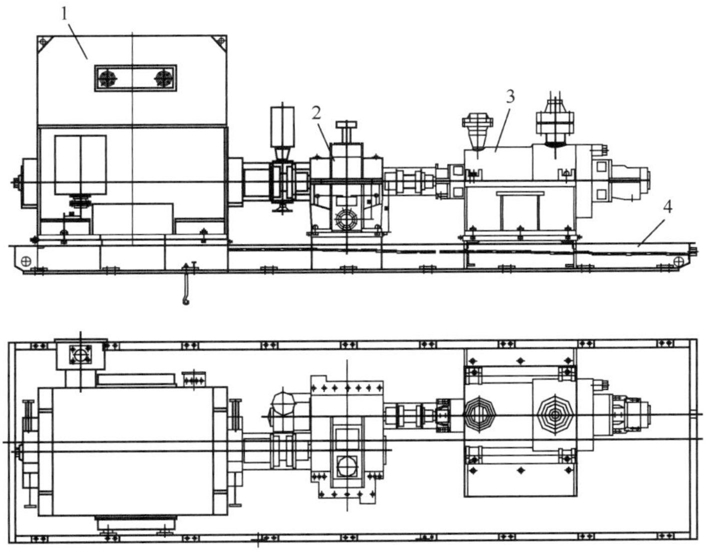

图6-6-21　高压水泵组外形图

1—电动机；2—齿轮增速箱；3—高压水泵；4—联合底座

2. 高压水泵的主要结构

按API610泵的制造标准，在这种参数和工况下，该泵为双壳体卧式多级离心泵。外壳体为筒形，内壳体为集装式的泵芯，它为径向剖分式的多级分段组合部件。泵芯可在不拆卸泵进出口管道的情况下作为一个整体从泵体中抽拆出来。

① 轴封采用集装式单端面平衡型机械密封。

② 径向轴承采用四油楔动力滑动轴承，止推轴采用双向承受同等轴向力的可倾瓦结构，轴承采用强制润滑。

③ 平衡机构采用双平衡鼓与止推轴承的组合结构形式。

3. 扬程和流量的确定

(1) 额定扬程

如何确定高压水泵的流量和扬程，原美国太平洋泵厂是根据焦炭塔的直径大小、石油焦的破碎强度、单塔内焦炭的储量及结合切焦器喷嘴特性，并保证在4h内完成全塔切焦操作的前提下，来确定高压水泵的流量和扬程。

已知焦炭塔直径 D 和焦炭的破碎强度 σ_p，为保证焦炭塔壁处的焦炭被破碎，高压水射流在焦炭塔壁处的轴心动压力为：

$$p \geqslant 3\sigma_p \tag{6-6-46}$$

$$H=100(p_0+p_y)+H_0 \tag{6-6-47}$$

$$p_0=\frac{p_{\mathrm{m}}}{\left(\frac{L_0}{L}\right)^n} \tag{6-6-48}$$

式中　p_0——喷嘴出口处动压力，MPa；

p_y——沿程阻力和局部阻力，MPa；

H_0——射流出口处到高压水泵中心的高度，m。

（2）额定流量

$$Q=3600\varphi n\,\omega_0\sqrt{2gH} \tag{6-6-49}$$

式中　φ——喷嘴的流量系数；

ω_0——喷嘴的流通面积，m^2；

n——喷嘴数量。

（二）除焦控制阀

除焦控制阀(三位阀)垂直安装在高压水泵出口管道上，阀门关闭时阀芯在下端，如图6-6-22(a)，高压水经多级节流降压后排出，这时允许高压水泵在最小流量下启动或停泵。阀芯在中间位置时，如图6-6-22(b)，一部分高压水经多级节流降压后排出，另一部分高压水经另一组多级节流降压后通过高压管道进入焦炭塔内的除焦器，其作用是用小流量的水对高压管道进行预充满，防止水击现象。阀门打开时阀芯在上端，如图6-6-22(c)，高压水经阀体通过高压管道进入焦炭塔内的除焦器，进行水力除焦。

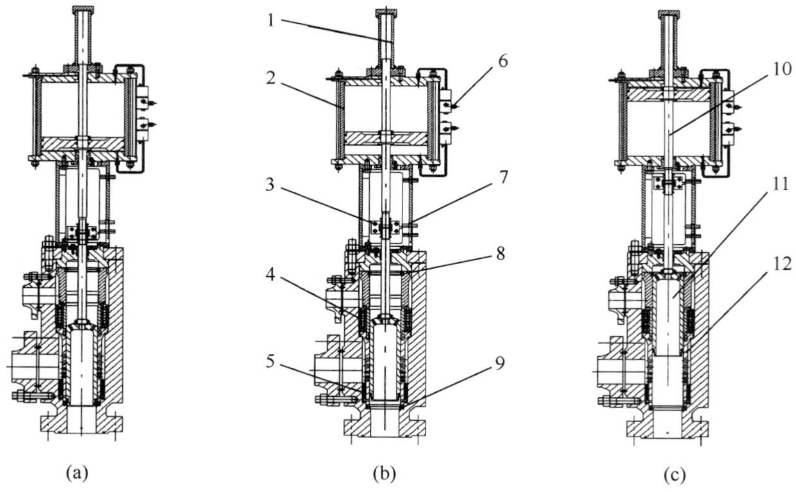

图6-6-22　除焦控制阀工作状态示意图

1—压力平衡缸；2—气缸；3—联轴器；4—回流多级降压孔板；5—预充多级降压孔板；6—气动换向阀；7—接近开关；8—上密封座；9—下密封座；10—阀芯；11—阀套；12—阀体

1. 结构

除焦控制阀主要由执行机构、阀体和行程控制等组成，执行机构可以是电动执行机构或气动执行机构，气动执行机构又分为气缸直接驱动和风动马达经过减速器驱动，图6-6-22是气缸直接驱动的除焦控制阀结构示意图。目前国内延迟焦化装置绝大部分都是采用这种结构形式的除焦控制阀，某些新建炼厂延迟焦化采用了进口的电动除焦控制阀。

2. 工作原理

图 6-6-22(a)是除焦控制阀的关闭状态(也称回流状态)，这时阀芯(10)处于阀体的下端，高压水从下部进入阀体内经过多级回流降压(4)后流回高位储水罐。

图 6-6-22(b)是除焦控制阀的预冲状态，这时阀芯(10)处于阀体的中间位置，高压水分两路，一路经多级回流降压(4)后流回高位水罐，另一路经预冲多级降压后通过高压水管道进入自动除焦器。预充的主要目的是以较小的水流对高压水管道进行预冲，防止水击现象。

图 6-6-22(c)是除焦控制阀的全开状态，这时阀芯(10)处于阀体的上端，高压水经过除焦控制阀进入高压水管道。

3. 除焦控制阀的选用

① 公称压力按高压水泵的最大扬程确定。

② 公称直径与高压水管道相匹配。

③ 回流流量与高压水泵允许的最小流量相匹配。

④ 预冲压力的确定与除焦器的喷嘴直径和数量有关，一般控制在 2~5MPa 之间。

⑤ 高压水中焦粉颗粒的最大直径应小于除焦控制阀内降压孔板中截流孔的直径。

4. 孔板外置式除焦控制阀

相对于上述除焦控制阀，为了方便其孔板的拆卸及维修，国内某工程公司新开发了一种孔板外置式的除焦控制阀(图 6-6-23)。当除焦控制阀出现故障时，可以在线进行维修。

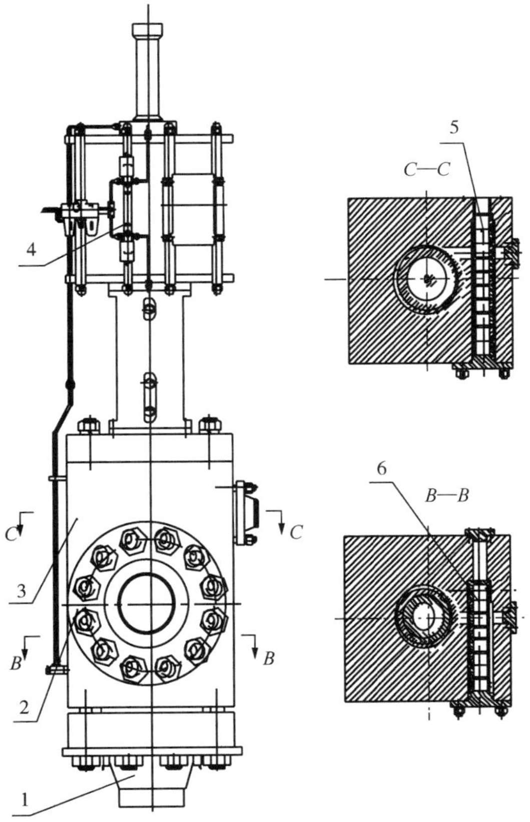

图 6-6-23　孔板外置式除焦控制阀阀体部分结构图

1—支座；2—进出口法兰；3—阀体；4—执行机构；5—回流孔板；6—预充孔板

B—B 预冲孔板截面图；*C—C* 回流孔板截面图

该除焦控制阀主要由阀体部分、执行机构、支座等部分组成。执行机构安装在阀体上，执行机构气缸的活塞杆与阀体部分的阀杆通过一个联接块相连接。阀体安装在支座上。阀体为三位三通换向阀，执行机构的气缸采用双作用气缸，通过控制回路控制活塞上下移动，从而使阀芯处于不同位置，实现控制阀的工作位置的调节。

5. 电动除焦控制阀

图 6-6-24　电动除焦控制阀

国内某企业开发的电动除焦控制阀由阀体主体、电动执行机构、外置回流管组件、阀位传感器等部分组成（图 6-6-24）。该型除焦控制阀与气动执行机构的除焦控制阀相比，阀体进水方式由之前的下端进水改为侧面进水，使阀芯下端增加了径向支撑，减少了阀芯在上下运动过程中与套筒的摩擦，可延长设备使用寿命；阀体通径可达到 *DN*200mm，较气动执行机构的 *DN*150mm 有所增加，能满足大流量的工况要求；采用电动执行机构具有阀位定位准确、可靠性高的特点，便于实现远程智能操作。

（三）除焦器

1. 国内现用除焦器状况

在 2001 年上海石化 1.0Mt/a 的延迟焦化装置投产以前，国内所使用的都是 6m 塔用的除焦器，有国产的，也有从国外进口的。从结构原理上来分析，这些除焦器大概有以下几种类型。

（1）螺母封堵式

这种除焦器具有四个钻孔喷嘴与四个切焦喷嘴，用四个螺母交替封住四个切焦喷嘴或四个钻孔喷嘴来进行除焦，它的优点是由于采用一般的碳材料，所以价格比较低廉，除焦效果也不错，因此目前仍在许多焦化装置中使用。但是由于需要用人工拧下与安上四个喷嘴螺帽来实现钻孔和切焦工序的转换，操作比较麻烦，再加上喷嘴后面的导流弯管不易准确定位，很难做到射流产生的反力矩的完全平衡，切焦时可能会引起钻杆晃动。

（2）转阀切换式

这种切焦器是在螺母封堵式除焦器上方安装了一个转阀，只要用手柄把阀芯转动 90°就可实现钻孔和切焦工序的转换。它既保持了螺母封堵式除焦器的优点，又具有操作方便的特点，应该说它比第一种除焦器前进了一大步，但它仍然没有完全解决前一种除焦器的某些缺点。

（3）微型除焦器

这种切焦器只有一组与纵轴线有夹角的固定喷嘴，它不进行钻孔和切焦工序的转换，而是依靠切焦器多次上下来逐步进行切焦。这种切焦器的优点是体积小、质量轻，但由于切焦时间比较长，因此目前很少应用。

（4）活塞切换式

这种切焦器主要是某些焦化装置前期从美国引进的除焦器，与国内四喷嘴除焦器不同的是它只有两个方向相反的切焦喷嘴，且基本上处于一条直线上，这样就消除了力矩不平衡的问题。但是它必须通过输入压缩空气推动内部活塞上下来实现钻孔和切焦工序的转换，它不但同样需要手动操作，而且还需要提供气源，切焦器内部结构也非常复杂，有时还会出现活塞卡住不能切换的现象。

（5）压差自动切换式

这种切焦器也是利用切焦器内部活塞上下来实现钻孔与切焦工序的转换，与前者不同的是，它是通过切焦器内部一个换向阀在切焦水压力变化时使活塞上下腔产生的压力差来使活塞上升或下降，它的特点是只要使切焦水的压力发生改变不需将切焦器提升到塔外就可实现工序的转换。但是在实际使用时，它也会出现因某种原因而造成切焦器没有转向，这时操作人员很难确定切焦器在塔内的工作状态，以及无法知道切焦器在各种工况下的旋转速度。

（6）联合除焦器

1999 年，我国从美国 IDP 公司引进两台联合除焦器，这种除焦器与前期引进的美国除焦器在外形上几乎完全相同，但是在内部结构上却有了很大的变化，在钻孔和切焦工序的转换原理上它与国内转阀切换式除焦器是相同的：只需在外部将操纵杆转动 90°就可使内部转向阀板实现钻孔和切焦的转换，既方便又可行，不但切换时间缩短而且还不需要气源。

国内有关单位成功研制开发了 YL 型除焦器，见图 6-6-25。

图 6-6-26 是该技术采用的蜂窝状稳流器，国外普遍采用这种形式的稳流器。

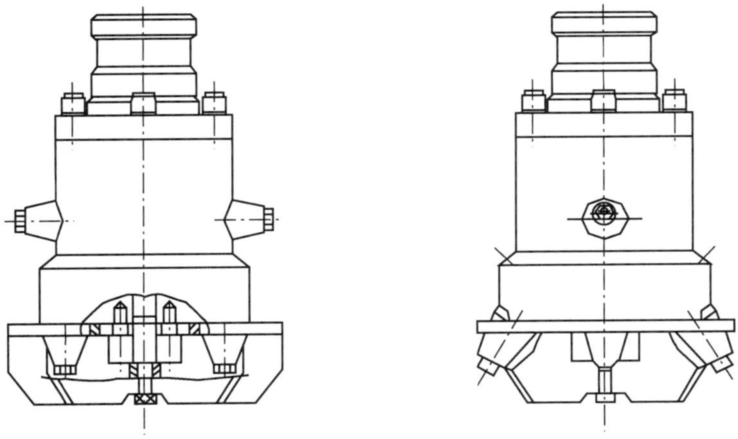

图 6-6-25　YL 型除焦器示意图

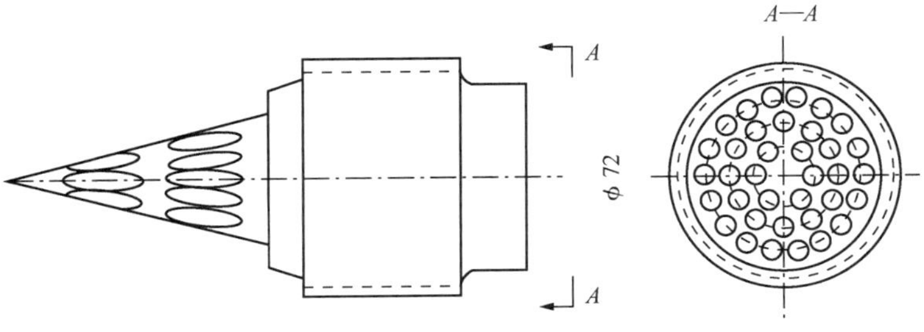

图 6-6-26　稳流器结构示意图

2. 自动切换除焦器

自动切换除焦器是国内 1996 年开发成功的，结构为 4 个切焦喷嘴对布置，压力等级为 16MPa，目前在直径 6m 以下的焦炭塔上广泛应用。在 1.2Mt/a 延迟焦化上将公称压力等级提高 42MPa，首次应用获得成功。实践证明这种结构的自动切换除焦器用于直径为 8.4m 的焦炭塔除焦效果良好。

在某公司 1.0Mt/a 延迟焦化装置上，为了多生产块状焦，减少粉焦生产量，首次采用了两个切焦喷嘴的自动切换除焦器，除焦效果良好。

自动切换除焦器结构见图 6-6-27。根据除焦工艺要求有两个工作状态：钻孔状态与切焦状态，其相互切换是依靠高压水的压力变化实现的。自动切换除焦器工作原理见图 6-6-28，高压水 p_0 推圆形齿条(1)向左移动弹簧被压缩，齿条带动扇形齿轮顺时针旋转 90°，扇形齿轮轴上的月牙槽与棘轮一起转，月牙槽的上下左右各对应 P、A、B、O 四个固定的进出水口，其中 P 是高压水入口，A 口与自动除焦器阀芯(7)的下腔相通，B 口与自动除焦器阀芯(7)的上腔相通，O 口是排水口。假定没有通入高压水时如图中 6-6-28(a)、(c)状态，这时阀芯处在最下端并与下阀座接触堵住钻空喷嘴，与此同时阀芯上端与上阀座脱离，高压水与切焦喷嘴相通，自动除焦器在切焦状态。当通入高压水，月牙槽顺时针转动 90°后如图中(b)、(d)所示，这时阀芯处在最上端并与上阀座接触堵住切焦喷嘴，与此同时阀芯下端与下阀座脱离，高压水与钻孔喷嘴相通，自动除焦器在钻孔状态。当高压水压力下降后，在弹簧(2)的作用下圆形齿条(1)又回到图中(a)状态。在水力除焦的实际操作中，自动切换除焦器钻孔与切焦之间的状态变化是靠除焦控制阀关闭一次使自动切换除焦器内的压力下降，然后再打开除焦控制阀使自动切换除焦器内压力上升来实现钻孔状态与切焦状态相互切换。

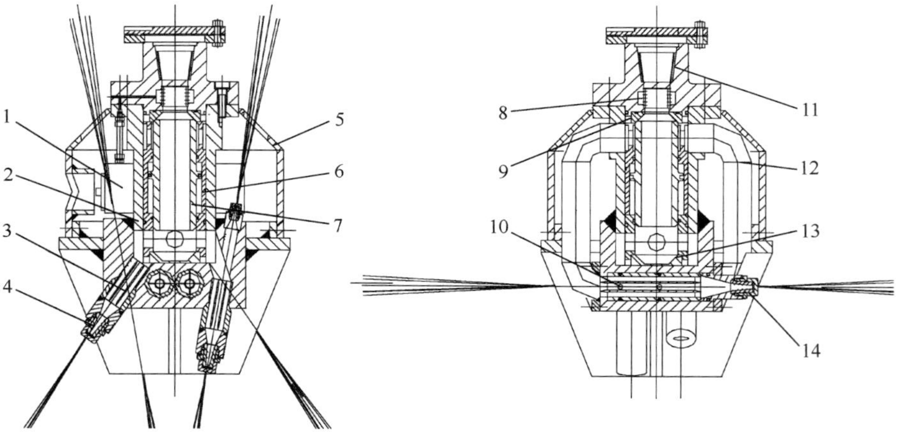

图 6-6-27　自动切换除焦器结构示图

1—两位四通阀；2—壳体；3—钻孔稳流器；4—钻孔喷嘴；5—保护罩；6—阀套；7—阀芯；8—过滤器；9—上阀座；10—切焦稳流器；11—连接法兰；12—导流管；13—下阀座；14—切焦喷嘴

喷嘴直径由下式确定：

$$d=\sqrt{\frac{Q}{0.785nV}}=\sqrt{\frac{Q}{0.785n\varphi\sqrt{2gH_0}}} \tag{6-6-50}$$

式中　Q——高压水泵额定流量，m^3/s；

n——钻孔(或切焦)喷嘴数量；

φ——喷嘴流量系数；

H_0——喷嘴入口高压水扬程，m；

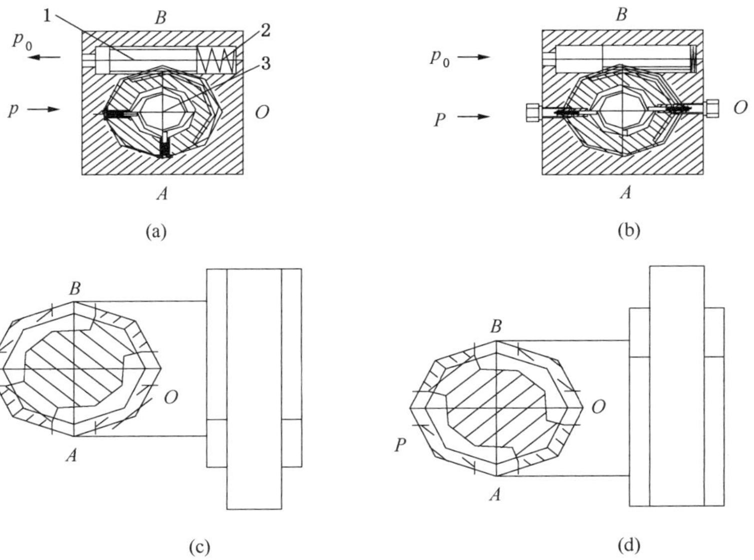

图 6-6-28　自动切换除焦器工作原理示意图

g——重力加速度，m/s^2。

3. 内切换式除焦器

内切换式切焦器主要改进的是切换机构，机构主要由配液盖、中心轴、凸轮、上下棘轮和弹簧组成，该机构设置在壳体内部的中心轴向，配液盖上设有与流道口配合的配液块(图 6-6-29)。

未工作时，无高压水，凸轮受弹簧的作用力处于上极限位置，当开始工作时，高压水将凸轮向下压至极限位置，由于上下棘轮的作用，凸轮边下降边旋转，中心轴不转，此时配液盖将高压水分配至钻孔喷嘴进行工作；钻孔完毕，高压水压力回零，凸轮受弹簧作用力向上弹起，因上棘轮的作用，不作旋转运动，同时，中心轴受凸轮形成的螺旋槽导向作用旋转，中心轴将配液盖带动旋转，使配液盖的配水状态产生变化，高压水再次给压时，凸轮旋转下降，中心轴不转，配液盖将高压水分配至切焦喷嘴进行工作，直至完成除焦，除焦工作完成后，高压水泵停机，压力水回零，中心轴受弹簧作用旋转，凸轮上升回到钻孔状态，为下次除焦做好准备。

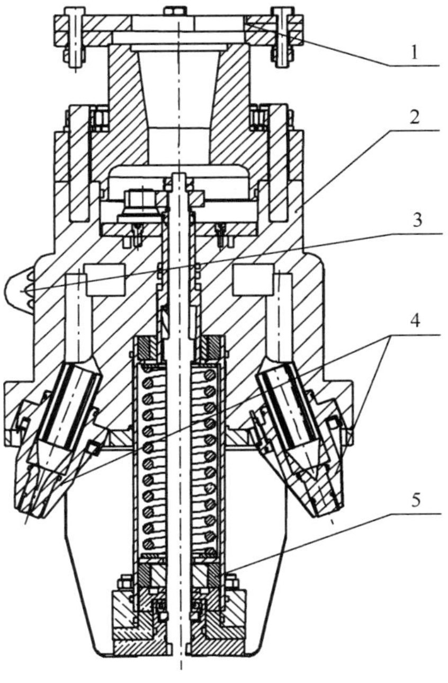

图 6-6-29　内切换式除焦器结构示意图

1—防松法兰；2—壳体；3—切焦喷嘴；4—钻孔喷嘴；5—切换机构

4. 低阻力自动切换除焦器

目前，国内某企业新研制开发的低阻力自动切换除焦器如图 6-6-30 所示。该除焦器主要由除焦器本体及自动换向装置组成，本体部分具有体积小，突出部分少，降低埋钻、卡钻后拔出除焦器的难度；整流器在本体内安装，可方便拆卸及更换；自动换向装置改进了内部进水结构，允许切换的工作压力提高，减少了零部件与除焦水的接触，可有效提高零部件的使用寿命及切换可靠性。低阻力自动切换除焦器已在中国石化、中国石油以及地方炼油厂投入200余台，普遍使用寿命在600天以上。根据用户反馈，此种除焦器大大缩短了塌方埋钻的处理时间，提高了工作效率，使用情况良好。

（四）水涡轮减速器

水涡轮减速器（图6-6-31）原是用于无井架水力除焦的专用设备，它的优点是除焦时钻杆不旋转，噪声小，高压水不外漏，缺点是使用寿命较短。

图6-6-30　低阻力自动切换除焦器

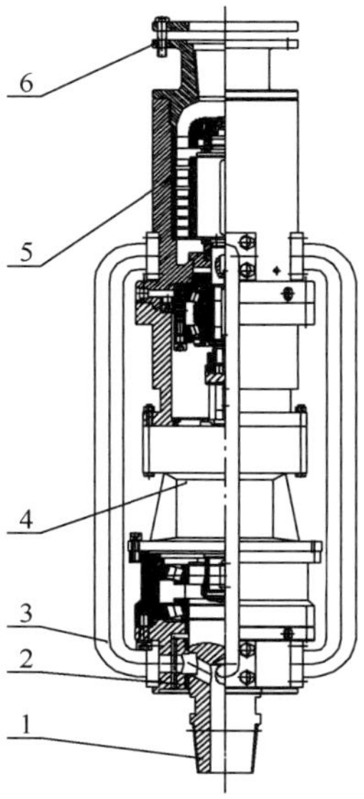

图6-6-31　水涡轮减速机结构示意图

1—输出轴；2—输出密封部分；3—导流管；4—减速机部分；5—涡轮动力输出部分；6—输入接头

某石化工程公司在首次设计1.2Mt/a延迟焦化装置时，考虑到焦炭塔高、钻杆长，为稳妥起见，决定把无井架的水涡轮减速器技术移植到有井架水力除焦。由于原来的涡轮减速器压力等级低（16MPa）不能直接选用，为此进行了以下改进：

① 解决摆线轮传动部分润滑油密封问题。

② 把原来内部的高压水流道改为外置式流道，使与润滑油箱之间的高压动密封工况改为普通低压密封工况。

③ 高压水与输出轴之间的低速动密封采用车氏组合密封。

④ 高速轴的填料密封改为非接触式机械密封。

⑤ 高速轴两端采用压力平衡结构，减轻轴承负荷。

⑥ 结构设计上保证高速轴与低速轴有良好的同轴度。

⑦ 增加一组涡轮，提高输出扭矩。

⑧ 动力部分和传动部分采用分体式。

⑨ 增设润滑油的加油和排油口。

该技术于2002年在1.2Mt/a延迟焦化装置投用以来，经过不断改进完善已经满足了大型焦化装置水力除焦的需要。改进后的水涡轮减速器投用以来一直运行良好。

在有井架上采用水涡轮减速器，具有噪声小、钻杆摆动小、高压水不会漏到塔外、安装检修方便等优点，可以替代水龙头作为切焦器的旋转动力源。已经在多套大型焦化装置上应用。该项技术具有我国自主知识产权。

经过近几年的不断应用和改进，水涡轮减速机不论在设计上还是在加工工艺上都有了长足的进步，改进后仍有一定市场占有率。主要有以下几点：

① 主要采用涡轮动力部分、减速机、输出轴部分、硬密封部分的模块化设计，便于设备安装及后续维护，提高设备使用寿命。

② 加大涡轮转子的受力面积，提高水能转换率16.9%。

(五) 水力马达

水力马达(图6-6-32)是在外置式流道水涡轮减速器之后由国内开发研制的，它的用途与水涡轮减速器、风动水龙头一样，是用于驱动除焦器旋转的。目前已在几十套延迟焦化装置上应用。

该产品结构是参照液压元件中的径向液压马达设计的(内曲线多作用径向柱塞式低速大扭矩液压马达)。不同之处是，采用除焦水作动力时，由于水的润滑性差、具有腐蚀性，在设计中选材是极其重要的。水力马达的输出扭矩与输出转速成反比，当除焦器处于钻孔状态时，输出转速会有所降低。

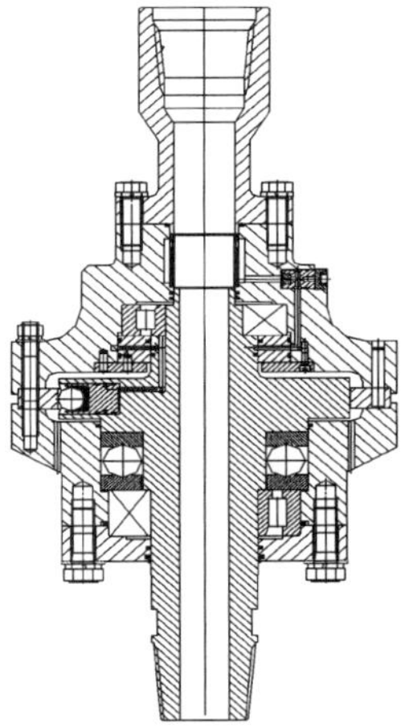

图6-6-32　水力马达结构示意图

(六) 高压胶管

在国内上海石化第一套1.0Mt/a延迟焦化装置中，水力除焦系统用的高压除焦胶管是进口国外产品，在1.2Mt/a延迟焦化装置扩能技术改造中，采用了国内研制成功的*PN*42MPa、*DN*80mm高压除焦胶管。在使用初期，出现过由于法兰与接头的焊接工艺问题发生漏水现象。经过改进焊接工艺，满足了生产需要。

(七) 钢丝绳张紧机构

在1.2Mt/a延迟焦化装置设计中，由于焦炭塔井架较高(设计最大高度102m)，为了保证钻机绞车与滑轮组之间的钢丝绳运行平稳及防止过载而发生事故，设计了钢丝绳张紧机构(图6-6-33)。该机构垂直安装在钻机绞车与固定滑轮组之间，钢丝绳从张紧机构的滑轮中通过，张紧机构下部设有配重块，在重力的作用下，使钢丝绳始终处于拉紧状态。张紧机构的滑轮可以上下移动，移动的上下极限设有接近开关，当滑轮处在上下极限时，接近开关发出电信号，经程序控制系统发出停止钻机绞车运行的指令。

近年来，新型钢丝绳张紧器(图6-6-34)在国内已经普遍使用，较以往的张紧器进行了以下优化：

① 采用碟簧代替配重块，优化结构，减轻重量。

② 钢丝绳过松或过紧均可报警。

③ 占位小，安装方便。

④ 集成位移模拟计数功能。

该钢丝绳张紧器主要包括滑轮、底板和碟簧张紧部分。其工作原理是通过张紧器内部的碟簧的张力，给正常条件下水力除焦设备的起重钢丝绳一个适当的张紧力，以保证钢丝绳处于一个张紧状态。当钢丝绳松弛(如顶钻时)且超过张紧器对钢丝绳的张紧范围时，通过接近开关感应，与水力除焦程序控制系统连锁，采取报警或停车的安全措施。同样当钢丝绳过紧时(如卡钻时)，也可以通过接近开关感应达到报警或停车的安全措施。

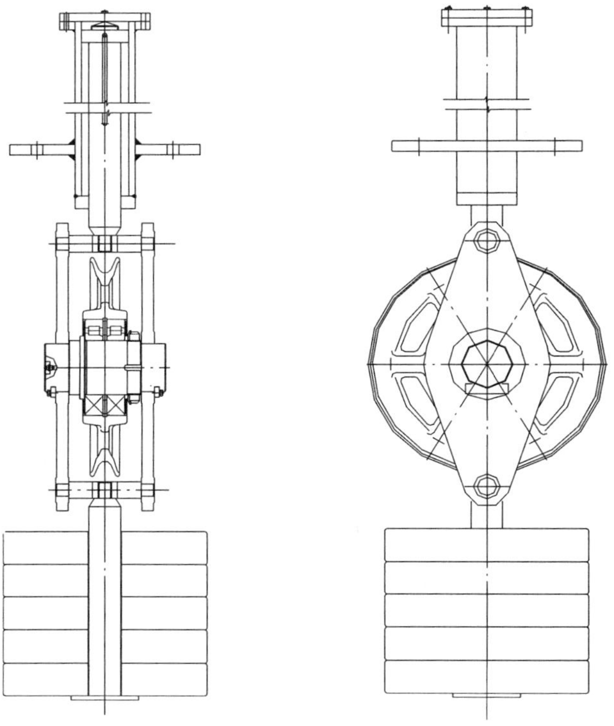

图 6-6-33　钢丝绳张紧机构示意图

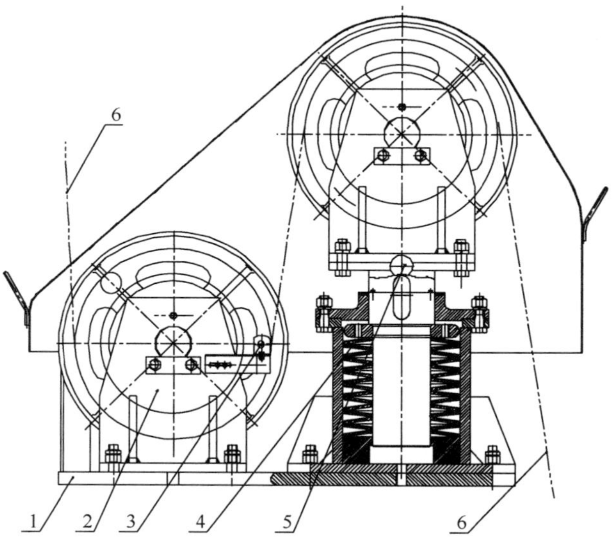

图 6-6-34　钢丝绳张紧器结构示意图

1—底板；2—滑轮部分；3—计数开关信号板；4—碟簧张紧部分；5—张紧开关信号板；6—钢丝绳

随着延迟焦化装置除焦操作的自动化水平不断提高，国内研制开发了钢丝绳精密检测系统，通过检测钢丝绳的张力来判断除焦工作情况，取代原张紧器的作用，灵敏度大幅提高，与除焦动态监测系统结合应用(图 6-6-35、图 6-6-36)。钢丝绳精密检测系统有以下特点：

① 满足自动控制的需要。接入智能除焦系统，记录钢丝绳张力，满足顶钻、塌方和钢丝绳断裂三种状态的判断。

② 活动式安装。可对被测钢丝绳直接夹持，无需穿缆，可在不释放钢丝绳张力的情况下，夹持于承载钢丝绳的任何位置，测出钢丝绳的静、动张力；便于安装维护，可靠性高。

③ 环境适应力强，在线应用。钢丝绳精密检测系统用于解决在不改变钢丝绳的受力结构的情况下，在线自动检测钢丝绳在动、静态过程中的张力问题。

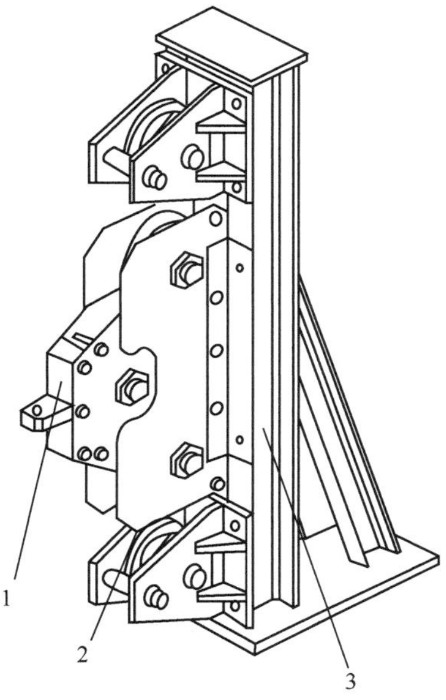

图 6-6-35　钢丝绳张力检测机构

1—检测机构；2—导向轮；3—支座

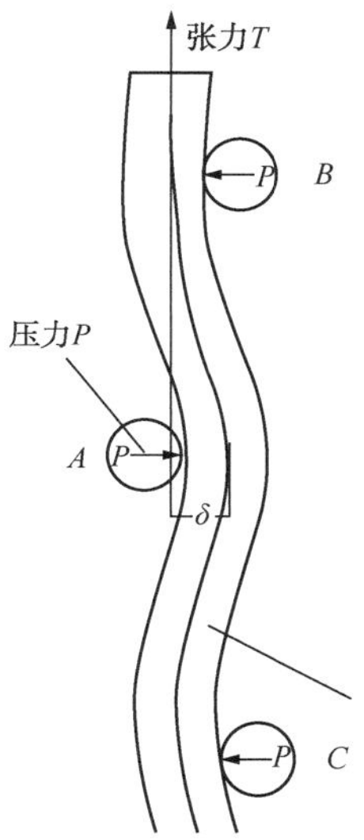

图 6-6-36　钢丝绳张力检测机构原理示意图

(八) 钻杆

在设计国内 1.6Mt/a 延迟焦化装置时，水力除焦系统中的除焦水压力提到了 33MPa，流量提到了 $300m^3/h$。在此之前，国内延迟焦化装置水力除焦系统所用的除焦钻杆为 $5\frac{1}{2}$in (139.7mm)钻探用套管，壁厚只有 9.7mm，不能满足设计需要。如果进口国外产品，每根(约 40m)需要 10 多万美元。在这种情况下，有关技术人员对国内钻杆行业进行了大量调查，掌握了加工 7in(178mm)钻杆的制造能力和加工工艺，并按有关标准设计了整体锻造除焦钻杆(图 6-6-37)。

整体锻造除焦钻杆机械性能好，外径、内孔及两端接头均可通过机械加工来保证所要求的精度，并可根据不同的使用压力任意选择壁厚。

(九) 钻机绞车

由于钻杆加长、直径加大及增大壁厚后，增加了重量，此外，自动切换除焦器、除焦胶管、风动水龙头、水涡轮减速器等重量都明显增加。焦炭塔内生焦高度提高后，如

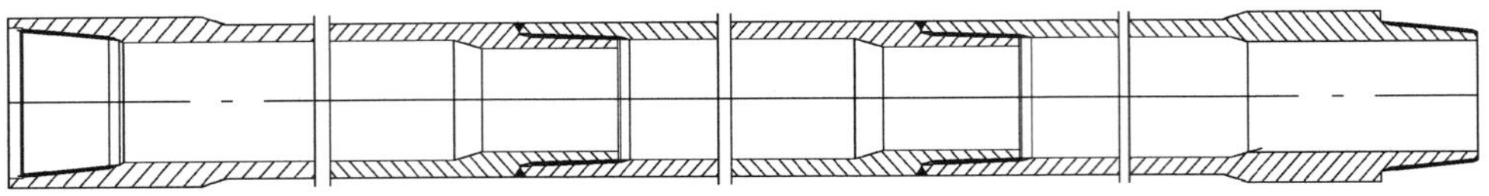

图 6-6-37　7in 锻制钻杆结构示意图

果出现塌方现象对除焦器的冲击力也要显著增大，这些都是焦炭塔直径增大，高度提高以后带来的新问题。钻机绞车作为提供给滑轮组、高压胶管、钻杆、水涡轮减速器、除焦器在井架上下移动的动力设备，除了这些需要考虑以外，在出现塌方情况下，钻机绞车还要有足够的能力将它们从焦炭塔中提出塔外(在这种情况下，自动除焦器的反吹喷嘴能起辅助性作用)。

1. 蜗轮蜗杆型钻机绞车

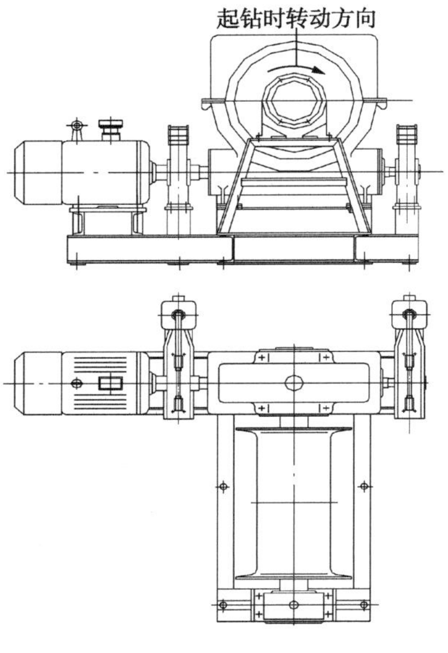

图 6-6-38　蜗轮蜗杆型钻机绞车示意图

蜗轮蜗杆型钻机绞车主要由防爆电机、蜗轮蜗杆减速器、钢丝绳卷筒、抱闸、底座等组成，见图 6-6-38。钻机绞车的速度控制国内一般采用变频进行无级调速，国外也有采用液压马达或风动马达进行无级调速。

为了安全可靠，钻机绞车一般采用电动双抱闸、钢丝绳张紧机构，并进行程序控制实行联锁。

2. 行星换挡型钻机绞车

蜗轮蜗杆减速机因其机械效率低、单绳额定提升力小、高倍率滑轮组等因素会导致电能损耗大，延长除焦时间。若出现焦炭塌方埋钻，蜗轮蜗杆钻机绞车无法直接从塌方的焦炭中提出除焦器，需借助人力及辅助工具，操作时间长，劳动强度大。

行星换挡型钻机绞车匹配低倍率滑轮组可解决以上问题。行星减速机的高速挡，机械传动效率高，额定单绳提升力大，钻具的提升速度快，缩短除焦周期；行星减速机低的速挡，单绳额定提升力提高至原有的 1.6 倍，即可快速将钻具从塌方的焦炭中提出。

行星换挡型钻机绞车主要由防爆变频电机、换挡行星减速机、定速比行星卷扬减速机、滚筒、钢丝绳、制动器及支撑架等组成(图 6-6-39)。

3. 行星减速型钻机绞车

行星减速型与行星换挡型钻机绞车相比，区别在于前者无需换挡，额定单绳提升力可满足正常除焦、埋钻、卡钻等各种工况的需求，缩短除焦周期。

行星减速型钻机绞车主要由防爆变频制动电机、行星减速机、滚筒、钢丝绳、电力液压臂盘式制动器及机架等组成(图 6-6-40)。

三种钻机绞车相关参数与特点对比见表 6-6-7。

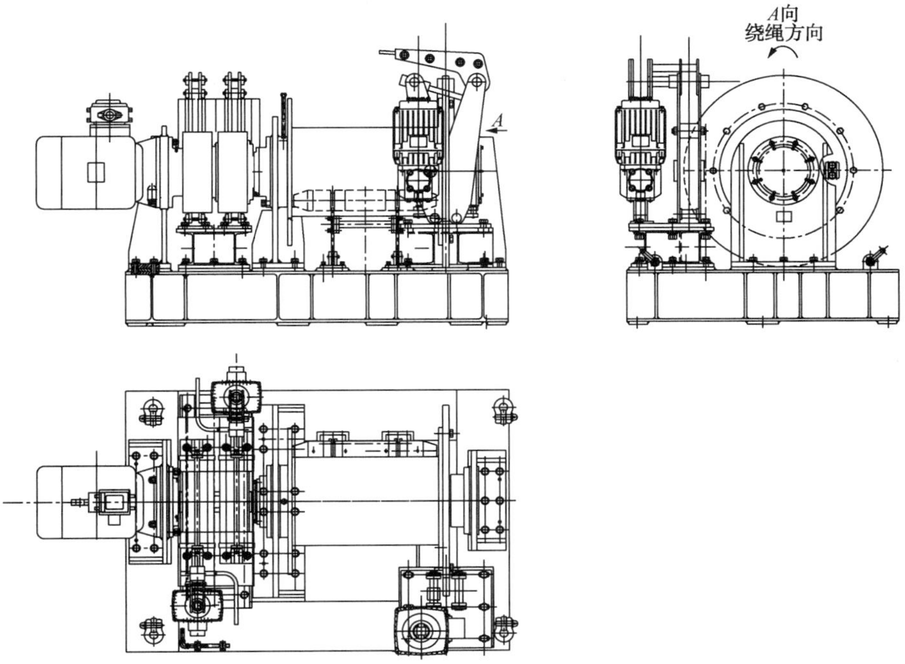

图 6-6-39　行星换挡型钻机绞车示意图

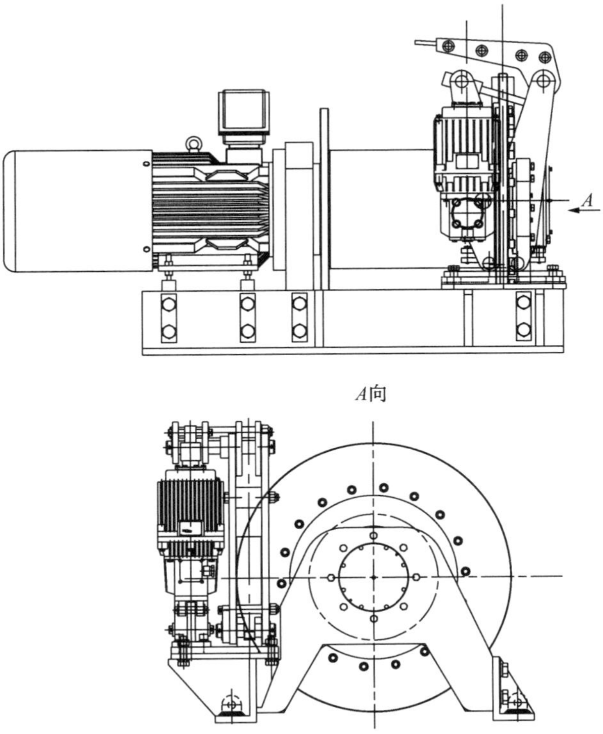

图 6-6-40　行星减速型钻机绞车示意图

表 6-6-7　三种类型钻机绞车对比

项　　目	ZJJC 型	PTW/EJ 型	PGW/E 型
减速形式	蜗轮蜗杆减速	行星齿轮换挡减速	行星齿轮减速
电机额定功率/kW	22	22	37
减速机速比	62	70/117	51
机械效率/%	50	90	95
容绳量/m	500	300	500
单绳提升力/kN	1st/5th：29/23	(高速挡位)1st/5th：32/25；(低速挡位)1st/5th：53/41	1st/5th：47/35
钢丝绳线速度/(m/min)	1st/5th：25.6/39.1	(高速挡位)1st/5th：30/38；(低速挡位)1st/5th：17/23	1st/5th：40.1/56.5
工作制动	两套电力液压块式制动器	两套电力液压块式制动器+电力液压臂盘式制动器	电机电磁制动器+电力液压臂盘式制动器
停车制动	手动带式制动器	电力液压臂盘式制动器	电力液压臂盘式制动器
优缺点	优点：传动简单，蜗轮蜗杆自锁，不需高速端提供额外制动器； 缺点：机械效率低，能耗大，单绳提升力小，速度较慢；由于提升力有限，无法直接用绞车将除焦器从塌方的焦炭中提出，需借助人力和辅助工具提除焦器，这个操作过程时间较长，劳动强度大	优点：机械效率高，能够得到较宽范围的单绳提升力；可以在埋钻工况过程中提出钻具； 缺点：速度较慢，结构复杂，尺寸较大	优点：机械效率高，单绳提升力大，减少埋钻后钻具拔出时间，大大降低劳动强度； 速度快，在变频器变频控制下，能够得到宽范围的钢丝绳移动速度，满足不同工况的使用； 传动系全部内置于滚筒内部，绞车的空间尺寸小，绞车结构简单紧凑

（十）水龙头

在设计 1.0Mt/a 以上延迟焦化装置中，为了稳妥可靠，仍保留风动马达作为水涡轮减速器或水力马达的备用设备，并把输出扭矩提到了 5000N · m。

风动水龙头主要由风动马达、行星齿轮减速器、伞形齿轮箱和填料密封等组成，如图6-6-41所示。输出转数一般在 5~6r/min，输出扭矩在 3000~5000N · m，输出轴与钻杆一般采用内平扣锥管螺纹，螺纹旋向必须与水涡轮减速器或水力马达自动除焦器保持一致。

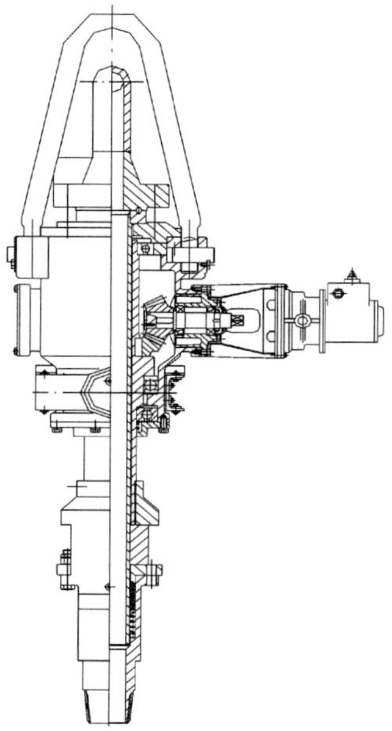

图 6-6-41　风动水龙头示意图

近几年，国内开发应用了以电机作为动力源的水龙头(图 6-6-42)，通过减速机减速，采用变频器变频调速，可以随时精确调整电动水龙头的输出转速(2~12.2r/min)，满足不同条件下的除焦需要。同时改进旋转密封的结构，采用碟簧压缩预紧旋转密封环，碟簧与除焦水隔离，提高使用寿命，旋转密封环可以完整取出更换，便于设备在线维护。

（十一）钻杆驱动组件

钻杆驱动组件(图 6-6-43)是机电一体化设备，由机

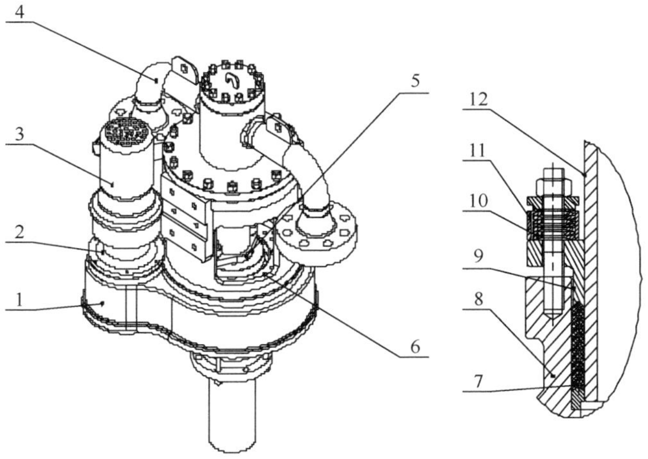

图 6-6-42　电动水龙头结构示意图

1—壳体；2—减速机；3—电机；4—T形管；5—旋转密封；6—自动润滑装置；
7—旋转密封环；8—输出轴；9—压环；10—碟簧；11—碟簧套；12—冲管

械本体及防爆变频柜、移动软电缆、电缆护套及固定组件、防爆接线盒等部分组成的电控系统两大部分组成。整套系统由变频器驱动电机减速器，通过大小齿轮带动中心管旋转输出动力，带动钻杆、切焦器旋转；输出转速可通过变频器调节，钻孔时以高转速输出；切焦时随着切焦孔直径的逐渐增大，逐渐选择较低转速。

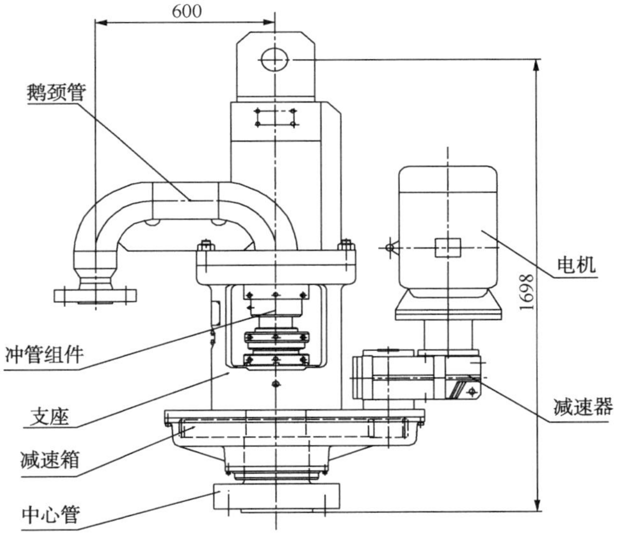

图 6-6-43　钻杆驱动组件示意图

钻杆驱动组件可以解决水马达、风动水龙头等其他驱动设备噪声大、故障率高等问题，具有输出扭矩大、转速可调节、无故障连续运行时间长、维护简单等特点。

目前，钻杆驱动组件已经在中国石油、中国石化、中海油及地方炼油厂投入使用了100多台套。据用户反馈，钻杆驱动组件投入使用后提高了除焦效率，大大减少设备维护的费用，使用效果良好。

(十二) 防坠落装置

防坠落装置是水力除焦设备中的一种安全设备，主要作用是当钻机绞车出现刹车失灵、提拉钢丝绳意外断裂或其他故障使设备突然坠落时，由设备中的提拉机构操纵安全钳动作，把整套除焦设备瞬时制停在导轨上，防止设备和人身意外损伤事故的发生，从而满足企业安全生产的需要。

防坠落装置(图 6-6-44)主要由提拉机构、杠杆机构、锁紧机构、导向机构和支架五大部分组成。防坠落装置采用瞬时式安全钳制动，安全钳为多滚柱双楔块结构，纯机械控制，具有结构简单、制停效果好、制停距离短、制动能力大的优点。

目前国内防坠落装置还处于推广阶段，已在镇海炼化等企业应用，显著提高了装置运行的安全水平，降低了安全隐患。

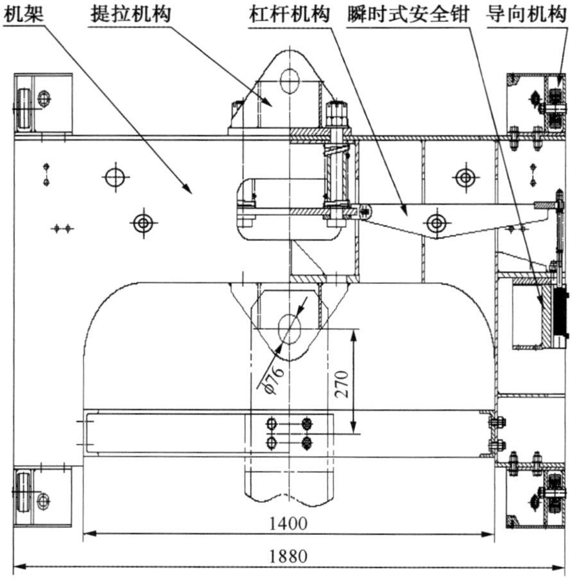

图 6-6-44　防坠落装置示意图

（十三）自动顶盖机

在某石化厂 1.0Mt/a 延迟焦化装置的设计中，国内有关工程公司和制造厂合作开发了 *DN*900mm 自动顶盖机(图 6-6-45)。该机主要由两个液压油缸(带机械自锁)、一台液压油站、碟簧补偿机构及上下支撑体等组成。它同时采用八角形金属环强制密封和蒸汽辅助密封两种形式，确保密封可靠。

1. 结构原理

自动顶盖机(图 6-6-46)中设置上、下两对抱卡，每对抱卡对合抱箍在焦炭塔上塔口颈部处，并用螺栓紧固。塔顶盖侧部通过铰轴铰接在上部抱卡上。设置的主活塞缸(液压缸)其下端通过铰轴与下部抱卡铰接，上端与塔顶盖通过铰轴铰接，在向上顶起塔顶盖沿下端铰接轴转动，在主缸两侧对称设置两个锁紧用油缸(液压缸)，并在主缸活塞杆上设置定位槽，锁紧油缸的活塞杆从两端顶入主缸活塞杆设置的定位槽内，用以将主缸活塞锁定。塔顶盖体上设置两个圆柱形孔，其内固定轴下端与主缸铰轴铰接，固定压站及操轴上套置有碟簧组，其预紧力可通过调节螺钉调节，塔顶盖关闭时，碟簧利用其预紧力将顶盖向下压、合、置有紧，保证法兰所需的密封力。主活塞缸对称设置在塔顶盖两侧，每个主缸设置有两个锁紧缸。两个主缸活塞杆同步向上使顶盖沿铰轴翻转 90°开启，主缸下端同时沿铰轴转动一定角度。顶盖机设置有液压系统，可远距离控制顶盖机的开、合、压紧及锁定解锁等动作。液压

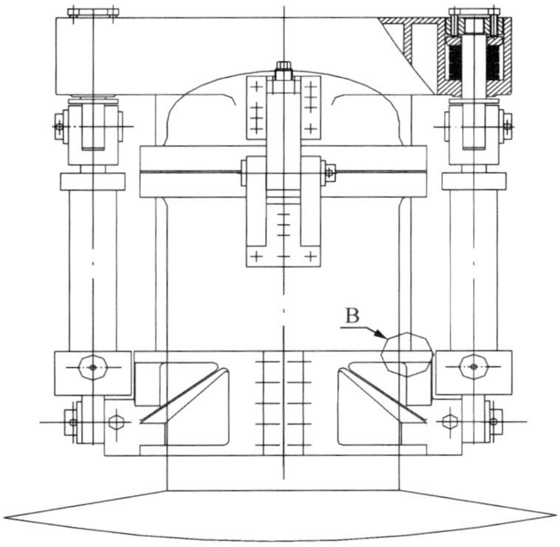

图 6-6-45 *DN*900mm 自动顶盖机结构示意图

系统设置有液压站及操作台，液压站采用防爆电机及防爆控制开关，操作台设置两个操作手柄，其一手柄控制两个主油缸开盖、关盖及停止，其二手柄控制四个侧油缸锁定及解锁，操作比较简单、灵活、安全、可靠。液压系统特设置液压锁，在运行期间误操作时能可靠保护设备。在除焦过程及生焦过程，液压系统属卸压关闭状态，整个液压管线没有压力，操作手柄不起作用，因此，油泵停止后，随意扳动操作台手柄，不会对顶盖机起任何作用。

图 6-6-46 自动顶盖机图

由以上结构介绍可知，顶盖机靠液压系统实现动作，当液压缸压紧锁定后，液压系统卸压，碟簧实现压紧密封。塔口上下法兰及中间金属密封圈之间密封力可通过碟簧机构与液压系统调整。焦炭塔内温度变化产生的变形可由碟簧机构有效吸收，保证上下法兰可靠密封。金属密封圈处设置蒸汽辅助密封确保油气无处泄漏。

2. 主要技术参数

自动顶盖机主要技术参数见表 6-6-8。

表 6-6-8 自动顶盖机主要技术参数

序号	项目	参数	序号	项目	参数
1	顶盖机操作压力/MPa	0.3	7	系统最大密封力/kN	1000
2	介质	瓦斯气	8	对顶盖提供的密封力/kN	808
3	工作温度/℃	420~460	9	防爆等级	dⅡBT4
4	液压系统流量/(L/min)	10	10	开盖压力/MPa	2.5
5	液压系统设计压力/MPa	31.5	11	开盖时间/min	2.5
6	液压系统工作压力/MPa	25			

图 6-6-47　多缸型自动顶盖机

图 6-6-47 是某厂研制出的多缸型自动顶盖机，它有升降、摆动，锁位和撑紧四个动作，采用八角形金属环密封及蒸器辅助密封，主要特点是安装方便。

（十四）密闭顶盖机

1. 平板式顶盖机

平板式顶盖机（图 6-6-48）是一种密闭式、平板结构的专用设备。采用电动驱动阀板水平移动开盖，具有结构简单、易于远程自动控制等优点。主要由设备机械本体和电动驱动机构组成，设备主体包括阀体、固定阀座、阀板、浮动阀座、阀杆等；电动驱动机构由执行器、阀门齿轮箱、丝杠副组成。所有密封面进行表面硬化工艺处理，提高密封性能和使用寿命。

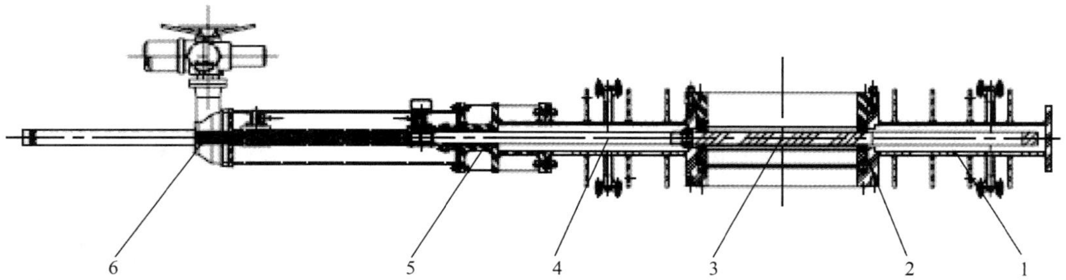

图 6-6-48　平板式顶盖机示意图

1—阀体；2—阀座；3—阀板；4—阀杆；5—填料函；6—电动执行机构

平板式顶盖机采用阀门金属硬密封技术。密封面是浮动阀座与阀板的接触面，密封力由内置高温弹簧通过浮动阀座施加给阀板，在阀腔内通入蒸汽进行辅助密封，确保无泄漏。顶盖机的开、关过程通过电动驱动执行驱动阀板完成。

平板式顶盖机性能特点：

① 弹性加载金属阀座设计，结构简单、重量轻。

② 密封比压高，泄漏低。

③ 密封面进行表面硬化处理，使用寿命长。

④ 电动执行器具备手动、就地、远程操作。

⑤ 全密闭操作，减轻操作工劳动强度，改善工作环境。

⑥ 具备与 DCS 安全联锁功能，防止误操作。

2. 电动双暗杆闸板阀

电动双暗杆闸板阀（图 6-6-49）通过电动头（或电机+减速机）驱动两根丝杠实现闸板的开合运动。电动双暗杆闸板阀采用金属硬密封，在开关阀过程中密封力不卸载，确保了关阀以后的安全密封。闸板上部设置多组碟簧提供密封力，且能够补偿因温度与密封应力所产生的变形，最大限度地保证密封面的严密贴合，从而实现阀的高密封性能。

工作时阀内高温密封环内及阀体两端封头内均通蒸汽，蒸汽压力采用定压控制，压力高于介质压力 0.1MPa 以上，起辅助密封作用，确保密封介质不外漏。两端封头与阀体采用法兰连接，密封垫选用可耐 500℃高温的双金属自密封波齿垫。

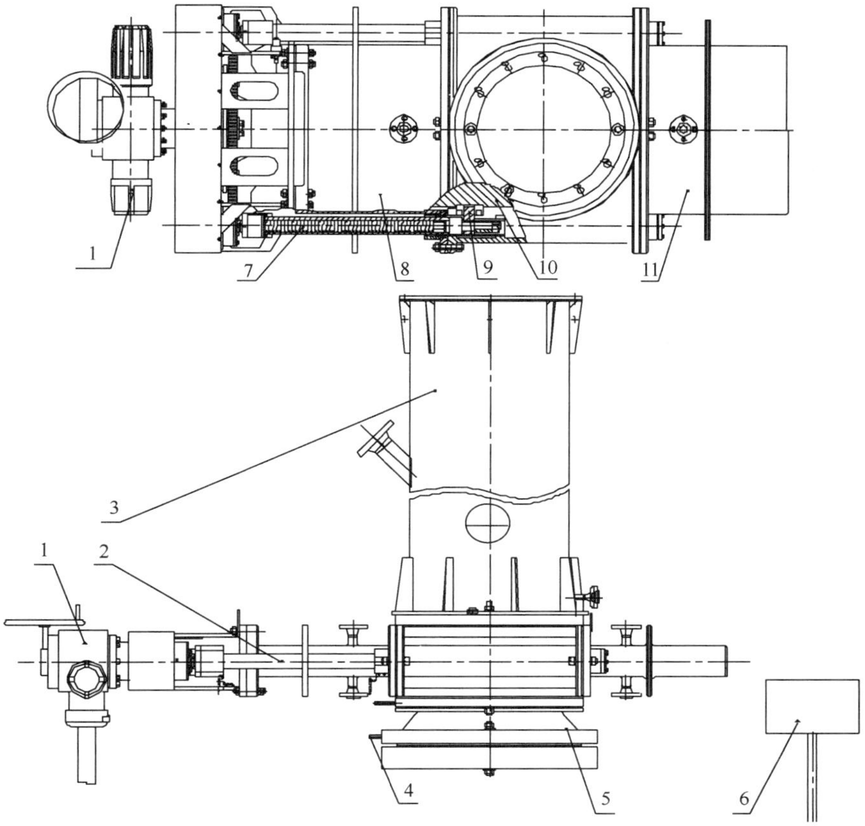

图 6-6-49 电动双暗杆闸板阀结构示意图

1—驱动机构；2—阀体；3—(蒸汽)导流筒；4—保护蒸汽法兰；5—连接短接；
6—操作柱；7—丝杠；8—左封头；9—连接块；10—闸板；11—右封头

(十五) 敞开式自动底盖机

由于焦炭塔底盖的装卸工作是延迟焦化装置中工作环境最艰苦、劳动强度最大的岗位，研发自动底盖机是焦化设备技术进步的一项重要内容，国内从 2002 年起有工程公司与制造厂开始合作研发塔底盖自动装卸技术。

自动底盖机(图 6-6-50)主要由机架、伸缩油缸、底盖组件、下支撑、组合油缸、上支撑、保护筒、液压油站等组成。

机架主要包括底盖机底座、侧板，底座上设有底盖水平移动的导轨、保护筒支撑圈、操作平台、大量放水时的导流管等。侧板上设有观察窗、门等，它的作用是防止焦炭和除焦水外溅而污染环境。

伸缩油缸是用来推动底盖组件作水平移动的执行机构，由于行程较大，所以要从底盖下部通过，因此采用了夹套式结构。伸缩油缸一端与机架铰接，另一端与底盖组件铰接，伸缩油缸不但自己作往复直线运动，还要绕两端支点摆动。

底盖组件的本体与目前焦炭塔使用的底盖大致相同，此外在底盖下端增加了一个支撑体，目的之一用来托动底盖，目的之二用来提高底盖组件的刚度，以便受压后减小变形。另外在进料口处增加了自动夹紧机构。

下支撑主要用来托底盖组件和保护筒作升降运动，并传递密封力，所以要求有足够的刚

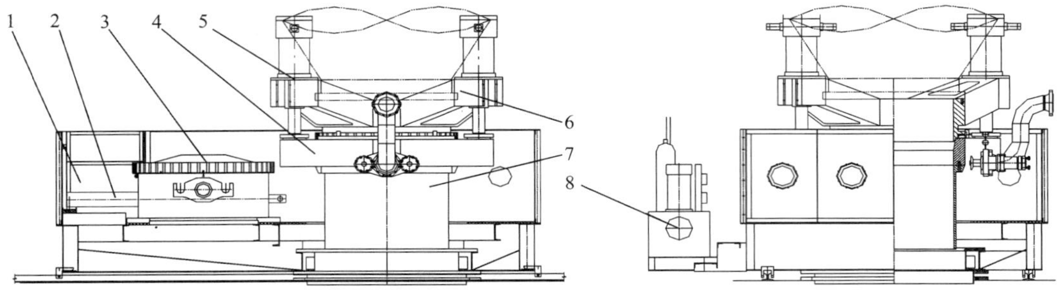

(a) 打开状态

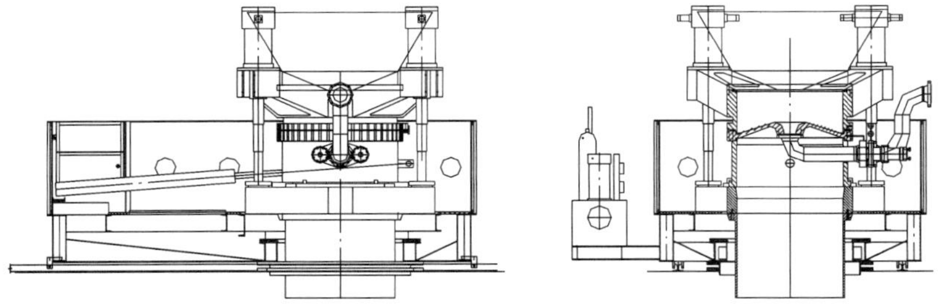

(b) 关闭状态

图 6-6-50　自动底盖机结构示意图

1—机架；2—伸缩油缸；3—底盖组件；4—下支撑；5—组合油缸；6—上支撑；7—保护筒；8—液压油站

度。下支撑的四个直角点通过碟簧机构(图 6-6-51)与组合油缸的活塞相联接，下支撑的中心是与下塔口直径相同的通孔，下支撑的下面与保护筒联接，上面是底盖组件的支撑面。

组合油缸是自动底盖机的关键部件，它的作用有：

① 底盖组件的升降。

② 保护筒的升降。

③ 提供底盖机的强制密封力。

④ 底盖机密封后的机械锁紧。

⑤ 保护筒提升后机械锁紧。

上支撑是自动底盖机的主体，它的上面与下塔口法兰联接，四个组合油缸安装在它的四个直角悬臂梁端点上部，上支撑的下面是与底盖组件相互配合的密封面。

保护筒安装在下支撑的底部，保护筒上法兰的外圆是一个圆锥面，保护筒下降后靠锥面起定位作用。保护筒的内孔是正常除焦用的，保护筒外圆与机架之间是一个环形通道，当带水卸底盖时，大流量的冷焦水从这里通过进入储焦池。

自动底盖机全部动力都是液压油站提供的，电机、电磁换向阀、压力继电器、及程控操作台等都采用了防爆产品。

装在下支撑上的四组碟簧机构(图 6-6-51)与组合油缸构成一个整体，在组合油缸对底盖组件提供密封力的同时，碟簧被压缩。当组合油缸被机械锁住，液压站停止工作，这时底盖机的密封力是靠碟簧提供。通过调整碟簧预压缩量，就可调解底盖的强制密封力。碟簧组件的另一个作用是当温度变化时吸收热变形，而且温度越高对密封越有利。

为了保证密封可靠性，在八角形金属环密封的基础上又设置了蒸汽辅助密封(图 6-6-52)，具体做法是在八角形金属环密封圈上下端面对称加工两个环形槽，在两个环形槽之间均匀分布钻几个孔，使两个环形槽相通，然后用大于焦炭塔内部操作压力的蒸汽通入环形槽内。这种方法已在某石化厂1.0Mt/a延迟焦化装置上的自动顶盖机和底盖上应用。

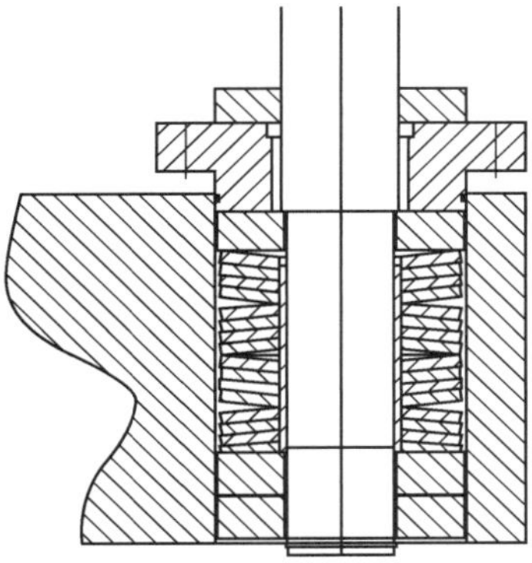

图6-6-51　碟簧机构示意图

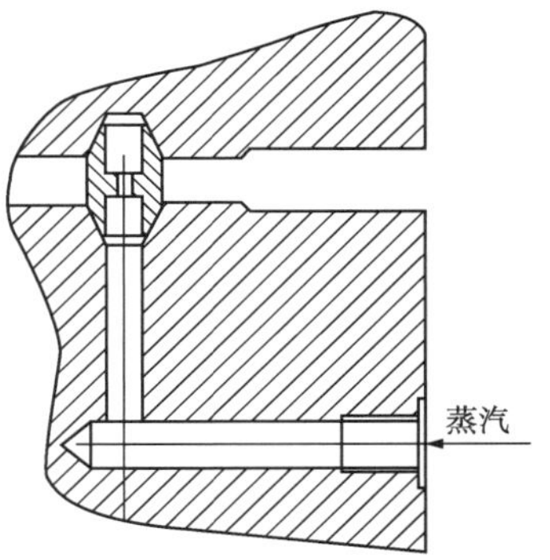

图6-6-52　强制密封与蒸汽辅助密封示意图

国内外开发的几种自动底盖机见图6-6-53，自动底盖机主要技术参数见表6-6-9。

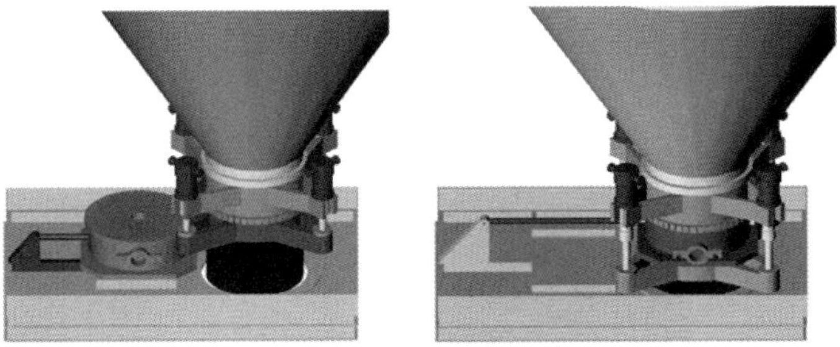

(a) 国内开发的下部进油自动底盖机

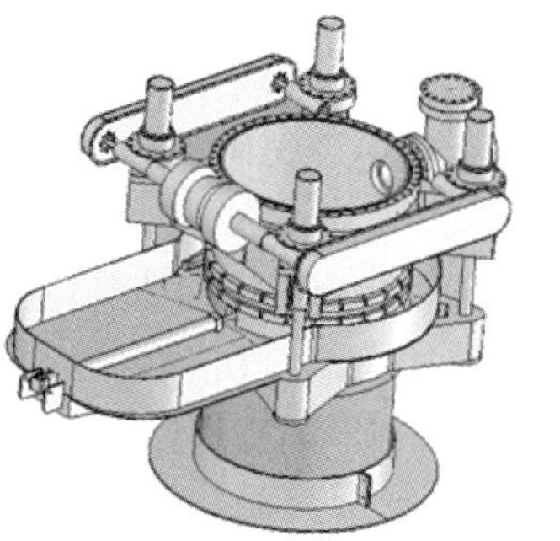

(b) 国内开发的侧进油自动底盖机

(c) 国外开发的侧进油自动底盖机

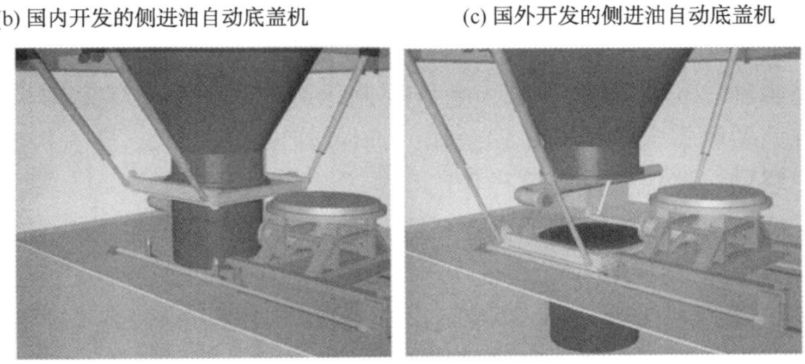

(d) 国外开发的下部进油自动底盖机

图6-6-53　国内外开发的几种自动底盖机

表 6-6-9　自动底盖机主要技术参数

序号	项　目	参数	序号	项　目	参数
1	底盖机操作压力/MPa	0.5	8	底盖最大密封力/kN	2.07×10^6
2	介质	高温渣油	9	保护筒垂直移动距离/mm	850
3	介质温度/℃	≤505	10	上一次底盖时间/min	4
4	液压系统功率/kW	15	11	卸一次底盖时间/min	5
5	液压系统流量/(L/min)	40	12	防爆等级	dⅡBT4
6	液压系统设计压力/MPa	20	13	底盖垂直移动距离/mm	370
7	液压系统工作压力/MPa	16	14	底盖水平移动距离/mm	2600

(十六) 密闭式底盖机

密闭式底盖机国内外均采用闸阀式结构，主要区别在于阀板结构和密封结构，阀板结构分为单平板、双板及扇形平板，阀板密封结构采用金属硬密封，密封面为上阀座与阀板的接触面，密封预紧力的提供方式分别有金属碟簧预压紧、液压螺栓和碟簧联合预压紧、楔形双板预压紧。

国内外密闭式底盖机结构比较见表 6-6-10。

表 6-6-10　密闭式底盖机结构比较

阀板结构	单平板	单平板	单平板	单平板	单扇形板	单平板	双楔平板
密封结构	液压碟簧	圆柱弹簧	碟簧	碟簧	碟簧	碟簧	双楔压紧
辅助密封	蒸汽	蒸汽	蒸汽	蒸汽	蒸汽	蒸汽	蒸汽
制造厂	涧光	涧光	荆门	兰州	航生	Detal	Z&J

1. 平板闸阀底盖机

阀体部分为扁平结构，由中间阀体及前、后阀盖等组成，均采用铸造结构，前、后阀盖与中间阀体的联接采用唇形密封结构，确保密封可靠不泄漏。阀体上端通过锥形进料段与焦炭塔下端法兰连接。

阀板与座圈采用浮动阀座双重金属硬密封形式，确保介质不会外泄。主要由上座圈、下座圈和阀板组成。下座圈采用固定结构，上座圈采用浮动座圈，由耐高温弹性元件(碟簧或圆柱弹簧)和密封元件组合而成，以适应阀板与座圈的热胀冷缩和微量变形，保证密封可靠。阀板为带导流孔的单闸板结构，在全开全关位置阀座密封面均不外露，可有效保护座圈，并在开关过程中对阀板有自洁作用。

底盖机的驱动机构采用大功率电液执行机构，采用一对一的配置方案，驱动力冗余按 3 倍设计，以满足各种工况的驱动要求。电气控制箱为 dⅡBT4 防爆型结构，可实现电液联控，并带有允许开关联锁保护可防止误动作，确保操作安全可靠。底盖机的控制系统与焦炭塔的温度或压力联锁，确保安全程序操作。

主要制造厂商有洛阳涧光、荆门炼化机械厂、兰州机械厂、美国 Detal 等。

2. 液压预紧平板式底盖机

平板式底盖机(图 6-6-54)是一种密闭式、平板结构的专用设备。平板式底盖机采用金属硬密封，密封面为上阀座与阀板的接触面，密封力由液压螺栓组件提供，由支承座施加于密封副。多组液压螺栓组件提供 310t 密封力，预压紧碟簧组提供 50t 密封力，密封力共

360t。开、关阀位动作切换时，注入液压油使液压螺栓组件卸荷，把总密封力降到 50t(预压碟簧组提供)，通过执行油缸驱动阀板完成阀位状态转换，停止向液压螺栓组件供油。液压螺栓组件自动加载至 360t，实现阀体的有效密封。该设备采用比国外设备密封比压高的技术，具有可靠密封性能、减轻劳动强度、改善工作环境、保证生产安全的优点，近几年已经在国内广泛工业应用。

平板式底盖机大、小壳体和阀体一起构成一个承压阀腔，阀腔通入蒸汽进行辅助密封，确保密封无泄漏；密封面进行表面硬化工艺处理，提高阀体的密封性能和寿命。该设备主要由平板式底盖机本体、托架小车、出焦护筒、液压站(含防爆电控柜)组成。

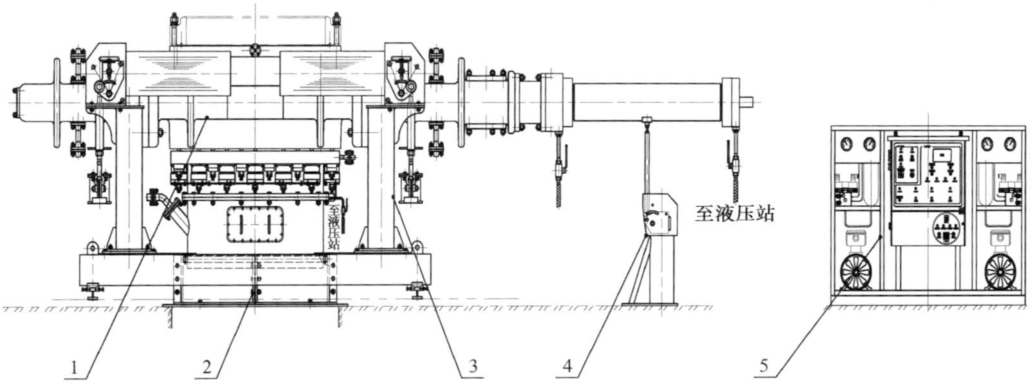

图 6-6-54　平板式底盖机示意图

1—平板底盖机；2—出焦护筒；3—弹性托架小车；4—恒力弹簧支吊架；5—液压站和防爆电控柜(一体式撬装)

3. 扇形闸板阀

塔底全自动扇形闸板阀用于自动开启与关闭焦炭塔底的下塔口，起着塔底盖以及作为焦炭通道的作用。其具有全密闭、易操作、易控制，具有现场环境清洁、自动开/关阀、自动密封、开/关阀温度高、开/关阀时间短等特点，提高了现场操作的可靠性、安全性及经济性。

塔底全自动扇形闸板阀结构(图 6-6-55)由阀体部分、小车、液压站等组成。其采用吊装安装方式，设有恒力顶架以吸收焦炭塔操作时的热膨胀位移。恒力顶架一端固定在小车支架上，另一端通过阀体联接板与阀体固定。

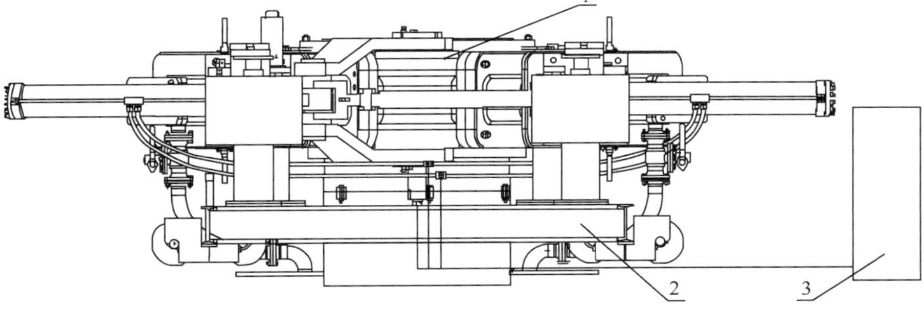

图 6-6-55　塔底全自动扇形闸板阀示意图

1—阀体部分；2—小车；3—液压站

阀体部分主要包括壳体、封头、闸板、花键轴、启闭油缸、压紧油缸、旋转臂。扇形闸板受启闭油缸的作用，绕转轴在扇形密封腔内作旋转运动，通过闸板上的通孔位置的切换来实现塔口的启闭(见图6-6-56)，并在压紧油缸内的碟簧作用下实现密封，执行启闭闸板阀时密封力可以自动调整。

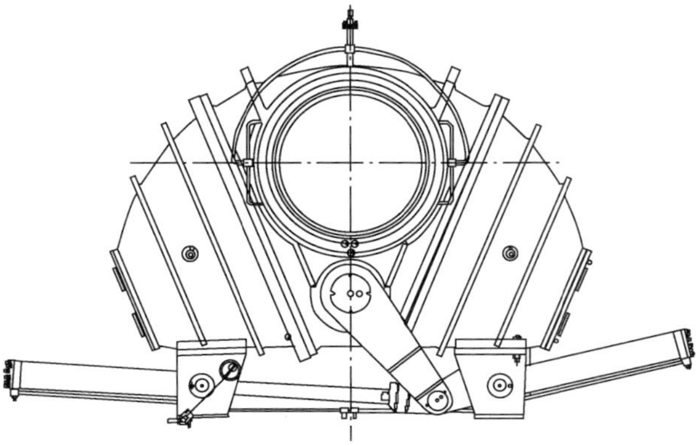

图6-6-56　塔底全自动扇形闸板阀启闭状态

塔底全自动扇形闸板阀的密封副采用金属硬密封，密封环下端面与闸板相接触，表面设有迷宫密封环槽，同时在迷宫环槽内部设置蒸汽辅助密封，用以保证阀的密封性能。工作时阀内、高温密封环内及阀体两端封头内均通蒸汽，起辅助密封作用。

闸板阀外置液压油缸内设有碟簧，碟簧提供足够且可调节大小的密封力。当需要执行开关阀动作时，压紧油缸油压升高，油缸内部的碟簧将密封力转化为势能，释放密封面的预紧力，减小了开关阀时闸板与密封环的摩擦力，使得密封面的磨损减小。阀门开关过程完成后，压紧油缸油压回零，密封力达到最大值，保证生产过程的密封性能。

封头引入的吹扫蒸汽可对闸板进行吹扫，保证密封面的清洁，以保证密封性能。两端设计可拆卸封板，便于检查和在线维护。国内开发的塔底全自动扇形闸板阀已在某些石化厂进行工业应用。

五、密闭除焦及输送

(一) 密闭式焦炭处理系统

焦炭处理系统的功能是收集除焦过程中排放的焦炭和水，并将之分离。分离出的含焦粉污水经过处理后循环使用，分离出的焦炭作为产品运出焦化装置。焦炭处理系统有以下几种方式。

1. 传统储焦池

现有焦化装置大多是采用传统储焦池方式进行焦炭处理，流程如图6-6-57所示。水力除焦过程中的焦炭和切焦水从焦炭塔一起排入露天的储焦池，在储焦池内固体焦炭和切焦水进行分离。焦炭停留在焦池，然后利用高架式抓斗起重机装车运出装置。切焦水在焦池内初步沉降分离出大颗粒焦粉后进入沉淀池进一步沉降焦粉，经沉淀池沉淀后的切焦水流入蓄水池，蓄水池的切焦水经切焦水提升泵加压送至切焦水储罐，供下一次高压水泵切焦使用。储焦池的容量根据焦炭塔的生焦能力和需要的储焦天数设计。

传统的焦化装置石油焦生产工艺，存在以下三个问题：

① 石油焦除焦、脱水、取焦、输送、存储及装车过程，均为开放式作业，过程中VOC、恶臭气体及石油焦粉尘对环境造成污染。

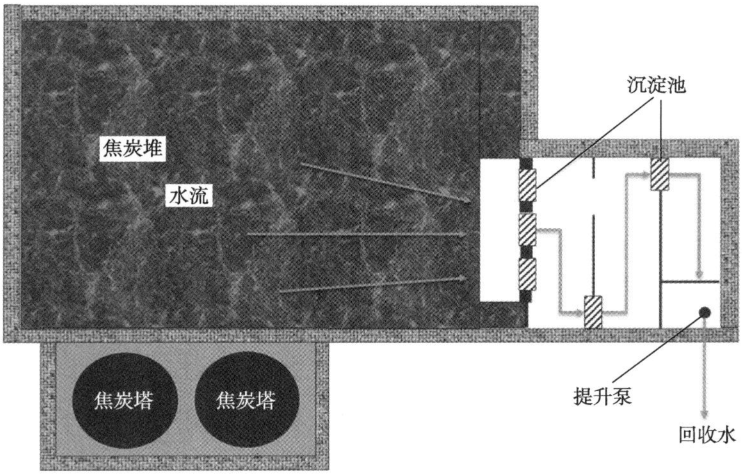

图 6-6-57　传统储焦池焦炭处理流程图

② 传统水力除焦过程完全依靠操作人员的经验，判断焦炭塔内水力除焦的完成情况，操作人员在焦炭塔顶平台等区域作业，存在不安全因素。

③ 焦炭塔部分为间歇操作，而且具有步骤多、阀门和设备数量大、操作动作频繁、复杂以及操作要求特殊等特点，容易发生误操作。

以上三点，是目前制约延迟焦化技术发展应用的主要原因，且欧美发达国家与国内的情况基本一致。为解决传统焦化装置所遇到的安全、环保问题，国内外多家公司均在开发相关技术，其中以德国 TRIPLAN 公司的 CCS 系统和中国石化的“安全环保型延迟焦化石油焦密闭除焦、输送及存储成套技术(S-CCHS)”最具有代表性，并有成功应用案例。

2. 国外密闭式焦炭处理系统

国外密闭式焦炭处理系统(图 6-6-58)在实际工程上已有应用，其流程为：在每台焦炭塔底部设置一个大型双辊式破碎机对焦炭进行破碎，焦炭颗粒控制在 100mm 以下，并在焦炭塔的顶部及底部打入大量冲洗水，将破碎后的焦炭冲入密闭的地下焦池，再将焦粉和水的混合物通过泵输送至大型脱水料仓进行分水和储存。脱水后的焦炭通过密闭管带机外送，切焦水过滤后密闭储存并循环使用，整个系统全部密闭，挥发性气体通过烟囱直接高点放空。

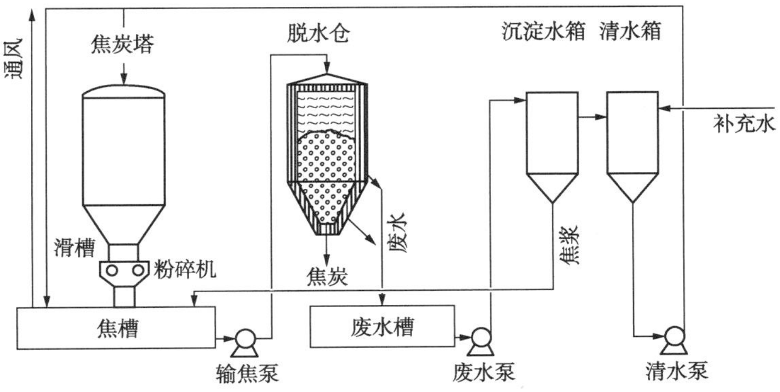

图 6-6-58　国外密闭式焦炭处理系统流程图

国外密闭式焦炭处理系统处理步骤如下：

① 焦炭破碎与水力切割同步。

② 系统进水来促进焦炭的进一步冷却和运输。

③ 焦浆输入到脱水仓。

④ 水通过焦炭之间的空隙流入废水槽。

⑤ 焦粉在焦床中的滞留率大于 99.5%。

⑥ 废水输入沉淀水箱去分离剩下的小于 0.5%的焦浆。

⑦ 收集的焦浆排到焦槽。

⑧ 清水输入清水箱备用。

⑨ 装卸脱水仓中的焦炭产品。

这种技术的主要特点是：将石油焦破碎成较细小颗粒(50mm 以下)，用大量的水混合(焦水比不低于 1∶7)，采用专用的焦浆泵和管道输送至高位脱水仓脱水，将固体石油焦制备成焦浆，用处理流体的方法处理固体石油焦，与石化厂的大部分流程工艺类似。其不足在于：

① 除焦设备、破碎机、输焦泵、脱水仓等设备串联操作，中间没有缓冲，任何一台设备故障将导致焦化装置生产受影响。

② 焦浆中配入大量水，增加了输送能耗。

③ 对于老装置改造，需增加高位脱水仓、焦浆泵等设备，改造难度大，投资高、工期长。

④ 没有综合考虑除焦尾气治理及石油焦的储存、运输及装车等环节，环保效果不明显。

3. 中国石化“安全环保型延迟焦化石油焦密闭除焦、输送及存储成套技术”

中国石化为解决延迟焦化装置除焦、输送及存储过程的安全环保问题，组织中石化洛阳工程公司、镇海炼化、塔河石化、安工院共同攻关，形成从除焦安全智能操作、石油焦脱水、除焦水处理、除焦过程中的尾气收集处理，石油焦封闭输送、存储，石油焦封闭定量装车等成套技术，提供了延迟焦化装置石油焦生产过程的安全、环保一揽子解决方案。

安全环保型延迟焦化石油焦密闭除焦、输送及存储成套技术(S-CCHS)包含四个部分：石油焦密闭除焦技术，远程智能水力除焦技术，焦炭塔操作安全控制系统，石油焦密闭存储、输送及定量装车技术，系统流程如图 6-6-59 所示。

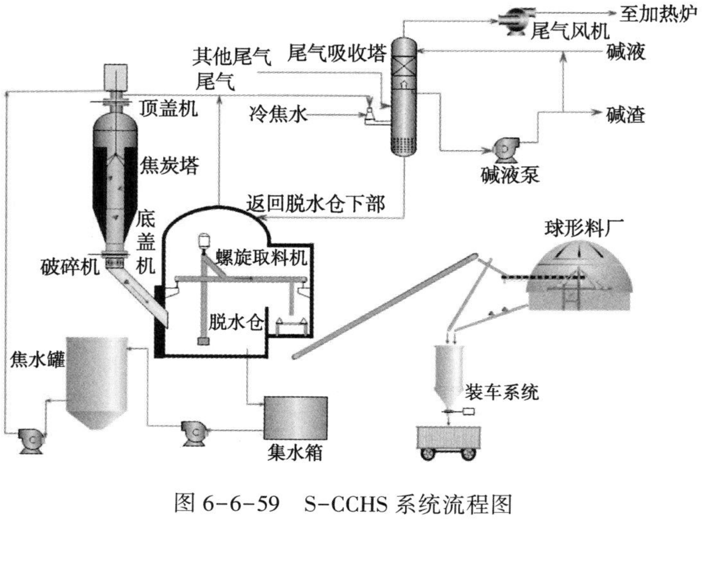

图 6-6-59 S-CCHS 系统流程图

石油焦密闭除焦技术框图如图 6-6-60 所示，石油焦密闭除焦系统包括：闸板阀式顶/底盖机、筛分破碎机、密闭石油焦脱水仓、垂直螺旋提升机、切焦水处理单元、尾气回收及处理单元。

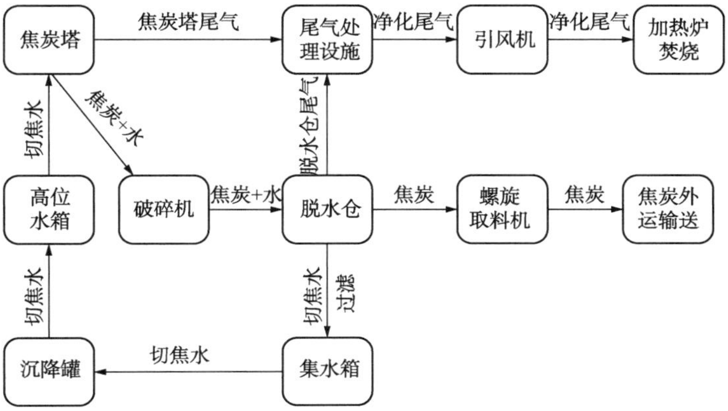

图 6-6-60　石油焦密闭除焦技术框图

焦炭塔中的石油焦经水力除焦系统切割后，通过底盖机进入筛分破碎机，破碎后的石油焦颗径小于 150mm，与切焦水一起进入密闭式脱水仓中；石油焦在脱水仓中经摊平、脱水后，通过智能取焦系统控制的垂直螺旋提升机自动输送至石油焦密闭存储、输送及定量装车系统，实现石油焦全流程密闭作业，解决了污染问题。

切焦水通过脱水仓底部排出，自流进入多功能集水箱，多功能集水箱设置有切焦水输送泵；切焦水经过脱水仓中焦炭层和底部的过滤网过滤，泵送至沉降罐进一步静止分离，沉降罐底部焦浆回送脱水仓过滤分离，干净水输送至后续储水罐进行储存，作为水力除焦及装置冲洗水循环使用。

整个除焦过程中产生的废气，包括塔顶气在内，经引风机统一收集，集中输送至尾气处理装置，经尾气处理装置除尘、脱硫除臭处理后，作为加热炉配风焚烧，排放符合有关环保要求。

石油焦密闭除焦技术、远程智能水力除焦技术及该技术中的主要核心机械设备 2015 年 9 月在镇海炼化二焦化装置连续运行至今，运行状况良好，石油焦处理量 2200t/d，实现了除焦、取焦、输送整个过程的远程、智能化操作，极大地改善了除焦操作人员的作业环境，减轻了劳动强度。

焦炭塔操作安全控制系统、石油焦密闭存储、输送及定量装车技术 2014 年在中国石化塔河炼化投用，实现焦炭的存储、输送、装车全过程封闭化操作，环保效果显著。

该技术的主要特点是：

① 利用原焦池改造成的脱水仓，容积可容纳缓冲一塔石油焦，除焦过程与取焦过程分开，和现有的延迟焦化的生产操作程序一致，取焦部分设备故障不会影响焦化装置生产。

② 来自焦炭塔的石油焦自流进入脱水仓，静止脱水后，采用螺旋提升机将干石油焦取出，系统能耗低。

③ 综合考虑了除焦过程中各种尾气收集并进行无害化处理，环保水平高。

④ 螺旋提升机、破碎机等设备采用专门设计，结构简单，易损件维护更换容易，可靠性高。

⑤ 系统全部采用远程智能控制，改善了除焦操作人员的作业环境，减轻了劳动强度。

⑥ 系统流程简单、施工周期短、投资少，尤其适合老装置改造。

（二）焦炭密闭输送、存储及装车

焦炭密闭输送、存储及装车系统实现将焦池中的焦炭经管带机输送到圆形料场，再经圆形料场输送到装车设施的功能。该系统着重解决了以往焦炭装车过程中，污染严重、装车效率低、自动化程度低等问题。目前，该系统已在国内某石化厂的焦化装置中应用，明显改善了焦炭储运系统污染严重、运行效率低等状况。

1. 焦炭的密闭输送

焦炭输送系统主要包括清箅破碎机、振动给料机、管带机等设备。

密闭输送系统从延迟焦化装置储焦池开始，经管状带式输送机输送、转接至圆形料场，经悬臂堆料机堆存在圆形料场，经刮板取料机及皮带机输送至汽车装车楼和火车装车楼。焦化装置经抓斗起重机，分别向上料设备供料。抓斗起重机将焦炭抓到清箅破碎机的箅条上，小块(≤150mm)直接落入料斗，大块用破碎机破碎后落入料斗，再由振动给料机向输送机均匀给料。(注：清箅破碎机是一种特殊的破碎机，它不像固定式破碎机那样固定不动，且物料在封闭的破碎腔中完成破碎；而是敞开式的，机器是在行进中完成破碎，适合大量、大块物料的破碎需求．它能破碎煤块、石油焦、煤矸石等硬碎物料。此外，它还具有破拱、助过筛，提高过筛效率的功能。)

管状带式输送机的基本结构与普通带式输送机基本相同，主要由头部滚筒、尾部滚筒、改向滚筒、驱动和拉紧装置、托辊组、机架、桁架、走道和胶带等部分组成。管状带式输送机的主要特点是胶带在六边形 PSK(Pipe-Shape-Keeping)托辊组内形成管状，其头、尾及拉紧等处与普通带式输送机结构形式完全相同。管带机由普通槽形到形成圆管状(反之亦然)需要考虑一定长度的过渡段区域。物料被包裹在封闭的圆管形胶带内输送，在输送过程中由于上下胶带形成管状，输送机可实现多向转弯，尼龙胶带(或聚酯胶带)管带机水平转弯角度最大可达 90°，钢绳芯胶带管带机水平转弯角度最大可达 45°。

管状带式输送机输送技术经过国内外 40 多年的应用和发展，已经成为一种非常成熟可靠的物料搬运设备，在一定的条件下具有其他输送设备所无法比拟的优势。由于物料在形成管状的胶带内被运送，这样彻底解决了沿途运输过程中的粉尘污染问题；其平稳的运行，也极大地降低了噪声污染。同时由于胶带在回程侧也以管状形式运行，这样克服了黏附在胶带上的物料撒落，避免对环境污染。对于长距离输送系统，采用管带机输送具有较好的经济性。

由于管带机可较方便地实现多向转弯，在工艺布置上可沿地形灵活布置。与普通皮带机系统相比较，可大量减少转运环节，减少运行和维护检修费用，同时减少了土建工程量和占地。

2. 焦炭的存储

近年来，随着石化行业的发展，为确保项目运行安全，要求对焦炭的储存量和运输量越来越大，如何提高项目的场地利用率，缩小占地面积，降低土石方量，并提高储料场作业自动化水平，是我国现代化发展急需解决的焦点问题。同时，国家环保总局对于环境保护的要求日益提高，一些原有或新建的大型现代化储料场必须解决好对周围环境的污染问题。因此，建设大型封闭式储料设施势在必行。

封闭式圆形料场以其环保性能好、自动化程控水平高、提高运行安全性、避免物料流失、场地利用率高、工程投资适中、景观好、施工安装简便等特点，被广泛应用于电力、建材、化工、矿山、码头、煤炭、粮食等行业物料存储、输送系统中，它的安全性和可靠性已被众多的使用行业所证明。

(1) 圆形料场主要构成

圆形料场由圆形料场堆取料机、圆形料场土建结构及其他相关辅助设施构成。

堆料机悬臂可分固定式(见图 6-6-62)和俯仰式(见图 6-6-61)两种。

固定式堆料机特点是悬臂只回转不俯仰，俯仰式堆料机特点是悬臂既回转又俯仰。固定式堆料机优点是结构简单，成本低；缺点是堆料机下部无料堆或料堆较低时，落差较大，料场内物料粉尘飞扬较严重。俯仰式堆料机优点是悬臂可根据堆料高度上下俯仰，减少物料落差，避免粉尘飞扬，同时可适当降低中心柱高度；缺点是结构相对复杂。

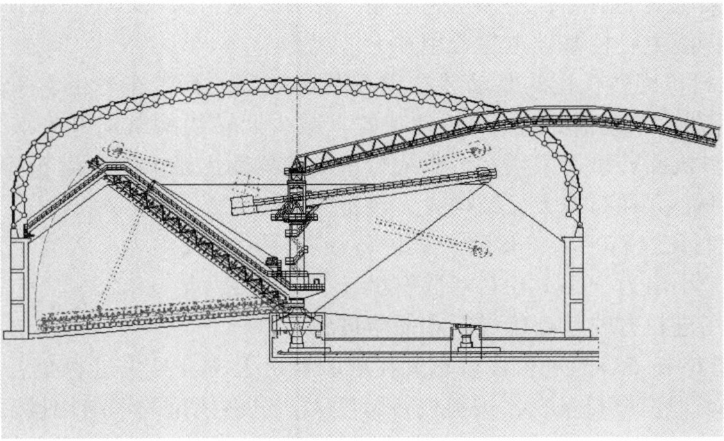

图 6-6-61　俯仰式堆料机和门架式刮板式取料机

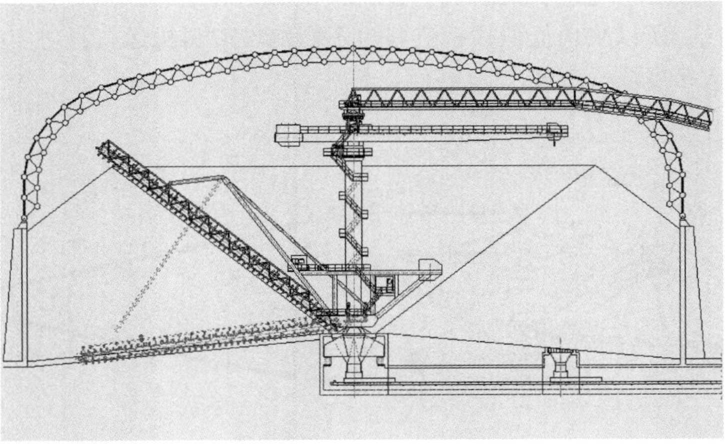

图 6-6-62　固定式堆料机和悬臂式刮板式取料机

取料机可分门架式取料机和悬臂式取料机两种。

门架式刮板取料机：刮板式取料机臂架设在一门形构架下，取料机的俯仰采用钢丝绳卷扬方式实现。门架一端与中心立柱亦采用滚子轴承连接，另一端支撑在料场挡料墙上部的圆形轨道上，取料机的回转通过圆形轨道上的台车驱动来完成。

悬臂式刮板取料机：一端为钢结构链条刮板式取料机，另一端为配重箱。取料机的俯仰直接采用设在中心立柱附近的卷扬机来实现。取料机与中心立柱亦采用带外齿圈的滚子轴承连接，通过回转驱动装置上的小齿轮与中心立柱上滚子轴承的齿圈啮合使堆料机实现 360°回转，几台回转驱动围绕中心立柱均匀布置。

两种型式特点比较：

① 门架式取料机受力合理，大部分重量由挡料墙承受，使得中心柱受力状态明显改善，中心柱稳定性好，设备运行更平稳。悬臂式取料机的负荷全部传递给中心柱，对中心柱的要求高，中心柱设计制造难度大，稳定性较差。

② 门架式取料机结构紧凑，不需要设计平衡配重。而悬臂式取料机的配重尺寸较大，还需避免配重机构与料堆及堆料机间的相互干扰。

③ 门架式取料机需在挡料墙上增设圆形轨道，并需设人员检修通道，加宽挡料墙上部宽度和钢结构网架屋盖的直径，增加土建费用。悬臂式取料机及其配重载荷全部集中作用于中心柱下部基础，使中心柱基础土建费用加大。

④ 门架式取料机回转机构的驱动装置设在圆形轨道的行走车轮上，采用两台普通三合一(电动机、减速器、制动器三合一)驱动装置，减少回转机构载荷和安装空间，节省设备投资。悬臂式取料机回转机构采用多台立式行星减速器输出轴上的小齿轮与回转轴承的外齿圈啮合来实现，中心立柱荷载大，结构大，设备投资也大。

⑤ 门架式取料机运行平稳，检修、维护方便，适用于大出力、大直径料场取料机；悬臂式取料机适用于小出力、小直径料场取料机。

(2) 圆形料场进料方式：高位进料和低位进料

高位进料(图 6-6-63)的进料栈桥布置在堆取料机上方，高位进料布置不影响堆取料机的 360°作业，料场理论储料量大，进料栈桥跨度大，进料栈桥的钢结构投资较大。

低位进料(图 6-6-64)以带式输送机栈桥倾斜布置；低位进料堆取料机不能 360°运行；堆料机约在 220°区域回转堆料，取料机约在 345°区域回转取料，但因为进料栈桥区域为堆取料机的非作业区，所以采用低位栈桥进料也不影响堆取料机运行；对实际储料量影响不大，还避免出现大跨度栈桥布置。

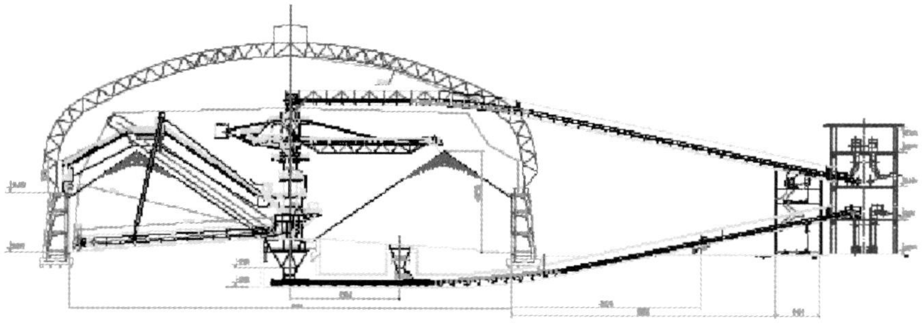

图 6-6-63　圆形料场高位进料

(3) 圆形料场土建结构

圆形料场挡墙有三种结构型式：带扶壁柱分缝、带扶壁柱不分缝和无扶壁柱挡墙。带扶壁柱分缝：占地面积较大，混凝土工程量大；带扶壁柱不分缝：该结构形式受力比较合理，混凝土用量较带分缝结构少，钢筋用量较带扶壁柱分缝挡墙结构多；无扶壁柱挡墙：该结构混凝土用量较带分缝结构挡墙少，钢筋用量较带扶壁柱挡墙结构多。

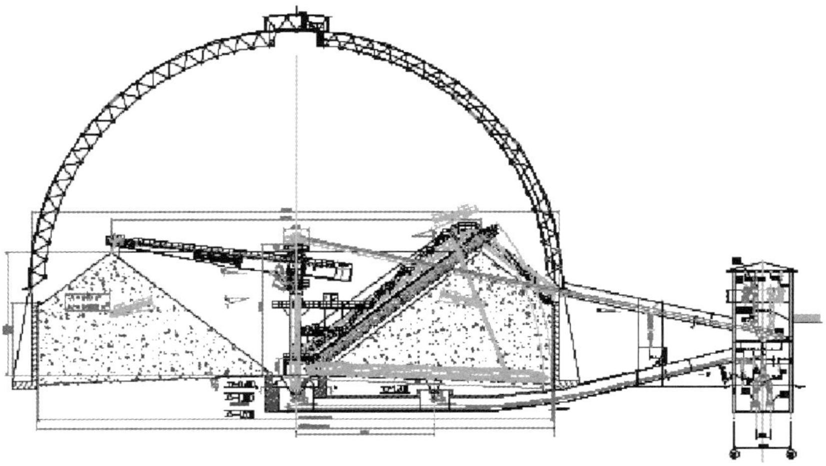

图 6-6-64　圆形料场低位进料

圆形料场有两种网壳形式：三心圆和半球壳。两种网壳形式均可满足工艺要求，依据气象条件确定其中的一种形式。

料场外墙设一部钢楼梯、一部直爬梯，挡墙顶部设检修通道，料场入口处设置一个电动彩钢卷帘大门。

料场地基处理包括挡墙、扶壁柱桩基和库心场地地基处理。桩基处理后的地基承载力和变形应满足地面堆载的特点和使用要求。

圆形料场挡料墙靠地面处设有一个电动卷帘门(设备检修和推料机通道)。在地下带式输送机隧道的中部设有地下物料斗及振动给料机，作为紧急情况时的排物料口。料场配备推料机作为紧急排物料设备。

在料场的圆形挡料墙及堆取料机中心柱上均设有消防水枪等消防设施，圆形挡料墙上部设有人行通道和栏杆。

圆形料场采用自然通风方式，排风口设在网架屋盖的顶部中央，进风口为网架屋盖根部与环形挡物料墙之间的环形口。

(4) 圆形料场供电系统

圆形料场供电系统一般由料场外供配电室提供所需电源，通过堆取料机上设置的电气操作室实现料场设备的动作和照明。供电和控制电缆通过地下隧道，经取料机中心立柱底部进入中心立柱内到各用电设备。电气操作室设在取料机门架刮板的平台上。电气操作室为防尘结构，采用特殊镀锌型钢结构，地板铺设防滑板，室内配堆/取料机的控制设备、电器开关柜、空调系统和消防器械。

(5) 圆形料场控制系统

堆取料机采用 PLC 控制系统，可以满足堆取料作业的工艺要求。PLC 对各种信号的处理准确可靠，各种逻辑关系明确。对需要控制运行速度和启动加速度机构将采用变频控制。操作室内工作台上可以采用触摸屏操作，也可以同时设有手柄和按钮操作。既可满足机上就近操作，也可满足远程无人值守运行。操作运行模式以全自动、半自动为主，人工操作为辅和就地检修操作等多种模式。

(6) 洒水抑尘系统

系统由水箱(容积不小于 30min 洒水用水量)、加压泵、管道、过滤器、手动阀、电动阀、止回阀、自动泄水阀、压力表、流量计、水位表和 4 组洒水喷嘴组构成。喷嘴组的位置和作用如下：

① 悬臂堆料带式输送机头部料斗下口外侧周围，喷嘴组喷水形成伞状水幕，将堆料产生的粉尘控制在水幕内。

② 悬臂堆料带式输送机受料密闭导料槽内。喷嘴组洒水将粉尘控制在密闭导料槽内。

③ 中心立柱下部的圆锥形料斗内。喷嘴组洒水将粉尘控制在密闭料斗内。

④ 圆锥形料斗下振动給料机出口处导料槽内。喷嘴组洒水将粉尘控制在密闭导料槽内。

3. 焦炭的装车

以国内某石化厂在运行的装车系统为例，具体装车方案如下：火车装车设置 5 套储量 400t 的装车楼，满足每天一列车(3000t)的装车要求。牵引方式采用调车绞车(铁牛 70t)，满足 2h 内完成装车，图 6-6-65 为调车绞车布置图。同时为满足电气化铁路要求，装车楼下方采用平板闸门和移动伸缩溜槽，装车时溜槽移至铁路上方，不装车时溜槽移至铁路一侧，满足电气化机车通过。

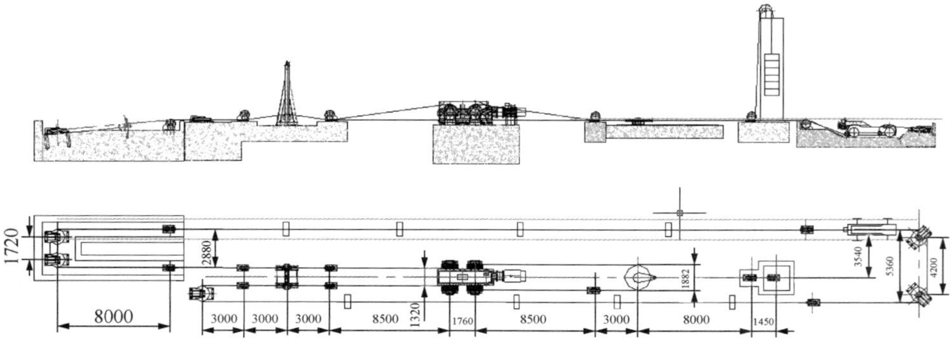

图 6-6-65　调车绞车布置图

装车闸门安装在料仓底部。在装车过程中，要求闸门开度可以任意控制，开度应能够在上位机上显示，提供给操作人员提示，以适应车辆走行速度，使物料完全装入车厢，无撒料现象。

闸门结构和材料应能承受焦炭从一定高度落下的冲击和通过物料的磨损，闸门内侧接触物料的地方设置高硬度的耐磨钢衬板，以延长使用寿命。闸门结构应合理，开关灵活，不歪斜扭转。

为满足装车车型和装车效率的物料通过要求，保证装到火车上的物料平整。采用液压定位垂直升降(伸缩)或摆动、可水平移动装车溜槽，由低碳钢制作，内附耐磨衬板。溜槽装有 2 个升降液压缸，1 个水平移动液压缸；当装车任务完成后，溜槽可以水平移动到停放/检修位置。溜槽安装有粉尘抑制系统，有效抑制装料初期在溜槽中产生的压缩空气和粉尘。

溜槽防撞保护：溜槽装车前方装有防撞开关，当防撞杆动作时，防撞接近开关将信号传送至 PLC，在保护程序的作用下，溜槽被迅速升起，防止溜槽与车皮相撞；同时在溜槽的下部设计溜槽防撞剪切段，起到被动的保护功能，它可以有效避免溜槽与车皮一旦相撞产生的整体损坏的严重后果。

通过溜槽的伸缩使其适合不同的车型，满足各种机车从装车站下通过的要求，留有电气化铁路机车的装车条件，并可实现自动平料功能。图 6-6-66 为装车楼布置图。

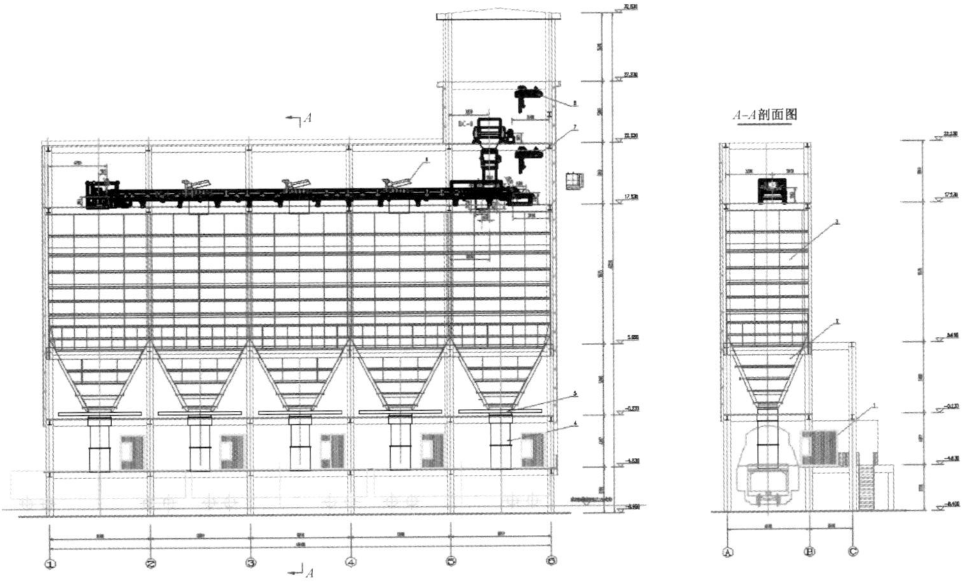

图 6-6-66　装车楼布置图

第七节　分馏系统的腐蚀与防护

焦化装置分馏系统的腐蚀主要有高温硫腐蚀、高温环烷酸腐蚀、低温 $H_2S-HCN-H_2O$ 腐蚀和氯化铵腐蚀。

一、腐蚀类型

（一）高温硫腐蚀[67]

1. 温度范围

高温硫对设备的腐蚀从 240℃ 开始随着温度升高而迅速加剧，426~480℃，高温硫化物对设备腐蚀最快；温度大于 480℃ 时，硫化氢近于完全分解，腐蚀速率下降。因此，高温硫腐蚀需要防护的温度范围为 240~480℃。

2. 腐蚀机理

原油中的硫，一部分作为单质硫存在，其余大部分则与烃类结合以不同类型的有机硫化物的形式存在。不同的原油，所含有机硫化物的种类和含量差别很大。

根据硫和硫化物对金属的化学作用，又分为活性硫化物和非活性硫化物。

活性硫化物，如硫化氢、硫醇和单质硫，这些成分在大约 240~400℃ 时都能与金属直接发生化学作用，如下式：

$$H_2S+Fe \longrightarrow FeS+H_2$$

$$RCH_2CH_2SH+Fe \longrightarrow FeS+(RCH=CH_2)+H_2$$

硫化氢在340～400℃时按下式分解：

$$H_2S \longrightarrow S+H_2,\ S+Fe \longrightarrow FeS$$

分解出来的元素硫比H_2S有更强的活性，使得腐蚀更为激烈。

在活性硫的腐蚀过程中，还出现一种递减的倾向，即开始腐蚀速度很大，一定时间以后腐蚀速度才恒定下来。

非活性硫化物，包括硫醚、二硫醚、环硫醚、噻吩等，对普通碳钢无直接腐蚀作用。原油中的硫醚和二硫化物在130～160℃已开始分解，其他有机硫化物在250℃左右的分解反应也会逐渐加剧，最后的分解产物一般为硫醇、硫化氢和其他相对分子质量较低的硫醚和硫化物。这些有机硫化物分解生成的元素硫、硫化氢则对金属产生强烈的腐蚀作用。例如：戊硫醇($C_5H_{11}SH$)在高温下由于分子引力而被吸附于有催化活性的碳钢表面上，使硫醇基SH—断裂变成自由基：

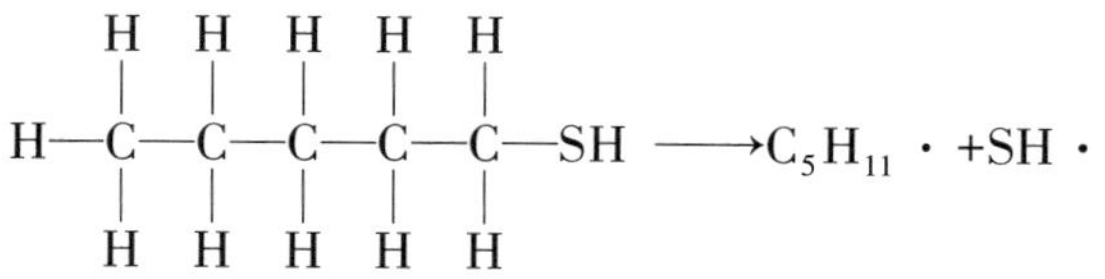

生成的自由基会进一步与尚未分解的硫醇$C_5H_{11}SH$作用而生成硫化氢：

$$C_5H_{11}SH+SH\cdot \longrightarrow C_5H_{10}SH\cdot +H_2S$$

二硫醚的高温分解有两种方式，可以生成元素硫，也可以生成硫化氢：

$$\left.\begin{matrix}RCH_2CH_2S\\RCH_2CH_2S\end{matrix}\right\} \longrightarrow RCH_2CH_2SH+RCH=CH_2+S$$

或

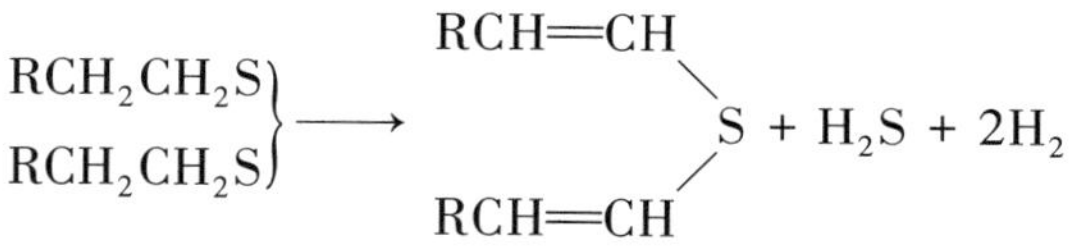

3. 影响因素

影响高温硫腐蚀的因素很多，腐蚀程度主要与温度、介质流速、材质等有关。

(1) 温度

温度影响表现在两个方面，一是温度升高促进了硫、硫化氢、硫醇等与金属的化学反应；二是温度升高促进了原油中非活性硫的热分解。原油中所含的某些硫化物，只有在240℃以上才开始分解成硫化氢，有些结构复杂的硫化物，在350～400℃时分解最快，到480℃时硫化物基本分解完毕。

(2) 流速

流速越高，金属表面上的硫化铁腐蚀产物保护膜越易脱落，界面不断更新，金属的腐蚀也就进一步加剧。如某炼油厂在常减压装置减压渣油管线现场安装了一套腐蚀试验装置，通过介质流速变化来观察腐蚀率的变化，见表6-7-1。

试验介质：胜利渣油、孤岛渣油、胜利与孤岛混合渣油，温度380℃，试验周期75d。

表 6-7-1　介质流速对腐蚀率影响

介质流速/(m/s)	钢　　种	腐蚀率/(mm/a)	介质流速/(m/s)	钢　　种	腐蚀率/(mm/a)
0.321	A3	1.86	0.570	A3	2.42
	Cr6A1Mo	0.589		Cr6AlMo	0.60
			0.800	A3	3.04

从表 6-7-1 可看出，当介质流速从 0.321m/s 提高至 0.8m/s 时，A3 钢腐蚀速度提高了 1.62 倍。

(3) 材料

材料的材质不同，抗高温硫腐蚀的性能也不同。抵抗高温硫化氢腐蚀的能力主要是随设备材质中铬含量的增加而增加，铬是具有钝化倾向的元素，由于铬的存在，促进了钢材表面的钝化，因而能够减少钢材对硫化氢的吸收量，如图 6-7-1 所示。

含铬钢耐蚀的主要原因是因为受高温硫化氢腐蚀后，能在钢材表面形成双层的垢层，其外层为多孔状的硫化亚铁，内层为致密的 Cr_2O_3。当铬含量为 5%以上时，则能生成比较稳定的尖晶石型化合物，如 $FeCr_2O_4$的垢层，因而使铬钢表面对高温硫化氢具有一定的耐蚀性。

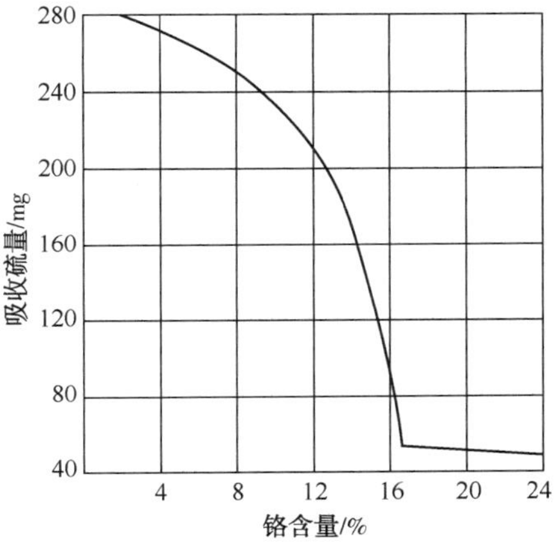

图 6-7-1　钢材中铬含量与吸硫量的关系(480℃，28.5h)

焦化装置一般以重油为原料，原料中硫含量较高，而且经过高温分解，腐蚀性较强，因此焦化装置分馏系统高温部位(温度大于 240℃)均受到高温硫腐蚀的威胁。

(二) 高温环烷酸腐蚀

环烷酸(RCOOH，R 为环烷基)为原油中各种酸的混合物，又称石油酸，大约占原油中总酸量的 95%。环烷酸是环烷基直链羧酸，其通式为 $C_nH_{2n-1}COOH$，其中五、六环为主的低相对分子质量环烷酸腐蚀性最强，一般是环戊烷的衍生物，相对分子质量在 180~500℃范围内变化。

环烷酸在低温时腐蚀不强烈，随着温度的升高腐蚀加剧，特别是在高温无水环境中，腐蚀反应按下式进行：

$$2RCOOH+Fe \longrightarrow Fe(RCOO)_2+H_2\uparrow$$

$$FeS+2RCOOH \longrightarrow Fe(RCOO)_2+H_2S\uparrow$$

由于 $Fe(RCOO)_2$是油溶性腐蚀产物，能为油流所带走，因此不易在金属设备表面上形成保护膜，即使形成硫化亚铁保护膜，也会与环烷酸发生反应，而完全暴露出新的金属表面，使腐蚀继续进行。

高温环烷酸腐蚀的影响因素除去环烷酸浓度(酸值大于 0.5mgKOH/g)和温度(270~280℃和 350~400℃两个范围)外，还有流速的影响。环烷酸的腐蚀部位都集中在流速高的地方，流速增加，腐蚀速率也增加。

对于含硫含酸油品，油品的硫含量有一临界值，当油品硫含量高于临界值时，主要为硫腐蚀，当油品硫含量低于临界值时，主要为酸腐蚀。油品中石油酸钠(RCOONa)含量越高，硫含量临界值越高(当 RCOONa 含量为 1.4~1.7μg/g 时，380℃时临界值为 1744μg/g；当

RCOONa 含量为 6μg/g 时，380℃时临界值为 2384μg/g）；一般而言油品的温度越高则硫含量临界值越低。

焦化装置分馏系统，如果不采用原料油进入分馏塔底部换热工艺，由于环烷酸的热解，分馏系统基本不存在该种腐蚀；如果采用原料油进入分馏塔底部换热工艺，高温环烷酸腐蚀集中在分馏塔下部及其相应管线。由于减压渣油中的环烷酸活性相对较低，腐蚀性较弱，因此设计选材时与蒸馏装置相比可以适当降低等级。

（三）氯化铵腐蚀

在焦化热裂解反应过程中原料油的氮化物约有 7%～10%转化为氨，同时原料油中残余的氯化物在此反应过程中水解生成氯化氢，这两种物质在分馏塔上部聚集，一般在 120～140℃（顶循抽出口附近）发生化合反应生成氯化铵（NH_4Cl）。NH_4Cl 即可以细小的颗粒被油气携带到上层塔盘，也可在分馏塔内液相夹带，也能在塔内件表面沉积，从而造成堵塞，影响正常操作。

氯化铵一旦沉积，易吸收水分潮解，对设备造成严重腐蚀。不同温度、不同浓度下氯化铵水溶液对碳钢的腐蚀结果分别见表 6-7-2 和表 6-7-3。

表 6-7-2　不同温度下碳钢在氯化铵溶液中的腐蚀速率

NH_4Cl 浓度/%	温度/℃	腐蚀时间/h	腐蚀速率/（mm/a）
1	30	96	0.404
	50	96	0.816
	60	96	1.289
	80	96	2.846
	90	96	2.266
10	30	96	0.841
	50	96	1.941
	60	96	2.485
	80	96	3.625
	90	96	3.851

表 6-7-3　不同浓度下碳钢在氯化铵溶液中的腐蚀速率（80℃）

NH_4Cl 浓度/%	腐蚀时间/h	腐蚀速率/（mm/a）	NH_4Cl 浓度/%	腐蚀时间/h	腐蚀速率/（mm/a）
0.005	96	0.494	10	96	3.625
0.05	96	0.891	20	96	3.705
0.5	96	2.160	30	96	4.564
1	96	2.535	40	96	3.289
5	96	3.247			

氯化铵不仅造成分馏塔上部腐蚀，还对顶循系统也造成严重的腐蚀。

（四）H_2S-HCN-H_2O 腐蚀

原料油经过热裂解后，原料油中硫、氮等转化为硫化氢、氨、氰等，在分馏塔冷凝冷却系统由于存在液态水，从而构成了 H_2S-HCN-H_2O 类型的腐蚀环境，某炼厂焦化分馏塔顶冷凝水的化学分析结果见表 6-7-4。H_2S-HCN-H_2O 腐蚀即可导致腐蚀减薄，也可导致应力腐蚀开裂和氢损伤。

1. 腐蚀减薄

H_2S 和铁生成的 FeS，在 pH 值大于 6 时，能覆盖在钢的表面，有较好的保护性能，腐蚀率随着时间的推移而有所下降。但是，由于介质中 CN^- 的存在，使 FeS 保护膜溶解，生成络合离子 $Fe(CN)_6^{4-}$，加速了腐蚀反应的进行：

表 6-7-4　某炼厂焦化分馏塔顶冷凝水的化学分析结果

分析项目	含量/(mg/L)	分析项目	含量/(mg/L)
pH 值	9.15～9.38	游离 CN^-	13.00～69.90
氨	2307～2786	总 CN^-	201～221
硫化物	600～6800	Cl^-	3.85～13.80

$$FeS+6CN^- \longrightarrow Fe(CN)_6^{4-}+S^{2-}$$

$Fe(CN)_6^{4-}$ 与铁继续反应生成亚铁氰化亚铁：

$$2Fe+Fe(CN)_6^{4-} \longrightarrow Fe_2[Fe(CN)_6]\downarrow$$

亚铁氰化亚铁在水中为白色沉淀物，停工时被氧化而生成亚铁氰化铁 $Fe_4[Fe(CN)_6]_3$，呈普鲁士蓝色，这是在一般炼油厂中较为普遍出现的腐蚀形态。

2. 氢鼓包

氢原子向钢中的渗透过程如图 6-7-2 所示。阴极反应生成的原子氢半径很小，只有 7.8×10^{-6}mm，其中约有 1/3 很容易进入钢的晶格，并在钢的内部缺陷处(如夹渣、气孔、裂纹、分层等)或晶界上聚集，结合成氢分子。当在一个狭小的闭塞空间内有大量的氢分子生成时，此处的压力将高达几百兆帕，从而造成钢材的鼓包或鼓包开裂。

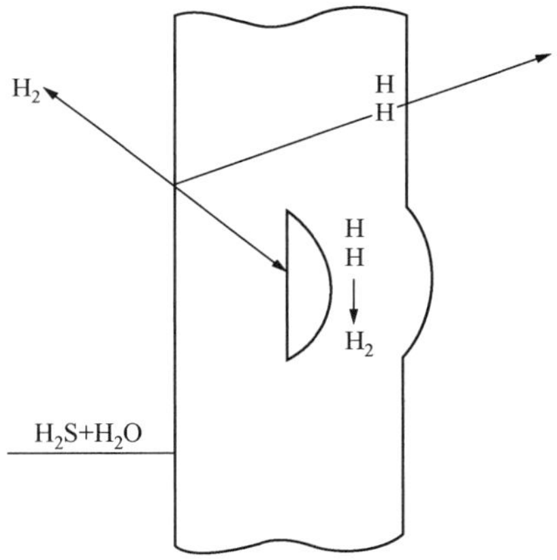

图 6-7-2　氢渗透示意图

在这种腐蚀环境中生成的络合物 $Fe(CN)_6^{4-}$，在碱性溶液中可以大大加剧原子氢的渗透。一方面，氰化物能溶解 FeS 保护膜，使钢失去保护；另一方面，它又能阻碍原子氢结合成分子氢，使溶液中保持着较高的原子氢浓度。因此，氢渗透率随系统中氰化物浓度的增加而增加。

氢鼓包的产生主要是由于氢聚集引起，因此，即使在没有外加应力的情况下，它也能照样发生。严重时，鼓包表面将会开裂。

3. 应力腐蚀开裂

当钢中存在拉伸应力(工作应力或残余应力)时，在 $H_2S-HCN-H_2O$ 环境下，如果钢材内部有氢致裂纹，就很容易产生硫化物应力腐蚀开裂。当介质呈酸性时(pH 值小于 7)，开裂较易发生；当介质呈碱性时(pH 值大于 7)，开裂则较难。但在有 CN^- 存在时，即使在碱性溶液中，也能发生这种破坏。

影响 H_2S-H_2O 腐蚀的因素为：

① 温度。渗氢最敏感的温度范围是 5～40℃。这是因为，当温度升高时，氢的扩散速度虽然加快，但是向空气中的逸出量也增加，结果使钢中的氢含量反而下降。

② H_2S 含量。H_2S 含量愈高，腐蚀也愈严重。一般说来，当操作介质的总压力大于等于 0.5MPa，H_2S 分压大于等于 0.35kPa 时，且存在水的条件下就会发生较严重的应力腐蚀开裂。

③ 氰化物的浓度。氰化物在 pH 值大于 7.5 时，鼓包和开裂随介质中 CN^- 的浓度增加而增加。

④ 氨的浓度：氨能与 H_2S 发生下列反应：

$$H_2S+NH_3 \longrightarrow NH_4HS$$

$$NH_4SH+NH_3 \longrightarrow (NH_4)_2S$$

硫化氨$(NH_4)_2S$能使H_2S在冷凝水中的溶解度大大增加，提高了HS^-的浓度；另一方面，氨溶于水后，提高了水的pH值，为CN^-与FeS的反应提供了更有利的条件，故一般应使NH_3的浓度小于1000mg/L。

⑤ pH值。在没有CN^-存在时，pH值愈高，氢渗透率愈低，但在有CN^-存在时，即使pH值大于7，氢的渗透率也是很高的。

⑥ 钢材的显微组织。钢材的显微组织对氢鼓包和H_2S应力腐蚀开裂的影响是很大的，而尤以马氏体组织的开裂敏感性最大，贝氏体组织次之。此外，减少钢材的内部缺陷，提高其纯净度，可改善钢的抗裂性能。

二、防腐措施

通常分馏塔的防腐措施分为两大类，即工艺防腐措施和材料抗腐蚀措施。

（一）工艺防腐

由于近年来各个炼厂特别是沿海沿江炼厂加工的原料逐渐变重，且硫氮含量、酸值逐年提高。使得进入焦化装置的原料变差；另外，随着减压深拔技术的普遍应用，焦化装置的进料进一步劣质化。由此带来焦化分馏塔氯化铵的沉积与腐蚀对生产影响越来越显著，不少企业出现塔盘、顶循泵相关管线结盐的情况，影响了装置的平稳操作及产品质量。

因此在设计及生产操作中，需要既考虑预防氯化铵的生成，还需要设置氯化铵冲洗收集排除设施。

1. 分馏塔顶温度及回流控制

设计及运行中应尽量避免在分馏塔顶部出现液态水，而且需针对氯化铵的沉积与腐蚀问题采取对应的设计措施。设计核算时，应计算塔顶油气中水的露点温度，控制塔顶温度高于水的露点温度28℃以上。使分馏塔顶温度高于氯化铵结晶点，把氯化铵结晶放置到塔顶冷凝冷却系统处理。

实验数据表明，适当提高操作温度，可以延缓NH_4Cl的沉积。通常认为，当焦化分馏塔顶温度超过130℃时，NH_4Cl的沉积会大大降低。但是塔顶温度的提高受到焦化装置产品分布的限制，即汽油干点的限制。对于加工流程中焦化汽柴油混合加氢的炼厂，提高分馏塔顶温度就有了良好的条件。设计中，可以将石脑油的切割点提高，相应地提高焦化分馏塔顶的温度。

对于设置有顶回流的分馏塔，塔顶回流温度应高于90℃。如果温度低于此温度，在顶回流返塔的位置可能出现温度分布不均匀，局部温度过低可加剧NH_4Cl沉积。

顶循系统的温度控制也应遵照此原则。

2. 水洗流程设置

分馏塔顶部系统结盐后会出现以下现象：塔顶温度侧线温度容易波动；塔顶压力经常发生突变；侧线油品质量变重，馏程重叠严重时出现黑油；塔板压降增大；顶循泵抽空。

出现分馏塔顶部结盐后，应及时进行清理。这些盐垢一般都溶于水，可以在顶回流返塔前接除盐水或除氧水，将盐溶于水后洗掉。建议采用在线水洗的流程，可以在不停工情况下洗掉铵盐。含盐的污水从顶循集油箱抽出排至污水系统或和塔顶污水系统汇合送出装置。

3. 塔顶冷凝冷却系统

由于在焦化热裂解反应过程中原料油的氮化物约有7%～10%转化为氨，溶解在冷凝水中，导致冷凝水呈碱性，因此在分馏塔顶冷凝冷却系统塔顶油气管线上一般注入缓蚀剂和水。

注缓蚀剂的作用是使其在冷凝区域的金属表面形成一层保护膜，将金属与油气介质隔离开，起到保护金属的作用；此外，缓蚀剂的表面活性作用使沉积物与金属表面的结合力降低，使沉积物疏松，为冲洗带来方便。

塔顶的注水主要作用是冲洗形成的铵盐与稀释腐蚀介质浓度，注水的量应保证有足够液态水的析出。注水可以采用本装置的含硫污水、汽提净化水或除盐水。

4. 其他

LPEC 研究院的研究分析结果表明：HCl 会随柴油产品进入下游加氢装置，造成加氢装置换热器结垢，引发腐蚀。增设柴油汽提塔可以将柴油中的 HCl 汽提到塔顶，最终随塔顶排水排出，这样可以降低加氢装置换热器结垢的频率。

（二）设计选材与材质升级[68,69]

进料系统以外的其他设备、管线可按《加工高硫原油主要设备及管道设计选材导则》（SH/T 3096）与《高酸原油加工装置设备和管道设计选材导则》（SH/T 3129）选材，根据标准中延迟焦化的选材推荐表（见表 6-7-5 至表 6-7-9）确定。材料的更换原则可根据长期腐蚀监测的结果进行调整，如果降低材料等级需要进行充分的论证，以保证生产的安全。

表 6-7-5 加工高硫低酸原油延迟焦化装置主要设备推荐用材（SH/T 3096—2012）[68]

类别	设备名称	设备部位	设备主材推荐材料	备注
塔器	焦炭塔	上部壳体	铬钼钢+06Cr13	由顶部到泡沫层底面以下 1500~2000mm 处
		下部壳体	铬钼钢	
	焦化分馏塔	顶封头、顶部筒体	碳钢+06Cr13（06Cr13Al）	含顶部 4~5 层塔盘以上塔体
		其他筒体、底封头	碳钢+06Cr13[a]	介质温度≤350℃
			碳钢+022Cr19Ni10[b]	介质温度>350℃
		塔盘	06Cr13	介质温度≤350℃
			022Cr19Ni10[b]	介质温度>350℃
	蜡油汽提塔	壳体	碳钢	介质温度<240℃
			碳钢+06Cr13	介质温度 240~350℃
			碳钢+022Cr19Ni10[b]	介质温度>350℃
		塔盘	06Cr13	介质温度≤350℃
			022Cr19Ni10[b]	介质温度>350℃
	接触冷却塔（放空塔）	壳体	碳钢+06Cr13	
		塔盘（挡板）	06Cr13	
	吸收塔 解吸塔	壳体	碳钢+06Cr13（06Cr13Al）	
		塔盘	06Cr13	
	再吸收塔	壳体	碳钢[c]	
		塔盘	06Cr13	
	稳定塔	顶封头、顶部筒体	碳钢+06Cr13（06Cr13Al）	含顶部 4~5 层塔盘以上塔体
		其他筒体、底封头	碳钢[c]	
		塔盘	06Cr13	

续表

类别	设备名称	设备部位	设备主材推荐材料	备注
容器	塔顶油气回流罐 塔顶油气分离器 压缩富气分离器	壳体	碳钢[c]	采用碳钢时可内涂防腐涂料
	其他容器	壳体	碳钢	油气温度<240℃
			碳钢+06Cr13[d]	油气温度≥240℃
	储罐	壳体	碳钢	可内涂防腐涂料
空冷器	塔顶油气空冷器 压缩富气空冷器	管箱	碳钢[c]	
		管子	碳钢[e]	可内涂防腐涂料
	其他空冷器	管箱	碳钢[f]	
		管子	碳钢	
换热器	塔顶油气冷却器 压缩富气冷却器	壳体	碳钢[c]	指油气侧
		管子	碳钢[eg]	油气侧可涂防腐涂料
	解吸塔底重沸器	壳体	碳钢	
		管子	022Cr19Ni10[b]	
	其他油气换热器 其他油气冷却器	壳体	碳钢[f]	油气温度<240℃
			碳钢+06Cr13[d]	介质温度 240~350℃
			碳钢+022Cr19Ni10[b]	介质温度>350℃
		管子	碳钢[g]	油气温度<240℃
			022Cr19Ni10[hb]	油气温度≥240℃
加热炉	炉管	对流段	1Cr5Mo	
		辐射段	1Cr9Mo	

[a] 对于焦化分馏塔的塔体(顶封头和顶部筒体除外)，当介质温度小于 240℃且腐蚀不严重时可采用碳钢。

[b] 采用 022Cr19Ni10 时可由 06Cr19Ni10 或 06Cr18Ni11Ti 替代。

[c] 湿硫化氢腐蚀环境，腐蚀严重时可采用抗 HIC 钢。

[d] 当介质温度小于 288℃且馏分中的硫含量小于 2%时，容器或换热器的壳体可采用碳钢，但应根据腐蚀速率和设计寿命确定腐蚀裕量。

[e] 对于焦化分馏塔顶油气和压缩富气的空冷器或换热器(冷却器)，当腐蚀严重时管子可采用 022Cr19Ni10 或 06Cr18Ni11Ti，空冷器管箱或换热器(冷却器)管板及其他构件的耐腐蚀性能应与之相匹配。

[f] 当介质为吸收塔或解吸塔中段油、再吸收塔塔底油(富吸收油)时，与此介质接触的空冷器管箱或换热器壳体应考虑湿硫化氢腐蚀。

[g] 对于水冷却器，管束采用碳钢时水侧可涂防腐涂料。

[h] 介质温度为 240~350℃的换热器管子也可根据需要采用碳钢渗铝管或 1Cr5Mo，管板及其他构件的耐腐蚀性能应与之匹配。

表 6-7-6　加工高硫低酸原油延迟焦化装置主要管道推荐用材(SH/T 3096—2012)[68]

管道位置	管道名称	管道主材推荐材料	备注
分馏塔	塔顶油气管道	碳钢	湿硫化氢腐蚀环境
	塔底重油至加热炉管道	1Cr5Mo	
	循环油管道	1Cr5Mo	

续表

管道位置	管道名称	管道主材推荐材料	备　　注
焦炭塔	塔底高温进料管道	1Cr5Mo/1Cr9Mo	
	塔顶高温油气管道	1Cr5Mo/15CrMoR+06Cr13	
加热炉	进口管道	1Cr5Mo	
	出口管道	1Cr5Mo/1Cr9Mo	
分馏塔顶油气分液罐	罐顶冷凝管道	碳钢	湿硫化氢腐蚀环境
吸收稳定各塔	塔顶冷凝管道	碳钢	湿硫化氢腐蚀环境
其他	介质温度<288℃，含硫油品油气管道	碳钢	
	288≤介质温度<340℃，含硫油品油气管道	碳钢/1Cr5Mo[a]	
	介质温度≥340℃，含硫油品油气管道	1Cr5Mo	

[a] 可根据操作条件计算腐蚀裕量从碳钢、1Cr5Mo中选用合适的材料。

表6-7-7　加工高酸低硫原油延迟焦化装置主要设备推荐用材(SH/T 3129—2012)[69]

类别	设备名称	设备部位	设备主材推荐材料	备　　注
塔器	焦炭塔	壳体	铬钼钢	
	焦化分馏塔	顶封头、顶部筒体	碳钢+06Cr13(06Cr13A1)	含顶部4~5层塔盘以上塔体
		其他筒体、底封头	碳钢	
		塔盘	06Cr13	
	蜡油汽提塔 接触冷却塔 (放空塔)	壳体	碳钢	
		塔盘	06Cr13	
	吸收塔、解吸塔 再吸收塔、稳定塔	壳体	碳钢[a]	
		塔盘	06Cr13	
容器	塔顶油气回流罐 塔顶油气分离器 压缩富气分离器	壳体	碳钢[a]	可内涂防腐涂料
	原料油缓冲罐 加热炉进料 缓冲罐	壳体	碳钢	油气温度<240℃
			碳钢+022Cr19Ni10[b]	油气温度≥240℃
	其他容器	壳体	碳钢	
	储罐	壳体	碳钢	可内涂防腐涂料
空冷器	塔顶油气空冷器 压缩富气空冷器	管箱	碳钢[a]	
		管子	碳钢	可内涂防腐涂料
	一般空冷器	管箱	碳钢[c]	
		管子	碳钢	

续表

类别	设备名称	设备部位		设备主材推荐材料	备注
换热器	原料油换热器	壳体	原料油侧	碳钢	原料油温度<240℃
				碳钢+022Cr19Ni10[bd]	原料油温度≥240℃
			馏分油(油气)侧	碳钢	
		管子(指原料油侧)		碳钢	原料油温度<240℃
				022Cr19Ni10[bde]	原料油温度≥240℃
	塔顶油气冷却器 压缩富气冷却器	壳体		碳钢[a]	指油气侧
		管子		碳钢[f]	油气侧可涂防腐涂料
	其他油气换热器 其他油气冷却器	壳体		碳钢[c]	
		管子		碳钢[f]	
加热炉	炉管	对流段		1Cr5Mo	
				06Cr18Ni11Ti	
		辐射段		1Cr9Mo/06Cr18Ni11Ti	
				07Cr17Ni12Mo2[g]	

[a] 湿硫化氢腐蚀环境，腐蚀严重时可采用抗 HIC 钢。

[b] 采用 022Cr19Ni10 不锈钢可由 06Cr19Ni10 或 06Cr18Ni11Ti 替代，采用 022Cr17Ni12Mo2 可由 06Cr17Ni12Mo2 替代。

[c] 当介质为吸收塔或解吸塔中段油、再吸收塔塔底油(富吸收油)时，与此介质接触的空冷器管箱或换热器壳体应考虑湿硫化氢腐蚀。

[d] 当原料油的温度为 240~288℃ 且环烷酸酸值(TAN 值)小于 1.5 时，换热器管子也可采用 1Cr5Mo 钢管，壳体采用碳钢+06Cr13 复合板；温度大于等于 288℃ 且环烷酸酸值(TAN 值)大于等于 1.5 时，换热器管子也可采用 022Cr17Ni12Mo2 钢管，壳体采用碳钢+022Cr17Ni12Mo2 复合板。

[e] 介质温度为 240~350℃ 的换热器管子也可采用碳钢渗铝管，管板及其他构件的耐腐蚀性能应与之匹配。

[f] 对于水冷却器，水侧可涂防腐涂料。

[g] 流速大于等于 30m/s 的焦化炉炉管采用 07Cr17Ni12Mo2 时，材料中的钼含量应不小于 2.5%。

表 6-7-8 加工高酸高硫原油延迟焦化装置主要设备推荐用材(SH/T 3129—2012)[69]

类别	设备名称	设备部位	设备主材推荐材料	备注
塔器	焦炭塔	上部	铬钼钢+06Cr13	由顶部到泡沫层底面以下 1500~2000mm 处
		下部	铬钼钢	
	焦化分馏塔	顶封头、顶部筒体	碳钢+06Cr13(06Cr13A1)	含顶部 4~5 层塔盘以上塔体
		其他筒体、底封头	碳钢+06Cr13[a]	介质温度≤350℃
			碳钢+022Cr19Ni10[b]	介质温度>350℃
		塔盘	06Cr13	介质温度≤350℃
			022Cr19Ni10[b]	介质温度>350℃
	蜡油汽提塔	壳体	碳钢	介质温度<240℃
			碳钢+06Cr13	介质温度 240~350℃
			碳钢+022Cr19Ni10[b]	介质温度>350℃
		塔盘	06Cr13	介质温度≤350℃
			022Cr19Ni10[b]	介质温度>350℃

续表

类别	设备名称	设备部位		设备主材推荐材料	备注
塔器	接触冷却塔（放空塔）	壳体		碳钢+06Cr13	
		塔盘		06Cr13	
	吸收塔 解吸塔	壳体		碳钢+06Cr13（06Cr13A1）	
		塔盘		06Cr13	
	再吸收塔	壳体		碳钢[c]	
		塔盘		06Cr13	
	稳定塔	顶封头、顶部筒体		碳钢+06Cr13（06Cr13A1）	含顶部4~5层塔盘以上塔体
		其他筒体、底封头		碳钢[c]	
		塔盘		06Cr13	
容器	塔顶油气回流罐 塔顶油气分离器 压缩富气分离器	壳体		碳钢[c]	可内涂防腐涂料
	原料油缓冲罐 加热炉进料缓冲罐	壳体		碳钢	介质温度<240℃
				碳钢+022Cr19Ni10[b]	介质温度≥240℃
	其他容器	壳体		碳钢	油气温度<240℃
				碳钢+06Cr13[d]	油气温度≥240℃
	储罐	壳体		碳钢	可内涂防腐涂料
空冷器	塔顶油气空冷器 压缩富气空冷器	管箱		碳钢[c]	
		管子		碳钢[e]	采用碳钢时可内涂防腐涂料
	一般空冷器	管箱		碳钢[f]	
		管子		碳钢	
换热器	原料油换热器	壳体	原料油侧	碳钢	原料油温度<240℃
				碳钢+022Cr19Ni10[bg]	原料油温度≥240℃
			馏分油（油气）侧	碳钢	介质温度<240℃
				碳钢+06Cr13[d]	介质温度240~350℃
				碳钢+022Cr19Ni10[b]	介质温度>350℃
		管子	原料油侧	碳钢	原料油温度<240℃
				022Cr19Ni10[bgh]	原料油温度≥240℃
			馏分油（油气）侧	碳钢	油气温度<240℃
				022Cr19Ni10[bi]	油气温度≥240℃
	塔顶油气冷却器 压缩富气冷却器	壳体		碳钢[c]	指油气侧
		管子		碳钢[ej]	采用碳钢时油气侧可涂防腐涂料
	解吸塔底重沸器	壳体		碳钢	
		管子		022Cr19Ni10[b]	
	其他油气换热器 其他油气冷却器	壳体		碳钢[f]	油气温度<240℃
				碳钢+06Cr13[d]	介质温度240~350℃
				碳钢+022Cr19Ni10[b]	介质温度>350℃
		管子		碳钢[j]	油气温度<240℃
				022Cr19Ni10[bi]	油气温度≥240℃

续表

类别	设备名称	设备部位	设备主材推荐材料	备注
加热炉	炉管	对流段	1Cr5Mo	
			06Cr18Ni11Ti	
		辐射段	1Cr9Mo 或 06Cr18Ni11Ti	
			07Cr17Ni12Mo2[k]	

[a] 对于焦化分馏塔的塔体（顶封头和顶部筒体除外），当介质温度小于240℃且腐蚀不严重时可采用碳钢。

[b] 采用022Cr19Ni10时可由06Cr19Ni10或06Cr18Ni11Ti替代。

[c] 湿硫化氢腐蚀环境，如果腐蚀严重可采用抗HIC钢。

[d] 当介质温度小于288℃且馏分中的硫含量小于2%时，容器或换热器的壳体可采用碳钢，但应根据腐蚀速率和设计寿命取足够的腐蚀裕量。

[e] 对于焦化分馏塔顶油气和压缩富气的空冷器或换热器（冷却器），当腐蚀严重时管子可采用022Cr19Ni10或06Cr18Ni11Ti，空冷器管箱或换热器（冷却器）管板及其他构件的耐腐蚀性能应与之相匹配。

[f] 当介质为吸收塔或解吸塔中段油、再吸收塔塔底油（富吸收油）时，与此介质接触的空冷器管箱或换热器壳体应考虑湿硫化氢腐蚀。

[g] 当原料油的温度为240～288℃且环烷酸酸值（TAN值）小于1.5时，换热器管子也可采用1Cr5Mo钢管，壳体采用碳钢+06Cr13复合板；温度大于等于288℃且环烷酸酸值（TAN值）大于等于1.5时，换热器管子也可采用022Cr17Ni12Mo2钢管，壳体采用碳钢+022Cr17Ni12Mo2复合板。

[h] 介质温度为240～350℃的换热器管子也可采用碳钢渗铝管，但不应降低管板及其他构件的耐腐蚀性能。

[i] 介质温度为240～350℃的换热器管子也可采用碳钢渗铝管或1Cr5Mo，但不应降低管板及其他构件的耐腐蚀性能。

[j] 对于水冷却器，管束采用碳钢时水侧可涂防腐涂料。

[k] 流速大于等于30m/s的焦化炉炉管采用07Cr17Ni12Mo2时，材料中的钼含量应不小于2.5%。

表6-7-9　加工高酸低硫和高酸高硫延迟焦化装置主要管道推荐用材（SH/T 3129—2012）[69]

管道位置	管道名称	管道主材推荐用材	备注
分馏塔	塔顶油气管道	碳钢	
分馏塔底	重油至加热炉管道	1Cr5Mo/1Cr9Mo/022Cr19Ni10[ac]	
	循环油管道	1Cr5Mo/1Cr9Mo/022Cr19Ni10[ac]	
焦炭塔	塔底高温进料管道	1Cr5Mo/1Cr9Mo/022Cr19Ni10[ac]	
	塔顶高温油气管道	1Cr5Mo/15CrMoR+06Cr13	
加热炉	进口管道	1Cr5Mo/1Cr9Mo/022Cr19Ni10/ 022Cr17Ni12Mo2[abc]	
	出口管道	1Cr5Mo/1Cr9Mo[a]	
分馏塔顶油气分液罐	罐顶冷凝管道	碳钢	
吸收稳定各塔	塔顶冷凝管道	碳钢	
其他	介质温度<240℃ 含酸油品油气管道	碳钢	
	240℃≤介质温度<288 含酸油品油气管道	1Cr5Mo/1Cr9Mo[a]	
	介质温度≥288℃ 含酸油品油气管道	1Cr9Mo/022Cr19Ni10/ 022Cr17Ni12Mo2[bc]	

[a] 介质温度大于等于240℃小于288℃时，可根据操作条件从1Cr5Mo、1Cr9Mo、022Cr19Ni10中计算腐蚀余量选用合适的材料，但在此温度范围内如果流速大于等于30m/s时，宜选用022Cr17Ni14Mo2。

[b] 介质温度大于等于288℃时，可根据操作条件从1Cr9Mo、022Cr19Ni10、022Cr17Ni14Mo2中计算腐蚀余量选用合适的材料，但在此温度范围内如果流速超过30m/s时，宜选用022Cr17Ni14Mo2。

[c] 采用022Cr19Ni10时可由06Cr19Ni10或06Cr18Ni11Ti替代，采用022Cr17Ni12Mo2时可由06Cr17Ni12Mo2替代。

三、腐蚀管理

延迟焦化日常的腐蚀管理首先应保证装置连续平稳操作，处理量应控制在设计范围内。

装置加工的原料油应符合设计要求，原料油的硫含量，原则上不能超过设计值。当有特殊情况需短期、小幅超出设计值时，要制订并实施严格的工艺防腐蚀措施，同时要加强薄弱部位的腐蚀监测和对工艺防腐蚀措施实施效果的监督。

焦化原料酸值如大于 1.5mgKOH/g，进料高温部位选材可考虑 316 类不锈钢，同时加强设备管线的定期腐蚀监测和高温部位检查。

监测原料油氯含量，掺炼污油时，注意分馏塔积盐问题，并加强分馏塔顶部低温腐蚀监控。

掺炼催化油浆，控制油浆固含量不大于 6g/L。

四、腐蚀监测

延迟焦化装置是环烷酸、硫等腐蚀的重点装置，为保证生产的正常进行，腐蚀监控应作为日常管理的一部分，对于分馏塔系统采取腐蚀探针、腐蚀挂片以及定点测厚等技术相结合的方式进行控制，高温管线主要采用定点测厚技术进行管理。

1. 塔器的低温腐蚀部位

监控方式：低温腐蚀探针，腐蚀挂片，日常化学分析。

低温腐蚀探针安装在分馏塔塔顶一级冷却器出口总管，腐蚀挂片安装在塔内低温段、冷却器内部腐蚀严重区域。日常化学分析对象为各塔顶冷凝水，分析项目见表 6-7-10。

表 6-7-10　冷凝水分析项目

项目名称	测定方法	项目名称	测定方法
pH 值	pH 计法	硫化物含量/(mg/L)	
铁离子含量/(mg/L)	原子吸收光谱法	Cl^- 含量/(mg/L)	
氨含量/(mg/L)	GB 6532—86	CN^- 含量/(mg/L)	

2. 塔器高温部位

监控方式：定点测厚，腐蚀挂片，定期探伤。

腐蚀挂片安装在塔内部腐蚀严重区域，定点测厚按照中国石化《关于加强炼油装置腐蚀检查工作的管理规定》(试行)和《加工高含硫原油装置设备及管道测厚管理规定》执行，定期探伤在检修时执行。

3. 高温管线

监控方式：定点测厚。

定点测厚按照中国石化《关于加强炼油装置腐蚀检查工作的管理规定》(试行)和《加工高含硫原油装置设备及管道测厚管理规定》(试行)执行。

参考文献

[1] 钱家麟. 管式加热炉[M]. 2 版. 北京：中国石化出版社，2003.
[2] 陈清林，等. 减黏炉管内传热计算数学模型的研究与应用[J]. 石油炼制与化工，1991(1)：57-62.
[3] 袭元寿，等. 基本有机化工过程及设备[M]. 北京：化学工业出版社，1982.
[4] 中国石化总公司北京设计院. 炼油化工工艺计算图表[M]. 北京：烃加工出版社，1986.
[5] 黄祖祺，等. 石油化工管式炉的模拟与计算机计算[M]. 北京：化学工业出版社，1993.

[6] 帕坦卡 S V 著. 传动与流动的数值计算[M]. 张政译. 北京：科学出版社，1984.
[7] Rohinson G F. J Inst of Energy，1985，436：116.
[8] 王应时，等. 燃烧过程数值计算[M]. 北京：科学出版社，1984.
[9] 卡里尔 E E 著. 燃烧室与工业炉的模拟[M]. 陈熙等译. 北京：科学出版社，1987.
[10] 饶立波，等. 管式加热炉辐射室中流动和传热过程模拟[J]. 化工学报，1993，44(4)：410.
[11] 日本石油学会重质油分会. 石油学会志，1984，27(1).
[12] 久富胜机等. 石油学会志，1978，21(4).
[13] Toru Takatsuka. 实用渣油热转化模型. 石油炼制译丛，1988(5)：1-8.
[14] Xiao，et al. Modeling for product distribution in thermal conversion of heavy oil[J]. Petroleum Science and Technology，2002，20(5 & 6)：605-612.
[15] 林世雄主编. 石油炼制工程[M]. 3 版. 北京：石油工业出版社，2000.
[16] 黄鸿鼎，等. 化学工程，1982(4)：42-49.
[17] Orkiszewsk J. Petroleum Technology，1967：829-839.
[18] Degance E，Atherton W. Chem Eng，1970，77(21)：87.
[19] 吴绍良译. 炼油设计，1984(3)：42-52.
[20] Dukler A E. Frictional Presure Drop in Two-Phase Flow[J]. AIChE，1964(1)：38-51.
[21] 第二炼油设计研究院. 炼油设计，1980(1)：51-60.
[22] Masud Behnia. Most acurate two-phase presure-drop core1ation identified[J]. Oil & Gas J，1991-9-16：90-95.
[23] Souders M Jr，Selheimer C W，Brown G G. I & EC，1982(24)：517.
[24] Katz D L，Brown G G. I & EC，1933(25)：1373.
[25] 郭天民，等. 多元气-液平衡和精馏[M]. 北京：化学工业出版社，1983.
[26] 寿德清，等. 我国石油馆分 10 种物性的预测方法[J]. 炼油设计，1993，23(3).
[27] 梁文杰. 重质油化学[M]. 东营：石油大学出版社，1999.
[28] Xiao，et al. Study on correlative methods for describing coking rate in furnace tubes[J]. Petroleum Science and Technology，2000，18(3 & 4)：305-318.
[29] Petro/Chem Enginer，1962，34(4)：20-25.
[30] Scarborough C E，cherrington D C，Diener R，et al. Coking of crude oil at high heat flux levels. CEP，1979(7).
[31] Bennett C O，Myers J E，Mmentum. Heat and Mass Transfer[M]. New York：Mc Graw-Hill Book Company，1982.
[32] 周晓龙，等. 150 万吨/年延迟焦化装置改造和工程设计[J]. 石油炼制，1992(8)：48.
[33] 中华人民共和国石油化工行业标准. 炼油厂管式加热炉设计技术规定：SHJ 1035—84[S]，1984.
[34] 程之光. 重油加工技术[M]. 北京：中国石化出版社，1994.
[35] 晁可绳. 焦化加热炉长周期运行的设计考虑[J]. 炼油设计，1999(11)：32-35.
[36] 李出和，等. 国内现有延迟焦化装置技术状况及优化的探讨[J]. 石油化工设计，2012，29(1)：10-12.
[37] 守富宽，等. 重质油焦化反应模型[J]. 石油学会志，1982，25(1)：32-39.
[38] 中国石油化工设备管理协会. 石油化工装置设备腐蚀与防护手册[M]. 北京：中国石化出版社，1996：118~134.
[39] API. 1996 API Coke Drum Survey (Final Report). Houston：Capstone Engineering Services Inc，1998.
[40] Leslie P Antalfy，et al. Analyses of Alternate Skirt Attachments to Coke Drum，Fitness for Service and Decisions for Petroleum and Chemical Equipment. ASME，PVP，vol. 315，1995.
[41] Leslie P Antalffy. Innovations in Delayed Coking Coke Drum Design，Fracture Design Analysis of Pressure Vessels，Heat Exchangers，Piping Components and Fitness for Service. ASTM，PVP，vol 388，1999.
[42] Jorge A，et al. Understanding Failure Mechanisms to Improve Reliability of Coke Drums，Operations，Applications and Components. ASME，PVP，vol 395，1999.

[43] 秦瑞歧. 焦化装置标定程序[M]. 北京：中国石化出版社，1991.
[44] API Technical Report 934-G Ballot Draft. Design, Fabrication, Operational Effects, Inspection, Assessment and Repair of Coke Drums and Peripheral Components in Delayed Coking Units, February, 2014.
[45] API Proceeding Department, API 46th Midyear Meeting, Illinoins, 1981(60): 141-150.
[46] [日]平修二. 热应力与热疲劳[M]. 北京：国防工业出版社，1984.
[47] API Publication 938. An Experimental Study of Causes and Repair of Cracking of 1/4Cr-1/2Mo Steel Equipment, 1996.
[48] 赵艳梅，郑国芬. 焦炭裙座环缝裂因及安全分析[J]. 化工设备与管道，2001(6)：(33).
[49] Assessing the Structural Integrity and Remainting Life of Coke Drums with Acoustic Emission Testing Strain Ganging and Finite Element Analysis. ETCE99-Symposium on Plant and Facilites Reliability and Mecharical Integrity, 1999.
[50] 大型铬钼钢塔器背带式保温结构[P]. ZL01243629. 1.
[51] 莫少明，等. 8800mm 焦炭塔的焊后整体热处理[J]. 石油化工设备技术，2004，25(6)：7.
[52] 贾桂茹，顾一天. 焦炭塔设计中几个问题的探讨[J]. 石油化工设备技术，2003，24(6)：1.
[53] 顾一天，龙秀兰，贾桂茹. 大型焦炭塔的设计[J]. 石油化工设备技术，2003，24(1)：4.
[54] 徐江华，甘丽琳，李和杰，等. 一种可灵活调节循环比操作的延迟焦化工艺：中国，02139312. 5[P]. 2005-02-16.
[55] 甘丽琳，徐江华，李和杰. 可调循环比的延迟焦化工艺[J]. 炼油技术与工程，2003，33(10)：8-11.
[56] 李出和，黄孟旗. 一种全蜡油下回流脱过热及循环比定量控制的延迟焦化装置及方法：中国，201110150403. 0[P]. 2014-12-17.
[57] 黄孟旗，李出和. 延迟焦化全蜡油下回流脱过热及循环比定量控制[J]. 石油化工设计，2012，29(3)：29-30.
[58] Charlie Herron. Debottlenecking coker fractionation sections with high capacity trays and structured packing [C]. NPRA Annual Meeting. 2003, AM-03-51.
[59] 冯金煌，陈活虎. 脱硫喷淋塔除尘的影响因素及效果[J]. 环境工程，2010，89(3)：70-72.
[60] 李秋萍，程建伟，邵国兴. 喷淋洗涤塔、液柱塔及动力波洗涤器[J]. 化工装备技术[J]，2008，29(3)：1-5.
[61] 侯峰伟. 一种喷淋塔除尘器结构改进的性能研究[D]. 兰州：兰州理工大学，2006.
[62] 武汉水利学院. 水力学[M]. 北京：人民教育出版社，1979.
[63] 王晓敏，等译. 高压水射流技术译文集[M]. 北京：煤炭工业出版社，1982.
[64] 北京矿业学院，北京煤炭工业学院. 水力采煤机械化设备[M]. 北京：煤炭工业出版社，1961.
[65] 李海洲. 水枪高压水射流试验研究[G]//水力采煤技术论文集. 北京：煤炭工业出版社，1985：201-211.
[66] 梁田(日). 水射流的流动特性[G]//高压水射流技术译文集. 北京：煤炭工业出版社，1982：339-353.
[67] 中国石油化工设备管理协会设备防护专业组. 石油化工装置设备腐蚀与防护手册[S]. 北京：中国石化出版社，1996：64-89.
[68] 中石化洛阳工程有限公司. 高硫原油加工装置设备和管道设计选材导则：SH/T 3096—2012[S]. 北京：中国石化出版社，2013.
[69] 中石化洛阳工程有限公司. 高酸原油加工装置设备和管道设计选材导则：SH/T 3129—2012[S]. 北京：中国石化出版社，2013.
[70] 中国工程建设标准化协会化工分会. 工业循环冷却水处理设计规范：GB 50050—2007[S]. 北京：中国计划出版社，2008.

第七章　延迟焦化装置安全生产技术及 QHSE

第一节　延迟焦化装置安全生产技术特点

延迟焦化是重要的重油加工工艺之一，延迟焦化装置和其他炼油装置相比其安全生产的特点主要是：

(1) 延迟焦化反应是一个复杂的热化学反应过程，其中包括气、液、固三相态，具有高维、非线性、时变、强耦合和不稳定等特点。原料油在延迟焦化装置中所经历的热反应机理是非常复杂的，很难用化学反应方程式描述，其反应过程可以简单描述如下：

原料油与循环油一起由加热炉进料泵抽送至焦化加热炉，在炉管内高速流动并迅速升温至规定温度，发生轻微热反应后离开加热炉并通过四通阀进入焦炭塔底部。

在焦化加热炉中、后部炉管中物料的流动属于高速流动的气液两相混合流，气液两相物料在炉管中的停留时间是相同的。高温物料进入焦炭塔后，气液相物料在焦炭塔内的停留时间有很大区别。反应产物气相逸出焦炭塔，反应产物中的焦炭则留在焦炭塔中。水蒸气和反应产物中的气体、汽油、柴油、蜡油和循环油在焦炭塔中呈气相，一部分未反应的渣油原料中的轻组分由于挥发和夹带的原因也进入了气相，焦炭塔内的气相物料经历短时间的热反应后到达塔顶，塔顶高温气体由急冷油冷却降温终止气体的进一步热反应。油气进入分馏塔后，和原料油或蜡油直接换热，循环油被冷凝下来并和原料混合，其他大部分油气在分馏塔中上部分离出蜡油、柴油、汽油及气体等组分。

焦炭塔是焦化反应的主要场所，反应条件和反应产物的不稳定性比较明显。延迟焦化装置中每个系列中的两个焦炭塔是交替操作的，对处于进料状态的焦炭塔来说，在整个进料周期中，焦炭塔内的物料量、物料组成和焦炭塔的温度是随时间变化的。焦炭塔的间歇操作不仅影响分馏系统操作的平稳性，而且由于焦炭塔(包括连接的裙座等)处于不断升温和降温过程之中，导致焦炭塔受力情况复杂多变，长期运转容易产生“热蠕变”而造成焦炭塔的变形甚至破坏。

(2) 焦化原料一般为重质渣油，含有较多的易结焦的沥青质和胶质等，容易在加热炉的辐射段炉管、大油气管线、分馏塔底等处产生结焦现象，造成装置运转周期的缩短，甚至发生安全事故。

目前，炼油厂对炼油装置开工周期的要求一般在 3 年以上。对延迟焦化装置而言，防止结焦和避免泄漏着火是延长装置开工周期的关键，为达到这一目的的主要措施是：

① 防止焦炭塔焦粉大量携带，避免造成下游分馏塔底过滤器及换热器等系统焦粉沉积量加大、装置运行周期缩短和因此导致的装置紧急停工。

② 选择使用技术先进的炉型，平稳加热炉操作，防止加热炉炉管发生局部结焦，同时，配备并良好使用在线清焦技术也是延长加热炉运行周期的一个重要措施。

③ 装置的设备、管道及仪表选择合理的材质和设计等级标准，对易腐蚀部位的有关部位加强监控，防止在加工高硫、高酸原油时，由于设备、管道腐蚀泄漏着火等事故导致装置

停工。

(3) 按照烃类的自燃规律，一般是油料的沸点越高，自燃点越低。焦化装置加工的是重质油料，自燃点较低。焦化装置存在较多的高温法兰和高温接头等处，这些地方一旦泄漏，很容易自燃发生火灾。

(4) 焦化装置是炼油厂中为数不多的生产固体物料的一种炼油装置，固体石油焦的收率约为原料的 25%~35%(质)。石油焦的除焦和运输过程中使用一系列的特殊设备，如焦炭塔顶/底盖拆卸机、水力除焦机械、抓斗吊车等，这些设备在运行过程中，由于焦炭的磨损和冲刷易发生故障，另外粉碎的焦炭粉末还会导致环境污染问题。

(5) 焦化原料含有较多的硫、氮、氧等元素，加工过程中易转化为有毒、有害物质，尤其是所产生的硫化氢气体，其毒性较大，在很低的浓度可导致人员迅速死亡。因此，生产中要特别注意预防硫化氢中毒。一些重要部位如含硫污水罐、含硫污水泵、富气压缩机等要安装有毒、有害气体的自动检测和报警仪器。工人要进行必要的培训，掌握有关防毒及急救的知识和技能。

(6) 焦炭塔采用中子料位计测量塔内料位，存在核辐射的危险。通常中子源被包在铅盒之中。装置应设置清晰的标识说明中子源的位置和危害。在焦炭塔检修前，中子源必须由专业人员取出，并在安全地点上锁存放。

(7) 焦化装置吸收稳定系统回收的液化石油气，在原料硫含量较高时，其硫化氢含量也较高。在防止硫化氢中毒的同时，必须意识到液化气极易气化达到爆炸极限。另外，液化气的极易气化，如与皮肤接触，可能造成严重烧伤。

综合延迟焦化装置安全生产特点，本章主要介绍焦化装置的开停工、异常情况处理、专用操作法、国内外焦化事故案例分析和国内延迟焦化装置安全隐患分析及消除。

因各炼油厂延迟焦化装置的流程不尽相同，本章所述的原则开停工方案是参照国内最新设计的焦化装置流程进行的，它的流程图参见图 7-1-1。

第二节　延迟焦化装置开停工

一、延迟焦化装置开工程序

延迟焦化装置主要开工程序如图 7-2-1 所示。

二、焦化装置的开工

本开工原则方案是参照图 7-1-1 原则流程编制的。焦化装置的原则流程不同其开停工方案也可能略有不同。

1. 装置开工方案的选择

焦化装置的开工方案大致上可分为以下两种：

① 柴油-蜡油-渣油开工方案；

② 蜡油-渣油开工方案。

新装置开工和在环境温度较低地区的装置开工应选择柴油-蜡油-渣油开工方案；在环境温度较高地区的装置开工和未作较大改造装置的开工可选择蜡油-渣油开工方案。

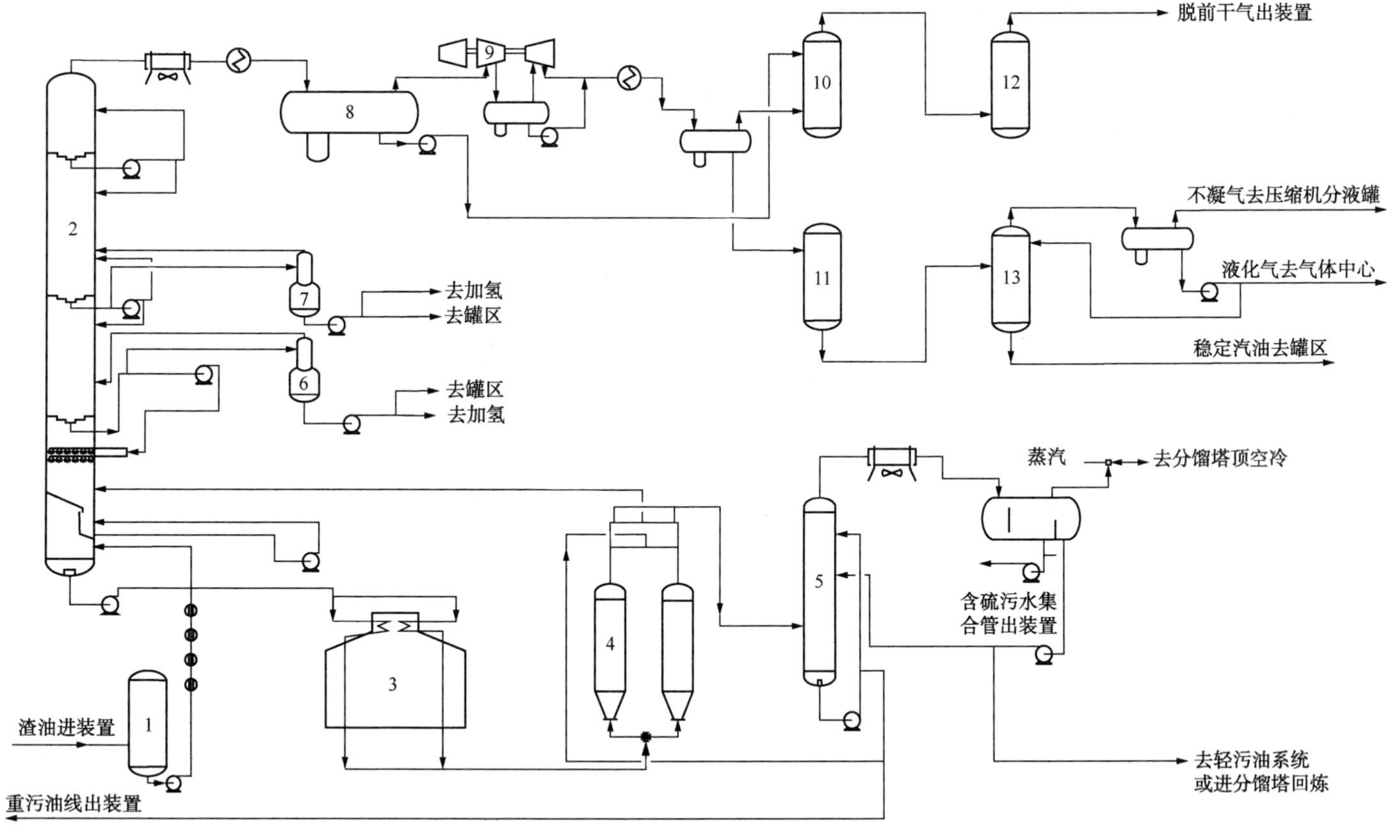

图7-1-1 延迟焦化装置原则流程图

1—原料罐；2—分馏塔；3—加热炉；4—焦炭塔；5—放空塔；6—蜡油汽提塔；7—柴油汽提塔；8—分馏塔顶油气分液罐；9—压缩机；10—吸收塔；11—脱吸塔；12—再吸收塔；13—稳定塔

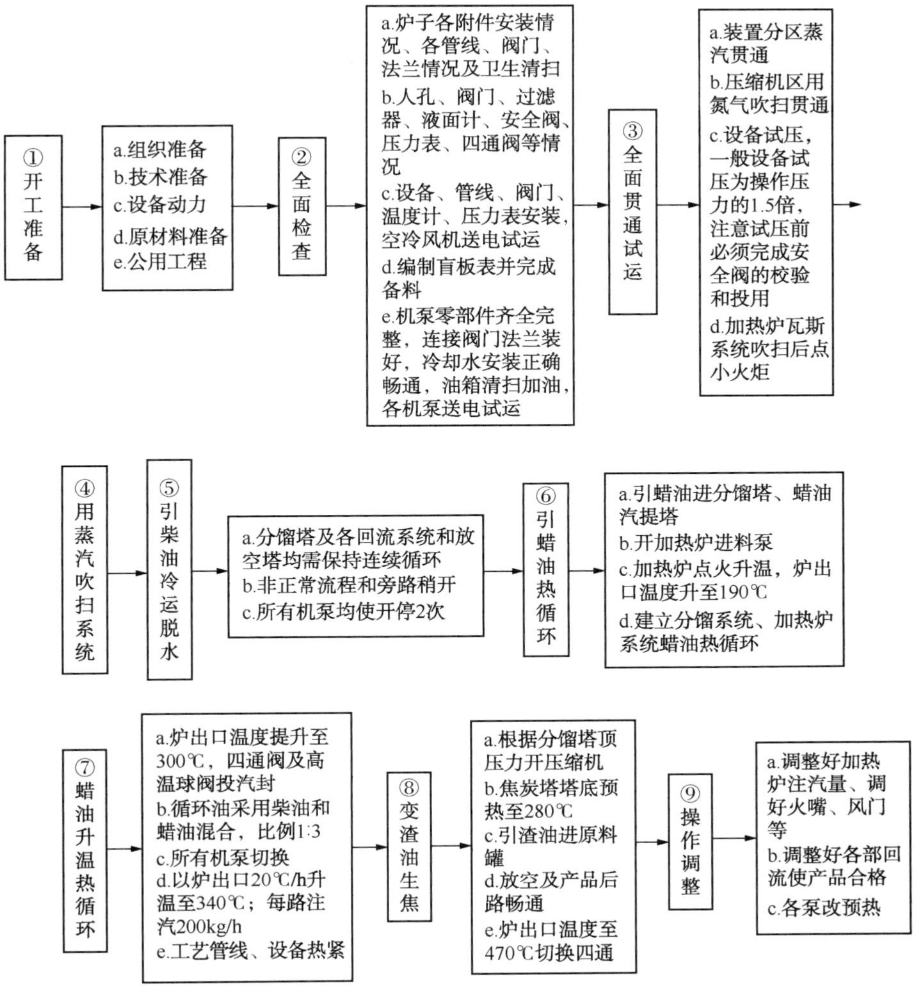

图 7-2-1　延迟焦化装置开工程序图

2. 装置开工全面大检查和准备

装置开工前的准备和全面大检查是避免开工过程中出现不正常情况的重要保障，在装置开工过程中具有十分重要的意义。主要内容如下：

① 将循环水、软化水、新鲜水、电、蒸汽、净化风、非净化风等引进装置。

② 准备好一定数量的汽油、柴油、蜡油。

参考指标：1.0Mt/a 的焦化装置需要准备汽油约 300t、柴油约 500t、蜡油约 500t。

③ 将各泵、机组、底盖机等润滑油箱清理干净，更换好合格的润滑油，各机泵、空冷风机送电。

④ 检验所有仪表。控制回路必须经过单校、与 DCS 联校，焦炭塔系统特阀调试完毕，联锁系统调试完好。

⑤ 消防蒸汽线通蒸汽，并在规定接头位置装好蒸汽胶带。

⑥ 各冷却器通循环水。确认产品出厂的流程畅通，处于随时投用状态。

⑦ 打开所有安全阀隔断阀，投用安全阀，并打好铅封。

⑧ 甩油冷却水箱加满水，加热到 70~80℃。

⑨ 封油罐加热器及重质油伴热线给汽。

⑩ 装置内硫化氢报警仪校验合格并投用。

3. 工艺管线及设备吹扫试压

（1）工艺管线、设备吹扫试压原则

① 吹扫前蒸汽系统必须脱净存水，通汽时汽量由小到大，防止产生“水击”现象。

② 蒸汽吹扫时控制阀、累积流量计走副线，试压时再带上。

③ 蒸汽吹扫时不能启用一次仪表，防止杂物堵塞仪表。

④ 蒸汽不能串入相关的管线、塔、容器，防止设备憋压、超压。

⑤ 换热器吹扫一程时，另一程排凝必须打开或流程变通，防止换热器憋压、超压。

⑥ 严格遵守试压标准，不要超过指标。一般设备试压为设备设计压力或最高工作压力的 1.25 倍，管线一般试压到 1.0MPa 蒸汽压力为止，试压重点要放到高温高压部位。

（2）吹扫、试压流程

① 焦炭塔及油气线。该系统蒸汽试压流程压力根据安全阀最高工作压力为参考指标，注意防止焦炭塔超压。

② 汽油线、柴油线、蜡油线吹扫、试压。

③ 加热炉对流、辐射管线吹扫、试压。对流、辐射分支阀后给汽到辐射流量控制阀排凝。试压时关闭排凝阀，憋压至中压蒸汽压力(3.5MPa 等级)。对流管、注水管、辐射管分别设有回弯头时，建议各段分别试压，一般用水试压。

4. 系统用氮气顶水、气密

装置蒸汽吹扫后，为减少残留的蒸汽冷凝水，各低点全部打开排凝，用氮气将焦炭塔、加热炉、分馏塔、放空系统、富气压缩机、吸收稳定系统内的水全部吹干净，确保装置处于充分干燥状态，否则含水过多，将会导致后续开工过程中机泵抽空，无法运行，甚至损坏关键设备。同时做好分馏系统、吸收稳定系统、脱硫系统的气密工作。

5. 引柴油流程

柴油联运是为了置换系统中的明水，确保装置升温循环时不出现水汽化而导致机泵抽空。柴油联运时要确保各设备和管线均走到，并静止脱水，如一次脱水不合格可退油后再次引系统柴油进行循环脱水，直到系统内没有明水或明水很少为止。

（1）分馏塔和焦炭塔系统引柴油

引柴油流程：焦化柴油产品系统线→柴油进出装置阀→柴油、蜡油开工线集合管→柴油上回流返塔线→柴油集油箱，逐步建立循环，并把柴油送至分馏塔下部的蜡油系统。蜡油产品泵入口见油后，停止脱水，启动产品泵，送柴油进入原料罐，再经过原料泵，使柴油循环至分馏塔底，用加热炉入口各路分支进料控制阀调节柴油进加热炉的流量，实现柴油从分馏塔到加热炉，再到焦炭塔开工线，最后又回到分馏塔的循环。

（2）放空系统引柴油

（3）再吸收塔引柴油

柴油冷循环期间注意事项：①所有分馏塔回路(除分馏塔顶部)和放空塔均需保持连续循环；②确认所有非正常流程和旁路均已稍开；③所有泵至少开停两次；④确保分馏塔底液位不能满，防止分馏塔底油装得过多，超过分馏塔油气进料口。

6. 引汽油

分馏塔顶回流罐及稳定塔引汽油。引汽油过程注意事项：引汽油前加强流程检查，确保引油流程正确，引油前和引油过程中加强与调度联系，在调度统一安排下引油，引油时加强联系，注意脱水和流程走向，要求“油到哪里，人到哪里”。

7. 吸收稳定系统引高压瓦斯

8. 引蜡油置换

① 将蜡油汽提塔、蜡油集液箱中的柴油送至放空塔。

② 放空塔内污油送至重污油管线，通过重污油空冷退油。

③ 联系调度，装置准备收热蜡油。

④ 蜡油集液箱、蜡油汽提塔同时收蜡油，通过蜡油产品泵对蜡油产品各换热器及空冷内的存油进行置换，后路进入原料罐。

⑤ 开加热炉进料泵，置换加热炉炉管内柴油，根据蜡油补充量的情况，可选择两路或三路炉管同时置换，置换半小时后更换到其他几路炉管。

⑥ 打通蜡油回流去放空塔流程，向放空塔底补油。

⑦ 调整各回路的循环量，保持分馏塔、加热炉和放空塔稳定的循环。

9. 加热炉点火

① 加热炉炉膛吹扫完毕，点火前瓦斯分析合格(要求氧含量小于 0.5%)，炉膛可燃气体浓度小于 1%。

② 所有的蒸汽发生器建立正常液位。

③ 加热炉点火。

④ 加热炉出口温度提高至 190℃。

⑤ 投用放空塔再沸器的中压蒸汽以及冷凝水系统，开始给放空塔加热，放空塔底的最终目标温度为 180~190℃。

⑥ 对有关工艺管线、设备进行热紧。

10. 吸收稳定系统收汽油，并建立循环

11. 开富气压缩机

吸收稳定系统的富气进压缩机，如压力太低可通过压缩机入口的高压瓦斯线充压。

12. 加热炉出口升温到 340℃恒温

① 加热炉各分支出口温度达到 340℃，升温过程中循环油采用柴油和蜡油的混合油，比例控制 1:3。

② 加热炉每路流量为 30t/h(不同装置可有不同的指标，一般在设计负荷的 50%以上)。

③ 所有的泵至少切换两次。

④ 分馏塔底温度达到 250℃时，加热炉进料泵开始注封油。

⑤ 在加热炉出口温度达到 300℃时，焦炭塔四通阀和高温球阀投汽封蒸汽。

⑥ 给加热炉各支路注汽线脱水，当加热炉出口温度达到 340℃时，每路注入 200kg/h 的蒸汽。

⑦ 有关工艺管线、设备热紧。

13. 焦炭塔蒸汽试压和预热

① 焦炭塔进行赶空气、试压、泄压操作。

② 投用放空塔顶空冷器等设备，降低放空塔顶压力至 0.02~0.03MPa。

③ 柴油与蜡油混合料流程：

加热炉出口→四通阀→开工线→油气总线→循环油液相进分馏塔
└→循环油气相进焦炭塔塔顶

④由于热循环油中含有柴油，故需严格控制分馏塔底温度，防止加热炉进料泵抽空，一般控制在270℃左右，温度偏高时可适当投用蜡油循环流程上的换热器或空冷器。

⑤ 待焦炭塔预热温度达到230℃时，关闭焦炭塔底去放空塔的阀，打开焦炭塔底去分馏塔的预热阀，将热油气切至分馏塔。

⑥ 预热焦炭塔时一般达到塔底进料线到280℃左右。

14. 变渣油与生焦

① 打开装置渣油进料边界阀，打开渣油去重污油阀，渣油装置外循环10min后停止，重污油扫线。

② 停止蜡油产品进原料线，渣油进原料罐，控制原料泵出口流量在80t/h左右。

③ 做好翻四通准备工作。油气总阀逐渐全开，让焦炭塔中的剩余液体排至分馏塔中。

④ 四通阀由开工线翻至待生产塔，开工线吹扫至分馏塔。

⑤ 炉出口温度在30min内提高到490~495℃。

⑥ 按照工艺卡片规定调整各单元参数，平稳操作，产出合格产品。

⑦ 全面检查工艺、设备、仪表等运行，消除隐患。

三、焦化装置的停工

焦化停工程序见图7-2-2。

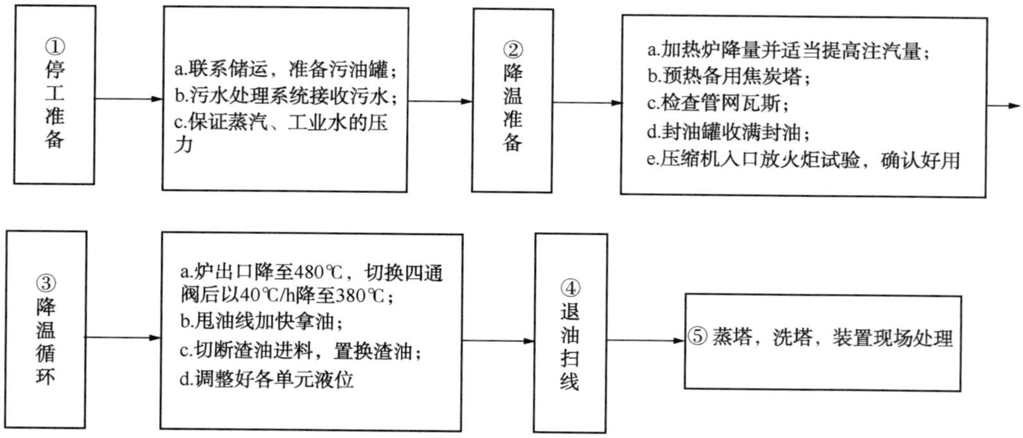

图7-2-2　延迟焦化停工程序图

四、装置停工方案

1. 装置停工原则

(1) 焦化装置停工程序是先停焦化部分，退油和吹扫后再停吸收稳定系统，然后停压缩机。所有介质密闭回收、分析合格再排放。

(2) 停工过程中逐步降温降量。

(3) 应按油品轻重次序，先重后轻原则进行吹扫，即先吹扫渣油线、蜡油线，后吹扫柴油线、汽油线等。

2. 停工前的准备工作

(1) 联系上下游装置，做好停工准备工作，同时准备用于清洗重油系统的蜡油。

（2）停工前 4h，提高循环比，降低装置处理量。

（3）停工前 3h，贯通重污油线作备用。

（4）停工前 2h，封油罐液位保持在 80%以上。

（5）降低装置处理量，同步提高加热炉注汽量。

3. 切断渣油进料，置换渣油

（1）原料罐液位降到 20%左右。

（2）打开蜡油进原料线的阀门，把蜡油产品引入渣油进料线中，关闭界区蜡油产品出装置阀。

（3）关闭界区渣油进装置阀。

（4）将分馏塔塔底液位降到 30%～40%。

（5）如装置内的蜡油不够，可从系统引部分蜡油，用蜡油置换装置内的渣油，置换时间约为 1h。

（6）当柴油产品流量开始下降时，打开柴油产品循环线的阀门引柴油进入渣油进料线，让柴油进入原料罐，并关闭柴油产品出装置阀。

4. 加热炉熄火

（1）降低炉出口温度。当低于 425℃时，把四通阀切至开工线。

（2）熄灭加热炉主火嘴和长明灯，各支路末端的主火嘴和长明灯等烧完加热炉系统燃料气管道的剩余燃料气后再熄火。

（3）手动关闭燃料气总压控阀，手动关闭各路主火嘴和长明灯的紧急切断阀。

（4）焦炭塔按照正常程序进行冷焦。

5. 分馏系统停工

（1）稍开渣油流程中的所有非正常流程与换热器旁路，把渣油从这些管线中冲洗出。

（2）从系统引蜡油进原料罐，对渣油系统进行冲洗。

（3）蜡油过滤器装置走副线。

（4）停掉进再吸收塔的柴油，切断再吸收塔返分馏塔的富吸收油。

（5）把柴油冲洗系统改为由装置外供给，停内部柴油系统。

（6）全开加热炉各管程的注汽阀。

6. 分馏塔退油

（1）稍开重污油回路中的所有非正常流程管线、换热器旁路以及控制阀旁路。

（2）分馏塔顶气液分离罐内的粗汽油送到吸收塔。

（3）柴油、蜡油产品线改至重污油。

（4）把原料罐物料送到放空塔，一发现原料泵抽空就立即停泵。

（5）分馏塔底液位低于 10%停加热炉进料泵。

（6）放空塔向油品罐区退污油。

（7）退油结束后及时对重污油空冷器和蜡油空冷器进行蒸汽吹扫，以免重油凝固。

（8）对蜡油过滤器进行吹扫。

7. 停气压机（以 3.5MPa 蒸汽背压透平为例）

（1）控制好后路干气处理系统压力，将压缩机入口切至火炬线。

（2）加大反飞动量，防止压缩机抽空，按停机步骤停机，停机前降速至临界转速以下，运行 3min。

（3）原动机为背压透平时，将背压蒸汽切除出系统，打开蒸汽放空阀。

（4）由启动手轮降速，逐渐关出口阀和反飞动阀，直至全关。

（5）顺时针转动手轮，继续降转速至2000r/min，关闭压缩机轴封处的注入蒸汽阀门，停止注汽，同时逐渐关小抽气器。

（6）继续降速至1000r/min，按下危急保安器手柄，立即关闭入口风动闸阀，机组停稳后，将启动器手轮调到最高位置。

（7）关闭主蒸汽隔离阀，打开二次吸管排凝阀。关闭3.5MPa蒸汽进装置阀，打开一次暖管排凝阀。

（8）机组停运20min后或回流温度低于45℃后，且汽轮机体不高于120℃时，可停润滑油泵。关闭润滑油冷却器、汽封冷却器、中间冷却器的循环水。

（9）压缩机机体内用氮气置换。

8. 蒸塔、洗塔

（1）分馏塔：从塔顶给水，塔底给汽。各侧线返塔继续给汽，将水加热。开始塔底含污油较多的污水用泵经甩油管线送出装置。当塔底污水含油较少时，建立塔底液面，或蜡油集油箱建立高液面，启动蜡油泵建立回流。循环2h后，由泵送出装置，然后再建立循环。反复多次，直至蒸煮干净。

（2）放空系统：由塔顶给水，回流线和塔底给汽，水温80~90℃，用放空塔底泵循环2h后送出装置。继续水循环，反复多次，直至蒸煮干净。

9. 停工装置现场处理

现场处理工作非常重要，必须做到专人、专职，有严格的岗位责任制。

主要包括以下事项：装置盲板按计划加装，彻底隔离装置与之相关的系统管线。地沟、下水井封好，打开人孔。塔和容器等必须事先进行通风置换，直至有毒气体含量和爆炸气体含量分析合格。

第三节　延迟焦化装置专用操作法

延迟焦化过程是现代化炼油厂中的一种间歇-连续的加工工艺。一个加热炉对应两个焦炭塔，当一个焦炭塔处于在线生焦时，另一个焦炭塔则进行蒸汽吹扫、冷却、除焦、赶空气和暖塔等操作过程，此过程是间歇操作。而加热炉进料、焦炭塔顶油气进入焦化分馏塔和产品分馏又是连续过程。因此，整个装置仍具有连续操作的特点。本节对焦化装置的加热炉和焦炭塔专有操作进行阐述。

一、加热炉的多点注汽

延迟焦化加热炉通过注水或注汽加大油品在炉管内的流速，缩短原料在其中的停留时间，避免炉管结焦，而将结焦过程延迟到焦炭塔内进行。

炉管结焦速率与加热炉结构、工艺操作以及原料物性等有关。影响炉管结焦速率的因素可以分成两类：一类为影响结焦前驱物生成速率的因素，一般为原料性质、油膜温度等；另一类为影响结焦前驱物脱落速率的因素，如边界层厚度、管内流动主体结焦前驱物浓度等。“多点注汽”的核心技术是减少低温区的注汽量，增加介质在低温区的停留时间，利用结焦前驱物生成速率较低的特点，充分提供生焦反应的给热量，在高温区再注入部分蒸汽，减少介质在高温区的停留时间，提高结焦前驱物脱落速率，达到控制或延缓炉管结焦速率的目的。

相对于原来的单点注水或注汽而言，此项技术的特点为：一是炉管压降显著降低，相同处理量下，炉管压降可低 200~300kPa；二是有利于介质的汽化和裂化；三是炉膛和炉管表面温度降低，延长炉子的运行周期。

某焦化装置采用两点注汽改造，第一点注汽位置位于辐射管入口，第二点注汽位置位于辐射出口前第 6 根炉管。

在循环比相近和辐射出口温度等操作条件基本不变的情况下，采用“多点注汽”技术后，装置处理量增加约 10%，加热炉辐射炉管表面温度降低约 8~10℃。

采用“多点注汽”技术后，粗汽油收率下降 0. 66%，柴油收率上升 1. 79%，蜡油收率上升 0. 65%，轻收上升 1. 13%，总液收增加 1. 78%，石油焦收率下降 1. 05%[1]。

二、加热炉的在线剥离清焦（On-Line Spalling）

1. 概述

制约焦化装置运行周期的最主要因素之一是焦化加热炉炉管的结焦问题。从加热炉的实际运行情况和炉管结焦机理来看，炉管结焦几乎是不可避免的。结焦必然会影响管壁的导热系数，从而降低炉管的传热效率，导致管壁温度升高。由于材质的限制，炉管温升必须在炉管所能承受的允许温度的范围之内。因此，对炉管结焦有两个方面的考虑：一是从操作的角度出发，尽量减少可能引起结焦的因素；二是采用炉管在线清焦。

焦化加热炉采用的在线清焦方法是加热炉清焦的新技术之一，它可以在加热炉总体不停工的条件下进行炉管清焦。在线剥离清焦技术的机理是利用焦层与管材膨胀系数的不同，通过不断的冷却和升温过程，促成焦层和管壁的分离。

基本步骤是：首先降低加热炉需要清焦的某一管程（四管程中）的出口温度，通入清焦蒸汽，然后切断流向这一管程的物料，再按预定流量和炉出口温度调节清焦蒸汽量，不断地进行冷却和升温操作，致使焦层产生散裂并和管壁间剥离。由注射蒸汽作为急冷汽和载体将沉积的焦炭吹入焦炭塔中。在某一组炉管进行清焦时，其他三组炉管仍然维持正常运行，清出的焦炭与其他管程来的物料一起进入焦炭塔生焦。待清焦完成后，此管程重新通入物料继续生产。

在线清焦对延长加热炉运行周期具有明显的作用，但在线清焦的效果是随着在线清焦的次数逐次递减的。可见图 7-3-1。

从图 7-3-1 可以看出，不但每一次清焦的效果和作用逐渐减弱，而且每次结焦的间隔周期越来越短。当周期小于 2 个月时，则必须采用传统的蒸汽-空气烧焦或机械清焦进行除焦。采用在线清焦技术后加热炉的运行周期一般为 12~18 个月（约 3 次清焦）。相同运行苛刻度下，不采用在线清焦技术，加热炉的运行周期一般为 6~12 个月，采用在线清焦技术使加热炉的运行周期至少提高 6 个月。

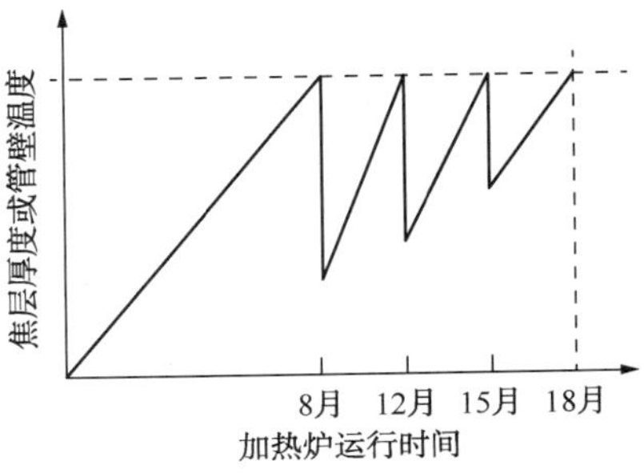

图 7-3-1　焦化加热炉在线清焦的效果

必须指出在线清焦技术需采用特定的加热炉结构和炉管材质，目前加热炉的对流段和辐射段炉管均采用 Cr9Mo 材质。为了防止在线清焦过程产生的连多硫酸腐蚀，加热炉出口至加热炉各路出口集合管前的转油线建议使用 Incoloy 800HT 材质（一种镍基高温合金）。

2. 在线清焦操作步骤

当焦化加热炉某管程炉管的表面温度较高，已无法满足加热炉高负荷操作的要求时，需要对加热炉某管程炉管进行在线清焦，以满足生产的需要。

（1）准备工作

① 加热炉适当降量(1.0Mt/a 焦化加热炉每分支流量为 30t/h，4 个分支)。

② 准备好两只光学高温测温仪，以监测炉管的表面温度。

③ 在线清焦前 12h，将加热炉切换到自然通风，并调节好加热炉的操作。

④ 中压蒸汽(3.5MPa)末端排凝。

⑤ 调整切换四通阀的时间，由晚上改至白天。

⑥ 在线清焦前 2h，将加热炉流量联锁解除，并将某管程炉管的燃料气高低压联锁解除。

⑦ 投用事故蒸汽吹扫流量控制表，保证该仪表准确无误。

（2）操作步骤

① 在切换四通阀后 4~6h，开始在线清焦过程。开始在线清焦时，关闭该管程 50%的火嘴，控制该管程炉管出口温度为 400℃。

② 某管程炉管逐步降量，另三管程逐步提量至 40t/h，以保持加热炉总进料量的恒定。

③ 逐步关小某管程炉管的进料分支阀，慢慢打开吹扫蒸汽阀，保持该管程炉管的进口压力和其他三管程一致，直至进料分支阀全部关死。

④ 打开事故蒸汽吹扫流量控制表，控制流量 2270kg/h。确认进料分支阀到清焦蒸汽注入点的管线及旁路等吹扫干净后，停吹扫蒸汽。

⑤ 调节火嘴燃料气，使该管程出口温度升至 500℃，并维持 20min。调节火嘴燃料气，在 2h 内将该管程出口温度提至 593℃，蒸汽流量由 2270kg/h 提至 3640kg/h，保持该管程炉管的进口压力和其他三管程一致，并恒温 3~4h。调节火嘴，快速降温至 454℃，调节蒸汽量，和其他三管程一致。

⑥ 5min 后，快速升温至 593℃，恒温 2~3h。

⑦ 重复上述过程 4~5 次。

⑧ 在切四通阀前 6h，将炉出口温度降至 426℃，逐步开启进料分支阀，关小清焦蒸汽，直至全部关死。

⑨ 点燃熄灭的火嘴，调节炉温至正常。

（3）操作注意事项

① 进行在线清焦的过程中，要时刻注意保持炉入口压力，密切监视加热炉运行情况。

② 操作工要每小时对炉管表面温度进行一次监测，并进行记录。注意炉出口温度不超过设计操作温度，炉管表面温度不得超过材质允许运行温度。在升温过程中要检查炉管是否有局部过热现象，并及时进行调整。

③ 密切注意分馏塔的塔顶压力，及时调整蒸汽量，防止分馏塔冲塔。

④ 清焦开始时必须是换塔后 4h，清焦结束时必须是换塔前 4h，防止泡沫焦冲塔。

（4）效果实例

中海油惠州炼化在这方面有较多经验，其焦化装置开工一年后按上述步骤进行第一次在线清焦，清焦后炉管壁温度最大温降 66℃，平均温降 54℃，炉膛温度大幅下降，加热炉各项控制指标均达到正常水平。本章附录是我国某炼厂延迟焦化加热炉在线剥离清焦岗位操作法(摘要)，由于装置炉管采用注水而不是注汽工艺，因此对于后者在引用时一些具体参数应根据实际条件加以修正。

三、蒸汽-空气烧焦

1. 烧焦前的准备

① 加热炉停工扫线完毕后，炉膛全部熄火，待炉管无压力后，关闭辐射段出口阀，切换转向弯头去烧焦罐。

② 蒸汽过热炉管给保护蒸汽并改放空。

③ 改好烧焦流程：对流入口给汽阀→对流管→辐射管→烧焦罐。

④ 调校好烧焦风、蒸汽流量表。

⑤ 辐射段出口两端排凝阀盲板拆除，清除炉管的焦炭，保持畅通。

⑥ 烧焦罐系统畅通。

2. 蒸汽吹焦

为了清除炉管内浮焦，防止空气烧焦时炉管温度过高和堵管，应先进行蒸汽剥离。

① 加热炉点火升温，以 40℃/h 速度升至 550℃(炉膛温度)。

② 对流管、辐射管少量给汽掩护。

③ 当炉膛温度达 550℃时辐射管大量给汽，此阶段可不断停汽，给汽交替进行数次。

3. 空气烧焦

① 炉膛温度达 550℃时，适量减少蒸汽，即可逐步通风，并观察炉管表面温度变化及排放烟气的颜色变化。

② 空气烧焦时，保持风压为 0.4~0.5MPa。

③ 炉膛温度在能保证焦炭燃烧的情况下，尽可能维持低一些，正常烧焦炉膛温度小于 650℃，最高不大于 670℃。

④ 炉管内焦炭燃烧后，要随时检查排烟情况及炉管颜色，要求排烟不深浓，脱落下的焦粒不能太大，防止堵塞炉管；烧焦速度一般为每组同时烧焦的炉管不超过两根；炉管颜色以暗红色为好，不可过红。若发现炉管过红，应及时减少风量，增大吹汽量；要随时注意防止炉管堵塞和炉管被烧坏。

⑤ 烧焦时要保持炉管的表面温度不超过其材料的允许值，20#钢材质的炉管其表面温度不大于 420℃，Cr_5Mo 钢材质的炉管其表面温度不大于 600℃，Cr_9Mo 钢材质的炉管其表面温度不大于 650℃。当最后炉管无焦粒、有红灰出现时，可将炉膛温度提至最高指标，适当增大风量，同时减少汽量，最后大量通风 10min。

⑥ 确认炉管焦炭烧净后，辐射段改为吹汽。

⑦ 烧焦过程中，每小时将加热炉各点温度详细记录一次，并画好烧焦曲线，同时要记录烧焦空气流量和蒸汽流量。

4. 降温、停炉

① 烧焦完成后，炉膛温度按 80℃/h 降温，辐射段增大吹汽。炉膛温度降至 350℃时，熄灭主火嘴，保持长明灯。炉膛温度降至 150℃时，停止注汽，维持炉膛温度 150℃。

② 对流及辐射炉管进行水冲洗至烧焦罐。

③ 水冲洗结束后用蒸汽吹扫对流和辐射炉管，加热炉全部熄火，改自然通风，检查烧焦情况。

5. 烧焦过程中的事故及处理

① 若发现烧焦罐排汽中断，可判断为炉管堵塞，此时应立即把炉膛温度降至 250℃以

下，停止通风，加大炉管吹汽量。

② 若烧焦时蒸汽中断，加热炉应立即熄火。

③ 若发现炉管一路堵塞，应立即降温，停止给风，加大蒸汽量。

四、加热炉的机械清焦

目前，国内许多炼厂焦化装置加热炉结焦后，是采用停炉机械清焦方式除焦。机械清焦采用清管器(pig)作为清焦工具，用水推动其在炉管内运动，用清管器上安装的附件(螺钉)将附着在炉管内壁上的焦层及盐垢刮除掉。刮掉的焦块再用水将其带出炉管并收集在桶内。与传统烧焦方法比，用机械清焦可以减少污染，并能彻底清除干净炉管内的所有结焦及盐垢。机械清焦操作过程如下：

（1）机械清焦设备安装到位后，连接所有的软管、球阀和发射器等。

（2）所有元件连接完毕后，用泵向炉管内送水，形成回路，并测量水压、流量和压力。

将与炉管内径相同的塑料通球通过发射器放入炉管内，用来探测炉管内的结焦情况，同时也用来确定炉管内有无其他的阻碍物(热电偶等)。压力峰值表示弯头的位置或堆积物集中的区域。

（3）根据塑料通球的摩擦探测情况，选择第一个适合尺寸的清管器，开始进行机械除焦工作。

（4）使用一定数量不同直径的清管器(按照从小到大的顺序)，确定管路清除干净后，放入最后一个大于炉管直径7%的清管器，以保证较好的清焦效果。

（5）将海绵通球放入炉管内，用来清除掉所有的细碎焦和锈蚀。如果海绵通球没有被刮擦，完好无损，则表明炉管已清焦干净。图7-3-2为清焦通球在炉管内的工作示意图[2]。

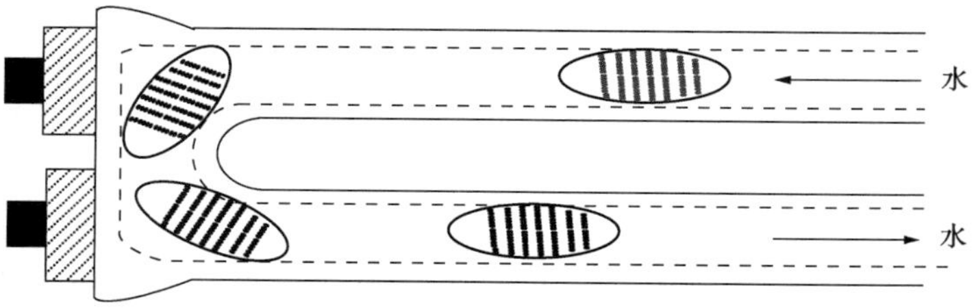

图7-3-2　清焦通球在炉管内的工作示意图

（6）机械清焦设备及工具如图7-3-3所示。

（7）效果实例

中国石化洛阳石化2014年对炉管进行了机械清焦。装置加工量1.40Mt/a，对其中的一个加热炉进行了机械清焦，清焦时间约40h。首次清焦费用20万元左右，整个清焦过程没有造成任何环境污染。清焦结束后，通过内窥镜对炉管内部进行查看，其效果见图7-3-4。

从图7-3-4可以清楚地看到，炉管内表面没有焦炭存留，炉管内壁清洗很干净。加热炉投用之后，辐射炉管表面最高温度下降了约65℃。

五、焦炭塔的密闭放空和冷焦水密闭处理

国内焦化装置已普遍采用了焦炭塔密闭吹汽放空技术。为了减少冷焦水蒸发的污染，目前多数炼厂的焦化装置采用了冷焦水密闭处理循环系统。

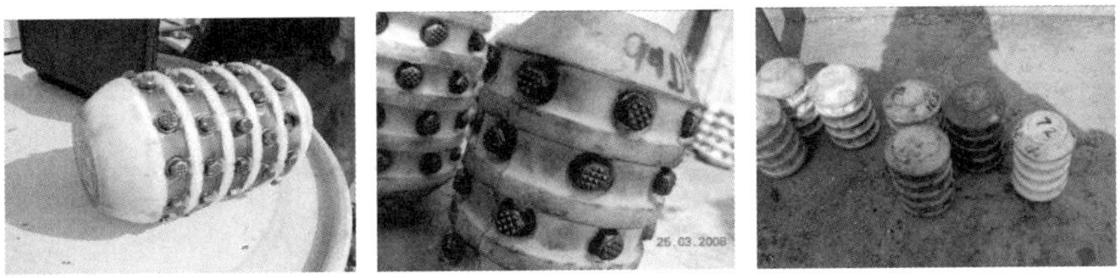

(a) 清管器(通球)

(b) 通球发射器/接收器

图 7-3-3　机械清焦设备及工具

图 7-3-4　内窥镜观察清焦后炉管内壁照片

1. 焦炭塔的密闭放空

焦炭塔的密闭放空设备主要由放空塔、空冷器、水冷器、回流罐、污油泵和污水泵等组成，密闭放空系统流程见图 7-3-5。

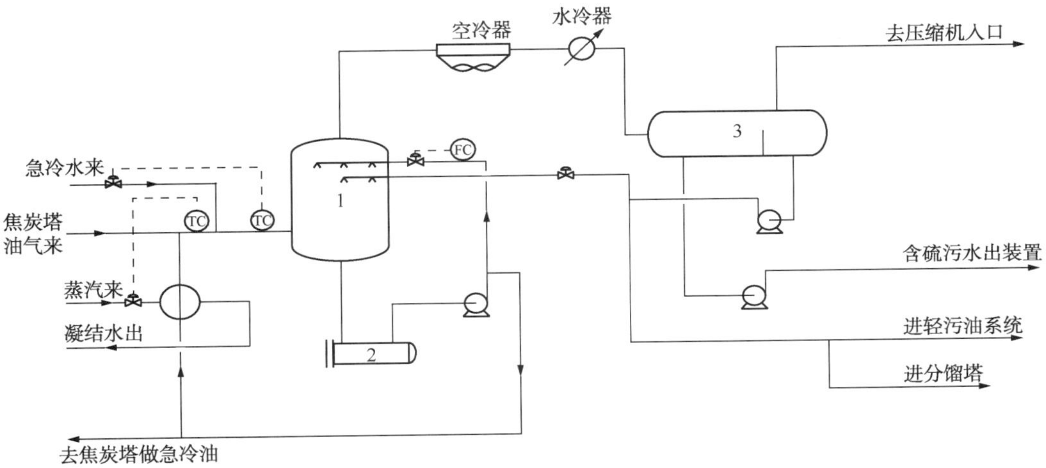

图 7-3-5　密闭放空塔流程图

1—放空塔；2—换热器；3—油气分液罐

焦炭塔少量给汽时，焦炭塔顶油气进入分馏塔，补充生焦焦炭塔油气和热量的不足。焦炭塔大量给汽时，焦炭塔顶油气进放空塔，在塔内进行闪蒸，并用塔底油循环吸收，塔顶油气经过空冷和水冷等冷凝后，在沉降罐内进行三相分离。含硫污水送到污水汽提装置，塔顶轻污油部分返回放空塔作为吸收油，或者和塔底油一起进入分馏塔。气体直接排放至低压火炬，或进富气压缩机入口回收。通过控制放空塔入口管线温度，维持塔底温度在 180℃ 左右。放空塔塔底污油送到焦炭塔做急冷油。放空塔入口温度是通过放空塔入口管道的冷焦水注入量和塔底循环加热油的温度控制。

加热炉停炉清焦后开工期间，引渣油升温过程中，低温渣油无法在放空塔处理，只能作为污油排入重污油罐，退油前后还需要蒸汽吹扫，产生的高温油气直接外泄至大气，造成环境污染。通过对放空系统的设计优化，开停炉过程中的污油可全部进放空塔处理。

2. 冷焦水密闭处理

目前，国内焦化装置普遍采用溢流式冷焦，冷焦水含油和焦粉。为延长切焦系统设备的使用寿命，切焦水与冷焦水系统分开。有的焦化装置的冷焦水油含量高达 200mg/L 左右，如果还使用凉水塔来冷却冷焦水，凉水塔顶排出的油气将导致较严重的污染。

新设计流程见图 7-3-6，用旋流式油水分离器除去冷焦水中的污油，出水油含量在 20mg/L 左右，除油率达 90%；用焦粉分离器，除去水中焦粉；冷焦水用空冷器冷却，消除油气的挥发；冷焦水储罐顶的少量气体经碱液吸收再排放，基本消除了冷焦水系统的环境污染。

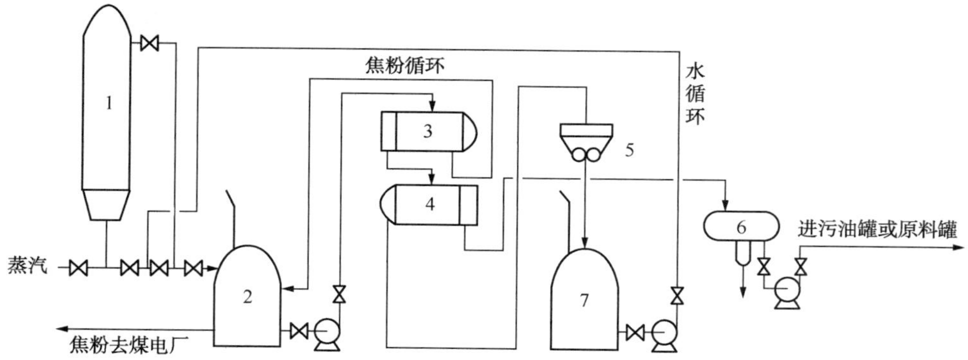

图 7-3-6　冷焦水密闭循环处理工艺

1—焦炭塔；2—放水罐/沉降池；3—焦粉旋流器；4—重油旋流器；5—空冷器；6—污油罐；7—储水罐/储水池

六、焦炭塔操作的顺序控制

延迟焦化过程是现代化炼厂中少有的一种间歇-连续加工工艺。一炉两塔为一个系列，一台焦炭塔在生焦操作时，另一台塔在除焦操作，除焦操作包括小吹汽、大吹汽、给水冷焦、溢流、放水、卸盖除焦、试压、预热等步骤。

传统操作存在的主要弊端和危险为：室内监控与现场操作无法实现有效结合，现场操作人员的技术水平、操作时精神状态等不确定因素影响生焦周期内的正常操作。容易发生误操作事故，尤其是多个系列的 18h 生焦操作；操作工每个班次遇到的工况、作业内容和除焦时间都不相同[3]。

焦炭塔操作顺序控制系统是一套完整的逻辑控制系统，现场操作的控制是按照设计好的程序进行的。每一步操作前系统自动判断工艺条件和阀门开关回讯条件是否已经满足，达到条件以后才能操作；只有前一步全部完成，操作人员才有可能进行下一个步骤的操作，从而实现焦炭塔一个生焦周期中各个生产流程自动顺序控制。

参与焦炭塔操作的阀门全部采用气动马达或电机驱动的阀门，焦炭塔操作的逻辑顺序控制将生焦周期内焦炭塔所有相关操作所涉及的阀门增加电磁阀和阀位回讯器等，在进行操作之前，判断条件是否满足，条件满足时才能给需要操作的阀门送电(气)，操作完毕后，程序立即将该阀电/气源断掉。出于安全的考虑，所有阀门的开/关操作仍由外操现场完成。

该系统的应用可有效杜绝误操作，保障生产装置安全稳定运行，实现焦炭塔生产流程自动化控制和标准化操作，监控阀门开关状态，降低操作人员的劳动强度。

我国沧州石化焦化装置首先开发应用了顺序控制系统，随后国内许多石化厂的焦化装置都配置了顺序控制系统并获得成功应用，目前顺序控制已经成为焦化装置的标准配置。以国内某套“一炉二塔”的焦化装置为例说明如下。

焦炭塔顺控系统可以分解为几个主要控制步骤：

(1) 1#焦炭塔蒸汽吹扫。

(2) 1#焦炭塔蒸汽试压。

(3) 1#焦炭塔油气预热。

(4) 四通阀切换至 1#焦炭塔生产。

(5) 2#焦炭塔小吹汽至分馏塔塔。

(6) 2#焦炭塔大吹汽至放空塔。

(7) 2#焦炭塔冷焦放水。

注：除焦操作是由独立的一套水力除焦控制系统控制，只有顶/底盖机参与焦炭塔顺控。

顺序控制系统的特点为：

(1) 把焦炭塔联锁条件融入顺序控制系统，联锁控制高于顺序控制系统。

(2) 焦炭塔顺控的四种情况各成系列且相互独立，系列中的七个控制步骤也相互独立。

(3) 在顺序控制系统中可即时监控焦炭塔电动阀的动作情况，重要操作环节有确认按钮，防止误操作。

(4) 每一个步骤开始执行时，必须点击画面中的开始按钮，才能进行该步顺控。顺控出现无法进行的时候，重新点击该步骤的开始按钮，确认相关条件即可继续顺控操作。

为防止误操作，焦炭塔的重要阀门、顶底盖机还设置相关联锁，主要包括：

(1) 焦炭塔进料阀和甩油、放水总切断阀不能同时打开，防止跑油。

(2) 焦炭塔顶安全阀入口阀和呼吸阀不能同时关闭，防止憋压。

(3) 焦炭塔放空阀与呼吸阀不能同时打开，防止放空塔油气泄漏至环境。

(4) 四通阀设关键联锁以防止憋压，甩油、放水总阀关闭后才能打开焦炭塔进料阀，进料阀打开后才能切换四通阀，生焦塔的进料阀禁止关闭。

(5) 顶盖机必须在确认放水阀打开后才能开启。

(6) 底盖机必须在顶盖机打开、底盖机阀腔压力小于 0.1MPa 时才能开启。

顺序控制方案的实施包含以下主要步骤：

(1) 选择质量优良的智能仪表、阀门、电动执行机构、自动顶底盖机作为系统实施的设备基础。

(2) 统筹不同的控制系统。要把底盖机控制系统、水力除焦控制系统、核心的联锁 SIS 系统、监控和操作的 DCS 系统统筹管理并实现兼容互通。

（3）系统配置框架。将冗余的控制系统在现场机柜室内通过光纤、交换机与中央控制室内工程师站、操作站、辅操台连接，进而实现集中监控和操作。

（4）软件组态。分别进行 SIS 系统联锁组态和 DCS 操作画面的组态，SIS 系统组态的关键为依据工艺过程编写顺控程序，同时确保所有联锁条件满足，DCS 操作画面的组态关键为操作画面和数据链接。

第四节　延迟焦化装置不正常情况应急处理

焦化装置不正常情况应急处理原则：

延迟焦化装置无论是发生着火、爆炸还是中毒事故，第一步必须想办法切断危险源，迅速将受伤、中毒人员移至安全地带进行急救。抢救过程必须首先保证抢救人员本身的安全，避免事故扩大。装置发生停电、停汽、停水等生产事故时应按照“熄炉、停止进料、泄压、保设备、保催化剂”的处理原则沉着冷静处理。

对于出现任何紧急异常工况，首先查找事件的起因，分析事件造成的局部和整体影响，分析事件可能持续的时间，采取合理的应急措施，立即把装置先调整至一个安全稳定工况，再采取措施，恢复装置的正常操作。

一、紧急停工

处理原则：防止人员伤亡；防止高压串低压系统，保设备；防止蒸汽发生器液面过高或过低，避免水溢出或干锅；检查伴热系统防止重油凝线；防止蒸汽或油气冷凝形成负压。要点如下：

① 停止渣油进装置，并准备退重污油和轻污油。

② 关闭加热炉燃料气紧急切断阀，加热炉熄火，停加热炉进料泵，关闭加热炉各路进料控制阀，打开 3.5MPa 紧急吹扫蒸汽控制阀。

③ 关闭加热炉进料泵出口阀，渣油先吹扫至焦炭塔，然后吹扫去放空塔。

④ 压缩机紧急停机，关闭压缩机出入口阀，分馏塔顶油气改去低压瓦斯系统。

⑤ 启动甩油泵将渣油送至罐区，如停工时间较长则考虑吹扫渣油线。

⑥ 吸收稳定系统保持压力、保持液位、维持三塔循环，停止吸收剂进吸收稳定系统。如果再吸收塔底液位偏低则停止柴油进分馏塔。稳定塔顶停止不凝气排放。

⑦ 根据现场事故情况确认有无高压串低压情况，如有的话进行有效切断。

⑧ 封油罐收装置外蜡油。

二、装置停电、停汽、停水、停风、进料中断等事件处理

1. 装置停电

（1）短时停电（包括晃电和局部短时停电）处理方法

① 应先关闭各机泵出口阀，来电后立即启动各泵，其顺序为：

加热炉部分：鼓风机、引风机。

加热炉进料部分：封油泵、加热炉进料泵。

分馏部分：原料泵、蜡油泵、分馏塔顶回流泵、柴油泵、汽油泵、含硫污水泵、柴油空冷风机等。

气体压缩部分：润滑油泵、密封油泵、压缩机。

吸收稳定部分：汽、柴油吸收塔进料泵，脱吸、稳定塔底泵。

② 密切注意分馏塔塔底和塔顶回流罐液面，防止发生冲塔现象。

(2) 较长时间停电处理方法

① 加热炉熄灭火嘴，留部分长明灯，炉管泄压、蒸汽吹扫，后路流程不变。

② 停富气压缩机，关闭压缩机出口阀门，派专人进行盘车和监护。

③ 瓦斯系统放火炬，防止分馏塔和焦炭塔顶超压。

④ 关闭机泵出口阀门，防止高压窜低压。

⑤ 分馏系统各测线改至污油线，液化气停出装置。

⑥ 吸收稳定系统保压力、保液面，同时缓慢减少再生塔底重沸器热源的热量。

2. 装置停汽(1.0MPa 蒸汽)处理方法

① 查明停汽原因及停汽时间，尽快恢复供汽。

② 停止四通阀汽封，停高温特阀蒸汽，防止倒串，来汽后及时打开所有汽封、汽提蒸汽阀门。

③ 焦炭塔吹汽冷焦时应注意蒸汽压力下降情况，并作好提前给水冷焦的准备。

④ 根据装置情况调整操作维持生产，加强对柴油以上介质操作参数的检查，若仪表失灵及时联系仪表车间处理，并保证生产平稳。长时间停汽，应按紧急停工处理。

3. 装置停循环水处理方法

① 迅速降低装置处理量，控制好各侧线回流流量和温度，防止分馏塔冲塔。

② 控制好装置封油温度不超 95℃。

③ 接临时新鲜水管线，对分馏塔塔顶空冷器进行喷淋，降低压缩机入口温度，适当提高压缩机入口压力，加强入口分液罐及压缩机级间分液罐脱液。密切关注润滑油压力、润滑油温度、轴瓦温度和振动情况。同时监控高温机泵轴温及振动情况。

④ 停运高压水泵，焦炭塔暂停切焦。

⑤ 查明停水原因及停水时间，循环水恢复供给后，逐步恢复生产。无法维持生产时，按紧急停工处理。

4. 净化风中断处理方法

如果非净化风正常，则打开净化风与非净化风的连通阀，关闭净化风进装置阀，装置用非净化风代替净化风维持装置生产，待净化风恢复正常后，再恢复用净化风。暂停非净化风的使用，包括除焦风动马达、加热炉声波吹灰器和各服务站等。

如果非净化风不足或中断，则按轻重缓急，参考一次表，将风关调节阀的上游阀关小，风开调节阀的副线阀打开并关闭上游阀。对 PLC 控制操作的设备如蜡油过滤器等，暂停运行并调整后续流程。重点监控的回路如下：

(1) 分馏部分

① 分馏塔底液位与进料流量串级控制。

② 压缩机入口分液罐压力控制。

③ 蜡油集油箱液位控制。

④ 分馏塔各侧线及塔顶温度控制。

⑤ 分馏塔顶气液分离罐的界位、液位控制。

⑥ 柴油吸收塔液位控制。

⑦ 封油罐液位控制。

（2）焦炭塔部分

焦炭塔顶急冷油流量控制。

（3）加热炉部分

① 加热炉辐射出口温度控制，加热炉进料流量控制。

② 注汽流量控制。

③ 高压瓦斯压力控制。

④ 烟道挡板对加热炉负压的控制。

（4）蒸汽发生器部分

① 蒸汽发生器的液位控制、压力控制。

② 除氧器液位控制、压力控制。

（5）压缩机部分

① 压缩机入口富气去火炬的流量控制。

② 反飞动流量控制。

③ 一级出口分液罐液面控制。

④ 润滑油压力控制。

⑤ 润滑油泵出口回油流量控制。

⑥ 密封油高位油罐液面控制。

⑦ 密封油冷却器出口回油流量控制。

⑧ 密封气差压压力控制。

⑨ 压缩机出口油气分离器液面控制。

5. 原料中断

当渣油进装置流量为零且原料油罐液位急速下降时，说明进装置原料中断。处理方法如下：

① 降低处理量，增加循环比，密切关注分馏塔液面。

② 加大蜡油回流量。

③ 及时查明原因，恢复原料供应。当其他原料油尚未供给、原料油罐处于低液面时，加热炉降温至300℃进行闭路循环，其流程为：原料油罐→原料进料泵→分馏塔→加热炉进料泵→加热炉→四通阀→开工线→放空系统冷却器→原料油罐。

三、异常情况处理

1. 炉管烧穿处理

当炉管烧穿呈穿孔时，炉管上会出现火焰。严重烧穿时烟囱冒黑烟，入炉压力下降，炉膛温度突然上升。一种情况可能是辐射或对流炉管腐蚀减薄渣油漏出，另一种情况可能是与辐射炉管相连的注水炉管破裂渣油倒串漏出。处理方法如下：

① 加热炉立即熄火，并向炉膛吹汽。

② 切断加热炉进料，炉管进行蒸汽吹扫，注意防止渣油倒窜至蒸汽系统。

③ 四通阀切换至开工线向放空塔放空，生焦的焦炭塔小吹汽冷焦。

④ 如果泄漏量较大，停鼓风机和引风机，保持加热炉快开风门处于闭合状态，调节烟道挡板开度，保持炉膛负压。

⑤ 装置按照紧急停工处理。

2. 四通阀不能切换或切换塔时造成憋压

四通阀不能切换的原因可能有四通阀切换方向错误、塔底进料隔断阀未打开、进料电动阀由于汽封中断原因无法打开、新塔进料线被焦块堵塞或管线严重结焦等。切换塔时憋压会导致炉出口管线超压，有可能导致管线法兰面泄漏高温渣油着火。处理方法如下：

① 四通阀先切回原位。

② 如切换四通阀造成退油线憋压 1.0MPa 以上并无法切换至原位时，加热炉熄火，切断加热炉进料。

3. 焦炭塔顶、底盖泄漏或着火

对于人工装卸顶底盖的装置，在除焦后，由于焦炭塔顶、底盖法兰、垫片清理不干净和未及时正确热紧，可能在预热和生产初期中发生漏油着火。对于焦炭塔没有配备顺序控制系统的装置，可能由于误操作打开生产塔顶盖引发大火。处理方法如下：

① 做好现场防护工作，用保护蒸汽掩护，及时进行热紧。

② 若刚切换至新塔，新塔漏油着火严重时，切回至老塔生产，新塔改为小吹汽，塔顶流程改至放空塔，及时扑灭火源；新塔内油、气退干净后对底盖法兰进行紧固，重新试压后，在消防车监控下，切换至新塔生产；塔顶或塔底自动卸盖机开盖着火不太严重时，可考虑通过关盖灭火。

③ 若不能重新切换，则按紧急停工处理。

4. 焦炭塔冲塔

原料残炭值增加，在生焦周期没有调整的情况下，如果没有及时调整装置加工量，将导致焦炭塔内焦层过高。加热炉炉出口温度控制偏低或消泡剂意外停注等原因都将导致泡沫层高度大幅增加，在焦层与泡沫层高度之和超过安全高度时，大量泡沫焦会冲出焦炭塔。焦炭塔冲塔会造成分馏塔底液面突然升高、分馏塔底过滤器堵塞、加热炉进料泵入口过滤器堵塞、加热炉进料泵出口流量大幅波动、部分炉管结焦趋势加剧甚至堵塞炉管等。处理方法如下：

① 如换塔前焦层加泡沫层高度接近安全高度冲塔时，应立即切入新塔。

② 尽量维持分馏塔底循环，清理分馏塔底过滤器内焦粉，吹扫过滤器至塔底泵入口过滤器的管线；检查过滤器入口管线温度，如果管线变凉渣油冷凝堵塞，可采用电加热加热外管使管内介质流动。

③ 密切关注加热炉及进料泵的运转情况，如果过滤器堵塞，压差过大，可暂时打开过滤器的副线，防止进料泵抽空。

④ 如果加热炉炉管发生堵塞，应紧急停炉。再点火，炉膛升温至 350℃，尝试用蒸汽憋压吹扫，如无法扫通，则需更换炉管。

⑤ 检查各侧线产品的颜色，一旦产品外观不合格，应及时切入不合格罐。冲塔严重时，分馏塔液面串级控制改为手控。

5. 焦炭塔给水冷焦时给不进去或进量很小

换塔后吹汽不及时或过小，开始给水时，焦炭塔的塔顶压力没有变化，就过早停用了给水配汽，就有可能造成高温渣油回流，堵塞冷焦通道，造成给水困难。若焦炭塔冷焦不彻底，强行打开顶底盖，塔内高温渣油接触空气后可能引发火灾。处理方法如下：

① 停止冷焦给水，放尽集合管内存水，待焦炭塔顶压力下降后，大量给汽吹扫，蒸汽贯通后，重新给水。

② 采用蒸汽顶线无效的情况下，可使用焦炭塔顶给水冷焦，给水冷焦要缓慢以防止焦炭塔超压。

③ 每次除焦完毕，用蒸汽对进料管线进行吹扫。定期对进料管线上阀门的结焦情况进行检查。

6. 分馏塔顶循环油泵抽空

在低温环境下，分馏塔油气中的氯化氨析出与铁锈、焦炭粉末等混合在一起沉积在塔盘、塔顶回流线、降液管及受液盘处，积累到一定程度就会阻碍液体的流动，堵塞塔盘上的孔，导致分馏塔压降逐渐增大和顶循环油泵抽空。分馏塔上部温度、压力大幅度频繁变化和压缩机入口分液罐液位大幅波动还直接威胁到压缩机的安全运行。处理方法如下：

① 停用分馏塔顶循环系统，进行顶循系统水洗。将除氧水通过顶循环泵打进分馏塔顶部，冲洗塔盘和降液管内的焦粉和盐垢，在顶循泵入口将污水排放至放空塔顶系统，反复冲刷水洗，根据顶循泵入口排凝点放出的洗盐水的焦粉含量和水中氯离子含量是否小于150mg/L，决定是否停止水洗。

② 通过增加顶循环油水洗或脱水罐，实现连续脱盐，将顶循管线及分馏塔内的盐垢溶解到含硫污水中并送至后部酸性水汽提装置，最终形成焦化分馏塔顶部及顶循管线内铵盐的开路处理，减缓结盐对分馏塔操作的影响。

7. 高温管线泄漏

延迟焦化的生产工艺决定了焦炭塔是间歇操作的，从而导致焦炭塔及相关连接管线温度每36~48h要经历一次从常温到500℃的变化，近450℃的温差对设备和焊缝的要求特别高，特别是装置生产后期，设备焊缝的温变热应力会导致焊缝处应力疲劳和焊缝处裂纹等，若未及时发现，极易引起泄漏火灾。具体防范措施如下：

① 将法兰和焊缝处设定为装置重点危险部位，缩小巡检间隔时间，加强巡检力度，增加高清监控系统进行实时监控。

② 全面检查焦炭塔的试压和预热，必须从上到下沿流程仔细检查。

③ 正常生产期间尽可能平稳焦炭塔顶的温度控制，避免焦炭塔顶温度产生大幅度波动。

④ 定期对高温部位弯头和焊缝测厚，对高温法兰紧固。

8. 富含硫化氢的易燃易爆气体泄漏

焦化富气、液化气等属于易燃易爆气体，且含有高浓度硫化氢，和空气混合到爆炸极限时，遇火星就会发生爆炸，人员不慎吸入会导致迅速中毒死亡。具体防范措施如下：

① 加强巡检并做好设备维护和保养，避免泄漏。

② 设置可燃气报警器、硫化氢气体报警仪，并定期校对，有报警信号马上处理。

③ 要使用防爆工具开关操作阀门等，禁止手机带入现场。

④ 一旦发生泄漏时，紧急撤离，并做好疏散和警戒，有关人员必须戴空气呼吸器，使用防爆工具，进入现场处理，及时隔离泄漏设备。

⑤ 加强通风或蒸汽掩护，停止周围一切明火作业。

第五节　国内外焦化事故案例分析

焦化装置加工的原料有向更重、硫含量更高的趋势发展，这样就给现有焦化装置的安全生产提出了更高的要求。国内的每套延迟焦化装置都或多或少发生过安全事故，讨论过去焦化装置发生的安全事故，从安全事故的发生及处理中得到的宝贵经验，找出现有焦化装置存在的安全隐患，通过技术改造、科学管理和精心操作等措施来避免类似事故的发生，从而促进国内延迟焦化装置安全技术的发展。

事故按类型一般分为火灾事故、爆炸事故、设备事故、生产事故、交通事故、人身事故和放射事故等。基于延迟焦化工艺的特点，装置发生火灾事故、设备事故、生产事故的可能性比较高。

事故按轻重一般分为一般事故、重大事故、特大事故，目前焦化装置发生的事故大部分属于一般性事故，也有重大事故和特大事故。

一、国内部分延迟焦化装置安全事故案例及分析

1. 焦炭塔及冷焦放空系统

(1) 加工原料变化，焦炭塔焦高超高、冲塔，装置停工

某炼油厂Ⅰ套焦化装置在1997~1999年掺炼阿拉斯加油减压渣油，焦炭产率高达30%，塔内焦高达到21m，焦粉携带到分馏系统，导致掺炼一星期后分馏塔底和塔盘上结焦严重，蜡油变黑，装置被迫停工。

(2) 误操作关闭焦炭塔底进料阀，或旋塞阀误操作卡死无法打开，或进料电动阀注汽中断，阀门卡死无法打开，炉出口憋压着火，装置紧急停工

某炼油厂焦化装置，切换四通阀流程如图7-5-1所示。有一次加热炉对流室外突然着火，立即切断加热炉进料，迅速报警，出动消防车辆数十辆，大火被扑灭后无人员伤亡。由于熄火停泵致使炉管结焦凝死，导致装置停工检修，炉管抽出清焦。事故原因是操作工切换四通阀，由B塔切入A塔后，应该关闭去B塔的切断球阀BV-2，却误操作关闭了去A塔的切断球阀BV-1，导致炉出口憋压，加热炉入口压力升高(泵出口压力最高可达5.0MPa)，最终导致加热炉对流室A组入口注汽管线(*DN*40mm)单向阀上法兰的金属缠绕垫片外圈吹掉，350℃的渣油泄漏着火。

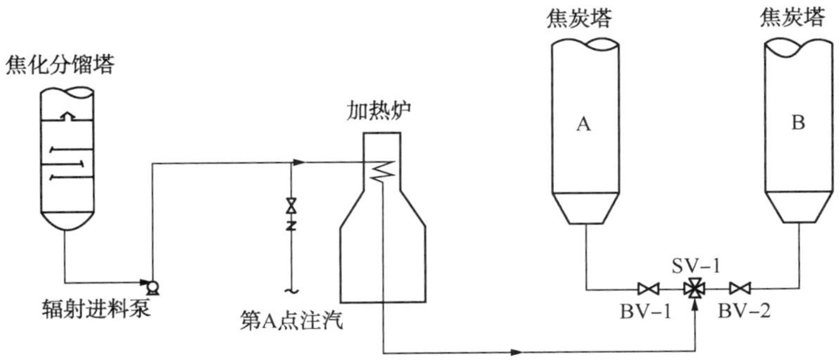

图7-5-1　焦化装置切换四通阀流程图

整改措施：

① 四通阀及两侧隔断阀之间的操作设置联锁。四通阀通油一侧的切断球阀不能关闭；切断球阀不打开，四通阀不能向该侧切换；加热炉进料调节阀加联锁；当加热炉憋压流量低时，应切断燃料气、切断进料、炉管通蒸汽。

② 提高加热炉进出口管线、阀门、法兰及垫片的压力等级和质量；降低加热炉进料泵的扬程。

(3) 焦炭塔切出进料后，未停止急冷油注入，在开底盖时急冷油遇高温法兰着火

某炼油厂延迟焦化装置，急冷油阀门泄漏，打开底盖后，急冷油喷洒到下部附近的高温阀门上，自燃着火，烧毁焦炭塔附近的部分仪表、电缆和阀门，装置停工检修。

（4）误开生产焦炭塔顶盖机，焦炭塔顶盖没有关闭到位，导致生产期间顶盖崩开

2011年某延迟焦化装置焦炭塔除焦结束，除焦作业人员将顶盖机封闭，蒸汽试压至0.2MPa后，经检查确认后，进入泄压、预热操作，随后转入生产。生产过程中，除焦作业人员发现顶盖机锁环未到位，班长、工艺员赶至现场，因生焦期间焦炭塔不宜进行锁环操作，决定加强监控。该生产塔进入生产末期，正在现场进行监护工作的班长发现该塔冒烟变大，立即汇报工艺员后准备提前切塔，并通知焦炭塔外操作好提前切塔准备。在班长和焦炭塔外操正准备去进行换塔操作时，突然听到“砰”的一声，生产塔顶盖机掀翻在平台上，塔内油气大量泄漏，顶部开始着火。

原因分析：除焦操作人员在焦炭塔关盖操作时，锁环由“开”位向“关”位移动不到位即停止，焦炭塔自动顶盖机的液压螺栓锁环未锁紧，除焦作业人员没有检查确认，在此情况下焦炭塔进入了生产操作，且连续两班操作人员巡检发现后未及时处置，在焦炭塔生焦阶段，顶盖机头盖在塔内气体压力推动下脱离塔口，高温油气喷出自燃，导致火灾。这是在知道锁紧环没有锁到位的情况下，没有采取应对措施而造成。

预防措施：顶盖机锁环闭锁后留有反馈信号输出，在操作室DCS可以显示锁环状态。并将此信号与四通阀进行联锁，锁环未关闭到位，四通阀无法切换，确保生焦运行可靠。另外，采用闸板阀形式的顶盖机也可以避免类似事故的发生。

（5）阀门关闭不到位，高温渣油进入甩油罐

某炼油厂焦化装置的甩油阀采用质量不合格球阀，执行机构到位后阀门关闭不到位，切换四通阀后，导致高温渣油串入甩油罐生焦，装置被迫停工清焦。

（6）卸底盖时，人员被烫伤

某炼油厂焦化装置产生了弹丸焦，产生弹丸焦时焦炭塔振动严重，出焦容易塌方卡钻，卸底盖时容易塌方伤人。冷焦困难并且放水线堵塞，操作工人卸法兰疏通，由于热水喷出，工人从塔底平台上摔倒而受伤。

（7）焦炭塔系统操作不当，开塔顶盖时H_2S中毒及蒸汽伤人

某延迟焦化装置除焦班两名员工在冷焦工作结束后即进行开顶盖操作。这时，突然被焦炭塔内挥发出的硫化氢熏倒而中毒，一名员工中毒程度较重，另一名中毒程度较轻的员工用对讲机呼救同时爬至一层，车间人员赶到后立即组织人员施救，送两名员工去医院救治。

事故原因：

① 焦炭塔在老塔处理过程中未严格执行规程，吹汽、冷焦时间不够，冷焦温度不够，导致塔内残存硫化氢浓度较高；②操作工在开顶盖前后没有用硫化氢检测焦炭塔周围硫化氢含量；③现场操作间没有配备防护器材。

预防措施：

① 严格执行工艺操作规程，保证吹汽、冷焦时间和温度；②设备作业前后，检查周围现场的硫化氢含量；③现场操作期间配备防护器材。

（8）焦化开工过程中焦炭塔负压，造成焦炭塔中部塌陷变形

2009年冬季，某延迟焦化装置在开工中根据开工方案，在焦炭塔蒸汽试压后，启动加热炉进料泵往焦炭塔引柴油，此时塔内温度为100℃左右，压力0.6kPa。5min后，两路进料流量达到最大值69.7t/h；7min后，焦炭塔中部塌陷变形，部分焊缝撕裂。

原因分析：在焦炭塔进料过程中，温度较低的柴油(12.9℃)进入温度较高的塔内，使塔内蒸汽冷凝，压力迅速降低，形成的负压超过设备允许值，在大气压的作用下，焦炭塔发生结构失稳产生变形。根据 DCS 记录，焦炭塔顶压力在 1min 之内由 0.6kPa 急剧降到-19.9kPa(该表量程为-20kPa)。进一步检查 DCS 记录发现，连接焦炭塔与放空塔的入口蝶阀已从全开状态变为全关状态。在焦炭塔进料发生蒸汽冷凝形成负压的过程中，由于该阀门的关闭使焦炭塔处于密闭状态，压力无法得到平衡，导致事故的发生。

需要注意的是，焦化装置易产生负压的地方主要存在以下两方面：①焦炭塔、分馏塔内温度陡降，塔内蒸汽冷凝使塔内压力低于环境压力(当地大气压力)造成负压，这一点尤其易发生在开停工过程中；②冷焦水罐内液位急剧减少造成负压。

(9) 焦炭塔进料温度过低产生沥青导致无法除焦，装置停工处理

某炼厂焦化装置，开工已基本完成，加热炉辐射段出口温度降低到 450℃，仍进焦炭塔约 6h，发现不正常后紧急停炉，此时焦炭塔内的油已成沥青/软焦，无法进行冷焦，自然冷却后又无法除焦，最终采用人工挖焦，花费近一个月的时间才把焦炭清除出塔。分析事故原因是渣油已进焦化加热炉并切换四通阀生焦 4h，加热炉对流渣油加热段两路偏流，其中一路对流出口温度超高(约 400℃)，操作工经验不足，紧急降低炉火，使对流段出口温度降低到工艺卡片要求的 360℃以下，此时辐射段出口温度也随之降低到 450℃左右，致使在焦炭塔内产生大量软沥青。

整改措施：加热炉对流加热段两路改为一路，防止偏流。重新开工后辐射段出口温度作为最主要的控制指标。对流出口温度高时要适当降低入口温度。图 7-5-2 为焦化加热炉去焦炭塔流程图。

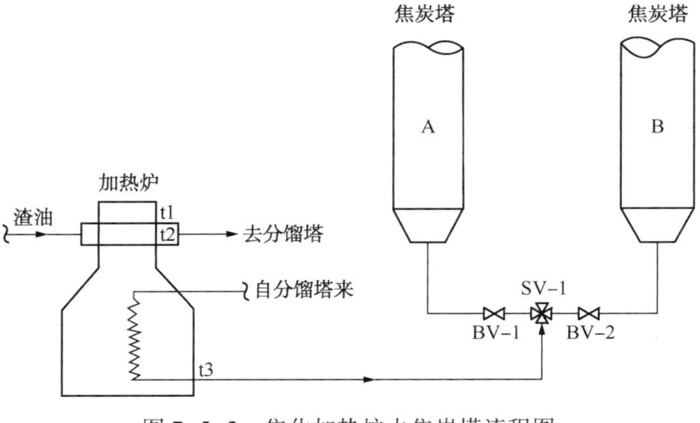

图 7-5-2 焦化加热炉去焦炭塔流程图

(10) 焦化冷焦水罐爆炸

2006 年，某焦化装置的冷焦水罐发生爆炸事故。事故中罐体飞出距罐基础 50m 外，砸至低压配电室，幸无人员伤亡。冷焦水罐容积为 1000m^3，罐顶装有用于脱除冷焦水臭气的脱臭罐。冷焦水罐在略大于大气压的压力下储存冷焦水。冷焦水中含有挥发分、轻烃、重油和焦粉等组分，其挥发分(臭气)主要为硫化氢、甲硫醇、乙硫醇、甲硫醚等。由于臭气会造成空气污染，在冷焦水罐顶安装脱臭罐以脱除臭气。脱臭罐中的脱臭剂以铁酸钙、铁的氧化物为主要成分。

事故原因分析：爆炸时，冷焦水罐在放水的过程中，由于冷焦水被抽走，液位降低而引起罐内压力小于罐外压力，这就排除发生物理超压爆炸的可能性。根据冷焦水罐的爆炸破坏

程度和工艺分析，爆炸是由于罐内爆炸性气体被点燃造成的，所以对事故的分析主要是去寻找可燃气体，冷焦水臭气中的4种物质均具有易爆燃特性，而且爆炸下限均小于10%。空气脱臭罐的出口管线设三通，安装单向阀，在罐内压低于外压时会自动吸气补压，以防外压太高损坏冷焦水罐及脱臭罐，呼出气体经过脱臭罐床层催化剂脱臭后放空。冷焦水罐日常的使用过程中，由于罐内压力略大于大气压，所以罐顶呼吸阀吸入的空气含量较低。但事故当天冷焦水罐向外倒水的过程中，大量的空气被倒吸入罐内并与可燃气体混合形成爆炸性混合气。根据现场调查，事故发生时现场没有动火或其他明火，故排除明火点燃爆炸性混合气体的可能。应是脱臭剂与硫化氢反应后生成硫化铁并附着在催化剂床上。生成的硫化铁在接触空气发生自燃后并没有立即点燃罐内的可燃气体。一方面是由于在倒水过程的初期，罐内空气浓度不高使可燃气体的浓度不在爆炸极限内。另一方面是硫化铁的自燃过程不产生明火而只是硫化铁温度的上升，并且其自燃需要先后经过表层自热氧化期、潜伏期和深度氧化期这三个阶段。在表层自热氧化期和潜伏期这两个阶段，硫化铁的温度最高只能达到100℃左右，但是当硫化铁进入深度氧化期后，其温度上升速率较大，可以达到21.3℃/min。在这个阶段硫化铁的温度最高可以达到600~700℃，而罐内可燃气体硫化氢、乙硫醇和甲硫醚的引燃温度分别为260℃、295℃和206℃，所以这个阶段硫化铁的温度完全可以点燃罐内的可燃气体，造成冷焦水罐爆炸[4]。

2. 加热炉系统

(1) 掺炼催化油浆不当，导致加热炉进料泵无法连续运转，装置停工

某厂焦化装置掺炼重油催化油浆后，曾出现加热炉进料泵出口压力由3.2MPa逐渐降到2.5MPa，致使加热炉进料流量下降，不能保证正常生产。拆修发现，加热炉进料泵叶轮与平衡鼓之间有较多脆而松散的固体杂质，径向间隙被堵塞。由于加热炉进料量无法保证，装置被迫停工。抢修时发现，分馏塔底结焦高度达1.6m，已达到加热炉进料泵侧线抽出口，两台塔底过滤器几乎被焦堵死，加热炉进料泵的第一级叶轮入口处有大量焦块。对加热炉进料泵体内和分馏塔底的粘结物采样分析，诊断为主要是催化剂固体粉末和沥青质，对加热炉进料泵体内的粘结物进行灼烧，最终灰分含量分别高达54.5%和41.3%，主要成分是重油催化裂化油浆的催化剂粉末，因此焦化掺炼重油催化裂化油浆应特别注意该问题，油浆中固含量不能太大(一般不大于10mg/L)。

(2) 检修加热炉进料泵导致装置停工

2013年某延迟焦化装置加热炉停工期间，发现加热炉进料泵出口压力由正常的2.7MPa突然降至1.9MPa，主管部门决定该加热炉进料泵切换至备用泵运行，关闭有问题的加热炉进料泵进出口阀门及预热阀门，并进行浇水降温操作，待温度降低至100℃左右，联系消防监护，开始拆入口法兰螺栓准备加装盲板，在拆卸过程中发现入口下法兰有循环油泄漏，流程及管线温度再次确认后，继续拆卸法兰，当入口法兰拆卸2/3时，大量高温循环油从法兰喷出，泄漏量无法控制，装置紧急停工。

直接原因：加热炉进料泵入口阀门内漏严重。加热炉进料泵入口阀送至修理厂打开发现该阀门变型导致关不严，泵体入口法兰拆开后，入口管线渣油在备用泵联通线阀门严重内漏、出口管线2.7MPa压力下大量外泄，致使装置紧急停工。

间接原因：备用加热炉进料泵连通阀内漏严重。抢修时检查该阀门，发现闸板腐蚀严重，闸板上有严重的穿孔，导致加热炉进料泵出口渣油倒串回入口管线，使泵的入口压力由0.2MPa上升至2.7MPa。

预防措施：①更改加热炉进料泵吹扫流程，增加吹扫排空流程。在修泵前将泵内存油进行吹扫置换以便进一步排空确认，从而成为判断阀门是否关严、是否已达到加盲板的条件，降低机泵维修的风险。②在高温油泵的连通线上加双阀，增加限流孔板，正常使用时，双阀全开，限流孔板作为节流阀使用，避免因长时间冲刷造成阀门失效。③针对入口管线结焦的状况，加强对入口过滤器的清理，防止入口阀门结焦。

（3）加热炉进料泵入口管线设计不合理，泵抽空导致装置不能开工

某炼油厂焦化装置开工过程中，柴油循环脱水升温到 200℃，蜡油循环升温到 440℃，在循环过程中分馏塔底泵一直采用蒸汽往复泵，切换渣油后，发现加热炉进料泵抽空，开始认为脱水不干净，切换蒸汽往复泵继续循环脱水，后分析分馏塔底油含水合格，切换离心泵后，加热炉进料泵仍然抽空。反复几次未解决泵的抽空问题，被迫退油停工。检查发现原料性质符合设计要求，渣油小于 500℃ 含量为 3.5%，水含量为 0.05%；泵用封油含水量及馏程范围合格，封油注入管限流孔板完好，分馏塔底及过滤器无杂物，加热炉进料泵无机械故障。分析原因主要是分馏塔底过滤器安装在地面上，加热炉进料泵入口管线太长，管线安装存在两个较大的袋型结构，泵入口阻力大，导致加热炉进料泵抽空。采取措施主要是把泵入口过滤器重新安装到分馏塔底的平台上，保证了加热炉进料泵入口管线无袋型且步步降低。重新进油开工，加热炉进料泵不再抽空，装置开车成功。图 7-5-3 为焦化原料流程图。

（4）炉管偏流后炉管烧穿停工

某炼油厂延迟焦化装置中的一台焦化炉炉管烧穿导致着火，主要是流量偏流，其中一路结焦，炉管表面温度升高，操作工未及时发现，长时间超过 Cr9Mo 的允许温度操作，导致炉管烧穿，造成很大损失。处理措施是紧急停炉更换烧穿的炉管，增加炉管表面温度计及炉内火焰燃烧检测器。

3. *分馏系统及后续分离系统*

（1）高温部位选材不合理，管线泄漏着火

某炼油厂延迟焦化装置，高温蜡油管线材质为 Cr5Mo，相连的蒸汽吹扫线材质为碳钢，属异种钢焊接，开工几天后焊缝处开裂，蜡油外喷着火，装置紧急停工。图 7-5-4 为分馏塔高温蜡油流程图。

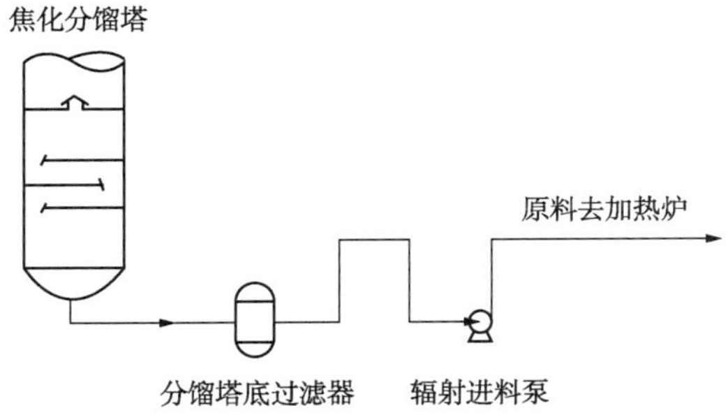

图 7-5-3 焦化原料流程图

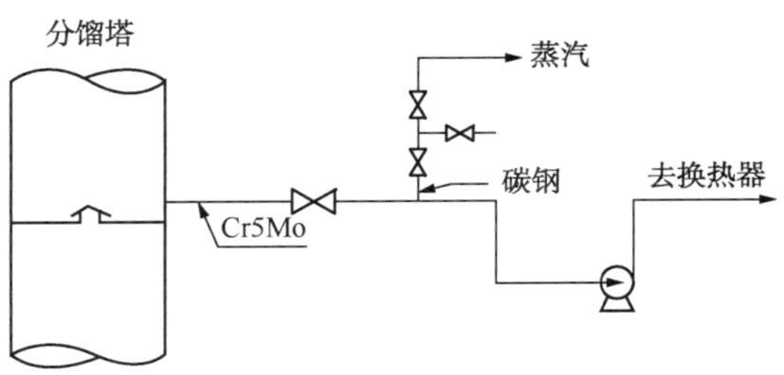

图 7-5-4 分馏塔高温蜡油流程图

（2）操作失误，导致下游装置停工

某延迟焦化装置吸收柴油泵出口一路去柴油吸收塔，另一路出装置去柴油加氢装置，经升压加热后去加氢反应器。焦化吸收柴油泵在切换过程中发生抽空，被迫停泵，贫气自柴油吸收塔返回到柴油线，并窜入柴油加氢装置进料泵入口，导致加氢装置进料泵抽空，尽管加氢装置采取了措施，但加氢反应器停止进料时间内导致催化剂失活，加氢装置被迫停工换催

化剂。

分析和整改：装置的设计应充分考虑到全厂的情况，设计时要考虑到本装置的操作失误而可能引起的其他装置的操作问题。尤其目前各炼厂为降低能耗，都普遍进行装置热联合，装置间的直供料使得上游装置的波动直接对下游装置产生较大的影响。本案例中应在去吸收塔的柴油线上增加单向阀。

(3) 雷击后富气压缩机联锁停机

事故前压缩机系统运行正常，在雷雨中压缩机发生停机，富气放火炬，分馏区操作波动。调历史趋势显示振动值高，导致联锁停机，趋势记录显示瞬间值最大。仪表专业重点检查了现场轴系仪表接线箱，发现延长电缆存在缺陷，金属趋近器直接安装在金属接线盒底板上，接线盒同金属刚体结构框架相连。电缆保护层有破损，更换备件，重新紧固接线端子后，交工艺开车。装置停车 20min 后即开车，并在短时间内恢复正常生产。

原因分析：雷击造成系统受电磁干扰，联锁动作。

通过对现场仔细观察发现，振动探头自机组本体引出后进入趋近器进行信号预处理，将振动探头检测到的电涡流信号转换为电压信号并放大后送入 DCS 系统。趋近器被集中安装在机旁的接线盒内，通过金属底板固定在接线盒内，接线盒为铝质金属材质，与平台管架自然连接。当雷雨天气时，雷电干扰通过平台框架进入接线盒，进而引起 ESD 系统误动作。

防范措施：将探头趋近器与金属接线箱之间的金属连接板更换为绝缘胶木连接板，切断由管架平台至探头趋近器的干扰通道。检测趋近器接线箱及管架平台的接地情况，确保接地良好。安装时要小心，避免破坏保护层，这样一旦管架平台遭雷后，可以确保将雷电引入大地。有条件可以考虑增加电容保护器。

(4) 停工中吹扫引发严重环保事故

2010 年 11 月，某石化企业的延迟焦化装置停工检修，处于蒸塔状态，由于相应的密闭吹扫和合格排放措施未得到真正落实，蒸塔过程中产生含有硫醇类物质散发到大气中，导致当地多个生活区臭味弥漫，民众反应强烈，在社会上造成了很坏的影响。当地政府的环保和公安部门进行全面排查，最终确认为该石化企业延迟焦化装置停工吹扫所致，地方环保部门处以 20 万元罚款，也影响了该市对该石化企业的下一步发展去向的重要动议，要求该企业迁厂。

教训和整改：延迟焦化的特殊性在停工中容易导致周边大气和排水污染。延迟焦化开停工环保工作可分为以下几部分：

① 停工前的准备工作：在装置停工前应进行环境因素识别，制定开停工和检修期间的环保方案。方案中应确定系统吹扫流程、清污分流、三废名称来源和排放量，排放时间和排放去向，以及处理方式等，并要组织学习，使所有参与开停工和检修人员心中有数。在停工前，装置技术人员应检查确保收油设施运行正常，火炬系统是否畅通等。

② 停工阶段：装置停工退料应将塔、容器、换热器、机泵、管线等的物料全部退净，绝不能为图省事将污油、残液等排入明沟。吹扫时要采取密闭吹扫，要特别注意以下几点：焦化装置停工柴油置换过程中尽量避免使用焦化柴油，使用焦化柴油会导致炉管烧焦、蒸塔过程中产生大量的刺激性异味；全部扫线冷凝水统一收集冷凝后进入含硫污水系统送出装置；蒸塔时塔顶气不得随意排放大气，必须进行回收处理；密闭吹扫结束后装置泄压前需联系化验分析确认吹扫效果，确保不影响大气质量。

③ 开工阶段：装置进料前，应按照开工方案要求，逐项检查工艺流程，不能发生跑料

事故。压缩机要及时启运，不能将大量瓦斯排入气柜。

二、国外部分延迟焦化装置安全事故案例分析

1. 误开焦炭塔底进料线上排水线，导致焦炭塔底着火

(1) 事故发生过程

国外一套一炉三塔的焦化装置，1 号塔装满焦炭并冷却完成，操作工准备开盖除焦，2 号塔正在生焦后期，3 号塔正在预热。两个塔平行进料时，从一个塔切换到另一个塔约需要 2h。根据操作程序，操作工把塔内的水排净后就交给除焦班，操作工检查时发现排凝阀关闭，操作工误操作开启了 2 号塔底部的排凝阀，这里面有 500℃ 的渣油，刚开时没发生情况，待渣油流出后，遇到空气着火。

(2) 事故损失

由于及时通知主控室处理，切断相关阀门，没有人员伤亡，该平台上的电缆、仪表、保温、梯子和管线垫片均被烧毁，停工 18d。

(3) 事故原因

操作工误操作，把生焦塔当作除焦塔对待。

(4) 整改措施

经常开关的阀门应设警示标志，排凝阀应加盲板或联锁机构，加强操作工培训，提高操作人员水平，开阀前要确定内部介质的温度和压力，必要时由两个操作工进行确认，在焦炭塔平台两侧应均设逃生斜梯。图 7-5-5 为焦炭塔底进料线排水线流程图。

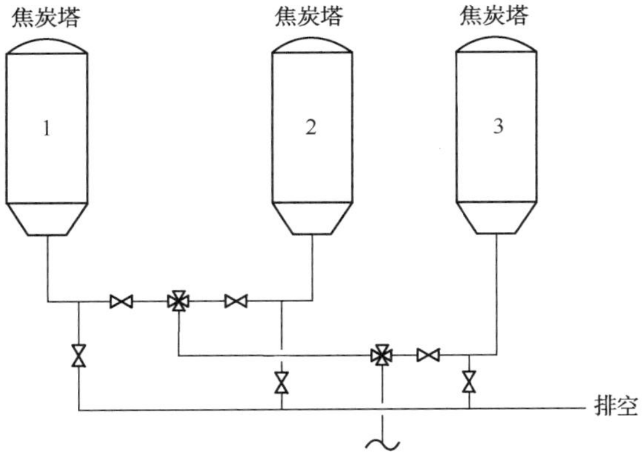

图 7-5-5 焦炭塔底进料线排水线流程图

2. 焦炭塔裙座焊缝开裂脱落导致蒸汽管线断裂

(1) 现象

美国一套焦化装置，建成投产 11 年后，当焦炭塔充水冷焦期间，塔体与裙座的焊缝突然断裂脱落，塔体下沉约 356mm，导致两条蒸汽管线断裂，幸运的是油气管线还没问题。

(2) 原因分析

塔体与裙座的断裂是因为焊接材料的疲劳破坏造成的，金属疲劳是因为该处温度每天都从常温到 500℃ 范围内反复加热和冷却所致。

(3) 整改措施

放净焦炭塔内的水，用缆绳拴住塔顶防止塔体倾斜，底盖不能用小车拆卸，通过人工慢慢卸下来。水力除焦完成后，检测发现裙座的每个焊逢已全部损坏，许多焊逢已开裂多时，

检查另一个焦炭塔也有开裂现象。停工后，把塔吊起到正常位置，重新安装经过加强的裙座并对塔进行修复，使塔体与裙座的连接比原来更牢固。同时定期检查塔体与裙座的焊缝，降低或放缓加热及冷却速度。

3. 焦炭塔井架断裂，导致装置停工

（1）基本情况

美国一个运行20年的焦化装置，建设有两个焦炭塔A、B，这两个塔的井架是靠塔顶上焊接的1/2in厚圆环支撑的，塔井架是用平台连接，类似国内的半井架，由于这两个井架发生断裂，导致装置停工检修。

（2）断裂原因

发生断裂的前两个月，A塔冷却循环阶段曾发生不寻常的振动，造成钻杆在塔底偏离中心，顶部平台摇动，顶部传送设备不对中，两个塔间的通道扭曲变形，测量后发现A塔井架顶部向西倾斜30in。

（3）整改措施

清除支撑环的保温后发现焊缝已全部开裂，塔西侧支撑圈掉到焊缝下3in处，塔东侧支撑圈抬到焊缝上3in处，另一个塔也发现类似的情况。装置停工后，利用千斤顶和铁块把井架调整到正常状态，重新焊接加固。

4. 冷焦不彻底，开底盖着火

某焦化装置由于天气原因造成停电一段时间，后来装置重新开工，操作工打开了带压焦炭塔底盖，查看内部是否产生了焦炭，结果热油自塔内流出，遇见空气着火，造成六名操作人员死亡。

5. 美国一焦化装置分馏塔充压时发生爆炸

（1）事故发生过程

1959年冬季，美国一套使用钢丝绳拉焦的焦化装置，在开工前需要向整个系统用重柴油和渣油的混合油充油，目的是排除空气、检测法兰和堵头的泄漏、校验安全阀定压。充油是自原料罐用泵抽出经加热炉到焦炭塔再由焦炭塔顶出口线到分馏塔，分馏塔顶放空线打开，用油把空气赶出，由于天气寒冷，夜班工人没有打开放空阀，后部产生系统憋压，充油速度较慢，充油泵发热。操作人员认为，天气冷造成油的黏度大，压降大，泵入口过滤器堵塞，为此，拆修过滤器。加热炉点火升温，此时炉入口压力0.63MPa，后升至炉前压力0.91MPa，炉出口温度232℃，操作人员认为是加热炉压降增加的缘故。当焦炭塔顶压力升高到1.4MPa时引起操作工注意，此时炉入口压力已升至1.76MPa，判断分馏塔顶放空线未打开，派操作工去开塔顶放空阀，发现阀门打不开，找到扳手后，炉入口压力已达到2.1MPa，为时已晚，发生猛烈爆炸，分馏塔炸开。

（2）事故损失

找扳手的操作工当场死亡，操作室的三名操作工由于窗户塌陷受伤，部分管线损伤，由于爆炸的冲击波附近居民受轻伤，财产有轻微损失。当地矿务局估计此次爆炸相当于363kg固体炸药。

（3）事故原因

爆炸是由于分馏塔中油气气体自燃着火所引起，在系统充压前，要求用柴油冲洗阀门、排放口、液面计和压力表接头，冲洗油进入系统中去，冲洗油易挥发，232℃约蒸发20%，自燃点低。当向分馏塔充油时，系统的空气及油气全部被顶至分馏塔，分馏塔顶放空线未打开时，该气体被压缩，这种情况的压缩近似绝热压缩，自开始到爆炸时的压缩比约为 18，估计热油表面的油气温度为 260℃，该温度足以引起自燃和爆炸。

（4）经验教训

爆炸应具备有可爆炸介质，浓度在爆炸极限范围内，还应有点火条件，不能只考虑人为点火，高温油品的自燃、静电打火等情况也应引起重视；天然气置换空气应直接置换，不应在蒸汽清扫后马上用天然气置换空气；热加工装置不能用循环产生的气体置换空气，以避免爆炸，首先应避免油与空气接触的开工过程。图 7-5-6 为焦化装置分馏塔充压系统流程图。

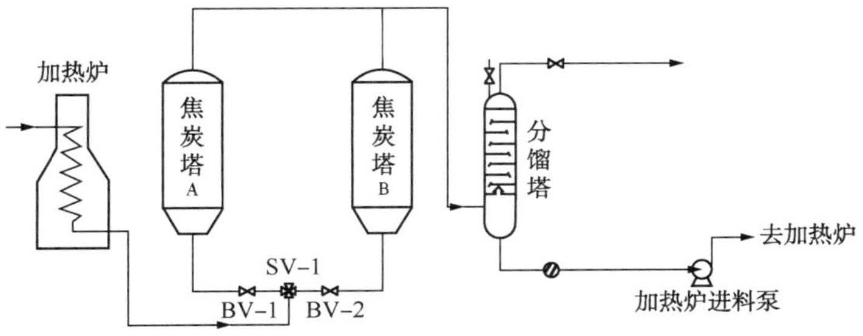

图 7-5-6 焦化装置分馏塔充压系统流程图

6. 分馏塔入口管线弯头漏油着大火，导致装置停工，损失惨重

（1）着火过程

1993 年 8 月，一个有 10 座焦炭塔的焦化装置着火，火灾是由地面上的管线弯头漏油引起，被加热到约 400℃的渣油带压送到分馏塔，管线弯头漏油闪爆成为一个大火球，大火从地面蔓延到 46m 的切焦平台，6min 内大火蔓延成 76m×15m×48m 的范围，急冷油管线被烧裂，更加大了火势，导致井架坍塌，给消防人员造成严重威胁，大火持续了 5h，损失惨重。

（2）经验教训

加工高硫油后，按设计要求，有关管线、管件、阀门均应升级更换，关键设备（管线）部位要定期检查、测厚；加大消防水系统的能力，易着火部位应设置独立的喷淋系统，并能够在主控室远程操作；应至少设计两条着火后的逃生道路，一旦一条被大火堵死，还有其他逃生渠道。

7. 焦化加热炉炉管碳化导致破裂

由于焦化加热炉炉管碳化导致炉管破裂烧穿，引起加热炉内着火，装置紧急停工，是焦化装置一种最严重的事故。

（1）原因分析：国外某炼油厂焦化装置加热炉管严重碳化，造成低合金辐射管的毁坏。焦化加热炉运行 6 年后发现炉管碳化，碳化是不均匀的，迎火面比背火面严重，较热的加热炉管比温度低的炉管碳化严重，碳化使炉管金属脆化。有一次在吹蒸汽时产生裂纹，用锤子一敲另一根炉管也发生开裂，结果 138 根炉管全部更换。裂纹的断面显示，由焦炭、氧化铁和铁铬化合物组成的低密度层紧密地附着在炉管内壁，管壁被较厚的多层带铁焦炭沉积物所覆盖，导致高温晶间碳扩散并形成复杂的铬-铁化合物（一种铬-铁-碳化合物的络合物），是炉管材质脆化的基本原因。

（2）整改建议：避免管壁超温操作，特别是在烧焦和蒸汽清焦时，控制管壁温度，防止高温碳化。碳化后的炉管用超声波测厚方法较难发现炉管减薄，最好定期作金相分析。

第六节　延迟焦化装置安全隐患管理

安全隐患管理必须贯彻“安全第一，预防为主”的方针，加强对重大事故隐患的管理，目的是预防重大事故的发生。

延迟焦化装置生产规模大，机械化、自动化水平高，生产过程复杂，原料及其产品为易燃或可燃物，生产中部分操作温度在介质的闪点和自燃点以上，一旦发生操作失误和设备问题，就可能造成火灾和爆炸。焦化脱硫系统硫化氢含量高，若泄漏会引起中毒。

一、延迟焦化装置存在的安全隐患

1. 针对焦化基础理论、设计软件和材料可靠性研究不够

延迟焦化装置应用的基础理论主要有热裂化反应机理(包括生焦机理)、反应动力学等。由于研究不深、不透，有的只有一些定性的概念，不同原料的定量分析研究数据缺乏，造成分析问题或处理问题时的困难。设计软件的开发也涉及应用许多理论知识，如传热理论、精馏原理、传质理论、流体力学等，虽然上述理论都是一些经典的基础知识，但是不同人研究的定量表达式却不同，这说明不同设计软件设计出的结果是不同的，如果采用不可靠的或不符合实际的软件设计出的装置就存在一定的安全隐患。金属材料金相分析的准确性，不同材料在不同条件下的使用寿命研究的准确性，不同材料在不同条件下的强度研究的准确性以及防腐理论等，都影响到材料的正确使用，根据基础研究使用材料只是符合相关标准规范，但不一定万无一失，随着基础理论的研究和发展，会发现以往设计的工程装置也存在一定的安全隐患。

2. 对于装置设计及操作的时空性重视不够

焦化装置的安全隐患之一是人们的经验主义，如认为某炼油厂延迟焦化装置的某一个单元是如何操作，本厂也可以照搬这样操作；某炼油厂延迟焦化装置的某一个事故是如何处理，本厂发生类似事故也可以这样处理；某炼油厂延迟焦化装置某设备材质采用碳钢，本厂相应设备材质采用碳钢也应该没问题；加工原料相似，设计选材也可一样；今年装置操作安全，明年也不会有大问题等。一个设计有它的针对性、地域性以及原料的适应性，所有设备都有其使用寿命与生产制造的特殊性，在安全隐患面前坚持实事求是的科学态度是十分重要的。

(1) 某些焦化装置设备及管道材质不适合高硫原料的加工，腐蚀严重，特别是我国早期设计的焦化装置，许多高温管道及阀门仍然是碳钢材质，虽然现在没有发生事故，但存在安全隐患。有的设备及管道的使用条件发生变化，设备及管道的使用寿命到期仍超期使用，存在严重安全隐患。

(2) 早期焦化装置设计规范本身要求较低，安全设计考虑不周全，自动化水平较低，安全联锁配置少；焦炭塔及加热炉区的逃生平台较少，易着火部位消防设施少，高温油品快速切断阀基本没有，发生火灾后无法切断。需要通过不断地进行技术改造加以改善。

(3) 受建设投资限制，有的焦化设备可靠性差，安全设施较少，设备陈旧，焦炭塔材质采用碳钢的多，换热器和管道材质及压力等级偏低，泵的材质及密封较差等。

(4) 焦炭塔系统未配置自动顶、底盖机及顺序控制系统，操作人员发生误操作情况较多。

二、消除延迟焦化装置安全隐患的措施

安全程度分三级：一级是本质安全，如管道或设备的设计压力远大于压力源的最大压力，该管道或设备永远不会超压，也不会出现安全事故；二级是安全防护，如焦炭塔的设计压力不可能高于原料泵出口压力，应设置安全阀，当设备超压时安全阀卸压以保护焦炭塔；三级是安全处理，例如当炉出口管线着火后，火焰能够及时扑灭掉，人能安全撤离，减少更大损失。

消除安全隐患应从本质安全和安全防护着手，首先应根据工艺条件检查所有设备、管道、阀门、法兰、垫片、螺栓、螺母、仪表等是否安全可靠，如超过使用寿命或不符合安全要求应更换；其次应该分析整个工艺过程，对有超温、超压、泄漏、误操作等可能存在的因素，采用相应的安全措施，如安全阀，安全联锁等，目前国内焦化装置中的联锁主要有加热炉安全联锁、压缩机安全联锁、四通阀系统 PLC、水力除焦系统 PLC、泵罐隔断阀安全联锁、焦炭塔操作顺控及安全联锁等，与国外焦化装置的联锁相比数量要少得多，建议有条件的装置可适当增加安全联锁，以保障装置安全生产。另外，产弹丸焦时焦炭塔的晃动、高温管线震动和压缩机系统振动也给装置带来一定的安全隐患，应找出震源，进行应力分析和合理配管，消除震动。

安全处理对焦化装置也非常重要，消防通道的设计、消防措施的设计、梯子平台的设计应充分考虑焦化装置易发生火灾的特点，做到发生安全事故时能及时处理。

针对现有装置应定期进行安全分析，从各个细节寻找安全隐患，通过管理和技术改造加以消除。

1. 设计阶段要严格执行各项安全规范

（1）石油化工企业设计防火规范

炼油装置消防设计，严格执行我国《石油化工企业设计防火规范》和《建筑设计防火规范》等标准。

根据消防设计的要求，在装置不同地方设置不同的消防设施。如在甲、乙类设备高于15m 框架平台等处设置消防竖管，在相应部位摆放灭火器、设置水炮等。

设备、建筑物布置间距应符合防火间距要求，如介质温度等于或高于自燃点的工艺设备，距控制室、办公楼、化验室的防火距离要大于等于 15m，距明火设备的防火距离要大于等于 4.5m，距压缩机的防火距离要大于等于 9m。明火加热炉附属的燃料气分液罐、燃料气加热器等与炉体的防火间距，不应小于 6m。明火加热炉宜集中布置在装置的边缘，且应位于可燃气体、液化烃、甲 B 类液体设备的全年最小频率风向的下风侧。

《石油化工企业设计防火规范》中对液化烃、可燃液体的火灾危险性分类列于表 7-6-1、表 7-6-2。

表 7-6-1　液态烃、可燃液体的火灾危险性分类

名　称	类　别		特　征
液化烃	甲	A	15℃时的蒸气压力>0.1MPa 的烃类液体及其他类似的液体
可燃液体		B	甲 A 类以外，闪点<28℃
	乙	A	28℃≤闪点≤45℃
		B	45℃<闪点<60℃
	丙	A	60℃≤闪点≤120℃
		B	闪点>120℃

表 7-6-2　可燃气体的火灾危险性分类

类别	可燃气体与空气混合的爆炸下限
甲	<10%(v)
乙	≥10%(v)

(2) 设备及管道应根据其内部物料的火灾危险性和操作条件，设置相应的仪表报警讯号、自动联锁保护系统或紧急停车措施。

对下列情况考虑在工艺容器和泵入口阀之间，泵出口总线设置自动联锁阀：

① 体积超过 $8m^3$ 轻组分(LPG)的工艺容器。

② 体积超过 $8m^3$ 并且装有超过自燃温度的产品或者温度大于 250℃工艺容器。

③ 体积超过 $16m^3$ 并且装有易燃产品的工艺容器。

④ 自动联锁阀的关闭应导致相关泵的自动停车。

⑤ 采用手动切换，操作机构应离火源(泵体)15m 以上。

加热炉应设自动停炉联锁系统，联锁逻辑大概关系为：

① 烟气出对流室的温度高于 530℃时，主火火嘴、长明灯的燃料气切断，炉膛紧急灭火蒸汽打开。烟道挡板打开，停鼓风机和引风机，切断加热炉进料，停加热炉进料泵，打开在线清焦蒸汽向所有炉管吹汽。

② 由于意外事故需要装置紧急停工，采用手动紧急停炉按钮，联锁关系同上。

(3) 严格执行《石油化工有毒、可燃介质钢制管道工程施工及验收规范》

加工高含硫原油装置，必须考虑原油硫含量的不均匀性所带来的影响，装置匹配能力应按可能达到的最苛刻条件考虑，按《加工高含硫原油重点装置主要设备设计选材导则》规定，合理选用设备、管线材质。按照设计合同和相关设计标准设计大型厚壁反应器/容器(包括不可拆卸的内件和催化剂支撑横梁)、可拆卸的反应器内件、塔、容器、换热器壳和类似用途的部件、高合金换热器管束、加热炉管、管线、碳钢/低合金换热器管的合理寿命。

(4) 装置应配置足够的安全设施

① 危险物料控制：在危险物料的输送、运输、使用、储存、加注等各环节，严格按照程序和要求等操作，根据具体情况，设置相应的安全设施。如放射性料位计的安全措施、洗眼器设施、有毒气体采样时的防毒面具措施等。

② 按相关规范和规定要求设置安全泄放设施。

③ 按相关规范和规定要求设置必要的检测、报警设施，如设置可燃气体报警仪、有毒气体报警仪(如硫化氢报警仪)等。

④ 采取必要的生产过程中的报警/停车联锁保护措施：根据工艺要求设置液位、温度、压力、流量等高低报警，甚至是高高、低低报警。

⑤ 制定通风、降温、减噪及防高空坠落等防护措施。

⑥ 装置内应配备个人劳保用品等急救设施。

2. 开工阶段基本安全技术要求

① 制定周密细致的开工方案。

② 检修后要进行质量检查、验收，动设备要经过试运，静设备要按规定进行试压。

③ 拆除检修时加装的盲板和水冲洗时加装的过滤网，并加好正常生产时需加的盲板。

④ 组织开工大检查。

⑤ 消防设施齐全完好。

⑥ 安全阀必须按规定定压，并有铅封标志，安全阀前后手阀要保持全开状态。

⑦ 进油前，要关闭装置工艺管线的所有阀门，按开工流程再逐一打开，检查无误后方可进油。进油时要沿流程认真检查，严防跑、冒、串油事故发生。

⑧ 进油后注意观察各容器、塔的液面升降情况(注意液面指示是否失灵)。

⑨ 加热炉在点火前或灭火后再点火时，必须用蒸汽赶净炉内积存的可燃气体，炉膛必须测定氧含量和可燃气体含量，合格后方可点火。

⑩ 严格按开工方案进行升温、循环、切换油等各项工作。

3. 正常生产阶段基本安全技术要求

① 生产岗位人员要懂得本单元生产原理和过程，熟悉本岗位的工艺流程、操作条件和设备使用及维护方法。上岗人员必须经考试合格后才能顶岗，严格按照操作规程进行操作，并熟练掌握各种事故的处理方法，能正确使用灭火器材。

② 严格按工艺卡片控制各部工艺参数，严禁超温、超压、超负荷、超转数等不正常现象发生。

③ 生产岗位人员要严格执行各项安全制度和安全规定。

4. 停工阶段基本安全技术规程

根据装置停工检修的类型、动火的范围等，制定停工方案和停工标准，统一指挥认真贯彻执行。有关安全技术规程和一般炼油装置相同，本书不再重复。

5. 环保技术

这里介绍有关焦化装置一些特殊的环保技术问题，其余可参考本书第八章和相关的专业书籍。

① 废水处理方面：焦化装置生产的含硫污水送往酸性水汽提装置处理，含油污水送往污水处理场处理。注意废水的乳化和破乳问题。

② 废气处理方面：焦化装置加热炉应使用低硫燃料，烟气污染物浓度符合国家排放标准后方可排放大气。

③ 焦炭塔应采用封闭式放空技术，减少污染大气。

④ 尽量采用封闭、半封闭式冷焦、切焦水循环系统，减少油气外溢。

⑤ 焦炭塔中子料位计放射源，应置于中子源保护盒内，装卸放射源时，操作人员身着防护服，同时定期对操作人员进行体检。

第七节　QHSE 管理

QHSE 管理体系是将质量管理体系(QMS)、健康安全管理体系(OHSMS)、环境管理体系(EMS)、中国石化集团公司安全环境与健康(HSE)管理体系协调成一致的管理体系，是在 ISO 9001 标准、ISO 14001 标准、GB/T 28000 族标准和 SY/T 6276《石油天然气工业健康、安全与环境管理体系》的基础上，根据共性兼容、个性互补的原则整合而成的管理体系。QHSE(一体化)管理体系，不是几个管理体系和各项管理制度的简单相加，而是按照系统化原则形成相互统一、相互协调、相互兼容的有机整体，有利于发挥整体的有效性和效率。一体化管理体系对企业内部要满足统一的管理和一致性管理的需要，统一规范、统一组织检查、统一检查标准和考核标准；一体化管理体系对外部既要适应不同类型认证和审核的要求，还要适应上级和地方政府各种专项检查与考核的要求。

一、QHSE 管理的目标

QHSE 管理体系建设应本着“以我为主，兼收并蓄”的原则，借鉴先进的 HSE 管理理念和方法，结合生产实际，对现行的 HSE 管理体系进行补充和完善。基层单位是 QHSE 体系建设的执行主体；基层单位应强力执行 QHSE 管理制度，并融入日常生产管理；基层领导应切实做到有力领导，促进全员参与，通过不断提高员工 QHSE 意识，纠正不安全行为，从而有效控制过程风险，预防事故发生。QHSE 管理目标是满足顾客的需求、保证员工的安全、保护周边的环境，最大限度地满足顾客的需求，做到无事故、无伤害、无损失。

二、QHSE 管理的原则

(1) 以顾客、员工和社会为关注焦点：组织依存于顾客、员工和社会，应当理解顾客、员工和社会当前和未来的需求，满足顾客、员工和社会要求并争取超越顾客、员工和社会期望。

(2) 领导作用：领导者确立组织统一的宗旨及方向，创造并保持使员工能充分参与实现组织目标的内部环境。

(3) 全员参与：各级人员都是组织之本，只有他们的充分参与，才能使他们的才干为组织带来收益。

(4) 过程方法：将活动和相关的资源作为过程进行管理，可以更高效地得到期望的结果。

(5) 管理的系统方法：将相互关联的过程作为系统加以识别、理解和管理，有助于组织提高实现目标的有效性和效率。

(6) 持续改进：持续改进总体业绩应当是组织的一个永恒目标。

(7) 基于事实的决策方法：有效决策是建立在数据和信息分析的基础上。

(8) 与相关方互利的关系：组织与相关方是相互依存的，互利的关系可增强双方创造价值的能力。

三、焦化装置的 QHSE 管理

由于焦化装置的目标与企业的 QHSE 目标是一致的，而焦化装置目标的实现可促进企业总目标的实现，所以在焦化装置内的 QHSE 管理是依靠运行企业内部已建立的 HSE 管理体系来实现。具体实施依据是全厂 QHSE 的总方针、总目标，并结合焦化装置具体的特点和实际情况，进行与焦化装置相关的环境因素、危险源和危及健康因素的识别和分析；然后进行切实可行的目标策划及制定实现目标的相应措施；运行已建立的管理模式，进行对策措施的实施，并在实施中对产生的效果进行检查和对实际案例的评审；通过评审、检查，发现现有管理模式和对策措施存在的问题，提出改进、修改意见，把提出的改进、修改意见补充到控制措施中去，重新修订相关的控制条例并进行实施；经过不断改进、反复运行焦化装置内部的体系模式以及一系列程序的实施，使现有模式和对策措施更具体、更具可操作性，使焦化装置的目标更易于实现。

(一) 环境保护

焦化装置的环境因素的识别和评价是根据环境管理体系要素进行的，环境因素的识别和环境质量的评价要充分考虑正常生产过程、开停工和检维修过程的环境因素，同时应考虑到正常、异常、紧急三种状态，过去、现在、将来三种时态，以及参照同行业发生污染事故的状况进行。在正常运行一年后重新进行一次环境因素识别和评价，以后每四年进行一次评价。

焦化装置主要活动场所有储焦池、高压水泵房、焦炭塔顶切焦操作室、压缩机房，环境因素有焦炭、含硫污水、除焦水、焦粉、废气、含硫干气、蒸汽、噪声等，通常采用量化法进行评价。某炼厂焦化装置环境因素识别及评价结果见表 7-7-1。

表 7-7-1 焦化装置环境因素识别及评价

序号	活动/产品/服务	环境因素	状态(正常/异常/紧急)	环境影响描述	发生的频率①(L)	影响的严重性①(S)	环境影响①(R)	建议措施
1	储焦池	焦炭	正常	对环境造成影响	2	3	6	建议湿焦炭装运
		蒸汽	正常	很少排放，对环境影响很小，可忽略	1	3	3	回收利用冷凝水
		含硫废水排放	正常	间歇排放至含油污水系统，对清下水无影响，但要加强监控	2	3	6	加强监控
		固体焦粉排放	异常	在装运时有少量的无毒焦粉污染物，对土壤、空气造成影响	2	4	8	装运时最好加遮盖
		废气排放	正常	造成少量的空气环境影响	2	3	6	有条件、有经费时治理
		VOCs 排放	正常	造成少量的空气环境影响	2	3	6	有条件、有经费时治理
2	高压水泵房	噪声	异常	在开泵时，对环境影响	2	4	8	建议戴耳塞操作
		蒸汽	正常	很少排放，对环境影响很小，可忽略	1	3	3	回收利用冷凝水
		除焦水	正常	间歇排放至含油污水系统，对清下水无影响，但要加强监控	2	3	6	加强监控
		电	正常	无污染物，对环境影响很小，可忽略	1	3	3	
3	切焦操作室	噪声	异常	在开泵时，对环境影响	2	4	8	建议戴耳塞操作
		蒸汽	正常	很少排放，对环境影响很小，可忽略	1	3	3	回收利用冷凝水
		除焦水	正常	间歇排放至含油污水系统，对清下水无影响，但要加强监控	2	3	6	加强监控
		电	正常	无污染物，对环境影响很小，可忽略	1	3	3	

续表

序号	活动/产品/服务	环境因素	状态(正常/异常/紧急)	环境影响描述	发生的频率①(L)	影响的严重性①(S)	环境影响①(R)	建议措施
4	压缩机房	噪声	异常	在运转时，对环境影响	2	4	8	建议戴耳塞操作
		蒸汽	正常	很少排放，对环境影响很小，可忽略	1	3	3	回收利用冷凝水
		含硫干气	正常	很少排放，对环境影响很小，可忽略	1	3	3	
		温度	正常	对环境影响较小	1	3	3	

① 对识别的环境因素的发生频率大小及对环境影响的严重程度予以赋值，环境影响(R)为计算结果。

(二) 职业健康和安全

焦化装置职业病危害因素和危险因素的识别采用以下几种方法，分别从人为因素、工艺危险、设备现状、设备局部失效等诸方面对危险、危害因素进行识别，对每一种危险、危害因素所造成的后果或可能发生的事件均制定相应的对策措施和改进意见，并对可能发生事故制定相应的事故应急救援预案，使企业具有对可预见的事故具备自救的能力，尽量降低事故造成的危害。

1. 工作危害分析

(1) 工作危害分析方法简介

按工艺过程分区，对不同的工作任务进行工作危害分析。主要是针对人为因素造成危害的分析，分析各操作步骤可能发生的错误行为和可能引发的潜在事件，以及造成的后果和发生的频率，分析管理措施是否健全，判断员工胜任程度及防止错误行为的安全保证措施。根据以上分析对每个工作步骤进行可能性、严重性、风险度评分，最后提出建议改正措施。

各项工作任务因工作内容不同可分为9~12步，但主要应包括以下步骤：①学习方案；②接受指令；③具体操作步骤；④操作汇报、记录；⑤审核操作；⑥记录归档。

(2) 焦化装置工作危害分析

人为因素造成的危害主要从装置内工艺过程区域的操作人员及管理责任区的操作失误，进行危险危害分析，其工作内容见表7-7-2。

表7-7-2 焦化装置主要工艺过程区域及工作内容

序号	工艺过程区域	工作内容
1	分馏塔区	①系统试压查漏；②流程动改；③管线吹扫；④机泵、风机暖机启动；⑤设备、管线充液及排气；⑥蒸塔(暖塔)、蒸罐；⑦机泵切换；⑧助剂、化工料配制及注入；⑨透平压缩机暖机及启动；⑩过滤器切换清焦；⑪机泵手动盘车
2	加热炉区	①加热炉点火；②视火窗观火；③定期排液、排污、排水；④停炉作业；⑤加热炉分炉膛烧焦、在线清焦或停炉清焦或烧焦
3	焦炭塔区	①换焦炭塔及除焦相关操作；②管线吹扫；③机泵、风机暖机启动；④焦炭塔顶、底盖装卸
4	除焦作业	①高压水泵盘车、运行；②除焦

(3) 焦化装置工作危害分析实例

某炼油厂焦化装置分馏塔区域管线吹扫工作危害分析实例见表7-7-3。表中R为风险度，其定义为发生危害、潜在事件的可能性(L)和发生危害、潜在事件后果(S)或损失的乘积，其数值越大危险越大。

2. 工艺危险和可操作性研究

(1) 工艺危险和可操作性研究方法简介

工艺危险和可操作性研究(Hazard and Operability Study)是英国帝国化学工业公司(ICI)于 1974 年针对工艺过程而开发的一种危险性评价方法，英文缩写为 HAZOP。危险和可操作性研究的基本原理是全面考察分析对象，对每一细节提出问题，例如在工艺过程考察中，要了解在生产运转中每一阶段会出现哪些流量、温度、压力等参数和设计要求不一致(即所谓发生偏差)，进一步研究出现偏差的原因、产生的后果，并采取相应的措施加以解决。

(2) 工艺危险和可操作性实例

在焦化装置实际生产操作中可对关键的操作步骤进行危险和可操作性研究，如焦化装置的大油气线的操作。通过研究分析，能够探明工程及工艺存在的危险，根据危险带来的后果进一步明确系统的危害，在进行工艺危险可操作性研究中，对工程中的危险及应采取的措施会有透彻的认识。某炼油厂大油气线的工艺危险和可操作性研究结果见表 7-7-4。

3. 安全检查分析

(1) 安全检查分析方法简介

该方法主要是对焦化装置内机械设备、塔、压力管线等大小型静动设备进行定期安全检查分析，大型设备有焦炭塔、分馏塔、放空冷却塔，转动设备有压缩机、高压水泵、热油泵、冷油泵，其他设备有冷换设备、水力除焦机械设备、起重设备、焦池的抓斗行车、防爆电梯等。

检查内容有项目、标准、产生偏差的主要后果、以往发生频率及现有安全控制措施、给可能性和严重性进行评分，计算出风险度，并提出建议改正和控制措施。检查的项目包括与设备安全有关的所有内容，大型设备检查项目包括基础、器壁、开口法兰、内件、安全阀、液位计、压力表、密封、焊缝、梯子平台、油漆、保温、伴热、接地，泵的检查项目有基础、泵体、电机、机械密封、润滑油系统、压力表、静密封、接地，热油泵还包括有冷却水系统，管线的检查的项目有焊口、法兰、阀门、油漆、保温、伴热、压力表、热电偶，换热器的检查项目有基础、换热管束、进出口接管、温度表、换热器管壳、油漆保温、接地、焊缝、密封等。

(2) 焦化装置安全检查分析实例

某炼油厂焦化装置分馏塔安全检查分析结果见表 7-7-5。

换热器安全检查分析结果见表 7-7-6。

加热炉进料泵安全检查分析结果见表 7-7-7。

双梁抓斗行车的安全检查分析结果见表 7-7-8。

水力除焦机械的安全检查分析结果见表 7-7-9。

4. 失效模式与影响分析

(1) 失效模式与影响分析简介

设备失效影响分析即分析设备发生局部故障，如发生紧固件松动断裂、干气密封失效、静密封泄漏、仪表误动作或不动作、润滑油变质、超速、震动过大、水击、漏油、轴承烧坏、发生喘振等情况下所产生的影响和后果，根据以往发生频率及现有安全控制措施对可能性和严重性评分，计算风险度，提出改正建议或控制措施，把必要的措施作为规章制度执行。

(2) 焦化装置失效模式与影响分析实例

某炼油厂焦化装置富气压缩机及涡轮机失效模式与影响分析实例见表 7-7-10。

表 7-7-3　某炼油厂焦化装置工作危害分析记录

工作/任务：管线吹扫　　　　区域/工艺过程：焦化装置分馏塔区域

分析人员：________　　　　日期：________________

序号	工作步骤	危害或潜在事件	主要后果	以往发生频率及现有安全控制措施				可能性（L）	严重性（S）	风险度（R）	建议改正或控制措施
				偏差发生频率	管理措施	员工胜任程度	安全措施				
1	学习吹扫方案	吹扫方案不清楚	影响吹扫效果	偶尔	进行测试	胜任，偶尔出现差错	方案下发，管理人员检查考核	2	3	6	
2	班长发指令	指令发生差错	造成事故	偶尔	班长负责	胜任	指令复述	1	3	3	
3	操作员接指令	未听清指令	造成事故	偶尔	操作员负责	胜任	指令复述	1	3	3	
4	改流程	流程不通	憋压泄漏	偶尔	熟悉流程	胜任	编制吹扫方案	2	1	2	
		被 F 枪扳手伤害	轻伤	从未发生	加强自我保护	胜任	合格的劳保用品	1	3	3	
		脚下打滑	高空坠落甚至死亡	从未发生	加强自我保护	胜任	合格的劳保用品	1	4	4	
6	给汽前疏水	管内介质堵塞排凝	污染地面人员烫伤	偶尔	加强自我保护	胜任	合格的劳保用品	1	3	3	
7	吹扫	水击	支撑脱开管线损伤	偶尔	加强检查	胜任	执行吹扫方案	1	3	3	
8	高温油品排放	高温油品喷出	自燃着火	偶尔	执行吹扫要求	胜任	密闭吹扫，禁止排放	2	2	4	
9	蒸汽憋压	蒸汽放空产生噪声	耳鸣甚至职业性耳聋	未发生	限制放空量	胜任	佩戴耳塞	1	3	3	
		低点排放气体带 H_2S	吸入有毒气体	偶尔	站上风口，带报警仪	胜任	密闭吹扫	2	5	10	专人监护
		吹扫人员脚落地沟	被地沟油水烫伤	偶尔	自我保护	胜任	保持地沟盖板完好	1	3	3	
10	向油品吹扫	未联系	换热器憋压泄漏	偶尔	做好联系汇报	胜任	执行吹扫方案	1	2	2	
11	三级检查	吹扫不干净	延误工期	偶尔	签字确认	胜任	安排吹扫网络节点	1	3	3	
12	关闭吹扫蒸汽	管线负压	管线或设备损坏	偶尔	签字确认泄压点	胜任	执行吹扫方案	1	3	3	

表 7-7-4　某炼油厂工艺危险和可操作性研究记录

区域/工艺过程：焦化系统　　分析节点/管线/泵/容器/储槽：大油气线

原设计工艺指标/参数：压力：0. 16~0. 2MPa，温度：415~435℃

分析人员：______　　分析日期：______

引导词	偏差	原因	主要后果	以往发生频率及现有安全控制措施				可能性（L）	严重性（S）	风险度（R）	建议改正或控制措施
				偏差发生频率	管理措施	员工胜任程度	安全措施				
高	高压	管道结焦	焦炭塔安全阀起跳，停工	有时	注急冷油	胜任	配套水力清焦设计	3	5	15	定期清焦
		后路不畅	焦炭塔安全阀起跳，停工	偶尔	打通流程	胜任	放火炬	1	5	5	
		负荷太大	焦炭塔安全阀起跳	偶尔	调整负荷	胜任	监控顶压	1	5	5	
		急冷油带水	焦炭塔安全阀起跳	偶尔	监控顶温	胜任	控制急冷油温度高于 150℃	1	5	5	
	高温	急冷油量偏小	管道结焦	偶尔	监控顶温	胜任	设置急冷油低流量报警	2	3	6	
		切塔后未投急冷油	管道结焦	偶尔	监控顶温	胜任	设置顺序控制系统，控制并提醒操作员	2	3	6	
低	低温	炉出口温度低	分馏塔操作波动	偶尔	监控炉出口温度	胜任	炉膛温度、瓦斯压力低低报警	2	3	6	
		急冷油量偏大	分馏塔操作波动	偶尔	监控顶温	胜任	设置急冷油高流量报警	2	3	6	
	低压	法兰泄漏	着火	偶尔	热紧	胜任	蒸汽掩护	2	4	8	
异常	腐蚀	高硫腐蚀	着火	偶尔	加强巡检	胜任	定期测厚	2	4	8	提升管线材质
无	无流量	操作不当，阀门未开	焦炭塔憋压，安全阀起跳	从未	双人操作	胜任	增加顺控系统	1	3	3	

表 7-7-5 某炼油厂安全检查分析记录

区域/工艺过程：焦化单元　　装置/设备/设施：分馏塔

分析人员：________　　分析日期：________

序号	检查项目	标准	产生偏差的主要后果	以往发生频率及现有安全控制措施				可能性（L）	严重性（S）	风险度（R）	建议改正或控制措施
				偏差发生频率	管理措施	员工胜任程度	安全措施				
1	基础	无明显裂缝	坍塌	从未	《容规》及操作规程	胜任		1	5	5	
		不下沉/不倾斜	容器倾斜、泄漏着火爆炸	从未	《容规》及操作规程	胜任		1	5	5	
		防火涂层完好	火灾中坍塌	从未	《容规》及操作规程	胜任		1	5	5	用优质涂料
2	塔壁	无局部过热及超压引起的变形	容器失效、着火、爆炸	从未	《容规》及操作规程	胜任		1	5	5	加强接管、引线部位测厚
		壁厚≮24mm	容器失效、着火、爆炸	从未	《容规》及操作规程	胜任		1	5	5	
3	安全阀	铅封、铭牌齐全	不能正确判断安全阀的状态，易超压	偶尔	《容规》及操作规程	胜任		2	3	6	加并联双阀
		前后隔断阀全开	安全阀不起跳，容器超压损坏	偶尔	《容规》及操作规程	胜任	阀门上铅封	2	4	8	
		整定值符合设计要求	安全阀超出设计值起跳，容器超压损坏	偶尔	《容规》及操作规程	胜任		2	3	6	
4	玻璃板式液位计	无泄漏	人员中毒、环境污染	偶尔	《容规》及操作规程	胜任	现场设报警仪	2	4	8	
		紧固件无松动、断裂	液位计失灵，造成生产异常	偶尔	《容规》及操作规程	胜任	DCS 有指示	2	3	6	定期检查
		玻璃板清晰	液位计失灵，造成生产异常	偶尔	《容规》及操作规程	胜任	DCS 有指示	2	3	6	定期检查
		上下引线畅通	液位计失灵，造成生产异常	偶尔	《容规》及操作规程	胜任	DCS 有指示	2	3	6	定期检查
		伴热畅通完好	玻璃板冻裂，指示失灵	偶尔	《容规》及操作规程	胜任	DCS 有指示	2	3	6	定期检查

续表

序号	检查项目	标准	产生偏差的主要后果	以往发生频率及现有安全控制措施				可能性（L）	严重性（S）	风险度（R）	建议改正或控制措施
				偏差发生频率	管理措施	员工胜任程度	安全措施				
5	压力表	完好，指示准确	压力表失灵，误操作，导致安全阀起跳	偶尔	《计量器具管理规定》	胜任	DCS 有指示	2	3	6	
		校验期在一年之内	压力表失灵，误操作，导致安全阀起跳	偶尔	《计量器具管理规定》	胜任	DCS 有指示	2	3	6	
6	密封	接管、人孔、封头法兰完好无泄漏	泄漏，导致着火及环保事故	偶尔	《容规》及操作规程	胜任		2	4	8	
		垫片完好	泄漏，导致着火及环保事故	偶尔	《容规》及操作规程	胜任		2	4	8	
7	焊缝	无裂纹、砂眼、气孔不渗漏	泄漏，导致着火及环保事故	偶尔	《容规》及操作规程	胜任		2	4	8	
8	平台梯子	平台不积水，不腐蚀	腐蚀严重，导致坠落事故	偶尔	《现场管理规定》	胜任		2	5	10	使用格栅板
		梯子完好	导致坠落事故	曾经	《现场管理规定》	胜任		2	5	5	梯子出口设护栏
		护栏全	导致坠落事故	曾经	《现场管理规定》	胜任		2	5	5	定期检查
9	油漆保温	保温完好	容器腐蚀、泄漏导致着火爆炸	曾经	《容规》严格执行	胜任		2	4	8	
		油漆无明显脱落	容器腐蚀、泄漏导致着火爆炸	曾经	《容规》严格执行	胜任		2	4	8	
10	接地	接地电阻≮10Ω	接地失效，被雷击时着火爆炸	从未	《防雷防静电管理规定》	胜任		1	4	4	
		接地无腐蚀	接地失效，被雷击时着火爆炸	曾经	《防雷防静电管理规定》	胜任		2	4	8	

表 7-7-6　某炼油厂安全检查分析记录

区域/工艺过程：焦化单元换热器　　装置/设备/设施：中段回流-原料油换热器

分析人员：________　　分析日期：________

序号	检查项目	标准	产生偏差的主要后果	以往发生频率及现有安全控制措施				可能性	严重性	风险度	建议改正或控制措施
				偏差发生频率	管理措施	员工胜任程度	安全措施	(L)	(S)	(R)	
1	基础	无明显裂缝	坍塌	从未	《容规》及操作规程	胜任		1	5	5	
		不下沉/不倾斜	容器倾斜、泄漏着火爆炸	从未	《容规》及操作规程	胜任		1	5	5	
		防火涂层完好	火灾中坍塌	从未	《容规》及操作规程	胜任		1	5	5	用优质涂料
2	换热管束	无泄漏	泄漏造成产品不合格事故	偶尔	《容规》及操作规程	胜任		2	3	6	
3	进出口接管	接管、法兰完好无泄漏	泄漏，导致着火及环保事故	偶尔	《容规》及操作规程	胜任	就地可燃气报警仪	2	4	8	
4	温度表	完好，指示灵敏准确	温度计失灵，导致误操作，产品不合格	偶尔	《计量器具管理规定》	胜任	多点指示核对	2	3	6	
5	换热器管壁	无局部过热及超压引起的变形	容器失效、着火、爆炸	从未	《容规》及操作规程	胜任		1	5	5	加强接管、引线部位测厚
		壁厚≮16mm	容器失效、着火、爆炸	从未	《容规》及操作规程	胜任		1	5	5	
6	密封	接管、人孔、封头法兰完好无泄漏	泄漏，导致着火及环保事故	偶尔	《容规》及操作规程	胜任		2	4	8	
		垫片完好	泄漏，导致着火及环保事故	偶尔	《容规》及操作规程	胜任		2	4	8	
7	焊缝	无裂纹、砂眼、气孔不渗漏	泄漏，导致着火及环保事故	偶尔	《容规》及操作规程	胜任		2	4	8	
8	油漆保温	保温完好	容器腐蚀、泄漏导致着火爆炸	曾经	《容规》严格执行	胜任		2	4	8	
		油漆无明显脱落	容器腐蚀、泄漏导致着火爆炸	曾经	《容规》严格执行	胜任		2	4	8	
9	接地	接地电阻≮10Ω	接地失效，被雷击时，着火爆炸	从未	《防雷防静电管理规定》	胜任		1	4	4	
		接地无腐蚀	接地失效，被雷击时，着火爆炸	曾经	《防雷防静电管理规定》	胜任		2	4	8	在雷季加强监测

表 7-7-7 某炼油厂安全检查分析记录

区域/工艺过程：焦化单元　　装置/设备/设施：加热炉进料泵

分析人员：______　　分析日期：______

序号	检查项目	标准	产生偏差的主要后果	以往发生频率及现有安全控制措施				可能性（L）	严重性（S）	风险度（R）	建议改正或控制措施
				偏差发生频率	管理措施	员工胜任程度	安全措施				
1	基础	紧固件无松动断裂，卫生状况良好，无裂纹	振动引起基础坍塌，机泵泄漏着火	从未	《设备管理制度》	胜任	巡检	1	3	3	
2	电机	运转无杂音，电流、温度正常	设备损坏	偶尔	《设备管理制度》	胜任	巡检	2	3	6	
3	机械密封	无泄漏	引起火灾、中毒、环保事故	偶尔	《设备管理制度》	胜任	巡检	2	5	10	设置双密封，密闭排放
4	润滑油系统	润滑油质量合格	轴承损坏，引起设备事故	偶尔	《设备管理制度》	胜任	巡检	2	3	6	
5	压力表	校验合格，指示准确	导致设备或工艺事故	偶尔	《设备管理制度》	胜任	巡检	2	3	6	
6	静密封	无泄漏	引起火灾、中毒、环保事故	偶尔	《设备管理制度》	胜任	巡检	2	5	10	设置就地报警仪
7	接地	接地电阻≮10Ω	接地失效，被雷击时着火爆炸	从未	《防雷防静电管理规定》	胜任		1	4	4	
		接地无腐蚀	接地失效，被雷击时着火爆炸	曾经	《防雷防静电管理规定》	胜任		2	4	8	在雷季加强监测

表 7-7-8　某炼油厂安全检查分析记录

区域/工艺过程：焦化单元　　　　装置/设备/设施：双梁抓斗行车

分析人员：______　　　　分析日期：______

序号	检查项目	标准	产生偏差的主要后果	以往发生频率及现有安全控制措施				可能性（L）	严重性（S）	风险度（R）	建议改正或控制措施
				偏差发生频率	管理措施	员工胜任程度	安全措施				
1	桥架	无裂纹，联接件无松动，钢轨平滑	操作不稳定，小车运行不畅通	从未	《通用桥式起重机产品质量分等》	胜任	巡检	1	4	4	
2	司机室	干净	操作仪表受损	偶尔	规格化检查	胜任	巡检	2	3	6	
3	梯子	无腐蚀、无脱落	坠落	偶尔	设备管理规定	胜任	巡检	2	4	8	
4	起重运行机构	润滑良好，油嘴油管畅通	设备使用寿命缩短	偶尔	《防爆桥式起重机》	胜任	巡检	2	3	6	
5	钢丝绳	按时润滑，润滑前用煤油清洗。无磨损、折断	钢丝绳断裂	偶尔	《防爆桥式起重机》	胜任	巡检	2	3	6	
6	钢丝绳卷筒	完好无损	钢丝绳脱落，无法使用抓斗	偶尔	《防爆桥式起重机》	胜任	巡检	2	3	6	
7	电缆线	外绝缘良好、无缠结	触电	偶尔	《防爆桥式起重机》	胜任	巡检	2	3	6	
8	抓斗	联接部分不松动，且定期润滑，抓斗开闭自如，平衡状态良好	抓斗无法正常使用	从未	《防爆桥式起重机》	胜任	巡检	1	3	3	
9	滑轮	绳槽无磨损，轮缘无崩裂、卡住现象	无法正常运行	从未	《防爆桥式起重机》	胜任	巡检	1	3	3	
10	齿轮联轴器	润滑、密封良好，轴向位移正常，齿轮无磨损	无法正常运行	从未	《防爆桥式起重机》	胜任	巡检	1	3	3	
11	制动器	无漏油、渗油，油量足，电机引入线绝缘良好	制动失灵	从未	《防爆桥式起重机》	胜任	巡检	1	3	3	
12	电气设备	保持各接触器元件清洁，电动机转子、定子无磨损	无法正常运行	偶尔	《设备管理制度》	胜任	巡检	2	3	6	

表 7-7-9 某炼油厂安全检查分析记录

区域/工艺过程：焦化单元　　装置/设备/设施：水力除焦机械设施

分析人员：______　　分析日期：______

序号	检查项目	标准	产生偏差的主要后果	以往发生频率及现有安全控制措施				可能性	严重性	风险度	建议改正或控制措施
				偏差发生频率	管理措施	员工胜任程度	安全措施	（L）	（S）	（R）	
1	绞车电动机	无杂音，振动不超标，电流正常	电机损坏	从未	《设备管理制度》	胜任		1	2	2	
2	除焦电动马达	安装牢固	坠落伤人	从未	《设备管理制度》	胜任		1	4	4	
		工作压力、电流正常	转杆不工作	偶尔	《设备管理制度》	胜任		2	3	6	
4	油路系统	油质合格，参数符合标准	设备损坏	偶尔	《设备管理制度》	胜任		2	3	6	
5	液压推杆制动器	止动系统不良	钻杆滑动，损坏设备	从未	《设备管理制度》	胜任		1	2	2	
6	变频调速器	调速不良	钻杆上下窜动	从未	《设备管理制度》	胜任		1	2	2	
7	钢丝绳	无磨损、断裂	坠落设备损坏	偶尔	《设备管理制度》	胜任		2	3	6	
8	高压胶管接头	接头牢固，不泄漏	切焦水泄漏，水压低，无法除焦	从未	《设备管理制度》	胜任		1	2	2	
9	水力钻孔切焦器	安装牢固，不坠落	坠落损坏设备	偶尔	《设备管理制度》	胜任		2	3	6	
	钻杆	出水平衡不晃动	钻杆摇晃，弯曲，无法切焦	偶尔	《设备管理制度》	胜任		2	3	6	
	振动	无腐蚀减薄	穿孔、泄漏无法切焦	从未	《设备管理制度》	胜任		1	2	2	
	照明	正常	轴承磨损	偶尔	《设备管理制度》	胜任		2	3	6	
	仪表系统	良好	影响巡检	偶尔	《设备管理制度》	胜任		2	2	4	
		仪表完好，指示准确	指示错误，影响生产	偶尔	《设备管理制度》	胜任		2	3	6	

表 7-7-10　某炼油厂失效模式与影响分析记录

标识符（名称及符号）	说明/描述	失效模式	产生偏差的主要后果	以往发生频率及现有安全控制措施				可能性（L）	严重性（S）	风险度（R）	建议改正或控制措施
				偏差发生频率	管理措施	员工胜任程度	安全措施				
KT-1201	焦化富气压缩机及涡轮机	紧固件松动断裂	严重振动加剧设备事故，导致泄漏着火、爆炸	从未	《设备管理制度》	胜任		1	4	4	
		干气密封失效	介质泄漏，造成大气恶臭、人员中毒	从未	《设备管理制度》	胜任		1	4	4	
		静密封泄漏	介质泄漏，造成大气恶臭、人员中毒	偶尔	《设备管理制度》	胜任		2	4	8	带报警仪巡检
		仪表误动作或不动作	设备损坏或跳车	偶尔	《设备管理制度》	胜任		2	3	6	
		润滑油变质	设备损坏	从未	《设备管理制度》	胜任		1	3	3	
		超速	设备事故	从未	《设备管理制度》	胜任	首次开机做超速试验	1	3	3	
		振动过大	设备损坏	从未	《设备管理制度》	胜任	DCS 振动检测，联锁跳车	1	3	3	
		液体冲击	设备损坏	从未	《设备管理制度》	胜任		1	3	3	保证进汽温度
		漏油	资源浪费	偶尔	《设备管理制度》	胜任		2	2	4	
		轴承烧坏	设备事故	从未	《设备管理制度》	胜任	DCS 内温度检测联锁跳车	1	3	3	
		喘振	设备损坏	从未	《设备管理制度》	胜任	设置防喘振系统	1	3	3	

5. 事故应急救援预案

(1) 目的和效果

为避免或减少事故的损失，应对紧急情况，需要居安思危，常备不懈，才能在事故发生的紧急关头反应迅速、措施正确。

做好事故应急救援预案，可以实现预防事故发生、事故发生时能应急处理和抢险救援的目的。由于通过危险识别、事故后果分析，采用了技术上和管理方面的手段降低事故发生的可能性，并且可使发生的事故控制在局部范围内和防止事故蔓延。万一发生事故有应急处理的程序和方法，能快速反应、处理故障，将事故消除在萌芽状态。采用预定的现场抢险和抢救的方式，可控制或减少事故造成的损失。

(2) 具体内容

具体内容包括组织落实、制定责任制、确定危险目标、报警及信号系统、预防事故的措施、紧急状态下抢险救援的实施办法、救援器材设备的储备、人员疏散等。

(3) 焦化装置事故应急救援预案

焦化装置的事故应急救援预案包括以下可能发生的事故，针对可能发生的事故分别列出出现的现象、发生的原因及预防和处理的方法。

① 装置停电、停汽、停水、停风等事故的处理；②焦炭塔冲塔；③原料中断；④原料油泵抽空；⑤分馏塔底循环泵和加热炉进料泵堵塞或抽空；⑥顶回流泵和柴油泵抽空；⑦分馏塔和放空塔冲塔；⑧焦炭塔压力突然增大；⑨冷焦给水时给不进或进量很小；⑩四通阀切换不过去或换塔造成管线憋压；⑪焦炭塔顶、底盖泄漏或着火；⑫辐射炉管结焦及炉管变形；⑬加热炉炉管烧穿；⑭对流炉管结焦；⑮冷焦后放水不畅通；⑯瓦斯严重带油；⑰辐射进料泵抽空；⑱辐射进料泵及高温油泵密封漏油；⑲蒸汽发生器供水不足或中断；⑳蒸汽严重带水；㉑蜡油带水；㉒蒸汽发生器汽包超压；㉓压缩机主油管线润滑油压过低；㉔焦炭塔钻孔时顶钻、卡钻；㉕先进控制程控失效；㉖高压水泵启动时不上量；㉗高压水泵振动及噪声；㉘电动阀门走不动，跳闸、漏水；㉙桥式抓斗机电机突然故障，控制器失灵；㉚焦化装置封油泵停运；㉛焦化加热炉主火嘴及长明灯联锁熄火；㉜焦化加热炉进料中断联锁熄火；㉝焦化装置蜡油过滤器出故障。

(4) 焦化装置事故应急救援预案案例

焦化装置发生原料油泵抽空和焦炭塔冲塔事故应急救援预案案例见表 7-7-11。

表 7-7-11　某炼油厂焦化装置事故应急救援案例

序号	事故	现象	原因	预防	处理
1	原料油泵抽空	(1) 分馏塔进料为零； (2) 泵出口压力下降； (3) 分馏塔液面下降	(1) 换泵时泵体有水或汽； (2) 机泵入口串入蒸汽； (3) 原料油罐液面过低或严重突沸； (4) 原料油中断	(1) 原料泵预热时应先顶线； (2) 备用泵保持预热状态； (3) 扫线时，严防蒸汽串入泵入口	(1) 关小泵出口阀或切换至备用泵； (2) 加大蜡油回流量和循环比，保持分馏塔液面； (3) 降低辐射流量，严重时装置进行闭路循环； (4) 如电泵无法启动时，应立即切换蒸汽往复泵

续表

序号	事故	现象	原因	预防	处理
2	焦炭塔冲塔	(1)分馏塔底液面突然升高; (2)焦炭塔顶压力和温度上升,严重时造成安全阀起跳; (3)辐射进料调节阀开度变小; (4)分馏塔底过滤器阻力变大或阻塞	(1)生焦周期安排不适当,太长,使单塔进料过多; (2)原料残炭及沥青质增高; (3)辐射出口温度过低或温度指示偏高; (4)换塔时,新塔塔底油未拿尽; (5)新塔预热不佳,投运后塔顶温度上升很慢,塔内存油过多(发生在渣油开工时); (6)消泡剂注入量中断或质量变差	如换塔前焦层加泡沫层接近安全高度冲塔时,应争取立即切入新塔	(1)维持分馏塔底循环油循环,清理分馏塔底过滤器内焦粉,吹扫过滤器至塔底泵入口过滤器管线;检查过滤器入口管线管外温度,如果堵塞变凉,可采用电加热加热外管,辅助融动管内介质; (2)关注加热炉及进料泵部分运转情况,如果过滤器堵塞,压差过大,可暂时打开部分过滤器副线,防止加热炉进料泵抽空; (3)如果加热炉炉管发生堵塞,紧急停炉;再点火,炉膛升温至350℃,尝试用蒸汽憋压吹扫,如无法扫通,则需更换炉管; (4)检查各侧线产品的颜色,一旦外观不合格,应及时切入不合格罐;冲塔严重时,分馏塔液面串级控制改手控

附录　我国某炼油厂延迟焦化装置在线清焦原理及操作(摘要)

一、工艺原理与目的

1. 原理

不同温度下,加热炉炉管(材质 Cr9Mo)与管壁焦块膨胀系数不同,炉管的热膨胀系数远大于焦炭的热膨胀系数,在线清焦利用此原理,对炉管进行变温操作(快速升降温),促使管壁焦块由于炉管膨胀而碎裂、剥落,并辅以蒸汽吹扫将其转移至焦炭塔,从而实现炉管壁清焦的目的。这里需要说明的是,由于 Foster Wheeler(下称 FW)加热炉对流室一体化的特殊设计,六路对流炉管共用一个对流室,变温操作时对流炉管温变很小,达不到清焦的目的,故在线清焦只适用于辐射炉管清焦。

2. 目的

FW 在线清焦技术工艺成熟,操作简便,在保证生产连续运行的基础上,通过切除单路分支进行清焦,可以及时改善辐射室炉管的结焦状况,降低燃料气消耗,延长加热炉运行周期。

二、在线清焦

1. 在线清焦操作要点

(1)在准备在线清焦前,将加热炉相关联锁置于旁路位置,防止联锁起跳。

(2)一次仅对一个加热炉管路清焦。

(3)炉管从进料切换到清焦注水,或从清焦注水切换到进料时,须快速执行这一操作,否则可能导致炉管因结焦而堵塞。

(4) 启动在线清焦程序时，防止清焦速度过快，以免一次有太多的焦脱落导致炉管堵塞。注意前两三个小时的进程，以防炉管或弯头被堵。可从炉管入口压力出现偏高和清焦注水不稳定加以判断。

(5) 严禁清焦炉管入口压力降至转油线压力以下，这可能会使渣油进料回流至炉管，造成炉管迅速结焦。

(6) 操作期间，严密监控炉管表面温度，不得超过 704℃的炉管表面设计温度。

(7) 清焦注水与进料的切换应在焦炭塔换塔后 4h 进行，以减少操作波动。

(8) 在线清焦期间切换焦炭塔时，操作人员须关注加热炉进料泵出口压力变化。

2. 在线清焦操作

下面以加热炉 F101 的第一路辐射炉管为例，简要说明在线清焦过程。

(1) F101 的第 1 路进料降温，切断进料，退油吹扫

分批次间隔掐灭主火嘴(保留长明灯点燃)，降温期间控制加热炉总出口温度降幅≤60℃/h，直至第 1 路分支最高管壁温度降至 454℃(炉出口在 430℃左右)。

(2) 在线清焦升温，变温阶段

以 60℃/h 的温升，逐步提高第 1 路辐射炉管出口温度。确认第 1 路分支炉管出口温度(下称：分支出口温度)升至 482℃，并恒温 1h。以 32℃/h 的温升，逐步将分支出口温度升至 676℃，并恒温 1h。将分支出口温度快速降至 593℃(1 小时)，并恒温 1h。

(3) 在线清焦快速变温阶段

确认清焦变温操作达到 4h。将注水量提至 7400kg/h。将分支出口温度快速提至 676℃，恒温 1h 后，快速降至 426℃，再快速提至 676℃，整个升降温过程保证 2.5～3h。记录炉管表面温度数据，计算炉管表面温度与炉管出口温度之间的温差 ΔT。重复"676℃—426℃—676℃，恒温 1h"，4～5 次，直至 ΔT 不再改变。

(4) 生产恢复

确认 F101 第 1 路炉管清焦完成，将炉管由清焦操作改回至正常生产。

3. 清焦期间避免焦炭塔产出弹丸焦措施及注意事项

(1) 方案实施前，与生产指挥中心提前沟通，确保在线清焦期间原油掺炼比例不大幅变化(建议原油中钙、镁离子含量保持稳定，不出现大幅升高的现象)。

(2) 通过生焦时间调整，避免同一焦炭塔经历两次在线清焦快速变温的阶段(注水量大导致汽提效果强，易产生弹丸焦)。

(3) 优化并料程序，保证并料期间加热炉出口温度波动尽量小。

(4) 在线清焦期间保证焦炭塔生产平稳，尽力降低炉出口温度、塔压力生产扰动。

(5) 老塔处理期间，视焦炭塔塔壁温度变化及时调整吹汽、冷焦操作。

参 考 文 献

[1] 严明. 焦化装置单面辐射炉注水改注汽的应用[J]. 炼油技术与工程，2007，37(2).

[2] 雷亮，王航空，谢鹏飞，等. 在线机械清焦技术在延迟焦化加热炉上的应用[J]. 石油化工设备技术，2012，33(5).

[3] 张立华，李进波，王兵，等. 国产焦炭塔顺序控制技术在延迟焦化装置的应用[J]. 石油化工安全环保技术，2013，29(4).

[4] 唐平，张礼敬，生迎夏，等. 一起冷焦水罐爆炸事故分析及安全措施[J]. 炼油技术与工程，2010，40(2).

第八章　延迟焦化环境保护工程

第一节　延迟焦化环境保护工程

一、延迟焦化环境保护工程重要性

（一）延迟焦化生产过程中产生的污染物

延迟焦化装置在生产过程中产生的“三废”有废水、废气、噪声及焦粉和污油等，由于焦化废水、废气中含有硫化氢、硫醇、硫醚和氨等恶臭污染物，这些恶臭物质在非常低的浓度时仍能表现出很强的气味特征，在装置发生跑、冒、滴、漏时会造成恶臭污染。延迟焦化工艺产生的污染物种类多、污染物浓度高、具有一定的毒性，产生污染物的原因主要受焦化工艺过程、加工原料性质的影响。

1. 工艺过程及所排污染物

① 焦化过程是重质原料油在较高的温度（490～510℃）下进行的裂化和缩合反应。重质原料油进焦炭塔前需要先进加热炉经受高强度的加热过程。为加热炉提供的燃料性质和燃烧方式决定了加热炉烟气中 SO_2、NO_x 及粉尘等污染物的组成和浓度。

② 焦化反应生成物从焦化塔顶去分馏塔、吸收稳定塔进一步分馏时产生一定数量的含硫污水和含油污水，这些污水中含有大量的硫化氢、氨以及烃和非烃类有机污染物。

③ 焦炭在焦炭塔中生成后，首先用蒸汽吹扫焦炭塔，以吹赶焦炭塔中残存的油气，同时降低焦炭的温度，这一过程即为“吹汽过程”；然后用流动的水冷却焦炭，使焦炭的温度进一步降低，即为“冷焦过程”；待焦炭的温度降下来后对焦炭塔卸压放空；最后用高压水切焦，把焦炭切割下来，焦块即随同切焦水落入储焦池，即为“切焦过程”。所以“吹汽过程”产生的含油废水和污油需要处理；冷焦时的冷焦水因与热焦炭直接接触，排出的污水含有大量的油和热量，需要冷却和除油处理；切焦时切焦水带有少量油和焦粉同样需要处理；焦炭塔卸压放空废气、冷焦水和切焦水储罐的罐顶气以及焦化汽柴油罐的罐顶气均含有恶臭和烃/非烃类的污染物，同样需要处理。

④ 噪声：焦化过程中使用的各种转动机械设备运转时会产生工业噪声，如切焦用的风动马达和高压水泵噪声、输送物料的机泵噪声、压缩和输送气体的压缩机噪声、空冷器的风扇及电机噪声、各种阀门和管道系统由于调节流量产生的噪声等。

⑤ 粉尘：包括焦化装置周边因焦粉池上层焦粉飞扬，造成粉尘污染。

2. 污染物产生环节

焦化过程产生的废气源有加热炉排放烟气、放空塔释放气、冷焦水的冷/热水罐释放气以及焦化汽柴油罐顶气等；废水源包括冷焦水、切焦水、分馏系统和吸收稳定系统的含硫污水、含油污水以及生产用水、排水等；固体废物源主要是焦池上层焦粉引发的飞尘、加热炉烟尘以及风机、切焦机和机泵噪声等。主要污染源分布见图 8-1-1[1]。

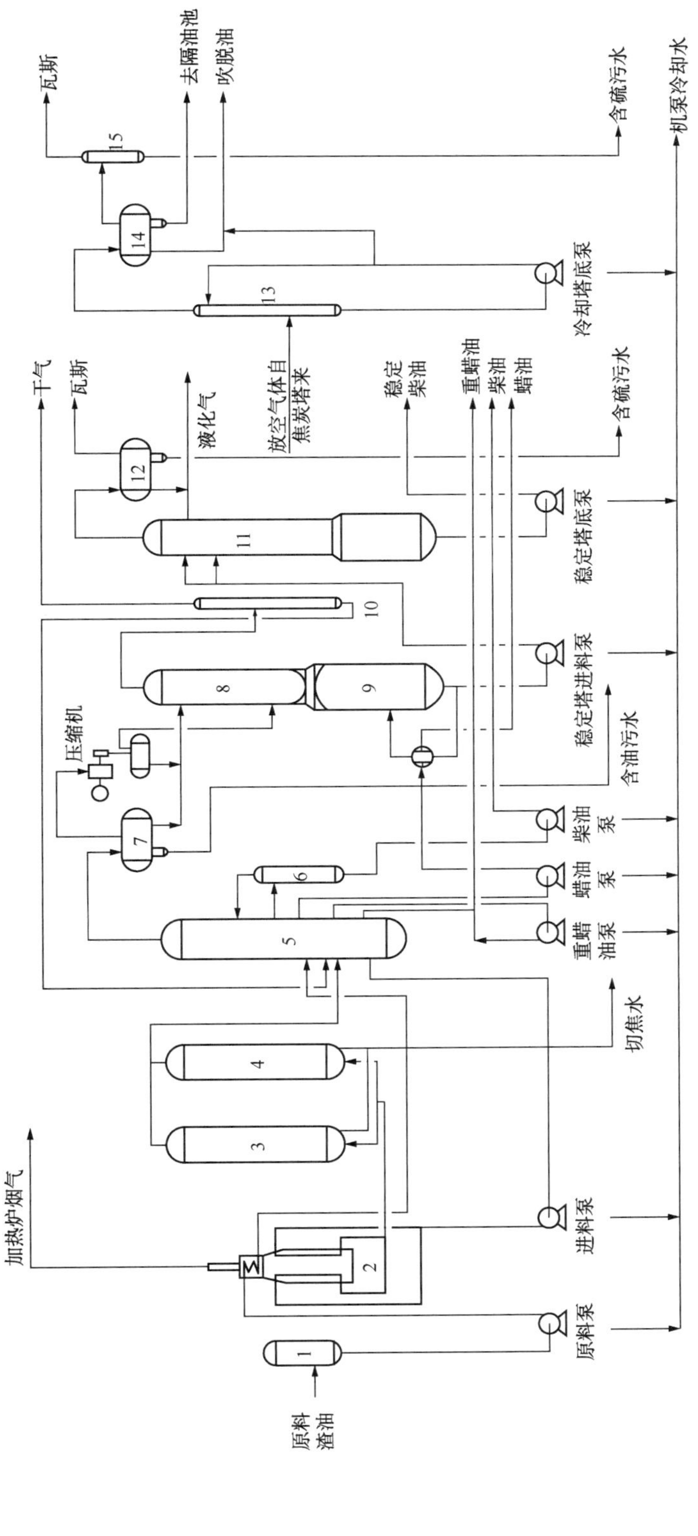

图8-1-1　延迟焦化装置污染源分布图

1—缓冲罐；2—加热炉；3，4—焦炭塔；5—分馏塔；6—汽提塔；7—油气分离器；8—吸收塔
9—脱吸塔；10—再吸收塔；11—稳定塔；12—回流罐；13—接触冷却塔；14，15—分离罐

3. 原料性质

延迟焦化的原料均为重油，如：常压渣油、减压渣油、催化油浆、乙烯裂解焦油及回收的污油等，原料中含硫化合物、含氮化合物、含氧化合物、胶质、沥青质等含量均较高。原料经过高温裂化和缩合，在生成焦化气体、轻馏分油、中间馏分油、蜡油和焦炭的同时，也将含硫化合物、含氮化合物、含氧化合物分解为硫化氢、氨、酚等低相对分子质量的化合物以及少量的硫醇、硫醚等恶臭物质。这些低相对分子质量化合物在气态产品的分离过程中，大部分进入气体产品，成为含硫气体的一部分；另一部分随吹汽冷焦放空气体进入放空塔；还有一部分进入冷凝水或气态产品的洗涤水中，作为含硫、含氨的含硫污水排出；少部分还残留在焦炭中的低相对分子质量含硫、含氮、含氧化合物在冷、切焦过程中进入冷焦水，随冷焦水的冷却、处理进入大气或由于跑、冒、滴、漏进入大气。其中的恶臭物质虽然量很小，但由于这些恶臭物质的嗅阈值低(人能感觉其存在的最低浓度即为嗅域)，其气味特殊，刺激人的嗅觉后能感觉其存在，造成的环境影响较大。

原料油中含有的多芳环化合物，在生焦过程中可产生多环芳烃等危害人体健康的毒性化合物(甚至可能使人致癌)，它们会在吹汽和冷焦等工艺过程中被带出焦炭塔，溢散在环境中。由于焦化温度一般不大于510℃，因此没有见过焦化装置有产生毒性很大的苯并芘类(a)化合物的报道。

（二）污染物毒性及对环境的危害

由于延迟焦化装置在生产过程中排出的废水、废气的数量大、污染物品种较多，被人们称为炼油厂的“污染大户”。废气中含有硫化氢、二氧化硫、多环芳烃、二氧化氮及少量的硫醇、硫醚等；干燥的焦粉被风刮起会产生粉尘污染；废水中含有石油类等有机物、悬浮物、硫化氢、氨氮(NH_3-N)等；机械设备的噪声污染等；这些污染物的毒性和对人、对环境的影响分述如下。

1. 大气污染物危害

(1) 硫化氢

硫化氢它是一种强烈的神经性毒物，对黏膜有明显的刺激作用。低浓度的硫化氢气体能刺激呼吸器官和眼睛，造成头疼、眩晕、虚弱等症状，刺激眼睛会发生结膜炎；接触中等浓度环境可迅速引起呼吸麻痹；接触高浓度环境可因麻醉神经导致窒息死亡；工作场所最高容许浓度为10mg/m^3。硫化氢虽然有臭味，但当浓度低于30~40mg/m^3 时臭味强度与浓度升高成正比，当浓度高于30~40mg/m^3 时因嗅神经麻木而不觉其臭，所以光靠嗅觉来判断硫化氢的存在和浓度高低是不可靠的。由于发生硫化氢的泄漏、溢出和聚集，造成人员中毒甚至死亡的事故在炼油厂发生率很高，所以含有硫化氢的气体或液体必须密闭输送，严格控制它的排放量，不能单纯依靠臭味来判断它的是否存在及其危险程度。

(2) 二氧化硫

二氧化硫是具有刺鼻和强烈涩味的有毒气体，对人呼吸道及眼具有强烈的刺激作用，大量吸入可出现咳嗽、胸痛、呼吸困难等症状，引发肺水肿、喉水肿、声带水肿而窒息。在有水和水蒸气存在时有较强的腐蚀性，所以对建筑物和金属材料有腐蚀作用，对林业生产也会产生很大影响。二氧化硫还是形成酸雨的主要物质。

(3) 多环芳烃

焦化原料的组分复杂，其中含有的多环芳烃种类繁多，毒害作用各异，它们大多为具芳香味的液体。液体芳香烃有刺激性，高浓度芳香烃蒸气对中枢神经有麻醉作用。在焦化加工过程中某些多环芳烃经过高温、缩合，发生脱环反应，会生成某些毒性较大的多环芳烃产物。

(4) 氮氧化物

氮氧化物按国标《职业性接触毒物危害程度分类》中属中度危害，其对皮肤黏膜有强烈的腐蚀性。氮氧化物中主要是二氧化氮(NO_2)，其次是一氧化氮(NO)。NO_2 是一种红褐色的有毒气体，有特殊的气味，刺激作用较强可使呼吸道深部直至肺泡发生病理改变，产生肺水肿，毒性较 SO_2 和 NO 都强，其毒性是 NO 的 4~5 倍。近年来的研究资料显示 NO_2 对心脏、肝脏、肾脏、造血组织等都有影响。NO 无色无味，易于被氧化，无需加热便与氧气结合生成 NO_2。NO 可使血液产生变性血红蛋白，使组织细胞与血液进行气体交换，发生内呼吸障碍。NO 易于与动物血液中的红色素(HB)结合，造成血液缺氧而引起中枢神经麻痹。

长期吸入低浓度氮氧化物时可导致呼吸道发生炎症，如鼻炎、咽喉炎、气管炎、牙齿酸蚀症。

氮氧化物在大气中会转化成硝酸，是形成酸雨的另一主要物质。NO_2 在强烈的紫外线照射下，能与石油烃、氧气发生一系列光化学反应，产生过氧乙酰硝酸酯(简称 PNA)等一系列强氧化剂，即形成光化学烟雾。在一定的气象和地理条件下，强氧化剂所形成的光化学有毒烟雾含量超过 0.3mg/L 时，就能强烈刺激眼睛、咽喉，严重者则呼吸困难，视力减退，头晕目眩，手足抽搐。另外，光化学烟雾还会强烈腐蚀材料，损害农作物，降低能见度。

(5) 粉尘

粉尘即固体颗粒，空气中直径为 0.5~5μm 的颗粒物可径直进入人体肺部，在肺泡内沉积，并可能进入血液输往全身各个部位积累，引起症状。同时还可降低空气可见度，恶化生活环境。

(6) 硫醇硫醚

低相对分子质量硫醇、硫醚类化合物属于有机硫化合物，为沸点低、易于挥发、具有强烈臭味的无色液体。甲硫醇的沸点 5.96℃，嗅觉阈值 0.0002mg/m^3；甲硫醚的沸点 37.5℃，嗅觉阈值 0.0001mg/m^3。由于这些化合物嗅阈值低，浓度很低时散发的臭味就会引起人们不舒服的感觉，产生厌恶情绪，恶化人们的生活和工作环境。

2. 水污染物及其危害

(1) 石油类

溶解在水中的石油类有机物，鱼类摄入后会中毒，影响生长并有异味，不能食用。有机物在水中分解需消耗水中的溶解氧，降低水中溶解氧含量，影响鱼类生存。水体中有机物污染严重时还可使水体“富营养化”，甚至会出现“赤潮”，造成水体严重污染、发臭。

(2) 悬浮物

水中直径小于 100μm 的颗粒物悬浮在水中，将影响水的透明度，对水的消毒和净化产生影响。

（3）氨氮（NH_3-N）

氨氮在水中分解时会消耗水中的溶解氧，降低水中溶解氧含量。水体中氨氮污染严重时还会使水体“富营养化”，同样会引发水体出现“赤潮”的严重污染事故。

（4）硫化物

焦化含硫污水中的硫化物以 H_2S 为主，还含有少量的有机硫化物，包括硫醚（R—S—R）、硫酚/硫醇（Ar/R—SH）、硫醛（R—CSH）、硫代羧酸和二硫化物（R—S—S—R）等。这些硫化物的物性和对环境的危害前面已有叙述。

（5）酚类化合物

焦化装置排出的含硫污水和含油污水中含酚类化合物较多，并可形成乳化液，造成焦化污水中的溶解性油类高。0~65℃时与水部分混溶，大于65℃时与水混溶，在碱性溶液中以酚盐形式存在，吸入或吸附会导致慢性中毒，多则可使肺脏、泌尿系统和生殖器受到伤害。扩散到空气中酚类化合物允许浓度为5μg/g。

3. 噪声污染危害

人的听觉器官适应噪声是有一定限度的，长期在强噪声作业环境条件下工作，会引起听觉器官疲劳，听力下降。若长期反复接触，会造成听觉器官损伤，内耳发生器质性改变，导致噪声性耳聋。噪声还可以使交感神经兴奋，出现心跳加快、心律不齐、血压不稳，同时也会产生神经衰弱症候群，如头痛、头晕、失眠、多梦、记忆力减退及心血管系统、消化系统功能发生变化。

4. 焦粉

焦粉是焦化装置的特征污染物，因此，焦化的含油污水、含硫污水和焦化产生的产品中均含有焦粉，其危害主要堵塞管线，粘污后续水处理汽提塔塔盘和油品及气体处理的过滤器等。

二、延迟焦化三废处理流程

在焦化工艺发展的几十年中，随着人们对环境要求的提高，国家制定的强制性的排放标准也日益提高，对延迟焦化装置的三废治理工艺也经历日趋完善的发展过程。污染治理措施包括废水、废气、噪声的治理；废水治理有含硫污水的治理、冷焦水的治理、切焦水的治理；废气治理有加热炉烟气的治理、冷焦吹汽放空气体的治理、含硫气体的治理；噪声治理有机泵噪声、压缩机噪声、切焦高压水泵噪声、空冷器噪声、调节阀噪声、加热炉噪声治理等。以下列出目前在生产实践中已实施的、主要的、成熟的、也是目前国内最先进的治理工艺流程，主要包括冷焦水密闭自循环的治理流程、切焦水的自循环系统的治理流程、冷焦吹汽排放污染物采用的塔式密闭冷却的处理流程等。

（一）冷焦水密闭循环处理流程

焦炭塔运行至冷焦工序时，开启冷焦冷水泵，将冷焦水从冷焦冷水储罐送入焦炭塔进行冷焦。冷焦溢流水排入溢流储水罐，放空水由焦炭塔底排入放空储水罐。储水罐上部设周边环形集油槽，污油浮至水面，溢流排入集油槽，通过管道进入污油罐，粉焦沉至罐底。污油罐中的污油沉降至含水率合格后，通过污油泵送往全厂污油罐。冷焦溢流储水罐及放空储水罐出水经冷焦热水泵加压、经过滤器后送至旋流分离器进一步除油，再经空冷器冷却降温，空冷器出水送至冷焦冷水储罐储存再用。冷焦冷水罐内粉焦沉降至罐底，罐底定期排污，自流排至粉焦池。粉焦池内粉焦由粉焦泵送往储焦池。冷焦水处理流程示意图见图 8-1-2。

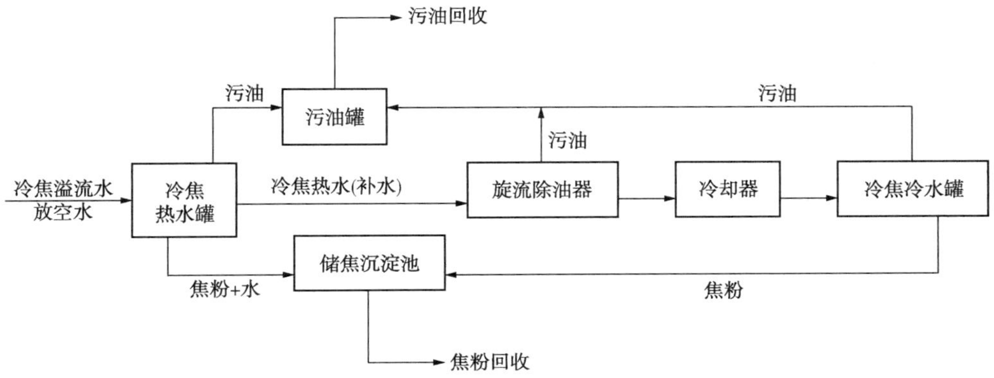

图 8-1-2　冷焦水处理流程方框示意图

（二）切焦水密闭循环处理流程

高压水泵从切焦水储水罐吸水，供给焦炭塔进行水力除焦，焦炭和切焦水从焦炭塔一起排入储焦池，切焦水进入一次沉淀池，大颗粒粉焦沉淀下来，出水再进入二次沉淀池。沉淀池内设三道格网，拦截焦粉。沉淀池出水经切焦水提升泵加压送至离心分离器进一步去除粉焦后，送入切焦水储水罐储存，供下一次高压水泵切焦用，同时微细粉焦将在储罐内继续沉淀。切焦水储罐沉淀的微小粉焦，可以定期清扫，排入粉焦池。切焦水处理流程见图 8-1-3。

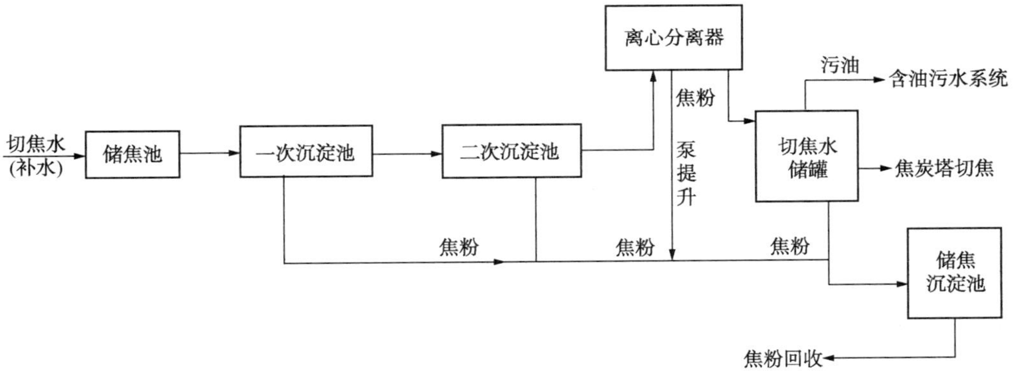

图 8-1-3　切焦水处理流程方框示意图

（三）放空系统处理流程

从焦炭塔顶来的油气和蒸汽混合物从下而上进入放空接触冷却塔，在塔内先经过塔顶下来的急冷油洗涤、冷却除去重烃类，在塔底部回收重污油。气相部分在放空冷却塔顶冷凝器、油水分离器中被冷凝、分离，由放空冷却塔顶油水分离器分离出的油相、含油污水、不凝气，油相作为轻污油回收，不凝气排进火炬系统，污水作为冷焦水的补充水进入冷焦水系统。炼油厂火炬系统一般都设有气柜、压缩机等可燃气回收系统，不凝气回收可作为燃料。放空系统的处理流程示意图见图 8-1-4。

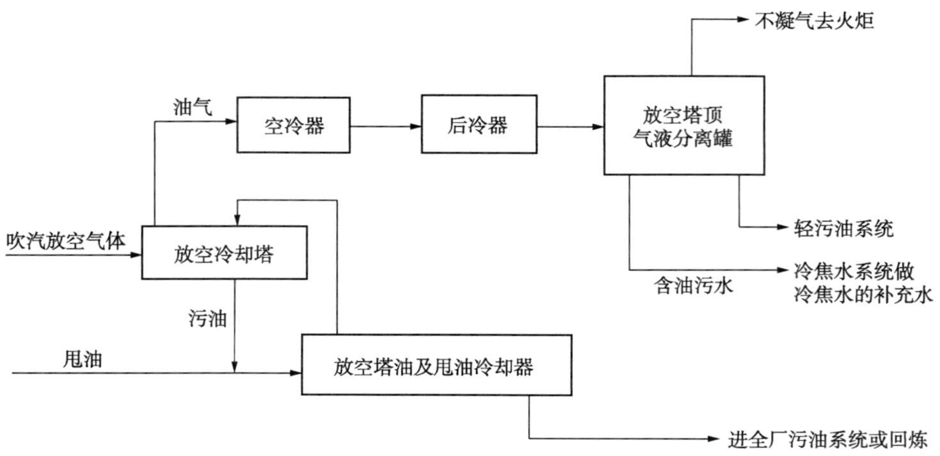

图 8-1-4　放空系统处理流程方框示意图

第二节　焦化装置主要污染物来源、分布及性质

一、废水

(一) 废水类别

焦化装置在生产过程中产生的污水有3类，即含硫污水、含油污水和生产废水。含硫污水为分馏塔顶油水分离器和焦化富气分液罐排水；含油污水包括放空冷却塔顶油水分离器排水、冷焦排水、切焦排水、机泵冷却水；生产废水为余热锅炉或蒸汽发生器的排污扩容冷却器排水。

(二) 各类废水的来源及分布

1. 含硫污水

延迟焦化工艺在焦化过程中生成含硫、含氮、含氧的低分子化合物，他们主要集中在气态产品中，主要的生成物是硫化氢和氨。为防止气体产品在分离、冷却过程中硫化氢和氨生成硫化铵结晶堵塞管道，在进入空冷器前注入软化水，使它们溶于水中生成含硫污水由分馏塔顶油水分液罐及焦化富气分液罐排出送含硫污水汽提装置处理。

2. 含油污水

(1) 放空冷却塔顶油水分离器排水

当一座焦炭塔完成生焦过程后，从焦炭塔底吹入蒸汽将残留在塔中未完全转化的原料及生成物等油气带出焦炭塔进入放空塔，在放空塔中油气和蒸汽冷却为污水、不凝气和污油。排出的污水即为含油污水，主要来自于放空塔顶油水分离罐。

(2) 冷焦水

冷焦水的产生是在冷焦过程中冷焦水由焦炭塔底进入，与热焦炭及热裂解生成物接触后由焦炭塔顶溢流排出，主要分布在冷焦水热水罐及冷焦水处理系统，处理后在冷焦水冷水罐中备用。

(3) 切焦水

切焦水是在切焦过程中高压切焦水切割焦炭后和焦炭一起由焦炭塔底排出，主要分布在焦池及切焦水处理系统，处理后在切焦水储罐中备用。

(4) 机泵冷却水

机泵填料函冷却排水，由地漏排入含油污水井。

3. 生产废水

余热锅炉或蒸汽发生器汽包内原料水经过加热蒸发产生蒸汽后，原料水因为浓缩需要定期排污，同时补进新鲜原料水。排污水经扩容冷却后排放，由扩容冷却器或排污降温池排出。

(三) 废水水质

1. 含硫污水水质

炼油厂的含硫污水主要来自于蒸馏、催化裂化、加氢裂化、加氢精制、延迟焦化等装置。这些废水含硫化氢、氨、二氧化碳及少量的油、水溶性有机物如酚等，因含较多量的酸性组分，故在炼油厂也称其为酸性水。其中加氢装置排放的含硫污水中氨和硫化氢的浓度较高，但其他污染物的杂质含量较少；非加氢型含硫污水主要来自于催化裂化和焦化装置(原油蒸馏装置的酸性水浓度较低)，氨和硫化氢的浓度较低，但其他污染物较多。表 8-2-1 为某炼厂含硫污水的排放情况[2]。

表 8-2-1　某炼厂含硫污水的水质水量情况

序号	含硫污水类型	含硫污水量/(t/h)	硫化氢浓度/(mg/L)	氨浓度/(mg/L)	备　注
1	加氢型含硫污水	40	20000～28000	10000～15000	其中：柴油加氢 14t/h；加氢裂化 19t/h；润滑油加氢 4t/h；循环液 3t/h
2	非加氢型含硫污水	80	2000～6000	2000～4000	其中：催化 52t/h；常减压 14t/h；焦化 8t/h；循环液 6t/h
3	含硫污水总量合计	120			除循环液外，实际含硫污水总量为 111t/h

焦化装置产生的含硫污水水质与原料油性质有关，原料油中杂质含量越高，含硫污水中污染物的浓度也越高。主要的污染物有石油类、COD、硫化氢、氨氮和酚等，如原料油中含氧化合物含量较高，则含硫污水中还可能有酚类污染物。同时，由于焦化原料杂质较多，降解产物常含有表面活性物质，可使水质发生乳化。又由于受空间的限制，通常油水分离器设计的油水分离时间不够长，致使含硫污水中油含量偏高。一些典型含硫污水水质见表 8-2-2。

表 8-2-2　不同装置规模含硫污水水质

序号	装置规模/(Mt/a)	原油品种	原料种类	水量/(t/h)	污染物浓度/(mg/L)						
					pH	石油类	COD	硫化物	氨氮	挥发酚	氰化物
1	4.0	含酸原油	减压渣油	70	8.7～9	30～330	300～2000	2～1000	15～1000	5～22	
2	2.0	进口原油	减压渣油	15	7.68～8.67	800～1500	16000～17000	8000～8500	3000～4000	—	—

续表

序号	装置规模/(Mt/a)	原油品种	原料种类	水量/(t/h)	污染物浓度/(mg/L)						
					pH	石油类	COD	硫化物	氨氮	挥发酚	氰化物
3	1.4	阿曼、韦杜里	减压渣油	3.0	9.2~9.8	4000~5000	26000~45000	2500~3000	2000~2500	500~800	—
4	0.5	管输、胜利油	渣油、催化油浆	3.5	8.9~9.0	15~20	13000~35000	3500~7000	2500~3500	200~800	—
5	0.6	大庆原油	减压、减黏渣油	3.5	—	50~60	6000~7000	1200~1600	800~1200	80~120	10~20

随着炼厂稠油、劣质原油和高硫原油加工量的提高，焦化生产过程产生含硫污水水质也发生了变化，其中硫化物和氨氮含量显著提高，典型企业焦化含硫污水水质见表8-2-3。而且有的焦化装置来自分馏塔顶的含硫污水严重乳化，直接影响污水汽提装置稳定运行。分析焦化含硫污水水质见表8-2-4和表8-2-5[3]。

表8-2-3　焦化含硫污水主要成分

名　称	油	硫	酚	NH_3-N	pH	焦粉
含量/(mg/L)	500~3000	10000~20000	1000~2000	10000~20000	8~9	50~1200

对比表8-2-2和表8-2-3数据可见，加工原油性质变差以后，焦化产生的含硫污水中的硫化物和氨氮含量都较高。

表8-2-4　焦化含硫污水中油的分布

项　目	分布形态			化学组成		总含油
	浮油	乳化油	溶解油	烃	非烃类	
含油/(mg/L)	78	433	202	82.9	630	713
所占比例/%	11	61	28	11.6	88.4	

表8-2-4数据显示，乳化油占总油量的61%，溶解油占总油量的28%，两者合计占总油量的89%。这样的含油污水一般都是乳化比较严重的。

表8-2-5　溶解性石油类化学组成

组　成	酚类	有机酸	有机氨	吡啶类	其他
含量/%	90	3	2	1	4

表8-2-5数据显示，在焦化含硫污水中酚类化合物占总油的90%。因此当加工劣质原油时，焦化含硫污水容易产生乳化现象，影响汽提装置正常运行。

2. 含油污水水质

(1) 冷焦水

冷焦水的水质与工艺操作条件有关，主要污染物为石油类、COD及少量的硫化物、氨氮、挥发酚，由于水量很大，1.20Mt/a延迟焦化装置的冷焦水用量约为1000~1680t/次，所以污染物的浓度不是很高。某厂标定的冷焦水水质见表8-2-6。

表 8-2-6　冷焦水水质

序号	装置规模/(Mt/a)	原油品种	原料种类	水量/(t/次)	污染物浓度/(mg/L)					
					pH	石油类	COD	硫化物	氨氮	挥发酚
1	2.0	伊轻、伊重等进口油	减压渣油	约 1500	7.5~8	10~60	100~800	10~120	20~40	—
2	1.4	阿曼、韦杜里	减压渣油	约 1500	7.5~8	10~20	150~200	1~2	5~10	1~5
3	0.75	胜利	渣油	约 2000	7~8.5	100	400~600	5~8	—	8~12
4	0.6	大庆	减压渣油	约 600	8~9	20~30	300~400	1	—	0.02

(2) 切焦水

切焦水主要污染物为焦粉及少量石油类，部分石油类污染物为泡沫状浮油，因水量大，1.2Mt/a 延迟焦化装置的切焦水用量约为 800~1120t/次，石油类浓度不高。某厂标定的切焦水水质见表 8-2-7。

表 8-2-7　切焦水水质

序号	装置规模/(Mt/a)	原油品种	原料种类	水量/(t/次)	污染物浓度/(mg/L)					
					pH	石油类	COD	硫化物	氨氮	挥发酚
1	2.0	伊轻、伊重	减压渣油	约 800	7.5~8	10~17	150~180	0.5~2	5~30	—
2	1.4	大庆、混合	减压渣油	720	6.5~8	1~3	150~200	0.5~1	5~40	2~3
3	0.6	大庆	渣油	120	8~9	15~20	150~200	0.5	—	0.03

(3) 放空冷却塔排水

放空冷却塔排水主要污染物为石油类、COD、硫化物、氨氮、挥发酚，其中石油类污染物中一部分为凝点高、馏分重、呈乳化状态的蜡油，使油水在放空塔塔顶分离器中的分离困难。另外，在吹汽和冷却的初期放空冷却塔顶分离器收集的污水可能含有 H_2S 和 NH_3，预计 H_2S 和 NH_3 含量在冷却的第一个小时中达到最高，这时排水应送至界区外的含硫污水装置，1h 以后的排水作为含油污水排入冷焦水系统。放空冷却塔排水水质见表 8-2-8。

表 8-2-8　放空冷却塔排水水质

序号	装置规模/(Mt/a)	原油品种	原料种类	污染物浓度/(mg/L)					
				pH	石油类	COD	硫化物	氨氮	挥发酚
1	2.0	伊轻、伊重	减压渣油	7.2	100~350	1000~3000	10~150	150~450	—
2	1.4	阿曼、韦杜里	减压渣油	9.2	150000	2000~4500	2~20	1~15	3~8
3	0.5	管输、胜利油	渣油、催化油浆	8.2	80~100	30000~40000	800~1100	150~200	80~120

(4) 机泵冷却水

机泵冷却水的水质较好，pH 值为 7~8、石油类浓度为 100~250mg/L 、COD 浓度为50~300mg/L，其他污染物浓度均很低。某厂焦化装置的机泵冷却水水质见表 8-2-9。

3. 生产废水水质

根据余热锅炉、蒸汽发生器产生蒸汽的等级不同，要求的进水水质也不相同，蒸汽等级要求高的用无离子水，蒸汽等级低的用软化水。由于进水水质不同，排水水质也不相同，但主要污染物均为无机盐，浓度约为 500~30000mg/L 不等。

表 8-2-9　机泵冷却水排水水质

序号	装置规模/(Mt/a)	原油品种	原料种类	水量/(t/h)	污染物浓度/(mg/L)					
					pH	石油类	COD	硫化物	氨氮	挥发酚
1	0.6	大庆油	减压、减黏渣油	4.6	—	200~250	50~100	<0.5	1~5	—

二、污油

(一) 污油来源

焦化装置排放的污油有重质污油和轻质污油，主要为重质污油，重质污油包括重污油和焦炭塔预热凝析油。重污油来自放空冷却塔底冷却的污油，加工过程中的焦炭塔预热凝析油由焦炭塔底排出。轻质污油即由放空冷却塔顶气液分离罐分离出的污油。

(二) 污油性质

焦化装置产生的污油总量约占加工量的 1.5%~2.5%，它与原料性质、加工工艺及产品方案有关。由于其产量大、含水率高、组分重、焦粉多等诸多不利因素，将影响它的使用，如和厂内重油调和将影响重油质量，影响重油出厂。某厂焦炭塔预热凝析油的性质见表 8-2-10，放空污油的性质见表 8-2-11。

表 8-2-10　焦炭塔预热凝析油的一般性质

项目	密度/(kg/m^3)	黏度/(mm^2/s)	闪点/℃	残炭/%	硫分/%	凝点/℃	减压蒸馏/℃				
							2%	10%	30%	50%	500℃馏出
指标	1.06	19.3	10.08	10.18	3.36	50	310	388	448	477	66%(v)

表 8-2-11　焦化放空污油性质

项目	密度/(kg/m^3)	流程/℃				含水率/%	固体含量/%
		初馏点	10%	50%	365℃馏出		
指标	904.8	186	226	319.5	62.5/%	2.0	2.5
	888.4	200	230	345	55.5/%	1.2	1.8

三、废气

(一) 废气来源及分布

焦化装置排放废气点有加热炉排放的烟气、放空冷却塔不凝气、安全阀和工艺控制阀的排放气、冷焦热水中的挥发性气体、酸性水中的挥发性气体及焦池排放的挥发性气体等，还有装置检修期间排放的吹扫气体，后者可以严重地影响到工厂周围的大气环境甚至严重影响到城市的空气质量。

1. 加热炉烟气

加热炉烟气主要污染物为 SO_2、NO_x 和烟尘等。燃料中的含硫化合物、含氮化合物以及空气中的氮气在燃烧过程中转化为二氧化硫和氮氧化物由加热炉的排气筒排出。燃料中的硫化物经过燃烧，几乎全部转化为二氧化硫，所以，燃料中硫含量基本决定了烟气二氧化硫的排放量。燃烧过程中产生的氮氧化物分为两类，一类是由于燃料中的含氮化合物燃烧生成的，燃料中含氮化合物有多少转化为氮氧化物，由燃烧条件决定；另一类是由空气中的氮燃烧生成，这种氮氧化物只有在高温下形成。烟尘是由于燃料中的碳燃烧不完全时产生的，燃料气比燃料油碳氢比小，燃料气中的碳在同样的条件下燃烧得更完全，所以燃料气比燃料油排放的烟尘要少得多。

加热炉烟气由加热炉烟囱排入大气，其中污染物随大气的运动扩散至大气环境中。扩散的状态由烟囱高度、烟囱上口内径、烟气排放速度和温度以及当地的气象条件决定。

2. 放空冷却塔不凝气

放空冷却塔不凝气的产生是在生焦完成后，由焦炭塔底吹入蒸汽进行冷焦，再用冷水缓慢冷焦，在这期间把塔内残留的油气携带出焦炭塔，由焦炭塔顶排出由蒸汽和油气的混合气体[大约含18%(摩尔)水蒸气]进入放空系统处理。由于进入放空系统的气体中油气浓度高、温度也高，需进入接触冷却塔进行冷却、分离处理。经过冷凝、冷却、后冷处理还没有冷凝的气体为不凝气，不凝气从接触冷却塔塔顶排出，不凝气自压至富气压缩机或送火炬管网。不凝气的排放量和装置加工量、加工工艺及加工原料有关。

3. 冷焦水罐、含硫污水罐以及焦化汽柴油储罐的罐顶气

焦炭塔冷焦水处理采用密闭式的罐式隔油分离、过滤、旋流分离和冷却工艺技术，大大减少了周围环境的污染。但是，加工高硫劣质油后，冷焦水的热水罐和冷水罐的罐顶气均有硫化氢等恶臭物溢散到大气中，严重影响了职工健康。造成这一原因可能是：焦炭塔给水冷焦时，部分冷焦水气化会带走塔内残留的硫化氢气体，焦炭塔冷焦水在循环使用过程中，造成硫化氢富集浓缩。水温高会使冷焦热水罐内冷焦水溶解的硫化氢气体释放。另外，焦炭塔大吹汽及给水冷焦时产生的蒸汽，在接触冷却塔顶冷却器冷凝冷却，经油水分离后排放至冷焦热水罐回收利用，而这部分含硫污水硫含量高，如表8-2-12所示，也会加剧冷焦水罐顶溢散气的恶臭污染。所以，冷焦时蒸汽用量越大、蒸汽冷焦时间越长，焦炭塔内留存的硫化氢气体会越少[4]。

表8-2-12　接触冷却塔顶含硫污水水质分析数据

序　号	项　目	数值/(mg/L)
1	氯离子	40.77
2	铁离子	2.26
3	硫化物	15872.65
4	氨离子	5750.03
5	硫氢化氨	1.62

焦化产生的馏分油和含硫污水均有储罐周转或后续处理，这些物料在生产过程中均排放罐顶气，这些罐顶气含有大量的轻烃、恶臭污染物等，其污染物的种类、组成和浓度均与所储物料性质有关。

(二) 废气排放量和污染物排放量

1. 加热炉烟气

烟气排放量由加热炉的热负荷及燃烧过程中空气过剩系数决定；热负荷越大，需要的燃料量越大，排放的烟气量也越大；空气过剩系数越大，排放的烟气量也越大，对于工业加热炉空气过剩系数设计考虑已经是一定数；加工规模为1.4Mt/a的焦化装置烟气排放量约为$5.6\times10^4 Nm^3/h$。烟气中的主要污染物SO_2、NO_x、烟尘的排放量由于燃料类型不同，排放量也有很大差别。二氧化硫的排放量由使用的燃料的硫含量决定，燃料中所含的硫经过燃烧可全部转化为二氧化硫，燃料硫含量越高排放的二氧化硫量越大。燃料气的硫含量大大低于燃

料油的硫含量，炼油厂管网的燃料气一般经过脱硫处理，硫含量在20～1000mg/m³，烟气二氧化硫的排放浓度可以低于国标的要求；燃料油的硫含量差别就很大，根据炼油厂总流程的需要和可能调配出的燃料油硫含量，高的可达2.2%，低的为0.2%～0.4%。当燃料油硫含量低于0.5%时，烟气二氧化硫的排放浓度可以满足GB 16297—1996《大气污染物综合排放标准》的要求。如排放的烟气执行GB 9078—1996《工业炉窑大气污染物排放标准》，燃料油的硫含量可放宽至0.75%。氮氧化物的产生量与燃料燃烧的温度有关，加热炉火焰温度如在1400℃左右，则不利于氮氧化物的产生，如高于1500℃，空气中的氮气可转化为氮氧化物。烟尘的排放量由于燃料油的碳氢比大于燃料气，所以在加热炉中燃料油不如燃料气燃烧完全，烟尘的排放量将大于燃料气。在一般情况下，焦化装置加热炉燃料多采用燃料气，如采用全厂燃料气管网的燃料气做燃料，排放的烟气污染物量较少，如采用焦化装置自产燃料气做燃料，未经过脱硫自产燃料气的硫含量较高时，烟气中污染物排放量有超标的可能。某一炼油厂焦化装置经过标定的加热炉烟气污染物排放情况见表8-2-13。

表8-2-13 加热炉烟气污染物排放

序号	燃料名称	燃料用量/(t/a)	烟气排量/($10^4Nm^3/h$)	烟囱高度/m	主要污染物浓度/(mg/m^3)		
					SO_2	NO_x	烟尘
1	燃料气	9108	9805	31	136	102	12.6
2	燃料气	8316	10096	31	183	68	12.6
3	燃料气	7920	9602	43	138	60	12.6
标准值	GB 16297—1996《大气污染物综合排放标准》				550	240	120
	GB 9078—1996《工业炉窑大气污染物排放标准》二级标准				850	—	200
表3标准限值	GB 31570—2015《石油炼制工业污染物排放标准》				100	150/180①	20
表4标准限值	GB 31570—2015《石油炼制工业污染物排放标准》				50	100	20

① 当加热炉炉膛温度≥850℃，NO_x排放限值为180mg/m³；1kg燃料气排出烟气量为12.5m³。

GB 31570—2015《石油炼制工业污染物排放标准》为首次发布，2015年4月3日国家环境部颁布，2015年7月1日起实施。

现有企业在2017年7月1日前执行现行标准，自2017年7月1日起执行GB 31570—2015《石油炼制工业污染物排放标准》中表3规定的大气污染物排放限值；自2015年7月1日起新建企业执行GB 31570—2015《石油炼制工业污染物排放标准》中表3规定的大气污染物排放限值。

根据国家环保工作的要求，在国土开发密度较高，环境承载力能力减弱，或大气环境容量较小，生态环境脆弱，容易发生大气环境污染问题而需要采取特殊保护措施的地区，应严格控制企业的污染排放行为，在上述地区的企业应执行表4规定的大气污染物特别规定排放限值。

2. 接触冷却塔不凝气

接触冷却塔的不凝气主要成分为可燃气及少量有害气体，典型的组成参考值见表8-2-14。

3. 冷焦水罐、含硫污水罐以及焦化汽柴油储罐的罐顶气

由于焦化加工的原料油大部分属于重质、劣质原料，加工过程产生的污染物种类多，浓度高，所以焦化过程冷焦水储罐、含硫污水储罐以及焦化汽柴油中间储罐等均可产生罐顶

气，这些储罐大部分是常压拱顶罐。各种储罐因所储物料不同、物料周转量不同、是否密闭以及环境不同其罐顶气的排放量不同，污染物组成差别较大。

表 8-2-14　接触冷却塔不凝气组成

不凝气	H_2	$CO+CO_2$	甲烷	乙烷	丙烷	C_4	C_5^+	H_2S
组成/%(mol)	24.7	0.9	60.2	8.0	2.9	1.8	1.5	通常未检出

（1）含硫污水罐罐顶气组成

某企业含硫污水储罐由2座5000m³储罐和1座2000m³储罐组成。含硫污水进出量为80~120m³/h。罐顶气排放方式为连续排放，白天气量为80~170m³/h，夜间气量为50~65m³/h，最大排气量在每天的9:00~14:00之间，天气阴有风时排气量下降，下雨时几乎无气体排放，主要成分为硫化氢、氨氮、烃及有机硫化物。典型含硫污水罐罐顶气污染物浓度见表8-2-15[5]。

表 8-2-15　某炼油厂储罐区废气中污染物组成和浓度

污染物	酸性水储罐区		油品中间罐区		排放速率国家标准/(kg/h)
	浓度/(mg/m³)	最大排放速率/(kg/h)	浓度/(mg/m³)	最大排放速率/(kg/h)	
硫化氢	$100\sim4.21\times10^4$	6.315	$175\sim3.36\times10^3$	0.84	0.33①
有机硫化物	$112\sim1.39\times10^3$	0.2085	$128\sim1.13\times10^3$	0.2825	0.8①
非甲烷总烃	$(1.52\sim4.78)\times10^5$	71.7	$(2.67\sim4.40)\times10^5$	110	10②

① GB 14554—1993《恶臭污染物排放标准》。

② GB 16297—1996《大气污染物综合排放标准》。

（2）焦化汽柴油储罐的罐顶气[6]

焦化汽柴油储罐也是一个恶臭污染源，某企业有4座5000m³汽柴油储罐，其中1座储罐用于接收一、二套常减压汽柴油，另外3座储罐用于接收来自焦化分馏塔的汽油与柴油混合物。转运油量为450~500t/班，日转运油量为1350~1500t/d。储罐类型为常压拱顶罐，可承受的安全压力为$-50mmH_2O\sim200mmH_2O$。储罐设有氮气自动补压保护措施。罐顶气排放方式为间断排放，主要成分为硫化氢、氨氮、烃及有机硫化物。汽柴油罐罐顶气为间歇排放，气体排放也易受天气影响，下雨时无气体排放。天气晴时，每日压力控制阀自动开启时间通常为6:00~7:00之间，并在12:00之前结束排气并自动关闭；排气速率先逐渐增加，并在经过较为稳定的一段峰值后开始下降；最大气体排放速率(天晴、稳压释放时)为230~250m³/h，日排放气量以1000~1200m³/d居多，日排气时间为5~6h；夜间罐内压力低，压力控制阀不启动。监测每日压力控制阀开启时间及气体排放量见图8-2-1、图8-2-2。

采用HJ/T 38—1999《气相色谱法》方法，对焦化汽柴油罐罐顶气进行采样分析，结果见表8-2-16。从分析结果上看，气体中的主要成分为烃及氮气，氮气含量为55%~62%。总烃含量在40%左右，其中主要成分为$C_3\sim C_5$，甲烷为4%~5%。罐顶气中氧含量较低，基本在1%以下。不同时间采取的进气中，硫化氢含量也是变化的，范围为0.47%~1.2%(约7134~18215mg/m³)。

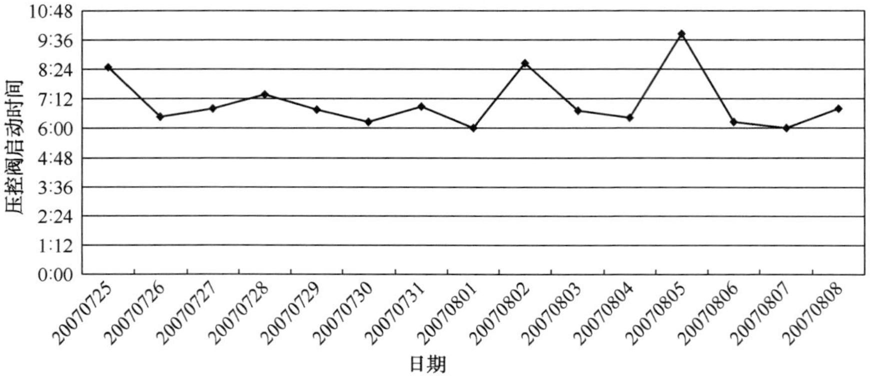

图 8-2-1　罐顶气压力控制阀每日开启时间

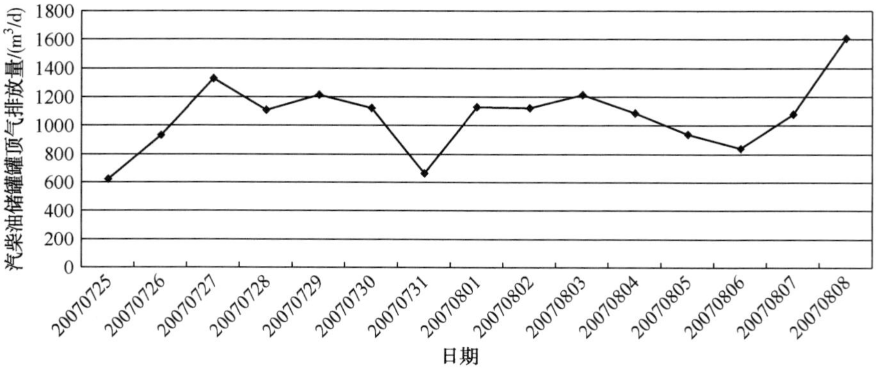

图 8-2-2　罐顶气每日累计排放量

表 8-2-16　焦化汽柴油储罐烃组成分析结果

序号	组分	8:30 样品/%(v)	9:30 样品/%(v)	11:00 样品/%(v)
		进口	进口	进口
1	C_6 以上	42.36	39.27	41
2	H_2	0.76	0.00	0.76
3	CO	0.00	0.00	0.00
4	CO_2	0.00	0.00	0.00
5	H_2S	0.47	1.20	0.91
6	O_2	0.71	1.08	0.93
7	N_2	55.69	58.45	56.40
	合计	100.00	100.00	100.00
	总烃	42.36	39.27	41.00

近年来许多炼厂开始投资建设罐顶气处理设施。

四、固体废料(包括粉尘)

(一) 冷切焦水罐及储焦沉淀池的底泥

在冷切焦水处理过程中，由于冷切焦水携带的细微焦粉沉积在罐底和池底，或定期排出或在检修时清理出来。其中一、二次沉淀池及切焦水储罐、储焦池的底泥较多，主要成分是焦粉，清理出的底泥可以和成品焦一起出售。

(二) 粉尘

储焦池内露出水面的粉焦干燥后被风吹起将引起粉尘污染。另外，焦炭在汽车装运过程中散落在地上的焦炭经过汽车的碾压形成粉焦，风吹扬起也可造成粉尘污染。延迟焦化装置的粉尘污染和管理关系密切，如果储焦池的焦炭能及时运出，焦炭就不会露出水面而风干，不会造成粉尘污染；在汽车装运过程中如果能及时清理地面上的粉焦，也可避免造成粉尘污染。

五、噪声

(一) 噪声来源及分布

加工过程中各种转动机械设备产生的工业噪声，有机泵噪声、压缩机噪声、风动马达和高压水泵噪声、加热炉噪声、空冷器噪声以及调节阀噪声等。

(1) 机泵噪声

由空气动力噪声、机械噪声和电磁噪声组成，以旋转风扇引起的空气动力噪声为主。

(2) 压缩机噪声

包括气体流动状态变化引起的噪声、设备的机械噪声以及管线的震动噪声。

(3) 高压水泵和风动马达噪声

由水流、空气流动状态变化产生的噪声以及机械噪声和电磁噪声组成。

(4) 加热炉噪声

由燃料与空气混合及喷射产生的气动噪声，燃料燃烧时发出的燃烧噪声，燃料和助燃空气在管道中输送以及输送机械产生的噪声组成。

(5) 空冷器噪声

主要由风机风扇转动造成空气的紊流和涡流噪声，空气通过翅片管的气流声以及传动系统的机械震动和电机噪声。

(6) 调节阀噪声

为控制、调节流量，造成流体在管道内形成湍流产生的噪声，以及流体经过阀门受阻、流动状态发生激烈变化，使势能变成动能和声能；其中，冲击小部件引起震动噪声或与管道、阀体的固有频率相同发生共振产生的噪声以及发生的汽蚀噪声都是高频噪声，噪声级可达 100dB(A)以上。

(7) 放空噪声

由排放气体与大气湍流混合而产生的噪声，具有频谱宽、影响面大的特点。

(二) 噪声污染源的声压级

由于人对声音的感觉和声音的频率有关，在声学测量仪器中设置 A 计权网络，使测得值能接近人的听觉，单位为 A 声压级，记为 dB(A)，也称为分贝(A)。延迟焦化装置的主要噪声源声压级值见表 8-2-17。

表 8-2-17　延迟焦化装置噪声污染源声压级值

噪声源名称	声压级值/dB(A)	备注
机　泵	90~110	连续
加热炉	100~110	连续

续表

噪声源名称	声压级值/dB(A)	备注
空冷器	93～98	连续
高压水泵	105	间断
压缩机	90～100	连续
蒸汽放空	110～130	间断
调节阀	调节阀控制合适时，其噪声可控制在 83dB(A)以下；控制不好，噪声可达 100dB(A)以上	连续

六、射线污染

(一) 射线污染的来源

为了显示焦炭塔内焦炭、泡沫层和冷焦水料位高度，目前采用放射性料位计。设计通常采用的是中子料位计，放射源的放射性活度为 50mCi，见表 8-2-18。

表 8-2-18　放射源的放射活度和辐射计量

放射源名称	放射源放射性活度/mCi	射线计量(≥1m 处)/(Sv/h)
中子料位计	50	$\leqslant 1.6\times10^{-6}$

(二) 射线污染的分布

1 座焦炭塔安装 2～3 台中子料位计，安装位置在焦炭塔的侧壁上，通过料位计测量系统可测出焦炭、泡沫层和冷焦水的料位高度。焦炭塔四周设有操作平台，操作人员巡检通过平台时与放射源的距离均超过 1m。

(三) 射线污染的性质

设计选择辐射源的放射性活度和人收到的照射剂量当量都能达到国家有关标准的要求，中子源置于保护盒内，可使操作人员所受照射的年剂量当量及公众中个人受到的年剂量当量低于国家标准规范的要求，见表 8-2-18。执行标准为 GB 18871—2002《电离辐射防护与辐射源安全基本标准》。装置检修时放射设备的拆除、安装，铅罐活门的关闭、开启都要由专人负责，严格登记，并要有放射卫生人员现场监护。存放及运输过程中严格执行国家有关规定，使用单位的废源，必须按国家有关规定，制定排放、运输方案报地方卫生、公安部门备案后，送有关部门处理。在装有料位计的附近设有安全警示标志，提示与此操作无关人员远离放射源。

第三节　焦化装置污染防治

一、废水治理

(一) 废水治理措施

1. 含硫污水治理

(1) 破乳除油处理

由于加工工艺及原料的特点，焦化装置排出的含硫污水经常发生乳化，在油水分离器中分离困难，致使含硫污水中油含量较高，可达 1000～3000mg/L。严重乳化的污水经油水分离器沉降后，污水中油质量分数仍然可达1%~4%，已经严重影响到污水处理装置的正常生产，而且对焦化装置的效益和环保带来负面影响。为了降低油含量，使含硫污水进下游汽提装置处理时能正常运行，一般在焦化装置内设含硫污水破乳沉降除油预处理设施。装置内的含硫污水从分馏塔顶油水分离器切出后进入破乳沉降除油罐，同时注入破乳剂，经过破乳、沉降、分离，油从罐顶分出，预处理后水从罐底排出。经过破乳预处理后油含量可降至800mg/L以下，再送往含硫污水原料罐，和全厂其他含硫污水混合后进入汽提装置处理。

案例：来自焦化分馏塔分离罐的含硫污水，含油浓度平均为36266mg/L，选用OW-11型阳离子破乳剂，加入到分馏塔塔顶油水分离罐中，与污水中的油滴充分接触。当破乳剂投加量达到40μg/g时，油浓度由平均36266mg/L降低到142mg/L，平均除油率为99.6%，有效地解决了污水带油的问题，同时提高了汽油产品收率。破乳剂添加量对除油率的影响见表8-3-1[7]。

表8-3-1　破乳剂添加量对除油率的影响

破乳剂添加量/(μg/g)	石油类/(mg/L)	脱除率/%
0	36266	0
20	18246	49.7
40	897	97.5
60	142	99.6
80	138	99.6
100	139	99.6

(2) 汽提处理[3]

汽提处理是含硫污水的通用工艺技术。含硫污水中H_2S、CO_2和NH_3是以硫氢化铵(NH_4HS)、硫化铵[$(NH_4)_2S$]、碳酸铵[$(NH_4)_2CO_3$]和碳酸氢铵(NH_4HCO_3)的形态存在，在水溶液中水解形成游离的NH_3和H_2S、CO_2。液相中H_2S、CO_2、NH_3是挥发性组分，按亨利定律在蒸汽中有一定分压，通入蒸汽或加入另外介质以降低含硫污水中这些挥发组分的分压就可以把H_2S、CO_2和NH_3从水溶液中转到气相中，汽提抽出的H_2S、CO_2气作为原料送硫黄生产车间，汽提抽出的氨气通常作为生产液氨或氨水的原料，目前许多企业将抽提出的氨送本厂烟气脱硫使用。经蒸汽汽提减少含硫污水中H_2S、NH_3的含量，达到去除含硫污水中硫化物和氨氮的目的。处理后的净化水中氨氮的含量为80~150mg/L，硫化氢含量为20~50mg/L。

焦化过程产生的含硫污水通常与炼厂其他含硫污水一起送蒸汽汽提装置进行处理。汽提工艺分为单塔汽提和双塔汽提两种。

① 单塔汽提工艺

单塔汽提流程实质是将双塔汽提的氨汽提和硫化氢汽提重叠在一起。单塔汽提就是用一个塔从塔顶分出硫化氢和二氧化碳，从侧线抽出氨，即利用硫化氢和二氧化碳的相对挥发度较氨高的特性，首先将含硫污水中的硫化氢和二氧化碳从汽提塔的上部分出，送下游装置制硫黄；随即控制适宜的塔内温度，在塔中部形成富氨区，从侧线抽出并逐级降温、降压的分凝和吸附精制，脱除硫化氢杂质，得到高纯度的气氨。最后经氨压机加压成为液氨产品，流程如图8-3-1所示，如果氨产品为氨水其工艺流程如图8-3-2所示。经汽提处理后出水中的硫化氢和氨大幅减少，汽提塔底得到净化水，既可用于回用，也可送污水场进行处理。

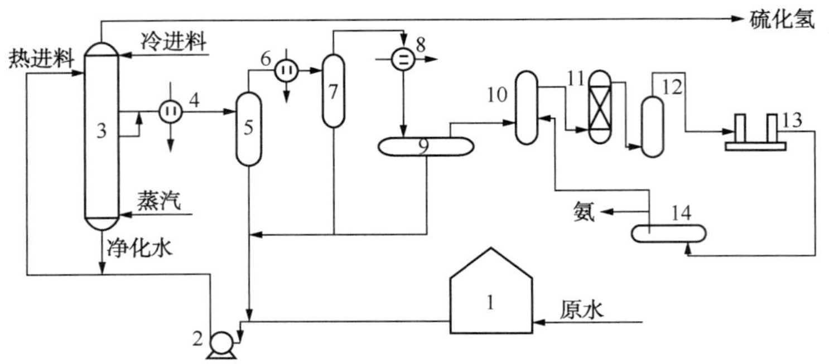

图 8-3-1　单塔汽提侧线抽出工艺流程图(副产品为液氨)

1—原水罐；2—原水泵；3—汽提塔；4——级冷凝器；5——级分凝器；6—二级分凝器；7—二级冷凝器；8—三级冷凝器；9—三级分凝器；10—结晶器；11—吸附罐；12—沉降分离罐；13—氨压机；14—液氨罐

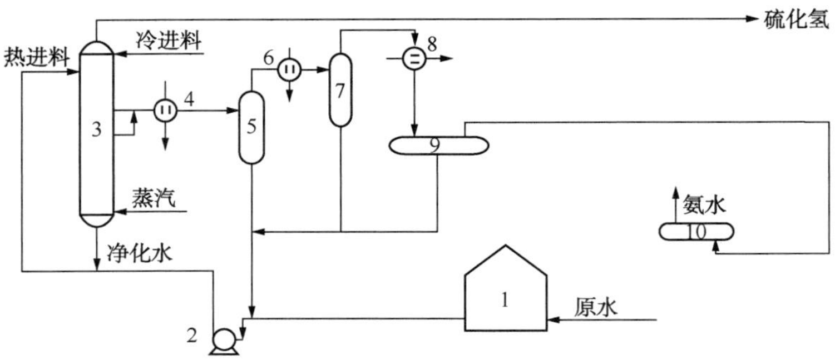

图 8-3-2　单塔汽提侧线抽出工艺流程图(副产品为氨水)

1—原水罐；2—原水泵；3—汽提塔；4——级冷凝器；5——级分凝器；6—二级分凝器；7—二级冷凝器；8—三级冷凝器；9—三级分凝器；10—氨水配制罐

② 双塔汽提工艺

双塔汽提就是用两个塔完成硫化氢和氨的汽提从而使含硫污水得到净化。其原理与单塔汽提一样，含硫污水首先经沉降除油除焦粉，然后原料水依次经两个塔进行汽提，硫化氢和氨分别从两个塔顶抽提出。塔底得到净化，净化水可回用或送污水场进行处理。双塔汽提工艺的优点是操作弹性大、容易控制，产品质量稳定。其工艺流程见图 8-3-3。

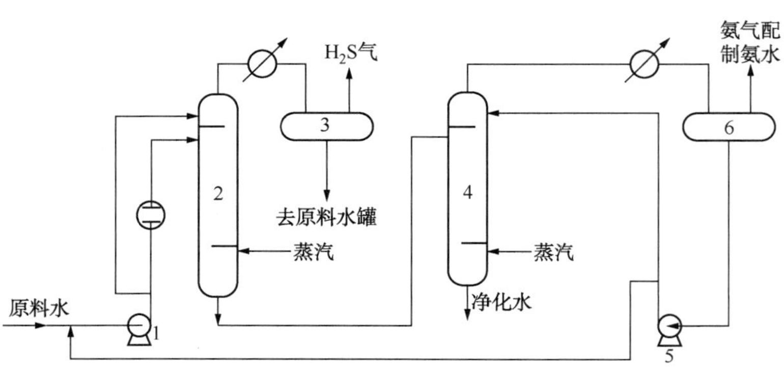

图 8-3-3　双塔汽提工艺流程图

1—原料泵；2—硫化氢汽提塔；3—酸性气脱液罐；4—氨汽提塔；5—回流泵；6—氨塔塔顶分液罐

2. 含油污水治理

目前国内延迟焦化装置产生的含油污水按性质不同大致分为4类，即冷焦水、切焦水、放空冷却塔排水和机泵冷却水。由于各类含油污水的水质不同，处理方法也不相同。各类污水的处理也经历过一个发展的过程，它是随着人们对环境意识的逐渐加强、治理技术的不断发展、环保法规的日益严格，发展得更加合理、更加完善。

冷焦水和切焦水水质不同，冷焦水的污染物浓度和温度普遍高于切焦水，长期实践证明把两股污水污污分流，分别单独处理的效果及处理费用都更为有利。自1975年以来逐步改进了冷焦水和切焦水的处理系统，冷、切焦水处理经历了合并处理到分开各自单独处理的过程。合并处理即冷焦水经过隔油冷却处理后，作为切焦水再使用，切焦后的切焦水经过沉降处理后再作为冷焦水再使用。分开单独处理即冷、切焦水各自成独立的处理和回用体系。冷切焦水的处理工艺也经历了敞开式—半敞开式—密闭式的发展过程。敞开式处理的隔油、除粉焦处理设备为隔油池，冷却降温设备为凉水塔，粉焦分离设备为粉焦沉淀池；半敞开式处理的隔油、除粉焦处理设备为隔油罐，冷却降温设备为凉水塔，粉焦分离设备为粉焦沉淀池；密闭式处理的隔油、除粉焦处理设备为隔油罐、旋流分离器，冷却降温设备为空冷器，粉焦分离设备为粉焦沉淀池。目前，冷、切焦水已经分开处理，处理后废水不外排，形成各自的密闭自循环系统。

吹汽冷焦放空冷却塔的初期排水送含硫污水汽提塔进行处理，后期排水作为冷焦水的补充水，排入冷焦水系统。

机泵冷却水为自流排水，排入地下含油污水井进入全厂污水系统进行处理。

(1) 冷焦水处理

① 冷焦水处理目的。冷焦水在与热焦炭的接触过程中把焦炭中的热量和污染物带入水中，造成冷焦水中的污染物品种多、数量大、水温高，主要污染物为石油类、COD及少量的硫化物、氨氮、挥发酚等。通过对冷焦水的冷却、隔油处理达到净化冷焦水，使它的水质能达到回用的标准，最终使冷焦水自成密闭循环系统，达到减少装置污水排放量、提高水的重复利用率的目的。考虑到冷焦水温度比较高，在处理过程中有所损耗，需适当补充。由于冷焦用水的水质要求不高，可用放空塔排水作为冷焦水的补充水，达到节约用水和减少排污的双重目的。应注意放空塔排水可能含有大量的硫化物，此时作为冷焦水的补充水可能造成硫化氢含量升高，所以在对冷焦热水罐顶气没有治理的前提下放空塔排水不适合作为补充水。

② 冷焦水处理流程。以前国内有些炼油厂焦化装置采用隔油罐和冷焦水罐来替代敞开式的隔油池，冷焦后含油污水在适宜温度下的隔油罐中隔油脱油，分离出水中大部分污油。经隔油后冷焦水经泵送流经凉水塔(或空冷器)冷却后入冷焦水罐重复回用。凉水塔(或空冷器)取热量按实际冷焦水系统的热量平衡。如今的焦化设计已采用旋流分离技术脱除油和少量焦粉，用旋流除油器和旋流除焦器来替代敞开式的隔油池，用空冷来替代凉水塔，从而实现冷焦水系统的全密闭循环重复回用流程，消除了油气污染，大大改善了环境条件，实现文明生产。某炼油厂焦化装置冷焦水旋流器组合工艺原则流程如图8-3-4所示。

③ 冷焦水处理的主要设备。冷焦水处理的主要设备有容器类、机械类、泵类、空冷器类等设备约17台，见表8-3-2。

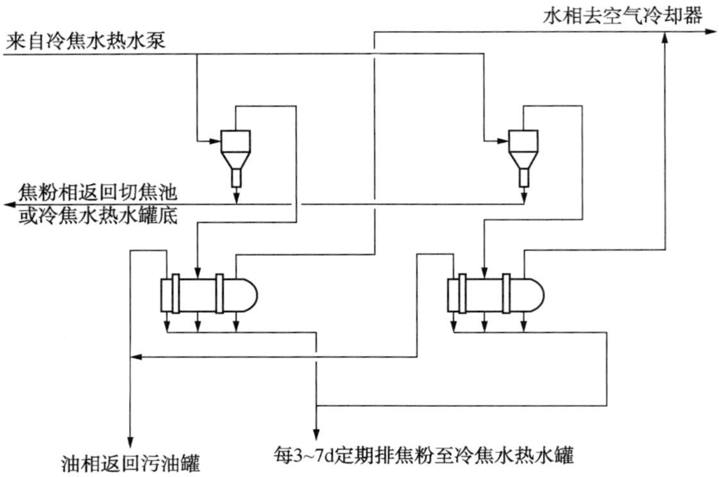

图 8-3-4　某炼油厂焦化装置冷焦水旋流器组合工艺原则流程

表 8-3-2　冷焦水处理主要设备

序 号	设备类别	设备名称	台数	操作介质	备注
1	容器类	冷焦冷水储罐	1	冷焦冷水	
2		冷焦热水储罐	1	冷焦热水	
3		安全水封罐	1	水	
4	空冷器类	表面蒸发式空冷器	2	含油及粉焦的冷焦热水	管道泵为空冷器附属的配套设备
		管道泵	4		
5	泵　类	冷焦冷水泵	1	冷焦冷水	
6		冷焦热水泵	1	冷焦热水	
7		污油泵	1	污油	
8		冷焦冷水提升泵	1	冷焦冷水	
9	机械类	冷焦冷水储罐搅拌器	1	冷焦冷水	
10		冷焦热水储罐搅拌器	2	冷焦热水	
11	其他类	旋流除油器	2	冷焦热水	除油设备
12		旋流除焦器	3	冷焦热水	如储水罐的沉降时间足够，可以不设

（2）切焦水处理

① 切焦水处理目的。切焦水把焦炭切割过程中焦炭颗粒、细粉和焦炭中夹带的污染物带入水中，切焦水的水量大，主要污染物为焦粉及少量石油类污染物。由于大颗粒的焦粉会损坏高压水泵的叶轮，所以必须除去粒径大于4~5mm的焦粉，以保证高压水泵的运行安全。通过各级焦粉沉淀池和隔网的分离拦截，可将大于4~5mm的焦粉分离，达到净化切焦水、水质能达到回用的标准，使切焦水自成密闭循环系统的目的。由于储焦池、各级沉淀池均为敞开设备，切焦水在处理过程中有所损耗，需适当补充。

② 切焦水处理流程。切焦水系统的流程是高压切焦水和焦块从焦炭塔内下来，经溜槽到达焦池，在此大部分焦粉被沉留下来，然后含有少量粉焦的切焦水经焦池出口处的过滤格栅流入多级沉淀池及切焦水池，进一步除去焦粉，其水又经泵送过滤焦粉后打入高位水箱。

高压水泵从高位水箱抽水升压后流经水力除焦设备，喷射打击焦炭塔内生成的石油焦，达到水力出焦之目的。由于水力出焦系统设备设计和制造的改进以及从节电和高压水泵运行可靠性出发，如今设计的焦化切焦水系统已取消高位水箱和过滤器，并用切焦水储罐替代切焦水池，以改善生产环境和节电。某厂焦化切焦水回用原则流程见图 8-3-5。

由于焦炭本身的吸附过滤作用，经处理后切焦水水质较好，呈微碱性。为了满足高压水泵对水质之要求，切焦水中焦粉浓度要求不高于 400mg/L。

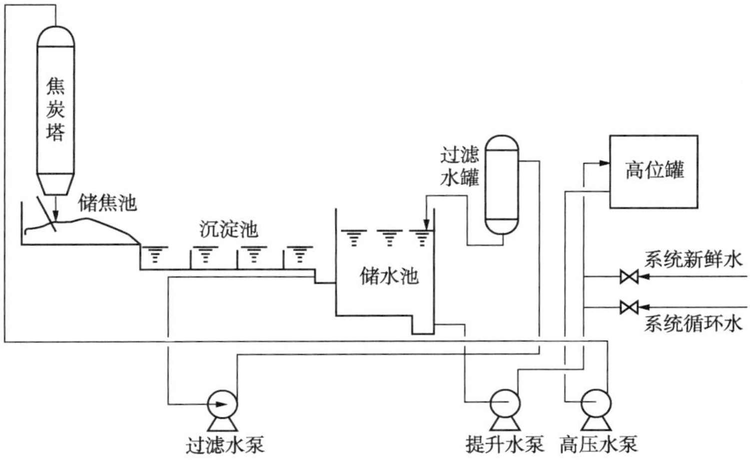

图 8-3-5　切焦水回用原则流程

③切焦水处理的主要设备。切焦水处理的主要设备有容器类、机械类、泵类等约 3 类设备及构筑物，见表 8-3-3。

表 8-3-3　切焦水处理主要设备

序 号	设备类别	设备名称	台数	操作介质	备注
1	容器类	切焦水储罐	1	切焦水	
2	泵　类	切焦水提升泵	1	切焦水	
3		污油泵	1	污油	
4	机械类	切焦水储罐搅拌器	1	切焦水	
5	其他类	旋流除焦器	3	切焦水	如储水罐的沉降时间足够，可以不设
6	构筑物类	一级沉淀池	1	切焦水	带网格
7		二级沉淀池	1	切焦水	带网格

（3）放空冷却塔排水

放空冷却塔排水量不大，为间歇排放，主要污染物为石油类、COD、硫化物、氨氮、挥发酚等，部分水呈乳化状态，油和水不易分离。为了减少放空冷却塔排水的油含量，目前多采用增加沉降分离时间的处理方法，或加大塔顶油水分离器内油水分离空间，或增设 1 台油水分离器。

吹汽冷焦放空冷却塔的排水也经历全部排至污水处理场处理和再利用以及分段处理的过程。通过对放空冷却塔的排水水质的分析，会发现初期排水和后期排水水质不同。把初期排水和后期排水分开处理，初期排水含 H_2S 和 NH_3 量较高，作为含硫污水送含硫污水汽提塔进行处理，后期排水作为冷焦水的补充水排冷焦水系统。有的单位把吹汽冷焦放空塔顶排水全部作为含硫污水送含硫污水汽提装置处理。

（4）机泵冷却水

机泵冷却水的水质较好，较容易处理，直接由含油污水排水系统送全厂污水处理场集中处理。

（二）废水治理效果

1. 含硫污水治理效果

含硫污水经过破乳预处理后油含量可降至800mg/L以下，再送往含硫污水汽提装置进行处理。不论单塔汽提还是双塔汽提处理后，含硫污水中的硫化氢可降至20~50mg/L，氨氮可降至80~150mg/L，如采用注碱汽提新工艺，含硫污水中氨氮含量最终可降至30mg/L以下。经过汽提处理后，含硫污水可达到回用标准，送回装置作为空冷器前注水用或回电脱盐注水以及富气水洗用水。

2. 含油污水治理效果

（1）冷切焦水的处理效果

冷、切焦水处理设备的密闭化和密闭自循环处理系统，改敞开式的隔油池为密闭式隔油罐和旋流分流器，冷焦水的冷却操作改敞开式凉水塔为密闭式空冷器，以减少油气和恶臭组分和大气环境的直接接触，挥发、扩散至大气环境，改善现场操作环境和周围的大气环境。

（2）放空塔排水的处理效果

吹汽冷焦放空塔的前期排水改进含硫污水汽提后，既使硫化氢和氨得到充分回收，又减少了放空冷却塔排水中的恶臭组分，避免恶臭气体逸散到环境中。后期排水经过处理可以回用做冷焦水补充水，在装置内回用，既可充分利用水资源、降低作为冷焦水补充水的新鲜水消耗量，又不用把这股污水排入厂内污水处理场处理，可减少全厂污水处理场的负担。

（三）废水治理存在的主要问题

（1）由于加工原油的劣质化和多元性，焦化产生的含硫污水乳化较严重，破乳剂的选择和使用量都有一定的局限性，导致破乳效果不好，影响后续汽提效果。

（2）焦化产生的含硫污水与其他工艺相比含杂质较多，除溶解性有机物含量高外，特别是含有焦粉，粘污塔盘，在一定程度上影响单塔汽提或双塔汽提的汽提效果，多年来一直没有很好解决。

（3）含硫污水中铵化合物除了以硫氢化铵、碳酸铵的形态存在外，还以铵的其他化合物形式存在，如亚硫酸铵、硫代硫酸铵、亚硫酸氢铵、醋酸铵、氰氢酸铵等。只有硫化铵在中性或微碱性介质中可以发生水解生成硫化氢和氨，在蒸汽汽提作用下离开水溶液，从含硫污水中脱除。其他的铵化合物只有在碱性条件下才可水解为氨，经过汽提从含硫污水中脱除。如果只采用一般的单、双塔汽提工艺处理，净化水中氨氮含量仅降至80~150mg/L，容易导致污水处理场不能达标排放。

（4）冷焦水因含有污染物较多，其中还含有少量恶臭物质如硫化氢、硫醇等。冷焦水在冷焦热水罐中隔油处理时因工艺要求该罐为常压罐，罐顶有放空口（直径约为600~800mm），如果没有建设罐顶气处理设施，则水中的恶臭物质会从放空口进入大气，造成恶臭污染周围环境。

（5）在焦炭的生成过程中原料重油经过高温裂化、聚合等反应生成焦炭，在这样的反应深度下，原料中的含硫、含氮、含氧化合物会生成相应的恶臭物质。在冷焦过程中没有被除尽的恶臭物质，在切焦过程中会随同切焦水一起进入焦池。目前焦池为敞开式，在切焦过程中恶臭物质会从焦炭和切焦水中逸出，进入大气，造成恶臭污染周围环境。

二、废气治理及放空系统的改进

（一）废气治理措施及效果

1. 加热炉烟气

由于加热炉烟气产生的污染主要由使用的燃料性质决定，其次由燃烧条件决定；烟气中二氧化硫的排放量由燃料自身硫含量决定的，氮氧化物的排放量由燃料的氮含量和燃烧温度等操作条件决定的，烟尘的排放量由燃料的性质及燃烧的条件决定的。加热炉的操作条件从节能和提高热效率方面已经作了较多的研究和改进，是比较成型的工艺，由于燃料燃烧的条件已经基本定型，所以，烟气污染物的排放量主要决定于燃料的类型及硫、氮的含量。要降低加热炉烟气污染物的排放量主要是选择适合的燃料，原则是在有条件的情况下尽量选用燃料气为燃料。如采用燃料油，其硫含量不能超过0.5%或0.75%，则烟气中二氧化硫的排放速率和排放浓度可以满足目前的国家排放标准。

随着对氮氧化物毒性的进一步了解，氮氧化物的毒性危害更加明确，同时氮氧化物还可能造成光化学烟雾污染，又是形成酸雨的另一主要物质，所以对氮氧化物排放量的控制尤为重要，目前我国已开始在一些大城市收取氮氧化物的排污费。焦化加热炉中燃料燃烧温度一般在1400℃以下，不利于氮氧化物的生成，但在正常的燃烧条件下，焦化加热炉烟气中氮氧化物的排放浓度约为小于300mg/m^3，不处理就会产生超标准限值的环保问题。近年来，延迟焦化加热炉推广低氮氧化物燃烧器，氮氧化物排放浓度可降至30~40mg/m^3，大大低于国家排放标准。

某企业的延迟焦化加热炉为双辐射室四管程双面辐射立式炉型[8]，采用了热管空气预热器、加热炉炉底共设128套WBNQ-DQ50型低NO_x扁平焰气体燃烧器、氧含量在线检测仪、鼓风机引风机变频技术。通过优化操作，有效控制炉膛氧含量在2%~4%、负压在-40~-20Pa，在提高热效率可达90%、减少加热炉烟气排放量的同时，其氮氧化物、不完全燃烧产物等污染物生成量大幅减少。加热炉烟气检测数据见表8-3-4。可见采用低NO_x扁平焰气体燃烧器后，加热炉烟气污染物浓度普遍较低，可以实现达标排放。

表8-3-4　应用低氮燃烧器后加热炉烟气检测数据

时间	CO		NO		NO_2		SO_2	
	mL/m^3	mg/m^3	mL/m^3	mg/m^3	mL/m^3	mg/m^3	mL/m^3	mg/m^3
2005年	0	0	12	16.1	0.6	1.2	2	5.7
2006年	54	67.5	7	9.4	0.8	1.6	1	2.9
2007年	34	42.5	65	87.1	0	0	24	68.6

2. 焦炭塔吹汽放空气的治理

（1）焦炭塔吹汽放空气的处理目的

焦炭塔吹汽放空气体目前采用塔式油吸收接触冷却技术，即焦炭塔吹汽放空气体密闭进入放空冷却塔，打入蜡油进行降温后进行分离处理，分离为不凝气、污水和污油后分别密闭回收或排放。

（2）焦炭塔吹汽放空气的处理流程

从焦炭塔吹汽、冷焦吹出的大量高温（≥180℃）蒸汽及少量油气进入放空冷却塔下段，从顶部打入蜡油馏分，洗涤下油气中的馏分油。塔底重油用泵抽出，送经水箱冷却器冷却后，一部分作为塔顶回流，控制顶部气相温度190℃左右，另一部分送出装置或回炼。塔顶油气及大量蒸汽直接进入空冷器、后冷器，冷到40℃后进入塔顶汽液分离罐，分出的轻污油由泵送出装置或回流，污水经泵送去焦池，不凝气排入火炬系统。处理流程见图8-3-6。

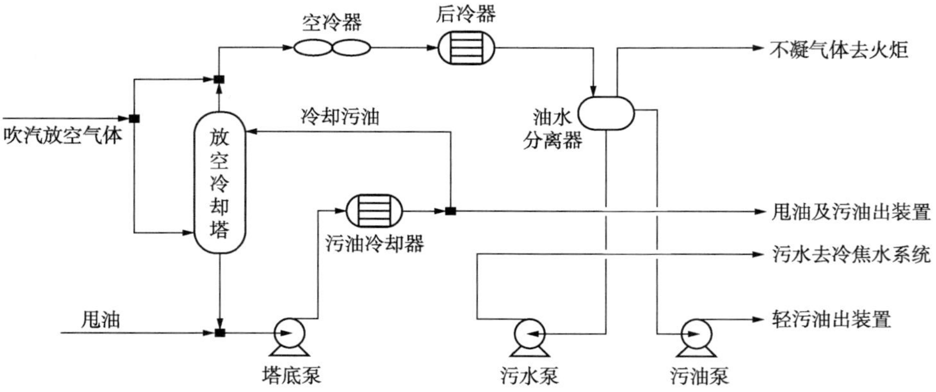

图8-3-6　焦炭塔吹汽放空气的处理工艺原则流程图

（3）焦炭塔吹汽放空气处理的主要设备

焦炭塔吹汽放空气处理的主要设备有塔类、容器类、换热器类、空冷器类、泵类等约22台设备，见表8-3-5。

表8-3-5　焦炭塔吹汽放空气处理主要设备

序号	设备类别	设备名称	台数	操作介质	备注
1	塔类	放空冷却塔	1	油气、蒸汽	
2	容器类	甩油罐	1	油气、重油	
3		放空塔顶油水分离器	1	油气、水	
4		污油罐	1	含水污油	
5	换热器类	放空塔顶后冷器	4	瓦斯、蒸汽	
6		甩油和放空冷却塔底油冷却器	1	甩油	
7	空冷器类	放空冷却塔顶空冷器	8片	油气	
8	其他类	放空塔底过滤器	1	污油	
9	泵　类	甩油泵	1	重油	
10		放空冷却塔底泵	1	污油	
11		污水泵	1	污水	
12		污油泵	1	污油	

（二）接触冷却塔放空系统的改进

接触冷却塔放空气的治理是经历多次改进才成为目前的全密闭放空系统，处理过程的演变过程简述如下。

（1）最早焦炭塔吹汽冷焦气体进放空塔采取直接冷却方式，不凝气直接排大气，排出的废气中含有焦油、恶臭气体、蒸汽及油雾，造成可燃气的损失和对环境的严重污染。有数据显示，年加工能力0.60Mt的延迟焦化装置，每清一次焦，大约有200~300m³不凝气排出，吹出的油量约为 3~5t[7]。

(2) 后来，改进了焦炭塔吹汽冷焦气体的冷却工艺，用水浸式冷却器的间接冷却代替直接冷却，取消放空塔，不凝气送燃料气管网，污水排入冷焦水池。改进后既减少了污染又回收了燃料气。其工艺流程为：焦炭塔吹出的油气，经放空缓冲罐将大量蜡油及粉焦沉降在罐底，气体进入水浸式冷却器，冷却后到油水分离器分离，不凝气送燃料气管网，油送入污油罐，水流入冷焦水池[8]。

(3) 取消放空塔后，由于油水分离器空间不够大，放空气体不能充分分离，出现油气分离不彻底、不凝气带液等现象。经过改进，改原有敞开式放空塔为密闭式，并配套增加相应的冷却分离设施，放空气中的重蜡油采用蜡油馏分直接冷却，并增加了塔顶回流、空冷器、后冷器、塔顶气液分离罐等配套设施，进行密闭分离和冷却，使吹汽冷焦放空气能够充分被分离，分离产物得到充分利用。

(三) 罐顶恶臭气处理工程

随着放空塔改造、冷焦水、切焦水采用密闭循环后，焦化生产装置的周边环境得到很大改善。但是随着环境保护的要求越来越高，对冷焦水储罐、切焦水储罐、焦化酸性水罐以及焦化汽柴油罐罐顶气的恶臭治理也提出更高要求，随之出现了超重力除臭技术、超重力除臭回收烃技术、低温柴油吸收烃和除臭组合工艺技术等。

焦化的含硫污水罐和中间产品罐罐顶气中的污染物主要是轻组分挥发并携带恶臭污染物，其中恶臭污染物有硫化氢、氨、硫醇、硫醚等易挥发性物质，与挥发性轻组分烃蓄积在罐顶气相空间中。当储罐罐顶气相空间压力增大后，罐内气体将释放至大气中，产生罐顶气恶臭污染和轻烃污染问题。

罐顶气排放量通常由储罐大呼吸和小呼吸构成的。大呼吸是由进出罐物料量不平衡引起液位波动造成的。对于单个储罐而言，液位波动引起的大呼吸排气是不能忽略的，也是储罐的主要排气。但对于整个罐区而言，当罐区各储罐气相空间相互联通后，正常生产情况下，进出罐区的物料量基本是平衡的，大呼吸几乎可以忽略不计。

罐区封闭后，小呼吸排气则是罐区的主要排气因素。排气量大小主要与罐区气相空间大小、物料组成、光照、昼夜温差等因素有关，排气具有间歇性，排气量具有不稳定性，属非定值排放。小呼吸排气主要发生在日出至正午时段，每天历时 6h 左右，主要原因是罐内气液平衡和罐顶气相空间温度变化引起的。夜间，气相空间温度接近或略低于液相温度，易挥发组分在夜间达到低温度下的气液平衡，使罐顶气相空间累积一定数量的气体分子数。白天从日出之时开始，罐顶气相空间因阳光照射而升温，罐顶气开始受热膨胀，压力升高。当压力达到排气压力后，储罐将向外界排放气体。随着罐顶气排放量的增加，罐内气相空间的分子数逐渐减少，压力也逐渐降低。当压力降至罐区排气停止排气压力后，罐内将形成新的压力平衡，罐顶气也排放停止。可以说，小呼吸排气是气相空间气体分子数夜间累积、昼间释放的必然过程，排气过程具有时间性，排气量具有可变性，并且仅在白天的一段时间内排放。

因此根据储罐物料的来源、罐区运行模式、储罐罐容、储液率及温度场变化等参数可以估算出排气总量，设计罐顶气治理技术。由于储罐排气为间断性和不稳定性，要求罐顶气治理技术必须具有较好的适应性和灵活性，以满足生产和环保的需要。下面介绍几种罐顶气治理技术。

1. FYHG-DS 超重力除臭技术[6]

超重力脱臭技术是抚顺石油化工研究院针对罐顶气治理研究开发的专利技术，2007 年首次在中国石化天津分公司 1.0Mt/a 的焦化汽柴油罐顶气治理进行工业试验研究，处理焦化汽柴油罐顶恶臭气体。公司有 4 座 5000m^3 焦化汽柴油罐，每个罐进行正压密闭后引出排气管并进行互通，引出管进入超重力装置进行除臭处理。净化气通过 15m 排气筒就地排放。

FYHG-DS 超重力除臭技术采用自吸式超重力反应器作为气液反应设备，并根据罐顶恶臭气体的组成及特点，采用相应组成的吸收液，完成对硫化氢、硫醇、硫醚、羰基硫、氨及有机胺等污染物的高效吸收与化学转化。吸收液主要成分是碱、氧化剂和催化剂。硫化氢最终转化为硫代硫酸盐、硫酸盐，硫醇、硫醚及二硫化物等有机硫转化为磺酸盐，氨类化合物转化为氮气或无毒的液体化合物。

FYHG-DS 罐顶恶臭气体处理装置由 1 台 FYHG 反应器、1 台变频控制器、1 台差压变送器、1 台气体流量计、1 台 PLC 自动控制柜、1 条进气管道、1 条排气管道、1 台加药泵等组成。其中加药泵间歇使用，可向反应器内和反应器外输送吸收液。处理气量为 1000m^3/h 时，设备占地面积 4m^2，设备及工艺流程见图 8-3-7。

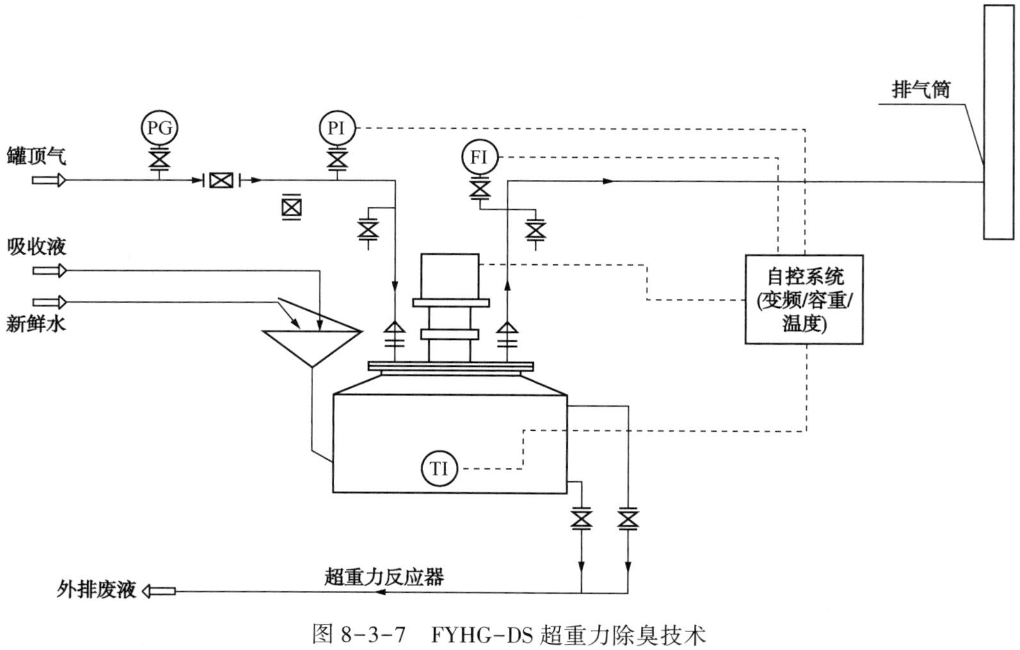

图 8-3-7　FYHG-DS 超重力除臭技术

FYHG 超重力反应器主要由防爆电机、传动机构、反应器筒体及气液分散单元构成，筒体内装有吸收液。工作原理是气液分散单元在电机驱动下，依靠高速离心液体流及定子破泡整流机构的二次分割，将气体吸入反应器并把气体分割成微气泡均匀分散于液体中，使气液两相间发生快速传质与化学反应，气体中的污染物被液体捕集、吸收并发生反应，处理后气体从反应器顶部排气口排出。

设备运行过程中，可通过变频器调整设备运行转数、处理气量及系统压力，使处理气量与罐顶气实际排放量保持一致，能够确保储罐始终处于安全压力范围内。差压变送器、气体流量计用于监控罐顶气气量大小和系统压力，为设备转数调整提供参考。装置操作可以手动控制，也可以通过 PLC 自动控制。自动控制时，根据设定的压力自动开机、停机，并根据控制压力自动调整变频器的运行频率。

FYHG-DS 技术可同时去除硫化氢、有机硫和氨等污染物。以处理焦化汽柴油罐顶恶臭气体为例，处理前气体中 H_2S 浓度 $7.252\times10^3\sim1.093\times10^5 mg/Nm^3$、$NH_3$ 浓度 184.6~21578 mg/Nm^3；处理后气体中 H_2S 浓度小于 $1mg/Nm^3$、去除率大于99%，处理后气体中 NH_3 浓度 $2.9\sim62.0mg/Nm^3$、去除率94%。对甲硫醇、乙硫醇及羰基硫的去除率也达到95%以上，满足国家关于《恶臭污染物排放标准》的要求。

技术特点：

（1）装置组成及工艺流程简单，不需要风机、循环泵、储液罐等附属设备，超重力反应器单机即可完成引气、气液混合及化学反应，占地小，投资省。

（2）处理过程以液体为连续相，气体以微气泡形式与液体均匀混合、分散，气液接触面积大，传质速度快，净化效果好，能够处理高浓度废气，并适应浓度变化。

（3）操作简单，运行过程自动控制。PLC 控制系统根据设定的压力自动完成装置的启动、停止及运行控制。

（4）安全性高，技术环保。装置采用压力控制，能够保证储罐压力处于安全范围（$-50\sim200mmH_2O$），处理气量能够适应罐顶气排放量变化。设备密封性能好，无气体泄漏，不污染工作环境。反应后的吸收液送碱渣罐处理，不产生二次污染。

（5）节能减排，运行成本低。只有当罐内压力达到设定值，装置才启动运行，当罐内压力低于设计值就自动停运，装置的运行时数少，罐顶气排放量少，在实现除臭目的的同时，具有良好的节能减排效果。另外，吸收液成本低，运行功率小。

为彻底解决罐顶气的污染问题，抚顺石油化工研究院先后开发了“超重力脱臭技术”、“超重力收烃技术”、“低温柴油吸收+超重力脱臭技术”、“催化燃烧技术”、“蓄热燃烧技术”等技术。根据废气组成及处理目标不同，具有不同的技术方案，如：以除臭为技术目标时，直接采用超重力技术就可以实现。当企业既要求除臭又要求除烃时，如果是高烃低氧罐顶气，直接采用“超重力脱臭+送低压管网”技术方案，能够彻底消除废气排放问题；也可采用“低温柴油吸收-吸收脱硫”技术方案，保证处理后尾气轻烃达标，排气中非甲烷烃含量可降至 $120mg/m^3$ 以下。既回收了烃，也消除了恶臭污染。

2.“低温柴油吸收-吸收脱硫”技术[9]

含硫污水罐和焦化汽柴油中间储罐的罐顶气中含有较高浓度的烃类和恶臭污染物，在除臭的同时必须回收烃类有机污染物，减少周边环境污染。

含硫污水罐区是炼油厂最大的污水罐区，罐顶气中含有高浓度 H_2S、NH_3、有机硫化物、油气、水蒸气和空气，存在 H_2S、有机硫化物与罐顶金属反应生成 FeS 而发生自燃爆炸的风险；罐顶气直接排放易发生中毒事件，产生恶臭污染和浪费油气资源。因此，炼油厂应十分重视含硫污水罐区气体污染物的减排和治理。

目前含硫污水储罐罐顶气处理应用最广泛的技术“馏分油低温（临界）吸收-碱液吸收”工艺流程见图 8-3-8，它不但可以除臭，同时还可以回收烃。

该工艺推荐馏分油馏程在160~360℃范围内，可以是煤油、柴油、窄馏分溶剂油等，应用较多的是常二线柴油和催化分馏塔外排柴油。来自界区外的馏分油，经过换热器和制冷机组将温度降到约-15~15℃，进入吸收塔与来自酸性水罐区的排放气逆流接触，液气比为 $50\sim200L/m^3$，吸收油气、H_2S 和 NH_3。富吸收油与进入界区的溶剂油换热回收冷量，然后去加氢装置或分馏塔做冷回流等。吸收塔排出气体进入超重力反应器（见前节），与碱液接

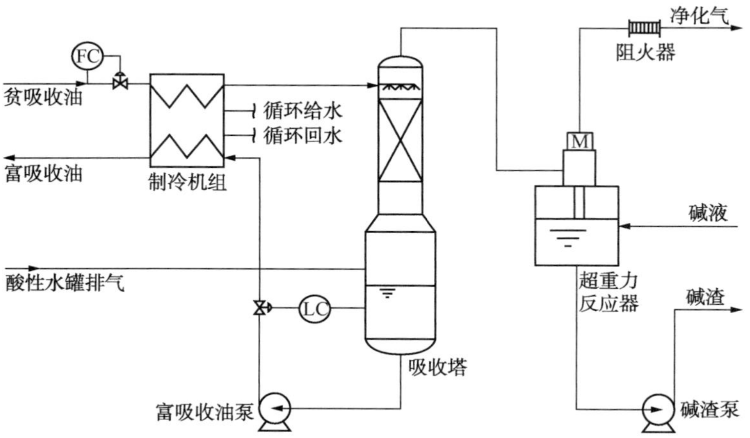

图 8-3-8　含硫污水罐区排放气治理工艺流程

触进一步脱除 H_2S 等污染物。如果采用氨水方案，废碱液排入酸性水罐；采用氢氧化钠溶液方案，废碱液去湿式氧化装置；如果选用醇胺溶液方案，富胺液进公用再生系统。其中，超重力反应器有两种功能，一是气液高强度混合传质，二是引气功能。

由于进入馏分油的油气、H_2S、NH_3 和进入碱液的 H_2S 可以在后续的处理过程中回收，因此，它们在排放气处理装置上的去除率即等于回收率。各种污染物回收率分别见表 8-3-6 至表 8-3-8。

表 8-3-6　H_2S 进出装置浓度及回收率(出口气量按 200Nm³/h 计)

采样日期	进口/(mg/m³)	出口/(mg/m³)	回收率/%	排放速率/(kg/h)	排放标准
2009-11-8	467	≤0.1	≥99.98	≤0.00002	GB 14554—93 规定 15m 排气筒 0.33kg/h
2010-6-6	150000	6	~100	0.0012	
2010-6-7	112000	27	99.98	0.0054	

由表 8-3-6 可知，净化气体 H_2S 排放速率符合 GB 14554—93《恶臭污染物排放标准》。

表 8-3-7　装置进、出口总烃浓度和净化气体总烃排放速率

采样日期	进口/(mg/m³)	出口/(mg/m³)	总烃回收率/%	排放速率/(kg/h)
2009-9-20	181133.3	16560.8	90.9	3.3
2009-11-3	80426	20701	74.3	4.1
2010-4-27	368901.6	16560.8	95.5	3.3
2010-9-9	456482.5	21736.0	95.2	4.3
排放标准	GB 20950-2007《储油库大气污染物排放标准》，非甲烷总烃浓度≤25000mg/m³；GB 16297-1996《大气污染物综合排放标准》，非甲烷总烃排放速率≤10kg/h			

由表 8-3-7 可知，装置出口净化气体总烃排放速率都小于 GB 16297—1996 规定的非甲烷总烃排放速率(≤10kg/h)；装置外排气体中总烃浓度都小于 GB 20950—2007 规定的非甲烷总烃排放浓度(≤25000mg/m³)。

处理装置油气回收量约为 $2300m^3/d \times 400g/m^3 \times 330d = 300t/a$。

表 8-3-8 有机物回收率及排放量(2010 年 6 月 7 日采样)

污染物	进口/(mg/m^3)	出口/(mg/m^3)	回收率/%	排放量/(kg/h)	排放标准/(kg/h)
甲硫醇	165	≤0.05	≥99.97	$\leq 10\times10^{-6}$	0.04
甲硫醚	5.4	≤0.07	≥98.70	$\leq 14\times10^{-6}$	0.33
乙硫醇	473	≤0.07	≥99.99	$\leq 14\times10^{-6}$	无
二甲二硫	未检出	未检出	—	—	0.43
二硫化碳	未检出	未检出	—	—	1.5
异丙硫醇	188	≤0.09	≥99.95	$\leq 18\times10^{-6}$	无
噻 吩	92	≤0.09	≥99.90	$\leq 18\times10^{-6}$	无
重硫化物	70.2	15.1	78.49	0.003020	无

表 8-3-8 中，排放标准指 GB 14554—93《恶臭污染物排放标准》规定的 15m 高排气筒排放量；重硫化物以噻吩计。可知，甲硫醇、甲硫醚、二甲二硫、二硫化碳等污染物排放量远小于标准控制指标。

罐区排放气采用"馏分油低温(临界)吸收-碱液吸收"工艺处理，H_2S、有机硫化物回收率接近 100%，苯系物回收率 90%~99%；NH_3 回收率 60%~90%%；总烃回收率可达 95%；酸性水罐区排放气处理装置年回收油气约 300t。

3. 催化氧化(湿法)对恶臭气体进行治理

中国石油独山子石化分公司 1.20Mt/a 焦化装置的冷焦热水罐与污油罐内恶臭气体主要成分为硫化氢、硫醇、硫醚和挥发性有机气体等，含量为：硫化氢 500~2000μg/g，硫醇、硫醚 200~500μg/g，其他硫化物微量。治理设施采用国内企业生产的恶臭治理撬装设备，采用催化氧化(湿法)对恶臭气体进行综合治理。除臭系统产生的废气量少，无回收价值。因此，对于此类有毒、有害且不需回收的废气，燃烧法是一种较普遍使用的方法。目前常用的燃烧法有直接燃烧法、热力燃烧法和催化燃烧法。直接燃烧法是在 600~1000℃温度下，使恶臭物质直接通入到加热炉中进行燃烧，最终生成 CO_2 和 H_2O 排入空气，该装置除臭系统中新增 2 台废气引风机，经过除臭的气体进入废气引风机，与空气混合后经引风机增压输送至加热炉鼓风机入口，由鼓风机送入加热炉进行燃烧，效果良好[10]。

三、粉尘防治

由于目前国内焦化装置的焦池和焦炭装车均为敞开式，当管理不善时，焦炭产品不能及时运出或散落的焦炭没有及时清理，遇到适当的气候条件必然会发生粉尘污染。为防止焦炭在装车时散落在地面上，在汽车装车处车厢上方设有漏斗，在装车场两侧建 1.5m 高的围墙，道路坡向焦池，落在地上的焦粉可及时冲至焦池。焦炭的铁路装车铁轨基础设计为整体道床，整体道床上设有排水设施，整体道床上的焦粉可直接用水冲洗，排水可直接排入储焦池。另外，加强管理是防治粉焦污染的关键，散落储焦池外的焦炭要及时收集，避免被压碎；焦池内的焦块要及时运出，可防止焦粉干燥后被风刮起。

上海石化"碧水蓝天"环保治理项目之一的热电厂石油焦堆场挡风抑尘墙工程中的东、西两个堆场已于 2016 年全部实现清洁化作业，其东侧挡风抑尘墙体长达 340m、高达 12m，有效地抑止了焦粉杨尘，极大地改善了周边环境。

四、噪声治理

目前，延迟焦化装置各类噪声的治理措施及治理效果见表 8-3-9。由于噪声控制标准从环境要求应满足 GB 12348—90《工业企业厂界噪声标准》，见表 8-3-10。即从该装置噪声源辐射到达厂界的噪声值应满足厂界噪声的要求，厂界噪声标准执行的标准值是根据所毗邻区域的环境类别和昼夜的不同而不同。是否能满足要求还与该装置与厂界的距离、噪声源衰减值的大小有关。

表 8-3-9　焦化装置噪声污染治理及效果

噪声源名称	减噪措施	降噪后噪声值/dB(A)
机　泵	选择低噪声电机和低噪声冷却风扇叶片	80～90
加热炉	低噪声火嘴	87～90
空冷器	低噪声风机	83～85
高压水泵	低噪声电机、隔声罩或置于泵房或地下室内	85(室外)～90
压缩机	低噪声设备和减震措施	85～91
蒸汽放空	加消声器	105
调节阀	调节阀控制合适时，其噪声可控制在 83dB(A)以下；控制不好，噪声可达 100dB(A)以上	

表 8-3-10　厂界噪声限制标准

厂界毗邻区域的环境类别	昼间限制值/dB(A)	夜间限制值/dB(A)
特殊住宅区	45	35
居民、文化区	50	40
一类混合区	55	45
商业中心区、二类混合区	60	50
工业集中区	65	55
交通干线道路两侧	70	55

五、污油回收

由于重质污油和轻质污油的性质不同，通常是分别回收。重质污油通过回收热能后送出装置，或在装置内回炼或按其性质由全厂统一利用；轻质污油或送出装置或直接在装置内回炼。在装置内回炼有利于提高焦化液收率，已有越来越多焦化装置采用污油回炼技术。

六、放射性污染防治

由于放射性料位计和其外部的保护盒是一个整体，经过保护盒的屏蔽后，放射源的射线计量都能达到国家有关标准的要求，即操作人员所受射线的年剂量当量及公众中个人受到的年剂量当量低于国家标准规范的要求。应该说目前安装的料位计放射线污染的防治效果良好，均可满足规范要求。只要加强教育，使操作人员都能了解放射性污染源的危害性，并在装有料位计的附近设有安全警示标志，提示与此操作无关人员远离放射源。另外，国家明文规定装置检修时放射设备的拆除、安装，铅罐活门的关闭、开启，废源的存放及运输都要由专人负责，严格登记，无关人员不要参与。

目前，使用的放射性料位计有两类，即中子料位计和 γ 射线料位计。一般，中子料位计的放射性活度较弱，设计多采用中子料位计。

第四节 国内外焦化装置环保技术的发展方向和趋势

一、国外环保技术的发展

国外延迟焦化技术的发展方向和趋势主要以美国的技术为代表，在 20 世纪 80 年代和 90 年代发展较快。技术的发展虽然主要体现在工艺流程的合理性、设备的先进性和节能增效等方面，但在减少环境污染方面也十分重视。减少环境污染是从改进工艺、设备和污染治理等几方面入手，工艺设备的改进是从源头改变或减少了污染物的排放。如焦炭系统，由于目前国内大都是敞开式的焦池存放、抓斗装车，存在粉尘污染和恶臭的污染。国外通过工艺、设备的改进，发展了直接装车、封闭式传送带输送焦炭系统等技术，从而使粉尘污染和恶臭污染得到有效治理。

在美国，尽管美国环境保护署(EPA)没有像对催化裂化(FCC)那样有专门针对延迟焦化的环保法规，但是现有法规对焦化设计还是有要求的。

这些法规对焦化设计的影响主要集中在让焦化炉和焦池逸散的焦粉颗粒及挥发性有机化合物(VOC)最小化。由于环保法规的驱动，延迟焦化工艺主要注重于改进的是如何减少逸散焦粉颗粒、增加烃蒸气回收设施、减少焦化废水排放和再利用以及减少其他各种废弃物排放[11]。现将有关技术简述如下：

(1) 减少逃逸焦粉技术

去除难捕捉焦化粉尘排放物的方法是全封闭出焦系统，Foster Wheeler 公司已商业应用该系统。在焦炭塔内焦炭被剪切破碎，在重力流作用下进入一个特殊设计的脱水容器中，进行水和焦炭分离。脱水后的焦炭进入带有粉尘回收功能的封闭系统进行焦炭传送。

焦炭塔底部利用的伸缩斜槽是全封闭的。焦炭塔顶端和底部拆卸接头全部是远程自动系统控制，以防止操作过程中操作员的直接接触。

传统的敞开式的堆焦池改为储存焦池。并用油或专有化学物覆盖并防止焦炭粉尘被风刮走。在一些敏感区域，需要采用水泥池这样的预防措施。也有用棚子储存优质石油焦，不能使用脱水池或水泥脱水池系统。

最近就延迟焦化要求有新的规定，目的在于使焦化传输系统形成的难捕捉粉尘最小化。这些要求包括建立运输汽车清洗站，货车须在铺平的道路上行驶和考虑运输焦炭的覆盖防尘。这些新规定在于减少颗粒物的排放，也有利于美化环境。

(2) 挥发性气体的回收

在老的焦化工艺中，焦炭塔中的挥发性气体靠蒸汽带到分馏塔回收，没有带走的挥发性气体通过放空系统排放。随着环保法则越来越严格，从放空系统排出的挥发性气体通入火炬燃烧排放。更低压力下焦化装置的设计是应用湿气压缩机回收大部分放空气体，小部分残余物再送火炬，这样挥发性气体得到了回收，还减少了污染排放的可能。

(3) 焦炭塔卸压设计

焦炭塔冷却、排气和排水后必须在打开顶阀放空。冷却后焦炭塔的典型温度区间在 120℃到 150℃，操作压力在 0.0276~0.0345MPa(表)。传统设计中焦化塔降压到 0.0276~0.0345MPa(表)放空除焦，此时会有一些不凝物排到大气中。Foster Wheeler 公司设计是在降压到0.0138MPa(表)后再放空除焦，这可显著减少排放。

除此之外，Foster Wheeler公司基于环保的考虑还采取诸多措施减少环境污染，如将焦化废水经汽提后回用，减少排水量；还考虑焦炭塔密闭(不开顶封头)切焦。

(4) 污泥或污油进焦化

通常是在焦炭塔打急冷水的开始半个小时掺打或全打污泥或污油。

目前国外最有效的控制技术(BACT)在环保问题上的应用及能减少污染的延迟焦化生产工艺、设备的改进技术介绍如下。

(一) 国外污水治理技术

1. 含硫污水

为了使每一股污水都得到适当的处理，生产实践中发现放空塔塔顶分离器在焦炭塔蒸汽吹出和冷却期间收集的水可能含有H_2S和NH_3，预计H_2S和NH_3含量将在焦炭塔冷却的第一个小时中达到最高。这时，应以汽提塔能容纳的速度将水送至界区外的含硫污水装置。1h以后的水将被收集起来循环至净水罐，被再利用于焦炭塔的冷却和清焦。在焦炭塔加热期间冷凝的水被送至卸焦板，最终循环至净水罐。

2. 冷切焦水

利用完全循环原理使冷切焦水最小化，废水自循环和被再利用。

3. 生产废水的利用

来自蒸汽发生器的间歇放空排水被急冷并循环至卸焦板，作为冷切焦水的补充水。

(二) 国外废气治理技术

1. 加热炉烟气

采用最有效的控制技术应用于燃料燃烧产生的污染物，首选的是低氮氧化物燃烧器或者选择性催化还原技术。短时排放还可利用湿式除尘系统来控制。

2. 废气排放

在蒸汽除焦期间产生的蒸气混合物经由加热炉烟囱排放至大气。

3. 油气回收

为提高油气收率，在焦炭塔吹汽的前30min塔顶混合油气排入分馏塔，在后1h塔顶混合油气排入放空系统的接触冷却塔处理。

(三) 国外焦粉污染的治理技术

1. 焦炭处理系统

焦粉的污染主要由于目前部分焦炭后处理系统还是敞开式存放和敞开式装运，国外开发有四种焦炭处理系统，其中一种是将焦炭直接装载入火车的非常高效的系统，一种是能使灰尘和其他有害废水最小化的完全封闭的倾料斗系统；另外两种最常用的系统是卸焦坑和卸焦板，虽然这两种系统不如倾料斗系统干净，但它们能以合理的投资提供合格的操作。

2. 焦炭直接装入铁路槽车系统

在焦炭直接装车系统中，在焦炭塔结构下面铺设铁路线，焦炭和切焦水通过焦炭塔塔底盖降入铁路料斗或铁路敞篷货车。一节槽车装满了，按着槽车的方向牵引，再装另一槽车。

水通过槽车中的孔溢出和排出，使水和焦炭分离。水收集在槽车下面的地沟里，用泵将水从积水槽送去澄清，重复利用。

3. 工艺除焦粉

通过在分馏塔和放空塔设置过滤器可使焦炭粉在工艺设备的积聚最小化，这些焦炭粉将被人工运输并加入到焦炭产品中。

净水罐可定期排空至迷宫网，利用前端装载机定期从迷宫网脱除焦炭粉。

用过滤器脱除工艺废液中的焦炭粉，然后送至卸焦坑。

利用斜坡使界区内生成的焦炭粉滑至卸焦板。所有焦炭粉可被定期冲洗至卸焦坑。

4. 封闭式传送带输送系统

采用带有湿润焦炭设备的封闭式传送带的焦炭输送系统，可消除焦炭输送过程中的粉尘污染。

5. 湿粉尘抑制系统

为防止易散细粉扩散，喷射含水润滑剂作为焦炭运输(卡车冲洗站)和焦炭储存堆的防尘剂，或在焦炭储存堆的表面用密封剂或粉尘抑制剂处理，焦炭储存堆亦可存于室内。

(四) 国外渣浆的处理工艺

1. 专利提供的渣浆处理工艺

这是一个完整的系统，包括渣浆预热、水与轻稀释剂的互换以及将热渣浆注入焦炭塔，分解的渣浆在这里最终消失于焦炭中。

2. 污油回收

污油被送至完全封闭的回收系统。

二、国内环保技术的发展

随着国内前些年延迟焦化装置的大量建设，焦化生产过程对环境产生的污染问题也越来越引起人们的重视，在借鉴国外治理技术的基础上，国内治理技术发展很快。冷切焦水的密闭循环治理技术、焦炭塔吹汽放空气体密闭冷却治理技术、加热炉的低氮氧化物燃烧器、噪声和焦粉污染治理技术等都已成功地利用到新建装置和改建装置的生产实践中，对减少污染和改善装置周围的环境都起到积极的作用。

通过多年的发展，针对焦化生产工艺带来的污染问题，如延迟焦化的加工工艺使分馏塔顶排出的含硫污水的氨氮不易除净、冷(切)焦水处理系统还存在恶臭污染、装置排出的污油量较大如何进行回炼、如何利用焦炭塔的热量来处理炼油厂的浮渣等方面都相继开发了各种污染治理技术。

(一) 含硫污水治理技术

延迟焦化的加工工艺使分馏塔顶排出的含硫污水中的氨除了以硫氢化铵、碳酸铵的形态存在外，还以铵的其他化合物形式存在，如亚硫酸铵、硫代硫酸铵、亚硫酸氢铵、醋酸铵、氰氢酸铵等。只有硫化铵在中性或微碱性介质中可发生水解生成硫化氢和氨，氨在蒸汽汽提作用下离开水溶液，从含硫污水中脱除。其他的铵化合物如果只采用一般的单、双塔汽提工艺处理，不论汽提蒸汽消耗量如何提高也无法再通过蒸汽汽提手段使他们继续降低，处理后的净化水中氨氮的含量只能达到80~150mg/L。通过注碱、调节水的pH值至碱性，其他的铵盐才可发生水解，在汽提蒸汽的作用下从含硫污水中脱除。根据这个原理，南京炼油厂开发了含硫污水注碱汽提新工艺。实践证明采用注碱汽提工艺，含硫污水中氨氮含量最终可降至30mg/L以下，不仅可以满足进污水处理场的要求，不影响污水处理场的正常运行，还由于自身水质的提高，扩大回用范围，增加其回用性。

含硫污水注碱汽提处理工艺具有流程简单、氨去除率高、易操作、投资少、运行费用低等特点[9]，目前该工艺已成为常规处理工艺。

（二）放空污油回炼技术

延迟焦化装置排出的污油较多，约占加工量的1.5%～2.5%，其中绝大部分为放空污油。由于含水和含焦粉较高，如果掺入全厂污油，会影响污油质量。如果能在装置内回炼，不仅解决了这部分污油的出路，还可在经济上有所收益。

长岭炼化通过热量平衡计算，将放空污油作为分馏塔二层回流进行回炼。因放空污油组分较轻，几乎都气化至分馏塔上部，所以它对塔低液面几乎没有影响，也不会影响装置的加工量。由于这部分放空污油相当于蜡油冷回流，对蜡油温控和蜡油箱温度影响较大；同时由于回炼油含水率较高，影响分馏塔顶压力，使它上升较快，严重时将造成系统超压；所以，应加强回炼油罐脱水，严格控制含水率在5%以下。实现放空污油回炼后，柴油收率比回炼前增加0.81%，其他产品变化不大。

放空污油作为分馏塔的二层回流进行回炼，标定结果表明，不仅操作平稳、产品质量合格，而且装置液体油收率和柴汽比都有所提高，不仅为放空污油的出路开辟了新的途径，还产生较好的经济效益和社会效益。

（三）利用焦炭塔的热量处理炼厂浮渣污染治理技术

炼油厂污水处理过程中会产生大量的浮渣，传统的处理方法是经过脱水、过滤分离出固体浮渣，或堆放填埋或送入焚烧炉焚烧处理。不论堆放填埋或焚烧处理都会对周边的大气环境和生态环境造成污染；焚烧处理不仅需要投入庞大的设备投资，而且还要消耗大量的燃料油，据统计焚烧1kg浮渣需要9kg燃料油，而且由于脱水设备故障率高，厂内经常存积大量浮渣无法处理。

福建炼化分析了浮渣的组成后，由于浮渣中绝大部分为水分，含水71.1%；灰分仅占2.1%，其他为烃类。借鉴国外浮渣的成功处理经验，开发了利用成焦后焦炭塔（老塔）的余热处理炼油厂浮渣的处理技术。当焦炭塔完成生焦后，将污水处理场的浮渣由焦炭塔底注入，塔底350℃的高温可将浮渣中93%的水分和轻烃气化，形成气流将浮渣中300℃以上的重烃及灰分沿焦床中直径约240mm的油气孔道迅速上升。在塔顶浮渣中的固体灰分及难气化的重烃沉降入焦炭塔顶约400℃的泡沫焦层中，重烃在泡沫层中继续反应，最终形成松软的泡沫层。固体灰分被焦炭塔顶泡沫层吸附，固定在泡沫层。气化的油气随同焦炭塔吹汽放空气进入放空塔处理。

由于老塔的余热是浮渣中烃类气化、分解、参与焦化反应的唯一热源，选择适当的注入时机是非常重要的。实践证明，当大吹汽后注入浮渣是处理浮渣的最佳时机，这时塔顶一般可维持400～415℃，可以使浮渣中的水分和烃类得到充分的汽化和分解，又能保证焦炭的质量。为了充分挖掘老塔处理浮渣的能力，处理浮渣的老塔的塔顶温度不能低于350℃，同时，合理控制浮渣的注入速度和处理量都是充分利用老塔处理浮渣能力的非常重要的因素。据经验介绍，加工能力为0.6Mt/a的延迟焦化装置，在老塔温度由420℃降至350℃的过程中，处理浮渣的极限能力为8～10t/塔。

经过生产实践表明，利用焦化装置处理炼厂浮渣工艺消耗低、无污染、流程简单、可操作性强，对焦炭质量的影响主要集中在泡沫层，混合焦炭的质量能够满足产品要求，并且可创造极好的经济效益和环境效益。

（四）恶臭污染治理技术

有关罐顶恶臭气处理的最新进展，本章在前面已有所讨论。

延迟焦化清洁高效密闭除焦技术已经应用在国内一些延迟焦化装置中，2015年12月由中石化洛阳工程有限公司与镇海炼化、洛阳涧光石化设备有限公司合作开发设计制造的世界首套全密闭除焦延迟焦化装置已在镇海炼化成功运行。该技术成功应用可从根本上改变焦化装置带来的恶臭污染和粉尘污染问题。这套全密闭焦化装置分为生产和储藏两部分，其中的密闭储藏技术此前已在新疆塔河一家石化企业的焦化装置技术改造中得到成功应用。目前，燕山石化延迟焦化改造已经采用中国石化开发的密闭除焦专有技术，这是一种封闭的焦炭破碎、输送、脱水与储存的工艺技术，可实现焦炭、污水和废气的全密闭处理。

（五）焦化加热炉烟气治理技术

随着国内环保意识提高及环保法律法规的加强，对焦化加热炉排放烟气的污染物 NO_x 的控制更为严格，低氧化氮燃烧器已占据主导地位。扁平焰低氧化氮气体燃烧器采用了燃料分级燃烧及烟气自循环技术，降低了火焰区的氧浓度及火焰区的燃烧温度，从而使烟气中的氮氧化物浓度降至 40μL/L 以下。

参 考 文 献

[1] 中国石油化工集团公司安全环保局．石油石化环境保护技术[M]．北京：中国石化出版社，2006：173.

[2] 齐慧敏，王栋．炼厂含硫污水汽提技术分析[J]．当代化工，2006，35(5)：357-360.

[3] 程凤珍，侯天明，汪华林．焦化含硫污水旋流除油除焦粉技术研究[J]．石油化工环境保护，2003，26(2)：33-34.

[4] 郑宗孝．延迟焦化装置冷焦热水罐硫化氢含量超标的治理[J]．安全、健康和环境，2005，5(11)：32-34.

[5] 郭兵兵，刘忠生，王海波，等．炼油厂恶臭废气综合治理技术的研究：Ⅰ．酸性水罐区和轻质油品中间罐区废气治理技术[J]．石油炼制与化工，2014，45(9)：95-100.

[6] FYHG-DS 超重力反应器处理罐顶恶臭气体技术研究及工业试验研究报告．

[7] 王航空，张梅，杨洋，等．延迟焦化装置含硫污水治理措施与建议[J]．石油炼制与化工，2011，42(9)：83-86.

[8] 郑宗孝．延迟焦化装置的清洁生产[J]．石油化工安全环保技术，2007，23(4)：2-3.

[9] 方向晨，刘忠生，郭兵兵，等．炼厂酸性水罐区气体减排和治理新技术[J]．炼油技术与工程，2012，42(3).

[10] 杨海燕．石化行业恶臭有机废气治理技术浅析[J]．新疆石油化工，2016，10(1)：77-80.

[11] Geoffrey P King. Environmental Considerations for the design of Delayed Cokers[R], Environmental Conference Poster Session, Denver Marriott City Center, Denver, Colorado, October 14-16, 2012.

第九章　延迟焦化技术经济分析

在炼油工业中，延迟焦化是重要的渣油加工工艺技术。近年来，随着世界原油重质化趋势的发展，渣油深度加工工艺的选择已成为重要的技术经济课题。本章从延迟焦化工艺的技术经济基本内涵入手，探讨延迟焦化工艺的技术经济性。

第一节　延迟焦化装置的投资与加工费

一、装置的建设投资

(一) 建设投资概述

建设项目总投资是指保证工程项目建设和生产经营活动正常进行所必需的资金，包括建设投资、建设期利息、流动资金和固定资产投资方向调节税(暂停征收)。其中建设投资是指从建设项目立项到全部工程竣工验收交付使用全过程所投入的全部费用；建设期利息是指银行借款和其他债务性资金在建设期内发生的利息以及其他融资费用；流动资金是指生产经营性项目投产后，为进行正常生产运营，用于购买原材料、燃料，支付工资及其他经营费用等所需的周转资金。

建设投资由工程费用、工程建设其他费用和预备费构成。工程费用包括设备及工器具购置费、安装工程费和建筑工程费，工程建设其他费用包括固定资产其他费用、无形资产费用和其他资产费用。预备费包括基本预备费和价差预备费。

工程费用和固定资产其他费用形成固定资产；无形资产费用和其他资产费用分别形成无形资产和其他资产。建设投资构成见图 9-1-1。

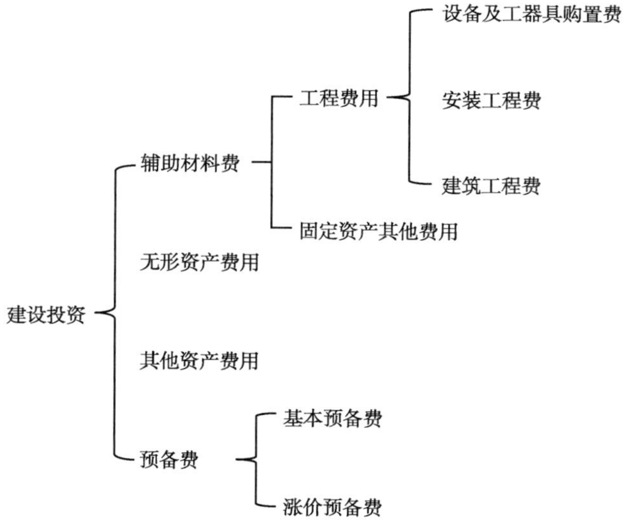

图 9-1-1　建设投资构成图

按照建设投资包括的工程内容或范围，建设投资分为工艺装置界区内(ISBL-InSide Battery Limit)的投资和界区外(OSBL-OutSide Battery Limit)配套工程投资。本章所涉及的建设投资均指装置界区以内工程的建设投资，并重点讨论建设投资中的工程费用。工程费用按专业特点，一般可进一步划分为总图竖向、建筑物、构筑物、机械设备、静置设备、工业炉、工艺管道、电气、电信、自控仪表、给排水及消防、采暖通风、安全卫生、催化剂一次装入及化学药剂等费用部分。

(二) 装置建设投资的影响因素

装置的建设投资不仅受装置建设规模、工艺技术路线选择和设计标准等装置自身结构和内涵因素的影响，而且与国民经济发展密切相关，受物价水平、相关行业的技术发展水平、地区经济发展的不平衡以及建设地点的自然地质条件等环境因素的影响。具体的影响因素主要包括装置建设规模、物价水平、建设地区及建设条件等。

1. 建设规模

装置建设规模主要受市场因素、技术因素和环境因素所制约。装置建设规模的大小对装置建设投资的影响最为明显，二者呈指数函数关系(指数为 X)，而装置的建设规模与单位建设投资则呈负指数关系，其指数取值为 $X-1$。在实际应用中，可以采用规模指数法进行工艺装置的建设投资估算，即针对不同的工艺装置选用相应的规模指数，利用已建成的同类装置的实际建设投资来估算拟建装置的建设投资，具体计算公式如下：

$$C_b = C_a \times (Q_b/Q_a)^X \tag{9-1-1}$$

式中 X——规模指数；

Q_a，Q_b——已建装置 a、拟建装置 b 的生产规模；

C_a，C_b——已建装置 a、拟建装置 b 的建设投资。

根据有关统计资料，延迟焦化装置的投资规模指数为 0.7～0.81。另外，在使用式(9-1-1)时，还应根据拟建装置的建设时间、建设地点、建设条件、主项构成等具体情况，找出与已建装置的差异，首先调整已建装置实际发生投资，采用相应的价格指数或调整系数，剔除或增加与拟建装置的主项差别，调整已建装置投资，使其与拟建装置仅有规模上的差别。然后再用规模指数法进行规模换算，以保证投资估算的精确度。

需要注意的是，利用规模指数法估算投资，拟建装置与已建装置的技术路线、装置构成应基本一致，仅仅由于设备尺寸改变而改变生产能力；且已建装置与拟建装置的规模相差不应过大，即 Q_b/Q_a 的比值在 0.5～2 之间时，利用规模指数法估算结果较为合理。

2. 物价水平

不同时期建设的同类装置所需的建设投资不同，是由于各个装置建设时期相关行业经济发展水平和价格水平不同。在装置内在因素相同的情况下，投入要素如设备材料和劳动力的价格水平对装置建设投资具有相当大的影响。不同时期的价格水平对装置建设投资的影响程度可用装置价格指数来体现。

装置价格指数是指同一地区的同一装置的建设投资随时间变化的变动系数，也即用同一货币表示的同类装置在两个不同时期的相对价格。目前，国际上炼油行业常用纳尔逊炼厂建设费用指数(Refinery Construction CostIndex)，化工行业常用 CE 指数，设备制造行业常用 MSI 指数来反映不同时期价格波动情况。

由于各个行业的技术发展速度不同，以及同一行业在不同时期的技术发展速度也不均衡等缘故，各种价格指数在不同时期的上升幅度有所差异。

目前我国还没有建立完整的炼油、化工装置建设投资价格指数，但近些年来国家统计局每年公布国内各地区的固定资产投资、建安工程、设备工器具和其他费用指数，亦可反映出我国近年来全国各地基本建设工程造价的变化趋势和幅度。在实际投资估算时，可参考使用这些价格指数。全国固定资产投资价格指数历年趋势如图 9-1-2 所示(数据调整为以 2004 年为基准 100；数据来源：国家统计局网站)。

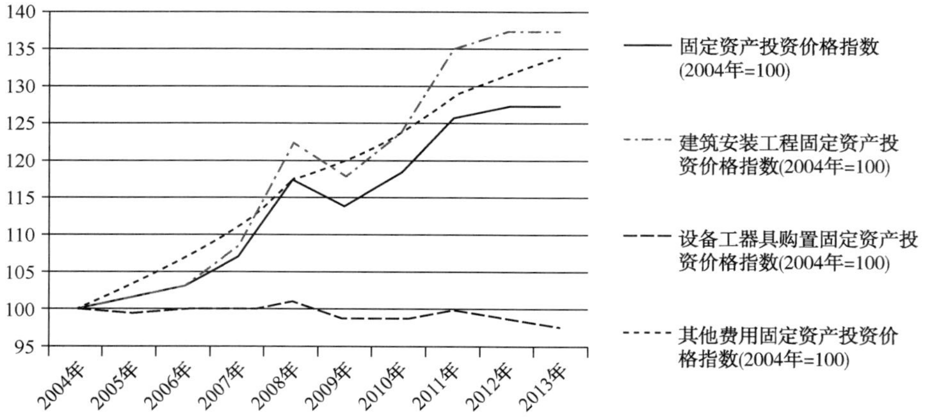

图 9-1-2　全国固定资产投资价格指数历年趋势图

从图 9-1-2 可以看出，构成固定资产投资指数的几种组成指数中，其他费用指数上升趋势最明显；建安工程指数涨幅最大，且主要是在 2010 年开始涨幅超过其他费用指数，反映出自 2010 年以来国内人工单价的急剧上升。设备工器具指数自 2008 年以后呈明显下降趋势，反映出固定资产投资中的设备购置费水平总体上逐年降低，也反映了我国设备制造业集约化发展效果显著，以及 2008 年后经济发展放缓，产能适度过剩造成的价格下行。

3. 建设地区及建设条件

在同一时期内，由于各地区自然环境的差别，地区经济和行业经济发展的不平衡，人员素质及工资水平的差异等，再加上税收政策等投资环境各不一样，从而导致不同地区的设备和材料价格、建筑安装工程的人工费和管理费用等均有差异，因此在不同地区建设同类装置，其费用也各不相同。这些差异通常可用地区因子来描述和调整，即地区因子是数量化地描述和调整地区差异的一种有效方式。例如美国斯坦福国际咨询研究所经过多方研究提出的 PEP 化工装置费用的地区因子。

在我国，除边远省份和地区之外，石化生产装置建设投资的地区差异主要体现在建筑材料、劳务价格和设备材料的运输条件等差异上。因此，对同类工艺装置而言，利用各地区公布的建筑材料预算价格及人工费用单价，可以大致估计出地区因素导致的装置建设投资差异。通过对国内部分装置建设投资数据的统计分析，地区差异对装置建设投资的影响程度约在±5%左右。

装置的建设条件主要指建设地区的自然地质条件和所在炼油企业所能提供的依托条件。自然地质条件对装置建设投资的影响主要体现在对土建工程的地基处理、防渗、降水费用、总图竖向平整费用以及设备管线保温、涂漆等费用的影响，炼油企业提供的依托条件对装置界区外的建设投资影响较大，对装置本身建设投资的影响较小。

(三) 延迟焦化装置的建设投资

自世界上第一套延迟焦化装置建成投产以来，已历经80年的发展，目前已成为一种重要的重质油加工工艺，近年来，我国延迟焦化产能增加也非常快。

1. 国外延迟焦化装置的建设投资

据调查统计资料表明，国外ABBLummus公司、FW/UOPLLC公司、Conoco大陆公司、Kellogge公司均有延迟焦化工艺技术，在世界范围内具有一定的影响力。

根据相关资料统计，经测算，以2014年美国墨西哥湾地区价格为基准的延迟焦化装置平均单位投资(仅指界区内投资)在80~150美元/t年加工能力范围之内，2002年在40~77美元/t年加工能力范围，基本上涨了一倍。

2. 国内延迟焦化装置的建设投资

我国延迟焦化工艺是在20世纪60年代初发展起来的，至2010年左右，大部分炼油厂陆续建设了规模在1.0~1.6Mt/a之间的延迟焦化装置。随着延迟焦化工艺技术的发展以及炼厂重油加工任务的增加，焦化装置规模和产能有很大增加。

表9-1-1是国内部分炼厂2003年后建成焦化装置建设投资统计表。通过对国内部分产能为1Mt/a延迟焦化装置投资数据的统计分析，装置界区内工程费用单位投资大致在340~390元/t年加工能力范围之间。各专业投资占装置投资的比例范围变化不大，有一定的规律可循。装置界区内投资各专业构成比例的统计分析见图9-1-3。从图中可以看出，静置设备、机械设备、工艺管道、建筑工程的投资所占的比例较大，居前四位，共占装置总投资额的70%~75%。

表9-1-1　国内部分炼厂焦化装置建设投资统计表

序号	规模/(万t/a)	建成年①	建设投资/万元	单位造价指标/(元/t)
1	115	2003	21376	186
2	120	2004	24000	200
3	150	2004	42000	280
4	60	2004	16202	270
5	120	2005	30000	250
6	150	1993/2010	29288	195
7	100	2004	24177	242
8	30	1994/2010	6800	227
9	120	2008	41000	342
10	120	2009	35315	294
11	240	2010	78000	325
12	160	2011	61469	384
13	160	2012	63200	395
14	100	2013	39000	390

① 建设年为两个的，前者为投产年，后者为改造年。

延迟焦化装置一般由焦化分馏、吸收稳定、干气(或/和液化气)脱硫三个部分组成，他们各自占延迟焦化装置投资的比例见图9-1-4，其中焦化分馏部分的投资占装置投资的比例最大，约在82%。焦化分馏部分的焦炭塔设备及安装工程和焦化炉安装工程的投资占装置投资的比例约为12%~15%。若按费用构成划分，设备购置费、安装工程费、建筑工程费分别占装置投资的比例约为43%~50%、42%~48%、6%~8%。

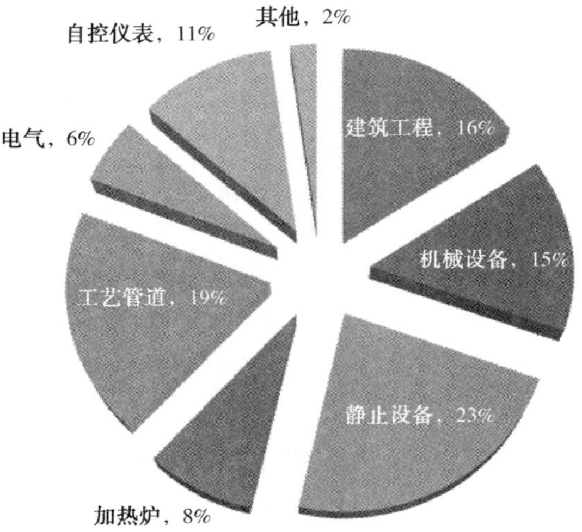

图 9-1-3　延迟焦化装置内各专业投资比例图

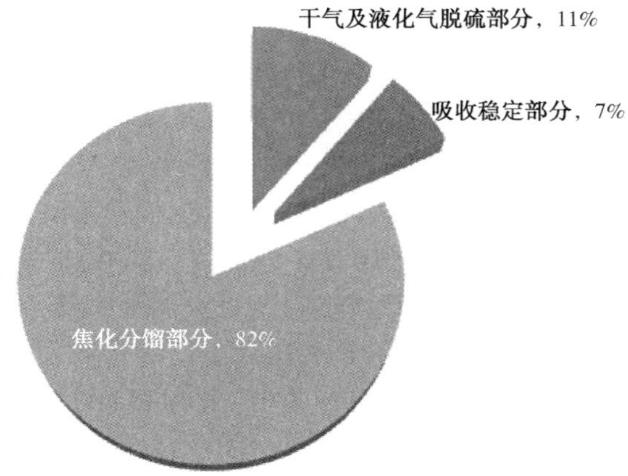

图 9-1-4　延迟焦化装置各部分投资比例图

二、装置的加工费

（一）装置加工费的构成及含义

装置加工费的含义因工业企业成本核算体系的演变，不同时期有所不同。根据现行的《工业企业会计准则》，工业企业的成本核算采用制造成本法核算。制造成本法是将工业企业生产经营活动所需发生的各种费用分为产品制造成本和期间费用进行核算。产品制造成本包括为生产一定种类、一定数量的产品所发生的直接费用和制造费用两部分。其中直接费用包括直接材料费、人工费和其他直接支出，直接费用直接计入产品成本。制造费用则分摊计入产品成本。期间费用是指在一定会计期间内发生的，不能直接归属于某个特定产品制造成本的费用，包括管理费用、财务费用和营业费用。期间费用不计入产品制造成本。各项费用的关系如图 9-1-5 所示。

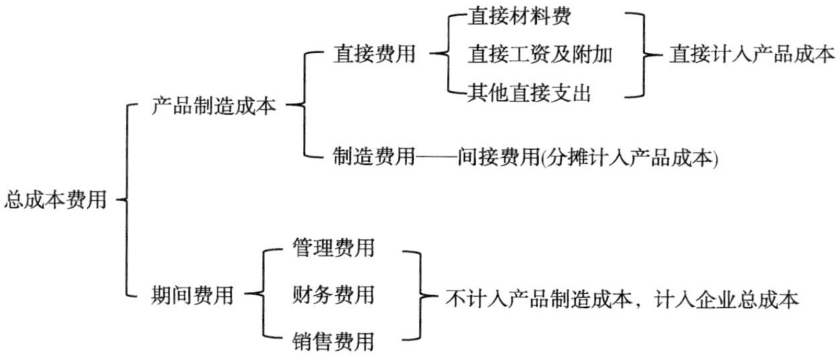

图 9-1-5　总成本费用构成图(制造成本法)

本章讨论的装置加工费是指炼油装置在生产过程中，所发生的制造成本中扣除原材料费之外的各项费用，包括辅助材料费、燃料动力费、人工费和制造费用四部分。

辅助材料费是指不构成产品实体，但有助于产品形成的材料费用。对延迟焦化装置而言，辅助材料费主要包括脱硫、脱硫醇等工艺过程使用的催化剂及化学药剂的费用。

燃料动力费是指为生产提供热能的各种燃料以及生产中消耗水、电、蒸汽、燃料油(气)、压缩空气等所需的费用。

人工费指生产工人的工资及附加，即指生产工人的工资、奖金、津贴、补贴和职工福利费等费用。

制造费用是指企业各生产单位(装置、车间)为组织和管理生产而发生的各项间接费用。它包括装置(车间)管理人员工资及福利费、折旧费、修理费、办公费、水电费、物料消耗、劳动保护费以及其他制造费用。

同时为合理反映装置生产过程中的现金性支出，引入装置现金加工费的概念，就是每年需要支付现金的加工成本，也就是将装置加工费中扣除不需要每年支付现金的成本费用(非付现成本)，主要指装置折旧费、摊销费。

装置加工费的构成可用图 9-1-6 表示。

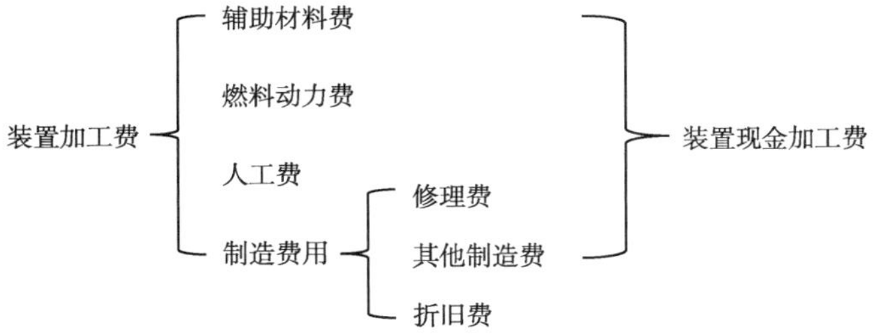

图 9-1-6　装置加工费费用组成图

(二) 影响加工费水平的变动因素

炼油装置加工费的内涵比较复杂，影响装置加工费的因素很多，例如装置规模、装置能耗、原料油性质、催化剂性能、装置自动控制水平、设备状况、辅助材料和燃料动力价格、装置负荷率和开工率、企业管理水平等，都会对加工费造成影响。概括地讲，影响装置加工费的因素可分为内在因素和外在因素两类；其影响都可归结为“量”和“价”两方面。内在因素包括装置规模、原料油性质、工艺流程、催化剂性能、耗用人工等，可直接对产品数量和质量产生影响。其主要表现是对消耗物料数量的影响；外在因素是指通过对各投入要素产生作用，可间接地引起装置加工费变化的一些因素，包括管理水平、地区差异、时间因素、市场供需情况等，其影响主要体现在价格的变化上。

此处重点阐述时间因素。时间因素对装置加工费的影响主要表现在装置投入要素的价格随时间的变化。一方面是受通货膨胀等社会经济发展的一般因素影响，使投入要素价格呈刚性上升的趋势；另一方面是随着技术进步，企业经济规模的形成和劳动生产率的提高，又使价格呈逐渐降低的趋势。这两方面综合作用，将最终影响装置加工费的高低变动。通常用指数表征装置加工费随时间变化的趋势。国外使用较广的是纳尔逊-法诺加工费指数(Nelson-Farrar-operating cost index)，此前曾名为“Nelson 加工费指数”。是纳尔逊在研究美国炼油厂运行情况和炼油生产成本的基础上，以 1956 年各炼油厂平均加工费为基准编制的系列定基指数。

纳尔逊通过对炼油厂或炼油装置加工费的分析研究，认为可以用燃料费、人工费、投资有关的费用(主要为折旧和维修材料等费用)和化学药剂费这四类费用对炼油厂或炼油装置加工费进行描述，并在此基础上，分别测算炼油厂和炼油装置的加工费指数，形成 Nelson 炼油加工费指数体系。该指数体系由上述各类费用指数以及各自在综合指数中所占比例组成。

采用该种方法，通过统计分析可以发现，装置加工费指数受燃料费指数影响较大，其变化趋势与燃料费指数的变化趋势基本一致；而炼油厂加工费指数则受投资相关费用指数的影响较大，二者的变化曲线也基本一致。但各类费用指数在综合指数中所占比例不是一成不变的，是随着时间、技术水平的发展而变化的。

（三）延迟焦化装置的加工费

随着时代进步，装备制造业长足发展，装置大型化以及延迟焦化技术自身的不断提升，2000 年以后，国产 100 万 t/a 以上延迟焦化装置可实现 1 炉 2 塔设计，2008 年以后，延迟焦化装置低循环比技术得以充分应用等等。技术革新和规模大型化，从单位规模人工、燃料动力消耗量、工程投资的角度，在“量”的层面不断降低延迟焦化装置的单位加工费；另外，人工工资及福利费水平不断提高，国家和行业安全环保要求、自动化水平不断提升，建筑安装施工成本的逐年增长等因素变动，又从“价”的角度，不断提高延迟焦化装置的单位加工费，二者造成互相矛盾的影响。

目前国内延迟焦化装置的加工负荷率普遍较高，达到 80% 以上。表 9-1-2 是国内部分炼厂 2003 年后建成焦化装置加工费构成表（按统一价格、费率标准计算）。

表 9-1-2 国内部分炼厂焦化装置加工费构成表

序号	规模/（万 t/a）	单位加工费/（元/t）	单位现金加工费/（元/t）	装置加工费/万元					
				装置现金加工费					
				人工费	燃料动力费	辅助材料费	制造费用		
							其他制造费	修理费	折旧费
1	115	62	49	56	4333	247	428	609	1451
2	120	48	34	56	2647	258	480	684	1629
3	150	81	62	56	6919	323	840	1197	2850
4	60	75	57	56	2426	129	324	462	1099
5	120	63	46	56	3716	258	600	855	2036
6	150	59	46	56	5119	323	586	835	1987
7	100	84	67	56	5271	215	484	689	1641
8	30	63	48	56	990	65	136	194	461
9	120	89	66	56	5623	258	820	1169	2782
10	120	81	61	56	5265	258	706	1006	2396
11	240	82	60	56	10001	516	1560	2223	5293
12	160	99	73	56	8363	344	1229	1752	4171
13	160	91	64	56	6822	344	1264	1801	4289
14	100	82	56	56	3435	215	780	1112	2646
平均	125	77	57	56	5066	268	731	1042	2481

通过表 9-1-2 可以看出，目前国内延迟焦化装置单位加工费平均在 60～90 元/t 左右，图 9-1-7 显示了部分国内延迟焦化装置各项费用在加工费中所占比例的统计平均值。从图 9-1-7 可以看出，燃料动力费所占比例最高（约 42%～63%）；其次为制造费用（约 34%～55%）；人工费和辅助材料费所占比例较小，二者之和在装置加工费中所占比例在 3%～6% 之间、在装置现金加工成本中所占比例也最高不超过 8%。由此可见，分析研究降低延迟焦化装置加工费的重点在于如何降低燃料动力费和制造费用。

装置制造费用的主要构成项目为装置的折旧费和修理费，二者费用之和约占制造费用的

85%左右，而这两项费用既属于固定成本范畴，又与装置建设投资的大小密切相关，因此，在装置的工程设计中应注意优化全场总工艺流程，合理确定装置建设规模，降低装置建设投资；同时在装置的实际生产过程中，应合理安排全厂生产计划，力争使装置满负荷生产，以降低装置的单位固定加工成本。

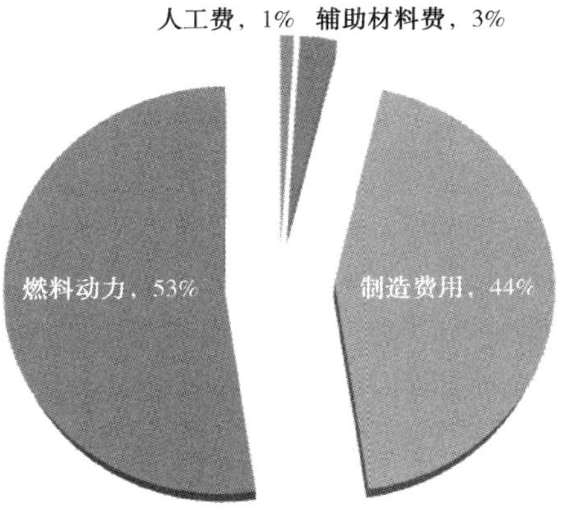

图 9-1-7 国内部分延迟焦化装置加工费中各项费用占比

装置生产所用的燃料动力费属于可变成本范畴，因此控制此项费用的重点是在装置的工程设计阶段，工艺设计人员应根据优化的全厂工艺总流程，结合装置特点，设计先进合理的工艺参数、采取节能措施降低能耗，提升加热炉效率，减少装置燃料动力消耗，降低费用。此外，在优化设计的同时，还应在装置的生产运行中注意贯彻好装置巡检制度，减少跑、冒、滴、漏造成的损失。

燃料动力费中电、燃料、蒸汽和其他(包括新鲜水、循环水、除氧水、软化水、压缩空气等)的分配比例统计平均值如图 9-1-8 所示，其中燃料费和电费分别占燃料动力费的 44%和 33%，为主要的费用构成。究其原因，主要是焦化加热炉热负荷大，有的加热炉效率较低(如老式的单面辐射加热炉)，燃料价格高，耗电量较大所致。若按延迟焦化装置生产工序分析，则焦化分馏部分、吸收稳定部分、脱硫部分所发生的燃料动力费占装置总燃料动力费的比例分别为 87%、3%和 10%左右，如图 9-1-9 所示。

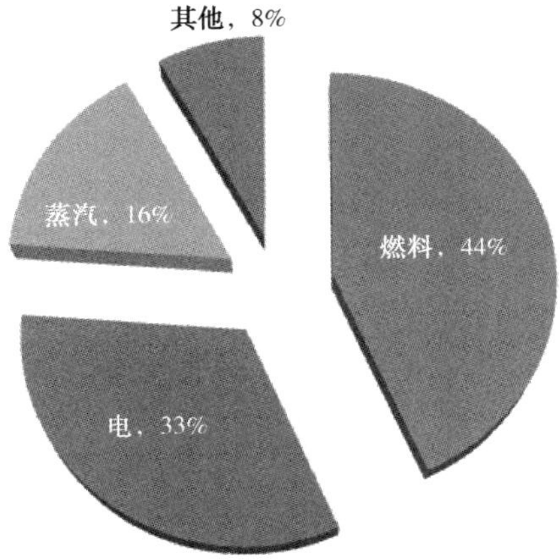

图 9-1-8 延迟焦化装置燃料动力费用构成比例统计平均

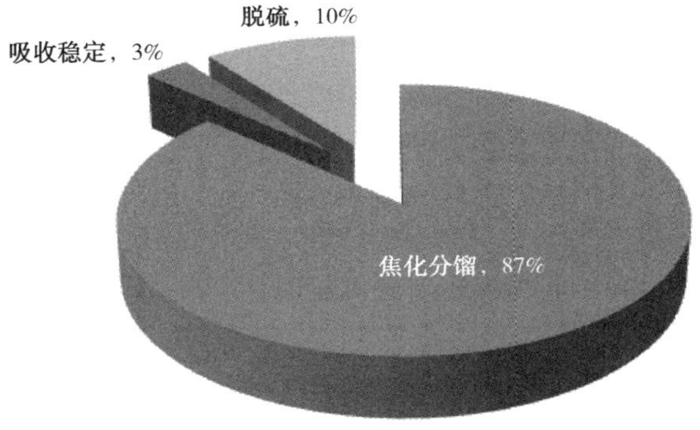

图 9-1-9 延迟焦化装置各工序燃料动力费比例统计

三、延迟焦化工艺经济性的提升

经过半个多世纪的发展，延迟焦化工艺在工艺技术、生产操作和设备设计等方面有了许多改进和创新。在提高液体产品收率、降低能耗等方面均有明显的进步。在降低装置建设投资和生产费用以及改善环保效应诸方面也均取得了很好的效果。本节主要从以下几个方面论述延迟焦化工艺经济性的提升。

(一) 焦化原料油的选择

延迟焦化工艺适合于加工各种原油的减压渣油，对原料性质及其杂质含量几乎没有限制。由于轻质和重质原油价格差别较大，加工廉价的重质原油在经济上往往就具有优势。

焦化原料油的残炭值是估算焦炭产率的主要因素。尽管加工劣质、重质原油焦炭产率会增加，液体产品收率会减少，产品质量会降低，但是可从低价的原料油成本获得补偿，许多情况下整体经济效益还是好的。而且，通过调节延迟焦化的操作，还可适当地提高液体产品收率，降低焦炭产率。

常规原油和劣质原油价格相差很大。以阿拉伯轻质原油对墨西哥玛雅原油的比价为例：20 世纪末(1995~1996 年)新加坡地区原油市场这两种原油的比价为 1：0.76 左右；2001 年鹿特丹原油市场的比价为 1：0.66 左右。早期奥里诺科 Orinoco 重质原油价格几乎与煤炭价格相当。可以看出：这两种劣质原料油对阿拉伯原油的价差足以弥补焦化产品收率对阿拉伯原油的差别，即在一定条件下用延迟焦化工艺炼制重质原油会比加工轻质原油有更高的经济效益，加拿大和委内瑞拉重质原油基本上都由美国炼厂进一步加工，并由此得到丰厚的回报。

目前，全球生产的原油 70% 是高硫重质原油，市场高硫重质原油的代表是迪拜原油。一般，迪拜高硫重质原油比轻质的西得克萨斯(WT1)低 5~6 美元/桶，但油价顶峰时，二者可差 18 美元/桶。而且高硫重质原油价格波动相对较小。如 2004 年 9 至 10 月，WT1 原油从 40 美元/桶涨到 55 美元/桶以上，布伦特原油从 37 美元/桶涨到 51 美元/桶时，但迪拜原油一直徘徊在 37~38 美元/桶之间。我国如果进入市场波动较小的高硫原油市场，可以减少过于依赖轻质原油所带来的市场风险(重质原油交易：中国石化报油气周刊，2005-7-5 第六版)。我国几个经济效益较好的炼厂在原油选择方面基本上都遵循这条思路。

原油价格受政治、经济等多种因素的影响，关系十分复杂。实际上，不同产地、不同硫含量，轻质和重质原油的价格差异很大。所以，在制定炼厂生产计划或进行炼厂规划设计时，应慎重选择焦化原料油种类和适当地优化焦化操作条件可以获得最佳经济效益。

(二) 优化焦化装置操作条件的效应

从炼厂生产液体燃料的目标出发，延迟焦化工艺的发展方向是提高液体产品收率，降低焦炭产率。本书前面已经对相关内容进行过较详细的讨论，以下分别从宏观上论述改善操作的效果及对技术经济的影响。

1. 提高焦化苛刻度

焦化加热炉出口温度越高，焦化苛刻度也越高，焦炭收率下降。当焦化加热炉出口温度在 500℃附近，每提高 5℃左右，焦炭收率下降 1%，国内焦化装置加热炉出口温度一般采用 485~498℃，国外普遍高于国内，有的采用 515℃，包括几套引进装置在内。造成炉出口温度差别的原因是选择高焦化苛刻度的同时存在较大生产风险，提高焦化加热炉出口温度会导致加热炉炉管结焦速度加快，加热炉运行周期缩短。目前国内炼厂当运行周期和焦化轻油收率发生矛盾的时候，工厂更多的是追求前者，因此国内焦化普遍存在焦化苛刻度比国外低的情况。国外成熟的做法是全面推广加热炉在线清焦措施，进行加热炉不停工清焦，保证焦化装置能满足长周期运行要求，因此实现焦化高苛刻度的基础是加热炉在线清焦措施要过关。

2. 降低焦炭塔操作压力

降低焦炭塔操作压力的效应是可以提高液体产品收率和降低焦炭产率。但是，降低焦炭塔操作压力对工艺设备规格可能产生的影响如下：

① 焦炭塔规格：操作压力变化将会导致焦炭塔允许气体速度和焦化气体密度产生变化，故可能影响塔的直径及高度。

② 焦化主分馏塔：为了减小塔内压力降，焦化主分馏塔可能需要改用低压降的塔内构件，降低操作压力还可能需要加大塔的直径。

③ 塔顶冷凝器面积：操作压力由 0.172MPa 降至 0.103MPa 后，塔顶冷凝器的对数平均温差减小；为了满足低压力降而需要降低管程气速，使得冷凝器面积需增加 25%。

④ 焦化气体压缩机：降压操作对气体压缩机影响甚大，吸入口压力降低后，气体体积增加很多，可能会导致压缩机排量升级，电机功率增大。

⑤ 管线：焦炭塔至焦化主分馏塔的转油线和主分馏塔顶至压缩机吸入口的管线对系统压降影响较大。降压操作后可能需要扩大管径或采用双转油线。

3. 降低循环比

降低循环比可以提高液体产品收率，降低焦炭产率。在焦化加热炉能力确定的情况下，降低循环比可以加大新鲜原料的处理量。近年来，焦化装置降低循环比的目的是通过增产焦化蜡油来扩大催化裂化(或加氢裂化)原料油量；通过扩大裂化装置处理量来提高成品汽、柴油产量。降低循环比将使焦化蜡油的干点升高，质量下降；因此需要考虑下游裂化装置的操作是否受到影响。降低循环比同时需要调整焦化主分馏塔的侧线产品和原料油的换热流程。

4. 馏分油循环

馏分油循环的效果是可以降低焦炭产率，提高液体产品收率。采用循环油馏程不同，各类液体产品收率的变化也不同。例如：使用 343~427℃馏分作循环油时，焦化蜡油收率比使用 168~343℃的循环油要少，而焦化柴油收率则多于后者。因此，使用 343~427℃馏分作循环油时，焦化柴油产量增加，需要有较大的柴油加氢处理能力。若使用 168~343℃馏分的循环油时，炼厂需要有较大的催化裂化(或加氢裂化)能力。

5. 减压蒸馏装置深拔操作

其效果有助于提高减压蜡油收率，降低减压渣油收率从而可以相对提高焦化装置处理能力和降低焦炭产率。国内减压蒸馏装置的切割温度一般为 500℃，若采取减压深拔操作，将切割温度提高至 550℃，管输原油的减压蜡油收率至少可提高 3%~4%(有可能达到 8%)。

减压蒸馏深拔后，渣油产率和直馏蜡油质量均下降，对下游的加氢处理、催化裂化操作均有影响。

上述几种操作模式的调节除了发生产品收率的变化外，还可能产生投资和生产费用的变化，所以需要根据具体情况作出详细评估。

(三) 石油焦的经济性

延迟焦化过程生产的焦炭称为“生焦”。不同的焦化原料油所产石油焦的性质和质量差别很大。石油焦一般是按硫和重金属含量分类，硫含量低于 2.0%的石油焦称为低硫焦，经过煅烧后可用于生产电极等产品，有关石油焦的详细用途，可参考本书第四章。

加工含硫原油的焦化装置生产高硫石油焦，受环保政策要求，高硫石油焦的用途受到很大限制。硫含量小于 3.0%的石油焦可用作燃料，产值较低。燃料焦价格变化较大。20 世纪国外炼厂内部的经济评价计算时，燃料焦价格按 0 计算。国际市场的燃料焦价格一般是按煤炭的交货价打折计算，根据焦炭的硫含量、硬度和热值调节。例如美国出口至南欧地区的燃料焦按南非煤炭的交货价打折计算(约为煤价的 0.85 折)。20 世纪 90 年代后期，在美国国内，销售给公用电厂的燃料焦平均价格为 28.7 美元/t；按热值计约为 3.6 美元/百万千卡(0.86 美元/kJ)。

自 2001 年以来，我国石油焦价格逐年攀升。2015 年，1 号石油焦(硫含量≤0.5%)价格约为1500~1700元/t，2号石油焦(硫含量0.5%~1.5%)价格约为1200~1400元/t，高硫石油焦价格约为600~800元/t。

延迟焦化装置的主要产品是液体产品(焦化汽油、焦化柴油和焦化蜡油)和石油焦。石油焦是低产值产品，约仅占延迟焦化装置总产值的10%左右。

(四) 石油焦煅烧

生焦的硬度低，易粉碎，所含水分和挥发分(6%~12%)均高，必须经过煅烧才能用作电极和其他用途。石油焦煅烧的目的是：

① 改善其导电性能，降低电阻。

② 降低挥发分(从10%~12%降至0.15%以下)。

③ 除去水分。

④ 增大密度至≥780kg/m^3。

⑤ 提高焦炭的碳氢比，挥发分较高的焦炭，碳氢比低于20，煅烧后碳氢比可达1000以上。国内炼厂的焦化装置设有焦炭煅烧设施的较少(中海油惠州炼化配套有石油焦煅烧设备)。国外的焦化装置多采用回转窑或旋转炉工艺煅烧焦炭。

旋转炉工艺煅烧焦炭的主要消耗指标：

① 生焦煅烧收率：70%左右。

② 燃料用量(按燃料油计)：40kg/t煅烧焦。

③ 用电量：36kW·h/t煅烧焦。

④ 1.0MPa蒸汽发生量：1.2t/t煅烧焦。

煅烧焦的价格主要取决于硫和重金属含量的高低。20世纪90年代美国低硫焦的价格在33~88美元/t之内，煅烧焦的价格则在200~240美元/t之间波动。由此可见，低硫焦煅烧的经济效益是明显的。

(五) 生产油系针状焦可较大提高石油焦产值

燃料型炼厂以生产石油产品为主，石油焦是炼油过程的副产品。从一定意义上说，目前石油焦已不再仅仅是炼油副产品。优质石油焦除了广泛用于钢铁，炼铝工业外，其应用已经逐步向生产新材料方面延伸。焦化工艺已成为生产碳素材料的重要工艺技术。延迟焦化装置生产针状焦正是这方面的具体应用。

有合适原料供应条件的炼厂，主要是有高芳烃含量、富含短侧链以及低胶质沥青质含量、低灰分、低硫含量的焦化原料，用延迟焦化工艺生产针状焦可以得到较好的经济效益。炼厂中可用于生产针状焦的原料油有热裂化渣油、催化裂化澄清油、从催化裂化循环油抽出的重芳烃等，乙烯焦油和煤焦油也是生产针状焦的适宜的原料。针状焦的价格远高于常规石油焦。生产油系针状焦是石油焦增值的一个重要途径。

(六) 装置大型化

20世纪建设的国内延迟焦化装置规模一般为0.6~1.6Mt/a。

炼油装置大型化是近年来发展趋势，规模为25Mt/a加工重质原油的炼厂，需要配套建设处理能力为4~5Mt/a的延迟焦化装置。装置大型化的效果是节约建设投资，提高劳动生产率，降低生产费用和优化技术经济指标从而有利于资源的综合利用。

第二节　渣油轻质化工艺的技术经济分析

延迟焦化是重要的渣油加工工艺技术，延迟焦化过程可将50%以上的减压渣油转化为轻质馏分油。其中焦化汽油、柴油组分经精制后可作为成品油组分，在中国，加氢焦化汽油是一种重要的乙烯裂解原料；焦化蜡油可用作催化裂化或加氢裂化原料油。各类焦化过程的技术经济性取决于焦化馏分油收率和石油焦的合理利用。两者的产量和质量均主要取决于焦化原料油的性质，并在一定程度上受到操作条件的影响。延迟焦化生产大量石油焦，流化焦化生成大量难于利用的焦粉；灵活焦化生成大量低热值煤气。这些副产品的合理利用，需要结合具体项目详细论证，也是一个新的课题。

渣油焦化路线应着重解决石油焦利用问题。石油焦根据硫含量可分为高硫石油焦、低硫石油焦，低硫石油焦可作为工业电极或者作为产品销售。由于环保要求严格，高硫石油焦不宜作为产品外售，常采用的利用方式有：作为气化制氢原料、CFB 锅炉燃料，二者已经有成熟的工业业绩。石油焦作为 CFB 锅炉燃料，对锅炉的磨损较大；但随着 CFB 锅炉技术的发展，国内已投用 CFB 锅炉已经达到较高利用率和清洁燃烧的要求。其中某炼化公司的 2 台 100%燃烧高硫石油焦的 CFB 锅炉 2004 年可用率分别达到 97.3%和 96.8%。石油焦造气技术国内外气化技术日趋成熟，并且都有大量的应用业绩。

一、渣油轻质化的工艺选择

渣油性质不同于直馏馏分油，除了硫、氮含量比馏分油高之外，渣油中还含有重金属、胶质(重质芳烃和极性芳烃)和沥青质。因此渣油加工过程中必须解决好轻质化、沥青质处理、脱除重金属和其他杂质问题。

按照工艺过程的机理来划分，渣油加工工艺可分为脱碳工艺和加氢工艺两大类。焦化工艺就是最重要的脱碳工艺技术。

渣油的加工没有绝对固定的模式，一般根据原油性质、产品要求、经济效益、安全环保和长周期运行要求等多个方面进行综合考虑。渣油加工工艺主要包括四种类型：溶剂脱沥青、热转化(包括焦化和减黏裂化)、重油催化裂化、渣油加氢。不同性质的渣油应选择适宜的加工工艺，如表 9-2-1 所示。

表 9-2-1　渣油加工工艺选择

渣油的主要性质			加工难度	适宜的加工工艺				
Ni+V/(μg/g)	康氏残炭/%	硫/%		重油催化	固定床加氢	沸腾床加氢裂化	悬浮床加氢裂化	焦化/脱沥青
<25	<7	<0.5	易加工	√				
<70	<15	>0.5	不难加工		√			
70~200	<15	>0.5	稍难加工		√	√	√	√
200~800	<20	>0.5	难加工			√	√	√
>800	>20	>0.5	极难加工				√	√

① 延迟焦化是炼油工业上应用最多的一种脱碳工艺。据近年来的统计数据，全世界已建成的焦化工艺装置生产能力约占渣油加工总能力的 30%，是劣质渣油不可或缺的加工手段之一。

② 延迟焦化工艺能够加工高金属、高残炭、高沥青质、高硫的劣质原料，对原料适应性强。而渣油加氢处理工艺和重油催化裂化工艺，对渣油原料的硫含量、重金属含量和沥青质含量等均有严格的限制，对于以加工进口劣质原油的炼厂而言，存在一定的资源风险。

③ 焦化工艺的特点是用热转化过程使烃组分裂化，并将沥青质、金属和一部分硫(约

30%)、氮(约75%)等杂质浓缩到石油焦中。

④ 延迟焦化过程的焦化生成油(汽油、柴油和蜡油)总产率可达50%~70%。与渣油加氢处理工艺相比，可以免去为使沥青质转化和脱金属所耗用的氢。

⑤ 与加氢处理工艺相比，延迟焦化工艺的缺点是生成油产率低，生成油质量差，均含有一定量的烯烃，故焦化产品需要进一步精制。

⑥ 延迟焦化的建设投资较低，装置加工费小。据统计，国内建设延迟焦化装置的建设投资和加工费分别相当于同等规模的渣油加氢处理装置的52%和36%左右。

⑦ 延迟焦化加工含硫渣油时会生产大量的低值、高硫石油焦，解决好石油焦利用是延迟焦化工艺最大的技术经济问题。

二、渣油加工工艺的联合流程

如前所述，渣油加工包括了渣油改质和轻质化两项任务。各种渣油加工工艺均有其适用性，受反应机理和工艺条件的约束，单独使用一种工艺方法常无法同时完成渣油的改质和轻质化任务，而且加工的原料性质各异，每个炼厂对产品品种和质量要求也不相同。因此，渣油加工经常是由几种工艺组成联合过程、兼用脱碳和加氢工艺的优势达到取长补短、合理配合，实现渣油加工过程的最优化。

全加氢联合流程是指包括渣油加氢处理和蜡油加氢裂化的重油加工联合流程。全加氢联合流程的产品质量好、耗氢量高、环保效应好，每吨减压渣油的用氢量在200nm^{3}以上，在氢资源有保证，特别是有廉价氢的前提下是一个可以考虑的方案。

渣油加工联合流程的选择需根据原油品种和性质、产品方案、产品质量标准、环境保护要求、投资及加工费的约束等诸多因素决定。此处仅重点论述以延迟焦化工艺为主联合流程的技术经济问题。

(一) 以延迟焦化为基础的联合流程

延迟焦化是目前工业上普遍应用的渣油加工技术。在应用上可分以下几类：

(1) 利用延迟焦化-催化裂化联合流程加工低硫原油

以大庆原油为例。大庆减压渣油延迟焦化的工艺条件为炉出口温度500℃，联合循环比1.30。产品分布为气体8.3%、汽油15.7%、柴油36.3%、蜡油25.7%、石油焦14.0%，液体收率77.7%。

大庆石油焦质量好，符合1A级质量标准(硫含量0.37%、灰分0.02%)。

早期加工大庆原油多采用此联合流程，用延迟焦化工艺加工减压渣油。20世纪90年代以来，我国已经开发成功了全大庆减压渣油催化裂化(VR-RFCC)工艺技术。属于低硫石蜡基的大庆渣油可以直接用作重油催化裂化原料。所以，用延迟焦化工艺加工大庆渣油，就不再是唯一的工艺路线了。

一般来说，采用VR-RFCC工艺技术加工低硫原油的经济效益优于渣油延迟焦化工艺。

(2) 利用延迟焦化-(VGO+CGO)加氢处理-催化裂化联合流程加工含硫原油

以胜利原油为例。胜利原油属含硫中间基原油，>500℃渣油收率约为53.1%。由于胜利减压渣油的胶质、硫和重金属含量较高，不适于直接用作重油催化裂化的原料油。一般采用焦化工艺加工，焦化蜡油和直馏VGO一起进行加氢处理后，是适宜的催化裂化原料，不仅提高了汽、柴油收率和质量，也降低了大气污染物的排放量。目前，我国炼厂规模不断扩大，建设了许多大型中压加氢精制装置，一些已有的中小规模中压加氢装置有可能改成(VGO+CGO)加氢处理装置，是一种投资省、见效快的方案。

(3) 延迟焦化-加氢裂化联合流程

炼制环烷基、中间基原油时，重油的特性因数低、芳烃含量高，不适合作催化裂化原料油。重油加工宜采用VGO加氢裂化-渣油延迟焦化联合流程。直馏VGO与焦化蜡油一起进行加氢裂化，可生产汽油、喷气燃料和柴油，未转化油(尾油)是良好的乙烯裂解原料。石脑油的芳烃潜含量很高，是催化重整的好原料。减压渣油进行延迟焦化，加氢精制焦化汽油可作为催化重整和乙烯裂解原料，焦化蜡油可作加氢裂化原料。

(4) 利用延迟焦化-蜡油加氢-催化裂化联合流程加工高含氮劣质原油

以委内瑞拉Merey 16重油为例。原油>470℃减压渣油的硫含量为3.39%，氮含量为8341μg/g，重金属含量为635μg/g，残炭含量为21.47%。由于减压渣油中高氮、高金属、高残炭的限制，进入焦化加工是一个经济、可行的方案。焦化蜡油中的重金属≤3.5μg/g、残炭≤1.5%，但氮含量>3900μg/g，焦化蜡油与直馏蜡油混合后进入蜡油加氢装置处理，才能作为催化裂化的原料。

(5) H-Oil-延迟焦化联合流程

以加工阿拉伯重质原油为例，延迟焦化装置直接处理减压渣油时，其康氏残炭值和含硫分别为22.2%和5.2%，石油焦的产率高、质量差，无法生产电极焦，经济效益差。

先经过用H-Oil工艺加氢改质，未转化渣油再用作延迟焦化装置的进料，则石油焦的产率降低、石油焦质量提高(硫含量从>5%降至低于<2%)。据有关数据表明，联合流程的石油焦产量约比渣油直接焦化减少54%，以常压重油为基准的轻油收率约比渣油直接焦化提高26%。当H-Oil装置的转化率为75%时，联合流程的焦化装置规模比渣油直接焦化降低了56%。表9-2-2为减压渣油延迟焦化与H-Oil-延迟焦化联合流程两种方案的比较结果。

表9-2-2　延迟焦化方案和H-Oil-延迟焦化联合方案的比较
(加工阿拉伯重质原油的减压渣油)

项　目	延迟焦化方案	H-Oil-延迟焦化联合方案①
延迟焦化装置能力	基准	0.44×基准
石油焦产量	基准	0.46×基准
石油焦硫含量/%	>5	<2
轻油收率③	基准	1.26×基准
催化裂化装置能力②	基准	1.68×基准

① H-Oil装置加工常压重油、转化率为75%，联合方案的延迟焦化进料为H-Oil未转化油。

② 直馏VGO、焦化蜡油(经加氢脱硫)和H-Oil蜡油用作催化裂化原料油。

③ 轻油收率以常压重油为基准，不包括直馏轻油的收率。

(二) 石油焦合理利用的联合流程

1. 延迟焦化-POX联合流程

POX(Partial Oxidation)技术，部分氧化转化技术的英文简称，指以碳氢化合物(例如油、煤、石油焦等)为原料将其部分氧化生成氢气和一氧化碳这类技术的总称。采用POX技术制得的合成气可生产氢气、合成氨、甲醇、醋酸、甲烷等化工产品，还可以与燃气轮机发电技术结合，形成IGCC技术。

目前炼厂加工原油有重质化、劣质化的倾向，这一方面会产生大量的石油焦，另一方面随着产品质量的提高，氢气的消耗量也很大。延迟焦化装置与POX组成联合流程的主要特点是解决了高硫石油焦的利用问题，同时向炼厂提供必需的氢气，减少了石油焦长距离输送问题。

如果建设炼化一体化项目，可以根据总流程安排，延迟焦化技术与 POX 技术相结合，生产出的合成气经过 CO 变换工段调整合成气中 CO 和 H_2的比例关系，参与后续化工产品的合成。

对于油电一体化项目，可以考虑将延迟焦化技术和 POX 结合，采用联合循环发电技术（IGCC），IGCC 发电与超临界燃煤发电相比，无论是环保排放指标、碳捕捉，还是总热效率，都具有先进性。但是 IGCC 目前建造单位造价为 1400～1700 美元/kW，远远高于锅炉机组发电，按照目前已经运行 IGCC 电厂运行情况看，发电成本约 0.8 元/(kW · h)，发电成本也高于燃煤锅炉机组，同时在炼厂中建设 IGCC 电厂对炼厂长周期运转影响的风险较大，必须根据实际情况，认真进行项目详细评估才能做出决策。

一套规模为 2200t/d 石油焦的 IGCC 联合发电-制氢联合装置，投资分析数据如表 9-2-3 所示。

表 9-2-3　石油焦造气-联合循环装置投资分析①

项　　目	投资/%	项　　目	投资/%
造气、脱硫	28	发　电	35
空气分离	16	系统部分	24

① 造气部分包括氢气净化，不包括硫回收的投资；总投资中不包括土地费及场地平整费用。

2. 延迟焦化-流化床锅炉(CFB)发电联合流程

CFB 锅炉技术是成熟的生产蒸汽和电力的技术，CFB 锅炉主要特点如下：

（1）燃料适应性广

CFB 炉膛内有 850～900℃ 的高温循环床料存在，能够燃用褐煤、烟煤、无烟煤、石油焦、煤矸石、油页岩等常规及劣质燃料。

（2）燃烧方式清洁环保

CFB 锅炉采用石灰石脱硫，炉膛内 850～900℃ 的温度是石灰石吸收硫的最佳温度。对于不同硫含量的石油焦，通过调整石灰石比例和其他条件后，CFB 锅炉脱硫率一般都能达到 90%以上。如果要求脱硫效率大于 98%，则需要增加二级脱硫措施。NO_x的生成量随燃烧温度的下降而减少，而 CFB 锅炉的燃烧温度明显低于常规煤粉锅炉（1500～1600℃），CFB 锅炉烟气中 SO_2和 NO_x的含量远低于煤粉炉。但随着环保要求的提高，单纯采用炉内脱硫和控制燃烧温度已经不能满足相关标准要求，CFB 锅炉需要后脱硫、后脱硝，导致投资和运行成本增加。

（3）可用率较高，逐步接近煤粉炉

CFB 锅炉内物料高浓度、高速度循环运转，容易造成其部件及设备磨损，导致非计划停工，整体可靠性与煤粉炉仍有差距。经过技术改造和完善管理水平，部分 CFB 锅炉的可靠性正在逐步提高。中国石化镇海炼化公司的 2 台 100%燃烧高硫石油焦的 CFB 锅炉 2004 年可用率分别达到 97.3%和 96.8%。

对于炼油厂内部的石油焦 CFB 锅炉而言，使用炼油的副产品作为主要燃料，不需要进行燃料长途运输，不需支付运输费，炼化企业也不必为高硫石油焦寻找出路。采用高硫石油焦作 CFB 锅炉为炼厂供热、供电从经济角度考虑是合理的，但应总体权衡 CFB 锅炉排放环保影响等问题，尤其是在国家发布的烟道气排放标准不断提高前提下，某些在大城市附近建设的 CFB 锅炉需要增加脱硫、脱硝工序，其投资和操作费用将有所提高。

（三）加工劣质原油几种联合流程的国内技术经济评价

为了说明加工高硫、高残炭、高金属渣油的联合流程的经济性，这里以加工100%委内瑞拉Merey 16重油的>470℃减压渣油（VR）为例，分别采用延迟焦化、灵活焦化、沸腾床加氢（LC-Fining）、溶剂脱沥青等加工工艺，并对各个工艺方案进行全面的技术经济分析。

1. 评价基准

（1）工艺方案基准

① 原油加工能力为20.0Mt/a的新建炼厂，生产汽柴油产品为主，同时兼顾化工原料；

② 新建炼厂加工的原油为100%Merey 16重油，产品主要有苯、对二甲苯、汽油、柴油、硫黄、丙烯、沥青、不饱和液化气和乙烯料，其中汽柴油为欧4标准；部分方案还生产石油焦。如果加工一定比例的轻重混合原油，则装置构成及规模和产品方案将发生相应变化。Merey 16重油一般性质和实沸点蒸馏及窄馏分性质见表9-2-4和表9-2-5。

③ 年开工时数为8400h。

④ 加工过程所需的氢气尽量使用重整氢，不足时由炼厂内的制氢装置供给。制氢原料以采用炼厂的干气或石油焦为主。

表9-2-4　Merey 16重油一般性质

项　目	Merey 16重质原油	项　目	Merey 16重质原油
API度	16.0	闪点/℃	26
相对密度($d_{15.6}^{15.6}$)	0.9593	酸值/(mgKOH/g)	1.244
特性因数(K)	11.60	盐含量/(mg/L)	171.2
黏度/(mm^2/s)　37.8℃	461.8	残炭/%	11.5
50℃	206.8	灰分/%	0.076
总硫/%	2.49	铝/(ng/g)	<17
硫醇硫/(μg/g)		钒/(μg/g)	295
总氮/(μg/g)	4590	镍/(μg/g)	70
倾点/℃	-12	钠/(μg/g)	37

表9-2-5　Merey 16重油实沸点蒸馏及窄馏分性质

沸点范围/℃	收率/%				密度(15.5℃)/(g/cm^3)	API度	黏度/(mm^2/s)					硫/%	氮/(μg/g)	倾点/℃
	质量分数		体积分数											
	每馏分	总收率	每馏分	总收率			37.8℃	50℃	60℃	98.9℃	126.7℃			
0~100	1.34	1.34	1.83	1.83	0.7100	67.8						0.008		
100~150	2.40	3.74	3.01	4.84	0.7649	53.5						0.015		
150~200	3.22	6.96	3.86	8.70	0.8003	41.3						0.077		
200~250	4.83	11.79	5.49	14.19	0.8433	36.3	1.91		1.62			0.38		
250~300	7.09	18.88	7.81	22.00	0.8713	30.9	3.41		2.33	1.29		1.02		
300~343	6.96	25.84	7.42	29.42	0.8996	21.8	8.31		4.39	2.08		1.64	199	-18
343~402	9.92	35.76	10.29	39.71	0.9248	21.5		20.13	13.63	4.62		2.21	828	13
402~461	9.89	45.65	10.07	49.78	0.9427	18.6		64.98	37.98	9.20		2.31	1418	29
461~510	8.45	54.10	8.42	58.20	0.9626	11.5		321.1	158.6	23.85		2.45	2731	35
>510	45.90	100	41.79	99.99	1.0489	3.4				127840	8509	3.149	9252	85

（2）总工艺流程基准

① 各个工艺方案的常压馏出油加工流程均相同，只是减压馏出油和渣油的加工采用了不同的工艺方法。

② 常压塔顶产品经分馏后，$<C_2$气体与来自其他装置的$<C_2$气体一起作为炼油厂的燃料和制氢原料；液化气用作制氢原料，多余部分作为成品；轻石脑油根据汽油质量要求进行异构化，异构化油直接作为汽油调和组分；重石脑油作为连续重整的原料，生产汽油调和组分；重整氢用作加氢处理用氢。

③ 减压蒸馏所得的减压蜡油经加氢处理后可作为催化裂化原料或作为加氢裂化原料油。

④ 减压渣油可直接去延迟焦化、灵活焦化、沸腾床加氢、溶剂脱沥青处理，然后再进入二次转化装置实现完全转化，生产轻质油。

⑤ 延迟焦化所得的石油焦根据方案的不同部分直接作为成品，用作气化原料或用作 CFB 锅炉的燃料。

⑥ 脱油沥青用作 IGCC 气化炉原料。

（3）投资估算说明

① 投资估算水平按 2014 年国内价格水平考虑。

② 工艺装置投资估算参考近期国内同类装置的投资资料，并根据市场设备材料价格变动情况进行适当调整。

③ 系统工程部分投资估算是根据工艺装置组成（炼厂复杂系数），按相当于装置投资的 80%估算。

（4）经济评价说明

① 各工艺方案的经济评价均以中国石油天然气集团公司颁布的《建设项目经济评价参数（2015）》为依据进行。

② 效益测算价格体系按布伦特原油 70 美元/桶为基准，其他原油产品价格按《建设项目经济评价参数（2015）》确定的与布伦特原油 70 美元/桶对应价格体系计算；外供电价按 0.583 元/（kW · h）考虑。具体价格见表 9-2-6。

表 9-2-6　原料产品价格表

原油及产品名称	测算价格/(元/t)	原油及产品名称	测算价格/(元/t)
Merey 16 重油	2616	低硫燃料油	3328
甲醇	1500	高硫燃料油	2925
液化石油气	3811	燃料级石油焦	998
普通汽油	6568	丙烯	5310
优质汽油	7116	沥青	2658
喷气燃料	4140	硫黄	998
柴油	5850	电力/[元/(kW · h)]	0.583

2. 渣油加工工艺方案

以下对四个渣油加工工艺方案进行经济效益比较。

（1）减压蒸馏+蜡油加氢裂化+减渣延迟焦化+IGCC 方案+石油焦制氢+沥青

此方案中常压渣油全部进入减压蒸馏装置，所得的减压蜡油和延迟焦化蜡油、催化柴油一起进入蜡油加氢裂化装置加工，减压渣油除生产沥青外，全部进入延迟焦化装置加工，延迟焦化所产大部分石油焦作为气化装置原料，少部分作为商品外卖，见图 9-2-1。

本方案轻质油收率较低（68.50%）。

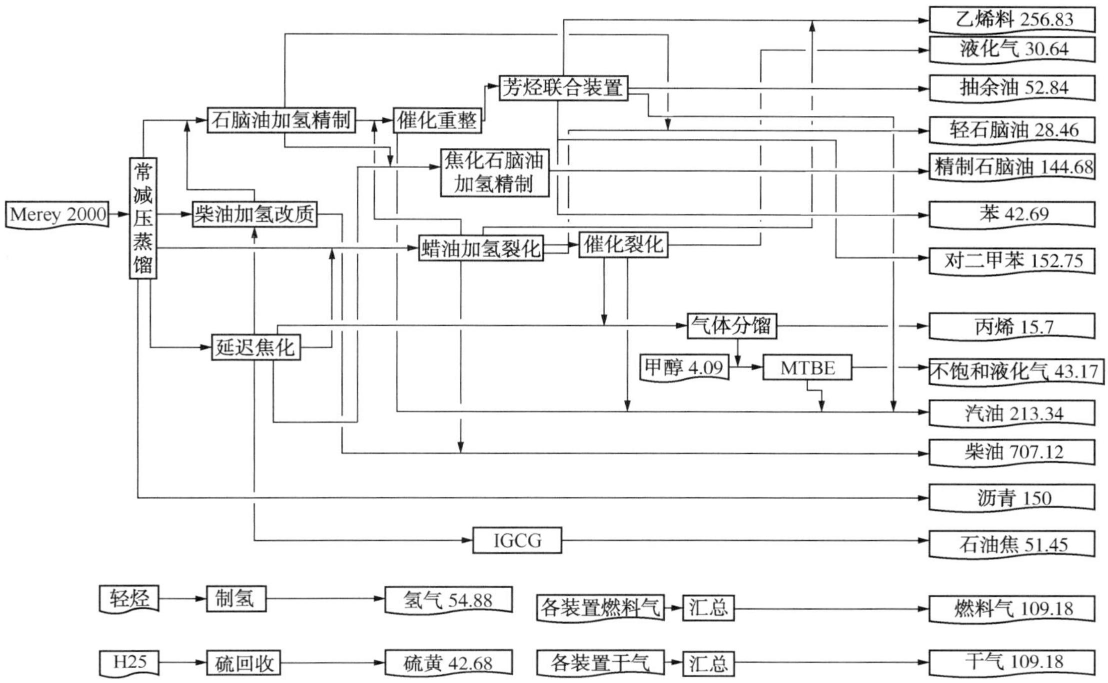

图 9-2-1　渣油加工工艺流程图(1)

说明：①物料单位为万 t/a；②已扣除燃料厂自用燃料量。

产品合计：1675.63；轻油合计：1372.8；综合商品率：83.61%；轻油收率：68.50%。

(2) 常减压蒸馏+蜡油加氢裂化+减渣灵活焦化+减渣延迟焦化+干气制氢+CFB 锅炉+沥青

常压渣油全部进入减压蒸馏装置；减压蜡油与延迟焦化蜡油、灵活焦化蜡油、催化柴油一起进入蜡油加氢裂化装置加工；减压渣油除生产沥青外，一部分进入灵活焦化装置加工，一部分进入延迟焦化装置加工，延迟焦化所产石油焦作为 CFB 锅炉原料，见图 9-2-2。

本方案轻质油收率较高(69.14%)。

(3) 常减压蒸馏+蜡油加氢裂化+沸腾床渣油加氢裂化+延迟焦化+石油焦造气+干气制氢方案

方案三中常压渣油有 300 万 t/a 进入沸腾床渣油加氢裂化装置加工，其余常压渣油进入减压蒸馏装置；减压蜡油与沸腾床加氢蜡油、焦化蜡油一起进入加氢裂化装置加工；所得的减压渣油(除生产沥青外)和沸腾床加氢的加氢渣油一起进入延迟焦化装置加工，延迟焦化所产石油焦全部作为石油焦气化(POX)装置原料。见图 9-2-3。

本方案轻质油收率高(73.93%)。

(4) 常减压蒸馏+蜡油加氢脱硫+溶剂脱沥青+延迟焦化+脱油沥青+IGCC 方案+沥青

原油>550℃减压渣油有 100 万 t/a 生产沥青，其余减压渣油进入溶剂脱沥青装置；直馏轻蜡油进入蜡油加氢裂化装置加工；直馏重蜡油和脱沥青油进入蜡油加氢脱硫装置处理，作为催化裂化装置的原料，脱油沥青全部作为 IGCC 的原料，见图 9-2-4。

本方案轻质油收率低(66.88%)。

各方案的装置组成及规模根据各工艺方案的物料平衡数据确定装置组成及生产能力，具体见表 9-2-7。

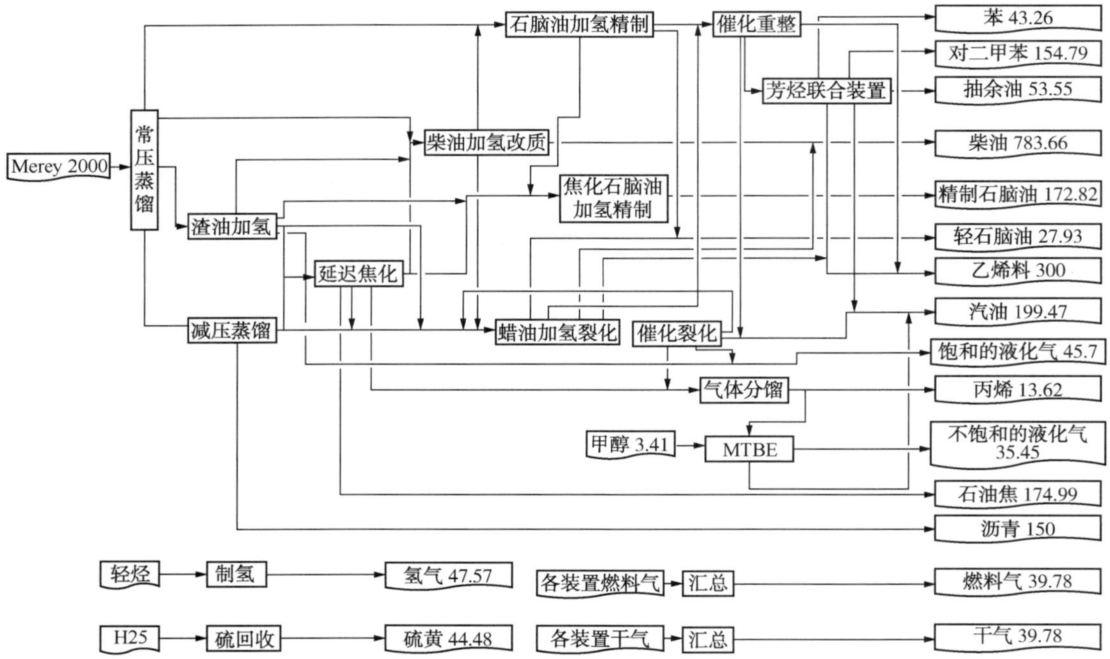

图 9-2-2 渣油加工工艺流程图(2)

说明：①物料单位为万 t/a；②已扣除燃料厂自用燃料量。

产品合计：1630.97；轻油合计：1385.69；综合商品率：81.38%；轻油收率：69.14%。

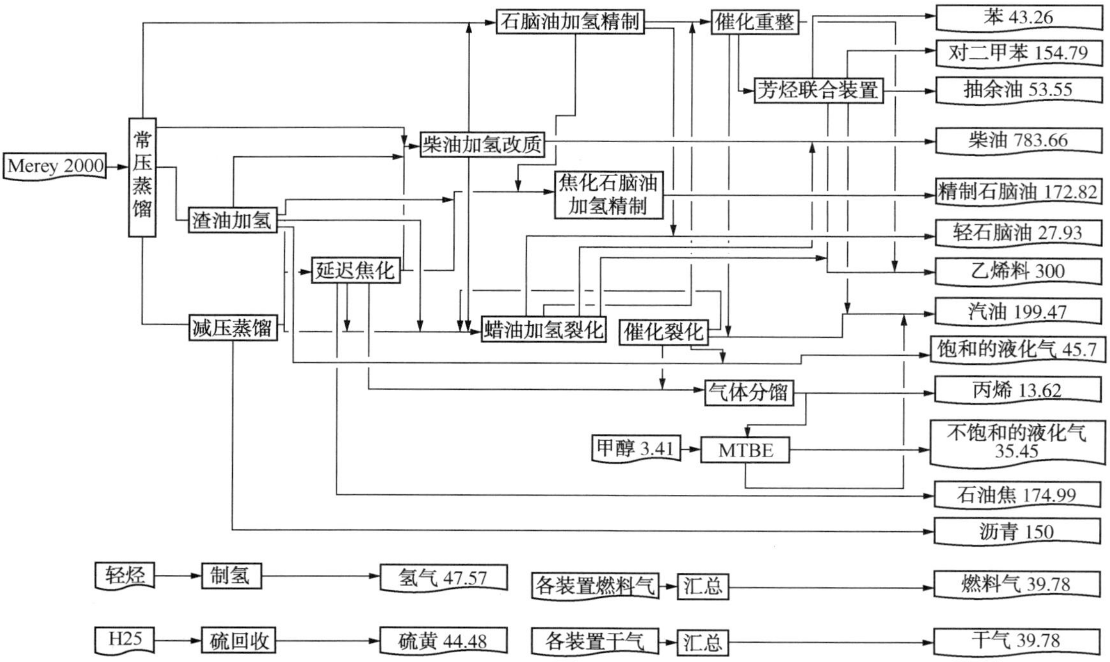

图 9-2-3 渣油加工工艺流程图(3)

说明：①物料单位为万 t/a；②已扣除燃料厂自用燃料量。

产品合计：1724.73；轻油合计：1481.12；综合商品率：86.09%；轻油收率：73.96%。

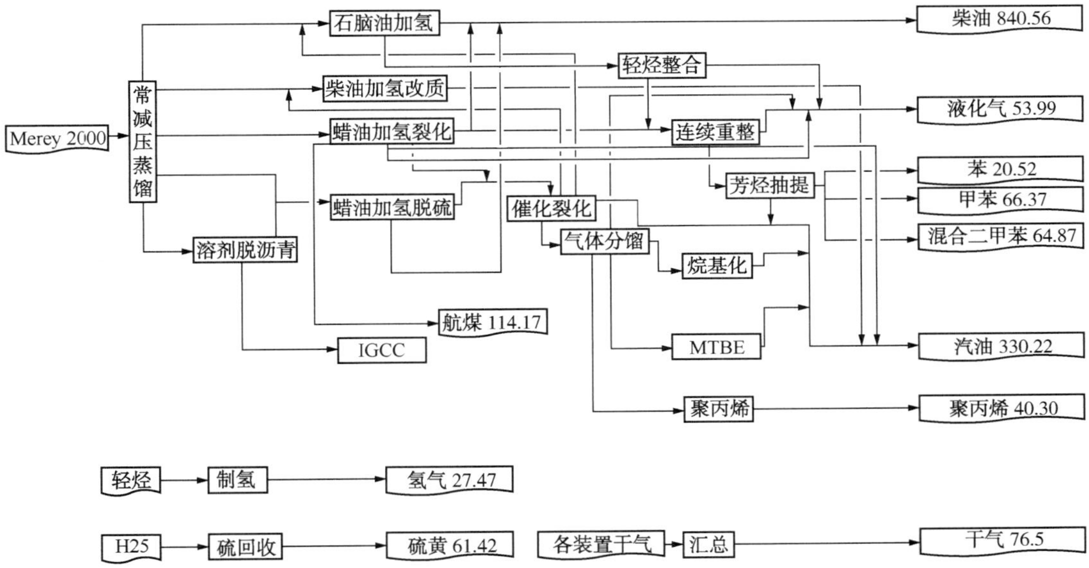

图 9-2-4　渣油加工工艺流程图(4)

说明：①物料单位为万 t/a；②已扣除燃料厂自用燃料量。

产品合计：1627.8；轻油合计：1340.28；综合商品率：81.23%；轻油收率：66.88%。

表 9-2-7　各个工艺方案的装置组成及规模　　万 t/a

工艺装置	方案 1	方案 2	方案 3	方案 4
常减压蒸馏	1000×2	1000×2		1000×2
常压蒸馏			1000×2	
减压蒸馏			440×2	
延迟焦化	480×2	180×2	340×2	
灵活焦化		300×2		
沸腾床渣油加氢裂化			300×2	
溶剂脱沥青				380×2
蜡油加氢脱硫				350×2
蜡油加氢裂化	280×2	300×2	260×2	330
催化裂化	180	180	160	320×2
气体分馏	80	80	70	100
聚丙烯				30
MTBE	11	12	9	11
焦化石脑油加氢	150	150	180	
柴油加氢改质	360×2	360×2	420×2	330×2
石脑油加氢精制	100×2	100×2	110×2	280
轻烃整合				280
催化重壁	200×2	200×2	200×2	300
芳烃联合	80×2	80×2	80×2	260
硫黄回收	20×2	20×2	25×2	23×2
IGCC	110×2			150×2
石油焦气化(POX)			90×2	
CFB 锅炉		100×2		
PSA/(万 Nm^3/h)	13×2	14×2	13×2	16
干气制氢/(万 Nm^3/h)		6×2	14×2	
烷基化				32

3. 各方案的物料平衡

各方案的原料数量和产品产量如表 9-2-8 所示。

表 9-2-8　原料用量和产品产量表　万 t/a

工艺装置	方案 1	方案 2	方案 3	方案 4
1. 原料				
原油	2000	2000	2000	2000.00
甲醇	4.09	4.18	3.41	8.04
合计	2004.09	2004.18	2003.41	2008.04
2. 产品				
丙烯	15.7	16.96	13.62	
液化气	43.17	37.69	35.45	61.79
苯	42.69	44.3	43.26	17.50
甲苯				56.61
对二甲苯	152.75	158.54	154.79	
乙烯料	256.83	262.31	300	47.36
汽油(97#，欧Ⅳ)	149	160	166	
汽油(93#，欧Ⅳ)	64.34	58.52	33.47	296.96
柴油(欧Ⅳ)	707.12	701.92	783.66	921.79
聚丙烯				29.78
硫黄	42.58	40.73	44.48	46.01
沥青	150	150	150	150
石油焦	51.45			
电力				
产品合计	1675.63	1630.97	1724.73	1627.8
轻油收率/%	68.50	69.14	73.93	66.88
综合商品率/%	83.61	81.38	86.09	81.23

4. 总结

从工艺特点、产品收率及质量、投资及效益和环保等几个方面对上述各加工方案总结归纳。

(1) 工艺特点

① 方案 1 是典型的延迟焦化加工渣油流程，原料的适应性广泛，可加工各种重质含硫原油，用加氢裂化工艺加工直馏 VGO 和焦化 CGO 以增产汽油和柴油，可产优质喷气燃料。生产汽油和中馏分油的灵活性好，柴汽比可达 3.31。延迟焦化生产的高硫石油焦少量外售，大部分作为 IGCC 的原料，通过 IGCC 补充全厂所需氢气，总氢耗为 34.88 万 t/a。

② 方案 2 是有灵活焦化工艺，延迟焦化和灵活焦化工艺同时加工渣油的流程。原料的适应性广泛，可加工各种重质含硫原油，用加氢裂化工艺加工直馏 VGO 和焦化 CGO 以增产汽油和柴油，可产优质喷气燃料。生产汽油和中馏分油的灵活性好，柴汽比可达 3.21。灵活焦化装置产生的低热值燃料气作为全厂燃料，置换出干气作为制氢原料，总氢耗为 35.59 万 t/a。延迟焦化生产的高硫石油焦作为 CFB 锅炉的原料。

③ 方案 3 是有沸腾床渣油加氢裂化即常压渣油进沸腾床加氢裂化，加氢尾油和减压渣油进延迟焦化深度加工的流程。混合蜡油进加氢裂化加工，尾油作为催化裂化的原料。延迟焦化生产的

石油焦进行气化。通过干气制氢来补全厂所需氢气，总氢耗为47.37万t/a。此方案的轻油收率高，产品质量好，但总耗氢量较高。柴汽比可达3.93。本方案轻油收率和综合商品率都较高。但投资明显高于其他三个方案，且氢耗也较高，因此整体经济效益并非最优。

④ 方案4是有溶剂脱沥青处理即减压渣油进入溶剂脱沥青处理加工流程，可加工各种重质含硫原油，直馏轻蜡油进入蜡油加氢裂化装置加工，直馏重蜡油和脱沥青油进入蜡油加氢脱硫装置处理，作为催化裂化装置的原料，脱油沥青全部作为IGCC的原料。通过IGCC补充全厂所需氢气，总氢耗为26.02万t/a。本方案轻油收率和综合商品率都较低。

(2) 商品率、轻油收率和油品质量

四个方案中由于石油焦或脱油沥青均进行了深加工，综合商品率不包括外供电力，故商品率偏低，均在90%以下。

由于Merry16重油的残炭高，密度大，轻油收率均在75%以下。

就油品质量来说，方案1、方案2、方案3生产的汽油大部分能够达到97#，欧Ⅳ标准，少部分符合93#，欧Ⅳ标准。方案4汽油只能达到93#，欧Ⅳ标准。柴油质量均能达到欧Ⅳ标准。

(3) 投资及效益

根据前述的总工艺流程基准和价格体系，可以得出各个方案的建设投资及效益数据如表9-2-9。

需要说明的是，这里所列举的投资和效益数据是建立在文中所列的工艺流程、采用的价格体系(2015年)和测算参数基础之上的，并以某拟建中的2000万t/a炼厂项目经济分析模型作为基础进行调整的。有关数据仅供读者学习参考之用，不能作为具体项目投资依据。

表9-2-9　渣油加工工艺各方案的经济指标汇总表

序号	项目	方案1	方案2	方案3	方案4	备注
一	基本数据					
1	总投资/万元	6664165	5707445	7403273	6022087	
1.1	建设投资/万元	5870821	4931179	6568039	5254018	
1.2	建设期借款利息/万元	173124	145415	193684	154935	
1.3	流动资金/万元	620220	630851	641550	613134	
2	销售收入/万元	8955727	8957173	9461056	9016759	生产期平均
3	总成本费用/万元	6062086	6106712	6302425	5969523	生产期平均
	其中：折旧/万元	385596	317202	436346	340700	生产期平均
4	流转税金及附加/万元	2099559	2093678	2259247	2304690	生产期平均
5	利润总额/万元	794083	756783	899383	742545	生产期平均
6	所得税/万元	198521	189196	224846	185636	生产期平均
7	所得税后利润/万元	595562	567587	674538	556909	生产期平均
二	经济评价指标					
1	项目投资					
	其中：财务内部收益率(税后)/%	12.37	13.45	12.50	12.73	
	财务净现值(税后)/万元	118741	402108	178868	212090	ic=12%
	投资回收期(税后)/a	9.99	9.61	9.93	9.86	含建设期

续表

序号	项　　目	方案 1	方案 2	方案 3	方案 4	备　注
2	项目投资					
	其中：财务内部收益率(税前)/%	15.36	16.69	15.50	15.81	
	财务净现值(税前)/万元	1133415	1367699	1325015	1161289	ic＝12%
	投资回收期(税前)/a	8.97	8.61	8.92	8.85	含建设期
3	项目总投资收益率/%	12.54	13.90	12.75	12.97	生产期平均
4	项目资本金净利润率/%	22.94	25.51	23.39	23.73	生产期平均
5	盈亏平衡点					
	其中：生产能力利用率/%	47.03	44.34	46.54	45.52	生产期平均
6	单位加工费/(元/t)	353.07	377.99	470.09	317.38	不含期间费用
	单位加工费/(元/t)	431.25	451.21	553.62	383.54	含期间费用
7	单位现金加工费/(元/t)	160.27	219.39	251.92	147.02	不含期间费用
	单位现金加工费/(元/t)	232.63	286.79	329.62	207.37	含期间费用
8	吨油净利润/(元/t)	297.78	283.79	337.27	278.45	

从表 9-2-7 中可以看出，各个方案百万吨原油投资指标约在 24.6 亿~32.8 亿元范围之间。其中方案 2 的百万吨原油投资指标最低。

以方案 1 为基准方案，按增量法评估各方案的投资效益水平，结果见表 9-2-10。

表 9-2-10　各方案比较表

序号	项　　目	方案 1	方案 2	方案 3	方案 4
1	总投资/(亿元/Mt 原油)	基准	-4.70	+3.49	-3.08
2	利润总额/(亿元/Mt 原油)	基准	-0.19	+0.53	-0.26
3	税后财务内部收益率/%	基准	+1.08	+0.13	+0.36

从表 9-2-10 可以看出，灵活焦化+CFB 方案(方案 2)比焦化+IGCC 方案(方案 1)效益更优，且比其他 2 个 IGCC 方案效益也更优。IGCC 方案的经济效益是合成气，不能全部用于发电，应同时考虑供氢和化工综合利用。加氢方案和溶剂脱沥青方案的效益也均好于基准方案，其中溶剂脱沥青方案因投资相对较低，效益好于投资相对较高的沸腾床加氢方案。

不同工艺流程加工费的相对比例见表 9-2-11。

表 9-2-11　不同工艺流程加工费的大致相对比例

方案	加工工艺流程	加工费相对比例
方案 1	减压蒸馏+蜡油加氢裂化+减渣延迟焦化+IGCC 方案+石油焦制氢+沥青	100
方案 2	常减压蒸馏+蜡油加氢裂化+减渣灵活焦化+减渣延迟焦化+干气制氢+CFB 锅炉+沥青	105
方案 3	常减压蒸馏+蜡油加氢裂化+沸腾床渣油加氢裂化+延迟焦化+石油焦造气+干气制氢方案	128
方案 4	常减压蒸馏+蜡油加氢脱硫+溶剂脱沥青+延迟焦化+脱油沥青+IGCC 方案+沥青	89

不同工艺流程方案的投资和效益比较是基于上述评价基准的前提下进行的。综合比较来看，不同工艺流程各有优劣，有不同的适用范围。相对而言，方案 2 投资低、公用工程的成本低，但轻油收率低、产品附加值也低，原油适应性广泛；方案 3 沸腾床加氢方案投资高、

公用工程的成本高，但轻油收率高、产品附加值也高；在焦炭综合利用方面，因 CFB 锅炉投资低于 IGCC 造气的投资，二者相比，CFB 锅炉方案优于 IGCC 造气方案。

(4) 环境保护

包括工艺过程的三废排放量和产品使用过程中的环保效应两个方面。在搞好硫回收、污水处理、大气污染排放控制的情况下，各个渣油加工流程的生产环境均可得到改善。相比而言，延迟焦化装置环境状况稍差。在产品方面，使用高硫燃料油、高硫石油焦作燃料是对环境造成污染的重要来源。

5. 不确定性分析与讨论

渣油加工各方案经济比较的有关数据存在许多不确定因素，下面就某些参数波动或变化时对方案效益的影响作进一步分析，以方案 1 为例，见表 9-2-12。

表 9-2-12 方案 1 敏感性分析表

变化因素	名称	-15%	-10%	-5%	0%	5%	10%	15%
产品价格	内部收益率/%	-16.54	-0.18	6.99	12.37	16.94	20.98	24.64
	投资回收期/a	19.00	19.00	12.85	9.99	8.52	7.64	7.04
	财务净现值/万元	-5226185	-3106672	-1467104	118741	1704585	3290430	4876275
	灵敏度及临界点	15.58	10.15	8.71	-1.50%	7.38	6.96	6.62
原油价格	内部收益率/%	20.21	17.77	15.17	12.37	9.30	5.88	1.93
	投资回收期/a	7.76	8.30	9.01	9.99	11.42	13.74	18.37
	财务净现值/万元	2951419	2007193	1062967	118741	-825486	-1769712	-2713938
	灵敏度及临界点	4.23	4.37	4.53	1.06%	4.96	5.25	5.63
建设投资	内部收益率/%	15.02	14.07	13.19	12.37	11.61	10.90	10.23
	投资回收期/a	9.08	9.38	9.68	9.99	10.29	10.60	10.91
	财务净现值/万元	865940	616873	367807	118741	-130326	-379392	-628459
	灵敏度及临界点	1.43	1.37	1.32	2.25%	1.23	1.19	1.15

(1) 建设投资

建设投资是影响项目经济评价的重要因素之一，它不仅反映在项目的投入上，还因折旧费用和修理费用的提取而反映在项目的成本费用上。一般而言，项目的财务内部收益率与建设投资呈反方向变动。从表 9-2-9 中可以看出，建设投资每增加 5%，项目内部收益率约降低 0.75%左右。

(2) 原料产品价格

价格体系的选取对方案经济效益的影响很大。根据近几年国际市场上原油成品油价格的统计分析，我们分别选取 60、70、80 美元/桶价格体系下，原油产品测算价格作为价格体系对上述方案进行效益测算。从测算结果可以得出的结论是：原油价格的变化对方案 3 的影响较为明显，主要由于加氢方案的油品收率较纯焦化方案高，并且石油产品的价格较焦炭、电力等价格随原油价格变化更为敏感。

国际原油价格在 2014 年全年呈现先小幅上升、后深度下跌的态势。Brent 原油现货价格由 2014 年 1 月 3 日的 106.6 美元/桶上升到 6 月 15 日的 115.3 美元/桶，然后近乎直线下跌到 12 月 31 日的 55 美元/桶，跌幅达到 52.3%，2015 年全年处于低价位震荡态势，到 2015 年底跌至 40 美元/桶以下。导致原油价格大幅下跌的主要原因是全球原油供需失衡和地缘政治，广泛使用新能源和替代能源也是一个重要因素，因此它不可能在短时期内再恢复到前几年的高价位，预计 2015~2020 年国际原油价格在 50~90 美元/桶之间波动。

原油价格出现大幅度变化对重油加工方案选择是有重大经济影响的，不仅国内石油工程公司而且如 UOP 等国外著名公司认为，当原油价格较高，在 100 美元/桶以上时，选用渣油加氢路线，包括渣油加氢裂化是有利的，当原油价格在 40~50 美元/桶时，焦化路线的经济效益更好。我国炼厂 2015 年的业绩分析可以充分说明这一点，一些焦化能力大的炼厂得到更好的经济效益。

（四）国外石油公司延迟焦化组合工艺比较

组合工艺是渣油加工方案的一个重要发展方向，以下分别介绍几种主要的延迟焦化组合工艺。

1. 美国 Kellogg 公司对渣油加工组合工艺的比较

第一方案：

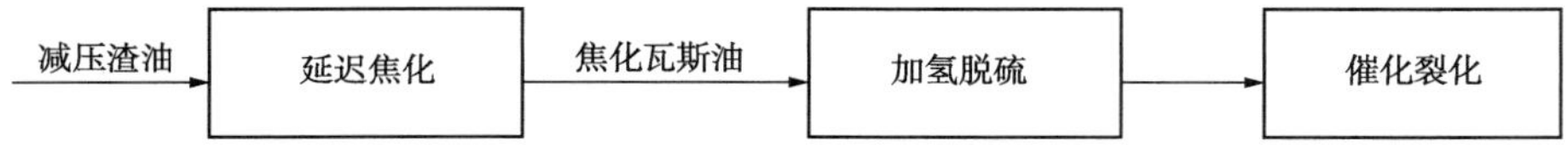

第二方案：

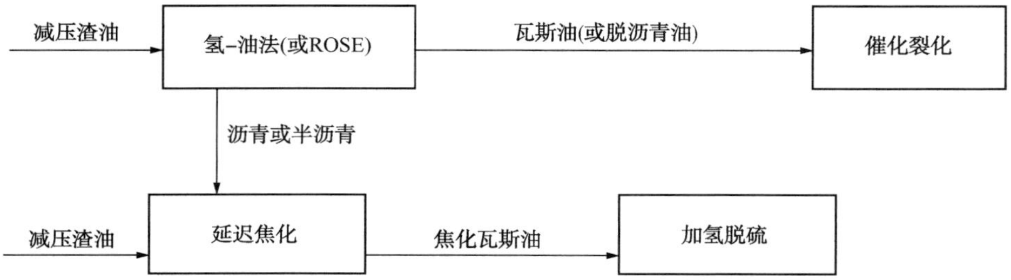

第三方案：

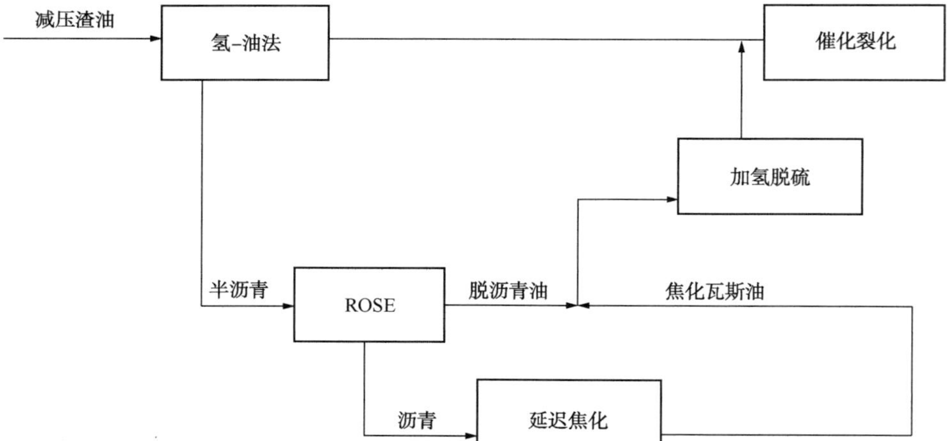

Kellogg 公司认为，第一方案仅限于重质油的加工；第二方案即在炼厂投资有限的条件下，既要满足环境保护的要求又要生产高质量的重整汽油和低硫柴油，并给予装置一定的灵活性；第三方案是延迟焦化与其他工艺的组合工艺，该组合工艺能满足最大量的生产液体产品的目的。

2. ABBLummus 公司方案比较

ABBLummus 公司针对未来新建炼厂认为，应该既能生产石脑油和瓦斯油，同时又能生产各种用作燃料的油品，同时既要生产油品也要生产化工产品，实现“0”渣油排放，符合环保法规原则。提出了七种不同渣油加工方案，并进行了物料平衡、原料和产品、投资费用、经济效益方面的比较。经过比较，认为延迟焦化-催化裂化-焦炭气化是符合未来炼厂要求。

方案 1　减黏-催化裂化(图 9-2-5)。

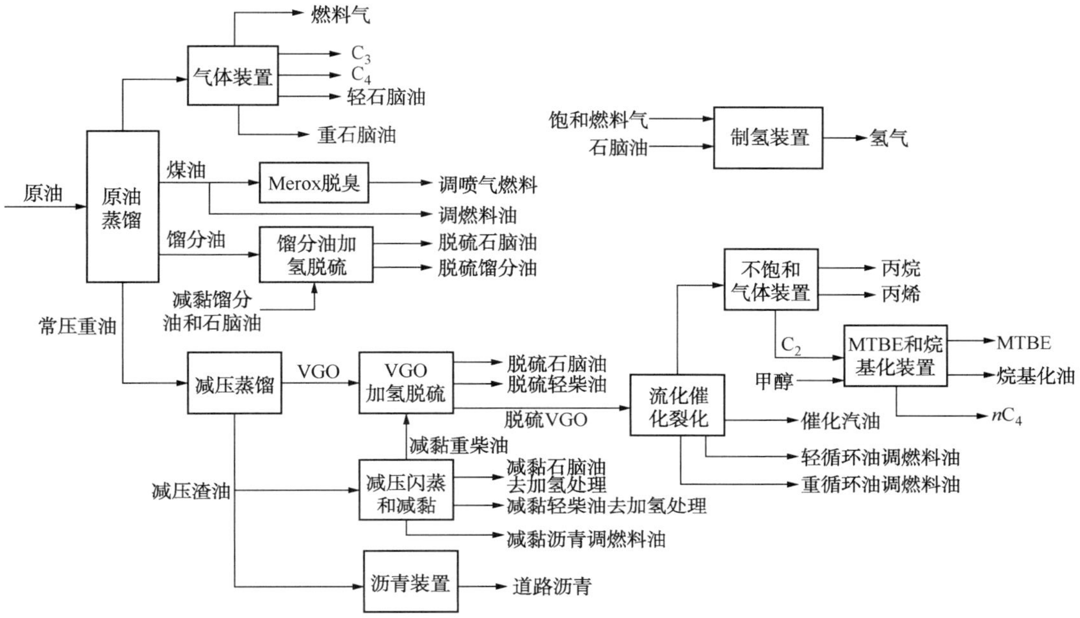

图 9-2-5　减黏-催化裂化方案流程图

方案 2　延迟焦化-催化裂化(图 9-2-6)。

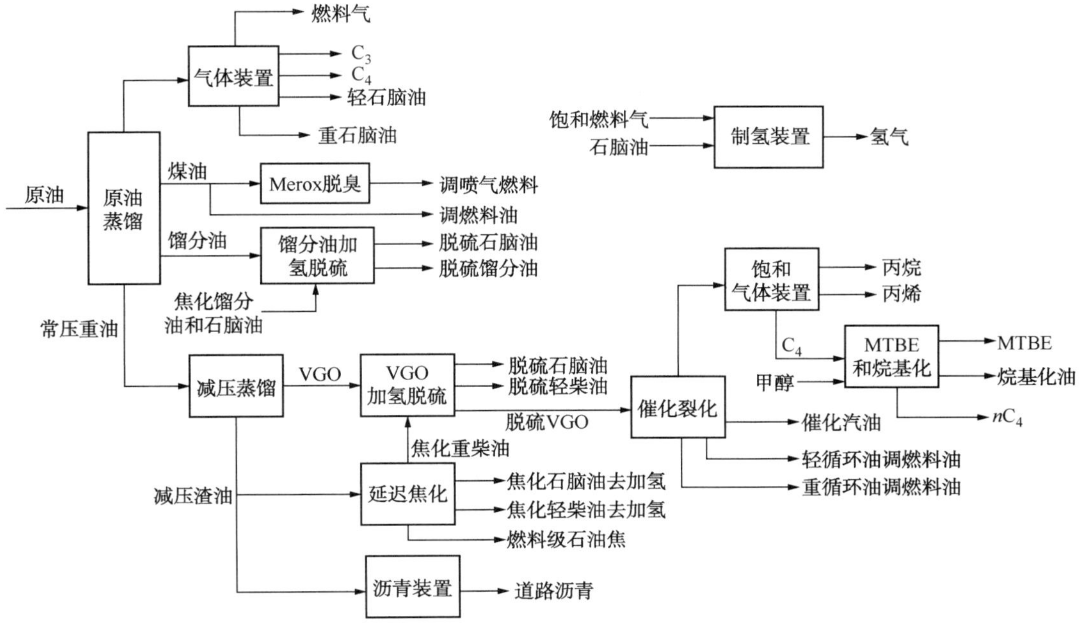

图 9-2-6　延迟焦化-催化裂化方案流程图

方案3　延迟焦化-部分加氢裂化(图9-2-7)。

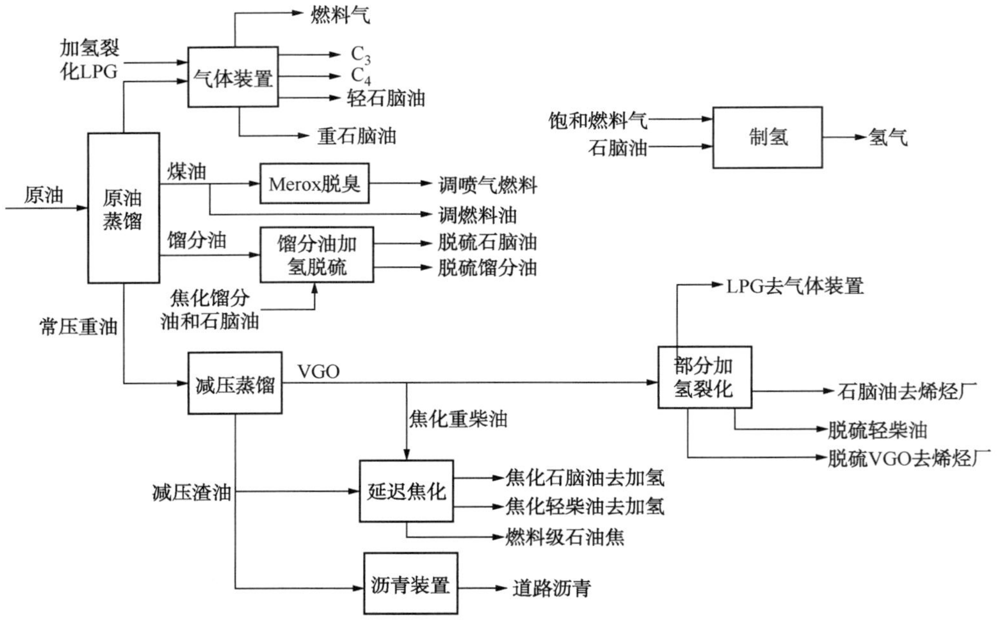

图9-2-7　延迟焦化-部分加氢裂化方案流程图

方案4　LC-Fining-催化裂化(图9-2-8)。

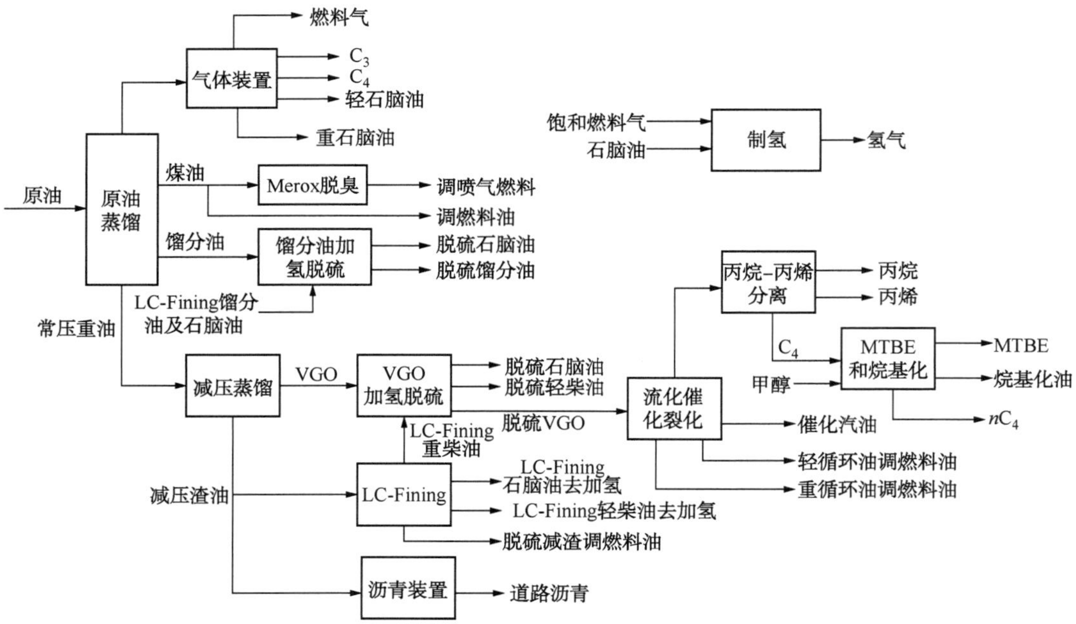

图9-2-8　LC-Fining-催化裂化方案流程图

方案 5　常压重油加氢脱硫-重油催化裂化(图 9-2-9)。

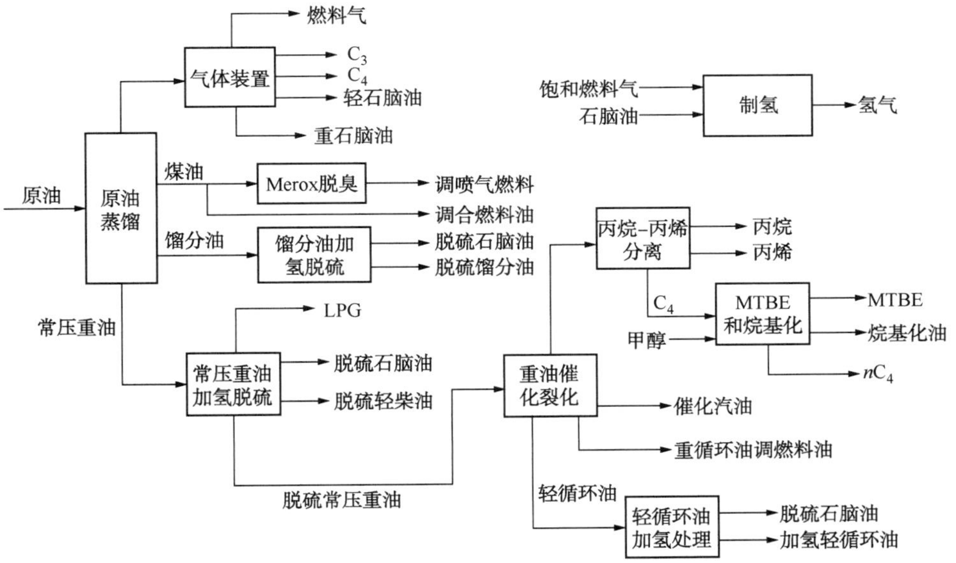

图 9-2-9　常压重油加氢脱硫-重油催化裂化方案流程图

方案 6　脱沥青-加氢裂化-部分氧化(图 9-2-10)。

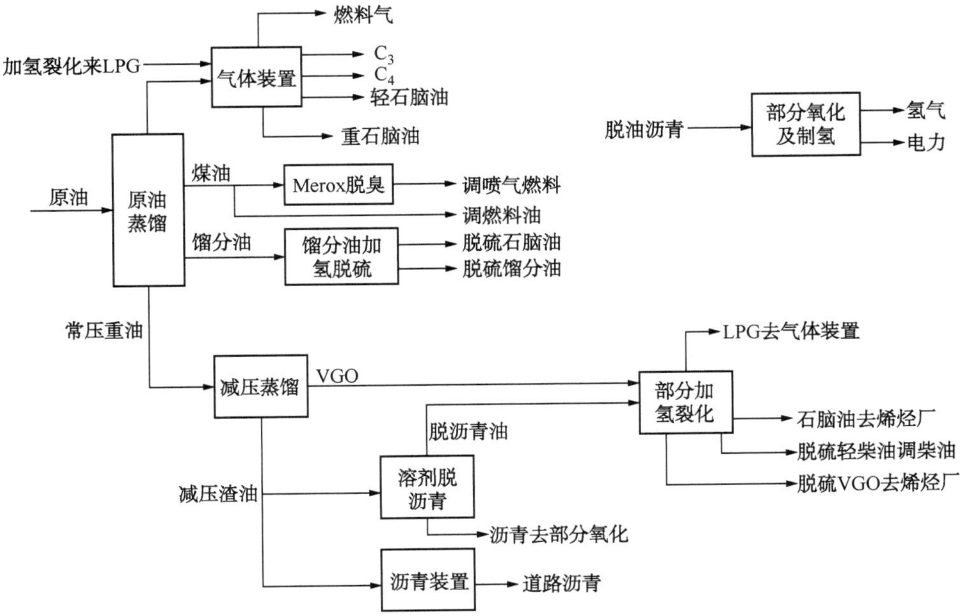

图 9-2-10　脱沥青-加氢裂化-部分氧化方案流程图

方案 7　延迟焦化-催化裂化-焦炭气化(图 9-2-11)。

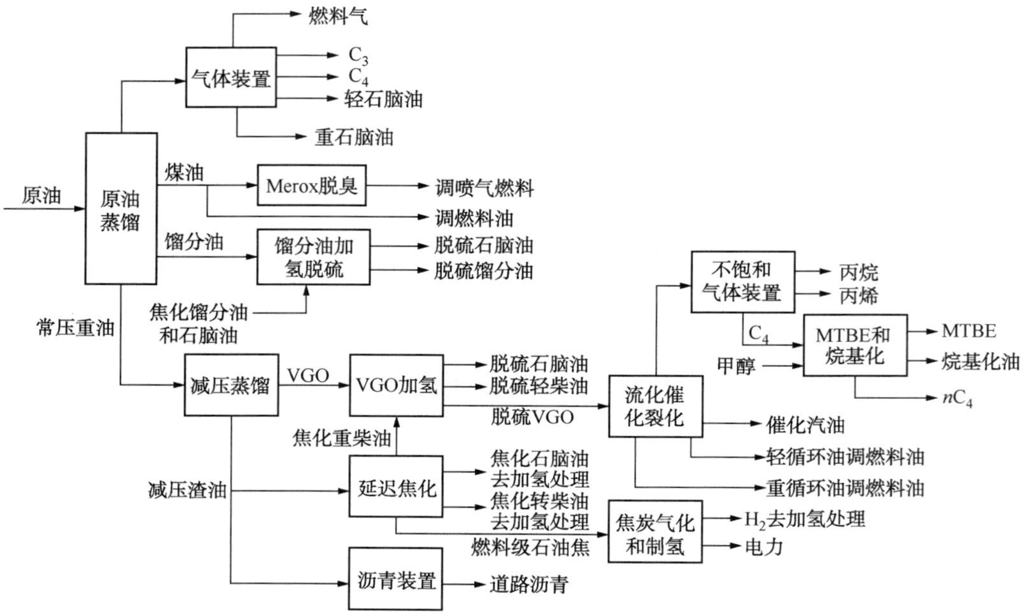

图 9-2-11　延迟焦化-催化裂化-焦炭气化方案流程图

上述七种方案的基点是 6.0Mt/a 新建炼油厂，加工 50/50(体)沙特阿拉伯轻质/重质混合原油。假定燃料和电力自供，而且为符合未来的环保法规，应使用硫含量不超过 1%的燃料，同时假定没有天然气来源，因此制氢装置采用炼厂气和石脑油混合进料(或采用沥青和石油焦气化)，各方案均包括减压蒸馏装置和 50kt/a 的道路沥青生产装置(方案 5 除外)，七种方案均不包括重整装置，因为石脑油要用作石油化工原料。

表 9-2-13 到表 9-2-16 分别代表各方案物料平衡，原料和产品价格，各方案投资费用比较，各方案经济效益比较和七种方案的技术经济对比。

表 9-2-13　各方案的物料平衡(以进料为基础)　　%

原料与产品	方案 1 减黏-催化裂化	方案 2 延迟焦化-催化裂化	方案 3 延迟焦化-部分加氢裂化	方案 4 LC-Fining-催化裂化	方案 5 重油加氢脱硫-重油催化裂化	方案 6 脱沥青-加氢裂化-部分氧化	方案 7 焦化-催化裂化-焦炭气化
原　料							
原　油	99.74	99.72	100.00	99.73	99.74	100.00	99.71
甲　醇	0.26	0.28	0.00	0.27	0.26	0.00	0.29
总　计	100.00	100.00	100.00	100.00	100.00	100.00	100.00
石油产品							
C_3、C_4、LPG	1.21	1.61	1.61	1.28	1.23	2.38	2.04
优质汽油	9.91	10.63		10.13	9.70		10.91
普通汽油	7.41	6.65		8.41	9.36		7.07
喷气燃料/煤油	5.04	10.66	10.69	10.66	10.67	10.69	10.66
柴　油	7.59	13.83	9.41	12.16	26.88	11.39	15.26
重燃料油(1%硫)				8.81			
重燃料油(3.5%硫)	24.92	1.80					

续表

原料与产品	方案 1 减黏-催化裂化	方案 2 延迟焦化-催化裂化	方案 3 延迟焦化-部分加氢裂化	方案 4 LC-Fining-催化裂化	方案 5 重油加氢脱硫-重油催化裂化	方案 6 脱沥青-加氢裂化-部分氧化	方案 7 焦化-催化裂化-焦炭气化
重循环油(1%硫)					2.84		1.43
燃料级石油焦		8.05	8.18				
沥　青	0.83	0.82	0.83	0.83	0.00	0.83	0.83
小　计	56.91	54.05	30.72	52.28	60.68	25.29	48.20
石化原料							
石脑油	16.38	18.28	23.15	16.34	16.25	23.99	18.94
脱硫轻柴油	16.14	15.86	23.25	17.29	8.54	17.29	15.07
脱硫重 VGO			13.17			16.80	
丙　烯	1.20	1.29		1.23			1.34
硫　黄	1.21	1.56	1.63	1.98	2.13	2.09	2.09
小　计	34.93	36.99	61.20	36.84	28.20	60.17	37.44
总计产品	91.84	91.04	91.92	89.12	88.88	85.46	85.64
其中轻质产品(馏分油+LPG)	64.88	78.81	81.28	77.50	83.91	82.54	81.29

表 9-2-14　原料和产品价格(1993 年 4 月新加坡现货价或牌价)

原料与产品	美元/t	原料与产品	美元/t
原　料		重燃料油(3.5%硫)	83.00
50/50 阿拉伯混合原油	119.00	重循环油(1%硫)	100.00
甲　醇	140.00	燃料石油焦	15.00
产　品		道路沥青	100.00
C_3/C_4 LPG	245.50	硫黄	60.00
普通无铅汽油	225.00	石脑油①	170.00
优质无铅汽油	231.00	脱硫轻瓦斯油	204.50
喷气燃料/煤油	206.75	脱硫 VGO(烯烃料)	204.50
柴　油	195.50	外供电力	0.06 美元/(kW · h)
重燃料油(1%硫)	113.00		

① 可作乙烯原料或调入优质柴油。

表 9-2-15　各方案投资费用比较　　10^6美元

工艺装置	方案 1 减黏-催化裂化	方案 2 延迟焦化-催化裂化	方案 3 延迟焦化-部分加氢裂化	方案 4 LC-Fining-催化裂化	方案 5 重油加氢脱硫-重油催化裂化	方案 6 脱沥青-加氢裂化-部分氧化	方案 7 焦化-催化裂化-焦炭气化
原油蒸馏+饱和气体装置	61	61	63	63	63	64	61
减压蒸馏+沥青	37	36	36	37		27	37
馏分油 HDS	29	46	36	43	42	27	47
减　黏	33						
脱沥青						36	
延迟焦化		78	78				78
LC-Fining				121			
常压重油 HDS					145		

续表

工艺装置	方案 1 减黏-催化裂化	方案 2 延迟焦化-催化裂化	方案 3 延迟焦化-部分加氢裂化	方案 4 LC-Fining-催化裂化	方案 5 重油加氢脱硫-重油催化裂化	方案 6 脱沥青-加氢裂化-部分氧化	方案 7 焦化-催化裂化-焦炭气化
催化裂化(FCC)	76	80		79			82
重油催化裂化					92		
VGOHDS	48	48		50			49
部分加氢裂化			96			139	
汽油联合装置	38	39		39	38		40
制　氢	43	50	83	82	80		
部分氧化②						294	239
硫黄回收	50	59	61	69	73	72	72
小　计	414	497	454	583	532	668	705
复杂程度	7.8	9.2	9.0	10.9	10.2	10.4	10.4
界区外①	465	511	474	544	515	519	557
总　计	879	1008	928	1127	1047	1187	1261

① 不包括土地购置、现场准备、港口设施和基础设施。

② 包括制氢、氢回收和发电。

表 9-2-16　七种方案的技术经济对比

方案	投资/10^6美元	收率(拟进料为基准)			年利润/10^6美元	投资回收期/a	备注
		汽油/%	石化原料/%	燃料油，石油焦			
1	879	17.32	34.93	大量高硫燃料油	173	5.08	
2	1008	17.28	36.99	少量高硫燃料油焦炭	227	4.44	
3	928	0	61.20	焦炭	220	4.42	
4	427	18.54	36.84	少量低硫燃料油	253	4.45	
5	1047	19.06	28.20	少量低硫重循环油	279	3.75	
6	1187	0	60.70	无燃料油和焦炭	244	4.86	外供电 0.06 美元/kW
					256	4.46	外供电 0.08 美元/kW
7	1261	17.98	37.44	少量低硫重循环油	276	4.57	外供电 0.06 美元/kW
					288	4.38	外供电 0.08 美元/kW

ABB Lummus 公司认为，不同的工艺流程构成不同的产品方案，投资费用和生产费用。最佳工艺流程的选择取决于工厂经营目的，汽油需求、馏分油和对石化原料的需求，高硫燃料销路，燃料级及高硫焦销路，外供电力需求等因素。一般规律是高投资高收入。

七个方案的比较结果，方案 7 延迟焦化-催化裂化-焦炭气化是符合未来炼厂要求的方案，既能生产满足燃料的油品、石油化工原料，同时实现炼油厂渣油的零排放，对加工高硫原油所生产的高硫焦经气化可外供电力，也可生产石油化工产品。虽然投资较高，但利润也最高，同时炼厂效益受原油价格波动影响程度小。

3. 美国 Kellogg Brown 和 Root(KBR)公司的渣油加工工艺方案

美国 KBR 公司针对北美和南美储量丰富但低 API 超重质原油、油砂和页岩油加工，为便于输送和加工，着手研究在重质原油改质流程中采用一些低费用的工艺作为部分加工步骤。当今各地炼油收益都很低，因此低费用的改质方案特别有吸引力。

在许多改质项目中采用的低费用的初级改质方向是以延迟焦化技术为基础。本研究的目的是考查能否增加某些低费用的加工步骤，来提高以焦化为基础的方案的水平，并改善其经济性。经济上的改善来自收益的增加或投资费用的降低，或两者协同作用的结果。

（1）研究基准

根据重质原油的性质、产品规格和装置的工艺限制条件，做出不同改质工艺的物料平衡和公用工程平衡。根据 KBR 的收率和质量模型推导出单个工艺装置的收率和产品性质。用 AMI 炼厂设计规划咨询软件改进联合装置的产品调和和公用工程消耗。

根据 KBR 内部的数据求出界区内加工装置的投资费用。上述费用乘以 1.4 等于总的费用。这种方法为评价各加工方案之间相对投资费用的差值提供了可靠的依据。

改质装置的净收益等于改质装置的毛利减去公用工程费用(主要是操作费用)。毛利的计算基础是产品的价格和数量，它不包括原油的费用。因为各方案所用的原油相同，因此上述简化是合理的，可用于不同加工方案的选择。先假设 WTI 原油的基本价格为 17.70 美元/桶来估算合成原油的价格，然后按合成原油的质量调节其价格，即 API 升高 1 个单位每桶油价格增加 0.17 美元；硫含量降低 1%，每桶油价增加 0.40 美元。根据收益和投资费用确定最有吸引力的加工方案。

（2）研究方案

改质装置加工能力为 6.50Mt/a，原油 API 度为 17.5(5.0Mt/a，API 度为 9.3 的 Zuata 原油+32500 桶/开工日石脑油稀释剂)。

规定改质装置生产的合成原油的 API 度为 15~22。对一些较重的合成原油，其可输送性也是很重要的，可通过限制黏度值来确保它的可输送性能。在大多数情况下，LPG 可作为产品，能否生产硫黄、燃料级石油焦和沥青质，要取决于加工方案。Zuata 原油和稀释用石脑油的性质见表 9-2-17。

表 9-2-17　Zuata 原油和稀释用石脑油性质

项　　目	Zuata	稀释用石脑油
API 度	9.3	47.7
硫含量/%	3.49	0.035
总氮含量/%	0.52	无
镍/(μg/g)	75	无
钒/(μg/g)	360	无
康氏残炭/%	13.08	无
>343℃馏分/%(v)	75.6	—
>510℃馏分/%(v)	49.8	—
黏度(50℃)/(mm^2/s)	4200	0.6

改质装置生产的主要产品有合成原油、LPG、硫黄和焦炭(或沥青质)。只有合成原油的规格要求被用来调节改质物料的数量。合成原油产品的 API 度必须在 15~22 范围。合成原油的价格取决于其重度和硫含量。

合成原油调和物的价格取决于 API 度和硫含量，这一点已在研究方法一节中作了叙述。此外还假设焦炭、沥青质和硫黄的价格为零，LPG 的价格定为 12 美元/桶。

本研究中选用的公用工程价格为：燃料 1.50 美元/兆英热单位，蒸气 3.5 美元/千磅，电 0.04 美元/(kW · h)。

所有的加工方案都包括原油常压蒸馏装置(CDU)，可从原油中蒸馏出直馏石脑油、馏分油。二个加工方案中都有KBR专有的ROSE™溶剂脱沥青工艺。用于评估的几个方案介绍如下：

① 方案1　减压蒸馏装置(VDU)+延迟焦化装置(DCU)。

该方案流程图如图9-2-12所示。主要的加工装置为：常减压蒸馏、延迟焦化、石脑油加氢(NHTU)、硫黄回收(SRU)和一个制氢装置。

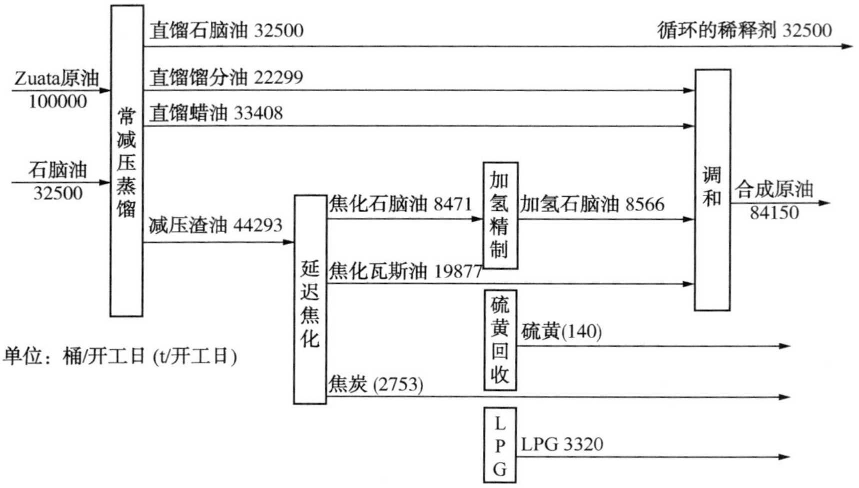

图9-2-12　方案1——延迟焦化方案

该方案加工6.50Mt/aAPI度为17.5的原油(5.0Mt/aAPI为93的Zuata原油和32500桶/开工日石脑油稀释剂)，生产的产品如下：

循环石脑油	32500 桶/d
合成原油(API度21.9)	84150 桶/d
LPG	3320 桶/d
焦炭	2755t/d
硫黄	140t/d

API度为17.5的原油首先在CDU中加工，生产出直馏石脑油、直馏馏分油和常压渣油(LR)。LR送入VDU，生产出轻减压蜡油(LVGO)、重减压蜡油(HVGO)和减压渣油(VR)。VR是DCU的原料，从DCU可生产出焦化石脑油(CN)、焦化瓦斯油(CGO)和焦炭。所有的直馏石脑油都循环回到油田，作为原油稀释剂。焦化石脑油经过加氢处理，除去其中高活性的单烯烃和二烯烃。合成原油产品组成为：直馏馏分油和瓦斯油，加氢后的焦化石脑油和焦化瓦斯油。

② 方案2　ROSE溶剂脱沥青装置+延迟焦化装置(图9-2-13)。

方案采用了延迟焦化装置的基本构型，去掉VDU，增加ROES装置加工常压渣油。在本方案中，ROES装置代替了VDU。ROES装置从原料中抽提出减压蜡油和高沸程的烷烃馏分。这一物流称之为脱沥青油(DAO)。ROES装置生产的重沥青质组分(RA)作为焦化原料。为了不超出目前公认的焦化技术的限制，RA的康氏残炭应不大于32%。

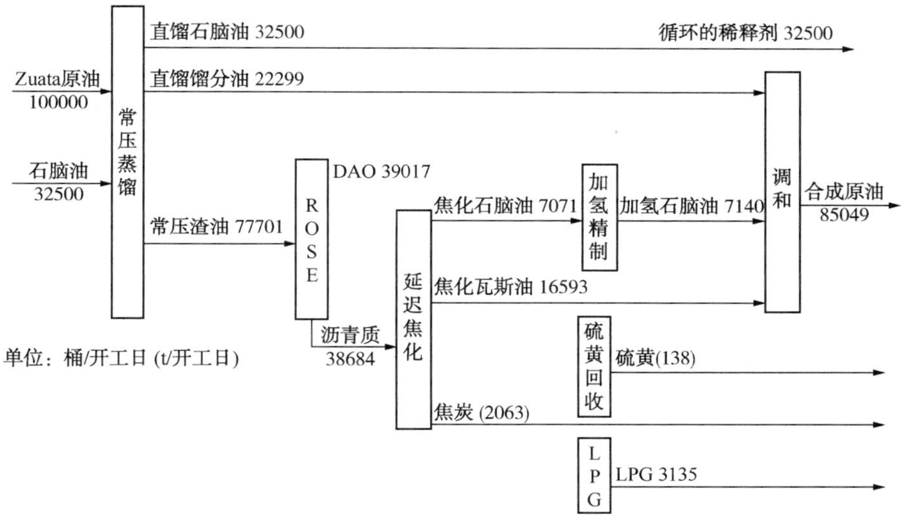

图 9-2-13 方案 2——ROSE+延迟焦化方案

本方案的合成原油产品组成为：DAO、延迟焦化装置的液体产品和 CDU 的馏分油。方案 2 的产品如下：

循环的石脑油	32500 桶/d
合成原油(API 度 21.4)	85.049 桶/d
LPG	3135 桶/d
焦炭	2630t/d
硫黄	38t/d

③ 方案 3 仅有 ROES 装置(图 9-2-14)。

上面讨论的改质方案均以转化作为生产合成原油的初级加工手段。DCU 很容易使合成原油的 API 度达到规格要求，并生产低价值的可输送的石油焦。一个替代以 DCU 为基础的方案是只用 ROES 装置的方案，它生产合成原油和低价值的沥青(RA)物流。当所产沥青是固体产品时，处置方法和用途与石油焦相似。

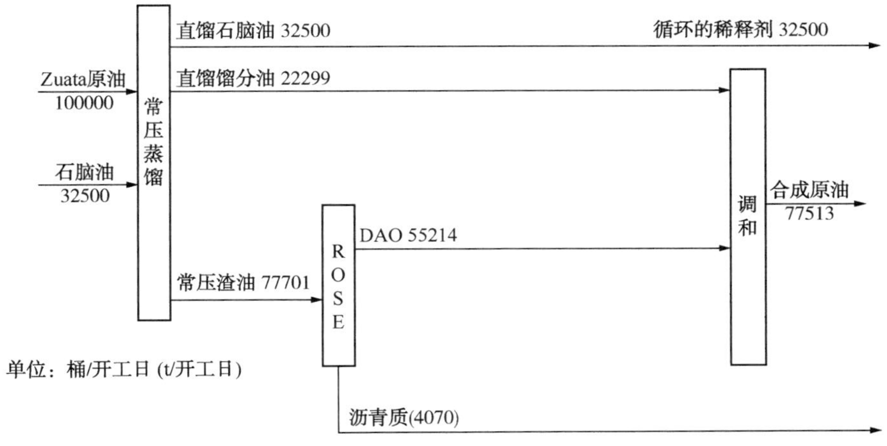

图 9-2-14 方案 3——ROES 方案

从仅有 ROES 装置生产的合成原油由 DAO 和 CDO 的馏分油组成。本方案的产品数量如下：

循环的石脑油	32500 桶/d
合成原油(API 度 15.8)	77513 桶/d
沥青质	4070t/d

④ 方案 4　延迟焦化装置+减黏装置(图 9-2-15)。

减黏工艺通常用于一个简单的炼厂，目的是降低减压渣油的黏度，这样只需用少量的馏分油便可调和出合格燃料油。减黏原料的康氏残炭为 28%左右，操作条件控制在苛刻度为 C_4~204℃石脑油的产率为 10%(v)。预计在此苛刻度下，通过减黏可以得到稳定的燃料油。

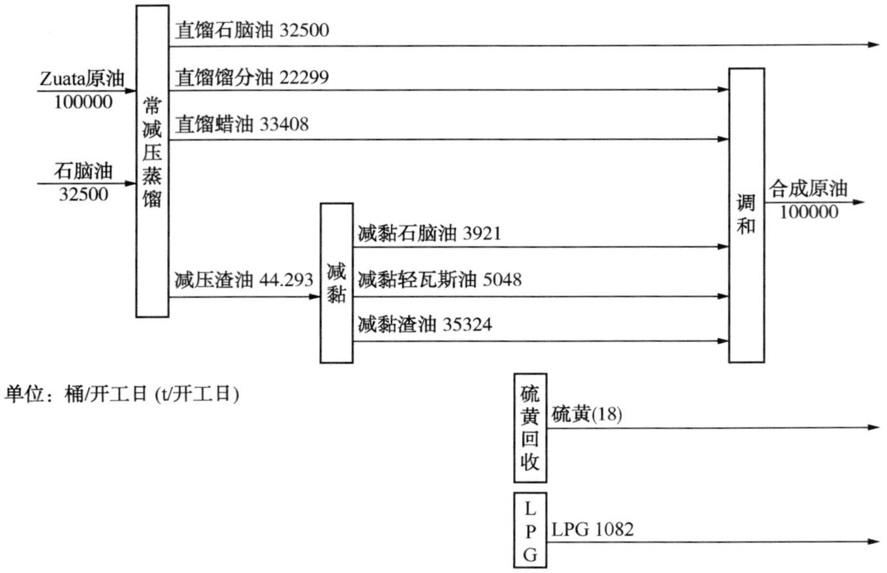

图 9-2-15　方案 4——减黏方案

减黏装置生产的合成原油的组分包括：减黏石脑油(VBN)、减黏轻瓦斯油(VBLGO)和减黏常压渣油。方案 4 的产品数量如下：

循环的石脑油	32500 桶/d
合成原油(API 度 11.5)	100000 桶/d
LPG	1082 桶/d

由于本方案生产的合成原油的 API 度低于 15(指标要求)，因此在本研究工作认为延迟焦化装置+减黏装置方案是没有竞争力的方案，为此在更深入的研究中不再考虑此方案。

表 9-2-18 和表 9-2-19 分别表示各方案的设备投资费用和经济效益比较。

表 9-2-18　各改质方案装置加工能力和设备投资费用比较

项　目	方案 1VDU+DCU	方案 2ROES+DCU	方案 3 仅有 ROES
加工能力/(桶/开工日)			
常压蒸馏	1325000	132500	132500
减压蒸馏	77701	0	0
ROES	0	77701	77701
延迟焦化	44293	38684	0

续表

项　　目	方案 1VDU+DCU	方案 2ROES+DCU	方案 3 仅有 ROES
石脑油加氢	8471	7071	0
减黏裂化	0	0	0
回收/(t/d)	140	138	0
制氢/(Nm^3/d)	1.13×10^5	8.5×10^4	0
投资费增量/10^6美元	基准(0)	-16	-261

表 9-2-19　各改质方案的产品、收益和经济效益比较

项　　目	方案 1VDU+DCU	方案 2ROES+DCU	方案 3 仅有 ROES
合成原油			
产率/(桶/开工日)	84149	85048	77512
API 度	21.9	21.4	15.8
硫含量/%	2.4	2.4	2.9
LPG/(桶/d)	3320	3135	0
硫黄/(t/d)	140	138	0
焦炭/(t/d)	2755	2630	0
沥青质/(t/d)	0	0	4070
产品价格			
合成原油/(美元/桶)	13.99	13.94	12.83
LPG/(美元/桶)	12.00	12.00	12.00
硫黄/(美元/桶)	0	0	0
焦炭/(美元/t)	0	0	0
沥青质/(美元/t)	0	0	0
总收益/(10^6美元/a)	414	419	339
经济效益			
与方案 1 的收益差额/(10^6美元/t)	0	+5	-75
与方案 1 的投资差额/10^6美元	0	-16	-261

为了确定每个方案的优点，需要将每个方案的收益改进情况与其 TIC 的变化进行比较。以方案 1 为基准测算这些变化。与基准方案相比较，具有较低的投资和较高的收益的方案是好方案。

根据上述准则，方案 2(ROES 装置加焦化装置)是有吸引力的方案。方案 2 的工艺流程比基准方案的投资稍低，收益稍高。

方案 2 中 ROES 装置的效益可得到更大的改善。例如，当 ROES 装置后面是 DCU 时，为保证沥青质的残炭为 32%，DAO 的收率要限制在 47%。但如果设计合理，焦化装置可加工更重的原料，那么可以提高 ROES 的收率，从而增加经济效益。

方案 3 只有 ROES 装置，也是一个很有吸引力的方案。与基准方案相比较，虽然合成原油的产量减少了，但投资明显降低。在原油价格波动较大的时期，较低的投资费用可降低投资风险。分期投资不失为明智的策略，即初期仅建 ROES 装置，以后再建另外的转化装置。

KBR 公司认为，根据本研究中提到的经济性和其他依据，在以焦化为基础的重质原油改质方案中增加 ROES 溶剂脱沥青装置是十分有益的。值得注意的是，以焦化为基础的方案中增加一个 ROES 装置时，总的工程费用降低了，同时收益也增加了。正如本研究和以往的研究工作都证实，在焦化装置的上游加一个 ROES 装置是有好处的。

4. 美国鹿园(DeerPark)炼油公司炼油厂的渣油加工方案

美国鹿园炼油公司改造炼油厂加工高硫原油及符合环境保护目的，壳牌公司为其做了渣油加工方案。该厂原油加工能力为 1.13Mt/a，加工高硫重质原油。除生产适于传统的运输燃料产品外，可全部单独提供润滑油原料或化工原料。渣油加工方案为

① 减黏裂化(图 9-2-16)。

② 减黏裂化+壳牌气化工艺(SGP)(图 9-2-17)。

③ 延迟焦化+焦炭销售。

④ 延迟焦化+减压渣油加氢处理(图 9-2-18)。

⑤ 延迟焦化+焦炭直接作燃料(图 9-2-19)。

⑥ 延迟焦化+壳牌焦炭气化工艺(SCGP)(图 9-2-20)。

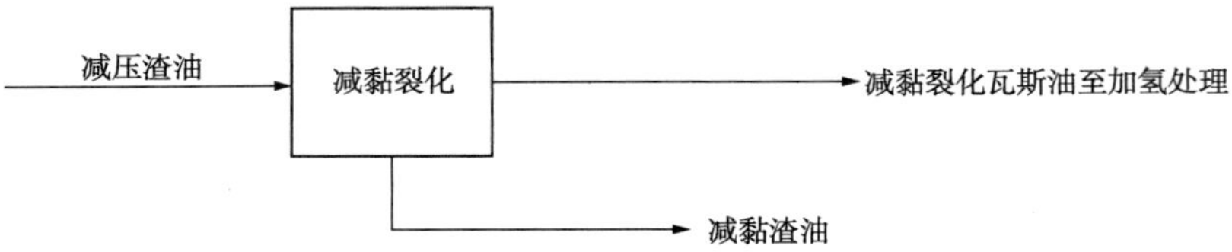

图 9-2-16　减黏裂化方案

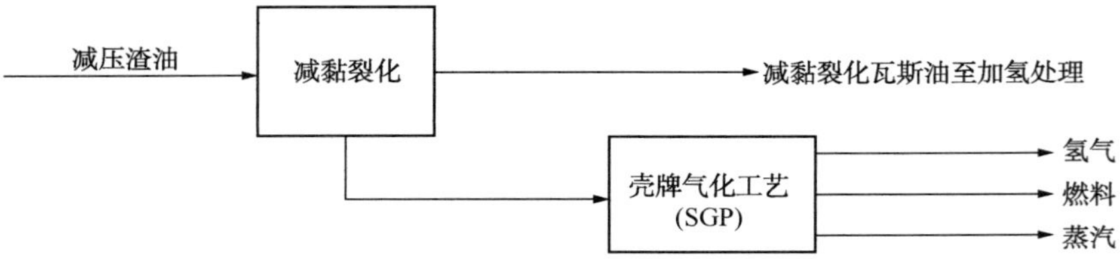

图 9-2-17　减黏裂化+壳牌气化方案

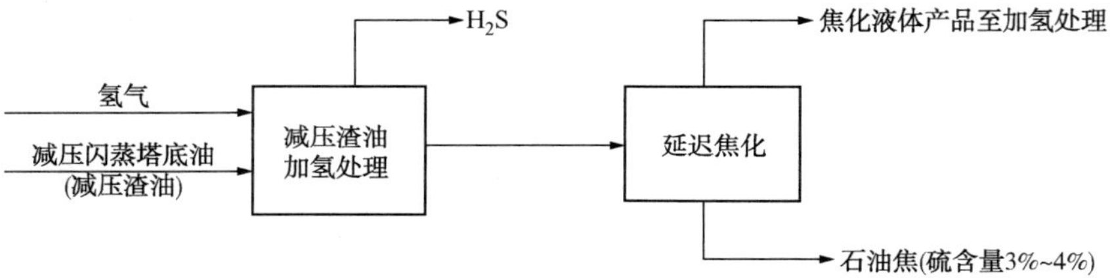

图 9-2-18　延迟焦化+减压渣油加氢处理

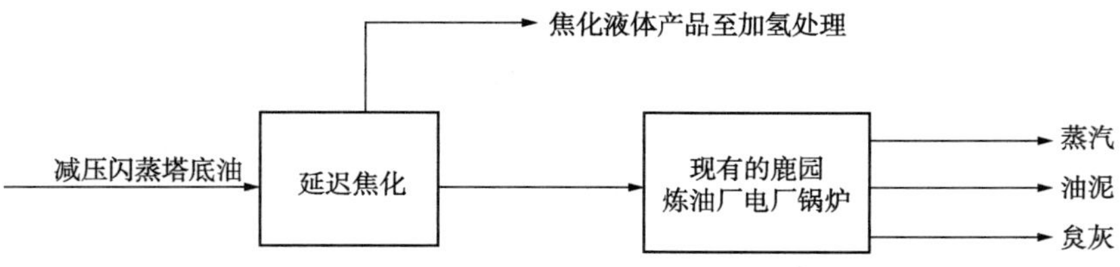

图 9-2-19　延迟焦化+焦炭直接进炼油厂锅炉

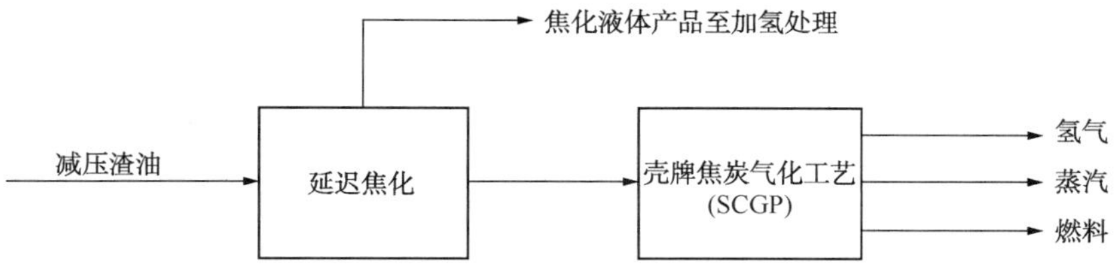

图 9-2-20　延迟焦化+壳牌焦炭气化方案

减黏裂化是一个好的热加工工艺，技术风险小，投资小而且操作费用具有竞争力，但所产生的高硫燃料油，特别是炼油厂加工劣质原油时，销路会受到限制。

减黏裂化+壳牌气化工艺方案，SGP 可将减黏渣油转化成合成气，可用作燃料或制氢原料或石化原料，SGP 能增加蒸汽生产，但该方案投资增加，操作费用和维修费用也相应增加。

焦化+焦炭销售方案，投资和操作费用最低，在延迟焦化工艺下游配置加氢处理工艺，对焦化液体产品进行精制，可得到 75%(v)有市场竞争力的产品。不足之处是炼油厂净利润低，甚至可能出现负利润，其原因是石油焦的硫和金属含量高之外，还需要便利的运输焦炭工具，才可将低价值的焦炭提供给炼油厂和外销。

焦化+减压渣油加氢处理方案，该方案为减压渣油加氢处理工艺，也可用 LC-Fining 工艺替代，这是个沸腾床反应器工艺过程，运转中催化剂可不断地补充和卸出，提高减压渣油转化率，并可明显改善焦炭质量。该工艺可以加工 Maya 渣油，但如沥青质增加则操作费用相应增加。该工艺的投资和操作费用最高。

焦化+焦炭直接进炼油厂锅炉作燃料方案，由于壳牌公司的另一家炼油厂，焦炭直接燃烧取得成功，但这种方案必须安装烟道气脱硫设施，原有锅炉炉必需改造以适应焦炭燃料燃烧。此外该炼油厂采用此方案只能用掉 30%焦炭，如增加锅炉发生工业蒸汽，又没有吸引力，如用于发电会受到高投资限制。

焦化+壳牌焦炭气化工艺(SCGP)，该方案是个具有吸引力的方案，其特点在于可利用全部的焦炭，产生的合成气作为燃料用于现场锅炉，同时合成气也可用于生产化工原料、制氢原料以及透平组合生产电力的蒸汽。此外，由于脱硫率达到 99%以上，符合当地环境保护的要求，原料含金属中的镍和钒被捕集，沉积于气化炉的残渣中，这种残渣完全可以作为建筑材料。

表 9-2-20 为各种渣油加工方案的比较结果。壳牌公司认为减黏方案投资和操作费用和利润最小。焦炭直接销售方案是可行的，但现在不予考虑。减压渣油加氢处理方案，投资和操作费用高而且需要大量的氢源。焦炭直接作燃料方案可行，但只能解决部分问题。SCGP 方案可消化全部焦炭，并可发生蒸汽、电力、制氢或作化工原料。该方案另一优点是在于依赖公司买天然气代替石油焦，之间价格存在明显的差异，而且这一差异明显加大，足以支持该方案的投资和操作费用。

表 9-2-20　渣油加工方案的比较①

方　　案	投　资	操作费用	氢气	蒸汽	市场	利润
减黏裂化	+		+		−	
减黏裂化+SGP			+	+		−
焦化+焦炭销售	+	+			+	

续表

方　　案	投　资	操作费用	氢气	蒸汽	市场	利润
焦化+减压渣油加氢处理		–	–		+	+
焦化+LC-Fining		–	–		+	+
焦化+焦炭直接作燃料	+	+		+		
焦化+SCGP		+	+	+	+	

① +为有利，-为不利。

5. 墨西哥石油公司和墨西哥石油研究院渣油加工方案的比较

墨西哥石油公司和石油研究院通过各种方案的比较，认为未来炼厂最佳方案是延迟焦化和焦炭气化组合工艺(图 9-2-21)。

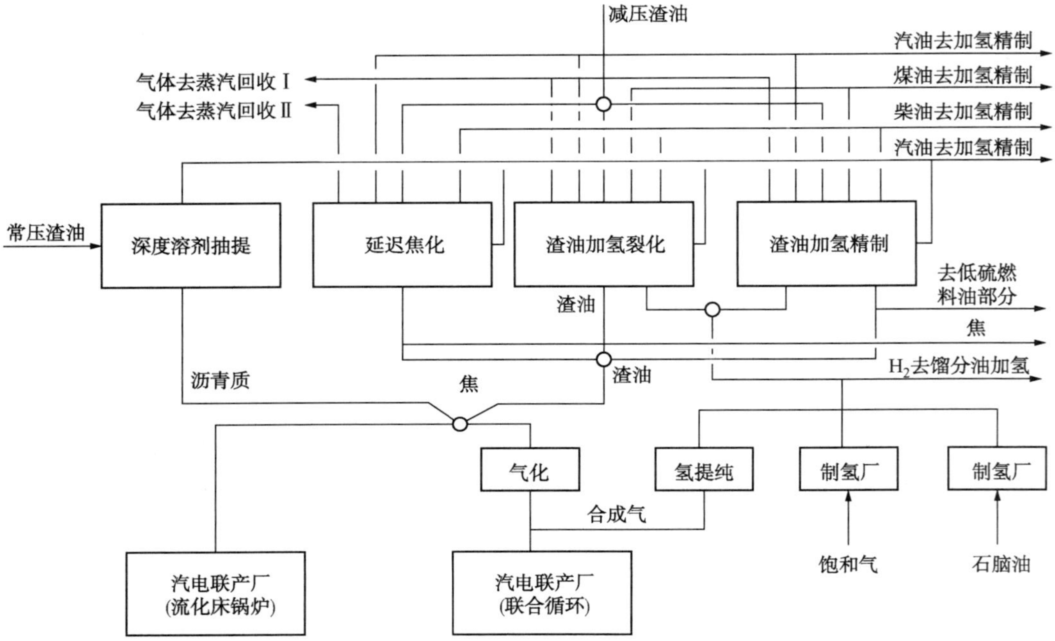

图 9-2-21　渣油加工流程图

墨西哥石油公司(Petroleos Mexicanos)和墨西哥石油研究院(Institute Mexicano del Petroleo)针对目前该国内面临硫和金属含量高，馏分油产量低的重质含硫原油的增加，为满足技术规格和环保要求高的优质燃料的更多需求，着手研究了墨西哥炼厂的最佳加工流程和产品方案。分析对比是在该国内需求预测与国标价格综合考虑基础上进行的。

方案对比分为两个部分，即馏分油部分(本书省略)和渣油加工部分。

墨西哥主要的原油有两种，即轻质 Istmo 原油和重质 Maya 原油。加工 Istmo、Maya 混合原油，混合比例为 70：30，但也不排除加工 100%Maya 原油的可行性。两种原油的性质见表 9-2-21。

表 9-2-21　Istmo 和 Maya 原油特性

特　　性	Istmo 原油	Maya 原油
密度/(g/cm^3)	0. 851	0. 921
黏度(25℃)/(mm^2/s)	7. 3	155. 3
硫含量/%	1. 5	3. 4

续表

特　　性	Istmo 原油	Maya 原油
兰氏残炭/%	3.5	10.6
沥青质含量/%	2.4	14.8
镍含量/(μg/g)	6.8	51.2
钒含量/(μg/g)	41.4	308.2
轻石脑油产率(68℃馏分)/%(v)	5.1	2.9
重石脑油产率(175℃馏分)/%(v)	20.8	12.8
煤油产率(260℃馏分)/%(v)	16.0	11.5
柴油产率(360℃馏分)/%(v)	15.0	14.6
减压蜡油产率(540℃馏分)/%(v)	23.5	19.7
减压渣油产率/%(v)	19.5	38.6

炼厂渣油加工部分，方案中分析了渣油脱碳技术和加氢技术。用渣油加氢脱硫生产低硫燃料油，用加氢裂化、延迟焦化、溶剂抽提转化全部燃料油。在这些方案中将焦油或焦炭通过循环流化床锅炉或联合循环发电与制氢相结合的气化装置进行汽电联产。这些方案分析结果表明，墨西哥未来炼厂把延迟焦化和焦炭气化结合在一起是最佳的加工流程。

年加工能力为7.50Mt/a的新建炼厂为基础，该厂加工100%的Maya原油，生产符合表9-2-22、表9-2-23规格的燃料。投资、产率和经济指标既考虑了工艺装置，又考虑了公用工程的辅助设施，也考虑了今后炼厂的总体发展和扩建最少的基础设施，但不包括道路铁路和码头的新建。有关投资、产率和公用工程消耗技术数据来源于墨西哥石油研究院和Fluor-Daniel公司。经济评价是在资金流通计算的基础上进行的，用于估算100%内贴现率时的净现值和每个建议流程的内部收益率。渣油加工方案为：

① 方案1，生产含硫2%的燃料油；
② 方案2，生产含硫1.4%的燃料油；
③ 方案3，加氢裂化/循环流化床锅炉(CFB)；
④ 方案4，延迟焦化/循环流化床锅炉(CFB)；
⑤ 方案5，延迟焦化/焦炭气化(Maya原油)；
⑥ 方案5(B)，延迟焦化/焦炭气化(Istmo原油)；
⑦ 方案6，溶剂抽提/焦油气化。

表9-2-22　燃料的硫含量限值

产　　品	最高硫含量/%	产　　品	最高硫含量/%
汽　油	0.015	柴　油	0.040
喷气燃料	0.040	残渣燃料油	2.0

表9-2-23　汽油规格

项　　目	指　　标	项　　目	指　　标
雷德蒸气压/kPa	52~62	马达法辛烷值	最低83
含氧物/%(v)	最低5	芳烃/%(v)	最高30
研究法辛烷值	最低93	烯烃/%(v)	最高10
(研究法+马达法)/2	最低88		

对于生产高标准规格的燃料渣油加工是必需的，特别是炼制含硫原油。这里分析两种不

同的方案，一个是生产含硫 2%的燃料油，另一个是生产含硫 1.4%的燃料油。由于用于这个目的的加氢精制工艺的主要反应是加氢脱硫和加氢裂化，因此需要大量的氢，这样所得到的饱和气体必须与直馏全馏分石脑油一起去补充制氢(本研究由外部供应氢气)。在两种情况下，炼厂的汽电联产系统是以循环流化床锅炉为基础，采用未稀释的重加氢精制渣油作燃料。这些方案与图 9-2-21 表示出的总渣油加工图中方案 1 和方案 2 相同，图中示出了这些流程的每个装置，并在每个装置所在流程中标出了其编号。用什么样的渣油加氢精制催化剂必须根据所要求的转化率和脱硫水平来确定，这是工艺性能和经济性的重要参数。

在比较方案 1 和方案 2 时，把燃料油转化为馏分油并减少硫含量对炼厂赢利将有明显的积极作用。在考虑用全部燃料进行加氢裂化的方案 3 中，所需的追加投资不仅使可获利性有大的增加，而且总的内部收益率也已经达到明显吸引力的工业投资项目的范围之内(对于二次价格预测而言)。

下面所要考虑的普通工艺流程包括有脱碳技术的延迟焦化，这是一种较廉价的工艺。此外，由于取消了加氢精制装置要求的制氢部分，使炼厂的公用工程部分减少了，且使这套装置所需要动力也大为减少。相比而言，虽然汽油和柴油的产量随着焦化工艺较高的汽油产率而有显著的增加(这体现在从瓦斯油加氢精制装置得到更多的柴油生产更多的催化裂化汽油上)，但预计总的馏分油产量仍将减少。此外，由于在制氢中节约了饱和气，所以不需要像方案 3 那样外购炼厂加热所需的燃料油。总之，延迟焦化对前面的方案是一种改进，将使新建的加工高硫原油的炼厂的内部收益率跃增到一个很有吸引力的数字。

在加工 Maya 原油的最佳炼厂构型的研究中，接下来的步骤是使用一套带有联合循环系统的汽电联产装置或一套制氢的合成气净化装置与气化相联，去代替公用工程部分中的流化床锅炉(方案 3)。为这个流程增加的投资，与气化装置本身和为满足制氢及较大型硫黄装置所需的较大电厂有关。较大型硫黄装置是由于气化使脱硫量较大所致。由合成气净化替代制氢装置是一种节约，而更重要的是降低了单位电力成本，并且节约了直馏全馏分石脑油制氢的费用。这意味着取得了积极的效果，它有可能大大提高增加投资的内部收益率。

最后的研究方案 6 考虑将常压渣油进行深度溶剂抽提以分离出沥青质，作为燃料在公用工程中通过气化利用，而脱沥青油则送往瓦斯油加氢精制装置。这个流程的获利情况可能类似于用较少投资生产低硫燃料油的流程，因此是一种改善现有厂可以考虑的有意义的方法。

虽然这项研究是以墨西哥的 Maya 原油和 Istmo 原油为基础的，但得出的结论可以扩展到其他重质原油和轻质原油。然而，对每一个特定的地区可能需要进行个别的分析，以考虑到当地的需求、价格和进行原油和燃料产品交易的毗邻地区市场的情况。正如预料的那样，价格预测对投资项目的赢利性将有直接的影响，且替换流程的相对经济特性与对这两种原油的基本预测很类似。因此即使出两种最极端的可预测的价格情况，其定性结论似乎仍不会受到影响。

从渣油加工部分可见，方案 5，是墨西哥石油公司和墨西哥石油研究院一致认为最佳的加工方案。焦炭/气化方案投资最高 2 亿美元左右，但在 6 个方案中内部收益率化也是最高的，为 8.8(按一次价格预测)，如按二次价格预测，则达到 17.2。

从表 9-2-24、表 9-2-25 和表 9-2-26 可见，凡是有焦化部分的汽、柴油收率均高于其他方案，而方案 5 中因焦炭气化与方案 4 的 CFB 相比，焦炭量显著下降，气化方案仅为 12t/d，而采用 CFB 的焦炭量为 1795t/d。此外，气化方案增大了硫黄产品并可共生电力、蒸汽和合成气，用合成气代替制氢又可节约制氢装置投资，因而综合效果将大大提高投资的内部收益率。故墨西哥石油公司和石油研究院经方案对比结论是：墨西哥炼厂认为延迟焦化/焦炭气化组合是最佳的加工方案。

表 9-2-24　各种方案的产品产率

产　品	Maya 原油						Istmo 原油
	方案 1 燃料油 含硫 2%	方案 2 燃料油 含硫 1.4%	方案 3 加氢裂化-CFB	方案 4 延迟焦化-CFB	方案 5 延迟焦化-焦炭气化	方案 6 溶剂抽提-焦油气化	方案 5(B) 延迟焦化-焦炭气化
液化气/(m^3/d)	467.1	632.8	699.9	529.3	529.3	258.1	383.5
汽油/(m^3/d)	9279.3	9891.6	10479.3	11693.2	11693.2	9816.8	12429.6
无铅汽油①/(m^3/d)	3641.6	8940.7	9598.2	10575.6	11693.2	9816.8	12331.7
喷汽燃料/(m^3/d)	2651.2	3237.7	5446.1	2720.8	2720.8	2720.8	3785.5
柴油/(m^3/d)	5493.0	6359.7	7403.8	8249.6	8249.6	6044.4	7397.5
燃料油/(m^3/d)	4978.3	2887.6	—	—	—	—	—
硫/(t/d)	538	610	633	529	704	6.7	371
焦炭或焦油/(t/d)	—	—	—	1795	12	4048	—

① 对因制氢而外购的全馏分石脑油折算的量。

表 9-2-25　各种方案的汽油组成　m^3/d

汽油组分	Maya 原油						Istmo 原油
	方案 1 燃料油 含硫 2%	方案 2 燃料油 含硫 1.4%	方案 3 加氢裂化-CFB	方案 4 延迟焦化-CFB	方案 5 延迟焦化-焦炭气化	方案 6 溶剂抽提-焦油气化	方案 5(B) 延迟焦化-焦炭气化
重整油	3451.6	3694.4	4302.7	4317.6	4317.6	3029.0	5353.1
异构化汽油	1002.8	1073.9	1244.5	1248.8	1248.8	876.1	1548.3
催化裂化汽油	2855.5	3029.1	2916.7	3365.7	3365.7	3424.8	3169.2
醚类	517.5	549.2	528.7	672.3	672.3	635.4	599.0
烷基化油	1452.3	1545.0	1486.7	11693.2	11693.2	1851.1	1760.0
总计	9279.3	9891.6	10479.3	11693.2	11693.2	9816.8	12429.6
(研究法+马达法)/2	90.0	90.9	91.0	91.1	91.1	90.8	91.1
芳烃/%	25.5	25.6	26.8	24.9	24.9	23.3	27.3
烯烃/%	9.7	9.7	8.8	9.1	9.1	11.0	8.1

表 9-2-26　各种方案的经济评价

项　目	Maya 原油						Istmo 原油
	方案 1 燃料油 含硫 2%	方案 2 燃料油 含硫 1.4%	方案 3 加氢裂化-CFB	方案 4 延迟焦化-CFB	方案 5 延迟焦化-焦炭气化	方案 6 溶剂抽提-焦油气化	方案 5(B) 延迟焦化-焦炭气化
投资/10^6美元	1983.7	2161.4	2305.0	1867.0	2046.2	1726.9	1591.0
净现值①/10^6美元	-1179	-1086	-857	-312	-170	-1106	-731
内部收益率①/%	负值	1.7	4.1	7.5	8.8	负值	2.8
内部收益率增量/%	—	17.0	27.7	37.0	19.2	—	24.5③
净现值②/10^6美元	-250	-21	373	1101	1125	-11	280
内部收益率②/%	8.3	9.9	12.1	17.0	17.2	9.9	12.3
内部收益率增量②/%	—	25.1	37.8	—	19.2	9.5	32.3③

① 一次价格预测。

② 二次价格预测。

③ 方案 5 与方案 5B 内部收益率增量之比。

参 考 文 献

[1] 全国造价工程师考试培训教材编写委员会．工程造价的确定与控制[M].2 版．北京：中国计划出版社，2003.

[2] Refining Proceses，2002. Hydro Proces，2002(11)：97.

[3] 瞿国华．延迟焦化在中国炼油工业中的地位和发展前景[G]//中国石油化工科技信息指南(2001 年)：下卷．北京：中国石化出版社，2001：8-15.

[4] Sloan D，Bana1B，FruchtbaumJ. NPRA Annua1Meting，1992，AM-92-36.

[5] Bansa1B B，Moretta J C，Gentry A R. NPRA Annua1 Meting，1993，AM-93-20.

[6] Teichman D P，Red E M. Hydro Proces，1982(5)：105.

[7] George Apane1. Petroleum Coke Gasification. PEP Review，2001.

[8] Hami1ton G L，Ma1ikR. NPRA Annua1Meting，2002，AM-02-06.

[9] Elliott J D. NPRA Annual Meeting，2003，AM-03-30.

[10] 谢可堃．广东石化 2000 万 t/a 劣质重油加工项目总加工流程的优化[J]. 中外能源，2014，19(1).

[11] 王婧，陈蕊，霍丽君．“新常态”下的国际石油市场[J]. 国际石油经济，2014，22(11)：34-37.